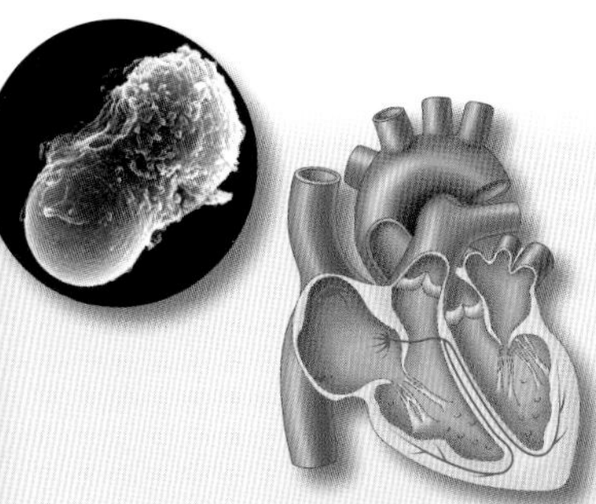

## 第5章 動物の体内環境の調節

多細胞生物である動物は，細胞を取り囲む環境（体内環境）である体液を調節して，細胞の働きを一定の範囲に保つ恒常性のしくみをもっている。恒常性の維持には，肝臓や腎臓などの臓器とともに，自律神経やホルモンが重要な働きをする。また生物には，免疫という生体防御の働きもある。

●**この章では**……生物の体内環境としての体液について，その成分や役割を学ぶ。次に，恒常性維持に関わる肝臓や腎臓などの器官の働きとそのしくみに触れ，そのしくみがホルモンや自律神経によって調節されることを，血糖濃度や体温調節の例を通じて学ぶ。動物がもつ，異物を排除する免疫のしくみについても学ぶ。

## 第6章 動物の反応と行動

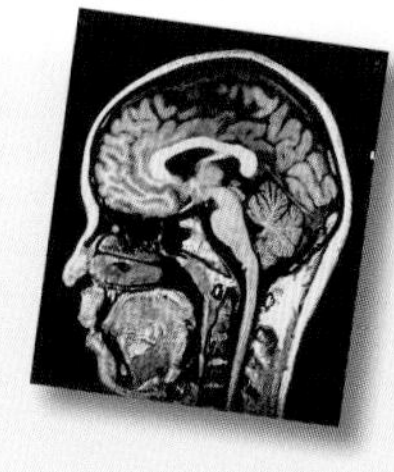

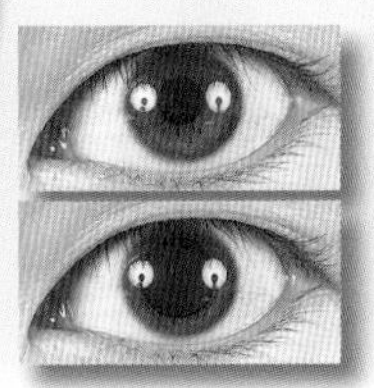

動物には，外界の情報を感じ取ってそれに対応する働きがある。その過程には，受容器・神経・効果器という組織・器官が関わっており，全体をまとめる神経系がある。神経の情報伝達には細胞膜などが関わり，外界からの刺激に対して動物は様々な行動をする。

●**この章では**……熱いものから手を引くような刺激に対する反応は，受容器で得た情報が感覚神経から脳，運動神経，さらに効果器である筋肉へと信号として伝えられて生じる。それらの基礎となる信号は，ニューロンの細胞膜上を電気的に伝わり，次の細胞には物質を用いて伝えられる。それぞれの働きと，結果としての動物の行動について学ぶ。

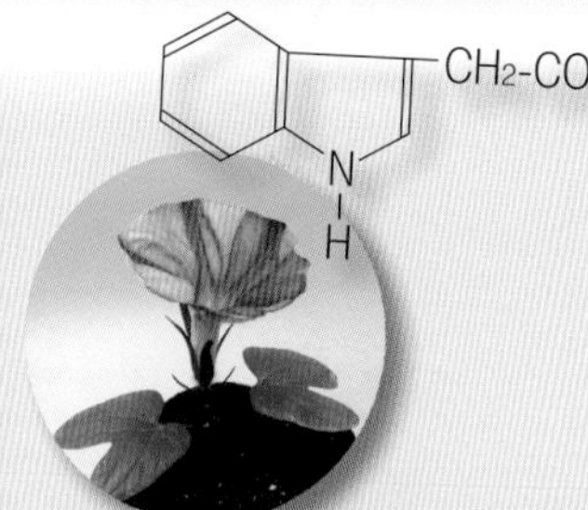


## 第7章 植物の環境応答と成長

動かないように見える植物も，発芽し，生育する場での様々な刺激に対応して成長・生活するしくみをもつ。このしくみには，植物ホルモンや光受容物質などが様々に関わっており，植物の発生や形態形成にも関わっている。

●**この章では**……芽生えの育つ方向が光や重力の影響を受けることなどを通し，植物が外界からの刺激に対応して成長・生活するしくみをもつことと，その際に働く植物ホルモンの役割を学ぶ。また，光や水分などの条件により成長や開花が調節されるしくみと関わる物質の性質も学ぶ。植物の生殖と発生についても学ぶ。

## 第8章 生態と環境

生物はただ 1 個体だけでなく，同種・他種の生物個体，様々な外部環境などと関わりながら存在している。生物とその環境をまとまりとして見た生態系では，個体には見られない様々な働きがあり，私たち人間もその生態系の一員として生きている。

●**この章では**……生態系の概念とその全体像を見た上で，食う・食われるという食物連鎖が生物界の基本の関係であり，この関係のもとに地球の全生態系を物質が循環し，それを通じてエネルギーが流れることを学ぶ。これらの大きな枠組みとともに，バイオーム，個体群や集団の構造，植物集団の時間的な推移（遷移と極相）など，生態学の基礎も学ぶ。

## 第9章 生物の進化

地球に誕生した生命は，外部環境と関係しながら，生物としての体制を整えつつ様々な働きや形態をもつものへと進化してきた。生物の進化には，様々なしくみがあると考えられている。

●**この章では**……分類体系にも反映される生物相互の関係は，進化によって生み出されてきた。数十億年の進化の証拠が，化石や現存生物の相互の比較から得られることなどについて学ぶ。また，生命の起原や進化の道すじなど，様々な進化の考え方についても学ぶ。

## 第10章 生物の系統と分類

様々な生物はその特徴や特性をもとに分類される。分類の際，基準となるのが生物どうしの系統性である。

●**この章では**……多様な生物の世界は，似たものをまとめ合わせる横の方向と，違いの程度に応じて積み上げる縦の方向で整理されていく。その整理は種・属から綱・門まで順次重ねられ，それらは進化の時間的な流れも反映していることを学ぶ。さらに現在，各種生物の遺伝情報解析の急速な発展から，塩基配列の違いなども考慮した新たな系統分類が進められていることも学ぶ。

# ●本書の構成と使い方

**本書は，高等学校で学習する生物基礎，生物，科学と人間生活（生物分野）の学習内容を，全 166 テーマにまとめた図説総合資料集です。**

**QR コード**
QR コードのあるページでは，マークが付いている内容に関連したデジタルコンテンツなどを利用することができます。マークはそれぞれ，資料映像，アニメーション，解説動画を示します。

**タイトルバー**
各項目のタイトル，教科書の範囲，学習内容の簡潔なまとめで構成しています。教科書の範囲は 生物基礎 ， 生物 ， 中学 の 3 つのマークで示しています。学習内容のまとめでは，特に重要な用語を**太字**で示しています。

**図解**
本書では，複数の章で扱う現象や物質のデザインを全編で統一し，視覚的にわかりやすい図になるように工夫しています。

**写真・コンピュータグラフィック**
本書では，できる限り多くの生物や細胞の写真を掲載し，顕微鏡写真にはすべてスケールを表示しました。また，コンピュータグラフィックによる分子の様々な姿も数多く掲載しています。

**ADVANCE**
生物の総合的な理解に役立つ発展的な内容を紹介しています。

**TOPICS**
生物学への興味・関心を高める話題を紹介しています。

**WORD**
教科書や教材などによって異なった表記になっている生物用語が少なくないことから，学習への支障を取り除くために，欄外に同義語を示しています。

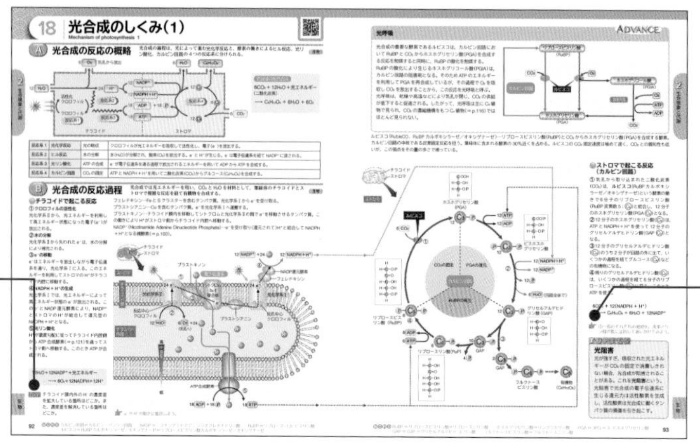

**TRY**
学習内容の理解度をはかるための簡単な問題をとり上げました（解答は QR コードから確認できます）。

**マーク**
掲載した図や資料の中で着目してほしい点，注意してほしい点などを示しました。

**POINT**
学習上の要点や注意点を整理し，紹介しています。

**Vi マーク**
巻頭のビジュアルインデックスで紹介している特に重要なグラフであることを示しています。

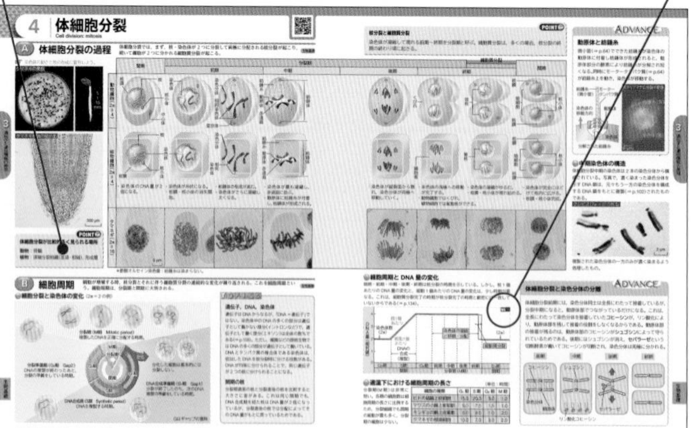

**ビジュアルインデックス・重要生物 99**
巻頭には，ビジュアルインデックスとして重要グラフ一覧・ヒトゲノムマップ・人体構造図を取り上げ，重要グラフ一覧にはグラフの考察問題も掲載しています。重要生物 99 では普段見られない生物の姿もわかります。

**実験**
学習内容に関連する実験を数多く取り上げました。操作手順も詳細に示しています。

本書に関連するすべてのデジタルコンテンツは左の QR コードから利用できます。

**付録・重要用語チェック・さくいん**
豊富な写真やデータをもとに，生物を様々な面からとらえられる資料を多数掲載しました。さくいんは用語と生物名に分け，用語さくいんでは重要用語を**太字**にし，生物基礎の範囲はさらに青文字としました。また，必要に応じて英語を併記しました。

研究の最前線に立つ著名な研究者に 5 つのコラムを執筆していただきました。研究内容の一端の紹介とともに，高校生へのメッセージも込められています。

# Contents ●もくじ

## 第3章 遺伝子と遺伝情報の発現



## 第4章 生殖と動物の発生

## 第5章 動物の体内環境の調節

## 第6章 動物の反応と行動



## 第7章 植物の環境応答と成長

## 第8章 生態と環境

## 第9章 生物の進化



## 第10章 生物の系統と分類

## Point



## Topics



## Advance

# 重要グラフ一覧

本文中の関連する図にはViマークがついています。㊗は生物基礎の範囲。

## 1 温度と酵素活性 p.69



①無機触媒では，温度が上昇すると反応速度はどのようになるか。
②酵素では，温度が上昇すると反応速度はどのようになるか。

## 2 pH と酵素活性 p.69

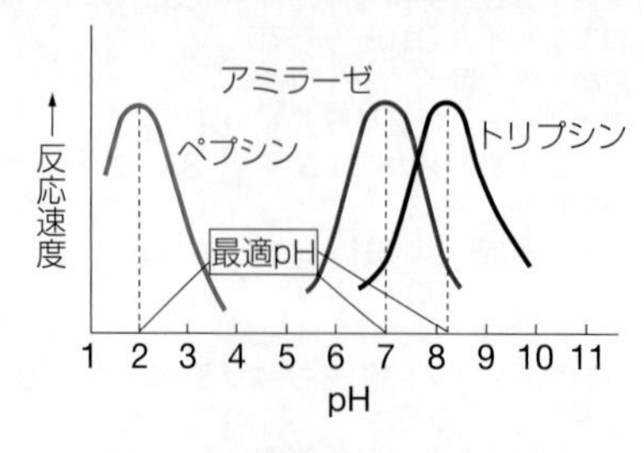


①アミラーゼの最適 pH はいくつか。
②ペプシン反応速度が最も高い環境は，酸性か塩基性か。
③消化酵素と pH について，どのようなことがいえるか。

## 3 基質濃度と反応速度 p.69

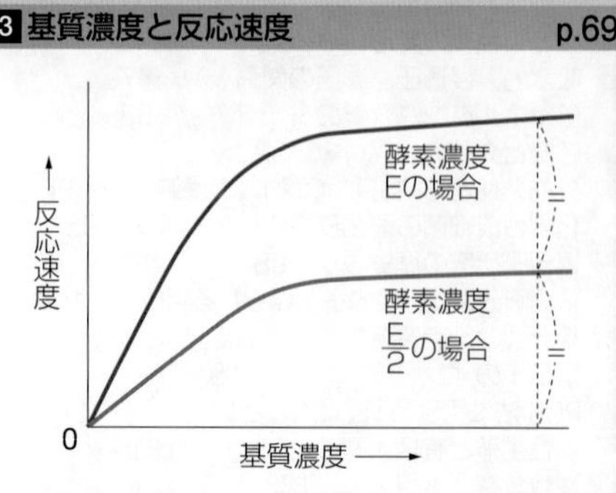


①基質濃度が上昇しても反応速度が上昇しなくなるのはなぜか。
②酵素濃度が半分になると，最大反応速度はどのようになるか。

## 4 競争的阻害，非競争的阻害 p.71

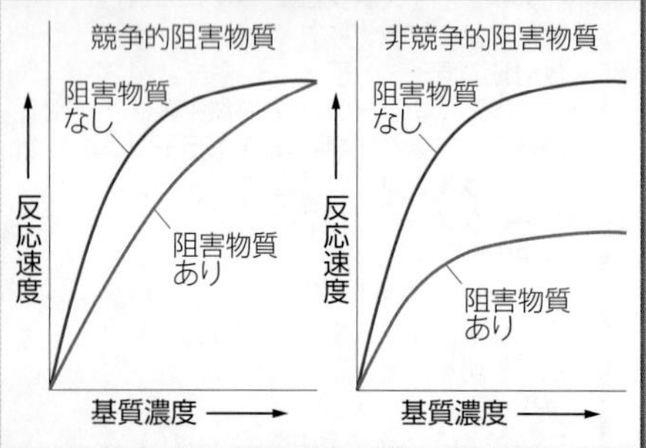


①競争的阻害物質を加えると反応速度が低下する理由は何か。
②非競争的阻害物質を加えると反応速度が低下する理由は何か。
③それぞれの阻害物質で最大反応速度に違いが生じるのはなぜか。

## 5 吸収スペクトルと作用スペクトル p.87

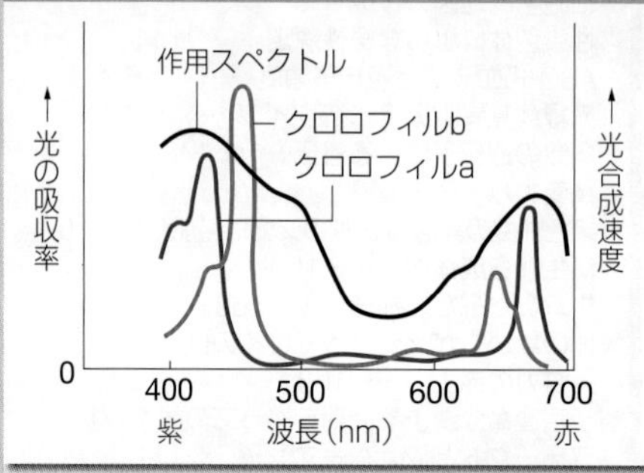


①クロロフィル a は，どれくらいの波長の光をよく吸収するか。
②光合成速度が大きくなるのは，どれくらいの波長の光を照射した場合か。

## 6 光の強さと光合成速度㊗ p.89

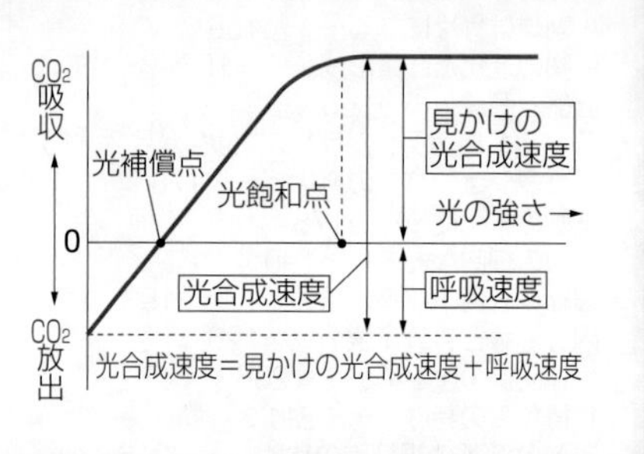


①光補償点の光の強さでは，光合成は行われているか。
②光合成速度を推定するためには，何を測定する必要があるか。

## 7 $CO_2$ 濃度と光合成速度 p.89

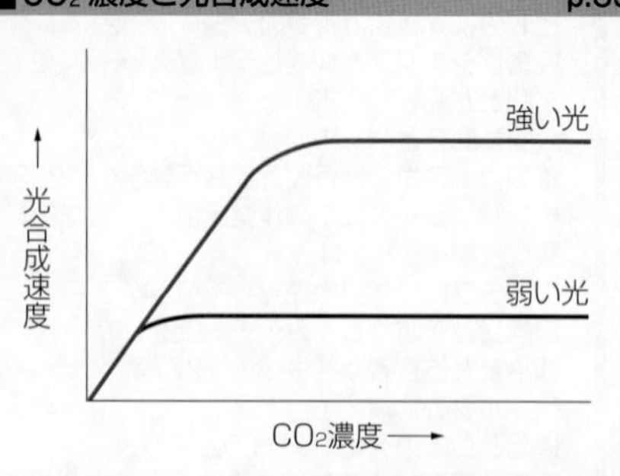


①最大の光合成速度は，強い光と弱い光のどちらが大きいか。
②このグラフを得る実験を計画するときに，酸素濃度，水分，温度についてどのような注意をすればよいか。

## 8 温度と光合成速度 p.89

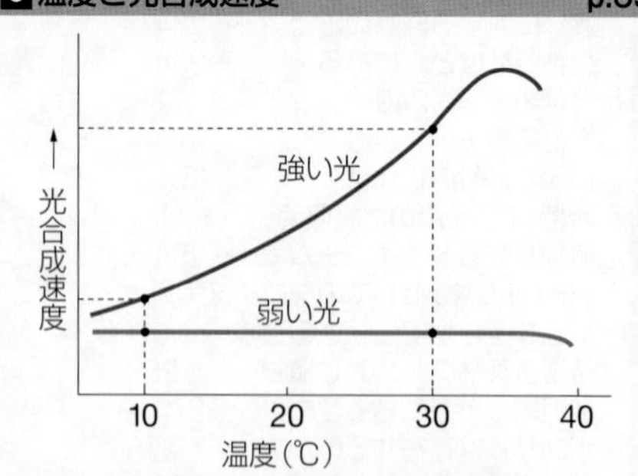


①強い光のもとで温度を上昇させると，光合成速度はどのように変化するか。
②一定の光条件の下で，温度を高くしていくと光合成速度はどうなるか。

## 9 陽生植物と陰生植物㊗ p.89,264

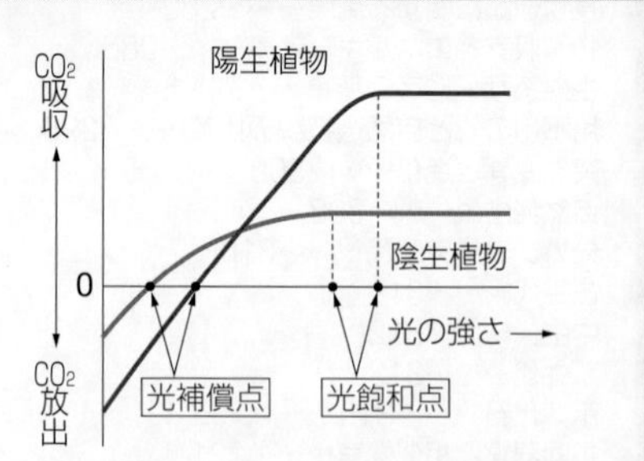


①弱い光の下で成長できるのは陰生植物か陽生植物か。
②陰生植物は，強い光の下で成長できるか。
③強い光の下で光合成速度が大きいのは陽生植物と陰生植物のどちらか。

### 10 $C_3$ 植物と $C_4$ 植物 p.94

光合成速度（相対値）
$C_4$植物
$C_3$植物
0 20 40 60 80
光の強さ（klx）
$C_4$植物
$C_3$植物
20 25 30 35 40
温度（℃）

①強い光の下で成長できるのは $C_3$ 植物か $C_4$ 植物か。
②高い温度の下で成長できるのは $C_3$ 植物か $C_4$ 植物か。
③ $C_4$ 植物は，どのような条件に適しているか。

### 11 体細胞分裂と DNA 量の変化㊍ p.105,134

DNA量（相対値）
0 1 2 3 4
細胞1個あたり
$G_1$期 S期 $G_2$期 前期 中期 後期 終期 $G_1$期
間期 分裂期 間期

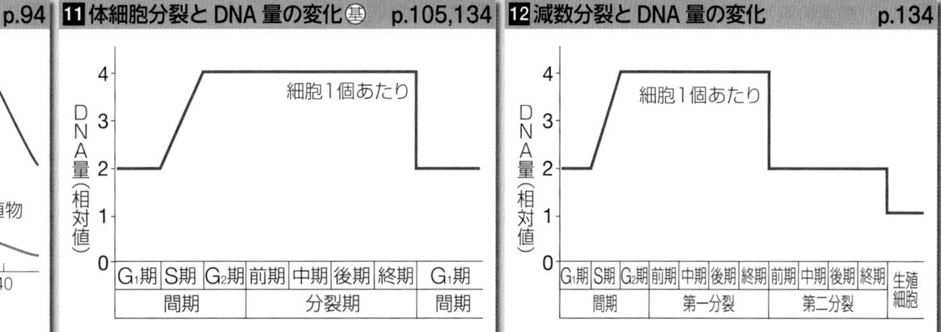

① $G_1$ 期の DNA 量の相対値を 2 としているのはなぜか。
②細胞 1 個あたりの DNA 量が倍加するのは何期か。
③終期と $G_1$ 期の間では，何が起こっているか。

### 12 減数分裂と DNA 量の変化 p.134

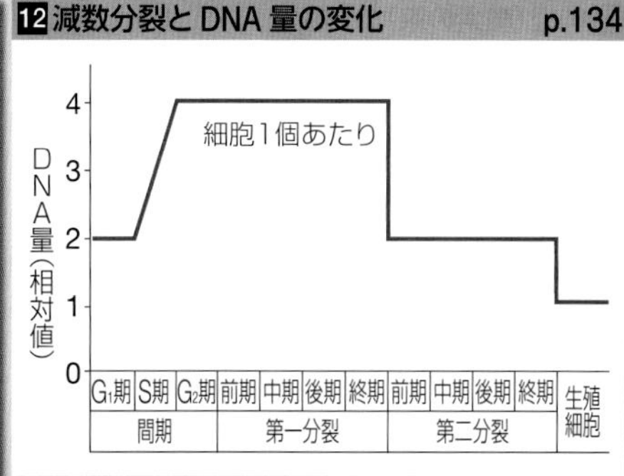


①最初の DNA 量に対して，細胞 1 個あたりの DNA 量が半分になるのはいつか。
②この図から体細胞分裂と比較した減数分裂の特徴を説明せよ。

### 13 卵極性タンパク質の濃度 p.169

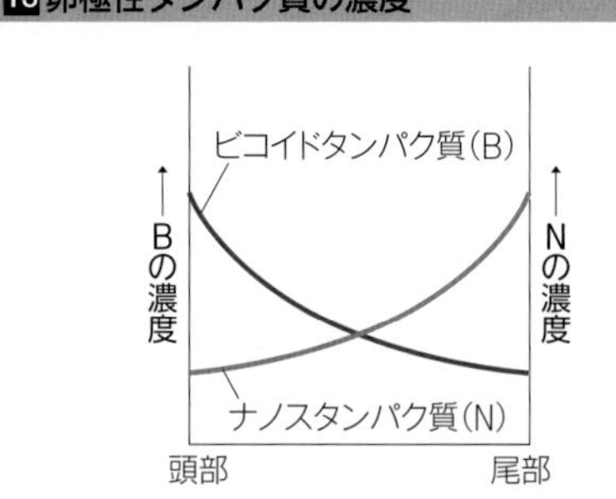


①ビコイドタンパク質はどのように分布しているか。
②ナノスタンパク質はどのように分布しているか。
③ビコイド・ナノスタンパク質の濃度にはどのような関係があるか。

### 14 $CO_2$ 分圧と酸素解離曲線㊍ p.186

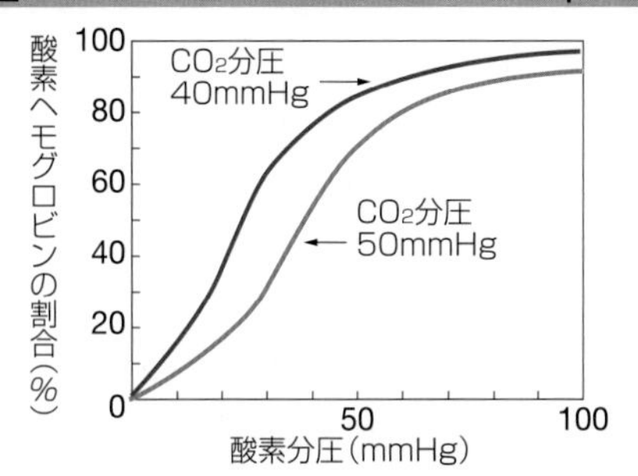


①酸素分圧が低くなると，酸素ヘモグロビンの割合はどうなるか。
② $CO_2$ 分圧が低いとき，酸素ヘモグロビンの割合はどうなっているか。
③ $CO_2$ 分圧が高くなると，酸素ヘモグロビンの割合はどうなるか。

### 15 食後の血糖濃度の変化㊍ p.201

血液中の相対濃度
グルカゴン
血糖
食事
インスリン

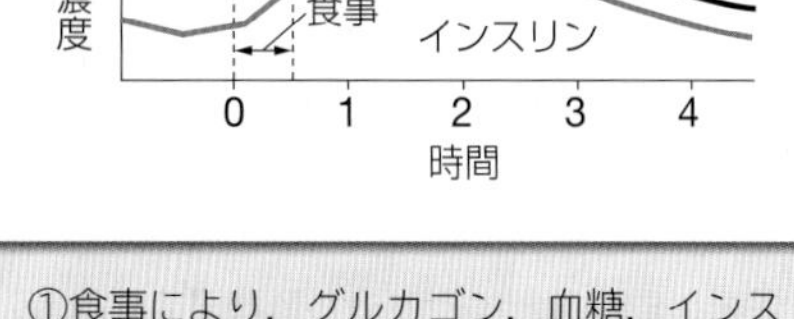

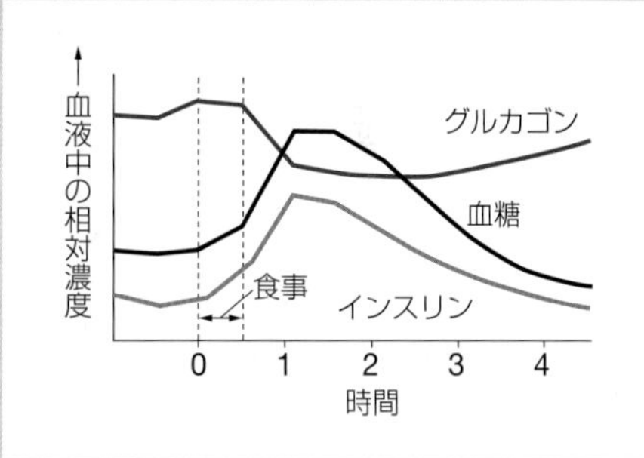


①食事により，グルカゴン，血糖，インスリンの濃度はどうなるか。
②血糖濃度の低下に働くのはグルカゴンとインスリンのどちらか。
③食後しばらくすると，グルカゴン，血糖，インスリンの濃度はどうなるか。

### 16 体液性免疫の二次応答㊍ p.211

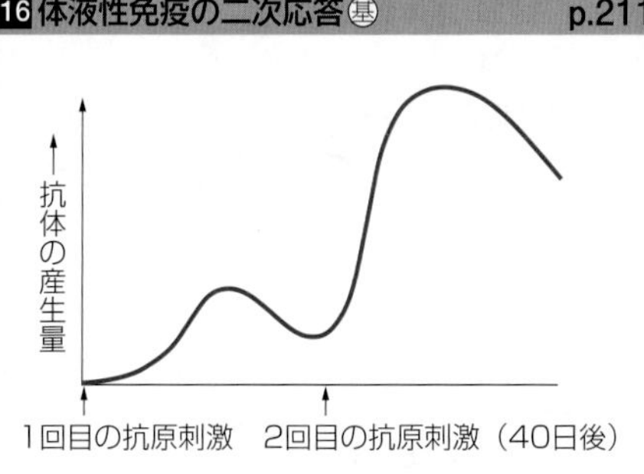


①抗原刺激により抗体の量はどうなるか。
② 1 回目の抗原刺激と 2 回目の抗原刺激とで，抗体の産生量はどう違うか。
③ 1 回目の抗原刺激と 2 回目の抗原刺激とで，抗体産生速度はどう違うか。

### 17 視細胞の分布 p.215

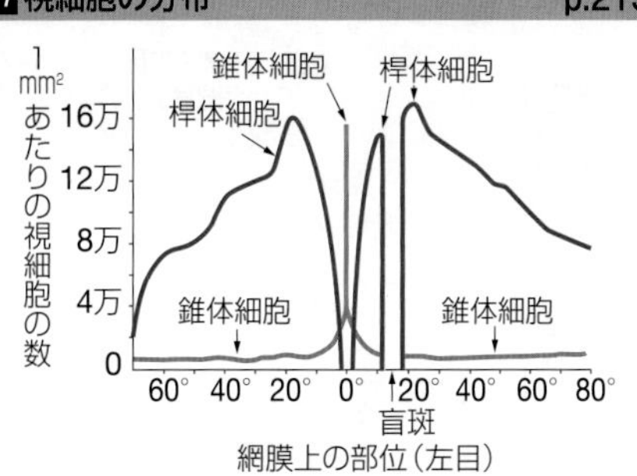


①桿体細胞が多いのは網膜のどの部位か。
②錐体細胞が多いのは網膜のどの部位か。
③盲斑の部位に視細胞がないのはなぜか。

### 18 神経の活動電位 p.222

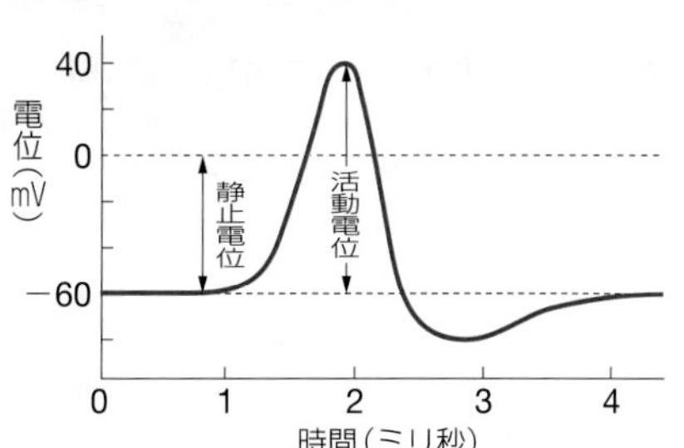


①静止電位から活動電位にかわることで電位はどう変化するか。
②活動電位が収まった直後に，電位はどうなるか。
②活動電位が収まってしばらくすると，電位はどうなるか。

# Vi

**19 神経（軸索の束）の興奮** p.223

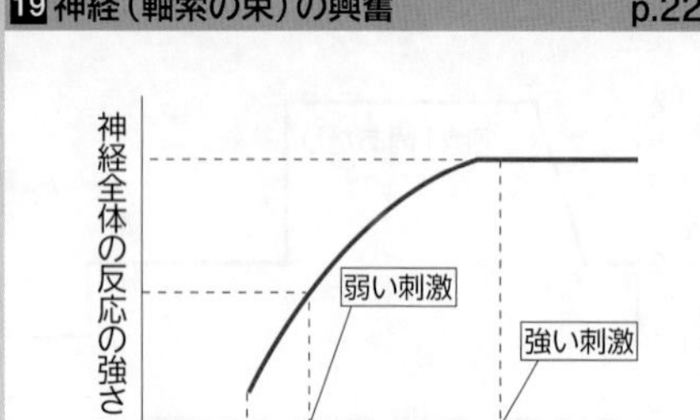


①刺激が強くなると反応の強さはどうなるか。
②ある刺激の強さで，突然反応が現れるのはなぜか。
③刺激を強くしても反応の強さが一定の値に達するのはなぜか。

**20 筋肉の単収縮** p.231

収縮の大きさ
潜伏期
収縮期
弛緩期
0
約0.1秒
刺激

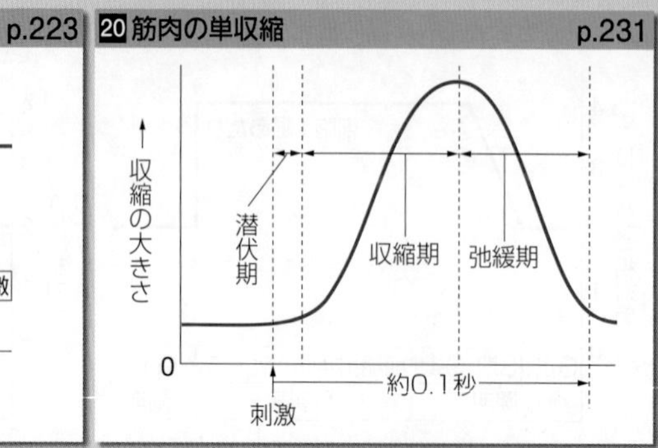

①刺激をした直後に潜伏期があるのはなぜか。
②収縮の大きさが一定の値に達するのはなぜか。
③収縮期と弛緩期の時間はどのように違っているか。その理由は何か。

**21 筋肉の収縮** p.231

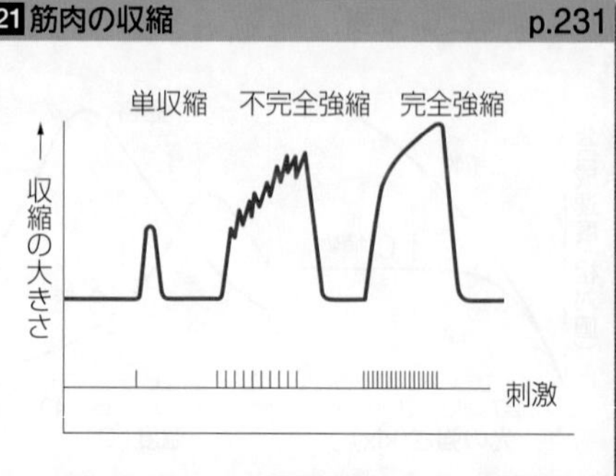


①収縮の大きさは，単収縮，不完全強縮，完全強縮でどう違うか。
②単収縮，不完全強縮，完全強縮それぞれで，刺激の回数との関係はどうなっているか。

**22 オーキシンの濃度と器官の成長** p.242

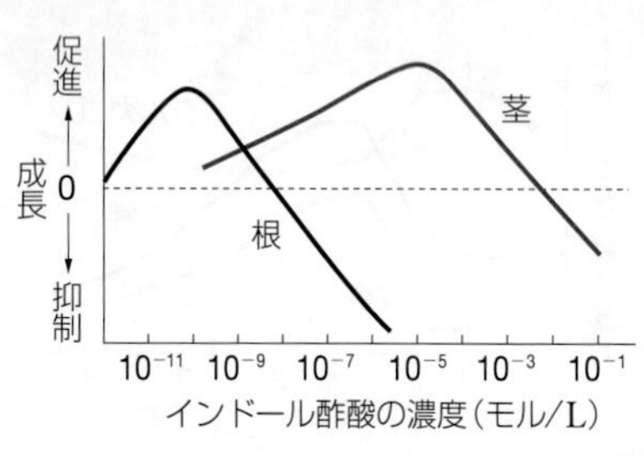


①根の成長は，インドール酢酸濃度によってどう変化するか。
②茎の成長は，インドール酢酸濃度によってどう変化するか。

**23 1日の暗期と開花** p.246

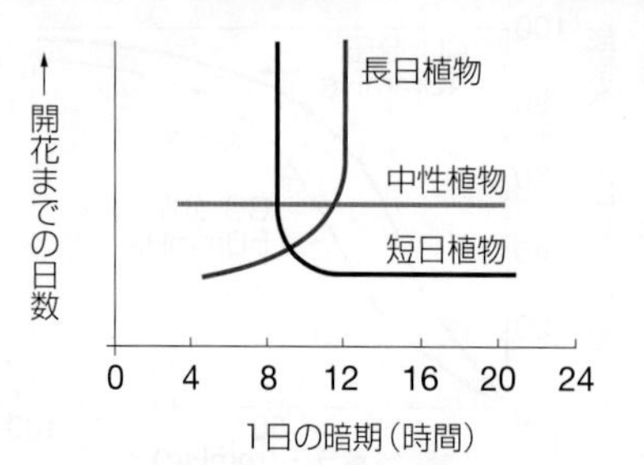


①長日植物の開花までの日数と，1日の暗期の関係はどうなっているか。
②中性植物の開花までの日数と，1日の暗期の関係はどうなっているか。
③短日植物の開花までの日数と，1日の暗期の関係はどうなっているか。

**24 日長と開花** p.246

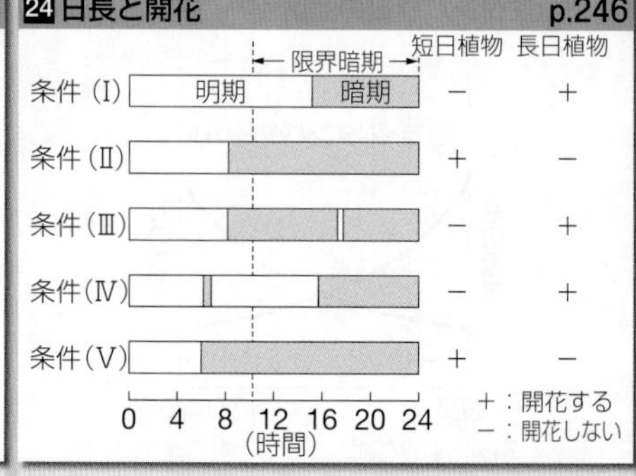


①条件（Ⅱ）と条件（Ⅲ）で開花の結果が異なるのはなぜか。
②条件（Ⅳ）と条件（Ⅴ）で開花の結果が異なるのはなぜか。
③開花に影響するのは明期と暗期のどちらか。

**25 生産構造図** p.261

イネ科型
広葉型
0 光の強さ 100(%)
相対照度
地上からの高さ
同化器官 非同化器官
0
生産量

①イネ科型の植物には，同化器官・非同化器官の分布，相対照度にどのような特徴があるか。
②広葉型の植物には，同化器官・非同化器官の分布，相対照度にどのような特徴があるか。

**26 気候とバイオーム㊍** p.268

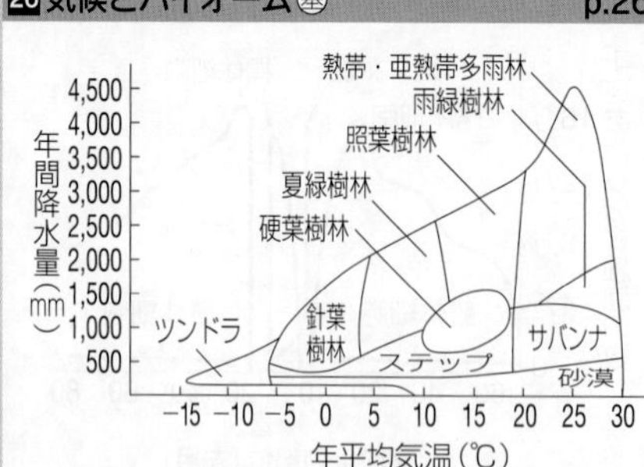


①年平均気温や年間降水量の低いところにどのバイオームが分布するか。
②森林のバイオームの違いは，主に何によって分けられるか。
③バイオーム分布の基準となるのはどのような指標か。

**27 ケイ藻類の個体数の年変化** p.272

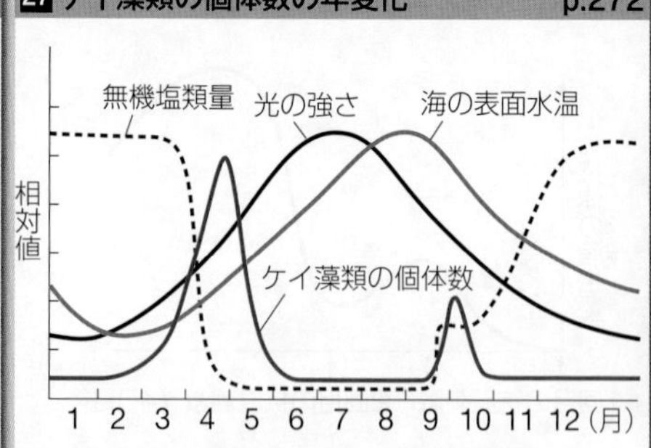


①春季のケイソウの個体数増加に影響を与える条件は何か。
②夏季のケイソウの個体数に影響を与える条件は何か。
③ケイソウの個体数と無機塩類量にはどのような関係が見られるか。

### 28 個体群の成長 p.272

↑個体数
環境の影響を受けないときの成長曲線
密度効果
成長曲線
時間→

①環境の影響を受けないとき，個体数は時間の経過に伴ってどうなるか。
②密度効果があるとき，個体数は時間の経過に伴ってどのように変化するか。その理由はなぜか。

### 29 生存曲線 p.273

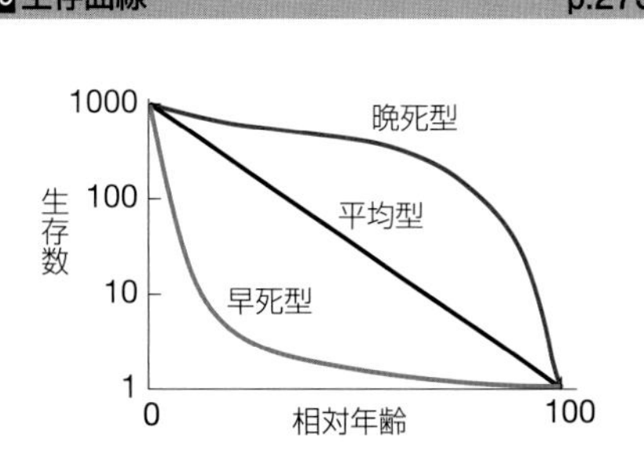


①生存数は相対年齢が上がるとどうなるか。
②早死型の生存数は，他の型とどう違うか。その理由は何か。
③晩死型の生存数は，他の型とどう違うか。その理由は何か。

### 30 群れの利益と不利益 p.274

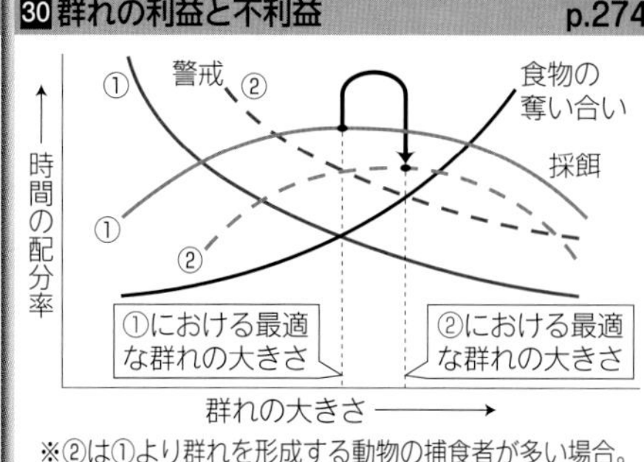


①群れの大きさが変化すると，採餌の時間はどうなるか。
②群れが大きくなると警戒と食物の奪い合い時間はそれぞれどうなるか。
③群れの大きさが最適になるのはどのようなときか。

### 31 縄張りのコストと利益 p.274

↑利益またはコストの大きさ
コスト
縄張りが成立
利益
最適な大きさ
縄張りの大きさ→

①縄張りが大きくなっていくと利益はどうなるか。
②縄張りが大きくなっていくとコストはどうなるか。
③縄張りが成立するのは，利益とコストにどのような関係があるときか。

### 32 ゾウリムシの種間競争 p.276

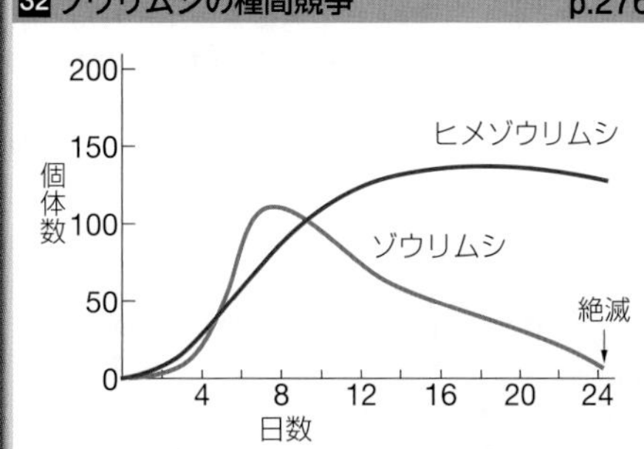


①初期に，ゾウリムシとヒメゾウリムシの個体数はどう変化しているか。
②ヒメゾウリムシが一定の個体数に達するのはなぜか。
③ゾウリムシが絶滅したのはなぜか。

### 33 被食者・捕食者の個体数の周期性㊍ p.277

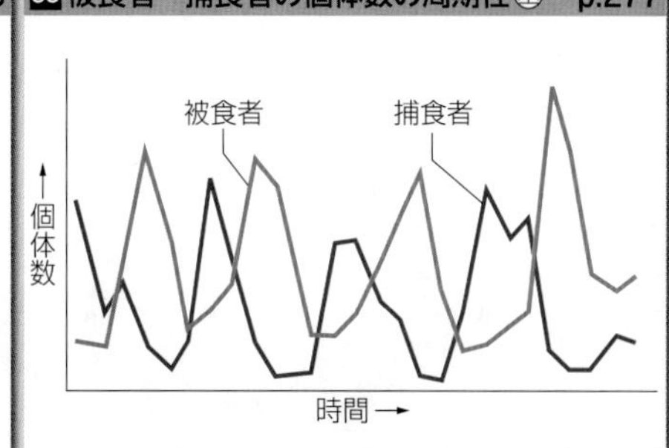


①被食者の個体数が増減すると，捕食者の個体数はどうなるか。
②捕食者の個体数が増減すると，被食者の個体数はどうなるか。
③被食者と捕食者の個体数の間にはどのような関係性があるか。

### 34 中規模かく乱説㊍ p.288

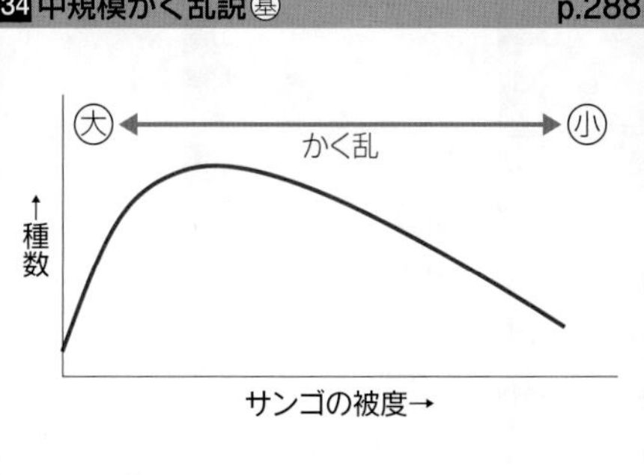


①かく乱が大きいとき，種数はどうなっているか。
②かく乱が小さいとき，種数はどうなっているか。
③種数が最大になるのは，かく乱の程度がどのようなときか。

### 35 自然浄化㊍ p.289

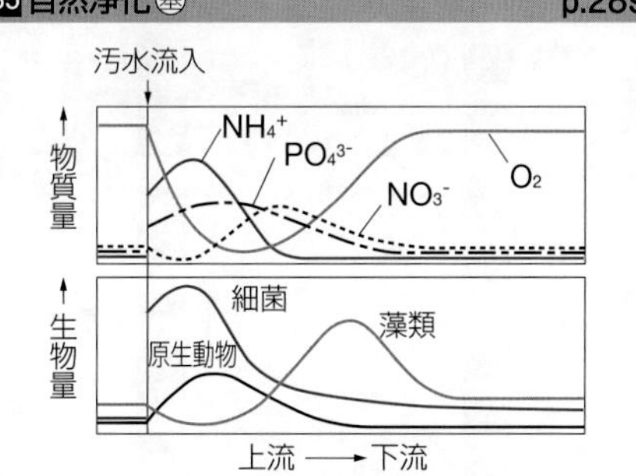


①汚水流入で物質量が変化するのはどのような理由によるか。
②汚水流入で生物量が変化するのはどのような理由によるか。
③汚水流入のあった河川の下流では，物質量・生物量はどうなるか。

### 36 大気中の二酸化炭素濃度と酸素濃度 p.306

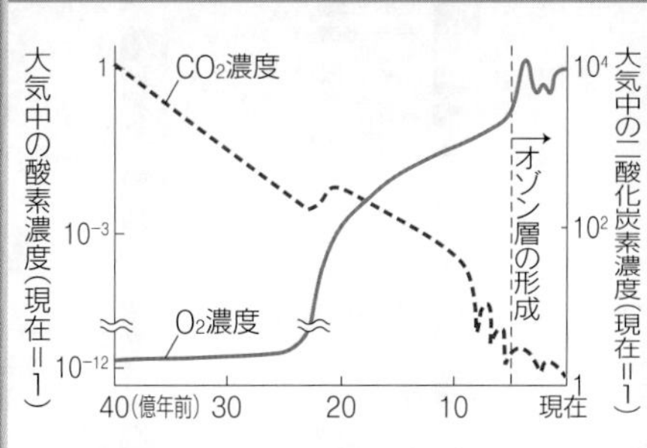


①初期の地球では，大気中の二酸化炭素濃度と酸素濃度はどうなっていたか。
②時間が経過するにしたがって，大気中の二酸化炭素濃度と酸素濃度はどのように変化したか。

# ヒトゲノムマップ

**ヒトゲノムマップとは，ヒトの染色体上における遺伝子の位置(遺伝子座)を示したものである。**
**ここに示すヒトゲノムマップは，文部科学省で頒布している「一家に1枚ヒトゲノムマップ(第3版)」を引用した。**

### 染色体は遺伝子の格納庫

ゲノムマップでは，棒状の分裂期中期の染色体(⇒p.40)における遺伝子座を示している。染色体の構造と働きは生物のどの種でも基本的に共通であり，分裂期の染色体は複製された遺伝子DNAの分配を正確に行う装置をもっている。中期染色体がもつ分配装置・格納装置の構造を右に示す。

**セントロメア**
動原体形成に関わるDNA配列。染色体のほぼ中心に位置することから名付けられた。

**動原体(キネトコア)**
紡錘糸の付着構造(⇒p.105)をつくり，両極へ分配する装置。染色体がくびれた部分で，ヒトゲノムマップでは，赤色で示されている。

**Gバンド**
ギムザ染色による染色体染め分けで現れる，染色体のしま模様。染色体内の凝集度の差が染色の濃淡となって現れる。染色分体どうしは複製されたものなので，Gバンドも同じパターンである。ゲノムマップは，Gバンドを目印として遺伝子座を示している。

**テロメア**(⇒p.103)
染色体末端がきちんと閉じられ，遺伝子が格納されるのに重要な構造。これにより，他の染色体との結合やDNA分解酵素による分解を防いでいる。

ヒトゲノムマップに示されている部分

**染色分体**
複製によってできた染色体腕で，左右の腕には遺伝子座もDNA配列もまったく同じ遺伝子が存在する。そのため，ゲノムマップでは，性染色体を除き，一方のみが示される。左右の腕は両極に分配される。

染色体末端にみられるテロメア(この写真では緑の蛍光シグナル)

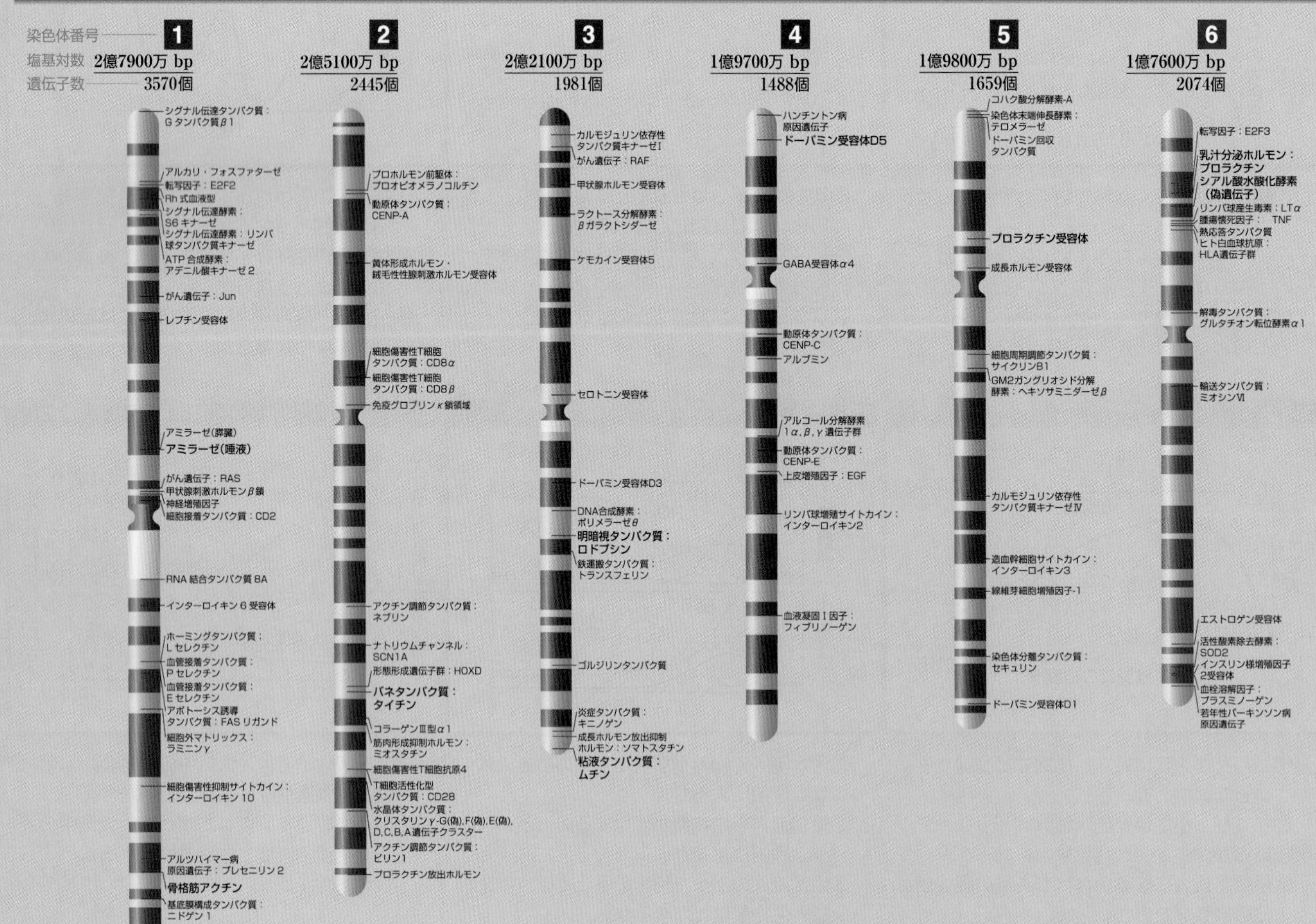

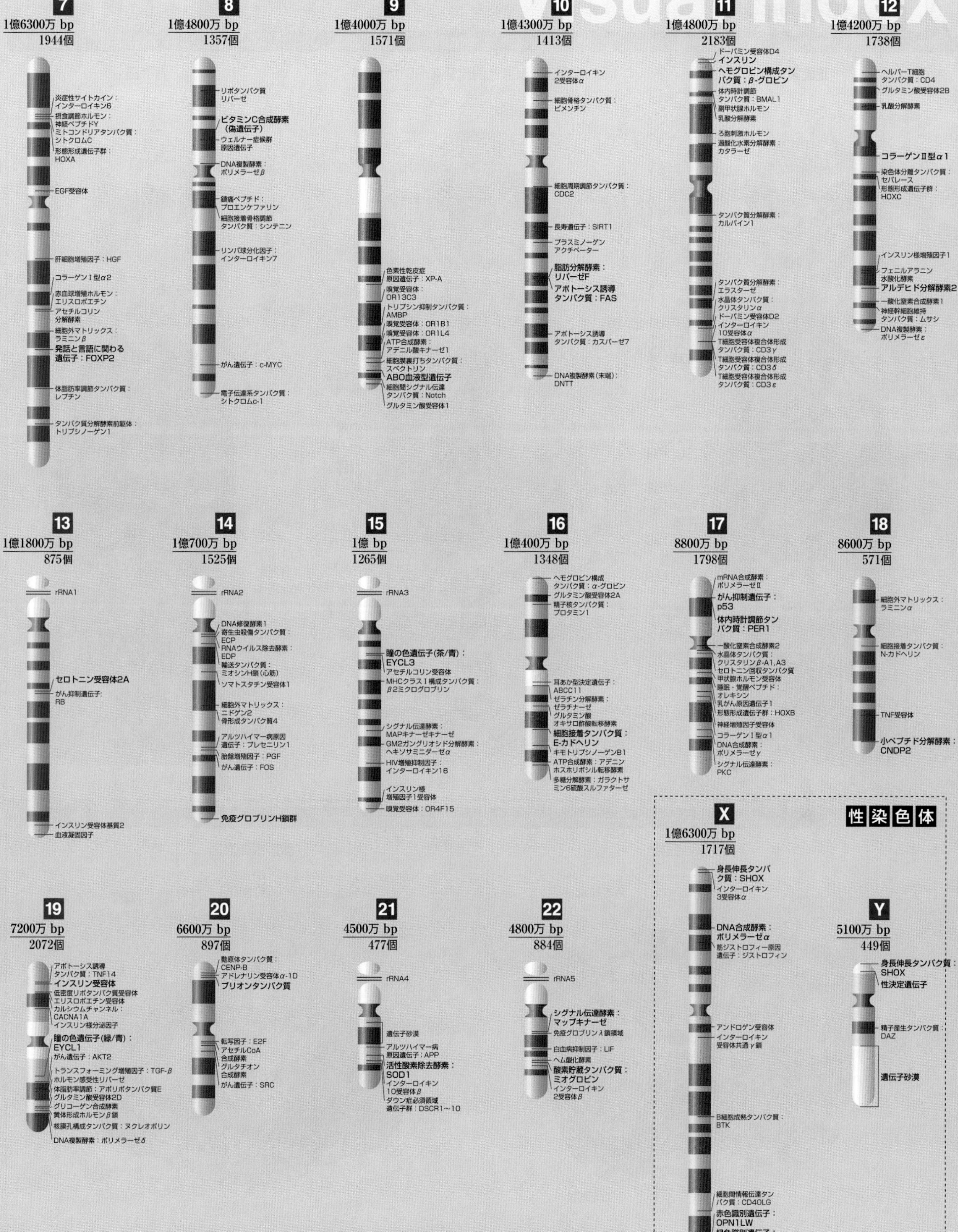
Visual index
7
1億6300万 bp
1944個
炎症性サイトカイン：インターロイキン6
摂食調節ホルモン：神経ペプチドY
ミトコンドリアタンパク質：シトクロムC
形態形成遺伝子群：HOXA
EGF受容体
肝細胞増殖因子：HGF
コラーゲンⅠ型α2
赤血球増殖ホルモン：エリスロポエチン
アセチルコリン分解酵素
細胞外マトリックス：ラミニンβ
発話と言語に関わる遺伝子：FOXP2
体脂肪率調節タンパク質：レプチン
タンパク質分解酵素前駆体：トリプシノーゲン1
8
1億4800万 bp
1357個
リポタンパク質リパーゼ
ビタミンC合成酵素（偽遺伝子）
ウェルナー症候群原因遺伝子
DNA複製酵素：ポリメラーゼβ
鎮痛ペプチド：プロエンケファリン
細胞接着骨格調節タンパク質：シンテニン
リンパ球分化因子：インターロイキン7
がん遺伝子：c-MYC
電子伝達系タンパク質：シトクロムc-1
9
1億4000万 bp
1571個
色素性乾皮症原因遺伝子：XP-A
嗅覚受容体：OR13C3
トリプシン抑制タンパク質：AMBP
嗅覚受容体：OR1B1
嗅覚受容体：OR1L4
ATP合成酵素：アデニル酸キナーゼ1
細胞膜裏打ちタンパク質：スペクトリン
ABO血液型遺伝子
細胞間シグナル伝達タンパク質：Notch
グルタミン酸受容体1
10
1億4300万 bp
1413個
インターロイキン2受容体α
細胞骨格タンパク質：ビメンチン
細胞周期調節タンパク質：CDC2
長寿遺伝子：SIRT1
プラスミノーゲンアクチベーター
脂肪分解酵素：リパーゼF
アポトーシス誘導タンパク質：FAS
アポトーシス誘導タンパク質：カスパーゼ7
DNA複製酵素（末端）：DNTT
11
1億4800万 bp
2183個
ドーパミン受容体D4
インスリン
ヘモグロビン構成タンパク質：β-グロビン
体内時計調節タンパク質：BMAL1
副甲状腺ホルモン
乳酸分解酵素
ろ胞刺激ホルモン
過酸化水素分解酵素：カタラーゼ
タンパク質分解酵素：カルパイン1
タンパク質分解酵素：エラスターゼ
水晶体タンパク質：クリスタリンα
ドーパミン受容体D2
インターロイキン10受容体α
T細胞受容体複合体形成タンパク質：CD3γ
T細胞受容体複合体形成タンパク質：CD3δ
T細胞受容体複合体形成タンパク質：CD3ε
12
1億4200万 bp
1738個
ヘルパーT細胞タンパク質：CD4
グルタミン酸受容体2B
乳酸分解酵素
コラーゲンⅡ型α1
染色体分離タンパク質：セパレース
形態形成遺伝子群：HOXC
インスリン様増殖因子1
フェニルアラニン水酸化酵素
アルデヒド分解酵素2
一酸化窒素合成酵素1
神経幹細胞維持タンパク質：ムサシ
DNA複製酵素：ポリメラーゼε
13
1億1800万 bp
875個
rRNA1
セロトニン受容体2A
がん抑制遺伝子: RB
インスリン受容体基質2
血液凝固因子
14
1億700万 bp
1525個
rRNA2
DNA修復酵素1
寄生虫殺傷タンパク質：ECP
RNAウイルス除去酵素：EDP
輸送タンパク質：ミオシンH鎖（心筋）
ソマトスタチン受容体1
細胞外マトリックス：ニドゲン2
骨形成タンパク質4
アルツハイマー病原因遺伝子：プレセニリン1
胎盤増殖因子：PGF
がん遺伝子：FOS
免疫グロブリンH鎖群
15
1億 bp
1265個
rRNA3
瞳の色遺伝子（茶/青）：EYCL3
アセチルコリン受容体
MHCクラスⅠ構成タンパク質：β2ミクログロブリン
シグナル伝達酵素：MAPキナーゼキナーゼ
GM2ガングリオシド分解酵素：ヘキソサミニダーゼα
HIV増殖抑制因子：インターロイキン16
インスリン様増殖因子1受容体
嗅覚受容体：OR4F15
16
1億400万 bp
1348個
ヘモグロビン構成タンパク質：α-グロビン
グルタミン酸受容体2A
精子核タンパク質：プロタミン1
耳あか型決定遺伝子：ABCC11
ゼラチン分解酵素：ゼラチナーゼ
グルタミン酸オキサロ酢酸転移酵素
細胞接着タンパク質：E-カドヘリン
キモトリプシノーゲンB1
ATP合成酵素：アデニンホスホリボシル転移酵素
多糖分解酵素：ガラクトサミン6硫酸スルファターゼ
17
8800万 bp
1798個
mRNA合成酵素：ポリメラーゼⅡ
がん抑制遺伝子：p53
体内時計調節タンパク質：PER1
一酸化窒素合成酵素2
水晶体タンパク質：クリスタリンβ-A1,A3
セロトニン回収タンパク質
甲状腺ホルモン受容体
睡眠・覚醒ペプチド：オレキシン
乳がん原因遺伝子1
形態形成遺伝子群：HOXB
神経増殖因子受容体
コラーゲンⅠ型α1
DNA合成酵素：ポリメラーゼγ
シグナル伝達酵素：PKC
18
8600万 bp
571個
細胞外マトリックス：ラミニンα
細胞接着タンパク質：N-カドヘリン
TNF受容体
小ペプチド分解酵素：CNDP2
X
性染色体
1億6300万 bp
1717個
身長伸長タンパク質：SHOX
インターロイキン3受容体α
DNA合成酵素：ポリメラーゼα
筋ジストロフィー原因遺伝子：ジストロフィン
アンドロゲン受容体
インターロイキン受容体共通γ鎖
B細胞成熟タンパク質：BTK
細胞間情報伝達タンパク質：CD40LG
赤色識別遺伝子：OPN1LW
緑色識別遺伝子：OPN1MW
血液凝固因子
Y
5100万 bp
449個
身長伸長タンパク質：SHOX
性決定遺伝子
精子産生タンパク質：DAZ
遺伝子砂漠
19
7200万 bp
2072個
アポトーシス誘導タンパク質：TNF14
インスリン受容体
低密度リポタンパク質受容体
エリスロポエチン受容体
カルシウムチャンネル：CACNA1A
インスリン様分泌因子
瞳の色遺伝子（緑/青）：EYCL1
がん遺伝子：AKT2
トランスフォーミング増殖因子：TGF-β
ホルモン感受性リパーゼ
体脂肪率調節：アポリポタンパク質E
グルタミン酸受容体2D
グリコーゲン合成酵素
黄体形成ホルモンβ鎖
核膜孔構成タンパク質：ヌクレオポリン
DNA複製酵素：ポリメラーゼδ
20
6600万 bp
897個
動原体タンパク質：CENP-B
アドレナリン受容体α-1D
プリオンタンパク質
転写因子：E2F
アセチルCoA合成酵素
グルタチオン合成酵素
がん遺伝子：SRC
21
4500万 bp
477個
rRNA4
遺伝子砂漠
アルツハイマー病原因遺伝子：APP
活性酸素除去酵素：SOD1
インターロイキン10受容体β
ダウン症必須領域遺伝子群：DSCR1～10
22
4800万 bp
884個
rRNA5
シグナル伝達酵素：マップキナーゼ
免疫グロブリンλ鎖領域
白血病抑制因子：LIF
ヘム酸化酵素
酸素貯蔵タンパク質：ミオグロビン
インターロイキン2受容体β

出典：「一家に１枚ヒトゲノムマップ（第３版１刷）」 監修：文部科学省 著作および販売元：科学技術広報財団
制作：京都大学大学院生命科学研究科・生命文化学研究室 加納圭，川上雅弘，室井かおり，加藤和人

# 人体解剖図

## 正面図

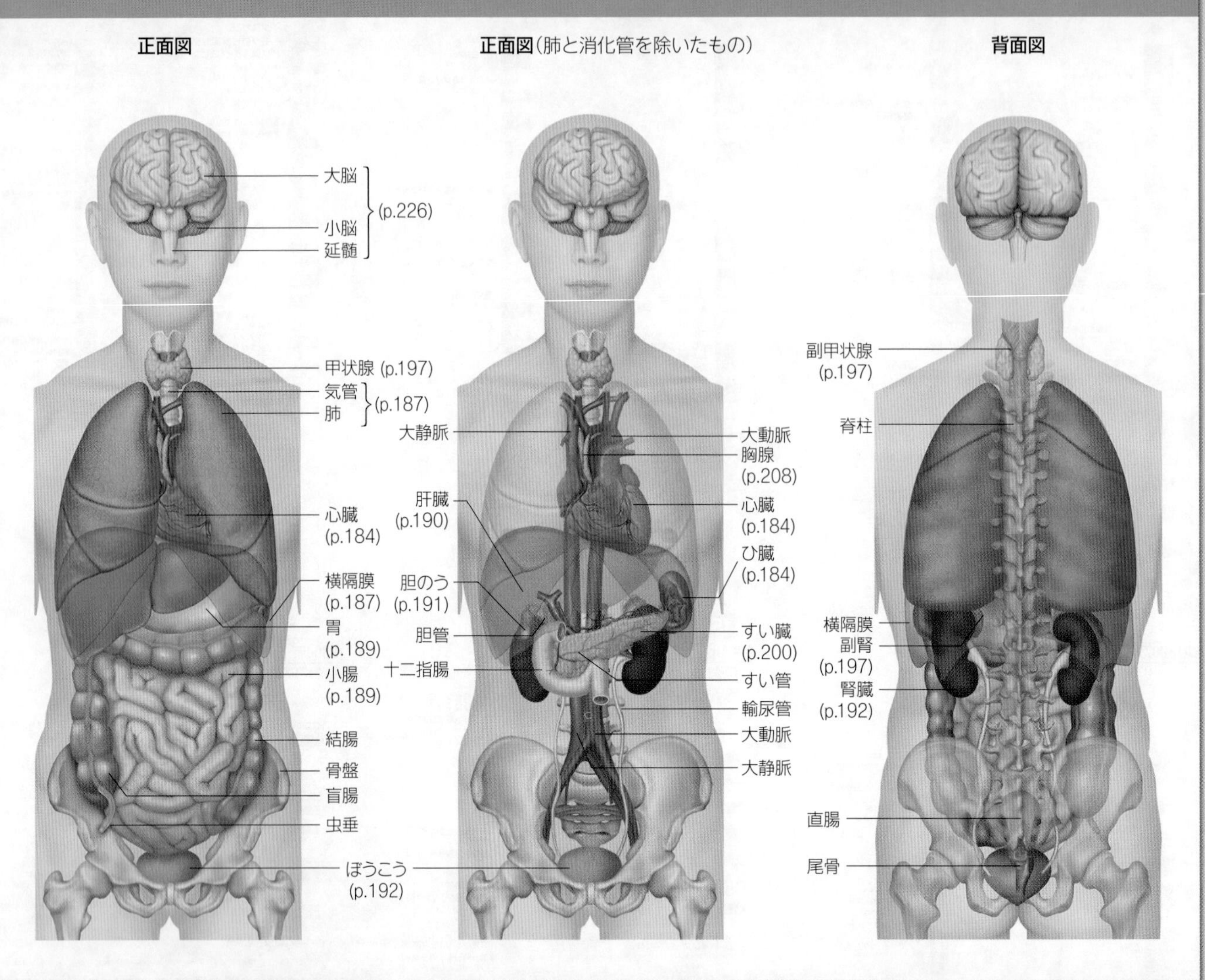

大脳
小脳
延髄
(p.226)
甲状腺 (p.197)
気管
肺
(p.187)
心臓 (p.184)
横隔膜 (p.187)
胃 (p.189)
小腸 (p.189)
結腸
骨盤
盲腸
虫垂
ほうこう (p.192)

## 正面図(肺と消化管を除いたもの)

大静脈
肝臓 (p.190)
胆のう (p.191)
胆管
十二指腸
大動脈
胸腺 (p.208)
心臓 (p.184)
ひ臓 (p.184)
すい臓 (p.200)
すい管
輸尿管
大動脈
大静脈

## 背面図

副甲状腺 (p.197)
脊柱
横隔膜
副腎 (p.197)
腎臓 (p.192)
直腸
尾骨

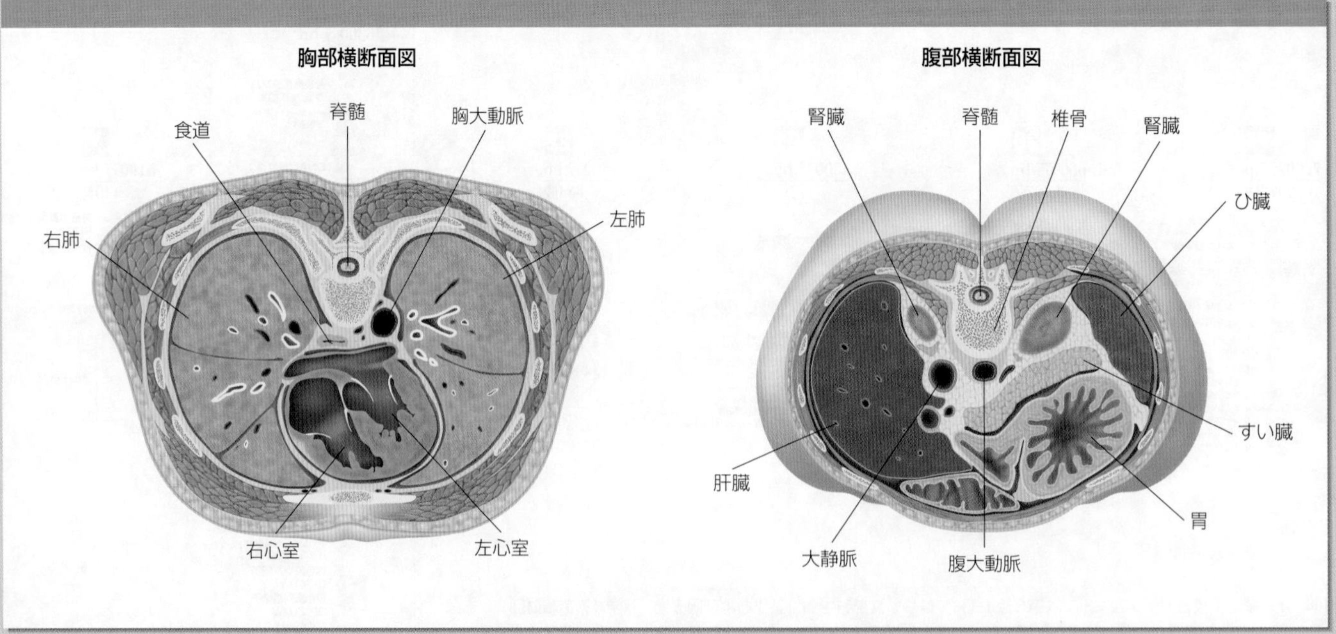

重要生物
99
生物学でよく用いられる生物を紹介しています。生物名は,最もよく用いられているものを示しています。
1 アオミドロ
(緑藻類)
20〜40 μm
40〜120 μm
□エンゲルマンの実験(p.87)
□原始的な有性生殖(p.131)
2 アカパンカビ
(子のう菌類)
□一遺伝子一酵素説(p.112)
80 μm
3 アカマツ
(裸子植物)
□遷移途中の陽樹の代表種(p.262)
30 m
4 アサガオ
(被子植物)
□短日植物(p.246)
□無胚乳種子(p.253)
20 cm〜数 m
5 アズキゾウムシ
(節足動物)
□密度効果(p.272)
2〜3 mm
6 アナアオサ
(緑藻類)
□異形接合(p.131)
30 cm
7 アブラムシ
(節足動物)
□アリとの相利共生(p.277)
3 mm
8 アフリカツメガエル
(両生類)
□発生の観察(p.161)
□核の移植実験(p.168)
10〜12 cm
9 アメーバ
(原生動物)
□核除去実験(p.40)
□アメーバ運動(p.37, 49)
□細胞内消化(p.189)
450〜600 μm
10 アメフラシ
(軟体動物)
□慣れ(p.238)
20 cm
11 アメリカザリガニ
(節足動物)
□体色変化と脱皮(p.203)
10 cm
12 アメリカシロヒトリ
(節足動物)
□生存曲線(p.273)
5〜30 mm
25〜35 mm
13 アユ
(魚類)
□縄張り(p.274)
□すみわけ(p.276)
10〜30 cm
14 アリ
(節足動物)
□アブラムシとの相利共生(p.277)
3〜13 mm
15 イソギンチャク
(刺胞動物)
□縦分裂(p.130)
5 mm〜20 cm
16 イチョウ
(裸子植物)
□裸子植物の生殖(p.253, 329)
□生きている化石(p.320)
35〜45 m
17 イトヨ
(魚類)
□本能行動(p.232)
5〜9 cm
18 イネ
(被子植物)
□ゲノム解析(p.123)
□キセニア(p.139)
□ジベレリン(p.243)
□生産構造図(p.261)
80〜100 cm
19 イボニシ
(軟体動物)
□環境ホルモン(p.293)
4 cm

20 ウミホタル
（節足動物）
□発光（p.77）
2 mm
21 エンドウ
（被子植物）
□遺伝の実験
（p.135）
□相同・相似器官
（p.321）
30〜
200 cm
22 オイカワ
（魚類）
□すみわけ（p.276）
◆関連：カワムツ
12〜16 cm
23 オオオナモミ
（被子植物）
□短日植物（p.246）
□フロリゲン
（p.247）
50〜
200 cm
24 オオカナダモ
（被子植物）
□原形質流動・原形質分離（p.49）
2〜3 cm
25 オオシモフリエダシャク
（節足動物）
□工業暗化（p.302）
38〜50 mm
26 オオムギ
（被子植物）
□発芽のしくみ（p.245）
1 m
27 オキアミ
（節足動物）
□海洋での食物網（p.282）
2 cm
28 カイコガ
（節足動物）
□抑制遺伝子（p.138）
□脱皮・変態（p.203）
□性フェロモン（p.233）
30〜
45 mm
29 カサノリ
（緑藻類）
□再生実験（p.40）
7〜
10 cm
30 カボチャ
（被子植物）
□組織の観察（p.55）
□被覆遺伝子（p.138）
15 cm
31 カモノハシ
（哺乳類）
□生物分類（p.324）
60 cm
32 キイロショウジョウバエ
（節足動物）
□連鎖地図（p.142）
□だ腺染色体（p.143）
□伴性遺伝（p.144）
□ホメオティック遺伝子（p.177）
2 mm
33 キイロタマホコリカビ
（細胞性粘菌類）
□単純な分化の例（p.51）
2 mm
34 クシイモリ・スジイモリ
（両生類）
□胚の結さつ実験（p.169）
□胚の交換移植実験
（p.171）
□再生（p.178）
17 cm
35 クシクラゲ類
（有櫛動物）
□モザイク卵（p.170）
5〜
10 cm
36 クラミドモナス
（緑藻類）
□同形接合（p.131）
17〜
20 μm
37 クロレラ
（緑藻類）
□ルーベンの実験（p.90）
□カルビンの実験（p.91）
3〜10 μm
38 ケイソウ
（ケイ藻類）
□植物プランクトン（p.267）
□作用・環境形成作用
（p.272）
50 μm
39 酵母
（子のう菌類）
□発酵（p.82）
□バイオリアクター
（p.83）
□出芽（p.130）
5〜
8 μm

40 ゴキブリ
（節足動物）
□再生（p.178）
□集合フェロモン
（p.233）
1～4 cm
41 コムギ
（被子植物）
□春化処理（p.247）
1 m
42 コメツガ
（裸子植物）
□亜高山帯針葉樹林の
代表種（p.267）
◆関連：シラビソ
20～30 m
43 根粒菌
（細菌）
□窒素固定細菌
（p.97）
40 μm
44 サナダムシ
（扁形動物）
□進化としての退化（p.302）
1～6 m
45 シャジクモ
（シャジクモ類）
□受精（p.131）
10～40 cm
46 シロアリ
（節足動物）
□分解者（p.282）
□社会性昆虫
（p.275）
3～8 mm
47 シロイヌナズナ
（被子植物）
□ゲノム解析（p.123）
□ホメオティック
遺伝子（p.255）
10～30 cm
48 スイートピー
（被子植物）
□補足遺伝子（p.138）
□連鎖と組換えの
実験（p.141）
1～2 m
49 ススキ
（被子植物）
□先駆種の代表種
（p.262）
1～2 m
50 セグロカモメ
（鳥類）
□つつき行動（p.232）
60 cm
51 センチュウ
（線形動物）
□細胞系譜図（p.167）
1 mm～1 cm
52 ゾウリムシ
（原生動物）
□横分裂（p.130）
□接合（p.131）
□種間競争（p.276）
170～200 μm
53 ソバ
（被子植物）
□ヤエナリとの種間
競争（p.276）
40～70 cm
54 ダイズ
（被子植物）
□根粒菌との相利
共生（p.97）
□無胚乳種子
（p.253）
50～60 cm
55 大腸菌
（細菌）
□T2ファージの宿主
（p.99）
□遺伝子組換え
実験（p.124）
2～3 μm
56 タバコ
（被子植物）
□光発芽種子（p.245）
30 cm
57 タブノキ
（被子植物）
□陽葉と陰葉（p.264）
□照葉樹林の代表
的高木（p.266）
15 m
58 タマネギ
（被子植物）
□体細胞分裂の観察
（p.104）
50 cm
59 チングルマ
（被子植物）
□高山帯の植物
（p.267）
10～20 cm

60 チンパンジー（哺乳類）
□知能(p.237)
70〜90 cm
61 ツバキ（被子植物）
□葉の断面の観察(p.55)
□照葉樹林の代表的低木(p.267)
5〜18 m
62 トウモロコシ（被子植物）
□C4植物(p.94)
□キセニア(p.139)
□中性植物(p.246)
1〜3 m
63 トドマツ（裸子植物）
□北海道亜寒帯針葉樹林の代表種(p.266)
20〜35 m
64 トノサマバッタ（節足動物）
□相変異(p.273)
50〜65 mm
65 ナズナ（被子植物）
□同義遺伝子(p.138)
□無胚乳種子(p.253)
10〜50 cm
66 ニワトリ（鳥類）
□発生の観察(p.162)
□表皮と真皮の相互作用(p.175)
□順位制(p.275)
20〜40 cm
67 ネンジュモ（細菌）
□窒素固定(p.97)
17 μm
10 μm
68 肺炎双球菌（細菌）
□形質転換の実験(p.98)
1 μm
69 パイナップル（被子植物）
□酵素実験(p.74)
□CAM植物(p.94)
1 m
70 ハイマツ（裸子植物）
□高山帯低木林の代表種(p.267)
7〜8 m
71 ハダカデバネズミ（哺乳類）
□社会性動物(p.275)
3.5〜4cm
8〜9 cm
72 ハツカネズミ（哺乳類）
□形質転換の実験(p.98)
□バイオテクノロジー(p.129)
7.5〜10 cm
73 ヒカゲノカズラ（シダ植物）
□シダ植物(p.328)
7〜10 cm
74 ヒキガエル（両生類）
□発生の観察(p.161)
10 cm
75 ヒツジ（哺乳類）
□クローン動物(p.180)
80 cm
76 ヒドラ（刺胞動物）
□単純な分化の例(p.51)
□出芽(p.130)
□細胞外消化(p.189)
□散在神経系(p.226)
5〜15 mm
77 フィンチ類（鳥類）
□自然選択説(p.298)
10〜15 cm
78 ブナ（被子植物）
□夏緑樹林帯の代表的高木(p.266)
◆関連:ミズナラ
30 m
79 プラナリア（扁形動物）
□再生(p.178)
□杯状眼(p.217)
□かご形神経系(p.226)
□負の光走性(p.232)
20〜35 mm

80 ヘゴ（シダ植物）
□亜熱帯多雨林の代表種(p.266)
4 m
81 ホオジロ（鳥類）
□テリトリーソング(p.274)
15 cm
82 ホッキョクグマ（哺乳類）
□ベルクマンの規則(p.272)
2～2.5 m
83 ボルボックス（緑藻類）
□細胞群体(p.51)
400～800 μm
84 マカラスムギ（被子植物）
□オーキシンの研究(p.240)
1 m
85 マンボウ（魚類）
□産卵数が非常に多い(p.273)
3 m
86 ミズクラゲ（刺胞動物）
□多分裂(p.130)
10～20 cm
87 ミツバチ（節足動物）
□8の字ダンス(p.232)
□社会性昆虫(p.275)
10～15 mm
88 ミドリムシ（ミドリムシ類）
□縦分裂(p.130)
□眼点(p.217)
□正の光走性(p.232)
30～100 μm
89 ミミズ（環形動物）
□皮膚呼吸(p.188)
6～18 cm
90 ムラサキウニ（棘皮動物）
□受精(p.153)
□等割(p.155)
□初期発生(p.156)
□調節卵(p.170)
5 cm
91 ムラサキツユクサ（被子植物）
□原形質分離(p.49)
50 cm
92 メダカ（魚類）
□発生の観察(p.163)
3 cm
93 モノアラガイ（軟体動物）
□遅滞遺伝(p.139)
2 cm
94 ヤコウチュウ（渦鞭毛藻類）
□発光(p.77)
□赤潮(p.293)
1 mm
95 ヤマノイモ（被子植物）
□むかご(p.130)
□マント群落(p.260)
10 cm
96 ヤマメ（魚類）
□陸封(p.148)
12～30 cm
97 ユキノシタ（被子植物）
□原形質分離(p.49)
□走出枝(p.130)
40 cm
98 ユスリカ（節足動物）
□パフの観察(p.119)
□だ腺染色体の観察(p.143)
6～10 mm
99 ワタ（被子植物）
□アブシシン酸(p.250)
60 cm

# 生物の研究法…1

観察法の発達に伴って，研究も進んでいる。単に拡大するだけでなく，内部構造や表面構造など様々な角度からの観察法が工夫されている。

## レンズによる観察

必要な拡大の度合いによって，用いる器具を使い分けることが重要である。肉眼や双眼鏡も重要な観察手段である。

### 虫めがね

### ルーペ

### 光学顕微鏡

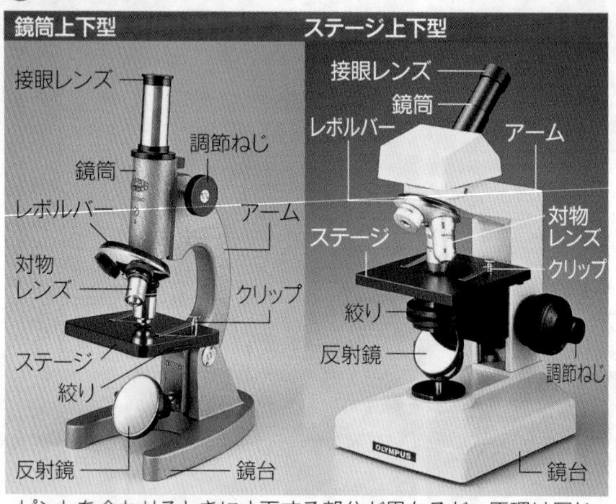


ピントを合わせるときに上下する部分が異なるが，原理は同じである。倍率：1倍～1000倍

### 光学顕微鏡の原理

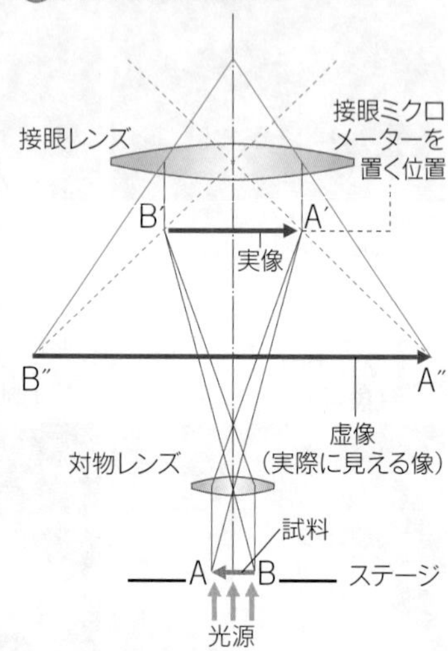


### 双眼実体顕微鏡

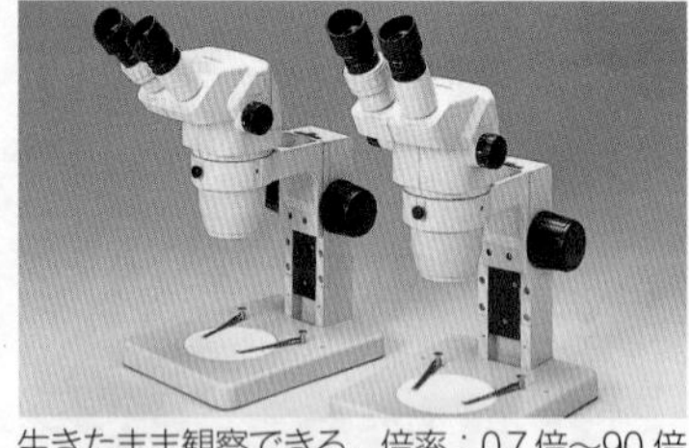

生きたまま観察できる。倍率：0.7倍～90倍

### 様々な光学顕微鏡

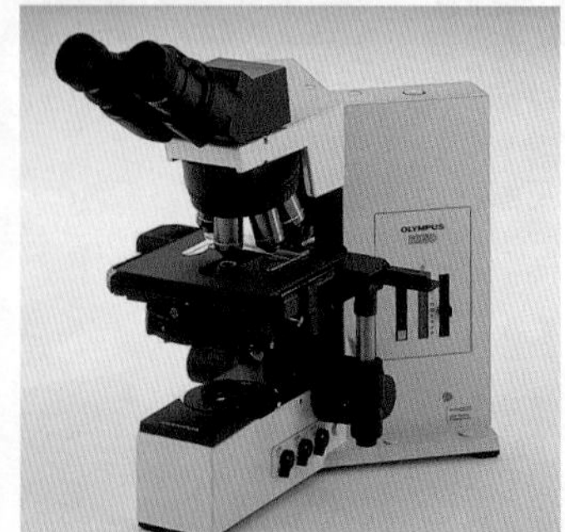

光源を内蔵し，各種フィルターを装備した光学顕微鏡

光学顕微鏡に各種の装置を取り付けると,様々な観察像が得られる。

**一般の顕微鏡像**（染色された材料の例）

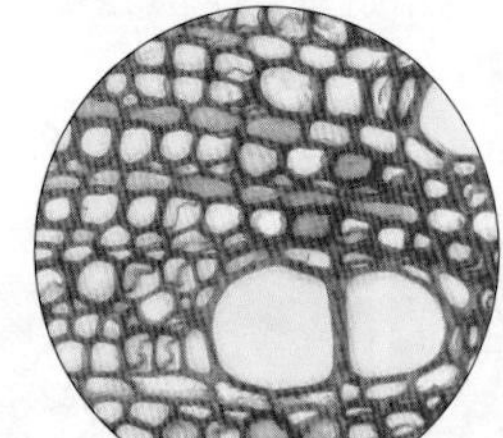

フィルターを用いるとより鮮明な観察像が得られる。

**微分干渉顕微鏡像**

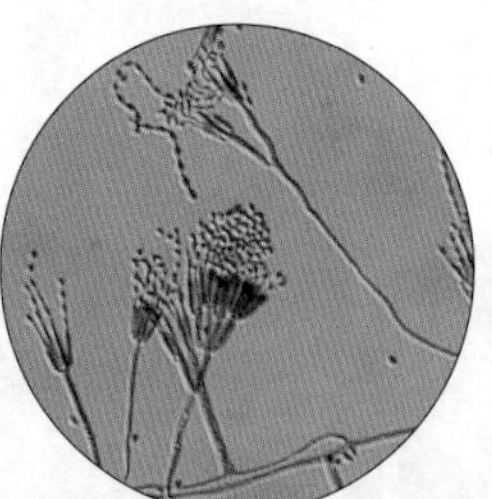

光の干渉を利用して試料を立体的に観察する。

**偏光顕微鏡像**

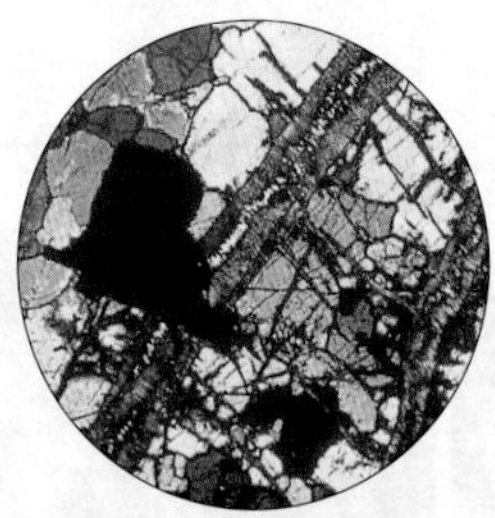

光の屈折によって結晶構造を観察する。

**蛍光顕微鏡像**

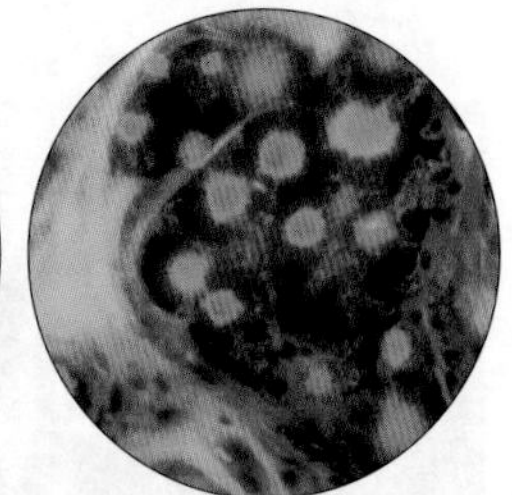

蛍光色素で染色された部分を観察する。

## 電子線による観察（電子顕微鏡）

光よりも波長が短い電子線を用いることによって，高い倍率で観察することができる。

### 透過型電子顕微鏡（TEM; Transmission Electron Microscope）

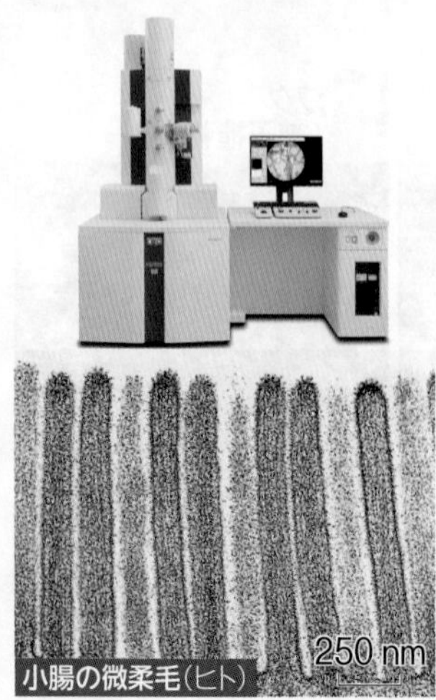


小腸の微柔毛（ヒト）

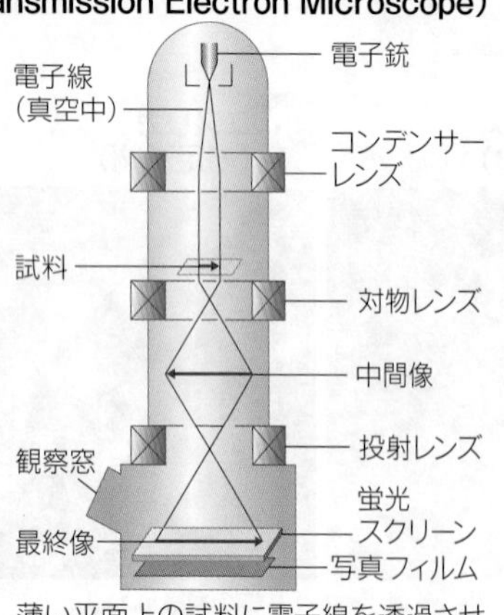


薄い平面上の試料に電子線を透過させて観察する。断面を観察することが多い。倍率：50倍～100万倍

### 走査型電子顕微鏡（SEM; Scanning Electron Microscope）

小腸の微柔毛（ヒト）

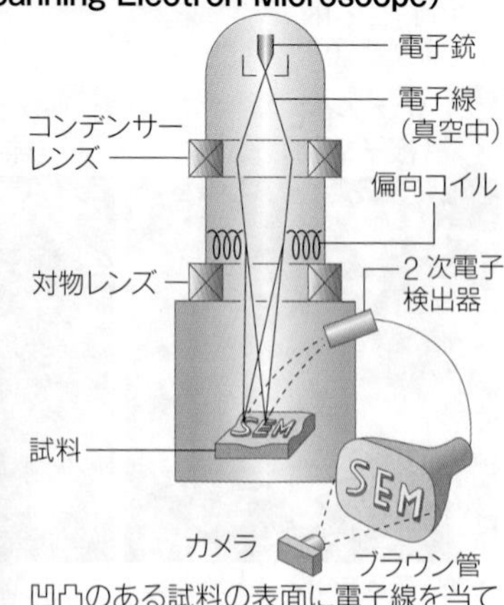


凹凸のある試料の表面に電子線を当てて，表面の様子を立体的に観察する。倍率：20倍～80万倍

## 実験　光学顕微鏡の使い方

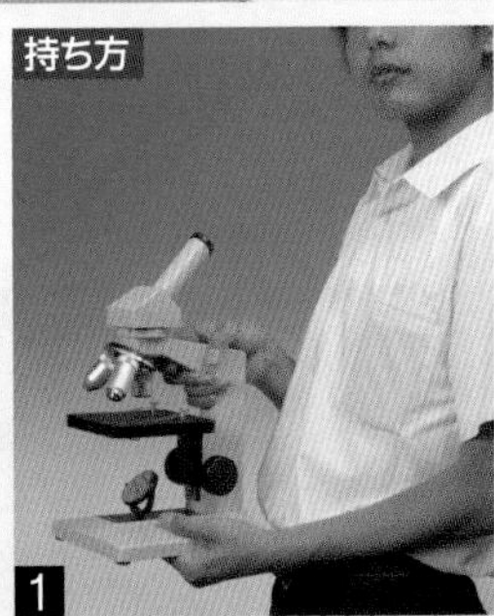

1 アームと鏡台の下を持ち，水平に運ぶ。

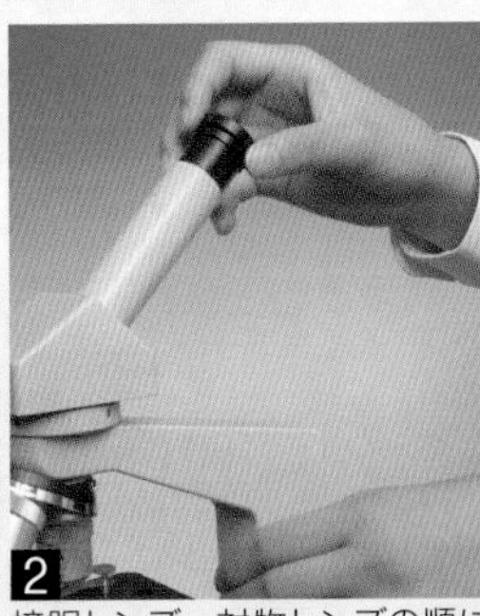


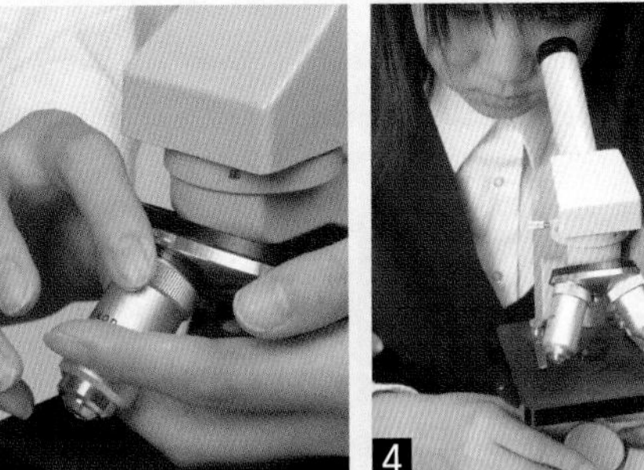

2 3 接眼レンズ，対物レンズの順につけ，対物レンズにごみが落ちるのを防ぐ。対物レンズは手を添えて付ける。

4 反射鏡を調節し，均一に光が入るようにする。

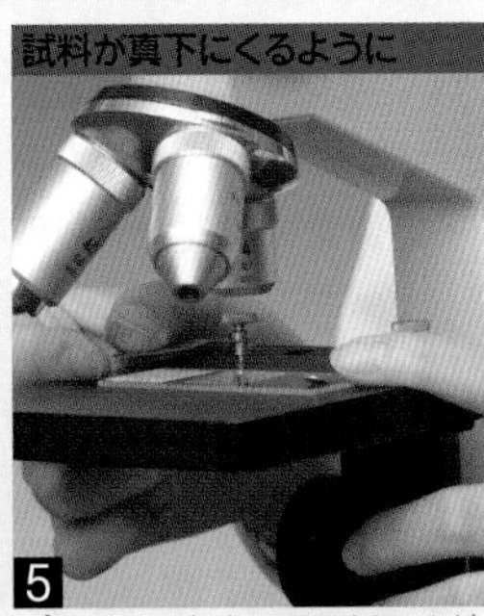

5 プレパラートをステージにのせ，クリップで止める。

6 横から見ながらプレパラートを対物レンズに近付ける。

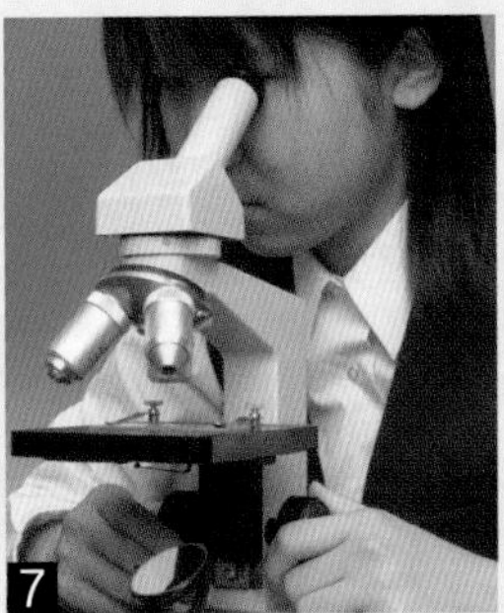

7 ピントが合うまで調節ねじをゆっくり動かす。

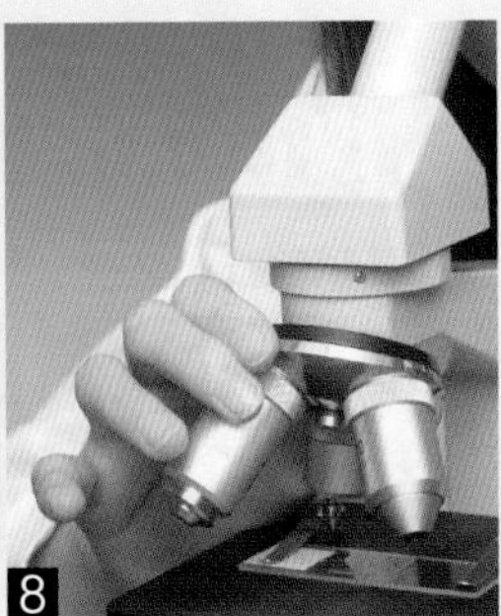

8 倍率の変更はピントが合った状態で行う。

### 倍率と視野の大きさ

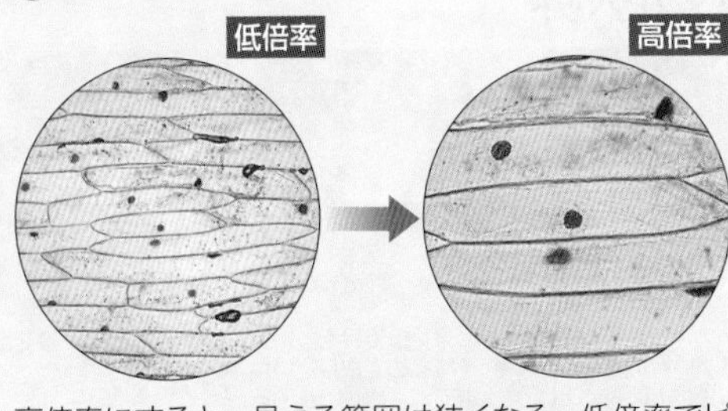


高倍率にすると，見える範囲は狭くなる。低倍率でピントが合っていれば，倍率を上げても微調整ですむ。

### プレパラートの移動と見え方

光学顕微鏡で見える像は実際と上下左右が反転しているため，プレパラートを動かす方向と像が動く方向は逆になる。

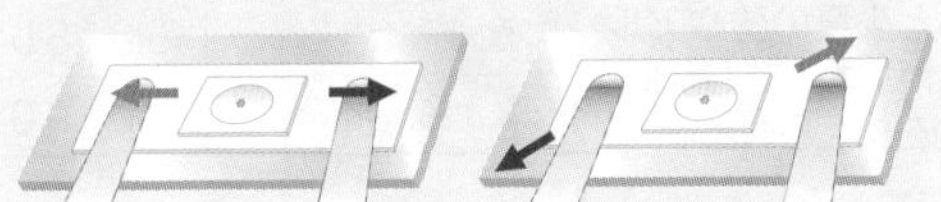

➡ プレパラートを動かす方向　➡ 像が動く方向

80μm

### 試料の厚み

同じ試料でもピントの合う位置により見え方が異なる。

試料の上側に合った場合

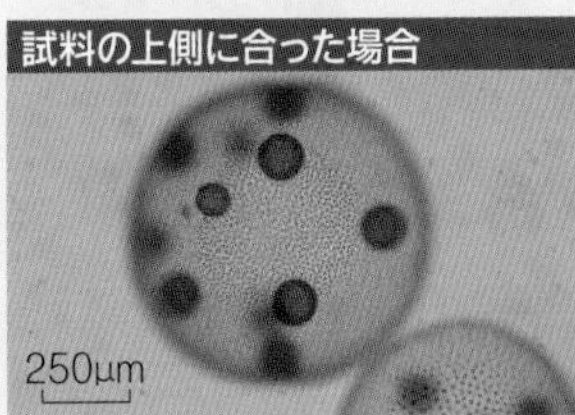


試料の下側に合った場合

### スケッチ

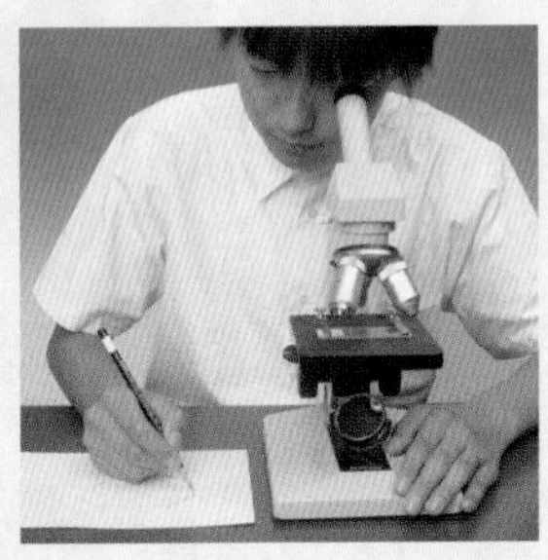

顕微鏡をのぞきながらスケッチする。

**スケッチの例**：輪郭を線でくっきり描く。濃淡は点描で表し，塗りつぶさない。必要に応じて解説を付ける。

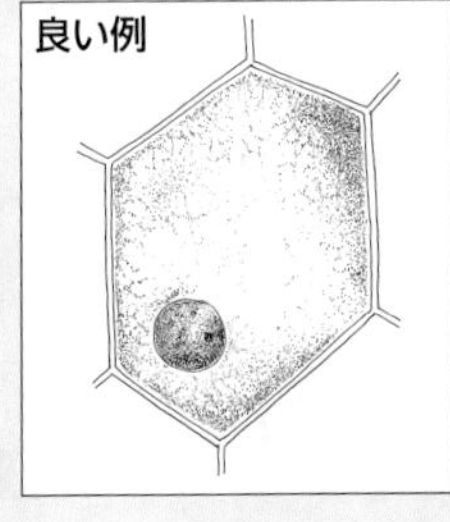


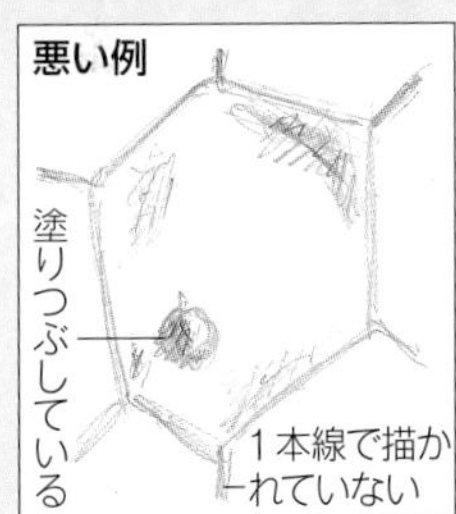


### 絞りの調節

A：絞りが開き過ぎ。立体感が少ない。

B：適正な状態。

C：絞り過ぎると，視野が暗い。

### 不適切な検鏡例

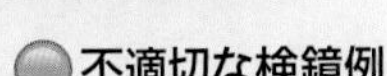

A：レンズにごみが付いている。（レンズペーパーでふく）

B：気泡が入っている。（カバーガラスを押して気泡を出すか別の場所を探す）

C：視野の明るさが不均一。（反射鏡を調節する）

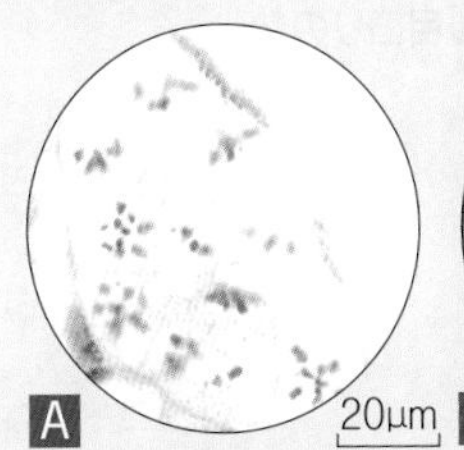


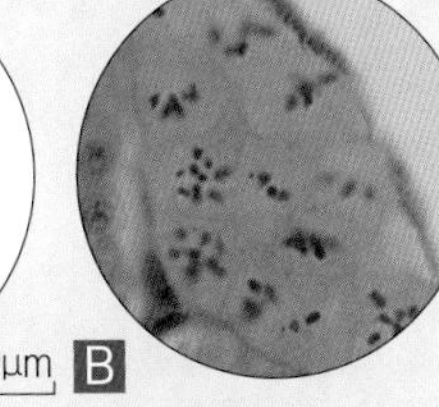


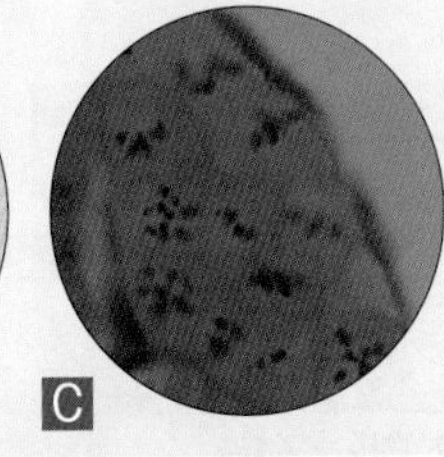


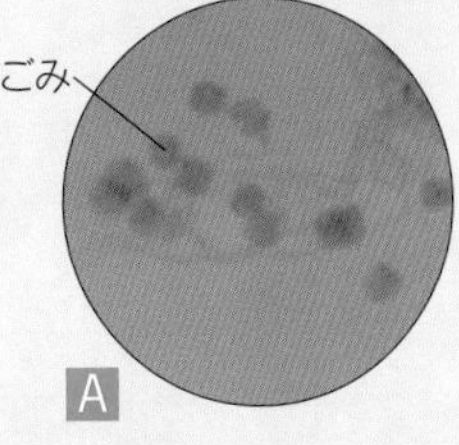


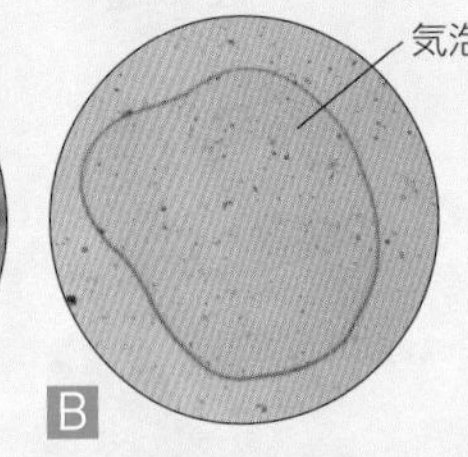


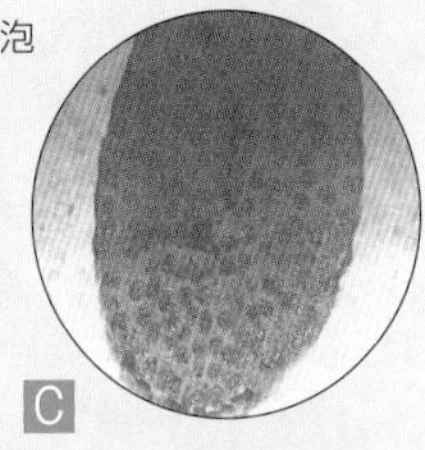

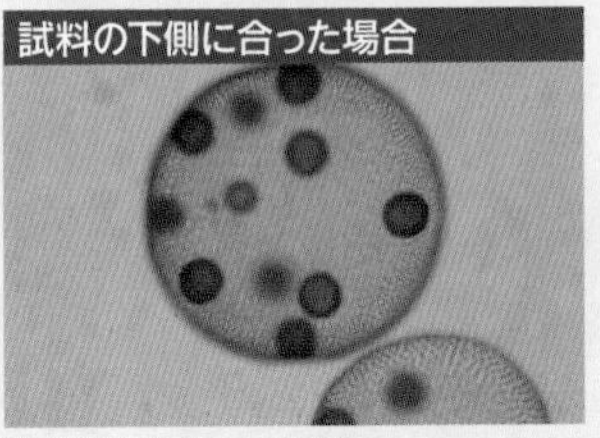

# 生物の研究法…2

正確な実験データを求めるためには，実験器具や機器の使用方法を知ることが大切である。

## 質量測定と容量測定

電子天びんは，機種によっては 0.0001 gの単位で測定することができる。駒込ピペットの目盛りは目安程度である。

### 一定質量の物質を量り取るとき

薬包紙やからの容器をのせる。 → ゼロ点調整スイッチを押し，目盛りをゼロにする。 → 量り取りたい質量まで物質を取る。

### メスシリンダー

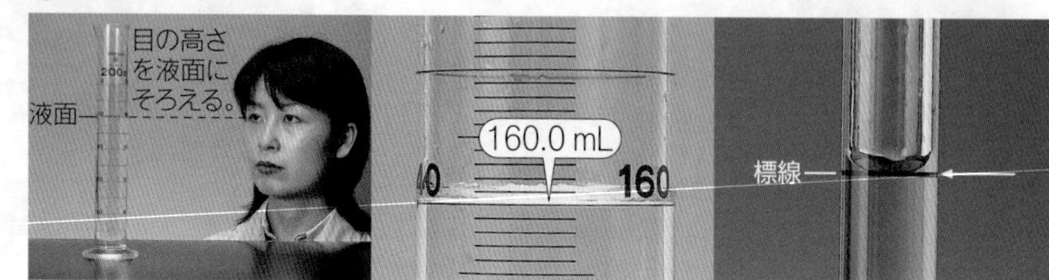


目盛りを読むときは湾曲した液面（メニスカス）の底の位置に目の高さをそろえ，最小目盛りの 10 分の 1 まで読み取る。

### メスピペット

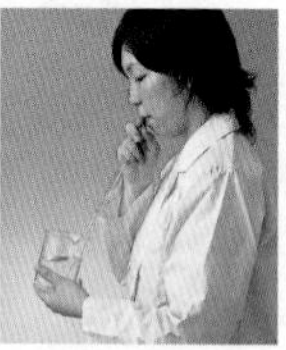

ビーカーを手に持ち，取りたい量の目盛りよりも少し上に吸い上げる。 →

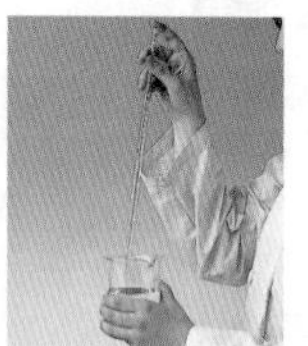

素早く指で栓をし，指をゆるめて取りたい量まで液を出し，止める。 →

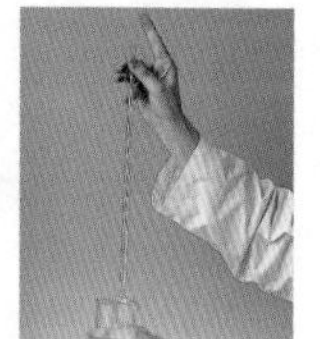

指をゆるめて液を出す。

### 駒込ピペット

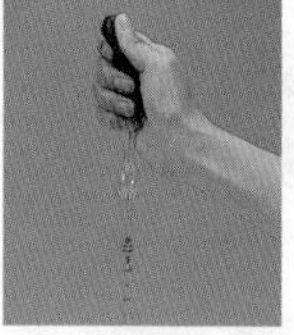

親指と人差し指でゴムキャップを押し，空気を外に出す。 →

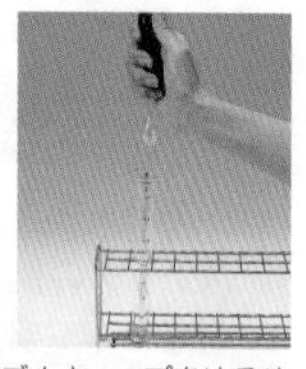

先端を入れてゴムキャップを少しずつゆるめて液を吸い上げる。 →

ゴムキャップをゆるめずに移動させ，液を出す。

## pH の測定

水溶液のおよその pH を調べるには pH 試験紙，正確な pH を調べるには pH メーターを用いる。

### pH 試験紙

### pH メーター

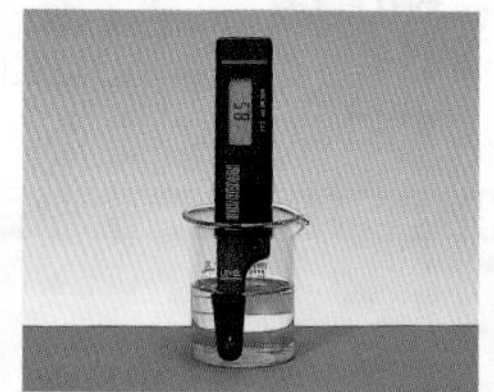

### 指示薬と変色域

pH の値によって色が変化する。

| pH | 0～14 の色の変化 |
|---|---|
| メチルオレンジ 変色域（3.1～4.4） | 赤 → 黄 |
| フェノールフタレイン 変色域（8.0～9.8） | 無色 → 赤 |
| ブロモチモールブルー 変色域（6.0～7.6） | 黄 → 緑 → 青 |
| リトマス 変色域（5.0～8.0） | 赤 → 紫 → 青 |

### 緩衝液

実験でpHを一定に保つ必要があるとき，緩衝液を加えると少量の酸やアルカリが加わってもpHの変動を抑えられる。

| 緩衝液 | 緩衝領域（pH） |
|---|---|
| 酢酸-酢酸ナトリウム緩衝液 | 3.7～5.6 |
| リン酸緩衝液 | 5.8～8.0 |
| トリス-塩酸緩衝液 | 7.0～9.0 |

## 長さの測定（ミクロメーター）

光学顕微鏡観察下で長さを測定する際には**ミクロメーター**を用いる。接眼ミクロメーターの 1 目盛りの長さをあらかじめ計算してから測定する。

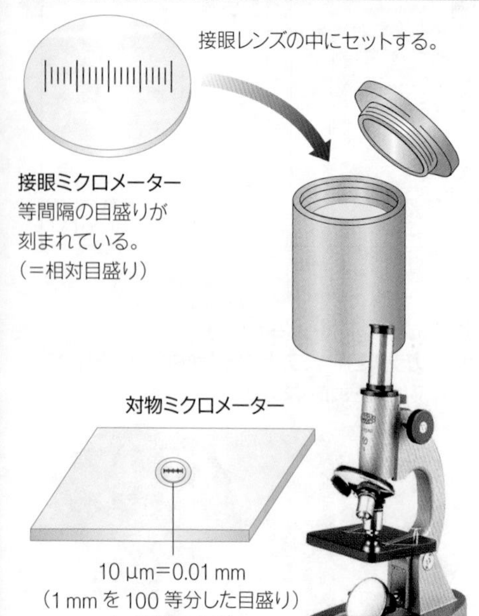


**接眼ミクロメーター**
等間隔の目盛りが刻まれている。
（＝相対目盛り）

**1** 低倍率で対物ミクロメーターと接眼ミクロメーターの目盛りが平行になるように接眼レンズを回す。

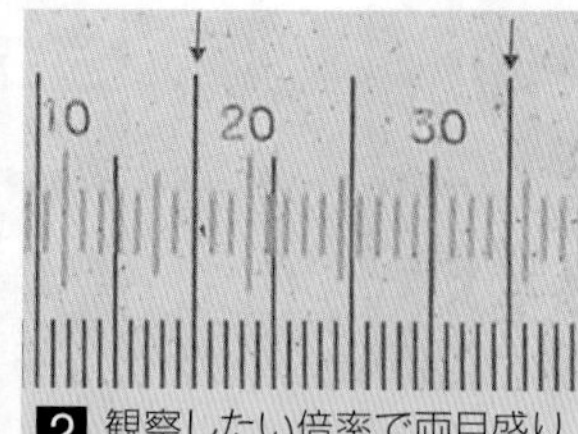


**2** 観察したい倍率で両目盛りが一致する所を探し，下の式で接眼ミクロメーター 1 目盛りの長さを計算する。

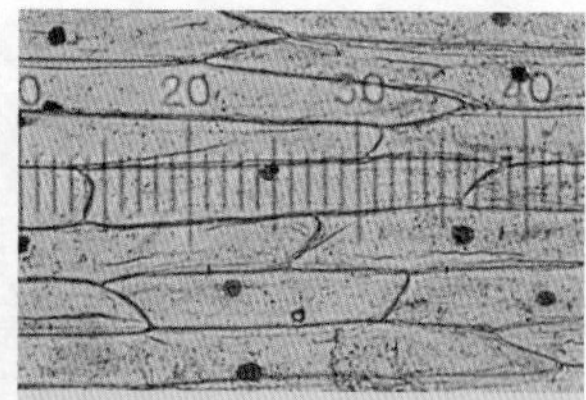


**3** 観察するプレパラートをセットし，目盛りを数える。

$$\text{接眼ミクロメーターの1目盛りの長さ}(\mu\text{m}) = \frac{\text{対物ミクロメーターの目盛りの数}}{\text{接眼ミクロメーターの目盛りの数}} \times 10$$

★接眼ミクロメーターは倍率によって 1 目盛りの値が変わる（相対目盛り）。

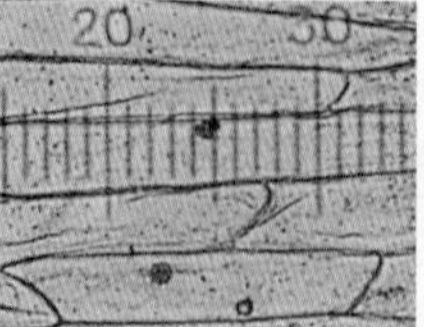

対物レンズ4倍

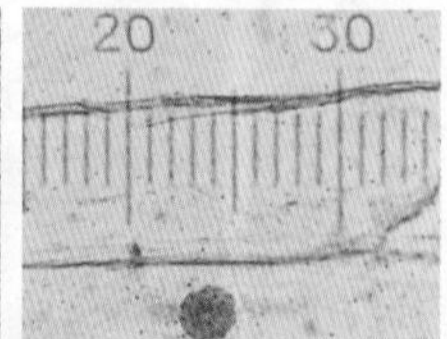

対物レンズ10倍

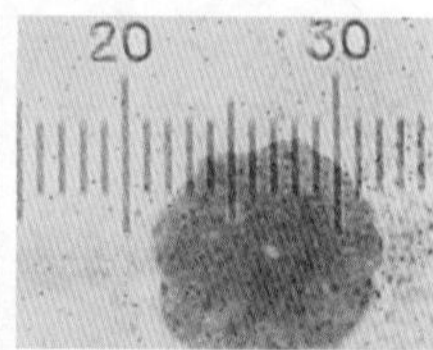

対物レンズ40倍

## 生物実験で利用される検出反応

目的の物質や生成物を，化学変化を利用して検出する。

| | | |
|---|---|---|
| タンパク質 | ビウレット反応 | 水酸化ナトリウム水溶液と硫酸銅（Ⅱ）水溶液を加えて赤紫色→ポリペプチドの存在 |
| | キサントプロテイン反応 | 濃硝酸を加えて加熱して黄色，かつアンモニア水を加えて橙黄色→芳香族アミノ酸の存在 |
| | ニンヒドリン反応 | ニンヒドリン水溶液を加えて加熱して赤紫色→アミノ酸やタンパク質の存在 |
| 糖 | ヨウ素デンプン反応 | ヨウ素を加えると青紫色から赤紫色→デンプンの存在 |
| | フェーリング液の還元 | フェーリング液を加えて煮沸し赤色沈殿→還元糖（グルコースなど）の存在 |
| 脂質 | スダンⅣ | スダンⅣを加えると赤色→脂質の存在 |
| エタノール | ヨードホルム反応 | ヨウ素ヨウ化カリウム溶液と混合後，水酸化ナトリウムを加え湯せんして特有の臭い→エタノールの存在 |

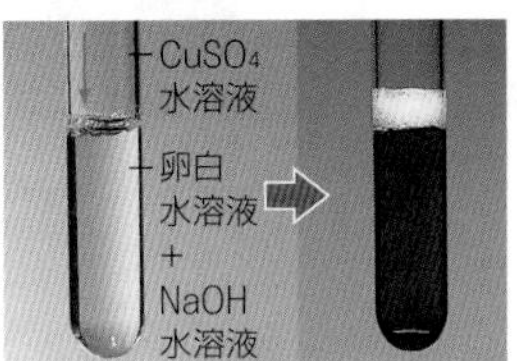

ビウレット反応

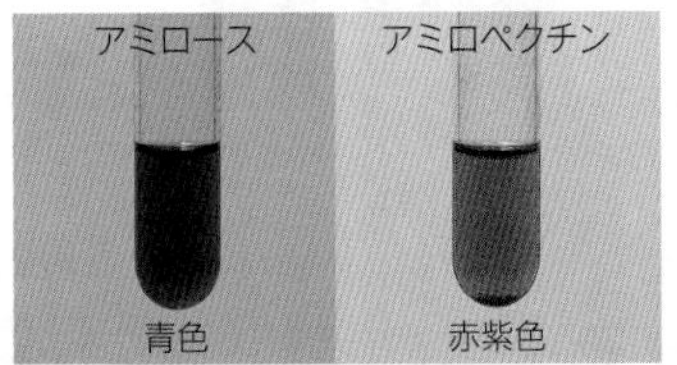

ヨウ素デンプン反応

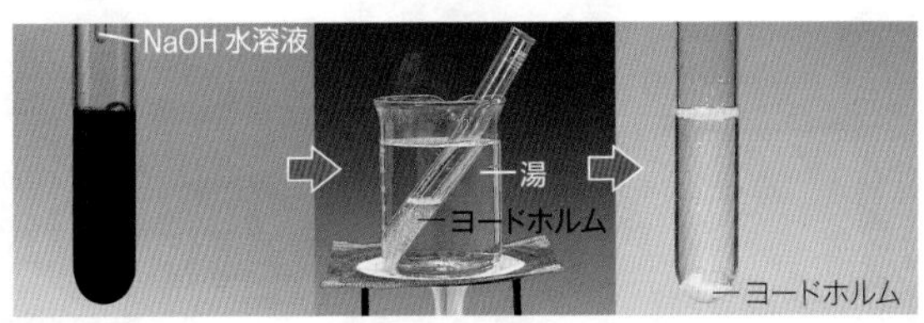

ヨードホルム反応

## 物理的性質を利用した研究法

分子の大きさ，粒子の大きさ，密度，放射能などの物理的性質の違いを利用する。

### 細胞分画法

遠心分離機を用いて，大きさや密度の違いにより細胞小器官を分離する方法を**細胞分画法**という。各分画の分析によって，細胞小器官の化学組成・構造・働きが明らかにされた。

#### 分画遠心法

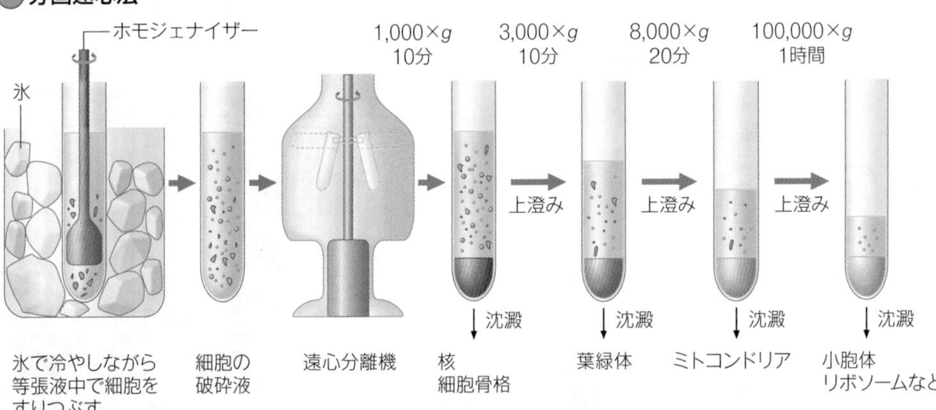

大きく，密度の高いものから早く沈澱する（×$g$ は地球の重力加速度）。

#### 密度勾配遠心法

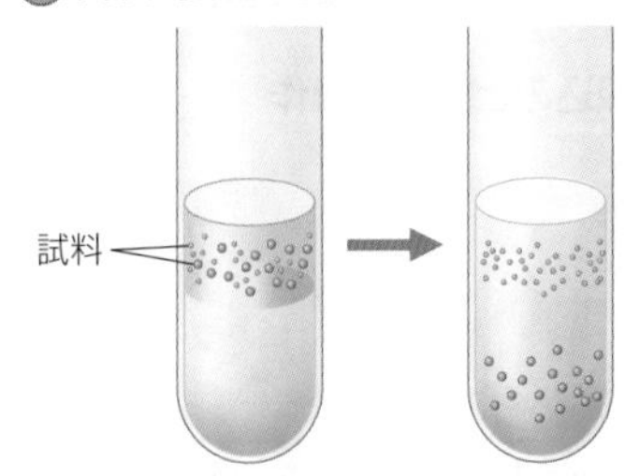

下から密度の大きい順にスクロース溶液を重ね，層状に密度勾配を作る。試料を加え，遠心分離機にかけると，細胞成分はその密度と同じ位置に移動し，静止する。この方法では，分画遠心法よりも精密に分別することができる（⇒p.102）。

### オートラジオグラフィー

放射性同位体（ラジオアイソトープ）がX線フィルムを黒く感光させることを利用して物質の分布を調べる方法を**オートラジオグラフィー**という。

#### $^{14}C$の利用

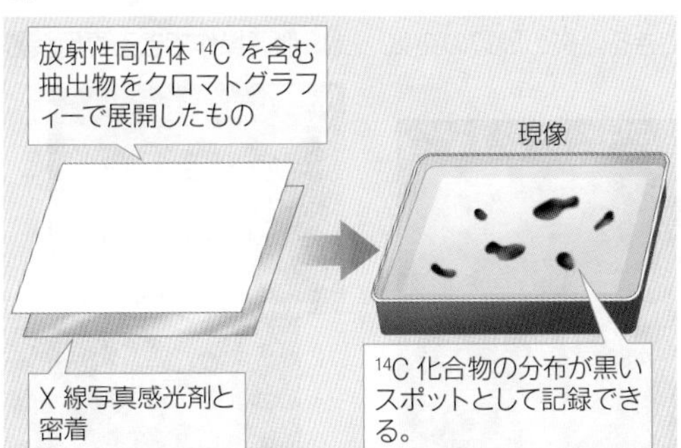

光合成による $^{14}CO_2$ の取り込み時間を変えると，$^{14}CO_2$ がどのような物質に変化していくかがわかる（⇒p.91）。

#### $^{3}H$ の利用

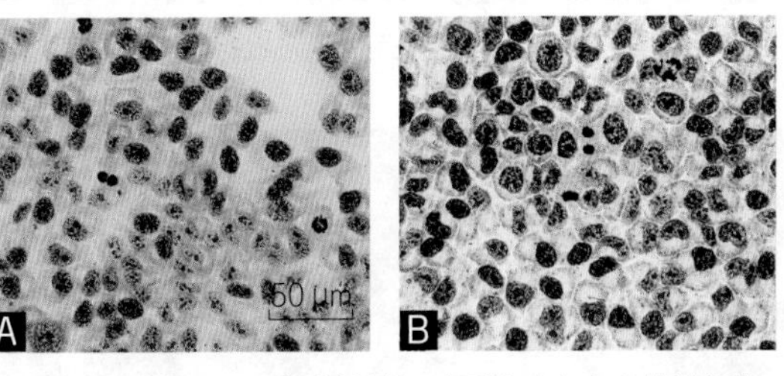

$^{3}H$- チミジン（DNA の合成材料）で標識したヒトの培養細胞（約 2 週間露光後，ギムザ液で染色してある）

**A**：1 時間後…1/4 くらいの細胞の核が黒く見える。

**B**：24 時間後…ほとんど全ての細胞の核が黒く見える。$^{3}H$- チミジンが核の構成成分（DNA）に取り込まれたことを示す。

#### 生物実験で利用されるおもな放射性同位体

| 放射性同位体 | 利用例 |
|---|---|
| $^{3}H$ | チミジン，ウリジン |
| $^{14}C$ | 二酸化炭素 |
| $^{32}P$ | DNA, RNA, ATP |
| $^{35}S$ | アミノ酸，タンパク質 |
| $^{135}I$ | 抗体 |

# 生物の研究法…3

DNA などの生体内の微量な物質の操作や分析のために，様々な研究方法が開発されている。

## マイクロピペットの使用法

マイクロピペットは，1.0 mL（= 1000 μL）以下の微量の液体を測り採る器具である。

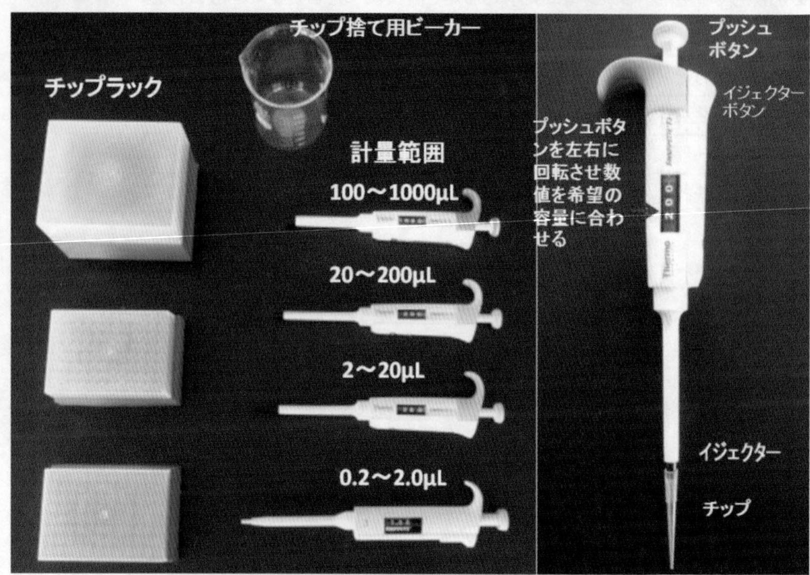


ピペット本体の先端にチップを取り付けて使う。別の液体に使うときはチップを捨てて，新しいものに取り替えることで液体の混合を防ぐ。容量によりピペットとチップの組み合わせが決まっているので，計量するときに確認が必要である。

### 容量の設定

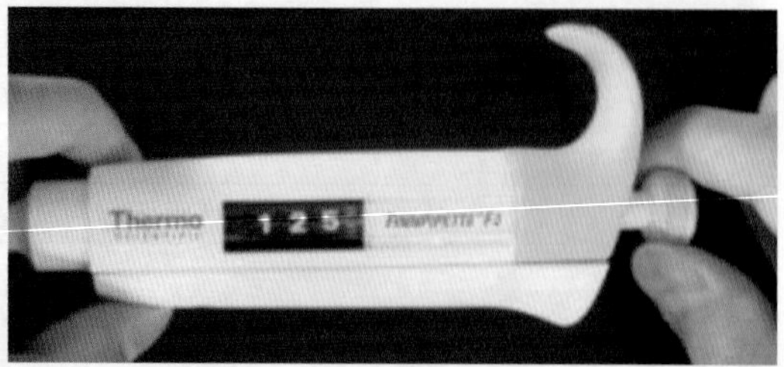

調節ダイヤルを回転させ希望の容量にする。

### ピペットの装着と脱着

チップは素手で触らない。ピペットの先をチップに差し込み，数回軽く押し付け装着する。外すときは，イジェクタボタンを押す。

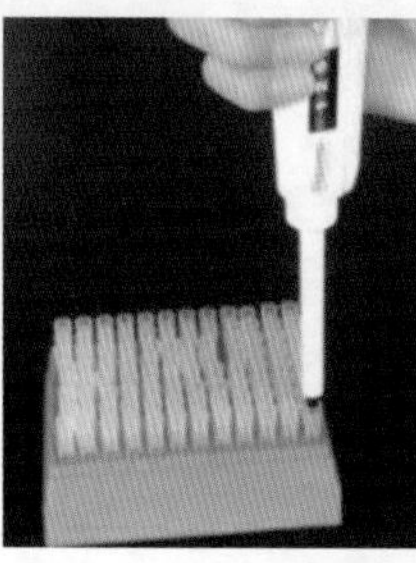

### 吸込みと排出の操作

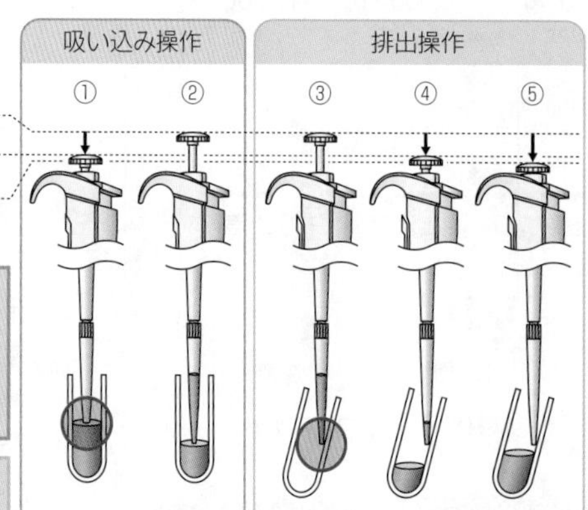


プッシュボタンを初期位置から第１ストップまで押し下げたまま，液面下２～３mm にチップの先端を入れる（①）。プッシュボタンをゆっくり初期位置まで戻し，液体をチップ内に吸引する（②）。

初期位置からゆっくりと第１ストップまで押し下げた後，引き続きゆっくり第２ストップまで押し下げて液体を排出する（③～⑤）。

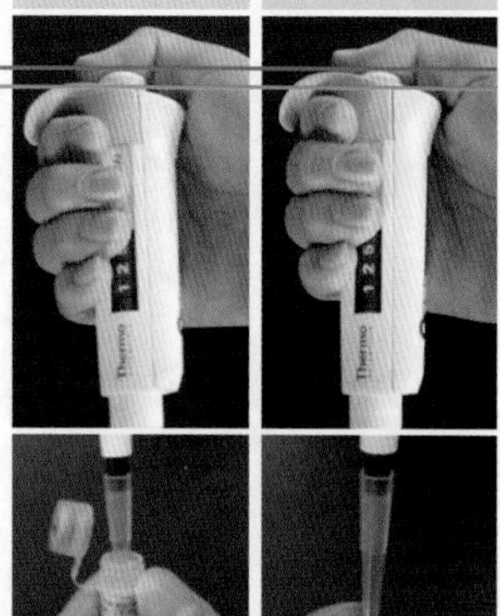


先を液面より少し下に入れて吸う。

先を容器の壁面にあて，排出する。

## 無菌操作

空気中に存在する微生物などが混入して，目的の生物や培地が汚染されないように行う操作。

### 簡易無菌操作

バーナーの炎の周辺に生じる上昇気流を利用すると，簡易的に無菌操作ができる。炎の周辺の空気の流れから，空気中の細菌等が培地に落ちないからである。

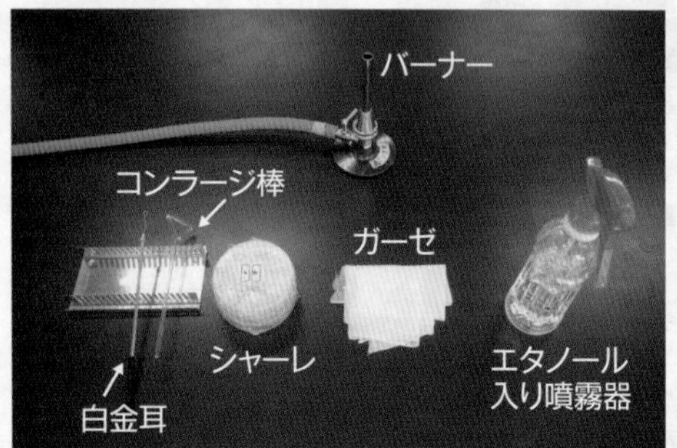


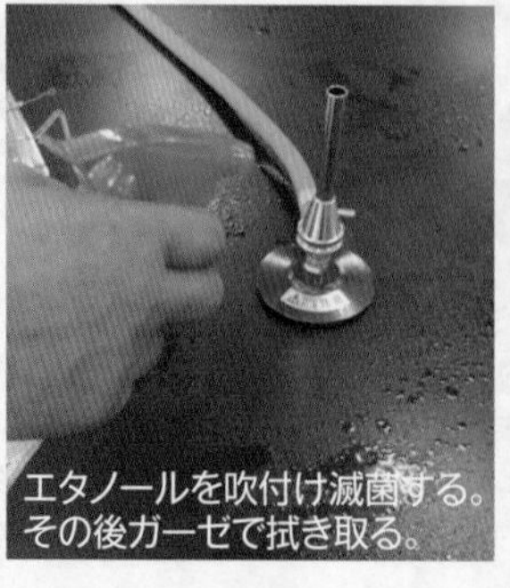


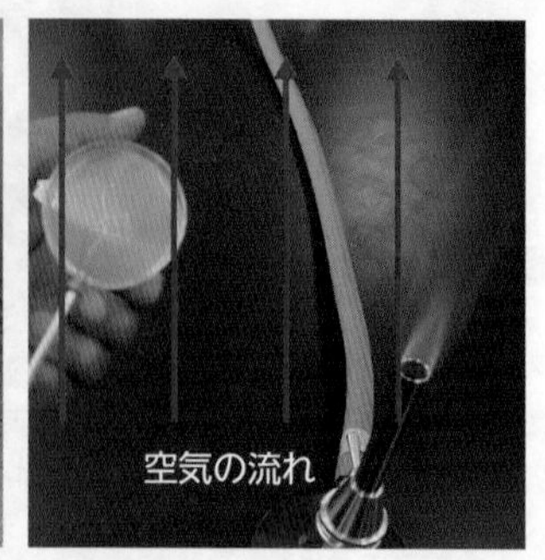


### 無菌操作できる専用装置

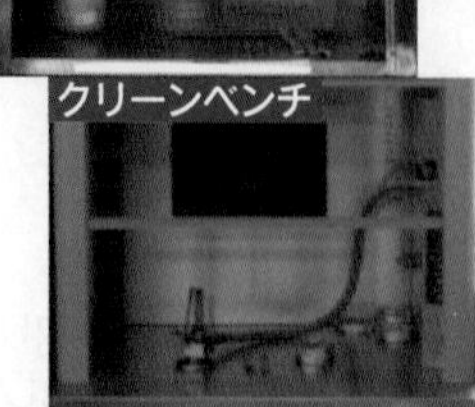

## サーマルサイクラー

PCR 法により目的の DNA 断片を複製させるための機器。

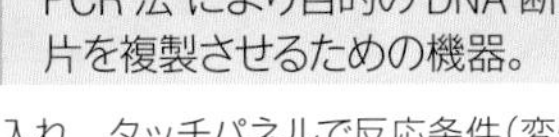

マイクロチューブを入れ，タッチパネルで反応条件（変性温度・時間，伸長温度・時間，サイクル数など）を設定する。

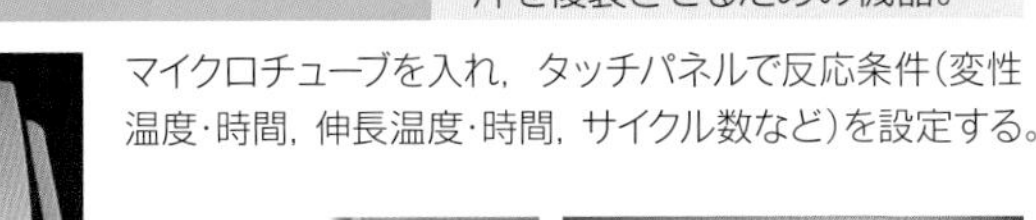

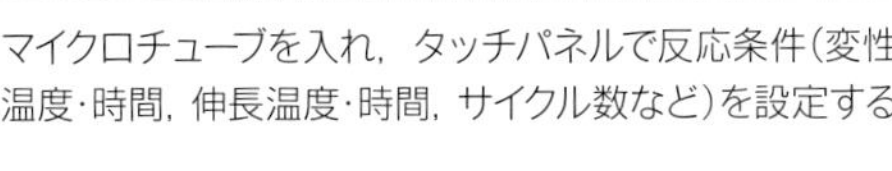

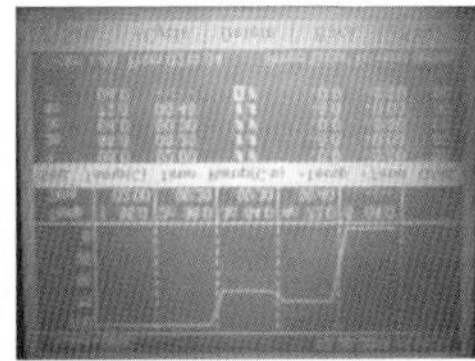

## 小型遠心分離機

マイクロチューブ内に分散した溶液を効率よく集めることができる。

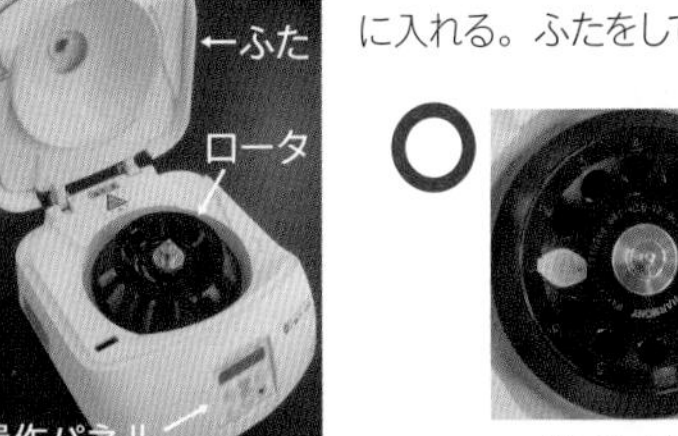


ふたを開け，マイクロチューブをバランスの取れる配置に入れる。ふたをしてから電源をオンにする。

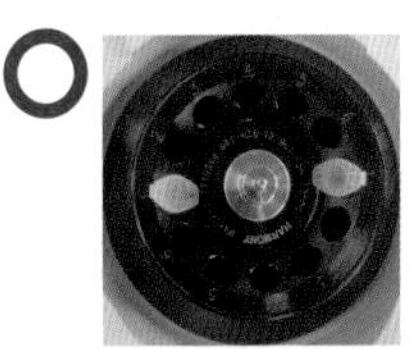

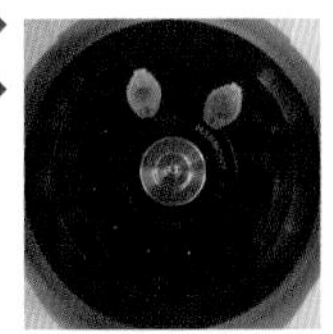

○ バランスが良い　× バランスが悪い

## 電気泳動法

溶液中の帯電した物質を分離する方法。アガロース（寒天）などのゲルに試料を入れて電圧をかけると，分子により移動速度が異なることを利用している。

### 寒天ゲルの作製法

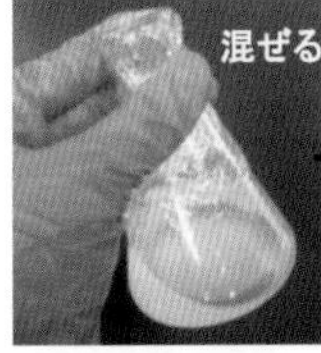


泳動用緩衝液と寒天（錠剤）を入れ，混ぜる。

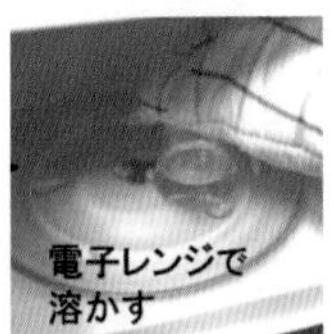


電子レンジで寒天を溶かす。

**ゲルメーカーの名称**

コーム
ゲルにウェル（くぼみ）を形成させる部品

ゲルトレイ
寒天溶液を流し込み固化させる

ゲルメーカースタンド
コームを立て掛ける

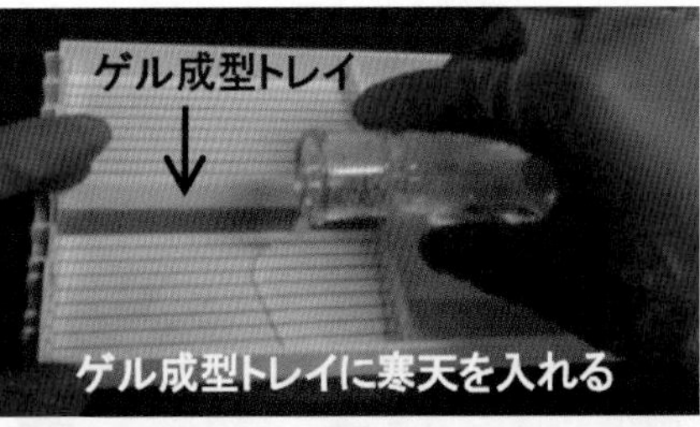


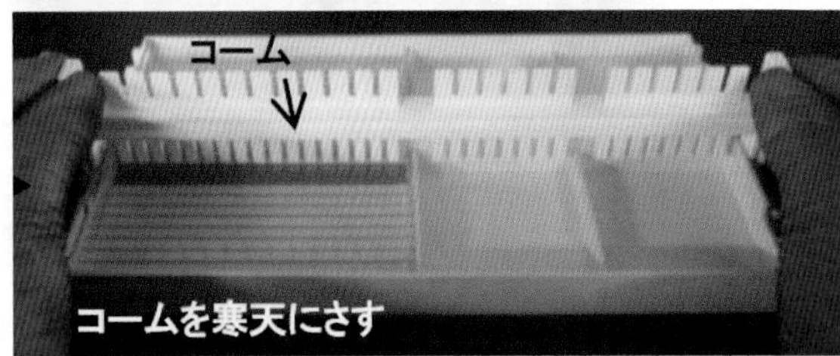


### 電気泳動

**電気泳動装置の名称**

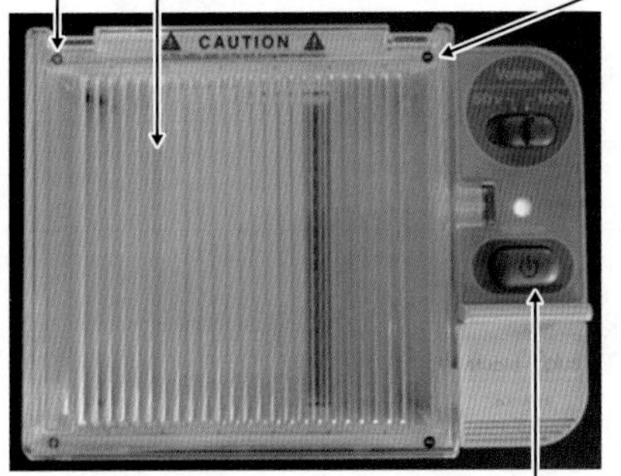


DNA の移動する方向（－極から＋極へ）

① ゲルのウェル（DNA などの試料を入れるくぼみ）がマイナス極側になるように置く。



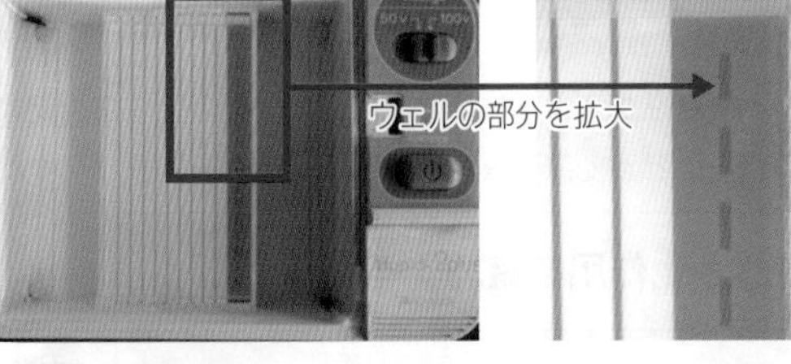

② 試料とマーカーをそれぞれのウェルに入れる。
※ チップの先を指で支えると入れやすい。

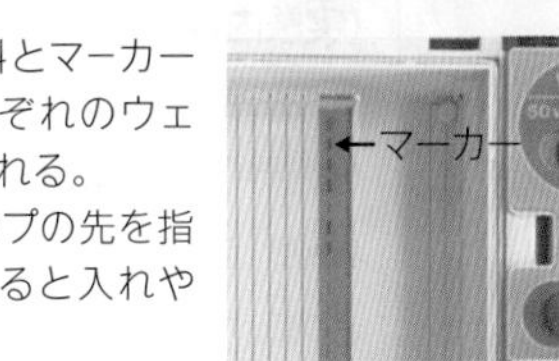


③ カバーをして電源を入れる。染色液がゲルの 8 割程度に移動したら電源を切る。

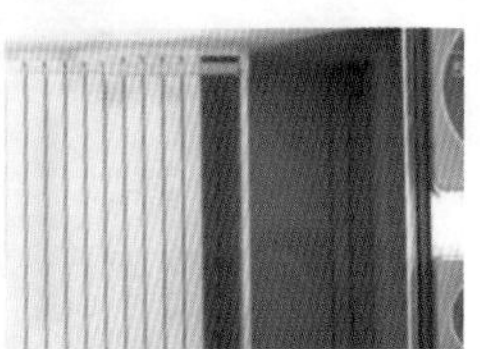

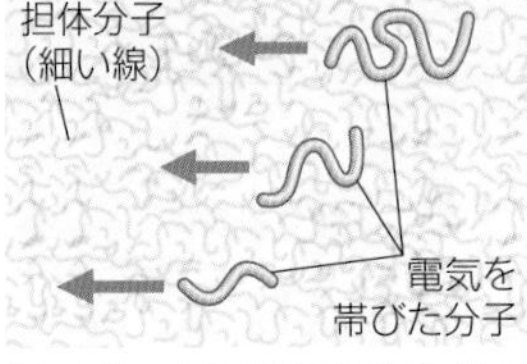


寒天が－の電気を帯びた分子をさえぎるので，小さい分子ほど移動距離が長くなる。

### ゲル撮影装置

染色液で染色した DNA に紫外線を当て蛍光シグナルを検出し，カメラで撮影ができる装置。

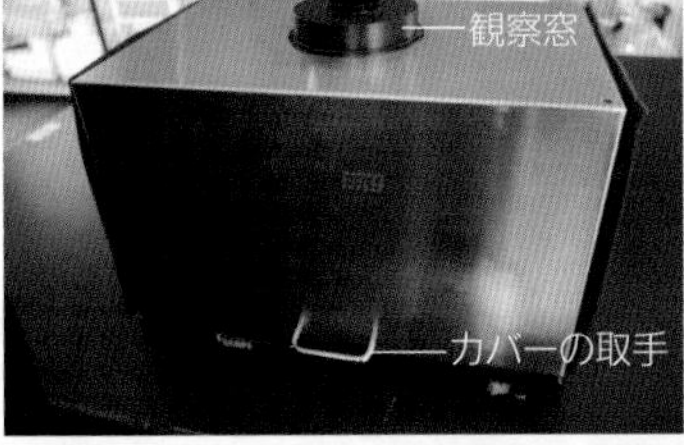


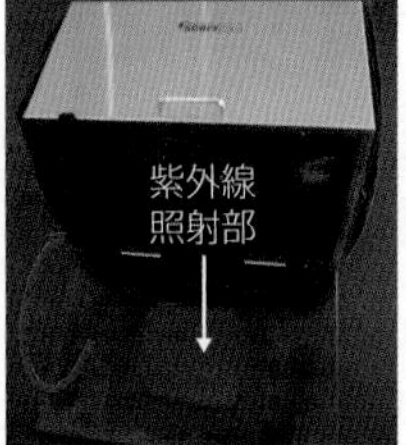

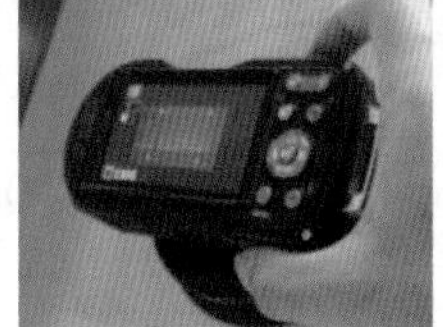

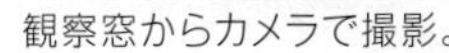

ゲルを紫外線照射部に載せ，観察窓からカメラで撮影。

# 探究の観点と進め方

## 〈探究の観点〉

不思議に思ったことや疑問をもったことに対して，具体的にくわしく調べるのが探究である。
探究を科学的に行うためには，いくつかの観点が必要であり，それが行われていなければ，その正しさは認められないこととなる。
探究の観点には，①材料選定，②仮説を立てる，③実験方法の考案(直接測定できないものは間接的に事象を測定することも含める)，④定量化(数値化)，定性化，⑤データの扱い方(有意差の示し方など)，⑥グラフへの表し方　などがある。
これらを踏まえて，正しい探究の手法を身につけてもらいたい。
以下に具体的な事例を例示する。

## 〈探究の観点を身につけよう〉

### ●ツクシの胞子の弾糸についての実験

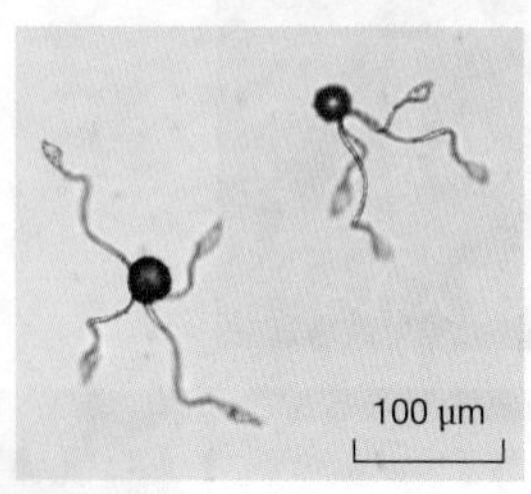


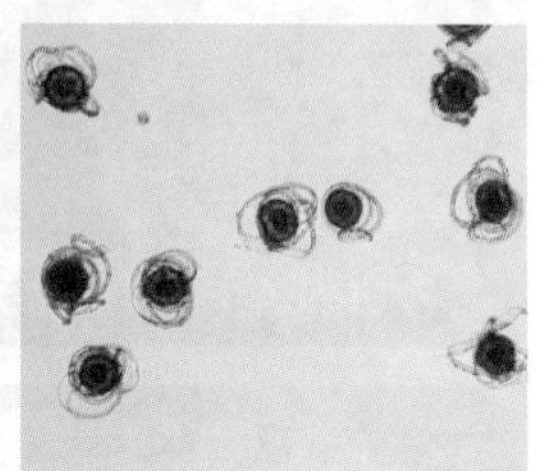

**(実験内容)**
顕微鏡でツクシの胞子を観察すると，胞子には弾糸とよばれる構造のあることがわかる。胞子に息(呼気)をかけると，この弾糸が丸まることが知られている。
弾糸が丸まる原因についての仮説を挙げ，それを確認するための実験計画を立てて実行する。

**(探究の観点)**
息(呼気)をかけると変化することから，息が当たったという刺激や息の成分のうちの何かが原因となって丸まったことなどが考えられる。可能性があるものをすべてあげてみよう。
息が当たったことによる刺激が原因とした場合には，別の刺激を与える方法を考えてみるとよい。息の成分の何かが原因とするなら，息の成分(窒素，酸素，二酸化炭素，水蒸気など)を別々に与えて変化を調べることが考えられる。例えば，窒素ボンベ，酸素ボンベや二酸化炭素ボンベ，水の入ったスポイトなどを準備するとよい。それらをどのように用いて調べるとよいだろうか。

**(まとめ・更なる探究)**
このようにいくつも可能性が考えられる場合には，他の可能性を否定することも大切だね。
ツクシやツクシの胞子にとって，弾糸がこのような条件で丸まり，伸縮することにはどのような利点があるのだろうか。

### ●アサリの自然浄化作用を確認する実験

**(実験内容)**
干潟に生息する二枚貝のアサリは，水管によって海水中の有機物を摂取して生命を維持し，繁殖している。アサリのこの働きによって，干潟の海水は浄化されており，自然浄化作用に大きな役割を果たしている。
このアサリの自然浄化の作用を確認するため，アサリを飼育している水槽とアサリを入れていない水槽のそれぞれに有機物を含む溶液を注ぎ込み，その後の変化を観察する。

**(探究の観点)**
アサリの有無によって水槽のにごり方に変化があることはわかるのだけれど，アサリの浄化能力をどのように表現すればよいのだろうか。

**(まとめ・更なる探究)**
見た目だけでなく，定量化する方法を考えて，個体数をかえたときや注ぎ込む溶液の量をかえたとき，また他の生物に置き換えたときなど，他のデータをとったときに比較しやすい状態にするといいね。

## ●食パンを用いた空中落下菌の培養実験

**(実験内容)**

買ってきたパンの封を開けて放置すると，多くの場合，数日後にはカビが生えてしまう。このようにカビが生えるのは，空気中にただよっていた目に見えないカビの胞子がパンに付着し，繁殖して目に見えるようになったためと考えられる。

この現象を利用して，状態を管理できる場所に食パンを置いて観察することで空気中のカビや細菌の存在を確認する。

さらにカビや細菌の繁殖したまとまり(コロニー)を数えて，空気中の胞子数の場所による違いなどを調べる。

**(探究の観点)**

なぜ食パンで実験ができるのだろうか。

食パンのように，カビや細菌が繁殖するためには，何が必要なのだろうか。

カビや細菌を培養するためにはどのような条件が必要だろうか。

また，空気中には多くのカビや細菌がいることから，カビや細菌を培養するときには，どんなことに注意するとよいだろうか。

**(まとめ・更なる探究)**

目に見えない空気中のカビや細菌について，その存在を確認したり，調べたりするには，カビや細菌の繁殖する条件の整った，パンのような繁殖できる土台(培地)があるといいね。

また，カビの胞子や細菌の数を調べるには，コロニーの数を数えるといいね。

このように培地やコロニー数の計測を行うことで，ほかにどのようなことが確認できるだろうか。どのように利用されているかなども含め，調べてみよう。

## ●タマネギの根を用いた体細胞分裂の実験

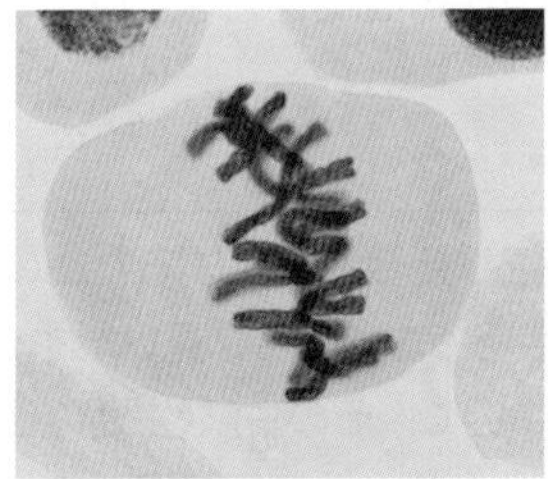

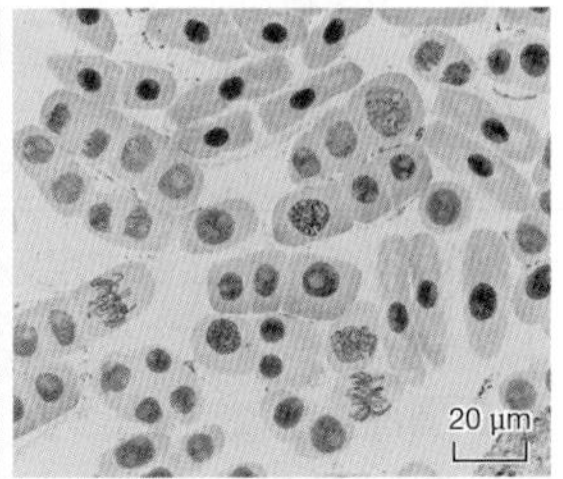


**(実験内容)**

細胞分裂時に染色体が均等に分かれることを確認するために，タマネギの根の先端部を試料に使って観察する。

基本的な手法としては，切り出したタマネギの根の先端部を，薬品を使って固定・解離・染色してプレパラートをつくり，顕微鏡を用いて観察する。

**(探究の観点)**

体細胞分裂を観察し，スケッチをとる。染色体(DNA を含む)が均等に分配されることを見いだす。

なぜタマネギ，かつ，発芽した根の先端を用いたのか，ヒトの染色体と比較した上で考える。染色体の本数，ゲノムサイズをインターネット等で調べ，染色体の大きさや太さなどを考えることで検討する。

**(まとめ・更なる探究)**

タマネギの根は体細胞分裂が盛んで，タマネギの細胞は染色体数も観察するのによいのだね。目的に適した試料選定も大切だね。

様々な実験・研究には，それに適したモデル生物が設定されている。モデル生物について調べてみよう。

細胞分裂によって細胞数がどのように変化するか，時間と細胞数の関係を調べる方法を考えてみよう。

## ●カラスムギの芽生えを用いた光屈性の実験

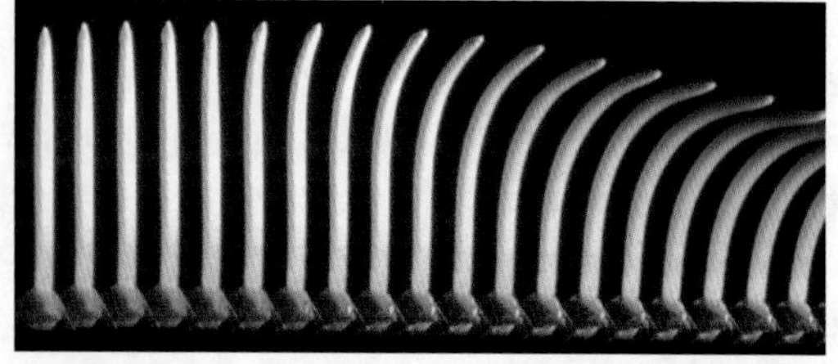

**(実験内容)**

動かないように見える植物も，光に対して屈曲するように成長している姿はよく見かける。この現象は光屈性とよばれている。

この現象をくわしく調べるため，カラスムギの種をまき，発芽した芽生えを用いて観察する。さらに，光屈性のしくみや光屈性の様々な性質を調べるための実験を計画し，調査を行う。

**(探究の観点)**

まず，なぜ植物の茎は光源に向かって伸びていくのかを考えるとよい。そこから，様々な可能性を想定し，具体的に確認すべきことを上げてみて，カラスムギの芽生えを用いて行える実験を考えてみよう。

光によって変化するということは，光をどこかで受容しているはずである。芽生えのどの部分が光を受容しているかを調べる実験が考えられる。光に向かって屈曲するために，植物体内に何らかの指令物質がつくられているということが考えられる。この物質がどこでつくられるか，その性質はどのようなものか(水に溶けるか，溶けないか)なども調べる対象になる。さらにその物質にどのような量的変化があるかなどまで調べると，かなり本格的な調査となる。

**(まとめ・更なる探究)**

可能性は無限にあり，調査すべき対象は無数にある。とはいえ，実際に調査できるかどうか，実現可能性を実験方法などと兼ね合わせて考える必要がある。また，調査した結果，新しいことがわかると，さらに探究すべき課題が見つかることが普通である。可能な限り，探究を続けていくとよい。

## 〈どのような探究ができるか考えよう〉

| テーマ例 | 活動内容 | 探究の観点 |
|---|---|---|
| 顕微鏡を用いた細胞や組織の比較観察 | どのような点を比較するかを考えたうえで，様々な生物材料の中から比較する目的に適切な試料を2つ程選び，比較観察して考察する。<br>その際，比較対象をより分かりやすくするための，染色などの処理などもあわせて検討する。 | ▶目的を遂行するための試料選定の重要性を見いだす。<br>▶比較を行う上で，適切な手法があることを見いだす。 |
| 葉緑体とシアノバクテリアの細胞の大きさの比較 | 観察によって植物細胞のもつ葉緑体とシアノバクテリア(例えばネンジュモ)との大きさを比較することで．それらにどのような関係があるかを考える。<br>その際，進化の過程で植物細胞の葉緑体がどのように生じたかを調べ，そこで得た情報も含めて検討する。 | ▶対象の大きさを測定したり比較したりするための手法が，様々な調査に活用できることを見いだす。<br>▶調査対象とする生物について，その生態(生活の仕方)や進化の過程等を含めた様々な情報を得ることで考察が深まることを見いだす。 |
| 酵素の働きについての実験 | 特定の酵素や複数の酵素を用いて，酵素と無機触媒との比較や，温度，pH などの条件と酵素反応の関係について調べるため，対照実験を考えて実験する。<br>また，調査する酵素がどんな生物のどのようなところにあるのか，文献を調べ，その働きなどから考察する。 | ▶対照実験の必要性を考え，どのような対照実験を行うか検討することで，対照実験の意義を見いだす。<br>▶複数の酵素を比較することで，酵素の一般的な性質を把握できることを見いだす。<br>▶取り上げる試料によって，反応を測る手段(発泡状態や呈色反応など)が異なることを見いだす。<br>▶様々な観点から酵素の働きを調べることで，酵素が生物の生存に果たす意義を見いだす。<br>▶文献を調べることで，その酵素が生物の生活に果たす役割やその意義等について深みのある考察ができることを見いだす。 |

| テーマ例 | 活動内容 | 探究の観点 |
|---|---|---|
| 踏み台昇降運動に伴う身体の変化 | 踏み台昇降などの運動をすることで起こる身体の変化を，平常時と比較するとともに，運動終了後に起こる変化について記録をとり，グラフ化する。何分ほどで平常時に戻るかなど，グラフからその傾向を考察する。<br>呼吸回数や心拍数(脈拍)だけでなく，パルスオキシメーターを用いて血中酸素飽和度も測定すると，より深い考察が可能となる。 | ▶１人分のデータでは，普遍的な現象として考察するには不十分であることを見いだす。<br>▶データをグラフにすることで，変化を視覚的に表現でき，より気付きやすくなることを見いだす。<br>▶血中酸素飽和度の状況を把握することで，呼吸回数や心拍数が変化することの意味を，データを用いて考察することが可能となる。 |
| 血液凝固の条件 | 血液凝固が起こる条件を検証するため，様々に条件をかえて実験を行う。その際，対照実験についても考える。この現象に関わる疾患について調べる。なぜ血ぺい(血餅)というのか，ラップ越しに触ることで考える。 | ▶条件を変化させることによって生理現象にも変化が起こることを見いだす。<br>▶対照実験の必要性を見いだす。<br>▶対象とする事物とその名称についての関係を見いだす。 |
| 落下する定規を用いたヒトの反応速度の調査 | 落下させた定規をつかむ実験を行って，ヒトにおける刺激の受容から反応までの速度を測定する。データを比較することで，測定対象者による反応速度の違いや，異なる刺激(目で見る光刺激や音による合図，からだに触れる合図など)による反応速度の違いを考察する。 | ▶測定回数や測定対象者が少なかったりすると，考察には不十分であることを見いだす。<br>▶測定結果のデータを様々に処理(平均化・区画化・グラフ化など)し，比較・分析することで，対象者による違いや測定回数による変化など，多様な考察ができることを見いだす。 |
| 固定化酵母を用いた二酸化炭素発生実験 | 固定化酵母を用いて，発酵による二酸化炭素の発生量を測定することで，効率よく発酵が行われる条件や方法を考える。<br>さらに，バイオリアクターとはなにかを調べ，どのようなことに応用が可能か，環境問題やSDGsの観点などからも考える。 | ▶実験方法を検討することで，実験方法はいくつもあること，目的によって適する方法が異なること，より簡便で分かりやすい方法があることなどを見いだす。<br>▶科学的な原理を探究する実験であっても，実用的な観点での応用研究へ発展させる可能性があることを見いだす。 |
| 照葉樹や夏緑樹の葉の比較 | 調査対象とする植物を選定し，それぞれの植物の，例えば陽葉のみを重ねて厚さを測定するとともに，単位面積当たりの重さを測定する。<br>結果を比較することで両者の生活と，環境との関連を考察する。 | ▶ある程度データ数をとることで普遍的な事象としての信憑性を増すことを見いだす。<br>▶陽葉のみとする試料の選定の妥当性を見いだす。<br>▶測定の工夫を加える必要性を見いだす。 |
| 近くの河川等の水質調査 | パックテストを用いて，学校周辺の河川や水路などの水質を数値化して比較する。<br>数値化した結果と，測定場所における生活排水の有無などの条件を関連させて考察する。 | ▶調査する事象を数値化することで比較が容易になることを見いだす。<br>▶水質と環境との関連を見いだすとともに，環境をよい状態に保つための方策についても考える。 |

## 〈探究の際にあわせて考えよう〉

探究した成果は，公表して他者にも知らせるとよい。その際には調査結果などを明確に示すために，グラフを用いることが必要である。結果を適切に表現できるグラフを選択し，わかりやすく示すことが求められる。

また，探究を行う際には，過去に同様の探究・研究が行われているかどうかを確認し，同様の研究があったら，そこから様々な知見を得ておくとよい。

# 1 生物としての特徴
Characteristic as the organism

## A 生物の歴史的多様性

一見多様な生物も，共通の祖先から枝分かれして生じてきた。このような生物の多様性は，遺伝情報＝DNAの変化によって引き起こされてきた。

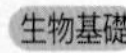


遺伝子の爆発的誕生

菌類

海綿動物

カンブリア爆発
（5億4000万年前ころ）

40億年ほど前に原始的な単細胞生物が出現し，複雑で多様な現在の生物へと進化してきた。これは，遺伝子が変化し，生物の形質も変化したためである。

鞭毛虫

円口類

軟骨魚類

原索動物

節足動物

植物

哺乳類

鳥類

硬骨魚類

ヒト

生物多様性のもとはDNAの変化だが，DNAから形質につながる基本的なシステム（セントラルドグマ⇒p.108）は共通である。

## B 遺伝情報から生物体へ

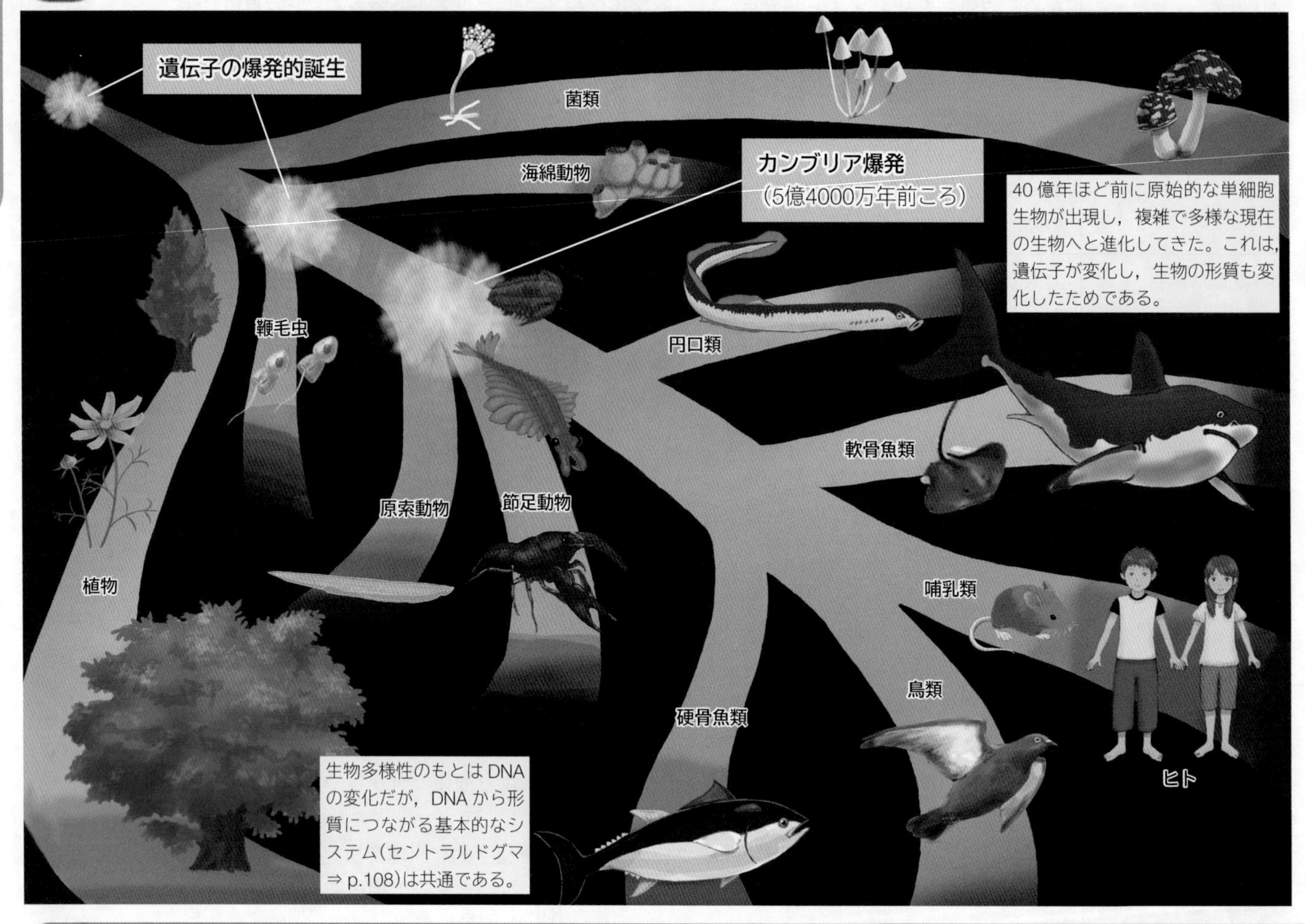

DNAにはその生物に特有のタンパク質をつくる設計図となる遺伝子が含まれる。多様性の源流は，遺伝情報とそれに基づくタンパク質にある。

生物基礎

①生物の体のつくりや働きは主にタンパク質によって決まる。
②タンパク質には様々な種類がある。
③タンパク質の種類は，DNAの遺伝情報によって決まる（⇒p.109）。

遺伝情報（DNA）
↓
必要な情報をRNAへ写し取る
↓
RNAの情報をもとにアミノ酸配列が決まる
↓
独自のタンパク質ができる
↓
個体の形質が現れる（形質発現）

タンパク質は細胞内で生産され，そのあと目的の場所に輸送される。例えば，アミラーゼというタンパク質は，細胞外に分泌され，デンプンの分解に働く。アクチンというタンパク質は，筋組織の細胞内で筋収縮に働く。

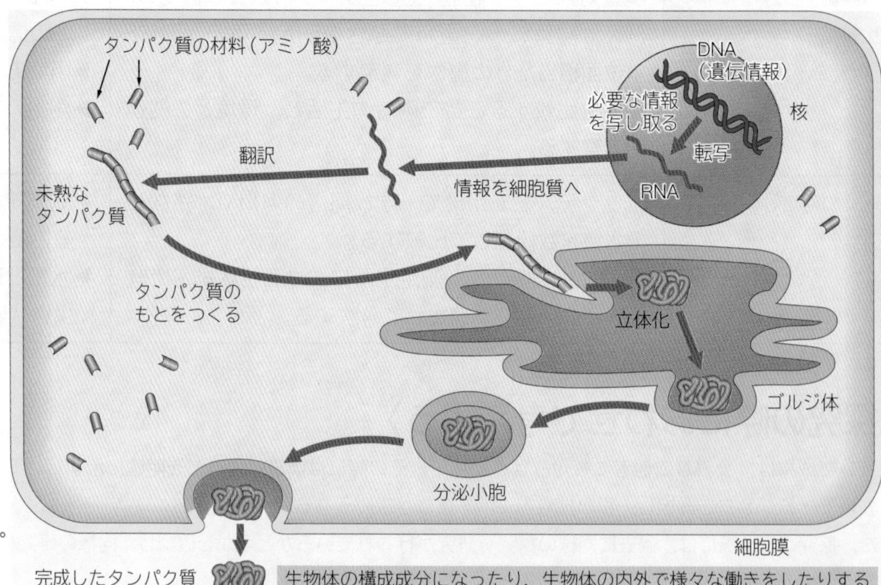




 WORD DNA⇔デオキシリボ核酸　RNA⇔リボ核酸

## C 共通の祖先から生じた生物

地球上の多様な生物相は，共通の祖先から分岐を繰り返して現在の姿に至っている。このように生物が分岐していくことを**進化**という。

生物基礎

### 動物の多様性の例

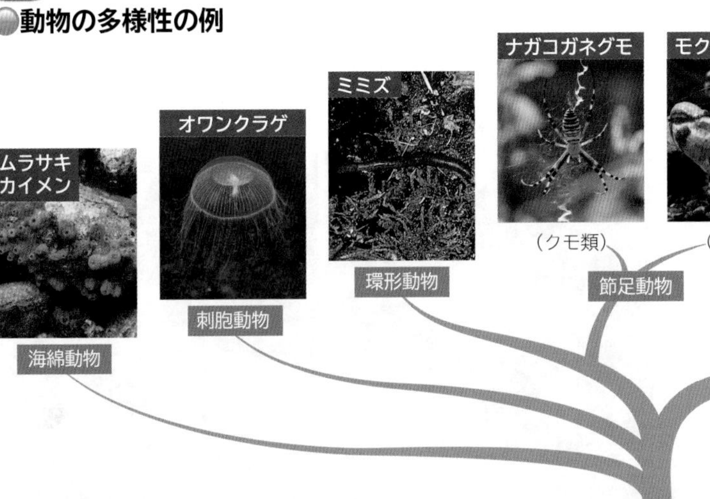


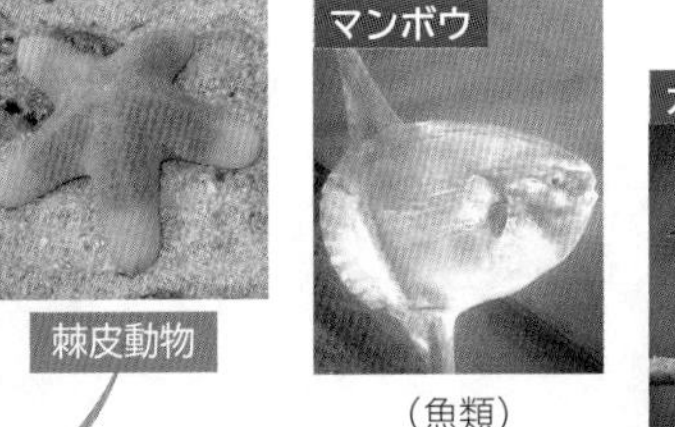


単細胞生物が多細胞化したことで，生物はさらなる多様化を遂げた。その結果として現在の多様な生物が地球上に生息し，それらの生物は様々な観点で分類されており，分類された生物群どうしの類縁関係を通して進化の道筋が明らかになりつつある(⇒p.324)。

### 植物の多様性の例

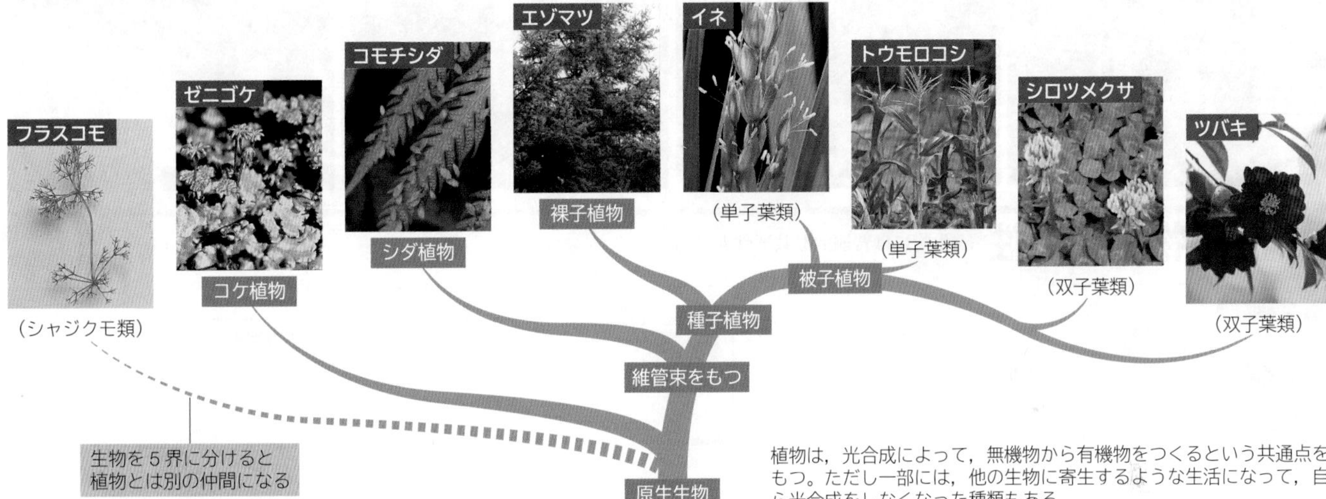


植物は，光合成によって，無機物から有機物をつくるという共通点をもつ。ただし一部には，他の生物に寄生するような生活になって，自ら光合成をしなくなった種類もある。

## D 種としての多様性

生物の種類分けの最小の基本単位は**種**(しゅ)である。

生物基礎 生物

### 生物分類の階層

生物は進化しながら枝分かれしてきたため，生物の分類には，進化の過程が反映される。同じ属に属する種は比較的現在に近い時期に分岐した近縁の種と考えられている。

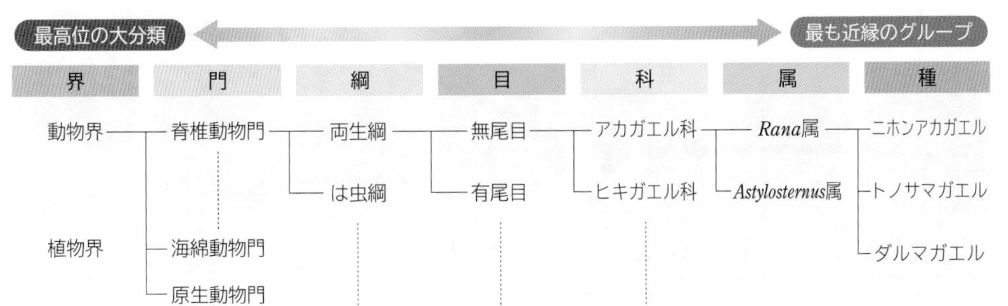


### 生物の種数

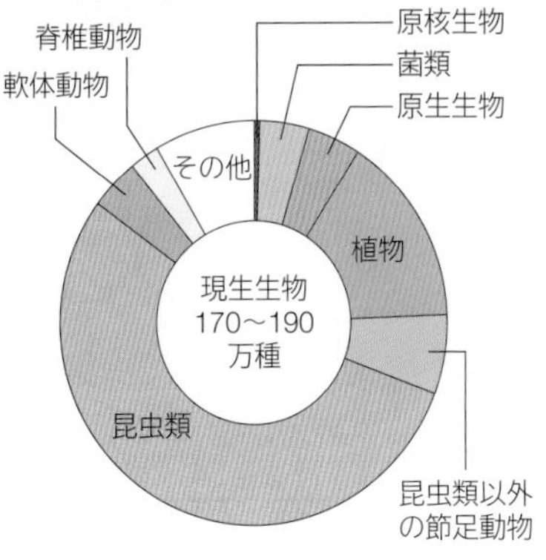

# 2 生物の多様性と共通性

Diversity and commonality of the organism

## A 環境に適応して生じる多様性

すべての生物は環境の影響を受けながら生活しており，それぞれの環境に適する形態や機能を身に付けている(適応している)。

生物基礎

### 適応放散

生物は環境に適応し，その環境にあった多様性をもっている。この現象を適応放散といい，分類群には限定されない特質となっている(⇒ p.316)。

## B 生物の共通性

生物には普遍的な共通性がある。

生物基礎
生物

無機的環境
光エネルギー
無機物
光合成

生物界

代謝
※Eはエネルギーを示す。
呼吸 有機物 → 無機物
有機物 → 無機物
呼吸 有機物 → 無機物
代謝(物質・エネルギー)を行う

細胞
細胞により構成
細胞からなる

遺伝情報としてのDNA
DNAの複製
DNAによる形質発現
DNA をもつ

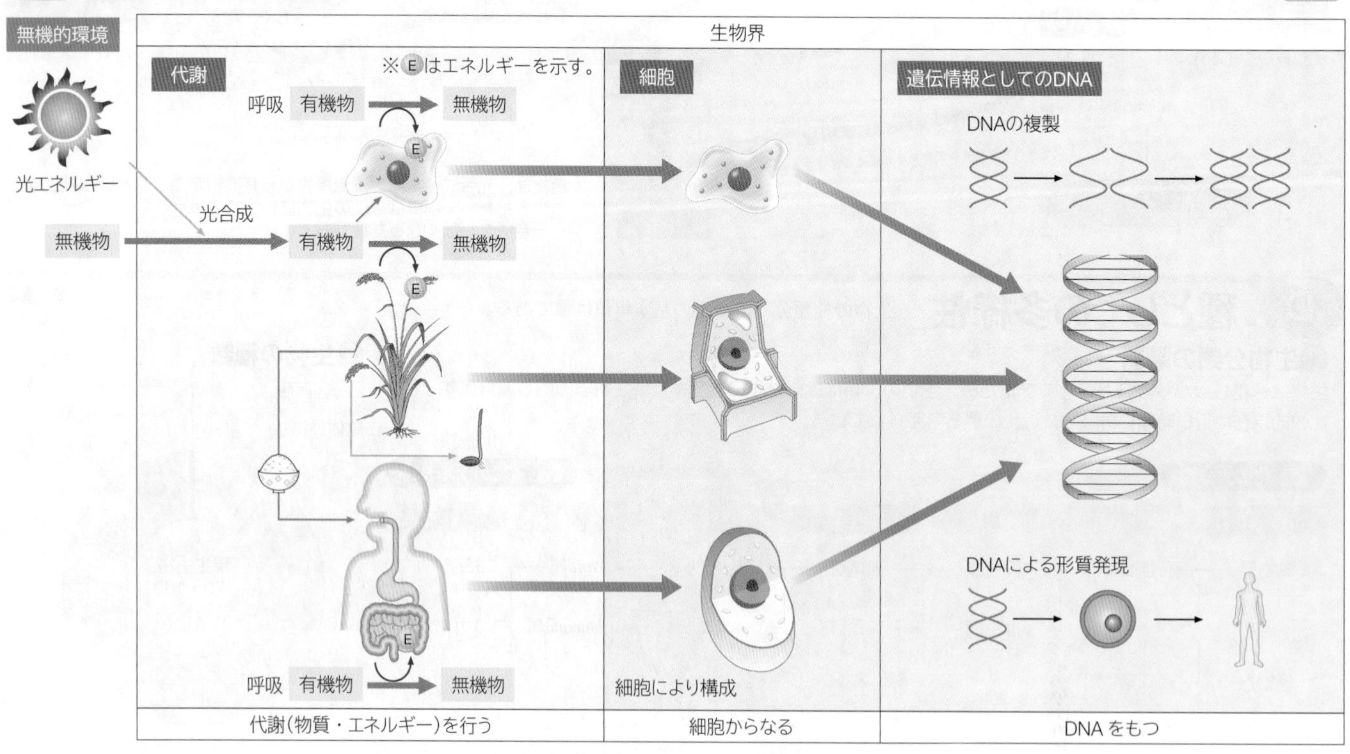

①酵素を用いて物質の代謝(合成・分解など)，エネルギーの代謝を行う。 ②細胞膜で包まれた細胞からできている。
③遺伝情報としての DNA をもち，形質を子孫に伝える遺伝のしくみをもつ。 ④体内環境を一定に保つ性質(恒常性⇒p.182)がある。

## C 生物間の近縁度

一般に，遺伝情報が似ていればいるほど変異の幅は小さい。

生物基礎 生物

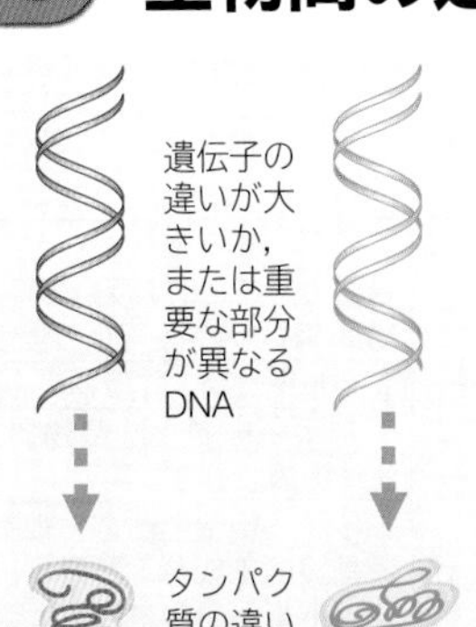


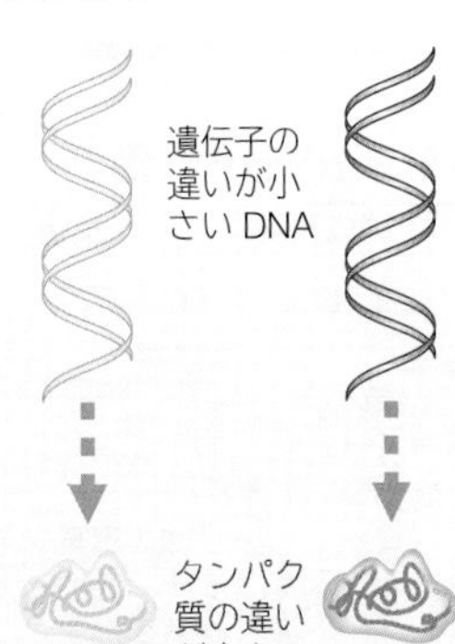

遺伝子の違いが小さい場合は，一般的にタンパク質の違いも小さく，近縁度の高いよく似た種（近縁種）か，同じ種（同一種）の中での形質の違いとなる。DNAの違いがそれほど大きくなくても，遺伝情報の中の重要な部分が異なった場合は形質の違いが大きくなり，全くの別種となることもある。

遺伝子（DNA）の違いが大きければ大きいほど，つくられるタンパク質の違いが大きくなる。そのため生物の形質の違いは大きくなり，近縁度の低い，関係の薄い種となる。

## D 近縁種に見られる多様性

トマトとナスとジャガイモは同じナス属の仲間である。そのため，よく似た共通の部分と，それぞれ異なる多様性の部分が見られる。

生物基礎

ナス属の中でもトマトとジャガイモはごく近い仲間（近縁種）である。ナス属植物の花は，色が違っても共通の構造をしている。ジャガイモにはふだん実を付けないものが多いが，品種改良前の原種に近いものでは，実を付けるものもある。日本の栽培品種でもまれに実を付けることがあるが，この実がトマトとてもよく似ており，ジャガイモにトマトの実が付いたと驚かれることもある。一方，トマトにはジャガイモのような塊茎は付かない。

ナスの花

トマトの花

ジャガイモの花

トマトの実

ジャガイモの塊茎と実

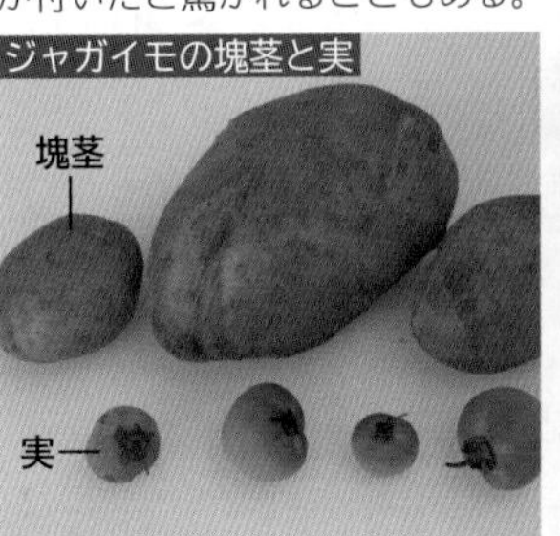

### TOPICS 共通性の中の多様性

生物にはすがたかたちの異なる多様な種（しゅ）が存在するが，外見が違う生物であっても別種であるとは限らない。同じ種の中でも多様性が見られる。

例えば，イヌには多くの品種があり，品種ごとに異なる外見をしているが，これらはすべて同一種である。原種はオオカミの一種で，それを人間が狩猟・牧羊や闘技・愛玩用に改良（品種改良）してきたために，同じ種でありながら多様な形態のものが存在することになった。

生物の種の分化は祖先種から遺伝子（DNA）が変化することで生じる。どの遺伝子が変化するかによって形質への影響の大きさが異なる。わずかな遺伝子の違いでも，大きな形質の違いを引き起こすことがある。

紀州犬

ゴールデンレトリバー

パピヨン

イヌ（同一種）

（別種？）

遺伝情報としてのDNAの違いが基本となって個々の生物の違いや種の分化が生じると考えられている。

ただし，別種同士で遺伝子すべてが異なるわけではない。

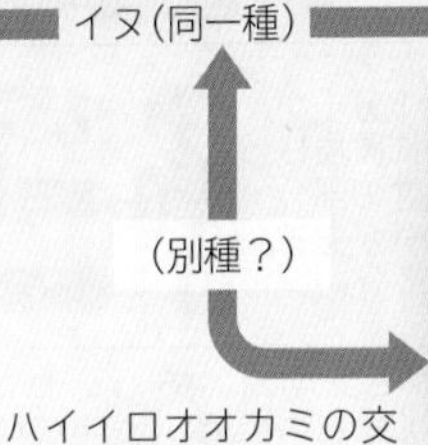

ハイイロオオカミ

イヌとハイイロオオカミの交配による生殖が確認され，染色体の形や数も同じであることから，同一種との考えもある。

# 3 生物体に共通する物質
Substance which common to the organism

## A 細胞の化学組成

生物基礎 生物

細胞膜に囲まれた部分の化学組成の例
水 85%　タンパク質 10%　脂質 2%　核酸(DNA RNA)1%　無機塩類 1.5%　炭水化物 その他 0.5%

ヒトの体の化学組成の例
水 67%　タンパク質 15%　脂質 13%　無機塩類 3%　炭水化物 その他 2%

植物体の化学組成の例
水 75%　炭水化物 20%　タンパク質 2%　無機塩類 2%　脂質 核酸など 1%

生物を構成する物質の多くは水である(物質の移動・反応に不可欠)。

TRY ヒトの体と植物体で，水の次に多い物質は何だろうか。

### 細胞構成成分のおもな働き

| 構成成分 | | 構成元素 | 構造 | 主な働き |
|---|---|---|---|---|
| 水 | | H，O | $H_2O$ | 物質の溶媒，化学反応の場，物質の移動，温度変化の緩和 |
| 有機化合物 | 炭水化物 | C，H，O | 単糖類，二糖類，多糖類 | エネルギー源，貯蔵物質 |
| | 脂質 | C，H，O，P | 脂肪酸，グリセリン，リン酸化合物 | エネルギー源，貯蔵物質，生体膜の成分 |
| | タンパク質 | C，H，O，N，S | 多数のアミノ酸がペプチド結合し，立体構造を形成 | 生体膜・細胞小器官・細胞質基質の主成分，酵素・抗体・ホルモンの主成分，染色体の成分 |
| | 核酸 DNA | C，H，O，N，P | 塩基・五炭糖・リン酸からなるヌクレオチドが多数結合 | 染色体の主成分(遺伝子) |
| | 核酸 RNA | | | タンパク質合成に関与 |
| 無機塩類 | | $K^+$，$Cl^-$，$Na^+$ など | イオンとして存在 | 細胞の状態の調節など |

有機化合物に共通して含まれる元素は何か，確認しよう。

## B 生物体を構成する有機物

炭素を骨格とした化合物を有機物という。 生物

### 炭水化物

一般式 $C_m(H_2O)_n$ で表される物質。エネルギー源として極めて重要である。

| | | |
|---|---|---|
| 単糖類・六炭糖(C6) | グルコース $C_6H_{12}O_6$ | ブドウ糖ともいう |
| 単糖類・六炭糖(C6) | フルクトース $C_6H_{12}O_6$ | 糖類で最も甘い |
| 単糖類・六炭糖(C6) | ガラクトース $C_6H_{12}O_6$ | |
| 単糖類・五炭糖(C5) | リボース $C_5H_{10}O_5$ | RNA, ATP, NAD の構成成分 |
| 単糖類・五炭糖(C5) | デオキシリボース $C_5H_{10}O_4$ | DNAの構成成分 |
| 二糖類 | マルトース(グルコース+グルコース) | 水飴の成分 |
| 二糖類 | スクロース(グルコース+フルクトース) | 砂糖の主成分 |
| 二糖類 | ラクトース(グルコース+ガラクトース) | 牛乳や母乳の成分 |
| 多糖類 | デンプン：アミロース(直鎖状)，アミロペクチン(枝分かれがある) | グルコースがつながったもので，主に植物に含まれるエネルギー貯蔵物質 |
| 多糖類 | グリコーゲン | グルコースがつながったもので，主に動物に含まれるエネルギー貯蔵物質 |
| 多糖類 | セルロース | グルコースがつながったもので，細胞壁の主成分 |

### 脂質

水に溶けにくく，アルコールなどの有機溶媒によく溶ける物質。炭水化物に比べて酸素(O)の割合が小さい。

#### ■主な脂質

| | |
|---|---|
| 脂肪(油脂) | 1分子のグリセリンと3分子の脂肪酸が結合したもの。エネルギー貯蔵物質。脂肪酸には多様な種類がある。 |
| リン脂質 | 脂肪の脂肪酸1分子がリン酸化合物に置換したもの。疎水性の部分と親水性の部分がある。細胞膜の構成成分。 |
| カロテノイド | カロテン(ビタミンA)，キサントフィルなどの色素。 |
| ステロイド | ステロイド核をもつ。副腎皮質ホルモン，性ホルモン，ビタミンDの骨格となる。 |

図中：グリセリン　脂肪酸(3分子)　脂肪　$CH_2$—OH HOOC—　CH—OH + HOOC—　$CH_2$—OH HOOC—　→　$CH_2$—O—OC—　CH—O—OC—　$CH_2$—O—OC—
グリセリン　Ⓟリン酸化合物 — 親水性　脂肪酸　脂肪酸 疎水性　親水性　疎水性

#### ■主な脂肪酸

| 分類 | | 種類 | 食品の例 |
|---|---|---|---|
| 低級脂肪酸 | | 酢酸($CH_3COOH$) | 食酢 |
| | | 酪酸($C_3H_7COOH$) | バターに含まれる |
| 高級飽和脂肪酸 | (固体) | パルミチン酸($C_{15}H_{31}COOH$) | 動物性油脂に多い |
| | | ステアリン酸($C_{17}H_{35}COOH$) | |
| 高級不飽和脂肪酸 | (液体) | オレイン酸($C_{17}H_{33}COOH$) | 植物性油脂に多い |
| | | リノール酸($C_{17}H_{31}COOH$) | |
| | | リノレン酸($C_{17}H_{29}COOH$) | |

炭素数の少ないものを低級脂肪酸，多いものを高級脂肪酸という。



WORD 炭水化物⇔糖質⇔糖　六炭糖⇔ヘキソース　五炭糖⇔ペントース　グルコース⇔ブドウ糖　フルクトース⇔果糖　マルトース⇔麦芽糖　スクロース⇔サッカロース⇔ショ糖　ラクトース⇔乳糖　グリコーゲン⇔グリコゲン　グリセリン⇔グリセロール

## タンパク質　アミノ酸がペプチド結合で多数結合したもの。細胞の構造や酵素，ヘモグロビン，ホルモン，抗体などの成分(⇒ p.56)。

### アミノ酸(⇒ p.58)

アミノ基とカルボキシ基が共通で，側鎖(R)が異なる。タンパク質を構成するアミノ酸は 20 種類である。

**アミノ酸の基本構造**

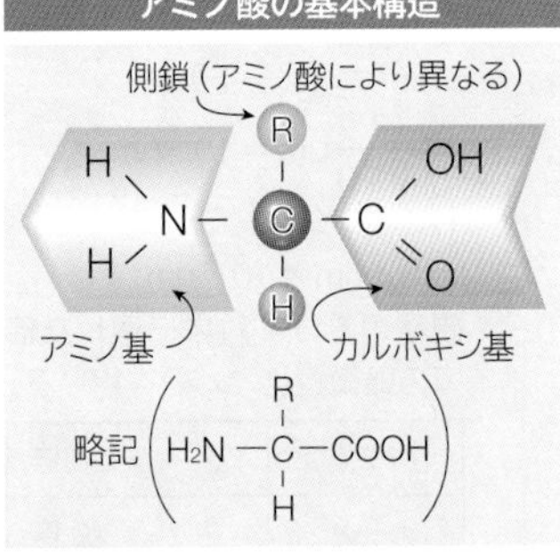


### ペプチド結合

アミノ酸のカルボキシ基と他のアミノ酸のアミノ基との間で水 1 分子がとれてできる結合。多数のアミノ酸がペプチド結合したものがタンパク質。アミノ酸の配列の違いにより，様々な種類のタンパク質がつくられる。

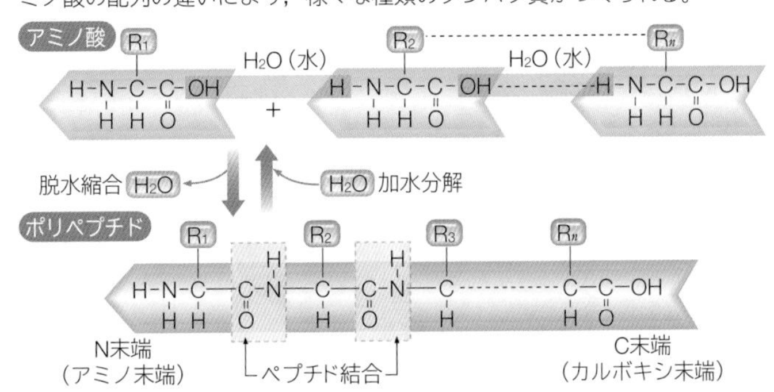


### アミノ酸からタンパク質へ

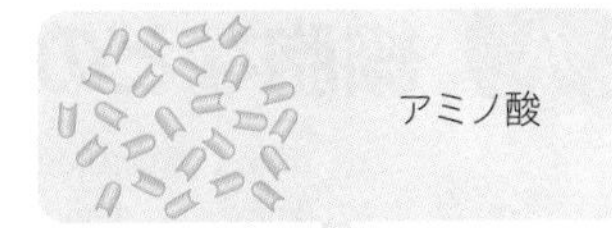


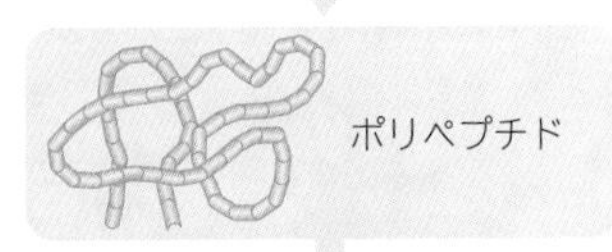


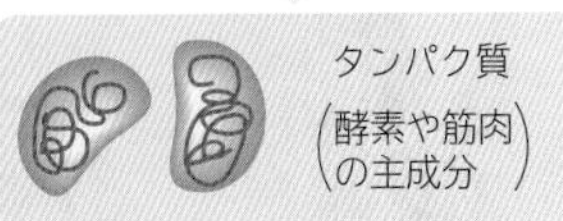


## 核酸　リン酸，糖(五炭糖)，塩基が結合したヌクレオチドが多数結合したもの。DNA の塩基配列が遺伝情報を決める(⇒ p.111)。

### ヌクレオチド　DNA と RNA では，糖と塩基(4 種類)の構成が異なる。

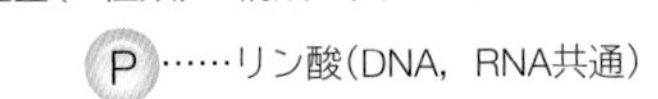


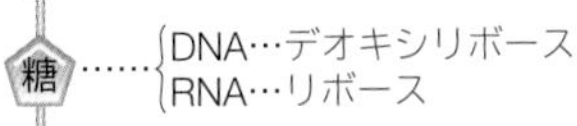


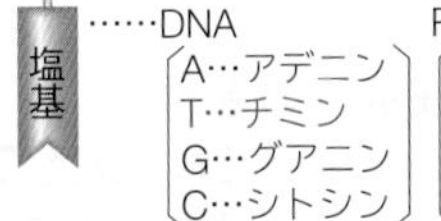


### DNA(デオキシリボ核酸)

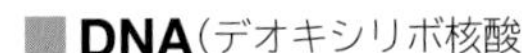


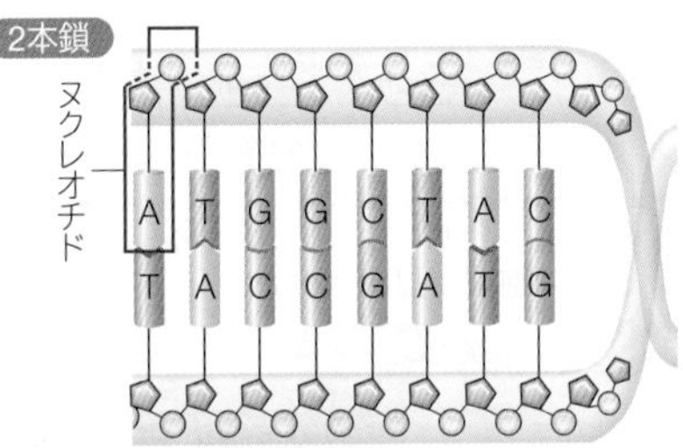


### RNA(リボ核酸)

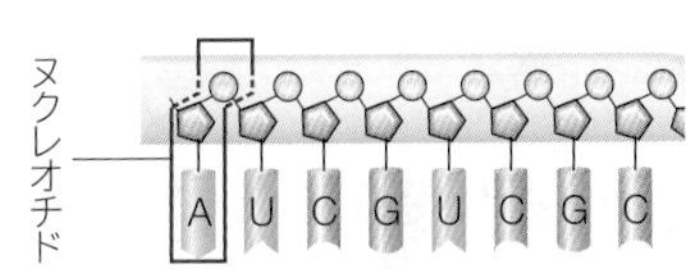


RNAでは，チミンのかわりにウラシルが使われる。

## 有機物の結晶

バナナ細胞のデンプン粒(染色標本)

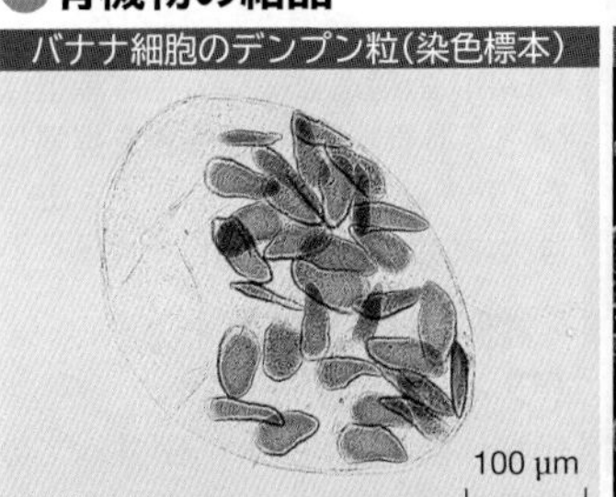


グルタミン酸(アミノ酸の一種)

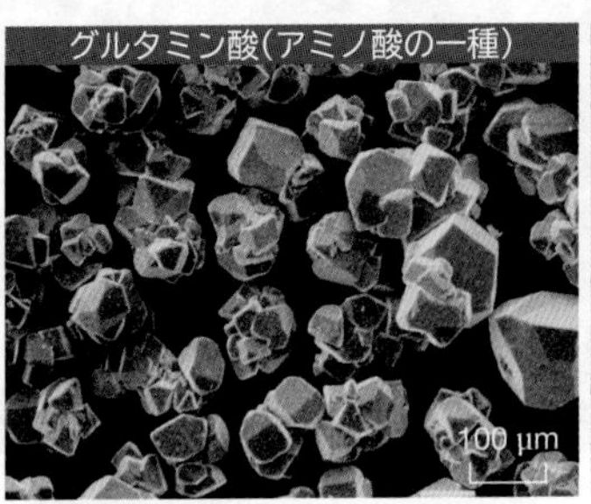


タンパク質(酵素)の結晶

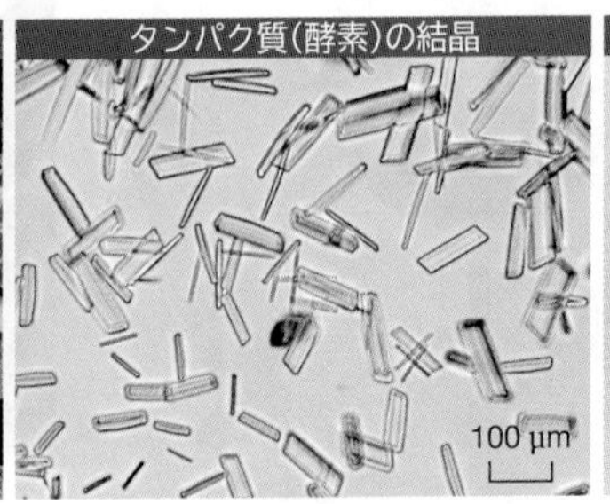


DNA の X 線回折像

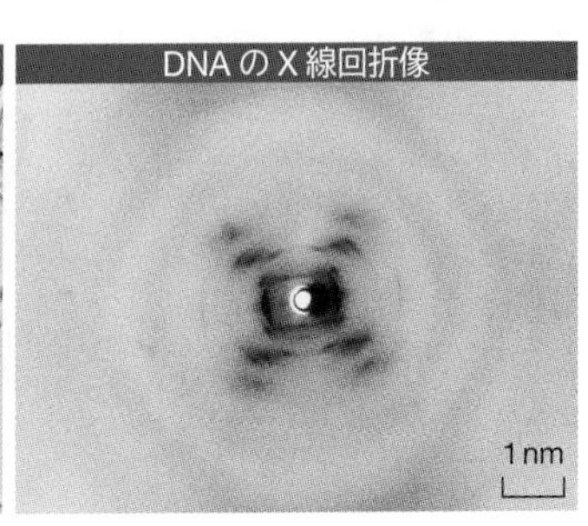


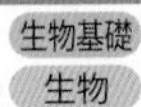

## C 無機塩類　主にイオンとなって水に溶けた状態で存在する。

生物基礎　生物

| | |
|---|---|
| P (リン) | 骨や歯の成分 |
| Na (ナトリウム) | 浸透圧の調節。興奮の伝導に関係 |
| K (カリウム) | 浸透圧の調節。興奮の伝導に関係 |
| Mg (マグネシウム) | 骨や歯の成分。クロロフィルの成分 |
| Ca (カルシウム) | 骨や歯の成分，筋収縮・血液凝固に関係 |
| Fe (鉄) | ヘモグロビンの成分 |
| Cu (銅) | ヘモシアニンの成分 |
| I (ヨウ素) | 甲状腺ホルモンの成分 |
| Zn (亜鉛) | 免疫に関係 |
| N (窒素) | 核酸・タンパク質の成分 |
| S (硫黄) | タンパク質の成分 |
| Cl (塩素) | 浸透圧の調節，胃酸の主成分 |

## TOPICS

### ビタミン E の酸化防止力と不飽和脂肪酸

ビタミンは多くの種類があるが，生体内において酵素を補助する機能をもつ有機物(補酵素)の一種である。微量で生体内の物質の合成や分解を調節する働きをもつ。ビタミン E(α-トコフェロールなど 8 種類の物質の総称)は老化防止や肌をみずみずしく保つ働きで注目されている。脂溶性ビタミンの一種で，動物性油脂よりも植物性油脂(オレイン酸，リノール酸を主成分とする)に多く含まれている。ビタミン E の効果は主にその抗酸化作用にあり，生体内でビタミン A(カロテン)や脂肪の酸化を防ぎ，細胞膜のリン脂質中の不飽和脂肪酸の酸化を防止する。DNA に損傷を与える活性酸素などの影響も抑える。これらの効力はごま油，オリーブ油などビタミン E やその類似物質を多く含む油脂で明らかになっている。エジプトのミイラをまいた布には，ごま油に浸したものがあり，抗酸化力を高めるのに役立っていたと考えられる。

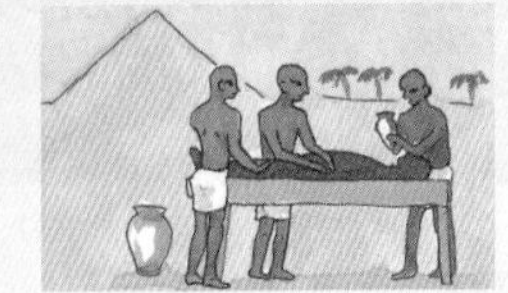

# 4 細胞の大きさと特徴

Cells : their sizes and characteristics

## A 細胞などの大きさ

細胞の多くは 1 μm から 100 μm の大きさで，光学顕微鏡で観察することができる。なかには，1 m 以上にも達する繊維状の細胞もある。 生物基礎

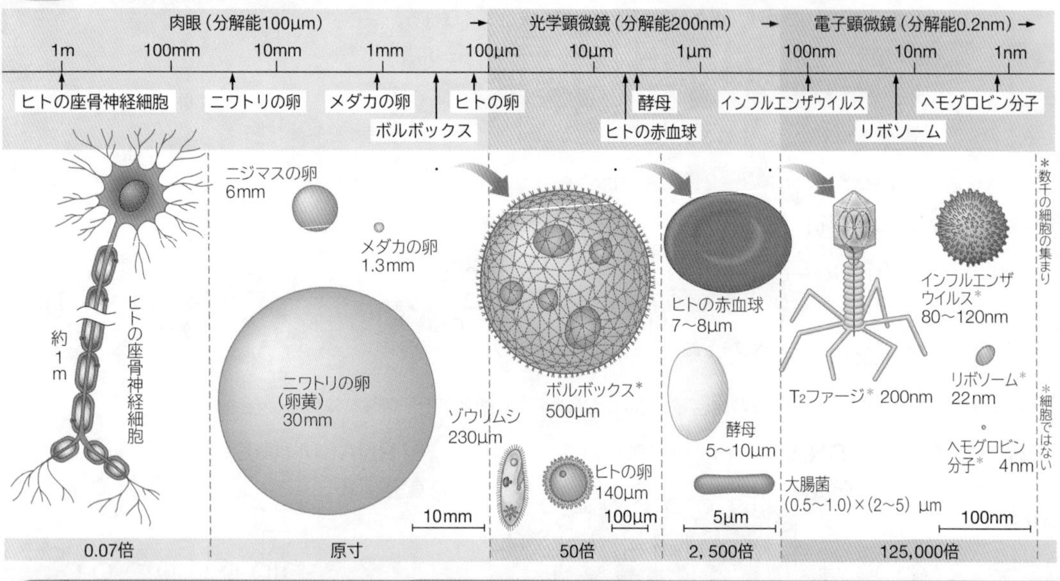


1μm（マイクロメートル）
$= \frac{1}{1000}$ mm $= 10^{-3}$ mm

1nm（ナノメートル）
$= \frac{1}{1000}$ μm $= 10^{-3}$ μm

1Å（オングストローム）
$= 0.1$ nm $= 10^{-1}$ nm

観察の際は，対象に適した倍率の顕微鏡（レンズ）を用いる。

| | |
|---|---|
| 虫めがね | 1.5〜　20 倍 |
| ルーペ | 2〜　20 倍 |
| 解剖顕微鏡 | 5〜　20 倍 |
| 光学顕微鏡 | 20〜 2000 倍 |
| 電子顕微鏡 | 〜100 万倍 |

走査型電子顕微鏡は低い倍率（10 倍程度）でも観察できる。

## B 細胞の発見と細胞説

顕微鏡の発明によって 17 世紀に細胞が発見された。19 世紀になると様々な研究により細胞説が提唱された。 生物基礎

### 細胞の発見（ロバート＝フック）

自作の顕微鏡で様々な生物や物質を観察した。単に小さなものを観察するだけではなく，「なぜ木片が水に浮くのか」といった疑問を微細構造を調べ，説明しようとした。その研究の過程で，コルクの切片が小さな小部屋からできていることを発見し，cell（＝**細胞**）と名付けた（1665 年，イギリス）。

フックの顕微鏡と彼の描いたコルクのスケッチ

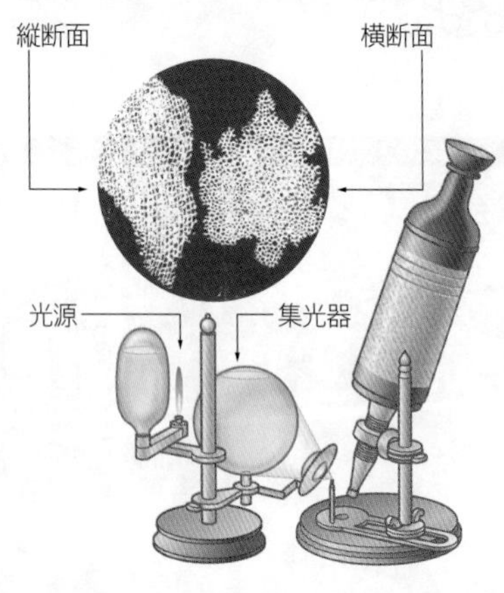


現在の走査型電子顕微鏡で観察したコルク

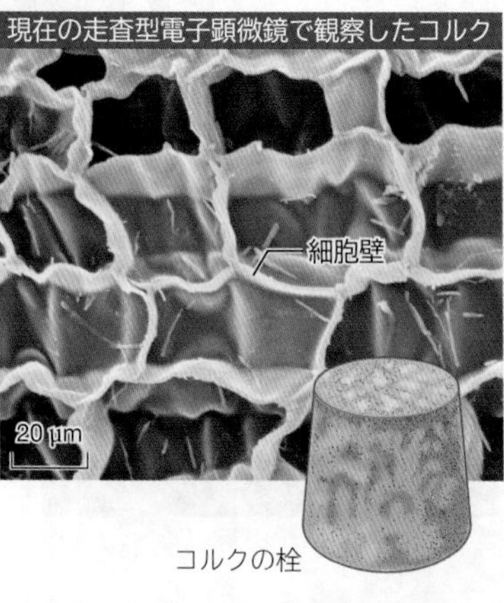


### 細胞説の提唱（シュライデン，シュワン）

シュライデンは植物で（1838 年，ドイツ），シュワンは動物で（1839 年，ドイツ）それぞれ詳細な研究を行い，「生物体の構造と機能の基本単位は細胞である」とする**細胞説を提唱**した。2 人は連絡を取り合い，ときには大学のカフェで議論した。

### 細胞説の確立（フィルヒョー）

細胞分裂の観察結果から「すべての細胞は細胞から生じる」と唱え，細胞説が普遍性をもつことを支持し，**細胞説を確立**した（1858 年，ドイツ）。

## C 細胞の多様性

細胞の基本的な構造は同じであるが，実際の生物には様々な形態や機能をもった細胞が存在する。 生物基礎

平滑筋の細胞（モルモット）

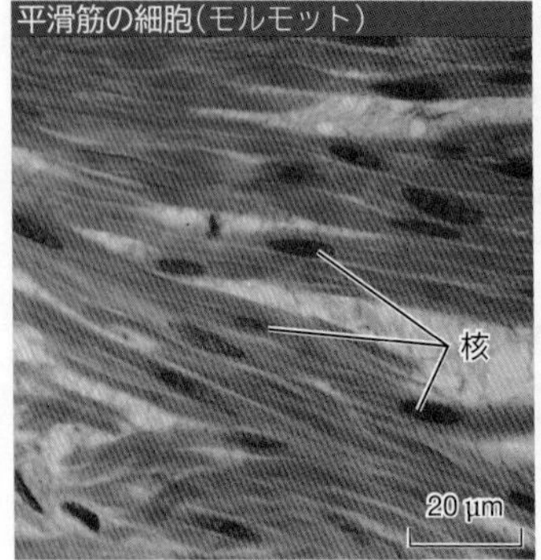


多くの細胞が細長く伸びており，核が確認できる。

赤血球と白血球（ヒト）

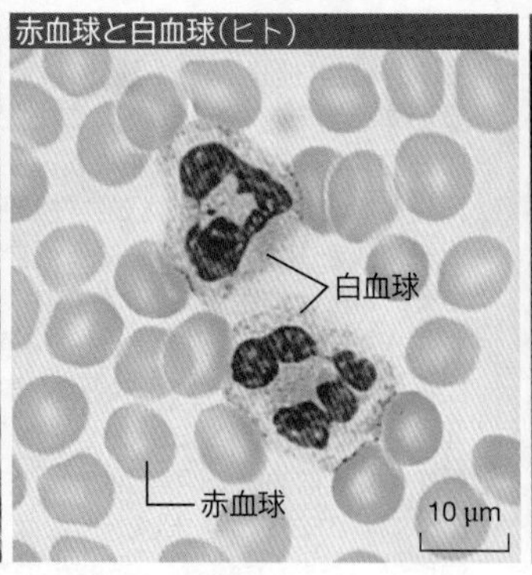


血球は 1 つの細胞からなる。ヒトの赤血球は無核である。

網膜神経節の細胞（マウス）

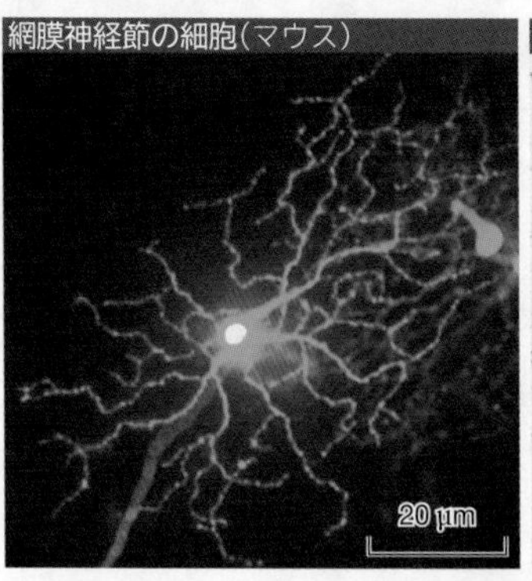


多くの細胞と連絡できるように多数の細長い突起をもつ。

発芽種子の芽の維管束細胞（タマネギ）

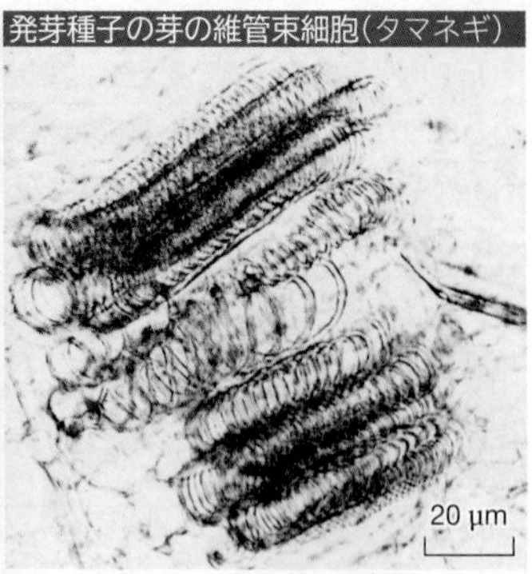


物質を輸送しやすい管状構造。スライドガラス上でつぶせば見える。

 WORD リボソーム⇔リボゾーム　細胞小器官⇔細胞器官⇔オルガネラ　細胞質基質⇔細胞質ゾル　核小体⇔仁　ゴルジ体⇔ゴルジ複合体⇔ゴルジ装置

# D 真核細胞の光学顕微鏡像

細胞内には，形態的・機能的に独立した様々な構造があり，これを細胞小器官という。動物細胞と植物細胞とでは，含まれる細胞小器官が異なる。

生物基礎 生物

## ●動物細胞と植物細胞の光学顕微鏡レベルのモデル図

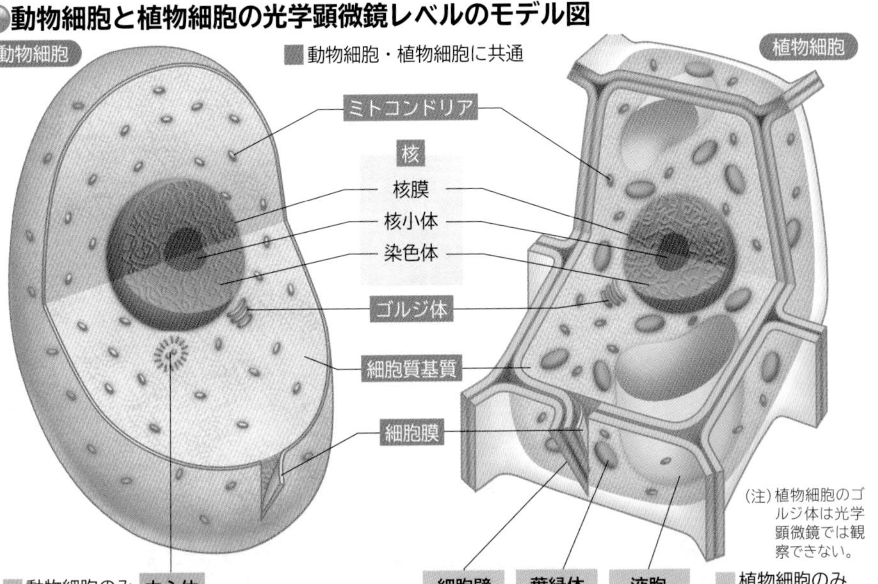


| 構造 | | | 働きなど |
|---|---|---|---|
| 原形質 | 核・染色体 | | 細胞の活動の調節，遺伝情報の保管。 |
| | 細胞質 | 細胞膜 | 細胞内外の物質移動の調節。 |
| | | 細胞質基質 | 化学反応の場。 |
| | | ミトコンドリア | 呼吸の場。 |
| | | 中心体 | 細胞分裂時に紡錘体を形成。 |
| | | ゴルジ体 | 物質の加工・濃縮・分泌。 |
| | | 葉緑体 | 光合成の場。 |
| 原形質の働きでできる構造 | | 細胞壁 | 植物細胞の形の維持。 |
| | | 液胞 | 浸透圧調節，物質貯蔵。液胞膜は原形質に分類される。 |

### ADVANCE

**原形質**

かつて，細胞壁と液胞以外の部分は，比較的均質な物質から構成されていると考えられており，この物質を「原形質」と呼んでいた。その後，その部分には細胞小器官や複雑な物質が含まれることがわかり，領域を指す言葉となりつつある。

## ●光学顕微鏡による細胞小器官の観察

核（タマネギ：酢酸オルセイン染色）

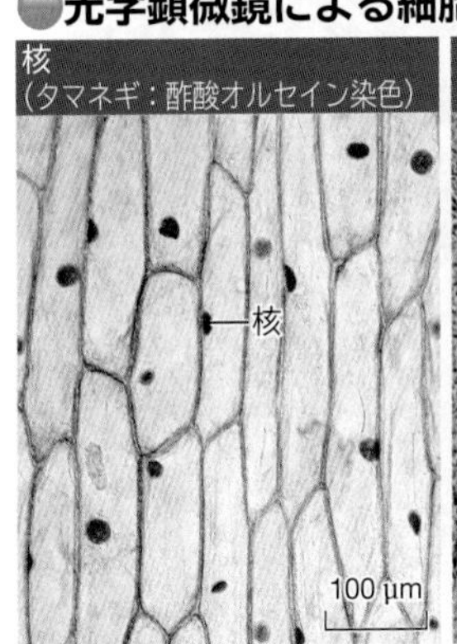


ミトコンドリア（タマネギ：ヤヌスグリーン染色）

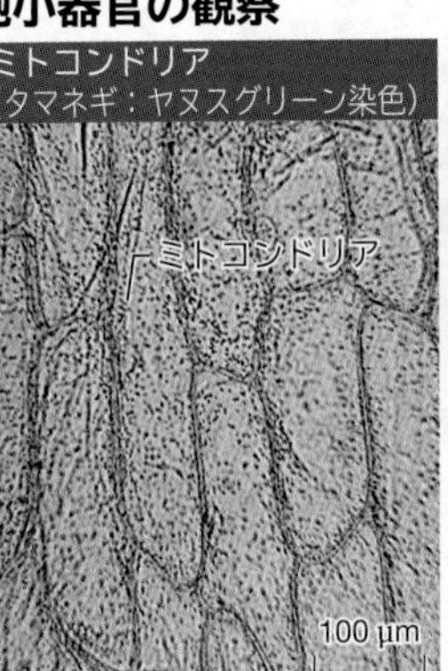


葉緑体（コカナダモ：無染色）

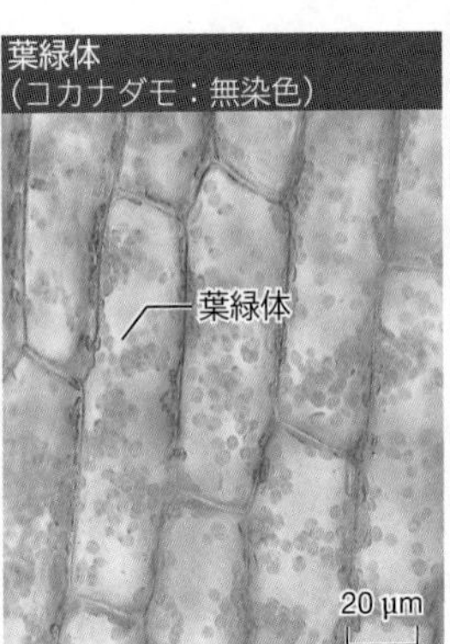


ゴルジ体（ウサギ：硝酸銀染色）

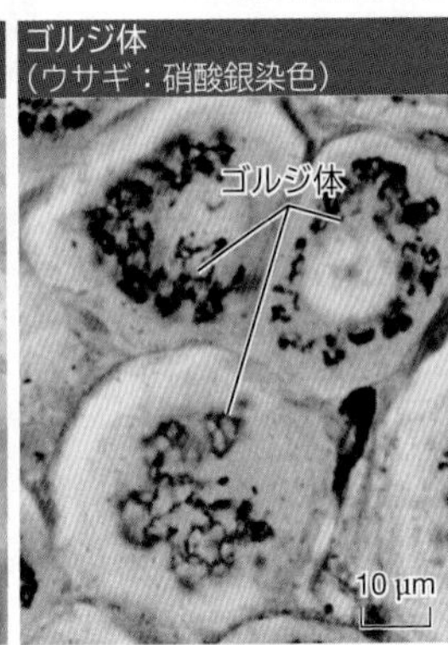


液胞（ユキノシタ：無染色）

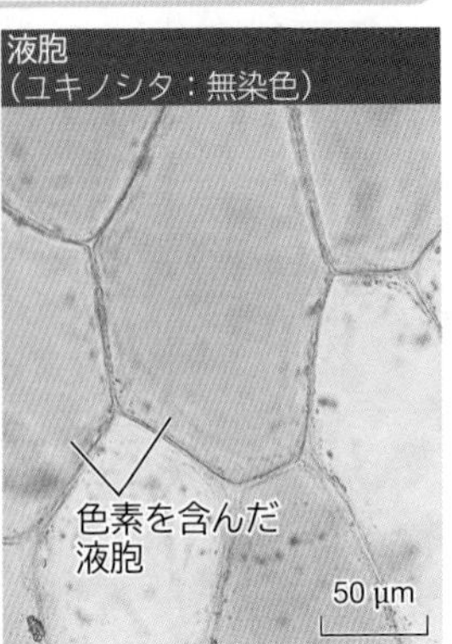


染色しなくても色があるもの，染色しないと見えないものがあることに注意しよう。

# E 細胞の運動性

生物基礎 生物

アメーバや白血球のように運動性をもち，形をつねにかえている細胞がある。細胞の内部では，原形質が流動的な状態(**ゾル**)と固体的な状態(**ゲル**)に相互転換する。この転換は細胞質中に分布するアクチンタンパク質の状態変化で起きるが，エネルギー(ATP)が必要なため，生きている細胞でしか起きない。

**アメーバ運動**は**原形質流動**(⇒ p.49)の一種で，先端部でゾル→ゲル，後端部でゲル→ゾルの変化が起き，細胞質全体が先端部へ流動しながら前進する。

アメーバ運動

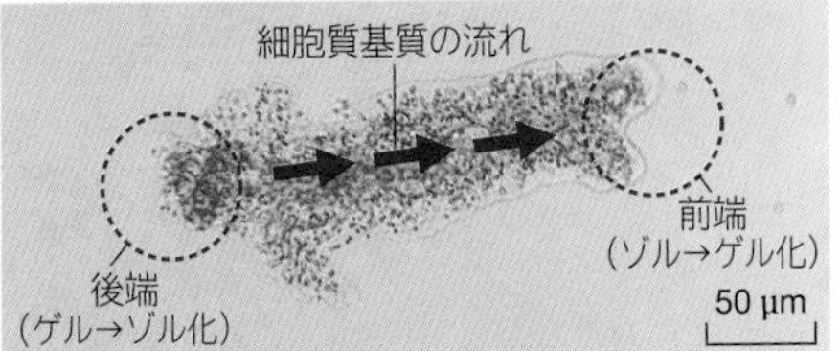


## TOPICS

### ウイルスとパンデミック

細菌(bacteria)やウイルス(virus)は感染症の原因として知られているものが少なくない。細菌は原核細胞からなる生物である。一方ウイルスは，タンパク質の被膜と核膜で構成されているが，宿主細胞に感染して宿主の生命機能を用いなければ増殖できず，細胞構造ももたない。そのため，完全な意味での生命体とはいえない。細菌は発酵食品の製造や腸内細菌として有用なものもある。

●ウイルスの4つの典型的な構造

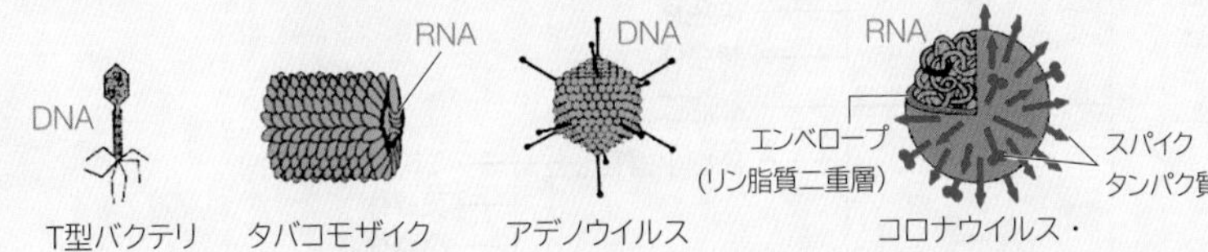


●新型コロナウイルスの世界的大流行(パンデミック)

コロナウイルスの表面はリン脂質二重層(基本的に細胞膜などの生体膜と同じ)に覆われ，スパイクタンパク質をもつ。核酸は1本鎖のRNAで，変異型が出現しやすい(⇒ p.121)。2019年末から世界中で大流行している新型コロナウイルスに対しては，新たな2つのタイプのワクチン(⇒ p.128)が開発され，使用されている。

なお，100年ほど前にパンデミックを起こしたスペイン風邪も，1本鎖RNAをもつインフルエンザウイルス(⇒ p.212)によるものである。

WORD 原形質流動⇔細胞質流動　ATP⇔アデノシン三リン酸　仮足⇔偽足　宿主⇔寄主

# 5 真核細胞の構造と働き(1)

Eucaryotic cells : their structure and function 1



## A 真核細胞の電子顕微鏡像

電子顕微鏡を用いることによって，光学顕微鏡では観察できない小胞体，リボソーム，リソソームなどの細胞小器官が観察できる。 生物基礎 生物

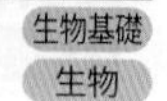

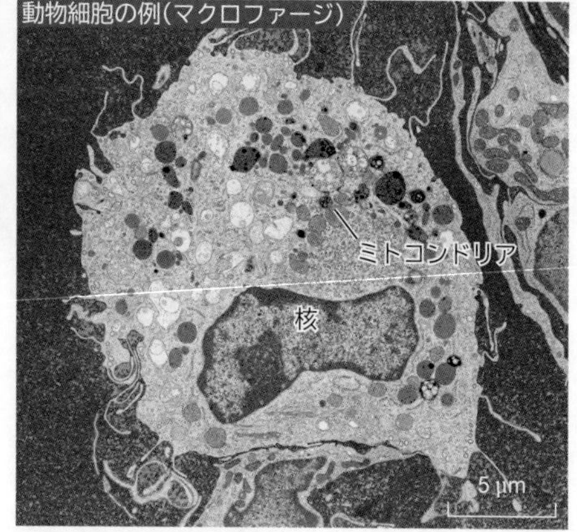


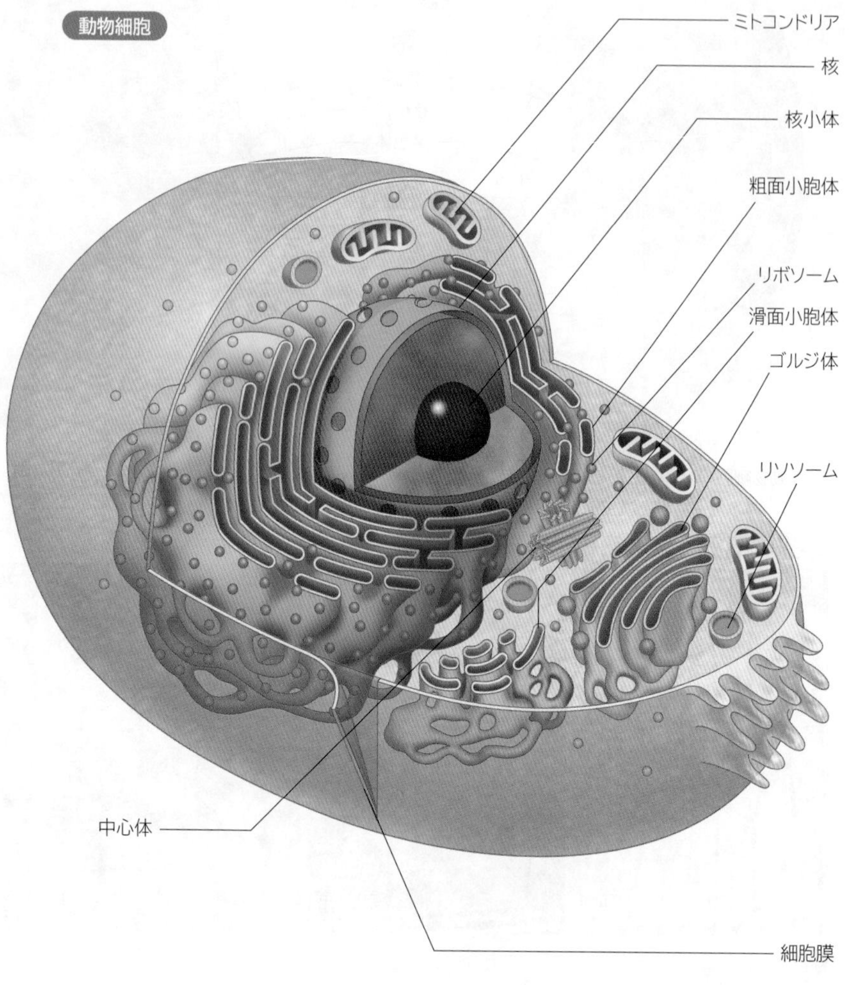


### ●細胞構造の比較

| 細胞構造 | 原核細胞 | 真核細胞 | |
|---|---|---|---|
| | | 植物細胞 | 動物細胞 |
| 細胞膜 | + | + | + |
| 細胞質基質 | + | + | + |
| 核 | − | + | + |
| 染色体 | + | + | + |
| ミトコンドリア | − | + | + |
| 葉緑体 | − | + | − |
| 小胞体 | − | + | + |
| ゴルジ体 | − | + | + |
| リソソーム | − | − | + |
| 液胞 | − | + | + |
| リボソーム | + | + | + |
| 中心体 | − | − / +* | + |
| 細胞骨格 | + | + | + |
| 細胞壁 | + | + | − |

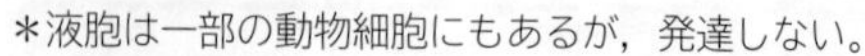

＊液胞は一部の動物細胞にもあるが，発達しない。

共通する構造や特異な構造に着目しよう。

## B 真核細胞の構成

真核細胞は，核と細胞膜などのさまざまな細胞小器官で構成されている。 生物

### ●構造の分類

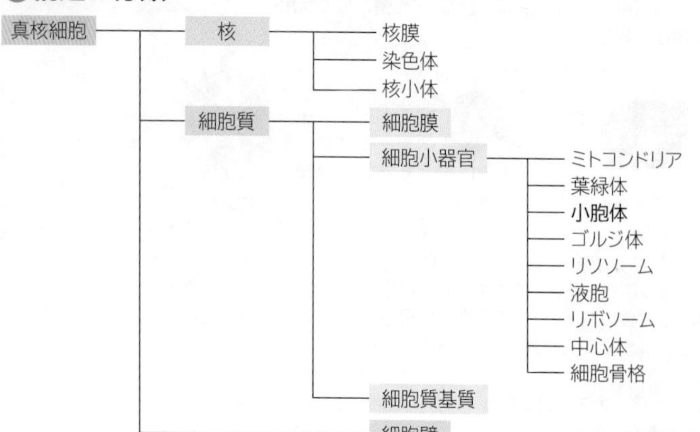


＊ここに示した構造をすべての真核細胞がもつわけではない。

### ●構造の特徴

| | | |
|---|---|---|
| 膜構造 | 一重膜 | 細胞膜，小胞体，ゴルジ体，リソソーム，液胞 |
| | 二重膜 | 核，ミトコンドリア，葉緑体 |
| 膜構造でない | | リボソーム，中心体，細胞骨格，細胞質基質，細胞壁 |

＊核も細胞小器官である。

| | |
|---|---|
| 動物細胞 | 中心体，リソソーム |
| 植物細胞 | 葉緑体，液胞*，細胞壁 |

＊液胞は一部の動物細胞にもあるが，発達しない。

**細胞質**：細胞全体から核の部分を除いた残りの部分。最も外側は細胞膜。
**細胞小器官**：細胞内に存在する特定の働きをもつ構造体。生体膜により区画化されたものを指すことが多いが，他の構造体を含める場合もある。
**細胞質基質**：細胞小器官の間を埋める液状の部分。タンパク質など多様な成分を含み，粘性がある。様々な酵素が存在している化学反応の場。
**原形質**：細胞質と同じ意味で用いられることもある用語だが，現在ではほとんど使われなくなってきている。本来は細胞全体のうち，細胞壁や液胞などのように後につくられる部分を除いたものを指す。



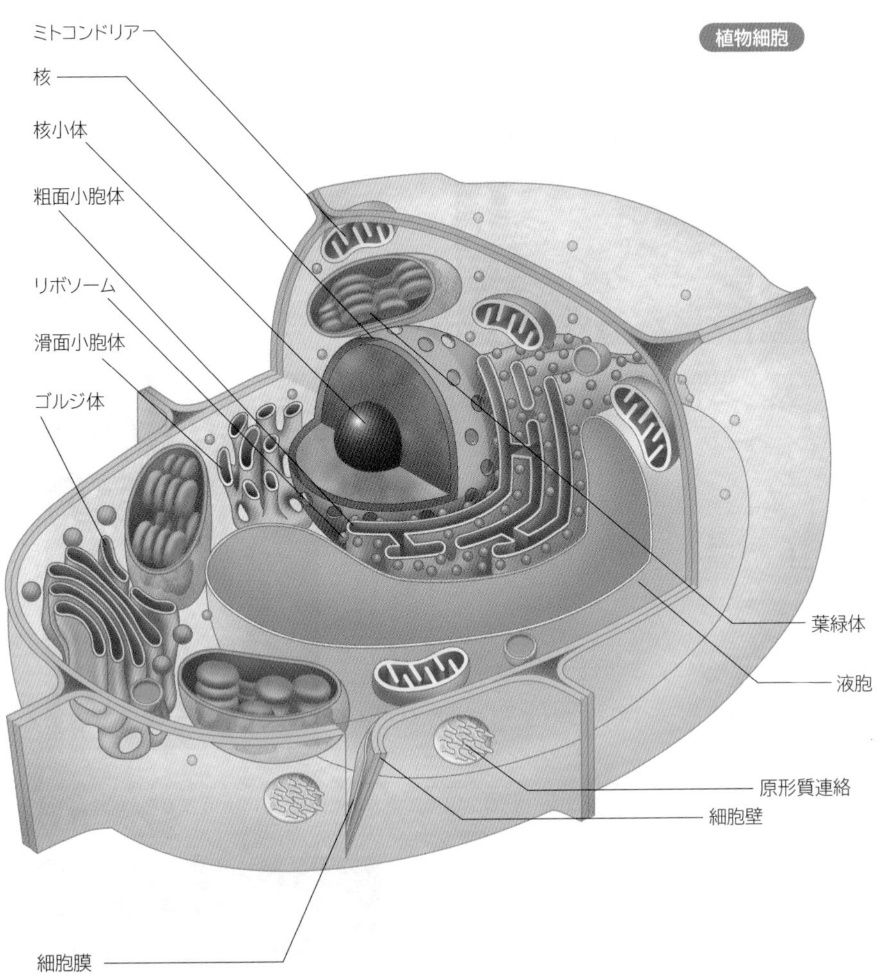


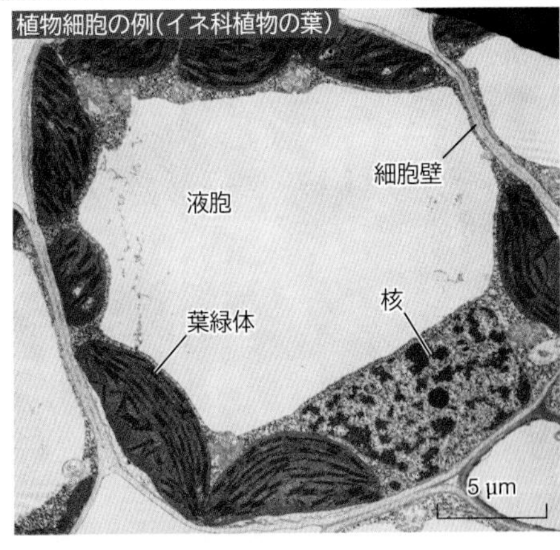


### 細胞構造の成分

| 細胞構造 | 水 | タンパク質 | 核酸 | 脂質 |
|---|---|---|---|---|
| 細胞膜 | ― | ○ | ― | ○ |
| 細胞質基質 | ○ | ○ | ○ | ○ |
| 核 | ○ | ○ | ○ | ○ |
| 染色体 | ― | ○ | ○ | ― |
| ミトコンドリア | ○ | ○ | ○ | ○ |
| 葉緑体 | ○ | ○ | ○ | ○ |
| 小胞体 | ○ | ○ | ― | ○ |
| ゴルジ体 | ○ | ○ | ― | ○ |
| リソソーム | ○ | ○ | ― | ○ |
| 液胞 | ○ | ○ | ― | ○ |
| リボソーム | ― | ○ | ○ | ― |
| 中心体 | ― | ○ | ― | ― |
| 細胞骨格 | ― | ○ | ― | ― |
| 細胞壁 | ― | ○ | ― | ― |

## C 関連して働く細胞小器官

生物

特定の機能をもつ細胞小器官が互いに連携して働くことで，全体として細胞の活動が維持され，生命が維持されている。

| | |
|---|---|
| タンパク質合成 | 核・リボソーム・ゴルジ体 |
| エネルギー供給 | ミトコンドリア・葉緑体 |
| 細胞内物質輸送 | 小胞体・ゴルジ体・細胞骨格 |
| 細胞内消化 | ゴルジ体・リソソーム |
| 分泌・食作用 | 小胞体・ゴルジ体・リソソーム・細胞膜 |
| 細胞分裂・細胞形態維持 | 中心体・細胞骨格 |

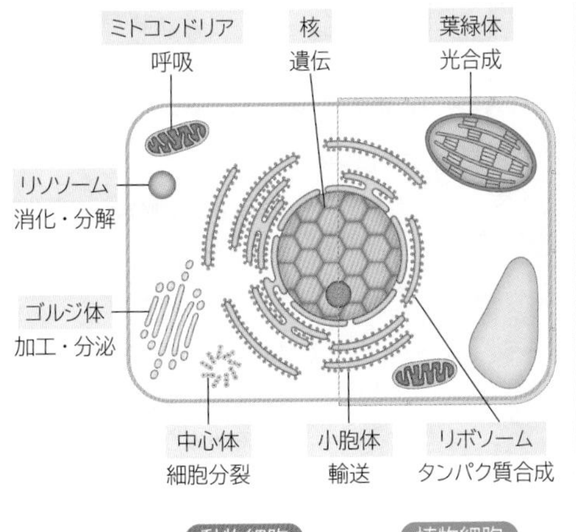


### TOPICS 細胞外基質

細胞の分泌する成分により細胞外に構造が形成される不溶性の成分を**細胞外基質**という。植物細胞の外側を覆う細胞壁は，代表的な細胞外基質である。動物細胞は細胞壁をもたないが，コラーゲンやプロテオグリカン，フィブロネクチンなどの成分が絡み合った構造がつくられ，細胞の間を埋めるとともに細胞の位置を固定するような役割も担っている。また，細胞外基質が基底膜という構造となり，そこに細胞が並ぶことで特定の組織や器官が形成される足場の役割を果たすこともある。

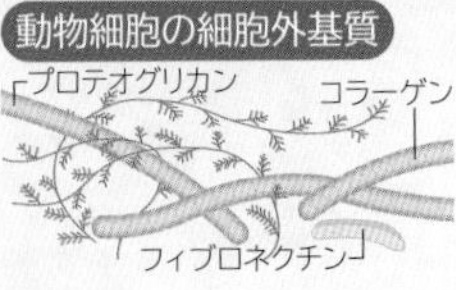

# 6 真核細胞の構造と働き(2)
Eucaryotic cells : their structure and function 2

## A 核

核は細胞に1～複数個あり，核膜，染色体，核小体からなる。

生物基礎 生物

**核膜**は二重膜で，一部は小胞体などにつながっている。**核膜孔**があり，細胞質基質との間で選択的に物質の移動が行われている。**染色体**は遺伝子としてのDNAおよびタンパク質(ヒストンなど)からなる。**核小体**の主成分はRNAとタンパク質で被膜はない。

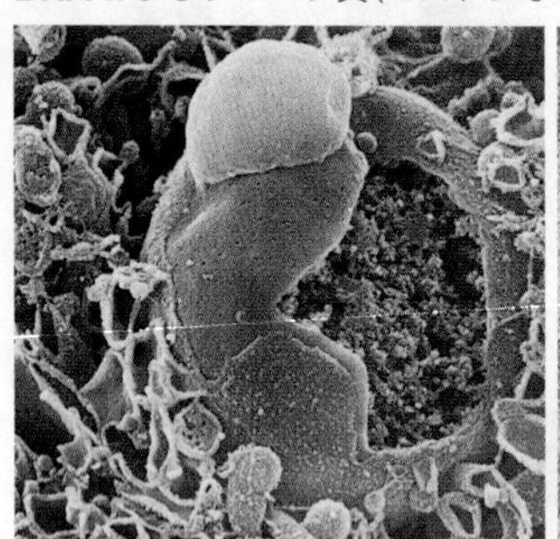

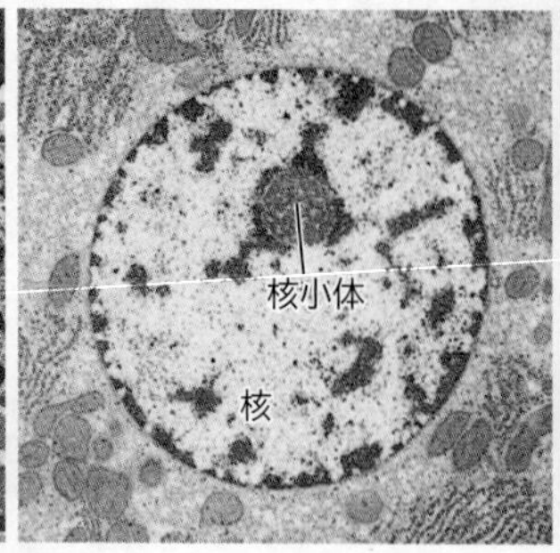


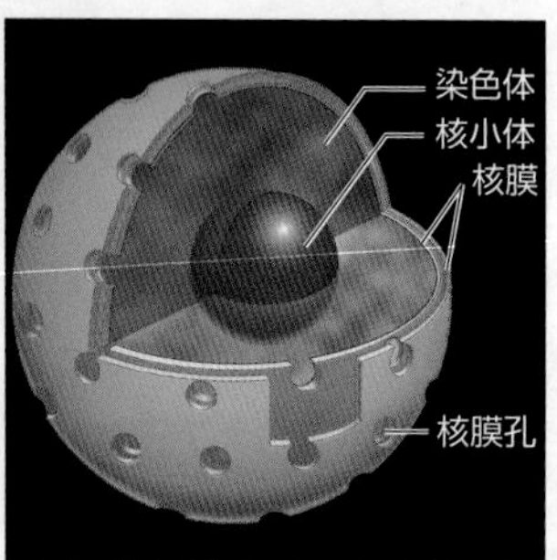


POINT

**核と染色体の変形**

細胞分裂時に，染色体は凝縮して形を変え，核膜と核小体は消失する。

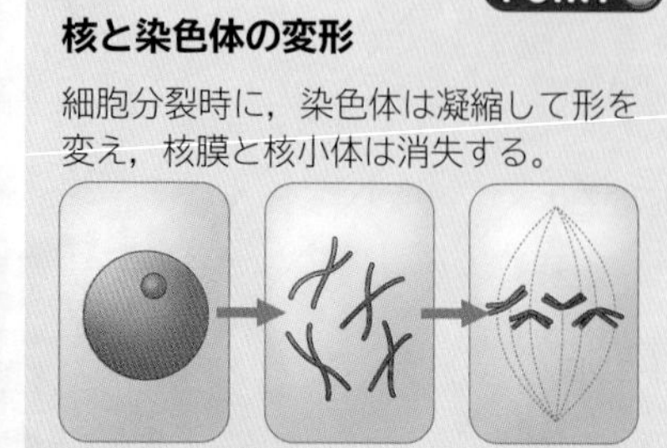

### 染色体の構造

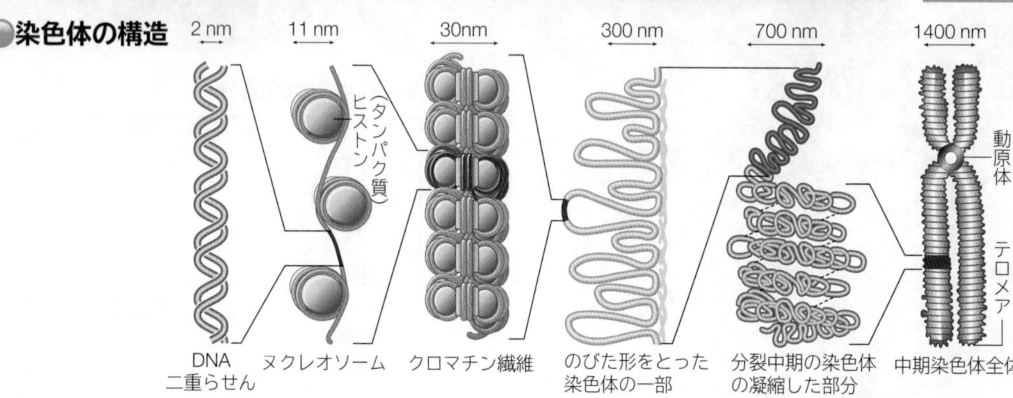


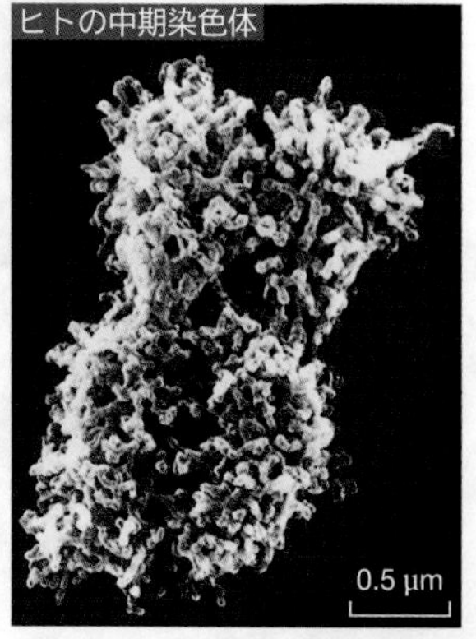


## B 核の働き

単細胞生物を用いた簡便な実験によって，核が細胞の機能や形態を決めており，生命活動に不可欠であることが明らかになった。

生物基礎

### カサノリの再生実験

かさや柄を何度切断しても，仮根に含まれる核の情報に従って再生する。

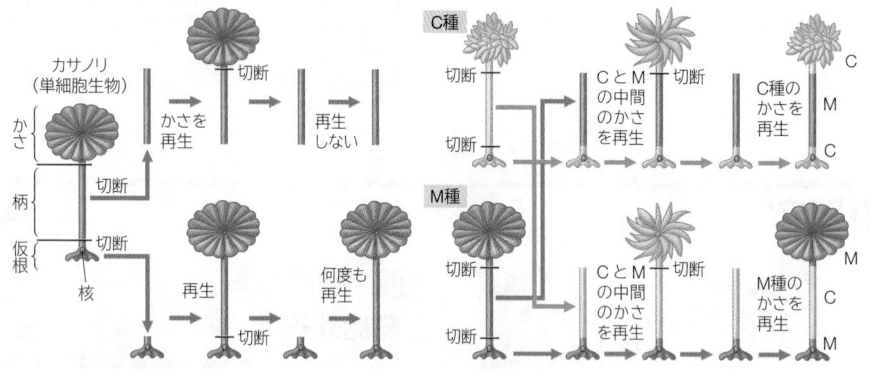

カサノリは単細胞の緑藻類で，温かい海に生育する。単細胞生物としては極めて大型で，7～10 cmの大きさに成長する。

### アメーバの再生実験

単細胞生物から核を除くといずれ細胞は消失する。

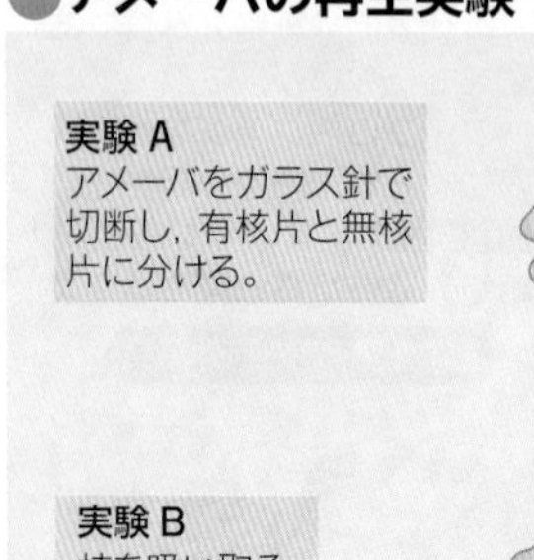


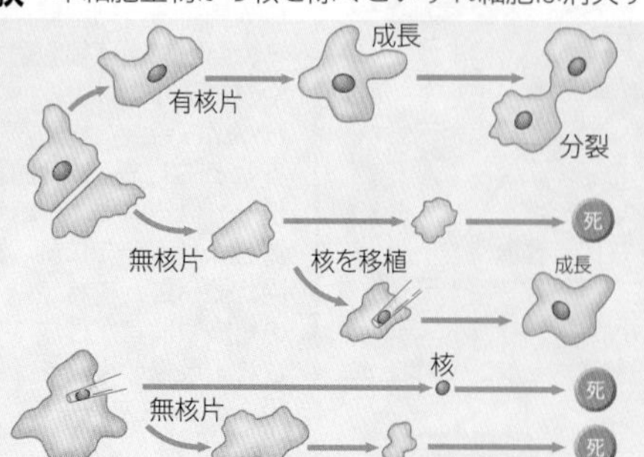


分裂を続けて増殖する。

核がないとやがて死ぬ。

核を移植すると再び成長・分裂を始める。

核だけや細胞質だけでは成長・分裂しない。

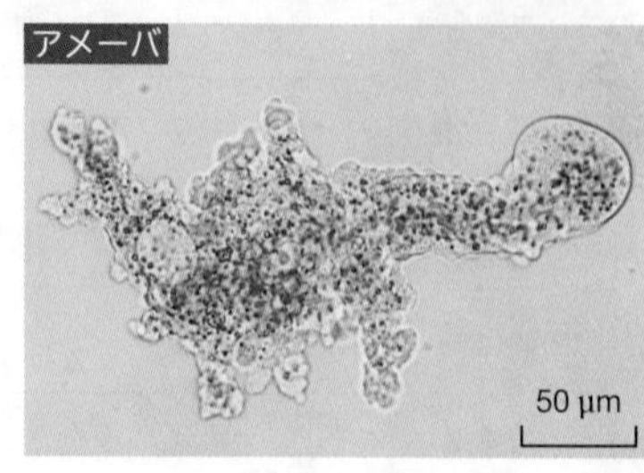


アメーバは単細胞生物(原生動物)の一種で，池や沼に沈んでいる落ち葉の表面などから採集できる。分裂により増殖する。



 WORD 核小体⇔仁　核膜孔⇔核孔

## C ミトコンドリア

生体内のエネルギー活動で広く用いられる ATP を合成する**呼吸の場**となる(⇒ p.83)。

生物基礎 生物

**二重膜**からなり内膜は内側に折れ曲がっていて**クリステ**という構造をつくる。ATP 合成酵素が多く存在している。

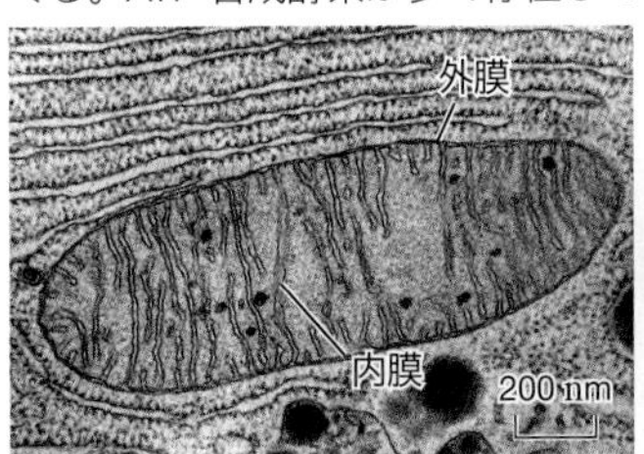


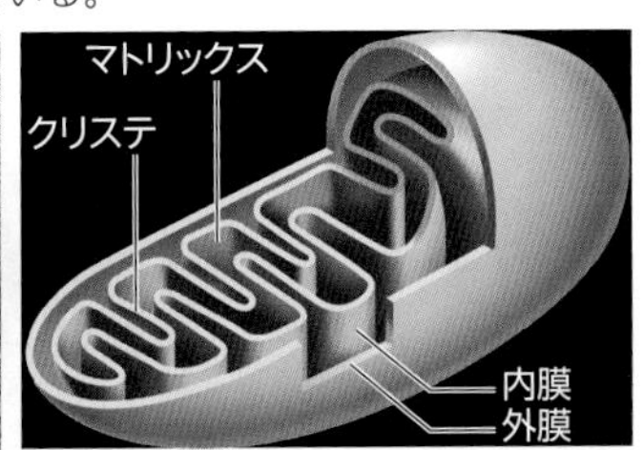


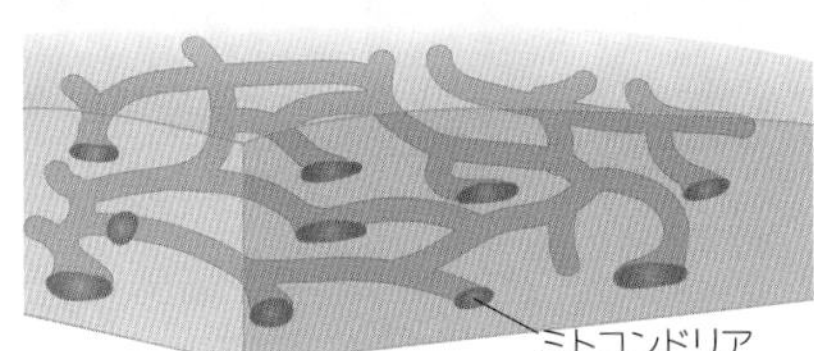


ミトコンドリアは細胞質全体に広く分布し，分裂と融合を繰り返しており，網目状につながった構造となることもある。

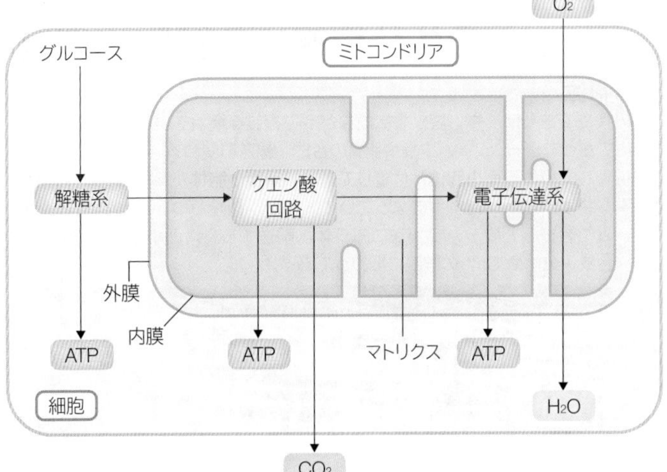


## D 葉緑体

植物細胞に特有な凸レンズ上の構造体で，**光合成の場**となる(⇒ p.85)。

生物基礎 生物

二重膜に包まれた内部に扁平な袋(**チラコイド**)が重なった構造(**グラナ**)をもつ。チラコイドに**光合成色素**(**クロロフィル・カロテノイド**)を含む。有色体，白色体とともに**色素体**と呼ばれる。

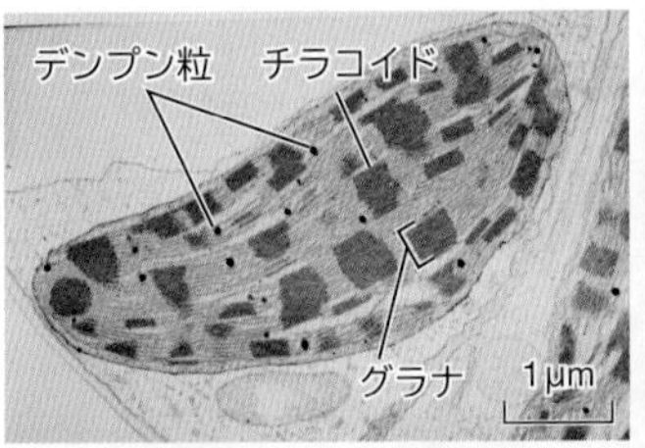


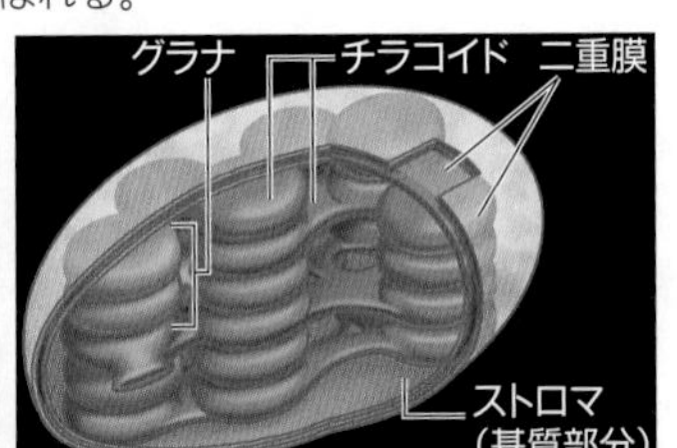


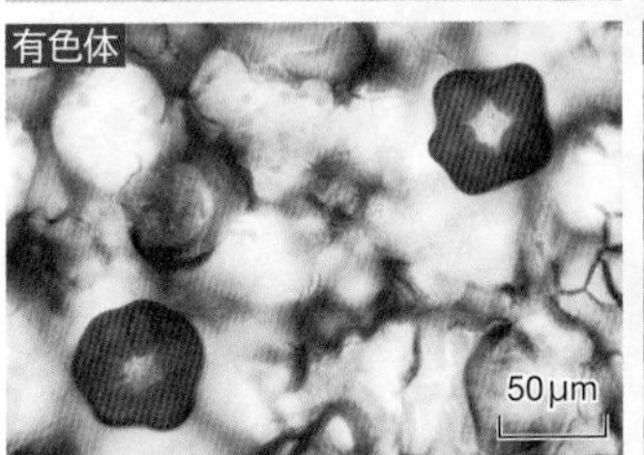


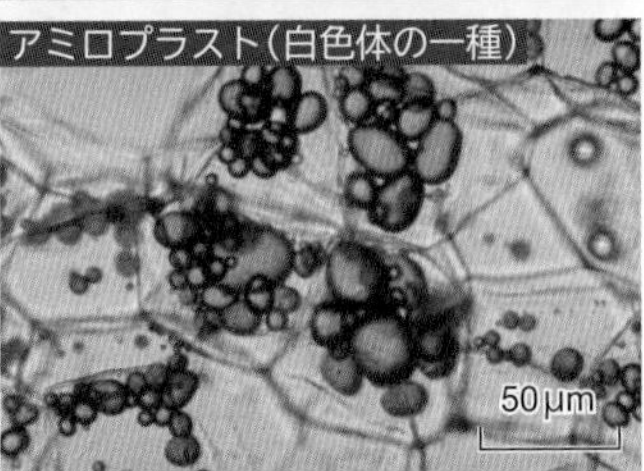


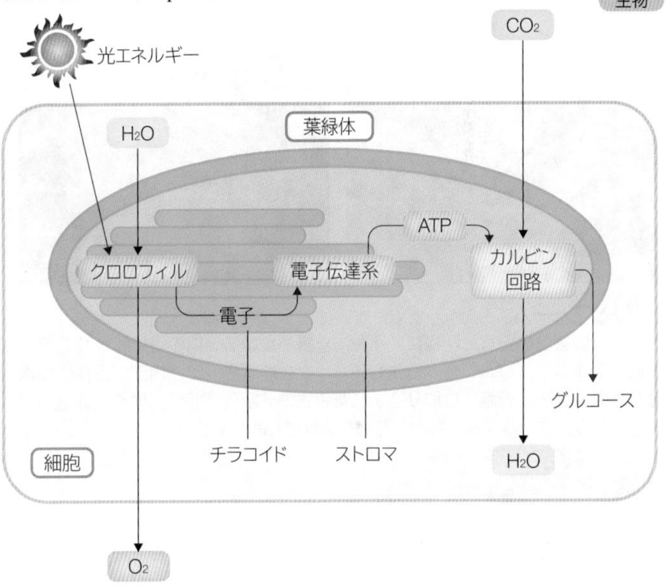


## E 細胞内共生説

ミトコンドリアや葉緑体の起源は，細菌類の共生によるとする説を**細胞内共生説**という。

生物

### ミトコンドリア・葉緑体の祖先

ミトコンドリアと葉緑体は，細胞膜と同じ脂質二重層の膜構造であること，環状DNAをもつことからもともとは別の細胞であって，かなり初期の段階の細胞(原核細胞または原始的真核細胞)に取り込まれ，共生したものと考えられている(⇒ p.309)。これが，今日見られる真核生物へのさらなる進化につながったと考えられている。

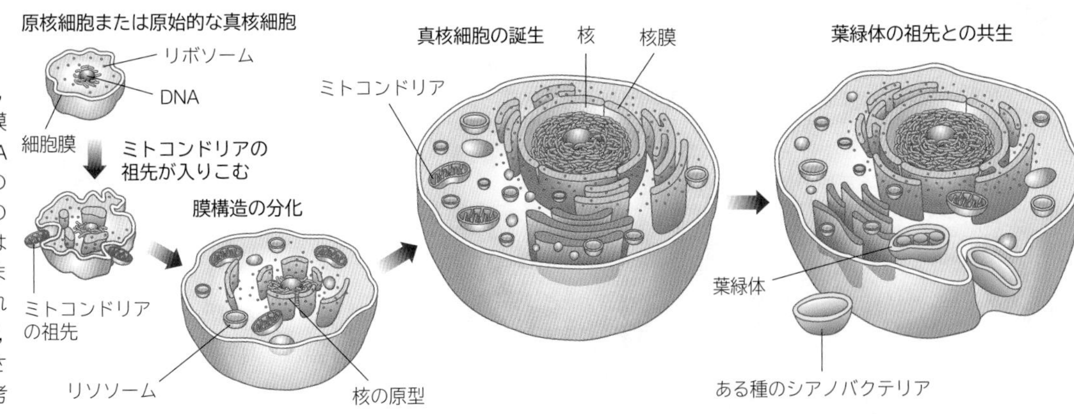


1 生物の特徴と細胞

生物基礎 生物

## A 一重の生体膜をもつ細胞小器官

生体膜で区画化された細胞小器官の多くは，一重の生体膜で覆われている。 生物

### 小胞体

一重の膜でできた薄く長い袋が多数つながって複雑な網目をつくり，細胞質基質中に広がっている。タンパク質や脂質の合成・輸送に関わる。表面にリボソームが付着している**粗面小胞体**と付着していない**滑面小胞体**がある。粗面小胞体は扁平な袋がつながったようになっていて，一部が核膜とつながっている。リボソームで合成したタンパク質をゴルジ体へ輸送する。滑面小胞体は管状で，脂質の合成・分解や $Ca^{2+}$ の貯蔵に関わっている。

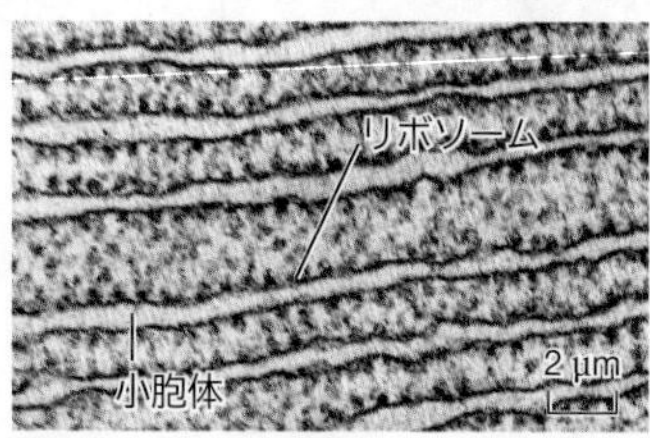


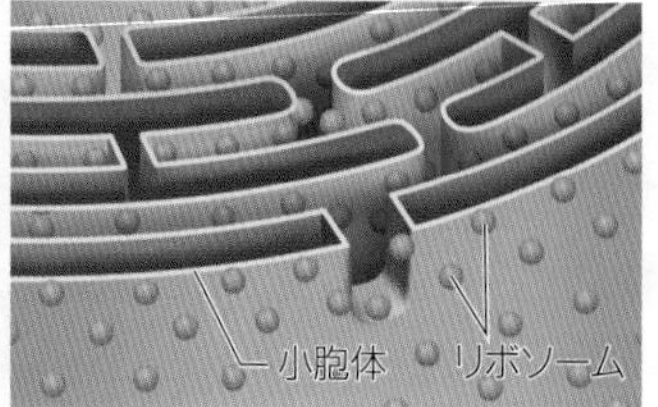


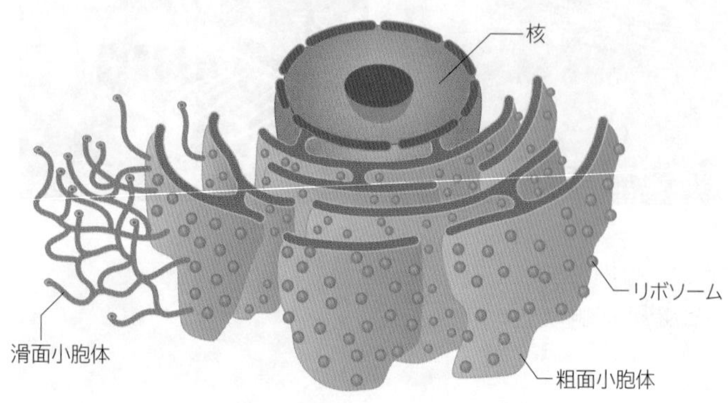


### ゴルジ体

扁平な袋が積み重なった構造。分泌活動が盛んな細胞にあり，**物質の加工，濃縮，分泌**を行う。分泌小胞，リソソームを形成する。消化腺などの腺細胞(⇒ p.52)では特に発達している。

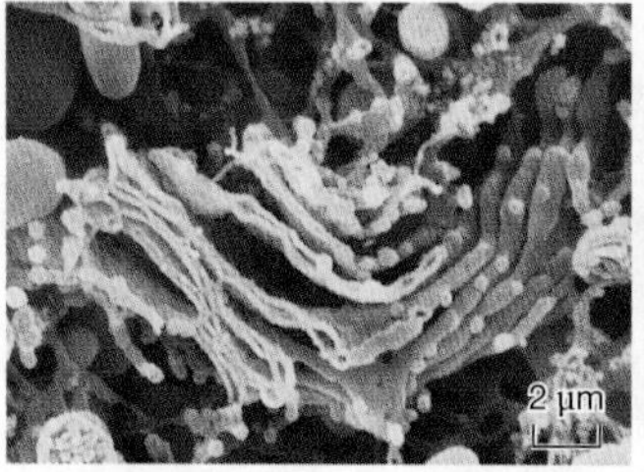


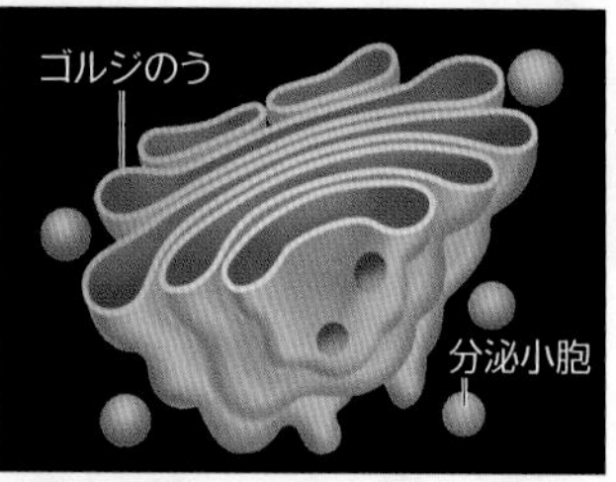


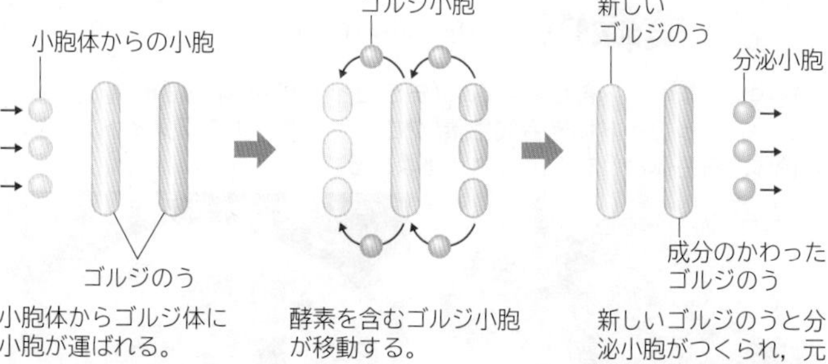


小胞体からゴルジ体に小胞が運ばれる。

酵素を含むゴルジ小胞が移動する。

新しいゴルジのうと分泌小胞がつくられ，元のゴルジのうの成分も変化する。

### リソソーム

他の多くの細胞小器官と同様に，脂質二重層からなる一重の膜に囲まれた細胞小器官の１つで，ゴルジ体から生じる。小さな球状の袋で，内部に各種の**加水分解酵素**を含み，細胞内に取り込まれた物質の分解(食作用)に働く。細胞内で不要となったタンパク質・細胞小器官の分解にも関与する。

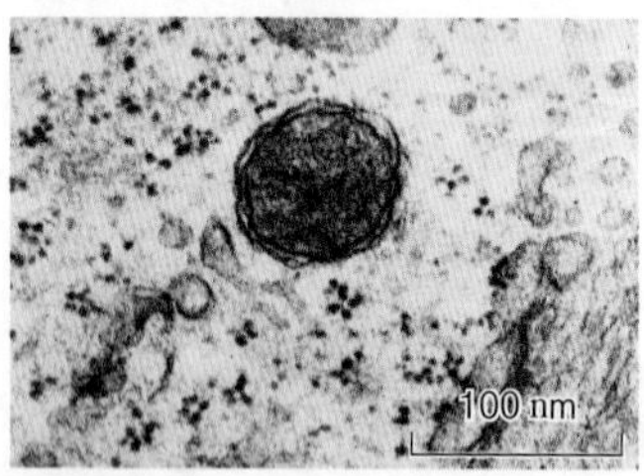


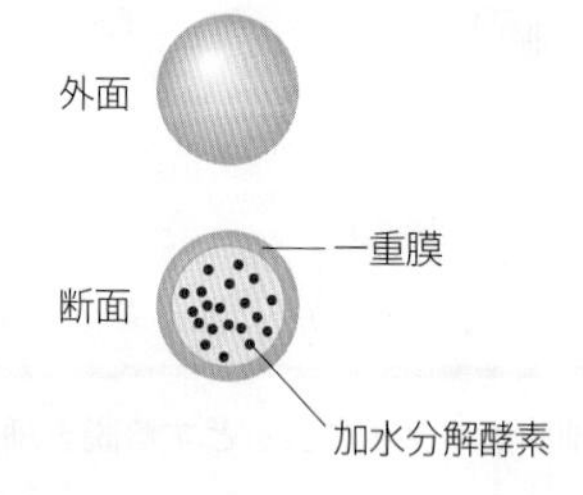


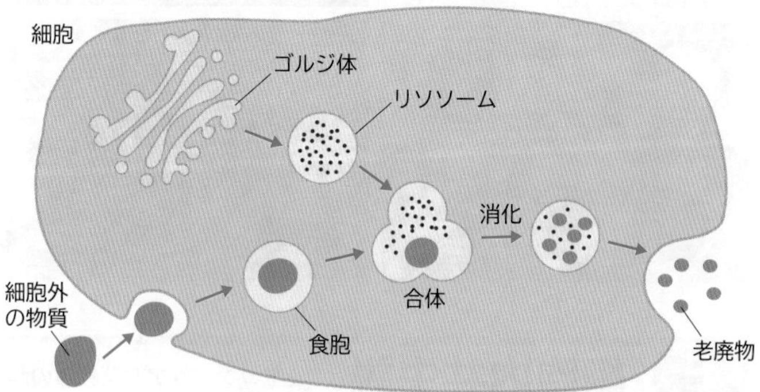


### 液胞

液胞膜という一重の膜で囲まれ，内部は**細胞液**で満たされている。小胞体やゴルジ体から形成される。細胞液には糖類・有機酸・無機塩類や**アントシアン**などの色素，加水分解酵素などが含まれ，浸透圧調節，物質貯蔵，細胞内消化などを行う。アントシアン系の色素などを貯蔵している場合は，光学顕微鏡で赤紫色に見える場合もある。

植物細胞では大きく発達することで細胞の成長(大型化)に寄与している。

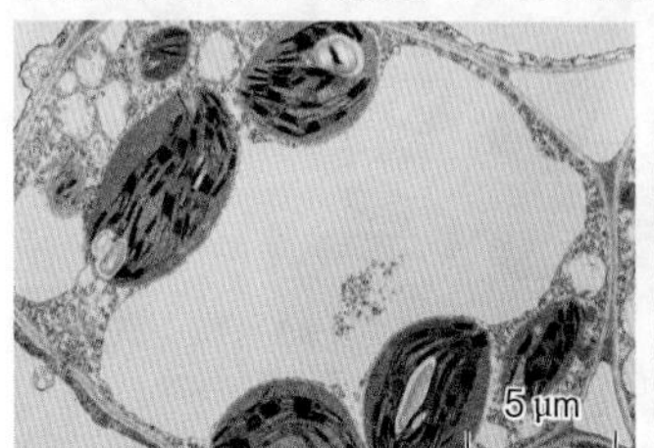


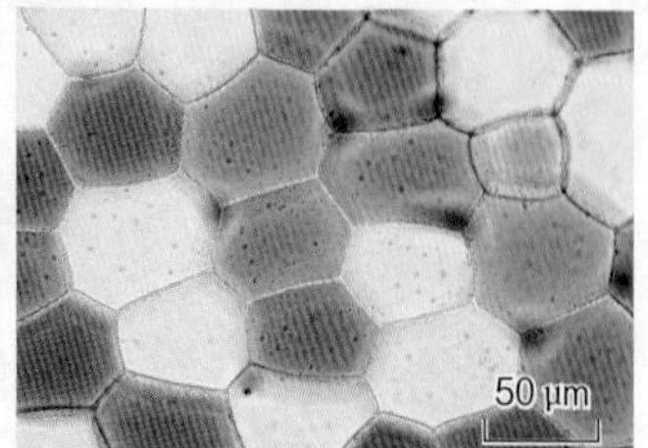


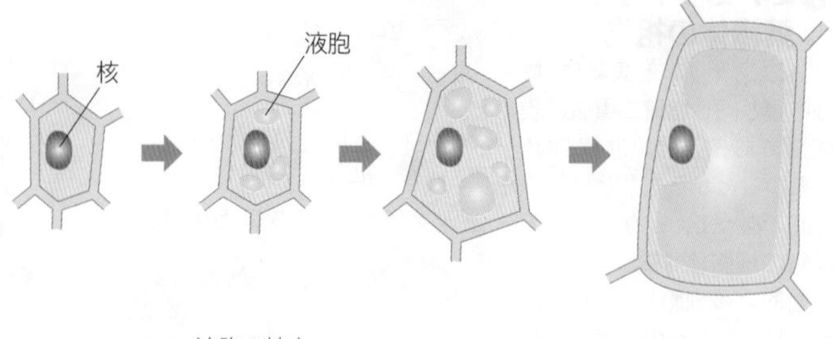


植物細胞は液胞を拡大させることで細胞全体が大きくなる。

# B 膜をもたない構造

タンパク質や炭水化物で構成される構造体も，細胞を構成する要素として様々な役割を担っている。 生物

## リボソーム

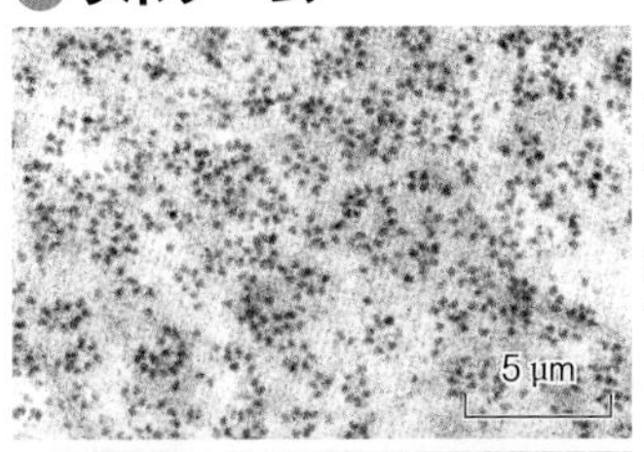


リボソームはRNAとタンパク質からなる直径20 nmほどの小粒で，タンパク質を合成する。大小2つのサブユニットで構成される。
粗面小胞体に結合したものと，遊離して細胞質基質中に散在するものがある。

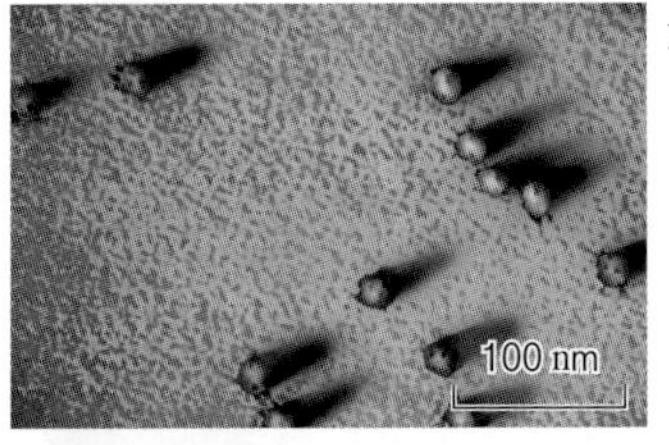


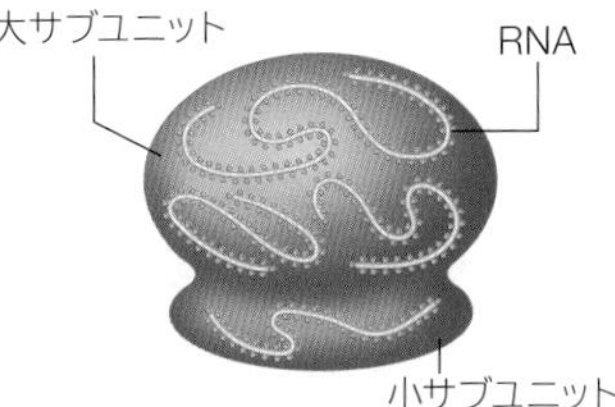


## 中心体

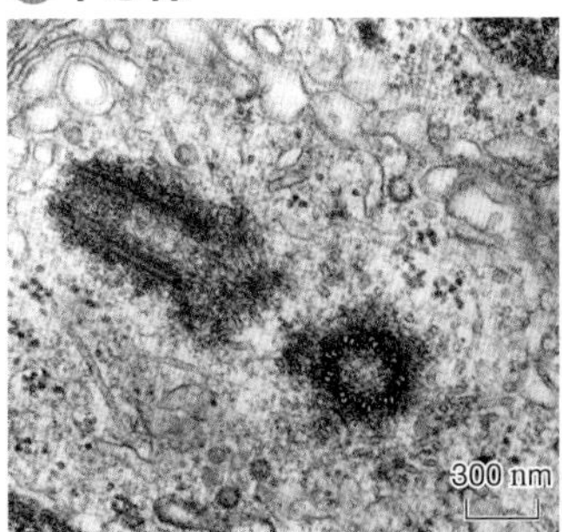


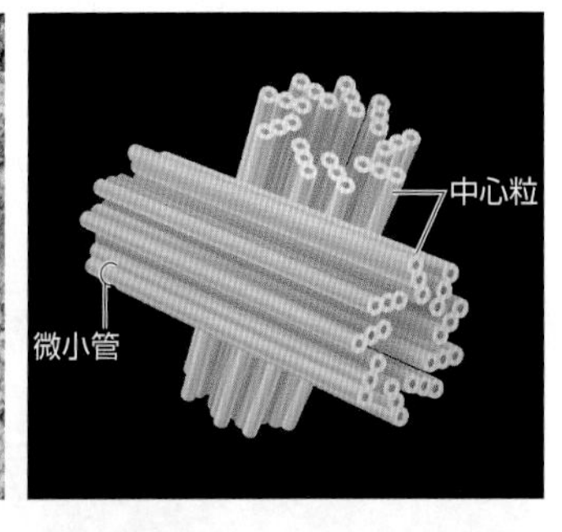


微小管から構成され，9対の3連微小管が環状に配置したものが2個1組になっており，2個が互いに直交するように位置している。中心体には，細胞内に分布する微小管の一端が付着している。細胞分裂の際には，紡錘糸・紡錘体の形成に重要な役割を果たす(⇒ p.104)。

## 細胞骨格

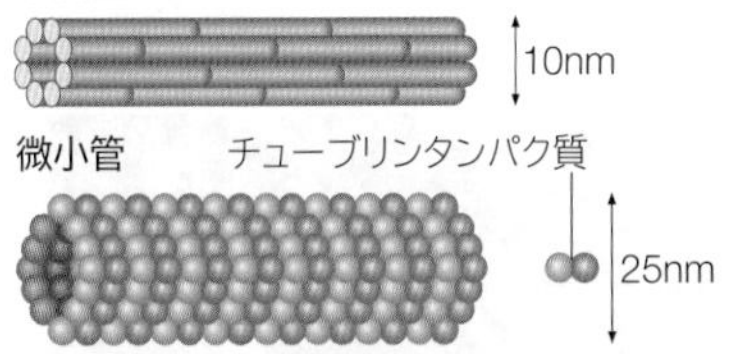


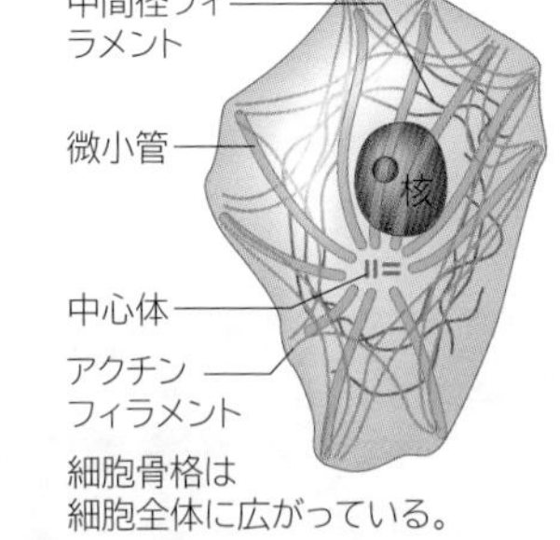


細胞質基質に存在する繊維構造。**微小管**，**中間径フィラメント**，**アクチンフィラメント**の3種類がある。**微小管**はチューブリンというタンパク質からなる。繊毛や鞭毛の中軸となって運動に関わり，小胞輸送のレールの役割もする。**中間径フィラメント**は細胞の構造を保つ働きをする。**アクチンフィラメント**はアメーバの仮足の支柱となるなど細胞運動に関わる。

## 細胞壁

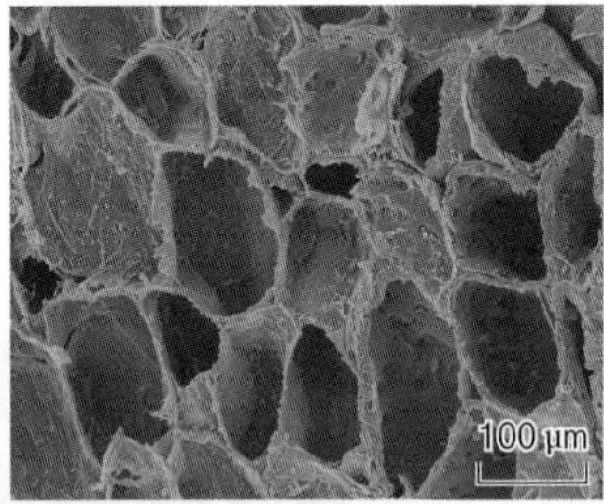


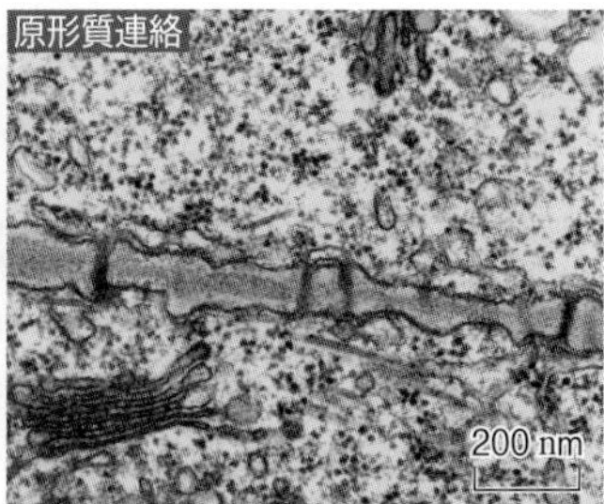


植物細胞や原核細胞，菌類に見られる，細胞膜の外側を覆うように細胞外基質で形成される硬い膜で，細胞の形状を維持する。植物では，**セルロース**(炭水化物)を主成分とし，ペクチン(タンパク質)と複合体を形成する。リグニン・スベリン(タンパク質)の沈着が見られるものもある。原核細胞・菌類の細胞壁は成分が植物のものとは異なり，原核細胞ではペプチドグリカン，菌類ではキチンが主成分となっている。
隣接した細胞の細胞膜が細胞壁を突き抜けてつながり，互いの細胞質が連絡する**原形質連絡**と呼ばれる部分もある。

# C 細胞小器官の連続性

細胞小器官は，それぞれが独立した機能をもち，互いに連係しながら生命活動を営んでいる。 生物

細胞膜や多くの細胞小器官は**リン脂質**でできた**脂質二重層**の生体膜からできている。核，小胞体，ゴルジ体，リソソーム，分泌小胞などは，細胞内外への物質の合成や移動に連係して働く。

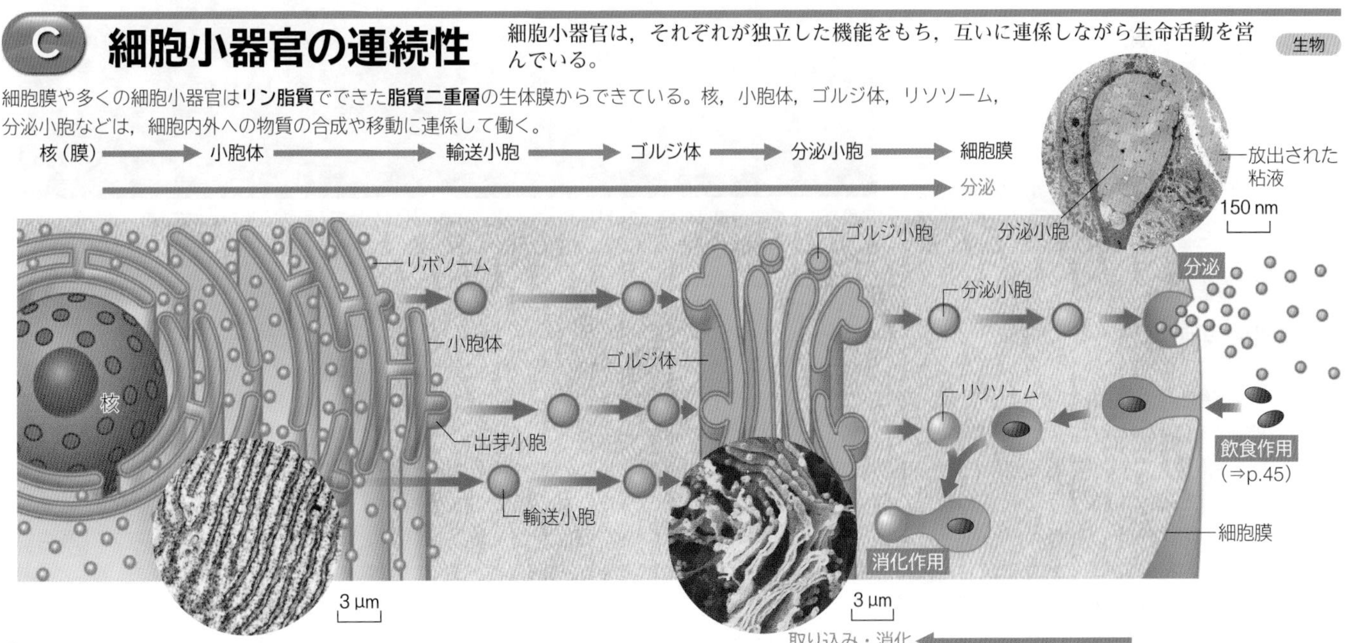


物質が細胞内を輸送される際は，生体膜に包まれていることに注意しよう。

# 8 生体膜の構造と働き
Biomembrane : their structure and function

## A 生体膜

細胞や核，ミトコンドリアなどの細胞小器官の外層を形成する膜を**生体膜**という。生体膜は**脂質二重層**により構成される膜で，細胞膜は生体膜の代表的なものである。

### 細胞膜

細胞の最外層にあって細胞の内外を分ける境界となり，細胞の外形を形づくる。

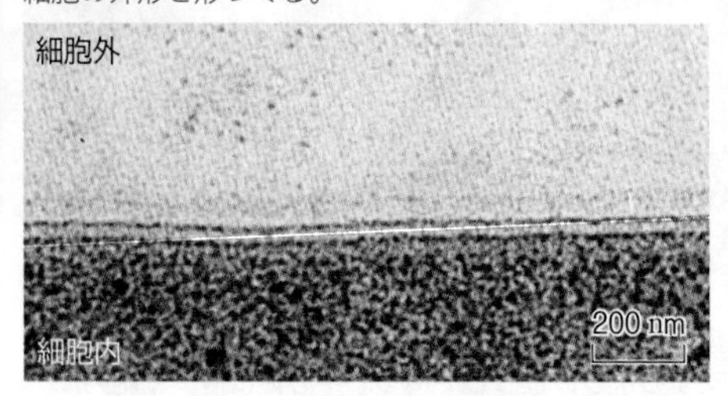


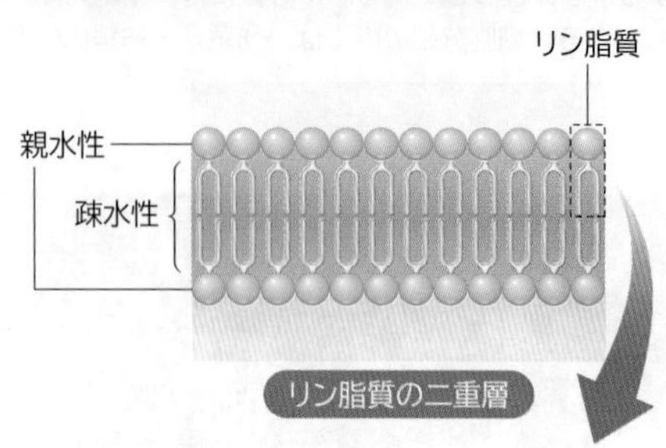


リン脂質の二重層

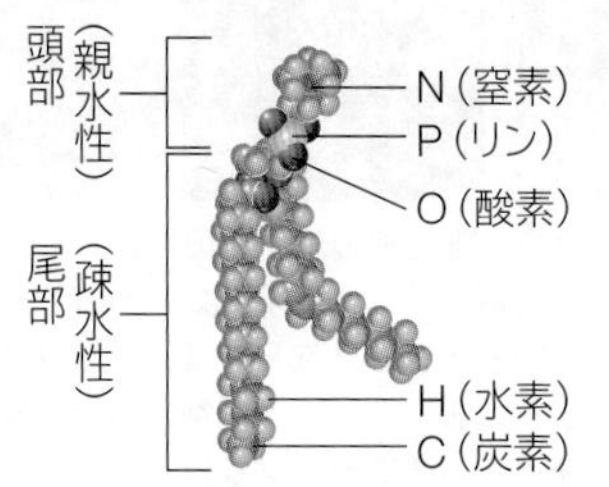


リン脂質 生体膜リン脂質の脂肪酸は必要に応じて付けかわる。

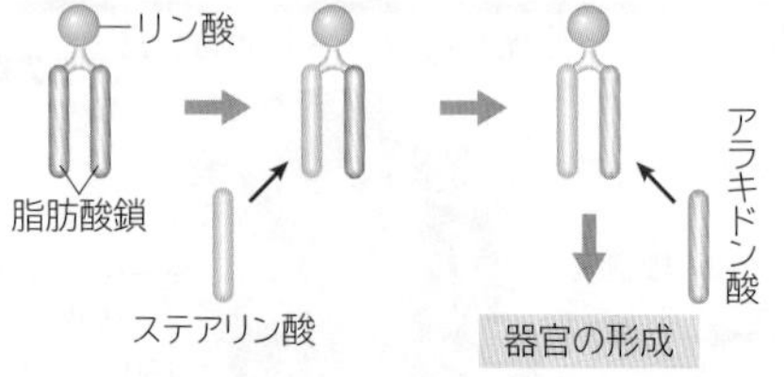


器官により，脂肪酸鎖の構成割合は異なる。

### 生体膜の構造

生体膜は，**リン脂質**がつくる**脂質二重層**にタンパク質が埋め込まれた構造をしている。脂質二重層は，疎水性の部分を内側にして向かい合い，親水性の部分が外側になっている。生体膜を構成するリン脂質と埋め込まれたタンパク質はそれぞれ流動性をもっており，膜内をある程度自由に動くことができるので，このような構造を**流動モザイクモデル**と呼ぶ。埋め込まれたタンパク質は，細胞内外の物質輸送や情報伝達，細胞接着などに関わる。

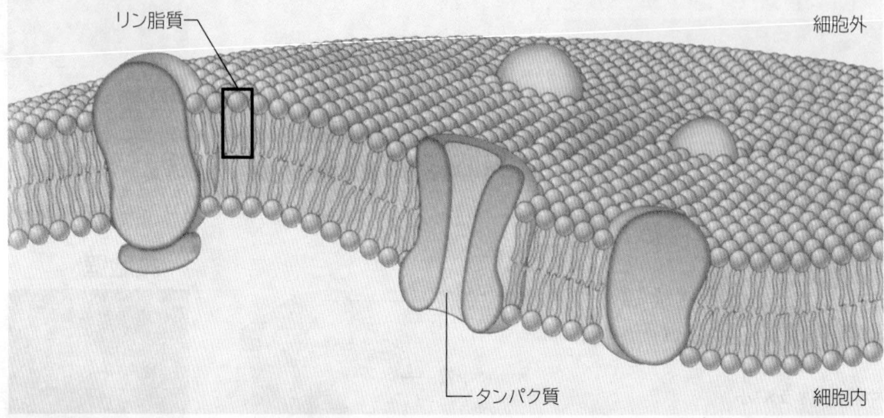


### 細胞膜の役割

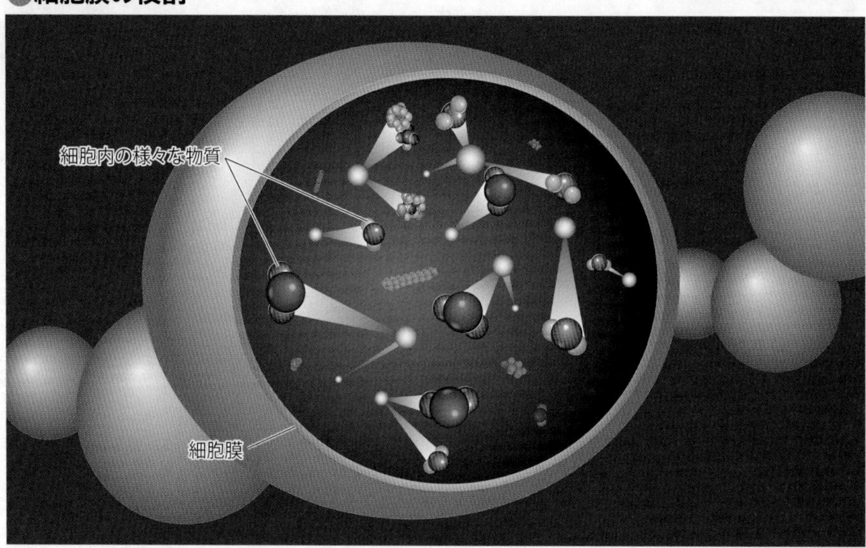


境界としての細胞膜は外界との仕切りをつくり，内部に外界とは違う状況(例えば物質濃度の違い)をつくり出すことで，内部で独特な化学反応を起こさせることに役立つと考えられている。

## TOPICS

### 細胞の起源

細胞の起源はいまだにわからないことが多い。ほぼ明らかなことは，細胞が細胞として機能するためには，膜などによって隔離された空間が必要であったことだ。

大気中や海洋中に拡散している無機物から有機物をつくることは，極めて困難である。膜のような仕切られた空間の中で，生体物質の反応が進められてきたと考えられる。

オパーリンによって提唱されたコアセルベートは，その大きさや膜で囲まれているところから細胞を思わせる。さらにその後の実験でモデル的な原始大気から生命システムの材料となりうる簡単な有機物が得られ，原始細胞のモデルとして注目された。

コアセルベートの形成は中学・高校の光学顕微鏡でも簡単に観察できる。

しかし，細胞で重要な遺伝子(DNA)の役割がまだ不明の時期のモデルだったこと，コアセルベートの膜はタンパク質性だが，実際の細胞膜は脂質二重層を基本にしていることから，現在では原始細胞のモデルとは見られていない。

生命の起源や生物体の基本単位である細胞の出現については，いまだわからないことが多い。

WORD 細胞膜⇔原形質膜　飲食作用⇔エンドサイトーシス　飲作用⇔ピノサイトーシス　食作用⇔ファゴサイトーシス⇔貪食

## B 大きな分子の取り込みと排出

細胞膜自体の包み込みによる物質の取り込みや排出も行われている。

生物

### 飲食作用(エンドサイトーシス)

細胞が細胞膜の包み込みにより液体や比較的小さな物質を取り込むことを**飲作用**，固形物を取り込むことを**食作用**といい，両者をあわせて**飲食作用**という。

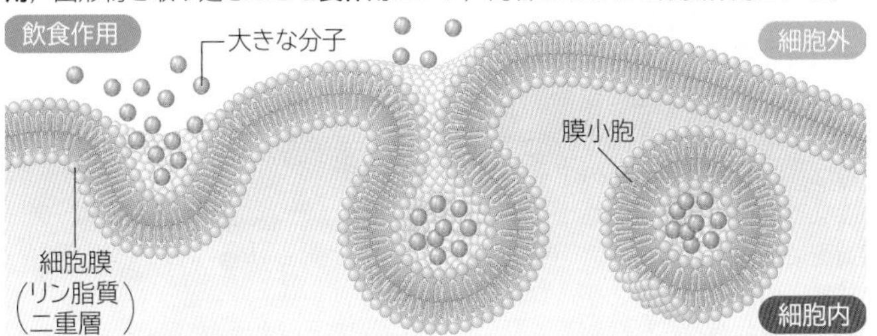


### 開口分泌(エキソサイトーシス)

ホルモンや消化酵素は，それらを含む**分泌小胞**の膜が細胞膜と接着することによって細胞外へ分泌される。

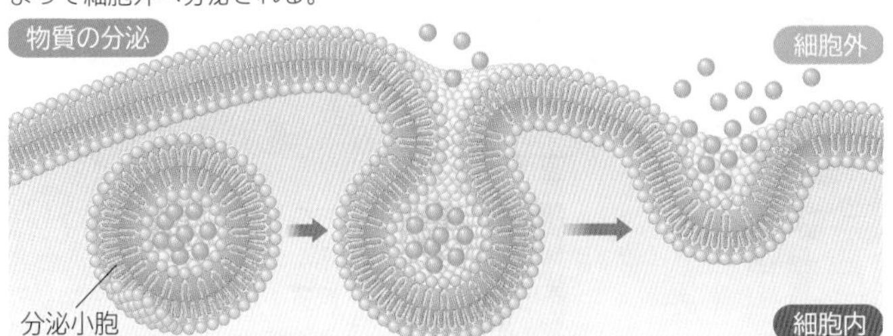


### 飲飲作用の例

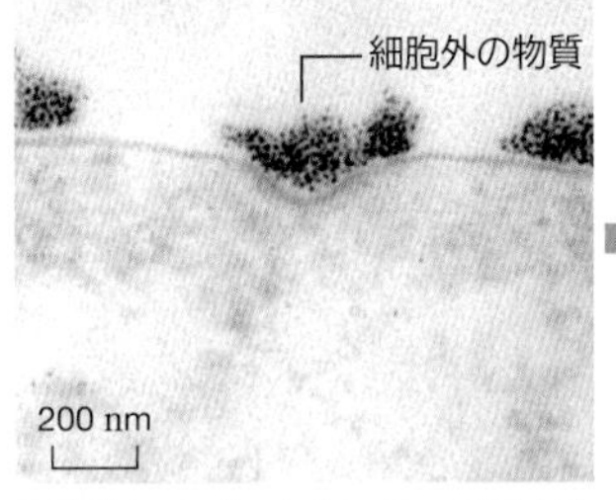


細胞膜にくぼみを生じる。周囲の物質をこの部分の受容体に結合させて層をつくっていく。

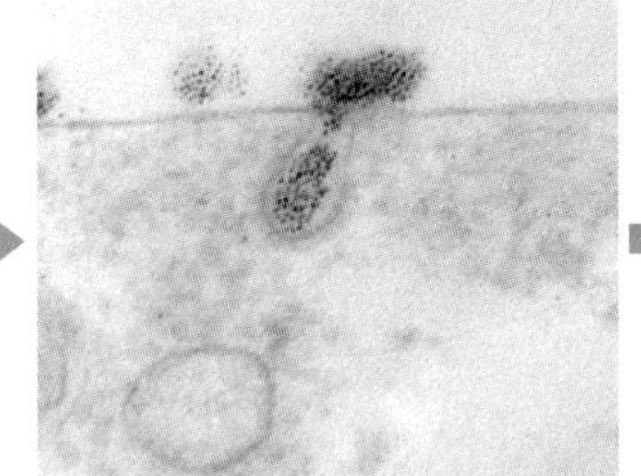

くぼみが深くなり，つぼ状になる。

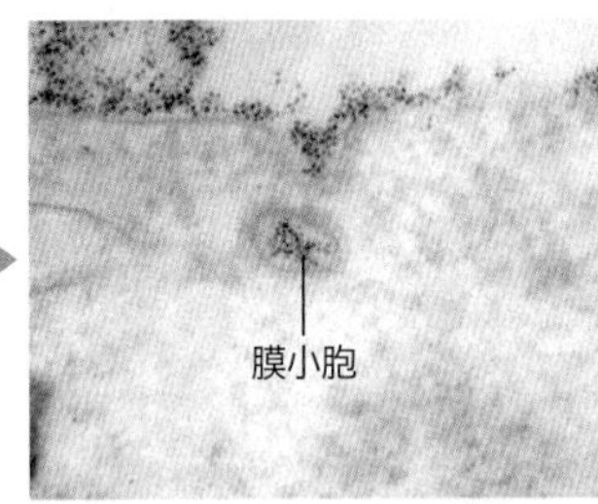


くぼみが閉じられ，**膜小胞**が形成される。

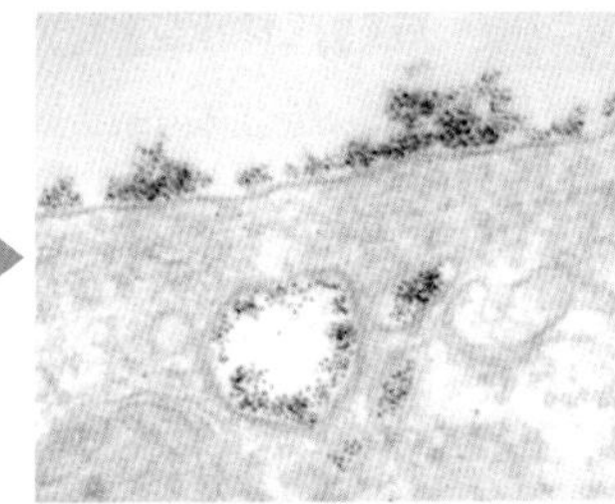

完成した膜小胞は外部と隔絶され，細胞の内部へ移動していく。

### 食作用の例

ホマロズーン(繊毛虫類の一種)が，ゾウリムシを体内に取り込む様子。ホマロズーンは，ゾウリムシを完全に取り込むとすぐに，細胞膜を融合して，**食胞**をつくる。

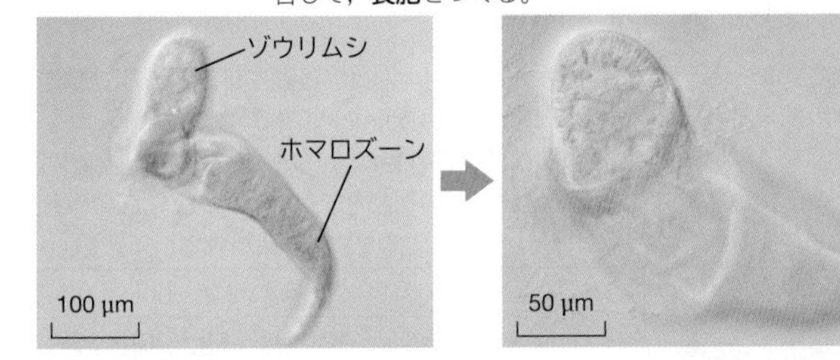


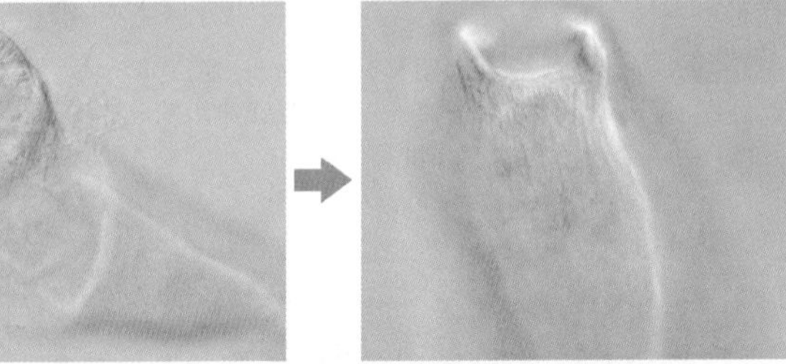

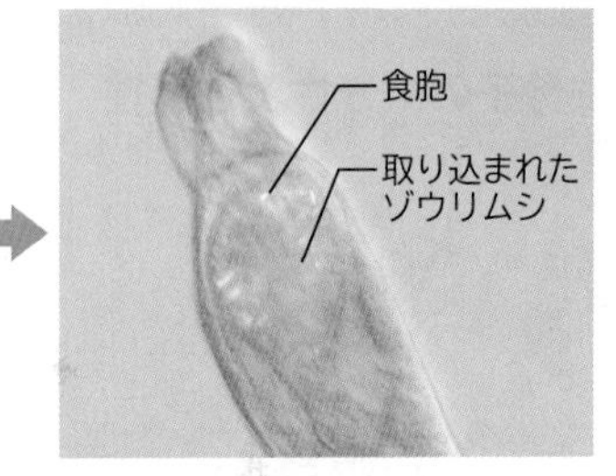


## 実験 ゾウリムシによる色素分子の取り込みの観察

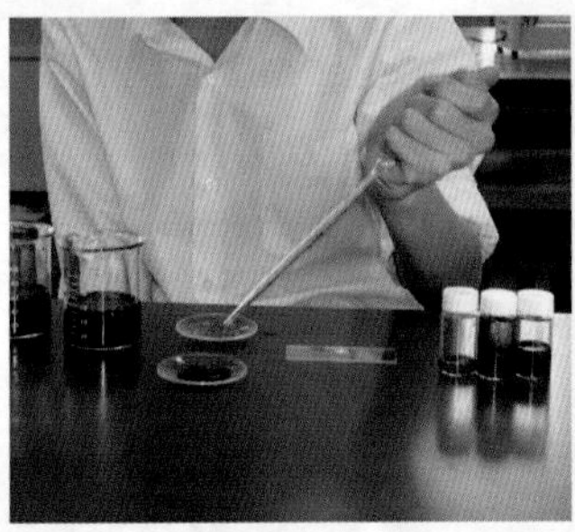

ゾウリムシを培養液ごとピペットで取り，墨汁(5倍希釈)を入れた時計皿に3分間浸し，その後カーミン溶液(カーミンの粉末を水に溶かしたもの)を入れた時計皿に移して3分間浸す。時計皿に等量の塩化ニッケル液を入れ，繊毛の動きを阻害する。

2～3分置くとゾウリムシが時計皿の底に沈む。ピペットでゾウリムシを取り，スライドガラスにのせる。カバーガラスをかけて顕微鏡で食胞の様子を観察する。

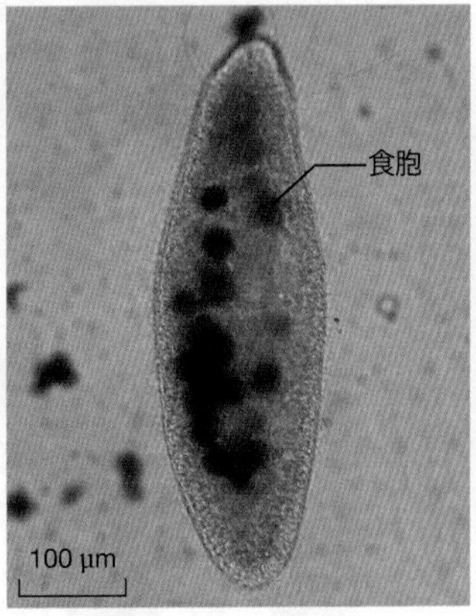


墨汁の粒子とカーミン粒子を取り込んだ食胞が観察できる。これは色素分子が食作用により取り込まれたものである。

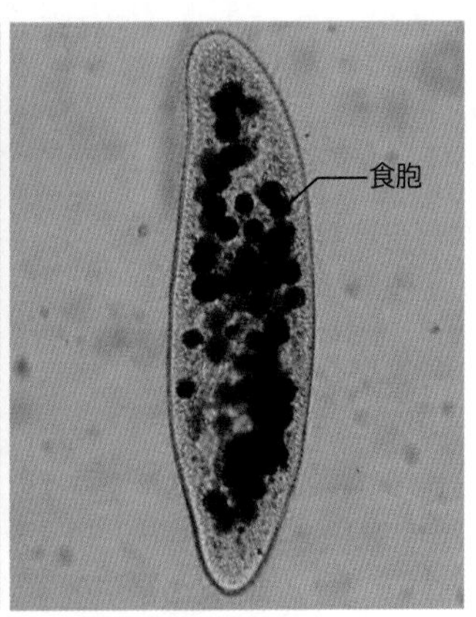


墨汁に浸しておく時間を5分にすると，黒い食胞が増える。活発に食作用が続いていることがわかる。

WORD 開口分泌⇔エキソサイトーシス

# 9 細胞膜と物質の輸送
Mechanism of cellular transport

## A 物質の拡散と膜の透過性

水や低分子の物質は通すが，大きな物質などは通さない膜の性質を**半透性**といい，半透性を示す膜を**半透膜**という。 生物

**拡散** 溶質分子と溶媒分子が分子運動を行い，均一になるように移動することを拡散という。濃度の異なる溶液を接触させると，溶質分子が拡散して均質化する。

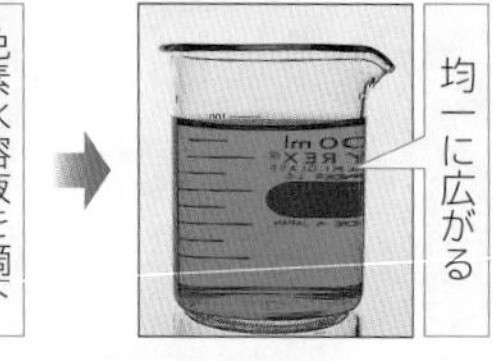


**溶媒**：物質(溶質)を溶かし込んでいる液体。
**溶質**：溶媒に溶け込んでいる物質。

**半透膜と浸透** 半透膜では溶媒分子のみ膜を透過し，均一な状態になろうとする。
浸透は，溶質が拡散するのではなく，膜で隔てられた溶質側に溶媒が移動する。受動輸送の一種である。

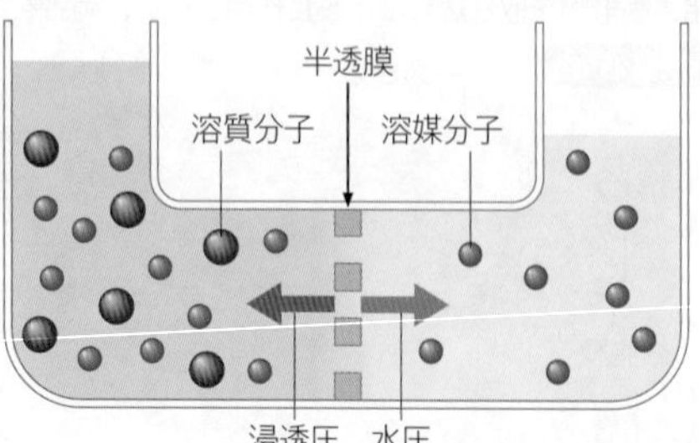


## B 選択的透過性

細胞膜をはじめとする生体膜は，特定のイオンや分子などを透過させる性質をもっている。この性質を**選択的透過性**という。 生物

**受動輸送** 細胞膜の内外の濃度勾配に従って，濃度の高い方から低い方へ物質が移動することを**受動輸送**という。受動輸送には**エネルギーが不要**である。拡散による移動のほか，**チャネル**と呼ばれる膜タンパク質も働いている。

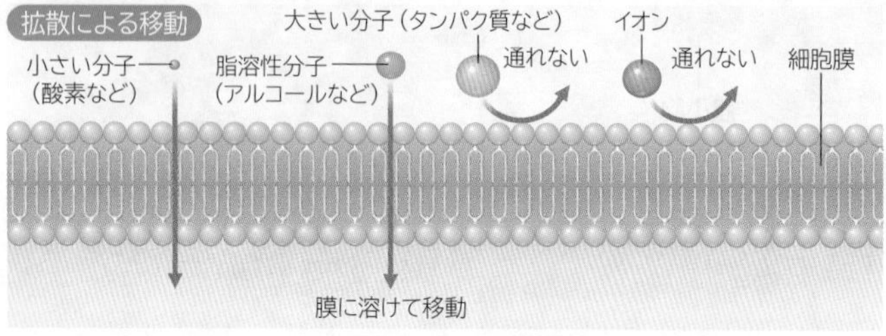


酸素や二酸化炭素などの小さい分子は，細胞膜の小孔を通って移動する。アルコールなどの脂質に溶けやすい(脂溶性)分子は，リン脂質に溶けて移動する。大きい分子やイオンはほとんど透過しない。

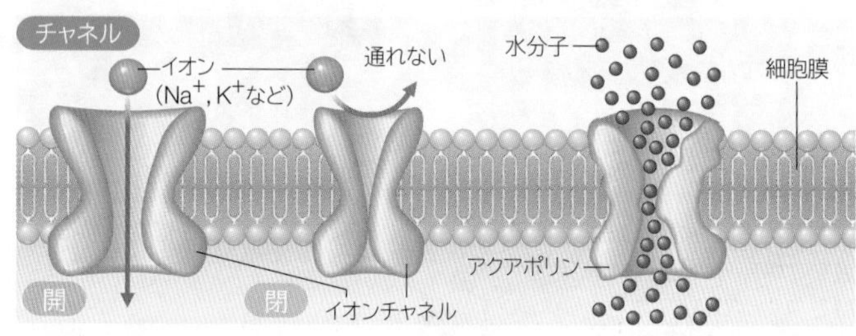

$Na^+$や$K^+$のようなイオンは，タンパク質でできた特定の通路(**イオンチャネル**)を通る。水分子が通るチャネル(**アクアポリン**，⇒ p.60，61)も存在する。チャネルは状況に応じて開閉する。

**分子の大きさと透過性**

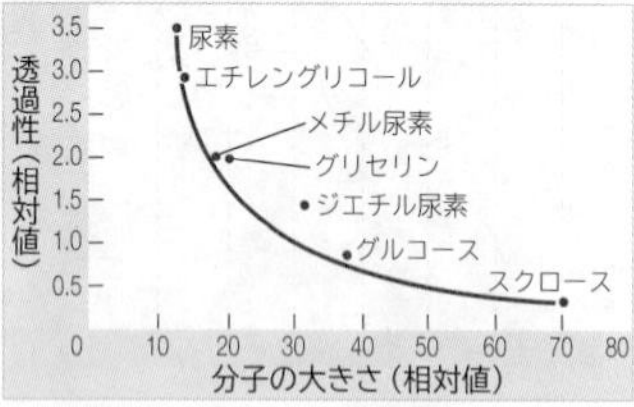


溶質分子が大きいほど，細胞膜を透過しにくくなる。この現象からも細胞膜が半透膜であることがわかる。例えば，スクロースはほとんど細胞膜を透過できないが，尿素はゆっくりと透過する。脂質に溶けやすいものほど透過速度が大きい傾向もある。

**能動輸送** 細胞膜の内外の濃度勾配に逆らって，濃度の低い方から高い方へ物質が移動することを**能動輸送**という。能動輸送には ATP から得られる**エネルギーが必要**で，**ポンプ**と呼ばれる膜タンパク質が働いている。

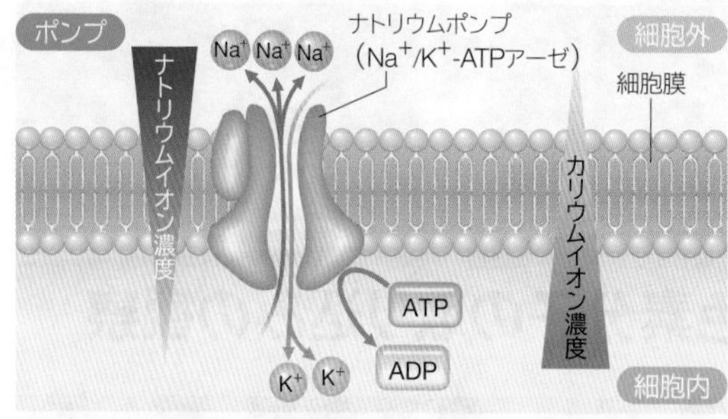


ナトリウムポンプ(⇒ p.60，222)は様々な細胞の細胞膜にあり，イオンの濃度勾配に逆らって，$Na^+$を細胞外に，$K^+$を細胞内に輸送している。

**細胞内外でのイオン分布** 一般に細胞外では$Na^+$が多く，細胞内では$K^+$が多い。この濃度差はナトリウムポンプによって保たれている。

| | | イオン濃度 mM/kg(mM/L) | | | | | |
|---|---|---|---|---|---|---|---|
| | | $Na^+$ | $K^+$ | $Ca^{2+}$ | $Mg^{2+}$ | $Cl^-$ | $SO_4^{2-}$ |
| ウニ | 細胞外(海水) | 485 | 10 | 11 | 55 | 566 | 29 |
| | 卵 | 52 | 210 | 4 | 11 | 80 | 6 |
| イヌ | 細胞外(血漿) | 150 | 5 | 5 | 2 | 108 | |
| | 赤血球 | 10 | 105 | — | 6 | 80 | |
| | 筋肉 | 29 | 98 | 2 | 16 | 19 | |
| | 脳 | 52 | 95 | 2 | 11 | 36 | |

### TOPICS

**抗生物質と細胞膜**

抗生物質は細菌を殺す物質である。抗生物質が細菌を殺すしくみは様々であるが，細胞膜に働く抗生物質では，細胞膜から細胞内部の$K^+$を漏れ出しやすくして細菌を殺す。これには大きく分けて右の2通りの方法がある。

コンピュータグラフィックス
赤：酸素(O)　白：水素(H)
灰：炭素(C)　青：窒素(N)

**運搬型の抗生物質**(バリノマイシン)
$K^+$を抱え込み細胞外へ押し出していく。

**トンネル型の抗生物質**(グラミシジン)
筒状の分子が細胞膜に貫通し，そこから$K^+$が漏れ出す。

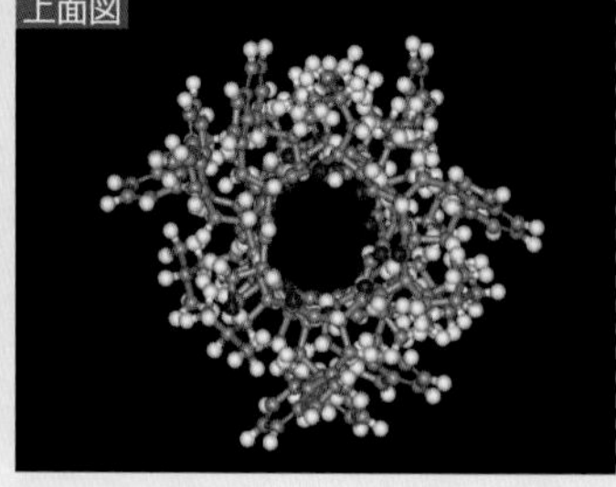


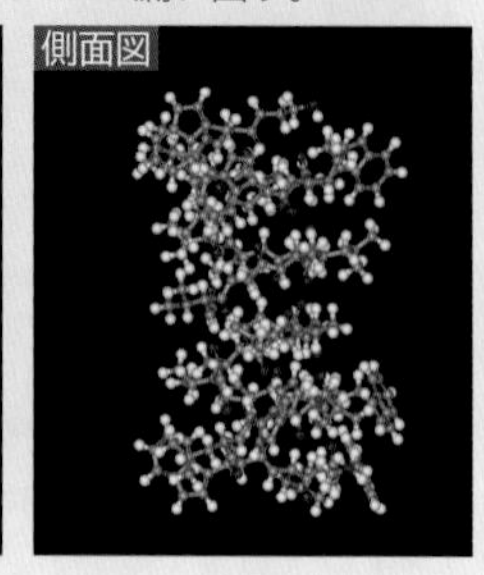

# 実験　赤血球への物質の出入り

細胞膜は半透膜と見なすことができ，溶液中の動物細胞は溶液の浸透圧に応じて変形する。

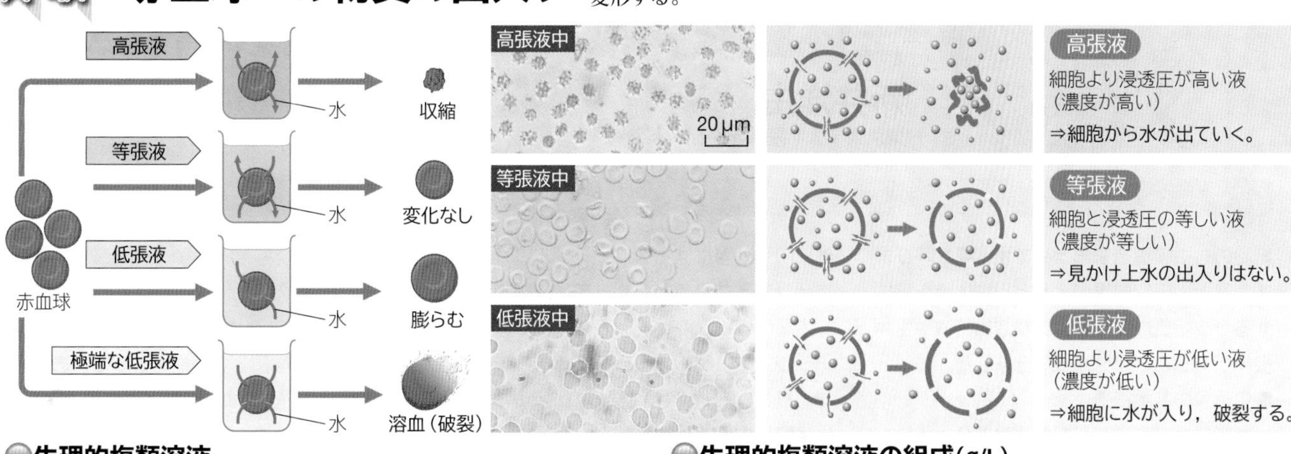


**高張液**
細胞より浸透圧が高い液（濃度が高い）
⇒細胞から水が出ていく。

**等張液**
細胞と浸透圧の等しい液（濃度が等しい）
⇒見かけ上水の出入りはない。

**低張液**
細胞より浸透圧が低い液（濃度が低い）
⇒細胞に水が入り，破裂する。

## ●生理的塩類溶液

動物細胞と等張な NaCl 溶液を**生理食塩水**という（ヒトでは 0.9%，カエルでは 0.65%）。食塩と各種の塩類を加えて生体への影響をより少なくした混合溶液を**生理的塩類溶液**という。

## ●生理的塩類溶液の組成(g/L)

| | NaCl | KCl | $CaCl_2$ | $NaHCO_3$ |
|---|---|---|---|---|
| 恒温動物 | 9.0 | 0.42 | 0.24 | 0.2 |
| カエル | 6.5 | 0.14 | 0.12 | 0.1 ～ 0.2 |
| メダカ | 7.5 | 0.2 | 0.2 | 0.02 |

# 実験　植物細胞への物質の出入り

細胞壁は全透膜のため，植物細胞は高張液中で**原形質分離**を起こし，低張液中では**膨圧**を生じる。

## ●植物細胞の体積と浸透圧

ユキノシタの葉の表皮細胞を様々な濃度のスクロース溶液に浸す。

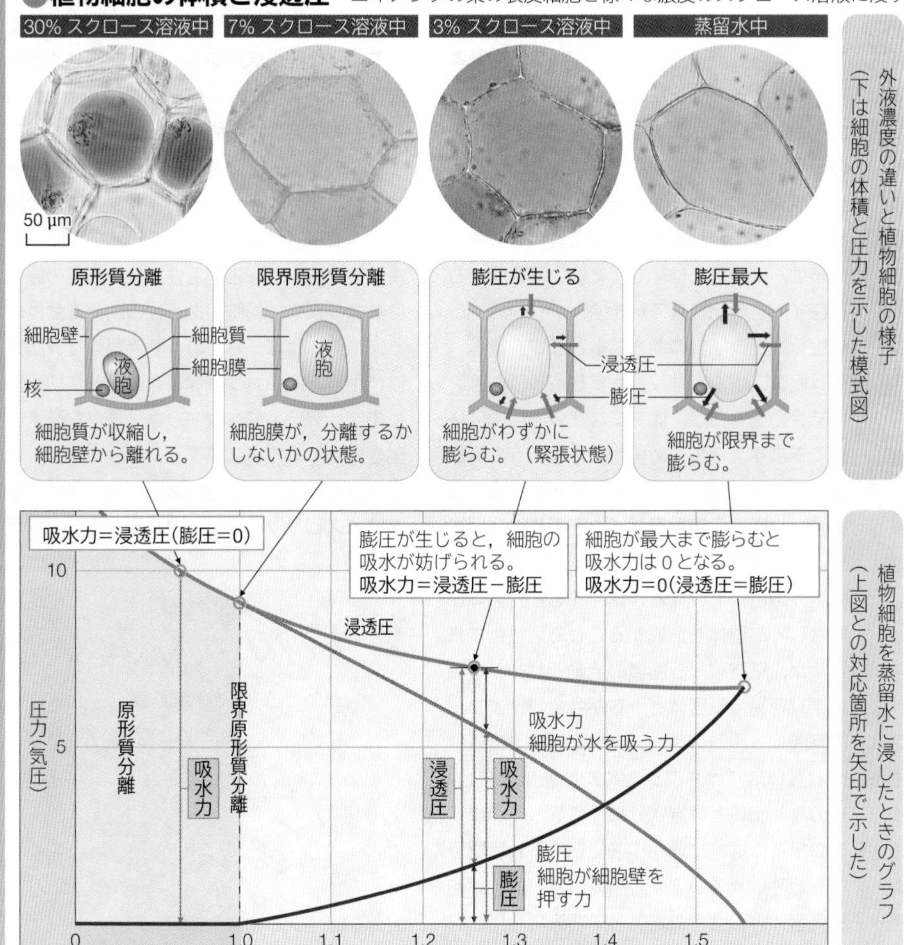


ユキノシタ

ユキノシタは，葉の裏が赤いものを選ぶ。

①葉の裏の赤い部分を 3mm 四方（大ざっぱでよい）とり，スライドガラスに載せる。

② 30%，7%，3%のスクロース溶液と蒸留水をスライドガラス上に滴下し，5 分間おく。

③カバーガラスをかけ，あふれた液をろ紙で吸い取ってから検鏡する。

**POINT**

**吸水力，浸透圧，膨圧の関係**

一般式　吸水力＝浸透圧－膨圧

| 細胞の状態 | 式 |
|---|---|
| 原形質分離 | 吸水力＝浸透圧<br>膨圧＝0 |
| 限界原形質分離 | 吸水力＝浸透圧<br>膨圧＝0 |
| 膨圧が生じる（緊張状態） | 吸水力＝浸透圧－膨圧 |
| 膨圧最大 | 吸水力＝0<br>浸透圧＝膨圧 |

この式は外液が蒸留水の場合の式で，外液が蒸留水でない場合は，「浸透圧」の部分が「細胞内液と外液との浸透圧差」となる。

WORD 生理的塩類溶液⇔リンガー液　スクロース⇔サッカロース⇔ショ糖

# 生体膜を構成するリン脂質の特徴

新井洋由
東京大学大学院薬学系研究科教授

細胞のもつ膜構造をまとめて生体膜と呼びます。最近の研究成果によると，生体膜を構成するリン脂質には予想外の構造的特徴や生物機能があることが分かってきました。

**●生体膜の基本構造**

リン脂質は，水になじむ**親水性部分**と水になじまない**疎水性部分**からなる**両親媒性分子**です。一方水分子は電荷をもちませんが，実はH原子からO原子側に電子が引っ張られているために，H原子はプラス，O原子はマイナスよりの電荷をもちます。リン脂質の親水性部分にはリン酸基等の電荷があるため，水分子の電荷と静電的な相互作用をします。これが親水性の理由です。一方脂肪酸部分は$-CH_2-$の連続でどこにも電荷の偏りが無いため，水分子とは相互作用しません。リン脂質が水中に存在すると，親水性部分は水側に向けて，脂肪酸の疎水性部分はお互いが近づいて水から逃れるように配向します。このリン脂質集合体構造は**リン脂質二重層**と呼ばれ生体膜の基本構造を形成しています。リン脂質二重層はまわりの水との親和性の結果できた構造であり，リン脂質どうしが結合してできたものではありません。したがって，リン脂質二重層構造はアセトン等の有機溶媒の中では形成されません。

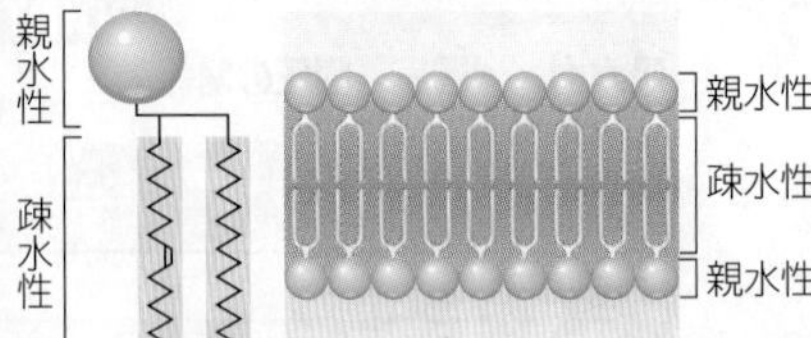


図1　リン脂質（左）と生体膜の基本構造（右）

**●生体膜におけるリン脂質の非対称的分布**

リン脂質にはホスファチジルコリン，ホスファチジルセリンなど親水性部分の構造の違いにより何種類か存在します。これらのリン脂質は，リン脂質二重層の内側と外側で組成が異なっており，「リン脂質の非対称性分布」と呼ばれます。例えば細胞膜において，細胞外に向く外層にはホスファチジルコリンやスフィンゴミエリンが多く存在し，細胞質に向く内層にはホスファチジルセリンやホスファチジルエタノールアミンが多く分布しています。リン脂質は親水性部分の電荷のために，生体膜の内層と外層の間を自発的に移動（“フリップ・フロップ”と呼ぶ）することはほとんどありません。しかし，生体膜にはリン脂質を外層から内層，あるいは内層から外層へと輸送するタンパク質が存在しています。これらのタンパク質によって，ある生理的条件下では生体膜リン脂質がフリップ・フロップすることがあります。例えば，細胞がアポトーシスを起こすと細胞膜内層のホスファチジルセリンが外層に表出します。これをマクロファージが認識し，アポトーシス細胞を効率よく貪食します。また，血液凝固時にはまず血小板が活性化されますが，このとき血小板の細胞膜外層にホスファチジルセリンが露出します。これにより血液凝固因子が活性化され血液凝固に至ります。リン脂質の非対称性分布は，細胞膜だけでなく細胞小器官膜にも存在すると予想されています。

**●生体膜リン脂質の側方拡散とラフト構造**

リン脂質二重層ではリン脂質どうしはお互いに結合力をもたず，側方には比較的自由に移動できます。このため細胞膜に埋まっているタンパク質も側方に移動できます。これを細胞膜リン脂質の**流動モザイクモデル**と呼びます。細胞膜に埋まっている受容体の多くは，細胞外のホルモンなどが結合すると受容体が集合して二量体を形成することで活性化されますが，細胞膜リン脂質の流動モザイク構造により容易に受容体どうしが会合できます。細胞膜リン脂質のうち，スフィンゴミエリンはお互いにパッキングされた状態で存在し，他のリン脂質とは混ざりにくくなっています。この構造体は水に浮かぶ筏（いかだ）に例えられ**脂質ラフト**と呼ばれています。脂質ラフトは，細胞膜受容体等の会合の場として巧みに利用されています。

**●リン脂質の脂肪酸鎖の構造と機能の多様性**

リン脂質には２本の脂肪酸が結合していますが，脂肪酸鎖も多様性をもっています。リン脂質脂肪酸鎖は炭素数が16個から20個で，二重結合をもたない飽和脂肪酸から複数持つ不飽和脂肪酸があります。生体膜中でのリン脂質の運動性は脂肪酸鎖の炭素数と二重結合の数によって影響を受けます。例えば，二重結合をもたないステアリン酸（炭素数18個）は室温ではロウのように硬く運動性は非常に低いですが，炭素数は同じでも二重結合を１個もつオレイン酸は室温では液体で運動性が高くなります。生体膜リン脂質は飽和脂肪酸と不飽和脂肪酸を適当な割合でもっていて，生体膜を構成する分子に適当な運動性を与えています。

リン脂質に結合した脂肪酸には，二重結合を多くもつ（4～6個）多価不飽和脂肪酸も存在しています。代表例がアラキドン酸や魚の油に多いEPAやDHAです。これらの脂肪酸は，ホルモンのような生理活性をもつ脂質の原料にもなります。細胞がある種の刺激を受けると，ホスホリパーゼという酵素が膜リン脂質に作用しアラキドン酸などを選択的に切り出します。アラキドン酸からは，様々な酵素の働きによってプロスタグランジンやトロンボキサンといった生理活性脂質が合成されます。実はアスピリンはこれらの酵素の働きを抑えます。

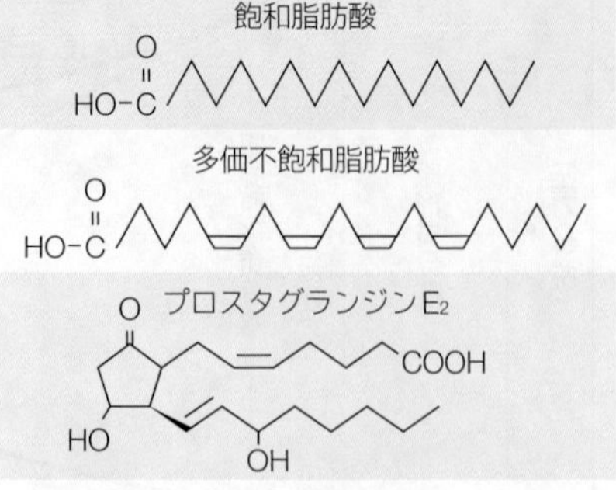


図2　脂肪酸とプロスタグランジン

# 10 原形質流動と原形質分離
Plasmolysis and protoplasm streaming

## A 原形質流動

細胞内で細胞質が流れるように移動する現象を原形質流動(細胞質流動)という。アクチンフィラメント(⇒ p.43)が関係していると考えられている。

生物

### コカナダモの葉の細胞

液胞が発達しているため細胞質が細い通路状になっている。その部分を葉緑体が移動する様子が観察できる。

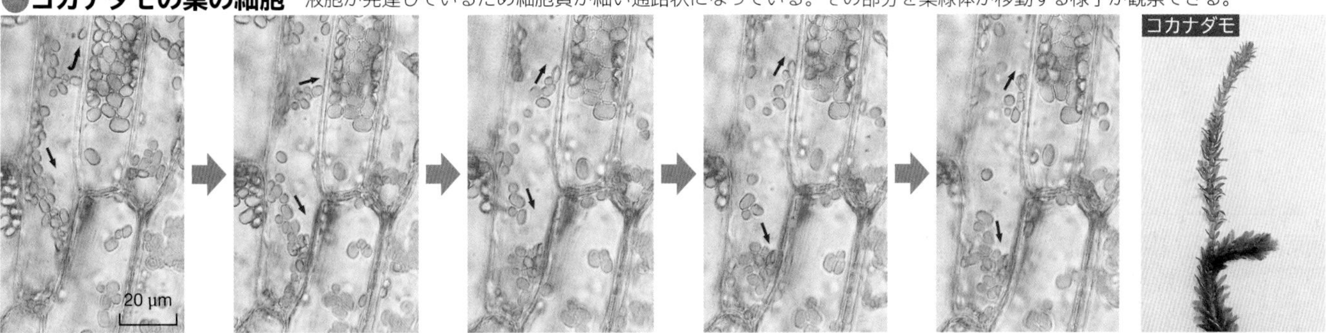


写真は5秒ごとに撮影したもの。写真中の矢印(➞)は流動の方向を示す。

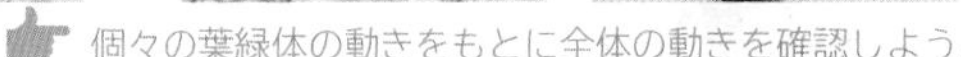
個々の葉緑体の動きをもとに全体の動きを確認しよう。

### アメーバ運動

アメーバの運動の主要因も原形質流動である。ゾル－ゲル転換(⇒ p.37)が見られる。

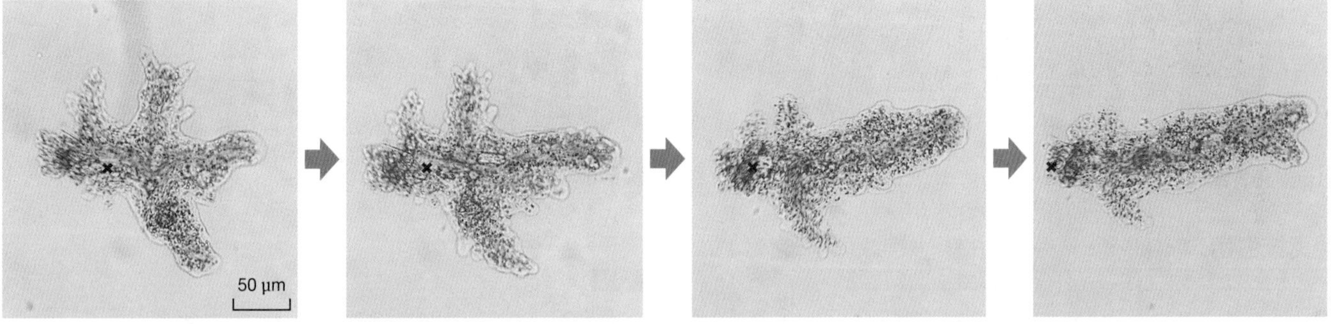


写真は3秒ごとに撮影したもの。✖は定点を示す。

## 実験 原形質分離の観察

ユキノシタの葉の裏側の表皮には，アントシアンなどの色素を含む赤い液胞で占められている細胞があり，原形質分離の観察に適している。

①ユキノシタの葉

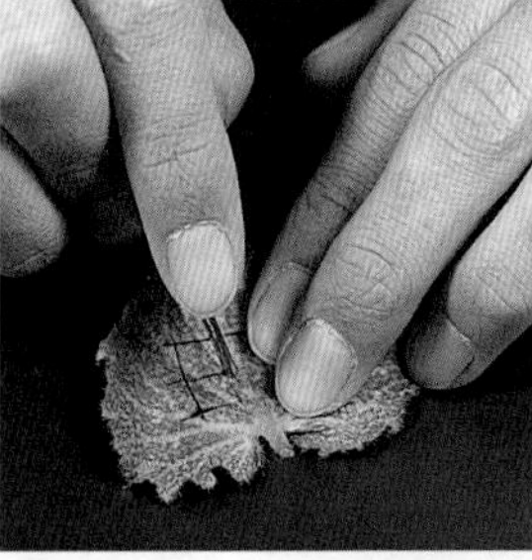

②葉の裏に切れ目を入れる。

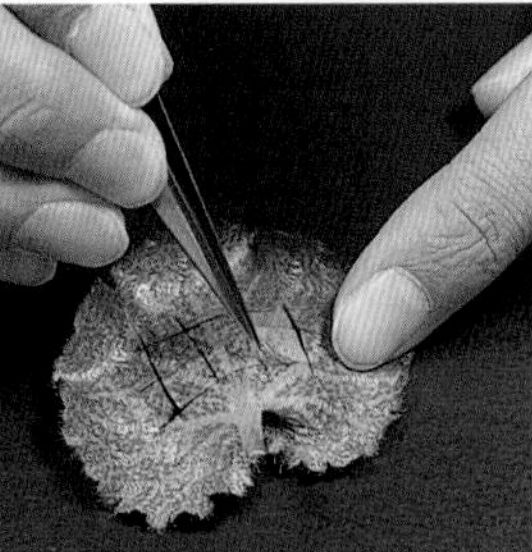

③表皮をはがし，様々な濃度のスクロース溶液に浸す。

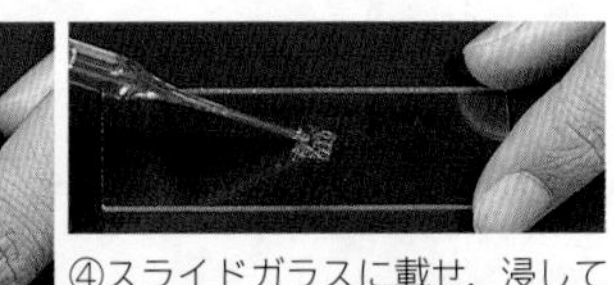

④スライドガラスに載せ，浸していたスクロース溶液を滴下する。

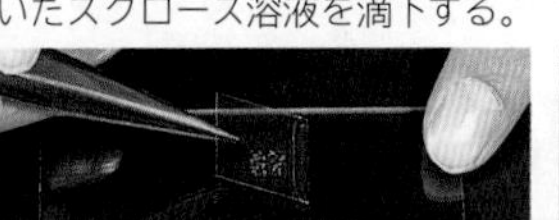

⑤カバーガラスをかけ，顕微鏡で観察する。

下段の写真は，浸してから5分後に観察したものである。ムラサキタマネギの表皮細胞，オオカナダモの細胞，ムラサキツユクサのおしべの毛なども観察しやすい。

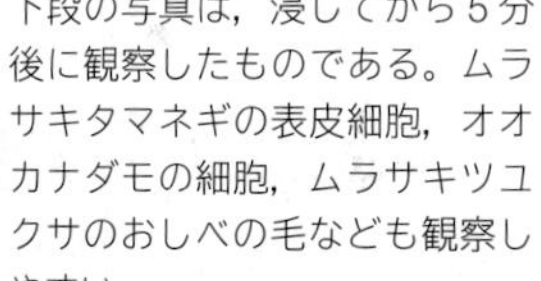
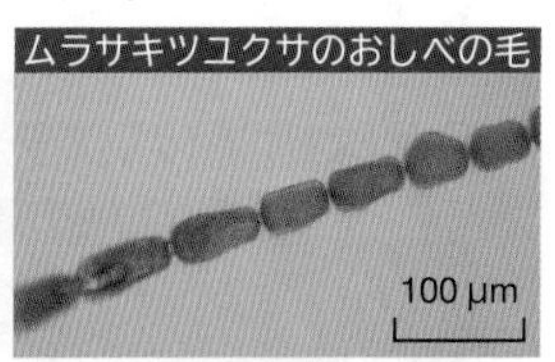


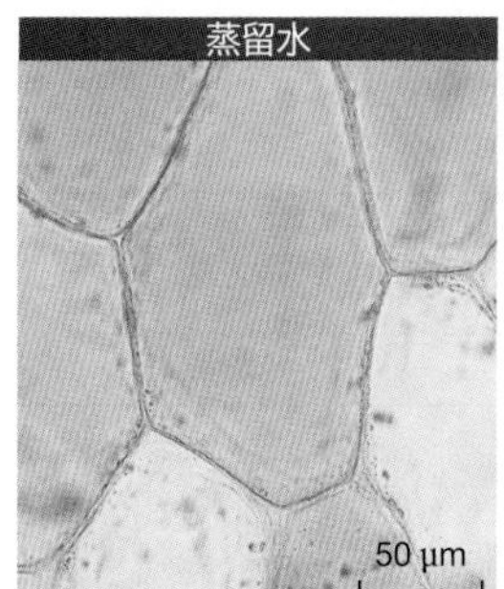


7%スクロース溶液

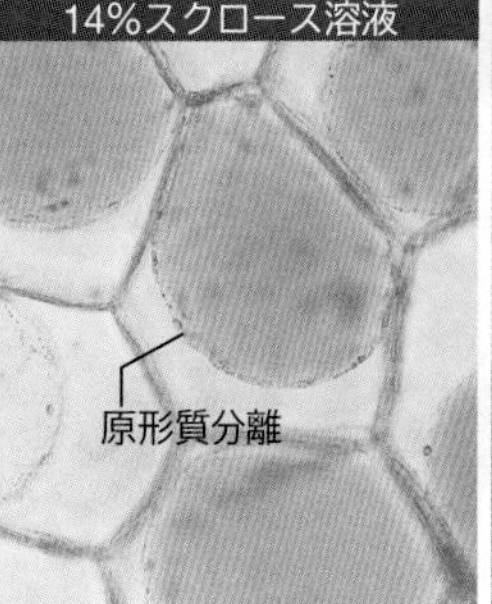


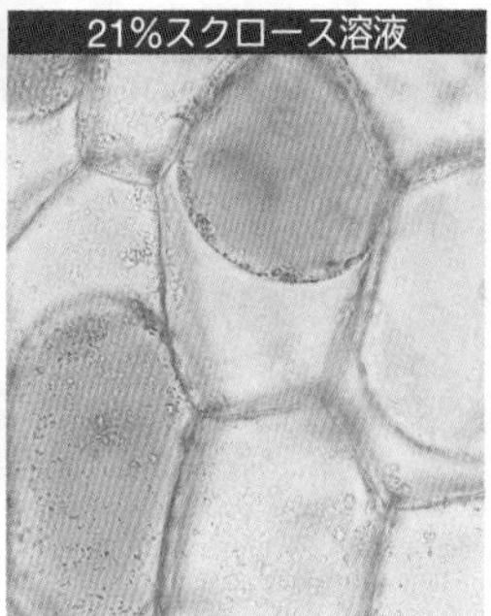


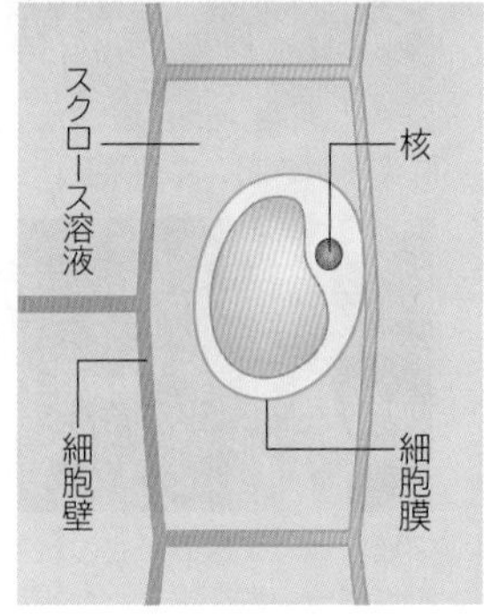


WORD 原形質流動⇔細胞質流動　アクチンフィラメント⇔ミクロフィラメント

# 11 単細胞生物から多細胞生物へ
From unicellular to multicellular organisms

## A 原核生物と真核生物

生物は，核膜をもたない**原核生物**と，核膜をもつ**真核生物**に大別される。原核生物の細胞を**原核細胞**，真核生物の細胞を**真核細胞**という。

生物基礎

### 原核細胞と真核細胞の比較

| | DNAの状態 | リボソーム | 細胞膜 | 細胞壁 | 他の細胞小器官 |
|---|---|---|---|---|---|
| 原核細胞 | 核膜がなく，DNAは細胞内に広がっている。環状の小さなDNA(プラスミド)をもつこともある。 | あり | あり | あり | なし |
| 真核細胞 | 核膜があり，DNAはヒストンに巻き付いた状態で核内に存在する。分裂時には凝縮する(⇒ p.40)。 | あり | あり | 植物細胞や菌類にはある | 様々な細胞小器官をもつ(⇒ p.38)。 |

原核生物は，**細菌類**(バクテリア)で，すべて単細胞またはその糸状連結体である。細菌は，地球に現れた最初の生物で，35億年前の地層から化石が見つかっている(⇒ p.310)。**シアノバクテリア**は光合成を行う細菌類の一群で，葉緑体はもたないが，クロロフィルをもっている。

### 原核生物

細菌類。核膜がなく，核と細胞質の分化が不明確。DNAは細胞質中に散在している。

大腸菌

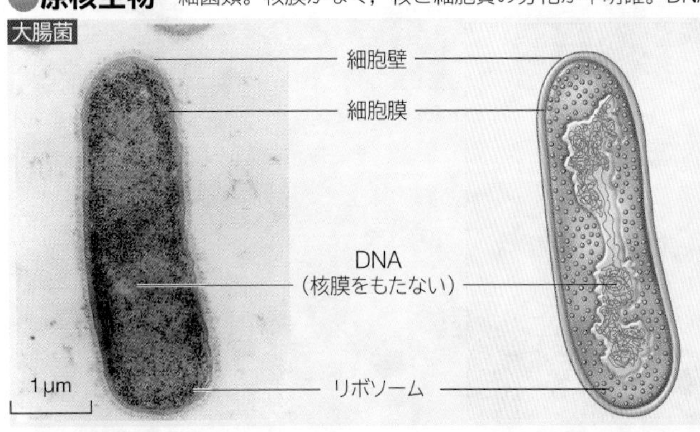


シアノバクテリアのなかま

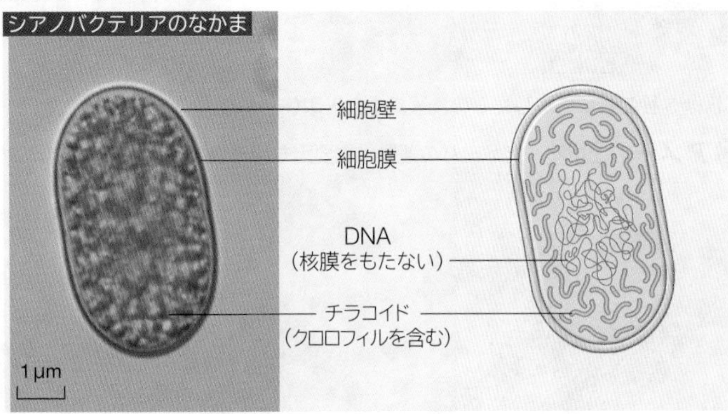


### 真核生物

細菌類を除くほとんどの生物。核膜に囲まれた明確な核をもつ。

タマネギりん片葉の表皮細胞

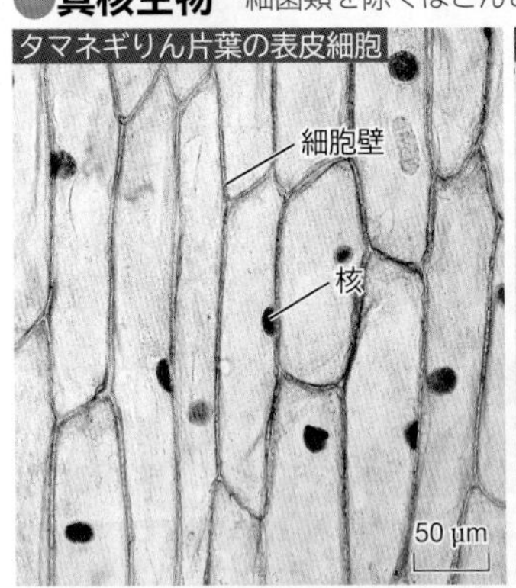


ヒト口腔粘膜の細胞

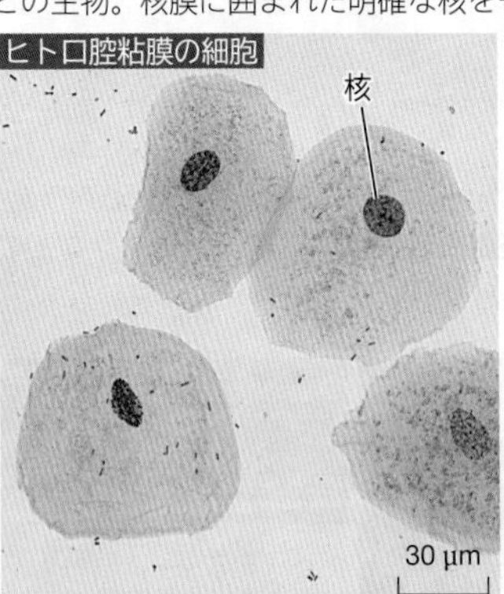


酵母(菌類)

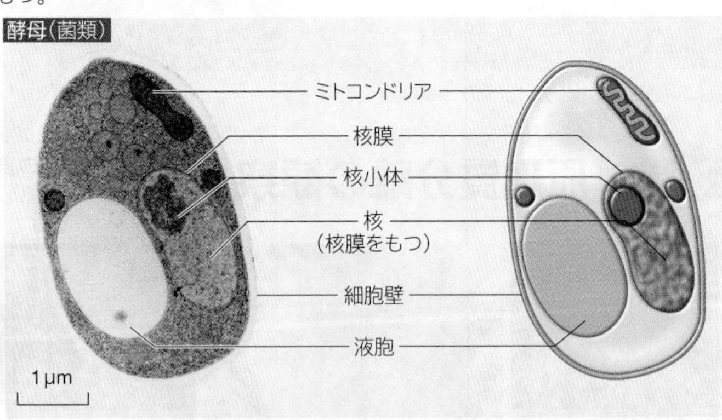


## TOPICS 様々な細菌(バクテリア)とウイルス

ウイルスは生物ではない(⇒ p.37)。

肺炎双球菌

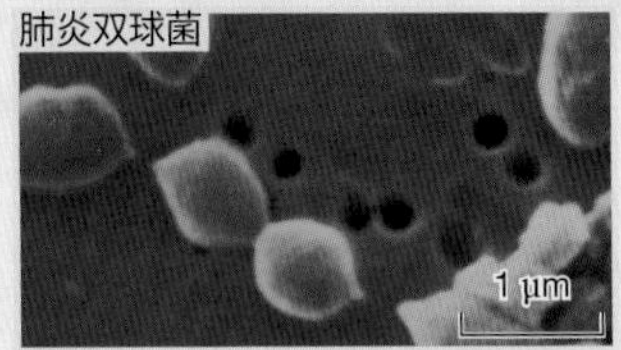


肺炎を引き起こす病原菌。

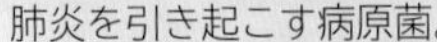

コレラ菌

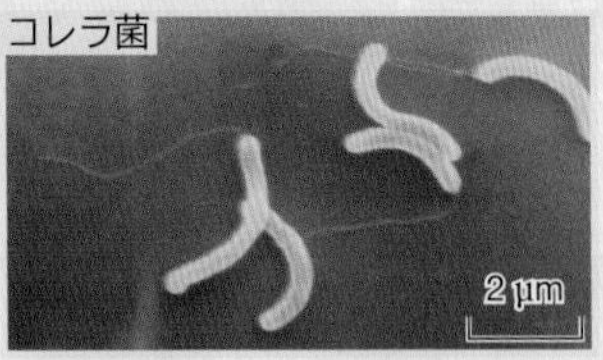


コレラの原因となる病原菌。

インフルエンザウイルス

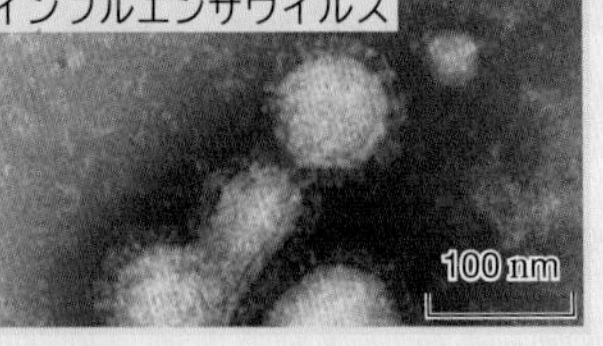


インフルエンザを引き起こす。

エイズウイルス

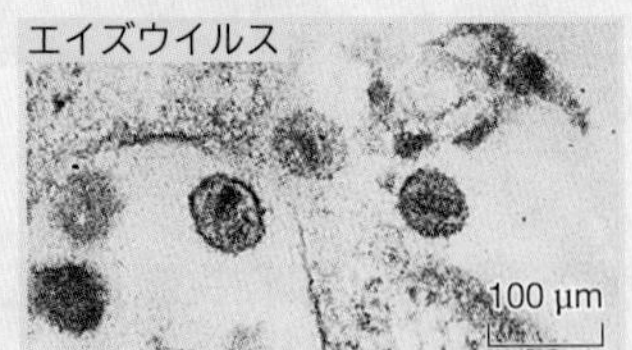


エイズの原因となる病原体。

スピロヘータ

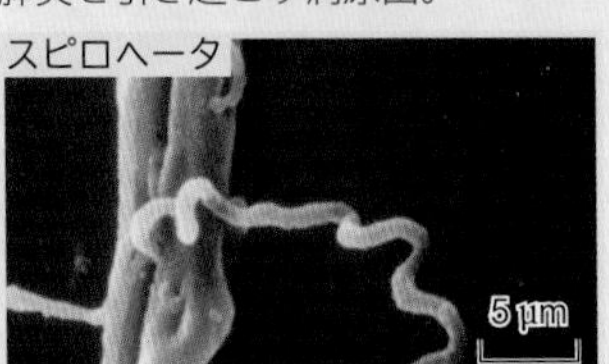


スピロヘータは，らせん状で回転運動を行う一群の微生物の総称。

マイコプラズマ

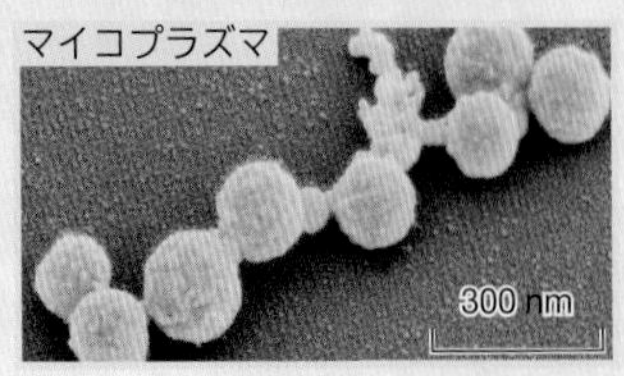


マイコプラズマは細菌の仲間で，肺炎などを引き起こすことがある。

| | |
|---|---|
| 肺炎双球菌 | 肺炎の原因となる。 |
| コレラ菌 | コレラの原因となる。 |
| スピロヘータ | 梅毒の原因となる。細菌類の一種で細胞壁が薄い。 |
| マイコプラズマ | 間質性肺炎・脳炎の原因となる。細菌類の一種だが細胞壁をもたない。 |
| ウイルス | 細胞ではない。核酸とタンパク質からなる。細胞に寄生して増殖する。 |

 WORD 細菌類⇔バクテリア　シアノバクテリア⇔ラン藻類⇔ラン細菌⇔ラン色細菌　クロロフィル⇔葉緑素

## B 単細胞生物

1個の細胞で生命活動のすべてを行う生物を**単細胞生物**という。単細胞生物には，細胞内に様々な働きを行う細胞小器官が発達しているものがある。 生物基礎

### 様々な単細胞生物

単細胞生物には，原核生物(左ページ)と真核生物の両方が存在する。

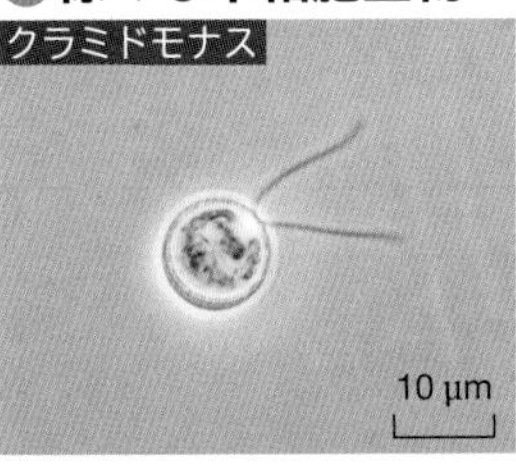


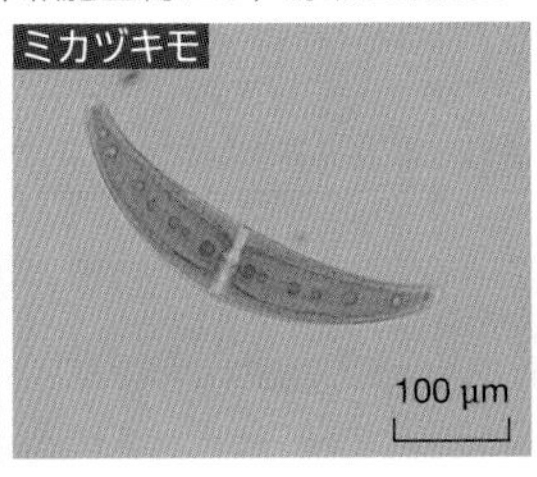


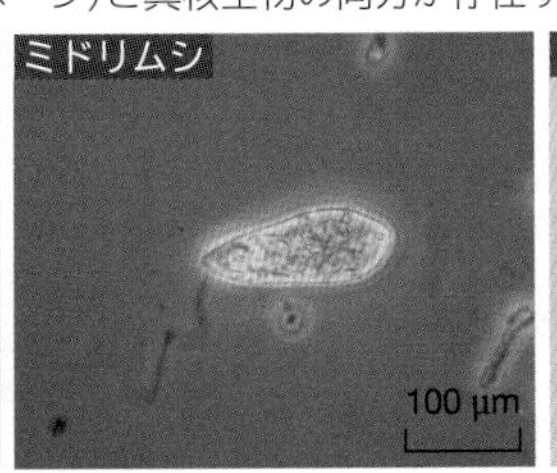


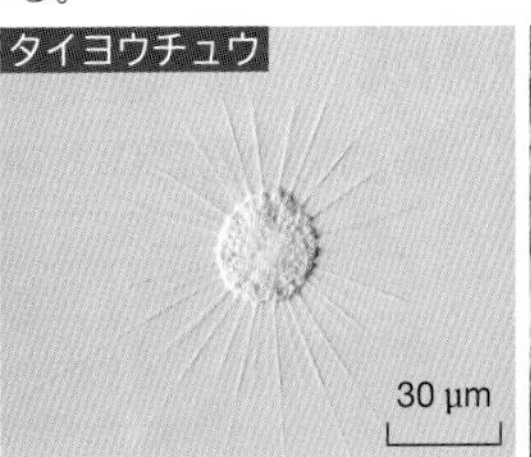


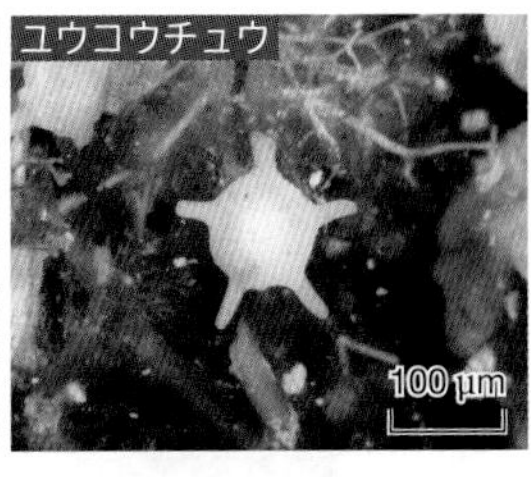


### 細胞性粘菌類の生活環

単細胞で生活する時期と多細胞で生活する時期を繰り返す真核生物。

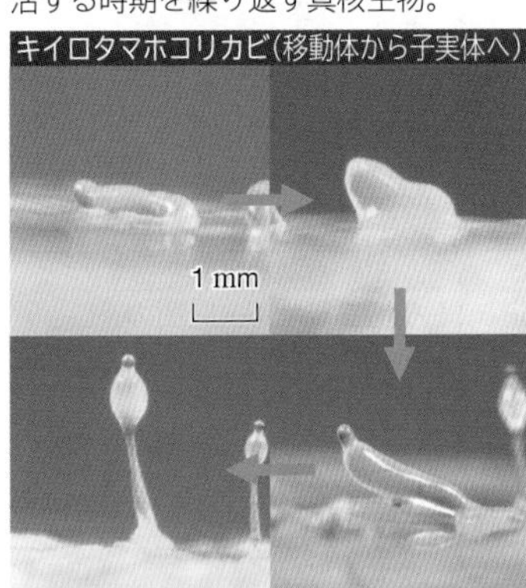


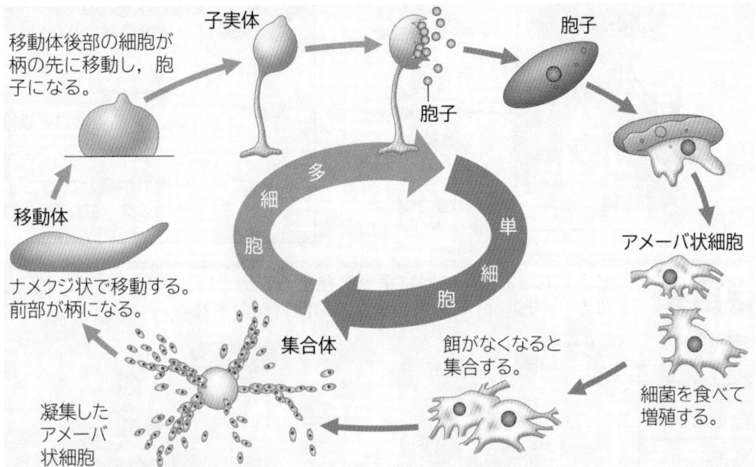


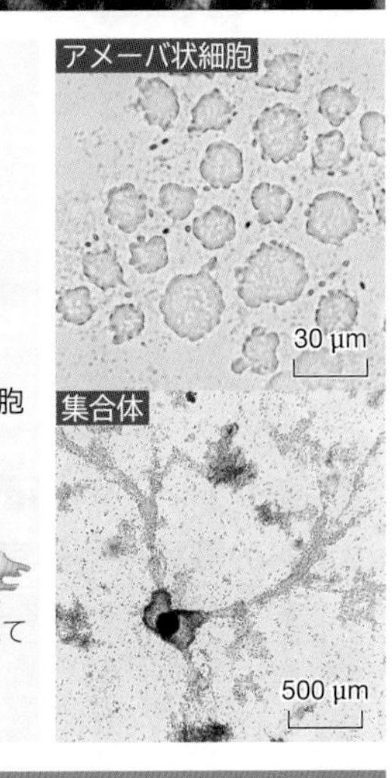

## C 細胞群体から多細胞生物へ

同形の細胞が連結し，一部が生殖細胞に分化して，1個体のように生活している集合体を**細胞群体**という。無性生殖で増殖するが有性生殖も行う。 生物基礎

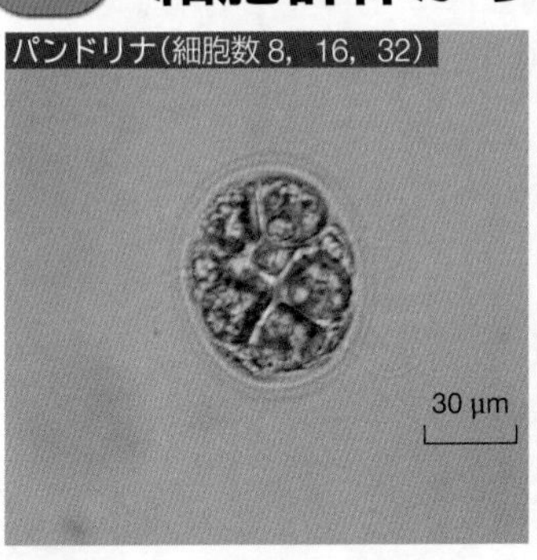


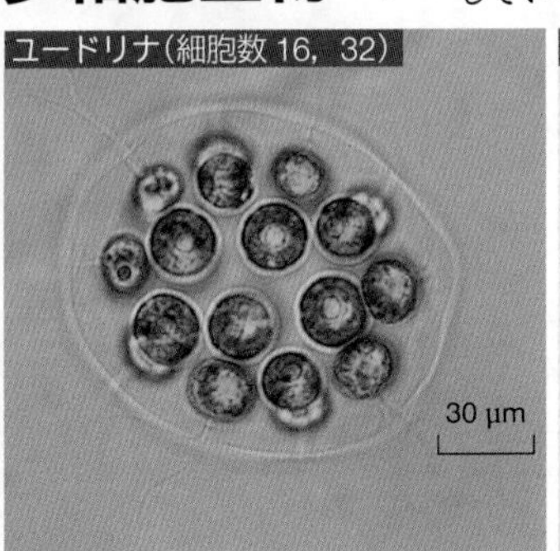


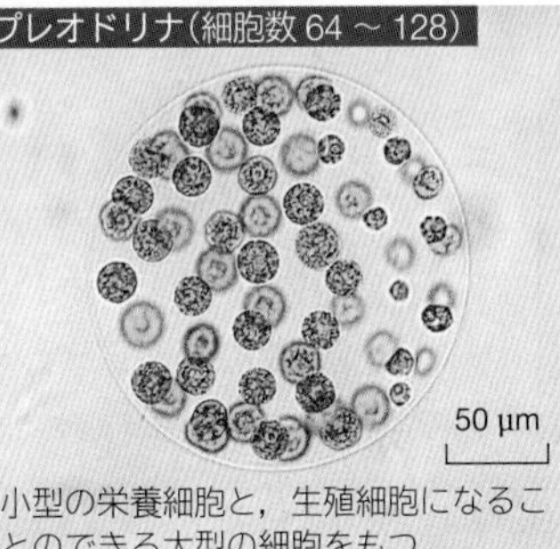


小型の栄養細胞と，生殖細胞になることのできる大型の細胞をもつ。

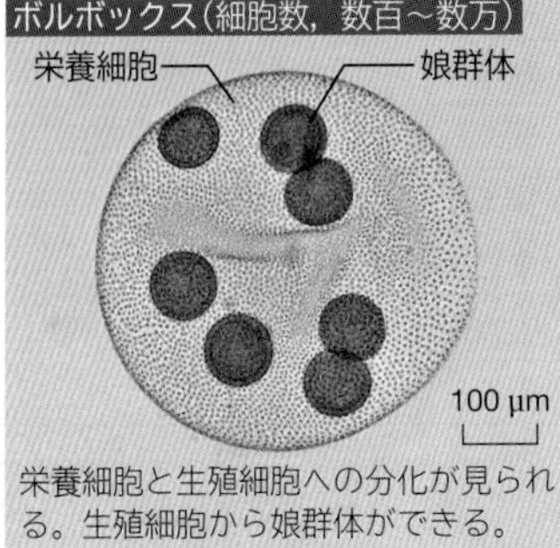


栄養細胞と生殖細胞への分化が見られる。生殖細胞から娘群体ができる。

## D 多細胞生物

多様に分化した多数の細胞からなる生物を**多細胞生物**という。多細胞生物は，すべて真核生物である。 生物基礎

多細胞生物では，同じような働きをもった細胞が集まって**組織**をつくり，様々な組織が集まって一定の働きをもつ**器官**が形成され，器官が統合されて**個体**となる。

### 多細胞生物の細胞の分化

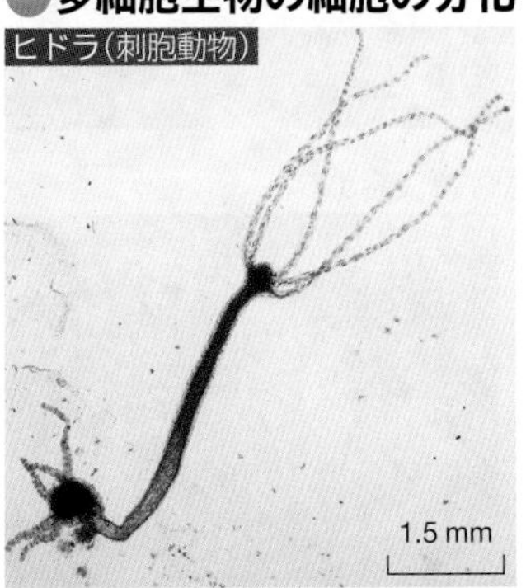


ヒドラは，刺細胞・筋細胞・腺細胞・感覚細胞・神経細胞などに分化した多種の細胞で構成されている。また，有性生殖の時期が近づくと，生殖細胞(卵・精子)も分化する。

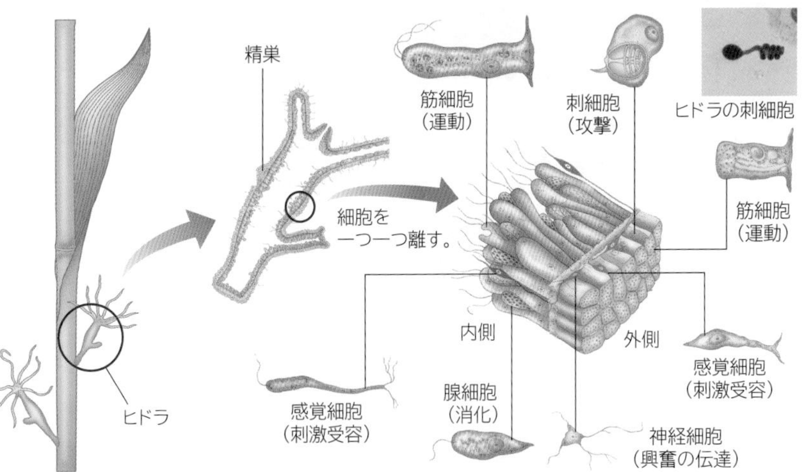

# 12 動物の組織・器官
Tissues and organs of animal

## A 動物体の構成

動物体は複数の器官系からなり，器官系は複数の器官からなる。器官を構成する組織には，上皮組織・結合組織・筋組織・神経組織の４種類がある。 生物基礎

### ●動物体の成り立ち

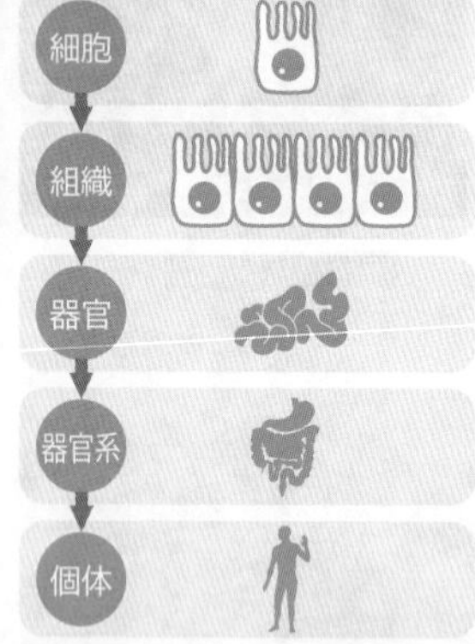


### ●動物の器官(ヒトの小腸の縦断面)

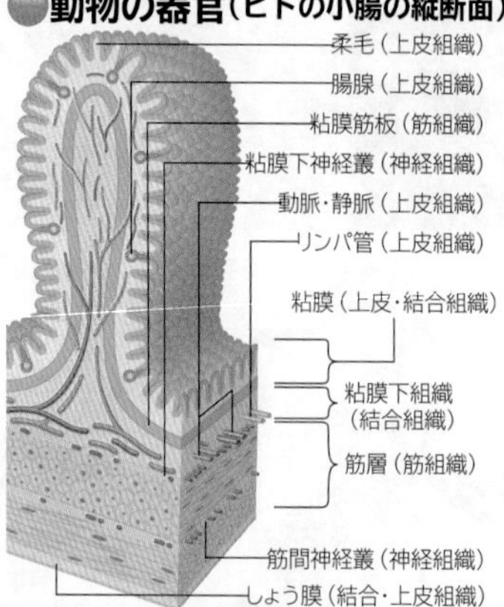


### ●動物の組織

組織の細胞は各々に応じた幹細胞から供給される。

| 組織 | 構造 | 働き |
|---|---|---|
| 上皮組織 | 上皮細胞が密着して層をつくり，体の外表面や消化管・血管などの内表面をおおう。 | 体表面の保護，刺激の受容，分泌・吸収 |
| 結合組織 | 細胞が密着せずに散在し，間を繊維質・骨質・軟骨質などの細胞間物質が埋めている。 | 体の支持，組織・器官の結合 |
| 筋組織 | 収縮性に富んだタンパク質（アクチン，ミオシン）を多く含む筋繊維からなる。 | 体の運動，内臓の運動 |
| 神経組織 | 組織の中心となるニューロンと，それを支持するグリア細胞などからなる。 | 刺激・興奮の伝達 |

## B ヒトの器官系

ヒトには 11 種類の器官系が存在する。例えば，消化系には，口・食道・胃・小腸・大腸・肛門のほか，だ腺・肝臓・すい臓などの器官が含まれる。 生物基礎

### ●ヒトの器官系と器官

| 器官系 | 器官系を構成する主な器官 |
|---|---|
| 神経系 | 脳・脊髄・運動神経・感覚神経 |
| 感覚系 | 目・耳・鼻・舌 |
| 筋肉系 | 骨格筋・心筋・内臓筋 |
| 骨格系 | 硬骨・軟骨 |
| 消化系 | 胃・小腸・大腸・肝臓・すい臓 |
| 呼吸系 | 気管・気管支・肺 |
| 循環系 | 心臓・血管・リンパ管 |
| 排出系 | 腎臓・輸尿管・ぼうこう |
| 生殖系 | 卵巣・精巣・子宮 |
| 内分泌系 | 脳下垂体・甲状腺・副腎 |
| 外被系 | 皮膚・毛・爪 |

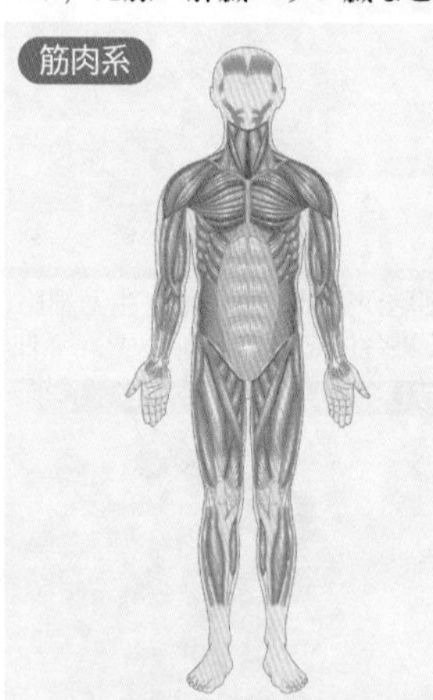


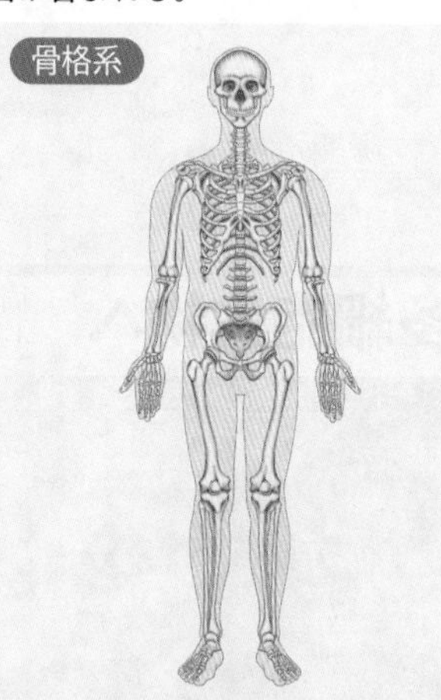


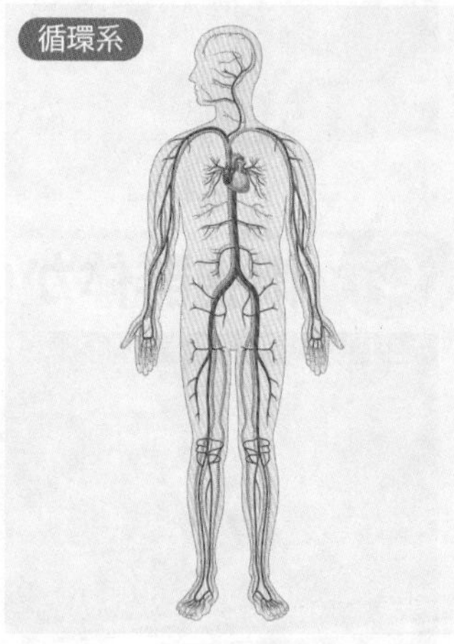


体の各部位に散在する幹細胞：間葉系幹細胞（骨や脂肪細胞），神経幹細胞（神経細胞やグリア細胞）

## C 上皮組織

上皮組織は，層の数によって単層上皮と多層上皮に分けられる。また，働きによって，保護上皮・腺上皮・吸収上皮・感覚上皮などに分けられる。 生物基礎 生物

### ●保護上皮

表面は角質化し絶えず脱落する。

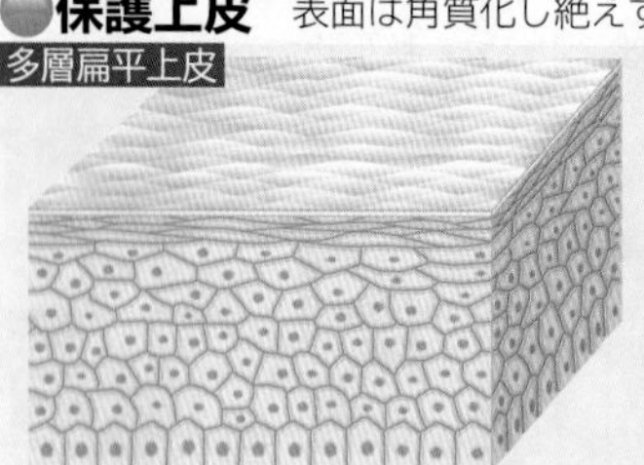


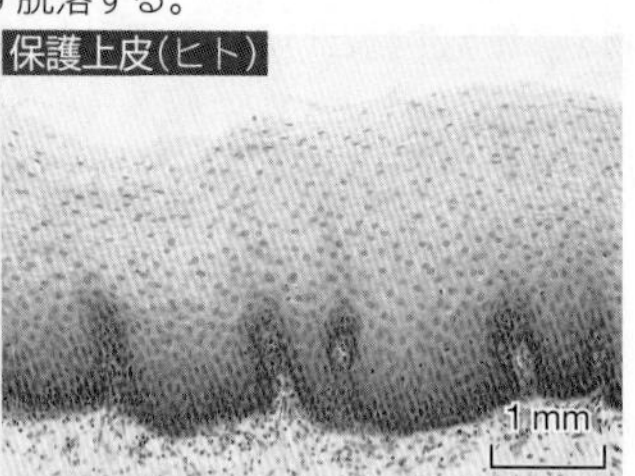


### ●腺上皮

分泌機能をもつ腺細胞が集まっている。ゴルジ体が発達している。

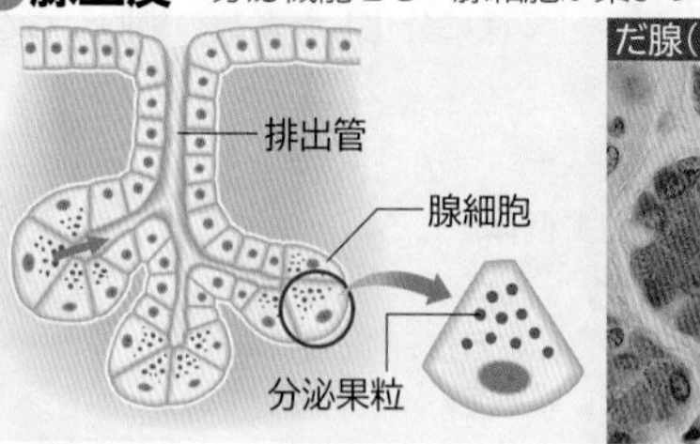


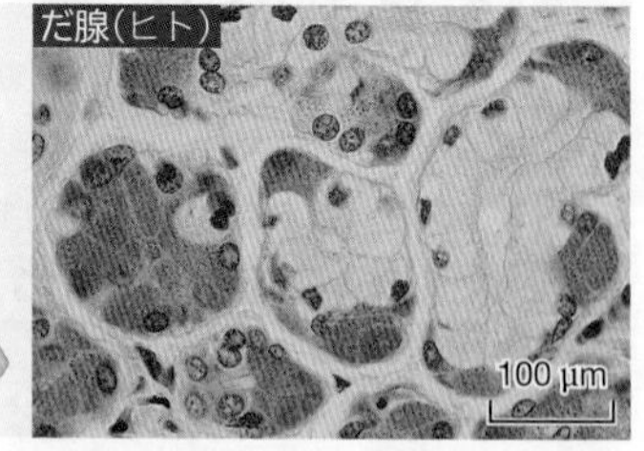


### ●吸収上皮

微柔毛により吸収面積を増している。

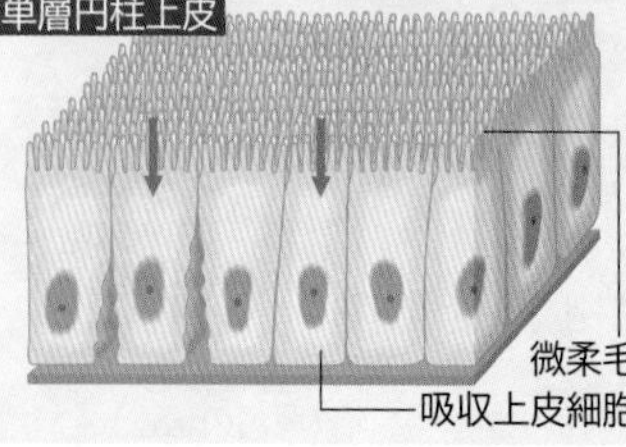


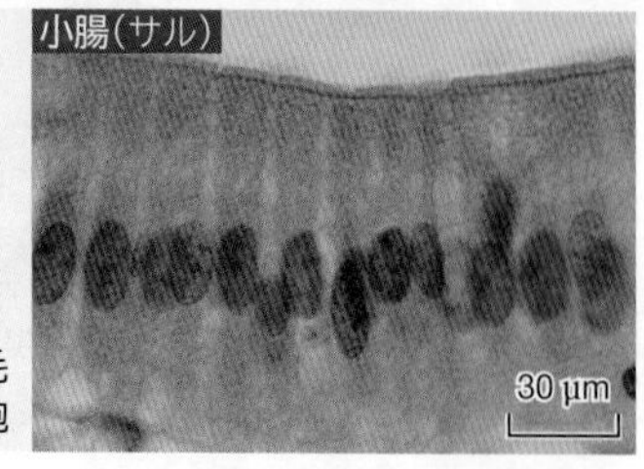


### ●感覚上皮

感覚毛により刺激（振動）を受容する。

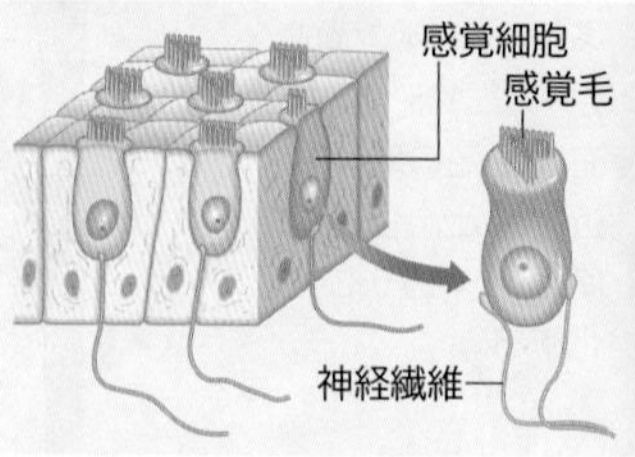


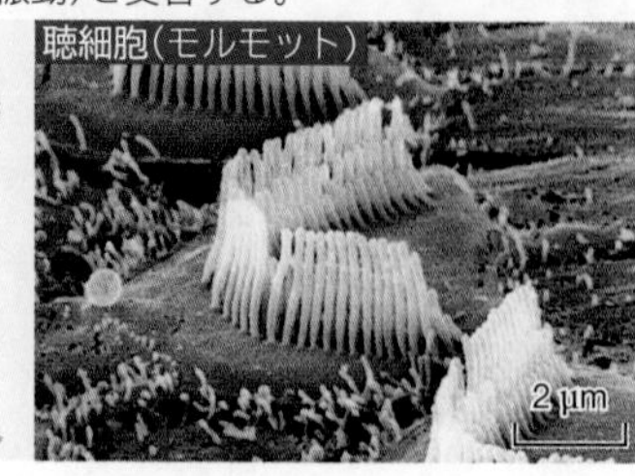


WORD 柔毛⇔絨毛⇔柔突起　筋組織⇔筋肉組織　細胞間物質⇔細胞間質⇔細胞外基質⇔細胞外マトリックス　筋繊維⇔筋細胞
ニューロン⇔神経細胞　シュワン細胞⇔神経鞘細胞　グリア細胞⇔神経膠細胞　輸尿管⇔尿管　精巣⇔睾丸　保護上皮⇔表皮

## D 結合組織

結合組織は，細胞間物質の種類によって，繊維性結合組織・脂肪組織・骨組織・軟骨組織などに分けられる。血液やリンパ液も結合組織に含まれる。

生物基礎 生物

### 繊維性結合組織

細胞間物質として**膠原繊維**(こうげん)をもつ(真皮，じん帯など)。

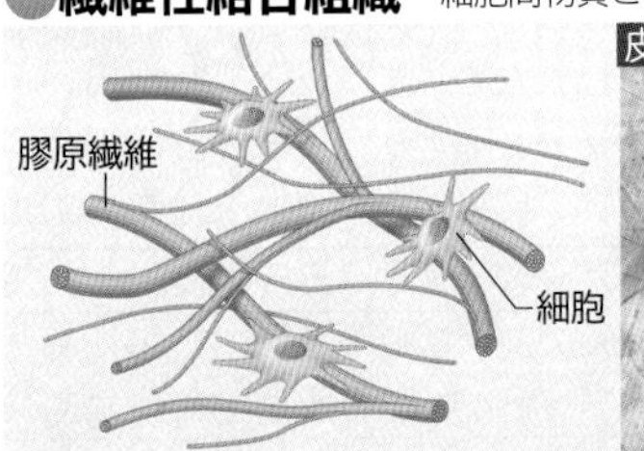


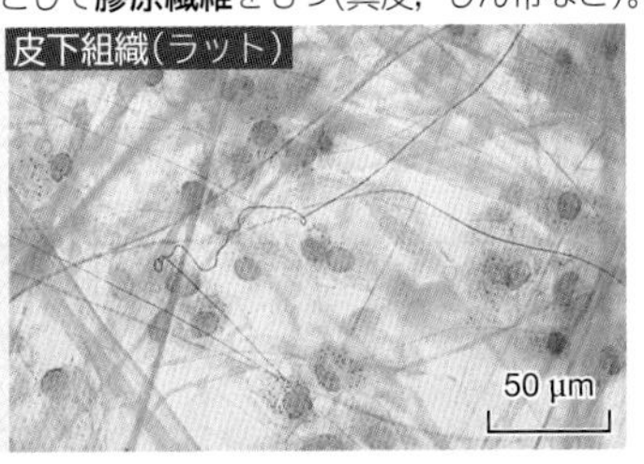


### 脂肪組織

繊維性結合組織に**脂肪細胞**が高密度に分布したもの。

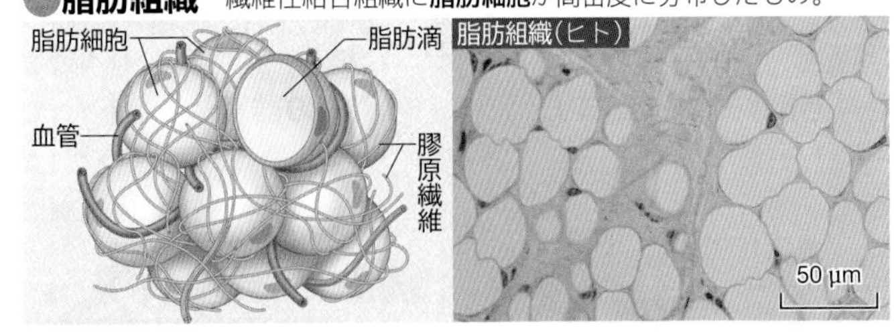


### 骨組織

多量のカルシウム塩を含む硬い細胞間物質(**骨基質**)をもつ。

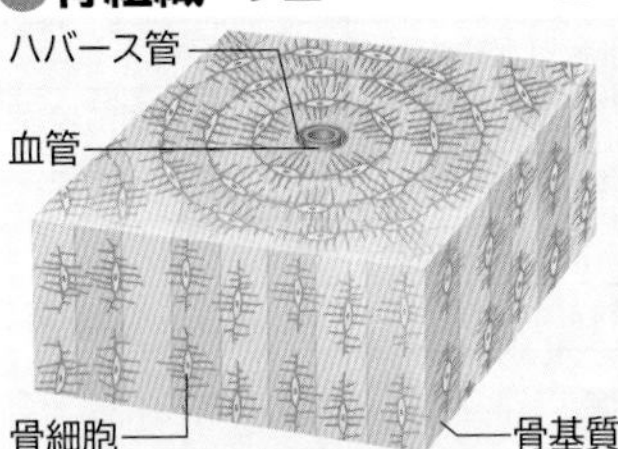


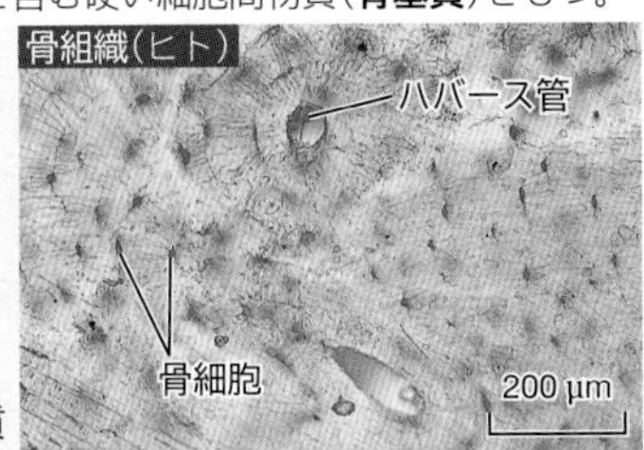


### 軟骨組織

多量のコラーゲンを含む弾力に富んだゲル状の細胞間物質(**軟骨基質**)をもつ。

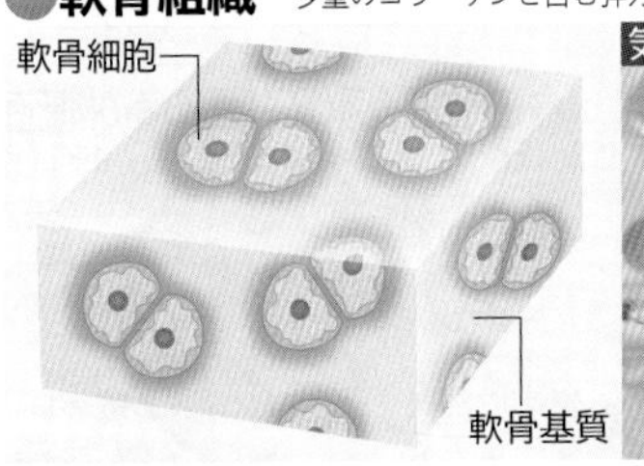


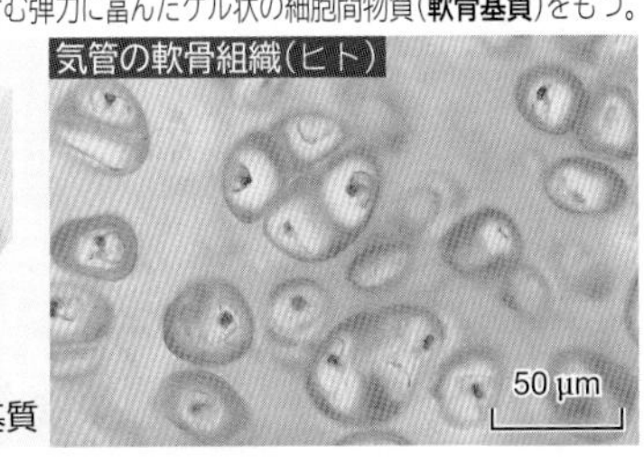


## E 筋組織

筋組織は，構造や性質の違いによって，骨格筋・心筋・内臓筋に分けられる。また，観察像から，骨格筋と心筋を合わせて横紋筋，内臓筋を平滑筋と呼ぶ。

生物基礎 生物

### 骨格筋(横紋筋)

多くの細胞が融合し**多核**になった円柱状の筋繊維が平行に並ぶ。横縞の模様(横紋)が見られる。

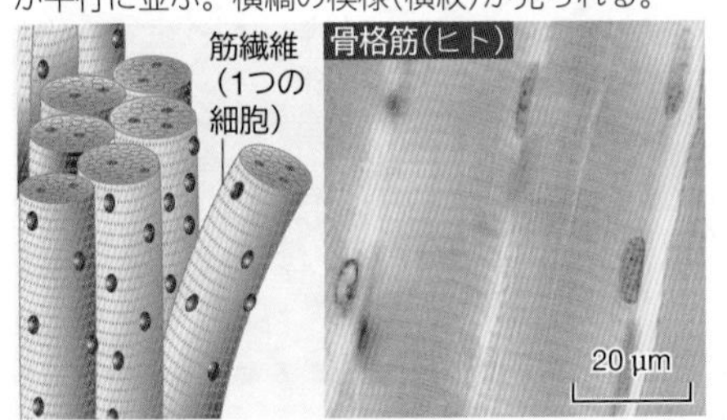


### 心筋(横紋筋)

単核で円柱状の筋繊維が**枝分かれ**しながら網目状に連なったもの。横紋が見られる。

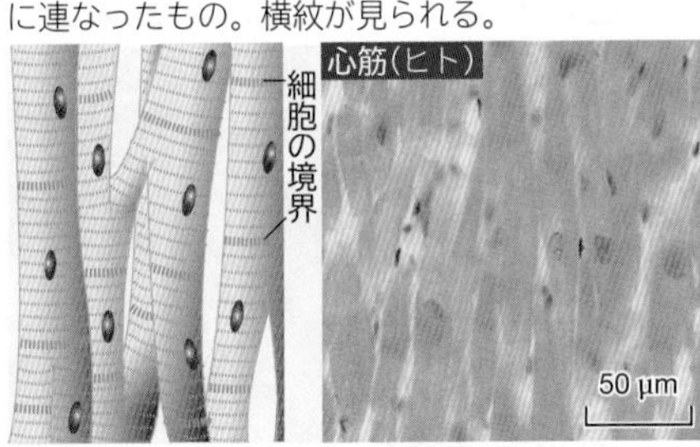


### 内臓筋(平滑筋)

単核で紡錘形の筋繊維が互いに密着している。横紋は見られない。

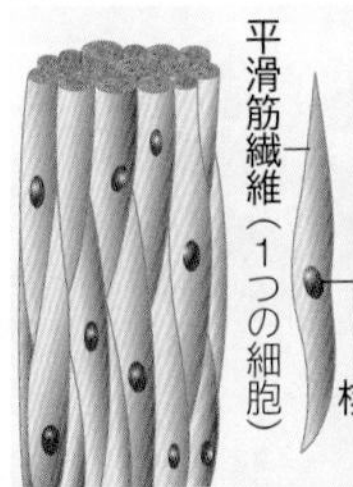


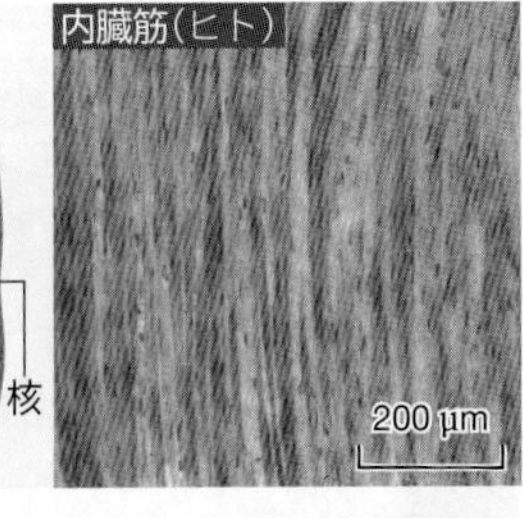


## F 神経組織

神経組織は，ニューロンとそれを取り巻いて支持するシュワン細胞などのグリア細胞からなる。

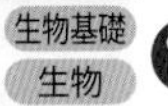


### ニューロンの構造

ニューロンは，**細胞体**と多数の突起(**樹状突起**・**軸索**)からなる。軸索とそれを取り巻く**神経鞘**や**髄鞘**を含めて**神経繊維**という。髄鞘の有無で有髄神経繊維と無髄神経繊維に分ける(⇒ p.221)。

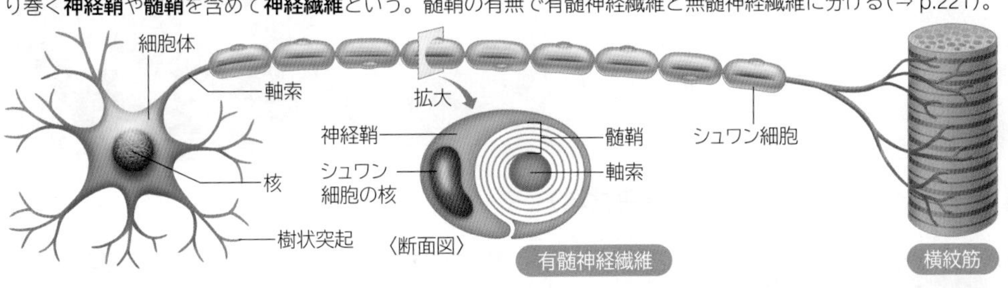


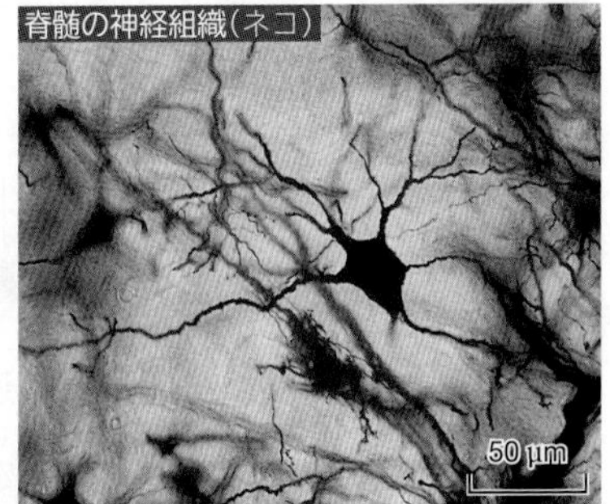


### 末梢神経系の神経組織

シュワン細胞が神経鞘や髄鞘を構成する。有髄神経繊維では，髄鞘の最外層が神経鞘に相当する。

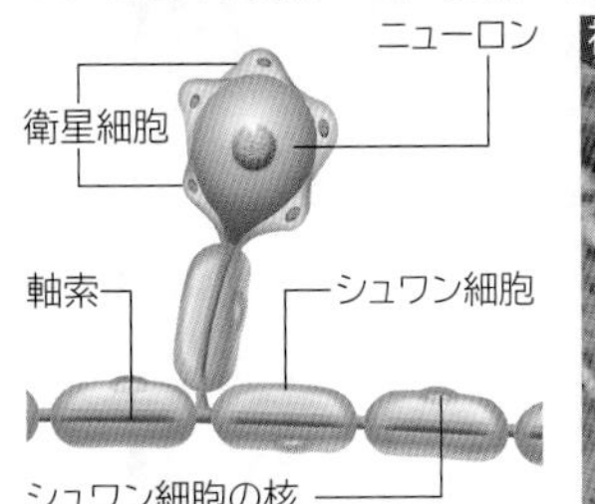


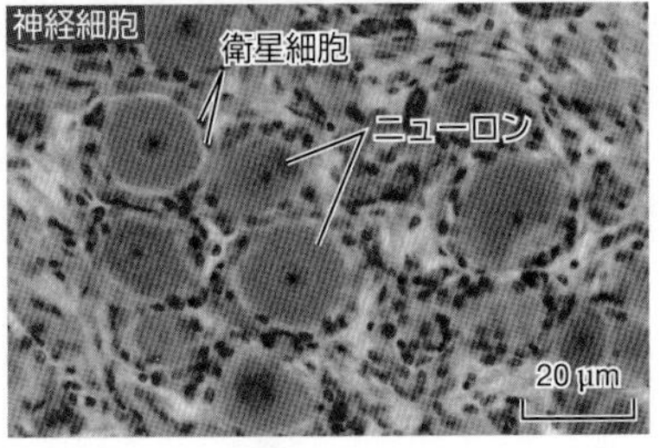


### 中枢神経系の神経組織

グリア細胞の一部が髄鞘を構成する。グリア細胞は，ニューロンへの栄養補給，老廃物や毒性物質の処理など多くの働きをもつ。

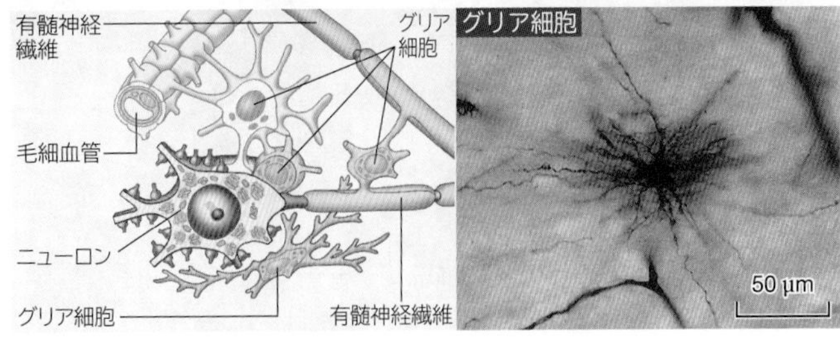




WORD 排出管⇔導管　だ腺⇔だ液腺　骨組織⇔硬骨組織　ハバース管⇔ハーバース管　軸索⇔神経突起

# 13 植物の組織・器官
Tissues and organs of plant

## A 植物体の構成

植物の器官は，栄養器官(根・茎・葉)と生殖器官(花)に大別される。組織系は，一般に，表皮系，維管束系，基本組織系の３つに分けられる。

### 植物体の成り立ち

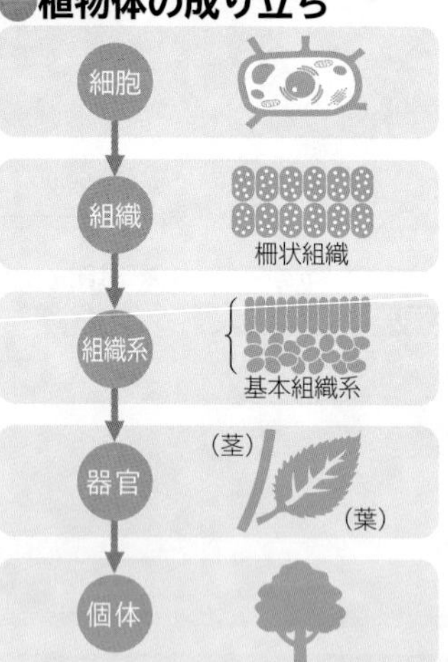


### 植物の器官

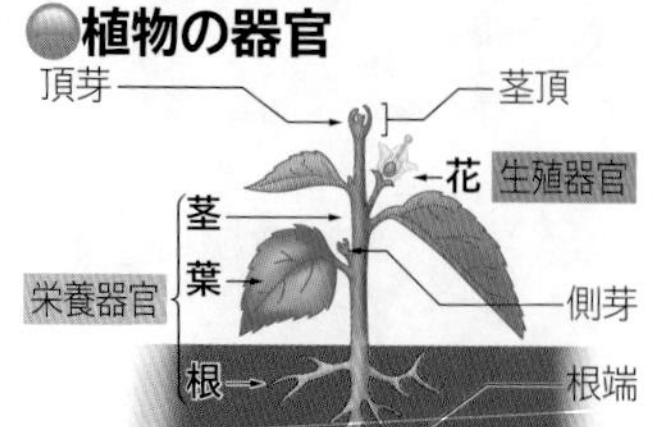


### 植物の組織系(双子葉類の茎の横断面)

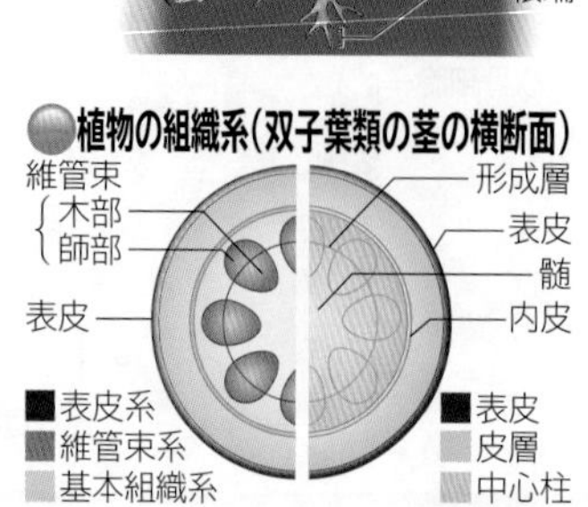


### 植物の組織

分裂組織は未分化な細胞からなり，体細胞分裂を盛んに行う。ここでできた細胞が分化して特定の構造と機能をもった組織になる。

| 組織 | | | | 働き |
|---|---|---|---|---|
| 分裂組織 | 頂端分裂組織(茎頂および根端の分裂組織) | | | 根や茎の伸長成長 |
| | 形成層 | | | 根や茎の肥大成長 |
| 分化した組織 | 表皮系 | 表皮 | 表皮組織・根毛・孔辺細胞 | 植物体の保護 |
| | 維管束系 | 師部 | 師管 | 同化産物の輸送 |
| | | | 伴細胞・師部柔組織・師部繊維 | 師管の保護 |
| | | 木部 | 道管・仮道管 | 水・無機塩類の輸送 |
| | | | 木部柔組織・木部繊維 | 道管・仮道管の保護 |
| | 基本組織系 | 柔組織 | 同化組織(柵状組織・海綿状組織) | 光合成 |
| | | | 貯蔵組織(皮層・髄) | 同化産物の貯蔵 |
| | | 機械組織 | 厚角組織・厚壁組織 | 植物体の支持 |

※組織系を表皮・皮層・中心柱の３つに分けることもある。

## B 茎の構造

茎には，物質の輸送や植物体の支持などの働きがあり，表皮系，維管束系，基本組織系の各組織系に含まれる様々な組織が存在する。

### 茎の構造の模式図(双子葉類)

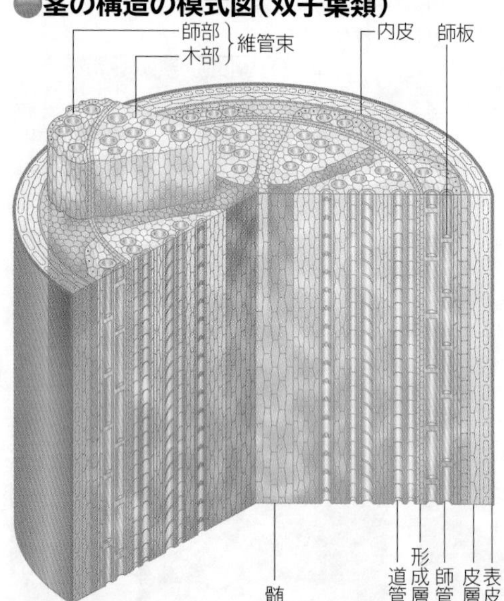


### 双子葉類(セイタカアワダチソウの染色試料)

真正中心柱　維管束が環状に配列している。形成層がある。

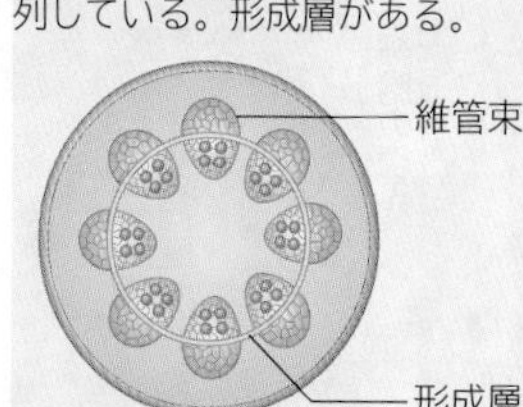


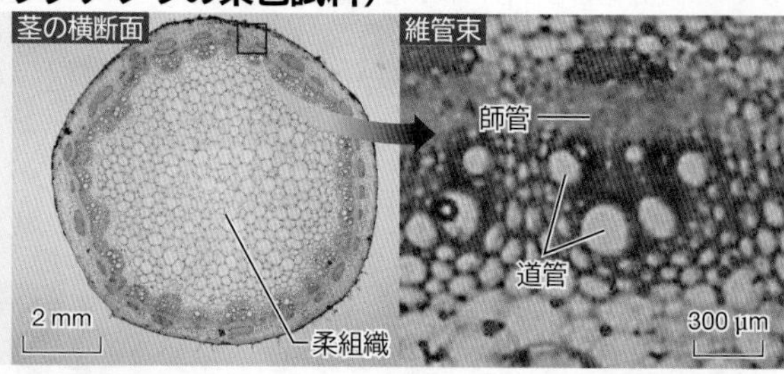


### 単子葉類(トウモロコシの染色試料)

不整中心柱　維管束が散在している。形成層がない。

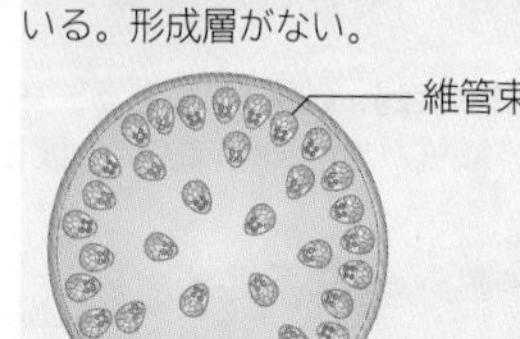


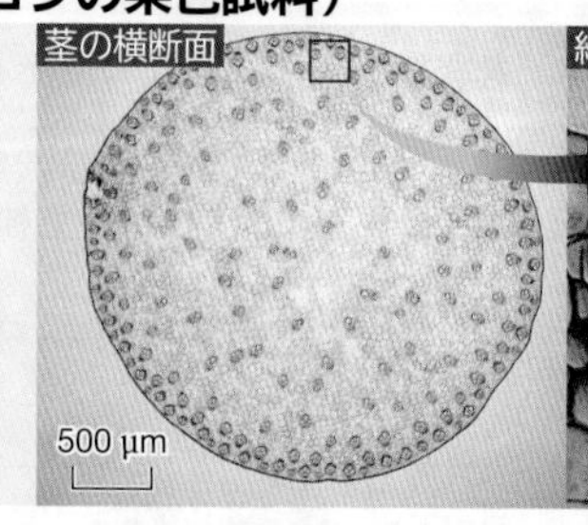


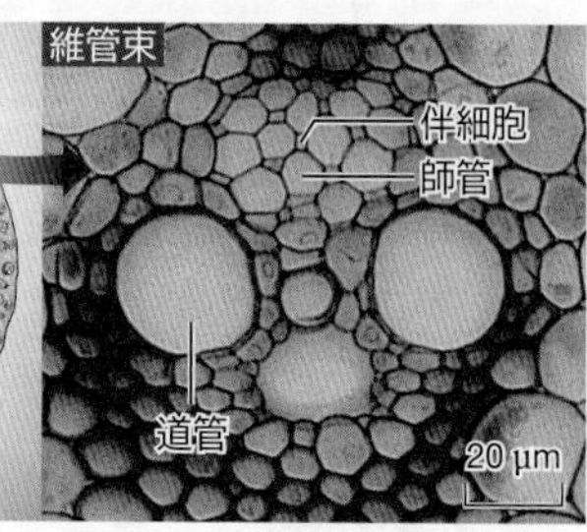


### 成長過程における茎の構造の違い(セイタカアワダチソウの染色試料)

成長した茎では，師部繊維や木部繊維が発達している。若い茎では，繊維がまだ発達していない。

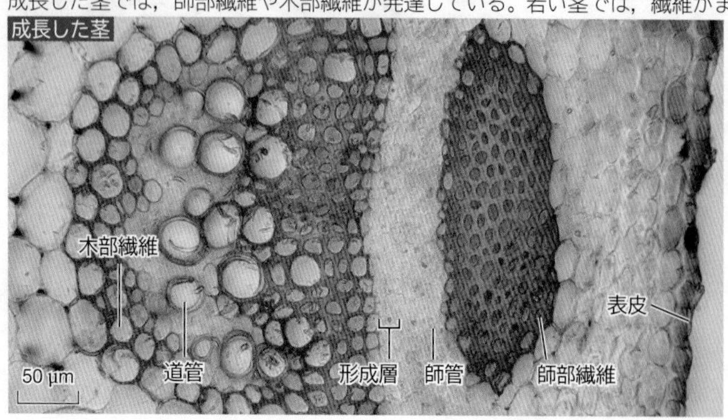


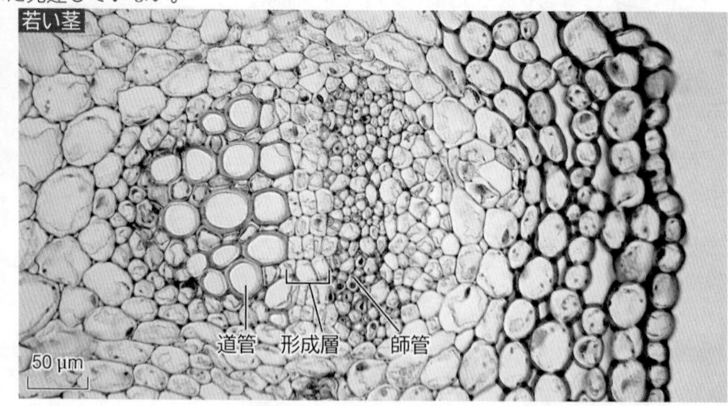





WORD　頂端分裂組織⇔成長点　形成層⇔維管束形成層　維管束⇔管束　師部⇔篩部　師管⇔篩管　師板⇔篩板　クチクラ⇔角皮

**道管・仮道管**　道管・仮道管は，根から吸収した水や水に溶けた無機塩類の通路である。道管・仮道管を構成する細胞の細胞壁は，成熟の過程で肥厚し，様々な紋様(らせん紋，環紋，孔紋，網紋など)を生じる。成熟とともに原形質を失い，**死細胞**となる。道管ではさらに上下の細胞壁が消失して**穿孔**(せんこう)となる。道管は被子植物で，仮道管はシダ植物・裸子植物で特に発達している。

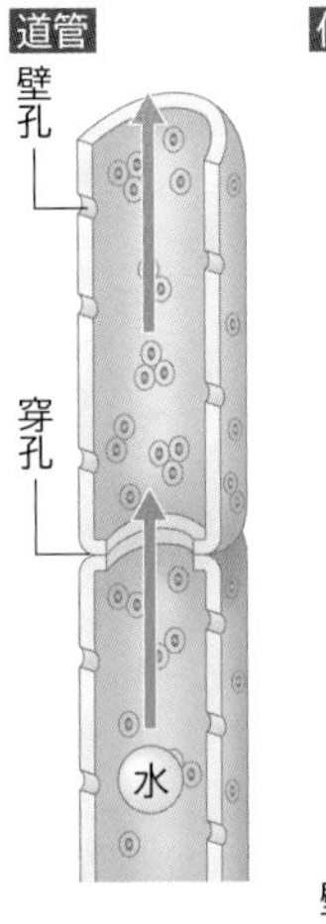


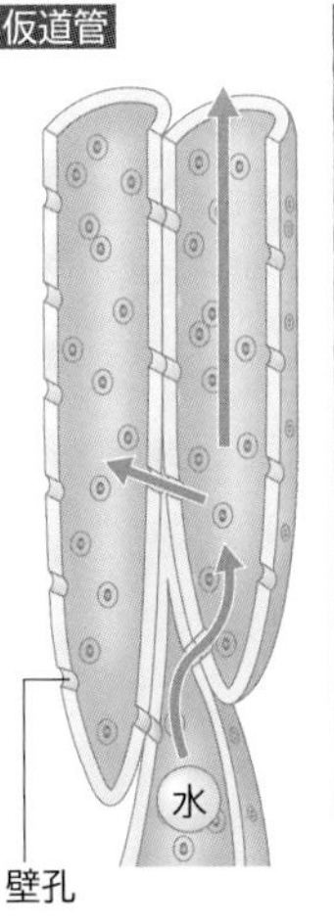


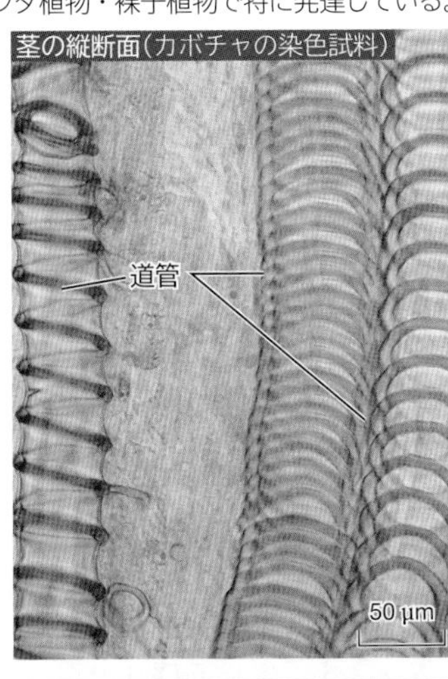


**師管**　師管は，光合成によって葉でつくられた同化産物の通路である。師管を構成する細胞は細長く，縦に連なっている。成熟とともに核を失うが，細胞質の一部は残り，**生細胞**として機能する。細胞どうしの上下の境界は**師板**と呼ばれ，篩(ふるい)のように孔の空いた構造をしている。被子植物では，小型で核をもった**伴細胞**が師管の側面に寄り添って存在する。

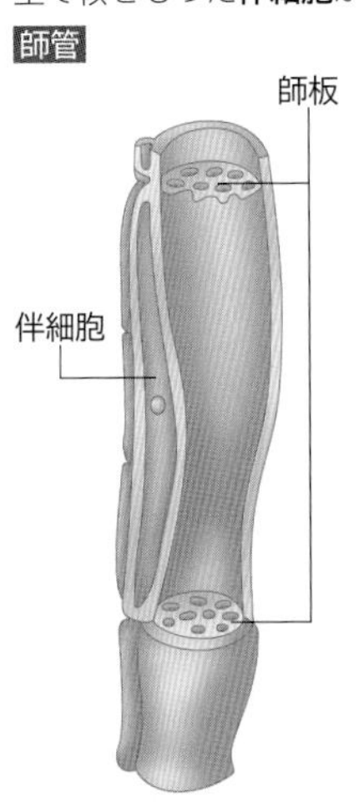


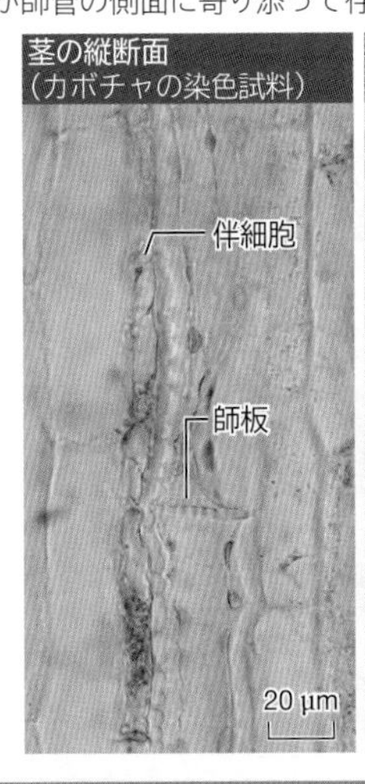


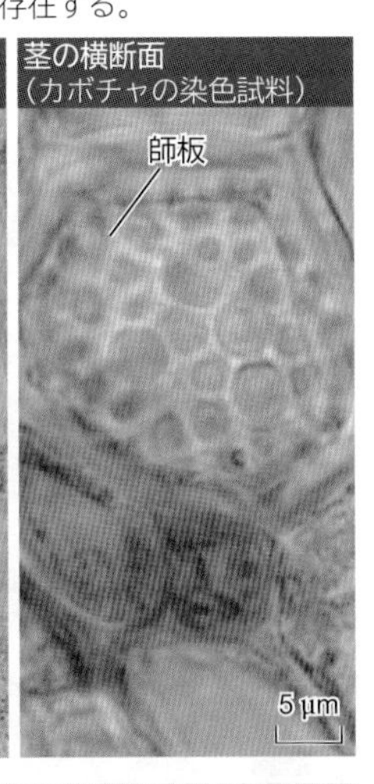


## C 葉の構造

葉は光合成を活発に行う同化器官であり，同化組織である**柵状組織**と**海綿状組織**が発達している。また，気孔を通じてガス交換や蒸散も行う。　生物基礎　生物

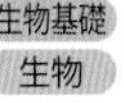

### 葉の構造の模式図

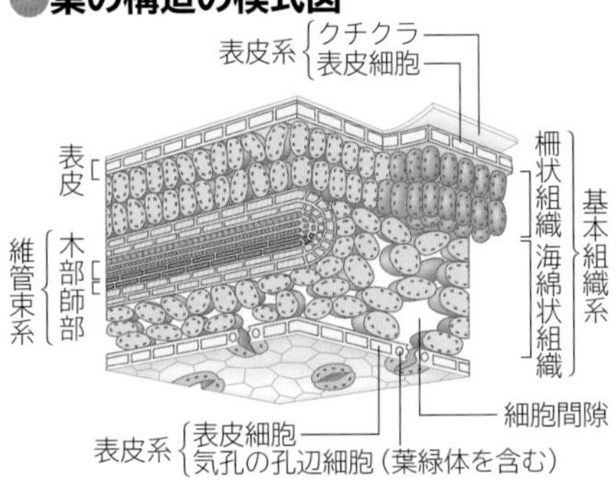


葉では，木部は上側に，師部は下側に存在する。

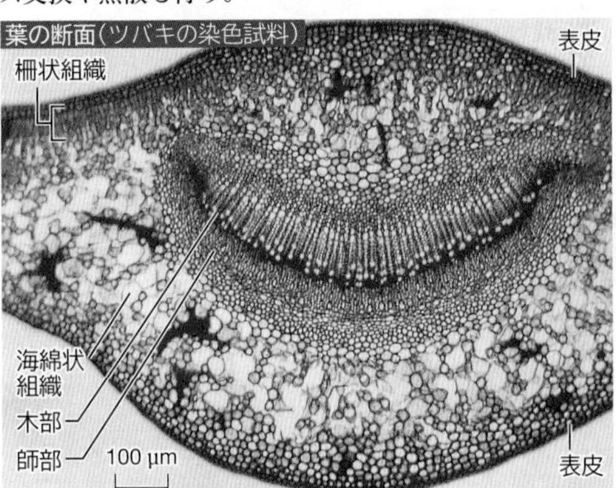


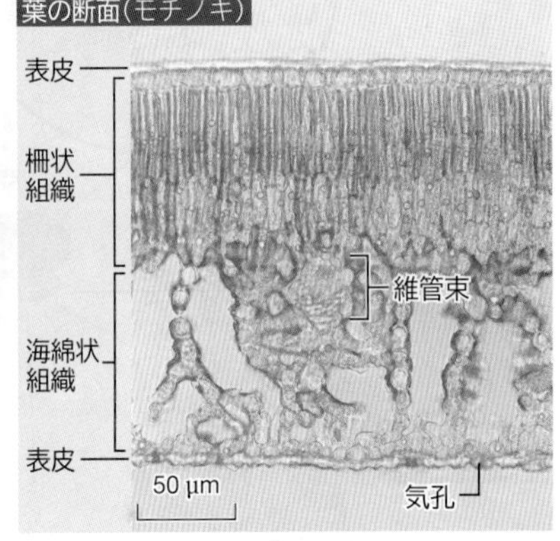


## D 根の構造

根には，水や無機塩類を吸収するための根毛が形成される。根を伸張させる根端の分裂組織が盛んに体細胞分裂を繰り返す。　生物基礎　生物

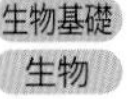

### 根の構造の模式図

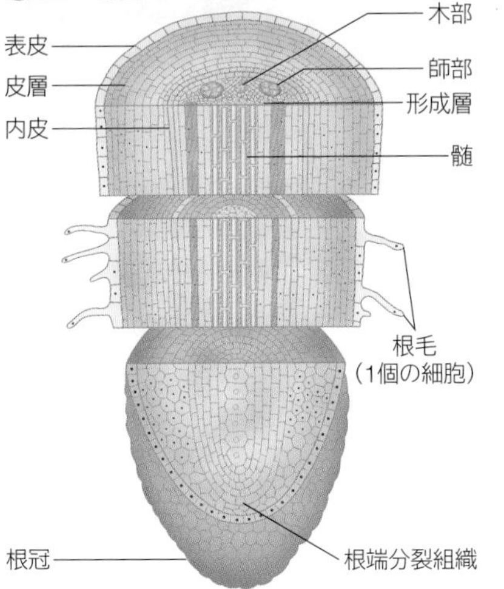


根では，木部と師部が中央付近に交互に並んでいる(放射中心柱)。

根の横断面(エンドウの染色試料)

200 µm

木部が中心から放射状に3つあり，その間に師部がある。

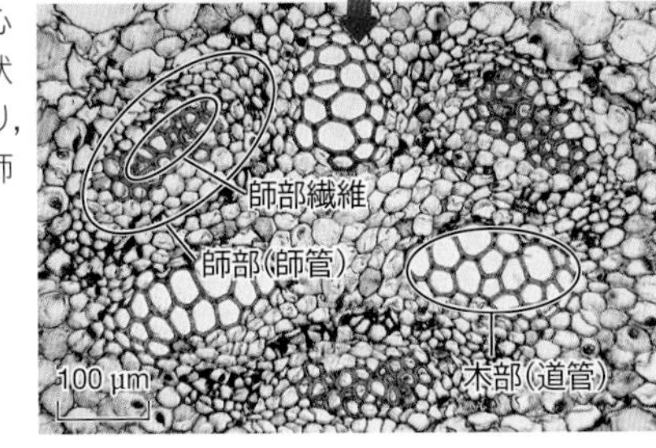


ADVANCE

**根から茎への維管束の配置**

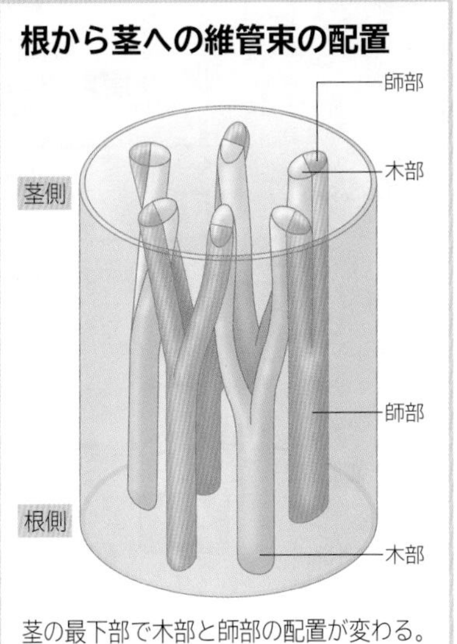


茎の最下部で木部と師部の配置が変わる。

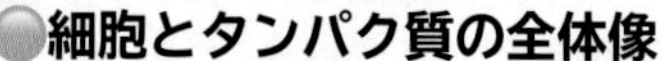

# 1 タンパク質の働きと分類

Function and classification of protein

生物基礎
生物

## ●細胞とタンパク質の全体像

動物細胞における代表的なタンパク質とその働きを示した概念図。図中の記号（A1 など）は次ページの表に対応している。詳細は各ページを参照のこと。

様々な物質や情報の受容

ホルモン
抗原
神経伝達物質
サイトカイン
光

G1 ホルモン受容体
・インスリン受容体

G2 抗原受容体
・T細胞受容体
・トル様受容体

G3 神経伝達物質受容体
・アセチルコリン受容体

G4 サイトカイン受容体
・インターロイキン受容体

G5 光受容体
・ロドプシン

細胞
小胞体
核

I DNA結合
・リプレッサー

B2 核内酵素
・DNAポリメラーゼ
・RNAポリメラーゼ

DNA

遺伝情報の発現
タンパク質合成

A3 細胞内構造
・ヒストン
・リボソームタンパク質

リボソーム

リソソーム

B5 リソソーム酵素
・DNアーゼ

E1 組織間輸送
・ヘモグロビン

B3 細胞質基質酵素
・解糖系酵素群

細胞内輸送

E2 細胞膜輸送
・ナトリウムポンプ
・イオンチャネル
・グルコース担体
・アクアポリン

細胞質基質

D 貯蔵
・ミオグロビン

C 運動
・ミオシン
・キネシン
・ダイニン

H2 抗原
・主要組織適合性複合体

A4 細胞骨格
・チューブリン
・アクチン

ミトコンドリア

B4 ミトコンドリア酵素
・シトクロム酸化酵素

小胞体

A2 細胞膜構造
・カドヘリン

ゴルジ体
ゴルジ体

A1 細胞外基質
・コラーゲン

細胞膜

B1 細胞外(消化)酵素
・アミラーゼ
・トリプシン

F1 ホルモン
・インスリン
・成長ホルモン

様々な物質の放出

F2 サイトカイン
・インターロイキン

H1 抗体
・免疫グロブリン

J その他
・フィブリノーゲン

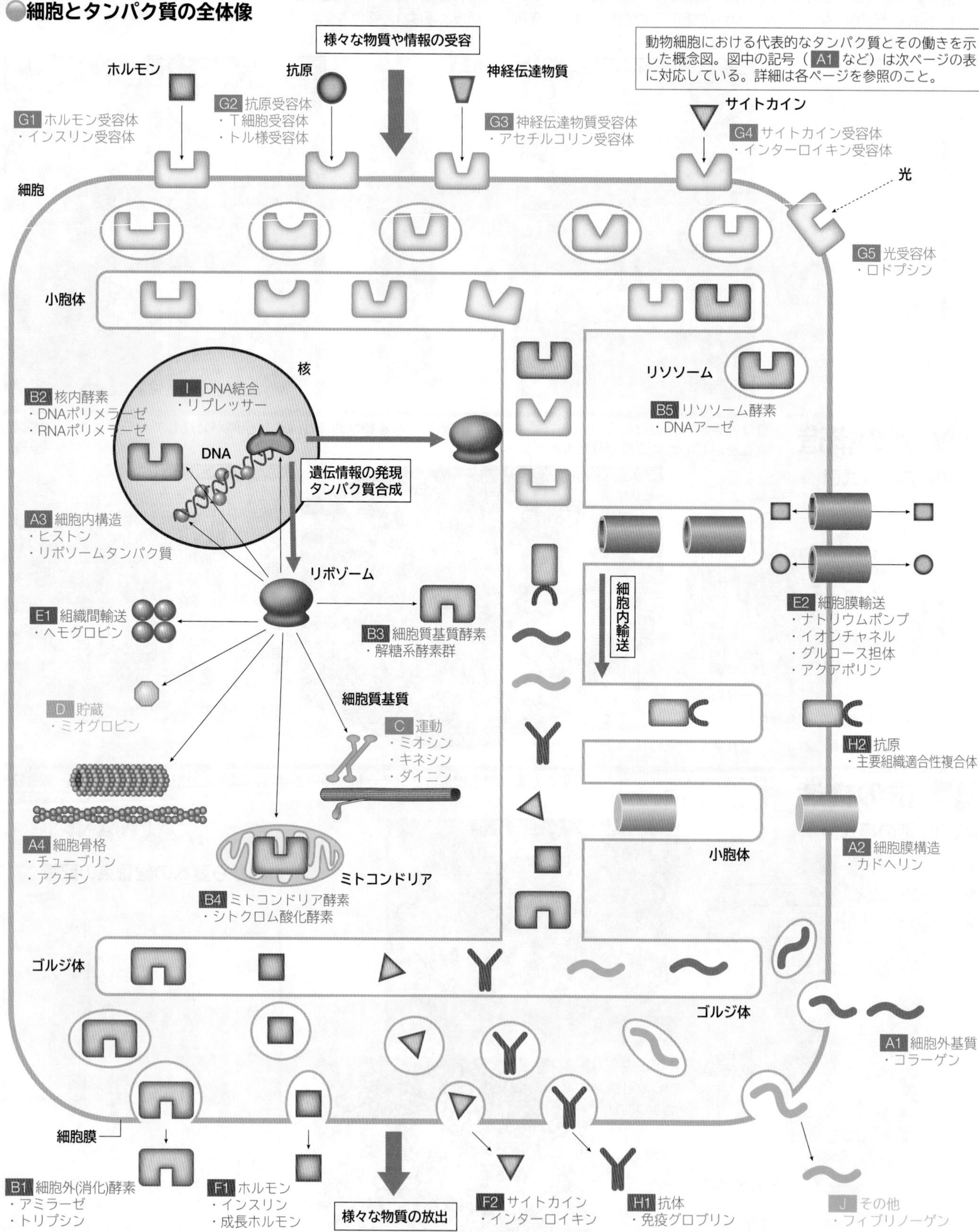

さまざまなタンパク質と細胞構造との関係に着目しよう。

## A 構造タンパク質 細胞や個体の構造をつくる。

※表中の分類番号と色は，左ページの見取り図に対応

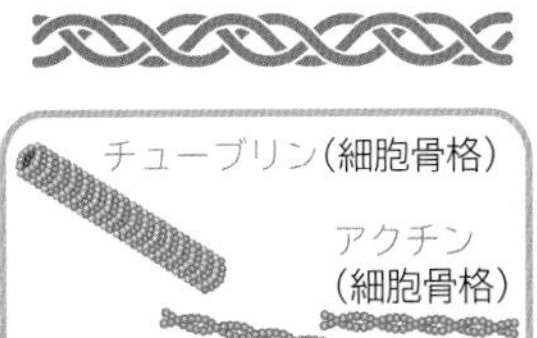


| 分類 | タンパク質 | 機能 | 参照ページ |
|---|---|---|---|
| 1. 細胞外基質 | コラーゲン | 骨などの強度や弾性を高める | 60，113 |
| 2. 細胞膜構造 | カドヘリン | 細胞の接着や細胞選別などに関わる | 60 |
| 3. 細胞内構造 | ヒストン | DNA と染色体をつくる | 40，115 |
| | リボソームタンパク質 | リボソームをつくり，タンパク質を合成する | 109 |
| | クリスタリン | 目の透明なレンズをつくる | 113，173 |
| 4. 細胞骨格 | チューブリン | 微小管をつくり，様々な運動に関わる | 64 |
| | ケラチン | 中間径フィラメントをつくり，爪や毛の強度を維持 | |
| | アクチン | アクチンフィラメントをつくり，運動に関わる | |

## B 酵素タンパク質 代謝を促進する。

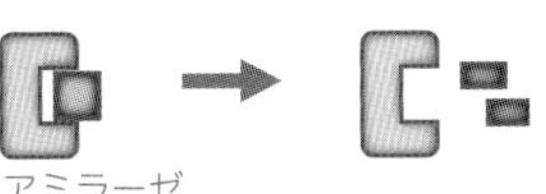


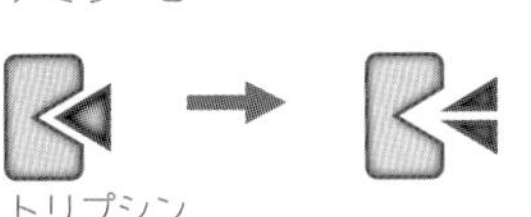


| 分類 | タンパク質 | 機能 | 参照ページ |
|---|---|---|---|
| 1. 細胞外(消化)酵素 | アミラーゼ | デンプンをマルトースに分解する(だ液など) | 72 |
| | トリプシン | タンパク質をポリペプチドに分解する(すい液) | |
| | リゾチーム | 細菌の細胞壁を分解し，殺菌する(涙など) | 206 |
| 2. 核内酵素 | DNA ポリメラーゼ | DNA を複製する | 103，126 |
| | RNA ポリメラーゼ | mRNA などを合成する | 108，114 |
| 3. 細胞質基質酵素 | 解糖系酵素群 | グルコースをピルビン酸に分解する | 73 |
| 4. ミトコンドリア酵素 | シトクロム酸化酵素 | シトクロムを酸化する | 72，79 |
| 5. リソソーム酵素 | DNA アーゼ | DNA を分解する | 68，72 |

## C 運動タンパク質 収縮などで様々な運動を起こす。

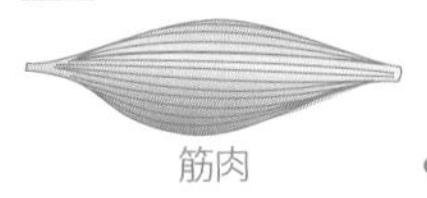


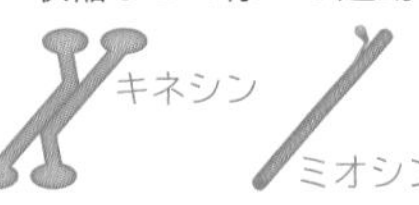


| タンパク質 | 機能 | 参照ページ |
|---|---|---|
| ミオシン | アクチンフィラメント上を移動し，筋収縮やアメーバ運動に関わる | 64 |
| キネシン | 微小管上を移動して，細胞小器官などを輸送する | |
| ダイニン | 微小管上をキネシンとは逆に移動して，細胞小器官などを輸送する | |

## D 貯蔵タンパク質 アミノ酸やエネルギーを供給する。

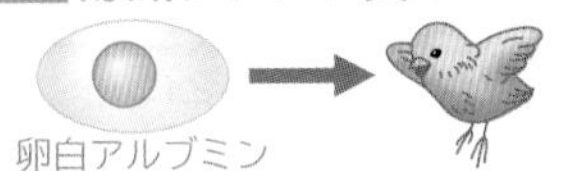


| タンパク質 | 機能 | 参照ページ |
|---|---|---|
| ミオグロビン | 筋肉中で酸素を貯蔵する(細胞内) | 187 |
| アルブミン | 卵白・母乳などに含まれる栄養分(細胞外) | 182，191 |

## E 輸送タンパク質 様々な物質を輸送する。

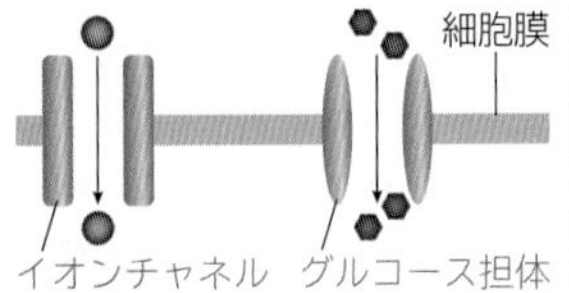


| 分類 | タンパク質 | 機能 | 参照ページ |
|---|---|---|---|
| 1. 組織間輸送 | ヘモグロビン | 赤血球中で酸素と結合し，全身に運ぶ | 186 |
| 2. 細胞膜輸送 | ナトリウムポンプ | 細胞膜を通して，$Na^+$ と $K^+$ を能動輸送する | 46，60 |
| | イオンチャネル | 細胞膜を通して，特定のイオンを輸送する | |
| | グルコース担体 | 細胞膜を通して，グルコースを輸送する | |
| | アクアポリン | 細胞膜を通して，水を輸送する | |

## F 情報伝達タンパク質 様々な情報を伝達する。

| 分類 | タンパク質 | 機能 | 参照ページ |
|---|---|---|---|
| 1. ホルモン | インスリン | 血糖濃度を下げる | 197，198 |
| | 成長ホルモン | 骨の成長を促進する | |
| | 甲状腺刺激ホルモン | チロキシンの分泌を促進する | |
| 2. サイトカイン | インターロイキン | リンパ球から分泌され，免疫反応を調節する | 207 |

## G 受容体タンパク質 様々な情報物質と結合する。

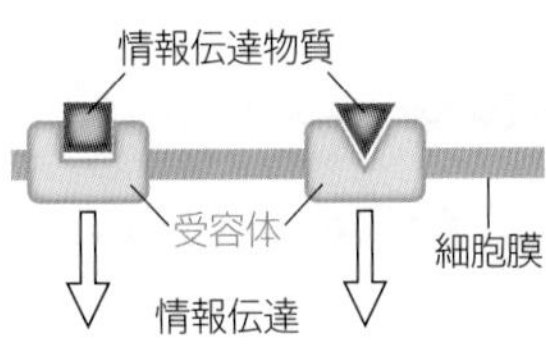


| 分類 | タンパク質 | 機能 | 参照ページ |
|---|---|---|---|
| 1. ホルモン受容体 | インスリン受容体 | インスリンと結合して，細胞内部に情報伝達 | 63，196 |
| | 成長ホルモン受容体 | 成長ホルモンと結合して，細胞内部に情報伝達 | |
| | チロキシン受容体 | チロキシンと結合して，核に情報伝達 | |
| 2. 抗原受容体 | T 細胞受容体 | T 細胞表面にあり，主要組織適合性複合体と結合 | 208 |
| | トル様受容体 | 自然免疫における細菌などの認識 | 206 |
| 3. 神経伝達物質受容体 | アセチルコリン受容体 | アセチルコリンと結合して神経細胞を興奮させる | 63 |
| 4. サイトカイン受容体 | インターロイキン受容体 | インターロイキンと結合して，リンパ球を活性化 | 62 |
| 5. 光受容体 | ロドプシン | 光の吸収で分解され，桿体細胞を興奮させる | 216 |

## H 防御タンパク質 免疫などで生体を防御する。

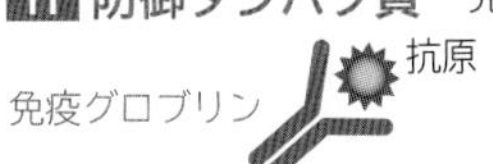


| 分類 | タンパク質 | 機能 | 参照ページ |
|---|---|---|---|
| 1. 抗体 | 免疫グロブリン | 体内に侵入した非自己物質(抗原)と結合 | 64，209 |
| 2. 抗原(提示) | 主要組織適合性複合体 | 個体に特有な自己抗原で，抗原提示に関与 | 64，207 |

## I DNA 結合タンパク質 DNA に結合して遺伝子発現を調節する。

DNA
リプレッサー

| 分類 | タンパク質 | 機能 | 参照ページ |
|---|---|---|---|
| 1. 代謝調節 | リプレッサー | 代謝産物量に応じ，酵素遺伝子などの発現を調節 | 114 |
| 2. 発生調節 | ビコイド | 発生途中で，特定の遺伝子の発現を調節 | 169 |

## J その他のタンパク質

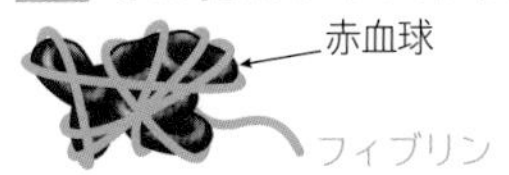


| 分類 | タンパク質 | 機能 | 参照ページ |
|---|---|---|---|
| 1. 分子シャペロン | シャペロニン | タンパク質の立体構造の調節 | 65 |
| 2. 血液凝固 | フィブリノーゲン | フィブリンに変化して血液を凝固させる | 183 |

WORD DNA ⇔デオキシリボ核酸　マルトース⇔麦芽糖　細胞膜⇔原形質膜　受容体⇔レセプター　T 細胞受容体⇔ TCR
トル様受容体⇔ TLR　主要組織適合性複合体⇔主要組織適合遺伝子複合体⇔主要組織適合性抗原　リプレッサー⇔抑制因子

# 2 タンパク質とその構造
Protein and its molecular structure

## A アミノ酸の種類

タンパク質は20種類のアミノ酸から構成されている。これらが様々な順序でつながり，多くの種類のタンパク質ができる。 生物基礎 生物

（アミノ酸名） 親水性アミノ酸
（アミノ酸名） 疎水性アミノ酸
親水性アミノ酸は水になじみやすく主にタンパク質の外側，疎水性アミノ酸はタンパク質の内側の部分になる。
酸性アミノ酸
中性アミノ酸
塩基性アミノ酸
**＊ヒト(成人)の必須アミノ酸**
体内で合成できないので食物として摂取する必要がある。成長期では，＊に加え，アルギニンの合成が不十分で不足しやすい。

| グリシン(Gly) | アラニン(Ala) | セリン(Ser) | プロリン(Pro) | ＊バリン(Val) | ＊トレオニン(Thr) |
|---|---|---|---|---|---|
| H……側鎖<br>$NH_2-CH-COOH$ | $CH_3$<br>$NH_2-CH-COOH$ | OH<br>$CH_2$<br>$NH_2-CH-COOH$ | $CH_2$<br>$CH_2$ $CH_2$<br>$NH-CH-COOH$ | $CH_3$<br>$CH-CH_3$<br>$NH_2-CH-COOH$ | $CH_3$<br>$CH-OH$<br>$NH_2-CH-COOH$ |
| **システイン(Cys)** | **＊ロイシン(Leu)** | **＊イソロイシン(Ile)** | **アスパラギン(Asn)** | **アスパラギン酸(Asp)** | **＊リシン(Lys)** |
| ※SがS−S結合を作る。<br>SH<br>$CH_2$<br>$NH_2-CH-COOH$ | $CH_3$<br>$CH-CH_3$<br>$CH_2$<br>$NH_2-CH-COOH$ | $CH_3$<br>$CH_2$<br>$CH-CH_3$<br>$NH_2-CH-COOH$ | $NH_2$<br>C=O<br>$CH_2$<br>$NH_2-CH-COOH$ | COOH<br>$CH_2$<br>$NH_2-CH-COOH$ | $NH_2$<br>$CH_2$<br>$CH_2$<br>$CH_2$<br>$CH_2$<br>$NH_2-CH-COOH$ |

| グルタミン(Gln) | グルタミン酸(Glu) | ＊メチオニン(Met) | ＊ヒスチジン(His) | ＊フェニルアラニン(Phe) | アルギニン(Arg) | チロシン(Tyr) | ＊トリプトファン(Trp) |
|---|---|---|---|---|---|---|---|
| $NH_2$<br>C=O<br>$CH_2$<br>$CH_2$<br>$NH_2-CH-COOH$ | COOH<br>$CH_2$<br>$CH_2$<br>$NH_2-CH-COOH$ | $CH_3$<br>S<br>$CH_2$<br>$CH_2$<br>$NH_2-CH-COOH$ | CH<br>HN N<br>C=CH<br>$CH_2$<br>$NH_2-CH-COOH$ | H<br>H-C=C-C-H<br>H-C=C-C-H<br>$CH_2$<br>$NH_2-CH-COOH$ | $NH_2$ NH<br>C<br>NH<br>$CH_2$<br>$CH_2$<br>$CH_2$<br>$NH_2-CH-COOH$ | OH<br>H-C=C-C-H<br>H-C=C-C-H<br>$CH_2$<br>$NH_2-CH-COOH$ | H H<br>C-C<br>H-C C-H<br>C=C NH<br>C=C H<br>$CH_2$<br>$NH_2-CH-COOH$ |

## B アミノ酸とペプチド結合

アミノ酸はタンパク質の構成単位である。アミノ酸どうしはペプチド結合によって結びつき，ポリペプチドとなる。 生物

### アミノ酸の基本構造

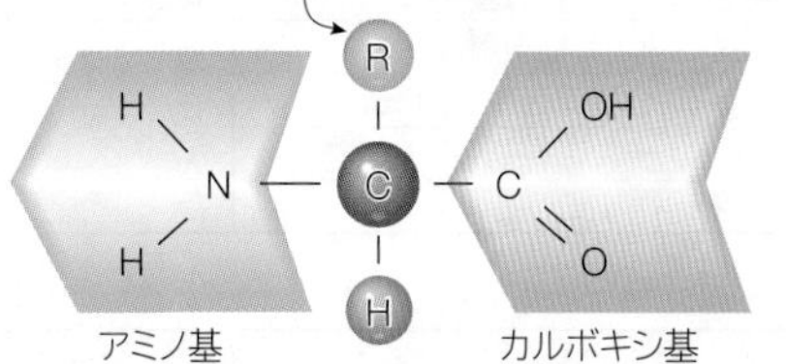


アミノ酸は，1個の炭素原子に**アミノ基**，**カルボキシ基**，水素原子，**側鎖**が結合したものである。側鎖の構造の違いによりアミノ酸の種類が決まる。

### ペプチド結合

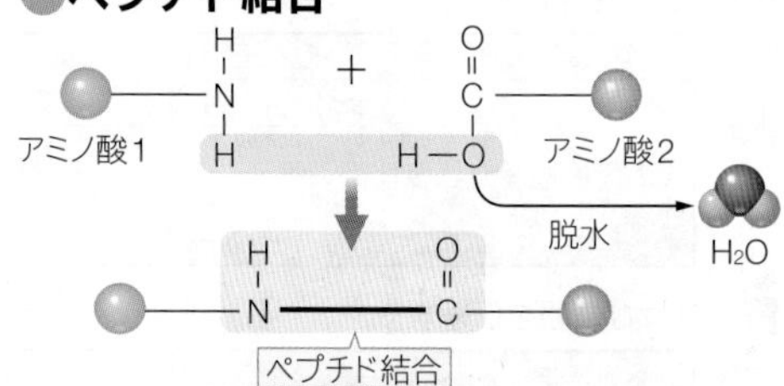


アミノ酸のアミノ基と，他のアミノ酸のカルボキシ基は脱水縮合して結びつく(**ペプチド結合**)。アミノ酸がつながったものを**ペプチド**，10個程度以上つながるとポリペプチドという。

## C タンパク質の一次構造

ポリペプチドは，**水素結合**，**S−S結合**，**疎水結合**などの部分で折りたたまれて特有の立体構造となり，特定の機能をもつタンパク質となる。 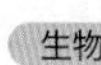

一次構造

N末端 C末端

ポリペプチドを構成するアミノ酸の**直線的な配列順序**。アミノ酸配列はそれぞれのタンパク質で特有。

例 インスリン

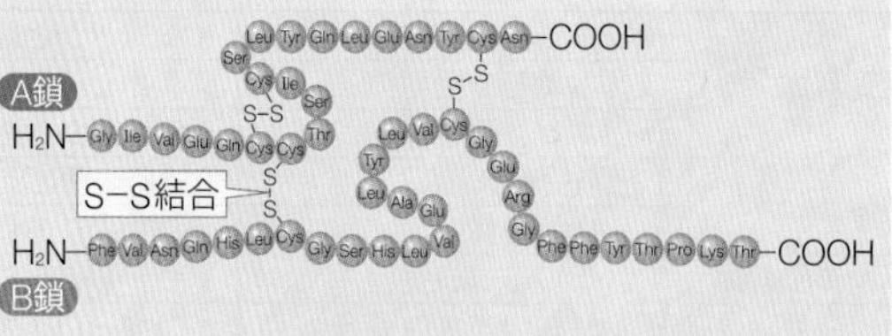


インスリンは，51個のアミノ酸からできている。

### タンパク質の種類によるアミノ酸配列の違い

例
タンパク質A A B C A D E C F‥
タンパク質B C A E G B B D H‥
タンパク質C D I C D A E I G‥

## D タンパク質の構造に影響を与える結合

ペプチド鎖自体は直鎖だが，実際のタンパク質は立体的な構造をしている。タンパク質内の結合がペプチド鎖を折り曲げ，結び付けている。 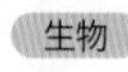

**S−S(ジスルフィド)結合**
2個のSH基間でHが失われてできる結合。

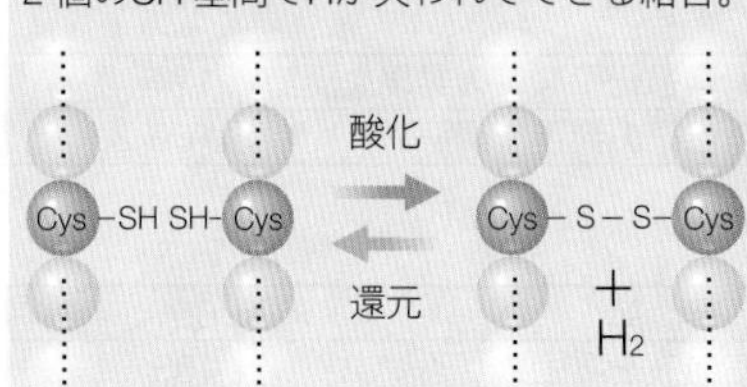


**水素結合**
OHやNHなどと，OやNなどの間に生じる弱い結合

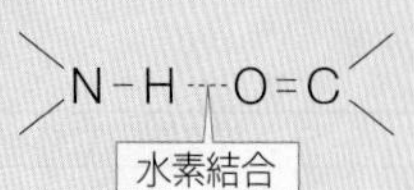

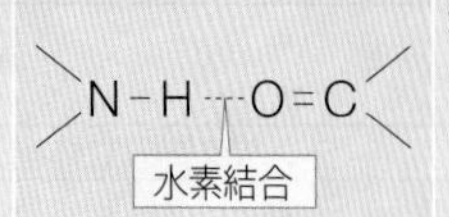

**疎水結合**
水中で疎水性(水と親和性が低い)の側鎖(非極性側鎖)が内側に入って球状の構造となる。

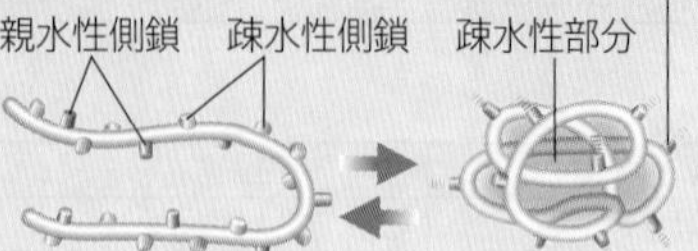


**イオン結合**
陽イオンと陰イオンが互いに引き付けあってできる結合

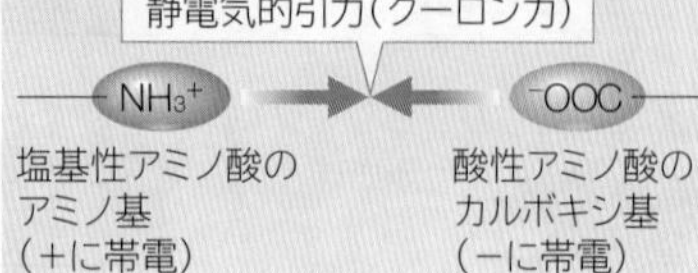




 WORD トレオニン⇔スレオニン　必須アミノ酸⇔不可欠アミノ酸　カルボキシ基⇔カルボキシル基

# E タンパク質の高次構造

直鎖のポリペプチドは，様々な分子内の結合により二次・三次・四次の高次構造をとる。それぞれのタンパク質の立体構造は特有である。 生物

### 二次構造

αらせん　(CG表示)　βシート　(CG表示)　N末端　C末端　水素結合

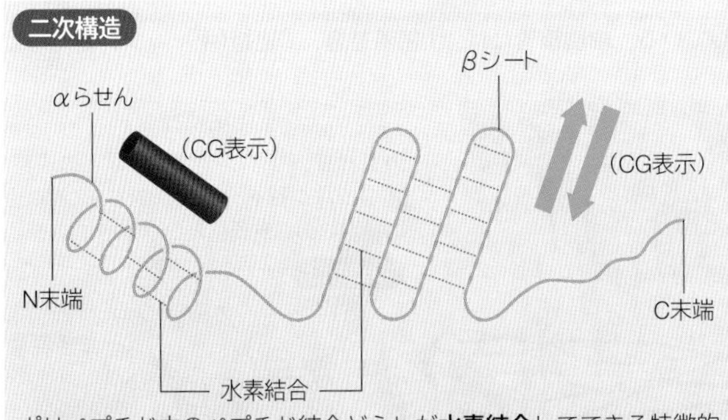

ポリペプチド中のペプチド結合どうしが**水素結合**してできる特徴的な構造。**αらせん**(らせん構造)と，**βシート**(ジグザグ構造)がある。

αらせん　βシート　0.47 nm　0.54 nm　0.33 nm

炭素　窒素　酸素　水素　Ⓡ 側鎖　水素結合

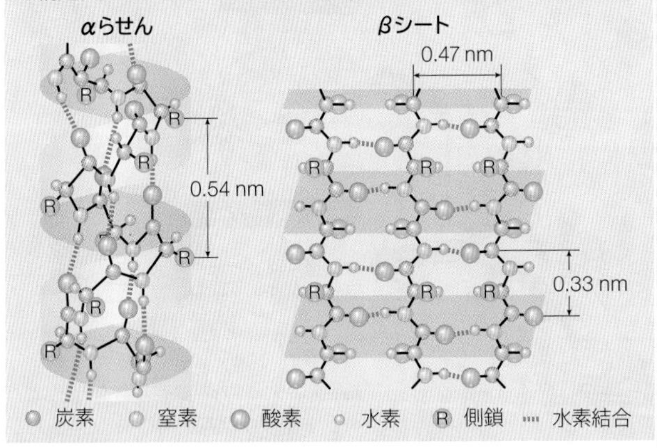

原子間の結合で立体構造が維持されることに着目しよう。

### 三次構造

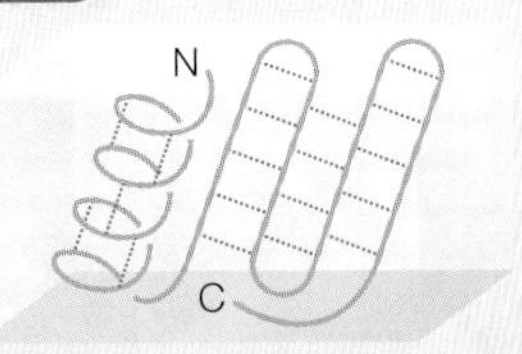


1本のポリペプチド鎖が，**S－S結合**や**疎水結合**により折りたたまれた構造。

**例**ミオグロビン(2種のモデルで示している)

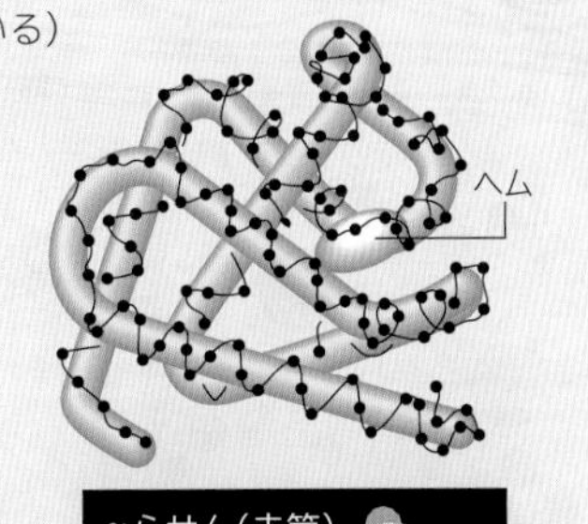


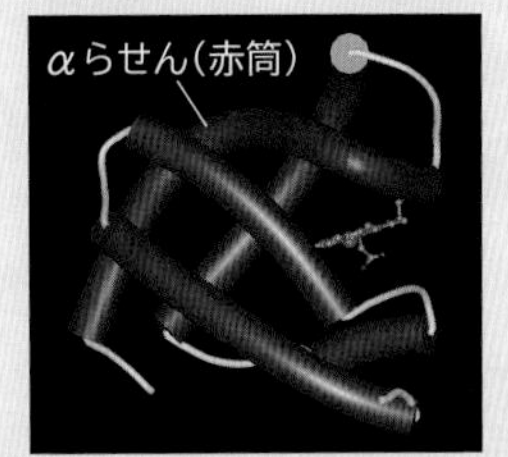


ミオグロビンには，βシートはない。

### 四次構造

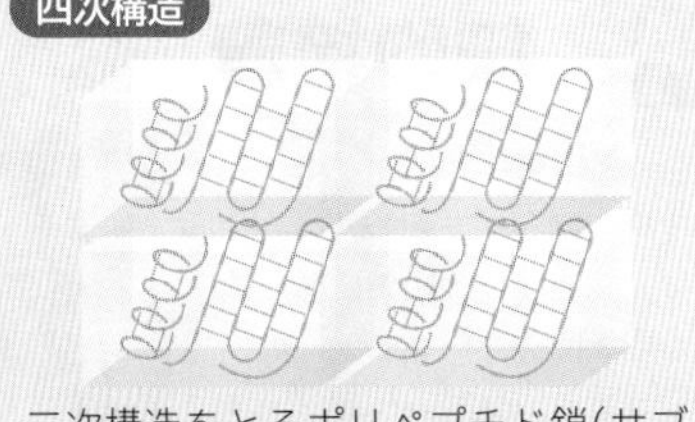

三次構造をとるポリペプチド鎖(サブユニット)の**集合構造**。

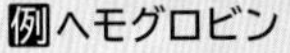

**例**ヘモグロビン

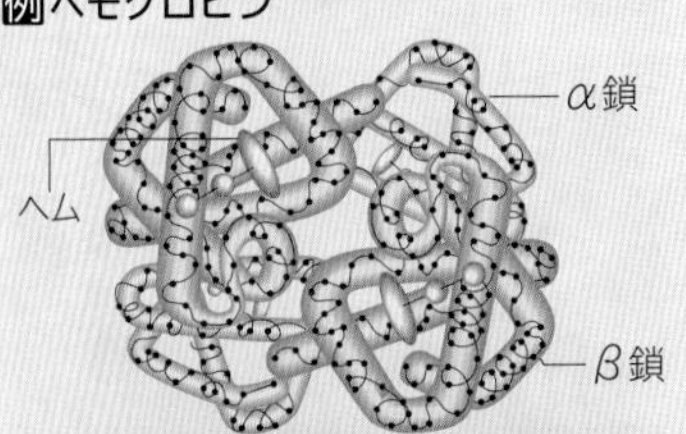


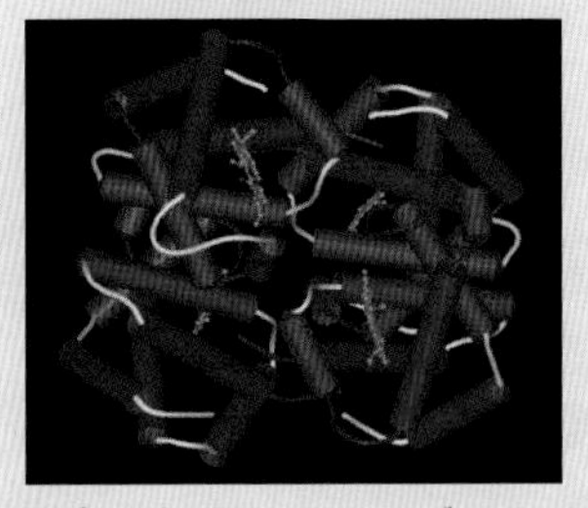

ヘモグロビンは4つのサブユニット(α鎖2本とβ鎖2本)が集合した構造。

# F タンパク質の立体構造とその働き

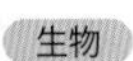

タンパク質はアミノ酸が多数結合した巨大分子であるが，それぞれのタンパク質は特有の立体構造をもち，その働きと深い関係がある。

タンパク質は多くの原子からなる巨大分子で，タンパク質の立体構造とその働きには深い関係がある。タンパク質の分解に働く酵素トリプシンを見てみると，ペプチド鎖の二次構造は，上下2つの部分に分かれている。中央のくぼみ(活性部位)には基質が結合する(⇒ p.68)。一方，ホルモン(⇒ p.196)の一種インスリンは，βシートがないなど全く違う立体構造をしている。

トリプシンの三次元原子表示

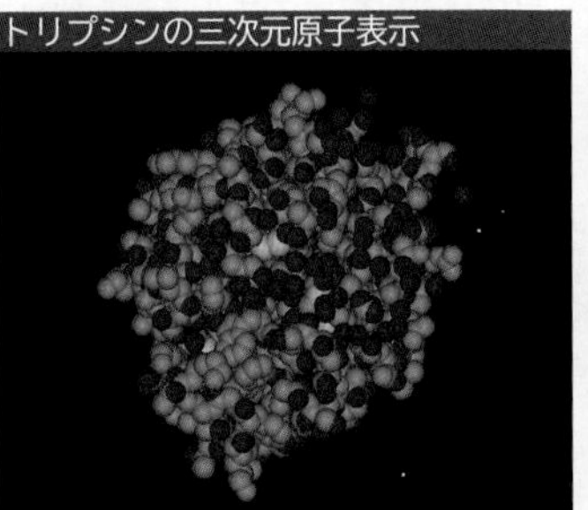
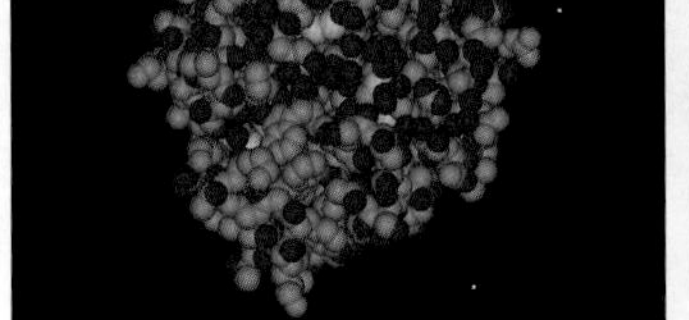

トリプシンの二次構造表示

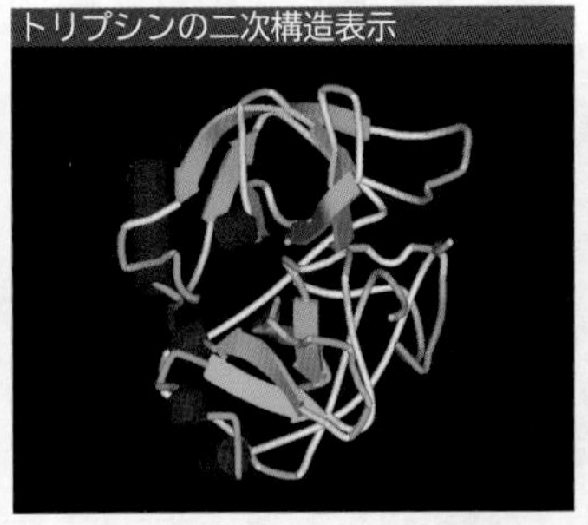

インスリンの二次構造表示

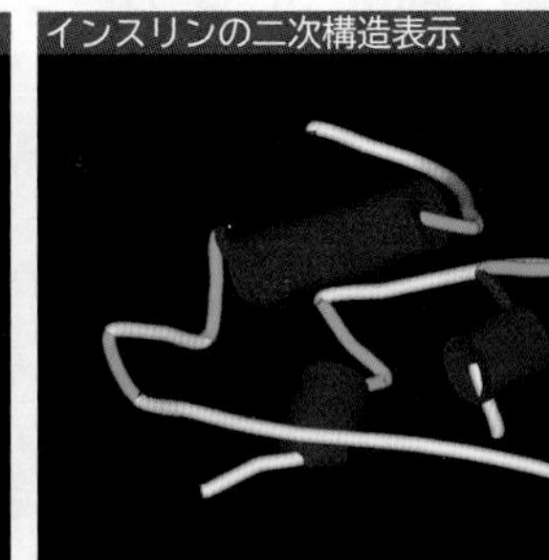

黒：炭素(C)　赤：酸素(O)　青：窒素(N)　黄：硫黄(S)　(水素は省略)　赤筒：αらせん　青矢：βシート

# G ドメイン

生物

タンパク質は，特定の働きをもつドメインと呼ばれるいくつかの部位からなることがある。似た働きをするタンパク質は同じドメインをもっていることが多く，ファミリーをつくっている。例えば，Gタンパク質共役受容体(⇒ p.72)には7回膜貫通型ドメインが見られる。シグナル受容ドメインは多くの種類が存在し，細胞外の様々なシグナルを受容して細胞内に伝えている。

**例**Gタンパク質共役受容体のドメイン構造

シグナル受容ドメイン　細胞外　細胞膜　細胞内　シグナル伝達ドメイン

# H タンパク質の変性

生物

タンパク質中の水素結合やS-S結合が熱や酸などで切断され，立体構造が変化して本来の性質が変わることを**変性**という。変性しても一次構造は変わらない。

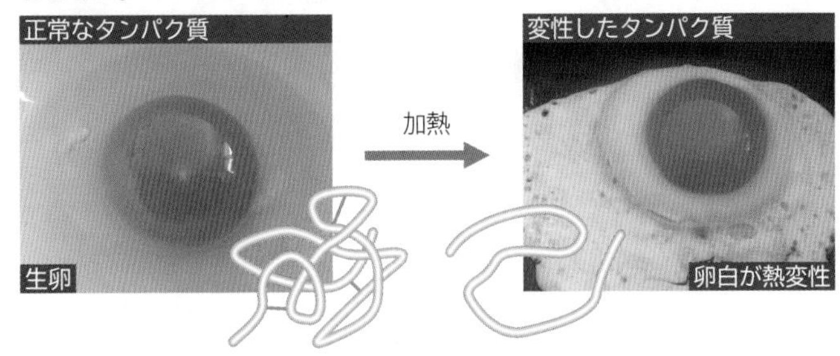


WORD αらせん⇔αヘリックス

# 3 タンパク質とその働き(1)

Protein and its functions 1

## A 細胞接着

多細胞生物の細胞は，細胞接着と呼ばれる結合をしている。細胞接着には，①密着結合，②連絡(ギャップ)結合，③固定結合がある。

生物

### 密着結合

上皮細胞どうしを固く結びつけ，物質が体の内外にもれるのを防いでいる。クローディンなどの接着タンパク質が働いている。

細胞膜

クローディン

### 連絡(ギャップ)結合

6個のコネクシンタンパク質がコネクソンというチャネルをつくっている。この中をイオンなどが移動できる。

コネクソン

細胞膜

2つのコネクソンからなるチャネル

アクチンフィラメント

中間径フィラメント

基底層(フィブロネクチン，コラーゲン)

### 固定結合

カドヘリンやインテグリンなどの膜貫通タンパク質を介して，アクチンなどの細胞内の細胞骨格とつながっている。

**接着結合**

細胞膜

カドヘリン

アクチンフィラメント

**デスモソーム**

中間径フィラメント

カドヘリン

細胞膜

**ヘミデスモソーム**

細胞内付着タンパク質

中間径フィラメント

細胞膜

基底層

インテグリン

細胞外のタンパク質(フィブロネクチンなど)

インテグリンは基底層にあるフィブロネクチンともつながっている。

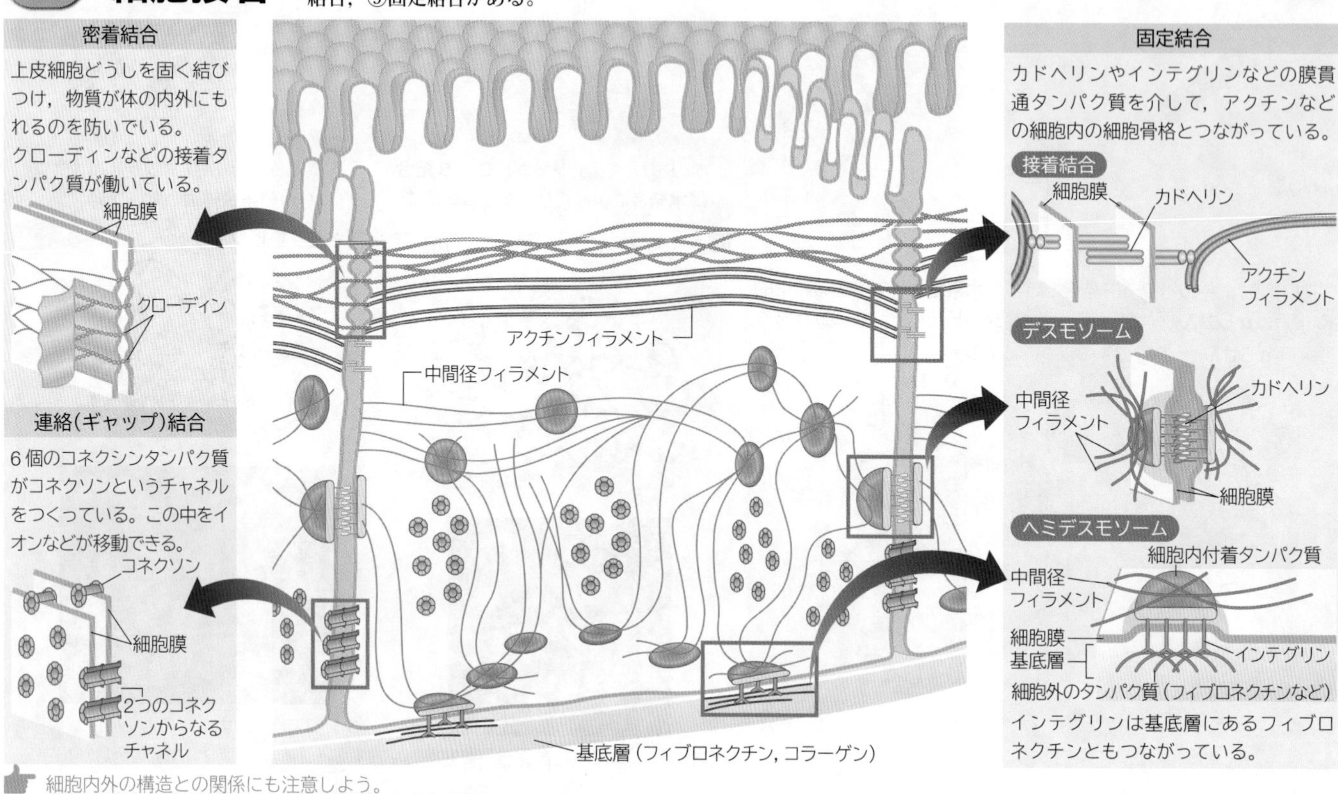

細胞内外の構造との関係にも注意しよう。

## B 細胞膜輸送タンパク質

細胞膜輸送タンパク質には，イオンなどを通すチャネル，特定の物質を結合して輸送する担体(輸送体)，エネルギーを使うポンプがある。

生物

### ①チャネル

水分子

細胞外

細胞膜

細胞内

アクアポリン

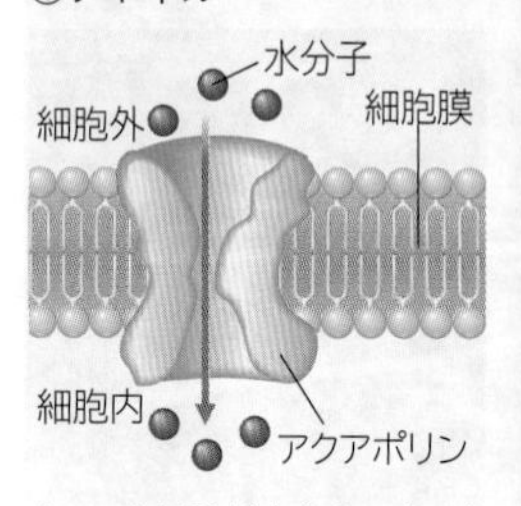

タンパク質が穴(チャネル)をつくり，そこを特定の物質が通過する。

**アクアポリン**

アクアポリンは，水分子を選択的に通すチャネルタンパク質。αらせんが細胞膜を貫通する。

### ②担体

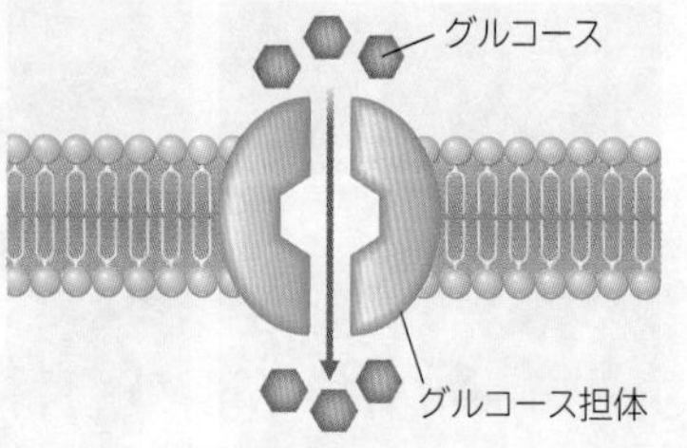


タンパク質が特定の物質と結合して輸送する。エネルギーを使わない受動輸送の一種であり，拡散を促進する。グルコースやアミノ酸の輸送は担体による。

### ③担体(共役輸送体)

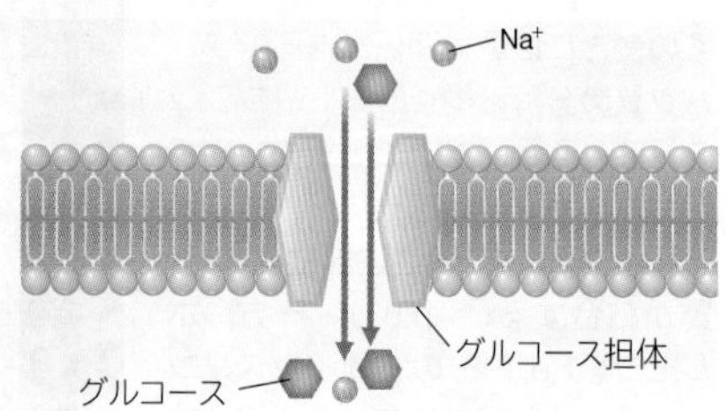


担体による輸送には，他の物質の濃度勾配を利用して，特定の物質を能動輸送できるものがある。グルコース担体には，このタイプのものもあり，共役輸送体と呼ばれる。

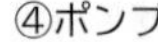

### ④ポンプ

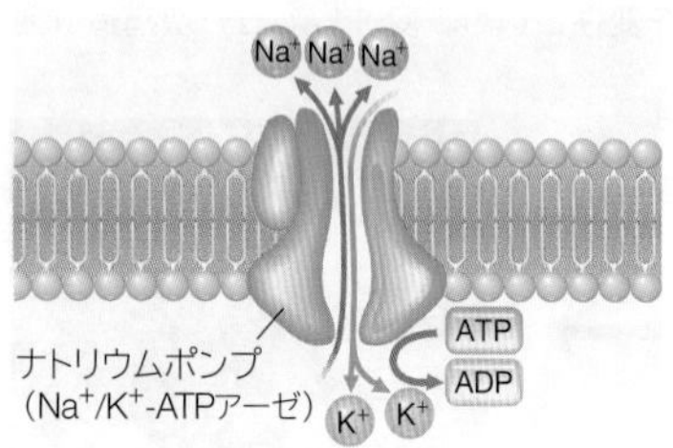


タンパク質が特定の物質と結合し，ATPのエネルギーを使って能動輸送する。濃度勾配に逆らって輸送できる。

例 ナトリウムポンプ

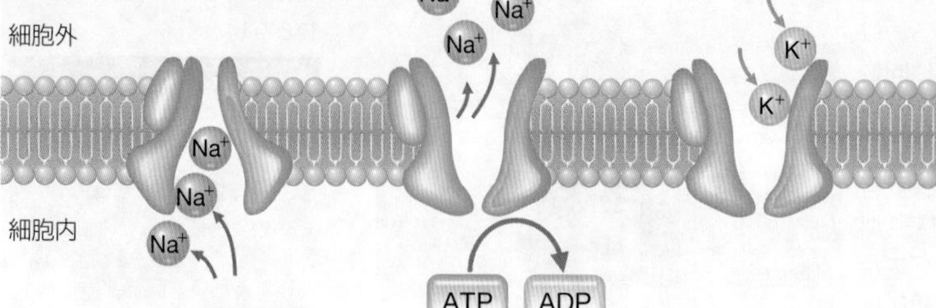




WORD アクチンフィラメント⇔ミクロフィラメント　密着結合⇔タイトジャンクション　ギャップ結合⇔ギャップジャンクション　担体⇔運搬体⇔輸送体⇔キャリヤー　共役輸送体⇔共輸送体

# アクアポリン
## ―水はどうやって細胞膜を通るか―

**佐々木　成**
東京医科歯科大学大学院医歯学総合研究科教授



生命は海中で誕生し進化してきています。したがって生物にとって水は不可欠です。私たちの体の60%は水であり，ほとんどの細胞は水で満たされ水に囲まれています。細胞を囲む細胞膜はリン脂質の二重層であり，“水と油”の例えから連想されるように水を通過させづらい性質をもっています。そのままでは細胞の内と外の水は切り離されてしまうと予想されますが，実際には多くの細胞で，水が速いスピードで細胞膜を通過し体のすみずみに行き渡っています。なぜでしょう？

**●水チャネルの推測**

1800年代の中頃から，細胞膜に水だけを通過させる穴が開いているのではないかと考えられるようになりました。それは，細胞を塩分濃度の高い液に浸すと，水が細胞の中から外へ出て細胞が縮んでしまうことや，膀胱(ぼうこう)の内側にある膀胱膜をはがして水の透過性を測定すると大変高い透過性をもっていることがわかったからです。そして1900年代の中頃になると，身近にある赤血球が実験材料として好都合であることがわかり，そのころ開発された放射性同位体(⇒ p.341)を使う方法で水の透過性が調べられました。その結果，赤血球膜がリン脂質だけでできているとすると，説明がつかないような速いスピードで水を透過させることがわかってきました。そして細胞膜に特殊なタンパク質が存在し，そのタンパク質にトンネルのような穴が開いていて水を通すのだろうと推測されるようになりました。またそのタンパク質は“水チャネル”と呼ばれるようになりました。理論はできあがったわけですが，その実体に迫る必要があります。多くの研究者がこの目標に向かって努力をしましたが，ゴールに到達したのは水チャネルには無縁の研究者で，1990年代の初めのことです。

**●アクアポリンの発見とノーベル賞**

米国のジョンス・ホプキンス大学のアグレ博士(Peter Agre)は赤血球の研究者でしたが，1980年代になって赤血球に機能がわからないタンパク質があることに気付いて，そのアミノ酸配列を決めることに成功します。その配列には膜に存在するタンパク質に特有のものがあるとわかり，さらに知人の生理学者などと話しているうちにこのタンパク質が水チャネルではないかと思いあたりました。次は証明です。これには打ってつけの手があります。アフリカツメガエルの卵にこのアクアポリンをつくらせると，卵の細胞膜は水透過性が著しく高くなったのです。ここに長く研究者達から存在が予測されていた水チャネルが実物として示されたわけです。そしてこのタンパク質に水という意味の“アクア”と穴を意味する“ポア”をくっつけて“アクアポリン”という名前が付けられました。水が生命にとって不可欠であることを反映し，その通過路であるアクアポリンは細菌から哺乳類まで普遍的に存在し，哺乳類には現在までに13種類のアクアポリンが確認されています。水を求めて移動できない植物では30種類以上のアクアポリンが見つかっています。水という生命に直結する物質の細胞膜の通過路が見つかったことは，生命科学の歴史上の1つの大きな出来事といえます。そしてアグレ博士は2003年にノーベル化学賞を授与されました。

**●アクアポリンの構造と働き**

アクアポリンはリン脂質の細胞膜に埋め込まれて細胞の内側，外側に顔をのぞかせています。そしてこのタンパク質を貫いて穴が開いていて細胞の内と外をつないでいます。内と外の中間点あたりで穴は一番狭くなり，ここの狭さが水分子をかろうじて通過させるサイズ(0.3 nm)になっています(図1)。ちょうど砂時計の形に似ていて，砂の1粒1粒が水分子と考えるとわかりやすいでしょう。こうして水だけが通過してほかの物は通らないしくみができ上がっています。

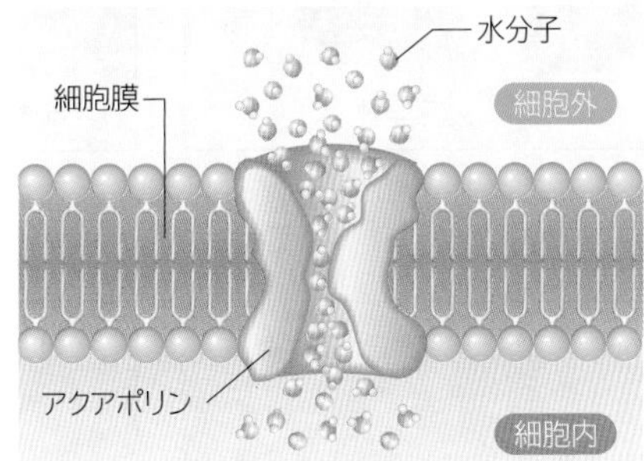


図1　アクアポリンの立体構造と水分子の通過
アクアポリンの中にある穴を水分子1個1個が速いスピードで通過していく。

アクアポリンはヒトでは全身の臓器に存在し，水輸送が豊富な臓器には多数のアクアポリンが認められています。例えば腎臓は尿をつくる臓器で尿を濃くして余分の水が体外へ失われないようにしていますが，ここの集合管(⇒ p.192)と呼ばれる部分にはアクアポリンが存在しています(図2)。集合管の細胞膜に存在するアクアポリンの数を調節することにより尿の濃さを変化させています。水を飲まずにスポーツをして汗をかくと，尿量は少なくなります。このとき集合管のアクアポリンの数は増えて尿を濃くして体から水が減り過ぎないようにしているわけです。またこのアクアポリンの遺伝子異常で尿が濃縮できない先天性の病気になることがわかっています。このようにアクアポリンは生物において様々な場所で大切な役割を果たしています。これからの研究によってさらに多くのアクアポリンの働きがわかってくることが期待されます。

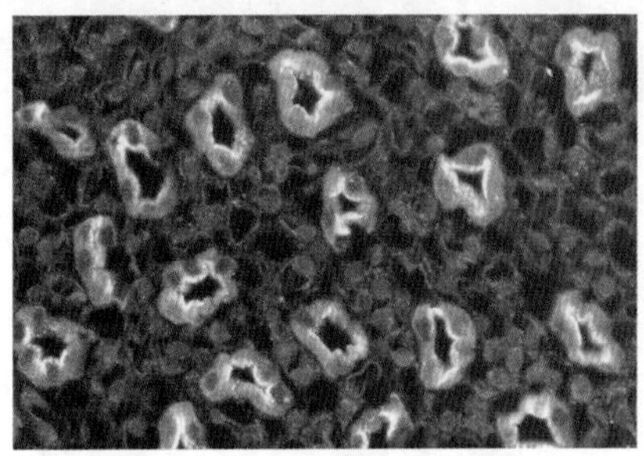

図2　腎臓の集合管に存在するアクアポリン
腎臓の集合管では水が管の内腔から間質へ運ばれて尿が濃縮されている。管を形づくっている上皮細胞の内腔に面した細胞膜にアクアポリン(白く染まっている)が認められる。

# 4 タンパク質とその働き(2)

Protein and its functions 2

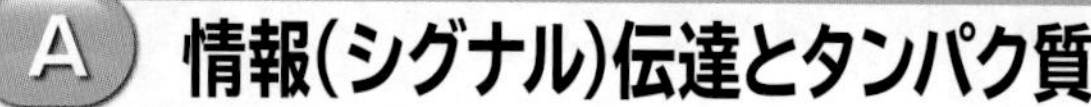

## A 情報(シグナル)伝達とタンパク質

タンパク質は多くのホルモンやサイトカインなどの情報伝達物質，およびそれらと結合して細胞に情報(シグナル)を伝える受容体として働いている。 生物

### 細胞間情報伝達のタイプ

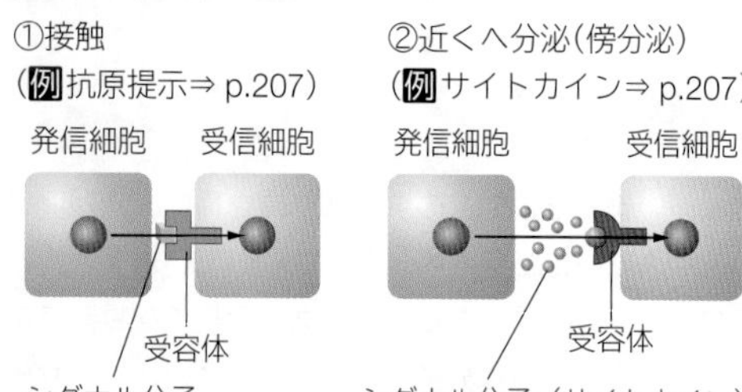

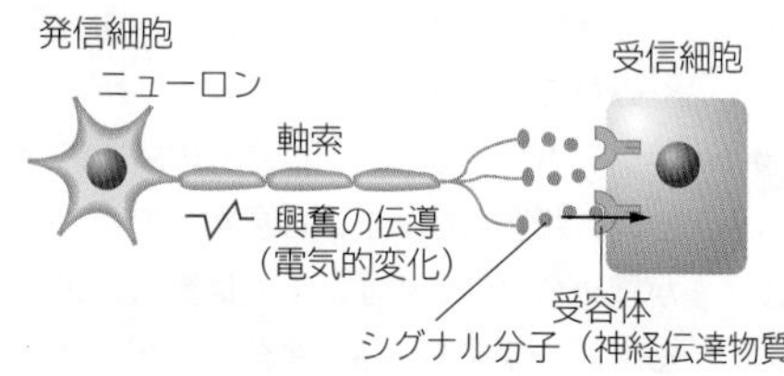


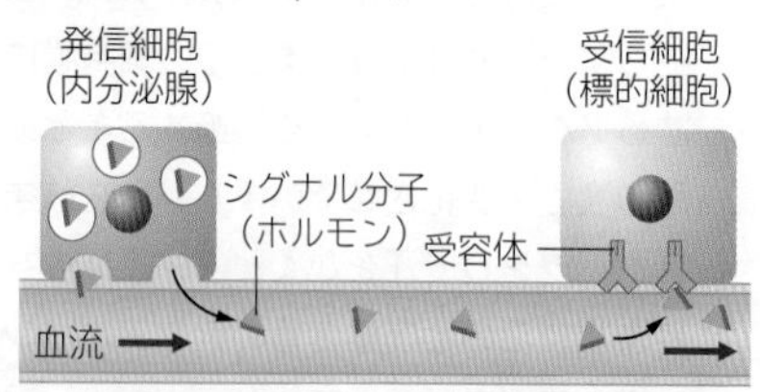


### 情報伝達のしくみ

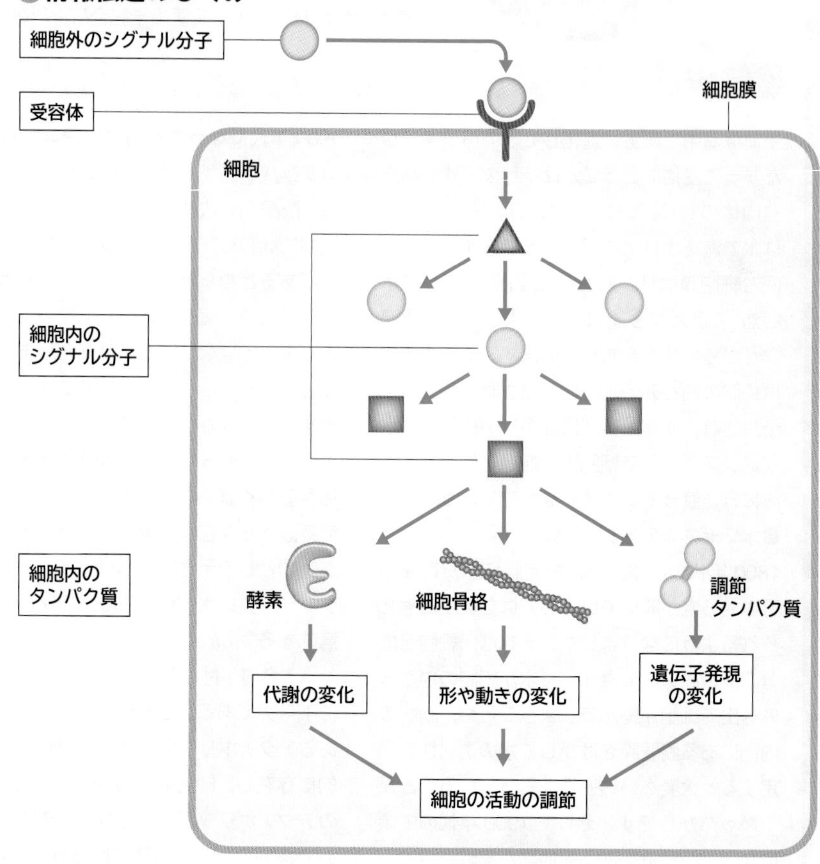


## B 細胞膜受容体

多くのホルモンやサイトカインはタンパク質であり，それらの受容体もまたタンパク質である。 生物

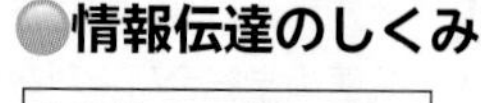

受容体から細胞への信号伝達には，①イオンチャネル型，②酵素型，③Gタンパク質型(⇒ p.72)などがある。

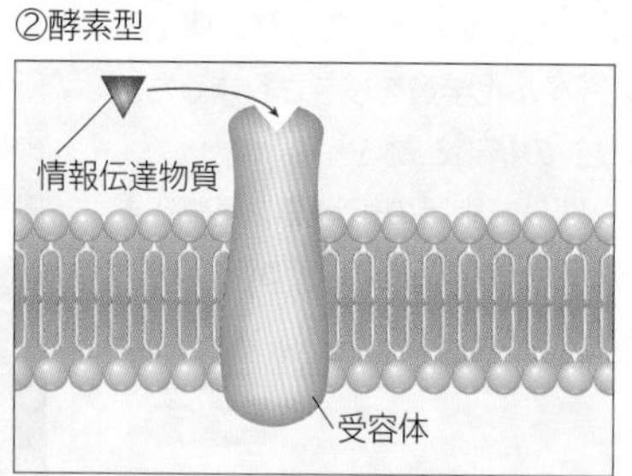

①イオンチャネル型

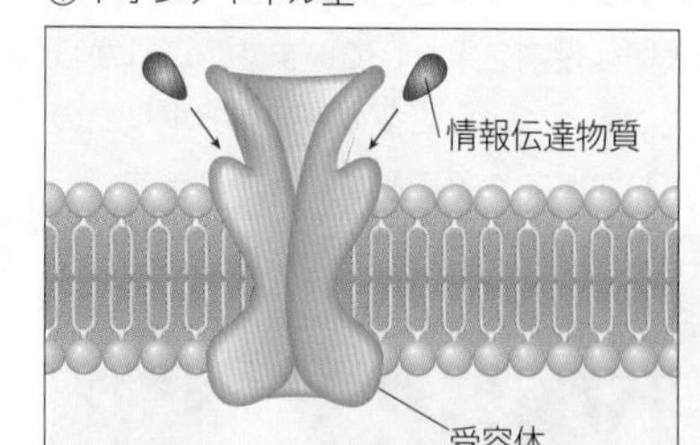


②酵素型

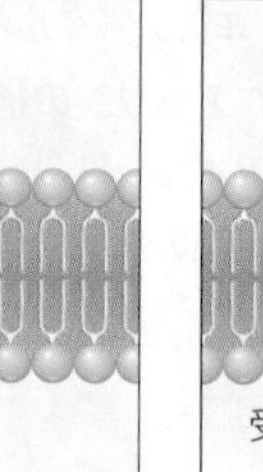


③Gタンパク質型

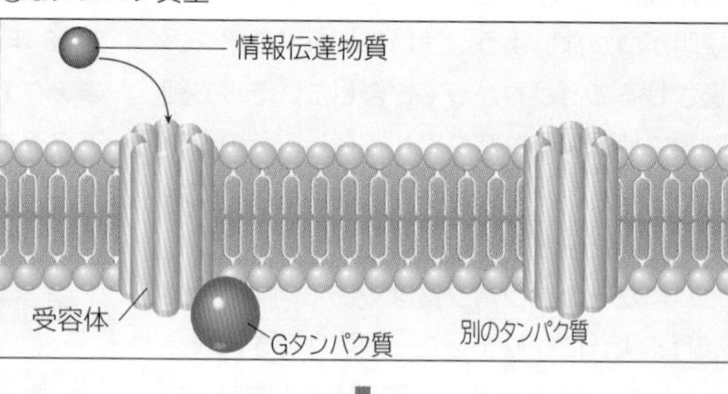


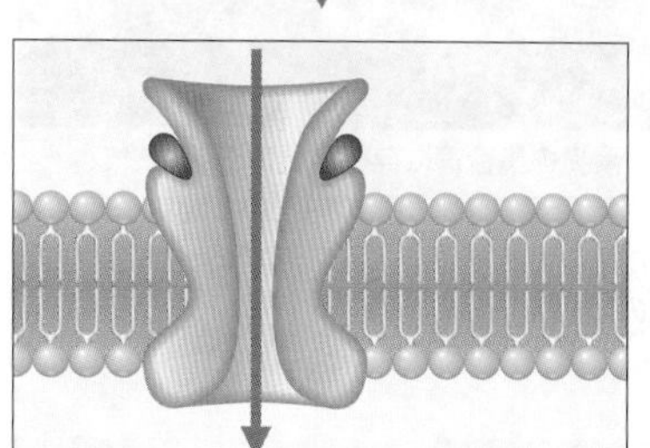

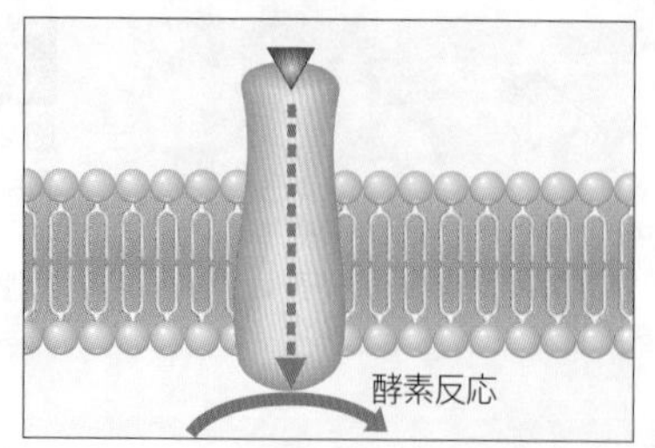


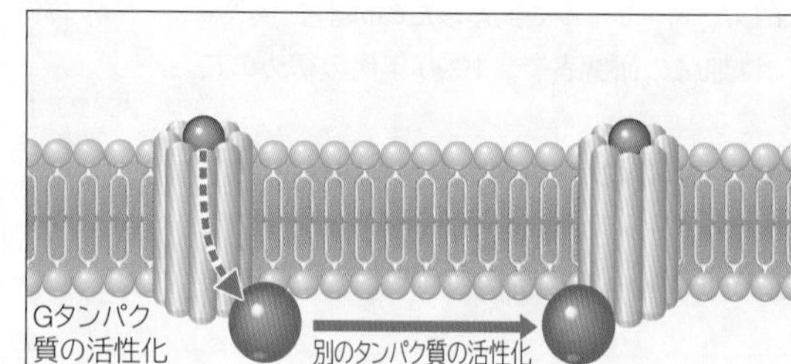

## カリウムイオンチャネル(電位依存型イオンチャネル)

イオンチャネルには，電位の変化でイオンを通す電位依存型(⇒ p.222)と，低分子の情報伝達物質(リガンド)が結合することによってイオンを通すリガンド依存型がある。
神経細胞などの細胞膜表面には，カリウムイオン($K^+$)だけを選択的に透過させる電位依存型のカリウムイオンチャネル(⇒ p.222)が存在する。

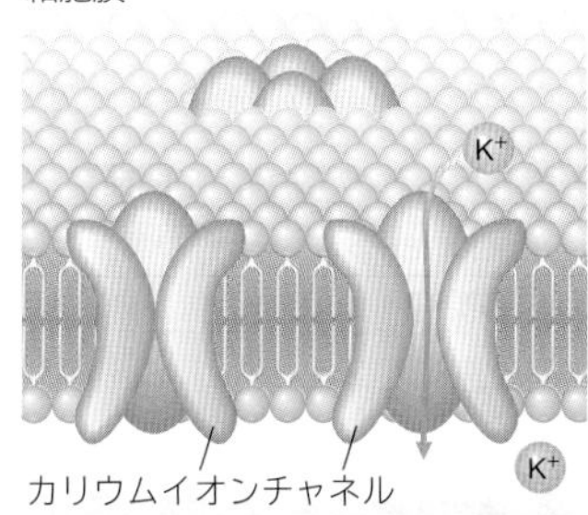


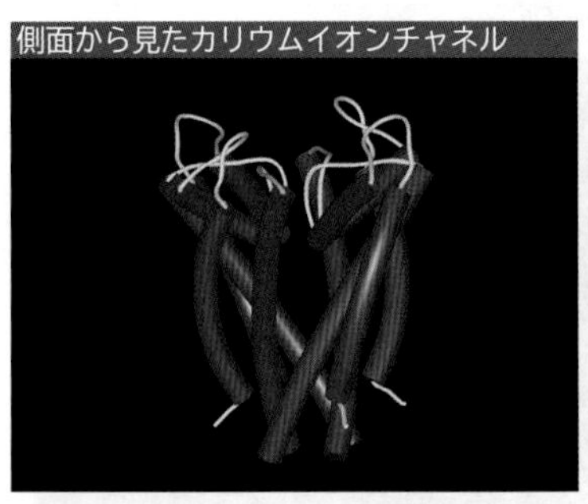
側面から見たカリウムイオンチャネル

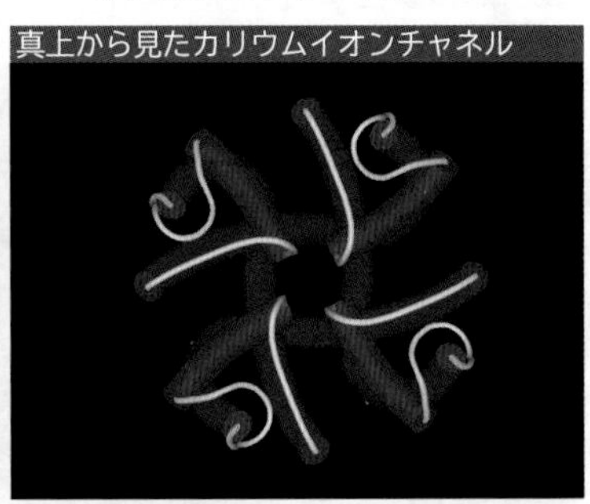
真上から見たカリウムイオンチャネル

## アセチルコリン受容体(リガンド依存型イオンチャネル)

神経細胞の細胞膜表面には，神経伝達物質の１つであるアセチルコリンの受容体が存在する(⇒ p.224)。アセチルコリンが受容体に結合するとゲートが開き，ナトリウムイオン($Na^+$)が細胞内に流入して，膜電位が変化する。これが積み重なると興奮が起こる。
神経伝達物質の中ではアセチルコリンだけが結合できるが，シグナル分子に似た物質(神経毒の一部)は受容体に結合してその機能を阻害する(⇒ p.71)。

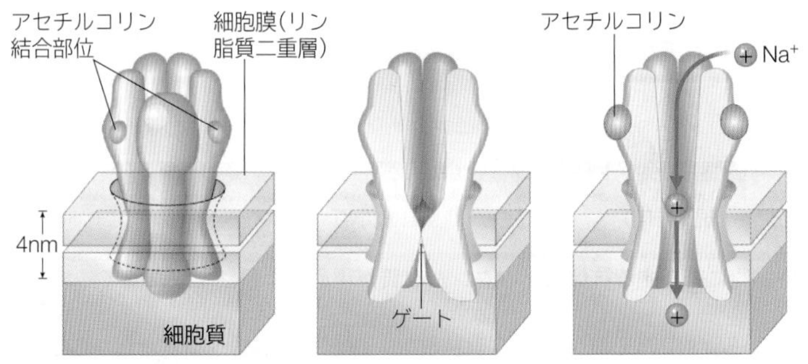


## 成長ホルモン受容体(酵素型)

成長ホルモンを受け取る標的細胞の膜表面で成長ホルモンと受容体が結合すると，シグナルが細胞内部に伝達され，酵素反応が起こる。
ホルモンにはそれぞれに対応する受容体が存在する。こうした多様性はタンパク質がもつ固有の立体構造によるものであり，それぞれの受容体は特定のホルモンと結合して様々な機能を営んでいる(⇒ p.196)。

二次構造表示

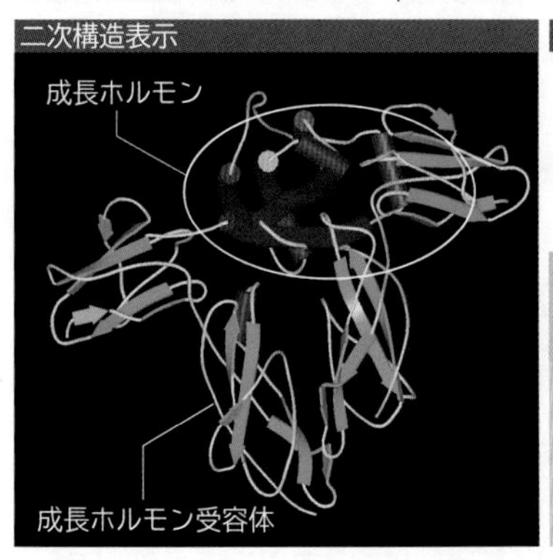


表面構造

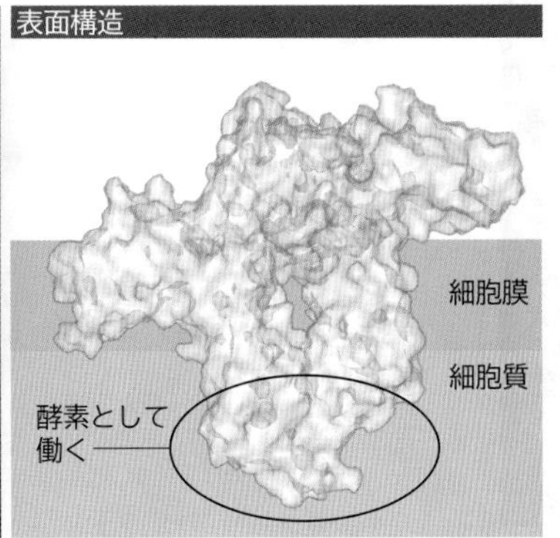


**POINT**

### チャネルタンパク質のタイプ

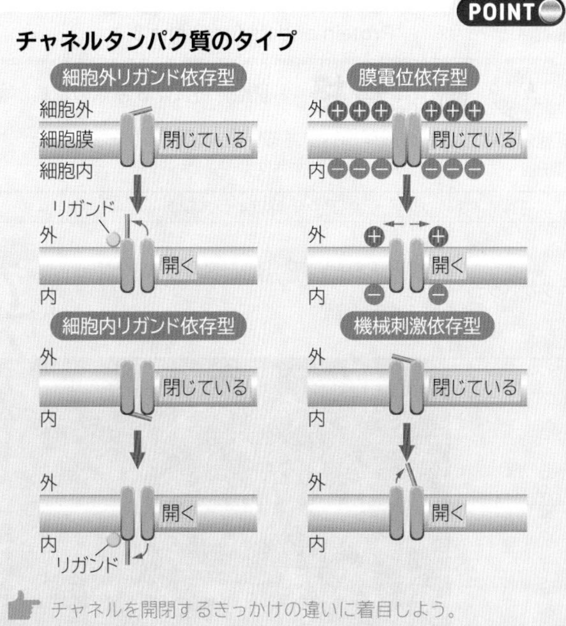


チャネルを開閉するきっかけの違いに着目しよう。

**ADVANCE**

### セカンドメッセンジャー

細胞外の情報を受容体が受け取ると，その情報を細胞内で伝えるための分子が細胞内でつくられる。細胞外の情報伝達物質をファーストメッセンジャーとも呼ぶので，このような分子はセカンドメッセンジャーと呼ばれる。セカンドメッセンジャーは細胞内で情報の中継や増幅に働き，大量に生産されて拡散する。セカンドメッセンジャーの働きによって，情報は効率よく細胞内に伝達される。そのため，細胞内で素早く濃度を調節できる cAMP(環状 AMP)や $IP_3$(イノシトール三リン酸)などがセカンドメッセンジャーとして働く。

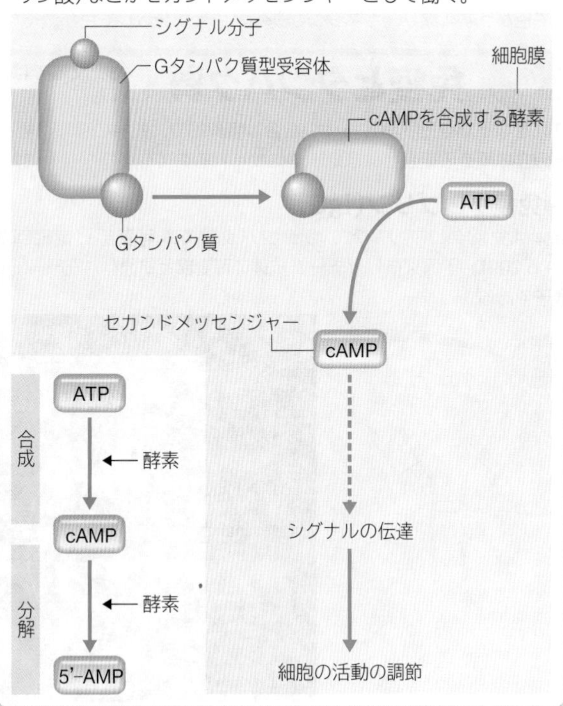


2 生命現象と代謝

生物

# 5 タンパク質とその働き(3)

Protein and its functions 3

## A 細胞骨格

**細胞骨格には3種類の繊維があり，アクチン，ケラチン，チューブリンなどのタンパク質からできている。** 生物

細胞内には3種類の繊維構造がある(⇒ p.43)。アクチンフィラメントはアクチンタンパク質，中間径フィラメントはケラチンなどのタンパク質，微小管はチューブリンタンパク質からできている。

それぞれの細胞骨格を形成するタンパク質の違いに着目しよう。

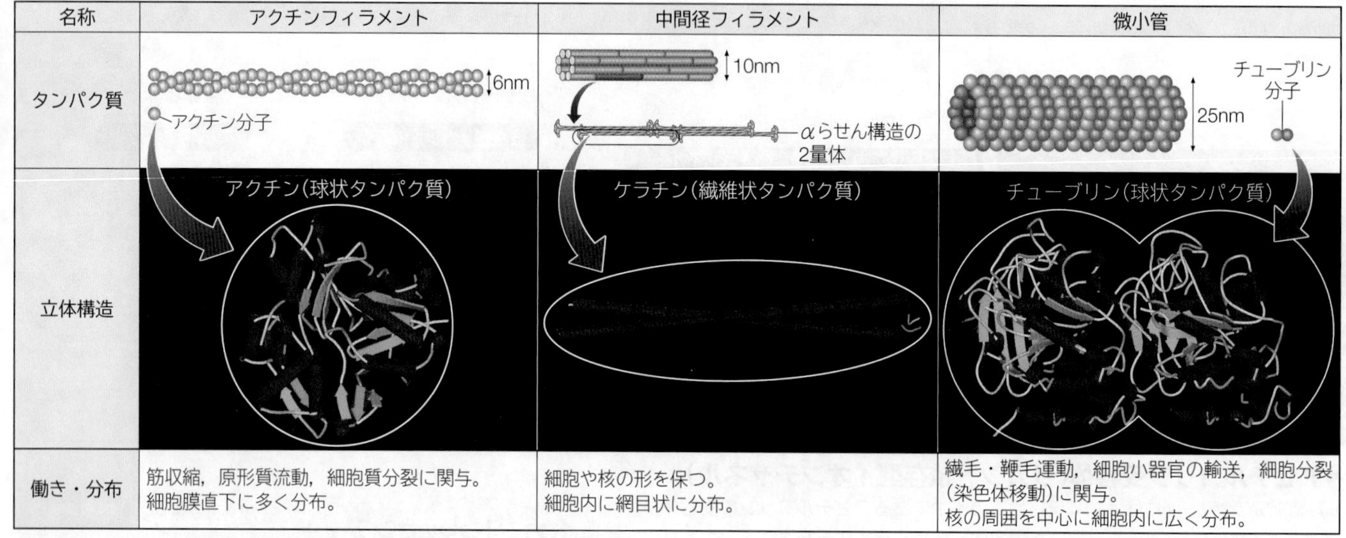


| 名称 | アクチンフィラメント | 中間径フィラメント | 微小管 |
|---|---|---|---|
| タンパク質 | | | |
| 立体構造 | | | |
| 働き・分布 | 筋収縮，原形質流動，細胞質分裂に関与。<br>細胞膜直下に多く分布。 | 細胞や核の形を保つ。<br>細胞内に網目状に分布。 | 繊毛・鞭毛運動，細胞小器官の輸送，細胞分裂(染色体移動)に関与。<br>核の周囲を中心に細胞内に広く分布。 |

## B モータータンパク質

**ミオシン，ダイニン，キネシンは筋収縮や細胞質での物質輸送を助けるモータータンパク質である。** 生物

筋原繊維ではミオシンがアクチンフィラメント上を，細胞質ではダイニンやキネシンが微小管上を移動し，筋収縮や物質の輸送を担っている。ミオシン頭部にATPが結合すると，分解されてエネルギーが放出され，アクチンフィラメントがミオシンフィラメントの間に滑り込み筋肉が収縮する(⇒ p.229)。キネシンやダイニンもATPのエネルギーを用いて微小管上を移動する。微小管には方向があり，キネシンは+方向に，ダイニンは−方向に移動する。例えば軸索では，キネシンはシナプス小胞を神経終末方向に運び，ダイニンは逆方向に運ぶ。動物の色素胞では，ダイニンが色素顆粒を運ぶと色素が凝集して色がうすくなり，キネシンが運ぶと色素が分散して色が濃くなる。

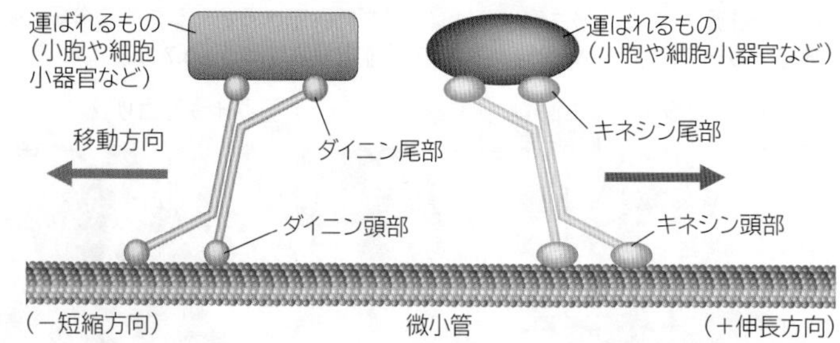


## C 免疫とタンパク質

**免疫反応では，抗原と特異的に結合する抗体などのタンパク質が中心的な役割を果たしている。** 生物基礎 生物

抗原となる非自己物質と抗体の結合は特異的で，抗原の種類は極めて多いことから，対応する抗体にも多様性が求められる。抗体はタンパク質からなり，その立体構造の組合せはほぼ無限につくれるので，多様な抗原に対応することができる。

### ●免疫グロブリン(IgG)

抗体は免疫グロブリンというタンパク質で，可変部と定常部からなる(⇒ p.209)。下図は抗リゾチーム抗体の可変部と抗原(リゾチーム)の結合の様子である。

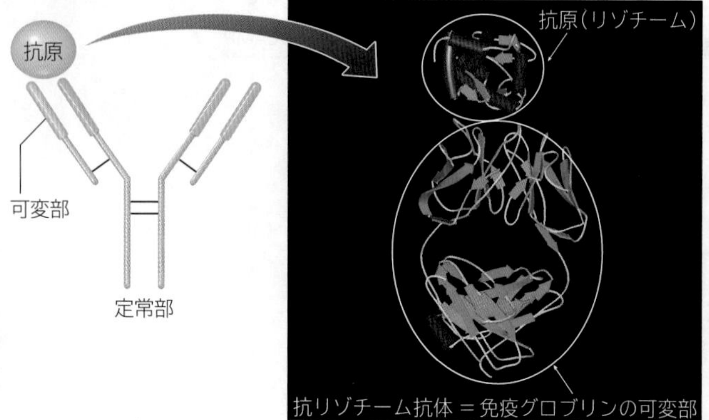


### ●主要組織適合性複合体(MHC)分子

侵入した抗原は，樹状細胞によって消化・断片化されて，それらの細胞膜表面の主要組織適合性複合体(MHC)分子上に抗原提示される(⇒ p.207)。MHC分子はそれぞれの個体独自のタンパク質で，T細胞は自己のMHC分子上の抗原と特異的に結合するT細胞受容体をもっている。抗原と結合したT細胞は活性化される。

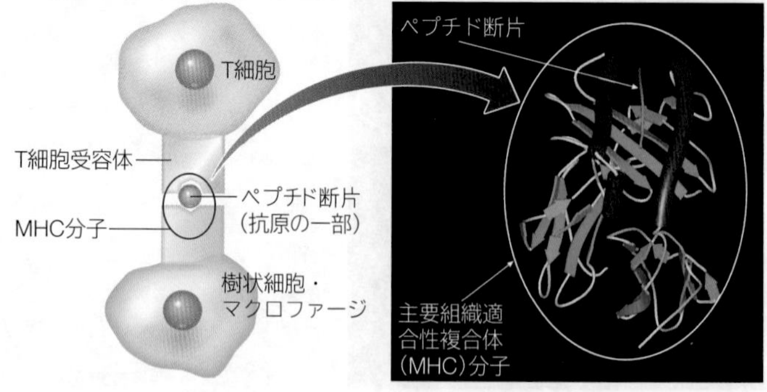






WORD アクチンフィラメント⇔ミクロフィラメント　免疫グロブリン⇔イムノグロブリン
主要組織適合性複合体⇔主要組織適合遺伝子複合体⇔主要組織適合性抗原　T細胞受容体⇔TCR

## D DNA結合タンパク質 生物

DNAの特定部位に調節タンパク質などが結合することにより，mRNAの合成（遺伝子の発現）が調節される。

RNAポリメラーゼ
DNA
DNA結合タンパク質（調節タンパク質など）
mRNA

**TATAボックス結合タンパク質** 真核生物のTATAボックス（⇒ p.115）に結合するタンパク質で，mRNAを合成するための基本転写因子（⇒ p.115）の1つである。TATAボックス結合タンパク質は$\beta$シートの部分でDNAと結合する。DNAは大きく曲げられている。

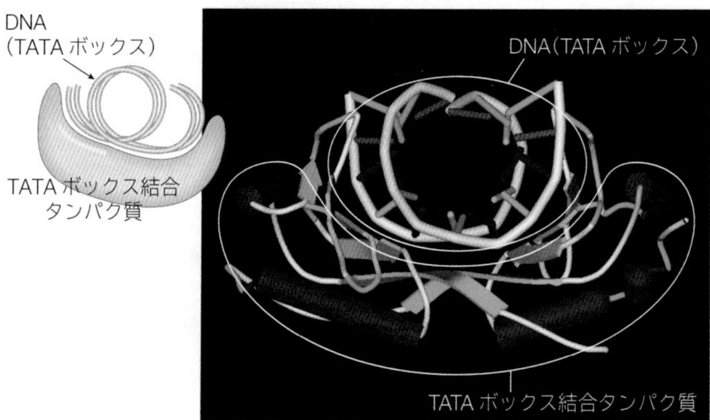


## E タンパク質の合成と分解 生物

タンパク質はリボソーム上でアミノ酸がつらなり合成され（⇒ p.109），折りたたまれて立体構造をとる。折りたたみには**分子シャペロン**と呼ばれるタンパク質の助けを要するものもある。

**分子シャペロンの主な働き**

①タンパク質の折りたたみの補助
②変性しかけたタンパク質の立体構造の修復
③折りたたまれていないタンパク質が細胞小器官の膜を通過するのを補助
④古くなり折りたためなくなったタンパク質を分解するかどうかの選別

④で選別されたタンパク質は，ユビキチンという目印タンパク質が結合してプロテアソームによって分解される。またこれとは別に，不要なタンパク質はオートファジー（自食作用⇒ p.66）によっても分解される。

分子シャペロンの一種シャペロニン（GroEL-GroES 複合体）の断面

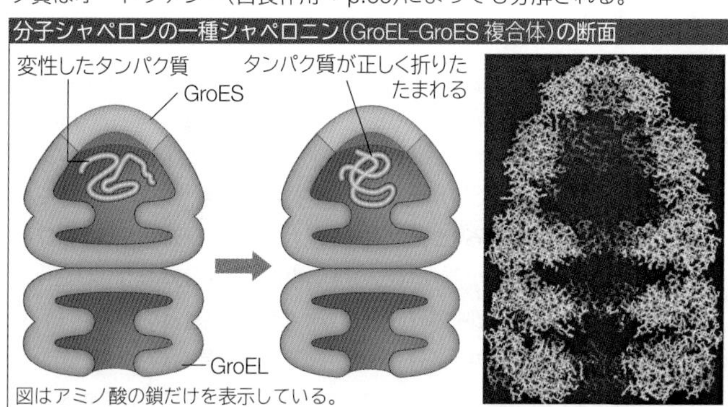

図はアミノ酸の鎖だけを表示している。

2 生命現象と代謝

## タンパク質の合成と移動 ADVANCE

酵素などのタンパク質は，細胞の各所に配置されて様々な機能を担っている（⇒ p.69）。タンパク質はリボソームで合成された後，どのようにして適切な場所に配置されるのだろうか。近年，タンパク質には行き先を示す小さなシグナル配列が含まれていることがわかってきた。シグナルのないものはそのまま細胞質基質で働く。シグナルのあるタンパク質はそれぞれの行き先に運ばれて働く。シグナル配列は移動後，酵素によって切断される。

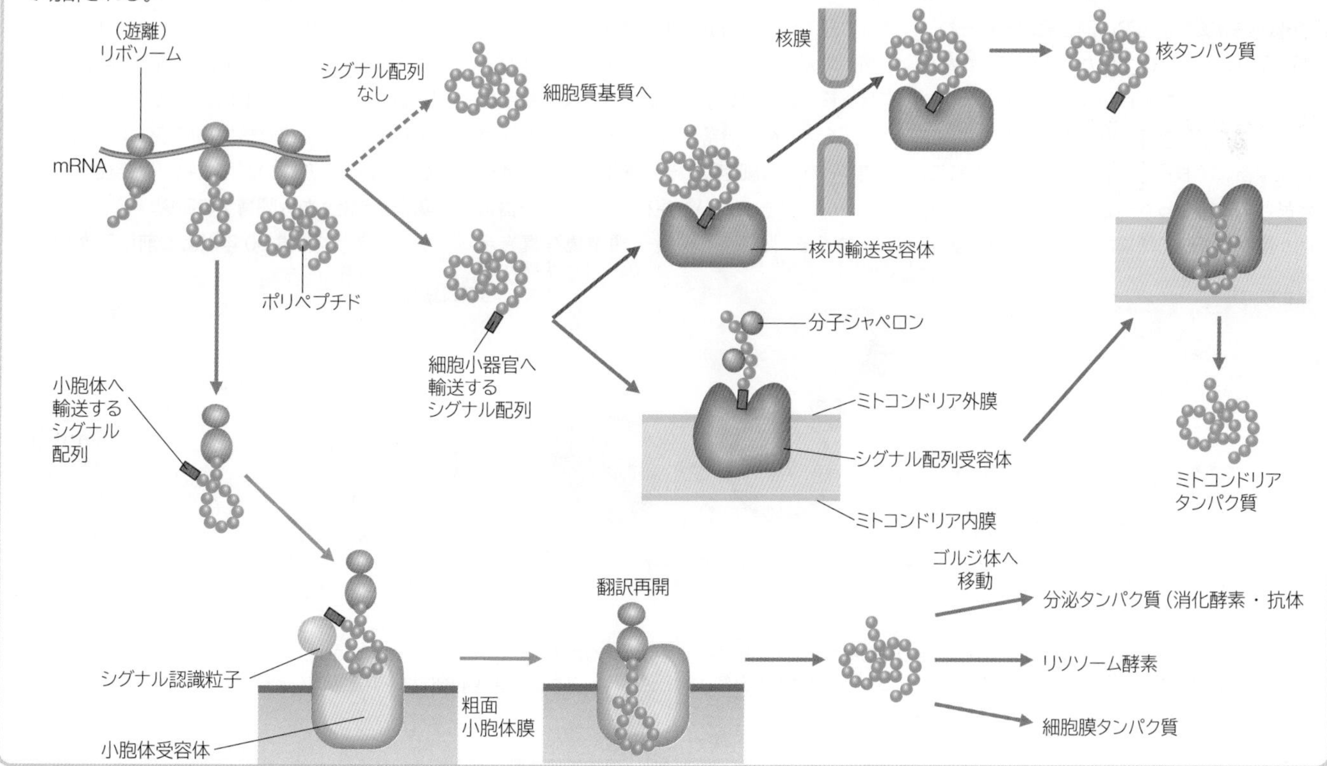

（遊離）リボソーム
mRNA
ポリペプチド
シグナル配列なし
細胞質基質へ
細胞小器官へ輸送するシグナル配列
核膜
核内輸送受容体
核タンパク質
分子シャペロン
ミトコンドリア外膜
シグナル配列受容体
ミトコンドリア内膜
ミトコンドリアタンパク質
小胞体へ輸送するシグナル配列
シグナル認識粒子
小胞体受容体
粗面小胞体膜
翻訳再開
ゴルジ体へ移動
分泌タンパク質（消化酵素・抗体
リソソーム酵素
細胞膜タンパク質

生物

# オートファジー —細胞内のリサイクル—

**水島昇**
東京大学大学院医学系研究科教授

2016年のノーベル医学・生理学賞は大隅良典博士の「オートファジーのメカニズムの発見」に対して授与された。それまで解明が遅れていたオートファジーという複雑な細胞内の現象を，単純な生物である酵母を使ってみごとに解き明かしたのである。

**●細胞の中は入れ替わっている**

そもそも細胞の中とはどのような状況であろうか。教科書の図を見ると，さらさらの水の中をミトコンドリアや小胞体などの細胞小器官(以下単に「小器官」と呼ぶ)が優雅に泳いでいるような印象をもつかもしれないが，それは大きな誤解である。タンパク質だけでも細胞の重さの20%近くを占めるほどに，細胞内はドロドロとしている。そのような中を小器官が互いに接触するようにひしめいている。このように高密度に存在するタンパク質や小器官がすべて正常に働くことによって，細胞ははじめて機能することができるのである。しかし，タンパク質や小器官などの細胞内の成分はいつまでも正常に働き続けられるわけではない。徐々に傷ついたり，形が壊れたりする。そのような不良品は単に機能しないだけではなく，ときには悪い作用をもつようにさえなる。不良品はすみやかに発見されて，新品と取り替えられる必要がある。また，細胞が置かれている環境が変われば，細胞は自らを変化させてそれに適応しようとする。そのようなときにも，細胞は構成しているタンパク質の一部を分解して新しい種類のタンパク質をつくっている。このように，細胞内では盛んに合成と分解が繰り返されており，それによって細胞は新鮮さを保ち，環境変化に柔軟に対応することができるのである。

**●オートファジーとは**

細胞内にはいくつかの重要な分解のしくみがある。1つは「ユビキチン・プロテアソーム系」と呼ばれているもので，不要あるいは不具合の生じたタンパク質を見つけ出して，1つずつ分解する方法である。ユビキチンが不良品の標識として働き，それをプロテアソームが分解する。ユビキチンの発見者らは2004年にノーベル化学賞を受賞している。プロテアソームは田中啓二博士(現・東京都医学総合研究所)によって全容が明らかにされた。

もう1つのしくみがオートファジーである。日本語では自食作用と呼ばれることもある。図1に示すように，オートファジーはタンパク質を個々に分解するのではなく，細胞の一部をまとめて分解する。まず，扁平な膜が曲がりながら細胞質の一部を取り囲み，オートファゴソームという直径約1μmの小器官をつくる(図2にその電子顕微鏡写真を示す)。この時点では袋が細胞質の一部を隔離しただけで分解は起こらない。次に，リソソームという多種類の分解酵素を含んだ小器官がオートファゴソームに融合する。すると，分解酵素がオートファゴソームの内部に侵入し，そこにあった成分を加水分解する。分解産物のほとんどはアミノ酸であるため，それはリソソームの膜に存在するトランスポーターという小さなトンネルを通って細胞質に戻り，タンパク質合成の材料などとして再利用される。リソソーム内部にある危険な分解酵素を細胞質全体に作用させるのではなく，あらかじめその範囲を膜で区画化しておくのがオートファゴソームの役割であるといえる。通常の状態の細胞ではオートファゴソームはほとんど存在しないが，栄養飢餓状態になるとオートファゴソームの数が急増し，細胞あたり100個を超えるようになる。つまり，外部に栄養がないことを察知すると，細胞は自分自身を過剰に分解して(自分を食べて)栄養源としているのである。実際，オートファジーという言葉は，ギリシャ語の「auto(自分)」と「phagy(食べる)」に由来している。オートファジーは多くの真核生物に存在するが，細胞内膜系をもたない原核生物には存在しない。

**●酵母を使った大隅博士の研究**

オートファジーは50年以上も前にラットな

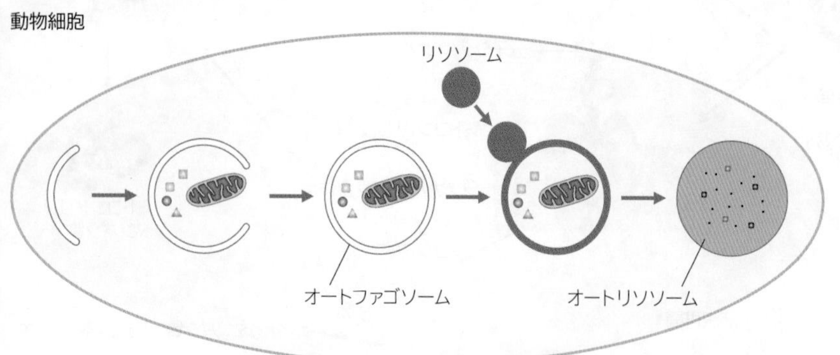


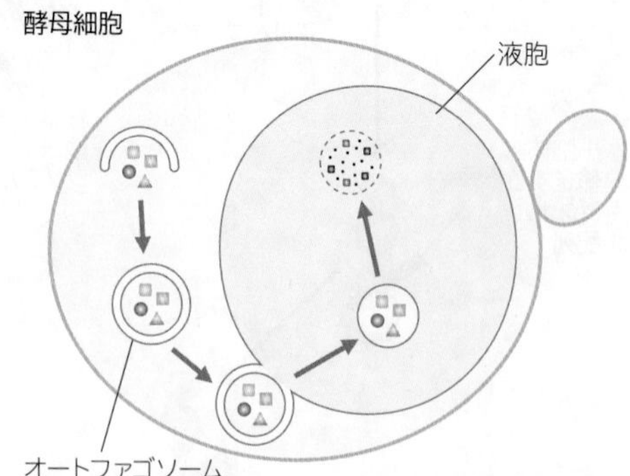


図1　動物細胞(左)と酵母細胞(右)のオートファジーの模式図　細胞質の一部を取り囲んだオートファゴソームが形成され，それがリソソーム(左)または液胞(右)と融合すると，細胞成分を含んだオートファゴソームの中身が分解される。オートファジーは基本的には，非選択的な分解であるが，一部のタンパク質や不良ミトコンドリアなどを選択的に分解することもできる。

どの哺乳類で発見された細胞機能である。しかし，オートファゴソームがどのようなしくみでつくられているのか，オートファジーには実際どのような役割があるのかは長い間不明であった。その大きな原因は，オートファジーに必要な遺伝子が見つかっていなかったことにある。しかし，大隅良典博士の独創的な研究でそれらが一気に明らかにされたのだ。
大隅博士が使ったのは酵母(正確には出芽酵母)である。酵母はパンやビールの発酵にも使われる，私たちにとっても身近な生物である。酵母細胞は，リソソームをもたないが，それよりはるかに大きな「液胞」という小器官をもつ(図1右)。液胞は植物にもあり，分解を含めた多くの機能をもっている。大隅博士は，酵母細胞を飢餓状態にすると，液胞の内部に小さな粒子が多数出現することに気づいた(この実験では液胞内の主要な分解酵素を欠損した酵母細胞が使われた)。酵母細胞そのもののサイズは直径5μm程度と小さいが，液胞は直径2～3μm程度と大きいためにその内部に放出されるオートファゴソーム(の中身)を光学顕微鏡で見ることができたのである。これが酵母のオートファジーの発見となった。助教授として自身の研究室をもってまもなくのときである。
さらに，大隅博士は薬剤を用いて酵母の遺伝子にランダムに変異を導入し，オートファジーを起こせなくなる変異酵母を多数取得した。次に，それらの酵母細胞のどの遺伝子に変異が起こっているかを調べることで，14個のオートファジー関連遺伝子を一気に発見したのであった。その遺伝子群の機能解析は現在もまだ続いているところであるが，これらの一連の独創的な研究に対してノーベル賞が授与されたのである。

**●オートファジー研究の新しい展開**

酵母で発見されたオートファジー遺伝子の多くは，植物や哺乳動物を含めた多くの真核生物にも備わっていることがすぐに明らかにされた。したがって，大隅博士の研究成果は，酵母以外の研究分野にも大きなインパクトを与えた。
まず，様々な生物において，オートファジーに関連する分子に蛍光色素や蛍光タンパク質を付けておくことで，オートファジーの起こっている様子を観察できるようになった。これまで電子顕微鏡を使わないとできなかったことが，より簡便な蛍光顕微鏡を使って，しかも細胞や動物が生きているままの状態で観察できるようになったのである。現在では，オートファジーが栄養飢餓のときだけではなく，出産直後の新生児(これも特殊な飢餓といえる)，受精直後の受精卵，いくつかの病気の状態などでも起こることがわかっている。
また，オートファジーの遺伝子を人為的に欠損させた生物をつくりだすことによって，オートファジーの役割を研究できるようになった。その結果，オートファジーには，アミノ酸などの栄養素をリサイクルによって調達する働きだけではなく，細胞内の品質を保つ働きがあることも明らかになった。例えば，オートファジーを日常的に少しずつ起こすことで，変性したタンパク質や不良ミトコンドリアなどが細胞の中にたまることを防いでいる。この働きは特に寿命の長い細胞で重要であると考えられる。例えば，私たちの神経細胞は，一部は新しくつくられているものの，一生を通じて増えることはほとんどない。このような細胞では，オートファジーによる細胞内の品質維持が特に重要となる。さらに，細胞内に侵入した病原菌などがオートファジーで分解されることもある。このような場合，オートファジーは分解する相手をきちんと見分けている。オートファジーは袋で取り囲むために，以前はランダムな分解機構であると考えられていたのだが，このような一連の研究から，オートファジーも一部のターゲットを選択的に認識していることが明らかになっている。

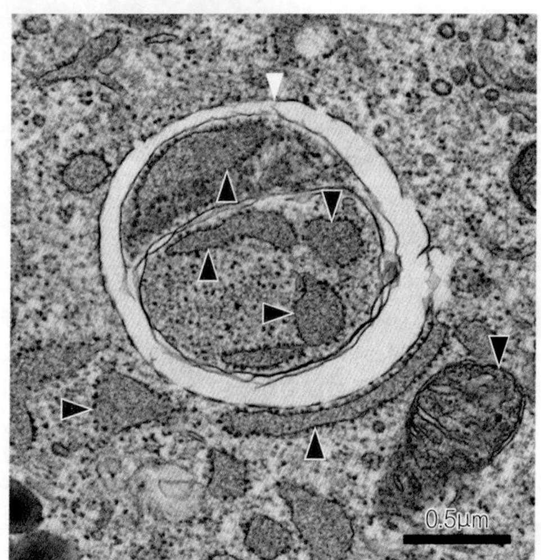


**図2　動物細胞のオートファゴソームの透過型電子顕微鏡写真**　栄養飢餓状態のマウス繊維芽細胞(コラーゲン繊維をつくる細胞)。中央の白いリング状の構造がオートファゴソーム(白矢印)。内部に粗面小胞体などが含まれている(赤矢印)。オートファゴソームの外にはミトコンドリア(黒矢印)や粗面小胞体も見られる(赤矢印)。
(東京医科歯科大学　酒巻有里子氏撮影)

**●オートファジーと人間の健康**

オートファジーのしくみが明らかになるにつれ，ヒトの病気の一部は，オートファジーの異常が原因となっていると考えられるようになってきた。実際，いくつかの神経疾患でオートファジーに関係する遺伝子の変異が見つかっている。例えば，パーキンソン病の一部では，不良ミトコンドリアをオートファジーでうまく分解できないため，毒性の高い活性酸素がミトコンドリアから流出し，それが神経細胞の機能不全や細胞死を引き起こしていると考えられている。これから，オートファジーが関係する病気がもっと見つかってくる可能性もある。
一方で，オートファジーを使った病気の新しい治療法も考えられている。一部のがんはオートファジーに大きく依存していると考えられており，オートファジーを抑制する薬を使うとがんの進行を止めることができる可能性がある。反対に，オートファジーを薬で活性化すると，神経疾患などで細胞内にたまった異常タンパク質や不良小器官を取り除けるかもしれない。これらの治療法はまだ研究段階であるが，新しい試みとして注目されている。

---

**●まとめ**

オートファジーによる細胞内分解のしくみと役割が急速に明らかになっている。このようなオートファジー研究の爆発的展開は，単純なモデル生物の利用が研究を著しく加速させたよい例でもある。酵母で始まった遺伝子の研究が，多くの生物の研究に発展し，さらに私たち人間の病気の理解や治療にもつながろうとしている。生命科学・医学では，酵母以外にも，大腸菌，線虫，ショウジョウバエ，小型魚類，シロイヌナズナなどの多くのモデル生物が活躍してきた。様々な視点や異なったアプローチが，研究を飛躍的に進展させるのである。

# 6 酵素の性質

Properties of enzyme

## A 触媒としての酵素

反応前と反応後で自分自身は変化せずに化学反応を進める物質を触媒という。触媒作用をもつタンパク質を酵素という。

生物基礎　生物

化学反応の開始には，一時的にエネルギーの高い状態が必要であり，このエネルギーを**活性化エネルギー**という。触媒は，活性化エネルギーを減少させて，化学反応を起こりやすくする働きをもつ。

例えば，過酸化水素($H_2O_2$)の分解反応は常温ではほとんど起こらないが，触媒があれば常温で反応が進行する。

**過酸化水素の分解反応と活性化エネルギー**

$2H_2O_2 \longrightarrow 2H_2O + O_2$

過酸化水素　　水　　酸素

無機触媒(酸化マンガン(Ⅳ))または酵素(カタラーゼ)

〈活性化エネルギー〉
触媒なし：75 kJ
無機触媒：49 kJ
カタラーゼ：23 kJ

触媒なし
大きなエネルギーをもつ物質しか山を越えられない
活性化エネルギー
エネルギー
反応物(基質)
反応エネルギー
生成物
反応

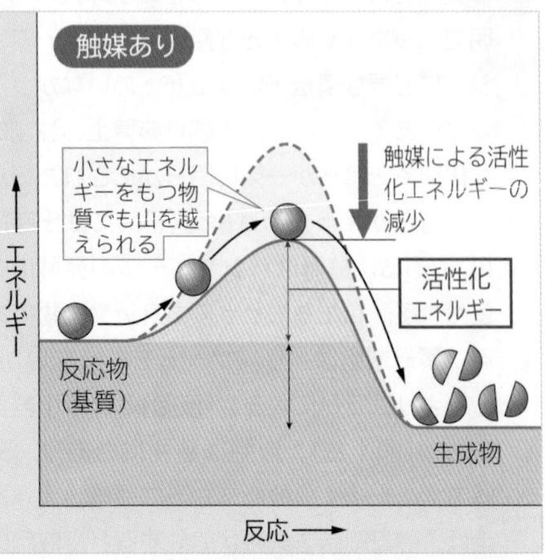


## B 酵素反応のしくみ

酵素の作用対象となる物質を基質という。基質は，酵素タンパク質の立体構造によって形成された活性部位に結合する。

生物基礎　生物

**DNA アーゼⅠ(ウシ)の立体構造**

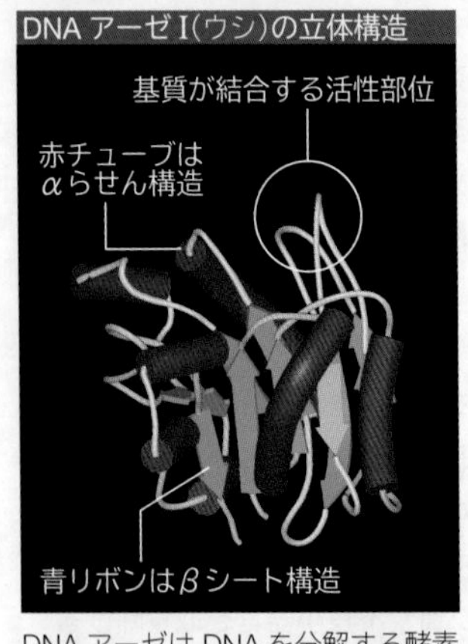


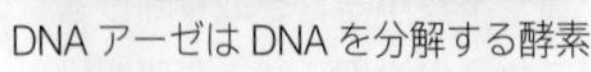

DNA アーゼは DNA を分解する酵素。

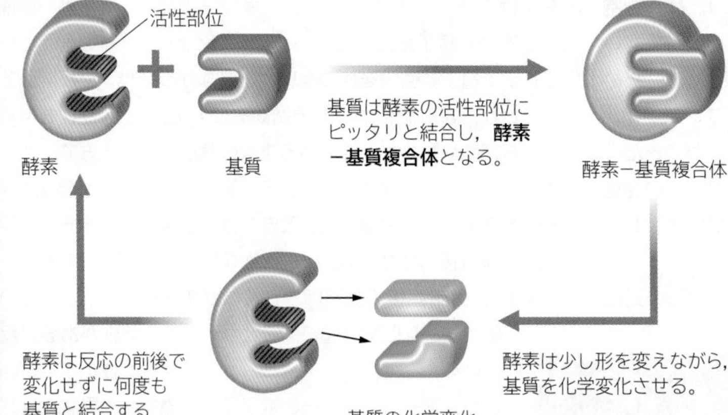


**DNA アーゼⅠと DNA の酵素基質複合体**

基質(DNA)

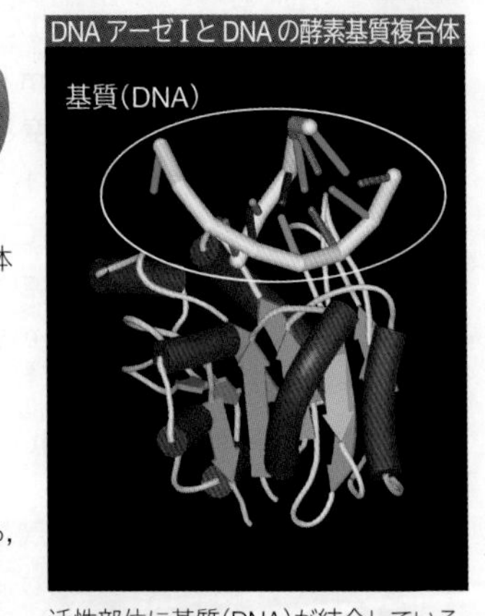

活性部位に基質(DNA)が結合している。

## C 基質特異性

酵素の活性部位が特定の基質にのみ結合し，他の基質には作用しない性質を基質特異性という。

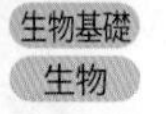


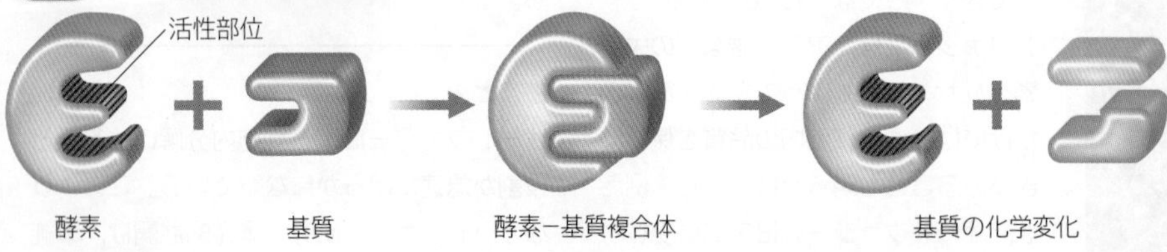


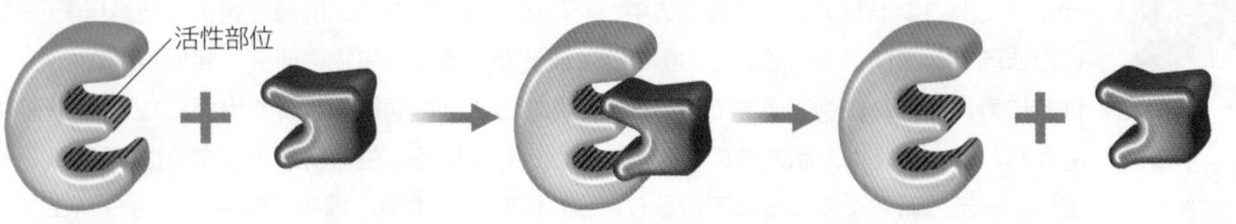


無機触媒は１種類の触媒でいろいろな反応を触媒することができるが，酵素は，スクラーゼはスクロースの分解に，ラクターゼはラクトースの分解にという具合に，それぞれ触媒する反応が異なる。これは酵素タンパク質の活性部位がその立体構造によって特定の基質にしか結合できないためである。

酵素と基質の形に注目しよう。

### TOPICS 基質特異性と生物の形質

植物細胞には細胞壁(セルロース)があり，動物細胞にはない。また，カタツムリなどはセルロースを栄養として利用できるが，ヒトは利用できない。このような生物の形質の違いは，それぞれの生物がもっている酵素の違いが原因となっている。植物はセルロース合成酵素をもっているが，動物はもっていない。またカタツムリはセルロース分解酵素をもっているが，ヒトはもっていない。酵素には特有の立体構造による基質特異性があるため，他の酵素で代用することができない。また，どの酵素をもっているかは遺伝的に決まっている(⇒ p.112)。このように，生物の形質と酵素には深い関係がある。

WORD 酸化マンガン(Ⅳ)⇔二酸化マンガン　活性部位⇔活性中心　スクロース⇔サッカロース⇔ショ糖　ラクトース⇔乳糖

## D 酵素と温度

生物

酵素反応が最もよく進む温度を**最適温度**という。反応速度は温度上昇とともに増加するが，酵素が**熱変性**すると触媒作用が失われる(**失活**)。

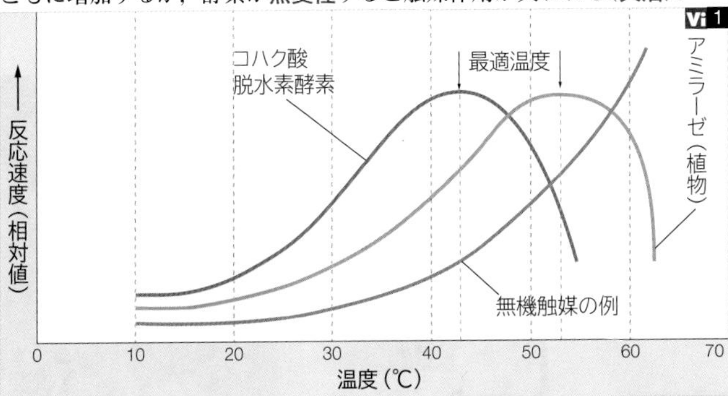


温度が高くなるにつれて，酵素と基質の衝突する機会が増え，反応速度は増加する。しかし，温度上昇に伴って折りたたまれていたポリペプチド鎖がほどけるため，酵素の活性部位の形が変わり(**変性**)，酵素活性は急激に低下する。無機触媒は変性しないので，温度上昇とともに反応速度も増加する。

## E 酵素と pH

生物

酵素反応が最もよく進む pH を**最適 pH** という。強い酸性・塩基性の条件下では，酵素タンパク質が変性し，失活する。

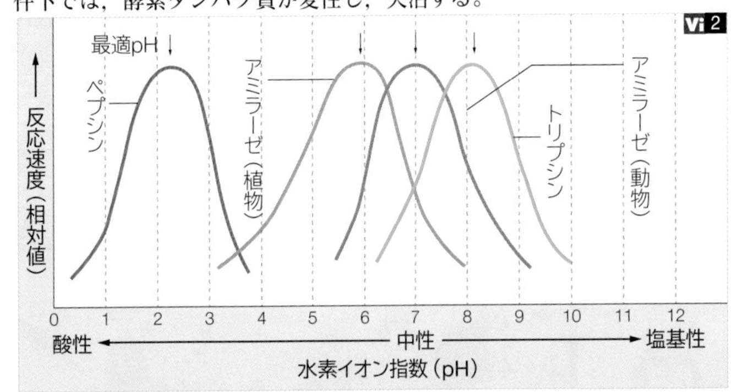


多くの酵素は細胞内の pH とほぼ等しい中性(pH7)付近を最適 pH とするが，ペプシンは酸性の胃液中で働くため，最適 pH は pH2 である。

## F 酵素・基質の濃度と反応速度

酵素の反応速度は，温度や pH の他に基質濃度，酵素濃度の影響を受ける。

生物

### 基質濃度と反応速度 Vi 3

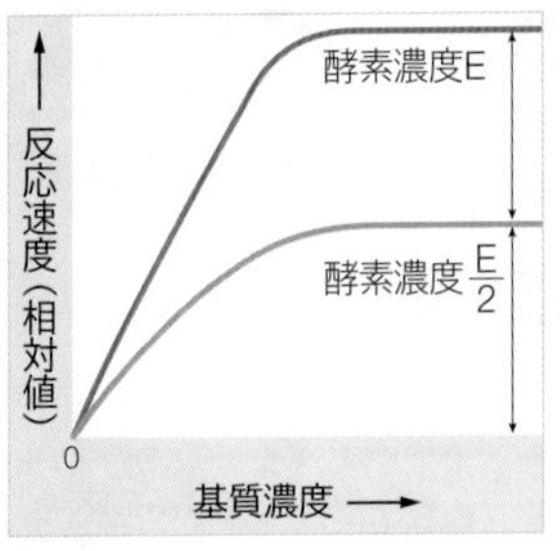


基質濃度が低いとき基質濃度を上げると反応は速くなる。

基質濃度が高まるにつれて，酵素と衝突する基質が増し，反応速度が上がる。しかし，一定濃度以上では，基質と衝突する酵素に限度があるため，反応速度（単位時間あたりの反応生成物量）は一定となる。

### 酵素濃度と反応速度

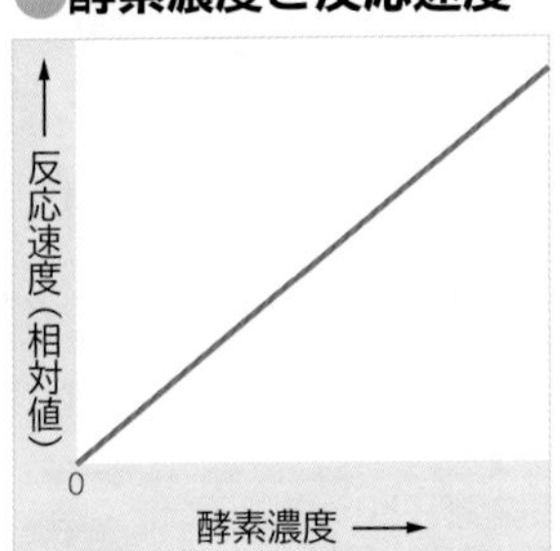


基質濃度が高いとき酵素濃度を上げると反応は速くなる。

基質濃度が十分な場合，酵素濃度が高まるほど，基質と衝突する酵素が増えるため，反応速度が上がる。

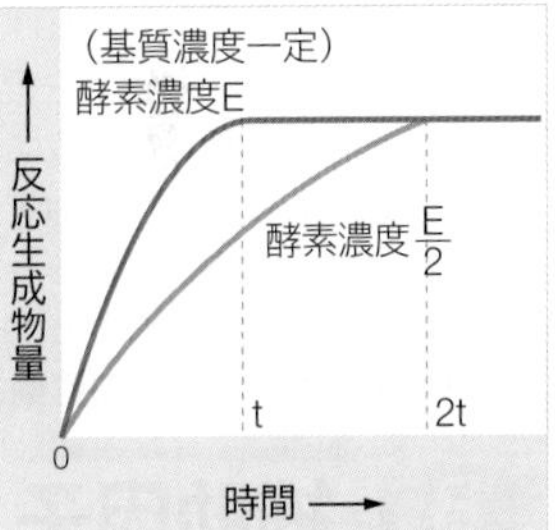


反応生成物の量は，酵素濃度が高まるほど増加するが，基質がすべて消費されると一定になる。

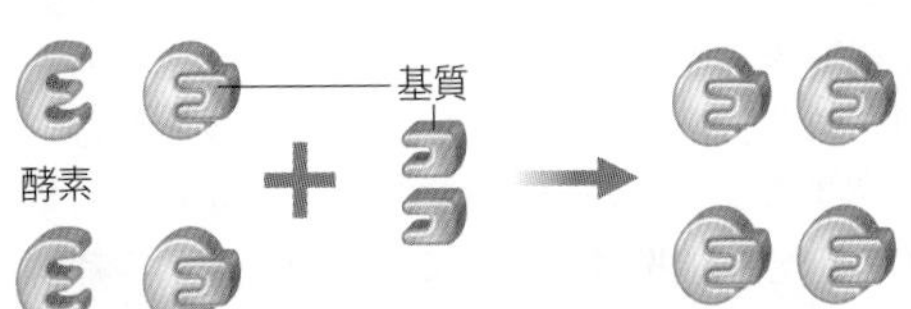


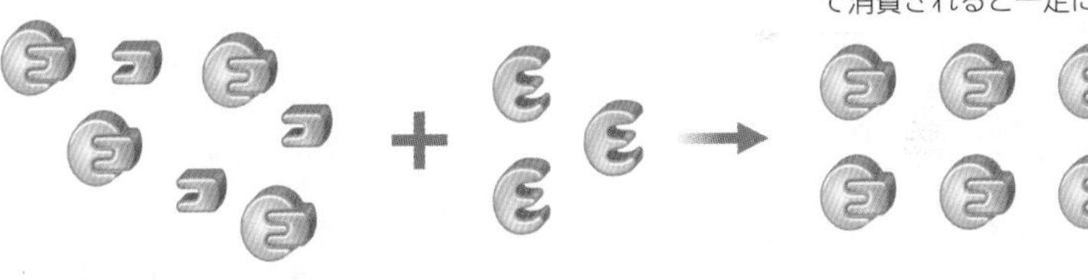

## G 酵素の働く場所

細胞小器官にはそれぞれ特定の酵素が集中して存在している。これによって，細胞小器官に特有の機能が現れる。

生物基礎
生物

**ミトコンドリア**
クエン酸回路の脱水素酵素群，電子伝達系の ATP 合成酵素など呼吸に関係した酵素群

**リソソーム**
タンパク質や多糖類分解酵素など，細胞内消化に関係した酵素群

**小胞体**
糖や脂質など各種物質の合成・輸送などに関係する酵素群

**細胞膜**
ナトリウムポンプ（ATP 分解酵素）など物質輸送に関係した酵素群

**リボソーム**
タンパク質合成に関係した酵素群

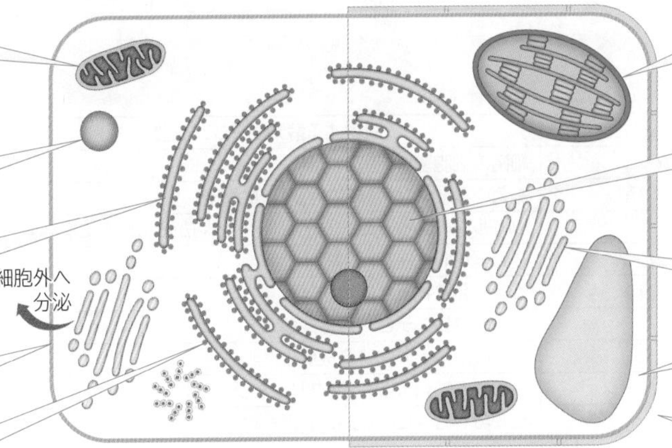


**葉緑体**
カルビン回路など光合成の酵素群

**核**
DNA の複製・RNA の合成など核酸合成酵素群

**ゴルジ体**
多糖類の合成酵素など，細胞外への分泌に関係した酵素群

**細胞質基質**
解糖系などの酵素群

**細胞外**
各種分解酵素など細胞外消化の酵素群

# 7 酵素反応の特性
Function of enzyme

## A 補酵素とその働き

酵素に弱く結合して，触媒作用を発揮させる低分子の有機化合物を補酵素という。補酵素は熱に強く，透析によって酵素タンパク質から分離される。 生物

### ハーデンとヤングの実験(1906 年)

酵母の絞り汁(酵素液)を透析・煮沸・混合するなどして発酵機能を調べた。

それぞれの液に含まれる物質に着目しよう。

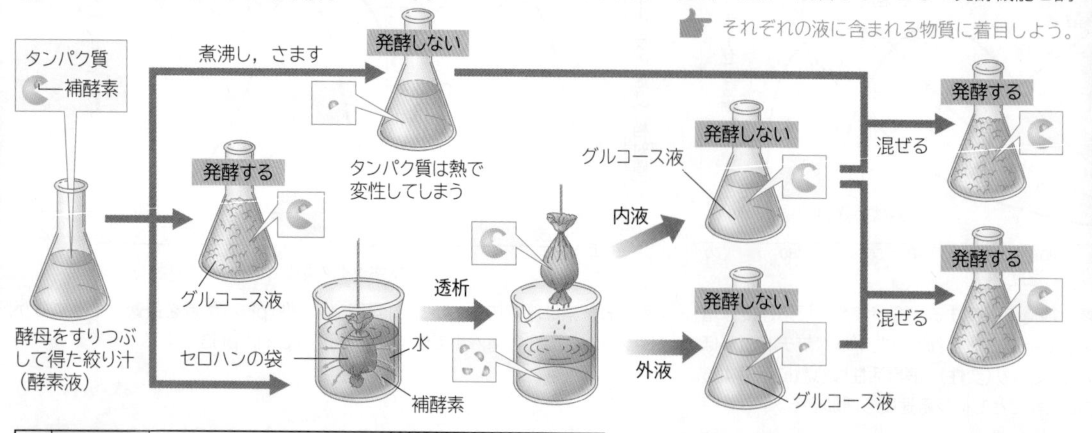

半透膜を用いて，高分子物質と低分子物質を分ける操作。

| 実験結果 | | |
|---|---|---|
| | 透析内液 | 半透膜を透過しない高分子物質→酵素タンパク質 |
| | 透析外液 | 半透膜を透過する低分子物質→補酵素 |
| | 煮沸液 | 熱変性しない物質→補酵素 |

酵素液を透析すると，外液だけでなく，酵素タンパク質を含む内液の酵素活性も失われる。両液を混ぜると酵素活性が復活することから，この酵素の触媒作用には外液に含まれる低分子物質が必要となることがわかる。また，内液に煮沸液を混ぜても酵素活性が現れることから，この低分子物質は熱に強いことがわかる。このような低分子物質を**補酵素**といい，補酵素を必要とする酵素タンパク質を**アポ酵素**，補酵素とアポ酵素を合わせて**ホロ酵素**という。

タンパク質(アポ酵素)　ホロ酵素(アポ酵素+補酵素)　酵素−基質複合体　反応生成物

補酵素　基質

酵素と基質の結合　基質の化学変化

## B 補助因子

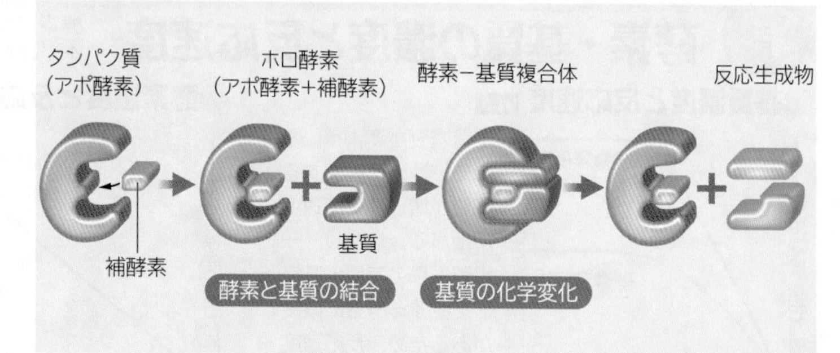

酵素の触媒作用に必要な低分子物質を一般に補助因子という。補助因子には，補酵素のほかに，酵素と強く結合する補欠分子族，金属イオンがある。 生物

### 主な補助因子

補酵素の多くは**ビタミン**またはその誘導体である。ビタミンの必要量は少量であるが，これは酵素と同様，繰り返し働くためである。

| 補助因子 | 特徴 | 因子名 | 酵素例 |
|---|---|---|---|
| 補酵素 | 酵素と弱く結合，透析で解離する。 | $NAD^+$<br>CoA<br>チアミン | 乳酸脱水素酵素<br>クエン酸合成酵素<br>ピルビン酸脱炭酸酵素 |
| 補欠分子族 | 酵素と強く結合して解離しない。 | FAD<br>ビオチン | コハク酸脱水素酵素<br>ピルビン酸カルボキシラーゼ |
| 金属イオン | 酵素の金属成分。補酵素の成分として働くものもある。 | $Fe^{2+}$，$Fe^{3+}$<br>$Zn^{2+}$<br>$Mg^{2+}$ | シトクロム酵素群<br>アルコール脱水素酵素<br>ATP 合成酵素 |

### TOPICS
#### コエンザイム Q10

コエンザイム Q10 は電子伝達系(⇒ p.121)で働く補酵素の 1 つであり，サプリメントとして注目された。しかしながら，サプリメントとして補充することの効果については，必ずしも科学的に十分な根拠は得られていない。酵素や補酵素のサプリメントについては，本当に効果があるのか，科学的な実証とともに，消費者の正しい理解が求められている。

### 薬と阻害物質 ADVANCE

酵素などの阻害物質(⇒ p.71)は特別なものではなく，薬として使われているものも多い。細菌やウイルスの酵素を阻害してその働きを止めたり，逆にヒトの酵素が働きすぎるために病気になっている場合，その酵素の阻害物質が薬になる。

| 薬の名前 | 阻害する酵素やタンパク質 | 薬の効果 |
|---|---|---|
| ペニシリン | 細菌の細胞壁合成酵素 | 殺菌(感染症治療) |
| サルファ剤 | 細菌の葉酸(核酸合成に必要)合成酵素 | 細菌増殖抑制 |
| リレンザ | ウイルスのノイラミニダーゼ(宿主細胞からの離脱に必要) | インフルエンザウイルス増殖抑制 |
| ネビラピン | 逆転写(RNA → DNA)酵素 | エイズウイルス増殖抑制 |
| アスピリン | ヒトの発熱物質合成酵素 | 解熱鎮痛(風邪症状緩和) |
| スタチン | ヒトのコレステロール合成酵素 | 脂質異常症の治療 |
| カプトプリル | ヒトの血圧上昇物質合成酵素 | 高血圧の治療 |
| アカルボース | ヒトの多糖類分解酵素(グリコシダーゼ) | 糖尿病の治療(糖吸収緩和) |
| アルガトロバン | ヒトのトロンビン(血液凝固酵素) | 心筋梗塞・脳卒中の治療 |
| タキソール | チューブリン | 抗がん剤(細胞分裂抑制) |

## C 酵素反応の阻害

酵素反応の阻害には，基質とよく似た阻害物質が酵素の活性部位に結合する**競争的阻害**と，酵素の活性部位以外の場所に阻害物質が結合する**非競争的阻害**がある。

生物

### 競争的阻害物質

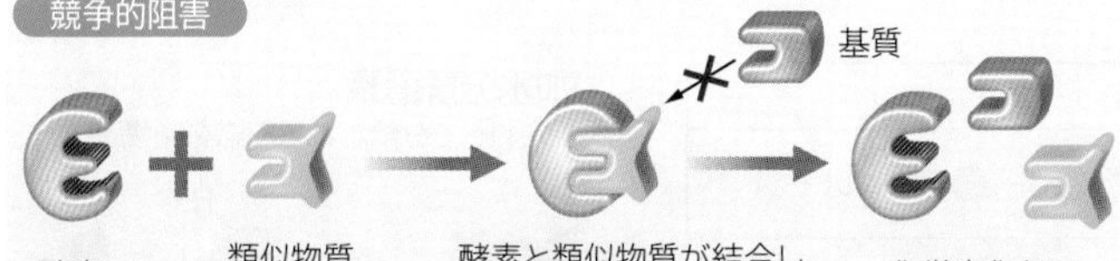


例 呼吸のクエン酸回路(⇒p.78)において，コハク酸によく似たマロン酸が存在すると，コハク酸脱水素酵素の働きが阻害されて，回路が停止する。

| 本来の基質(コハク酸) | COOH－CH₂－CH₂－COOH |
|---|---|
| 阻害物質(マロン酸) | COOH－CH₂－COOH |

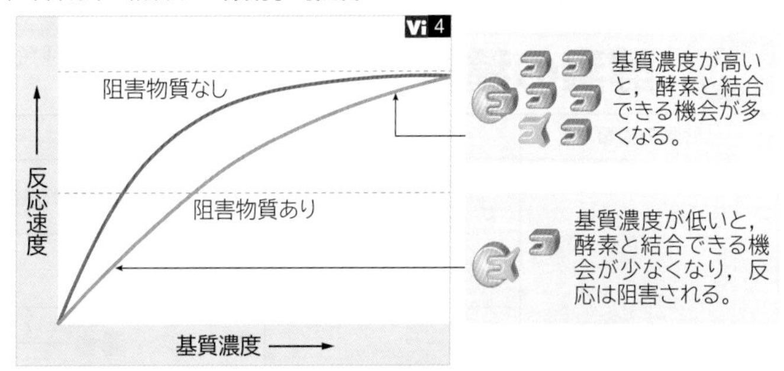


基質と阻害物質が似ていて，活性部位を奪い合う(競争する)。基質濃度が高くなると基質が酵素に結合できる機会が増え，阻害物質の影響は弱まる。

### 非競争的阻害物質

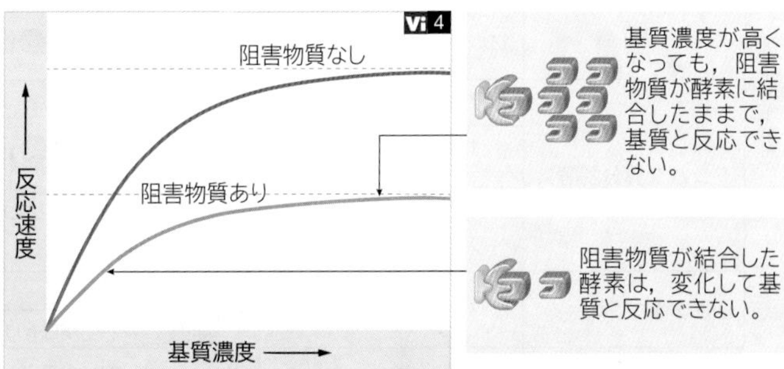


基質とまったく異なる阻害物質が酵素に一定の割合で結合し，酵素が変化して基質と反応できなくなる。基質濃度が高くなっても，阻害効果はなくならない。

競争的阻害物質と非競争的阻害物質の最大反応速度に違いが生じるしくみに着目しよう。

## D 酵素反応の調節

一連の酵素反応系の最終産物が，最初に反応する酵素の活性部位とは異なる部位に結合して，酵素反応系全体を調節することをフィードバックという。

生物

### アロステリック酵素

酵素には，活性部位とは別の結合部(**アロステリック部位**)をもつものがある。アロステリック部位に特定の調節物質が結合すると，酵素タンパク質の立体構造が変化して，酵素活性に影響を及ぼす。この作用を**アロステリック効果**といい，アロステリック部位をもつ酵素を**アロステリック酵素**という。

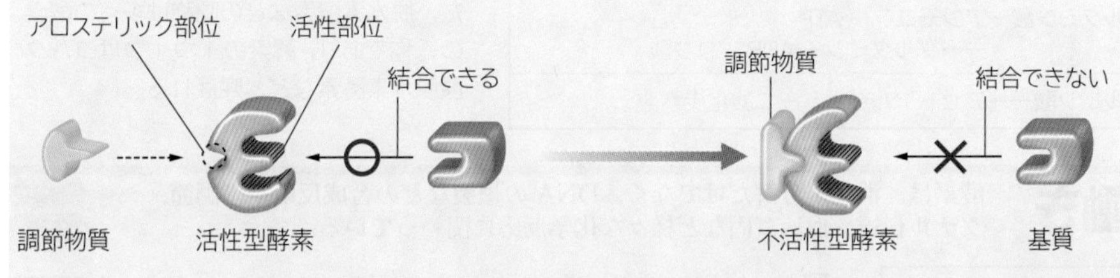


### フィードバック

フィードバックには，結果が原因を促進させる正のフィードバックと，結果が原因を抑制する負のフィードバックがある(⇒p.198)。酵素反応系では，一般に**フィードバック**によって，酵素の働きが一定の範囲内で調節されている。

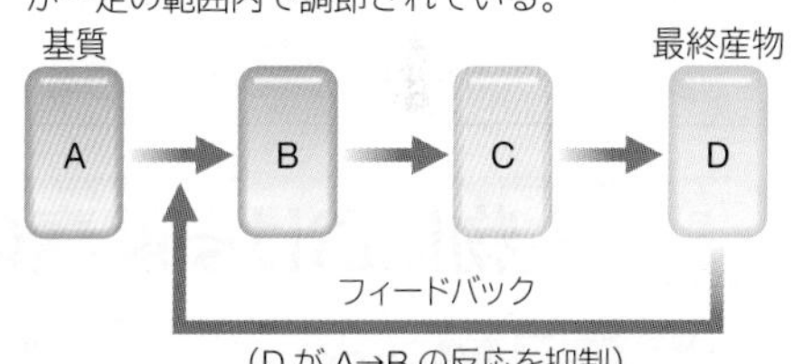


### フィードバックの例

ピリミジンヌクレオチド合成経路の最終産物であるシチジン三リン酸は調節物質として働き，合成経路の初段階の酵素であるアスパラギン酸カルバモイル基転移酵素のアロステリック部位に結合して反応を阻害する(**フィードバック阻害**)。

こうして，最終産物がつくられすぎることを防いでいる。最終産物の濃度が下がると，酵素から最終産物がはずれ，再び反応が進む。このように酵素の活性が調節されて，細胞内の多くの物質の濃度が一定の範囲に保たれている。

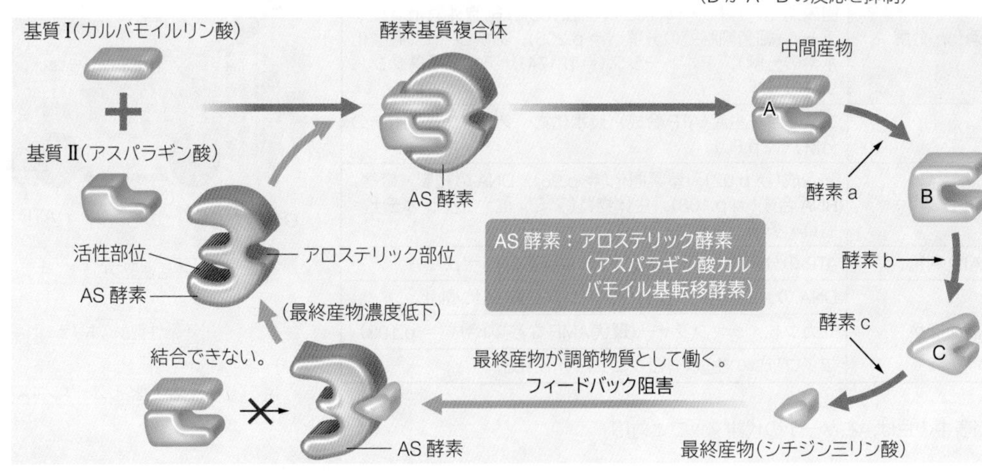


WORD 阻害物質⇔阻害剤

# 8 酵素の種類と働き
Various enzymes



## A 酵素の種類

酵素は，触媒する化学反応の種類によって，加水分解酵素，酸化還元酵素，転移酵素，合成酵素，脱離酵素などに分類される。 生物基礎 生物

| 酵素の種類 | | 酵素例 | 反応 |
|---|---|---|---|
| 加水分解酵素 | 炭水化物分解酵素 | アミラーゼ(⇒ p.69)(β-アミラーゼ) | デンプン → + マルトース |
| | | マルターゼ | マルトース → + グルコース |
| | | スクラーゼ | スクロース → + グルコース+フルクトース |
| | | ラクターゼ | ラクトース → + グルコース+ガラクトース |
| | | セルラーゼ | セルロース → + グルコース |
| | タンパク質分解酵素 | ペプシン(⇒ p.69) | ペプシン ペプチダーゼ $H_2N$―Lys―Tyr―COOH トリプシン キモトリプシン それぞれの酵素はタンパク質の特定のペプチド結合を分解する。 |
| | | トリプシン(⇒ p.69) | |
| | | キモトリプシン | |
| | | ペプチダーゼ | ペプチド→アミノ酸 |
| | 脂肪分解酵素 | リパーゼ(⇒ p.191) | 脂肪 → 脂肪酸 モノグリセリド モノグリセリド+脂肪酸 |
| | 核酸分解酵素 | DNA アーゼ | DNA ⟶ヌクレオチド |
| | | RNA アーゼ | RNA ⟶ヌクレオチド |
| | ATP 分解酵素 | ATP アーゼ | ATP ⟶ ADP +リン酸 |
| 酸化還元酵素 | 脱水素酵素 | コハク酸脱水素酵素 | コハク酸⟶フマル酸(基質から水素を奪う) |
| | 酸化酵素 | シトクロム酸化酵素 | 還元型シトクロム⟶酸化型シトクロム(基質から水素を奪い酸素と結合させる) |
| | 過酸化水素分解酵素 | カタラーゼ | 過酸化水素⟶水＋酸素 |
| 転移酵素 | | アミノ基転移酵素 | グルタミン酸＋オキサロ酢酸 ⟶α - ケトグルタル酸＋アスパラギン酸 |
| 合成酵素 | | グルタミン合成酵素 | グルタミン酸＋アンモニア＋ ATP ⟶グルタミン＋ ADP ＋リン酸 |
| 脱離酵素 | | ピルビン酸脱炭酸酵素 | ピルビン酸⟶アセトアルデヒド＋二酸化炭素 |

①加水分解酵素
水が加わって分解される反応を触媒。

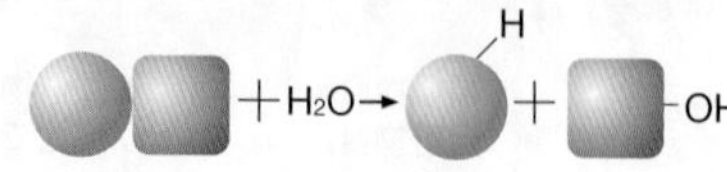


②酸化還元酵素
酸化還元反応を触媒。

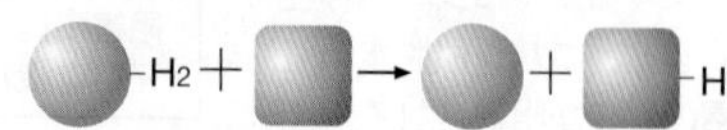


③転移酵素
特定の原子団を別の物質に移す反応を触媒。

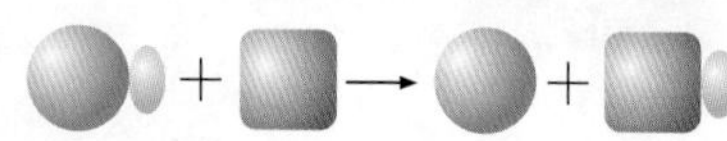

④合成酵素
2つの物質を結びつける反応を触媒。

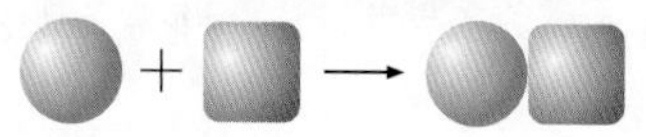

⑤脱離酵素
特定の原子団を取り除く反応を触媒。

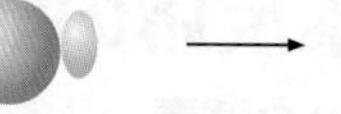

多くの酵素の名前は，基質となる物質名の語尾をアーゼに変換したものになっている。例えば，マルターゼは，マルトースを基質として分解する酵素である。また，脱水素酵素などの呼称は多くの酵素の総称であり，酵素の1つ1つはコハク酸脱水素酵素などと呼ばれる。

## B 生物における酵素の働き

酵素は，消化・分解だけでなく，DNA の複製などの合成反応や，調節，シグナル伝達，血液凝固など様々な化学反応に関わっている。 生物基礎 生物

| | |
|---|---|
| 消化・分解 | 有機物(多糖・タンパク質・脂肪など)の分解(⇒ p.80)，細胞内消化(リソソームなど)(⇒ p.189)，細胞外消化，リゾチーム(細菌細胞壁の分解)(⇒ p.206)，カタラーゼ(過酸化水素の分解)，アポトーシス(⇒ p.174)，不要・損傷タンパク質の分解 |
| 異化 | エネルギー生産(ATP 合成)(炭水化物・タンパク質・脂肪の分解)(⇒ p.80) |
| 同化 | 光合成(⇒ p.92)，窒素同化(⇒ p.96)，DNA の複製・修復，RNA 合成(⇒ p.108)，生体物質(アミノ酸やヌクレオチド・脂質・多糖・色素など)の合成 |
| ATP 利用 | ATP の分解(筋収縮・能動輸送・発光など)(⇒ p.75) |
| 調節ほか | DNA のメチル化(⇒ p.115)，タンパク質のリン酸化 |
| | セカンドメッセンジャー(環状 AMP など)の合成(⇒ p.193) |
| | フィブリンの生成(トロンビン)(⇒ p.183) |

※表中の色は，右ページの代謝マップと対応

例 アドレナリン応答とプロテインキナーゼ(タンパク質のリン酸化による調節)

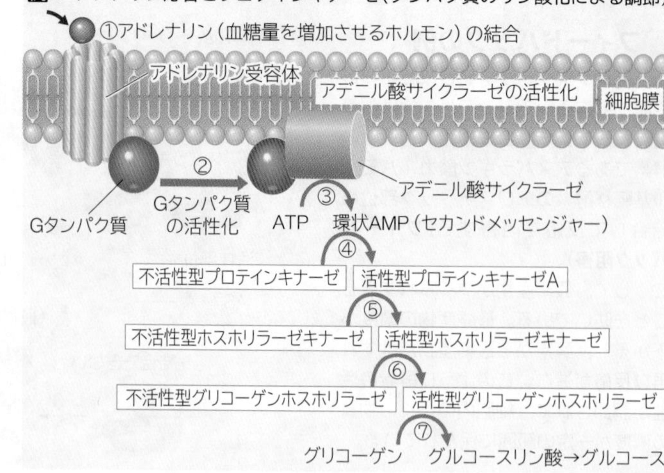






WORD 加水分解酵素⇔ヒドロラーゼ　酸化還元酵素⇔オキシドレダクターゼ　転移酵素⇔トランスフェラーゼ　合成酵素⇔リガーゼ⇔シンテターゼ
脱離酵素⇔除去酵素⇔リアーゼ　タンパク質分解酵素⇔プロテアーゼ　核酸分解酵素⇔ヌクレアーゼ　脱水素酵素⇔デヒドロゲナーゼ

## 生物の代謝マップと酵素の働き

酵素は消化・分解，異化・同化，ATP 利用，調節など生物の様々な反応を進めている。（丸数字は下図と対応）

| | |
|---|---|
| 消化・分解 | ❶細胞外消化（⇒p.189），❷細胞内消化（⇒p.189），❸不要タンパク質分解，❹アポトーシス（⇒p.174），❺毒物などの処理 |
| 異化 | ⑥炭水化物・タンパク質・脂肪分解とエネルギー生産（ATP合成）（⇒p.80） |
| 同化 | ❼光合成（⇒p.92）・窒素同化（⇒p.96），❽核酸合成（⇒p.102）・タンパク質合成（⇒p.108）・多糖合成・脂質合成 |
| ATP利用 | ❾収縮・運動（⇒p.77），❿能動輸送（⇒p.76），⓫発光（⇒p.77） |
| 調節ほか | ⑫DNAメチル化・タンパク質リン酸化（⇒p.115），⑬セカンドメッセンジャー合成（⇒p.72，193），⑭血液凝固（⇒p.183） |



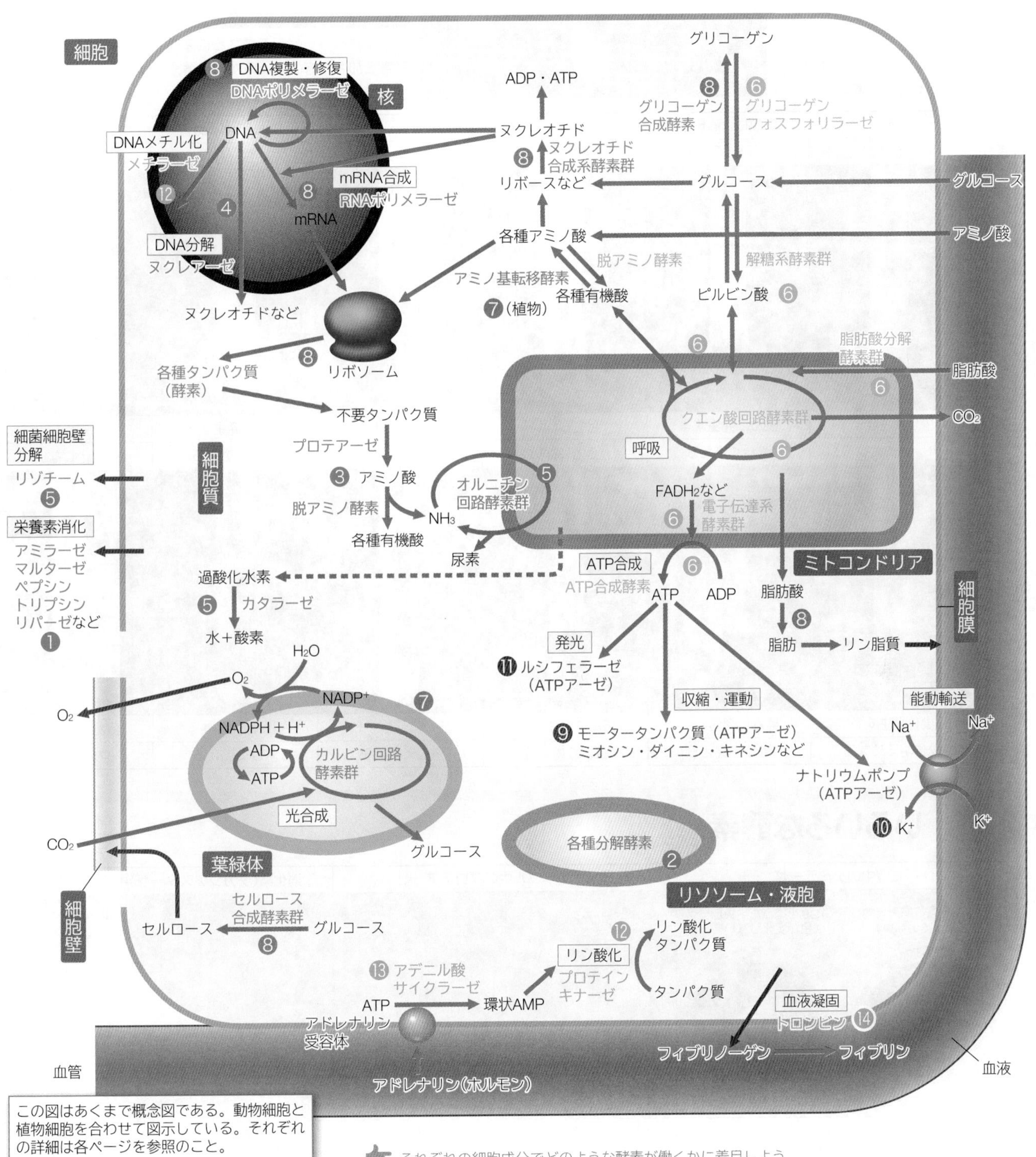


この図はあくまで概念図である。動物細胞と植物細胞を合わせて図示している。それぞれの詳細は各ページを参照のこと。

それぞれの細胞成分でどのような酵素が働くかに着目しよう。

WORD 酸化酵素⇔オキシダーゼ　脱炭酸酵素⇔デカルボキシラーゼ　グルコース⇔ブドウ糖　フルクトース⇔果糖
環状 AMP ⇔サイクリック AMP ⇔ cAMP

## 実験 酵素の働き

カタラーゼは過酸化水素を分解する酵素で，肝臓などに多く含まれている。

過酸化水素 ⟶ 水＋酸素
↑
カタラーゼ

この反応は酸化マンガン(Ⅳ)を触媒としても進む。

**方法**

様々な条件で，3％過酸化水素水に肝臓片や酸化マンガン(Ⅳ)を加え，気泡が発生する様子を観察する。

①無機触媒と酵素

| 触媒なし | 無機触媒 | 酵素 |
|---|---|---|

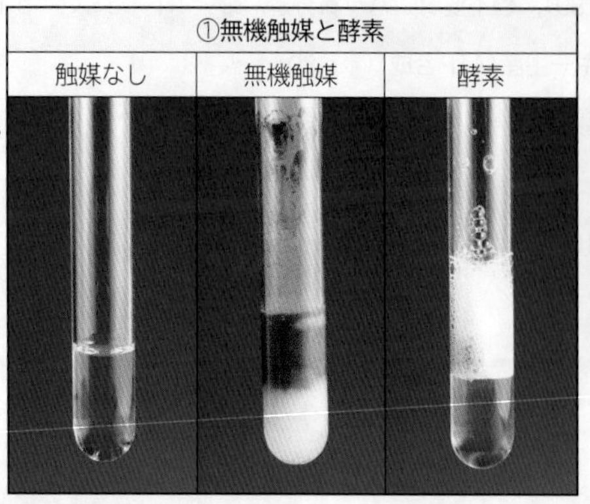

②触媒としての性質

| 反応が終わったもの | (A)基質を加える | (B)肝臓片を加える |
|---|---|---|

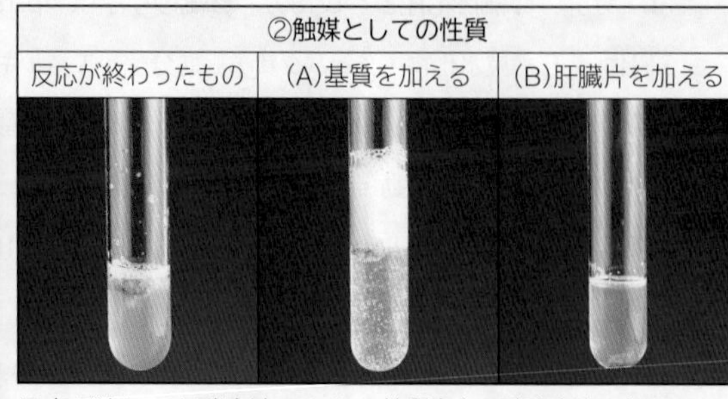

反応が終わった酵素液にさらに基質(A)や酵素(B)を加えると，基質を加えた方のみ反応する。酵素は繰り返し化学反応に用いられることがわかる。

| | ③熱による影響 | | | ④pHによる影響 | | |
|---|---|---|---|---|---|---|
| 条件 | 5℃ | 35℃ | 煮沸したもの | 酸性(pH2) | 中性(pH7) | アルカリ性(pH11) |
| 肝臓片(カタラーゼ) | | | | | | |
| 気泡 | 少し発生する | 盛んに発生する | 発生しない | 少し発生する | 盛んに発生する | 発生しない |
| 線香 | 少し明るくなる | 激しく燃える | 変化しない | 変化しない | 激しく燃える | 変化しない |
| 酸化マンガン(Ⅳ)(無機触媒) | | | | | | |
| 気泡 | 少し発生する | 盛んに発生する | 盛んに発生する | 盛んに発生する | 盛んに発生する | 盛んに発生する |
| 線香 | 少し明るくなる | 激しく燃える | 激しく燃える | 激しく燃える | 激しく燃える | 激しく燃える |

## 実験 いろいろな酵素

＊アミラーゼの一種

| だ液に含まれるアミラーゼにより，デンプンが分解され，ヨウ素液を滴下しても色が変化しない。 | パイナップルのプロテアーゼによりゼラチンタンパク質が分解され，ゼリーが融ける。 | 消化薬のジアスターゼによりデンプンが分解されて糖ができる(糖を検出する試験紙の色が変化する)。 |
|---|---|---|





WORD 酸化マンガン(Ⅳ)⇔二酸化マンガン　プロテアーゼ⇔タンパク質分解酵素

# 9 代謝とエネルギー代謝
Material and energy metabolism

## A 代謝とエネルギー代謝

生体内における物質の化学変化を代謝という。代謝は同化と異化に分けられる。代謝の過程でエネルギーが変化することをエネルギー代謝という。 生物基礎 生物

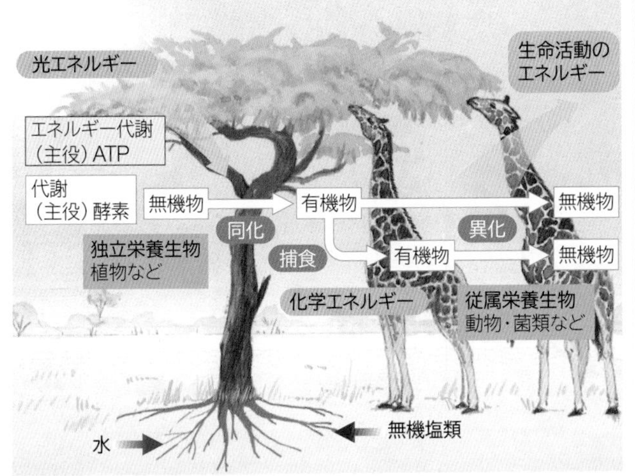


| 代謝 | 生体内で進行する複雑な化学反応。主役は**酵素**。 |
|---|---|
| エネルギー代謝 | 代謝に伴って進行するエネルギーの出入りや変換。主役は**ATP**。 |
| 同化 | 簡単な物質（無機物）から複雑な物質（有機物）を合成する働き。植物（独立栄養生物）の**炭酸同化**（**光合成**と**化学合成**）や**窒素同化作用**がこれにあたる。動物（従属栄養生物）は植物の合成した複雑な物質（有機物）を捕食し，利用している。同化はエネルギーを必要とする（**吸エネルギー反応**）。 |
| 異化 | 複雑な物質（有機物）を簡単な物質（無機物）に分解する働き。動植物に共通な**呼吸**がこれにあたる。異化はエネルギーを放出する（**発エネルギー反応**）。このとき生じる化学エネルギーをATPに貯蔵して生命活動のエネルギーに変換し，利用している。 |
| 独立栄養生物 | 光などのエネルギーを利用して二酸化炭素や水などの無機物から有機物をつくり出す生物。 |
| 従属栄養生物 | 有機物を取り入れ，分解して，エネルギーを得ている生物。 |

## B 生命活動のエネルギー

生物は呼吸などで得た化学エネルギーをATPと呼ばれる物質に貯蔵し，必要なときに取り出して生命活動に利用している。 生物基礎

生物が活動するためにはエネルギーが必要であり，そのエネルギーはATPから取り出される。生物の活動とは，見かけ上動いていることとは関係が無く，寝ている間でさえ活動している。消化物を吸収するとき，合成酵素が働くとき，ものを考えているとき，ATPはいつでもどこでも必要である。

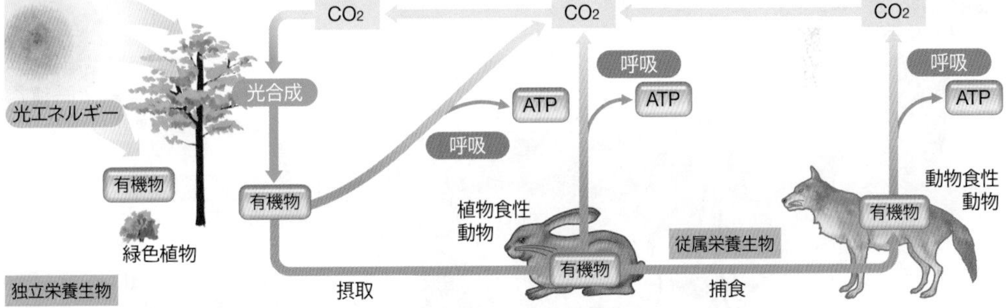


植物は光合成によって二酸化炭素（$CO_2$）を固定し，合成された有機物は動植物の呼吸によって分解され，生命活動のエネルギーが取り出される。このとき生じる$CO_2$は大気中に放出され再利用されていく。このように，**生物は光合成と呼吸という$CO_2$を仲立ちとした反対の働きを通じて互いに結びついている。**

## C ATPの構造と働き

ATPは生物体のエネルギー代謝の仲立ちとしてすべての生物に共通して働いている。そのためATPは「エネルギー通貨」と呼ばれる。 生物基礎 生物

### ATPの構造

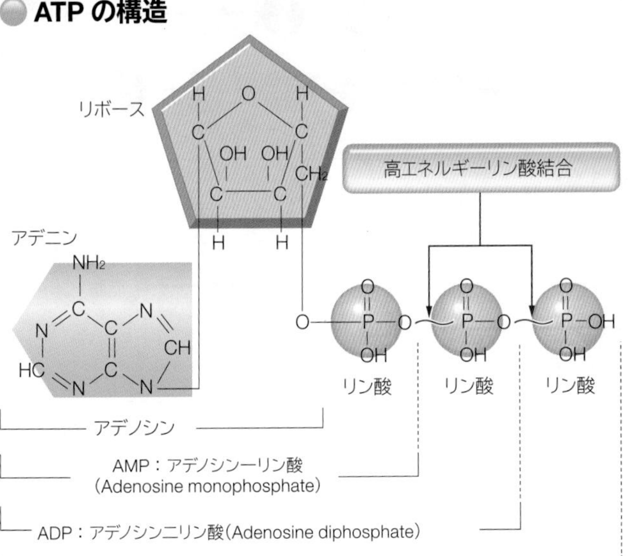


### ATPの合成と分解

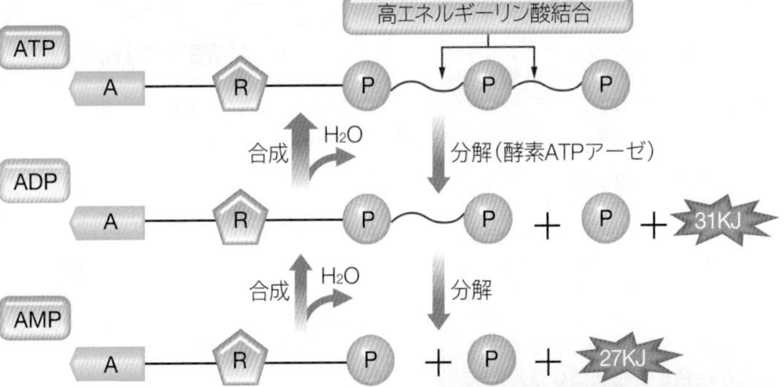


ATPやADPの高エネルギーリン酸結合がはずれると，エネルギーが放出される。ATP合成には，分解で放出されたエネルギーと同じ大きさのエネルギーが必要となる。
生体内で起こる多くの反応は，
**ATP ⇄ ADP＋リン酸＋化学エネルギー**
の反応である。

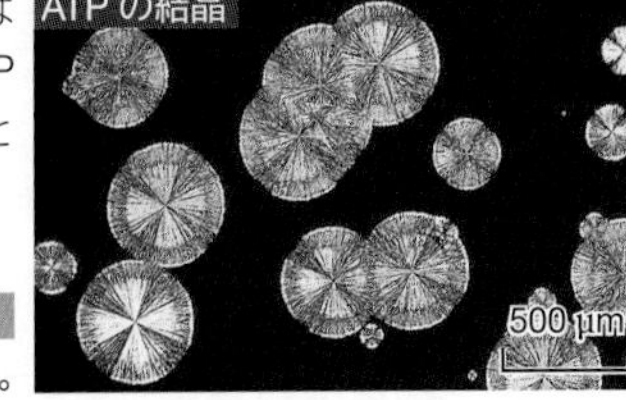


2 生命現象と代謝
生物基礎 生物

WORD 代謝⇔新陳代謝⇔物質交代　同化⇔同化作用　異化⇔異化作用　植物食性動物⇔植食性動物⇔草食動物
動物食性動物⇔肉食性動物⇔肉食動物　ATP⇔アデノシン三リン酸　ADP⇔アデノシン二リン酸　AMP⇔アデノシン一リン酸

# 10 ATPと生命活動
ATP and life activity



## A ATPと代謝

代謝はATPを仲立ちとして行われ，ATP中の化学エネルギーがいろいろな生命活動に利用されている。 生物基礎

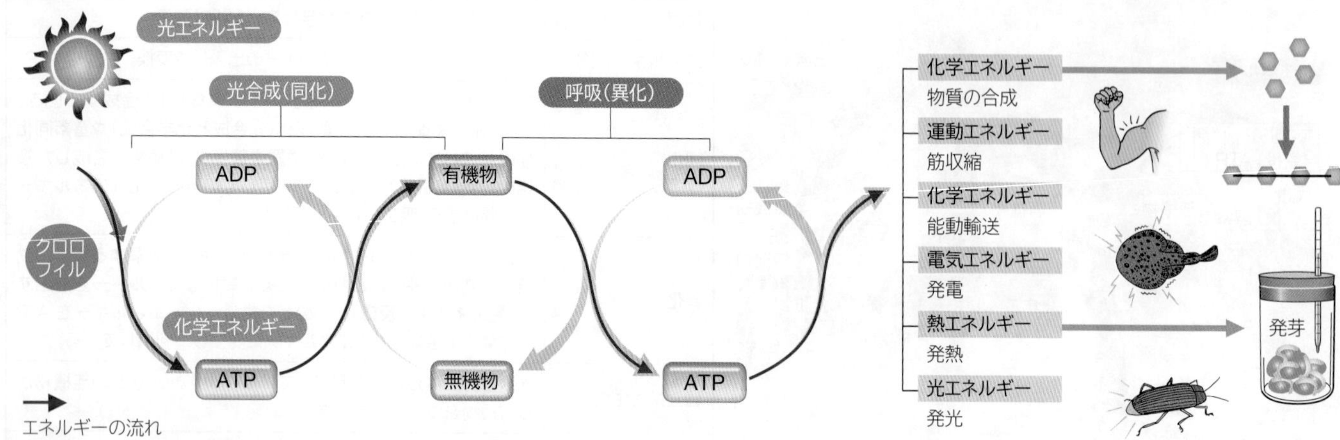


## B ATPの利用

ATP中の化学エネルギーは，いろいろなエネルギーに変換されて生命活動に利用される。 生物基礎 生物

### 能動輸送　化学エネルギー→化学エネルギー

ATP中の**化学エネルギー**をそのまま使う。

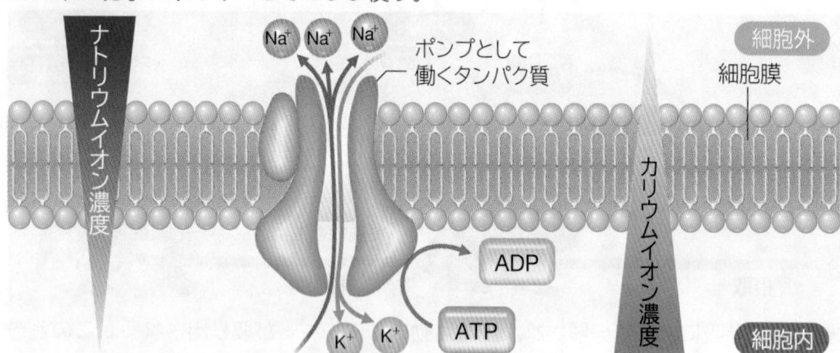


能動輸送を行う細胞膜輸送タンパク質のナトリウムポンプ(⇒ p.46, p.60)はATPアーゼの一種で，ATPの分解で生じるエネルギーによって立体構造が変化し，$Na^+$を細胞外にくみ出す。

**能動輸送の例**

①小腸の柔毛における細胞内へのグルコースやアミノ酸，脂肪酸の取り込み。
②淡水産硬骨魚における鰓(えら)での塩類の取り込み。
③海産硬骨魚における鰓での塩類の排出。

### 物質の合成　化学エネルギー→分子の結合エネルギー

ATP中の化学エネルギーを**分子の結合エネルギー**(化学エネルギー)に変換して行う。

| | | |
|---|---|---|
| グリコーゲン・デンプン | グルコースがATPによってリン酸化され，反応しやすいグルコースリン酸となり，次々に結合してグリコーゲンになる。グリコーゲンは肝臓や筋肉で合成される。 | |
| 脂肪 | グリセリンがATPによってリン酸化されホスホグリセリン酸となる。アセチルCoAはATPによってリン酸化され，それが次々に結合して脂肪酸となる。<br>ホスホグリセリン酸と脂肪酸が結合して脂肪になる。 | |
| タンパク質 | アミノ酸は，ATPと反応してアミノ酸-AMPとなり，tRNAと結合する。これがリボソームに運ばれ，次々に結合してタンパク質が合成される。 | |

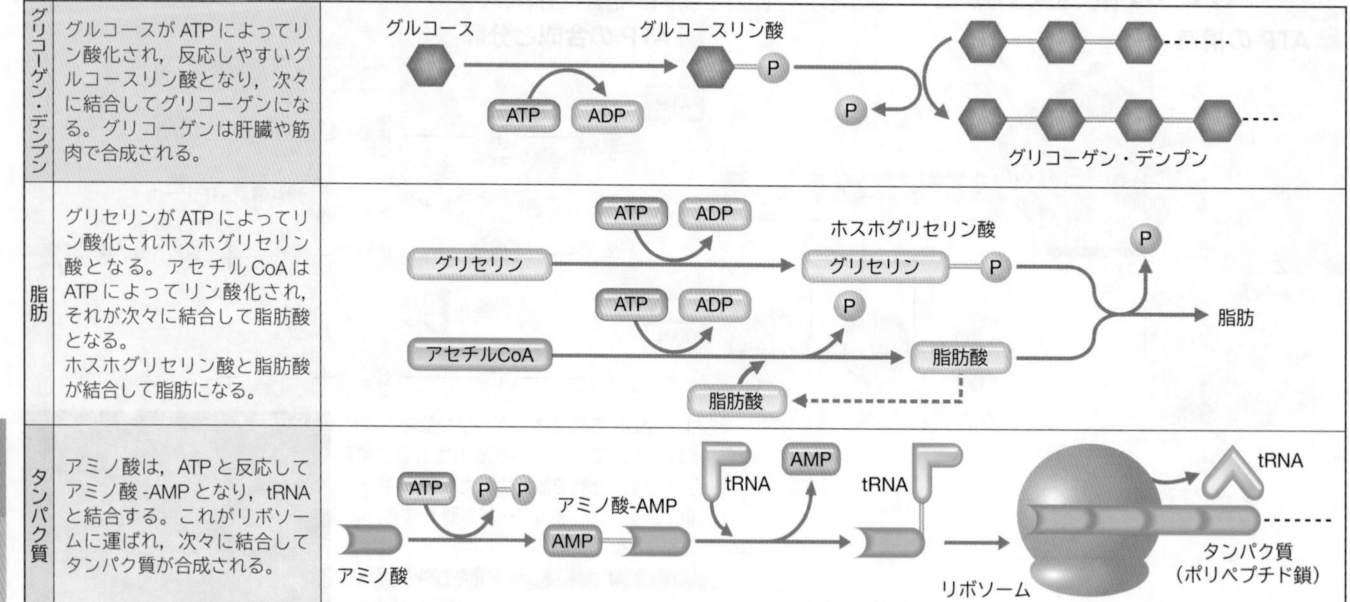

## 発光　化学エネルギー→光エネルギー

ATP 中の化学エネルギーを**光エネルギー**に変換して行う。

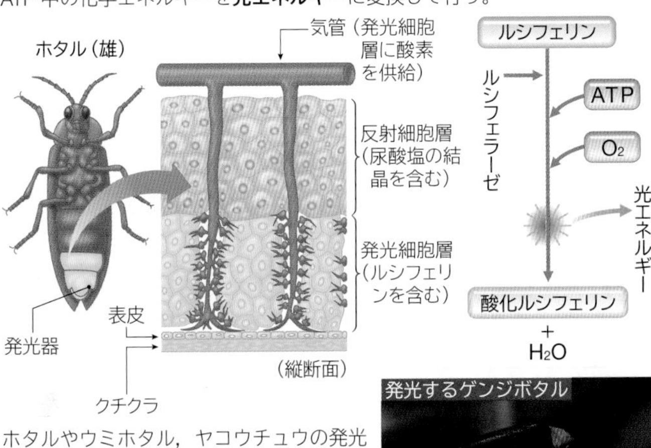


発光するゲンジボタル

ホタルやウミホタル，ヤコウチュウの発光は発熱を伴わないので冷光と呼ばれる。ホタルではルシフェリンの活性化に ATP が関与している。

## 筋収縮　化学エネルギー→運動エネルギー

ATP 中の化学エネルギーを**運動エネルギー**に変換して行う。

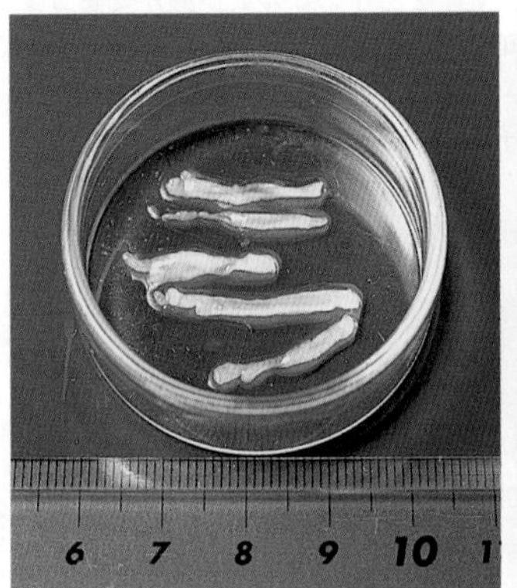
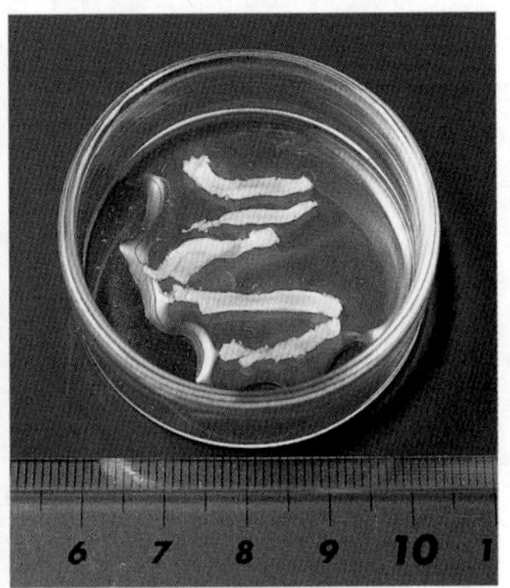

ATP による筋収縮(⇒ p.230)の様子。試料は，ホタテガイのグリセリン筋で，目盛りの数字は cm を示す。

## 鞭毛運動と繊毛運動　化学エネルギー→運動エネルギー

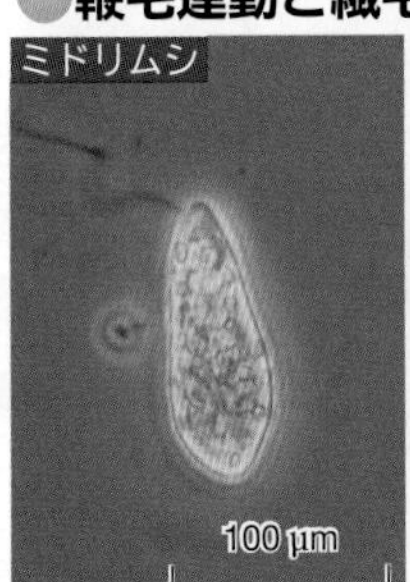


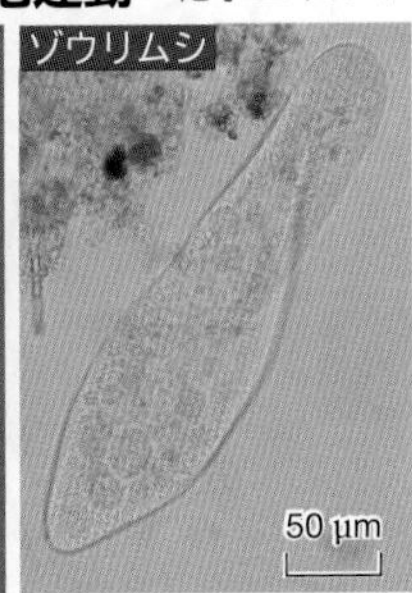


真核生物のミドリムシには水中を遊泳する運動器官である１本の長い鞭毛が存在し，ゾウリムシには短い多数の繊毛が存在する。

真核生物の鞭毛運動や繊毛運動は ATP の化学エネルギーを運動エネルギーに変換して行われる。

### TOPICS

### 原核生物の鞭毛

原核生物である細菌には鞭毛を有するものがあるが，鞭毛モーターといって真核生物の鞭毛とは構造が異なっている。

また，細菌の鞭毛を動かすエネルギーは ATP からもたらされるものではなく，細胞膜内外の $H^+$ の濃度勾配によってもたらされる。

ミドリムシやゾウリムシなどの真核生物では，呼吸に関するタンパク質がミトコンドリア内膜に存在するが，原核生物の細菌では細胞膜に埋め込まれている。原核生物は，このタンパク質によって $H^+$ の濃度勾配を細胞膜内外につくり，$H^+$ の移動によって鞭毛を駆動させている。

## 発電　化学エネルギー→電気エネルギー

ATP の化学エネルギーを**電気エネルギー**に変換して行う。

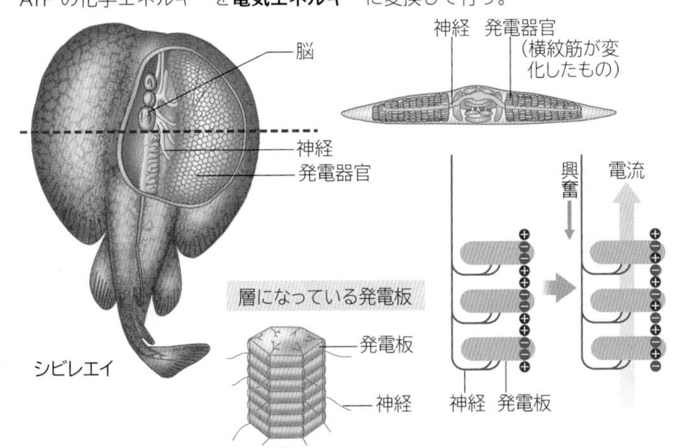


シビレエイの発電器官は，横紋筋が変化した発電板が多数重なってできている。刺激が神経から発電板に伝わると，片側だけ膜の透過性が変化して電位に偏りが生じ，電流が発生する。

## 発音　化学エネルギー→運動エネルギー

ATP の化学エネルギーを運動エネルギーに変換して行う。

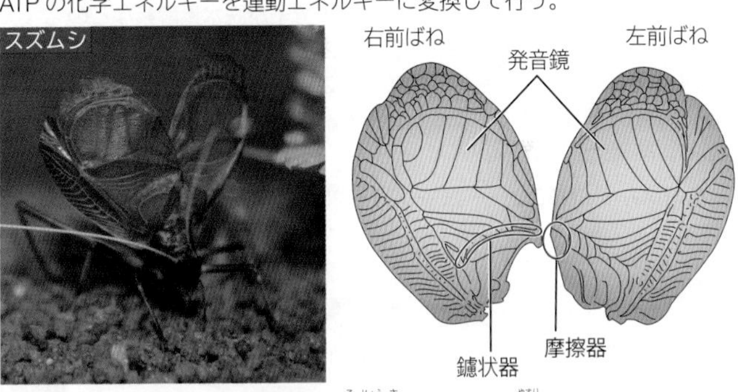


スズムシでは，右前ばねの裏側に鑢状器(ろじょうき)と呼ばれる鑢(やすり)状になった部分があり，左前ばねの表側には，摩擦器と呼ばれる鉢状，爪状の部分がある。２枚の前ばねを同時に左右に高速に動かすことによって，両者が擦れ合い音が出る。

## 鞭毛・繊毛の構造

鞭毛や繊毛は，中心の２本の微小管とその周囲の９本の二連微小管からなる「9＋2 構造」となっている。二連微小管に結合するダイニン(⇒ p.64)が ATP を分解し，隣り合う二連微小管上を滑ることで繊毛打が生じる。

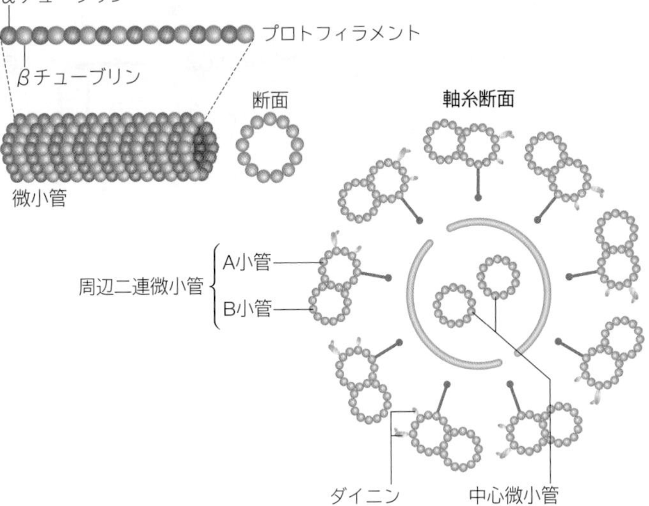

# 11 呼吸
Aerobic respiration

## A 呼吸の反応の概略

外呼吸によって生物体に取り入れられた酸素は，細胞内に運ばれ呼吸に使われる。

生物基礎　生物

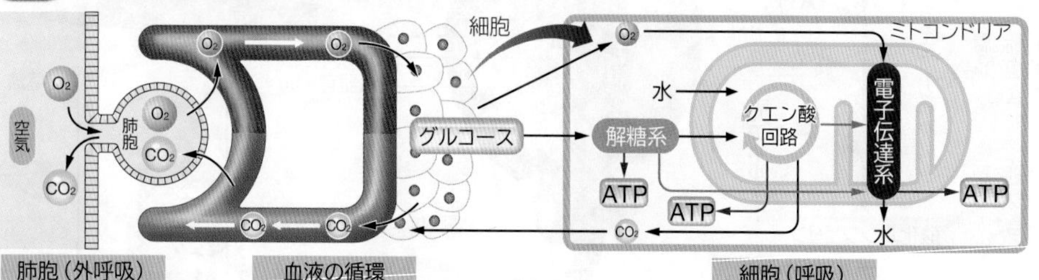


**呼吸の全反応式**

$C_6H_{12}O_6 + 6O_2 + 6H_2O$
（グルコース）（酸素）（水）

$\longrightarrow 12H_2O + 6CO_2 +$ 最大 38ATP
（二酸化炭素）（最大2867kJ）

| 第1段階 | 解糖系 | 2ATP 生成 | グルコースを細胞質基質中の酵素で分解しピルビン酸にし，水素を取り出す過程。 |
|---|---|---|---|
| 第2段階 | クエン酸回路 | 2ATP 生成 | ピルビン酸をミトコンドリアのマトリックスに存在するクエン酸回路で分解し，水素を取り出す過程。 |
| 第3段階 | 電子伝達系 | 最大34ATP生成 | 解糖系とクエン酸回路で外した水素をミトコンドリアの内膜の種々の酵素や補酵素に受け渡して多くの ATP を合成する過程。 |

## B 呼吸の過程

細胞呼吸は，細胞質基質で起こる解糖系とミトコンドリアで起こるクエン酸回路および電子伝達系の3つの反応過程からなっている。

生物

### 解糖系

細胞質基質で行われる反応。グルコース1分子が脱水素酵素などの働きによって分解され，ピルビン酸2分子と還元型補酵素の NADH 2分子が生じる。系の開始部分で2分子の ATP を消費し，終了部分で4分子の ATP が生成されるので，差し引き2分子の ATP が生じる。酸素分子は関係しない。

$$C_6H_{12}O_6 + 2NAD^+ \longrightarrow 2C_3H_4O_3 + 2NADH + 2H^+ + 2ATP$$

### クエン酸回路

ミトコンドリアのマトリックスで行われる反応。2分子のピルビン酸がミトコンドリア内に入り，酵素の働きによって段階的に分解される。脱水素酵素によって NADH 8分子と $FADH_2$ 2分子，脱炭酸酵素によって二酸化炭素6分子が生じる。回路の途中で計6分子の水を消費し，2分子の ATP が生じる。

$$2C_3H_4O_3 + 6H_2O + 8NAD^+ + 2FAD \longrightarrow 6CO_2 + 8NADH + 8H^+ + 2FADH_2 + 2ATP$$

細胞質基質　マトリックス　クリステ　ミトコンドリア

細胞質基質　解糖系

グルコース $C_6H_{12}O_6$　2 ATP → 2 ADP　フルクトースビスリン酸　グリセルアルデヒドリン酸　4 ADP → 4 ATP　ピルビン酸 $C_3H_4O_3$　2 $NAD^+$ → 2 NADH＋$H^+$

ミトコンドリア　外膜　内膜　膜間腔　マトリックス

2 $CO_2$　アセチルCoA　2 $NAD^+$ → 2 NADH＋$H^+$

クエン酸回路

オキサロ酢酸 $C_4H_4O_5$　2 $H_2O$　クエン酸 $C_6H_8O_7$　イソクエン酸 $C_6H_8O_7$　2 $NAD^+$ → 2 NADH＋$H^+$　2 $CO_2$　α－ケトグルタル酸 $C_5H_6O_5$　2 $NAD^+$ → 2 NADH＋$H^+$　2 $CO_2$　2 $H_2O$　2 ADP → 2 ATP　コハク酸 $C_4H_6O_4$　2 FAD → 2 $FADH_2$　フマル酸 $C_4H_4O_4$　2 $H_2O$　リンゴ酸 $C_4H_6O_5$　2 $NAD^+$ → 2 NADH＋$H^+$



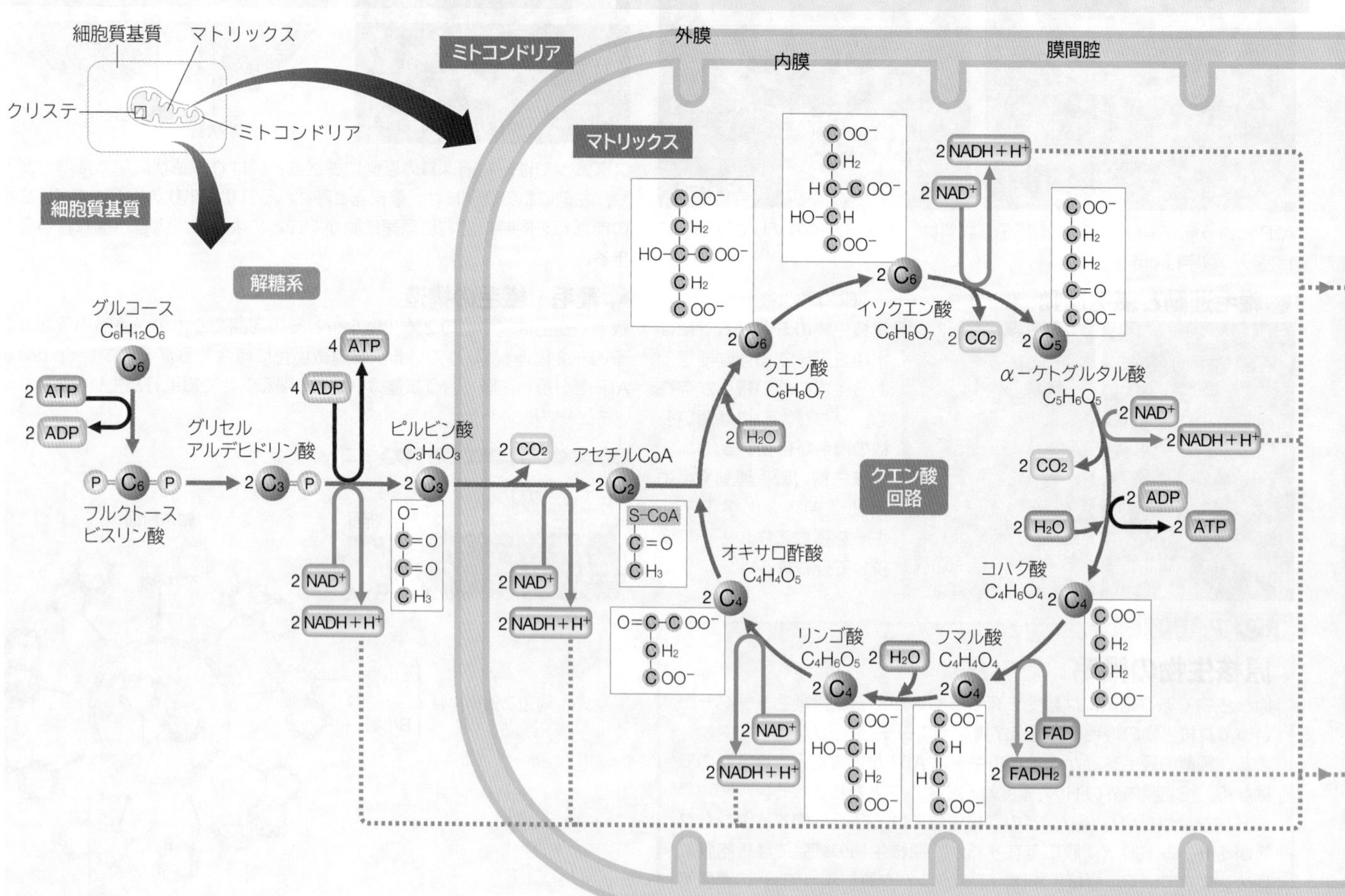

WORD 細胞呼吸⇔内呼吸　クエン酸回路⇔TCA 回路⇔トリカルボン酸回路⇔クレブス回路　解糖系⇔エムデン・マイヤーホフ経路
電子伝達系⇔水素伝達系　フルクトースビスリン酸⇔フルクトースニリン酸

ADVANCE

## エネルギーを取り出すしくみ

### 化学浸透説

1961 年，イギリスのミッチェルはミトコンドリアのクリステに並んでいる電子伝達系の働きによって，$H^+$がマトリックスから内膜を経て膜間腔に放出され，その$H^+$がクリステからマトリックスに流入する際に ATP がつくられるという化学浸透説を唱えた。

### ATP 合成酵素

電子伝達系の働きで膜間腔に放出された$H^+$は ATP 合成酵素を通ってマトリックスに移動する。ATP 合成酵素は右図のような構造で，回転子と固定子が結合したモーター状のナノマシンである。$H^+$が駆動力となって回転子が回り，ATP が合成される。

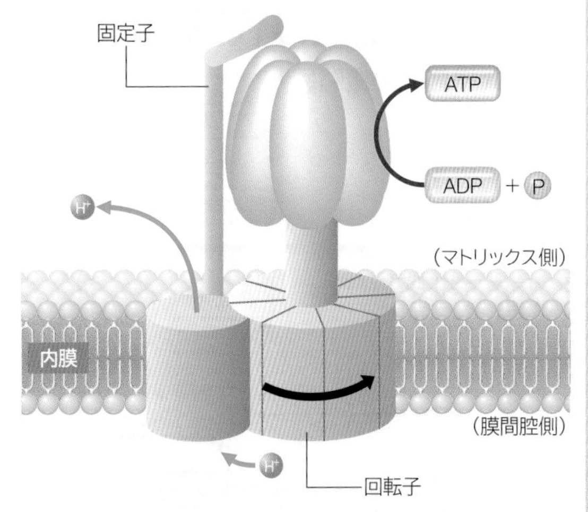


### 酸化的リン酸化と光リン酸化

呼吸における ATP 合成反応(酸化的リン酸化)と光合成における ATP 合成反応(光リン酸化⇒ p.92)は基本的にミッチェルの化学浸透説で説明できる。しかし，酸化的リン酸化では解糖系・クエン酸回路を経て電子伝達系でリン酸化されて ATP を合成するのに対して，光リン酸化では光エネルギーを利用して短時間で電子伝達系を動かしている点で異なる。

### 電子伝達系

ミトコンドリアの内膜で行われる反応。

①解糖系とクエン酸回路で生じた NADH と $FADH_2$ が$H^+$と電子($e^-$)に分かれる。

②$e^-$だけが次々とシトクロム(Fe を含む酵素)に伝達される。

③$e^-$は最終的に$H^+$と 6 分子の酸素と結合して 12 分子の水となる。

④$e^-$の伝達に伴い膜間腔に$H^+$が輸送され，内膜の内外で$H^+$の濃度差が生じる。

⑤膜間腔に蓄積した$H^+$が ATP 合成酵素を通ってマトリックスに移動するとき，ATP が合成される(**酸化的リン酸化**)。

$$10NADH + 10H^+ + 2FADH_2 + 6O_2 \longrightarrow 12H_2O + 10NAD^+ + 2FAD + 最大\ 34ATP$$

$e^-$や$H^+$の動きに着目しよう。

細胞質基質
クリステ
マトリックス
ミトコンドリア
電子伝達系
2 $FADH_2$　2 FAD
10 $NADH + H^+$　10 $NAD^+$
20 $H^+$　20 $e^-$　4 $H^+$　4 $e^-$
6 $O_2$ +24 $H^+$　12 $H_2O$　24 $e^-$
34 ADP +34 P　34 ATP
マトリックス
内膜
膜間腔
外膜
NADH 脱水素酵素複合体
補酵素Q
シトクロム b-$c_1$ 複合体
シトクロムc
シトクロム酸化酵素複合体
$H^+$濃度　低　高
ATP 合成酵素
内膜　膜間腔　外膜

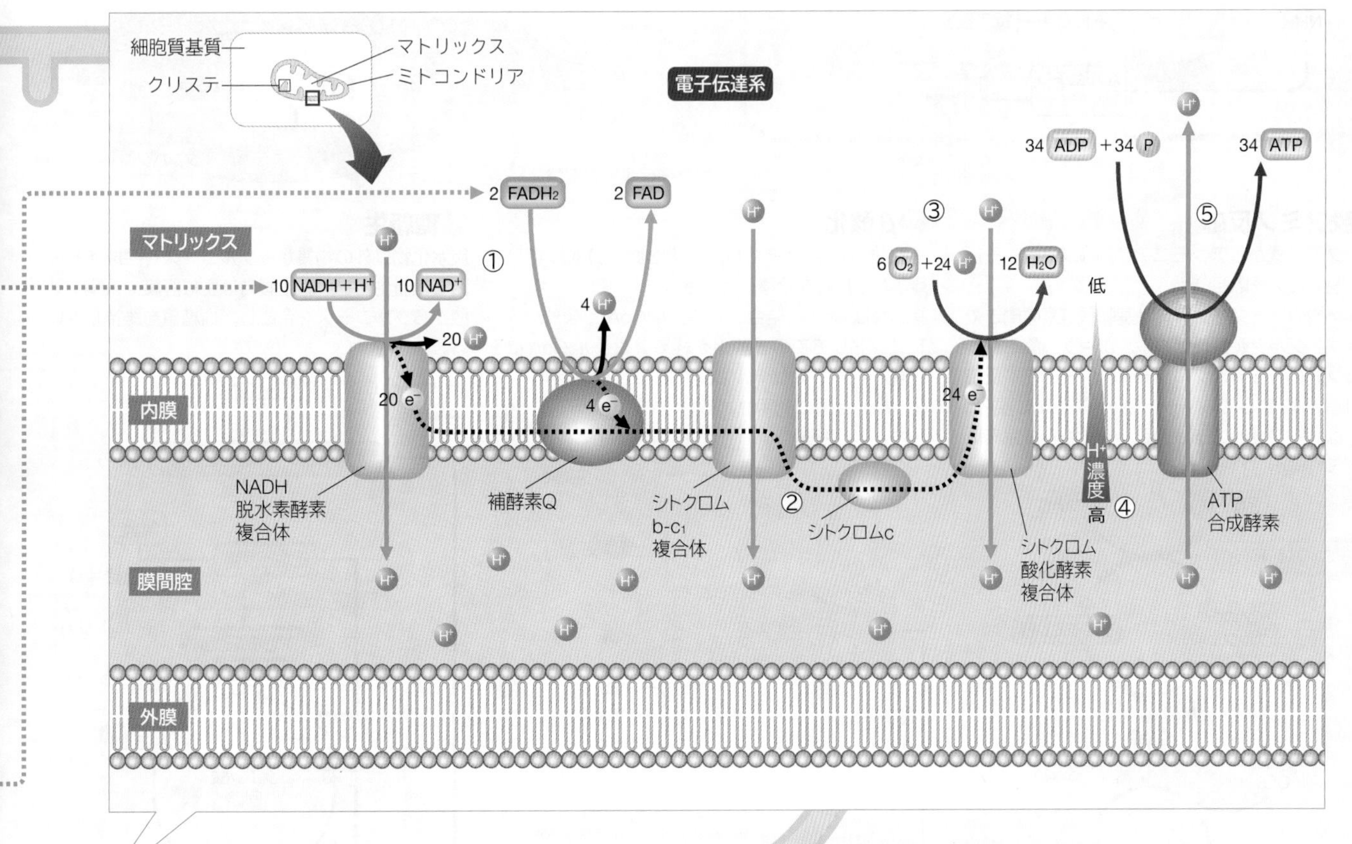

**TRY** 膜間腔とマトリックスの$H^+$の濃度差を拡大している箇所はどこか。また，濃度差を解消しているところはどこか。

**WORD** NAD ⇔ニコチンアミドアデニンジヌクレオチド　FAD ⇔フラビンアデニンジヌクレオチド　シトクロム⇔チトクロム　補酵素 Q ⇔ユビキノン

# 12 呼吸基質と呼吸商
respiratory substrate and respiratory quotient



## A 呼吸基質の代謝経路

呼吸で分解される有機物を**呼吸基質**という。デンプンなどの炭水化物の他に，脂肪やタンパク質も呼吸基質として用いられる。 生物

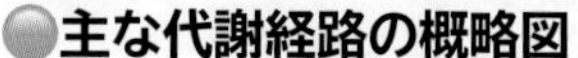

### 主な代謝経路の概略図

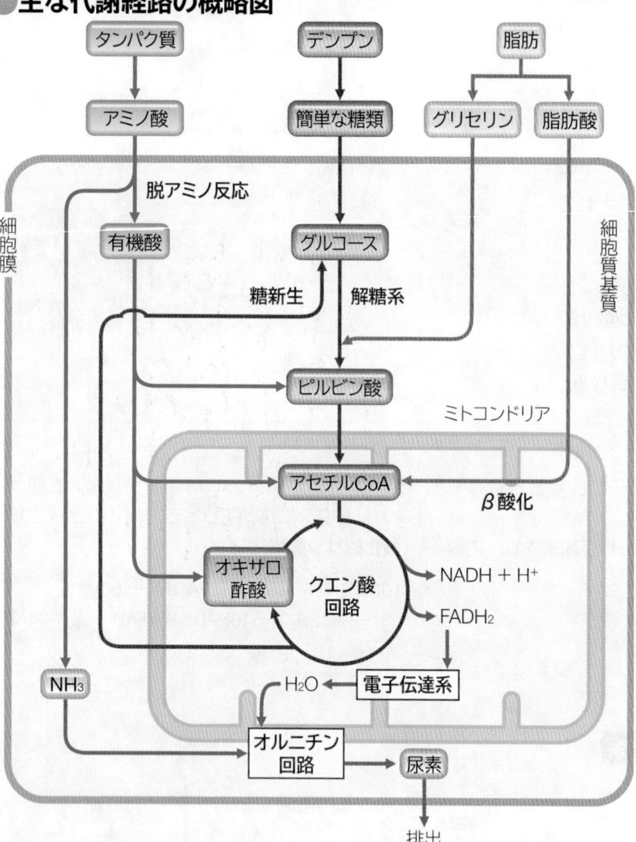


### 組織や器官における代謝の相互関係

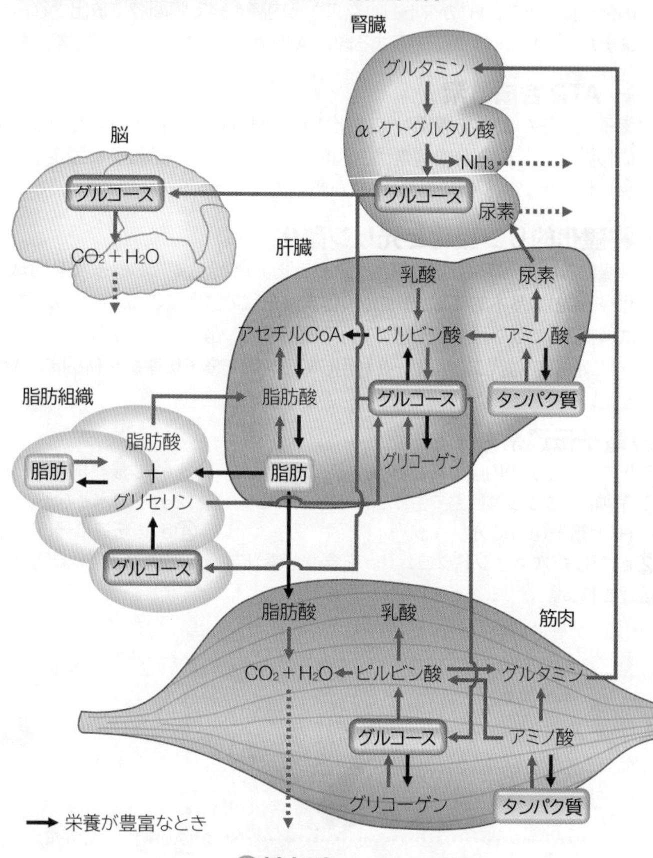


### 脱アミノ反応

グルタミン酸からアンモニア($NH_3$)が遊離する反応を脱アミノ反応という。

アミノ酸のアミノ基はアミノ基転移酵素の働きでα－ケトグルタル酸に転移し，α－ケト酸とグルタミン酸が生じる。グルタミン酸は脱アミノ反応で$NH_3$を遊離してα－ケトグルタル酸に戻り，$NH_3$は肝臓のオルニチン回路(⇒ p.191)で尿素に変えられ排出される。

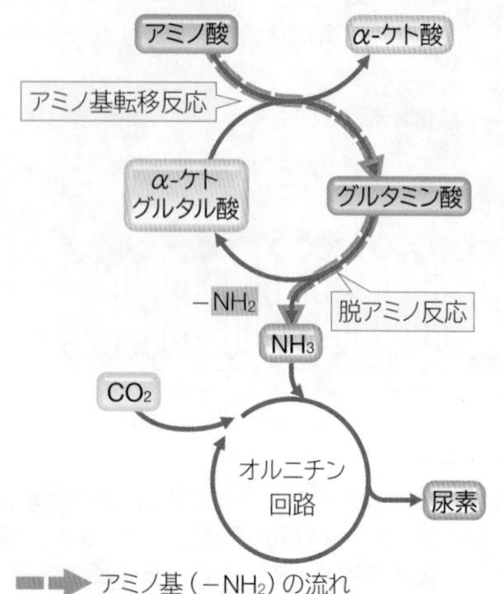


### β酸化

脂肪酸がCoAと結合し，炭素2原子分ずつ切り離される反応をβ酸化という。

脂肪酸はCoAと結合してアシルCoAとなり，ミトコンドリアでのβ酸化を経てアセチルCoAに分解される。アセチルCoAはクエン酸回路に入り，ATP合成に利用される。

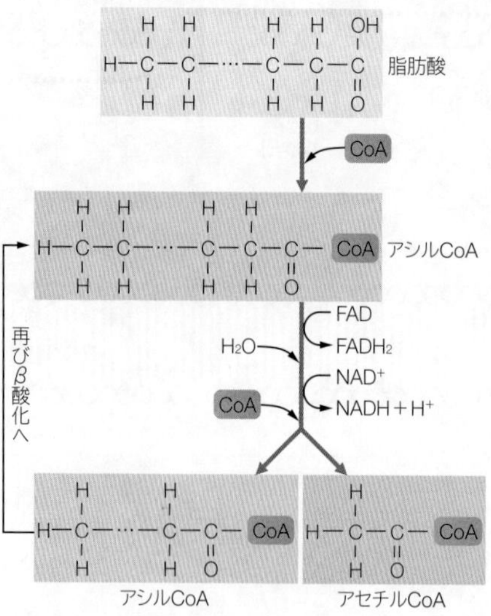


### 糖新生

炭水化物以外の物質からグルコースを合成する経路を糖新生という。空腹時は主に肝臓や腎臓で乳酸からグルコースを合成し，血糖値を維持している。

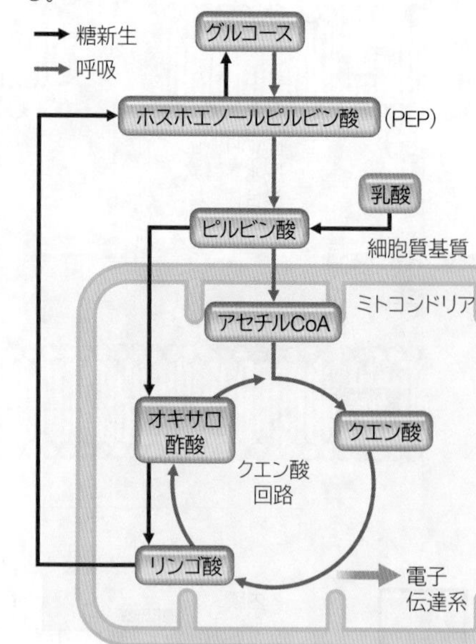



WORD グリセリン⇔グリセロール　オルニチン回路⇔尿素回路

## B 呼吸商

呼吸で放出した二酸化炭素と吸収した酸素の体積比を呼吸商という。呼吸商は呼吸基質の種類によって異なる。 生物

### 呼吸商の測定

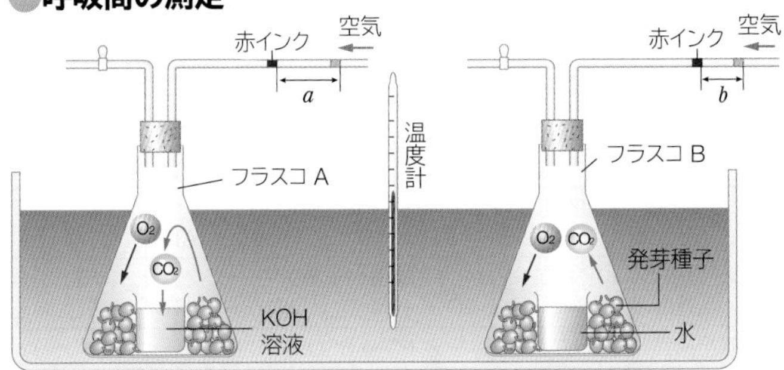


| 放出される $CO_2$ は KOH に吸収されるので，$a$=$O_2$ 吸収量 | $b$ は $O_2$ 吸収量から $CO_2$ 放出量を引いたもの。よって，$a-b$=$CO_2$ 放出量 |
|---|---|

$$\text{呼吸商(RQ)} = \frac{\text{放出した } CO_2 \text{ の体積}}{\text{吸収した } O_2 \text{ の体積}} = \frac{CO_2 \text{ の物質量(mol)}}{O_2 \text{ の物質量(mol)}}$$

### 様々な呼吸基質と呼吸商

| 呼吸基質 | 反応式 | 呼吸商(RQ) |
|---|---|---|
| 炭水化物 | グルコース<br>$C_6H_{12}O_6 + 6O_2 + 6H_2O \rightarrow 6CO_2 + 12H_2O$ | $\frac{6}{6} = 1.0$ |
| タンパク質 | バリン<br>$C_5H_{11}O_2N + 6O_2 \rightarrow 5CO_2 + 4H_2O + NH_3$ | $\frac{5}{6} \fallingdotseq 0.8$ |
| 脂肪 | パルミチン酸<br>$C_{16}H_{32}O_2 + 23O_2 \rightarrow 16CO_2 + 16H_2O$ | $\frac{16}{23} \fallingdotseq 0.7$ |

### 種子の発芽と呼吸商(トウモロコシ)

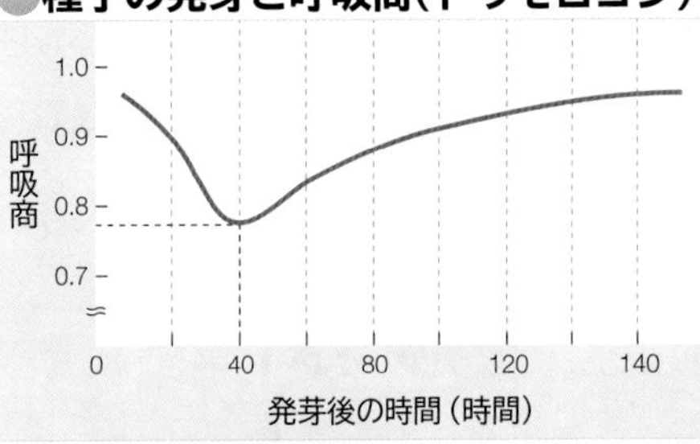


トウモロコシの種子の呼吸商は 40 時間後に約 0.78 と低くなっていることから，トウモロコシは発芽初期に炭水化物(呼吸商＝1)以外に脂肪(呼吸商＝0.7)も呼吸基質として使うことがわかる。

### 様々な生物の呼吸商

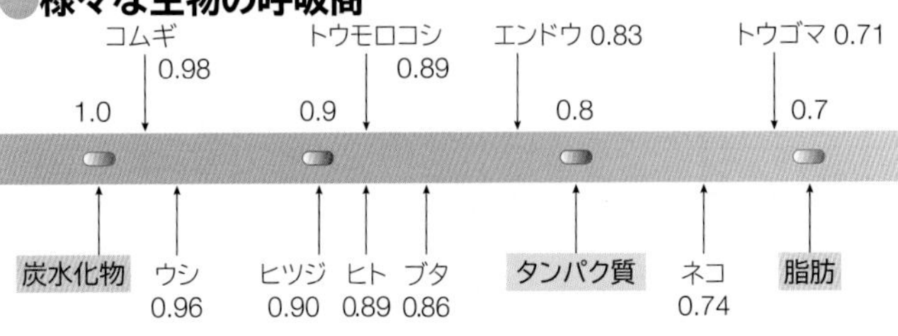


植物食性動物 ⟷ 動物食性動物
(中間は雑食性)

呼吸商が 1 より大きい場合は，呼吸以外に発酵(アルコール発酵⇒ p.82)も行っている。植物食性動物の呼吸商は，呼吸基質が炭水化物なので 1 に近い。ただし，飢餓状態になると自らの筋肉(タンパク質)を呼吸基質として使い始めるので呼吸商が小さくなる。

TOPICS

## ダイエットと呼吸基質

安静状態でも生命活動としての代謝が行われ，エネルギーが消費されている。このときのエネルギー代謝が基礎代謝であり，必要となるエネルギー量が基礎代謝量である。この値は食後 12 時間以上経過した安静時に測定するが，年齢・体重などによっても異なる。

実生活での代謝量は，基礎代謝量と活動時の代謝量をあわせたものである。代謝によるエネルギー収支における摂取量と消費量とのバランスが崩れると，健康面にも影響が出る。日常的にエネルギー摂取量が消費量を上回ると肥満になりやすい。余ったエネルギーが体内で脂肪の合成に使われ，蓄積されるためである。

体内脂肪の消費の観点からは，軽度の有酸素運動がより有効とされる。軽度の運動では筋組織に十分な酸素が供給され，炭水化物と脂肪が消費される。連続した長時間の運動でなく，総運動時間で考えてもよい。瞬発的な激しい運動では，筋組織への酸素供給が間にあわず，酸素を直接利用しないエネルギー供給が行われる。酸素を大量に必要とする脂肪の分解はほとんど行われず，炭水化物が主に利用される。

激しい運動では大きなエネルギーが使われるので，間接的には脂肪の消費につながる。いずれにせよ食生活の改善など，日常の生活習慣も重要な要素である。

### 呼吸における酸素消費量と発生する熱量

| 有機物(呼吸基質) | 酸素消費量(L/g) | 熱量(kJ/g)( )内は kcal/g |
|---|---|---|
| 炭水化物 | 0.84 | 17.6(4.2) |
| タンパク質(尿素排出) | 0.96 | 18.1(4.3) |
| 脂肪 | 2.0 | 39.5(9.4) |

脂肪の分解には多量の酸素が必要である(上の反応式参照)。

### 呼吸商から求めた糖質・脂肪の消費と運動強度

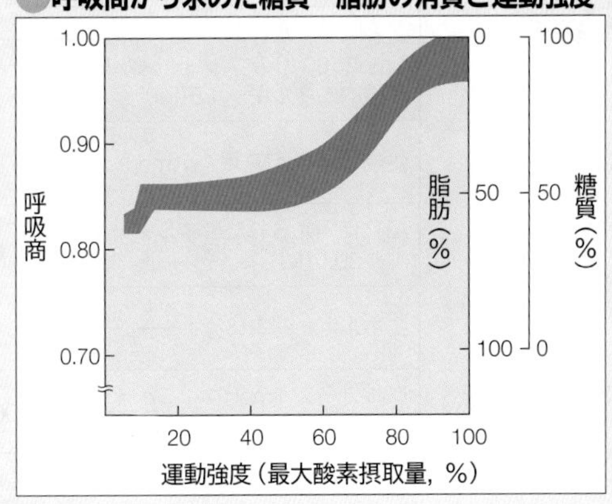


### 基礎代謝基準値

| 年齢 | 基礎代謝基準値(kJ/kg/日)( )内は kcal/kg/日 | |
|---|---|---|
| | 男性 | 女性 |
| 12 ～ 14 | 129.70(31.0) | 123.85(29.6) |
| 15 ～ 17 | 112.97(27.0) | 105.86(25.3) |
| 18 ～ 29 | 100.42(24.0) | 98.74(23.6) |
| 30 ～ 49 | 93.30(22.3) | 90.79(21.7) |
| 50 ～ 69 | 89.96(21.5) | 86.61(20.7) |
| 70 以上 | 89.96(21.5) | 86.61(20.7) |

標準的な 1 日あたりの基礎代謝量は基礎代謝基準値×体重で求められる。

### 基礎代謝における臓器・組織のエネルギー消費量

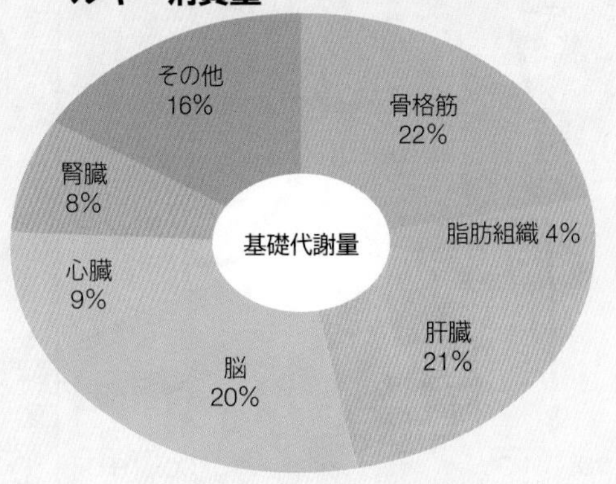


WORD 呼吸商⇔ RQ(Respiratory Quotient)

# 13 発酵
Fermentation



## A 発酵の過程

発酵の過程も，グルコースからピルビン酸までの反応過程は呼吸の解糖系と共通である。　生物

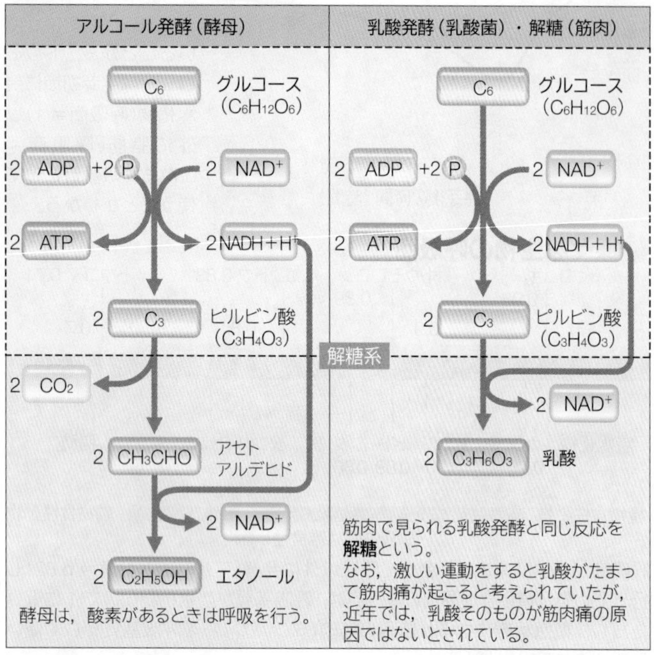


酵母は，酸素があるときは呼吸を行う。

筋肉で見られる乳酸発酵と同じ反応を**解糖**という。
なお，激しい運動をすると乳酸がたまって筋肉痛が起こると考えられていたが，近年では，乳酸そのものが筋肉痛の原因ではないとされている。

| 過程 | | 反応 | 生じる ATP |
|---|---|---|---|
| 共通 | 解糖系 | $C_6H_{12}O_6 + 2NAD^+ \rightarrow 2C_3H_4O_3 + 2(NADH + H^+) + 2ATP$ | 2 |
| 呼吸のみ | クエン酸回路 | $2C_3H_4O_3 + 6H_2O + 8NAD^+ + 2FAD \rightarrow 6CO_2 + 8(NADH + H^+) + 2FADH_2 + 2ATP$ | 2 |
| | 電子伝達系 | $10(NADH + H^+) + 2FADH_2 + 6O_2 \rightarrow 12H_2O + 10NAD^+ + 2FAD + 34ATP$ | 34（最大） |
| 呼吸全過程 | | $C_6H_{12}O_6 + 6O_2 + 6H_2O \rightarrow 6CO_2 + 12H_2O$ | 38（最大） |

**POINT**

### 呼吸と発酵の過程

解糖系（共通の反応）
グルコース
ピルビン酸
$CO_2$
発酵のみ
エタノール
乳酸
アセチルCoA
クエン酸回路
呼吸のみ
電子伝達系
$CO_2$
$O_2$
$H_2O$

### ●パスツール効果

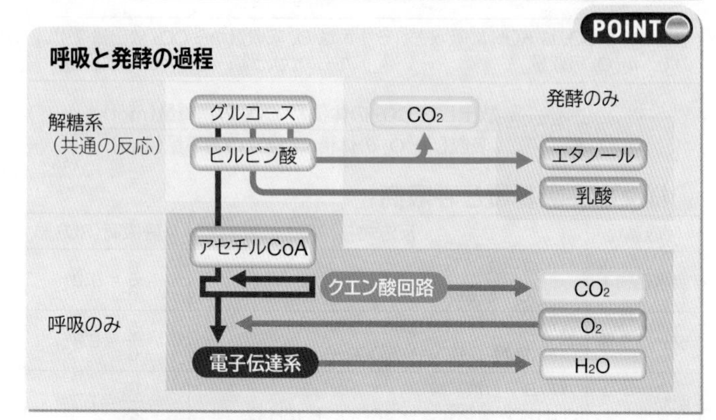

酸素があるときにアルコール発酵が抑制される現象を**パスツール効果**という。呼吸の ATP 生成効率はアルコール発酵より高いので，酵母は，酸素があるときには主に呼吸を行う。

呼吸とアルコール発酵を同時に行っているときは，排出する $CO_2$ が吸収する $O_2$ よりも多いので呼吸商が 1.0 を超える。

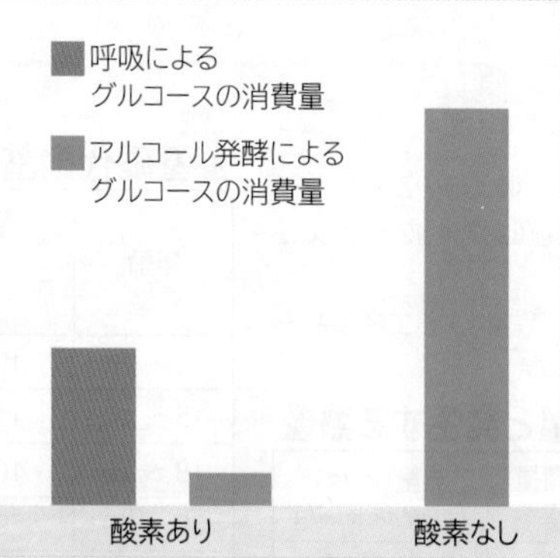


### ●酵母の呼吸とパスツール効果

酸素があるときの酵母

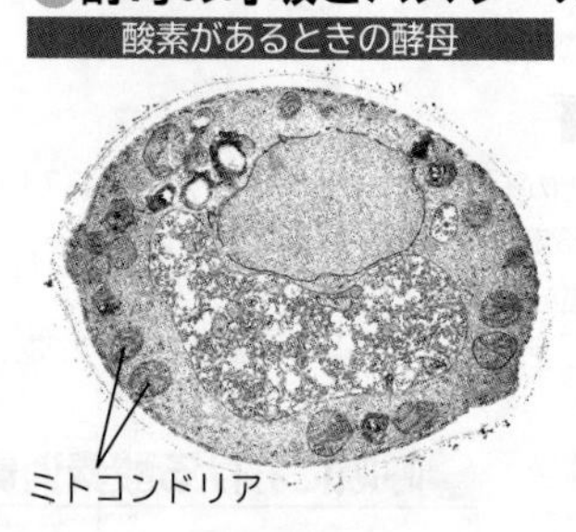


ミトコンドリアが発達し，呼吸を行う。

酸素がないときの酵母

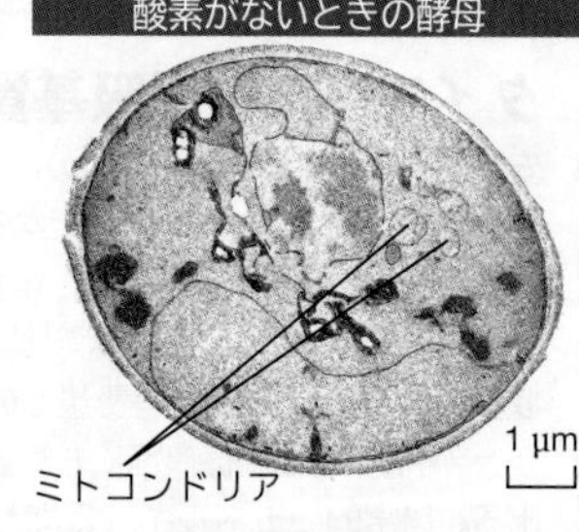


ミトコンドリアが発達せず，アルコール発酵を行う。

## B 呼吸と発酵のエネルギー利用率

発酵によって取り出されるエネルギーは，呼吸に比べてかなり少ない。　生物

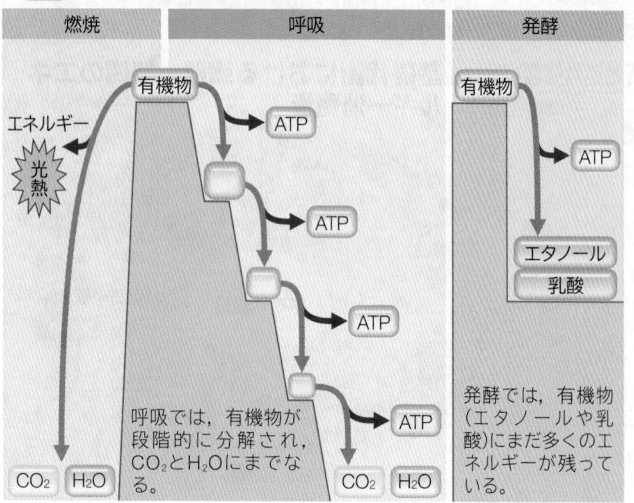


呼吸では，有機物が段階的に分解され，$CO_2$と$H_2O$にまでなる。

発酵では，有機物（エタノールや乳酸）にまだ多くのエネルギーが残っている。

### ●呼吸と発酵の比較

| ATP 生産のエネルギー効率と利用率 | 呼吸 | アルコール発酵 | 乳酸発酵・解糖 |
|---|---|---|---|
| 1 mol（180 g）のグルコースから生じる理論的エネルギー：$E$(kJ) | 2870 kJ | 234 kJ | 196 kJ |
| 生成される ATP 量：$n$(mol) | 38 | 2 | 2 |
| ATP に蓄えられたエネルギー：$n \times 30.5$(kJ) | 1160 kJ | 61.0 kJ | 61.0 kJ |
| エネルギー効率(%)：$\frac{n \times 30.5}{E} \times 100$ | 40.4 % | 26.1 % | 31.1 % |
| グルコース 1 mol のエネルギー利用率(%)：$\frac{n \times 30.5}{2870} \times 100$ | 40.4 % | 2.1 % | 2.1 % |

呼吸では，同じ量のグルコースから発酵の 19 倍（38 ÷ 2）の ATP を生成することができる。



WORD 発酵⇔嫌気呼吸⇔無気呼吸　酵母⇔酵母菌

## C 発酵と腐敗

発酵，腐敗という区分は人間の利害を基準にしたものであり，微生物にとってはすべて生命活動に必要なエネルギーを取り出すための過程である。 生物

| 種類 | 反応 | 生物 | 利用など |
|---|---|---|---|
| アルコール発酵 | $C_6H_{12}O_6 \rightarrow 2C_2H_5OH + 2CO_2$ + 234 kJ(56 kcal)<br>グルコース　エタノール　※1 cal ≒ 4.19J | 酵母 | アルコール飲料，パンの製造 |
| 乳酸発酵 | $C_6H_{12}O_6 \rightarrow 2C_3H_6O_3$ + 196 kJ(47 kcal)<br>乳酸 | 乳酸菌 | バター，チーズ，乳酸飲料の製造 |
| 酪酸発酵 | $C_6H_{12}O_6 \rightarrow C_3H_7COOH + 2CO_2 + 2H_2$ + 46 kJ(11 kcal)<br>酪酸 | 酪酸菌 | チーズ製造時の異常発酵 |
| 酢酸発酵* | $C_2H_5OH + O_2 \rightarrow CH_3COOH + H_2O$ + 479 kJ(115 kcal)<br>酢酸 | 酢酸菌 | 食酢の製造 |
| 腐敗 | タンパク質→アンモニア・インドール・スカトール・プトマインなど＋エネルギー | 腐敗菌 | 悪臭，有毒物質を生じる |

＊エタノールを酸化し酢酸を生成するので，酸化発酵とも呼ばれる。酸素が必要となるが，反応は細胞質基質で起こるので発酵に分類している。

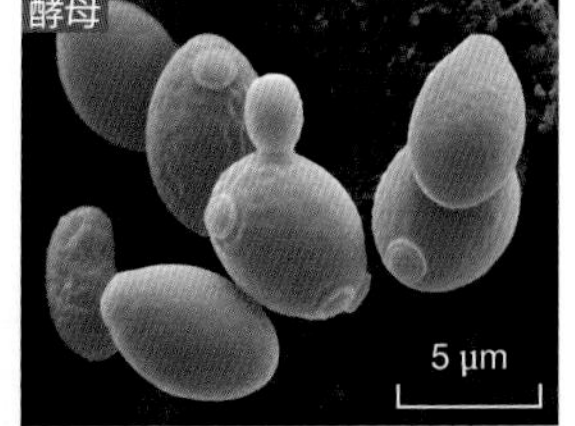


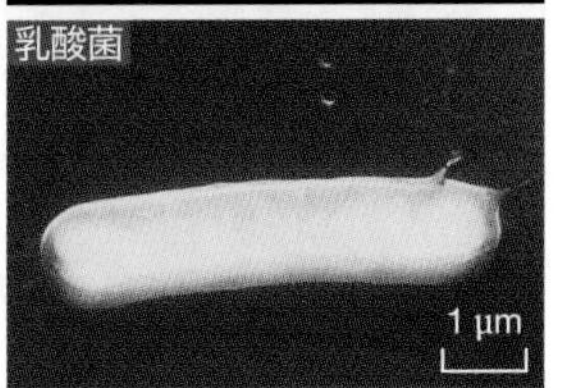


## D 発酵食品と微生物の利用

日本には，古くから発酵を利用した食品が多くある。また，アミノ酸発酵などを利用した独自の発酵産業もある。 生物

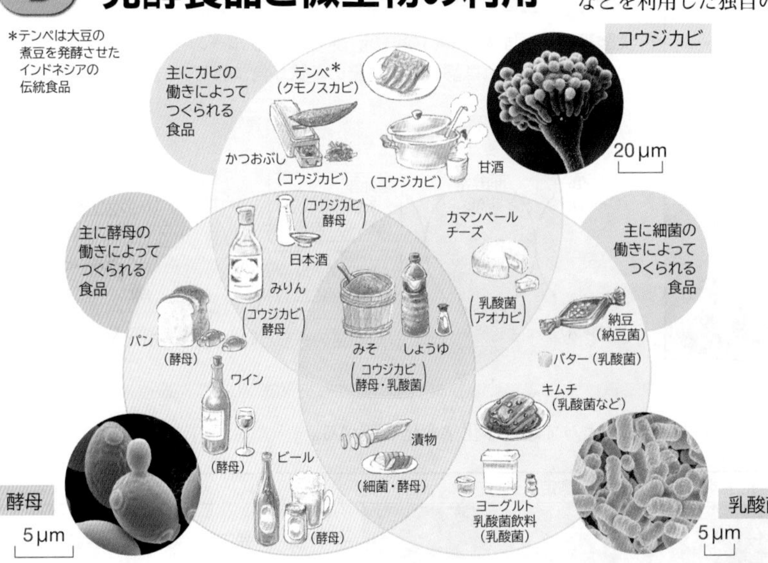


### 抗生物質の製造

二次代謝産物(生理的意義の明らかでない物質)発酵を利用。イギリスのフレミングによりアオカビからペニシリンが発見され(1929年)，その後，多くの抗生物質が発見されている。

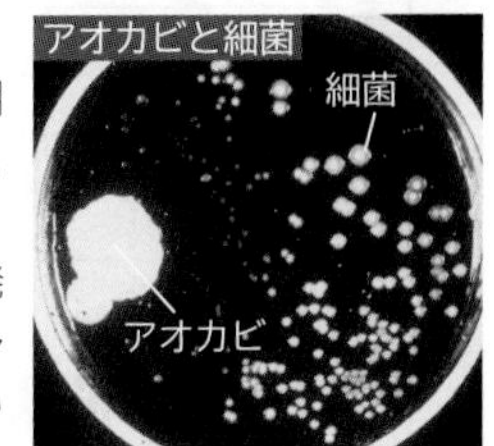


アオカビのまわりは細菌が増殖できない。

### アミノ酸の製造

アミノ酸発酵を利用。1956年，コンブのうま味成分であるグルタミン酸を合成する菌(グルタミン酸菌)が日本で発見され，発酵法により工業的につくられるようになった。

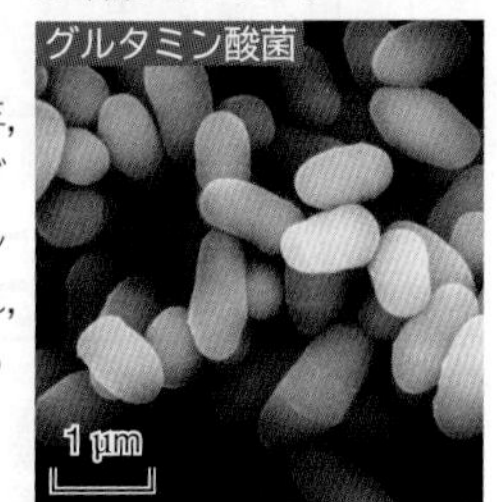


## E バイオリアクター

生物

バイオリアクターとは生物を意味する「bio」と反応器を意味する「reactor」の合成語で，生物を利用した反応装置という意味である。
酵素や微生物を，水に溶けないように高分子化合物などと結合させて固定化し，容器内で反応を進めると，反応生成物のみを容易に取り出すことができる。このように固定化した酵素や微生物は固定化酵素と呼ばれ，回収して繰り返し利用することができる。
この固定化酵素法の技術によりアミノ酸や抗生物質，アルコール，甘味料などが効率的に生産されている。

### TOPICS シアン中毒のメカニズム

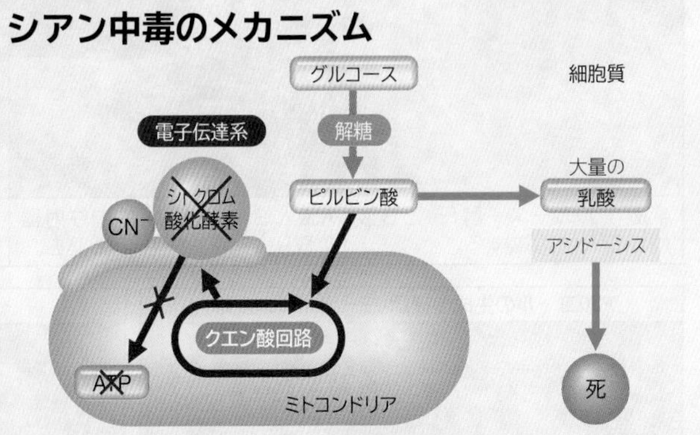


青酸カリなどに含まれるシアン化物イオン($CN^-$)は$Fe^{3+}$との親和性が強いため，ミトコンドリア内膜に存在する電子伝達系(⇒ p.79)の酵素であるシトクロム酸化酵素の活性を阻害する。そのため，ATPをつくることができず，呼吸の反応系が阻害される。すべての細胞で酸素を利用できなくなるので，クエン酸回路が働かず，解糖からの乳酸が増え，アシドーシス(血液に乳酸などの酸性物質が大量に発生する状態)が起こる。その結果，呼吸障害・意識障害などが生じ，死に至る。

# 実験　脱水素酵素の実験

クエン酸回路で働くコハク酸脱水素酵素の反応について調べる。

酵素液(酵母液)を作成し，一部は煮沸して室温まで冷やす。

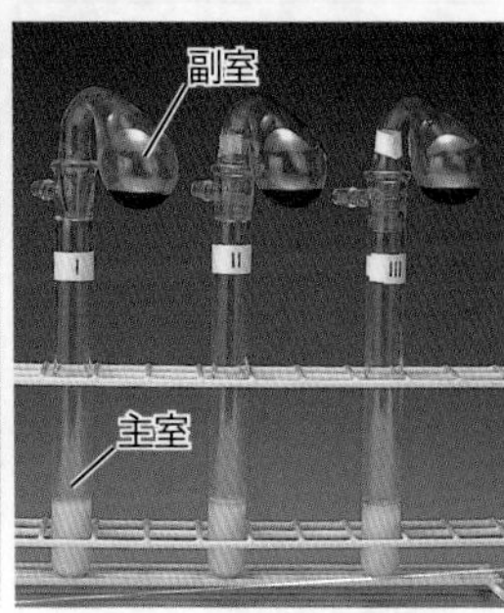

3本のツンベルク管に下表の条件で試薬を入れる。

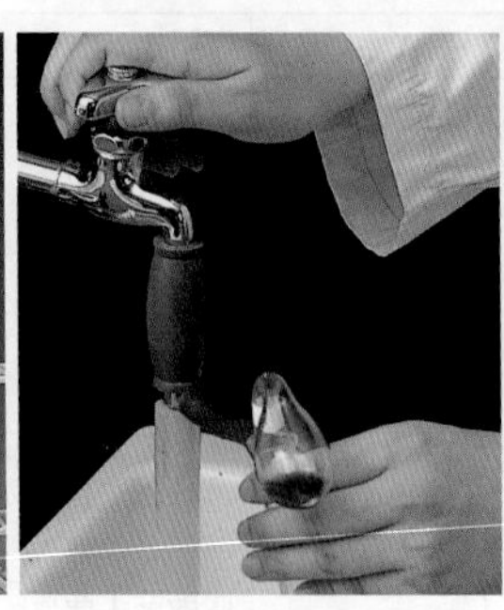
アスピレーターで空気を抜く。

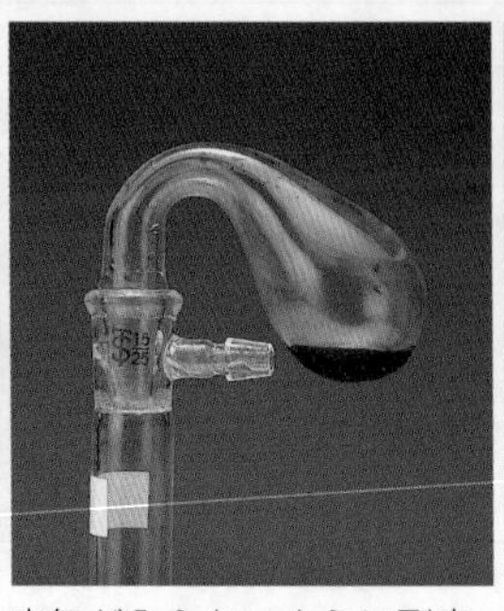
空気が入らないように副室を180度回す。

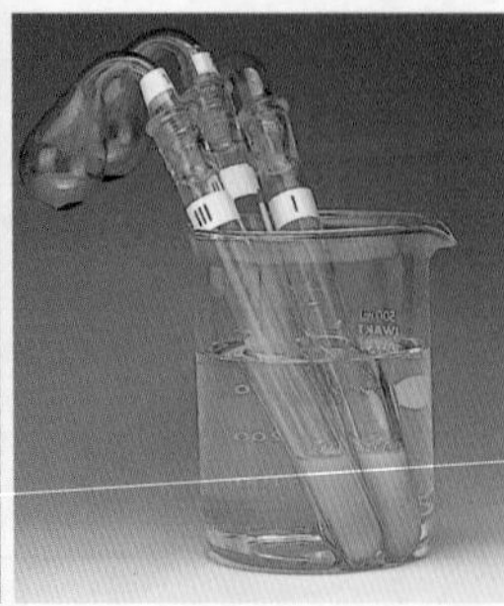

副室と主室の液を混合し，温水につけ37℃に保つ。

## 結果

| | 実験 | Ⅰ | Ⅱ | Ⅲ |
|---|---|---|---|---|
| 主室 | 酵素液(酵母液) | 5 mL | — | 5 mL |
| | 煮沸した酵素液 | — | 5 mL | — |
| 副室 | 5％コハク酸ナトリウム溶液 | 1 mL | 1 mL | — |
| | 水 | — | — | 1 mL |
| | 0.04％メチレンブルー溶液 | 0.5 mL | 0.5 mL | 0.5 mL |
| 結果 | 37℃に保温し，一定時間が経過した時の結果 | | | |

## 考察

**実験Ⅰ**：コハク酸脱水素酵素の働きでメチレンブルーが無色になった。

**実験Ⅱ**：煮沸により酵素が失活したので，色は変化しなかった。

**実験Ⅲ**：基質は入っていないが，メチレンブルーの色がわずかに薄くなった。これは酵素液に少量の基質が含まれていたためと考えられる。

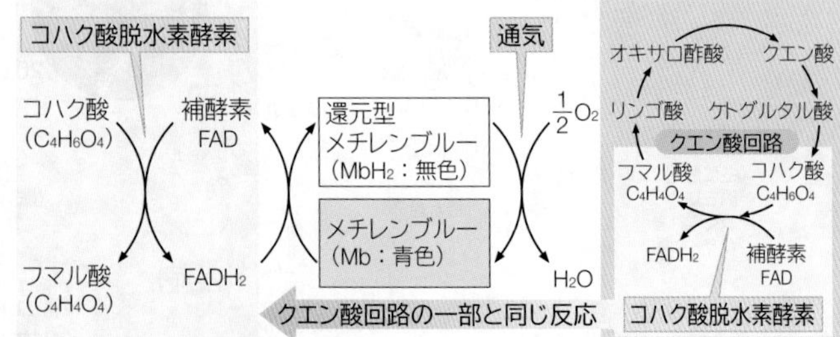


# 実験　アルコール発酵の実験

アルコール発酵によって起こる化学変化を調べる。

### 発生する気体の体積の測定

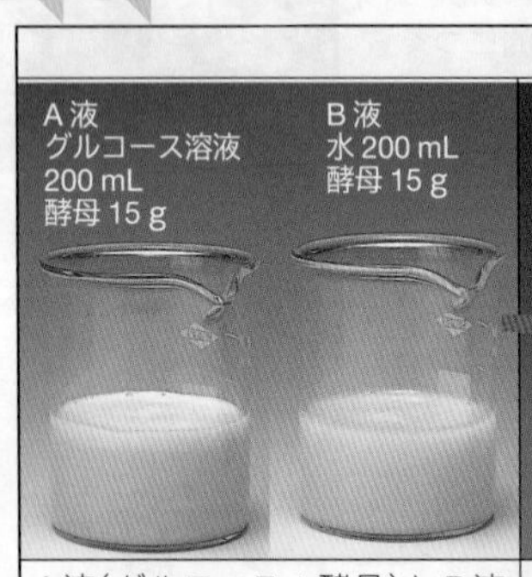

A液(グルコース＋酵母)とB液(水＋酵母)を調製する。

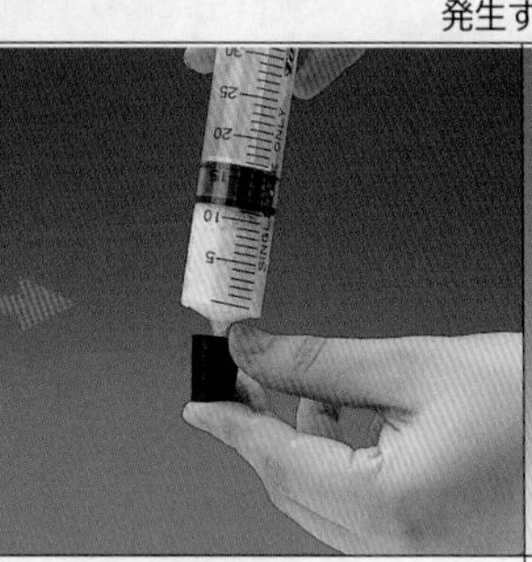
A液とB液を10 mLずつ注射器に取り，先をゴム栓に差し込む。

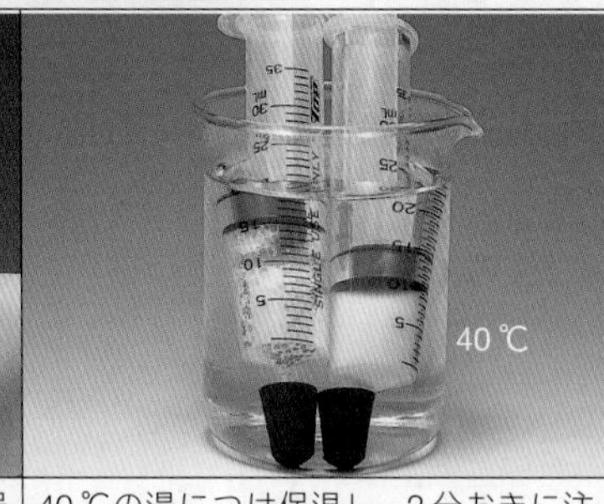

40 ℃の湯につけ保温し，2分おきに注射器内にたまった気体の体積を測定する。

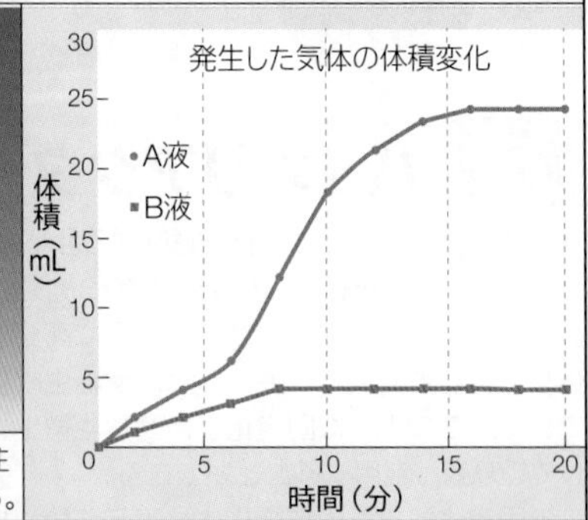


### アルコールの生成の確認(ヨードホルム反応)

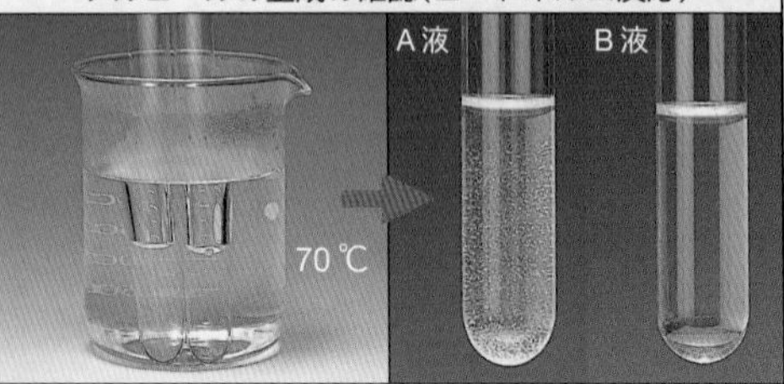

40 ℃で20分保温したA液とB液を5 mLずつ試験管に取り，ヨウ素溶液を入れ，色が消えるまで水酸化ナトリウムを加え，70 ℃で2～3分保温する。A液の試験管には特有の臭いと黄色沈殿(ヨードホルム)が生じる。

### 二酸化炭素発生の確認

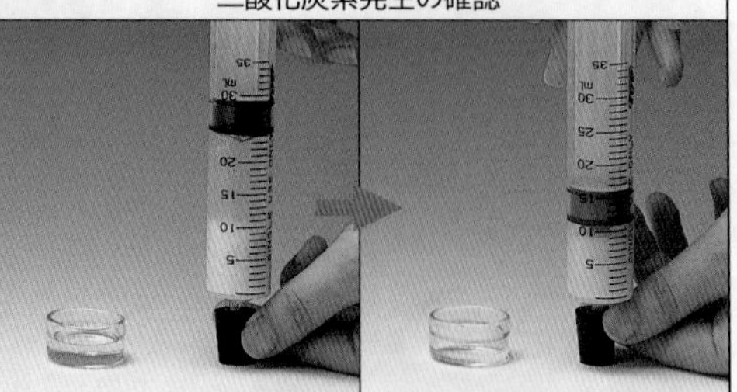
40 ℃で20分保温したA液の注射器に水酸化ナトリウム水溶液を5 mL吸い取ってゴム栓をする。軽く振ると，注射器内の気体が吸収されて体積が減少する。

## 考察

グラフで，A液の発生した気体の体積の増加が途中で止まっていることから，酵母は呼吸基質のグルコースを消費しきったと考えられる。ヨードホルム反応よりA液にアルコールが生成したことがわかる(⇒ p.23)。A液の発生した気体は，水酸化ナトリウム水溶液に吸収されることから二酸化炭素であることがわかる。したがって，アルコール発酵における化学変化は次のようになる。

$$C_6H_{12}O_6 \longrightarrow 2C_2H_5OH + 2CO_2$$

WORD 還元型メチレンブルー⇔ロイコメチレンブルー

# 14 光合成と葉緑体
Photosynthesis and chloroplast

## A 光合成の場

植物の光合成は主に葉の柵状組織と海綿状組織を構成する細胞に含まれる葉緑体で行われる。

生物基礎　生物

### 葉緑体の構造

外膜と内膜の二重の膜に包まれ，内部に**チラコイド**と**ストロマ**が発達している。

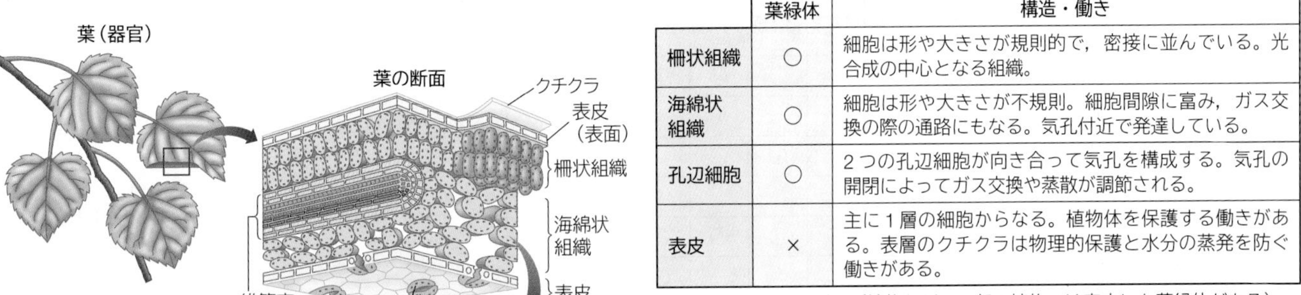


| | 葉緑体 | 構造・働き |
|---|---|---|
| 柵状組織 | ○ | 細胞は形や大きさが規則的で，密接に並んでいる。光合成の中心となる組織。 |
| 海綿状組織 | ○ | 細胞は形や大きさが不規則。細胞間隙に富み，ガス交換の際の通路にもなる。気孔付近で発達している。 |
| 孔辺細胞 | ○ | 2つの孔辺細胞が向き合って気孔を構成する。気孔の開閉によってガス交換や蒸散が調節される。 |
| 表皮 | × | 主に1層の細胞からなる。植物体を保護する働きがある。表層のクチクラは物理的保護と水分の蒸発を防ぐ働きがある。 |

○：あり　×：なし（シダ植物などの一部の植物では表皮にも葉緑体がある）

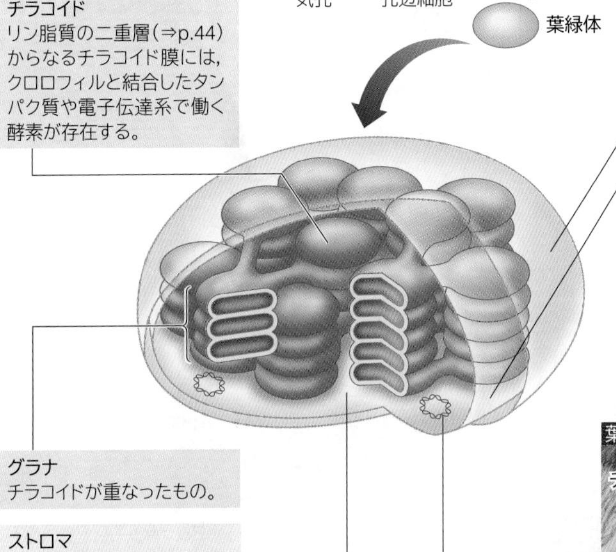


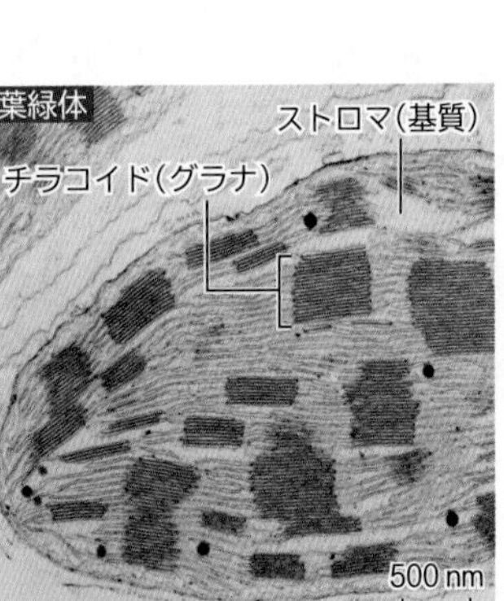


### TOPICS 色素体

植物細胞に見られる独自の DNA をもつ細胞小器官で，葉緑体，白色体，有色体などがある。また，若い細胞には原色素体（プロプラスチド）が存在し，これが各器官でそれぞれの色素体に分化する。一般に，有色体が色素体発達の最終段階と考えられている。

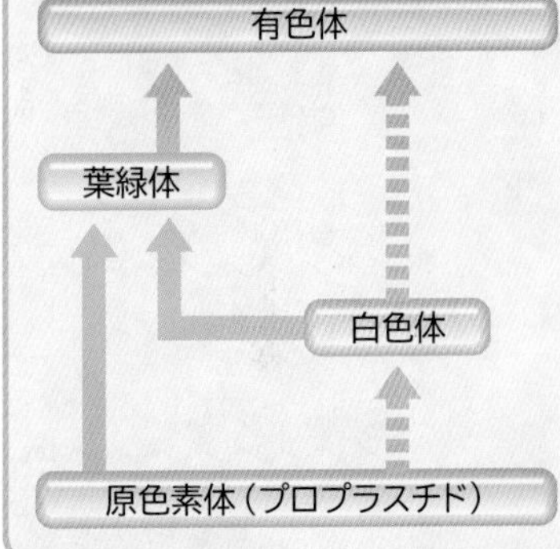


## B 光合成生物の系統と葉緑体の型

原核生物から真核生物へ進化するにつれて，単純な構造からチラコイドが発達した構造へと変化してきた。

生物

| 原核生物（色素体としての構造なし） | | 真核生物（色素体） | | | | |
|---|---|---|---|---|---|---|
| 光合成細菌 | シアノバクテリア | 紅藻類 | 褐藻類 | 緑藻類 | シダ植物，コケ植物 | 種子植物 |
| クロマトフォア，チラコイド | 一重または二重チラコイド | 一重チラコイド | 三重チラコイド | 多重チラコイド | チラコイド，不完全なグラナ | グラナ・チラコイド |
| 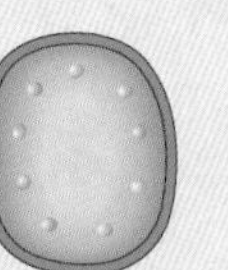 | 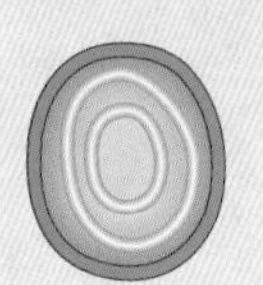 | 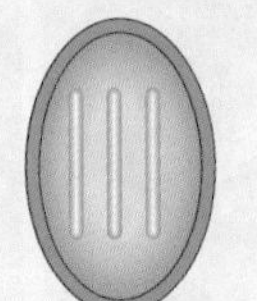 | 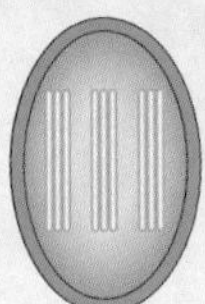 | 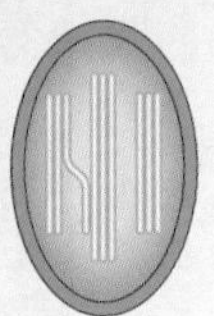 | 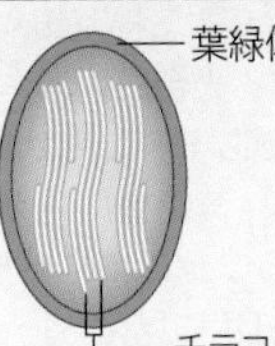 | 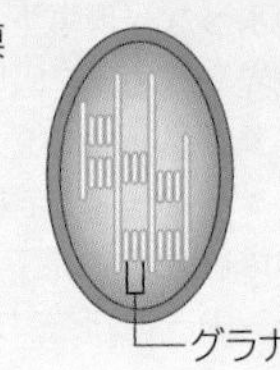 |
| **原核生物**<br>クロマトフォアと呼ばれる小胞またはチラコイドが細胞内に散在する。 | | **真核生物**<br>チラコイドが膜で囲まれて葉緑体として独立して存在する。チラコイドが層状のグラナを形成するようになる（藻類は葉緑体を包む包膜の数で分類する）。 | | | | |

2 生命現象と代謝

生物基礎　生物

# 15 光合成色素と光
Photosynthetic pigments and light

## A 光合成色素

光合成色素は，クロロフィル・カロテノイド・フィコビリンに分類される。葉緑体中のチラコイドに多く含まれ，膜のタンパク質に結合している。

生物

### 光合成色素の種類と分布

| 光合成色素 | | | 色 | 植物 | 緑藻類 | 褐藻類 | ケイ藻類 | 紅藻類 | シアノバクテリア | 光合成細菌 |
|---|---|---|---|---|---|---|---|---|---|---|
| クロロフィル | クロロフィル a | | 青緑 | ○ | ○ | ○ | ○ | ○ | ○ | |
| | クロロフィル b | | 黄緑 | ○ | ○ | | | | | |
| | クロロフィル c | | 黄緑 | | | ○ | ○ | | | |
| | バクテリオクロロフィル | | 青緑 | | | | | | | ○ |
| カロテノイド | カロテン | | 橙 | ○ | ○ | ○ | ○ | ○ | ○ | |
| | キサントフィル | ルテイン | 黄 | ○ | ○ | | | ○ | | |
| | | フコキサンチン | 褐色 | | | ○ | ○ | | | |
| フィコビリン | フィコシアニン | | 青 | | | | | ○ | ○ | |
| | フィコエリトリン | | 紅 | | | | | ○ | ○ | |

$C_3$ 植物(⇒ p.94)には，クロロフィル a とクロロフィル b がおよそ 3：1 の割合で含まれている。カロテノイドは光過剰時の光阻害(⇒ p.93)から葉緑体を保護する働きがあり，フィコビリンは集光を補助する働きがある。

### 光合成色素の分子構造

クロロフィルは中心金属に Mg をもつ。

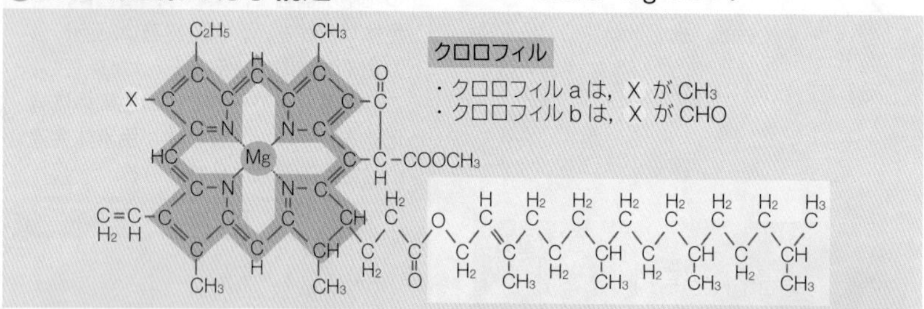


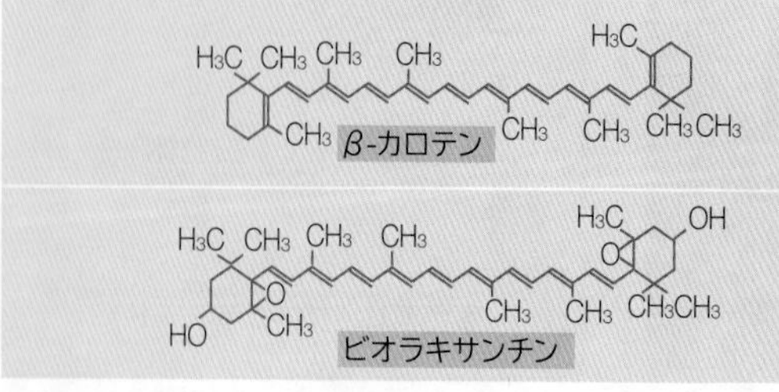


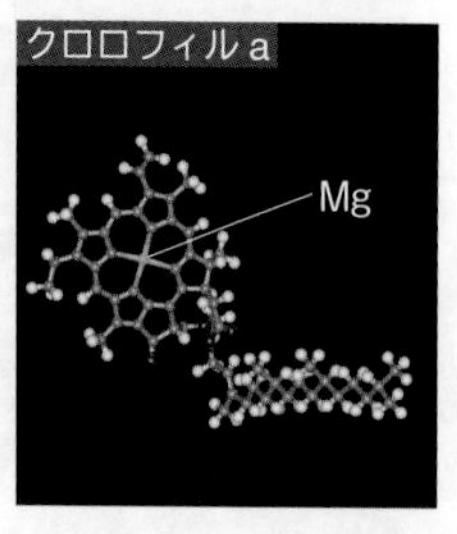


### クロロフィルの働き

葉緑体のチラコイド膜には，数百個のクロロフィル分子がタンパク質と結合した**アンテナ複合体**が規則正しく配列している。光エネルギーはアンテナ複合体のクロロフィルで吸収され反応中心のクロロフィルに集められる。反応中心クロロフィルは集まった光エネルギーを**電子伝達系**(⇒ p.92)に渡す役割をもつ。

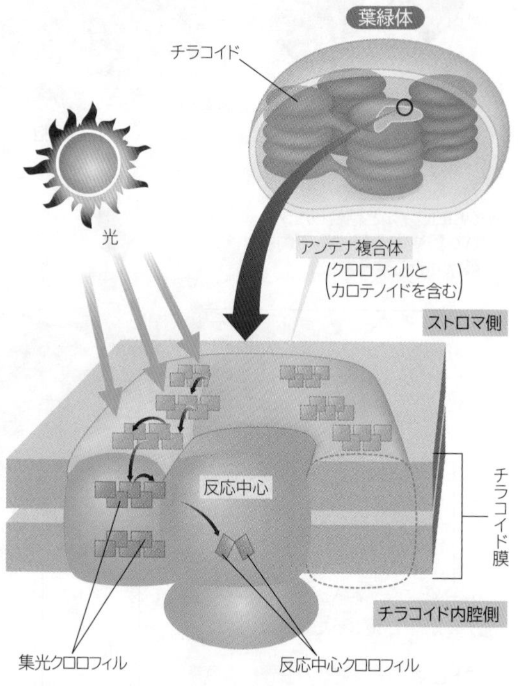


**TRY** 植物と同じ光合成色素をもつのはどのグループだろうか。

## 褐藻類や紅藻類が利用する光

ADVANCE

海の中では水深が増すにつれて光の強度は減衰する。太陽の可視光のうち赤色～橙色の光は海中で吸収され，青色や緑色の光は比較的深い海底まで届く。このような光環境下で生育する褐藻類や紅藻類は，青色光や緑色光を吸収する光合成色素をもつ。
褐藻類は褐色の色素であるフコキサンチン(カロテノイドの一種)をもち，黄褐色に見え，また，紅藻類は紅色の色素であるフィコエリトリン(フィコビリンの一種)をもち，紅色に見える。

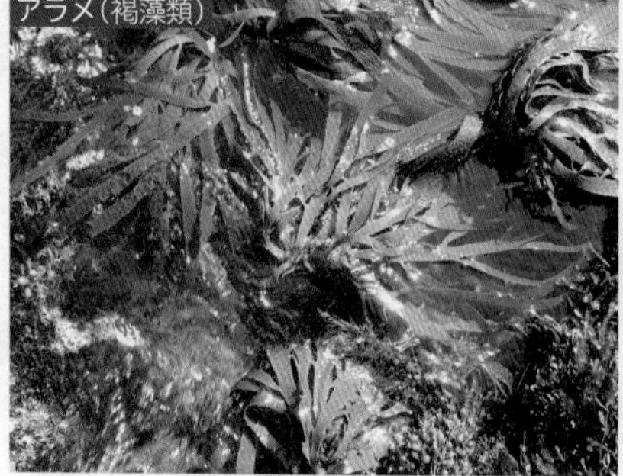
アラメ(褐藻類)

マクサ(紅藻類)



WORD 光合成色素⇔同化色素　クロロフィル⇔葉緑素　カロテノイド⇔カロチノイド　カロテン⇔カロチン

## B 光の吸収

光合成色素は特定の波長の光をよく吸収する。クロロフィルは 440 nm の青色光と 660 nm の赤色光をよく吸収する。

生物

### 葉緑体での光の吸収

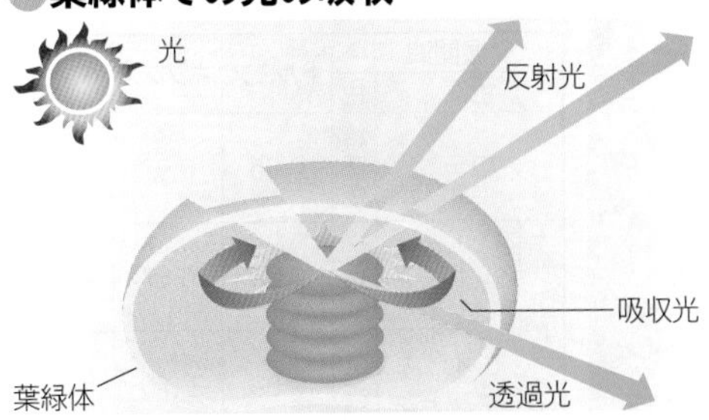


葉緑体に照射された光の大部分は透過・反射してしまい，実際に利用されるのは1％程度である。葉緑体に吸収されても，光合成色素に吸収されなかった光は利用されない。

### 光合成色素の吸収スペクトル

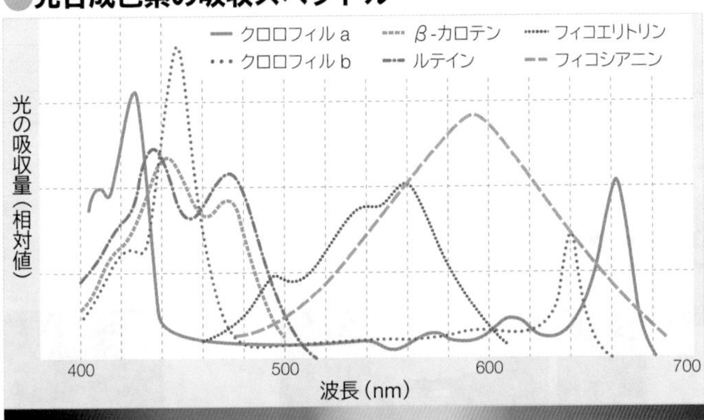


光合成色素がどこの波長の光をどれくらい吸収したかを表したものを吸収スペクトルという。紅藻類がもつ光合成色素のフィコエリトリンは，水中を透過する緑色光も吸収する。

### エンゲルマンの実験

エンゲルマンは，光合成を行うアオミドロと酸素に集まる好気性細菌を混合して，葉緑体で光合成が行われ酸素を放出していることや，光合成には特定の波長の光が有効であることを明らかにした（1882 年）。

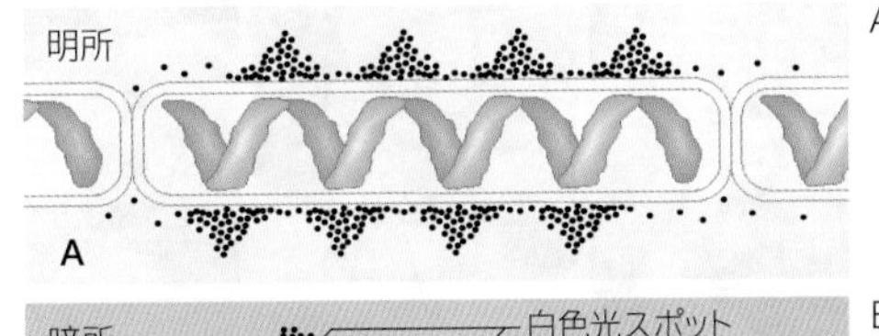


A：好気性細菌は，葉緑体付近に集まる。

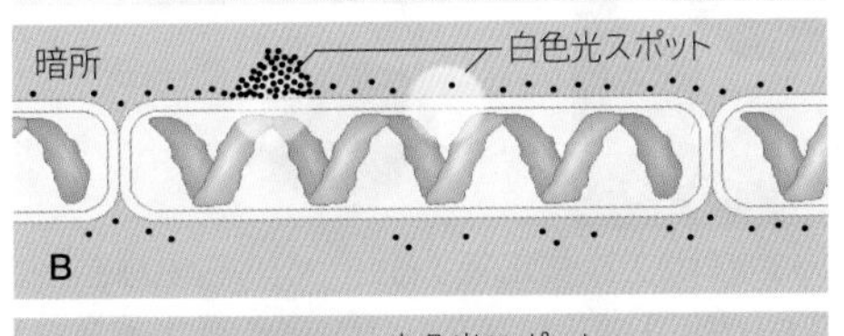


B：暗所で葉緑体と葉緑体以外の部分に白色光を当てると，葉緑体の方に集まる。

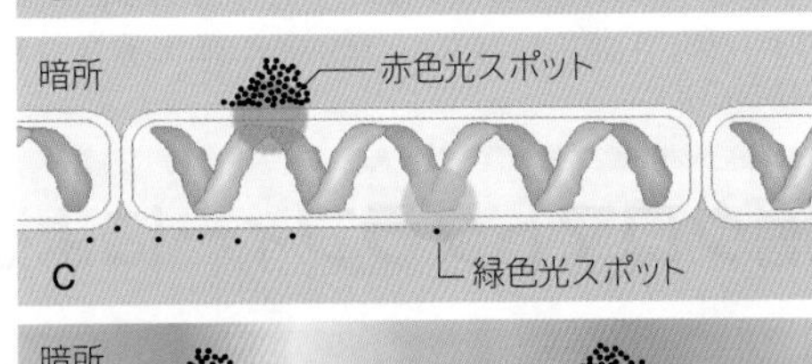


C：暗所で葉緑体の部分に赤色光と緑色光を当てると，赤色光の方に集まる。

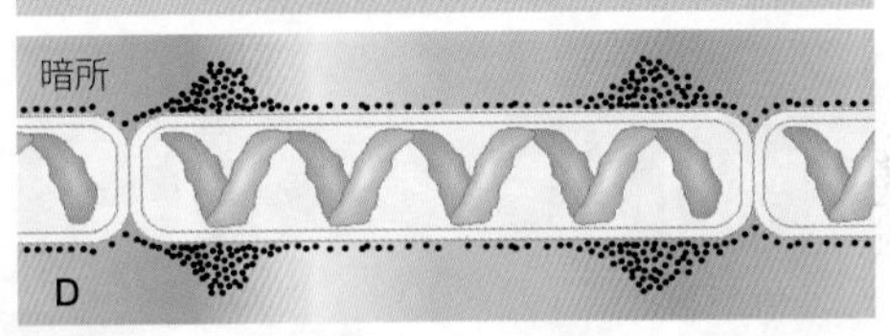


D：暗所でプリズムで分けた光を照射すると青紫色と赤色の部分に集まる。

細菌の集まりと光の色の関係に着目しよう。

TRY 光合成の吸収スペクトルをもとに，エンゲルマンの観察結果を説明してみよう。

### 光合成色素の光の吸収量の測定法

緑色光の吸光度の測定

光電比色計（特定の波長の光の透過率を測定する装置）

緑色の光はクロロフィルに少ししか吸収されないので，針は大きくふれる。

プリズム

白色光

波長によって光を分けるスリット

クロロフィル溶液

青色光の吸光度の測定

青色の光はクロロフィルに吸収されるので，針はふれない。



## C 吸収スペクトルと作用スペクトル

光の波長と光の吸収の関係を表したものを吸収スペクトル，光の波長と光合成の速さの関係を表したものを作用スペクトルという。

生物

### クロロフィルの吸収スペクトルと作用スペクトル

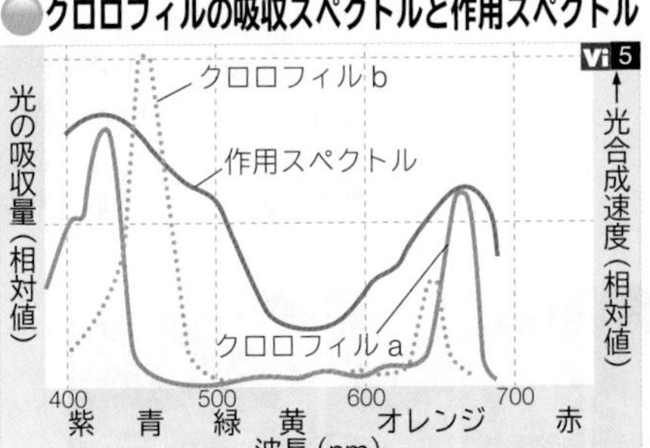


青色光と赤色光ともによく吸収されているが，作用スペクトルから，光合成には**青色光の方が赤色光よりも有効**なことがわかる。

### アオサの吸収スペクトルと作用スペクトル

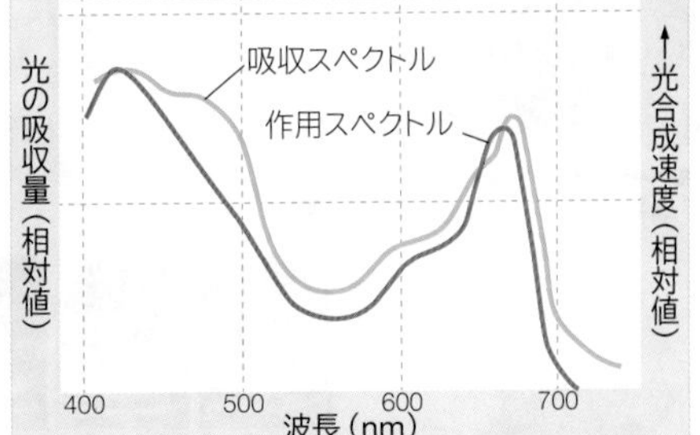


アオサ（緑藻類）は二層の細胞からなり透過度が高いので，体内での反射や屈折がほとんどない。したがって吸収スペクトルと作用スペクトルは，ほぼ一致する。

### 陸上植物の生葉と色素抽出液の吸収スペクトル

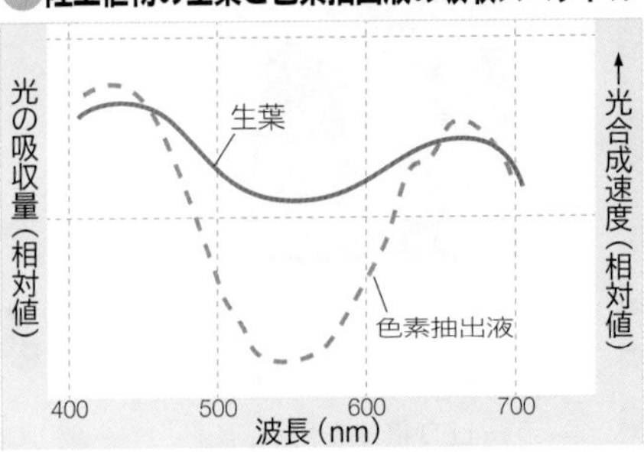


一般の緑色植物の生葉では細胞が何層にも並んでいて厚みがあるため光の通過距離が長い。緑色光でも透過途中で吸収されていくので，青色光や赤色光の吸収率との差が小さくなる。

# 実験 ペーパークロマトグラフィーによる光合成色素の分離

①緑葉を細かく切って乳鉢に入れ，メタノール：アセトン(3：1)混合液を少量加えすりつぶす。

②ろ過する。

③毛細管を使って，抽出液をろ紙にスポットする。

④ろ紙をガラス円筒内につるし，下端を展開液に浸して展開する。

Rf 値の例(15 ～ 22℃)

| 色素 \ 展開液 | | 色 | トルエン | キシレン | ベンゼン |
|---|---|---|---|---|---|
| カロテン | | 橙黄色 | 0.95 | 0.97 | 0.99 |
| キサントフィル | ルテイン | 黄 | 0.85 | 0.84 | 0.91 |
| キサントフィル | ビオラキサンチン | 黄 | 0.69 | 0.70 | 0.75 |
| クロロフィル a | | 青緑色 | 0.39 | 0.38 | 0.34 |
| クロロフィル b | | 黄緑色 | 0.22 | 0.23 | 0.22 |

$$\text{Rf 値} = \frac{\text{色素の移動距離(b)}}{\text{溶媒の移動距離(a)}}$$

# 実験 薄層クロマトグラフィーによる光合成色素の分離

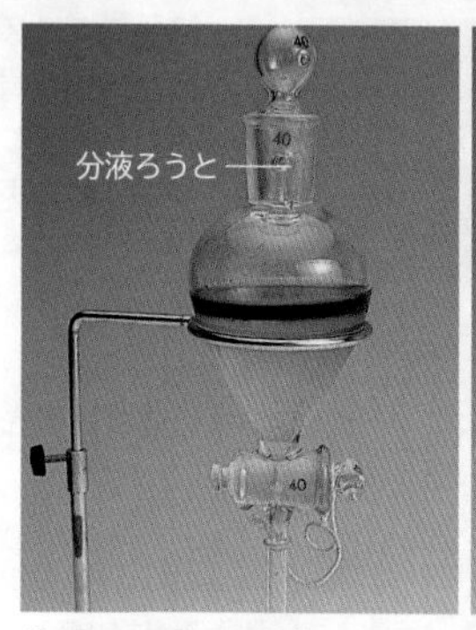


①すりつぶした緑葉にエチルエーテルを5mL加え，水を加える。分液ろうとに入れて静置する。

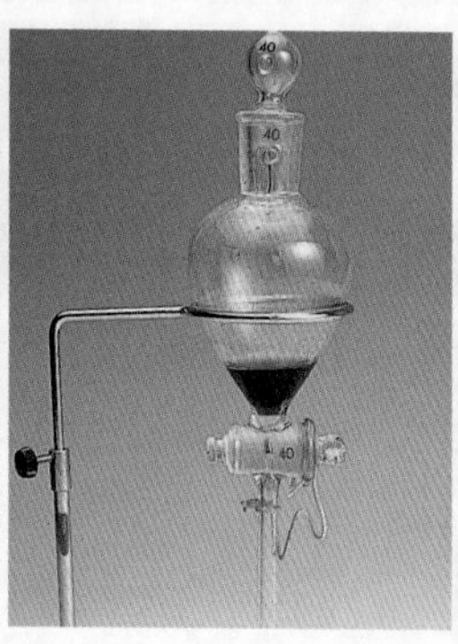

②下部の液体を流し，上部のエチルエーテル層(色素が溶け込んでいる)を試料とする。

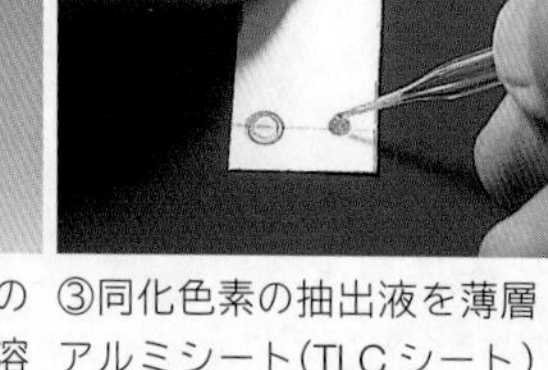

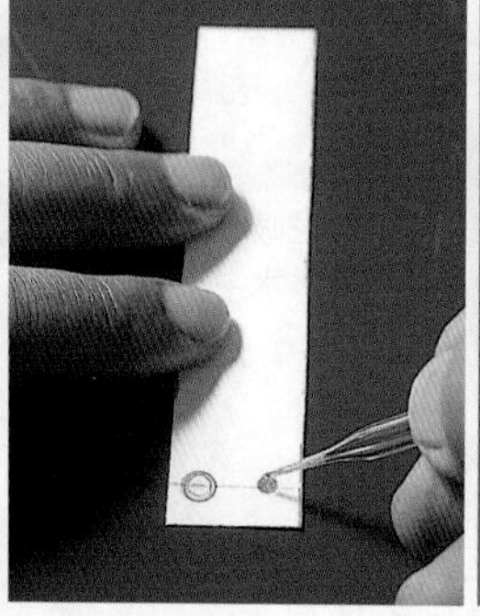

③同化色素の抽出液を薄層アルミシート(TLCシート)にスポットする。

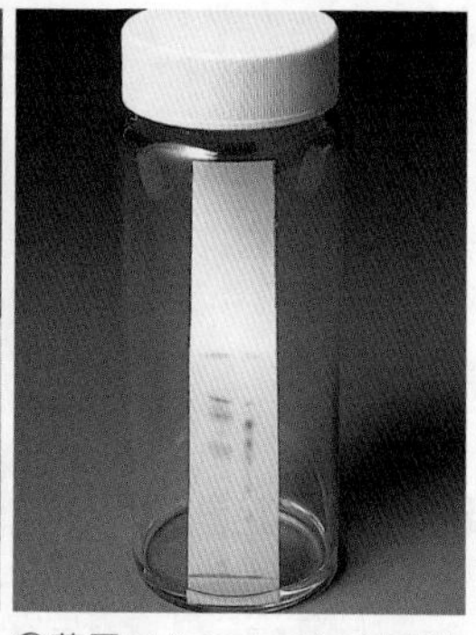

④薄層アルミシートを展開液(石油エーテル：アセトン＝7：3)に浸して展開する。

カロテン
クロロフィル a
クロロフィル b
ルテイン
ビオラキサンチン
ネオキサンチン

⑤分離した色素。左がアマノリ(紅藻類)，右がホウレンソウ(緑色植物)。

**クロマトグラフィーの原理**

色素は展開液に溶けながらろ紙やアルミシートを上昇していく。そのため，展開液に溶けやすい色素ほど速く上昇し，色素ごとに分離できる。

# 実験 クロロフィルの蛍光

メタノールで抽出したクロロフィル(aとbの混合)溶液にマルチカラーLED電球を用い，下から光を当てる。強い光が当たる管の底から出る蛍光を観察する。

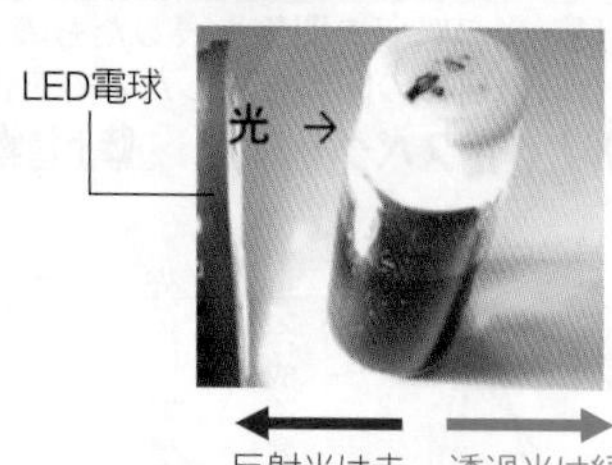


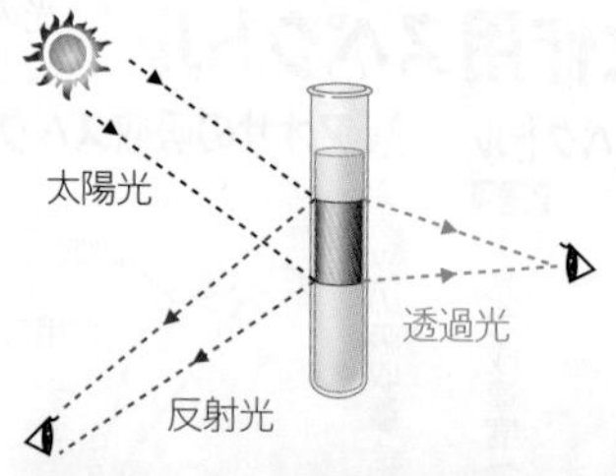


太陽光
反射光
グラナ
吸収される光(赤と青紫)
透過光

抽出したクロロフィルに，ある波長の光を当てるとエネルギーが吸収され，蛍光となってエネルギーを放出する。この蛍光は，吸収したエネルギーが利用できない(カルビン回路に行かない)ため，光として放出されたエネルギーである。この蛍光の光の波長を調べると，吸収スペクトルとほぼ一致する。

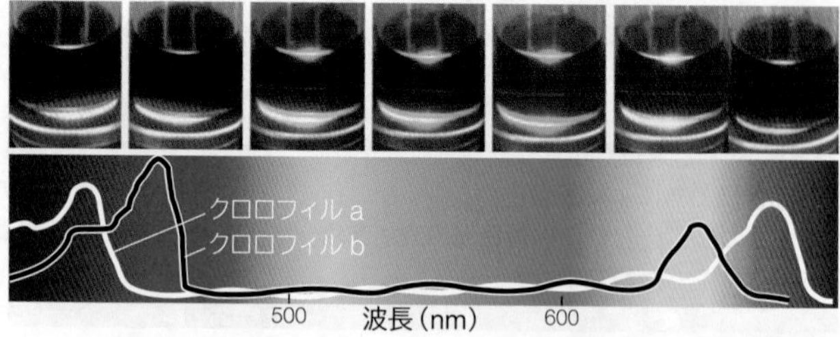

# 16 光合成の速さと環境条件

Rate of photosynthesis and environmental factors

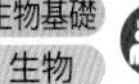

## A 光合成速度と呼吸速度

植物は，光合成を行いながら，同時に呼吸も行っていて，葉などが受ける光の強さとは無関係に一定量の二酸化炭素($CO_2$)を放出している。

生物基礎　生物

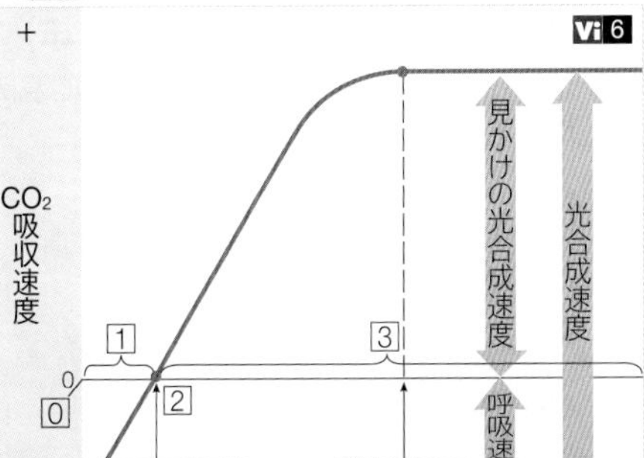


| 光補償点 | 光合成による $CO_2$ 吸収と呼吸による $CO_2$ 放出がつり合い，見かけ上 $CO_2$ の出入りが見られない光の強さ。 |
|---|---|
| 光飽和点 | 光の強さを大きくしていったとき，それ以上強くしても光合成速度が増加しなくなる光の強さ。 |
| 見かけの光合成速度 | $CO_2$ 吸収速度の測定値として読み取ることのできる光合成速度。実際には呼吸によって放出される $CO_2$ があるので，この値は真の光合成速度を示していない。 |
| 光合成速度 | **光合成速度＝見かけの光合成速度＋呼吸速度** |

| 暗黒下(図の0) | 光補償点以下の光(図の1) | 光補償点(図の2) | 光補償点以上の光(図の3) |
|---|---|---|---|
| 光合成は行われない | 光合成速度＜呼吸速度 | 光合成速度＝呼吸速度 | 光合成速度＞呼吸速度 |
| 消費(呼吸)のみが行われる。<br>$CO_2$ 放出 | 生産が消費を下まわっている。<br>$CO_2$ 放出 | 生産と消費がつり合っている。<br>見かけ上 $CO_2$ の出入りなし | 生産が消費を上まわっている。<br>$CO_2$ 吸収 |

## B 光合成速度と環境要因

光合成に影響を与える環境要因のうち，最も不足している要因が光合成速度を制限する。この要因を限定要因という。

生物

### 光合成速度と二酸化炭素濃度

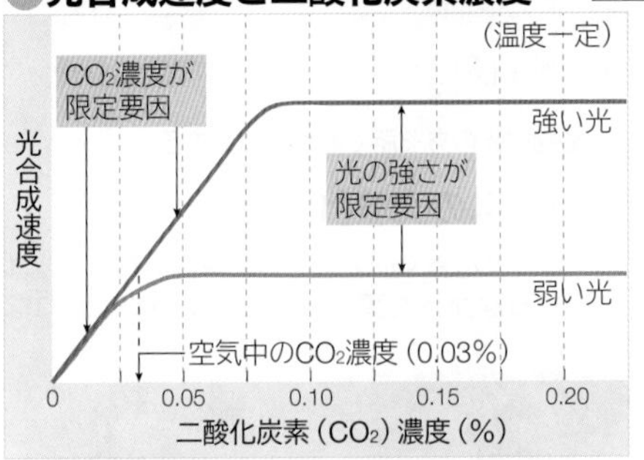


$CO_2$ 濃度が低いとき⇒ **$CO_2$ 濃度が限定要因**
$CO_2$ 濃度が高いとき⇒**光の強さが限定要因**

$CO_2$ 濃度が低いときは，$CO_2$ 濃度の上昇とともに光合成速度が大きくなるが，一定の $CO_2$ 濃度以上では光合成速度の変化がなくなる。

### 光合成速度と光の強さ・温度

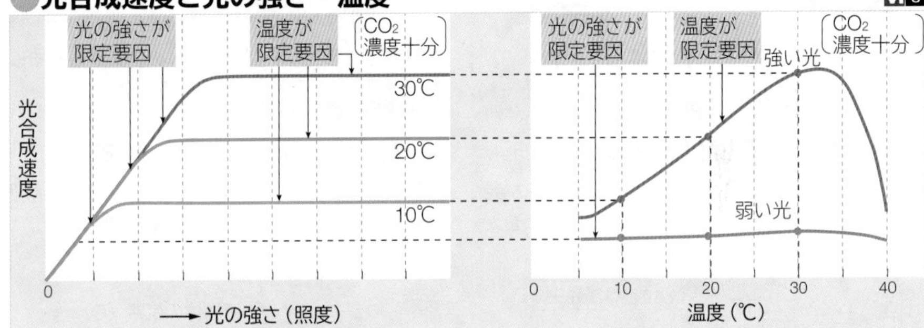


光が弱いとき⇒**光の強さが限定要因**
光が強いとき⇒**温度が限定要因**

光の強さ(照度)に応じて光合成速度が大きくなる。光飽和点以上の光の強さでは光合成速度は一定となる。

温度が低いと光の強さに関係なく反応があまり進まない。温度が高くなると光合成速度が大きくなる。高温では，光合成で働く酵素が失活するので光合成速度が下がる。

## C 光合成と植物の生活

日なたでよく生育する植物を陽生植物，日陰に生育する植物を陰生植物という。これらには，形態的・生理的な特徴に違いが見られる。

生物基礎

### 陽生植物と陰生植物

ルクス(lux)は照度(物体が受ける光の強さ)の単位。

| | 光合成速度 | 呼吸速度 | 光補償点(ルクス) | 光飽和点 | 生育環境 | 例 |
|---|---|---|---|---|---|---|
| 陽生植物 | 大 | 大 | 高い<br>1000 ～ 2000 | 高い | 日陰に弱く陽地を好む | Ⓐ |
| 陰生植物 | 小 | 小 | 低い<br>100 ～ 500 | 低い | 日陰でも生育できる | Ⓑ |

※光合成速度は $CO_2$ の吸収速度で，呼吸速度は $CO_2$ の放出速度でそれぞれ表される。

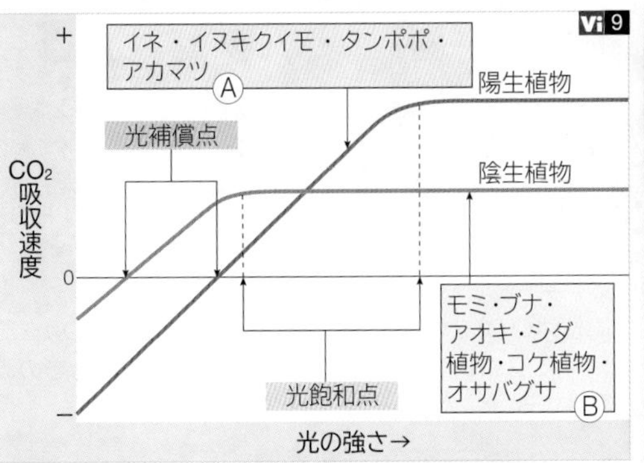

陽生植物(タンポポ)

陰生植物(イヌワラビ)

**TRY** 強い光のもとでは，陽生植物と陰生植物のどちらの光合成速度が大きいか。

### 陽葉と陰葉

ブナやコナラ，カシなどでは，同一の樹木でも木の外側にある日光によく当たる陽葉と内側の陰葉では，葉の形状や構造に違いがある。陽葉・陰葉の光合成の特徴は，それぞれ陽生植物・陰生植物と似た傾向を示す。

**光補償点**：陽葉で大きく(700 ～ 1500 ルクス)，陰葉で小さい。
**光合成速度・呼吸速度**：陽葉で大きく，陰葉で小さい。

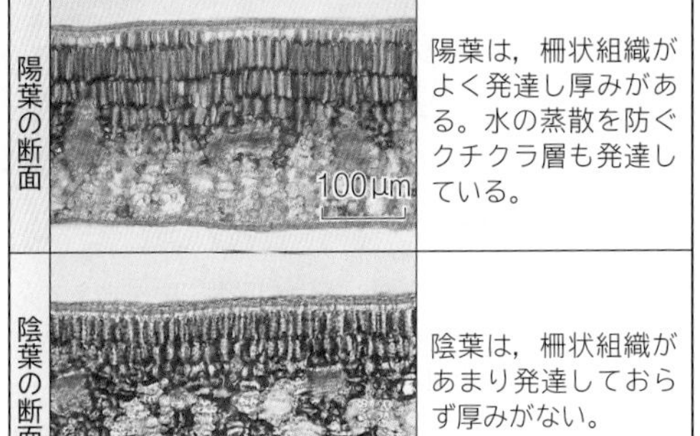


陽葉は，柵状組織がよく発達し厚みがある。水の蒸散を防ぐクチクラ層も発達している。

陰葉は，柵状組織があまり発達しておらず厚みがない。

**TRY** 柵状組織が葉の表面に集まっているのはなぜか。

WORD 光補償点⇔補償点　限定要因⇔制限要因⇔律速因子

2 生命現象と代謝　生物基礎　生物

# 17 光合成研究の歴史

History of photosynthesis

## A 光合成の発見

「植物の生育には何が必要か」という素朴な疑問に対して，多くの研究者が様々な実験を行い，光，水，二酸化炭素が必要なことを明らかにした。 生物

### ファン・ヘルモントの実験(1648年)

植木鉢に乾燥させた土90.7 kgを入れ，重さ2.3 kgのヤナギを植えて，水をやりながら5年間育てた。ヤナギは約76.8 kgに成長したが，土は60 g減少しただけであった。

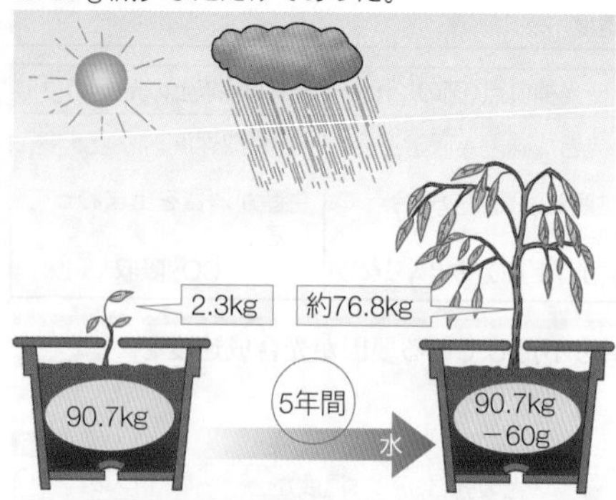


植物は土を養分としない。植物は水を養分として育つ。
**⇒植物は水からつくられる。**

### プリーストリの実験(1772年)

ハッカの枝を入れた密閉容器では，ネズミは死なず，ろうそくは燃えた。彼は，物質が燃えるのはフロギストン(燃素)という元素が逃げて行くことと考えていたので，呼吸や燃焼に必要な酸素の発見には達しなかった。

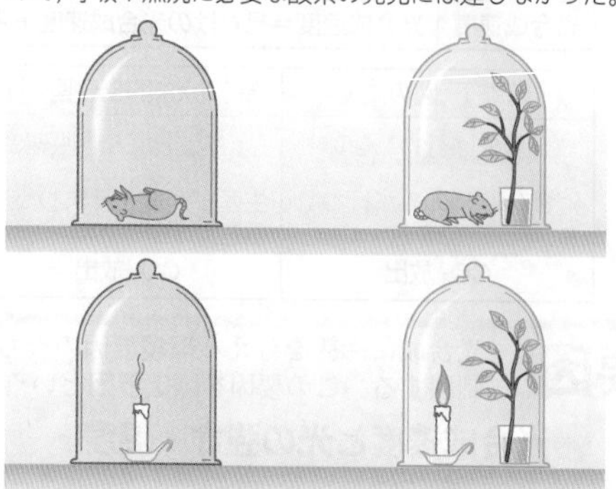

ネズミやろうそくの炎はまわりの空気を悪くする。植物はまわりの空気を清浄化する。
**⇒植物は酸素を放出している。**

### インゲンホウスの実験(1779年)

プリーストリの実験でネズミが死なないのは昼間だけで，夜には窒息死した。

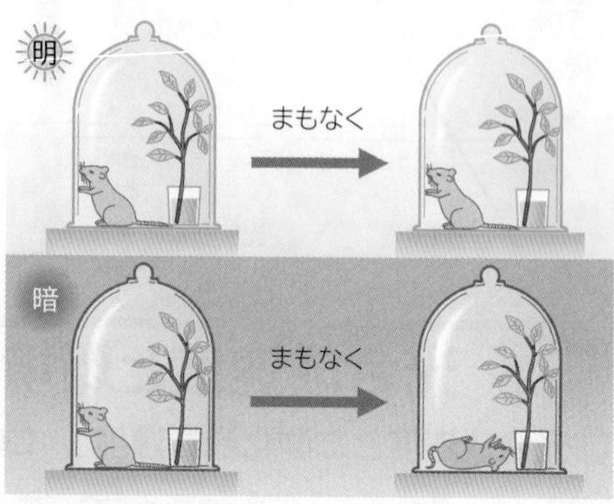


植物がまわりの空気を浄化するのは昼間だけである。
**⇒植物は光のある所で酸素を放出する。**

### セネビエの実験(1788年)

二酸化炭素を含む水中に水草を入れると気泡が発生するが，二酸化炭素を含まない水中に水草を入れても気泡は発生しない。

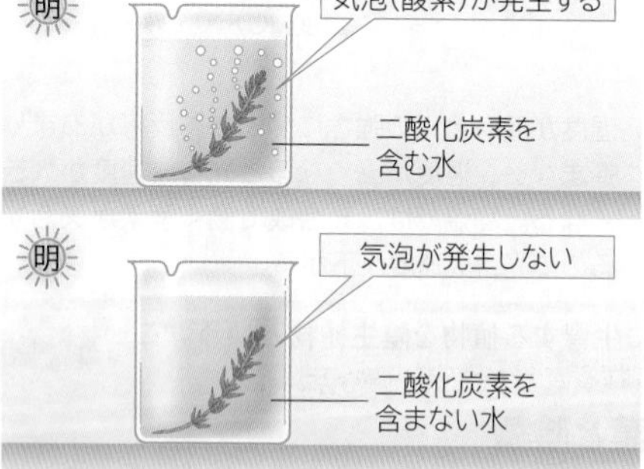


**植物が酸素を発生するためには，二酸化炭素が必要である。**

### ソシュールの実験(1804年)

密閉容器に植物を入れておくと，容器内の二酸化炭素がなくなり，植物体の炭素量が増加した。

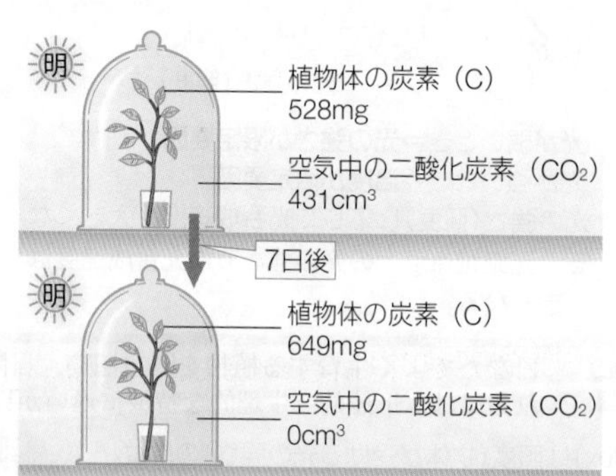


**植物は二酸化炭素からつくられる。**

### ザクスの実験(1862年)

光が当たった葉ではデンプンがつくられるが，光の当たらなかった葉ではデンプンがつくられなかった。

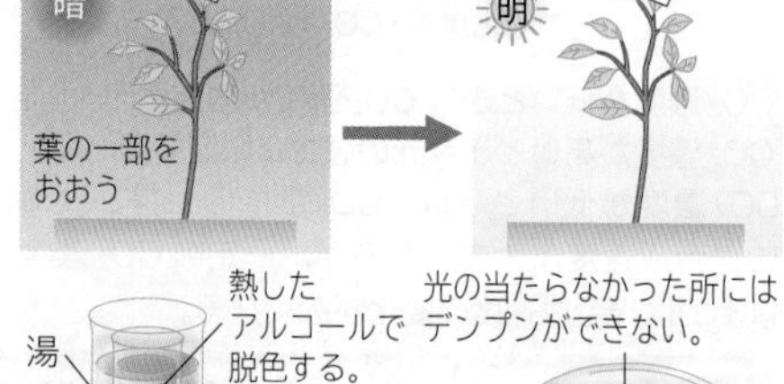


熱したアルコールで脱色する。
湯
光の当たらなかった所にはデンプンができない。
ヨウ素液

**植物は日光によってデンプンをつくっている。**

### ヒルの実験(1939年)

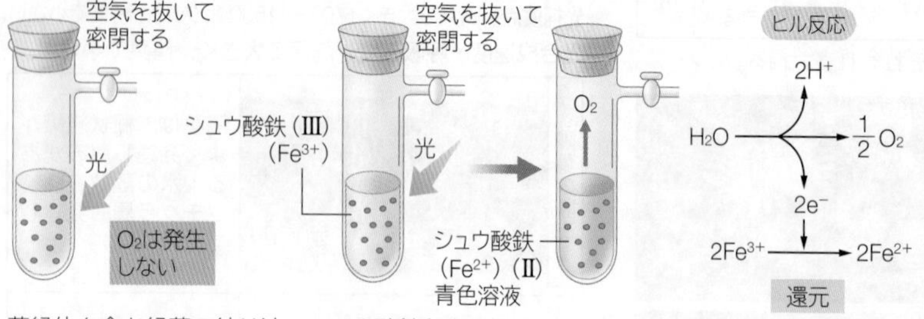


葉緑体を含む緑葉の絞り汁にシュウ酸鉄(Ⅲ)を加えて光を当てると，二酸化炭素($CO_2$)がなくても酸素($O_2$)が発生し，シュウ酸鉄(Ⅲ)の$Fe^{3+}$イオンが還元されて(電子を受け取って)$Fe^{2+}$になった(**ヒル反応**)。

**二酸化炭素ではなく，水($H_2O$)が分解されて酸素が発生する。水の分解には，光エネルギーと$Fe^{3+}$のような電子受容体(ヒル試薬)が必要である(植物体では，NADPが電子受容体となる)。**

### ルーベンの実験

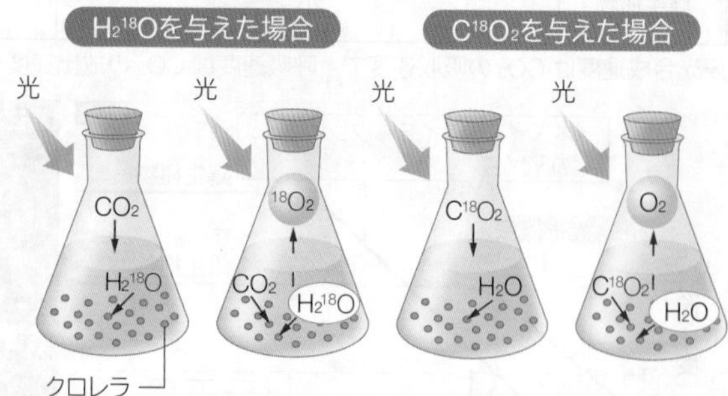


酸素の同位体($^{18}O$)を含む水($H_2{}^{18}O$)と二酸化炭素($C^{18}O_2$)をそれぞれ別々にクロレラに与えると，$H_2{}^{18}O$を与えたときのみ$^{18}O_2$が発生する。

**光合成で発生する酸素($O_2$)は水($H_2O$)に由来する。**





WORD プリーストリ⇔プリーストリー⇔プリストリー　フロギストン⇔フロジストン　インゲンホウス⇔インゲンハウス⇔インヘンフース　ザクス⇔ザックス

## B 光合成のしくみの研究

多くの科学者によって行われてきた光合成のしくみの研究は1961年のカルビンのノーベル賞により結実した。

生物

### ベンソンの実験（1949年）

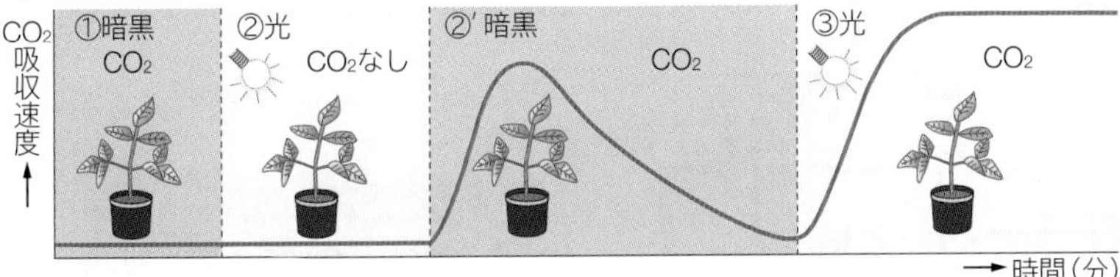


①暗黒条件下では$CO_2$の吸収は起こらない。
②②′$CO_2$のない所で光を照射された植物を$CO_2$のある暗黒下に置くと，しばらくの間$CO_2$を吸収するが，その後$CO_2$吸収量が低下する。
③$CO_2$のある所で光を照射すると$CO_2$の吸収は連続して起こる。

**TRY** 明反応と暗反応との温度条件の違いから，どのようなことが考えられるか。
③の後に暗黒下に置くと，$CO_2$吸収速度はどのようになると予想されるか。

| 反応の条件 | 第1段階：明反応（光化学反応） | 第2段階：暗反応（カルビン回路） |
|---|---|---|
| 光 | 光の強さに比例して増大 | 光の強さとは無関係 |
| 温度 | 温度変化とは無関係 | 最適温度に近づくに従って増大 |
| $CO_2$ | $CO_2$濃度と無関係 | $CO_2$濃度に比例して増大 |

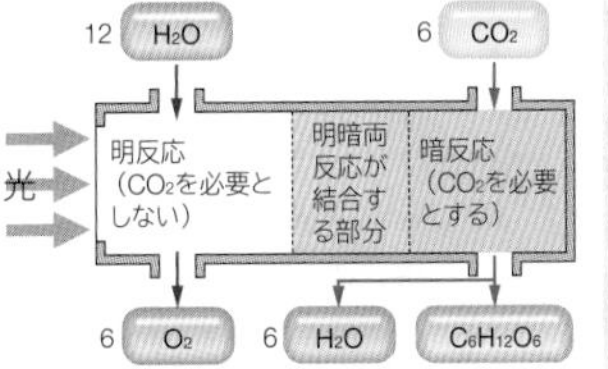


**光合成では最初に光エネルギーが必要な反応（明反応）が起こり，続いて光を必要とせず$CO_2$を吸収する反応（暗反応）が起こる。**

### エマーソンの実験（1956年）

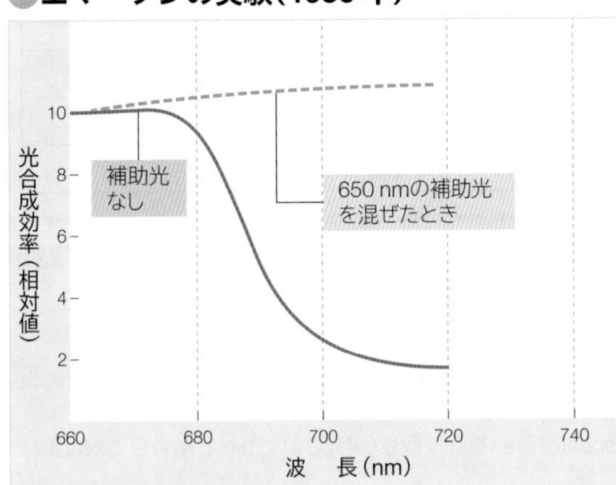


クロレラに赤色光（680 nm）のみを当てると，クロロフィルが光を吸収するにもかかわらず光合成速度の低下が起こる（レッドドロップ）。しかし，波長の短い光（650 nm）を同時に照射すると，この低下は起こらない（**エマーソン効果**）。

**光合成で光を必要とする反応には，長波長の光を必要とする反応系（光化学系Ⅰ）と短波長の光を必要とする反応系（光化学系Ⅱ）がある。**

### TOPICS 人工光合成

人工光合成は2050年の実用化を目指して研究が進められている。トヨタグループは，太陽光を用いて水（$H_2O$）と二酸化炭素（$CO_2$）からギ酸（HCOOH）をつくり出す実験に成功し，その技術が注目されている。ギ酸はグルコース（$C_6H_{12}O_6$）に比べると単純な有機物であるが，この有機物を合成できる技術が発展すれば，もっと複雑な有機物を合成できる可能性がある。この技術から炭化水素が合成できれば，ガソリンが再生可能エネルギーになる。また，人工光合成は大気中の二酸化炭素を用いるので，温室効果ガス削減による地球温暖化の防止にもつながると考えられる。

### カルビンの実験（1957年）

炭素の放射性同位体$^{14}C$を含む二酸化炭素（$^{14}CO_2$）をクロレラに与えて光合成を行わせ，$^{14}C$がどんな物質に取り込まれるかを調べた。

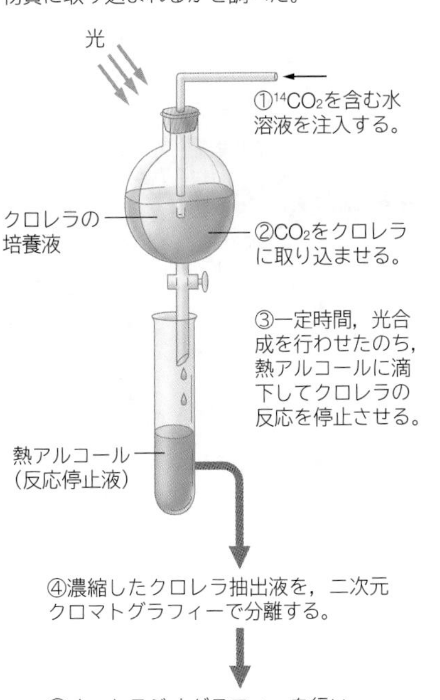


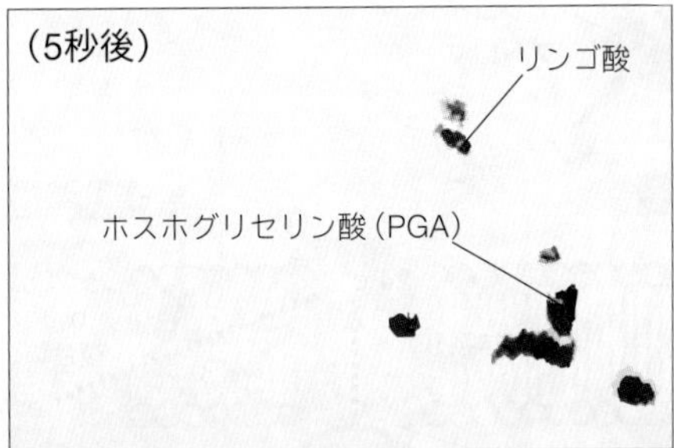


現れる物質の変化に着目しよう。

**TRY** 上の図から，アラニンとスクロースはどちらが先につくられるか判断することはできるか。

**二次元クロマトグラフィー**
抽出物を原点に付けて展開させる（一次展開）。乾燥させて90°回転し，別の展開液を用いて再度展開する（二次展開）。上図では縦が一次展開，横が二次展開。

**オートラジオグラフィー**
放射性元素を含んだ物質がフィルムを黒く感光させる性質を利用している。この実験では$^{14}C$化合物の位置に黒いスポットができる（⇒ p.23）。

二次元クロマトグラフィー

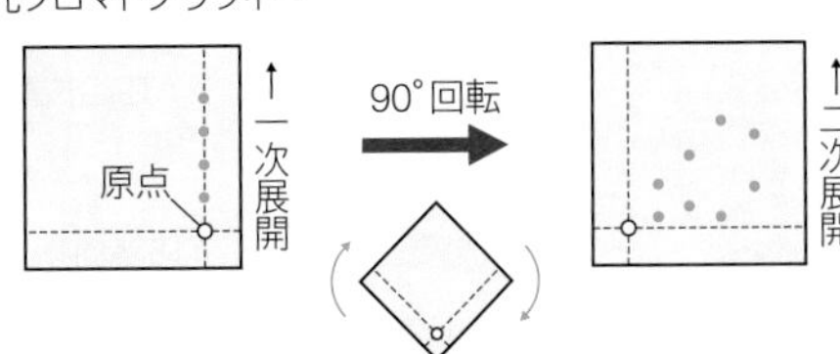


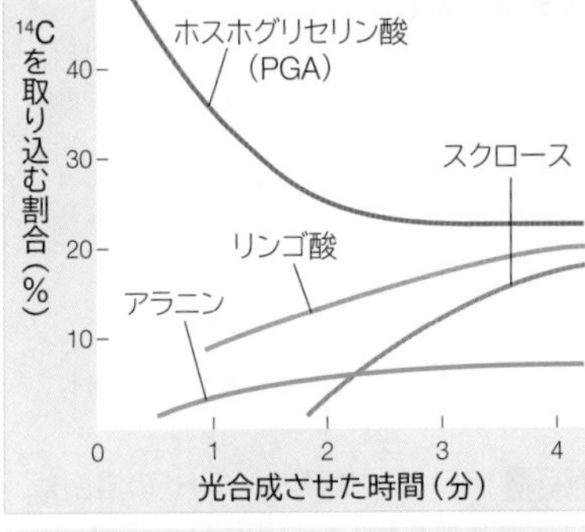


**ホスホグリセリン酸（$C_3$化合物）が最初につくられ，その後，アラニンなどができる。**

WORD 放射性同位体⇔放射性同位元素⇔ラジオアイソトープ　ホスホグリセリン酸⇔リングリセリン酸

# 18 光合成のしくみ(1)

Mechanism of photosynthesis 1

## A 光合成の反応の概略

光合成の過程は，光によって進む光化学反応と，酵素の働きによるヒル反応，光リン酸化，カルビン回路の４つの反応系に分けられる。

生物

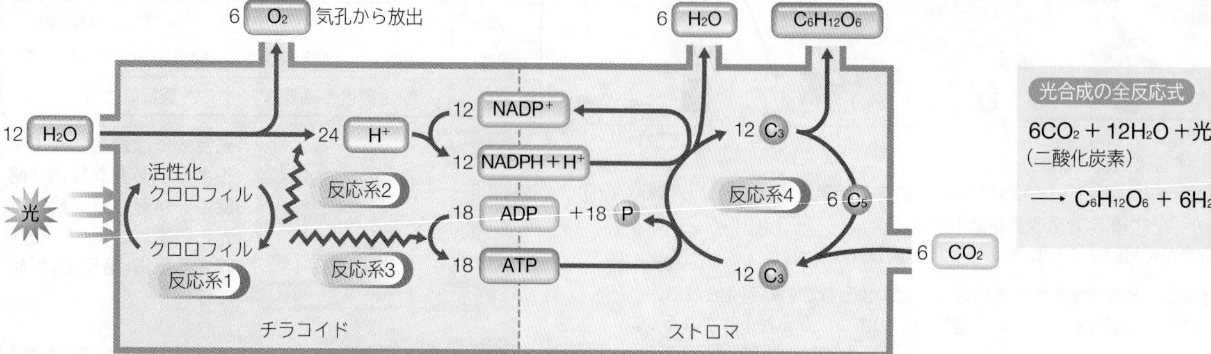


光合成の全反応式

$6CO_2 + 12H_2O$ ＋光エネルギー
（二酸化炭素）
$\longrightarrow C_6H_{12}O_6 + 6H_2O + 6O_2$

| 反応系 1 | 光化学反応 | 光の吸収 | クロロフィルが光エネルギーを吸収して活性化し，電子($e^-$)を放出する。 |
|---|---|---|---|
| 反応系 2 | ヒル反応 | 水の分解 | 水($H_2O$)が分解され，酸素($O_2$)を放出する。$e^-$と$H^+$が生じる。$e^-$は**電子伝達系**を経て$NADP^+$に渡される。 |
| 反応系 3 | 光リン酸化 | ATP の合成 | $e^-$が電子伝達系を通る過程で放出されるエネルギーを用いて ADP から ATP を合成する。 |
| 反応系 4 | カルビン回路 | $CO_2$ の固定 | ATP と NADPH＋$H^+$を用いて二酸化炭素($CO_2$)からグルコース($C_6H_{12}O_6$)を合成する。 |

## B 光合成の反応過程

光合成では光エネルギーを用い，$CO_2$ と $H_2O$ を材料として，葉緑体のチラコイドとストロマで複雑な反応を経て有機物を合成する。

生物

### ●チラコイドで起こる反応

**①クロロフィルの活性化**
光化学系Ⅱから，光エネルギーを利用して高エネルギー状態になった電子($e^-$)が放出される。

**②水の分解**
光化学系Ⅱから失われた$e^-$は，水の分解により補充される。

**③$e^-$の移動**
$e^-$はエネルギーを放出しながら電子伝達系を通り，光化学系Ⅰに入る。このエネルギーを利用してストロマの$H^+$がチラコイド内腔に移動する。

**④NADPH＋$H^+$の生成**
光化学系Ⅰでは，光エネルギーによって高エネルギー状態の$e^-$が放出される。この$e^-$と NADP 還元酵素により，$NADP^+$とストロマの$H^+$が結合して還元型の NADPH＋$H^+$となる。

**⑤光リン酸化**
$H^+$が濃度勾配に従ってチラコイド内腔側から ATP 合成酵素(⇒ p.79)を通ってストロマ側へ移動する。このとき ATP が合成される。

$12H_2O + 12NADP^+$ ＋光エネルギー
$\longrightarrow 6O_2 + 12NADPH + 12H^+$

TRY チラコイド膜内外の$H^+$の濃度差を拡大している箇所はどこか。また，濃度差を解消している箇所はどこか。

フェレドキシン…Fe と S クラスターを含むタンパク質。光化学系Ⅰから$e^-$を受け取る。
プラストシアニン…Cu を含むタンパク質。$e^-$を光化学系Ⅰへ運搬する。
プラストキノン…チラコイド膜内を移動してシトクロムと光化学系Ⅱの間で$e^-$を移動させるタンパク質。この働きにより$H^+$がストロマ側からチラコイド内腔へ移動する。
$NADP^+$(Nicotinamide Adenine Dinucleotide Phosphate)…$e^-$を受け取り（還元されて）$H^+$と結合して NADPH＋$H^+$となる補酵素(⇒ p.70)。

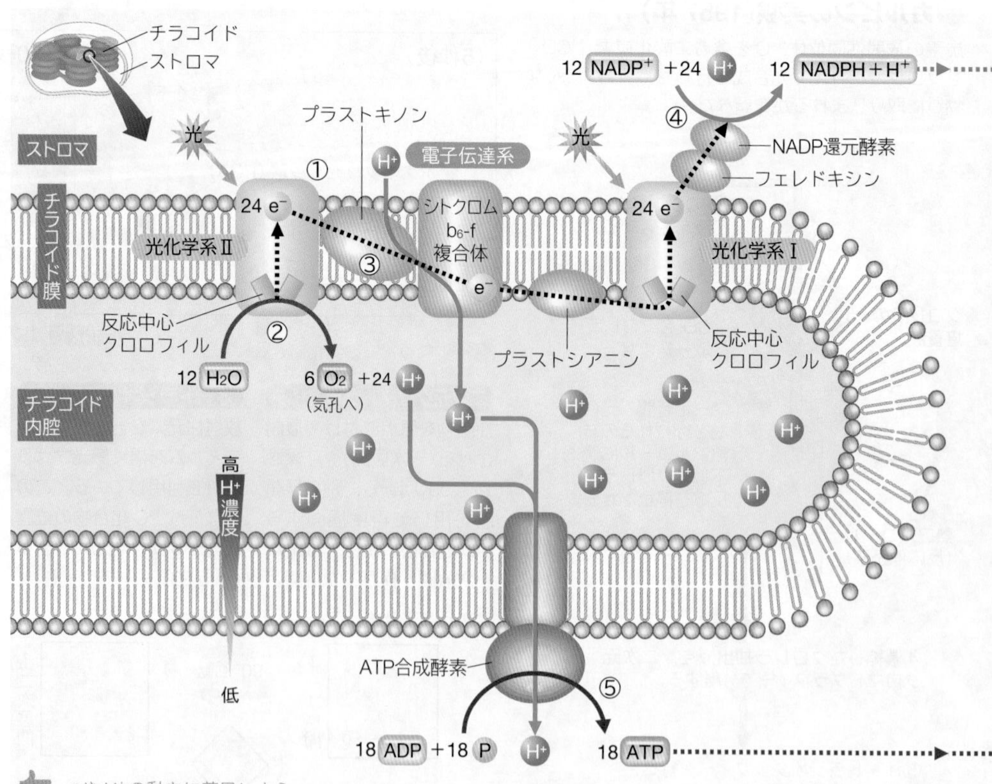


$e^-$や$H^+$の動きに着目しよう。



WORD カルビン回路⇔カルビン・ベンソン回路　NADP ⇔ニコチンアミドアデニンジヌクレオチドリン酸　RuBP ⇔リブロース -1,5- ビスリン酸
ルビスコ⇔ RuBP カルボキシラーゼ／オキシゲナーゼ⇔リブロースビスリン酸カルボキシラーゼ／オキシゲナーゼ

## 光呼吸

ADVANCE

光合成の重要な酵素であるルビスコは，カルビン回路において RuBP と $CO_2$ からホスホグリセリン酸(PGA)を合成する反応を触媒すると同時に，RuBP の酸化を触媒する。RuBP の酸化により生じるホスホグリコール酸(PGlA)は，カルビン回路の阻害剤となる。そのため ATP のエネルギーを利用して PGA を再合成しているが，その過程で $O_2$ を吸収し $CO_2$ を放出することから，この反応を光呼吸と呼ぶ。光呼吸は，乾燥や高温などにより気孔が閉じ，$CO_2$ の供給が低下すると促進される。したがって，光呼吸は主に $C_3$ 植物で見られ，$CO_2$ の濃縮機構をもつ $C_4$ 植物(⇒ p.94)ではほとんど見られない。

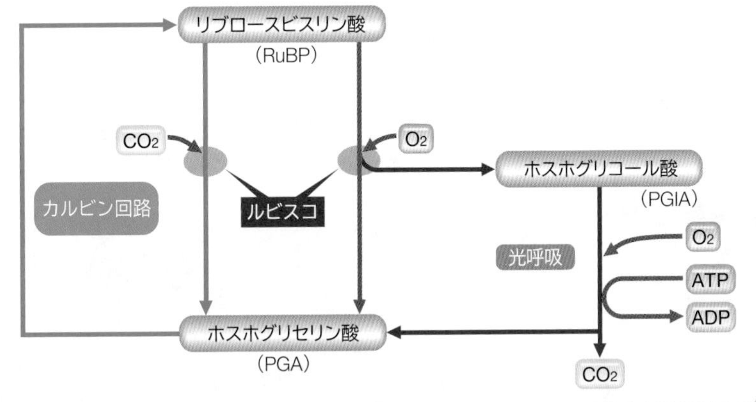


ルビスコ(RubisCO，RuBP カルボキシラーゼ／オキシゲナーゼ)…リブロースビスリン酸(RuBP)と $CO_2$ からホスホグリセリン酸(PGA)を合成する酵素。カルビン回路の中核である炭素固定反応を担う。葉緑体に含まれる酵素の 30%近くを占める。ルビスコの $CO_2$ 固定速度は極めて遅く，$CO_2$ との親和性も低いが，この弱点をその量の多さで補っている。

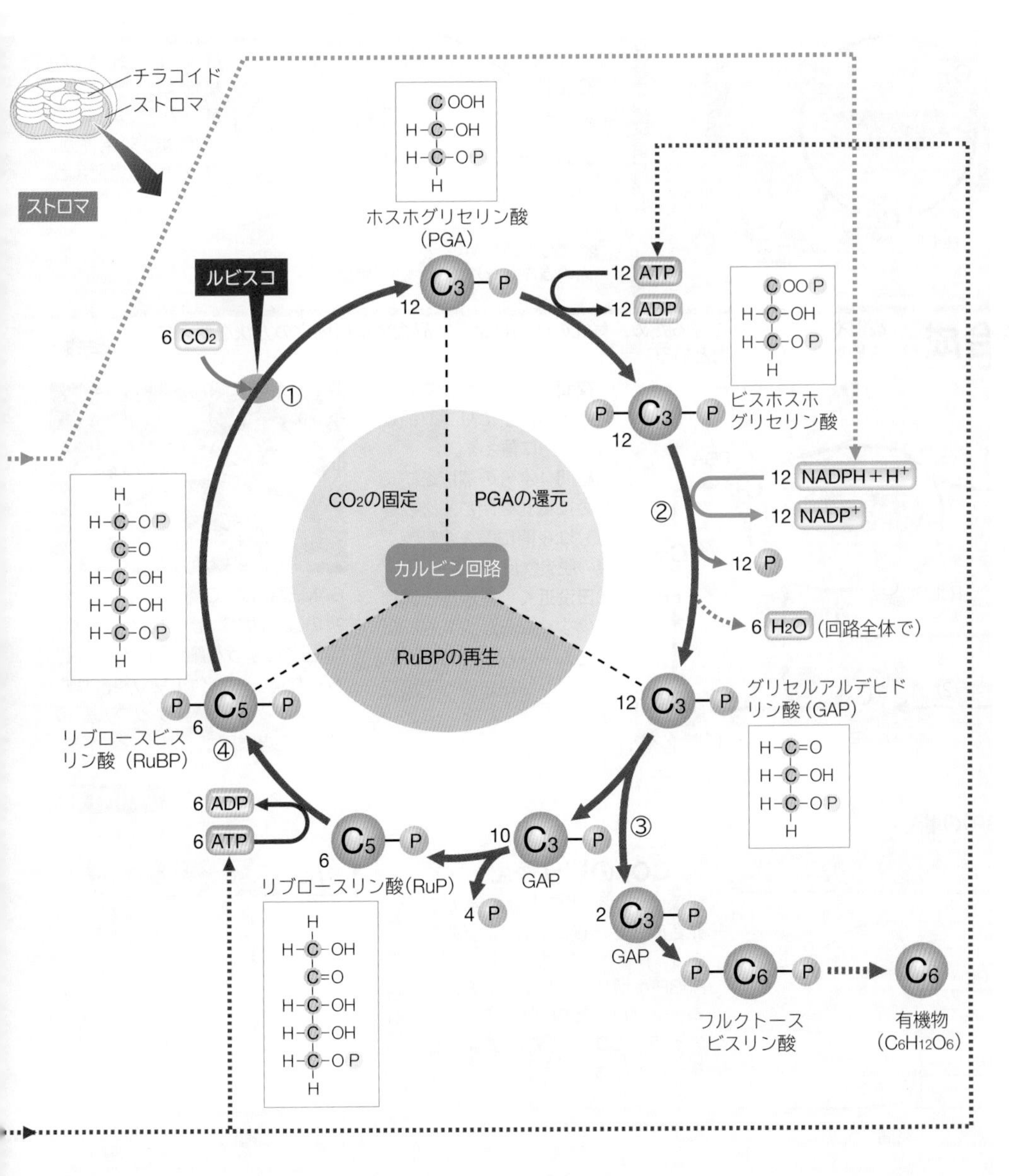

### ストロマで起こる反応(カルビン回路)

① 気孔から取り込まれた二酸化炭素($CO_2$)は，**ルビスコ**(RuBP カルボキシラーゼ／オキシゲナーゼ)という酵素の働きで6分子のリブロースビスリン酸(RuBP 炭素数 5；ⓒ5)と結合し，12 分子のホスホグリセリン酸(PGA ⓒ3)となる。

② 12 分子のホスホグリセリン酸(ⓒ3)は，ATP と NADPH + $H^+$ を使って 12 分子のグリセルアルデヒドリン酸(GAP ⓒ3)となる。

③ 12 分子のグリセルアルデヒドリン酸(ⓒ3)のうち 2 分子が回路の外に出て，いくつかの過程を経てグルコース(ⓒ6)などの有機物になる。

④ 残りのグリセルアルデヒドリン酸(ⓒ3)は，いくつかの過程を経て 6 分子のリブロースビスリン酸(ⓒ5)に戻る。このとき ATP を使う。

$$6CO_2 + 12(NADPH + H^+) \longrightarrow C_6H_{12}O_6 + 6H_2O + 12NADP^+$$

①～④のそれぞれの過程を，炭素とリン酸の数に注目して追いかけてみよう。

### TOPICS 光阻害

光が強すぎ，吸収された光エネルギーが $CO_2$ の固定で消費しきれない場合，光合成が阻害されることがある。これを**光阻害**という。光阻害で光合成の電子伝達系に生じる還元力は活性酸素を生成し，活性酸素は光合成に働くタンパク質の損傷を引き起こす。

WORD RuBP ⇔リブロースビスリン酸⇔リブロースニリン酸　ホスホグリセリン酸⇔リングリセリン酸　PGA ⇔ 3PG ⇔ 3- ホスホグリセリン酸　GAP ⇔ G3P ⇔グリセルアルデヒド -3- リン酸　フルクトースビスリン酸⇔フルクトースニリン酸

# 19 光合成のしくみ(2)

Mechanism of photosynthesis 2

## A C₄ 植物の光合成

光合成の炭酸固定で，最初の産物が炭素数 4 のジカルボン酸になる植物を $C_4$ 植物という。$C_4$ 植物は，高温・強光に適し，乾燥に強い。 生物

### C₃ 植物の炭酸固定回路

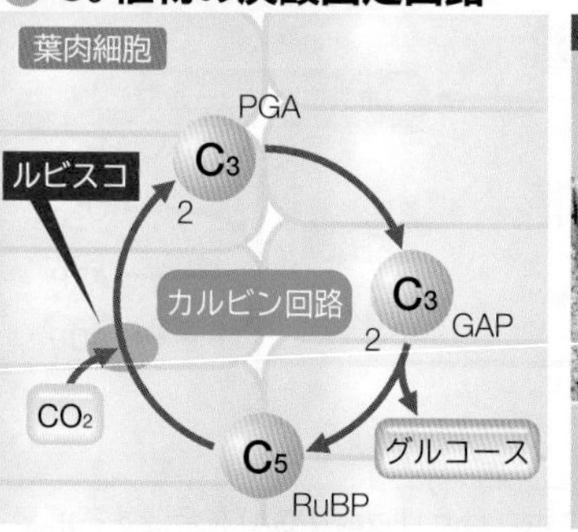


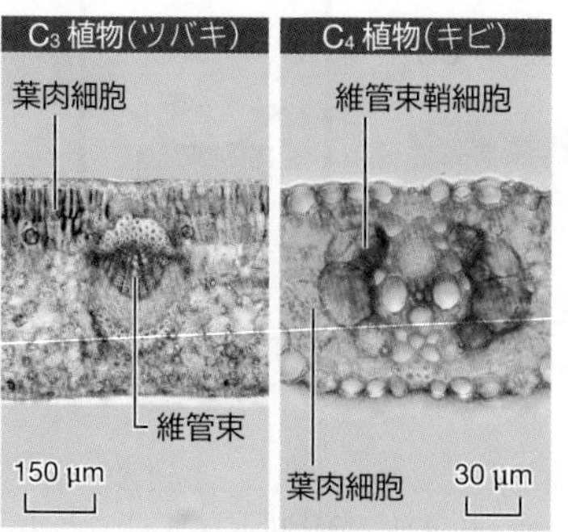


|  | $C_3$ 植物 | $C_4$ 植物 |
|---|---|---|
| 初期産物 | $C_3$ 化合物（ホスホグリセリン酸） | $C_4$ 化合物（オキサロ酢酸，リンゴ酸） |
| 炭酸固定回路 | カルビン回路 | $C_4$ ジカルボン酸回路とカルビン回路 |
| 葉肉細胞 | 光合成全般を行う。 | $C_4$ ジカルボン酸回路で，$CO_2$ を維管束鞘細胞に送る。 |
| 維管束鞘細胞 | 発達していない。 | カルビン回路で $CO_2$ を固定する。 |
| 光飽和点 | 低い | 高い |
| 最適温度 | 低温から高温(15 ～ 30℃) | 高温(30 ～ 40℃) |
| 耐乾性 | 低い | 高い |
| 光呼吸 | 高い | 低い |

### C₄ 植物の炭酸固定回路 $C_4$ 植物：サトウキビ，トウモロコシなど

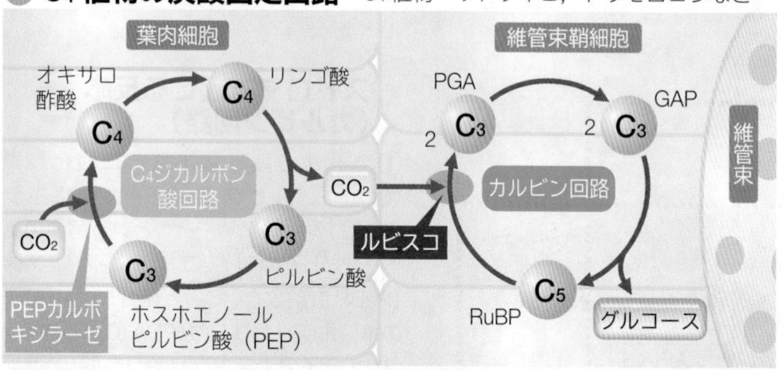


### C₃ 植物と C₄ 植物の光合成速度

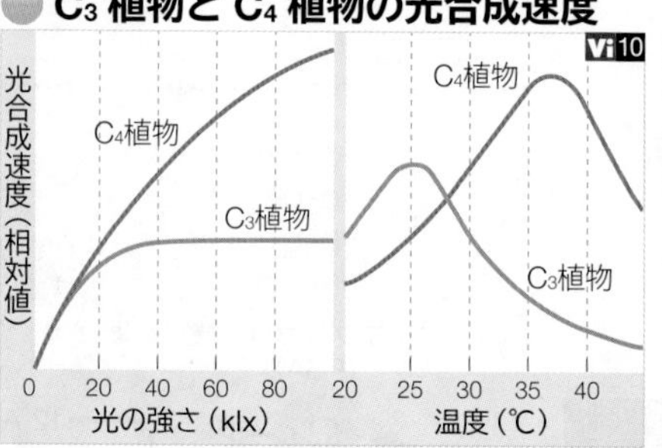


TRY
$C_3$ 植物の方が，$C_4$ 植物よりも光合成速度が大きくなるのはどのような条件か，グラフから考えよう。

## B CAM 植物の光合成

高温や乾燥から身を守るため，気孔の開閉によって昼夜で炭酸固定の方法を変えている植物を CAM（カム） 植物という。 生物

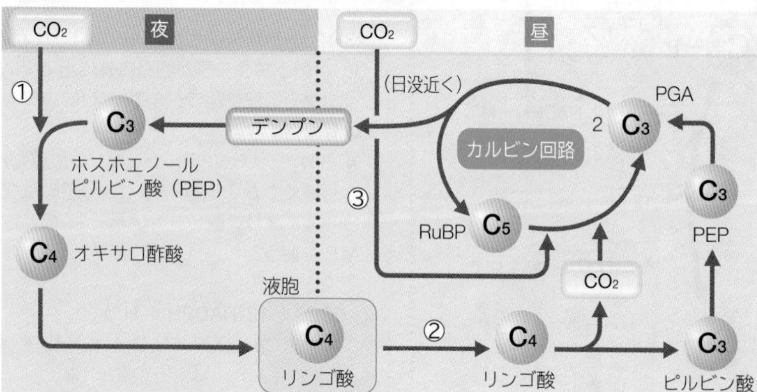


①**夜間** 気孔を開いて $CO_2$ を固定し，主にリンゴ酸として液胞に蓄える。
②**昼間** 水分の蒸散を防ぐために気孔を閉じ，必要な $CO_2$ は夜間に蓄えたリンゴ酸の脱炭酸反応により得る。
③**日没近く** 有機酸の蓄積が少なくなると気孔を開いて空気中の $CO_2$ を取り入れ，カルビン回路を使って固定する。

CAM 植物(パイナップル)

CAM 植物は，$C_4$ 植物と同様に最初の産物が $C_4$ 化合物となるが，$C_4$ 植物のような細胞間の分業は見られない。ベンケイソウ科，サボテン科，一部のパイナップル科の植物が該当する。

POINT

**外的条件と C₃ 物質(PGA)・C₅ 物質(RuBP)の増減**

### 明暗の切り替え

緑藻に $CO_2$ と光を十分に与えて光合成させた後，急に光を遮断すると，一時的にホスホグリセリン酸(PGA)が増加し，リブロースビスリン酸(RuBP)が減少する。これは，RuBP の生成に光エネルギーによって生成される物質（ATP，NADPH＋$H^+$）が必要であることや，PGA が RuBP から生成されることを示している。

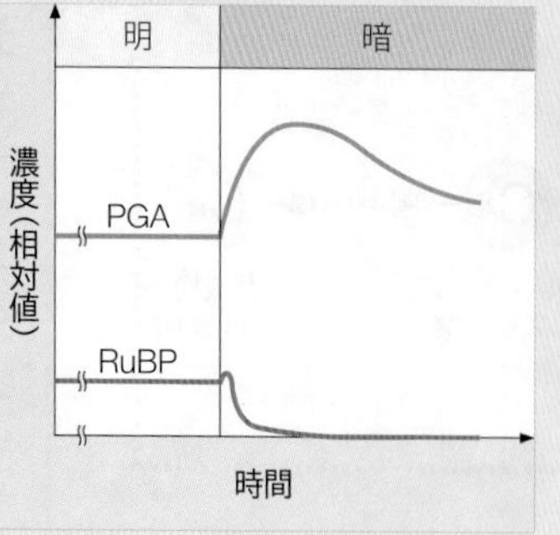


### CO₂ の切り替え

緑藻に $CO_2$ と光を十分に与えて光合成させた後，急に $CO_2$ 濃度を低下させると，一時的に RuBP が増加し，PGA が減少する。これは RuBP から PGA への反応に $CO_2$ が必要となることを示している。

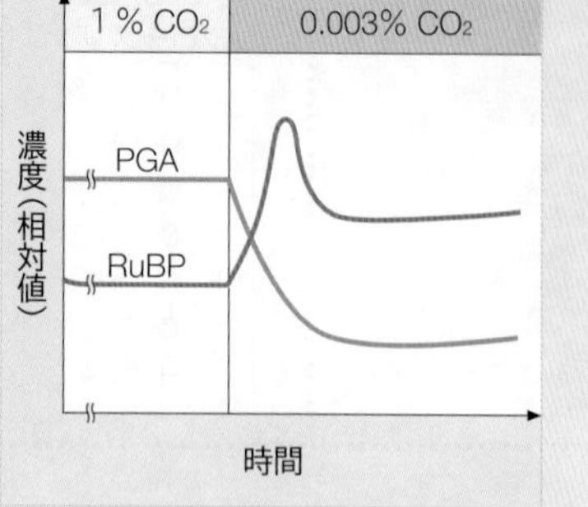

# 20 細菌の炭酸同化
Carbon dioxide assimilation of bacteria

## A 光合成と化学合成

炭酸同化のエネルギー源として光エネルギーを利用するものを**光合成**，化学エネルギーを利用するものを**化学合成**という。 生物

| 光合成 | | 化学合成 |
|---|---|---|
| 植物・藻類・シアノバクテリアと光合成細菌(紅色硫黄細菌，緑色硫黄細菌)は，ともに体内のクロロフィルで光エネルギーを吸収して有機物であるグルコースを合成している。 | | 化学合成細菌は，無機物の酸化で生じる化学エネルギーを利用してグルコースを合成している。 |
| 植物・藻類・シアノバクテリア | 光合成細菌 | 化学合成細菌 |
| 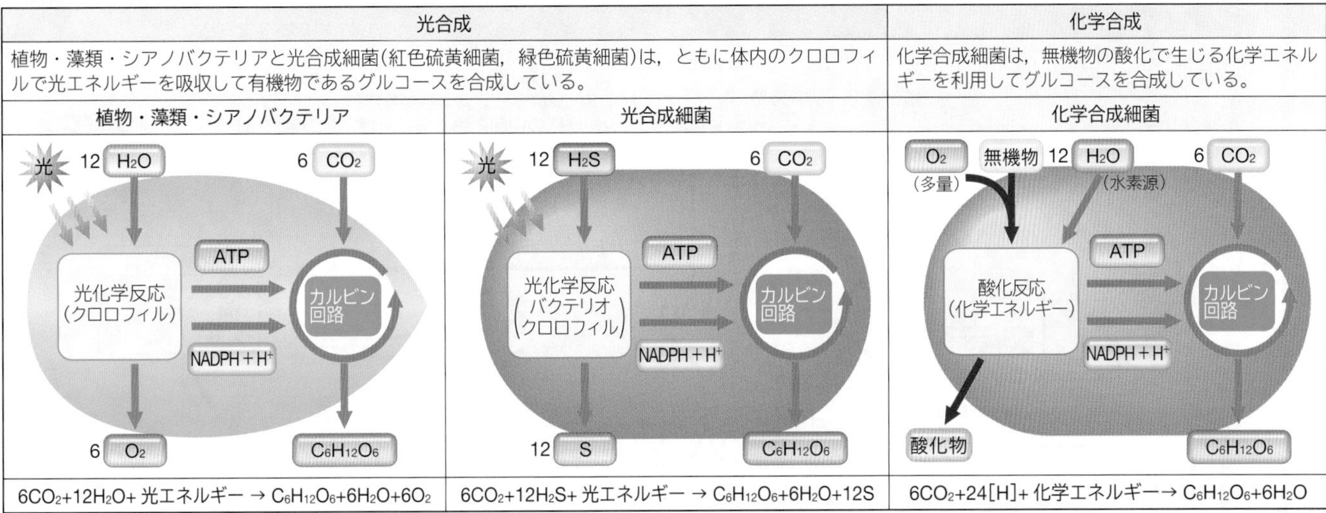 | | |
| $6CO_2+12H_2O+$光エネルギー → $C_6H_{12}O_6+6H_2O+6O_2$ | $6CO_2+12H_2S+$光エネルギー → $C_6H_{12}O_6+6H_2O+12S$ | $6CO_2+24[H]+$化学エネルギー→ $C_6H_{12}O_6+6H_2O$ |



反応の共通点と相違点に着目しよう。

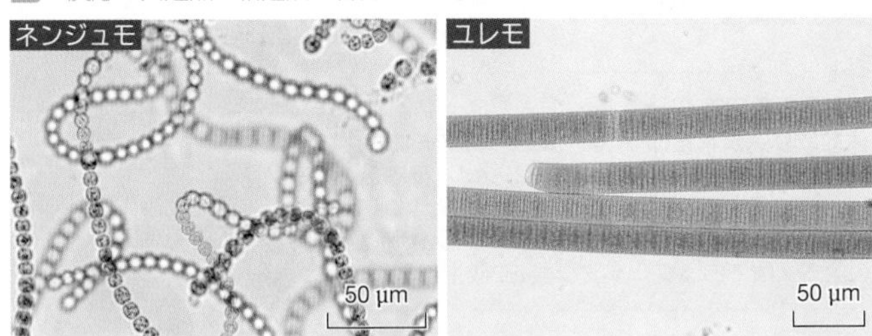


ネンジュモやユレモなどのシアノバクテリアは，植物と同様に$O_2$を放出する光合成を行う。$O_2$を放出する光合成を地球上で初めて行ったのはシアノバクテリアだと考えられている。28億年前のシアノバクテリアのはっきりとした化石が西オーストラリアの地層で見つかっている。

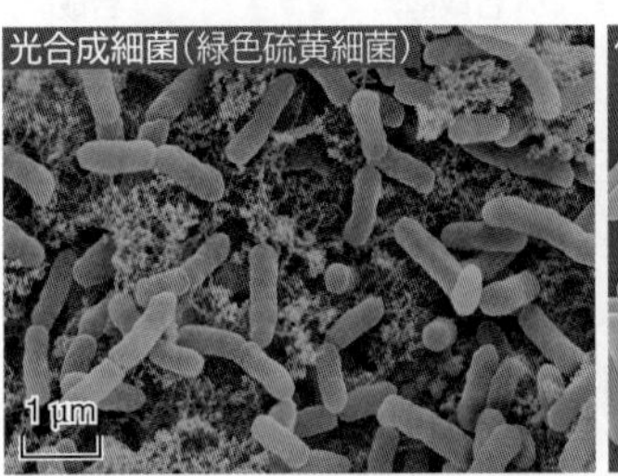


光合成の結果，体内に硫黄の粒子ができる。左の写真では，硫黄の粒子が白い粒のように見える。

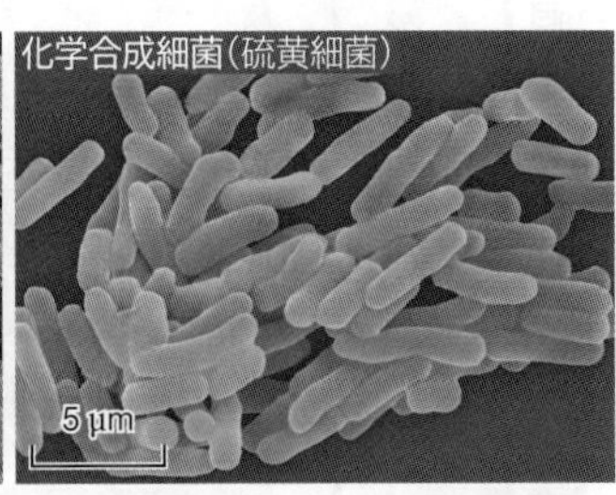


化学合成細菌のなかには，光の届かない深海や土壌中で，太陽光に依存しない生態系の生産者となっているものもある。

## B 化学合成細菌

化学合成細菌は無機物の酸化で生じる化学エネルギーを利用して炭酸同化を行う。細菌の種類により化学エネルギーを得る無機物は決まっている。 生物

| 細菌名 | | 酸化される物質 | 化学エネルギーを取り出す反応(酸化反応) | 化学合成(炭酸同化) |
|---|---|---|---|---|
| 硝化細菌 | 亜硝酸菌 | アンモニア($NH_3$) | $2NH_3 + 3O_2 \longrightarrow 2HNO_2 + 2H_2O$ ＋ 化学エネルギー | $6CO_2+24[H]+$化学エネルギー → $C_6H_{12}O_6 + 6H_2O$ |
| | 硝酸菌 | 亜硝酸($HNO_2$) | $2HNO_2 + O_2 \longrightarrow 2HNO_3$ ＋ 化学エネルギー | |
| 硫黄細菌 | | 硫化水素($H_2S$) | $2H_2S + O_2 \longrightarrow 2S + 2H_2O$ ＋ 化学エネルギー | |
| 水素細菌 | | 水素($H_2$) | $2H_2 + O_2 \longrightarrow 2H_2O$ ＋ 化学エネルギー | |
| 鉄細菌 | | 硫酸鉄(Ⅱ)($FeSO_4$) | $4FeSO_4+O_2+2H_2SO_4 \longrightarrow 2Fe_2(SO_4)_3+2H_2O$ ＋ 化学エネルギー | |

**POINT**

**化学合成細菌の酸化反応の一般式**

無機物＋酸素 ⟶ 酸化物＋ 化学エネルギー

↓

(この化学エネルギーを炭酸同化に利用する)

**TOPICS**

### チューブワームと共生細菌

チューブワームは深海の熱水噴出孔や冷水沸出帯周辺に生息する生物で，管状の棲管に入り，入り口から顔をのぞかせる姿そのままから名付けられた。和名はハオリムシ(羽織虫)で，消化管をもたず硫黄細菌が細胞内共生している。チューブワームは硫化水素等を取り込んで細菌に供給し，細菌は有機物をチューブワームに供給している。

WORD 細菌⇔バクテリア　シアノバクテリア⇔ラン藻類⇔ラン細菌⇔ラン色細菌　チューブワーム⇔ハオリムシ

# 21 窒素同化
Nitrogen assimilation

## A 窒素同化の過程

植物や菌類が，外界から取り入れた硝酸などの無機窒素化合物と体内の有機酸から生体内で有機窒素化合物を合成する働きを窒素同化という。

生物

植物体内

③アミノ基の転移と種々のアミノ酸の合成（→）
アミノ基転移酵素の働きにより，②で合成されたグルタミン酸からアミノ基が外され，解糖系やクエン酸回路の中間産物である有機物（ピルビン酸やオキサロ酢酸など）に受け渡されて他のアミノ酸が合成される。

呼吸 クエン酸回路

光合成

グルコース

NADH＋$H^+$

NADPH＋$H^+$

空気中の窒素

$N_2$

窒素固定

硝酸還元

$NO_2^-$

$NH_4^+$

グルタミン酸

ATP

ADP

グルタミン

グルタミン酸

α-ケトグルタル酸

各種有機酸

各種アミノ酸

生体構成物質

タンパク質，核酸，ATP，クロロフィルなど

グルタミン合成酵素

グルタミン酸合成酵素

アミノ基転移酵素

①アンモニア化と硝酸の還元（→）
動植物の遺体や排出物は土壌中の腐敗菌やカビなどの働きにより分解され，$NH_4^+$が取り出される。
根から吸収された$NO_3^-$は還元酵素の働きにより$NO_2^-$から$NH_4^+$に変えられる。

②グルタミン酸回路（→）
植物体に取り込まれた$NH_4^+$は，葉緑体のストロマ中でグルタミン合成酵素の働きによってグルタミン酸と反応し，アミノ基（$-NH_2$）を2個をもつグルタミンを生じる。
このグルタミン酸のアミノ基がα-ケトグルタル酸と反応して最初のアミノ酸であるグルタミン酸を2個生じる。

土壌

$NH_4^+$

根粒菌（マメ科植物など）

$NO_3^-$

硝酸イオン $NO_3^-$ ← 硝酸菌 ← 亜硝酸イオン $NO_2^-$ ← 亜硝酸菌 ← アンモニウムイオン $NH_4^+$ ← 腐敗菌・カビなど ← 動植物の遺体・排出物

硝化作用

アンモニア化

土中の$NH_4^+$と$NO_3^-$が吸収される。$NO_3^-$は，植物体内で還元されて，$NH_4^+$になる。硝酸菌と亜硝酸菌をまとめて硝化細菌ともいう。

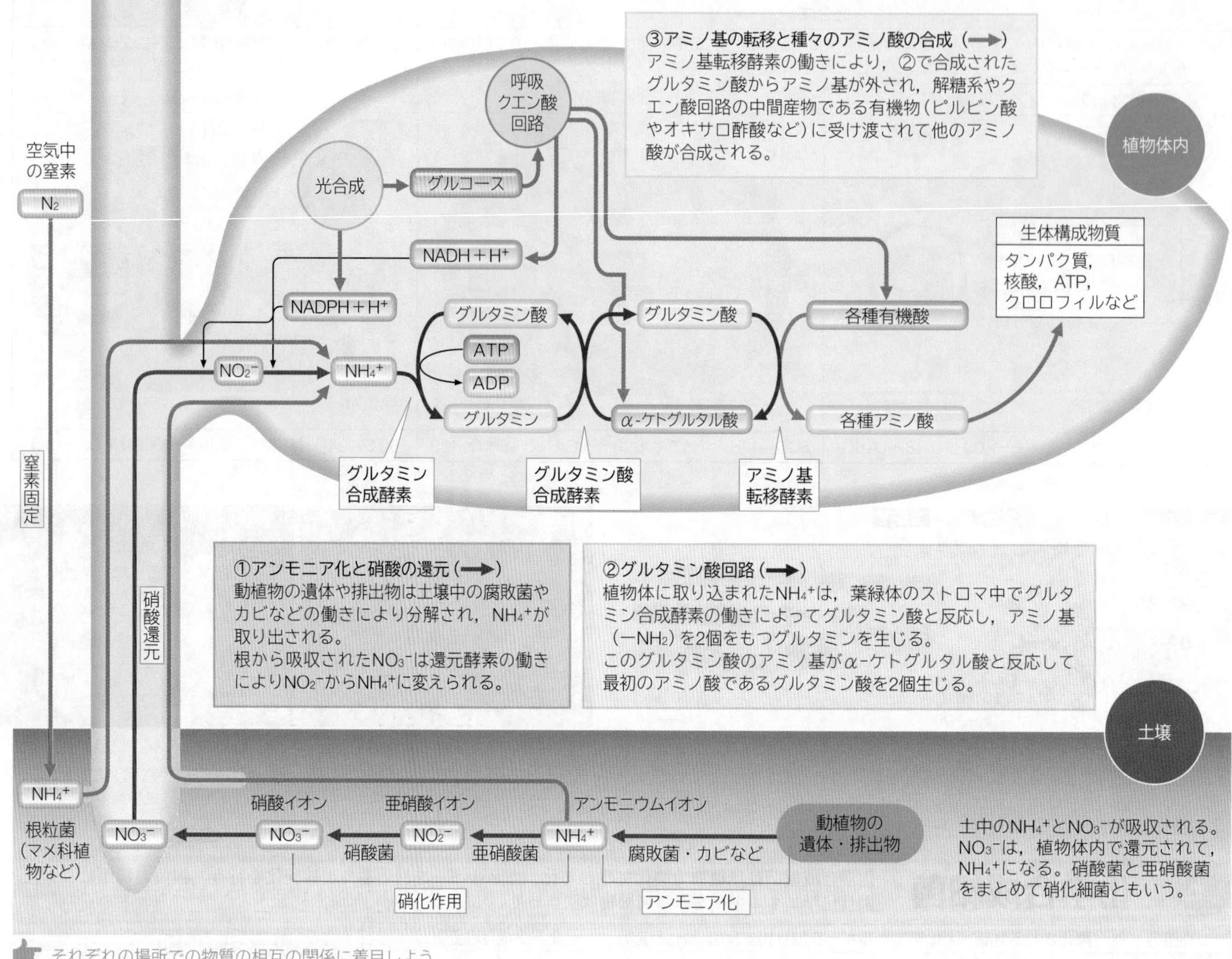

それぞれの場所での物質の相互の関係に着目しよう。

## B アミノ酸の合成

グルタミン酸のアミノ基がアミノ基転移酵素の働きでいろいろな有機酸に転移して各種のアミノ酸が合成される。

生物

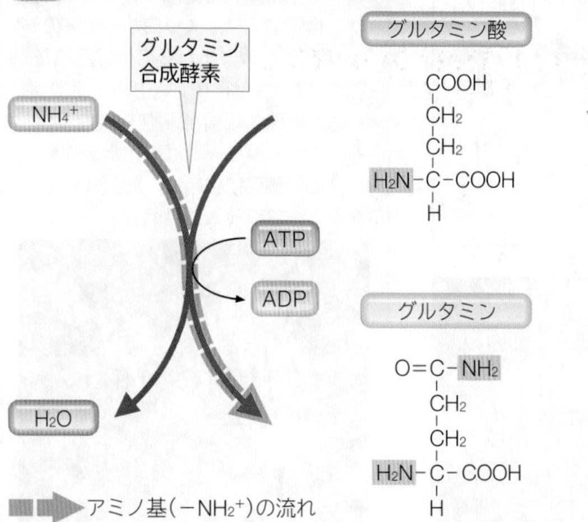


グルタミン酸

COOH–$CH_2$–$CH_2$–C(H)($H_2N$)–COOH

グルタミン

O=C–$NH_2$ / $CH_2$ / $CH_2$ / $H_2N$–C(H)–COOH

グルタミン酸合成酵素

グルタミン酸

COOH–$CH_2$–$CH_2$–C(H)($H_2N$)–COOH

α-ケトグルタル酸

COOH–$CH_2$–$CH_2$–C=O–COOH

アミノ基転移酵素

$-NH_2$

各種有機酸

R–C=O–COOH

各種アミノ酸

R–C(H)($H_2N$)–COOH





WORD アミノ基転移酵素⇔トランスアミナーゼ

# C 窒素固定

一部の細菌は，空気中に最も多く含まれる窒素($N_2$)をアンモニウムイオン($NH_4^+$)に還元して窒素同化に利用している。これを窒素固定という。

生物

## 窒素の固定

一般の植物は空気中の窒素($N_2$)を窒素源として利用できない。

シアノバクテリアなどの一部の細菌では，ATP のエネルギーを利用して窒素($N_2$)からアンモニア($NH_3$)をつくり，有機窒素化合物を合成している。シアノバクテリアには，異質細胞という窒素固定に特化した細胞が見られる。

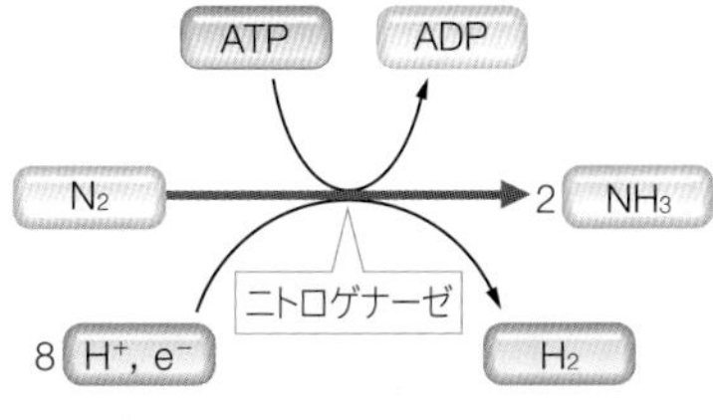


## 窒素固定を行う生物

| 生物名 | 分類 | 生活場所 |
|---|---|---|
| ネンジュモ | シアノバクテリア | 水中や湿地 |
| アナベナ | シアノバクテリア | ソテツやアカウキクサなどに共生する |
| クロストリジウム | 嫌気性細菌 | 酸素の乏しい土壌中や水中 |
| アゾトバクター | 好気性細菌 | 通気性のよい土壌中や酸素の多い水中 |
| 根粒菌 | 好気性細菌 | マメ科植物の根に根粒を形成して共生する |

ネンジュモの仲間

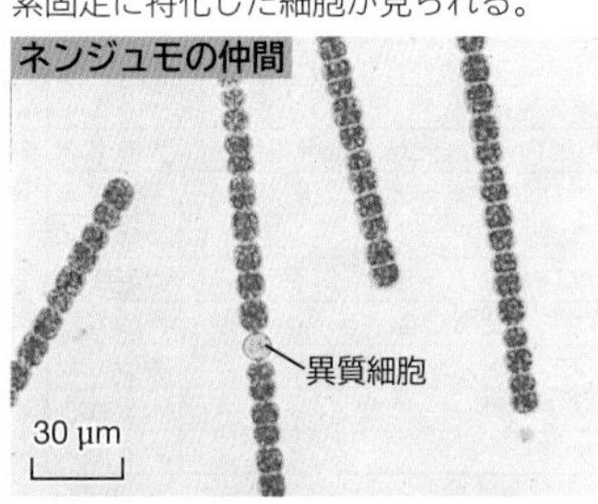


アナベナ

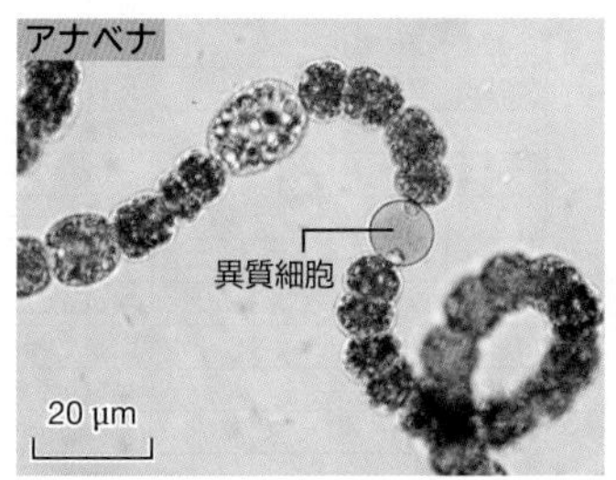


ダイズの根粒

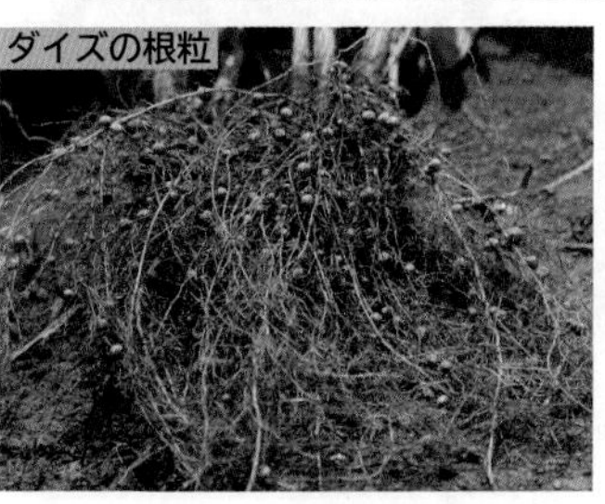

根粒内部の根粒菌

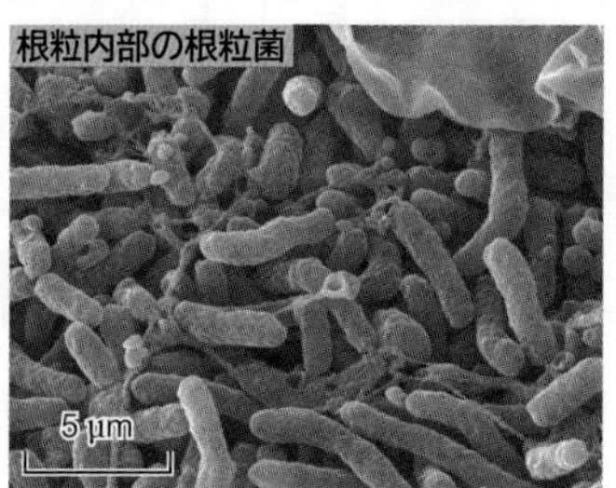


ADVANCE

## 根における栄養分の吸収

### 植物の生育に必要な元素

植物の生育に不可欠な元素を**必須元素**という。必須元素は植物が必要とする量から便宜的に**多量元素**と**微量元素**に分けられている(右表)。炭素(C)と酸素(O)を除き，ほとんどが根から吸収されている。

| | | 元素 | 吸収形態 | 主な働き |
|---|---|---|---|---|
| 必須元素 | 多量元素 | 炭素 C | $CO_2$ | 有機物の主要成分，光合成の材料 |
| | | 水素 H | $H_2O$ | 有機物の主要成分，光合成の材料 |
| | | 酸素 O | $CO_2$，$H_2O$ | 有機物の主要成分，光合成の材料 |
| | | 窒素 N | $NO_3^-$，$NH_4^+$ | アミノ酸，核酸などの構成成分 |
| | | 硫黄 S | $SO_4^{2-}$ | アミノ酸，ビオチン(ビタミンの一種)の構成成分 |
| | | リン P | $H_2PO_4^-$，$HPO_4^{2-}$ | 核酸，リン脂質，ATP の構成成分 |
| | | マグネシウム Mg | $Mg^{2+}$ | クロロフィルの構成成分 |
| | | カリウム K | $K^+$ | 酵素の補助因子，細胞の膨圧，電気的バランスの維持 |
| | | カルシウム Ca | $Ca^{2+}$ | 細胞膜や細胞壁の構造・機能保持 |
| | 微量元素 | 鉄 Fe | $Fe^{2+}$，$Fe^{3+}$ | シトクロムの構成成分，クロロフィルの合成に関与 |
| | | Mn, B, Zn, Mo, Cu, Cl など | | |

多量元素に，鉄(Fe)を加えたものを特に **10 元素**という。

### 無機窒素化合物の吸収

植物の根は栄養分や水分を吸収するという大切な働きをしている。核酸やタンパク質などの有機窒素化合物は，根から吸収した硝酸イオン($NO_3^-$)やアンモニウムイオン($NH_4^+$) をもとに合成されている。

土壌中の $NO_3^-$ や $NH_4^+$ は水に溶けた状態で拡散(⇒ p.46)によって根に流入し，細胞間や細胞壁を通る経路(シンプラスト経路)と細胞内を通る経路(アポプラスト経路)で道管まで移動する(⇒ p.248)。

細胞膜はイオンを通しにくいので，$NO_3^-$ や $NH_4^+$ が細胞内へ移動する場合は，特定の細胞膜輸送タンパク質(⇒ p.60)を介する。

### $NO_3^-$ の吸収

栄養分の吸収のされやすさは，細胞内外のイオンの濃度勾配と電位(⇒ p.222)の差に左右される。通常，細胞膜の内側は外側に対し負(−)に帯電しているため，陽イオンである $NH_4^+$ は細胞内に取り込まれやすい。一方，陰イオンである $NO_3^-$ は細胞内に取り込まれにくく，また，土壌中の濃度も低いので，電位差と濃度勾配に逆らった次のような過程で細胞内へ取り込まれる。

①プロトンポンプが ATP のエネルギーを用いて水素イオン($H^+$)を細胞外へ汲み出し，細胞内外に $H^+$ の濃度勾配をつくる。

②細胞内外の濃度勾配に従って $H^+$ が細胞内へ流入する際，共役輸送体(⇒ p.60)を介して $NO_3^-$ も一緒に流入する。

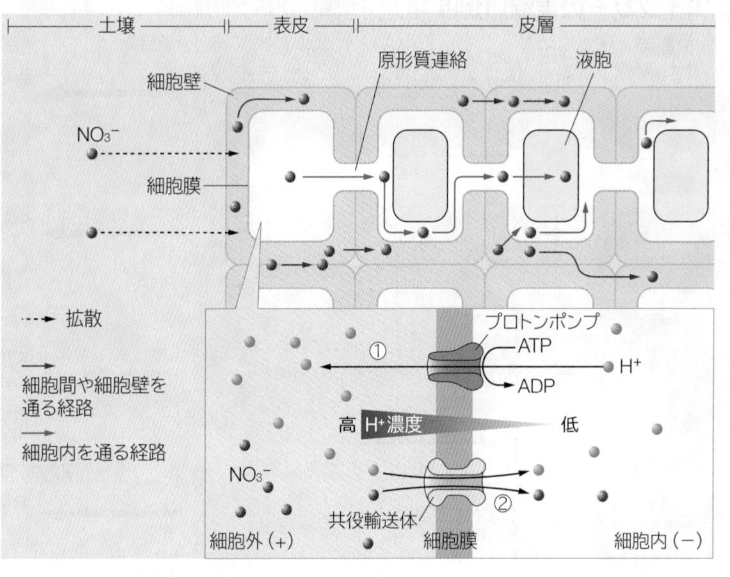


WORD 異質細胞⇔異型細胞⇔ヘテロサイト⇔ヘテロシスト

2 生命現象と代謝

生物

# 1 遺伝子の本体

Gene's chemical nature

## A 1細胞あたりのDNA量(証拠 1)

1細胞あたりのDNA量に関するいくつかの事実は，DNAが遺伝子の本体であることの間接的な証拠となる。 生物基礎

### 1細胞あたりのDNA量の比較

(単位：$10^{-9}$ mg)

| 細胞の種類 | ニワトリ ($2n=78$) | ウシ ($2n=60$) |
|---|---|---|
| 肝臓 | 2.66 | 7.05 |
| すい臓 | 2.61 | 7.15 |
| 腎臓 | 2.20 | 6.63 |
| 胸腺 | 2.55 | 7.26 |
| 精子 | 1.26 | 3.42 |

①生物種が異なると，DNA量も異なる。
②同一種の体細胞では，その種類に関係なくDNA量が一定。
③配偶子のDNA量は，染色体数と同様に，体細胞の半分である。

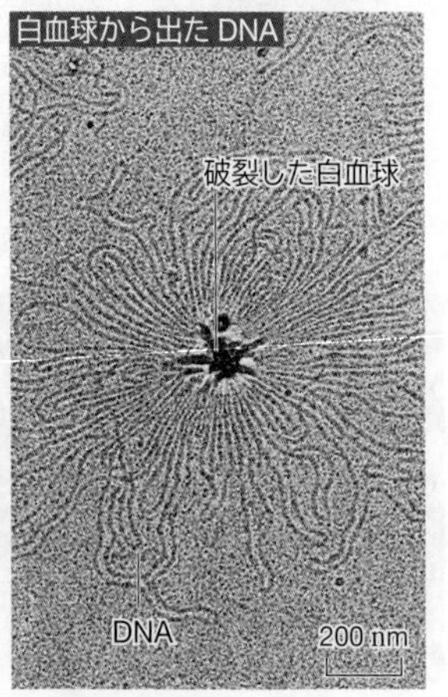


POINT

### 遺伝子研究の歴史

| 年 | 研究者 | 業績 | ページ |
|---|---|---|---|
| 1865 | メンデル | 遺伝の法則を発見 | ⇒p.135 |
| 1869 | ミーシャー | 核からヌクレイン(後に核酸と呼ばれる)を発見 | ⇒p.100 |
| 1902 | サットン | 染色体説を提唱 | ⇒p.136 |
| 1904 | ベーツソンとパネット | 連鎖の現象を発見 | ⇒p.141 |
| 1926 | モーガン | 遺伝子説を確立 | ⇒p.142 |
| 1928 | グリフィス | 形質転換の現象を発見 | ⇒p.98 |
| 1929 | レヴィーン | 核酸にはDNAとRNAがあることを発見 | ⇒p.100 |
| 1944 | エイブリー | 形質転換物質がDNAであることを証明 | ⇒p.98 |
| 1945 | ビードルとテータム | 一遺伝子一酵素説を提唱 | ⇒p.112 |
| 1952 | ハーシーとチェイス | 遺伝子の本体がDNAであることを証明 | ⇒p.99 |
| 1953 | ワトソンとクリック | DNAの二重らせん構造を提唱 | ⇒p.100 |
| 1958 | メセルソンとスタール | DNAの半保存的複製を発見 | ⇒p.102 |
| 1958 | クリック | セントラルドグマを提唱 | ⇒p.108 |
| 1961 | ジャコブとモノー | オペロン説を提唱 | ⇒p.114 |

## B 肺炎双球菌の形質転換(証拠 2)

グリフィスは，肺炎双球菌のR型菌がS型菌に形質転換することを発見した。エイブリーは形質転換物質がDNAであることを証明した。 生物基礎

### グリフィスの実験(1928年) 肺炎双球菌の形質転換現象を発見した。

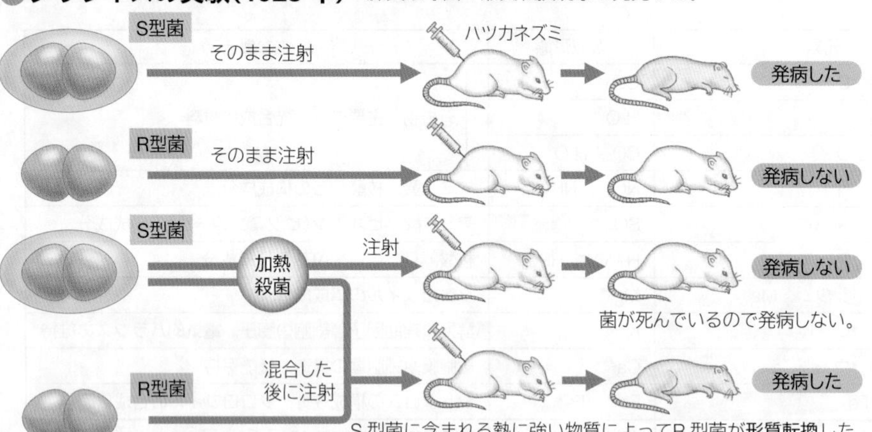


### エイブリーの実験(1944年) S型菌のDNAが形質転換を起こすことを発見した。

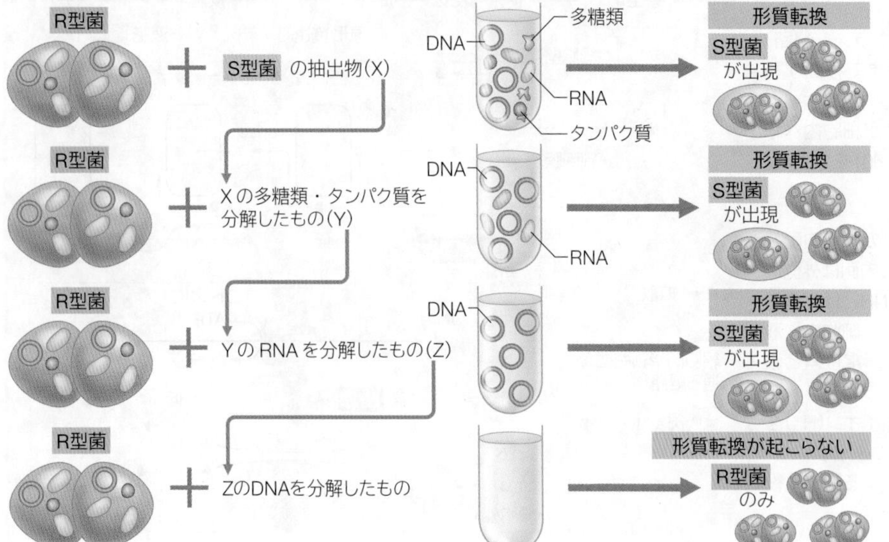


### 肺炎双球菌の型

| 型 | S型菌 | R型菌 |
|---|---|---|
| 形態 | 被膜<br>多糖類 タンパク質<br>DNA RNA | |
| 被膜 | あり | なし |
| 培地上のコロニー | なめらか (Smooth) | でこぼこ (Rough) |
| 病原性 | あり | なし |

多糖類の被膜は，ネズミの白血球による食作用に対して抵抗性をもつため，S型菌はネズミの体内で増殖できるが，R型菌は増殖できない。

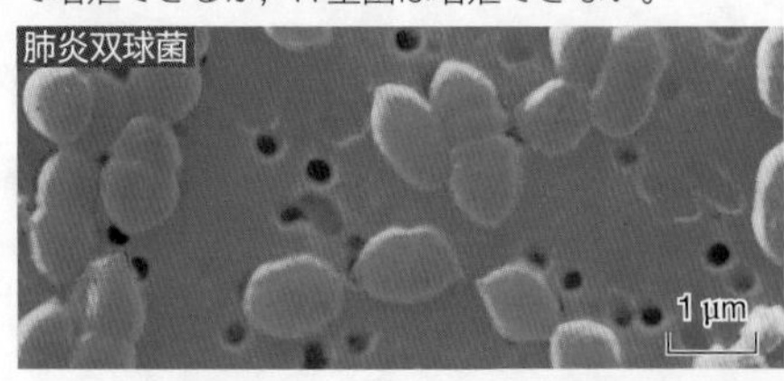


### 形質転換のしくみ

S型菌のDNAがR型菌に取り込まれると，その一部はR型菌のDNAと組換えを起こす。組み込まれたDNAに被膜をつくる遺伝子(遺伝子A)が含まれていると，S型菌に形質転換する。

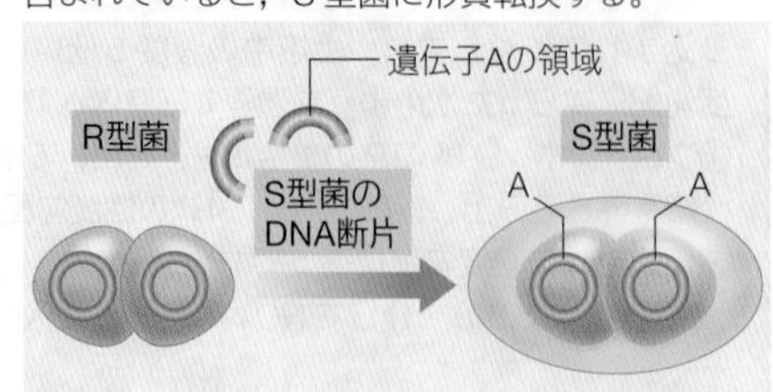


 WORD DNA⇔デオキシリボ核酸　エイブリー⇔アベリー　ファージ⇔バクテリオファージ　感染⇔伝染

## C T₂ ファージの増殖(証拠 3)

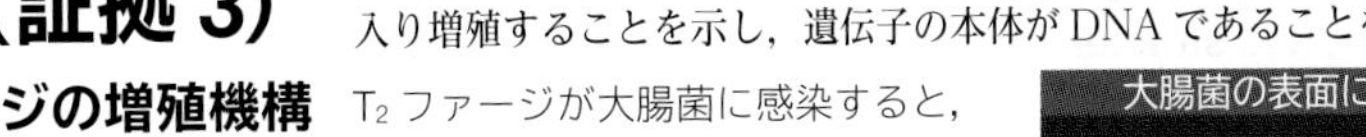

ハーシーとチェイスは，$T_2$ ファージ(ウイルス)の DNA だけが大腸菌内に入り増殖することを示し，遺伝子の本体が DNA であることを決定付けた。 生物基礎

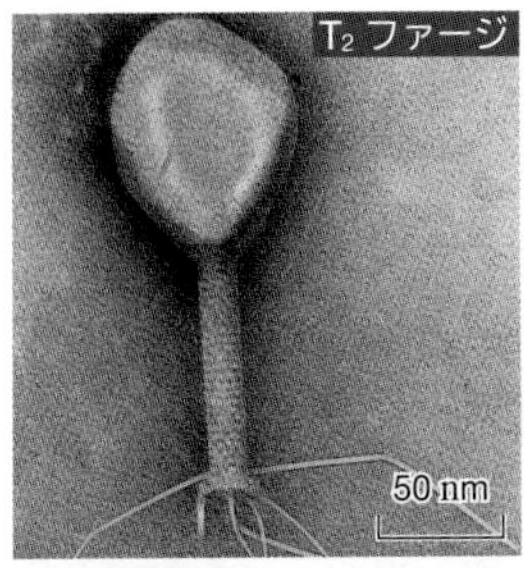


細菌に感染するウイルスを**ファージ**と呼ぶ。$T_2$ ファージは大腸菌に感染するファージの一種である。

### T₂ ファージの構造

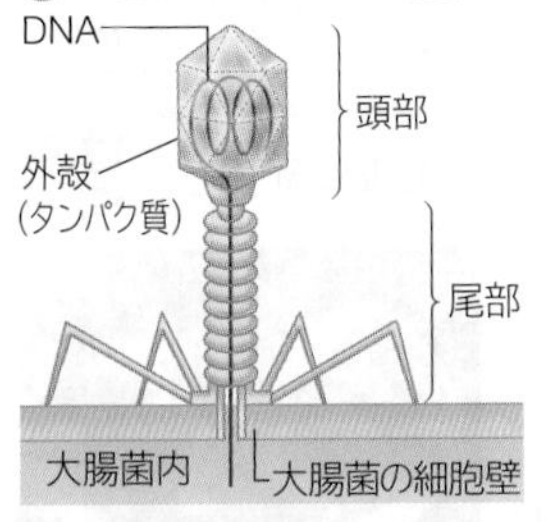


### T₂ ファージの増殖機構

$T_2$ ファージが大腸菌に感染すると，菌体内に DNA だけを注入し，タンパク質の外殻は菌体表面に残る。

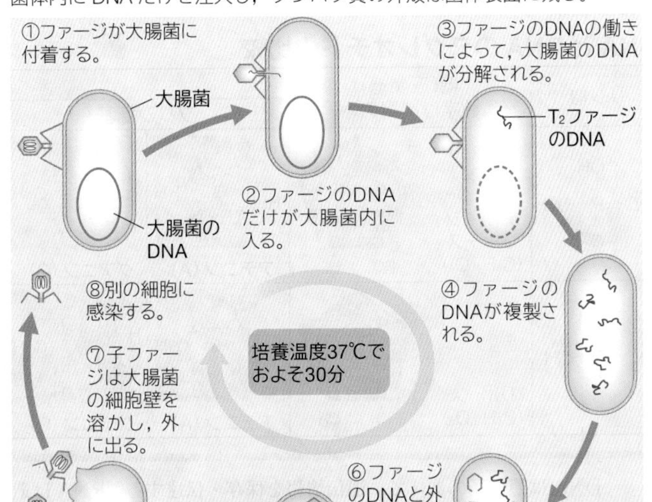
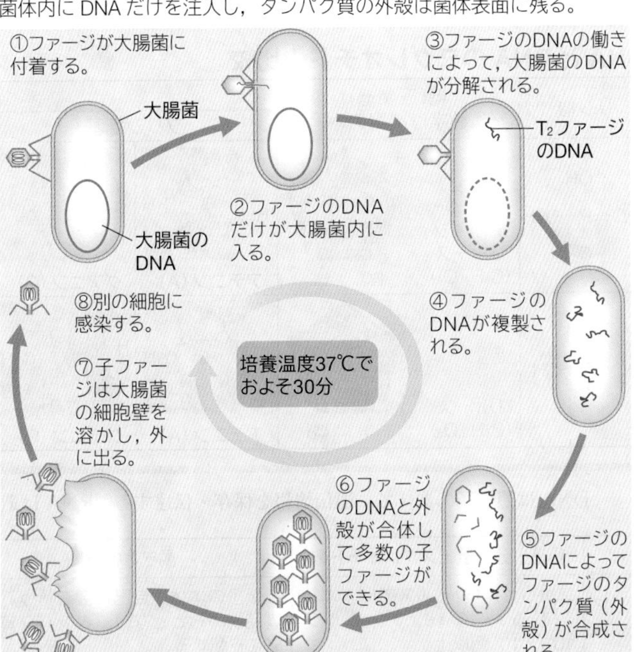


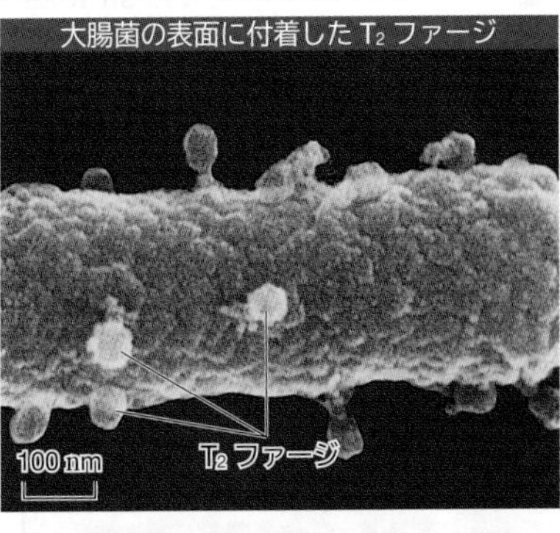


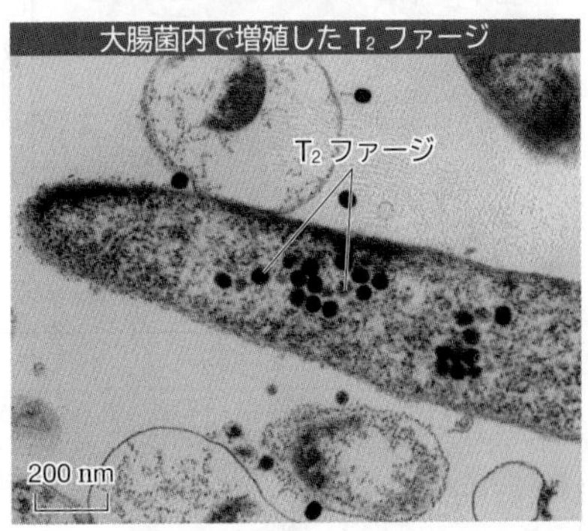


### ハーシーとチェイスの実験(1952 年)

ハーシーとチェイスは，タンパク質と DNA の構成元素の違いを利用して，互いを区別することを考え出した。硫黄(S)の放射性同位体 $^{35}S$ でタンパク質を標識した $T_2$ ファージと，リン(P)の放射性同位体 $^{32}P$ で DNA を標識した $T_2$ ファージを作成し，それぞれを大腸菌に感染させて，S と P のどちらが菌体内に入るかを調べた。

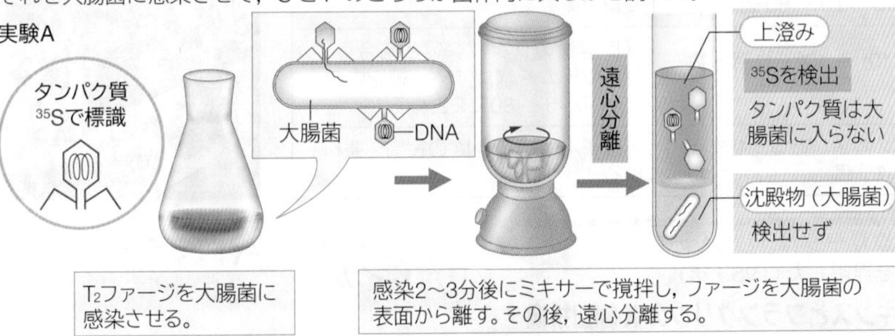


| 構成物質 | 構成元素 | 標識に用いた元素 |
|---|---|---|
| タンパク質 | C・H・O・N・S | $^{35}S$ |
| DNA | C・H・O・N・P | $^{32}P$ |

タンパク質の構成単位であるアミノ酸には，S を含むメチオニンやシステインがある。DNA の構成単位であるヌクレオチドには P を含むリン酸がある。

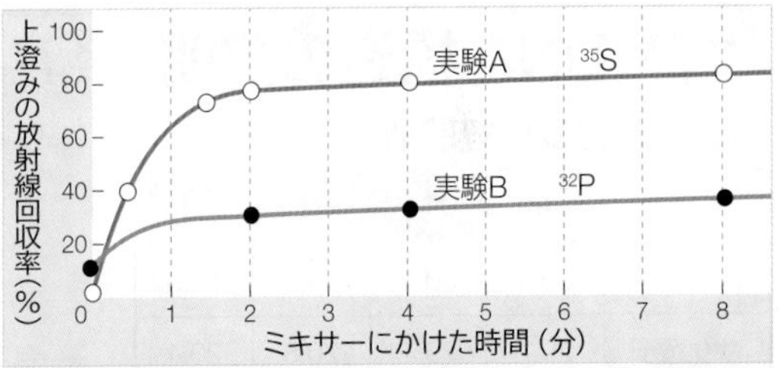


**結論** 大腸菌内に入ったのは $T_2$ ファージの DNA だけである。ファージの DNA が入った大腸菌を培養すると子ファージが誕生したため，遺伝子の本体が DNA であることが証明できた。

### TOPICS

#### 必要最小限のゲノムだけをもった人工合成細菌

生物が独自に機能・自己複製するために不可欠な遺伝子だけしか含まない最小限のゲノム(全遺伝情報)をもった細菌を人工的につくることに，米国の研究チームが成功した(2016 年)。この細菌のゲノムは「JCVI-syn3.0」と呼ばれている。含まれる遺伝子の数は，わずか 473 個しかない。研究チームの一人であるベンター博士は，「生命に関する基本的な疑問に答えを出す唯一の方法は，最小限のゲノムを得ることだと考えられる。おそらく，これを行うための唯一の方法はゲノムの人工合成を試みることだろう」と説明している。

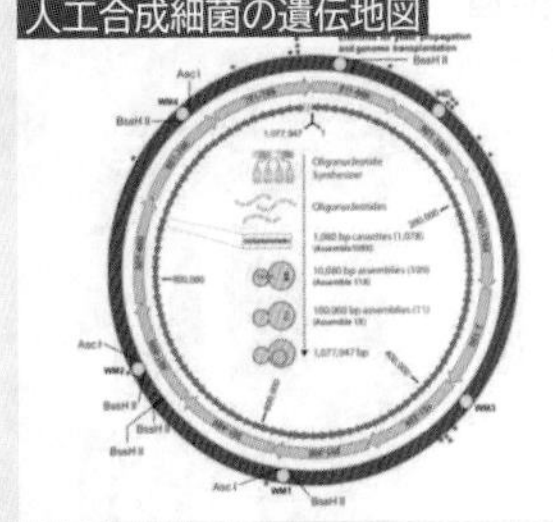


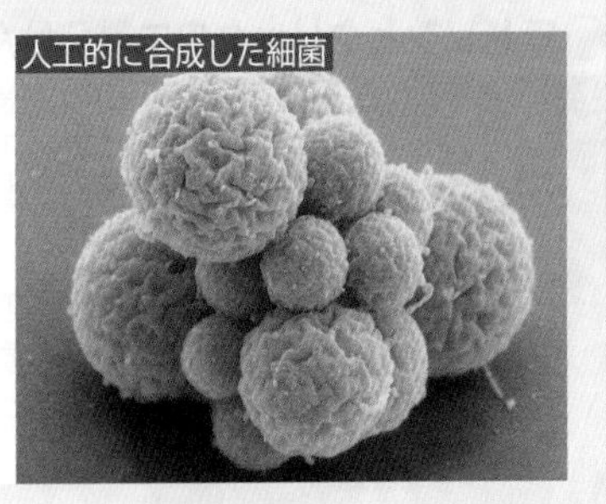


3 遺伝子と遺伝情報の発現

生物基礎

WORD 放射性同位体⇔放射性同位元素⇔ラジオアイソトープ

# 2 核酸の種類と構造
Types and structure of nucleic acid

## A 核酸の構成単位

核酸は，リン酸・糖・塩基からなるヌクレオチドが多数結合した高分子化合物である。核酸にはDNAとRNAがある。 生物基礎 生物

### ヌクレオチド

ヌクレオチド：塩基・リン酸・糖

・デオキシリボース（DNAの場合）
・リボース（RNAの場合）
図はデオキシリボース

・アデニン (A)
・グアニン (G)
・チミン (T)
・シトシン (C)
・ウラシル (U)
図はアデニン

### DNAとRNAのヌクレオチドの比較

共通するところ，異なるところに着目しよう。

| | リン酸 | 糖（五炭糖）（青数字は炭素の番号） | 塩基 プリン塩基 | | 塩基 ピリミジン塩基 | |
|---|---|---|---|---|---|---|
| DNA | | デオキシリボース ($C_5H_{10}O_4$) | アデニン (A) | グアニン (G) | チミン (T) | シトシン (C) |
| RNA | | リボース ($C_5H_{10}O_5$) | アデニン (A) | グアニン (G) | ウラシル (U) | シトシン (C) |

## B 核酸の種類と働き

DNAは遺伝子の本体で，遺伝情報を保存・伝達する。RNAは遺伝情報の発現に働く。 生物基礎 生物

| 種類 | | 所在 | 構造・分子量・ヌクレオチド数 | 働きと特徴 |
|---|---|---|---|---|
| DNA | | 染色体のほか，ミトコンドリア，葉緑体，ウイルスにも存在する。 | 二重らせん（ウイルスでは1本鎖もある）・$10^9$以上（ウイルス$10^6$）・$10^7$個以上 | 遺伝子の本体。自己複製を行う。形質発現のもととなり，タンパク質合成を支配する。 |
| RNA | mRNA（伝令RNA） | 核内で合成され，細胞質へ移動する。(m：messenger) | 1本鎖・$10^6$・数百～数千個 | DNAの遺伝情報を転写し，タンパク質合成の場であるリボソームに運ぶ。 |
| RNA | tRNA（転移RNA） | 核内で合成され，細胞質へ移動する。(t：transfer) | 1本鎖で独特の立体構造をつくる・$2.5 \times 10^4$・70～80個 | 特定のアミノ酸と結合し，リボソームまで運搬する。 |
| RNA | rRNA（リボソームRNA） | 核内で合成され，リボソームへ移動する。(r：ribosomal) | 1本鎖・$10^4$～$10^6$・数百～数千個 | ほぼ等量のタンパク質と結合して，リボソームを構成する。細胞内の全RNAの75～80%を占める。 |
| RNA | ウイルスRNA | RNAウイルスがもつ | 1本鎖と2本鎖がある・$10^6$・数百～数千個 | 遺伝子本体とmRNAの役割を兼ねている。 |

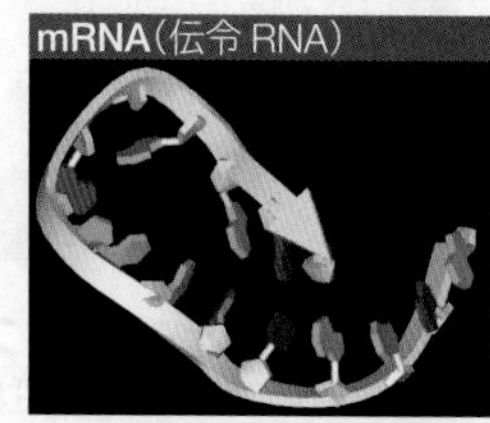
mRNA（伝令RNA）

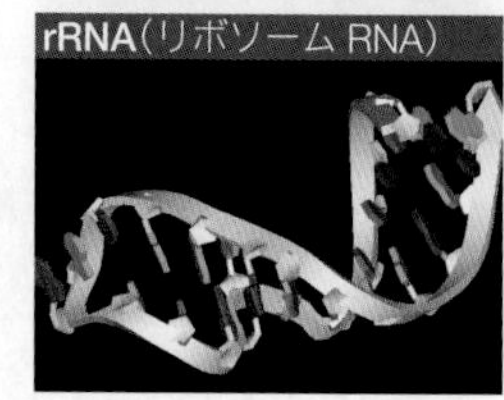
rRNA（リボソームRNA）

## C DNA構造の解明

ワトソンとクリックは，DNAの二重らせん構造を提唱した(1953年)。 生物基礎

### シャルガフの経験則

| 生物名 | A | T | G | C |
|---|---|---|---|---|
| ヒト | 30.4 | 30.1 | 19.6 | 19.9 |
| サケ精子 | 29.7 | 29.1 | 20.8 | 20.4 |
| コムギ麦芽 | 28.1 | 27.4 | 21.8 | 22.7 |
| 大腸菌 | 24.7 | 23.6 | 26.0 | 25.7 |

どの生物でもAとT，GとCの量がそれぞれ等しい。

### ウィルキンスとフランクリンのX線回折像

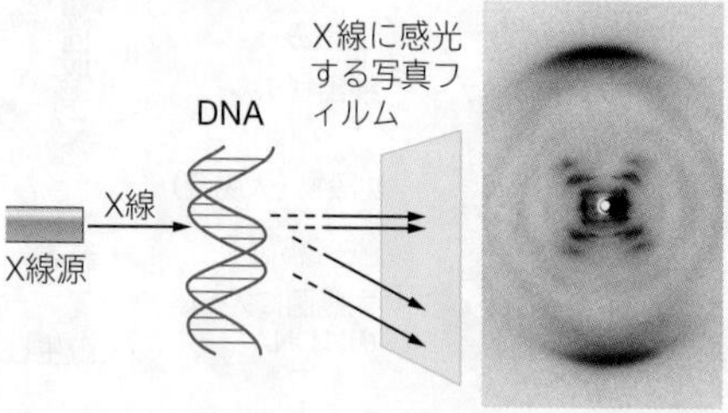


写真(右)のXの形状は，らせん構造であることを示す。

### ワトソンとクリックの二重らせん構造

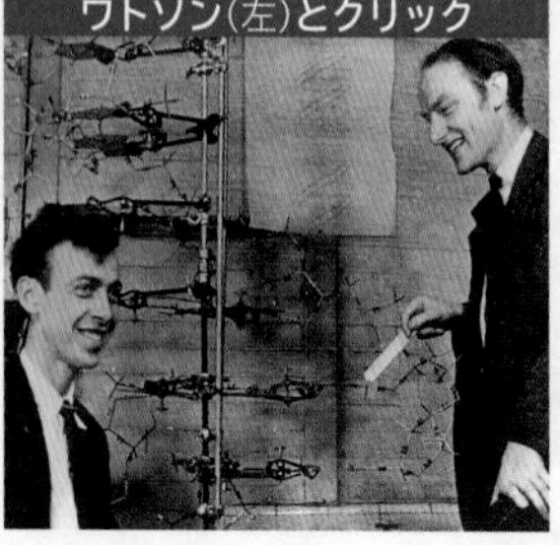
ワトソン(左)とクリック

上の結果を根拠にAとT，GとCが水素結合し，2本のヌクレオチド鎖が二重らせん構造をとっていると考えた。

ウィルキンス

フランクリン

### ADVANCE リボザイム

リボザイム(ribozyme)は，リボ核酸(ribonucleic acid)と酵素(enzyme)をあわせた合成語で，触媒としての機能をもつRNAのことである。トーマス・チェック，シドニー・アルトマンによって発見される以前は，生体内の反応を触媒するものは，タンパク質からなる酵素だけであると考えられていた。リボザイムは，それだけでRNA自身の切断，貼り付け，挿入などを行う触媒機能をもっている。遺伝情報と触媒機能の両方を扱うことができるRNAの発見は，原始生命の誕生時にはRNAが重要な役割を果たしていたとするRNAワールド(⇒p.309)仮説を生み出すきっかけにもなった。

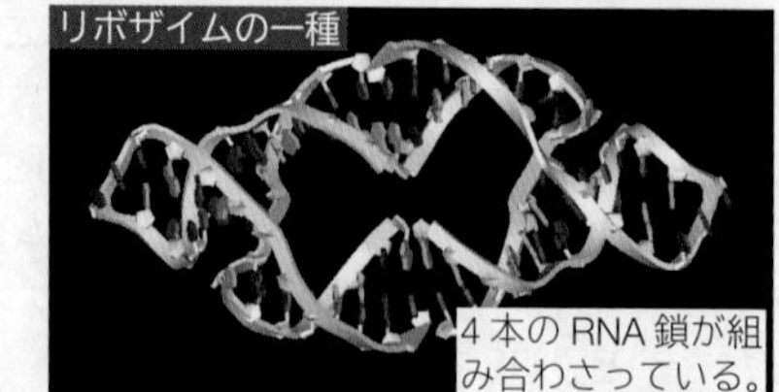
リボザイムの一種

4本のRNA鎖が組み合わさっている。


WORD RNA⇔リボ核酸　mRNA⇔伝令RNA　tRNA⇔転移RNA⇔運搬RNA　rRNA⇔リボソームRNA　リボソーム⇔リボソーム

## D DNAの分子構造

DNAは，向かい合う2本のヌクレオチド鎖のアデニンとチミン，シトシンとグアニンが相補的に結合し，らせん状にねじれた構造をしている。 生物基礎 生物

糖，リン酸の向きと結合箇所，ヌクレオチド鎖の方向性に着目しよう。

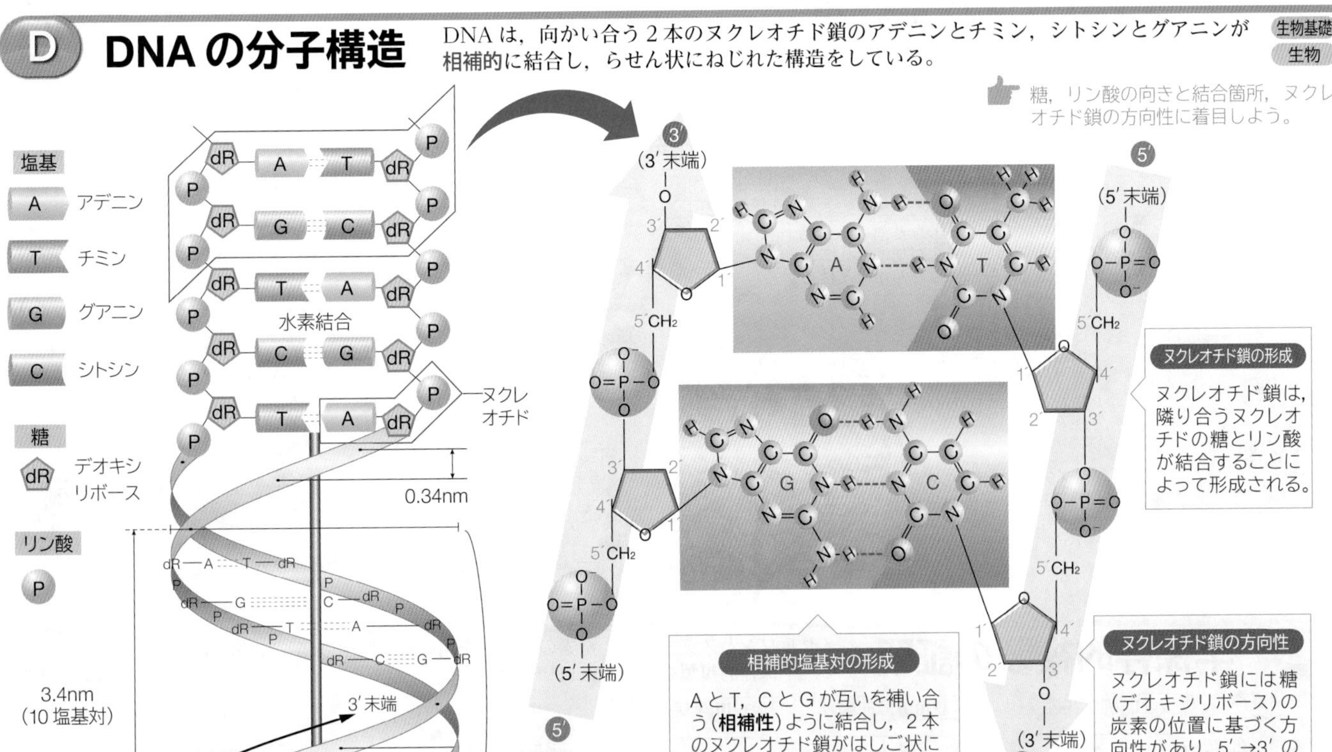


**ヌクレオチド鎖の形成**
ヌクレオチド鎖は，隣り合うヌクレオチドの糖とリン酸が結合することによって形成される。

**相補的塩基対の形成**
AとT，CとGが互いを補い合う(**相補性**)ように結合し，2本のヌクレオチド鎖がはしご状になる。C-G間には3つの水素結合(⇒p.58)があり，A-T間の結合よりも安定している。

**ヌクレオチド鎖の方向性**
ヌクレオチド鎖には糖(デオキシリボース)の炭素の位置に基づく方向性があり，5′→3′のように表す。2本のヌクレオチド鎖は逆方向で平行に並ぶ。

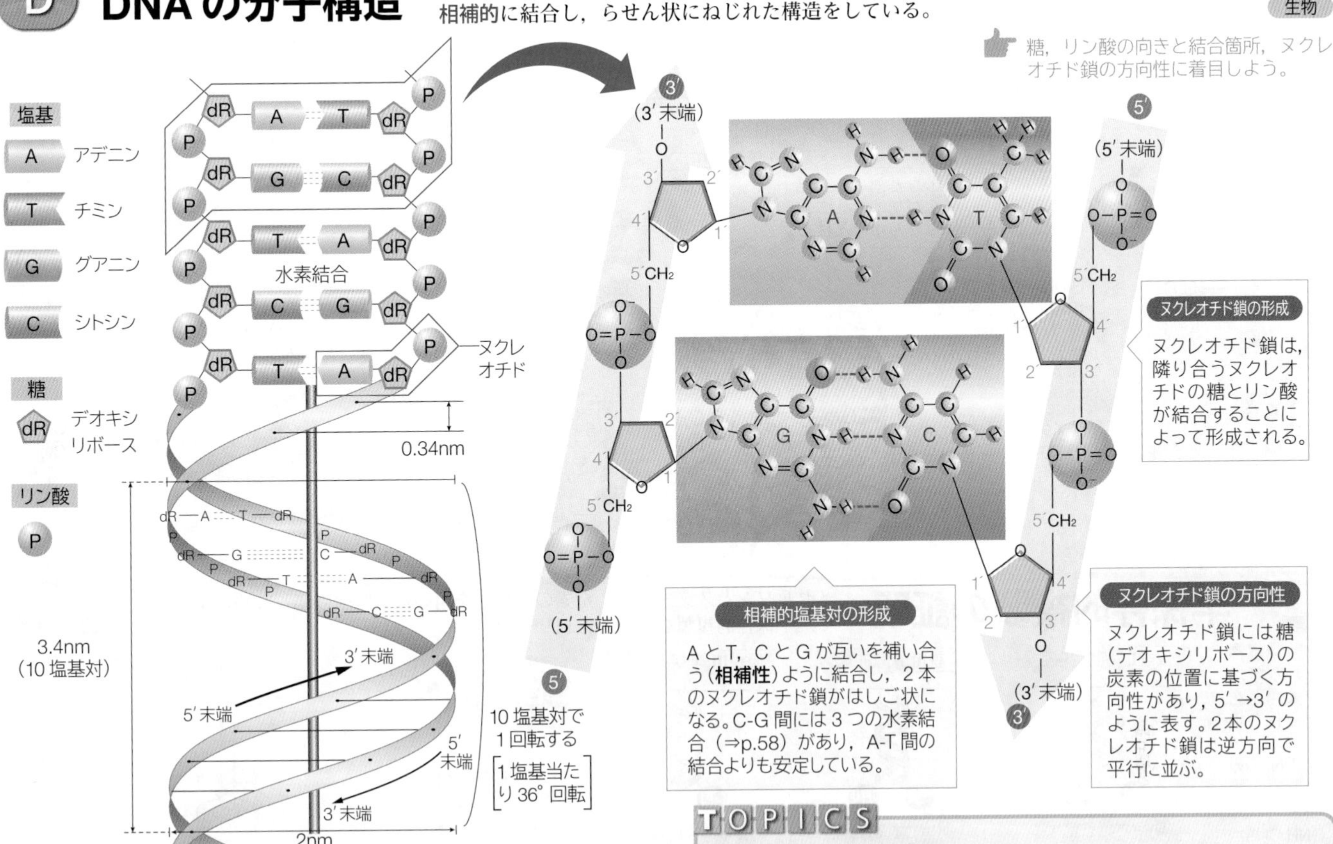

**3′末端**：核酸分子のうち，ヌクレオチドを構成する五炭糖の3′位に近い側の末端。
**5′末端**：核酸分子のうち，ヌクレオチドを構成する五炭糖の5′位に近い側の末端。

**TOPICS**

### ヒトのDNAの長さ

DNAの二重らせんは，10塩基対(3.4 nm)で1回転する。ヒトの配偶子($n=23$)のDNAの塩基対は30億あるので，これを1本につなげると3億回転で，長さは$(3.4\times10^{-9})\times(30\times10^{8})\div10\fallingdotseq$ 1.0 mとなる。体細胞1個当たりでは，6億回転，約2.0 mとなる。

## 実験 DNAの抽出実験

①細胞の粉砕とろ液の取り出し

冷却したタマネギをミキサーに入れ，冷やした10％食塩水を注いで粉砕する。これをナイロンメッシュでろ過する。

② DNAの粗抽出

ろ液に，台所用洗剤(約3％)が含まれている食塩水を静かに加え，10分間ゆっくり混ぜる。その後，冷エタノールを静かに注ぎ，浮き上がってくるDNAの白い沈殿(粗製DNA)を串で取り出す。

③ DNAの精製

粗製DNAを再び食塩水で溶かし，100℃で湯煎して，タンパク質を変性させる。タンパク質などの不純物をろ過して除き，冷エタノールを加えると透明なDNAが浮き上がってくる。このDNAは多くの分子の集合体である(DNA分子を肉眼で見ることはできない)。

④ DNAの確認(ジフェニルアミン反応)

DNA溶液(左)，RNA溶液(中)，タマネギから抽出したDNA溶液(右)をそれぞれ試験管に1.0 mL取り，ジフェニルアミン試薬2.0 mLを加え，沸騰水中で10分間加熱する。ジフェニルアミン試薬は，DNAのデオキシリボースに反応して青色になる。

# 3 DNAの複製

DNA replication

## A DNAの半保存的複製



DNAの複製は，複製後の2本鎖のうち1本が必ず鋳型となったもとの鎖となるので，半保存的複製と呼ばれる。

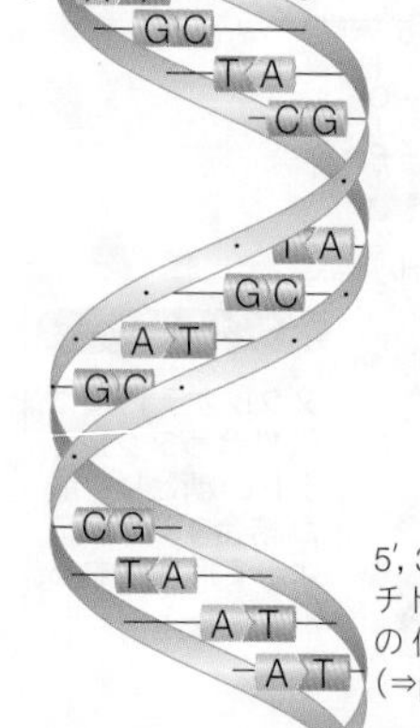


①塩基対の水素結合が切られ，二重らせんがほどける。

②もとの鎖の塩基に相補的な塩基をもつヌクレオチドが結合していく。

③DNAポリメラーゼの働きで隣り合ったヌクレオチドどうしが結合し，新しい鎖ができる。

④新しくつくられたDNA分子には，もとの鎖と新しく合成された鎖が含まれる。

5′, 3′はヌクレオチドの糖の炭素の位置を示す（⇒p.101）。

複製の方向（5′→3′）

新しい鎖　もとの鎖　新しい鎖

新しい鎖　もとの鎖　新しい鎖

## B 半保存的複製の証明

メセルソンとスタールは，窒素の同位体を用いた大腸菌の培養実験によって，半保存的複製を証明した（1958年）。

①重い窒素 $^{15}N$ の培地で大腸菌を何世代も培養し，DNAに $^{15}N$ のみをもつ大腸菌をつくる。

$^{15}NH_4Cl$ 培地

②ふつうの窒素 $^{14}N$ の培地に移し1回目の分裂をさせる。

$^{14}NH_4Cl$ 培地

③ふつうの窒素 $^{14}N$ の培地で2回目の分裂をさせる。

$^{14}NH_4Cl$ 培地

**仮説Ⅰ 保存的複製**

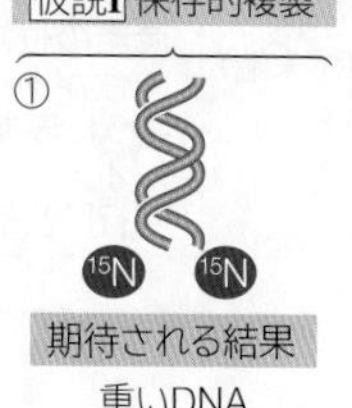


期待される結果

重いDNA（1本のバンド）

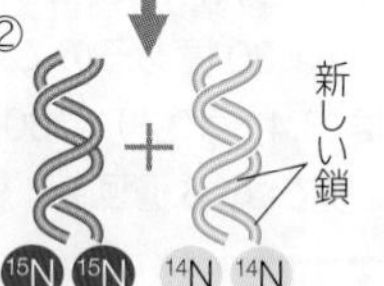


重いDNAと軽いDNA（2本のバンド）

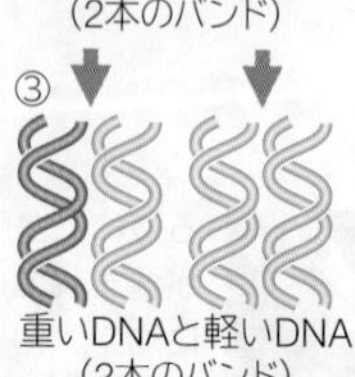


重いDNAと軽いDNA（2本のバンド）

**仮説Ⅱ 分散的複製**

①

期待される結果

重いDNA（1本のバンド）

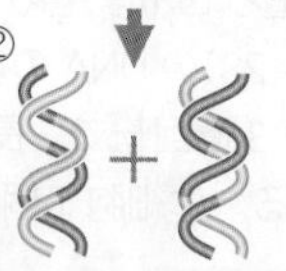


重いDNAと軽いDNAとの間で様々な重さになる（一定のバンドは存在しない）

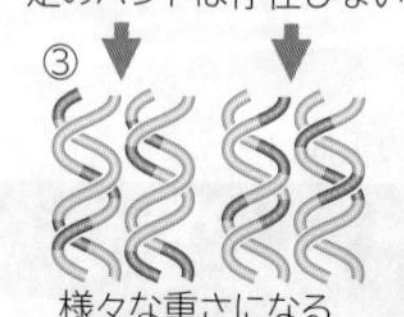


様々な重さになる（一定のバンドは存在しない）

**仮説Ⅲ 半保存的複製**

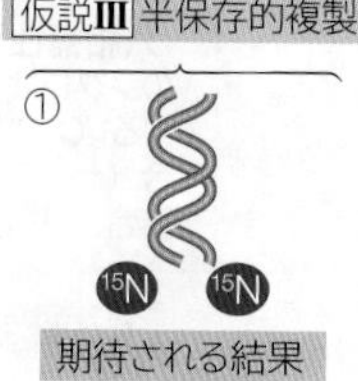


期待される結果

重いDNA（1本のバンド）

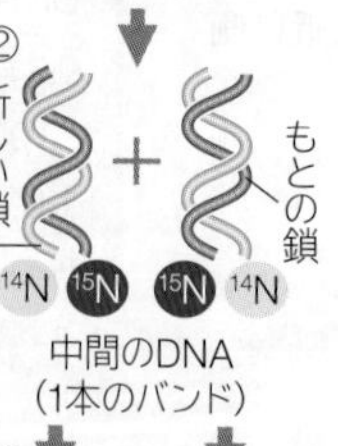

中間のDNA（1本のバンド）

中間のDNAと軽いDNA（2本のバンド）

**塩化セシウム密度勾配遠心分離**

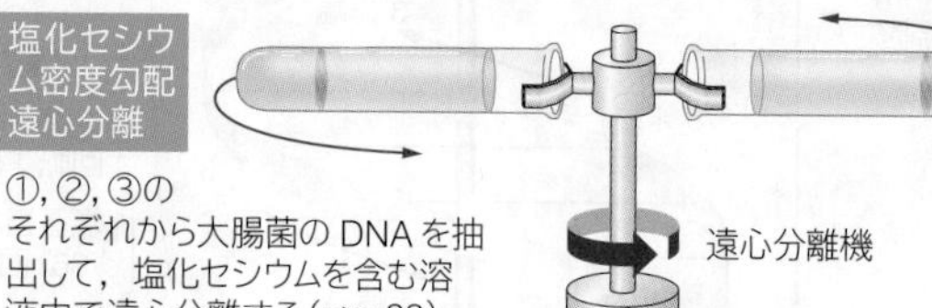


①，②，③のそれぞれから大腸菌のDNAを抽出して，塩化セシウムを含む溶液中で遠心分離する（⇒p.23）。

**実験結果**

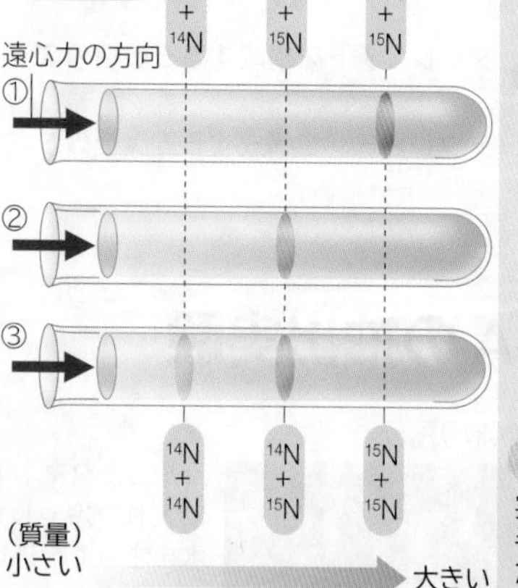


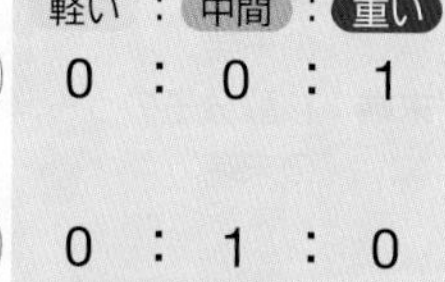

| $^{14}N+^{14}N$ 軽い | $^{14}N+^{15}N$ 中間 | $^{15}N+^{15}N$ 重い |
|---|---|---|
| 0 | 0 | 1 |
| 0 | 1 | 0 |
| 1 | 1 | 0 |

**結論**

実験の結果，仮説Ⅲの半保存的複製が証明された。

## C 原核生物と真核生物のDNA複製



原核生物では染色体1本あたり複製開始点が1か所であるのに対し，真核生物では多数存在するため，複数の箇所で同時に複製が起こる。

### 原核生物（大腸菌）

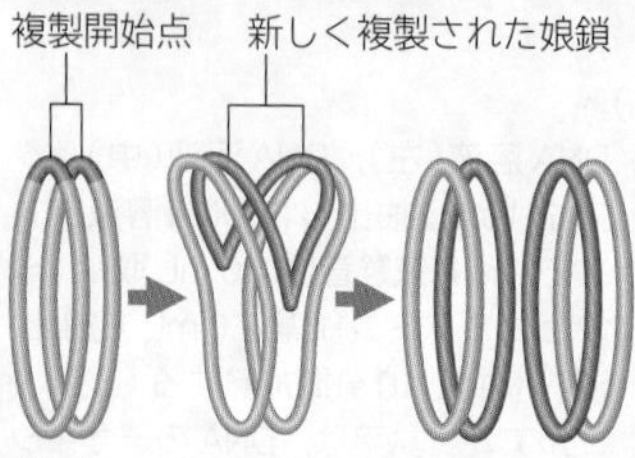


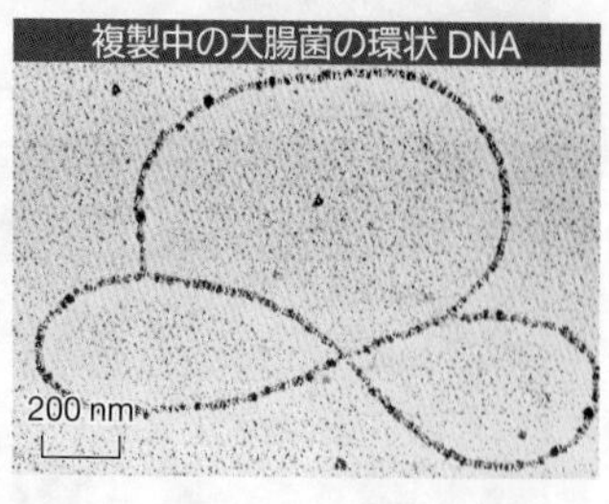


ほとんどの原核生物の染色体DNAやプラスミドは環状である。また，葉緑体やミトコンドリアのDNAも環状である。

### 真核生物

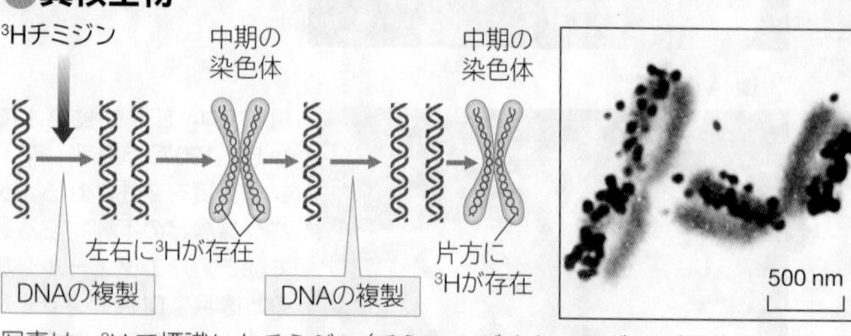


写真は，$^{3}H$ で標識したチミジン（チミン＋デオキシリボース）を与えた後，2回目の分裂の中期染色体のオートラジオグラフィー像（⇒p.23）。$^{3}H$（黒い点）は相同染色体の一方にのみ存在する。

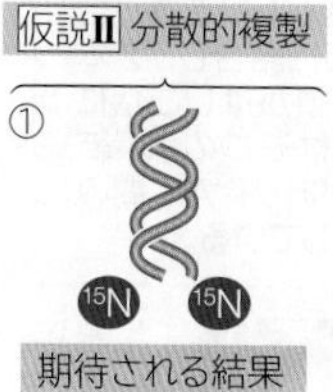

 WORD DNAポリメラーゼ⇔DNA合成酵素　複製開始点⇔複製起点

# D 岡崎フラグメント

岡崎令治は，DNA 複製時に 5′→3′方向に短い DNA 断片(岡崎フラグメント)が合成されることを発見し(1966 年)，DNA 複製の矛盾を解決した。 生物

## 複製の方向性に関する矛盾

DNA ポリメラーゼは 5′→3′ の方向にしかヌクレオチドの結合を行えない。

↕ 矛盾

DNA の複製は，2 本鎖の両方が鋳型となり，同じ方向に進む。

## 矛盾の解消

3′→5′の鎖を鋳型とする新しい鎖(リーディング鎖)は，5′→3′の方向に連続的に合成される。5′→3′の鎖を鋳型とする新しい鎖(ラギング鎖)は，5′→3′の方向に短い DNA 断片が不連続に合成された後(右図の①～④の順)，DNA リガーゼ(⇒ p.124)という酵素で連結される。この短い DNA 断片は，岡崎令治の名にちなんで岡崎フラグメントと呼ばれる。

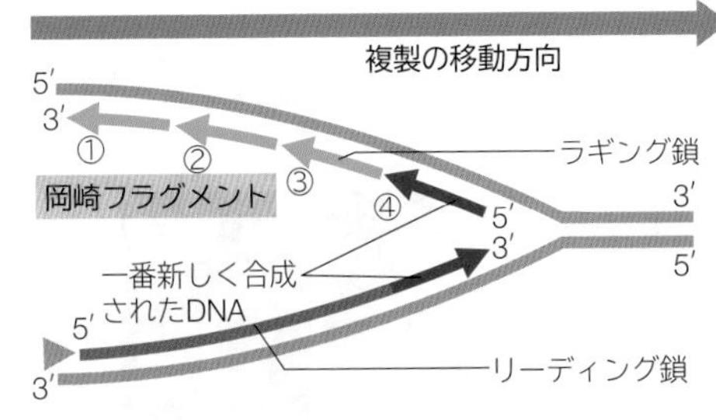


# E DNA 複製の詳細

DNA の複製は，いくつかの酵素が協調して働くことによって進行する。新しい DNA 鎖の合成には，短い RNA 断片(RNA プライマー)が必要となる。 生物

① DNAトポイソメラーゼ（2本鎖DNAを切断し再結合する酵素）が，DNAのねじれを解消する。

2本鎖DNA　トポイソメラーゼが1本鎖を切断

切断後→の方向に切断した鎖を通す　切断した部分を結合させる　ねじれが解消し，新しい鎖の入る余地ができる

② DNAヘリカーゼ（DNAの塩基間の水素結合を切断し，1本鎖にする酵素）が，DNAを1本鎖にほどく。

③ 1本鎖DNA結合タンパク質（SSB）が2本鎖DNAに戻らないようにDNAに結合し，1本鎖の状態が保たれる。

④ DNAプライマーゼ（RNAプライマーをつくる酵素）がRNAプライマーを合成する。その後，RNAプライマーははずされ，DNAに置換される。

RNAプライマー　新たに合成されたDNA　5′ 3′

⑤ DNAポリメラーゼ（親鎖を鋳型として5′→3′方向に延長する酵素）によってヌクレオチドが付加され，DNAが複製される。複製開始時にRNAプライマーが必要になる。

⑥ DNAリガーゼ（DNAの切れ目をつなぐ酵素）によって岡崎フラグメントが結合する。

5′ 3′　① DNAトポイソメラーゼ　② DNAヘリカーゼ　③ SSB　DNAポリメラーゼ　④ DNAプライマーゼ　⑤　DNAリガーゼ ⑥

**RNAプライマー**
DNA合成に必要なヌクレオチドからなる断片

**岡崎フラグメント**
5′→3′ の方向の短いDNA断片

**リーディング鎖**
リーディング鎖では連続的にDNAの合成が行われる。

RNAプライマー

**ラギング鎖**
ラギング鎖では，岡崎フラグメントが不連続的に合成される。
3′ 側の岡崎フラグメントの方が早く合成される。
岡崎フラグメントの合成にはRNAプライマーが必要である。

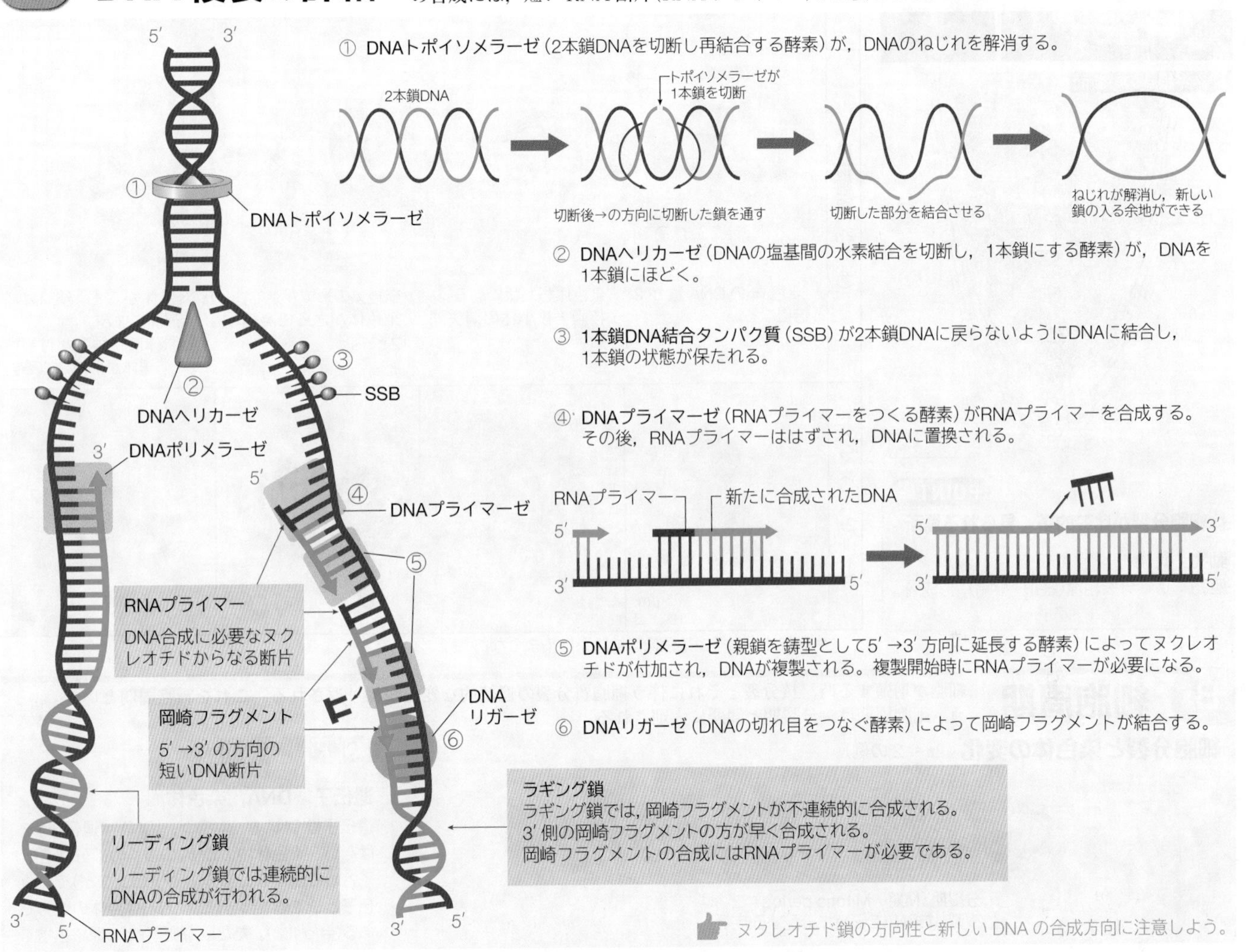

ヌクレオチド鎖の方向性と新しい DNA の合成方向に注意しよう。

## ADVANCE DNA 複製とテロメラーゼ

真核生物の染色体末端はテロメアと呼ばれ，特定の塩基配列(ヒトでは TTAGGG)が繰り返されている。テロメアは，複製のたびに短くなり，一定の短さになるとそれ以上細胞分裂が行われなくなることから，細胞の寿命や老化と関係していると考えられている。
複製のたびにテロメアが短くなると，世代を経るうちに染色体も短くなってしまうことになるが，実際には世代間で染色体の長さは等しい。この矛盾を解決しているのが**テロメラーゼ**と呼ばれる酵素である。テロメラーゼは，短くなったテロメアをもとの長さに戻す酵素であり，ヒトでは生殖細胞(⇒ p.131)や一部のがん細胞のみで発現している。

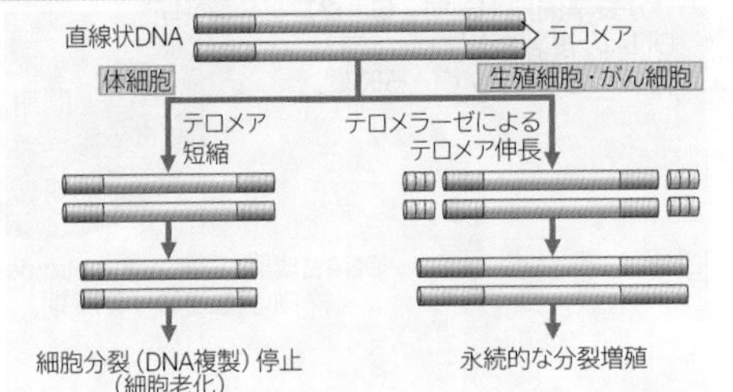

# 4 体細胞分裂
Cell division: mitosis

## A 体細胞分裂の過程

体細胞分裂では，まず，核・染色体が２つに分裂して両極に分配される核分裂が起こり，続いて細胞が２つに分かれる細胞質分裂が起こる。 生物基礎

染色体の動きと核の形成に着目しよう。

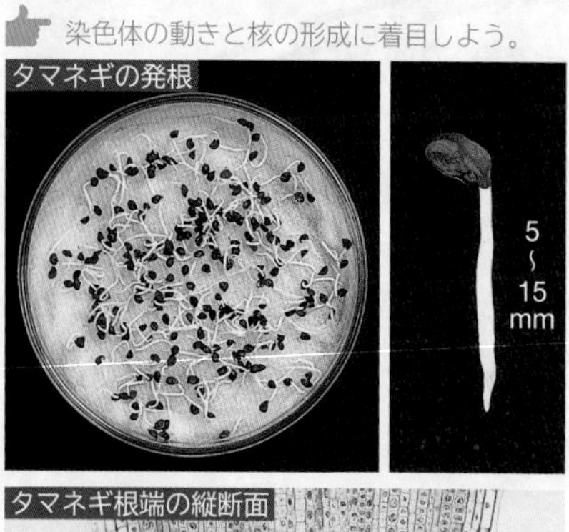


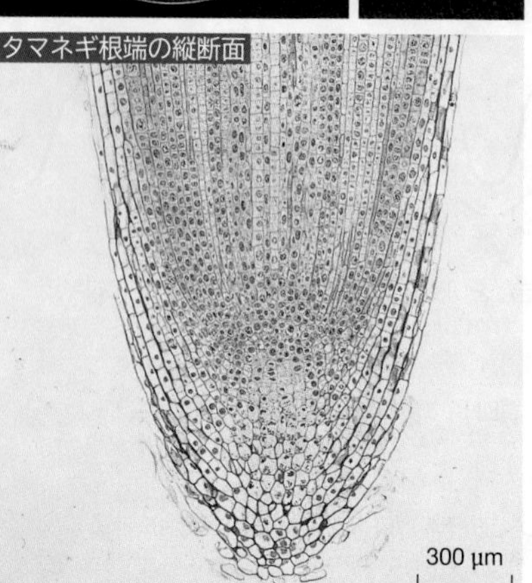


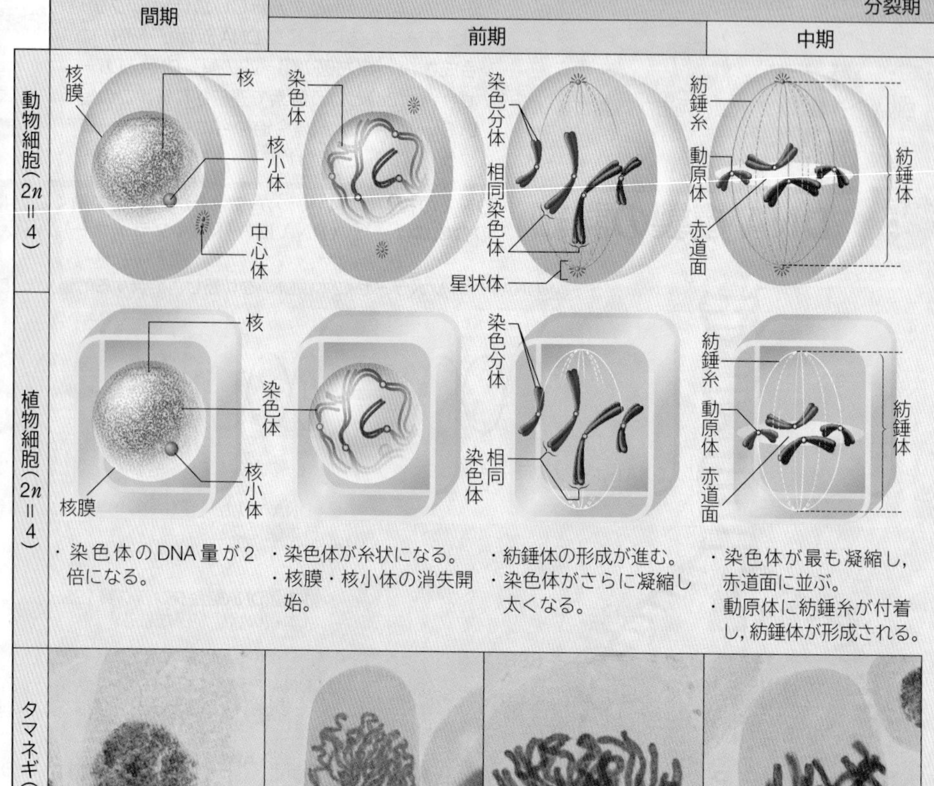

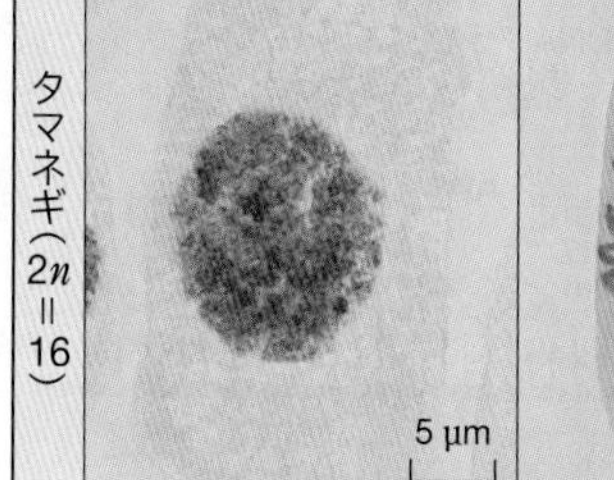

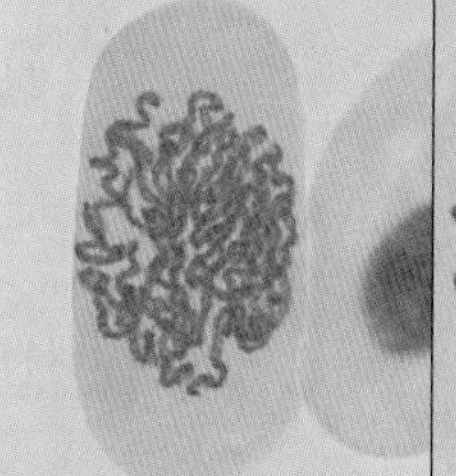

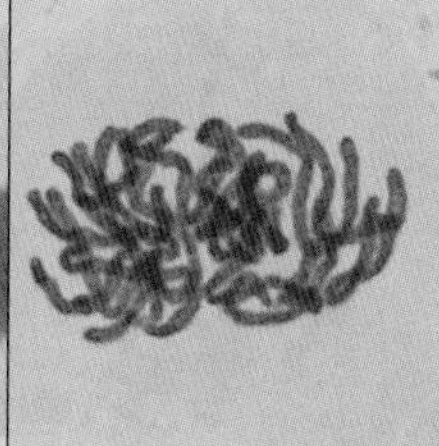

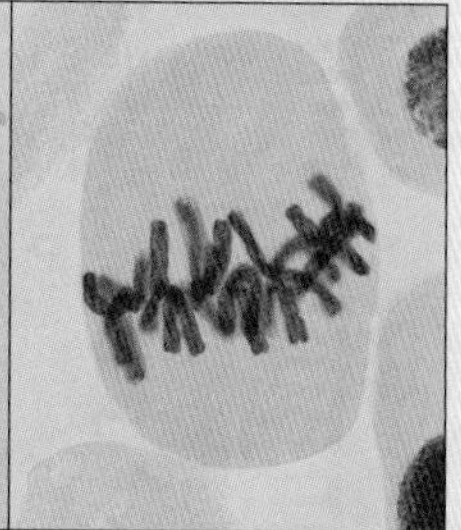


＊酢酸オルセイン染色像：紡錘糸は染まらない。

**POINT**

**体細胞分裂が比較的多く見られる場所**

動物：骨髄
植物：頂端分裂組織（茎頂・根端），形成層

## B 細胞周期

細胞が増殖する時，核分裂とそれに伴う細胞質分裂の連続的な変化が繰り返される。これを細胞周期という。細胞周期は，分裂期と間期に大別される。 生物基礎

### 細胞分裂と染色体の変化（$2n = 2$ の例）

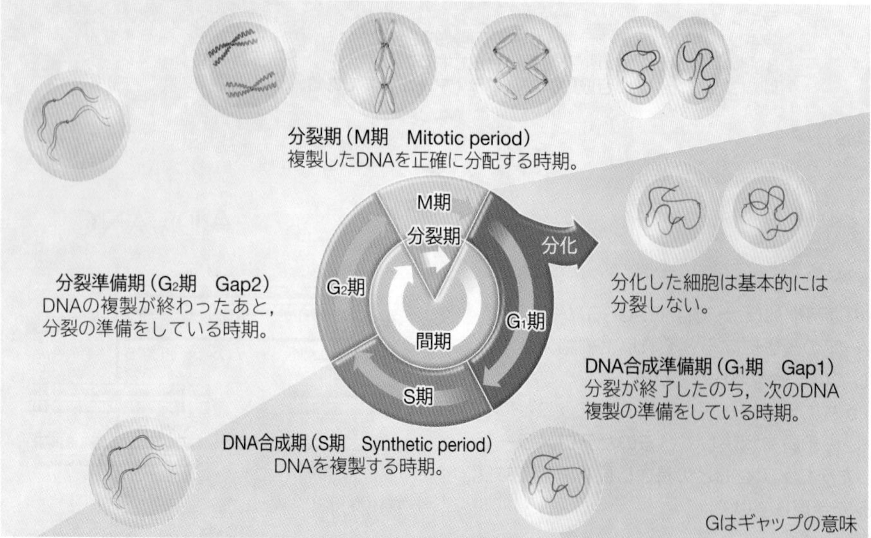


**TOPICS**

### 遺伝子，DNA，染色体

遺伝子はDNAからなるが，「DNA＝遺伝子」ではない。染色体中のDNAの多くの部分は遺伝子として働かない部分（イントロンなど）で，遺伝子として働く部分（エキソン）は全体の数%である（⇒ p.108）。ただし，細菌などの原核生物ではDNAの多くの部分が遺伝子として働いている。DNAとタンパク質の複合体である染色体は，倍加したDNAを核分裂時に分ける役割がある。DNAが均等に分けられることで，同じ遺伝子が２つの核に分けられることになる。

### 間期の核

分裂期直前の核と分裂直後の核を比較すると大きさに差がある。これは同じ間期でも，DNA合成期を経た核はDNA量が２倍になっているが，分裂直後の核では分配によってそのDNA量がもとに戻っているためである。

WORD　間期⇔静止期　頂端分裂組織⇔成長点　イントロン⇔介在配列　エキソン⇔構造配列

### 核分裂と細胞質分裂

POINT

染色体が凝縮して現れる前期～終期を分裂期と呼ぶ。細胞質分裂は，多くの場合，核分裂の終期の終わり頃に起きる。

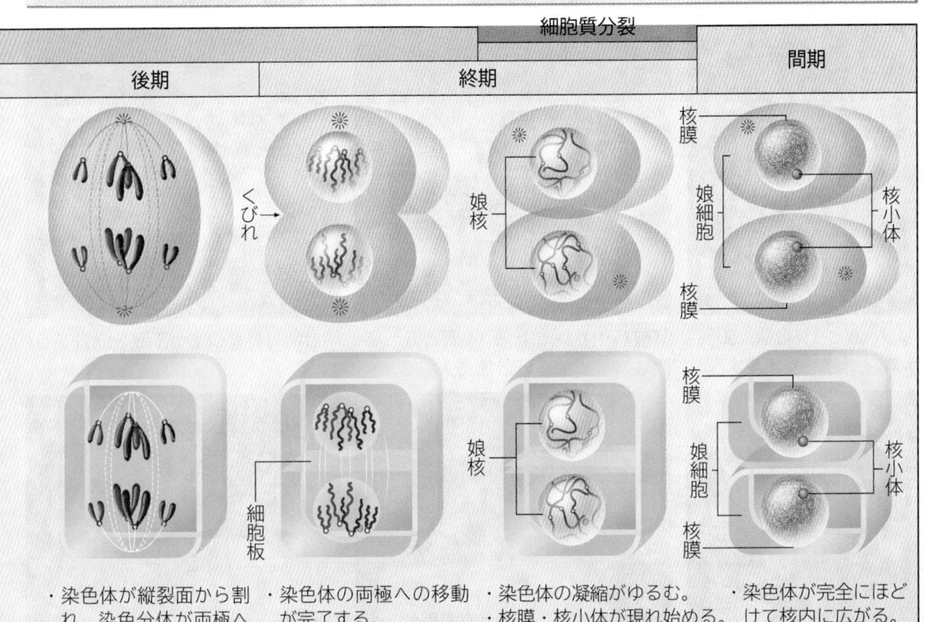

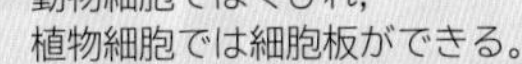

| 後期 | 終期 | | 間期 |
|---|---|---|---|
| ・染色体が縦裂面から割れ，染色分体が両極へ移動していく。 | ・染色体の両極への移動が完了する。<br>・動物細胞ではくびれ，植物細胞では細胞板ができる。 | ・染色体の凝縮がゆるむ。<br>・核膜・核小体が現れ始める。 | ・染色体が完全にほどけて核内に広がる。<br>・核膜・核小体完成。 |

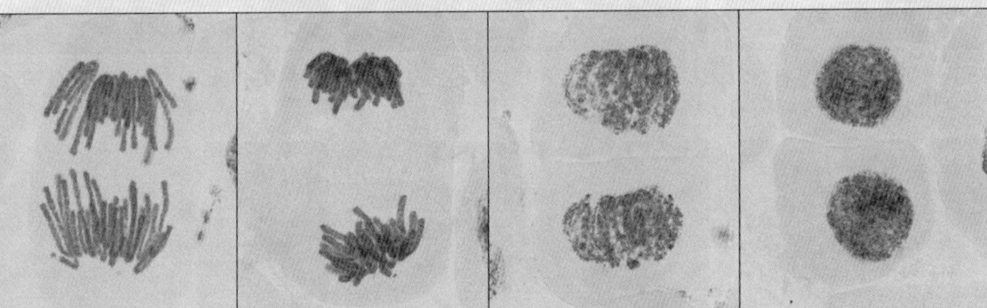

## ADVANCE 動原体と紡錘糸

微小管(⇒ p.64)でできた紡錘糸が染色体の動原体に付着し紡錘体が形成されると，動原体部分の酵素により紡錘糸が分解され短くなる。同時にモータータンパク質(⇒ p.64)が紡錘糸上を動き，染色体が移動する。

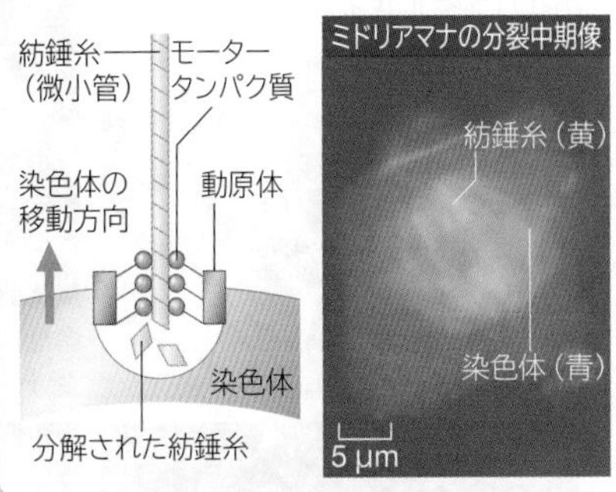


### 中期染色体の構造

体細胞分裂中期の染色体は2本の染色分体から構成されている。写真で，濃く染まった染色分体を示すDNA鎖は，元々もう一方の染色分体を構成するDNA鎖をもとに複製(⇒ p.102)されたものである。

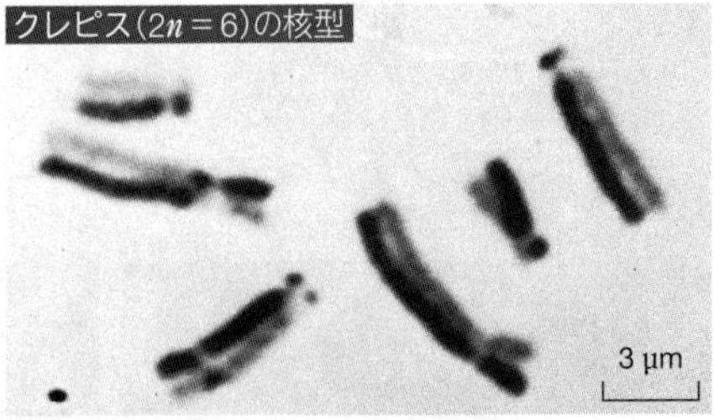


複製された染色分体の一方のみが濃く染まるよう処理したもの。

### 細胞周期とDNA量の変化

間期・前期・中期・後期・終期は核分裂の時期を示している。しかし，核1個あたりのDNA量の変化と，細胞1個あたりのDNA量の変化は，少し時期が異なる。これは，細胞質分裂完了の時期が核分裂完了の時期と厳密には一致していないからである(⇒ p.134)。

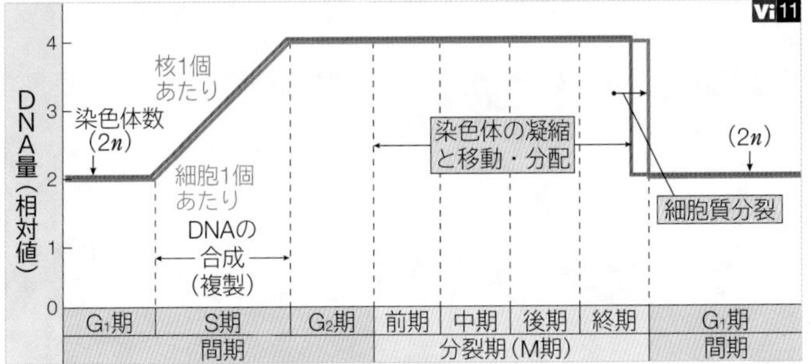


### 適温下における細胞周期の長さ

（単位：時間）

分裂期(M期)は非常に短い。各期の細胞数は細胞周期の長さに比例するため，分裂組織でも間期の細胞が最も多く，分裂期の細胞は少ない。

| 細胞の種類 | $G_1$期 | S期 | $G_2$期 | M期 |
|---|---|---|---|---|
| ヒトの結腸上皮細胞 | 15.0 | 20.0 | 3.0 | 1.0 |
| マウスの小腸上皮細胞 | 9.0 | 7.5 | 1.5 | 1.0 |
| キンギョの腸上皮細胞 | 5.0 | 9.0 | 1.0 | 2.0 |
| タマネギの根端細胞 | 10.0 | 7.0 | 3.0 | 2.0 |

## ADVANCE 体細胞分裂と染色分体の分離

体細胞分裂前期には，染色分体同士は全長にわたって接着しているが，分裂中期になると，動原体部でつながっているだけになる。これは，全長にわたって染色分体を接着していた**コヒーシン**が，リン酸化により，動原体部を残して接着の役割をしなくなるからである。動原体部の接着が残るのは，動原体部のコヒーシンが**シュゴシン**によって守られているためである。後期にはシュゴシンが消え，**セパラーゼ**という切断酵素が働いてコヒーシンが切断され，染色分体は両極に分かれる。

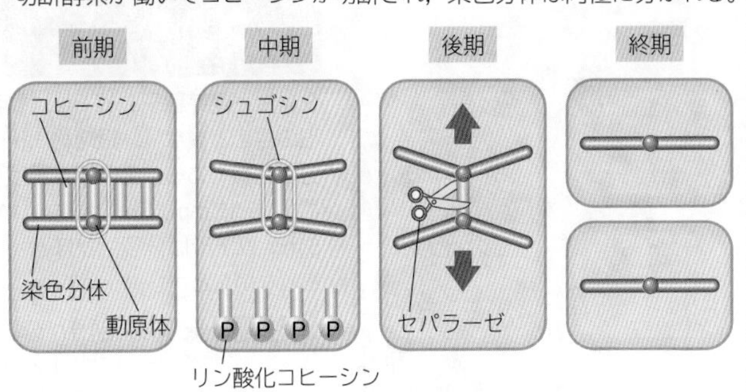


3 遺伝子と遺伝情報の発現

生物基礎

# 実験 体細胞分裂の観察

酢酸クリスタル(ダーリア)・塩酸法：固定・解離・染色を一度に行う方法。15 分程度で観察できる簡便法。

## 準備

ペトリ皿に脱脂綿を入れ，水を十分に含ませる。そこにタマネギ種子をまき，20〜25℃で 3〜4 日程発根成長させる。30％酢酸 100 mL に 0.6 g のクリスタルバイオレットを溶かし酢酸バイオレット液をつくっておく。

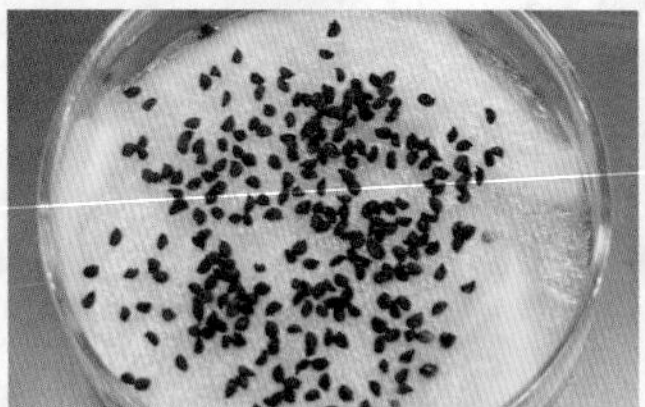

酢酸バイオレット液と 3％塩酸，50％グリセリン水溶液，水道水を用意する。

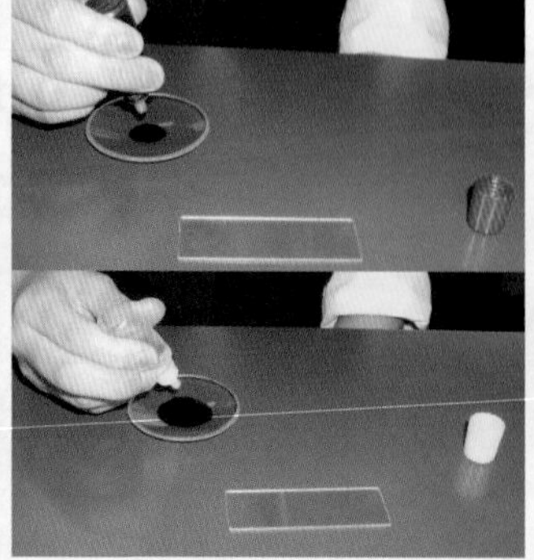

酢酸バイオレット液 14 滴と 3％塩酸 6 滴（7：3）を時計皿に入れる。

時計皿を軽くゆすって液を混合する。

5 〜 15 mm に発根したタマネギを約 12 分間混合液に浸す。

2 分以上水道水に浸す（2 分以上であれば何分でもよい）。

スライドガラスにのせ，根端を約 1mm カバーガラスで切り取り材料とする。

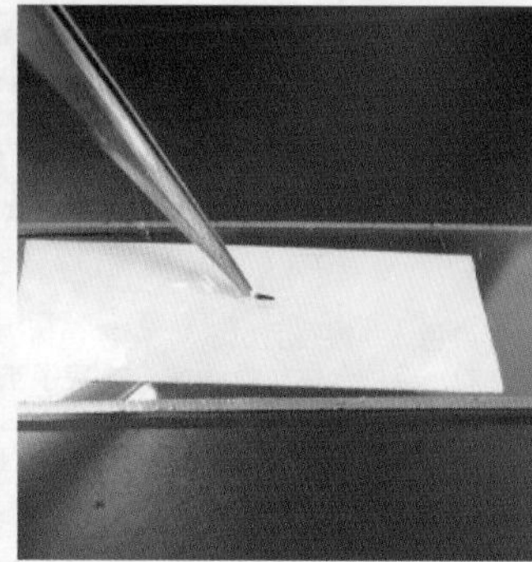

材料の上にピンセットで水を補充する。

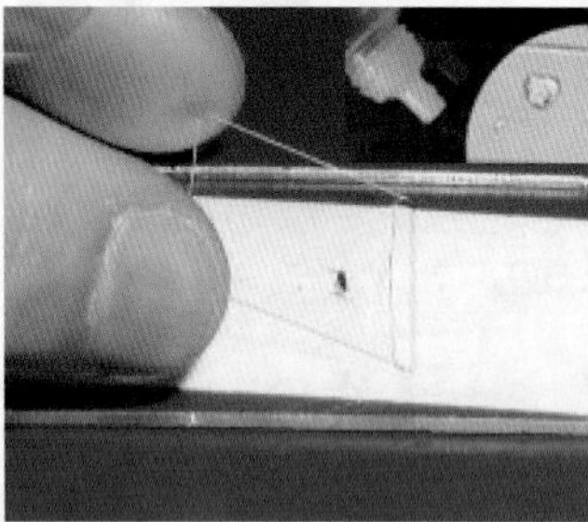

50％グリセリン水溶液または水道水を 1 滴，滴下してカバーガラスをかける。

カバーガラスの上から木製の棒で中心から外側に向かってたたくように円形に薄く広げる。

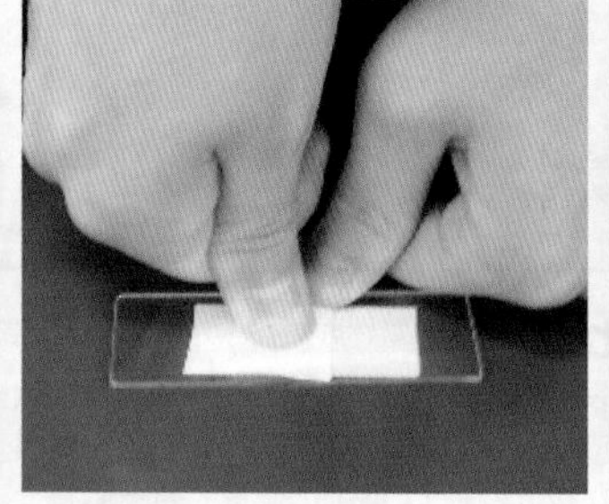

ろ紙をカバーガラスの上に載せて余分な水分を軽く吸い取り，思い切り押しつぶす。

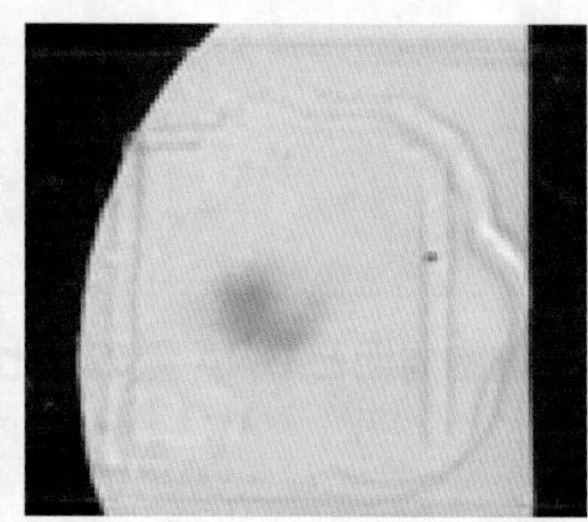

押しつぶすとき，カバーガラスをずらしたりすると，材料がよじれて観察できなくなるので注意する。

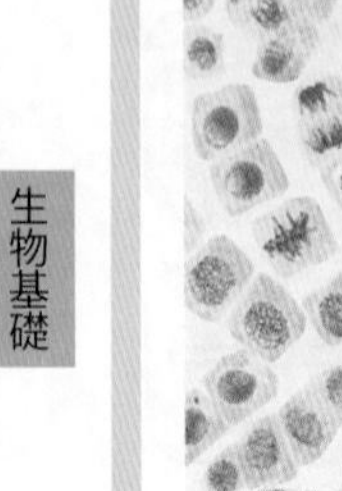

検鏡例

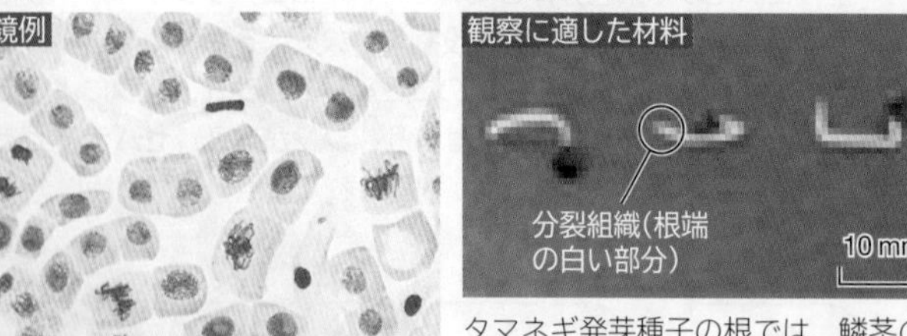


タマネギ発芽種子の根では，鱗茎の根の場合と異なり，根端約 1 mm が分裂組織である。上の写真程度の長さ（5 〜 15 mm）のものを用いる。5 mm 以下では分裂像がほとんど見られないことが多い。

分裂組織

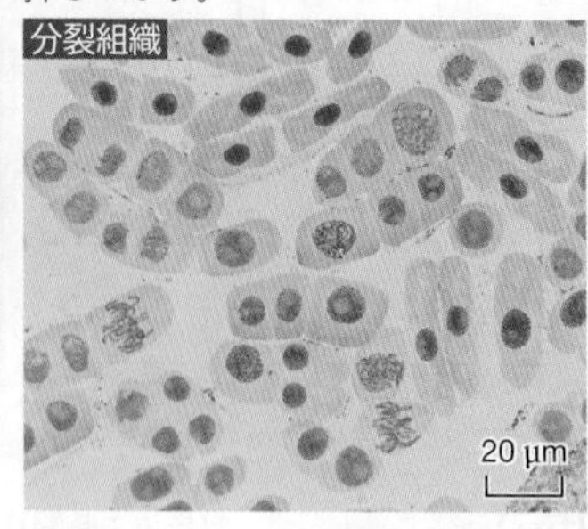


分裂像の多い部分は細胞がほぼ正方形，または正方形に近い長方形で，細胞の数が多い。

分裂していない組織

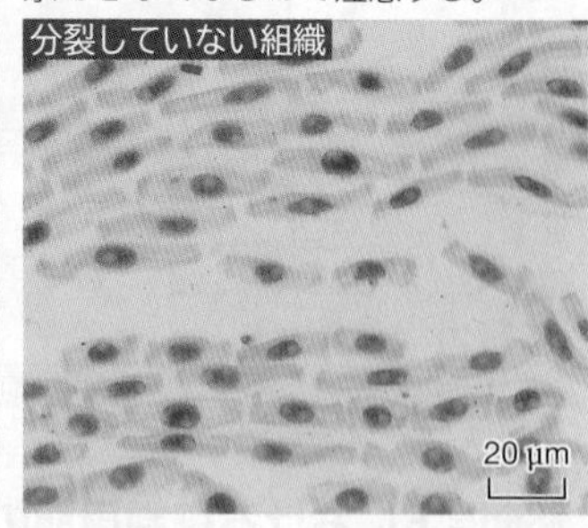


分裂像が少ない部分は細胞の形が細長く，数が少ない。

## 注意

観察した部分が分裂組織でない場合は分裂像が見つからない。なお，実験はゲンチアナバイオレット，ベーシックバイオレット，ダーリアバイオレット（それぞれ 0.5 g）でも同様に行うことができる。これらの試薬の点眼びん入 3 本セットをナリカ（株）で廉価で入手できる。

WORD ペトリ皿⇔シャーレ

# 染色体を色で染め分ける

**近江戸伸子**
神戸大学大学院人間発達環境学研究科教授



ゲノムを基盤とする発展的な研究によって，遺伝子およびその転写，翻訳産物に関する膨大なデータが蓄積されている。この有効なデータを人間生活へ利活用することが必要である。医療分野では，ゲノム情報を利用した遺伝子治療，ゲノム創薬，再生医療といった応用研究が急速に進展している。また，農業分野では，環境汚染の改善および環境ストレス耐性などの能力をもつ植物の育成，栄養価の高い植物やアレルギー物質を産生しない作物の作出，害虫抵抗性や除草剤耐性をもった作物の増産・安定供給などが実践されている。ゲノムの理解を深めることによって，地球規模の課題から，暮らしに密着した課題に至るまでの人間をとりまく環境への応用に貢献できる情報が得られる。

ゲノム情報を担う優れた単体である染色体上には，遺伝子や染色体機能ユニットが規則性をもって配置されている。例えば，ヒト細胞核内で間期に複製されたゲノム DNA は，正確に娘細胞へ分配されるために，22 対の常染色体と 2 種類の性染色体（女性は 1 種類）の 24 種類（46 本）の染色体に分割されることが必要である。医学的には，染色体と疾患の関連が研究されており，古くから染色体の数や構造について解析がされている。染色体変異がしばしば疾病を引き起こすことが知られており，遺伝疾患やがん化した細胞の多くに染色体の数や構造の異常が認められる。また，過度の電子線照射などの環境ストレスにおいても染色体の異常が生じる。

染色体に生じた変化を検証するための有効な方法として，染色体や細胞核上の DNA あるいはタンパク質の分布様式や順序を決定できる蛍光 *in situ* ハイブリダイゼーション法（FISH 法）や免疫染色法が発展している。染色体を顕微鏡下で蛍光色素のカラーで色付けし，組成や構造について解析する方法である。FISH 法や免疫染色法による染色体の解析は，白黒の分染法などの従来法では発見されない微小なレベルの特性について解析を可能にしたことで，染色体研究を飛躍的に進展させた。ヒト染色体について特異的 DNA 配列をプールした試料を組み合わせることによって，24 種類のヒト染色体を色で染め分けできる（図 1）。この多色 FISH（M-FISH）の導入により，従来の精度上の限界が克服され，切断，転座による染色体変異や微細な構造異常が数多く解明されるようになった。また，免疫染色法では，トポイソメラーゼなどの染色体上に存在し，染色体の高次構造に関連する特異的タンパク質を可視化し，その存在様式を明確にすることができる（図 2）。

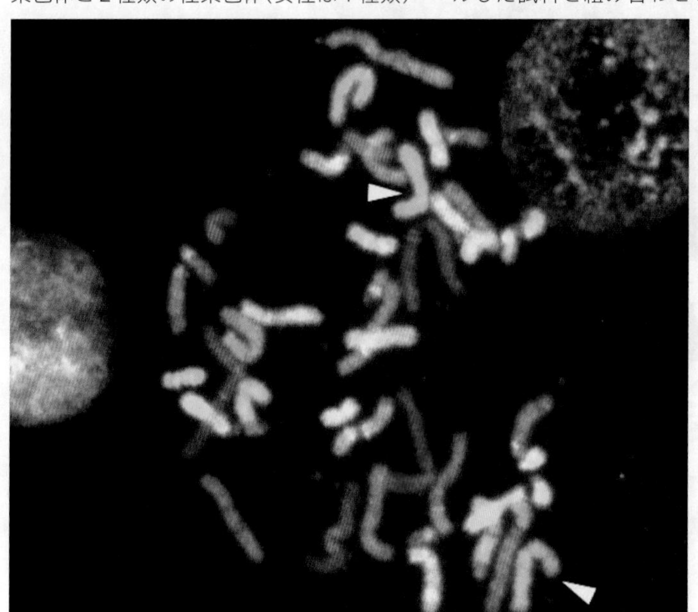
図 1　ヒトの染色体の 24 色での染め分け。　白矢印は X 染色体

植物においても，有用遺伝子や連鎖している DNA マーカーが単離され，それらの染色体上の位置や遺伝子の増減を検出することが可能となった。これは遺伝子マッピングと呼ばれる方法で，遺伝子を染色体地図上に位置付けることを可能にする。植物において，農業上有用な病害虫抵抗性遺伝子を染色体地図上にマッピングした例を示す（図 3 参照）。イネのいもち病抵抗性遺伝子（*Pi-b*）を含む DNA クローンを用いて，イネ染色体上に FISH を行ったところ，この遺伝子は第 2 染色体の長腕の末端部に位置付けられた。このようにゲノム研究と染色体研究を組み合わせた分子細胞学的技術が進むことによって，生物の研究はさらなる進展を遂げている。

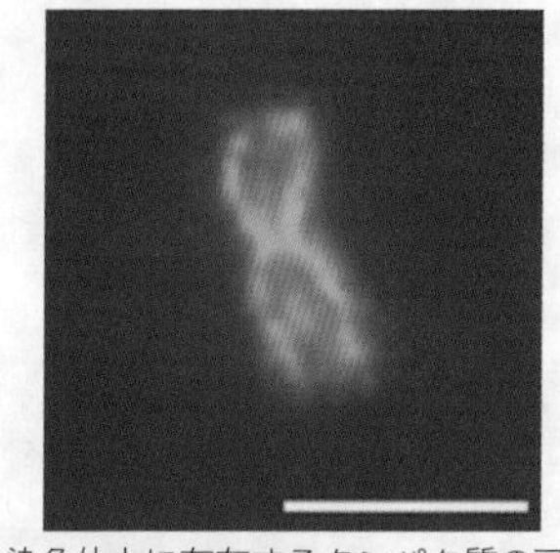
図 2　染色体上に存在するタンパク質の可視化

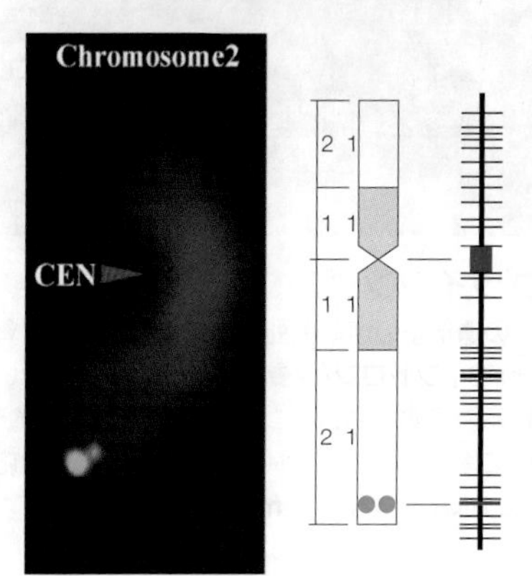

図 3　いもち病抵抗性遺伝子のイネ染色体地図上マッピング

# 5 DNA からの遺伝子発現

Gene expression from DNA

## A セントラルドグマ

生物の遺伝情報が，「DNA → mRNA →タンパク質」の流れによって伝達されるという基本原則をセントラルドグマという。 生物基礎 生物

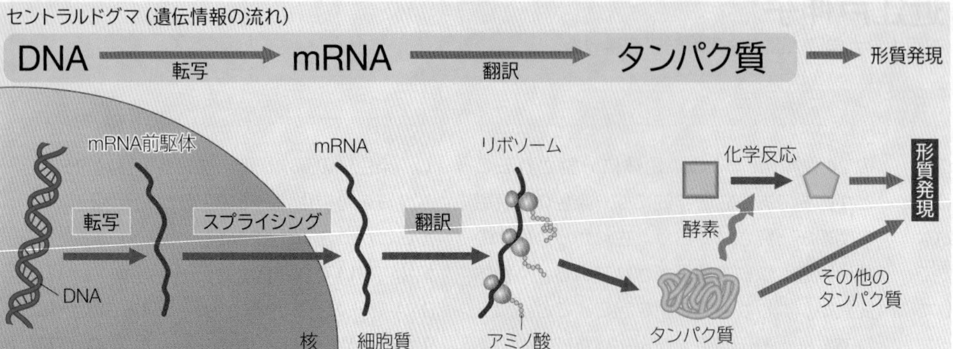


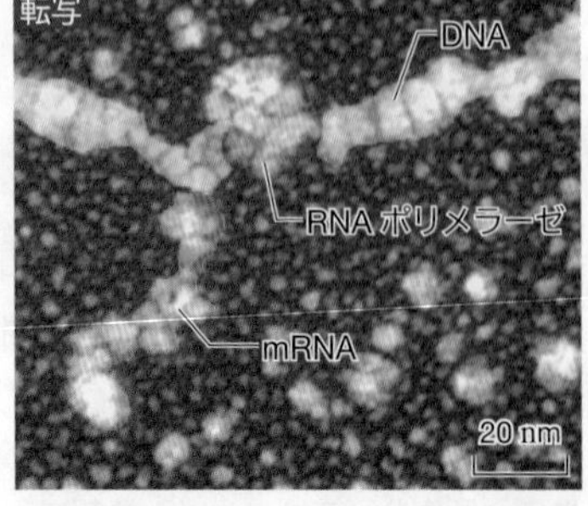


RNA ポリメラーゼによって，DNA を鋳型にして mRNA が合成されている。

## B DNA からタンパク質合成まで

DNA の遺伝情報は mRNA に写し取られ(転写)，アミノ酸の配列に変換(翻訳)されてタンパク質が合成される(発現，形質発現)。 生物基礎 生物

転写で対応する塩基

| DNA | | RNA |
|---|---|---|
| A | ‥‥ | U(ウラシル) |
| T | ‥‥ | A |
| G | ‥‥ | C |
| C | ‥‥ | G |

RNA には T(チミン)のかわりに U(ウラシル)が入る。

RNA がつくられる過程を理解しよう。

**転写**
2本鎖がほぐれ，RNAポリメラーゼが結合し，転写が始まる。相補的な塩基が結合する。

センス鎖　RNAポリメラーゼ　アンチセンス鎖　DNA　エキソン　イントロン　mRNA前駆体　イントロン　核　細胞質　核膜孔　核膜　mRNA　3′　5′

**スプライシング**
イントロンが切り取られる。

### スプライシング

真核生物の遺伝子の塩基配列は，**エキソン**(タンパク質に翻訳される部分)と**イントロン**(タンパク質に翻訳されない部分)で構成されている。そのうち，イントロンは，スプライシングによって転写後に除去される。こうして，タンパク質に対応する部分(エキソン)の RNA をつないだ **mRNA** が完成する。

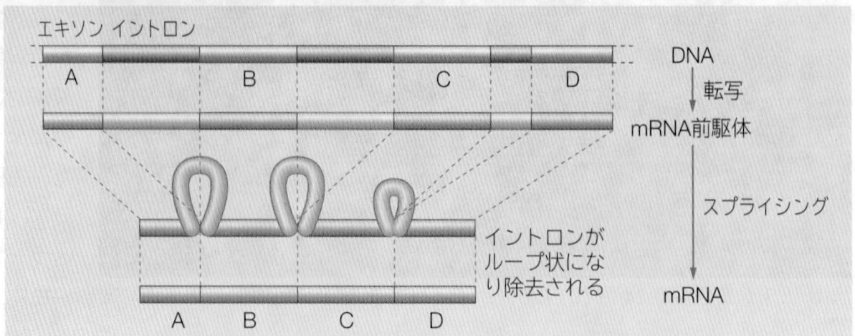

# C RNAの構造

RNAには，mRNA(伝令RNA)，tRNA(転移RNA)，rRNA(リボソームRNA)の3種があり，いずれもタンパク質の合成に関与する。

生物基礎
生物

## mRNAの構造

1本のヌクレオチド鎖。DNAに相補的な塩基配列をもち，連続する3つの塩基(**コドン**)で1個のアミノ酸を指定する。

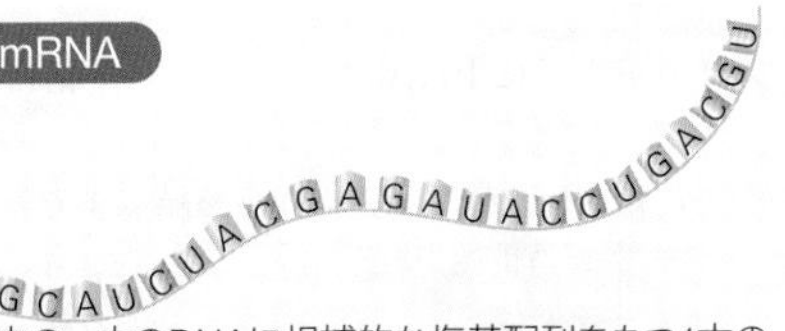


核内の一方のDNAに相補的な塩基配列をもつ1本のヌクレオチド鎖。

## rRNAの構造

rRNAはリボソームを構成するRNAで，全RNAの80%近くを占める。リボソームは大小2つのサブユニットからなり，ほぼ同量のrRNAとタンパク質で構成されている。

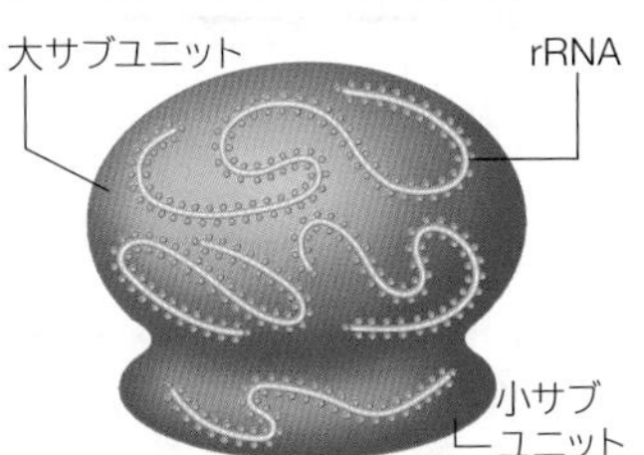


## tRNAの構造

分子内の塩基による水素結合によって，1本のヌクレオチドがクローバー型となっている。

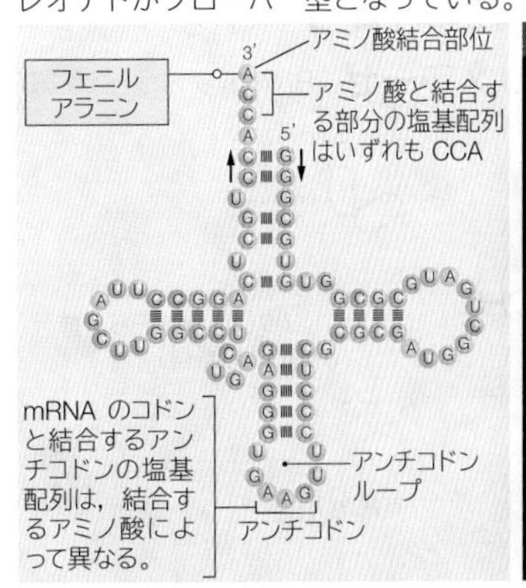


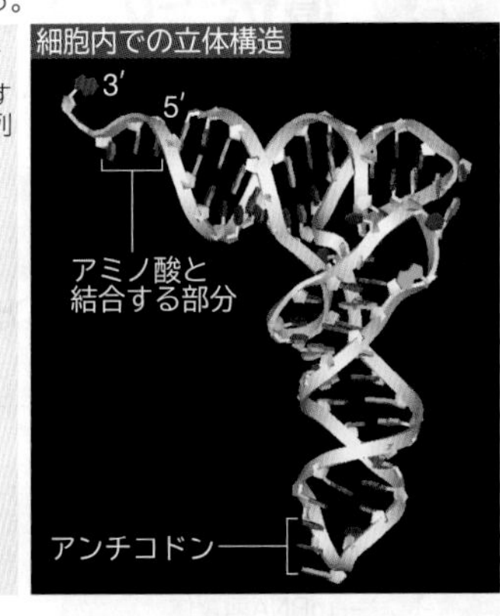


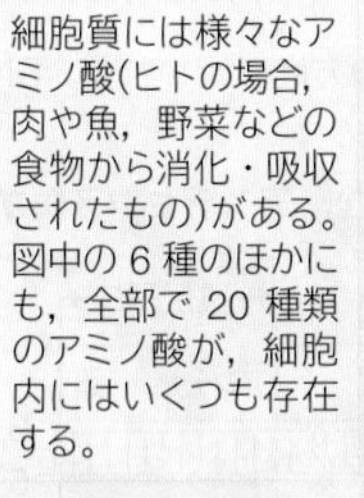

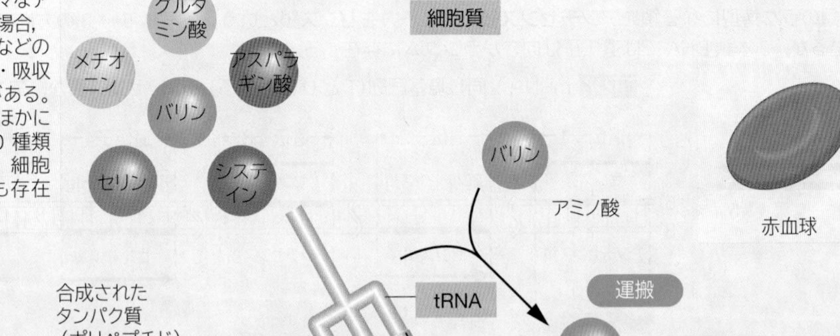


## 原核生物の転写・翻訳

原核生物のDNAは細胞質中に広がっている。DNAからmRNAへの転写が始まると，転写の終了を待たずに，ただちに**ポリソーム**が形成され，同じタンパク質が連続的に合成される。

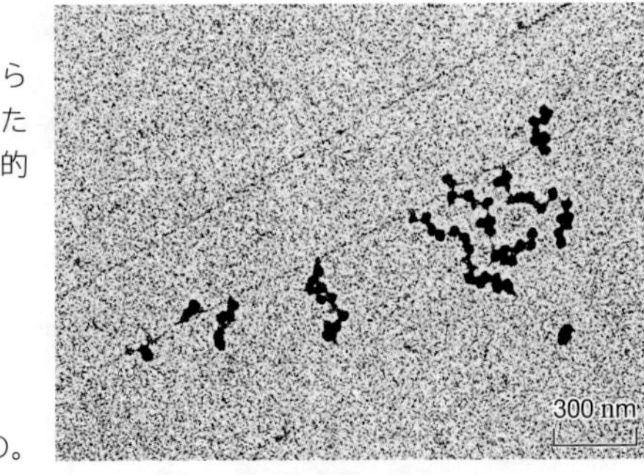


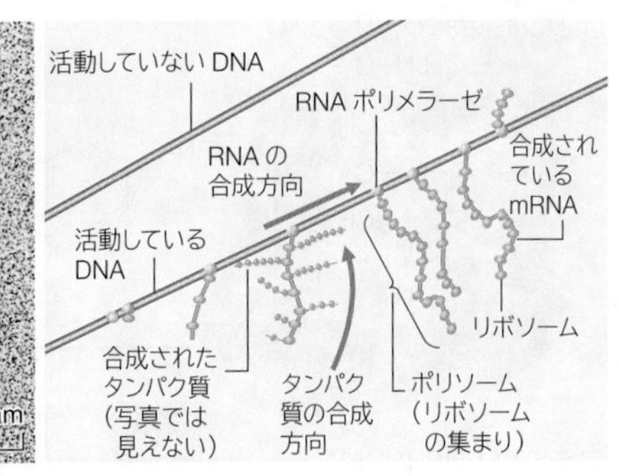


**ポリソーム**：mRNAに多数のリボソームが結合したもの。

3 遺伝子と遺伝情報の発現

生物基礎 生物

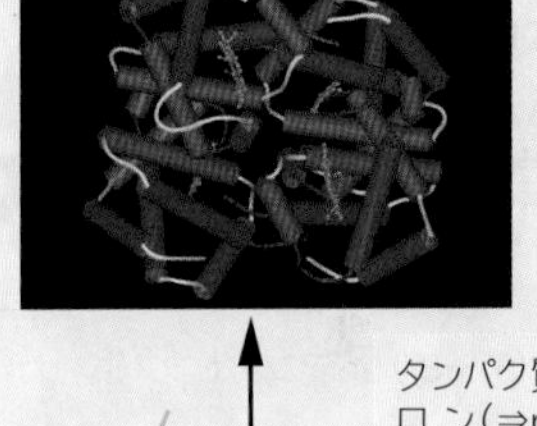

# 6 転写と翻訳
Transcription and translation

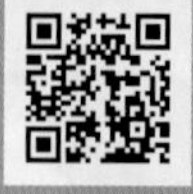

## A 遺伝子の構造と転写

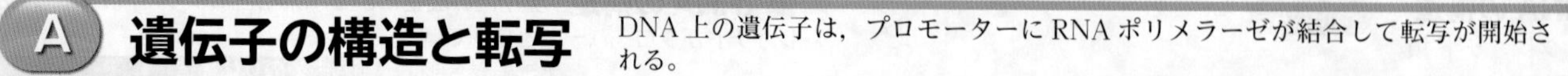

DNA 上の遺伝子は，プロモーターに RNA ポリメラーゼが結合して転写が開始される。 生物

### 遺伝子の構造と RNA ポリメラーゼ

RNA ポリメラーゼはプロモーターに結合し，転写開始点から終結点まで転写される。

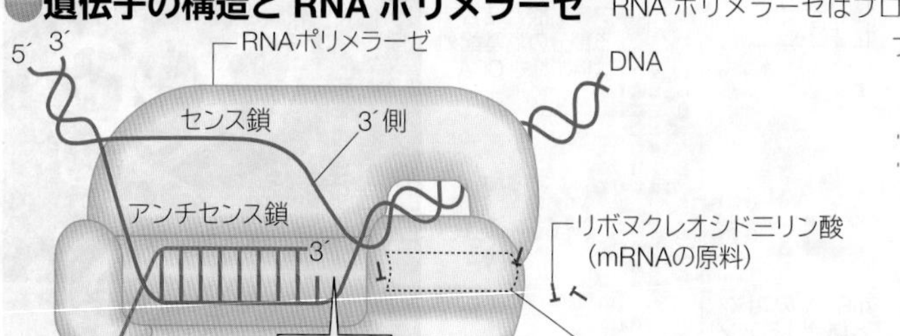


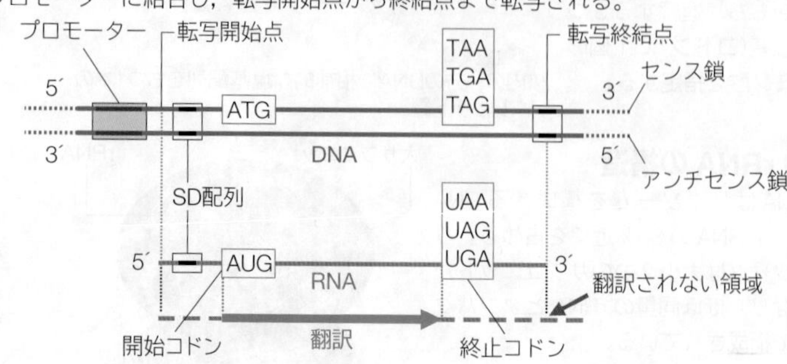


翻訳は開始コドンから終止コドンの前まで行われる。

### アンチセンス鎖と転写方向

2 本鎖のうち鋳型になる鎖を**アンチセンス鎖**，もう一方を**センス鎖**という。転写は 5′→ 3′の方向で行われる。DNA の 1 本の鎖では遺伝子は同じ向きにそろっているが，2 本鎖 DNA では遺伝子は向きがランダムに存在する。

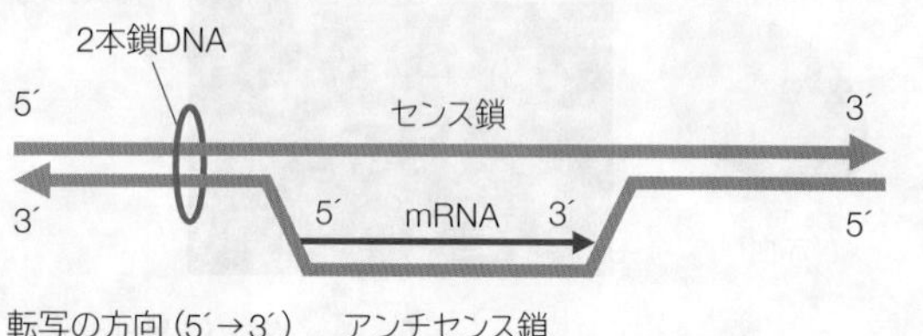


TRY mRNA と同じ塩基配列(T と U は異なる)のは，センス鎖か，アンチセンス鎖か。

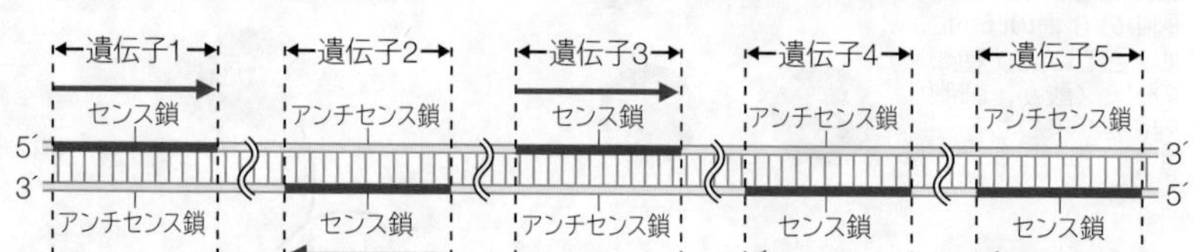


## B 翻訳

翻訳の過程では，mRNA にリボソームが結合し，そこに tRNA に結合して運ばれてきたアミノ酸が次々と連結される。 生物

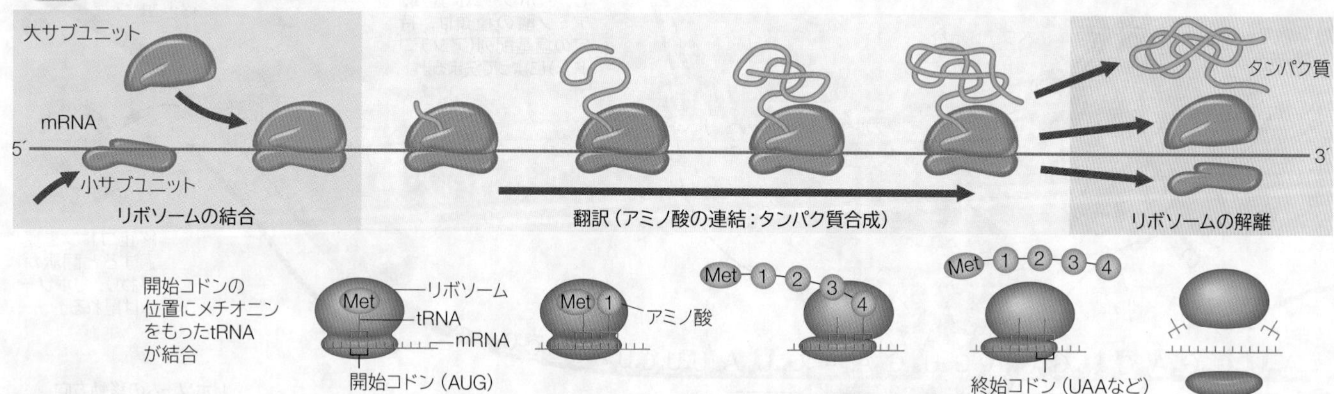


翻訳は，開始コドン (AUG：メチオニン) から終止コドン (UAA, UAG, UGA) の1つ前のコドンまでである。

### アミノアシル tRNA 合成酵素

tRNA とアミノ酸を結合させる酵素。

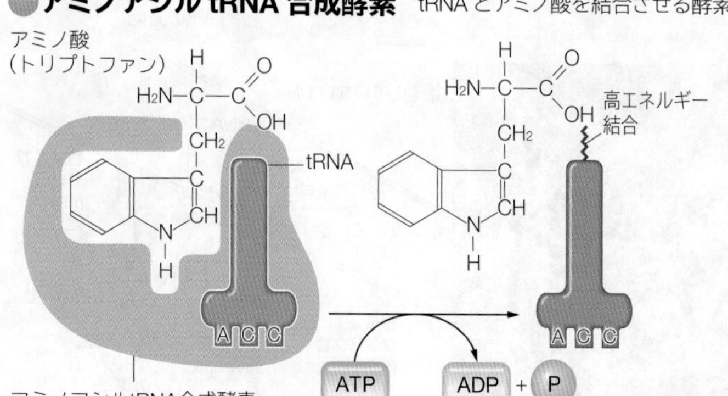


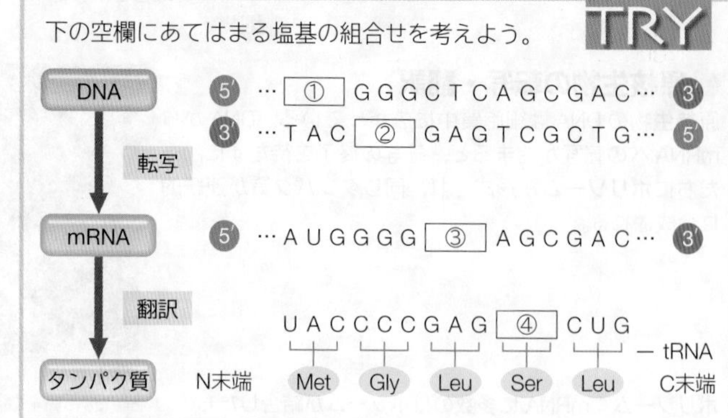

# C 真核生物と原核生物の比較

真核生物では，核内で転写後，スプライシングや伝達を経て翻訳される。原核生物では，細胞質で転写と翻訳がほぼ同時に進行する。 生物

## DNA 複製・転写の比較

| | 原核生物 | 真核生物 |
|---|---|---|
| DNA の形状 | 環状 | 線状 |
| テロメア(⇒ p.103) | 環状なので無し | ある |
| 複製箇所 | 1 箇所 | 複数箇所 |
| 転写場所 | 細胞質 | 核内 |
| スプライシング | 無し | ある |
| オペロン(⇒ p.114) | 関連遺伝子が隣り合って存在 | 関連する遺伝子でも散在することが多い |

## 転写・翻訳のしくみ

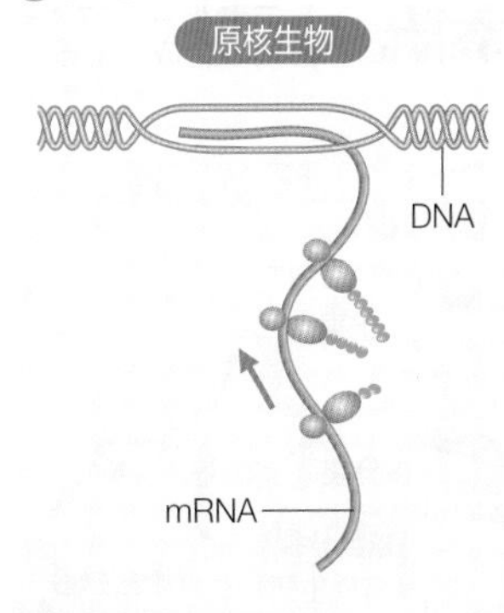


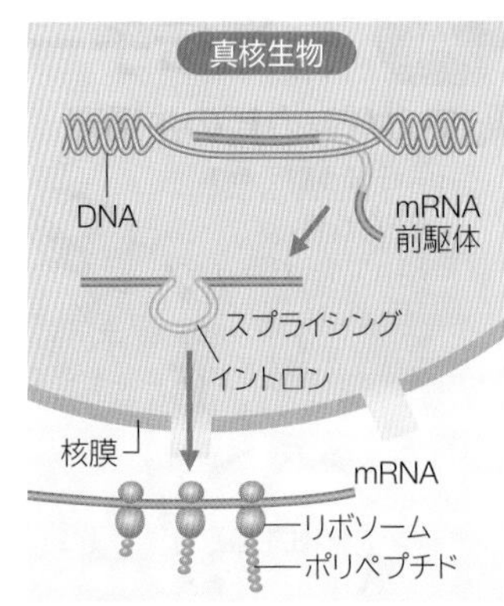


# D 遺伝暗号の解読

連続した 3 つの塩基の組合せ(遺伝暗号)によって，1 つのアミノ酸が指定される。mRNA の 3 つの塩基からなる遺伝暗号の単位をコドンという。 生物基礎 生物

## トリプレット説

タンパク質は 20 種類のアミノ酸で構成されている。ガモフは，これらのアミノ酸を 4 種類の塩基で指定するためには，遺伝暗号として 3 つの塩基の組合せ(**トリプレット**)が必要であると提唱した(1955 年)。

| 考え方 | 暗号数 | 暗号<br>(mRNA の塩基の組合せ) |
|---|---|---|
| 1 文字暗号 | 4 | U，C，A，G |
| 2 文字暗号 | 4×4<br>(16) | UU，UC，UA，UG，<br>CU，CC，CA，CG，<br>AU，AC，AA，AG，<br>GU，GC，GA，GG |
| 3 文字暗号 | 4×4×4<br>(64) | UUU，UUC，UUA，UUG，<br>UCU，UCC，UCA，UCG，<br>UAU，UAC，UAA，……<br>……………………，GGG |

## 人工 mRNA による遺伝暗号解読実験

オチョアは RNA の人工的合成に初めて成功した(1955 年)。ニーレンバーグやコラーナは，人工 mRNA を用いて試験管内でタンパク質(ポリペプチド)を合成し，遺伝暗号を解読した。

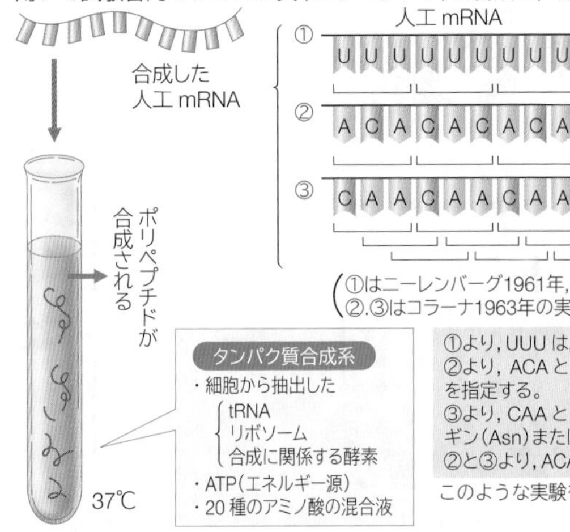

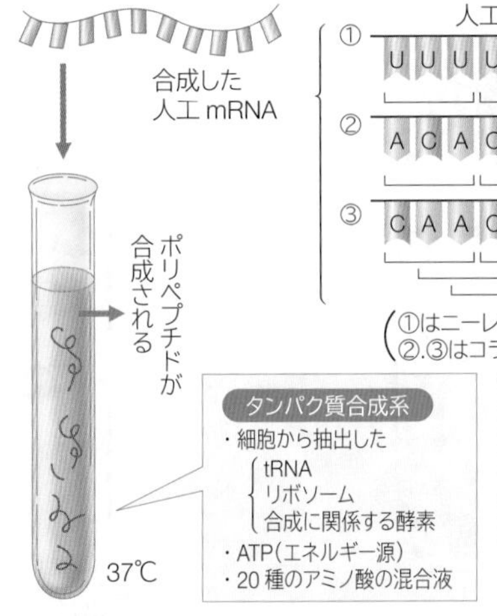


人工 mRNA → ポリペプチド

① U U U U U U U U U ---- → Phe Phe Phe Phe Phe ---

② A C A C A C A C A ---- → Thr His Thr His Thr ---

③ C A A C A A C A A ---- → Gln Gln Gln Gln Gln --- / Asn Asn Asn Asn Asn --- / Thr Thr Thr Thr Thr ---

(①はニーレンバーグ1961年，②.③はコラーナ1963年の実験)

①より，UUU は，フェニルアラニン(Phe)を指定する。
②より，ACA と CAC は，それぞれトレオニン(Thr)またはヒスチジン(His)を指定する。
③より，CAA と AAC と ACA は，それぞれグルタミン(Gln)またはアスパラギン(Asn)またはトレオニン(Thr)を指定する。
②と③より，ACA はトレオニン(Thr)，CAC はヒスチジン(His)を指定する。

このような実験を繰り返し，mRNA のすべての暗号を解明した。

## mRNA の遺伝暗号表

コドンとアミノ酸の対応関係を示した表を**遺伝暗号表**という。

| 第1文字 \ 第2文字 | U | C | A | G | 第3文字 |
|---|---|---|---|---|---|
| U | UUU } フェニルアラニン<br>UUC<br>UUA } ロイシン<br>UUG | UCU } セリン<br>UCC<br>UCA<br>UCG | UAU } チロシン<br>UAC<br>UAA } (終止)<br>UAG | UGU } システイン<br>UGC<br>UGA } (終止)<br>UGG } トリプトファン | U<br>C<br>A<br>G |
| C | CUU } ロイシン<br>CUC<br>CUA<br>CUG | CCU } プロリン<br>CCC<br>CCA<br>CCG | CAU } ヒスチジン<br>CAC<br>CAA } グルタミン<br>CAG | CGU } アルギニン<br>CGC<br>CGA<br>CGG | U<br>C<br>A<br>G |
| A | AUU } イソロイシン<br>AUC<br>AUA<br>AUG } メチオニン(開始) | ACU } トレオニン<br>ACC<br>ACA<br>ACG | AAU } アスパラギン<br>AAC<br>AAA } リシン<br>AAG | AGU } セリン<br>AGC<br>AGA } アルギニン<br>AGG | U<br>C<br>A<br>G |
| G | GUU } バリン<br>GUC<br>GUA<br>GUG | GCU } アラニン<br>GCC<br>GCA<br>GCG | GAU } アスパラギン酸<br>GAC<br>GAA } グルタミン酸<br>GAG | GGU } グリシン<br>GGC<br>GGA<br>GGG | U<br>C<br>A<br>G |

コドンの最初の塩基を第 1 文字(表の左)から選び，その欄の中で 2 番目の塩基を第 2 文字(表の上)から選ぶ。特定された枠の中で 3 番目の塩基を第 3 文字(表の右)から選ぶと対応するアミノ酸がわかる。
20 種類のアミノ酸は終止コドン(UAA，UAG，UGA)を除いた 61 通りのコドンによって指定される。1 種類のアミノ酸には 1 ～ 6 通りのコドンが存在する。

### TOPICS トリプレットとコドンの違い

遺伝情報は，RNA(DNA)塩基を文字とした文章に例えることができる。RNA(DNA)塩基の配列にも，文の始まりと終わりを示す**開始コドン**と**終止コドン**がある。開始コドン AUG はメチオニンを指定するので，遺伝情報の文章はメチオニンから始まるが，このメチオニンはタンパク質合成後に多くの場合は除去される。終止コドン UAA，UAG，UGA は，アミノ酸を指定せずタンパク質合成の終了を指定するので，文のピリオドにあたる。
塩基 3 つの組合せである「トリプレット」は，DNA と RNA の両方で用いることができる用語。それに対し，「コドン」は mRNA，「アンチコドン」は tRNA のトリプレットを表す用語である。

WORD rRNA ⇔リボソーム RNA　　トリプレット⇔トリプレット暗号

# 7 遺伝子と形質発現
Expression of genetic traits

## A 一遺伝子一酵素説

ビードルとテータムは，アカパンカビの突然変異株をつくり，「1つの遺伝子が1つの酵素の合成を支配する」という一遺伝子一酵素説を提唱した。

生物

### アカパンカビの生活環

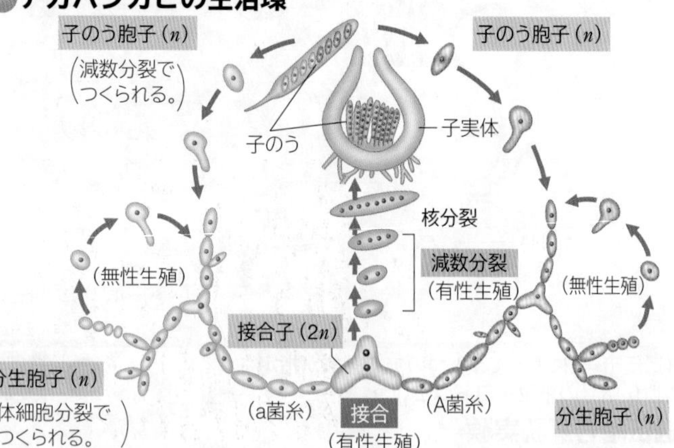


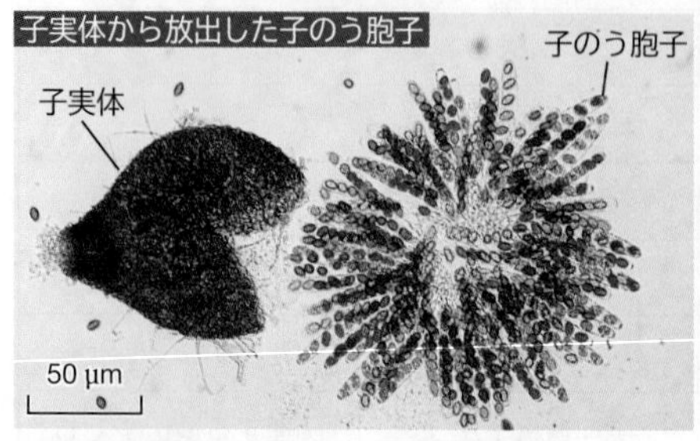


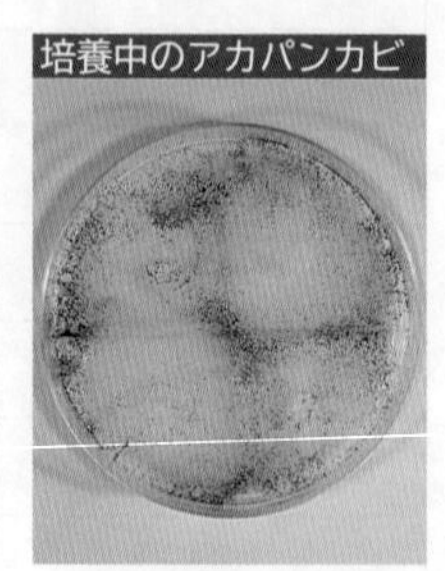


子のう菌類の一種であるアカパンカビは，菌糸から分生胞子が生じて無性生殖を行うほか，菌糸どうしの接合による有性生殖も行う。有性生殖によって形成される子実体には多数の子のうがつくられ，1つの子のうには8個の子のう胞子が生じる。子のう胞子は発芽・成長して菌糸となる。アカパンカビは生活環のほとんどが単相（$n$）で，遺伝子型がそのまま表現型として現れるので，遺伝の研究材料としてよく用いられている。

### 栄養要求株の分離

最少培地では生育できず，ある栄養素を補って初めて生育する突然変異株を**栄養要求株**という。

X線照射
分生胞子
接合
野生株a
接合用培地
分生胞子
野生株A

①子のう胞子を1つずつ分けて完全培地で培養する。
子のう胞子
完全培地
②それぞれの分生胞子を最少培地にまく
最少培地
生育する（野生株）
生育しない（栄養要求株）
③最少培地で生育しなかった株を，最少培地に栄養素を加えた培地で育てる。
それぞれを様々な培地で培養

最少培地＋トリプトファン　生育しない ×
最少培地＋リシン　生育しない ×
最少培地＋アルギニン　生育する ○
最少培地＋ビタミン$B_1$　生育しない ×

④この場合，アルギニンが必要なアルギニン要求株が分離できたことになる。

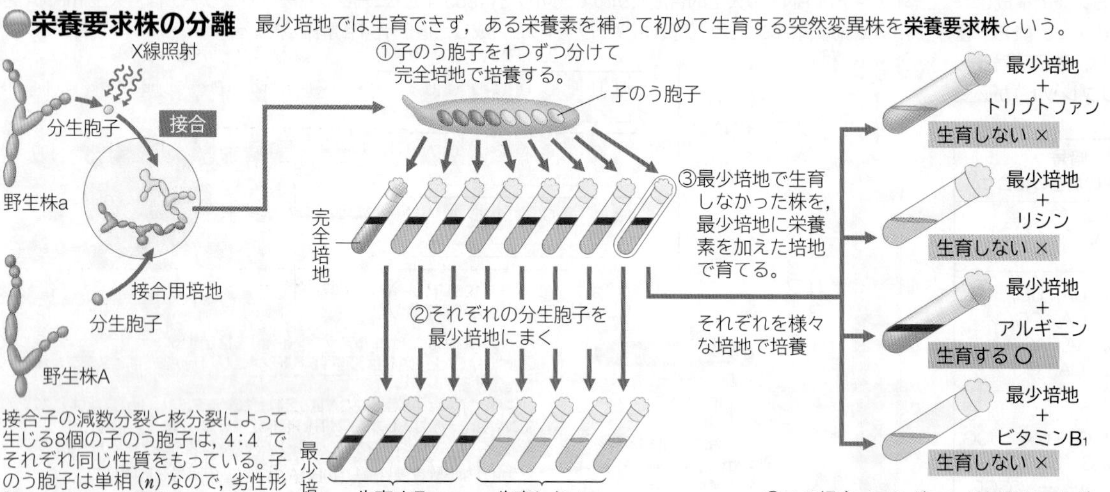

接合子の減数分裂と核分裂によって生じる8個の子のう胞子は，4：4 でそれぞれ同じ性質をもっている。子のう胞子は単相（$n$）なので，劣性形質でもそのまま発現する。そのため突然変異株を分離しやすい。

**最少培地**
野生株の生育に最少限必要な養分を含む培地。
スクロース
$NH_4NO_3$
$CaCl_2$
$MgSO_4$
$KH_2PO_4$
他
（以上 無機塩類）
ビオチン
（ビタミンの一種）

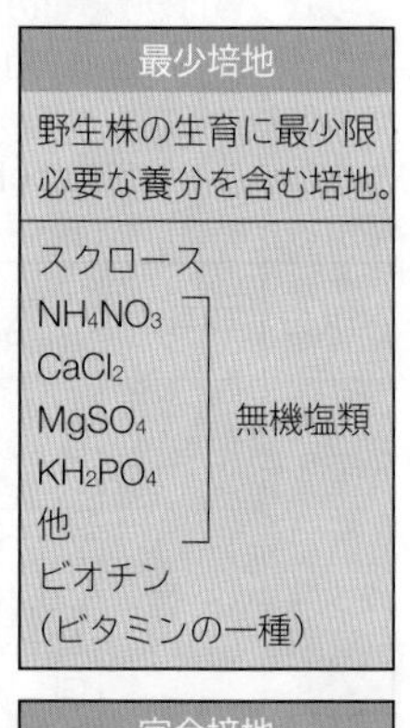

**完全培地**
最少培地に，各種アミノ酸，ビタミンなど栄養要求株が必要とする栄養素を加えた培地。

### アルギニン要求株の培養実験と一遺伝子一酵素説

| ○：生育する ×：生育しない | 野生株 | アルギニン要求株 Ⅰ型 | Ⅱ型 | Ⅲ型 |
|---|---|---|---|---|
| 最少培地 | ○ | × | × | × |
| 最少培地＋オルニチン | ○ | ○ | × | × |
| 最少培地＋シトルリン | ○ | ○ | ○ | × |
| 最少培地＋アルギニン | ○ | ○ | ○ | ○ |

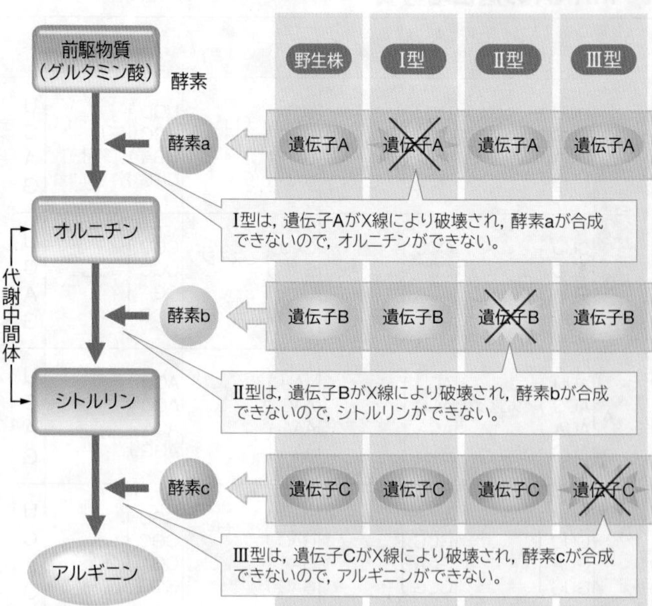


最少培地にアルギニンの代謝中間体を加えてアルギニン要求株を培養すると，3系統（Ⅰ～Ⅲ型）に分かれた。ビードルとテータムは，3系統のそれぞれはX線照射によってどれか1つの酵素活性が失われたと考え，**一遺伝子一酵素説**を提唱した（1945年）。現在では，1つの遺伝子が1つのポリペプチド鎖に対応していることがわかり，**一遺伝子一ポリペプチド鎖説**とも呼ばれている。





WORD 分生胞子⇔分生子　メラニン⇔黒色素　だ腺⇔だ液腺　水晶体⇔レンズ　（すい臓の）B細胞⇔$\beta$細胞

## B 遺伝子と代謝

多くの代謝異常は，一遺伝子一酵素説で説明できる。 生物

### ヒトの遺伝病

ヒトの遺伝病のいくつかは一遺伝子一酵素説で説明できる。

遺伝子と酵素，代謝物の関係に着目しよう。

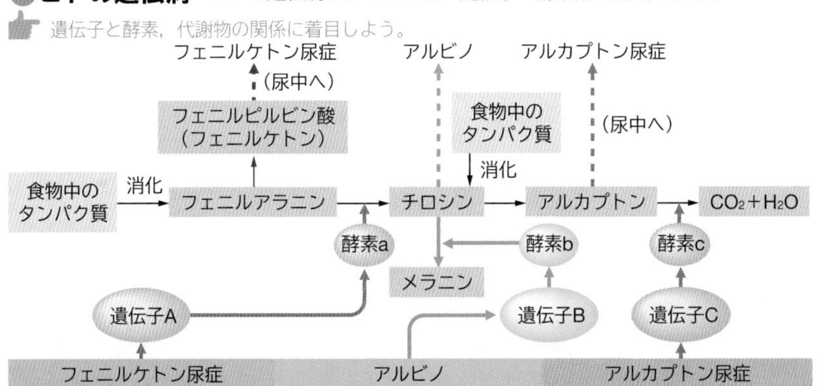


| フェニルケトン尿症 | アルビノ | アルカプトン尿症 |
|---|---|---|
| 遺伝子Aを欠き，酵素aが形成されない。血液中にフェニルアラニンが蓄積し，これがフェニルピルビン酸となって尿中に排出される。発育不全などの障害が起こるが，早期に発見しフェニルアラニンを制限した乳を与えると軽減する。 | 遺伝子Bを欠き，酵素bが形成されない。メラニン（黒色の色素）が合成されないので，毛や皮膚が白くなる。また，目の虹彩は毛細血管の血液の色で赤く見える。 | 遺伝子Cを欠き，酵素cが形成されない。血液中にアルカプトンが蓄積し，尿中へ排出される。アルカプトンは，空気中の酸素によって酸化され黒色になるので，黒尿症とも呼ばれる。特に健康に影響はない。 |

### キイロショウジョウバエの眼色

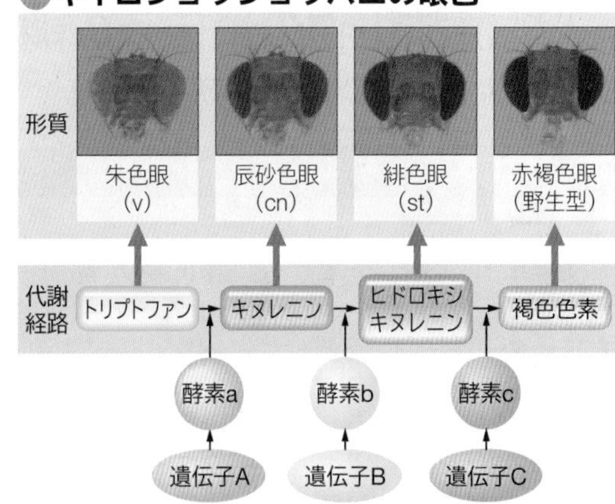


キイロショウジョウバエの複眼には，赤色色素と褐色色素が含まれている。朱色眼，辰砂色眼，緋色眼などの個体は，遺伝子突然変異によって褐色色素合成に関する酵素を欠いた結果生じる。これらの突然変異体の形質発現も一遺伝子一酵素説により説明できる。

## C 形質発現とタンパク質

DNAの遺伝情報に基づいて合成されたタンパク質は，細胞の構成成分となったり，酵素やホルモンとして作用するなどして，形質発現に直接関わる。 生物基礎 生物

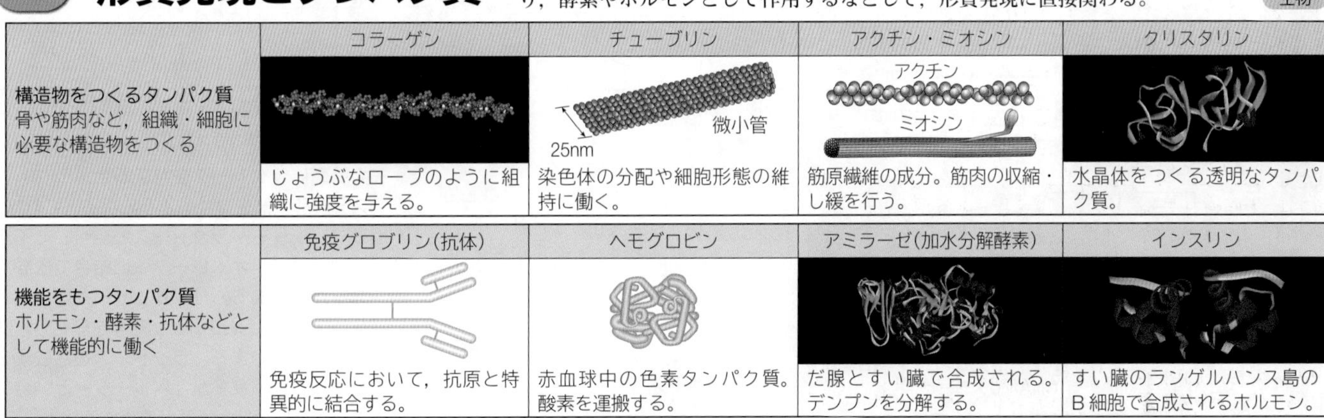

| | コラーゲン | チューブリン | アクチン・ミオシン | クリスタリン |
|---|---|---|---|---|
| **構造物をつくるタンパク質**<br>骨や筋肉など，組織・細胞に必要な構造物をつくる | | 微小管<br>25nm | アクチン<br>ミオシン | |
| | じょうぶなロープのように組織に強度を与える。 | 染色体の分配や細胞形態の維持に働く。 | 筋原繊維の成分。筋肉の収縮・し緩を行う。 | 水晶体をつくる透明なタンパク質。 |

| | 免疫グロブリン(抗体) | ヘモグロビン | アミラーゼ(加水分解酵素) | インスリン |
|---|---|---|---|---|
| **機能をもつタンパク質**<br>ホルモン・酵素・抗体などとして機能的に働く | 免疫反応において，抗原と特異的に結合する。 | 赤血球中の色素タンパク質。酸素を運搬する。 | だ腺とすい臓で合成される。デンプンを分解する。 | すい臓のランゲルハンス島のB細胞で合成されるホルモン。 |

## D 鎌状赤血球貧血症

DNAの1個の塩基が変化するだけでもアミノ酸配列が変化し，形質が変わる場合がある。 生物

### ヘモグロビンのアミノ酸配列とmRNAの塩基配列の比較

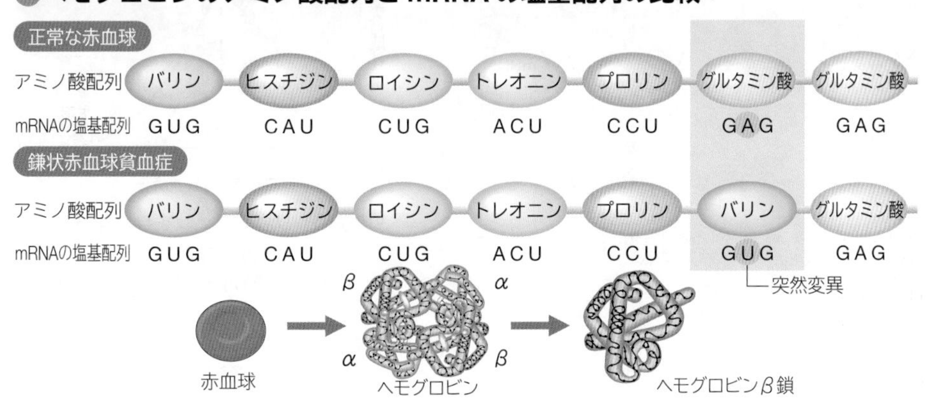


鎌状赤血球貧血症は，DNAの1個の塩基が置き換わる(T ⇒ A)ことによって，mRNAのコドンが変わり(GAG ⇒ GUG)，ヘモグロビンβ鎖の末端から6番目のアミノ酸が変化した(グルタミン酸⇒バリン)突然変異である。この突然変異によって，ヘモグロビンの立体構造が変化し，赤血球が鎌状となってしまう。

ヘモグロビンβ鎖(上：正常，下：鎌状赤血球)

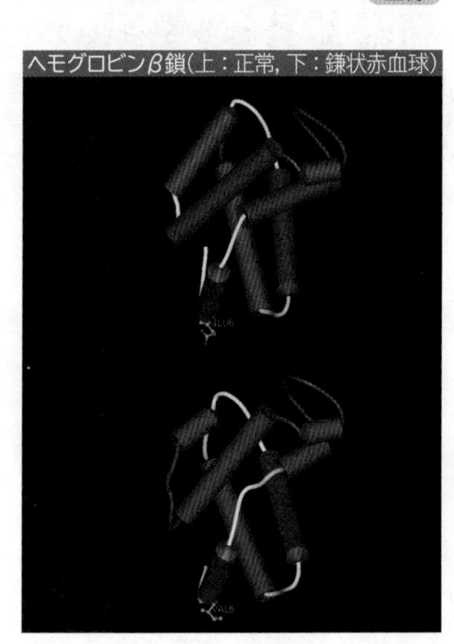

# 8 形質発現の調節(1)
Regulation of gene expression 1

## A 原核生物の遺伝子の調節

原核生物の遺伝子発現は，調節遺伝子によってつくられるタンパク質(リプレッサー・アポリプレッサー)の働きで調節される。

生物

### 大腸菌における酵素合成の誘導と抑制

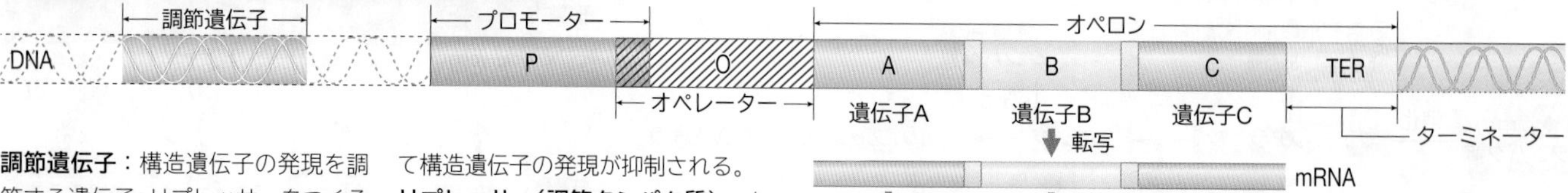


**調節遺伝子**：構造遺伝子の発現を調節する遺伝子。リプレッサーをつくる。
**プロモーター**：RNA ポリメラーゼが結合する DNA の領域。この結合によって転写が開始する。
**オペレーター**：リプレッサーが結合する DNA の領域。この結合によって構造遺伝子の発現が抑制される。
**リプレッサー(調節タンパク質)**：オペレーターに結合して，RNA ポリメラーゼがプロモーターに結合するのを阻害する。
**ターミネーター**：転写の終了を指令する。
**オペロン(構造遺伝子群)**：一連の代謝経路に働く酵素を発現する遺伝子群で，リプレッサーによって調節される。広義には，転写の単位(プロモーター＋オペレーター＋構造遺伝子群)を指す。

### オペロン説

原核生物の遺伝子発現の調節のしくみとして，ジャコブとモノーが提唱した(1961 年)。

ラクトースオペロンとトリプトファンオペロンの共通点と相違点はどこかに着目しよう。

ラクトース分解酵素群の調節

ラクトースがある場合

①リプレッサーがラクトース代謝産物と結合し，不活性化する。
②オペレーターと結合したリプレッサーにラクトースが結合し，不活性化してオペレーターから解離する。

調節遺伝子　プロモーター　オペレーター　オペロン　mRNA　RNAポリメラーゼ　転写できる　リプレッサー(調節タンパク質)　不活性化　ラクトース(誘導物質)　ラクトース分解酵素群(3種)　ラクトースが分解される　ガラクトース　グルコース

RNAポリメラーゼがプロモーターと結合し，転写が進み，ラクトース分解酵素群が合成される。

ラクトースがない場合

調節遺伝子　プロモーター　オペレーター　オペロン　mRNA　結合できない　RNAポリメラーゼ　結合する　リプレッサー(調節タンパク質)　転写されない　ラクトース分解酵素は合成されない

RNAポリメラーゼが結合できず，転写が起こらないため，ラクトース分解酵素は合成されない。

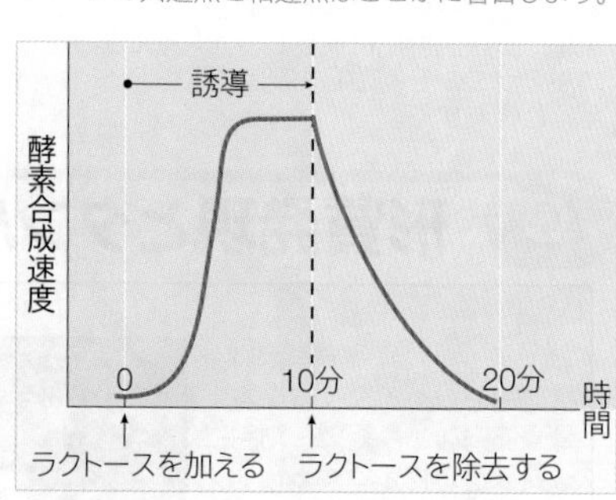


大腸菌にラクトースを与えると，ラクトース分解酵素群をつくるようになる。これは，リプレッサーがラクトースと結合して不活性型となり，オペレーターに結合できなくなるからである。リプレッサーがはずれると，RNA ポリメラーゼが転写を開始し，酵素の合成が始まる。ラクトースを除去すると，リプレッサーがオペレーターと結合できるようになり，転写が停止する。

トリプトファン合成酵素群の調節

トリプトファンがない場合

アポリプレッサーは不活性なままで，オペレーターに結合しない。RNA ポリメラーゼがプロモーターと結合し，トリプトファン合成酵素群が合成される。

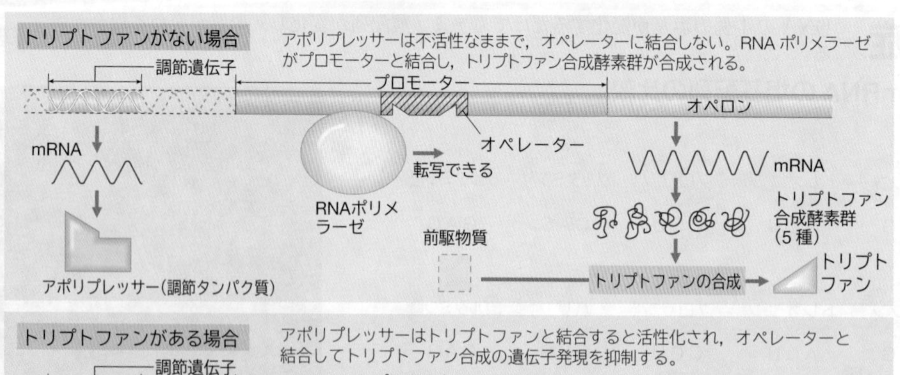


トリプトファンがある場合

アポリプレッサーはトリプトファンと結合すると活性化され，オペレーターと結合してトリプトファン合成の遺伝子発現を抑制する。

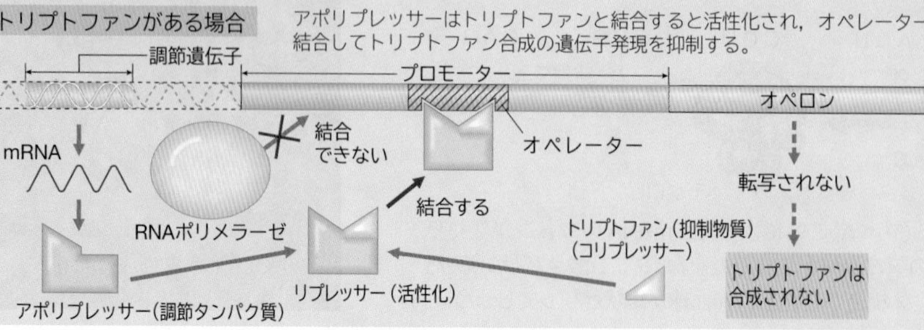


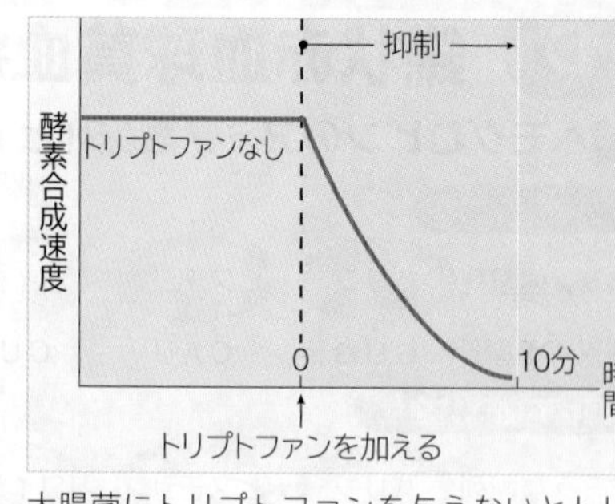


大腸菌にトリプトファンを与えないとトリプトファン合成酵素群をつくるようになる。これは酵素の調節遺伝子からつくられるアポリプレッサーが不活性になるためである。一方，トリプトファンを多量に与えると，トリプトファン合成酵素群をつくらなくなる。これは，アポリプレッサーとトリプトファンが結合してリプレッサーとなり，オペレーターに結合し，RNA ポリメラーゼがプロモーターに結合できなくなるためである。

WORD リプレッサー⇔抑制因子　ラクトース⇔乳糖　グルコース⇔ブドウ糖　調節タンパク質⇔転写制御因子⇔転写調節因子⇔転写因子

## B 真核生物の遺伝子の調節

真核生物の遺伝子の調節は，染色体DNAがクロマチン繊維となっているので複雑である。調節は，転写前調節，転写調節，転写後調節に分けられる。 生物

### 遺伝子発現の調節段階

遺伝子の発現調節は，DNAからmRNAを経てタンパク質に到る経路のあらゆる段階で行われる。

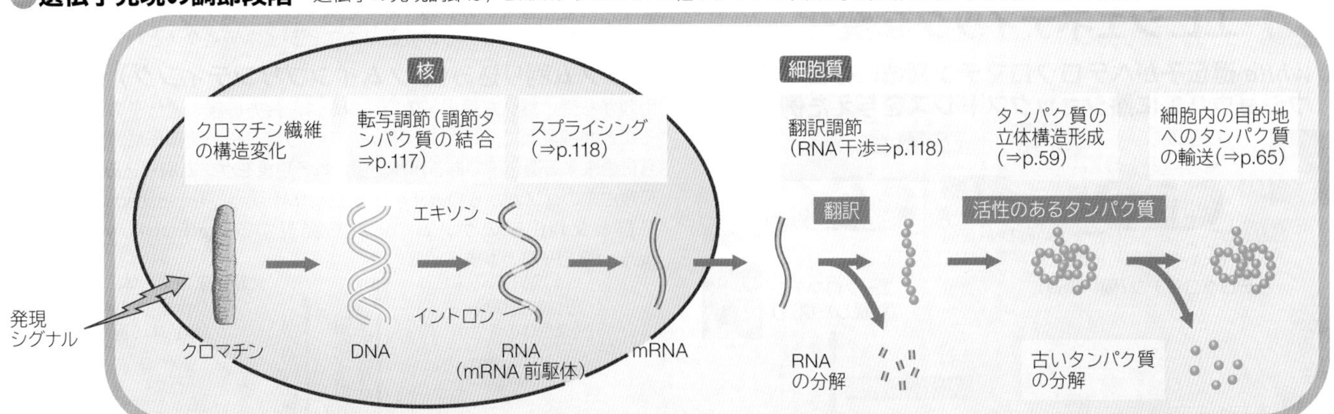


### 転写前調節

遺伝子の発現調節は，ヒストンのアセチル化・脱アセチル化，DNAのメチル化・脱メチル化でクロマチン繊維の構造の変化が起こり，遺伝子発現を制御している。

### ヒストンのアセチル化

遺伝子発現を促進する。

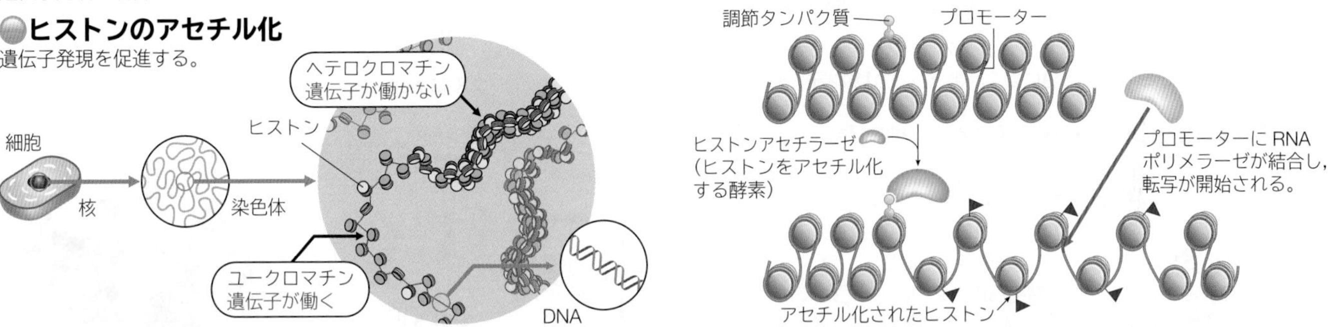


### DNAのメチル化

遺伝子発現を抑制する。

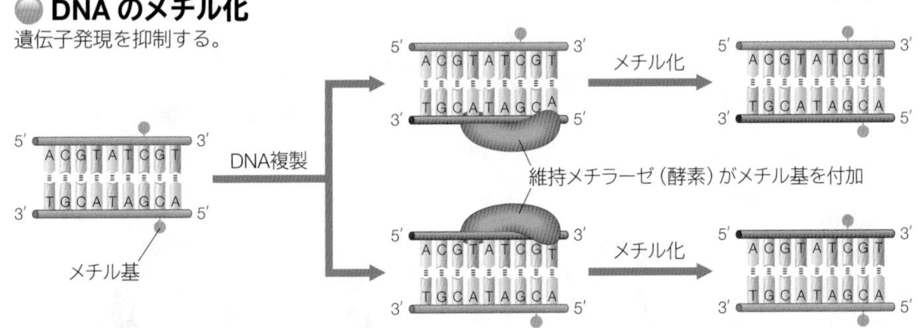


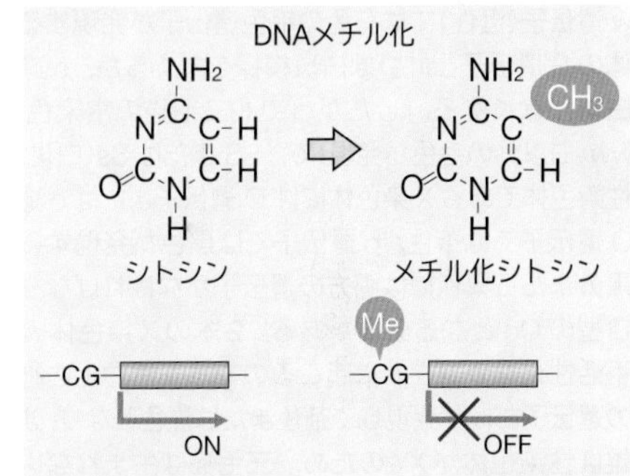


### 転写調節

真核生物のRNAポリメラーゼは，プロモーター領域に結合する。RNAポリメラーゼは，TATAボックスと呼ばれるT（チミン）とA（アデニン）が繰り返される塩基配列に結合する複数の**基本転写因子**や介在タンパク質と転写複合体をつくる（⇒p.65）。**調節タンパク質**が転写調節領域に結合するとDNAが折れ曲がり，転写が開始される。

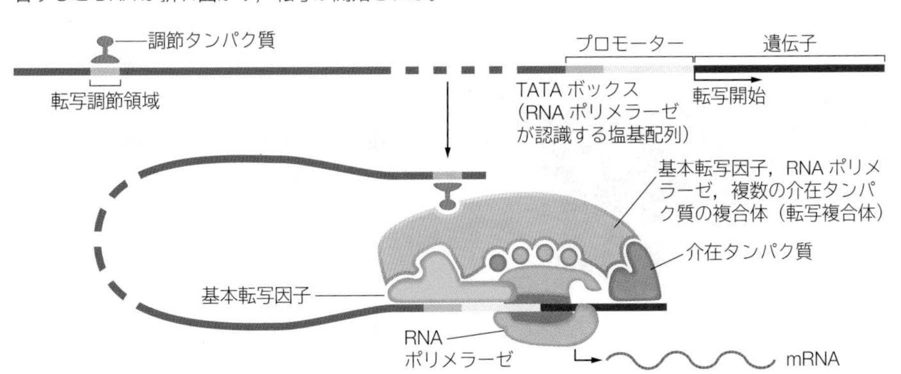


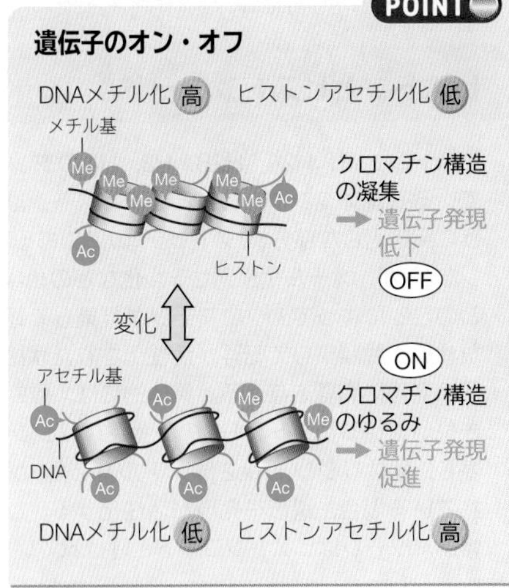




WORD クロマチン⇔染色質　エキソン⇔構造配列　イントロン⇔介在配列　RNA干渉⇔RNAi　ヘテロクロマチン⇔異質染色質
ユークロマチン⇔真正染色質　基本転写因子⇔転写基本因子　調節タンパク質⇔転写因子⇔転写調節因子

# 9 形質発現の調節(2)
Regulation of gene expression 2

## A エピジェネティックな変化

DNAの塩基配列に変化はないが，DNAやヒストンへの後天的な化学修飾による遺伝子発現の影響を調べる研究領域をエピジェネティクスという。 生物

### white 遺伝子がヘテロクロマチン領域に存在するショウジョウバエに熱ショックストレスを与えた例

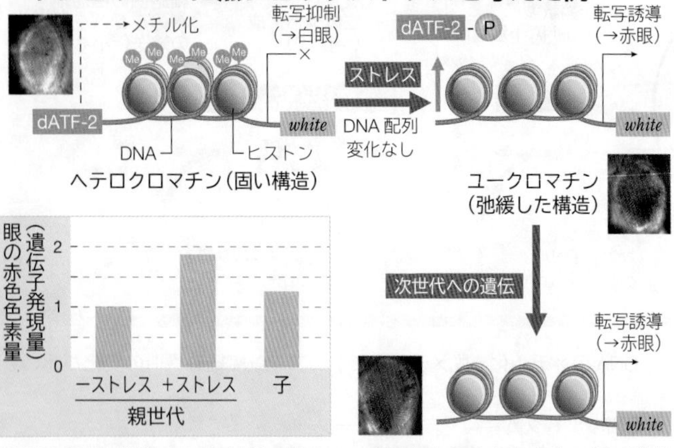


dATF-2をリン酸化して取り除く熱ショックストレスを与えると *white* 遺伝子の転写が誘導され，眼が少し赤色になる。また，この状態は子にも遺伝する。

### ゲノム刷り込み(ゲノムインプリンティング)

両親から受け継いだ遺伝子のいくつかは，片方の親の遺伝子のみが発現することが哺乳類で知られている。このように，子の遺伝子に，両親のどちらに由来する遺伝子であるかが記憶される現象を**ゲノム刷り込み**という。
母親由来のゲノムからのみ発現する *Meg*(Maternally expressed genes)遺伝子群と父親由来のゲノムのみから発現する *Peg*(Paternally expressed genes)遺伝子群とがある。

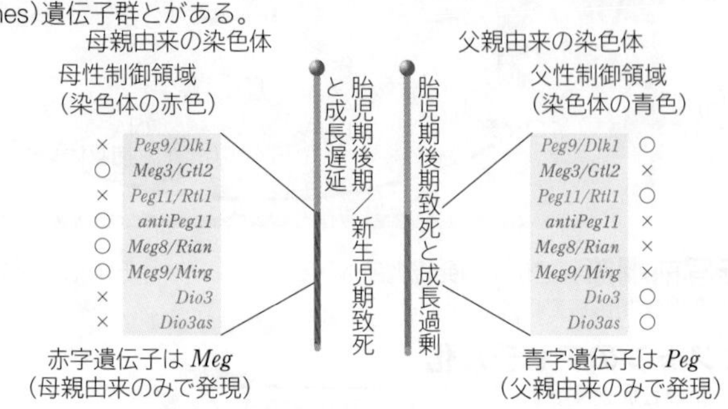


マウス12番染色体でのゲノム刷り込みの例

### ライオニゼーション

哺乳類のX染色体は，発生時に一方が不活性化するが，どちらが不活性化されるかは細胞ごとにランダムに決まる。この現象を**ライオニゼーション**という。
ライオニゼーションもDNAの塩基配列が変化しないエピジェネティックな変化であり，その例に三毛猫の毛色がある。
三毛の毛色を決定する遺伝子は，常染色体に2つ，性染色体に1つある。常染色体のW遺伝子(顕性)は体全体を白一色にするが，w遺伝子(潜性)では有色の毛色遺伝子が発現する。また，常染色体のS遺伝子(顕性)は白斑模様をつくるが，s遺伝子(潜性)では白斑がなくなる。したがって，三毛猫の常染色体の遺伝子型はww(白以外の毛色が発現)で，SSまたはSs(白斑が入る)である。性染色体であるX染色体にはO遺伝子またはo遺伝子が存在し，O遺伝子では茶色，o遺伝子では黒色が発現する。三毛猫の茶と黒のまだら模様には両方の遺伝子がなければならないため，ヘテロ型のOoとなる必要がある。2本のX染色体のうち，染色体の不活性化はランダムに起こるので，不活性化されなかった染色体の遺伝子だけが発現して茶色または黒色となり，まだら模様になる。雄は性染色体がXYのため，三毛猫は生まれない。しかし，クラインフェルター症候群の「XXY」の雄の場合は，雄の三毛猫となる。

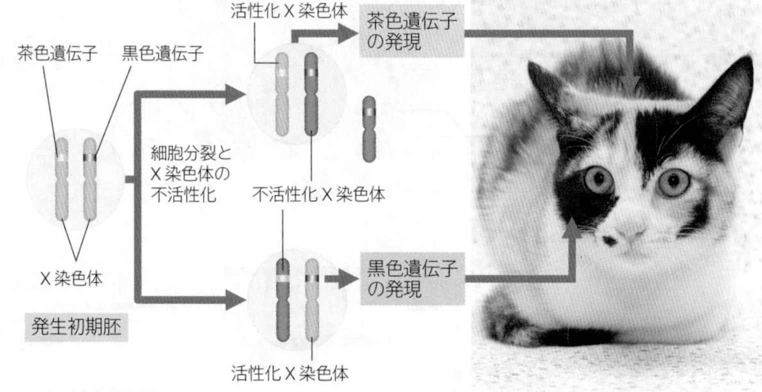


雄猫の場合

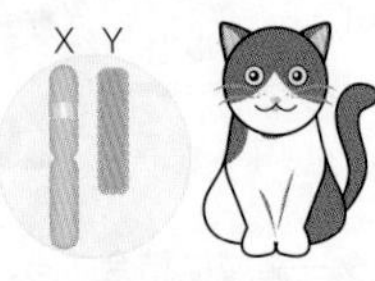


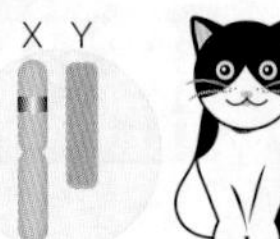


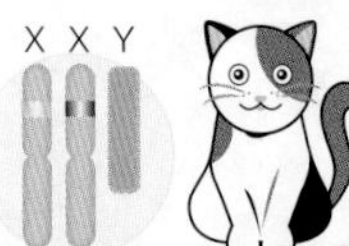


## ADVANCE ヒストンとヒストンコード

ヒストンとは，H2A，H2B，H3，H4のタンパク質でできている8量体タンパク質である。ヒストンは，しっぽのように突き出した部分(ヒストンテイル)にあるアミノ酸(リシンなど)が，メチル化，アセチル化などの化学修飾を受ける。このことによって，クロマチンが凝集して転写が抑制された状態や脱凝集して転写が活性化された状態になり，遺伝子の発現に影響を与える。具体的には，標的の遺伝子が巻き付いているヒストンH3の4番目のリシン(H3K4me2と表し，Kはリシン，me2はメチル基2個)がジメチル化されている場合，遺伝子発現が活性化する。このような化学修飾パターンはヒストンコードと呼ばれている。

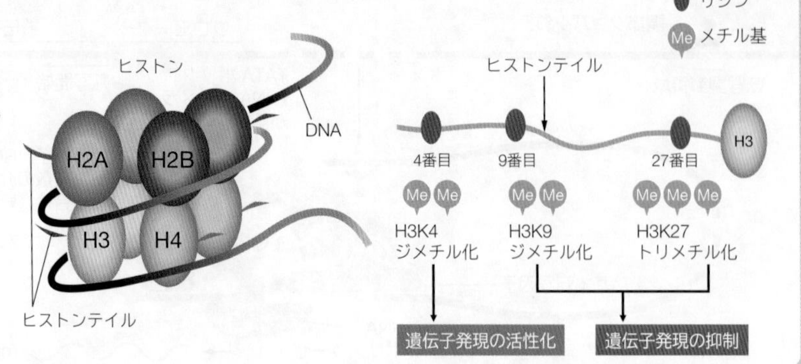


 WORD ゲノム刷り込み⇔ゲノムインプリンティング⇔遺伝子刷り込み

## B 調節タンパク質による転写の調節

調節タンパク質には，活性化因子(転写をオンにする)と抑制因子(転写をオフにする)があり，遺伝子の発現を調節している。 生物

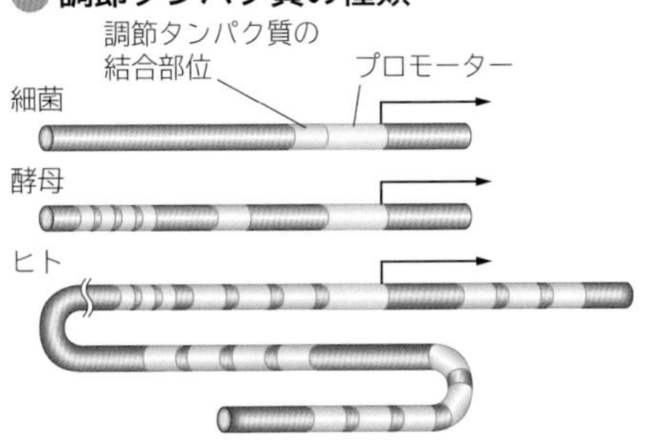


細菌からヒトに至るにつれて一般的に複雑さが増す。
多細胞生物ではプロモーターの下流にも調節タンパク質の結合部位（転写調節領域）がある。

### 抑制因子による遺伝子発現の抑制

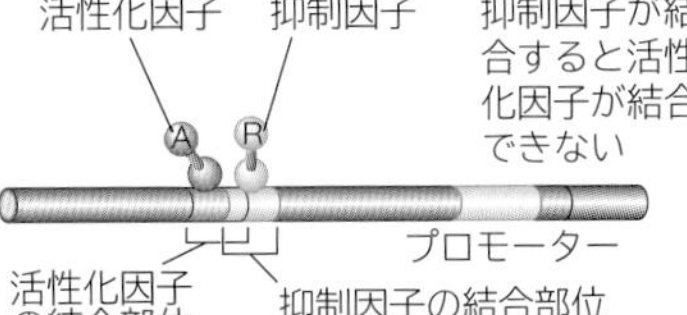

複数の調節タンパク質の作用を統合


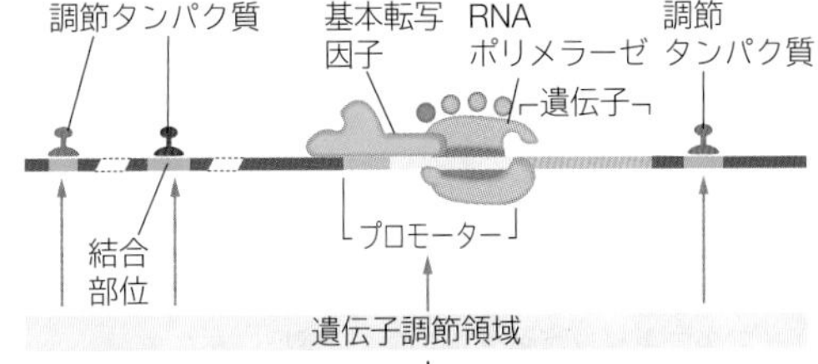


### 調節タンパク質の組合せ

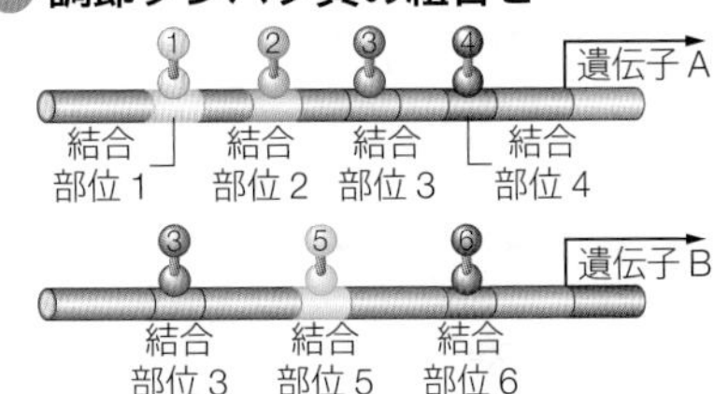


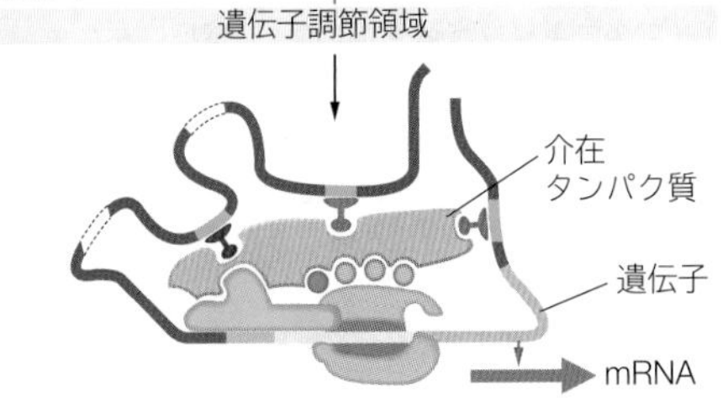


### 調節タンパク質が活性化するしくみ

調節タンパク質は様々なしくみにより活性化されて，遺伝子発現を調節している。

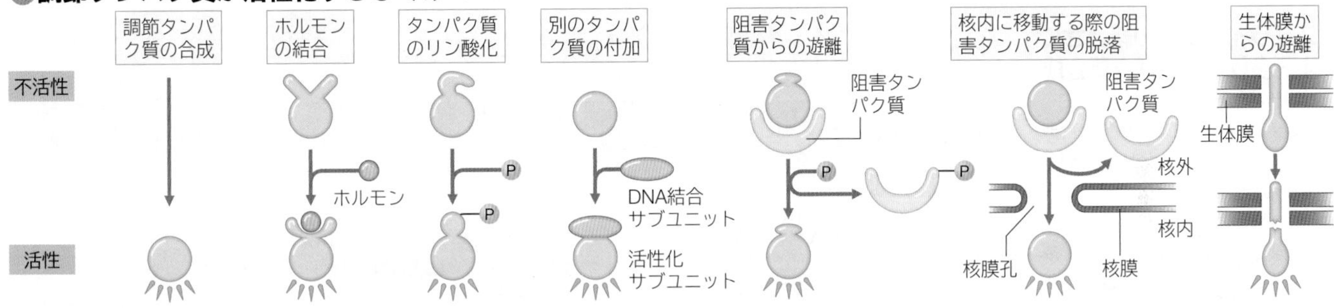


## C 選択的遺伝子発現

分化した細胞にはどの細胞にも同じDNAがあるが，発生が進むに従い特定の遺伝子が選択的に働くようになる(選択的遺伝子発現)。 生物

### 調節タンパク質による分化

調節タンパク質の組合せが異なることにより，それぞれの細胞の遺伝子の発現が変化する。下図のモデルでは，5種類の調節タンパク質の組合せによって8種類の細胞が分化している。

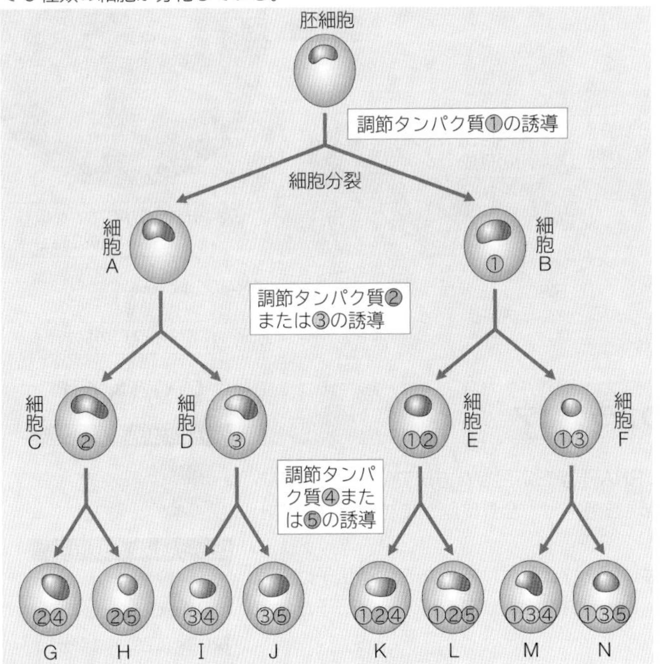


### 動物細胞の分化

分化した細胞では特定の遺伝子が発現するが，エネルギー代謝や細胞機能の維持に必要不可欠な**ハウスキーピング遺伝子**は，すべての細胞で発現する。

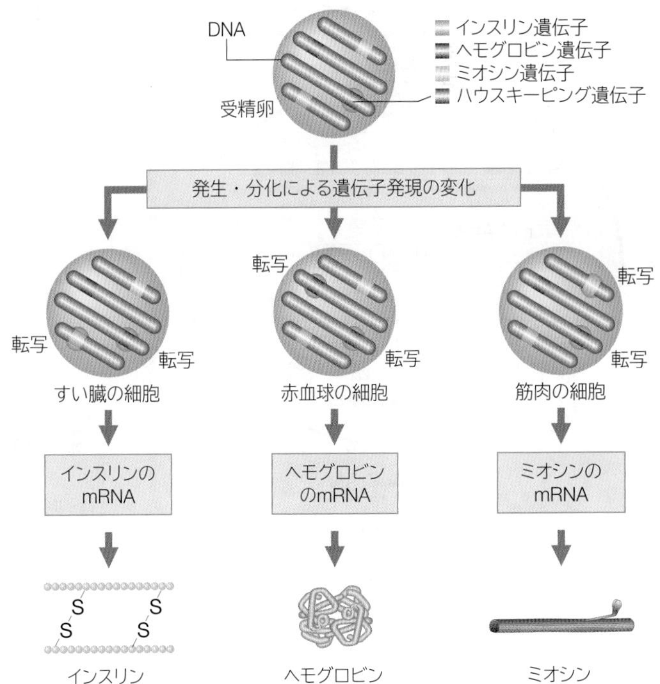


WORD 前胸腺ホルモン⇔エクジステロイド⇔エクジソン

# 10 形質発現の調節(3)

Regulation of gene expression 3

## A 選択的スプライシング

真核生物では，転写によって生じた 1 本の mRNA 前駆体から複数の mRNA が合成され様々なタンパク質が合成されることがある。 生物

DNA から転写されたばかりの RNA は mRNA 前駆体と呼ばれる。
スプライシングによりエキソン部分だけが編集され，mRNA 前駆体から mRNA ができる。この方法は右図に示した 4 パターンがある。

(1) 一部のエキソンが必須ではなく，選択に左右される場合。
(2) イントロンがエキソンとしても選択可能な場合。
(3) 複数のエキソンどうしが，互いに排他的な場合。
(4) イントロン内の一部にエキソンとして選択できる部位をもつ場合。

上記の 4 パターンは，それぞれ選択によって 2 種類の mRNA ができる場合である。
選択的スプライシングでは，選択箇所が 1 つとは限らないので，できあがる mRNA はさらに多様になる。

mRNA前駆体 / mRNA

(1) 選択可能なエキソン　A: ①②④　B: ①②③④
(2) 選択可能なイントロン　A: ①②③④　B: ①②③❶④
(3) たがいに排他的なエキソン　A: ①②④　B: ①③④
(4) 内部のスプライス部位　A: ①②③④　B: ①②❶③④

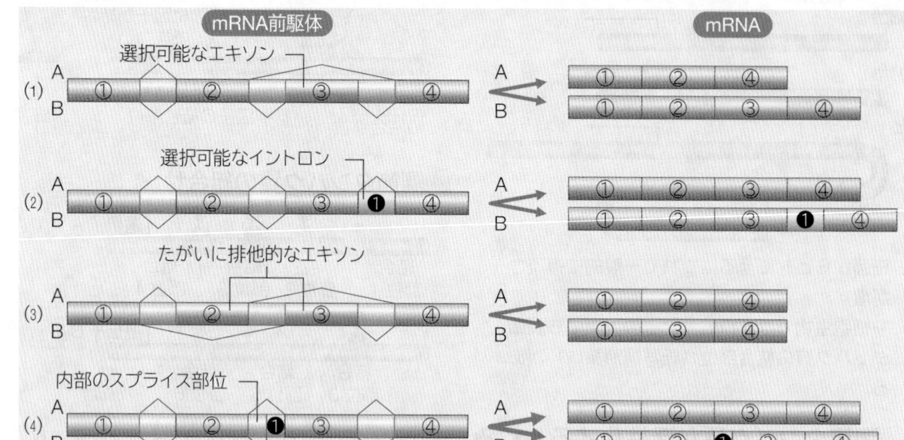

### スプライシングの組合せによる多様なタンパク質合成

右図は神経の軸索受容体系の発生を助けるタンパク質(DSCAM)を合成する際のスプライシング例である。1 つの遺伝子から多様なタンパク質が合成されることがわかる。このような多様性は，複雑な神経回路形成に寄与している可能性がある。

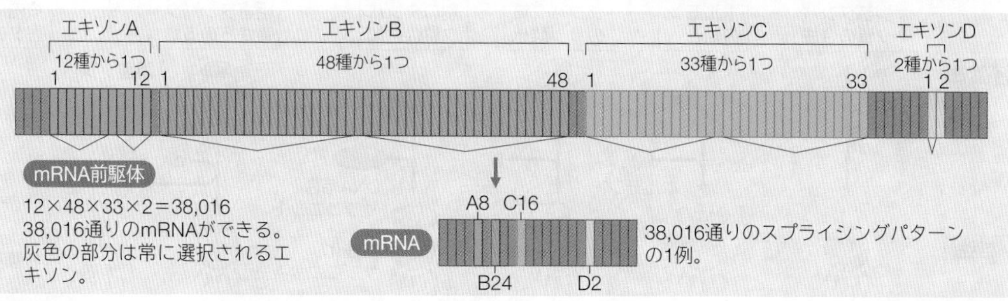


## B mRNA の修飾と輸送 生物

mRNA の前駆体は，スプライシングされた後，前には**キャップ**，後ろには長い**ポリ A 尾部**が付加される。この 2 つの目印があると核外に出られ，細胞質にある RNA 分解酵素から保護される。

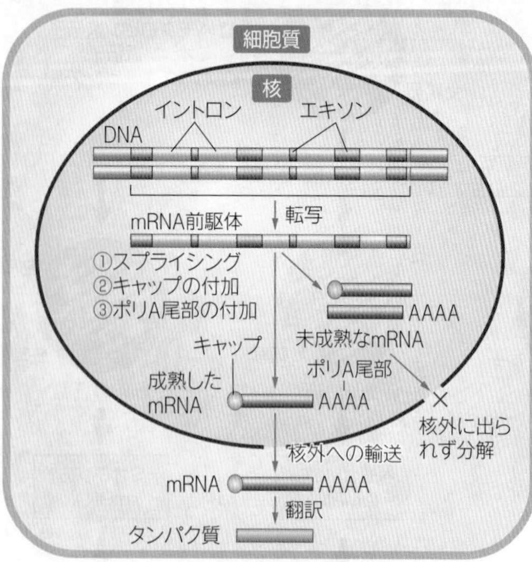


**キャップ**：転写後に mRNA 前駆体に付加される，メチル化グアノシンと 3 つのリン酸の結合した構造。
**ポリ A 尾部**：転写後に mRNA 前駆体の末端に付加される，A が 70 ～ 250 個連続した配列。

## C RNA 干渉 生物

mRNA が翻訳以前に分解され，翻訳過程が阻害されることを **RNA 干渉**という。分解は，小さな RNA(siRNA)とタンパク質の複合体(RISC)により生じる。これにより，mRNA が分解されるので，遺伝子発現が抑制される。
この現象を応用することによりエイズの発現を抑えるなど，医療の方面でも注目されている。

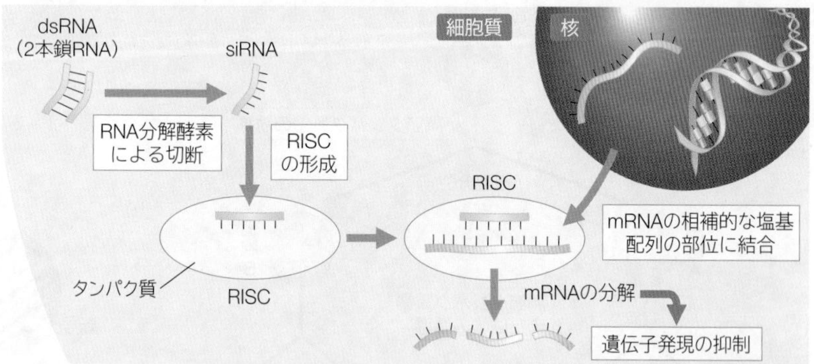


### ADVANCE 脳だらけのプラナリア

阿形清和らは RNA 干渉を応用した方法でプラナリアのある遺伝子の発現を阻害し，全身に脳ができた個体を作出した。
*nou-darake*(脳だらけ)と名付けられたこの遺伝子は，個体の前方のみに脳をつくるように制御する遺伝子だと考えられている。

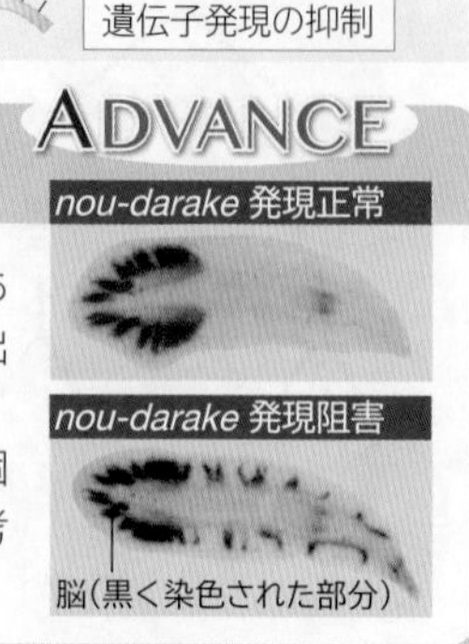




WORD エキソン⇔構造配列　イントロン⇔介在配列　キャップ⇔キャップ構造　ポリ A 尾部⇔ポリ A テイル⇔ポリ A ⇔ポリアデニル酸
RNA 干渉⇔ RNAi

# D タンパク質の修飾と活性化

翻訳されたタンパク質は，小胞体・ゴルジ体で修飾されて機能するタンパク質となる。また，リン酸化などによりタンパク質が活性化され，機能する。 生物

## タンパク質の修飾

翻訳されたインスリンのもととなるポリペプチドは，小胞体でS-S結合が形成されてプロインスリンとなる。その後，ゴルジ体でC鎖が切断して除かれ，A鎖とB鎖で構成されるインスリンとなって分泌される。

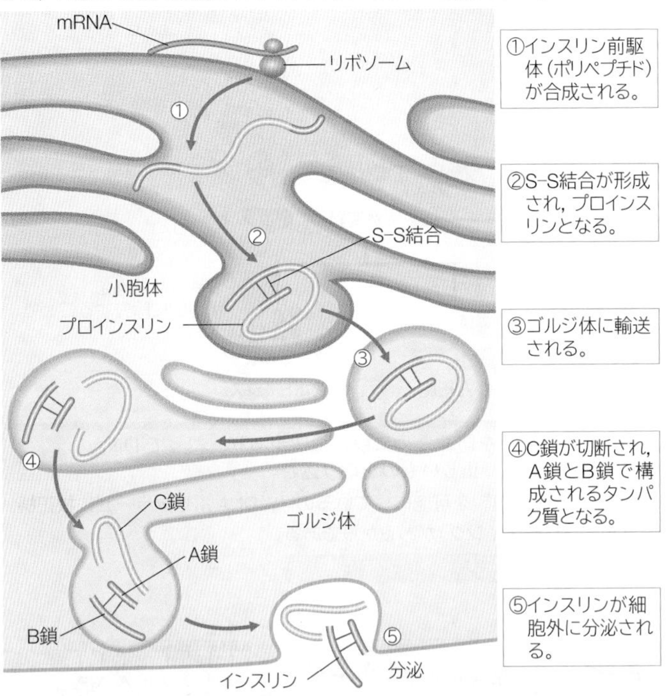


## タンパク質の活性化による遺伝子発現の例

シグナル分子として働くペプチドホルモン(⇒ p.197)は，細胞膜の受容体に結合することによって，細胞内の情報伝達タンパク質が活性化され，遺伝子が発現する(⇒ p.72)。

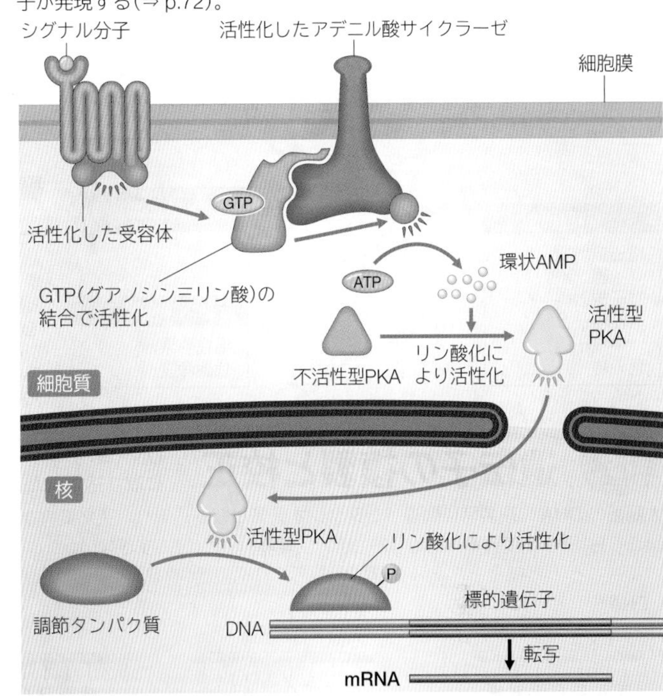


PKA(プロテインキナーゼA)は，タンパク質リン酸化酵素である。

# E 遺伝子発現の段階的調節

真核生物では発現する遺伝子が段階的に変化することによって細胞の性質が決まる。その調節にはホルモン(⇒ p.196)なども関与している。 生物基礎 生物

## だ腺染色体とパフ

だ腺染色体の横縞模様がほどけてふくらんだ構造をパフという。パフでは，DNAに調節タンパク質やRNAポリメラーゼが結合して，転写が盛んに行われているため，どの段階でどの遺伝子が発現しているかを容易に観察することができる。

下の写真は，メチルグリーン・ピロニン染色しただ腺染色体の様子である。濃い青がRNAの存在を示す。パフでRNAが多く検出されていることから，RNA合成が盛んに行われていることがわかる。

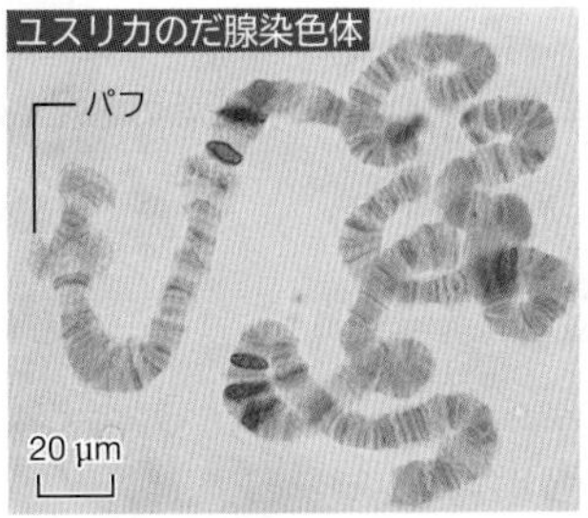


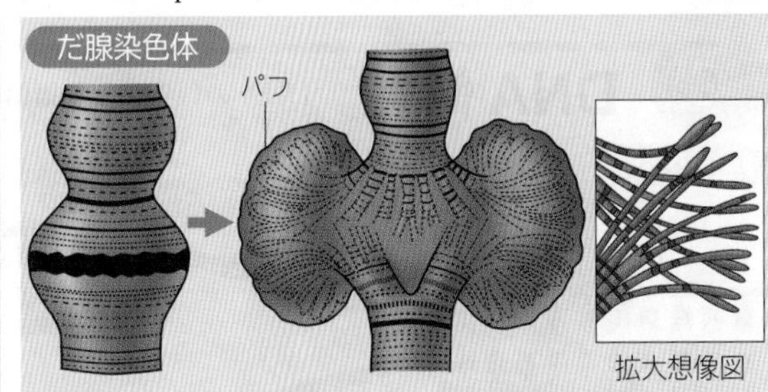


メチルグリーン・ピロニン染色したパフ

20 µm

だ腺染色体には，特定の部分にパフが現れ，幼虫の発育段階に応じて，その位置や大きさが変化する。これは，発生の段階によって発現する遺伝子が決まっていて，次々と様々なタンパク質が合成されていることを示している。

## 発生に伴うパフの変化

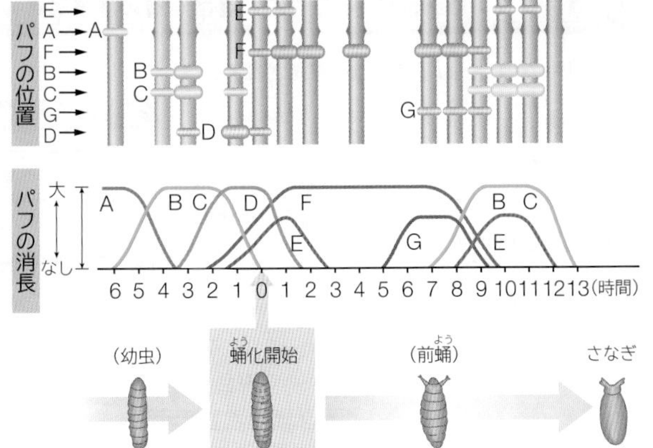


ショウジョウバエの蛹化開始前後に見られる第Ⅲ染色体のパフの変化

## ホルモンによる調節

昆虫の変態を促すホルモンである前胸腺ホルモンをユスリカの幼虫に注射すると，だ腺染色体の特定の部分にパフが出現する。このことから，遺伝子発現の調節にはホルモンが関係していると考えられる。

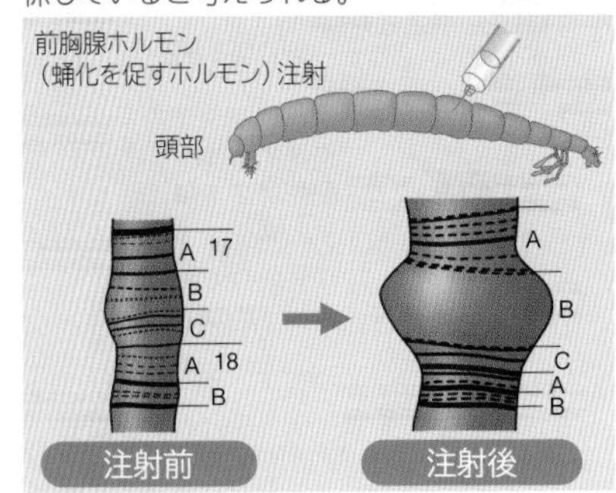





WORD 前胸腺ホルモン⇔エクジステロイド⇔エクジソン

# 11 DNA 修復とがん

DNA repair and cancer

## A 遺伝子の損傷と修復

生物は放射線や化学物質により DNA が傷ついた場合，正確に修復する機構を幾重にも保持している。

生物

DNAの損傷

DNAは様々な要因で傷つく。

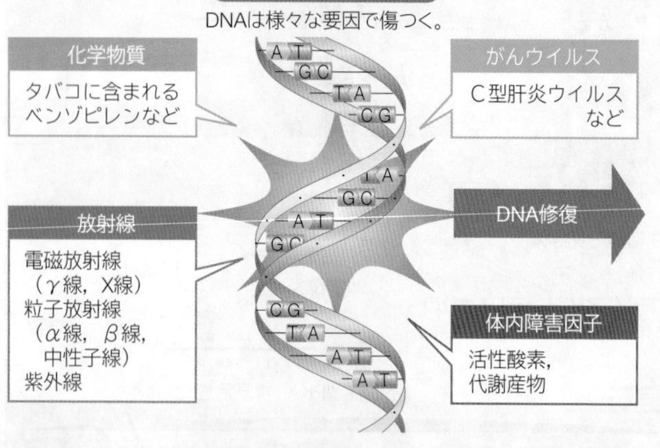


DNAが傷ついても修復が行われ，通常は正常な細胞になる。

正常 → 正常な細胞

誤修復 → 突然変異

変異の蓄積

誤った修復が行われると突然変異が生じる。その変異が蓄積すると，がん細胞が発生したり，アポトーシス（細胞の死⇒p.174）が起こる。

がん細胞　アポトーシス

変異した細胞を積極的に除去することでがん化を防ぐ。

## B 遺伝子の複製と校正

DNA ポリメラーゼには，複製の誤りを防ぐために校正機能があり，誤って DNA に取り込まれたヌクレオチドを除去し，正しいものを取り込む。

生物

大腸菌の DNA の複製時に間違ったヌクレオチドが取り込まれ，突然変異が起こる確率(突然変異率)は $10^{-8}$ ～ $10^{-10}$(/ 塩基対 / 世代)にすぎない。このような正確な複製を可能にしているのは，DNA ポリメラーゼに**校正機能(プルーフリーディング)**があるからである。

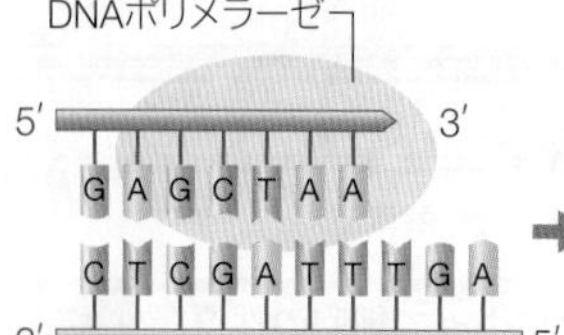


5′→3′方向へ複製する

間違ったヌクレオチドの付加 → 5′方向へ戻って切り出す → 正しいヌクレオチドの付加 → 修復完了

## C DNA 修復

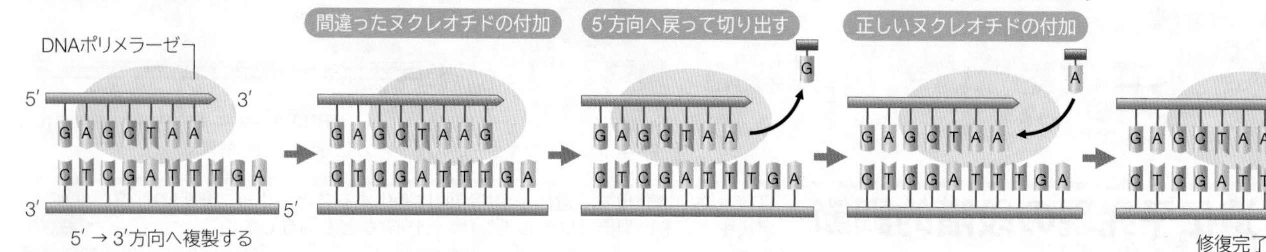

DNA のいろいろな損傷に対応するために，複数の DNA 修復機構が備わっている。

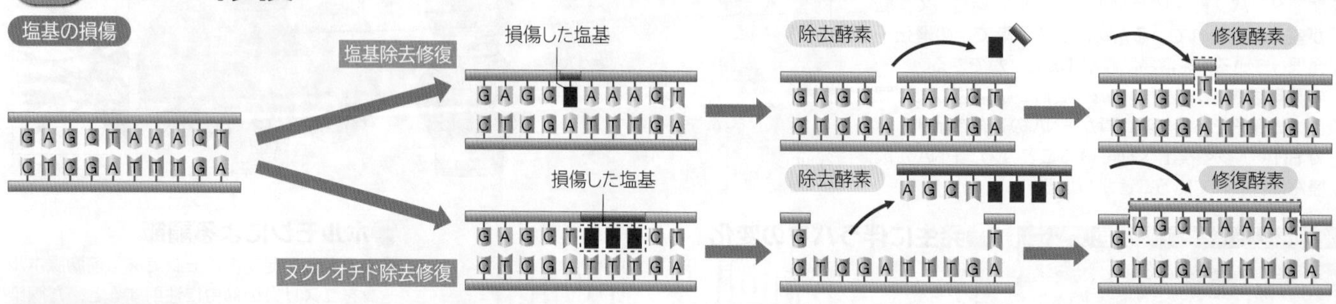

生物

塩基の損傷

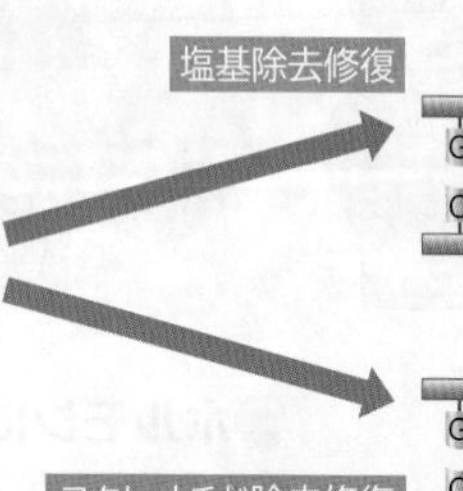

塩基除去修復：損傷した塩基 → 除去酵素 → 修復酵素

ヌクレオチド除去修復：損傷した塩基 → 除去酵素 → 修復酵素

2 本鎖の損傷　2 本鎖 DNA が損傷して切断されてしまった場合，以下のように修復される。

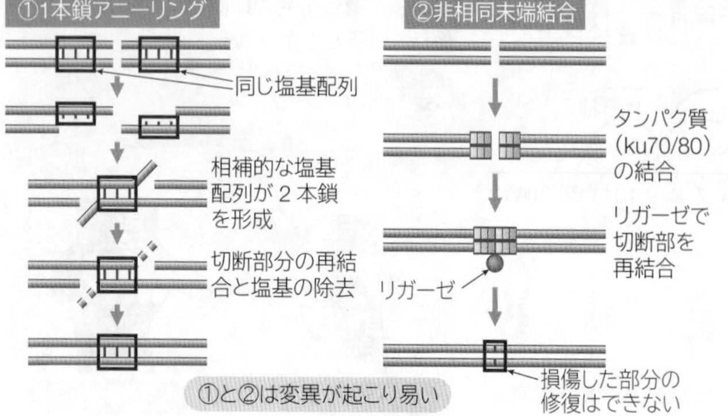


③相同組換え（交叉がある場合）

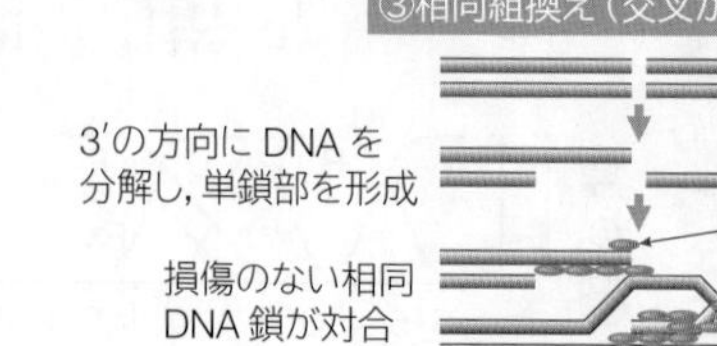


タンパク質(RAD51 など)の結合

姉妹染色分体(損傷がない)

交叉部分（▲で示した）で組換えが起こる場合

③は変異が起こりにくい



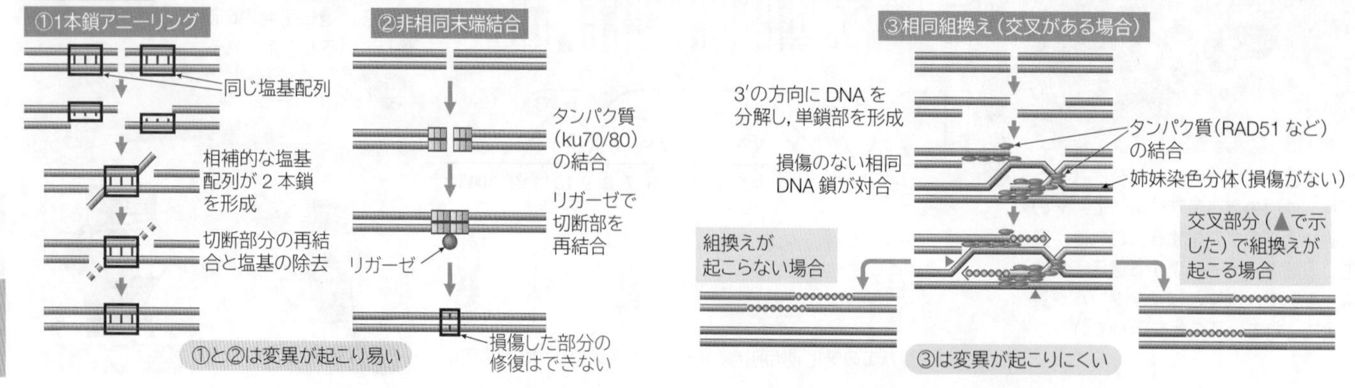

WORD DNA ポリメラーゼ⇔DNA 合成酵素　校正機能⇔修正機能⇔プルーフリーディング

## D 放射線と DNA の損傷

放射線の作用(直接作用と間接作用)により DNA が損傷すると，塩基配列(遺伝情報)が変化するため，遺伝子が正常に働かなくなることがある。　生物

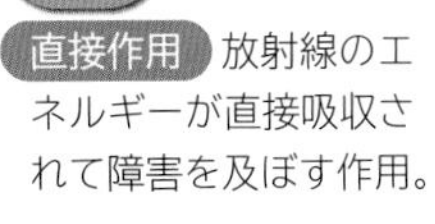

**直接作用** 放射線のエネルギーが直接吸収されて障害を及ぼす作用。

**間接作用** 放射線により水分子が電離・解離して，**フリーラジカル**(不対電子をもった分子・原子)が生じ，DNA などに間接的に障害を及ぼす作用。**ヒドロキシルラジカル**(HO・)は，酸化力が強く間接作用の主因である。

放射線

HO・ H・ $H_2O$

**DNA の損傷のタイプ**

塩基欠失

単鎖切断

2 本鎖切断

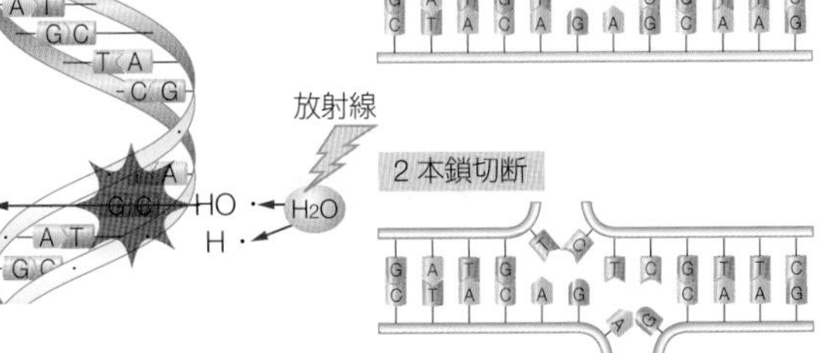

### ADVANCE 放射線の原子・分子への影響

■**放射線による電離と励起**

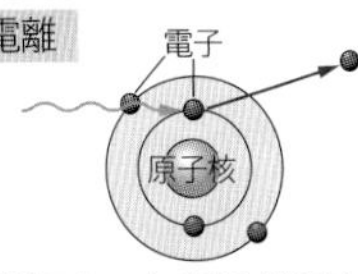


軌道にあった電子が原子の外へ弾き飛ばされ，離れていくこと。

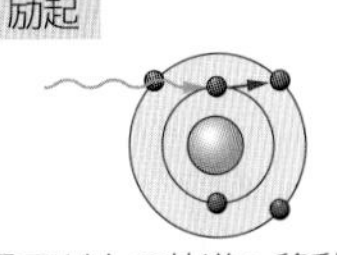


電子が上の軌道へ移動すること。

■**水の電離・解離とフリーラジカルの発生**

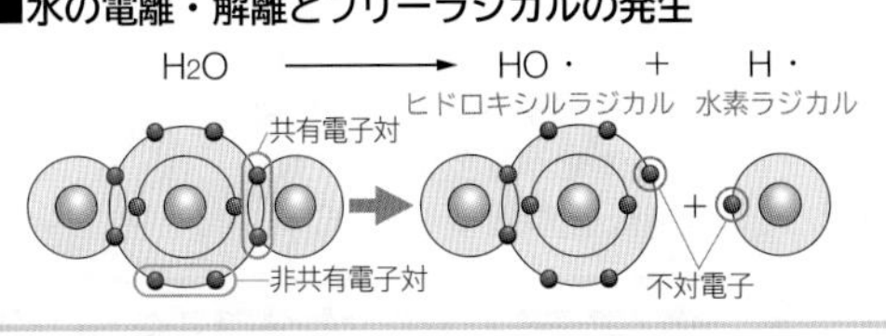


## E 遺伝子の突然変異とがん

がんに関連する 2 つの遺伝子(がん原遺伝子とがん抑制遺伝子)に突然変異が蓄積することで，正常細胞ががん細胞に変化する。　生物

**がん原遺伝子** この遺伝子に突然変異が起きて，**がん遺伝子**になる。がん遺伝子になると細胞増殖が活性化し，がん化を**促進する(アクセル)**。
対立遺伝子の一方だけに変異が起きても細胞のがん化をもたらすので，遺伝子の変異は**顕性**である。

**がん抑制遺伝子** この遺伝子が正常であれば，がん化を**抑制する(ブレーキ)**。また，DNA が損傷した異常細胞にアポトーシス(細胞死)の誘導を行う。突然変異が生じると細胞増殖の制御ができなくなる。
対立遺伝子の両方に変異が起こった場合にのみがん化するので，この遺伝子の変異は**潜性**である。

### ヒトの腫瘍での遺伝子の異常

| | 乳がん | 大腸がん | 肺がん | 胃がん |
|---|---|---|---|---|
| がん遺伝子 | *erbB-2*<br>*myc* | *K-ras* | *myc*<br>*L-myc*<br>*N-myc* | *erbB-2*<br>*K-sam*<br>*K-ras*<br>*met* |
| がん抑制遺伝子 | *RB*<br>*p53*<br>*BRCA-1, -2* | *APC*，*PTEN*<br>*p53*<br>*DCC*<br>*SMAD2*,<br>*SMAD4* | *p53*<br>*RB*<br>*3p21* | *1q*<br>*12q*<br>*p53* |

### がん抑制遺伝子による調節

*p53*(がん抑制遺伝子)は特定の遺伝子の発現を調節しているが，突然変異によりその機能が失われる。

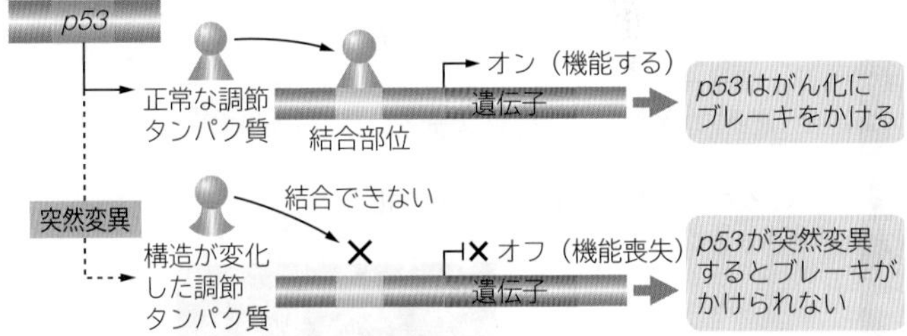


### 大腸がんの多段階発がん説

がん抑制遺伝子にも変異が生じると，段階的に病変が進行し，やがてがんになる。

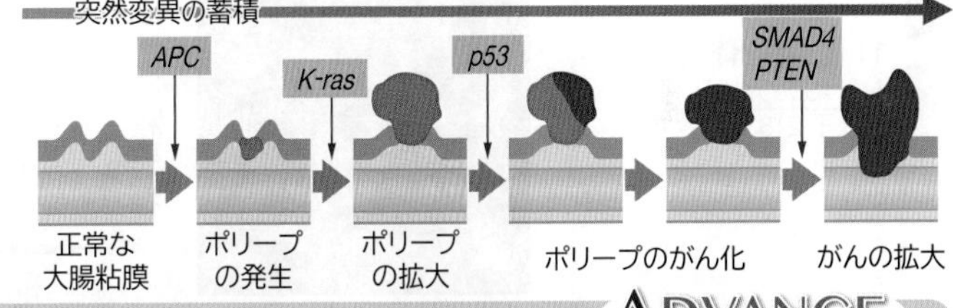


### ADVANCE ウイルスの遺伝子の校正と突然変異

RNA ウイルスでは，遺伝子を複製するときに RNA ポリメラーゼに校正機能がないため，突然変異が頻繁に発生することが知られている。DNA ウイルスでは，DNA 複製時に宿主の DNA ポリメラーゼを利用するため，複製のミスを修正することができる。そのため遺伝子の変異が少ないので，天然痘(天然痘ウイルス)や子宮頸がん(ヒトパピローマウイルス)のワクチンが開発され，利用されている。
一方，RNA ウイルスであるインフルエンザウイルスの RNA ポリメラーゼ，ヒト免疫不全ウイルス(エイズウイルス)の逆転写酵素(⇒ p.213)には校正機能がない。したがって，突然変異が頻繁に発生する。この問題点がエイズのワクチン開発を難しくしている。なお，インフルエンザのワクチンは，シーズンに流行が予測されるウイルスにあわせて製造されている。

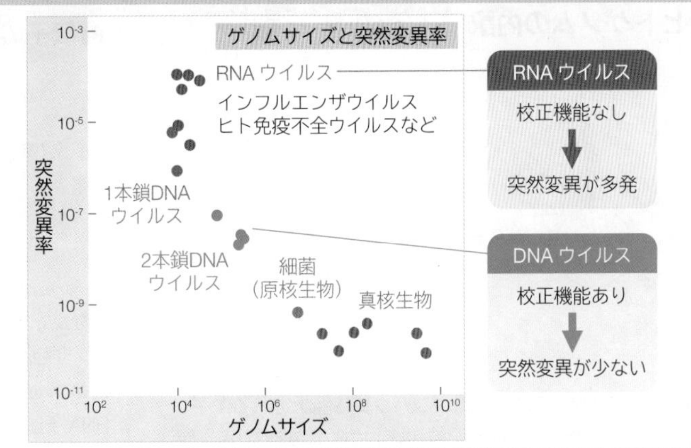


WORD フリーラジカル⇔遊離基　ヒドロキシルラジカル⇔ヒドロキシラジカル　がん遺伝子⇔発がん遺伝子

# 12 遺伝子とゲノム
Gene and genome

## A 遺伝子・遺伝情報・ゲノムの関係

ゲノムとは配偶子に含まれる染色体の遺伝情報すべてを1組としてとらえたものである。ヒトゲノムは配偶子の染色体の遺伝情報の全体を指す。 生物基礎 生物

### 真核生物の遺伝子とゲノム

**遺伝子**：染色体DNAのうち，タンパク質に翻訳される一連の領域。

DNAの情報はタンパク質合成に関わる部分以外にも，様々な機能のあることが解明されてきている(下のADVANCEを参照)。

**遺伝情報**：遺伝により親から子に伝わる染色体のDNA塩基配列の情報。まだ機能の実態がわからない部分も多い。

**ゲノム**：減数分裂(⇒ p.132)で相同染色体対から各1本ずつ配偶子へ分配される染色体セット。染色体セット全体の全DNA塩基対とその全遺伝子情報。

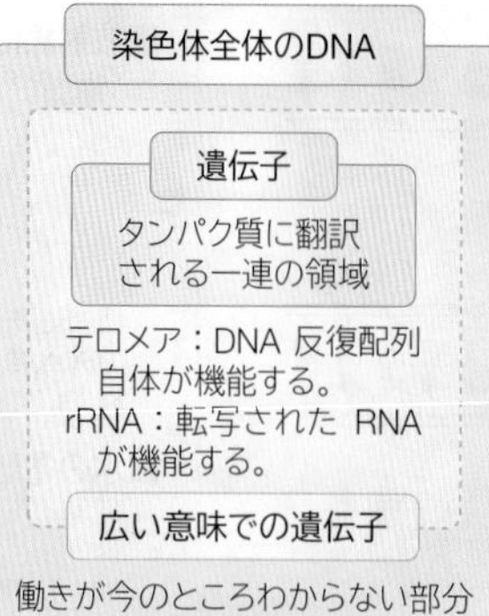


ヒト染色体
46＝2×22＋(XX/XY)
ゲノム染色体
23＝22＋X/Y
核ゲノム
ヒトの細胞
核
ミトコンドリアゲノム
ヒトゲノムには含まない。
DNA

### 原核生物の遺伝子とゲノム

DNAは一つながりの環状で，その全体がゲノムであり，ほとんどの部分が遺伝子を構成している。

## B 遺伝子の存在場所と遺伝情報

遺伝子は，染色体・DNAの特定の場所に存在している。DNAの一部が遺伝子である。 生物

染色体のDNAには，遺伝子領域と非遺伝子領域が存在している。ヒトの赤血球のヘモグロビン(⇒ p.186)のβ-グロビン遺伝子は，11番染色体上にあり，3個のエキソンと2個のイントロン(⇒ p.108)からなっている。このうちタンパク質の合成に必要な3個のエキソンだけが情報として読み取られ(スプライシング⇒ p.108)，β-グロビンができる。このように**遺伝子のエキソンの情報がタンパク質の合成情報となる。**

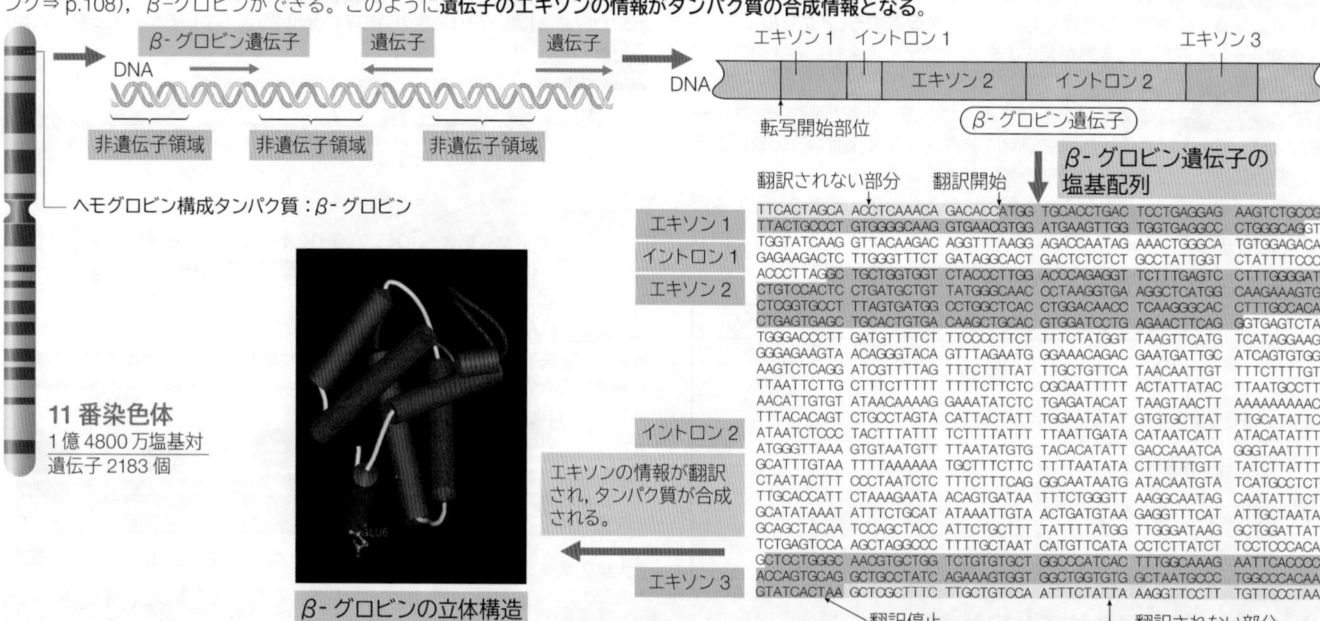

β-グロビンの立体構造

### ヒトゲノムの内訳

遺伝子のエキソン：タンパク質に翻訳される領域(1.5%)
遺伝子のイントロン(22%)
その他(76.5%)
約30億の塩基対

ヒトゲノムは，常染色体(22本)と性染色体(XとY)を合わせた24本の全遺伝情報となる。この合わせたゲノムの塩基対数は，約30億である。遺伝子の領域は，翻訳されない領域も含むのでプロモーターから転写終結点までである(⇒ p.110)。高等学校での遺伝子(狭義の遺伝子)は，基本的にmRNA前駆体として転写される領域(エキソン＋イントロン)を指す。この遺伝子の領域は，23.5%であるが，タンパク質に翻訳されるエキソン領域(アミノ酸情報がある領域)は約1.5%にすぎない。

### ADVANCE 遺伝子の定義と非翻訳RNA遺伝子

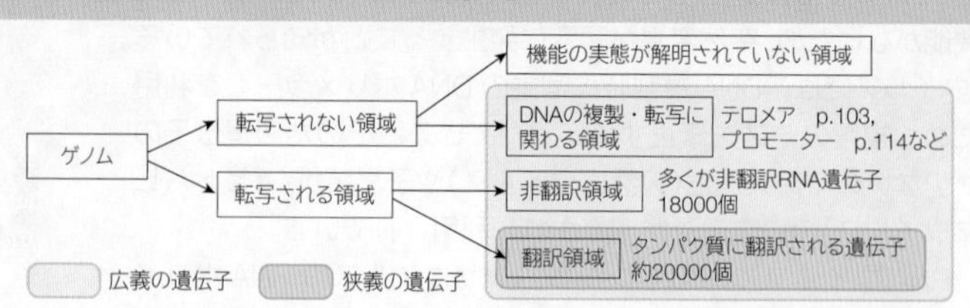


広義の遺伝子は，形質発現やDNAの複製などの制御，調節に重要な機能をもつ領域である。そのなかで，非翻訳RNA遺伝子は，研究の進展により遺伝子の機能が少しずつ解明されてきている。非翻訳RNA遺伝子には，従来から知られているrRNA・tRNA(⇒ p.109)も入るが，非翻訳RNAの機能は多様である。機能が解明された例として，siRNA(small interfering RNAの略：RNA干渉⇒ p.118)やガイドRNA(ゲノム編集⇒ p.127)などがあり，形質発現の調節を行っている。



 WORD エキソン⇔構造配列　イントロン⇔介在配列　β-グロビン⇔ヘモグロビンβ鎖

## C ゲノムの大きさと遺伝子密度

分化が進み複雑な構造をもつ生物ほど遺伝子密度は低い。

生物基礎 生物

DNA は，糖とリン酸と塩基より構成されており，アデニン(A)，グアニン(G)，シトシン(C)，チミン(T)の 4 種類の塩基が対になって結合している(⇒ p.101)。この塩基対(base pair = bp)の数がゲノムのサイズである。ヒトのゲノムのサイズは，約 30 億塩基対である。一般的には複雑な構造をもつ生物ほどゲノムサイズが大きいが，例外的な生物も存在する。アメーバの 1 種 *Amoeba dubia* は最大のゲノムをもつ生物であり，そのサイズは 6700 億塩基対である。

遺伝子数をゲノムサイズ(100 万塩基対= Mbp 単位)で割った値が遺伝子密度である。この遺伝子密度で比較すると，複雑な生物ほどその密度が低下する。これは，非遺伝子領域の増加や，遺伝子にイントロンが挿入され長くなったことなどが原因である。大腸菌のゲノムはほぼ遺伝子でできている。

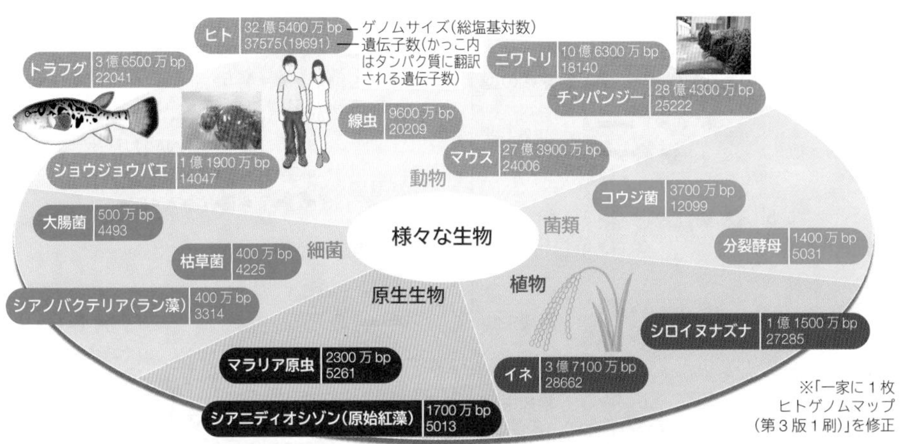


※「一家に 1 枚ヒトゲノムマップ(第 3 版 1 刷)」を修正

※「一家に 1 枚ヒトゲノムマップ(第 3 版 1 刷)」(2013 年 3 月発行)に記載されている遺伝子数には，非翻訳 RNA 遺伝子が含まれており，ヒトの遺伝子は 37301 個となっている。2020 年 5 月時点におけるタンパク質に翻訳される遺伝子数は 19691 個で，非翻訳 RNA 遺伝子を含めると合計 37575 個である。

### TOPICS DNA の相異

いろいろな生物のゲノムが解読されて，塩基配列の相異がわかってきた。ヒトとチンパンジーは 1.2%，ヒトの個人的な相異は 0.1%である。

マウス ←30%→ ヒト ←0.1%→ ヒト
1.4% ゴリラ，1.2% チンパンジー
ゴリラ ←1.2%→ チンパンジー
ゴリラ 2.2% オランウータン

### いろいろな生物のゲノムサイズ・遺伝子数と遺伝子密度

| 生物種 | ゲノムサイズ(Mbp) | 遺伝子数 | 遺伝子密度(遺伝子数 /Mbp) |
|---|---|---|---|
| 大腸菌 | 5 | 4493 | 899 |
| シアノバクテリア | 4 | 3314 | 829 |
| マラリア原虫 | 23 | 5261 | 229 |
| 線虫 | 96 | 20209 | 211 |
| ショウジョウバエ | 119 | 14047 | 118 |
| トラフグ | 365 | 22041 | 60 |
| マウス | 2739 | 24006 | 9 |
| チンパンジー | 2843 | 25222 | 9 |
| ヒト | 3254 | 19691 | 6 |

### いろいろな生物の RNA ポリメラーゼ遺伝子に隣接する領域(65000bp)の遺伝子数

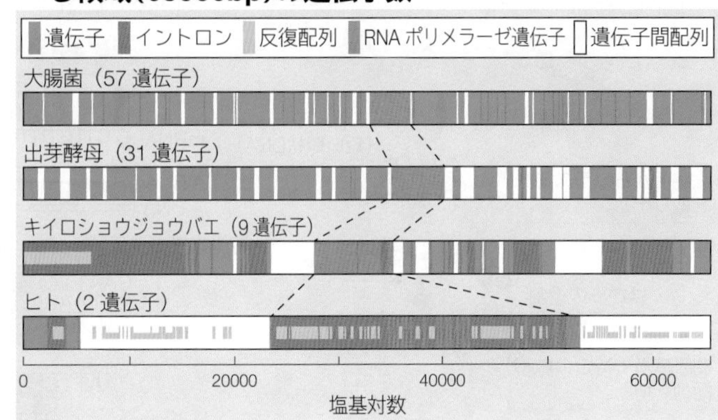


ヒトと線虫では，遺伝子数は大きく変わらないが，遺伝子密度が異なることなどに着目しよう。

## D トランスポゾン

トランスポゾンは，DNA 上の位置を転移して変えることができる塩基配列である。動く遺伝子，転移因子とも呼ばれる。

生物

トランスポゾンは，**DNA 型トランスポゾン**と**レトロトランスポゾン**の 2 種類に分類される。レトロトランスポゾンは，RNA を介して増幅・転移する。レトロトランスポゾンはさらに，LTR(long terminal repeat)型レトロトランスポゾン，LINE(long interspersed element)，SINE(short interspersed element)の 3 種類に分類される。

### メダカのトランスポゾン(*Tol1*)

メダカの DNA 型トランスポゾン *Tol1* は，完全なアルビノの体色(眼の色は赤)を示す突然変異体 $i_1$ のチロシナーゼ遺伝子に挿入している塩基配列として発見された。

挿入 *Tol1*

チロシナーゼ遺伝子は，メラニン(黒色素)を合成する遺伝子

トランスポゾンにより遺伝子が壊れたので，メラニンが合成できなくなり，アルビノ(白化個体)になる。

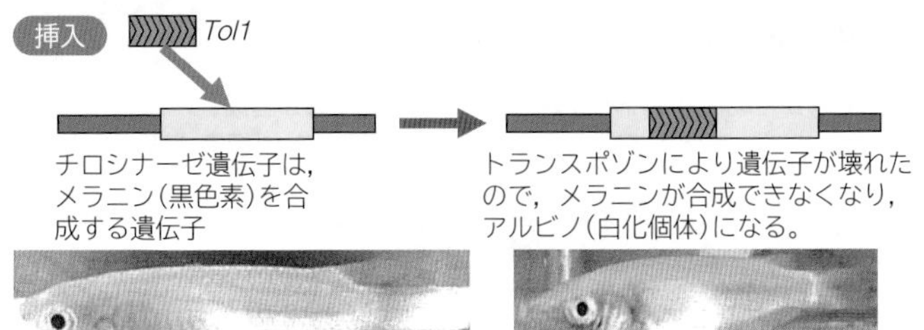

切り出し *Tol1*

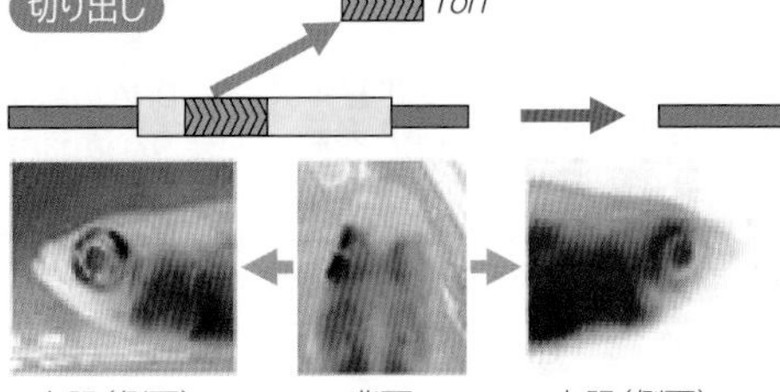

左眼(側面)　背面　右眼(側面)

左眼では，トランスポゾンが切り出されたので，チロシナーゼ遺伝子が正常に戻り，メラニンが合成できるようになった。

## A 制限酵素と DNA リガーゼ

1960 年代に，DNA の特定の塩基配列を切断する**制限酵素**と，切断された DNA を連結する **DNA リガーゼ**が発見された。 生物

### 制限酵素

制限酵素は，細菌などがもつ酵素で，現在までに 2000 種類以上が単離されている。大多数の制限酵素は，DNA の 2 本鎖のそれぞれが 5′→3′ 方向で同じ塩基配列になっている領域を認識する。切断後の末端の型には，**平滑末端**と**相補末端**とがある。

#### ■代表的な制限酵素

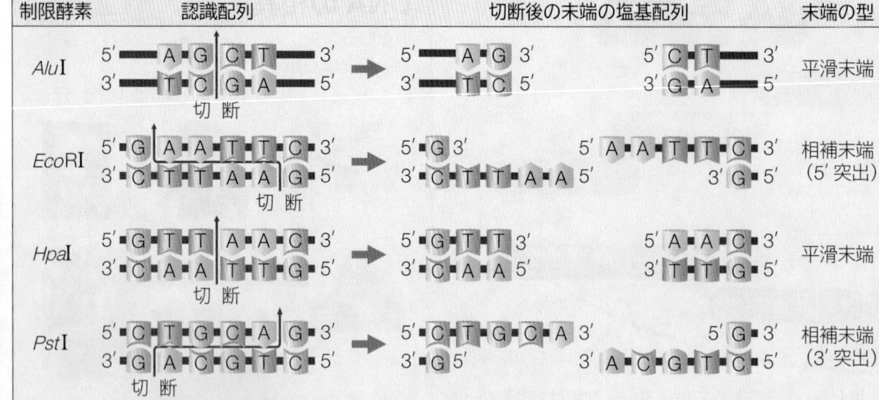


### DNA リガーゼ

DNA リガーゼによる連結には次のようなものがある。

①同じ塩基配列の突出部をもつ末端どうし

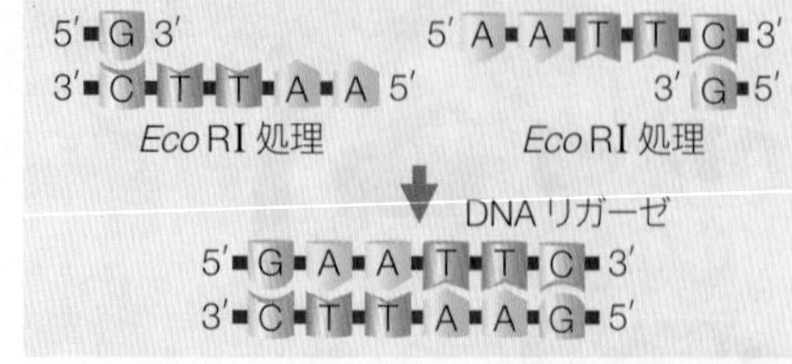


②平滑末端どうし

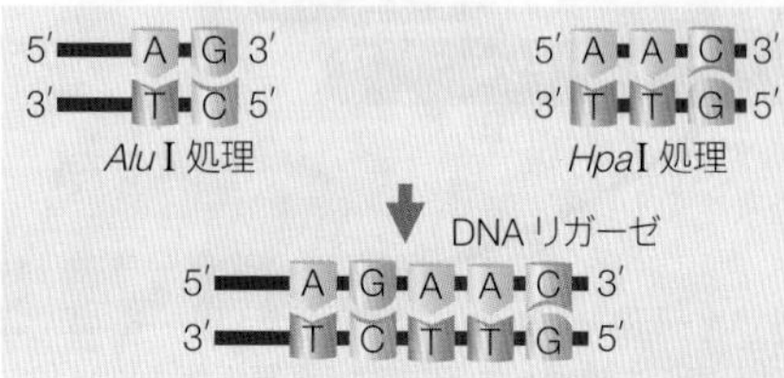


## B 遺伝子組換え

ある細胞から抽出した遺伝子 DNA を，プラスミドなどの DNA（ベクター）に組み込んで宿主細胞に導入し，発現させる技術を**遺伝子組換え**という。 生物

遺伝子をそのまま直接細胞内へ入れただけでは複製や発現はできない。そこでプラスミドなどのベクターを用いて，有用物質の遺伝子を大腸菌内に入れ，大量生産する方法が開発されている。

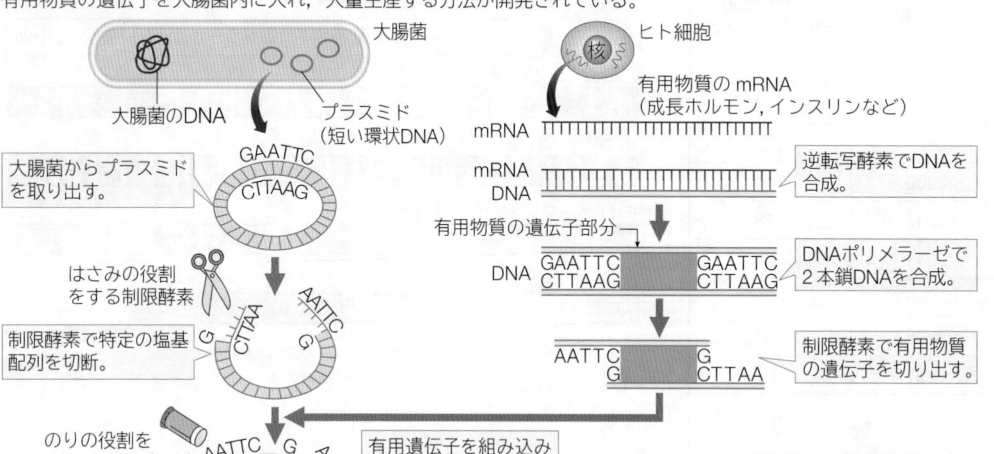


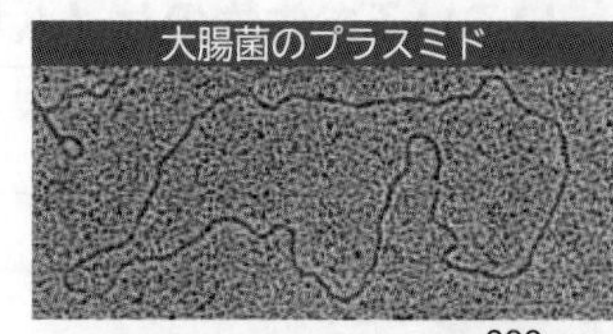

大腸菌のプラスミド

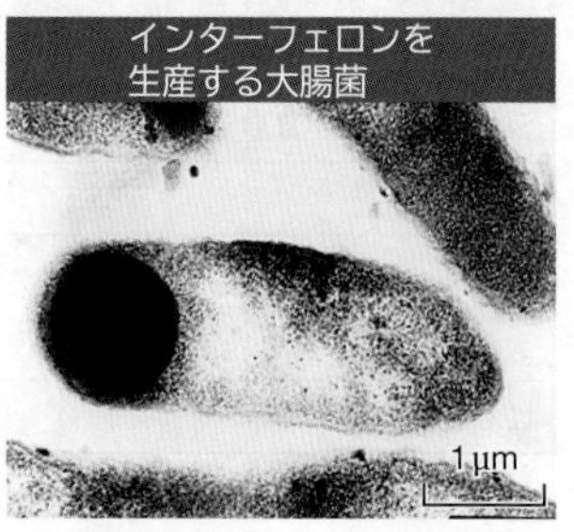

インターフェロンを生産する大腸菌

### TOPICS 逆転写酵素

逆転写酵素は，HIV（⇒ p.213）をはじめとするレトロウイルスがもつ酵素として，1970 年にテミンとボルチモアによって発見された。RNA を鋳型として DNA を合成することから，遺伝子工学では主に cDNA（⇒ p.128）の合成に利用されている。また，原始の生命系が RNA ワールドから DNA ワールドに移行したという考え方（⇒ p.309）の根拠の 1 つにもなっている。

### ADVANCE セントラルドグマの見直し

DNA の転写によって RNA が合成され，RNA が翻訳されてタンパク質が合成される。このような遺伝情報の流れがセントラルドグマである。ただし，**逆転写酵素**や **RNA 編集**（塩基の挿入・置換により，転写された RNA が編集される）の発見によって若干の修正が施されている。

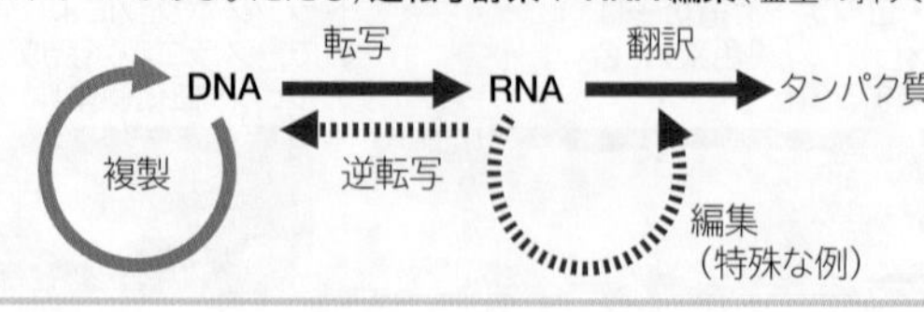

## C プラスミド

細菌の細胞内に存在する染色体以外の遺伝因子をプラスミドという。微小で染色体DNAと容易に分離でき，自己増殖能力をもつため注目された。

生物

pGLOは，学生の遺伝子組換え実験でも使用されている合成プラスミドである。このプラスミドには，オワンクラゲの緑色蛍光タンパク質合成遺伝子(*GFP*)，アンピシリン耐性遺伝子(*bla*)，調節タンパク質遺伝子(*araC*)，プロモーター配列($P_{BAD}$)が組み込まれる。アラビノース(糖)の存在下で形質が発現し，紫外線により緑色蛍光を発するタンパク質GFPが合成される。

### プラスミドDNA　pGLOの構造

pGLO
(5371塩基対)

調節タンパク質遺伝子
(発現スイッチ)
*araC*
プロモーター配列
($P_{BAD}$)
*ori*
*GFP*
緑色蛍光
タンパク質
合成遺伝子
アンピシリン
耐性遺伝子
*bla*

*araC* と *GFP* では，センス鎖とアンチセンス鎖が異なることに注意しよう。

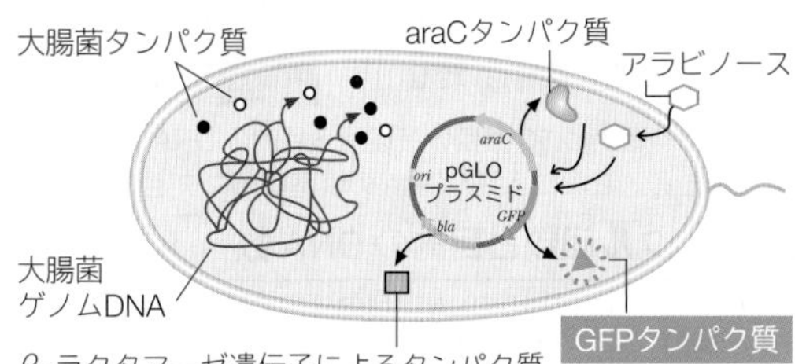


β-ラクタマーゼ遺伝子によるタンパク質
(抗生物質のアンピシリンを分解するので大腸菌は生存できる)

### GFPタンパク質の発現

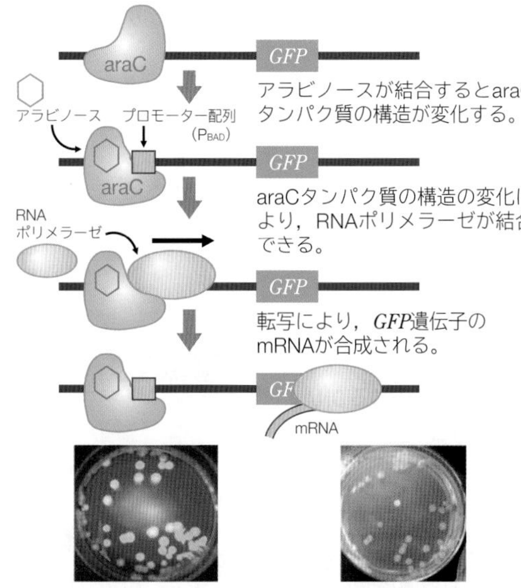


アラビノースが存在する培地では，緑色蛍光を発する（レポーター遺伝子）。

アラビノースが無い培地にアラビノースを加えると(写真中央)，形質が発現する。

## 実験　大腸菌の遺伝子組換え

緑色蛍光タンパク質遺伝子*GFP*が組み込まれたプラスミドを用いて，遺伝子組換え大腸菌を作製する。

① **pGLOプラスミド**

*GFP*遺伝子と抗生物質アンピシリン耐性遺伝子(*bla*)が組み込まれているプラスミドなので，このプラスミドを取り込んだ大腸菌は，アンピシリン(amp)が含まれている培地でも生育できる。また、アラビノース(ara)が培地に含まれていると，これによって*GFP*遺伝子が発現するので，紫外線を当てると蛍光を発する。

②**方法**　下表の実験区分で大腸菌を培養する。

| 実験区分 | A | B | C | D |
|---|---|---|---|---|
| DNA | 無(－) | 無(－) | 有(＋) | 有(＋) |
| 抗生物質 | 無(－) | 有(＋) | 有(＋) | 有(＋) |
| アラビノース | 無(－) | 無(－) | 無(－) | 有(＋) |

③**結果**

| 実験区分 | A | B | C | D |
|---|---|---|---|---|
| DNA/培地記号 | －DNA　LB | －DNA　LB/amp | ＋DNA　LB/amp | ＋DNA　LB/amp/ara |
| DNA(プラスミド) | 無(－) | 無(－) | 有(＋) | 有(＋) |
| 抗生物質(アンピシリン：amp) | 無(LB) | 有(LB/amp) | 有(LB/amp) | 有(LB/amp) |
| アラビノース(ara) | 無 | 無 | 無 | 有(ara) |
| 自然光 | -DNA LB | -DNA LB/AMP | +DNA LB/AMP | +DNA LB/amp/ara |
| 紫外線 | -DNA LB | -DNA LB | +DNA LB/AMP | +DNA LB/amp/ara |
| コロニー数(細菌の集団) | コロニー多数(一面に広がる) | 0(コロニー無) | 平均約30個のコロニー | 平均約30個のコロニー |

# 14 バイオテクノロジー(2)
Biotechnology 2

## A PCR法

PCR法(Polymerase Chain Reaction)の開発により，目的のDNA断片を短時間で大量に増幅できるようになり，遺伝子の研究が大きく進歩した。

生物

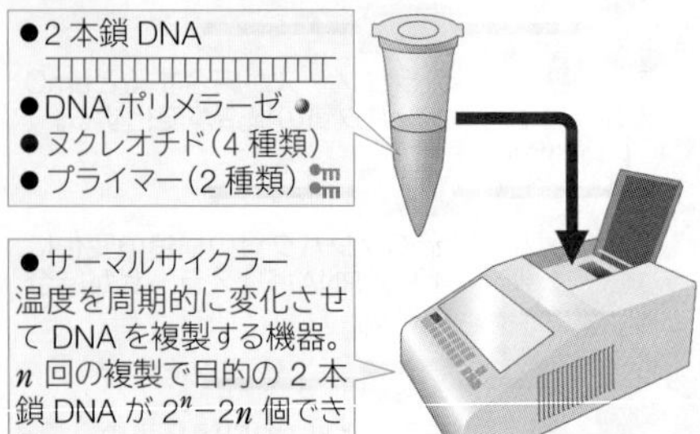


●サーマルサイクラー
温度を周期的に変化させてDNAを複製する機器。$n$回の複製で目的の2本鎖DNAが$2^n-2n$個できる。

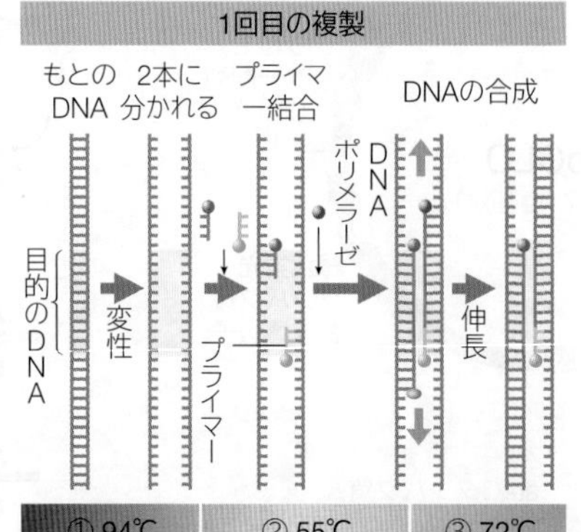


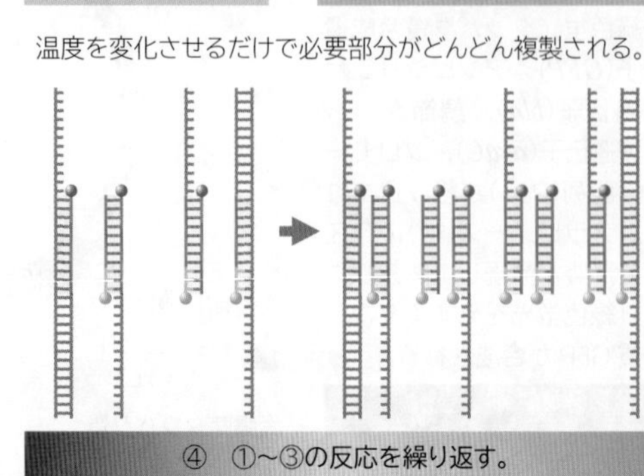


図の①～③の反応を繰り返すと，3回目の複製から目的のDNAの合成が始まり，20回の複製(2～3時間)で100万倍に増幅できる。これにより，DNAの塩基配列の決定やDNA型鑑定などが容易に行える。

### POINT PCR法に用いられるDNAと酵素

**プライマー**
DNAの合成を開始するのに必要な短いDNA断片。目的のDNAをはさむように2種類のプライマーを使用する。

**DNAポリメラーゼ**
DNA合成酵素。PCR法では95℃の高温でも変性しないものを使用する。

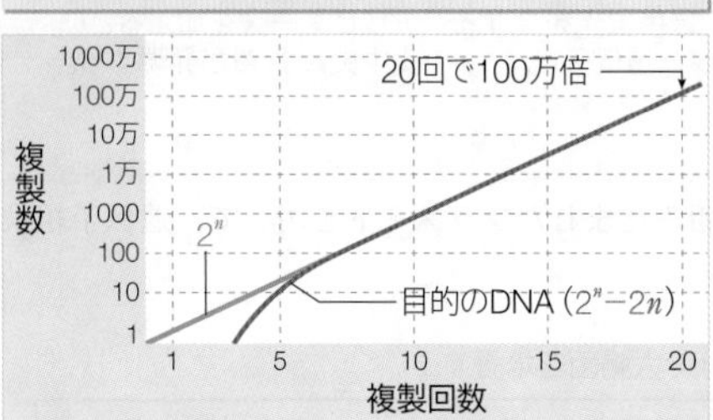


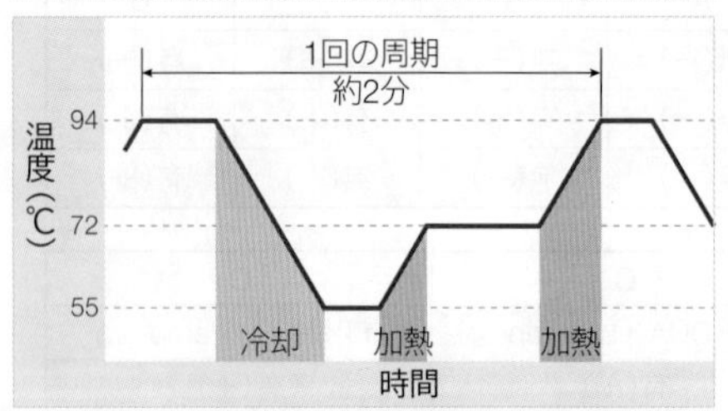


### PCR法のサイクル回数と目的のDNA数

| 複製回数 | DNA(2本鎖) | もとのDNA(1本鎖) | 目的外のDNA(1本鎖) | 目的のDNA(1本鎖) | 目的のDNA(2本鎖) |
|---|---|---|---|---|---|
| 1回目 | $2^1$ | 2 | 2 | 0 | 0 |
| 2回目 | $2^2$ | 2 | 4 | 2 | 0 |
| 3回目 | $2^3$ | 2 | 6 | 8 | 2 |
| 4回目 | $2^4$ | 2 | 8 | 22 | 8 |
| ⋮ | ⋮ | ⋮ | ⋮ | ⋮ | ⋮ |
| $n$回目 | $2^n$ | 2 | $2n$ | $2\times2^n-2(n+1)$<br>$=2(2^n-n-1)$ | $(2^n-n-1)-(n-1)$<br>$=2^n-2n$ |

**TRY**

下のDNAの点線で囲まれた部分を増幅させるとき，AとBのプライマーの塩基配列がどのようになるか，5′側から塩基6個分を考えてみよう。

5′…CGGCTAAAGGATGG…ACTAACGGGGATCAA…3′

3′…GCCGATTTCCTACC…TGATTGCCCCTAGTT…5′

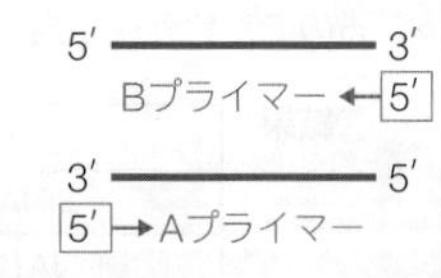


## B 塩基配列の決定法(ダイターミネーター法)

DNAの塩基配列の決定法にはマクサム・ギルバート法とダイターミネーター法があるが，現在ではダイターミネーター法が主流である。

生物

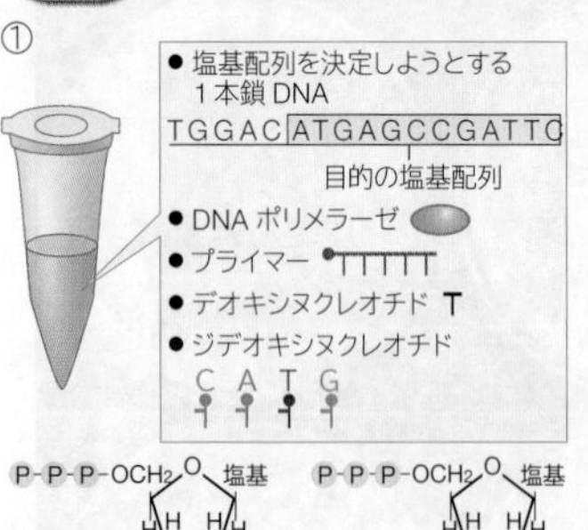


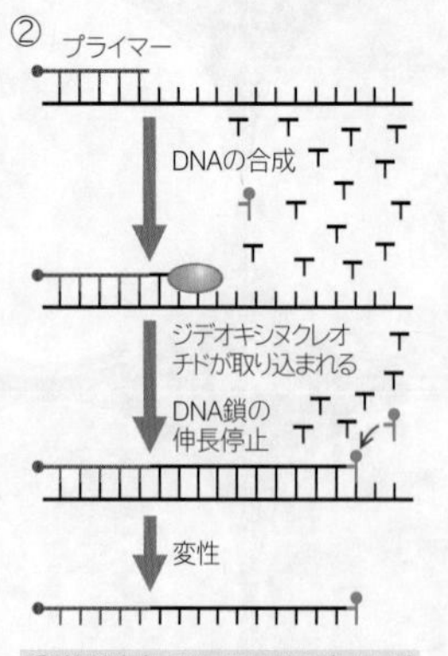


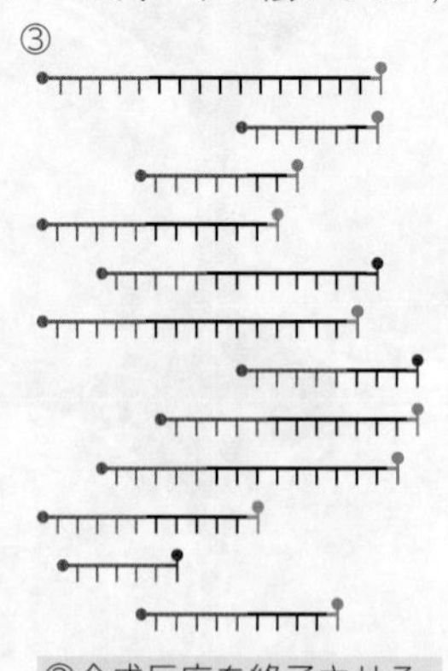


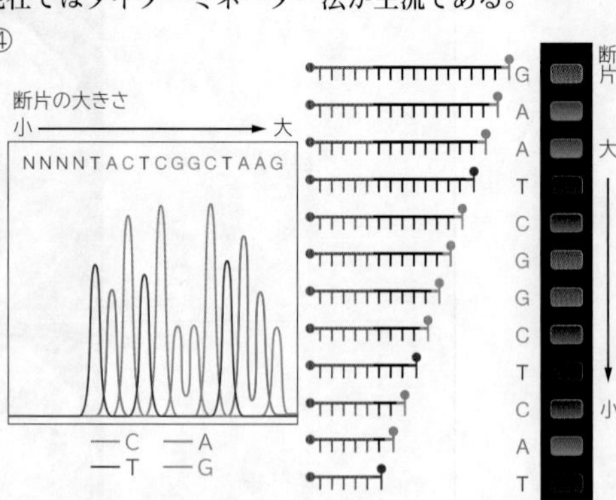


①目的のDNAを鋳型として複製を開始させる。その際，反応溶液中に蛍光色素を取り込ませた**ジデオキシヌクレオチド**を加えておく。

②複製中のDNA断片に**ジデオキシヌクレオチド**が取り込まれると，そこでDNA鎖の伸長が停止する。

③合成反応を終了させる。DNA鎖の最後の塩基は，すべて**ジデオキシヌクレオチド**になっている。

④合成されたDNA断片を電気泳動し，色素の色から塩基配列を読み取る。読み取った塩基配列の相補的な配列が目的のDNAの塩基配列となる。
例 TACTCGGCTAAGならば ATGAGCCGATTC



WORD PCR法⇔ポリメラーゼ連鎖反応法　ダイターミネーター法⇔ジデオキシ法⇔サンガー法

## C DNA 型鑑定

ヒトの DNA を制限酵素で切断すると，個体ごとに異なる長さの DNA 断片が生じる。これを利用して個人の識別を行うことを **DNA 型鑑定**という。 生物

各都道府県の科学捜査研究所などで導入している DNA 型鑑定では，4.7 兆人に 1 人の精度で個人を識別できるといわれている。

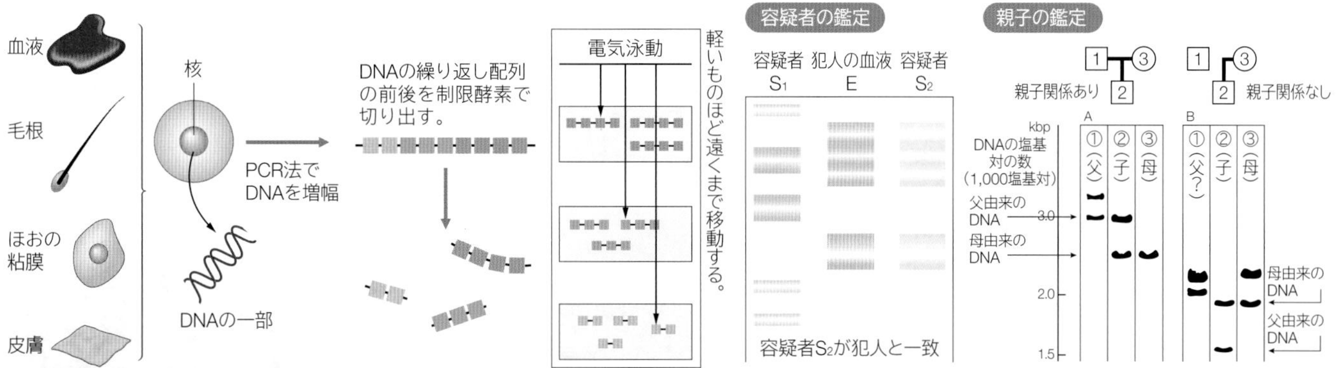


## D ゲノムの解読とゲノム DNA ライブラリー

ゲノム DNA を適度な大きさに切断してゲノム情報を解読したり，ゲノム DNA ライブラリーを作成・保存できるようになった。 生物

ゲノム DNA をランダムに切断したのち，**ベクター**に組み込み，**クローニング**を行う。各々のクローンをシークエンス解析し，これらの配列をコンピュータによってつながりを決定し，再構築する。

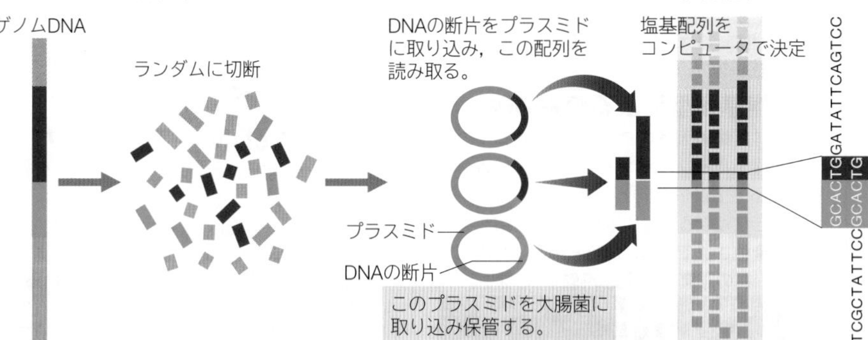


**ベクター**：遺伝子組換えなどで，遺伝子を運ぶ役割をもつ DNA のことを指す。プラスミド，BAC，λファージなどが用いられる。

**クローニング**：特定の遺伝子をもつ DNA 断片のクローンを多量につくること。

**シークエンス**：DNA の塩基配列やタンパク質のアミノ酸配列のこと。

### ゲノム DNA ライブラリー

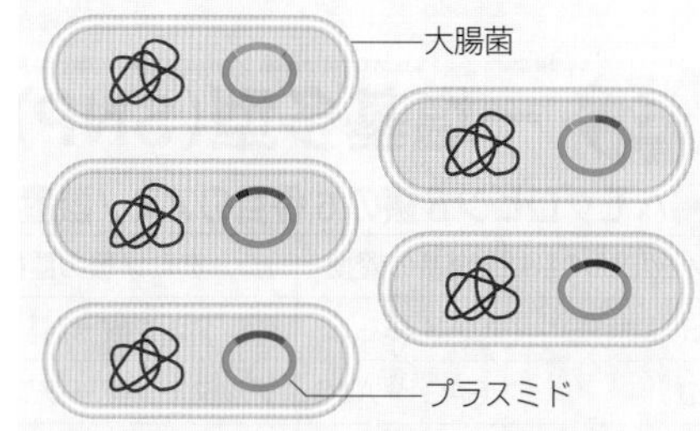


切断したゲノム DNA を組み込んだプラスミドなどを，大腸菌の中などで保管したもの。ゲノム解析の基礎となる重要な資源となる。

## E ゲノム編集

ゲノムの特定部位を切断できる人工制限酵素を用いて，任意のゲノム配列を挿入，削除する技術をゲノム編集という。 生物

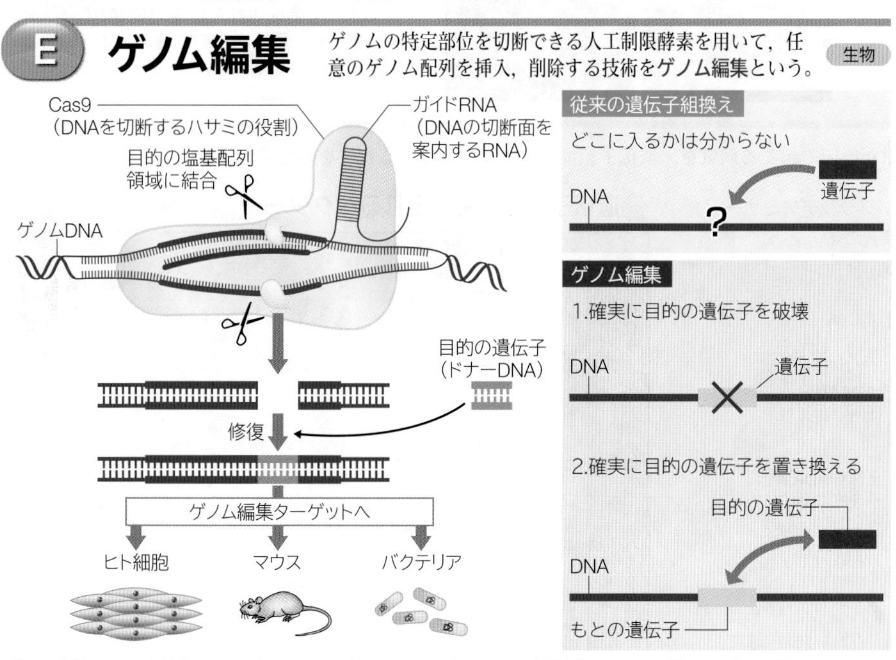


ゲノム編集には，道具としてガイド RNA（guide RNA）と Cas9（酵素）の 2 つの異なる分子が必要である。

### ADVANCE

#### オーミクス

オーミクス（Omics）とは，生物の体の中にある分子全体を網羅的に調べる学問である。生命活動のすべての情報を包括的に解析することにより，分子レベルで生命をシステムとしてとらえることができる。

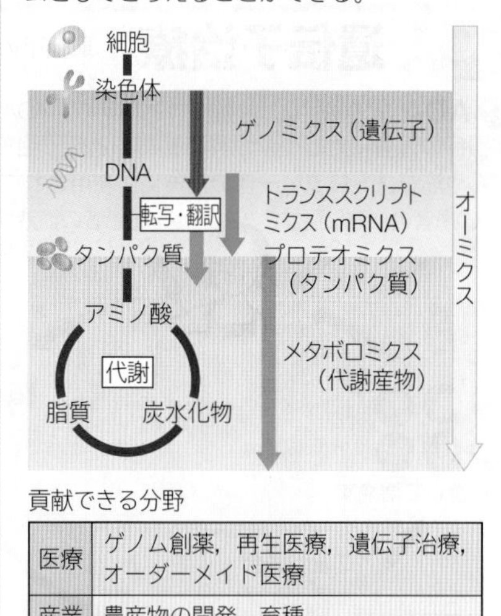


貢献できる分野

| | |
|---|---|
| 医療 | ゲノム創薬，再生医療，遺伝子治療，オーダーメイド医療 |
| 産業 | 農産物の開発，育種 |
| 環境問題の解決 | |

# 15 バイオテクノロジー (3)
Biotechnology 3

## A DNAマイクロアレイ

DNAマイクロアレイとは，細胞内のほぼすべての遺伝子発現を一度に調べるために開発されたスライドガラス程度の大きさの実験器具である。 生物

数万～数十万種類の遺伝子に対応する特異的な1本鎖DNA(プローブ)が，1枚のDNAマイクロアレイに固定されている。遺伝子発現の有無を一度に大量に分析できるため，様々な病気の診断や予防・治療，遺伝子突然変異や一塩基多型(SNP)などの分析にも利用される。

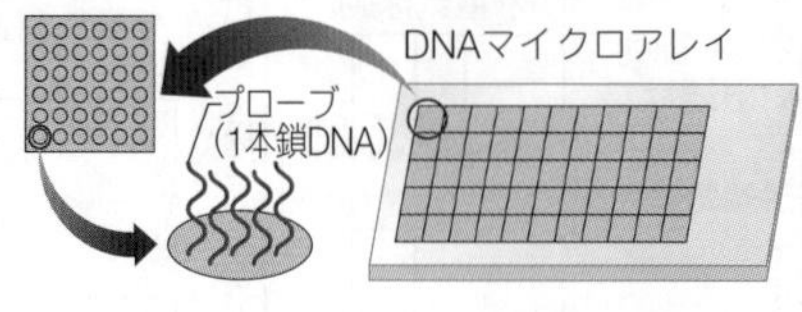


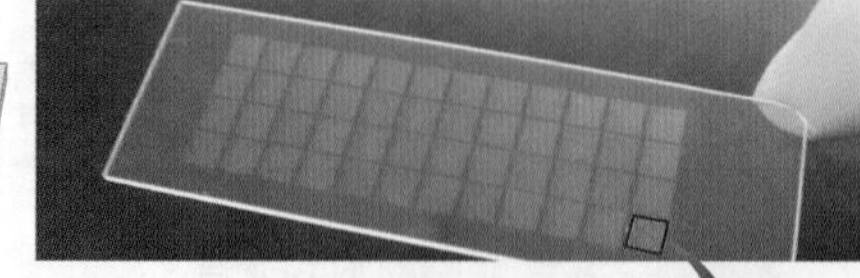

### がん細胞における遺伝子発現の解析

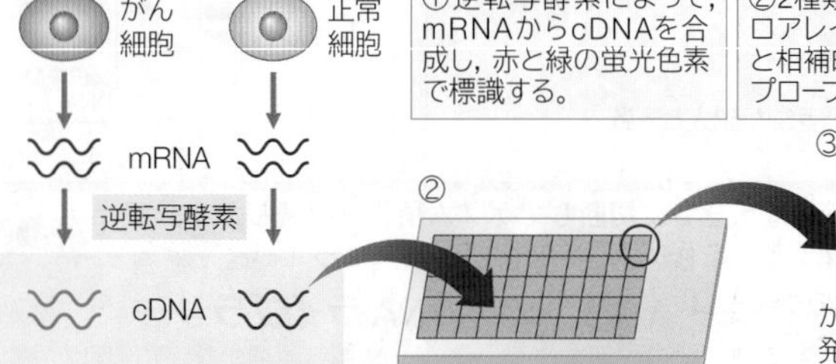


①逆転写酵素によって，mRNAからcDNAを合成し，赤と緑の蛍光色素で標識する。

②2種類のcDNAとDNAマイクロアレイを反応させる。cDNAと相補的な塩基配列の遺伝子プローブがあると結合する。

③余分なcDNAを洗い流し，レーザー光線を照射すると，cDNAが結合しているスポットが発光する。

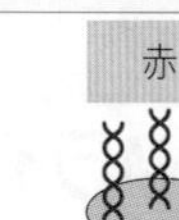

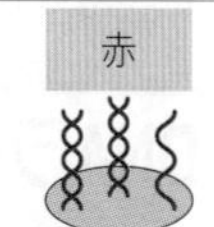

③ 緑：がん細胞のみに発現する遺伝子　黄(緑＋赤)：両方に発現する遺伝子　赤：正常細胞のみに発現する遺伝子

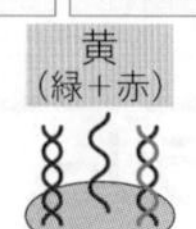

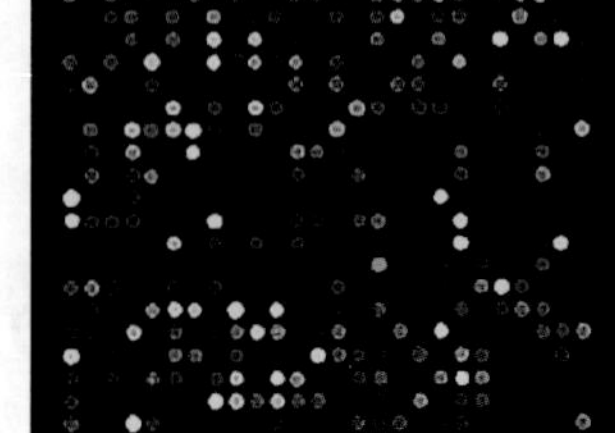

発光しているスポット

## B 一塩基多型(SNP)

ある生物集団に，1つの塩基の違いによって多様な形質を示す遺伝子が存在する場合，これを一塩基多型(SNP，スニップ)という。 生物

### ヘモグロビンβ鎖の6番目のアミノ酸置換変異

| ヘモグロビンの名称 | 塩基の置換 | アミノ酸の置換 |
|---|---|---|
| S(鎌状赤血球) | GAG → GTG | グルタミン酸→バリン |
| C | GAG → AAG | グルタミン酸→リシン |
| G-Makassar | GAG → GCG | グルタミン酸→アラニン |
| Machida | GAG → CAG | グルタミン酸→グルタミン |

鎌状赤血球貧血症(⇒ p.113)は，ヒトの一塩基多型の代表的な例である。この鎌状赤血球貧血症と同じヘモグロビンβ鎖の6番目のアミノ酸置換の例として，C，G-Makassar，Machidaなどが知られている。

一塩基多型のような遺伝子の微妙な差が積み重なって個体差が生じると考えられている。一塩基多型は，病気，薬の効き方や副作用などとも関係があると考えられており，オーダーメイド医療への応用が期待されている。

### 一塩基多型による変異の例

脳由来神経栄養因子(BDNF)を構成する1つのアミノ酸がバリン(Val)からメチオニン(Met)に置換するとBDNFが神経細胞内でスムーズに移動できなくなる。左の写真では樹状突起の先端まで染色されており，BDNFの移動が確認できるが，右の写真では移動が確認できない。

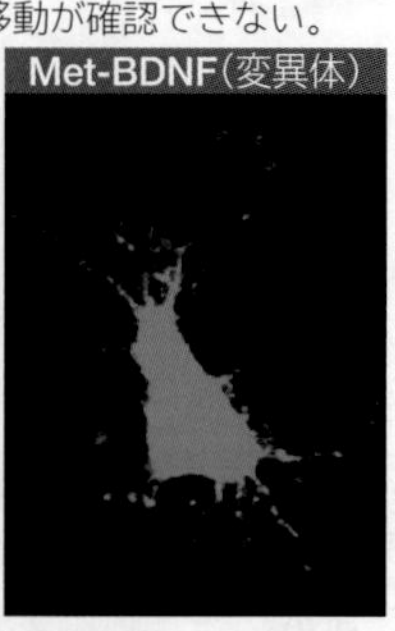


### TOPICS cDNAとcDNAプロジェクト

ヒトゲノムDNAの塩基配列は解読された(⇒ p.123)。現在，細胞の中でどの遺伝子がいつ，どのように働いているかを明らかにし，遺伝子によってつくられるタンパク質の構造や機能を明らかにする研究が始まっている。しかし，ゲノム解析が終了しても，ゲノムの大部分は発現しないイントロン(⇒ p.108)であり，ゲノムのどの部分がどの遺伝子なのかが特定されたわけではない。

日本で行われている**ヒト完全長cDNAプロジェクト**では，エキソンのみからなるcDNA(complementary DNA：mRNAから逆転写酵素によって合成された相補的DNA)の塩基配列を解読し，現在約56500種のcDNAの情報を公開している(www.h-invitational.jp/)。

## C 遺伝子治療

遺伝子の異常が原因で起こる病気を，遺伝子組換えによって治療する方法を遺伝子治療という。 生物

### ADA欠損症の治療

1990年に，ADA(アデノシンデアミナーゼ)欠損症の患者に対して，世界で初めて遺伝子治療が実施された。現在では，がんや筋ジストロフィー症の治療にも利用されている。

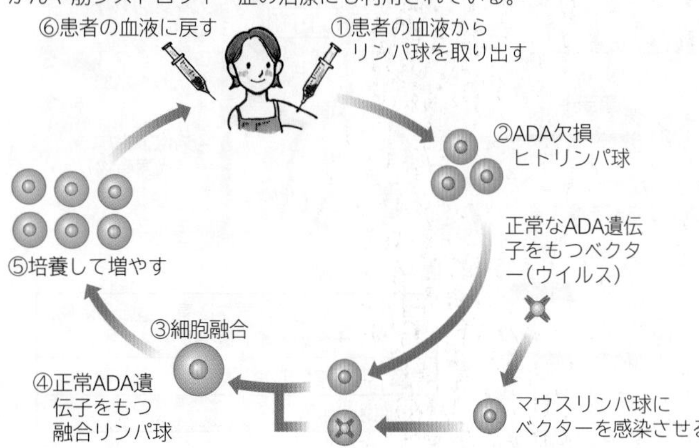


### 遺伝子治療に用いられるベクター

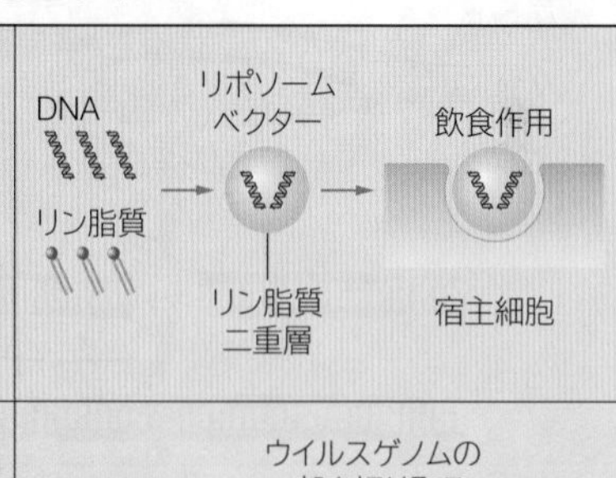

| ベクター | 説明 | 図 |
|---|---|---|
| リポソームベクター | 外来DNAを細胞膜に似た人工のリン脂質二重層で包み込んだもの。飲食作用(⇒ p.45)によって宿主細胞に導入する。DNAのかわりにmRNAを包み込んだものが新型コロナウイルスのワクチンとして使用された。 | DNA／リン脂質／リポソームベクター／リン脂質二重層／飲食作用／宿主細胞 |
| ウイルスベクター | レトロウイルスやアデノウイルスの病原性を取り除いたもの。宿主細胞へ感染させ外来DNAを導入する。新型コロナウイルスゲノムの一部を組み込んだものがワクチンとして使用された。 | 野生型ウイルス／ウイルスゲノムの一部を切り取る／治療用遺伝子を導入／ウイルスベクター |

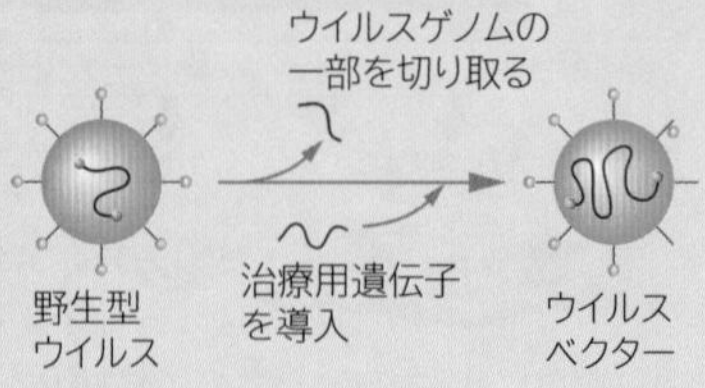

 WORD 一塩基多型⇔スニップ⇔ SNP(Single Nucleotide Polymorphism)　遺伝子銃⇔パーティクルガン

## D 遺伝子組換えの応用

遺伝子組換えの技術は，それまでできなかった生物の機能の研究や，新たな遺伝子をもつ生物(トランスジェニック生物)の作出，医療などに応用されている。 生物

### 遺伝子組換え(トランスジェニック)動物

動物細胞に遺伝子を導入する方法には，マイクロピペットで核に直接遺伝子を導入するマイクロインジェクションと，電気刺激によって細胞膜に微細な穴をあけ遺伝子を取り込ませるエレクトロポレーションがある。

### マイクロインジェクション

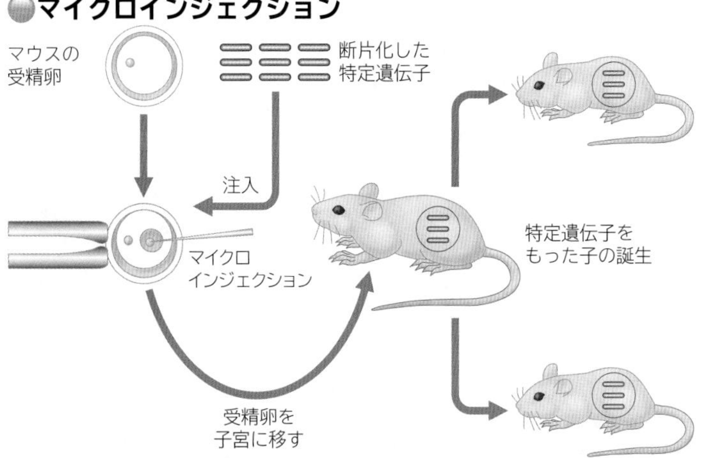


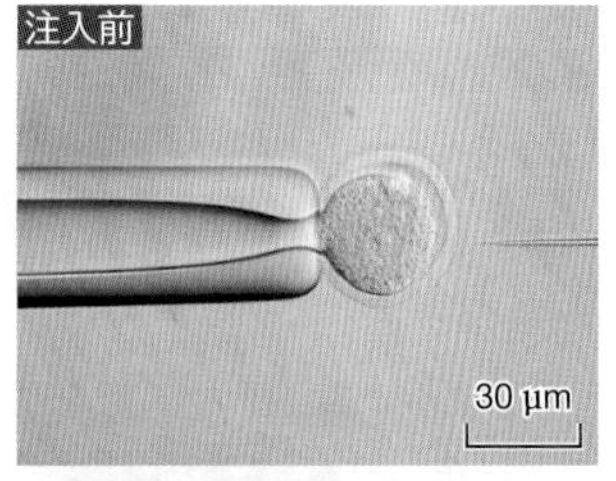


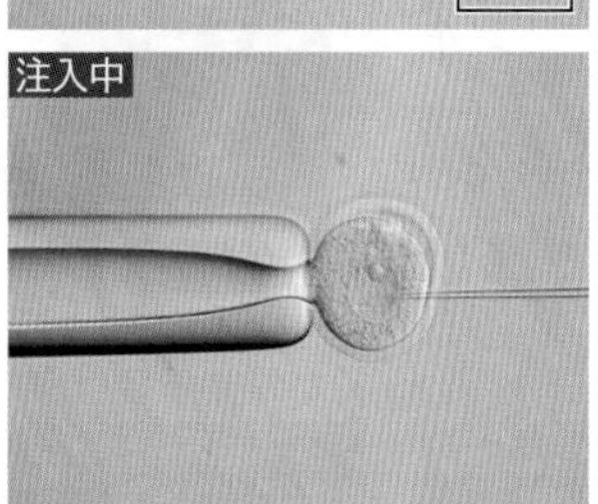


**TOPICS**

**緑色の蛍光を発するマウス**

オワンクラゲ(⇒ p.331)由来のGFP(緑色蛍光タンパク質⇒ p.125)遺伝子を導入したマウスは緑色の蛍光を発する。全身の臓器や細胞が光るので，移植医療や再生医療の基礎研究などに利用されている。なお，GFP を発見した下村脩は，2008 年にノーベル化学賞を受賞した。

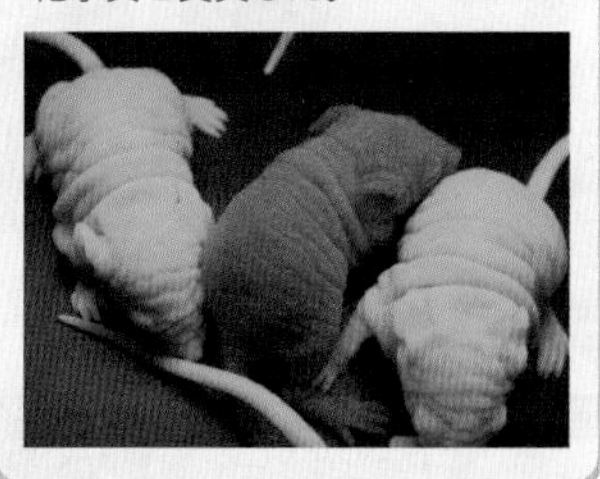

### ノックアウト動物

標的とする特定の遺伝子を人為的に欠損させた突然変異体を**ノックアウト動物**という。特定の遺伝子を欠く個体に生じる現象から，その遺伝子の機能を明らかにすることができる。

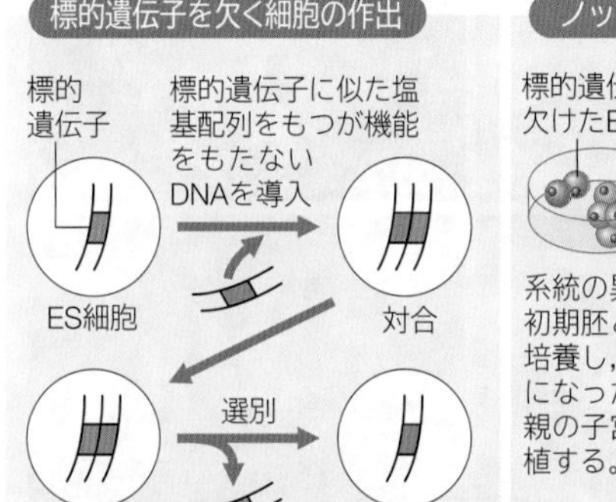


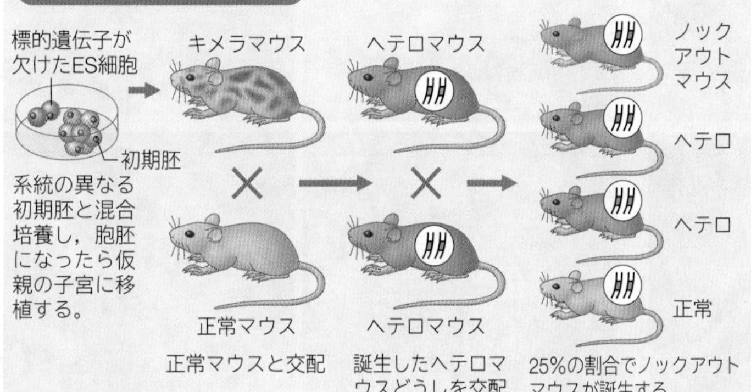


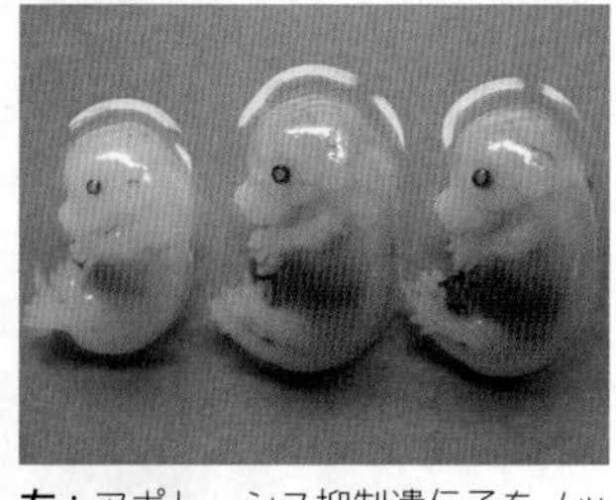

**左**：アポトーシス抑制遺伝子をノックアウトしたマウス(AM−／−)
**中**：ヘテロ個体(AM＋／−)
**右**：正常個体(AM＋／＋)
このノックアウトマウスは体が小さく，貧血症で，肝臓も小さい。

### 遺伝子組換え(トランスジェニック)植物

別個体の DNA を新たに組み込んだ植物は，**遺伝子組換え作物**などとして利用されている。

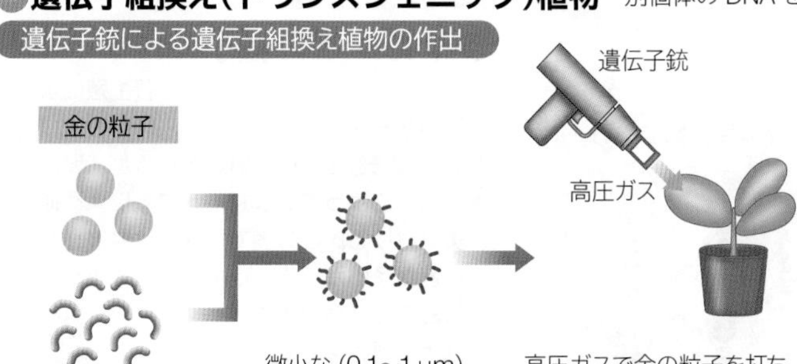


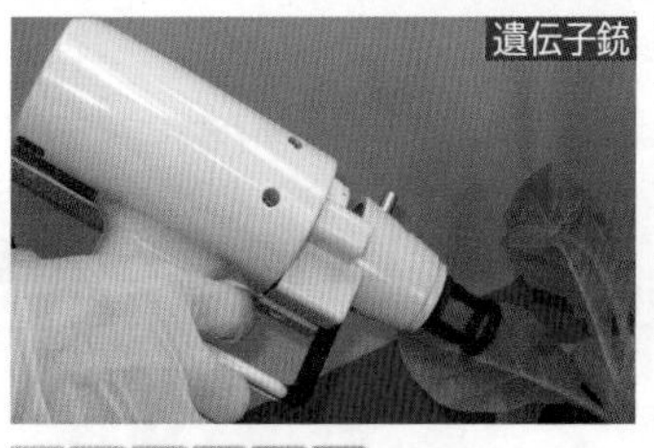


植物に遺伝子を組み込む方法には，左図のような遺伝子銃のほかに，土壌細菌の一種であるアグロバクテリウムに遺伝子を組み込み，これを植物体に感染させて遺伝子を導入する方法もある。

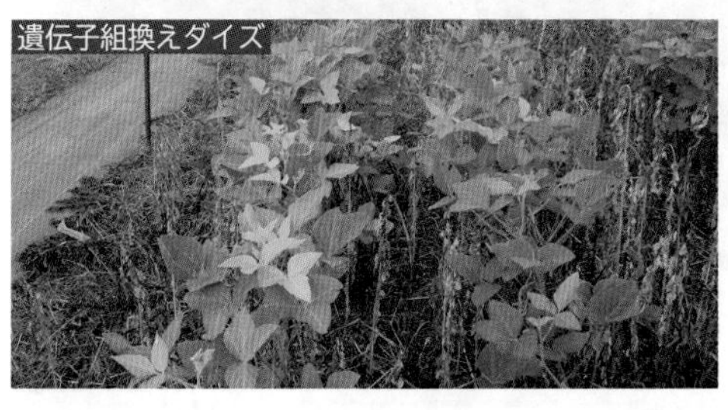


圃場に除草剤を散布すると，除草剤耐性遺伝子を組み込んだダイズは枯れないが，雑草は除草剤により除かれる。

**TOPICS**

**アグロバクテリウム法**

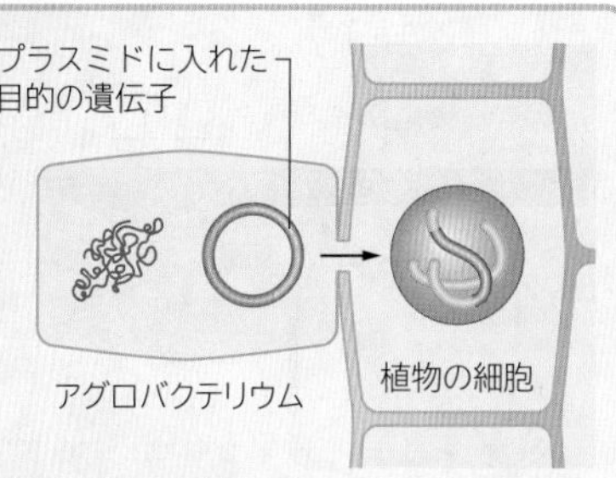


アグロバクテリウムのプラスミドに発現させたい遺伝子を組み込み，無菌培養した植物片やカルスに接触させると，遺伝子を植物細胞の DNA に組み込むことができる。この植物細胞を選抜・培養すると，有用遺伝子をもった植物体となる。イネなどの品種改良に応用されている。

# 1 生殖方法の多様性

Diversity of organismic reproduction

## A 無性生殖

親の体の一部が分かれて，そのまま新個体になっていく生殖法。

生物

### 分裂

親の体がほぼ同じ大きさに分かれて新個体になる。2個体に分かれる二分裂と，多数に分かれる多分裂がある。

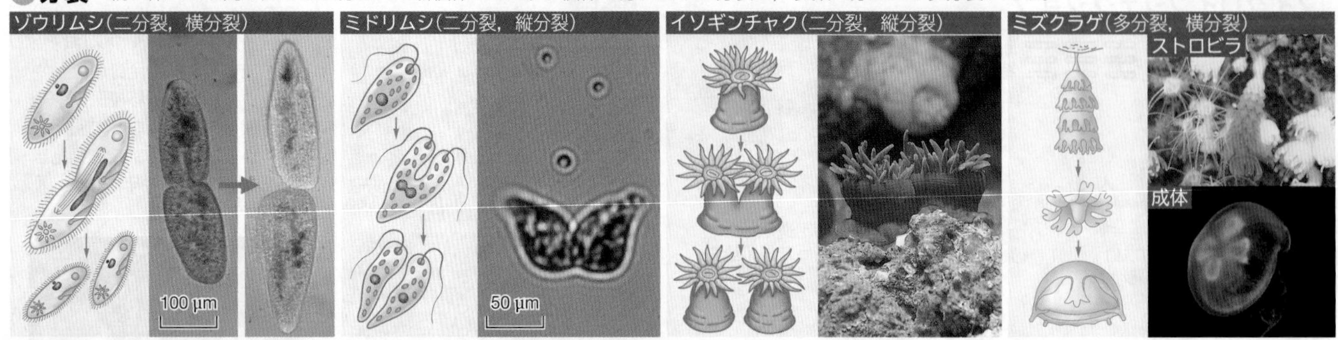


### 出芽

親の体から芽のようなふくらみが出てそれが新個体になる。

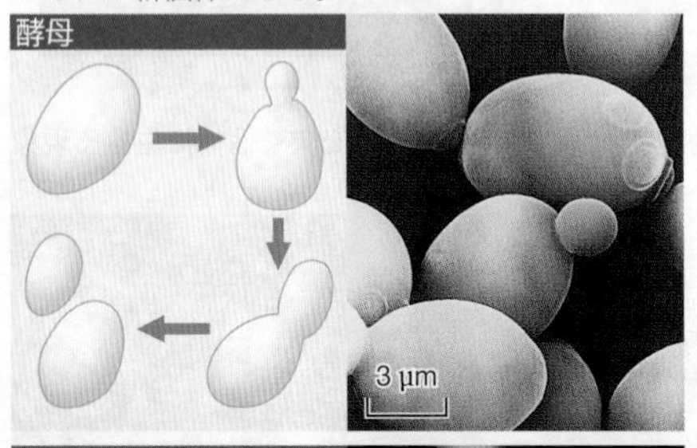


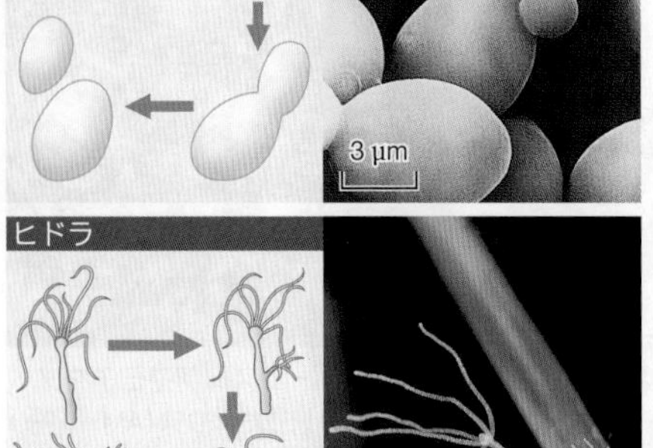


### 栄養生殖

根·茎·葉など植物の**栄養器官**の一部から新個体ができる。**無性芽·不定芽·走出枝·むかご·地下茎·塊茎·塊状根**などのほか，人為的栄養生殖として**さし木·とり木·つぎ木**などがある。

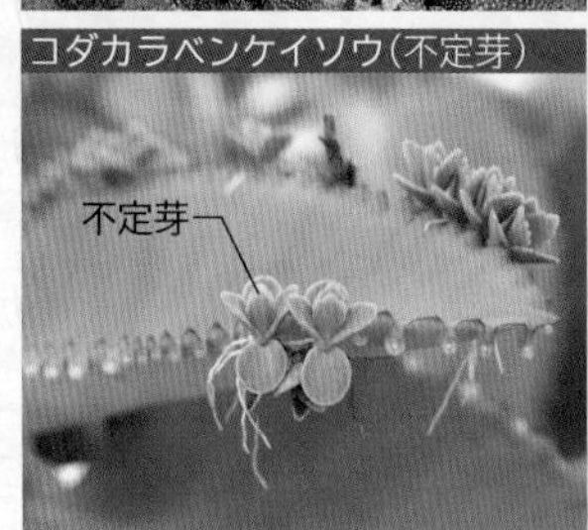

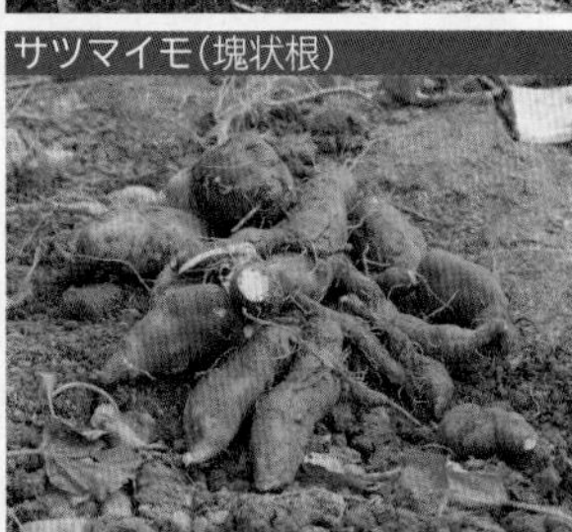


ADVANCE

### 胞子生殖

生殖のために分化した**胞子**と呼ばれる細胞が発芽して新個体になる。体細胞分裂でできる**栄養胞子**と，減数分裂(⇒ p.132)でできる**真正胞子**があり，栄養胞子による生殖が無性生殖である。

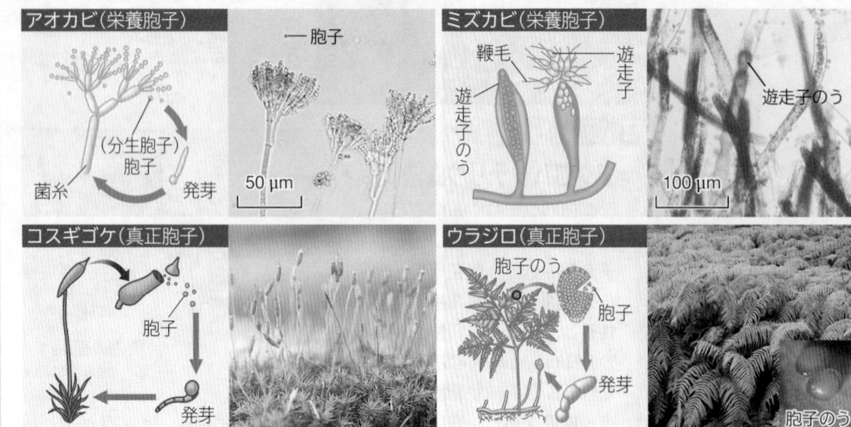


胞子の中には，鞭毛をもち水中で運動するものもある。このような胞子を**遊走子**という。

TOPICS

### ジャガイモの種子

ジャガイモは，塊茎をつくる栄養生殖による繁殖が一般的であり，花が咲いてもふつうは実(果実)を付けない。ところが，環境条件などによってはまれにトマトによく似た実を付ける。この実では種子は発達しないことが多いが，まれに中に種子をつくることもある。ちなみに，トマトとジャガイモはナス科ナス属である。

WORD 酵母⇔酵母菌　栄養生殖⇔栄養繁殖　走出枝⇔走茎⇔ほふく茎⇔ほふく枝⇔ふく枝⇔ストロン⇔ランナー　塊状根⇔塊根　分生胞子⇔分生子　遊走子⇔動胞子

## B 有性生殖

生殖のために分化した**配偶子**と呼ばれる細胞が合体(**接合**)して新個体(**接合子**)となる生殖法。配偶子は，胞子とともに，**生殖細胞**と呼ばれる。

生物

### 個体間の接合

配偶子をつくらない最も原始的な有性生殖。

アオミドロ　細胞そのものを配偶子と考えることもできる。

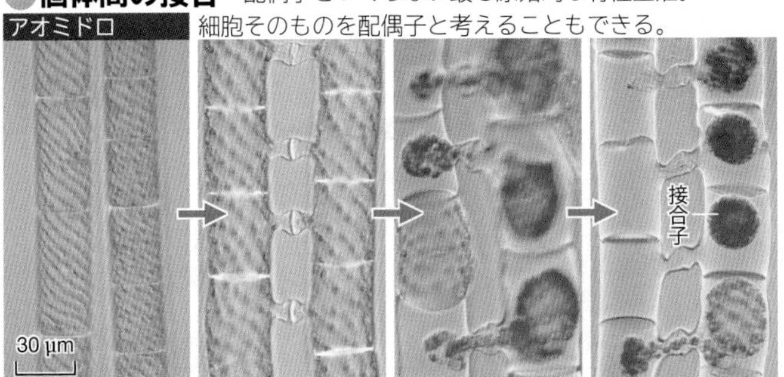


接合子が発芽して新個体となる。

ゾウリムシ　環境条件が悪化すると接合を行い，遺伝的に多様になる。

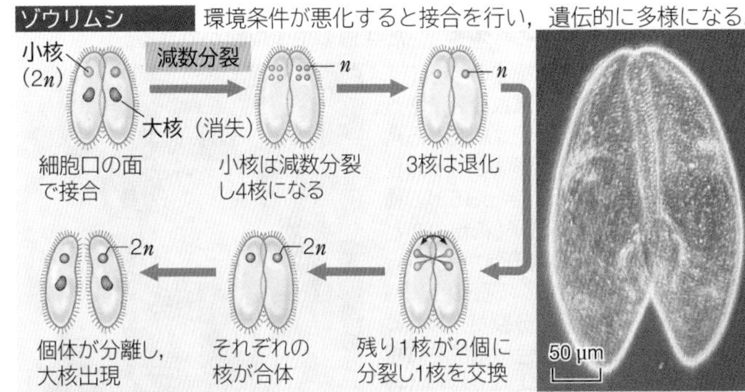


### 同形接合

大きさも形も同じ**同形配偶子**の接合。

クラミドモナス

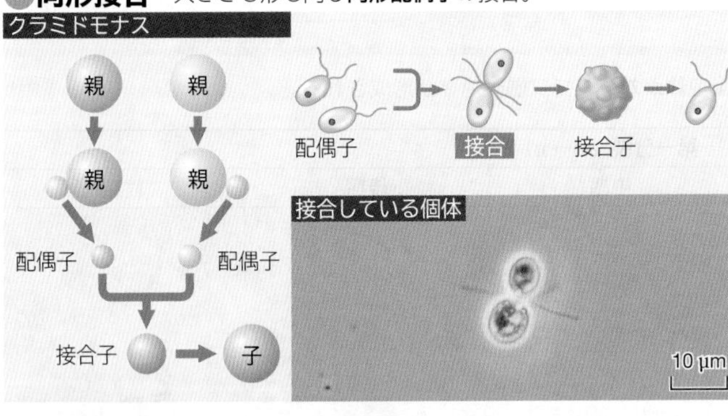


### 異形接合

大きさや形が異なる**異形配偶子**の接合。**雌性配偶子**が大型化する。

ミル

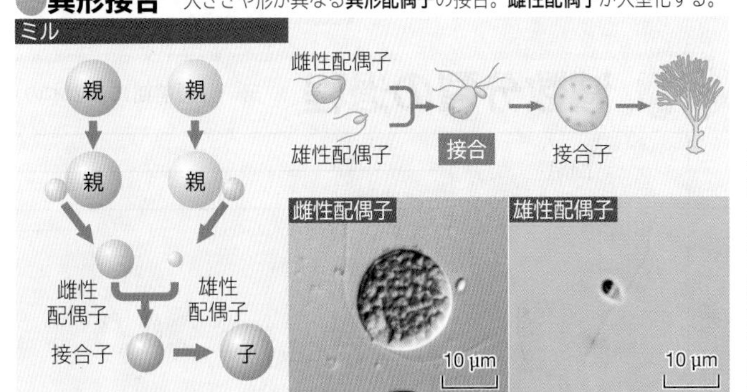


### 受精

配偶子の見かけ上の差が極端に大きく，特殊な形態や機能をもった場合，雌性配偶子を**卵**(卵細胞)，雄性配偶子を**精子**(精細胞)と呼び，両者の接合を**受精**，できた接合子を**受精卵**という。

シャジクモ

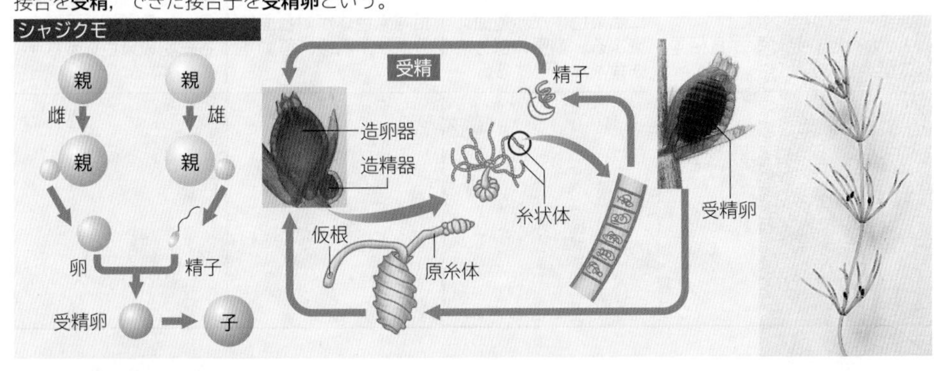


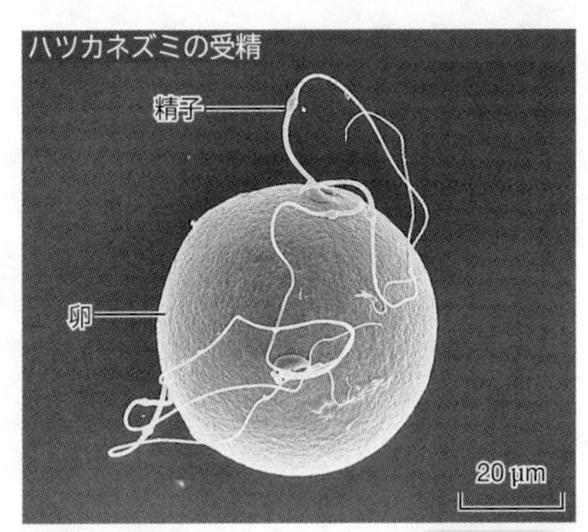


POINT

**無性生殖と有性生殖の比較**

生物の生殖法は無性生殖から有性生殖へと進化したと考えられている。その理由としては，現在「多様性の獲得」や「ウイルスに対する防衛策」などがあげられているが，まだはっきりとはわかっていない。どちらの生殖法にも一長一短がある。

| | 無性生殖 | 有性生殖 |
|---|---|---|
| 遺伝的特徴 | 親は１個体で，新個体は親と全く同じ特徴を受け継ぐクローンになる。 | 遺伝的に異なる両親から，それぞれ異なる遺伝情報を受け継ぐため，多様な新個体ができる。 |
| 細胞分裂の様式 | 体細胞分裂のみ。 | 個体の成長時は体細胞分裂を行い，配偶子形成時は減数分裂を行う。 |
| 環境への適応力 | 遺伝的に同じ性質のものばかりなので，環境の変化に対して弱い(突然変異により長い年月の間に若干の多様性は生じる)。 | 遺伝的に多様な個体が生じるので，環境への適応能力の高い個体は生き残ることができる。 |
| 生殖効率 | １個体でも生殖できるので効率がよい。 | ２個体の接合が必要なため効率が悪い。 |

無性生殖を行う生物の多くが，環境の変化に伴って有性生殖も行う。

**良好な環境**⇒無性生殖によって個体数を急激に増やす。

**劣悪な環境**⇒有性生殖によって遺伝的に多様な個体を生み出し，種の絶滅を回避する。



WORD 小核⇔生殖核　大核⇔栄養核　同形接合⇔同形配偶子接合　異形接合⇔異形配偶子接合　雌性配偶子⇔大配偶子　雄性配偶子⇔小配偶子　卵⇔卵子　ハツカネズミ⇔マウス

# 2 減数分裂(1)

Cell reduction division: meiosis 1

## A 減数分裂

減数分裂は，生殖細胞形成時に行われる。第一分裂と第二分裂からなり，分裂後，染色体数が半分になった4個の生殖細胞ができる。

生物

配偶子の染色体数を体細胞の半分にするために行われるのが**減数分裂**である。動物では，精原細胞や卵原細胞から精子や卵などの配偶子が形成される過程で減数分裂が行われる(⇒ p.152)。種子植物では，花粉四分子(花粉のもとになる細胞で，中に精細胞ができる)や卵細胞形成のもとになる胚のう細胞が形成される際に減数分裂が行われる(⇒ p.252)。細胞の染色体構成を**核相**というが，減数分裂によって核相は**複相**から**単相**になる。

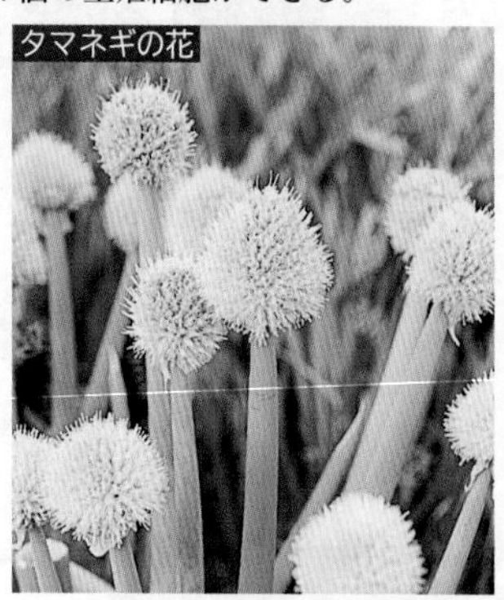


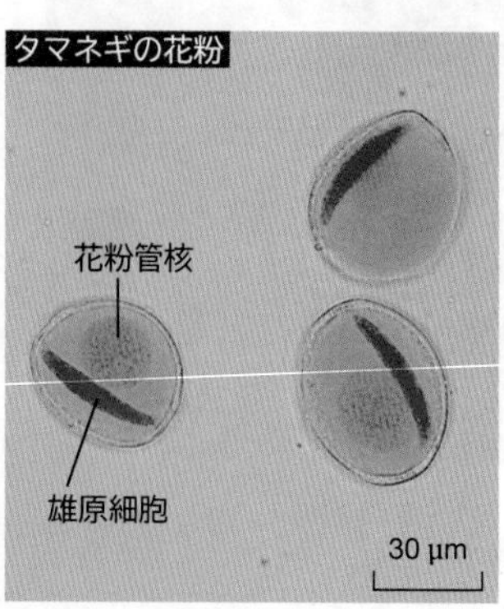


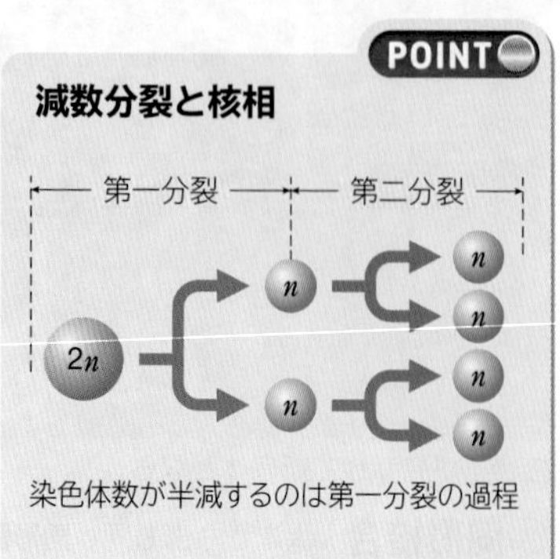


## B 減数分裂の過程

第一分裂前期に，2本の相同染色体が対合して二価染色体が形成される。

生物

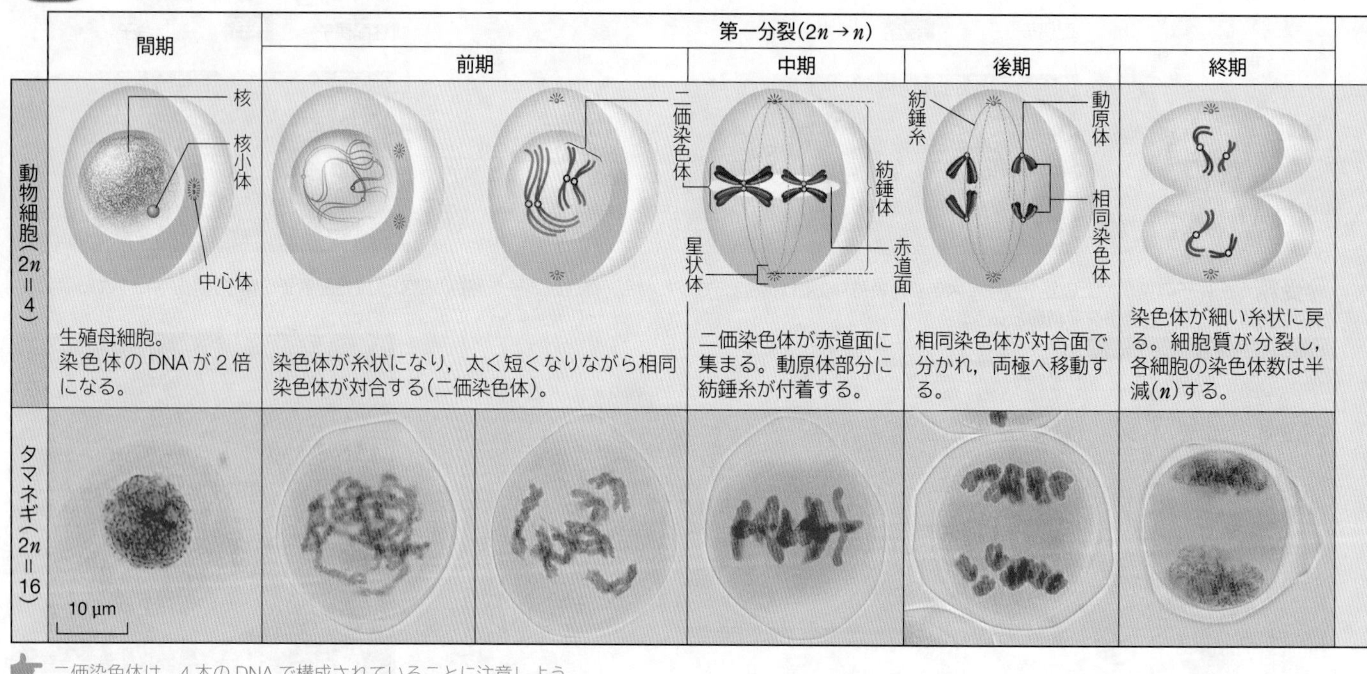


二価染色体は，4本のDNAで構成されていることに注意しよう。

## 実験 減数分裂の観察(動物)

減数分裂は体細胞と異なる。昆虫の精巣は減数分裂の観察に適している。

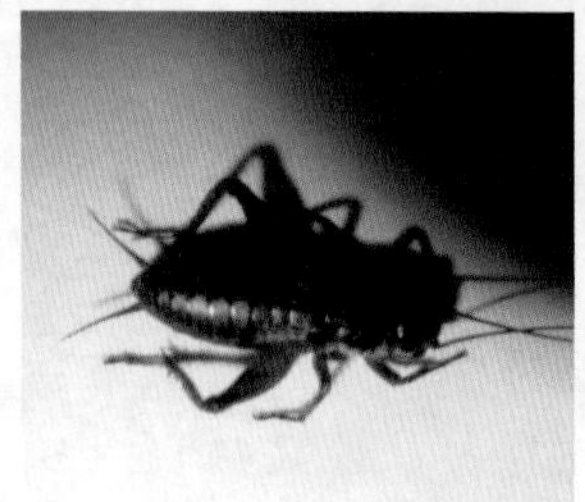

フタホシコオロギの雄。翅の状態がこの程度のときに，減数分裂が盛んに行われている。

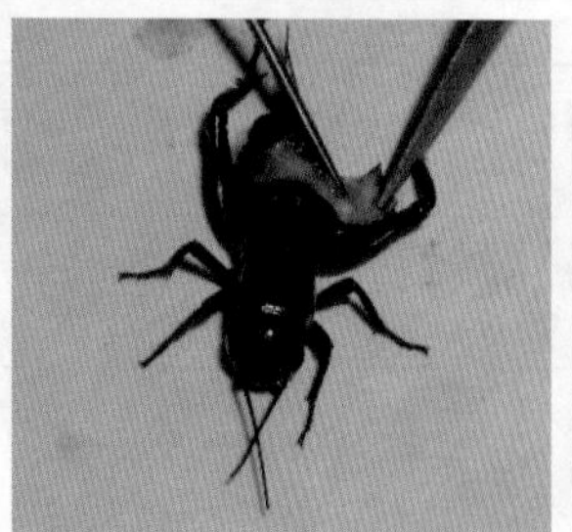

麻酔をかけ，背を開くと，精巣(白濁したかたまり)が見える。

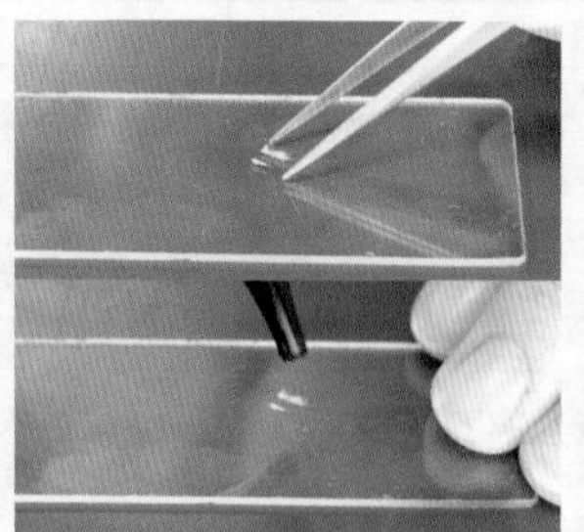

スライドガラスの上に精巣を取り出し，酢酸オルセインを滴下して，5分間置く。

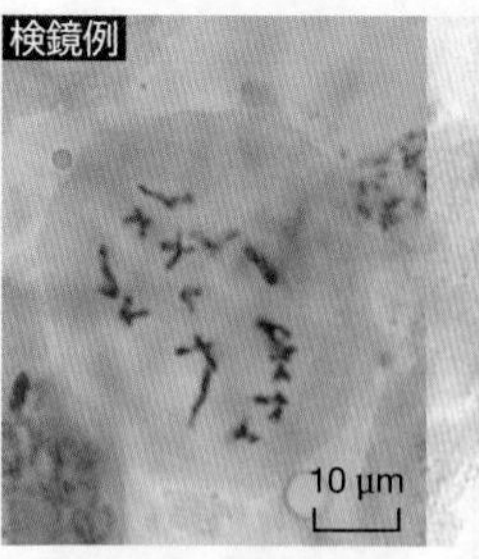


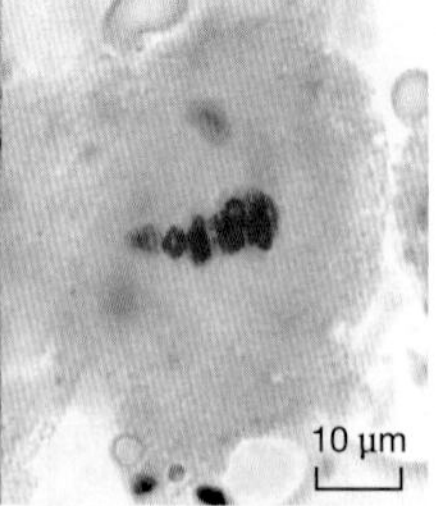


体細胞分裂の観察と同様に押しつぶして観察する。
左：第一分裂前期　　右：第一分裂中期



WORD 複相⇔二倍体　単相⇔一倍体　DNA⇔デオキシリボ核酸

## C 染色体の対合と分配

減数分裂では，第一分裂で相同染色体が対合して二価染色体を形成する。体細胞分裂では，二価染色体が形成されることはない。

生物

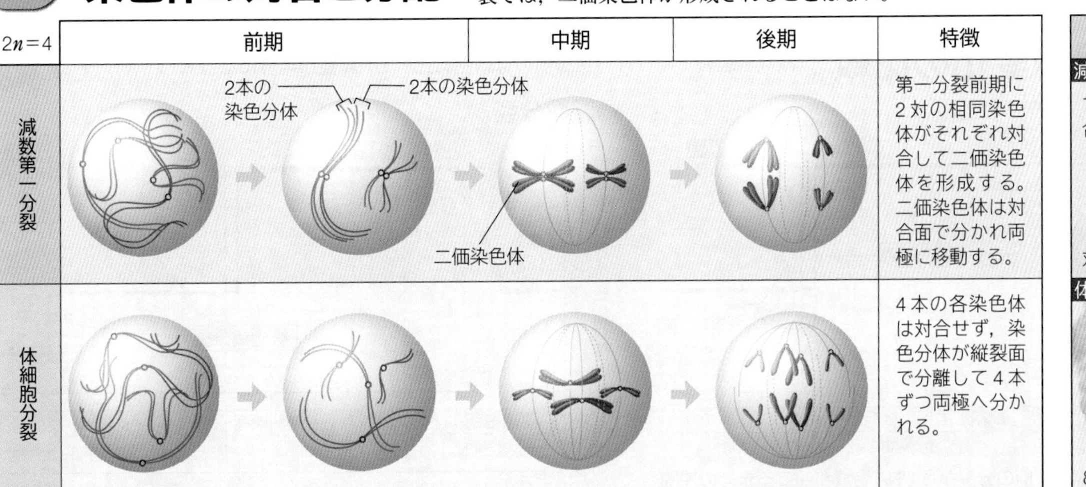

| $2n=4$ | 前期 | 中期 | 後期 | 特徴 |
|---|---|---|---|---|
| 減数第一分裂 | 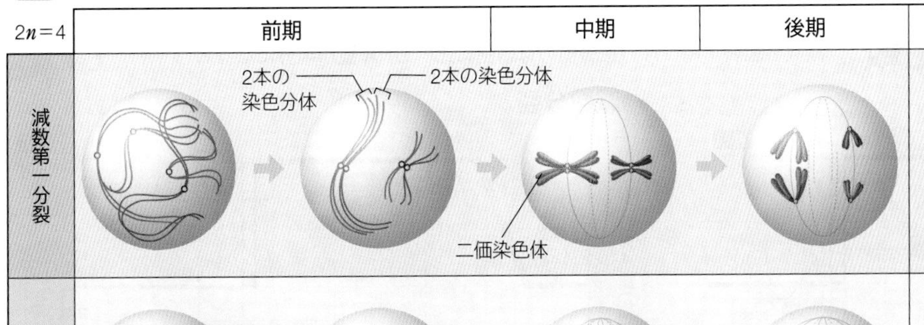  | | | 第一分裂前期に2対の相同染色体がそれぞれ対合して二価染色体を形成する。二価染色体は対合面で分かれ両極に移動する。 |
| 体細胞分裂 | | | | 4本の各染色体は対合せず，染色分体が縦裂面で分離して4本ずつ両極へ分かれる。 |

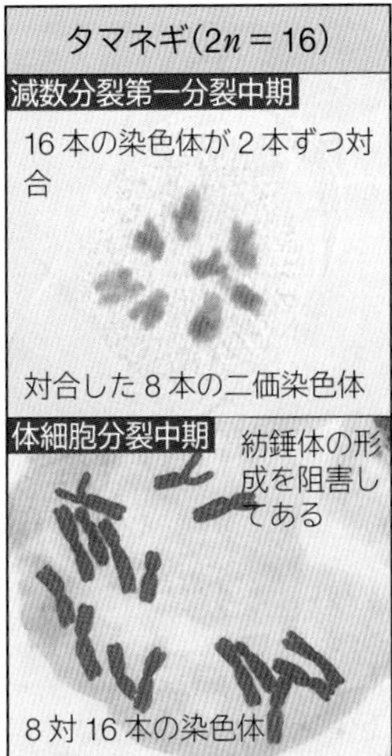


第二分裂は，染色体のそれぞれが縦裂面で均等に分かれる点では体細胞分裂の過程に似ている。

| | 第二分裂($n \rightarrow n$) | | | | 生殖細胞の形成 |
|---|---|---|---|---|---|
| | 前期 | 中期 | 後期 | 終期 | |
| 第一分裂と第二分裂の間に中間期と呼ばれる時期が認められる場合がある。ただし，中間期があってもDNA合成は起こらない。また，多くの裸子植物では第一分裂終了時に細胞質分裂が起きず，第二分裂終了時に細胞質が4つに分かれる。 | 染色体が再び太い糸状に変化する。 | 染色体が赤道面に集まる。（赤道面） | 染色体が縦裂面で2本の染色分体に分かれて両極に移動する。 | 両極の染色分体は染色体として細い糸状に戻る。細胞質が分裂する。 | 染色体数 $n$ の娘細胞が4つでき，生殖細胞を形成する。（娘核，娘細胞）<br>・動物では減数分裂でできた4つの細胞が鞭毛の形成やミトコンドリアの偏在化を経て精子となる(⇒p.152)。<br>・種子植物の花粉四分子の場合，それぞれの核がさらに分裂して雄原細胞の核と花粉管核になる(⇒ p.252)。 |

## 実験 減数分裂の観察(植物)

植物ではつぼみの中にある葯(やく)の中で減数分裂が行われており，観察に適している。

ブライダルベールは一年中花を咲かせる上に，染色体数が $2n=16$ で観察しやすい。

観察に適したつぼみの大きさは0.8～1.1mm程度。

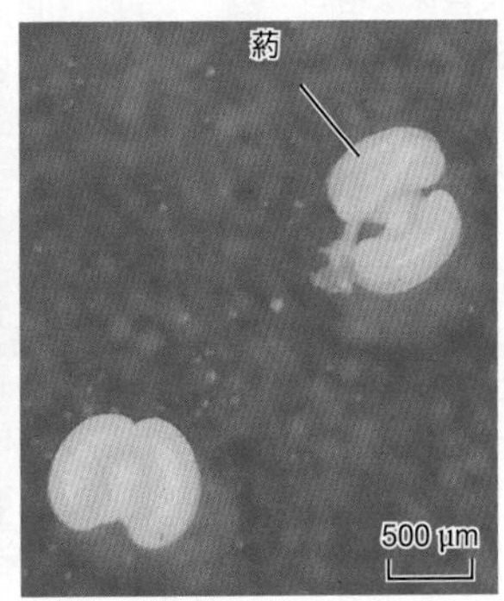


つぼみをスライドガラス上に置き，柄付き針で葯を取り出してくずす。酢酸オルセインを滴下して5分間置く。

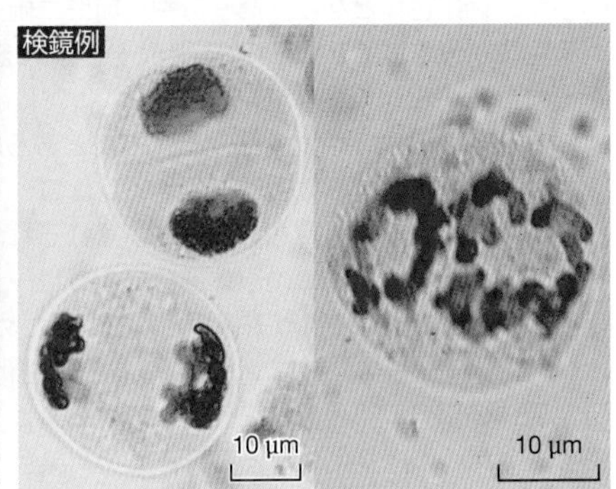


左上：第一分裂終期
左下：第一分裂後期の終わり
右：第一分裂後期のはじめ

# 減数分裂(2)

Cell reduction division: meiosis 2

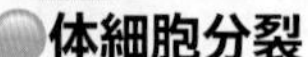

## A DNA 量の変化の比較

減数分裂終了時には，複製前の母細胞に比べ DNA 量が半分になる。

生物基礎　生物

### 体細胞分裂

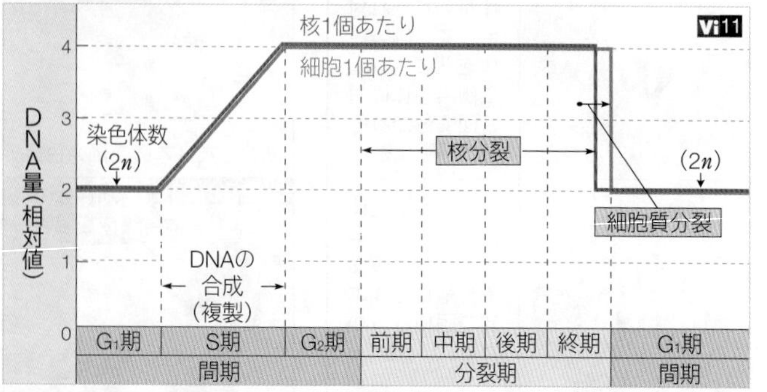


### 減数分裂

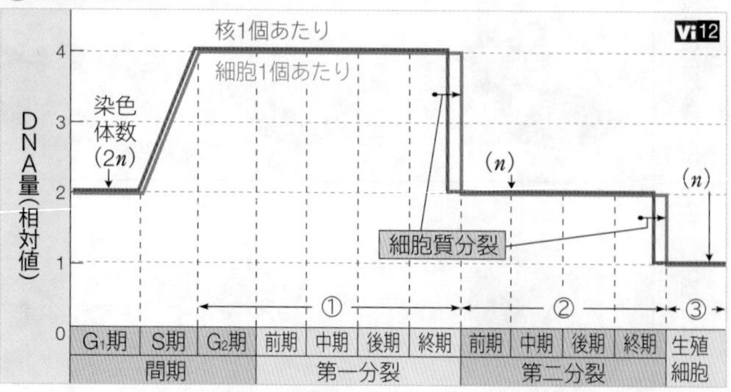


$G_1$(Gap1)期：DNA 合成準備期。前の分裂から DNA 合成が起こるまでの期間。
S(Synthesis)期：DNA 合成期。DNA を複製する期間。
$G_2$(Gap2)期：分裂準備期。S 期から分裂が始まるまでの間。
(注)DNA 量の変化と染色体数の変化は必ずしも一致しない。

グラフ下の丸数字は次の TOPICS の番号(丸数字)と対応している



## TOPICS

### 減数分裂による多様性と体細胞分裂による安定性

ヒトの染色体数は $2n=46$($n=23$)なので，減数分裂によってできる配偶子の染色体の組合せは $2^{23}=8,388,608$ 通り。生じる子の染色体の組合せは $8,388,608^2=70,368,744,177,664$(約 70 兆)通りとなる。さらに組換え(⇒ p.140)が生じる可能性があるので，多様性は無限に大きくなる。一方，体細胞分裂ではもとの細胞と娘細胞の染色体の組合せは常に同じである。

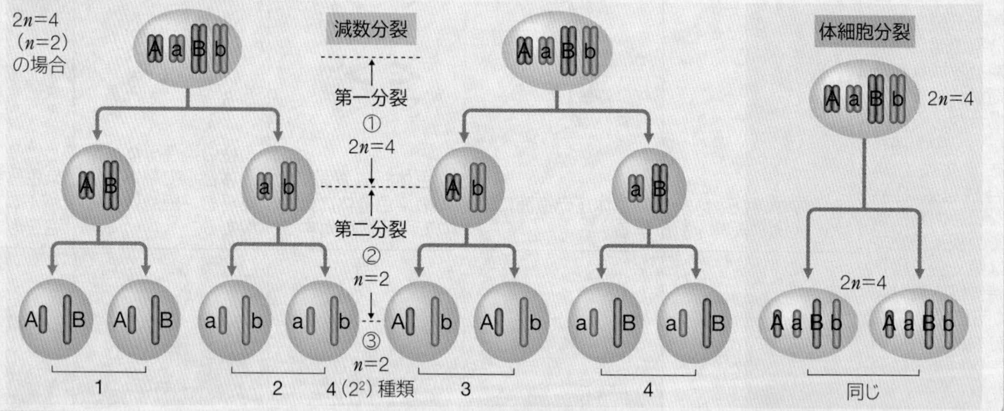


## ADVANCE

### 減数分裂での染色体分離

減数分裂では，第一分裂の前期において相同染色体が対合して二価染色体となり，第一分裂後期に二価染色体は相同染色体が分離してそれぞれ娘細胞に分配される。このとき，それぞれの相同染色体で，染色分体(複製によって生じた 2 本の染色体)は動原体の部分でつなぎとめられている。これは，体細胞分裂では後期に消えるシュゴシンが，減数分裂の第一分裂では維持されており，それぞれの相同染色体を構成する染色分体の動原体部分でのコヒーシンによる接着が，シュゴシンによって保護されているためである。
一方，第二分裂の際にはシュゴシンは不活性化されるので，動原体の部分で染色分体を接着していたコヒーシンがセパラーゼによって切断される。そのため，染色分体が分離して娘細胞に分配される。

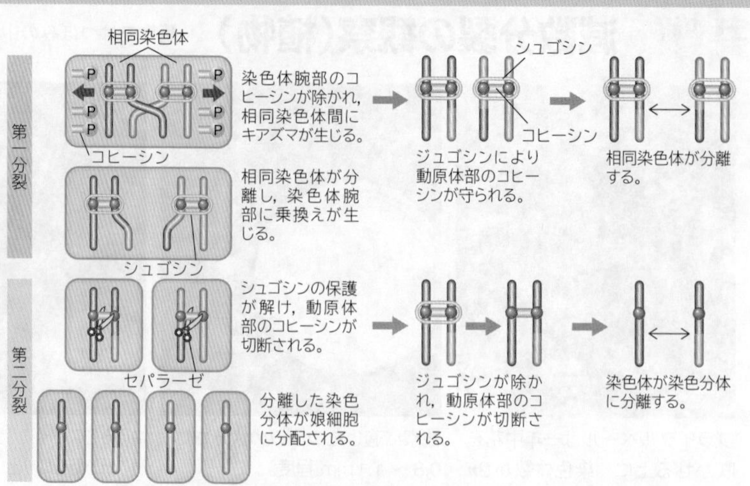

# 4 遺伝 形質に着目した遺伝現象
Heredity

## A メンデルの遺伝実験

メンデルは，エンドウの対立形質を7対選び，1対ごとに着目して交雑実験を行った。 生物 中学

### メンデルの実験結果

メンデルは，1対の対立形質ごとに雑種第一代($F_1$)，雑種第二代($F_2$)をつくった。各対立形質において，$F_1$では一方の親の形質のみが現れ，$F_2$の形質はおよそ3：1に分離した。

### $F_1$の形質が現れる時期

7対の対立形質のうち，種子の形と子葉の色は，交雑によって生じた種子に形質が現れる。その他の対立形質は，その種子から育てた植物体に形質が現れる。

| 遺伝形質の種類 | | 種子の形 | 子葉の色 | 種皮の色 | さやの形 | さやの色 | 花の付き方 | 草丈 |
|---|---|---|---|---|---|---|---|---|
| 親(P)の対立形質 | 顕性形質 | 丸 | 黄色 | 有色 | ふくれ | 緑色 | えき生(葉の付けね) | 高い (2m) |
| | 潜性形質 | しわ | 緑色 | 白色 | くびれ | 黄色 | 頂生(茎の先端) | 低い (30cm) |
| $F_1$の形質 | | 丸 | 黄色 | 有色 | ふくれ | 緑色 | えき生 | 高い |
| $F_2$の形質と分離比 | | 丸 しわ<br>5474 1850<br>2.96：1 | 黄色 緑色<br>6022 2001<br>3.01：1 | 有色 白色<br>705 224<br>3.15：1 | ふくれ くびれ<br>882 299<br>2.95：1 | 緑色 黄色<br>428 152<br>2.82：1 | えき生 頂生<br>651 207<br>3.14：1 | 高い 低い<br>787 277<br>2.84：1 |

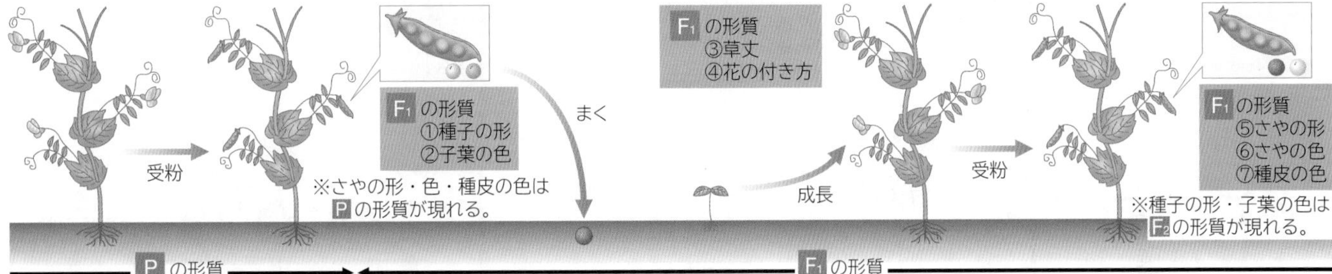


## B メンデルが選んだエンドウ

メンデルは，複数の理由からエンドウが遺伝研究の実験材料に適していると考えた。 生物 中学

### 研究材料としてのエンドウの特性

①生育期間が比較的短く，栽培しやすい。
②種子が市販されているため，様々な品種が入手しやすい。
③竜骨弁2枚が閉じているので，自然状態で自家受精を行う。
④人工受粉による交雑が容易で，雑種がつくりやすい。
⑤対立形質が見分けやすい。

### 遺伝学の父メンデル

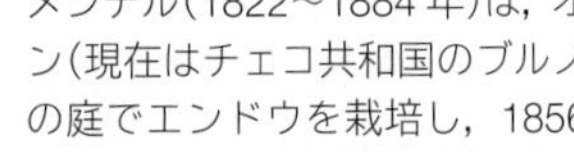

メンデル(1822～1884年)は，オーストリアの農村に生まれ，ブリュン(現在はチェコ共和国のブルノ)の修道院の司祭になった。修道院の庭でエンドウを栽培し，1856年から8年間にわたり遺伝の研究を行い，1865年に『植物雑種の研究』を発表した。彼の研究によって遺伝のしくみが明らかにされた。

交雑の方法

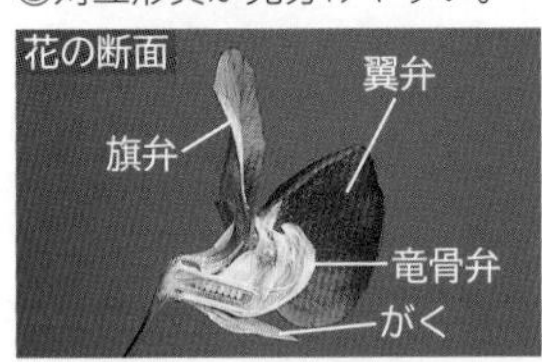

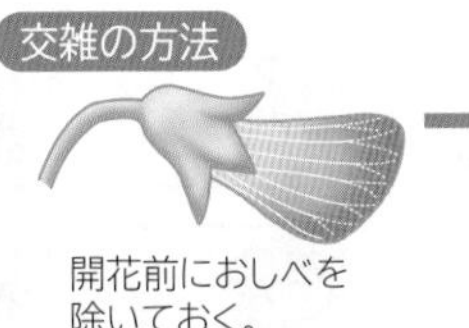

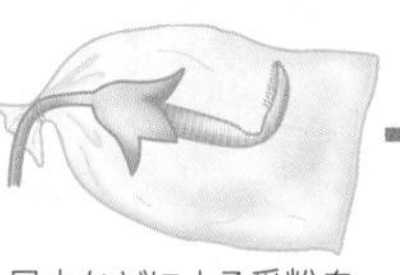

開花前におしべを除いておく。 → 別の形質をもつ個体の花粉を付ける。 → 交雑 → 昆虫などによる受粉を防ぐため袋をかぶせる。 → 胚珠(種子になる) 子房壁(さやになる)

POINT

### 遺伝用語の解説

遺伝……親の形質が子に伝えられる現象。
形質……色・形・大きさなど個体のもつ特徴。遺伝する形質を特に遺伝形質と呼ぶ。
対立形質……1個体に同時には現れない対になった形質(種子の「丸」と「しわ」など)。
遺伝子……個体の形質を決める因子で，代々子孫に受け継がれる。その実体は染色体中のDNAである。
対立遺伝子……対立形質に対応する遺伝子。
表現型……個体に現れる形質。
遺伝子型……個体のもつ遺伝子の組合せ。
ホモ接合体……同じ遺伝子を対にもつ個体。
ヘテロ接合体…異なる遺伝子を対にもつ個体。
交配……2個体間の受精または受粉。
交雑……遺伝子型の異なる2個体間の交配。
任意交配……すべての組合せの交配。無作為交配。
自家受精……同一個体の配偶子間の受精。
他家受精……異なる個体間の受精。
純系……注目する1つまたは複数の遺伝子についてホモ接合体の個体の集まり。
雑種……交雑によって生じた個体。
雑種第一代……対立形質の純系どうしの交雑によって生じた雑種。$F_1$ともいう。
雑種第二代……雑種第一代の自家受精によって生じた個体。$F_2$ともいう。
一遺伝子雑種…1対の対立形質に着目して，純系どうしの交雑を行ったときに生じる雑種。
二遺伝子雑種…2対の対立形質に着目して，純系どうしの交雑を行ったときに生じる雑種。
顕性形質……純系どうしの交雑で$F_1$に現れる形質。
潜性形質……純系どうしの交雑で$F_1$に現れない形質。
顕性遺伝子……顕性形質を発現させる遺伝子。
潜性遺伝子……潜性形質を発現させる遺伝子。

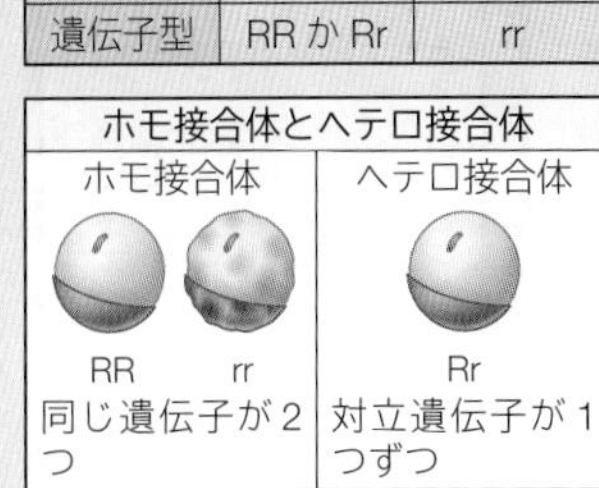

表現型と遺伝子型

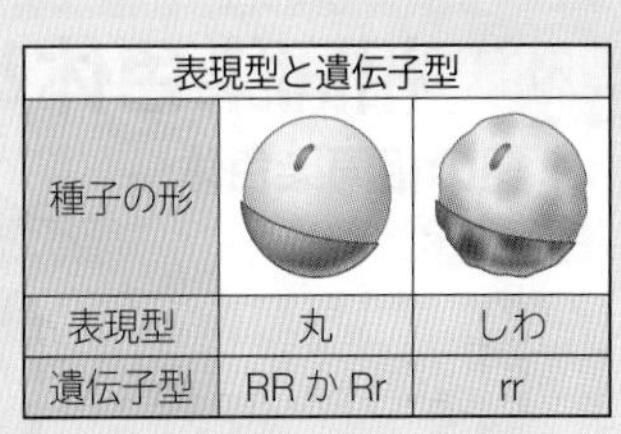

| 種子の形 | | |
|---|---|---|
| 表現型 | 丸 | しわ |
| 遺伝子型 | RRかRr | rr |

ホモ接合体とヘテロ接合体

| ホモ接合体 | ヘテロ接合体 |
|---|---|
| RR rr | Rr |
| 同じ遺伝子が2つ | 対立遺伝子が1つずつ |

# 5 遺伝子の伝わり方と形質

Inheritance of gene and character

## A 1対の対立遺伝子による遺伝

メンデルは，エンドウの１対の対立形質に着目した一遺伝子雑種の研究から遺伝子の概念を導入して，分離の法則や顕性の法則を導き出した。 生物 中学

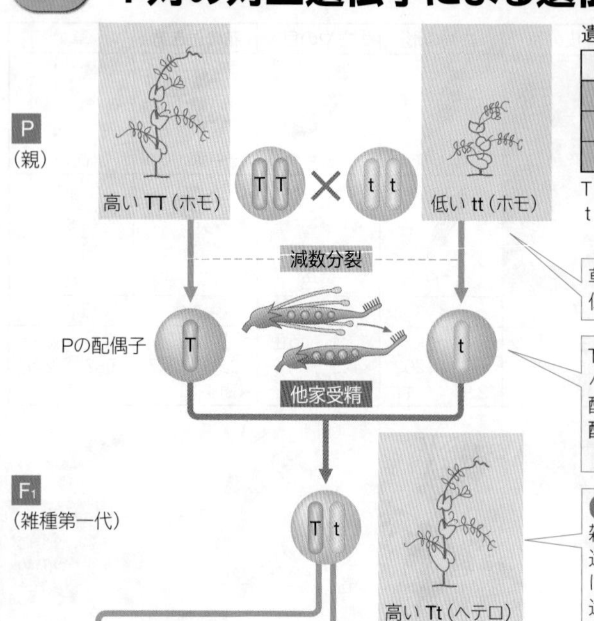

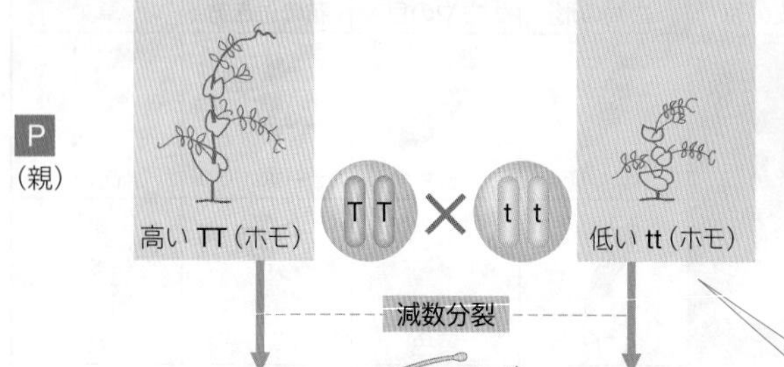


遺伝子型と表現型の関係

| 遺伝子型 | 表現型 |
|---|---|
| TT（ホモ） | 高い |
| Tt（ヘテロ） | 高い |
| tt（ホモ） | 低い |

T：高い丈の遺伝子
t：低い丈の遺伝子

草丈の高い親は遺伝子TTを，低い親は遺伝子ttをもっている。

TTからつくられた配偶子はすべてTとなり，ttからつくられた配偶子はすべてtとなる。1つの配偶子に遺伝子は1つ入る。

**顕性の法則**
雑種第一代（$F_1$）では，2つの遺伝子があわさり，遺伝子型はTtになる。この場合，顕性遺伝子Tの働きが全面的に現れてすべて高い個体になる。

**分離の法則**
2種類の遺伝子Tとtは，配偶子が形成されるとき，1つずつ分離して入る。

TTとTtは高い個体，ttは低い個体になる。顕性形質と潜性形質の**表現型の割合は3：1**。**遺伝子型の割合は1：2：1**。

（注） このとき，$F_1$からつくられる配偶子の遺伝子の確率はTが1／2，tが1／2である。これらの配偶子が任意に受精した結果が$F_2$なので，TT，Tt，ttの生じる確率は，配偶子の割合の積，つまりTTが1／4，Ttが2／4，ttが1／4となる。左図はこのような確率の概念を簡略化して表してある。

### ADVANCE 自家受精と任意交配

エンドウは，竜骨弁２枚が閉じているため，自然状態で自家受精を行う。一方，他の多くの植物では，柱頭が露出しているため，昆虫や風による他家受精で任意交配が起こりやすい。

**・自家受精を繰り返した場合**（図１）
自家受精を繰り返すとAA，aa（ホモ）の割合が増加し，Aa（ヘテロ）の割合が減少する。
ただし，対立遺伝子の割合（Aとaの割合）は何世代経っても１：１のまま変化しない（⇒ p.300）。

**・任意交配を繰り返した場合**（図２）
任意交配を何度繰り返してもAA，aa（ホモ）とAa（ヘテロ）の割合は変化しない。

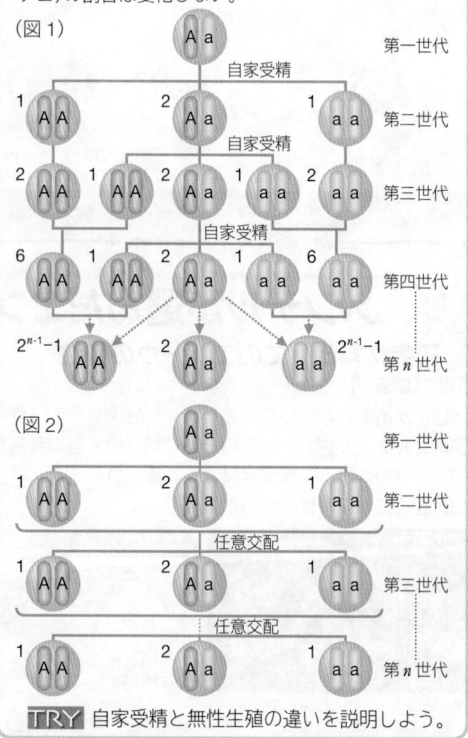


**TRY** 自家受精と無性生殖の違いを説明しよう。

## B 相同染色体と対立遺伝子

相同染色体上の同じ位置には，特定の形質に関する遺伝子が存在する。特定の形質に関する対をなす遺伝子が**対立遺伝子**である。 生物

### 1組の相同染色体

| 父親由来 | | 母親由来 |
|---|---|---|
| A | ←同じ遺伝子座→ | a |
| B | ←同じ遺伝子座→ | B |
| c | ←同じ遺伝子座→ | C |
| d | ←同じ遺伝子座→ | d |

遺伝子座

1組の相同染色体上に4つの遺伝子が並んでいる。Aとa，Cとcはそれぞれ対立遺伝子で，大文字で示された方が顕性。B，dはそれぞれ全く同じ遺伝子。

1902年**サットン**は遺伝子の動きと，減数分裂時の染色体の動きの比較から「遺伝子は染色体上に存在する」とする**染色体説**を発表した。
遺伝子は染色体上の決まった位置に存在する。その遺伝子のある場所を**遺伝子座**という。1対の相同染色体は片方が父親由来の染色体，もう一方が母親由来の染色体で構成されており，相同染色体の同じ位置には特定の形質に関する遺伝子が配置している。例えば髪の毛の色を見ると黒毛や赤毛といったようにヒトでも個人による違いが見られ，「髪の毛の色」という１つの形質を決める遺伝子にも少しずつ異なる個性が生じている。この個性は長い年月の間に遺伝子に突然変異が起こって生じたものと考えられる（⇒ p.300）。この個性をもった同種の働きをする遺伝子が**対立遺伝子**である。
対立遺伝子は多くの場合２つ１組になっており，働きの強いもの（**顕性**）と弱いもの（**潜性**）の組合せになっている場合が多い。例えば，まぶたの形を決める遺伝子の場合，二重（ふたえ）にする遺伝子と一重（ひとえ）にする遺伝子が互いに対立遺伝子であり，二重にする遺伝子の方が顕性と考えられている（⇒ p.146）。

WORD 対立遺伝子⇔アレル

# C 2対の対立遺伝子による遺伝

メンデルによるエンドウの2対の対立形質に着目した二遺伝子雑種の研究から，独立の法則が導かれた。

生物

### 二遺伝子雑種の交雑実験

種子の形が「丸」で子葉の色が「黄」の純系と，「しわ」で「緑」の純系を交雑すると，$F_1$はすべて「丸」で「黄」になり，$F_2$は(丸・黄)：(丸・緑)：(しわ・黄)：(しわ・緑)が9：3：3：1になる。

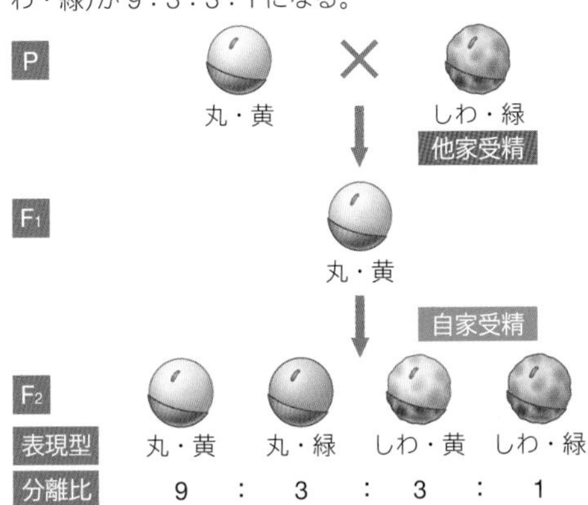


### 二遺伝子雑種の遺伝のしくみ

左の交雑実験の結果は，種子の形の遺伝子と子葉の色の遺伝子が自由に組み合わさって配偶子に入ると考えることにより説明できる。

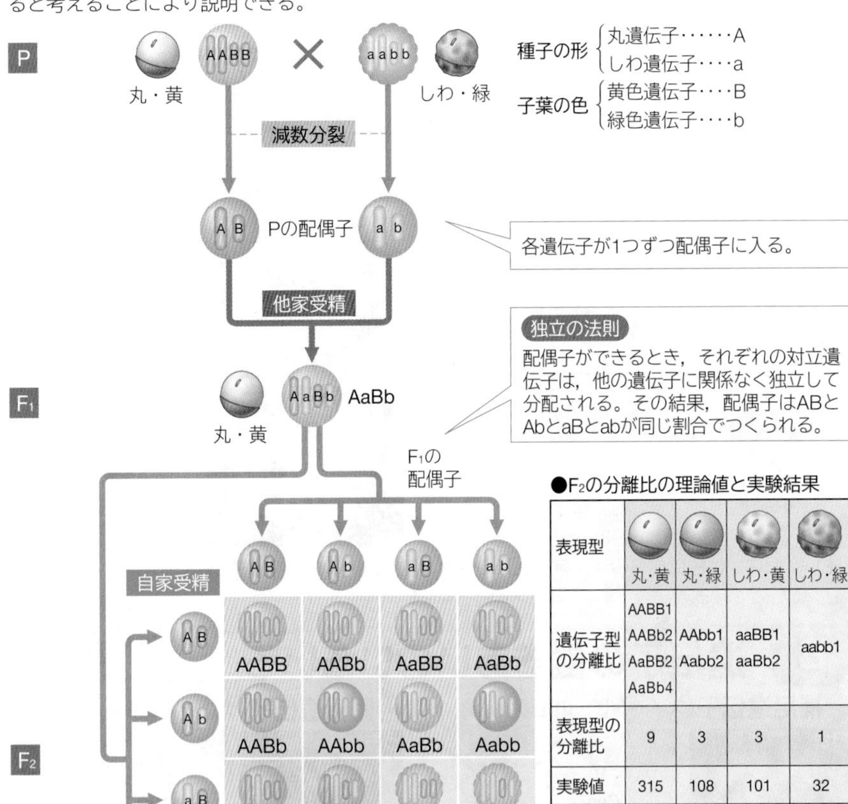


●$F_2$の分離比の理論値と実験結果

| 表現型 | 丸・黄 | 丸・緑 | しわ・黄 | しわ・緑 |
|---|---|---|---|---|
| 遺伝子型の分離比 | AABB1<br>AABb2<br>AaBB2<br>AaBb4 | AAbb1<br>Aabb2 | aaBB1<br>aaBb2 | aabb1 |
| 表現型の分離比 | 9 | 3 | 3 | 1 |
| 実験値 | 315 | 108 | 101 | 32 |
| 比率 | 9.00 | 3.09 | 2.89 | 0.91 |

実験に用いる個体数を増やしていくと，実験値がどのようになるかに注意しよう。

**POINT**

**メンデルの法則**

メンデルが見いだした遺伝の原理は，メンデルの法則として次の3つにまとめられた。

【顕性の法則】対立形質をもつ純系の両親の交配において，雑種第一代で対立形質のうちいずれか一方(顕性形質)だけが表れること。

【分離の法則】配偶子が形成されるとき，対立遺伝子が互いに分かれて別々の配偶子に入ること。メンデルの法則の中で最も基本的な法則とされる。

【独立の法則】2対以上の対立遺伝子が配偶子に入っていくとき，互いに独立に組み合わさること。

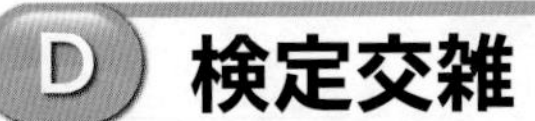

# D 検定交雑

遺伝子型が不明な個体と潜性ホモ接合体との交雑を検定交雑という。検定交雑により，検定個体の遺伝子型や配偶子の種類を知ることができる。

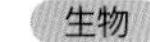


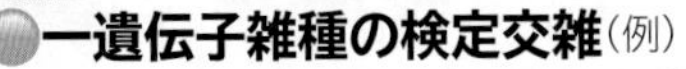

### 一遺伝子雑種の検定交雑(例)

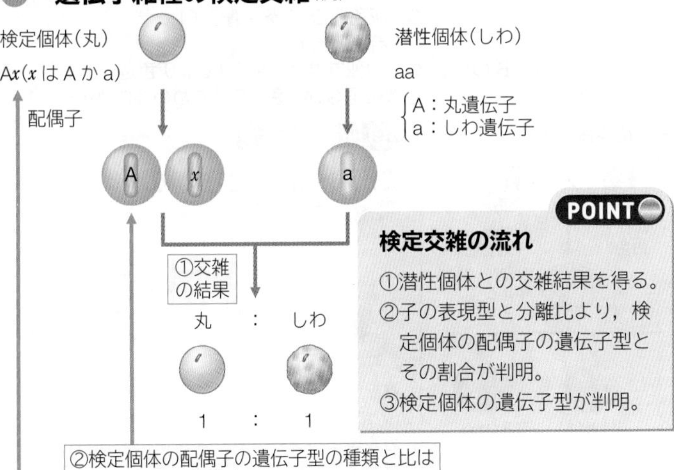


**POINT**

**検定交雑の流れ**

①潜性個体との交雑結果を得る。
②子の表現型と分離比より，検定個体の配偶子の遺伝子型とその割合が判明。
③検定個体の遺伝子型が判明。

### 二遺伝子雑種の検定交雑(例)

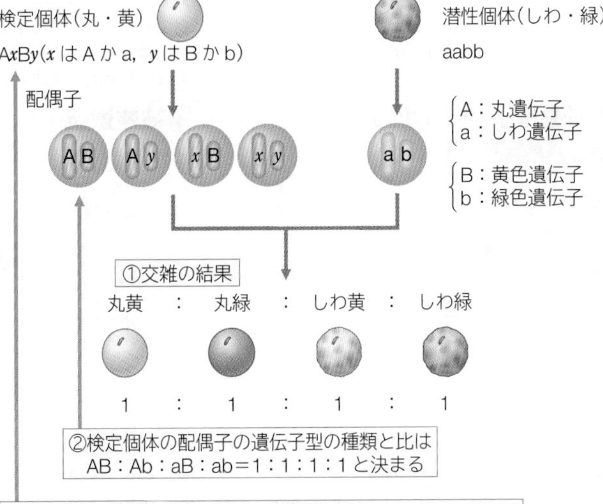

# 6 遺伝子間の関係と形質
Relation of gene and character

## A 不完全顕性

対立遺伝子の顕性・潜性の関係が明確でない場合を不完全顕性といい，両親の中間の形質を現すヘテロ接合体を中間雑種と呼ぶ。

生物

### マルバアサガオの花の色

R：赤色遺伝子　r：白色遺伝子

遺伝子R(赤色)と遺伝子r(白色)との顕性・潜性の関係が不完全で，Rrは**中間雑種**となり桃色になる。

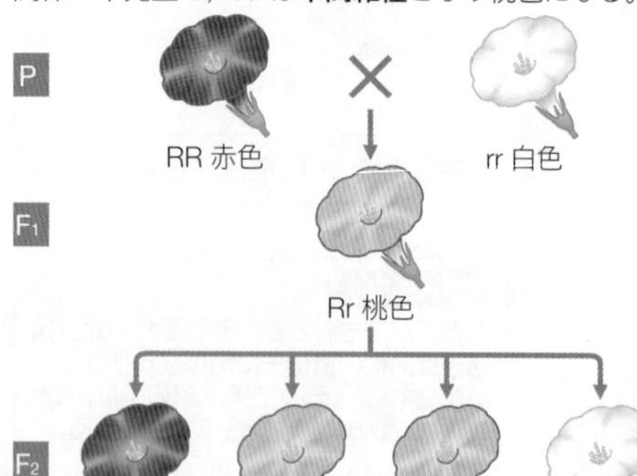


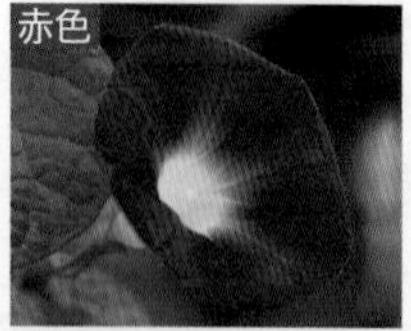

(注) Rr個体が桃色になるのは，赤い色素の量がRR個体の半分になっているためである。

### TOPICS 顕性の法則の実体は？

顕性の法則があてはまる遺伝の場合も，よく観察すると不完全顕性と同様な現象が起きていることがある。例えば，エンドウの種子の形の交雑「丸×しわ」において，$F_1$は丸の親と同じ表現型になるが，種子に含まれるデンプン量を調べてみると，$F_1$は丸の親と同じではなく両親の中間になっている。最近の研究で，丸形遺伝子はデンプンの生産に関わっていて，種子でデンプンが多くつくられると丸形になり，少ないとしわ形になることがわかった。そして，$F_1$の種子が丸くなるのは，デンプン量が両親の中間であっても，種子を丸くするのに十分な程度につくられた結果であった。メンデルの実験で用いられたエンドウの7対の対立形質で顕性の法則が成り立ったのは，上記の例のように遺伝子による産物が半分になっても，表現型としては全量の場合と同じように現れた結果と考えることができる。

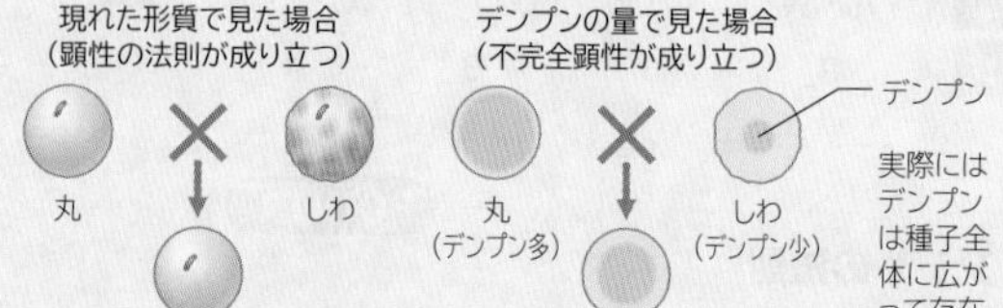


## B 遺伝子の働きあいのいろいろ

2対の対立遺伝子の相互の働きあいによって説明できる遺伝現象がある。

生物

### 補足遺伝子(スイートピーの花の色)

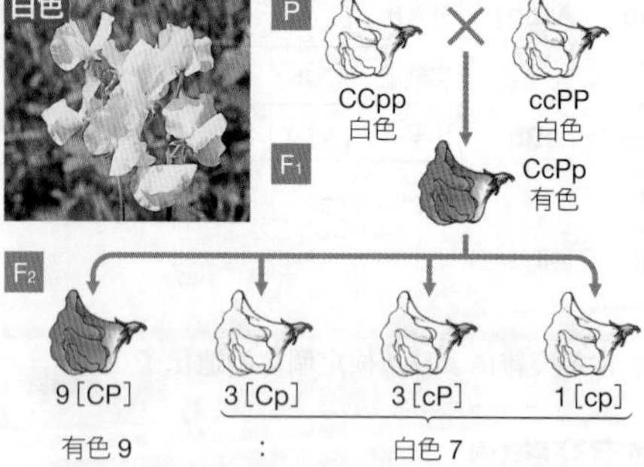


C：色素原遺伝子
P：発色遺伝子(色素原を色素に変える)
顕性遺伝子CとPが共存する場合に限り，花は有色となる。

### 同義遺伝子(ナズナの果実の形)

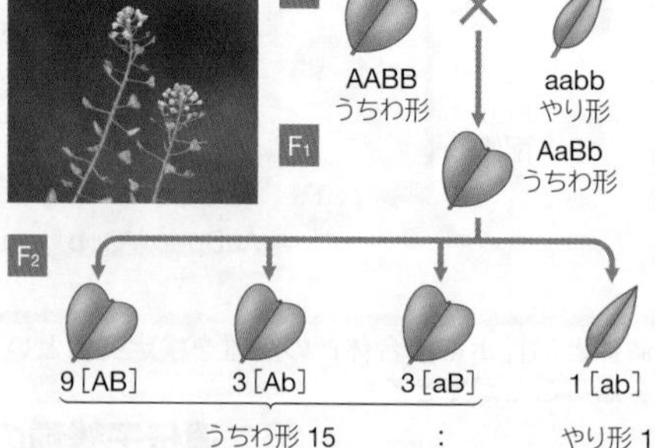


A，B：うちわ形遺伝子
a，b：やり形遺伝子
顕性遺伝子A，Bは同じ働きである。A，Bのいずれかが存在すればうちわ形になる。

### 条件遺伝子(カイウサギの体毛の色)

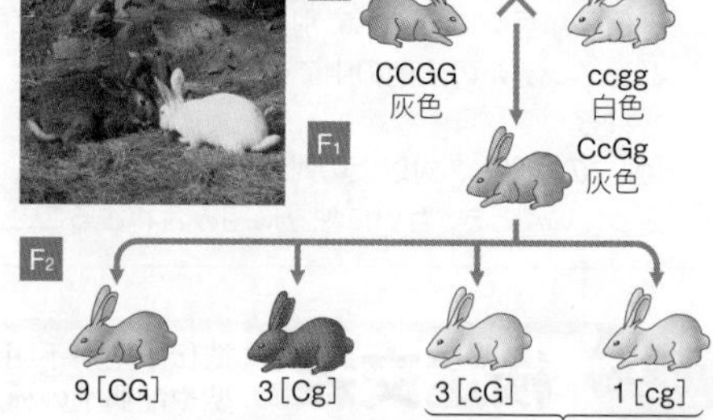


G：灰色遺伝子(条件遺伝子)
C：着色遺伝子
Cは単独で黒色を発色する。灰色遺伝子Gは，着色遺伝子Cが灰色を表すための条件遺伝子である。

### 抑制遺伝子(カイコガのまゆの色)

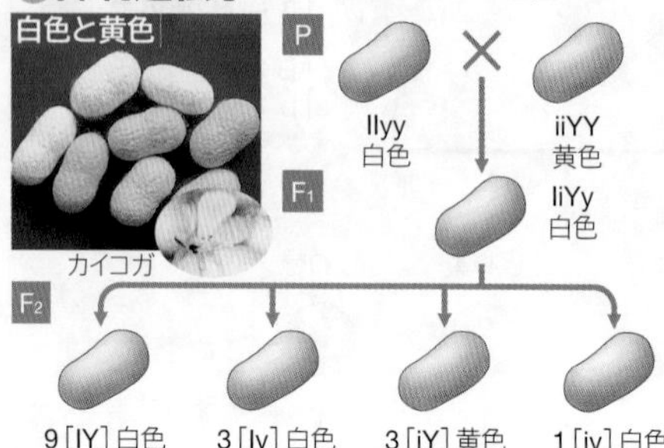


I：抑制遺伝子　Y：黄色遺伝子
顕性遺伝子Yの存在で黄色のまゆができる。顕性遺伝子Iが共存するとYの働きを抑制し，色素ができず白いまゆになる。

### 被覆遺伝子(カボチャの果皮の色)

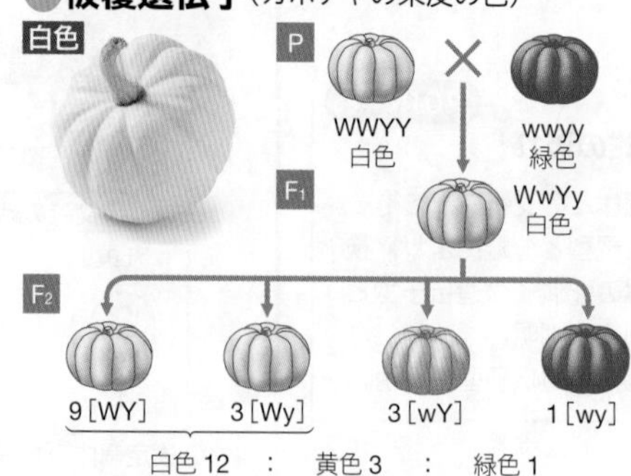


W：白色遺伝子(被覆遺伝子)
Y：黄色遺伝子　y：緑色遺伝子
顕性遺伝子WはYやyの働きを抑え発色させない(色素ができないので白色になる)。

### TOPICS ニワトリのとさかの形

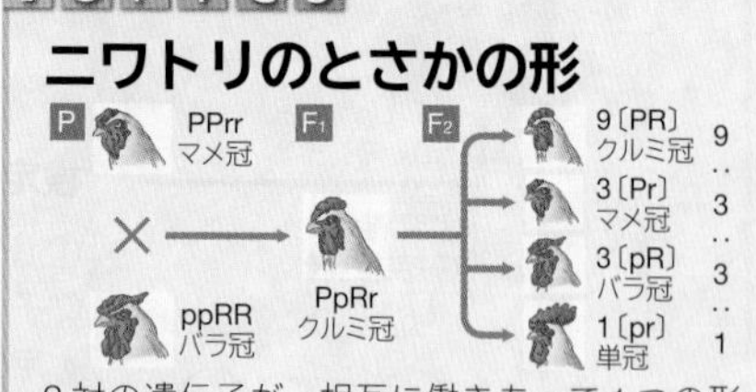


2対の遺伝子が，相互に働きあって1つの形質を決めている遺伝現象の例としてニワトリのとさかの形質がある。とさかの形には4つの表現型があり，P(マメ冠遺伝子)とR(バラ冠遺伝子)の2種の遺伝子が関与している。顕性遺伝子PとRは，単独ではそれぞれの形質を表し，PとRが共存すると，クルミ冠となる。ともに潜性遺伝子の場合は単冠となる。

# 7 特殊な遺伝

Special types of heredity

## A 遅滞遺伝

遺伝形質がその個体の遺伝子型によらず，雌親の遺伝子型によって決まる遺伝現象を遅滞遺伝という。

### モノアラガイの殻の巻き方

D：右巻き（顕性）
d：左巻き（潜性）

殻の巻き方の方向は，卵の第一卵割の時期に決まるので，卵の細胞質中の母性因子（⇒p.154），すなわち母貝の遺伝子に左右されている。その結果，殻の巻き方の発現は，一代ずつ後ろへずれる。

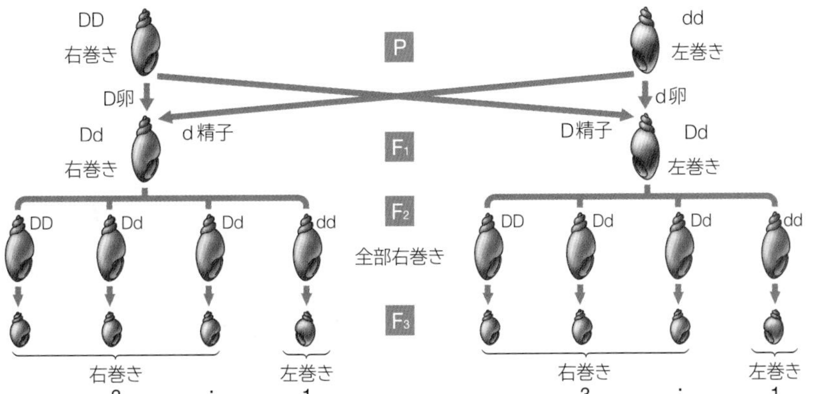

モノアラガイは雌雄同体で，繁殖のときには2個体間で精子が交換される。

## B キセニア

重複受精を行う被子植物において，種子の胚乳形質にただちに雄親（花粉）の形質が現れる現象をキセニアという。 生物

### トウモロコシの胚乳形質

S：デンプン性種子（顕性）
s：砂糖性種子（潜性）

胚乳の形質は，受精によってできる胚乳核（$3n$）の遺伝子型に左右される（⇒p.252）。砂糖性の株（ss）の雌花に，デンプン性の株（SS）の花粉が受粉し結実すると，砂糖性の株にデンプン性の胚乳をもつトウモロコシができる。

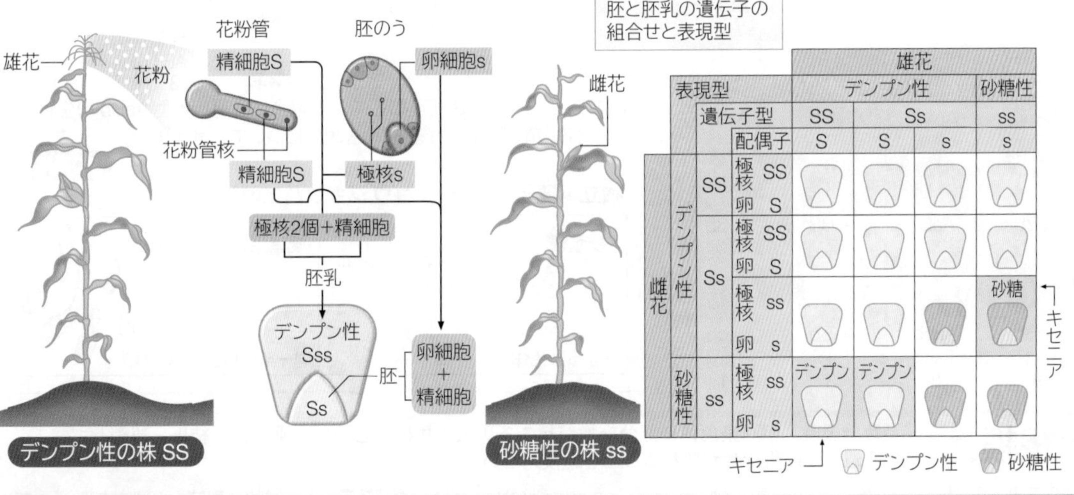


胚と胚乳の遺伝子の組合せと表現型

| | | | 表現型（雄花） | デンプン性 | デンプン性 | デンプン性 | 砂糖性 |
|---|---|---|---|---|---|---|---|
| | | | 遺伝子型 | SS | Ss | Ss | ss |
| | | | 配偶子 | S | S | s | s |
| 雌花 | デンプン性 | SS | 極核 SS / 卵 S | デンプン性 | デンプン性 | デンプン性 | デンプン性 |
| 雌花 | デンプン性 | Ss | 極核 SS / 卵 S | デンプン性 | デンプン性 | デンプン性 | デンプン性 |
| 雌花 | デンプン性 | Ss | 極核 ss / 卵 s | デンプン性 | デンプン性 | 砂糖性 | 砂糖（キセニア） |
| 雌花 | 砂糖性 | ss | 極核 ss / 卵 s | デンプン（キセニア） | デンプン | 砂糖性 | 砂糖性 |

### イネの胚乳形質

イネは胚乳に含まれるデンプンの性質の違いから，うるち米（顕性）ともち米（潜性）に分けられる。うるち米の花粉がもち米の株に受粉するとキセニアが起こる。

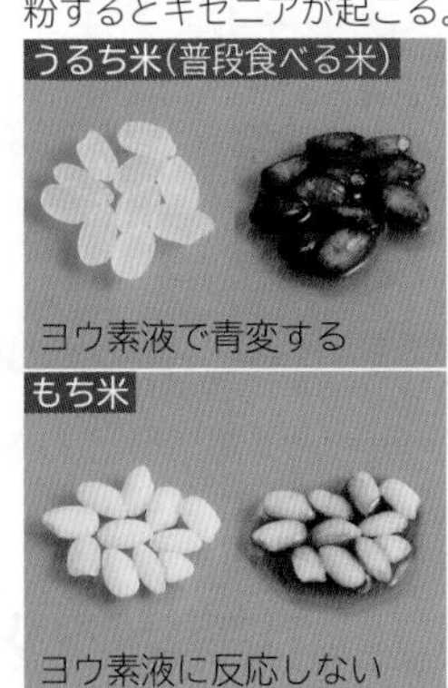


## C 細胞質遺伝

細胞には，核内のDNAのほかに，葉緑体やミトコンドリアがもつDNAが存在する。これらの細胞質中の遺伝子による遺伝を細胞質遺伝という。 生物

### オシロイバナの葉の形質

オシロイバナの緑葉・斑（ふ）入り葉・白葉などの形質は，細胞質中の色素体（葉緑体・白色体など）がもつ遺伝子（DNA）に支配される。受精の際，精細胞の細胞質は卵細胞内にほとんど入らないので，形質は卵細胞から伝わる。胚が成長し，枝分かれする際に，色素体の遺伝子が様々な組合せで配分されるので，斑入り葉のできる個体には，緑葉・白葉の枝もわずかながら見られるようになる。

様々な種類の植物で斑入りが知られているが，これらがすべて細胞質遺伝によって生じるわけではない。

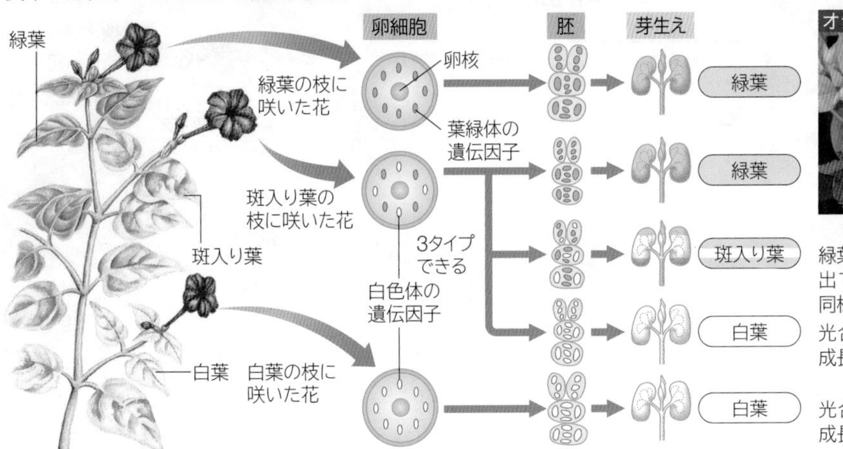

緑葉，白葉の枝も少し出てくる（左図の株と同様）。

光合成できないので，成長できず枯死する。

光合成できないので，成長できず枯死する。

4 生殖と動物の発生

生物

# 連鎖と組換え
Cross-linkage and recombination

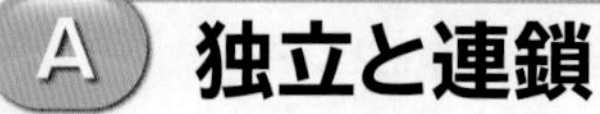

## A 独立と連鎖

2対の対立遺伝子が別の染色体に存在する場合を独立，同じ染色体に存在する場合を連鎖という。連鎖している遺伝子間では独立の法則は成立しない。

生物

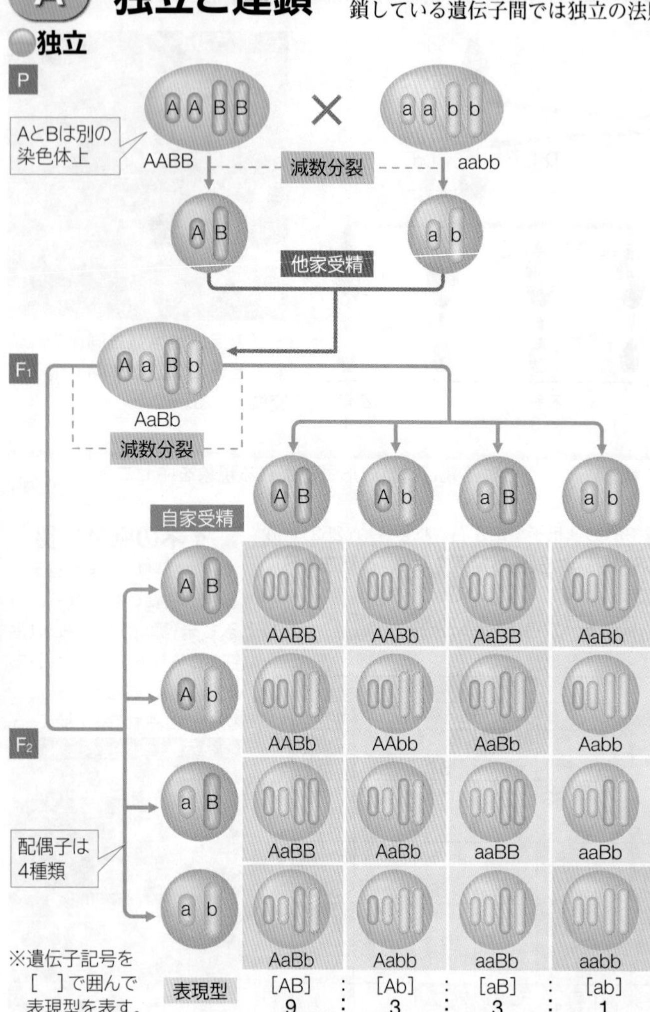


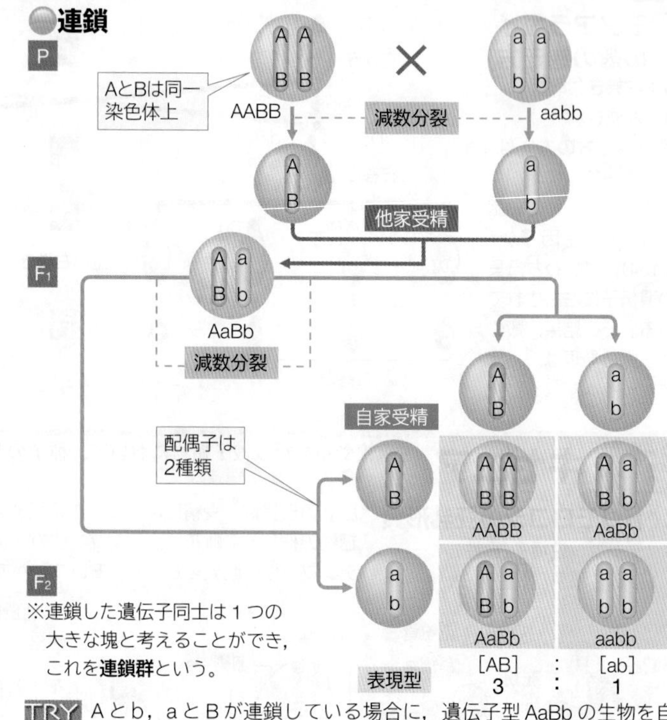


※連鎖した遺伝子同士は1つの大きな塊と考えることができ，これを**連鎖群**という。

TRY Aとb，aとBが連鎖している場合に，遺伝子型AaBbの生物を自家受精して生まれる$F_1$の表現型についても考えよう。

**POINT**

**独立・連鎖(キイロショウジョウバエ雌)**

| 独立 | 連鎖 |
|---|---|
| Ⅱ A a B b Ⅲ Ⅳ<br>異なる染色体上 Ⅰ(X) | Ⅱ A a C c Ⅲ Ⅳ<br>同一染色体上 Ⅰ(X) |

## B 乗換えと組換え

減数分裂時，相同染色体に部分交換が起こる現象を乗換えといい，乗換えの結果，連鎖している遺伝子の組合せが変わることを組換えという。

生物

二組の遺伝子のうち，AとB，aとbがそれぞれ連鎖している。

この2遺伝子間のように，一部の細胞で組換えが生じている状態を**不完全連鎖**という。逆に，まったく組換えが生じない状態は**完全連鎖**と呼ばれる。

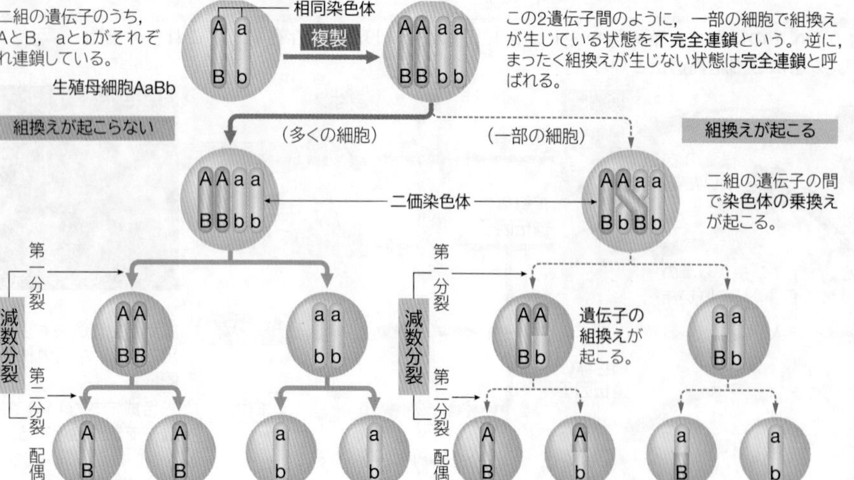


### キアズマ

減数分裂第一分裂前期から中期に見られるX字形に交叉した染色体の部位を**キアズマ**という。キアズマでは相同染色体の内側の染色分体に乗換えが起こっている。減数分裂第一分裂後期になると，新しい組合せになった相同染色体が両極に移動する。

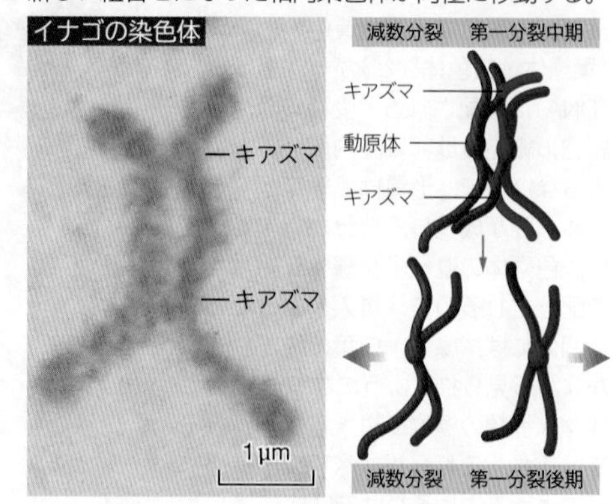




WORD 乗換え⇔交叉(こうさ)　組換え価⇔組換え率

## C 組換えが起きた場合の遺伝

2対の対立遺伝子が連鎖し，組換えが起きた場合は，メンデルの独立の法則とは異なる遺伝をする。

生物

### スイートピーの花の色と花粉の形の遺伝（ベーツソンとパネットの実験）

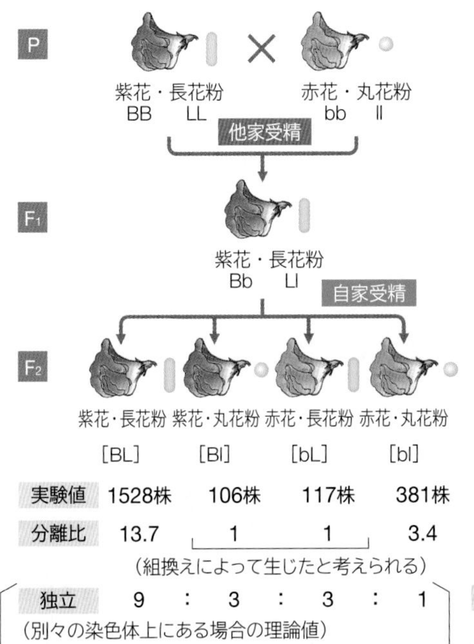


| | | | | |
|---|---|---|---|---|
| 実験値 | 1528株 | 106株 | 117株 | 381株 |
| 分離比 | 13.7 | 1 | 1 | 3.4 |

（組換えによって生じたと考えられる）

| | | | | |
|---|---|---|---|---|
| 独立 | 9 | 3 | 3 | 1 |

（別々の染色体上にある場合の理論値）

| | | | | |
|---|---|---|---|---|
| 完全連鎖 | 3 | 0 | 0 | 1 |

（同じ染色体上にある場合の理論値）

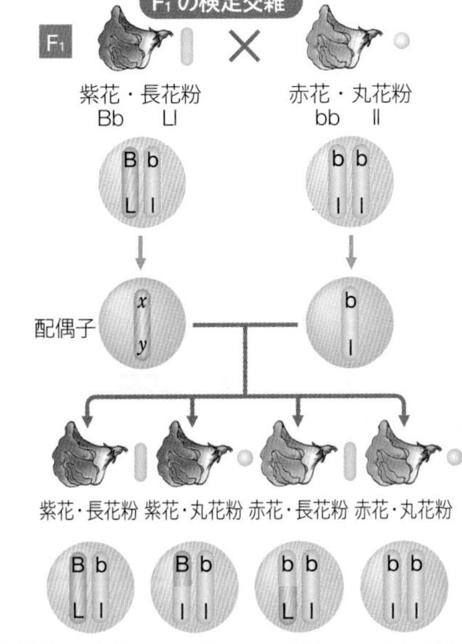


| | | | | |
|---|---|---|---|---|
| 実験値 | 1202株 | 148株 | 156株 | 1195株 |
| 分離比 | 8 | 1 | 1 | 8 |

（組換えによって生じた）

● $F_1$ を自家受精した場合の $F_2$ の理論的分離比

| ♂＼♀ | 8BL | 1Bl | 1bL | 8bl |
|---|---|---|---|---|
| 8BL | 64BBLL | 8BBLl | 8BbLL | 64BbLl |
| 1Bl | 8BBLl | 1BBll | 1BbLl | 8Bbll |
| 1bL | 8BbLL | 1BbLl | 1bbLL | 8bbLl |
| 8bl | 64BbLl | 8Bbll | 8bbLl | 64bbll |

| 表現型 | [BL] | [Bl] | [bL] | [bl] |
|---|---|---|---|---|
| 合計 | 226 | 17 | 17 | 64 |
| 分離比 | 13.3 | 1 | 1 | 3.8 |

$F_2$ の理論的分離比は左の実験値とほぼ一致しているので，左の $F_2$ の分離比は組換えによって生じたと考えられる。

## D 組換え価と検定交雑

組換えによって生じた配偶子の割合（%）を組換え価という。組換え価は検定交雑によって求めることができる。

生物

### キイロショウジョウバエの2遺伝子間の組換え

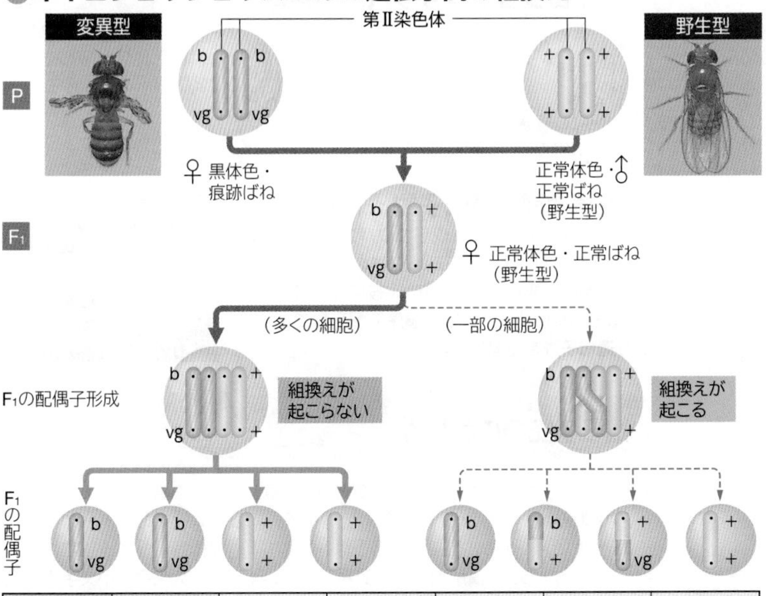


| $F_1$ の検定交雑の実験値 | 表現型 | [b, vg] | [＋, ＋] | [b, ＋] | [＋, vg] | 計 |
|---|---|---|---|---|---|---|
| | 個体数 | 1617 | 1619 | 418 | 371 | 4025 |

（組換えによって生じた）

**（注）**上の図の＋は野生型，b は黒体色（潜性），vg は痕跡ばね（潜性）を表している。b の対立遺伝子である＋は正常体色（顕性），vg の対立遺伝子である＋は正常ばね（顕性）を表している。

**POINT**

#### 組換え価の求め方

$$組換え価(\%)=\frac{組換えによって生じた配偶子数}{全配偶子数}\times 100$$

$$=\frac{組換えによって生じた個体数}{検定交雑で生じた全個体数}\times 100$$

$F_1$ の配偶子の遺伝子型は見えないので，実際には $F_1$ 個体を検定交雑して，生じた子の分離比から組換え価を求める（子の表現型の分離比と $F_1$ の配偶子の遺伝子の分離比は等しい）。

**例**①上記のスイートピーの組換え価

組換えの起きた個体数[Bl]…148　[bL]…156

全個体数…1202 + 148 + 156 + 1195 = 2701

$$組換え価=\frac{148+156}{2701}\times 100 = 11.3(\%)$$

**例**②左記のキイロショウジョウバエの組換え価

組換えの起きた個体数[b, ＋]…418　[＋, vg]…371

全個体数…4025

$$組換え価=\frac{418+371}{4025}\times 100 = 19.6(\%)$$

| 組換え価 | 2遺伝子間の状態 |
|---|---|
| $\frac{1+1}{1+1+1+1}\times 100=50(\%)$ | 独立 |
| $\frac{0+0}{1+0+0+1}\times 100=0(\%)$ | 完全連鎖 |
| $0<\frac{1+1}{n+1+1+n}\times 100<50(\%)\ (n>1)$ | 不完全連鎖 |

# 9 染色体地図
Chromosomal map

## A 組換え価と三点交雑

モーガンは，組換え価が連鎖している遺伝子間の相対的な距離を表すと考え，キイロショウジョウバエの様々な遺伝子間の距離を三点交雑によって調べた。

生物

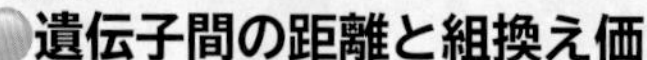

### 遺伝子間の距離と組換え価

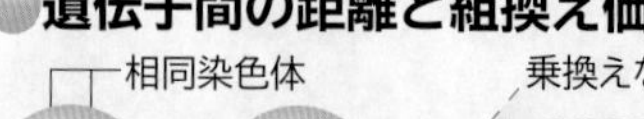

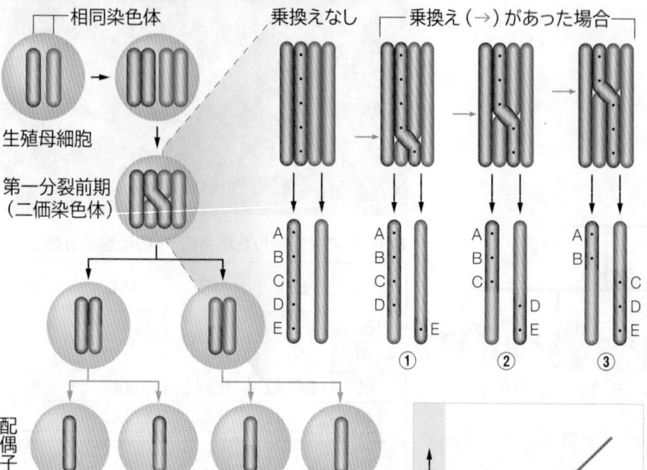


染色体の乗換えは様々な場所で起こる。乗換えが起こると遺伝子の組換えが起こる。上の①～③を比較すると距離が最も離れているA－E間で組換えが最も多く起こることがわかる。このように，遺伝子間の距離が遠いほど組換えは起こりやすい。

### 三点交雑

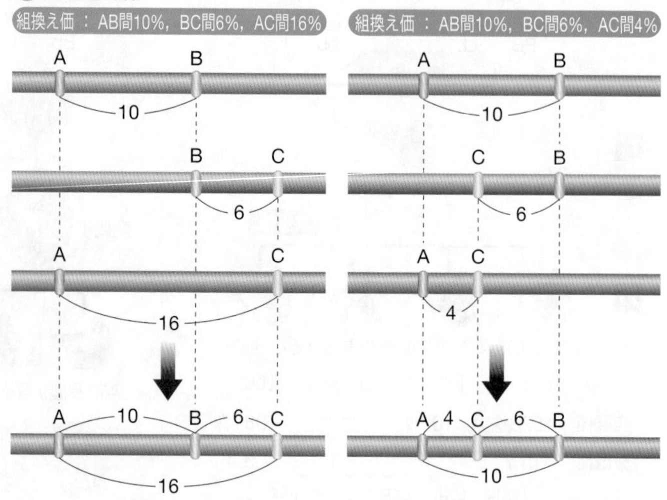


連鎖している3つの遺伝子間のそれぞれについて検定交雑を行うことを**三点交雑**という。検定交雑によって求められる遺伝子間の組換え価から，各遺伝子の染色体上の相対的な位置を求めることができる。ただし，組換え価から求めた遺伝子間の距離は実際の距離と異なることもある。この原因には，乗換えが2か所で起こる二重乗換えなどがある。

## B 連鎖地図

三点交雑の繰り返しによって染色体上における遺伝子の位置（**遺伝子座**）を特定し，直線状または環状に記した染色体地図を**連鎖地図**という。

### キイロショウジョウバエの連鎖地図

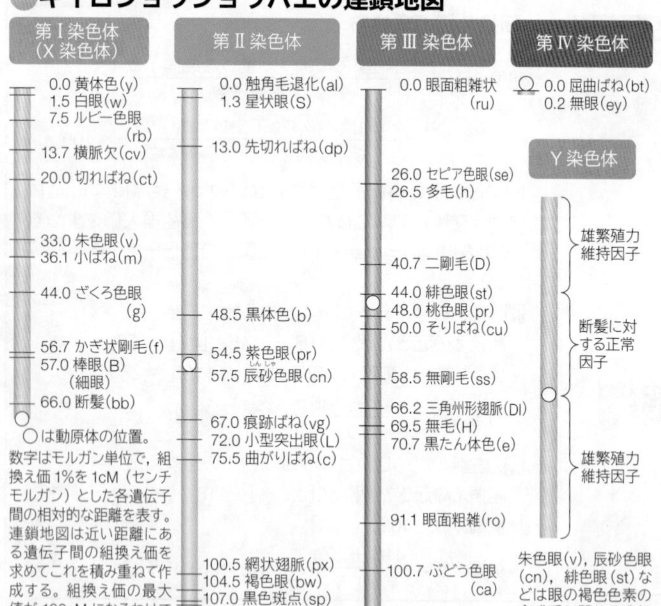


○は動原体の位置。数字はモルガン単位で，組換え価1%を1cM（センチモルガン）とした各遺伝子間の相対的な距離を表す。連鎖地図は近い距離にある遺伝子間の組換え価を求めてこれを積み重ねて作成する。組換え価の最大値が100cMになるわけではない。

朱色眼(v)，辰砂色眼(cn)，緋色眼(st)などは眼の褐色色素の合成系に関わる遺伝子(⇒p.113)。

### キイロショウジョウバエの核型

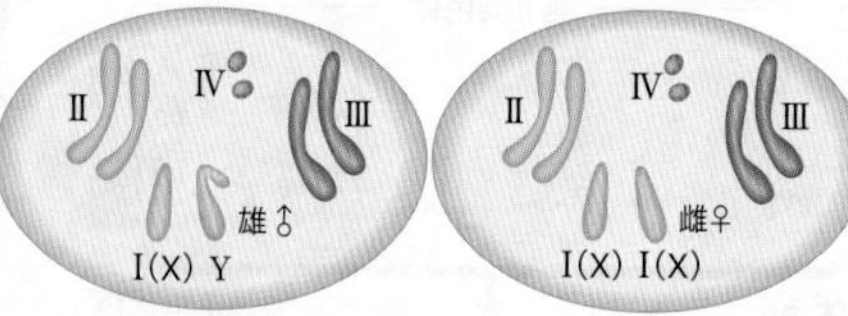


キイロショウジョウバエは染色体数が極めて少なく，$2n=8$である。雌は6＋XX，雄は6＋XYの染色体をもつ。

### 連鎖地図と遺伝子説

モーガン

モーガンは，キイロショウジョウバエの突然変異体に現れた変異に着目して三点交雑を繰り返し行い，連鎖地図を作成した（1926年）。彼はこの研究から，「遺伝子は染色体上に一定の順序で配列している」という**遺伝子説**を提唱した。

### ADVANCE 遺伝子記号の表し方

キイロショウジョウバエの突然変異遺伝子はその形質を省略した英字で表す（例 黒体色：black → b）。野生型遺伝子に対して顕性である場合は1字目を大文字にする。野生型遺伝子は＋で表す（例 黒体色に対する正常体色 → $+^b$）。ただし，慣用的に突然変異遺伝子の1字目を大文字・小文字のいずれかに変更して表す（例 黒体色bに対して正常体色B）こともある。

野生型

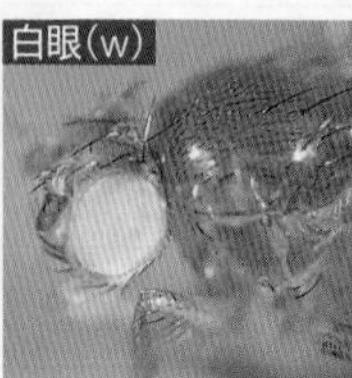
白眼(w)

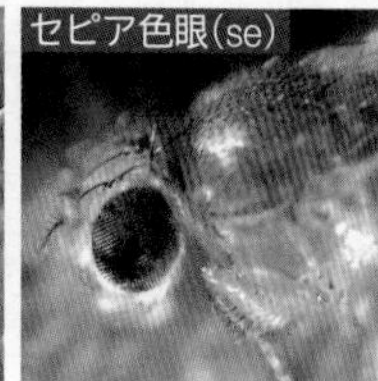
セピア色眼(se)

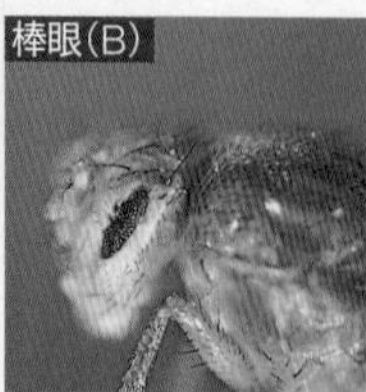
棒眼(B)

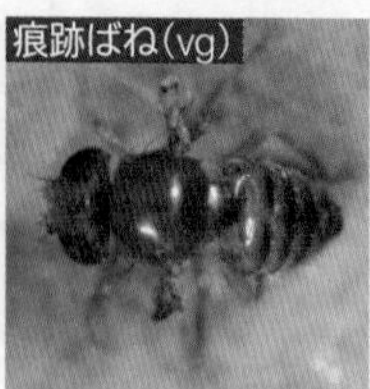
痕跡ばね(vg)

黒たん体色(e)

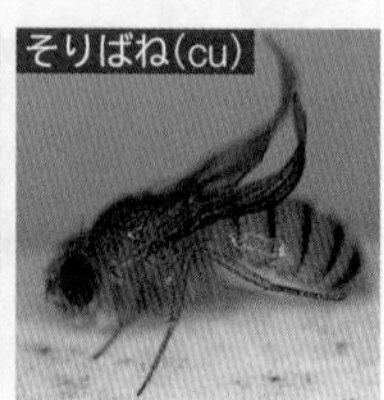
そりばね(cu)

## C 細胞学的地図

染色体の実際の観察像と形質の関係をもとにして遺伝子の位置を特定し，図示した染色体地図を細胞学的地図という。

生物

### 連鎖地図と細胞学的地図の比較(キイロショウジョウバエの第Ⅰ染色体の一部)

連鎖地図
組換え価をもとにして作成した染色体地図

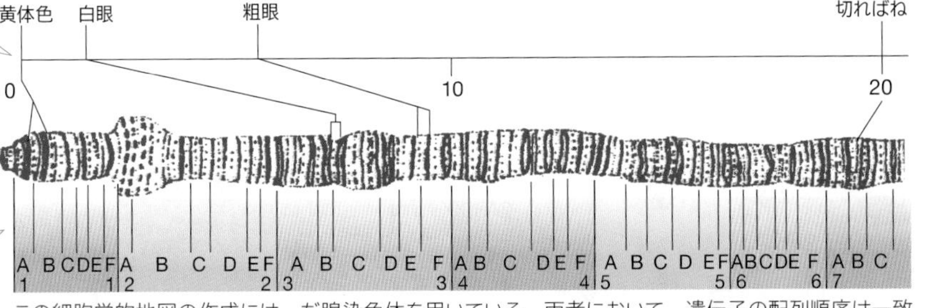


細胞学的地図
染色体上の遺伝子の位置を観察像と関係付けて決定した染色体地図

この細胞学的地図の作成には，だ腺染色体を用いている。両者において，遺伝子の配列順序は一致しているが，遺伝子間の距離は一致していない。

ヒトゲノムマップも見てみよう。

**TOPICS**

### 細胞学的地図の作成

左の精緻な細胞学的地図の原図は，20世紀前半にモーガン門下のブリジェズらによって作成され，今日でも標準とされている。縞(バンド)の数は，第Ⅰ染色体だけで約1000本，全染色体を合計すると約5000本にもなる。そして，多くの突然変異遺伝子が縞の部分と対応している。

## D だ腺染色体

双翅類(ハエやカ)の幼虫のだ腺に常時見られる巨大染色体をだ腺染色体という。だ腺染色体はその大きさなどから細胞学的地図の作成に適している。

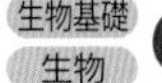


### キイロショウジョウバエのだ腺染色体

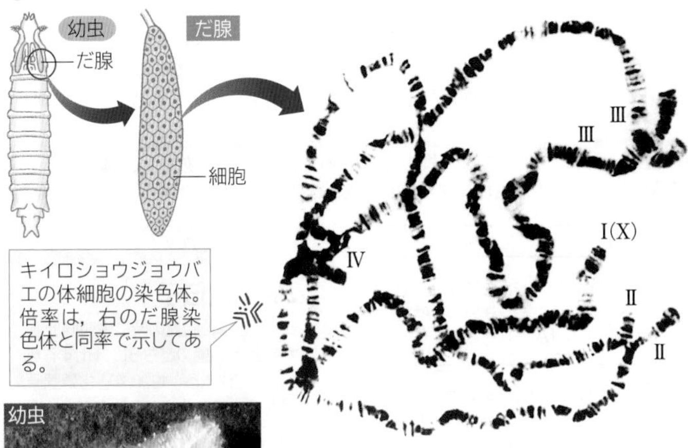


キイロショウジョウバエの体細胞の染色体。倍率は，右のだ腺染色体と同率で示してある。

だ腺染色体の1本の長さは，第Ⅲ染色体で約500 μmもある。

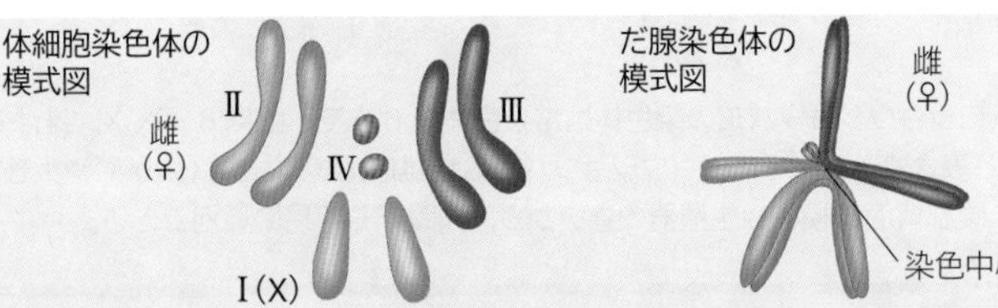


だ腺染色体の染色体数は4本で，各染色体はそれぞれの動原体の部分で結合している。この部分を染色中心という。染色中心から6本の腕が出ているが，これは第Ⅱおよび第Ⅲ染色体が，染色体の中心付近に動原体をもち，その結果V字型となるためである。

**POINT**

**だ腺染色体の特徴**

①他の体細胞の染色体と比較して，100～150倍の大きさをもつ。核分裂が起こらないまま，DNAの複製が繰り返されることによって形成される。
②体細胞の染色体であるが，相同染色体が対合した二価染色体の状態にあり，染色体数は半数($n$)である。細胞分裂していない細胞で常時観察できる。
③塩基性色素によく染まる多数の縞模様があり，その数や位置が染色体ごとに決まっているため，染色体の異常(変異)を見つけやすい。

## 実験 ユスリカのだ腺染色体の観察

ユスリカの幼虫は，ショウジョウバエの幼虫に比べ大きく，だ腺，だ腺染色体もともに大きいので扱いやすい。

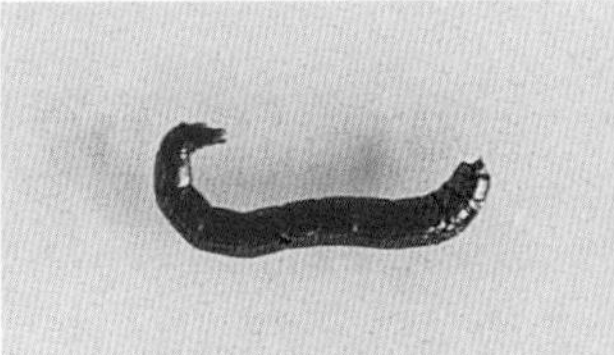

①スライドガラスの上にユスリカの幼虫を載せ，0.7～0.8％の生理食塩水を1～2滴落とす。

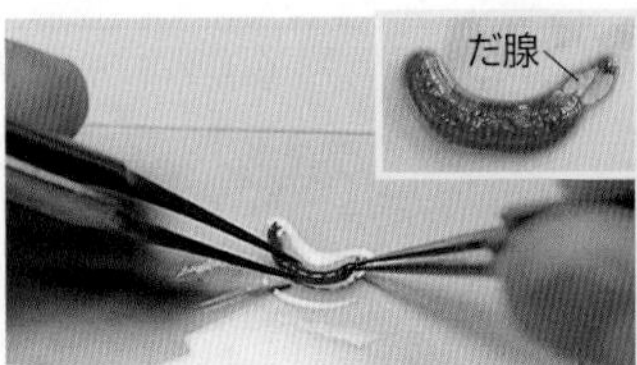


②先の細いピンセットで3～5節目をつかみ，頭部を引き抜く。透明なだ腺が見える。

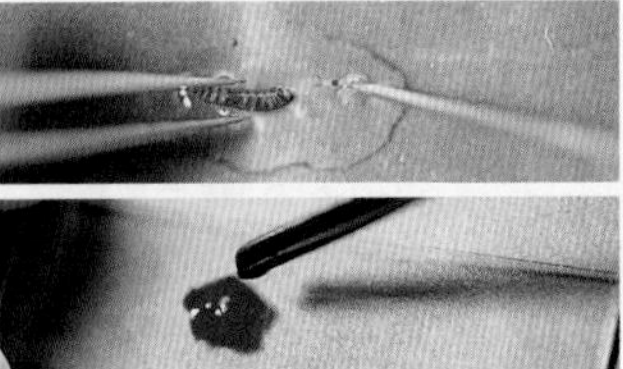

③だ腺だけを残し他はろ紙でぬぐい取る。酢酸オルセインを1～2滴落とし，10分程度染色する。

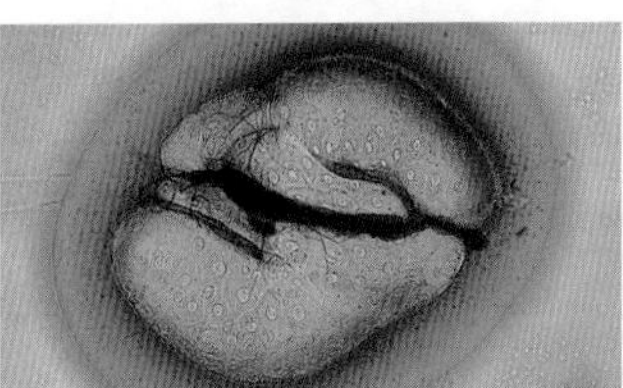

④カバーガラスをかける。

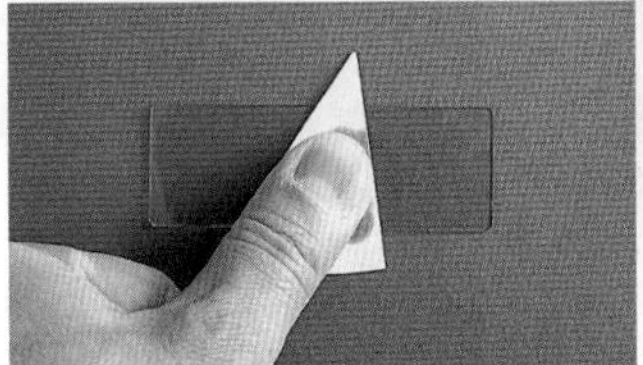

⑤カバーガラスの上にろ紙を載せて，親指で押しつぶす。

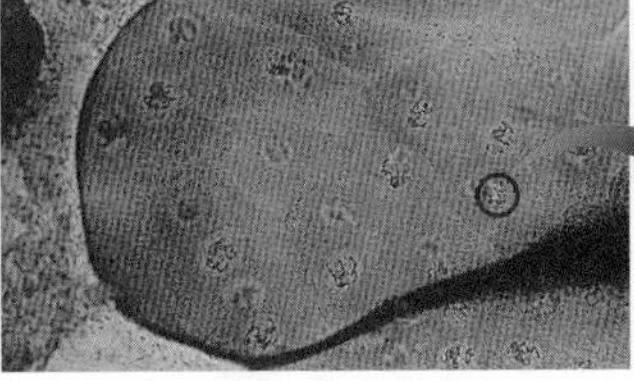

⑥60～150倍程度の低倍率で観察し，だ腺の広がり具合を確かめる。

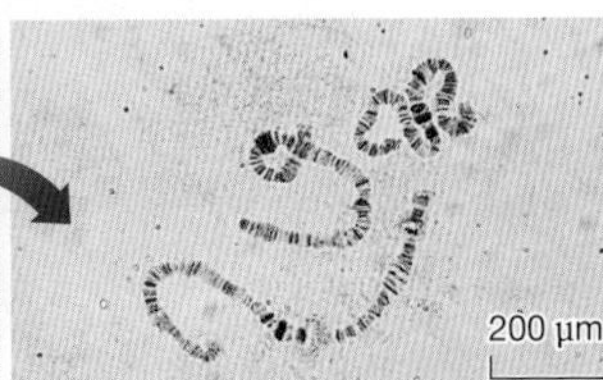


⑦よく染まり，よく広がっている染色体を600倍程度の高倍率で観察する。

ユスリカの幼虫は富栄養化した川などの底の泥中に生息する。釣具店などでアカムシの名で市販されている。

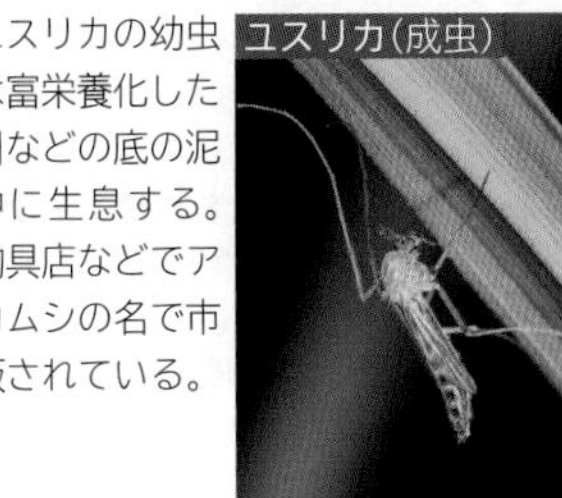

# 10 性決定と伴性遺伝

Sex determination and sex-linked inheritance

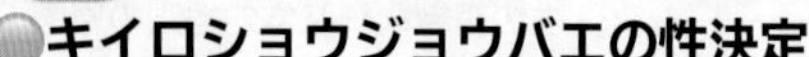

## A 性染色体と性決定

多くの生物では染色体構成の違いによって性が決まる。染色体には，雌雄ともに共通の常染色体と，雌雄で組み合わせの異なる性染色体がある。

生物

### キイロショウジョウバエの性決定

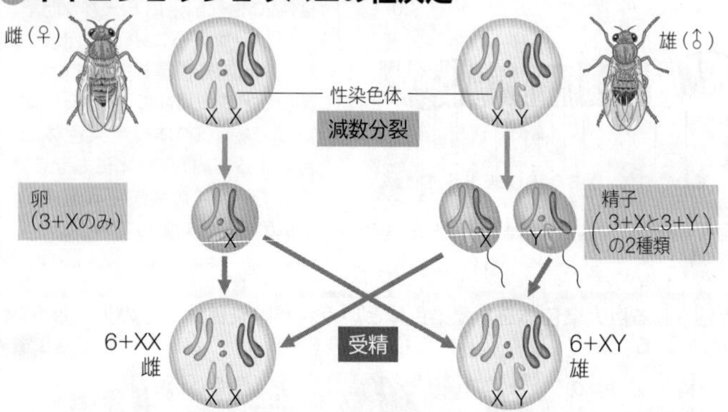


キイロショウジョウバエの染色体は常染色体が6本で，雌は6＋XX，雄は6＋XYと表される。キイロショウジョウバエの雌雄は，体の大きさ（雌がやや大きい）や，腹部背面の模様や生殖器の違いから，肉眼でも容易に識別できる。

### ヒトの性決定

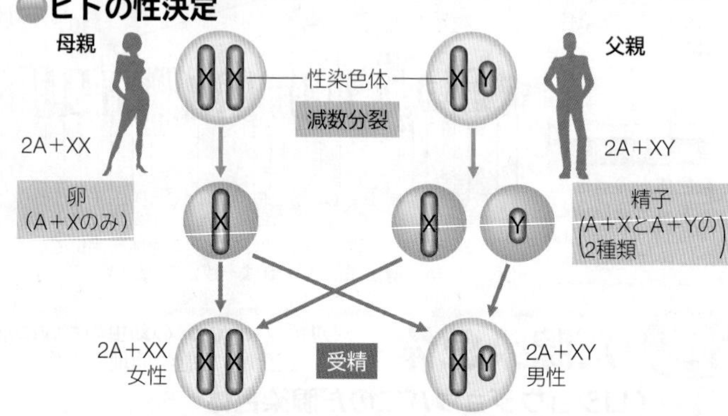


ヒトの染色体は常染色体44本を2A（A＝22）として，女性は2A＋XX，男性は2A＋XYと表される。Xをもった精子が受精すれば女性，Yをもった精子が受精すれば男性となる。※一般に，常染色体の一組はAで表される。

## B 性染色体による性決定の様式

性染色体には，雌に2本あるX，雄のみにあるY，雄に2本あるZ，雌のみにあるWがある。性染色体による性決定の様式は4種類に分けられる。

生物

| 性決定の型 | | 体細胞 | 配偶子（精子・卵） | 受精卵（子） | 性比 | 例 |
|---|---|---|---|---|---|---|
| 雄ヘテロ型（性を決める配偶子は精子） | XY型 | ♀ 2A+XX<br>♂ 2A+XY | A+X, A+X<br>A+X, A+Y | 2A+XX ♀<br>2A+XY ♂ | 1 : 1 | ヒト（A=22），ウマ（A=31），キイロショウジョウバエ（A=3），アサ（A=9） |
| | XO型（雄の染色体が1本少ない） | ♀ 2A+XX<br>♂ 2A+X | A+X, A+X<br>A+X, A | 2A+XX ♀<br>2A+X ♂ | 1 : 1 | ハタネズミ（A=15），トノサマバッタ（A=11），スズムシ（A=10） |
| 雌ヘテロ型（性を決める配偶子は卵） | ZW型 | ♀ 2A+ZW<br>♂ 2A+ZZ | A+W, A+Z<br>A+Z, A+Z | 2A+ZW ♀<br>2A+ZZ ♂ | 1 : 1 | ニワトリ（A=38），カイコガ（A=27） |
| | ZO型（雌の染色体が1本少ない） | ♀ 2A+Z<br>♂ 2A+ZZ | A, A+Z<br>A+Z, A+Z | 2A+Z ♀<br>2A+ZZ ♂ | 1 : 1 | ミノガ（A=30），ヒゲナガトビケラ（A=12） |

A：常染色体　X，Y，W，Z：性染色体

### ADVANCE

#### *SRY* 遺伝子

ヒトの性は，胎児の時に生殖腺原基が精巣と卵巣のどちらに分化するかによって決まる。1990年，生殖腺原基を精巣に分化させる働きをもつ遺伝子がヒトのY染色体上で発見され，*SRY*遺伝子と名付けられた。SRYはSex-determining Region of Y chromosome（Y染色体の性決定領域）の略である。Y染色体をもつXY個体は*SRY*遺伝子の働きによって精巣ができて男性になる。一方，Y染色体をもたないXX個体は*SRY*遺伝子がないため，生殖腺原基が自動的に卵巣に分化して女性になる。

### TOPICS

#### 性染色体によらない性決定

**①は虫類の性**

トカゲ類，カメ類，ワニ類などでは，孵卵（ふらん）するときの温度が性決定に影響を及ぼしている。

(A) ミシシッピーワニ
温度が低いと雌，高いと雄になる。

(B) アカウミガメなど多くのカメ類
温度が低いと雄，高いと雌になる。

(C) カミツキガメ
低い温度と高い温度で雌，雄は中間（26℃の前後）で生じる。

(D) スッポンなど性染色体をもつカメ類，一部のトカゲ類，ヘビ類
温度には影響されない。

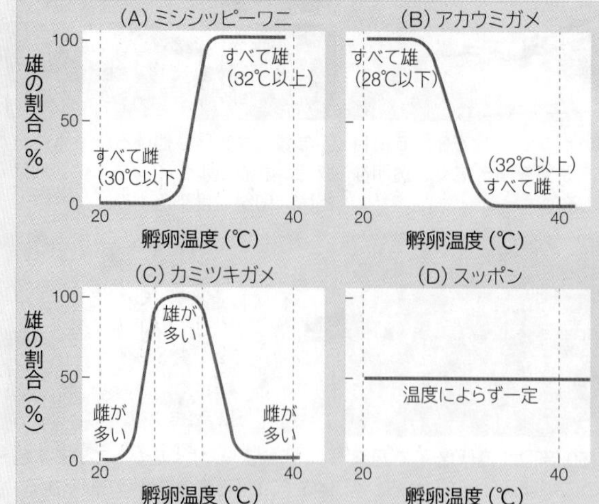


**②キュウセン（ベラの一種）の性**

若いうちは雌だが，成長の過程で力のある個体になると雄に変わる。

**③ハナダイの性**

20匹ほどの群れで生活し，群れには雄が1匹だけいる。この雄が死ぬと，群れの他の雌の中から雄に性転換するものが現れる（⇒p.280）。

4 生殖と動物の発生

生物

# C 伴性遺伝

性染色体(XY 型の X 染色体，ZW 型の Z 染色体)上にある遺伝子による遺伝現象を伴性遺伝という。伴性遺伝では，雌雄で形質発現のしかたが異なる。

生物

## キイロショウジョウバエの赤眼と白眼の遺伝

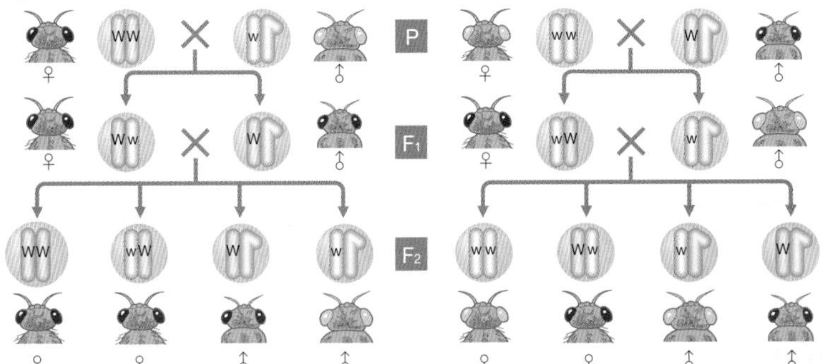


：X 染色体，：Y 染色体　(W：赤眼の遺伝子(顕性)，w：白眼の遺伝子(潜性))

キイロショウジョウバエの白眼は，1910 年，モーガンによって発見された。白眼の遺伝子は潜性でその対立遺伝子である赤眼の遺伝子は顕性である。この対立遺伝子は X 染色体上に存在する。Y 染色体上にはこの対立遺伝子が存在しないため，雄の X 染色体上に白眼の遺伝子がある場合，1 つの遺伝子でその形質が発現する。

キイロショウジョウバエは XY 型の性決定をすることに注意しよう。

雄は腹部の先端が黒い。雌は雄より大きい。また，腹が白っぽく先端に突起がある。赤眼が野生型で，白眼が突然変異型である。

A　赤眼♀×白眼♂

| | 赤眼 | | 白眼 | |
|---|---|---|---|---|
| | ♀ | ♂ | ♀ | ♂ |
| $F_1$ | 123 | 118 | 0 | 0 |
| $F_2$ | 124 | 59 | 0 | 63 |

B　白眼♀×赤眼♂

| | 赤眼 | | 白眼 | |
|---|---|---|---|---|
| | ♀ | ♂ | ♀ | ♂ |
| $F_1$ | 155 | 0 | 0 | 146 |
| $F_2$ | 75 | 79 | 74 | 76 |

# D 限性遺伝

雌雄いずれか一方の性のみに形質が現れる遺伝現象を限性遺伝という。

生物

## グッピーの背びれの斑紋の遺伝

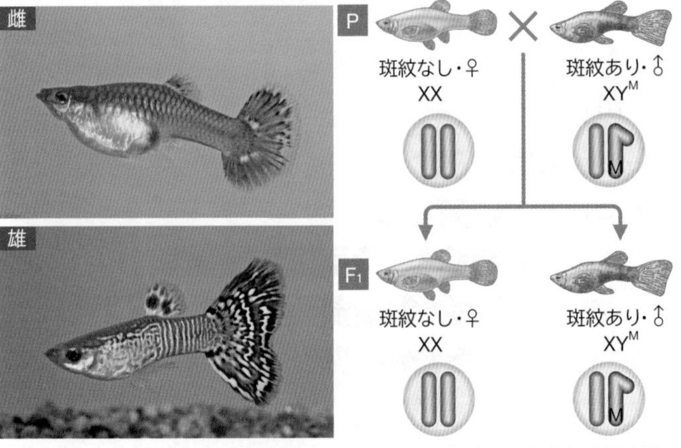


グッピーの性決定は，雄ヘテロの XY 型である。背びれに大きな斑紋が生じる遺伝子 M は Y 染色体上にあり，この形質は雄だけに現れる。

## カイコガの幼虫の斑紋(虎蚕)の遺伝

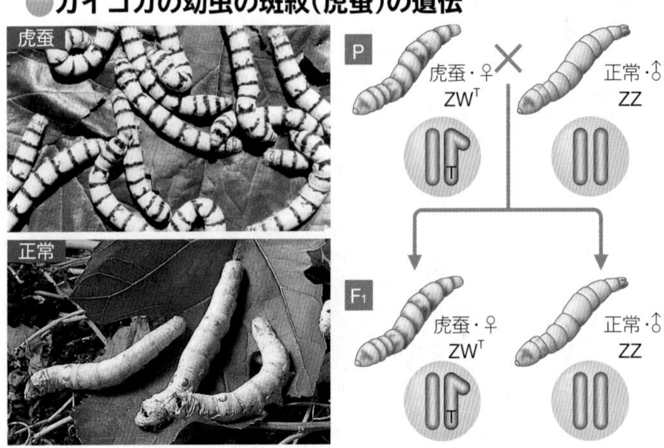


カイコガの性決定は，雌ヘテロの ZW 型である。幼虫時に斑紋が生じる遺伝子 T が W 染色体上にある品種では，この形質は雌だけに現れる。

# E 従性遺伝

形質発現が，性によって変更されるような遺伝現象を従性遺伝という。

生物

## ヒツジの角の遺伝

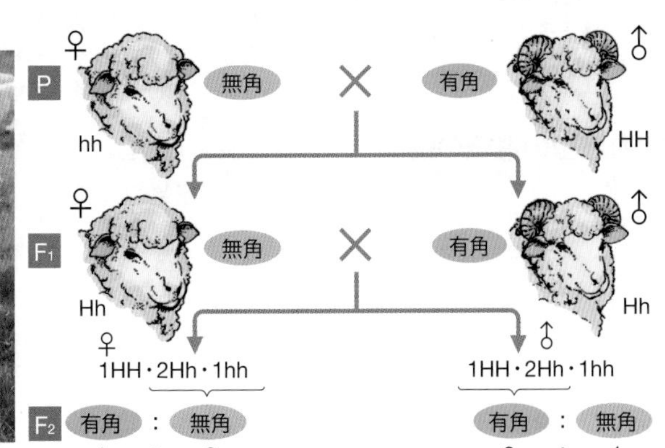


ヒツジの角を形成する対立遺伝子 H と h は常染色体上にあるが，雄と雌で形質発現が異なる。雄では，有角(H)が顕性であるが，雌では無角(h)が顕性になる。これは，核内の遺伝子の顕性と潜性の関係が性ホルモンなどの影響で変化するためと考えられる。

| 遺伝子型 | 雌(♀) | 雄(♂) |
|---|---|---|
| HH | 有角 | 有角 |
| Hh | 無角 | 有角 |
| hh | 無角 | 無角 |

雌：H < h(無角が顕性)
雄：H > h(有角が顕性)

# 11 ヒトの遺伝
Heredity in humans

## A ヒトの遺伝形質

ヒトがもつ特徴には，遺伝するもの(遺伝形質)がある。現在では，統計学的な研究に加え，DNA レベルでの研究が進んでいる。 生物

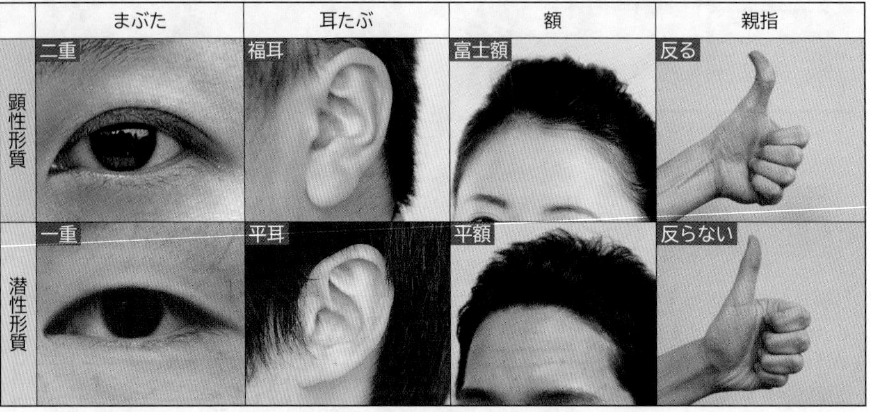


ヒトの形質の遺伝については，ヒトゲノム計画が終了した今でもわからないことが多い。ヒトの遺伝についての研究は，①家系図調査，②統計的調査・分析，③動物実験からの推定，④一卵性双生児の成長過程での比較，⑤ゲノム分析(⇒ p.301)など，歴史的にも様々な観点から分析が試みられた。

**POINT**

**遺伝形質－表現型について**

表現型とは，遺伝子型に応じて個体に現れる遺伝形質である。しかし，形質の現れ方は環境の影響を受けるので，表現型は遺伝子(遺伝的要素)と環境要因(生理的・社会的・文化的な要素)によって規定される。特にヒトでは，生理的な要素以外の社会的・文化的な要素の影響が大きく，遺伝的要素と環境的要素の関わりの程度が区別しにくい。遺伝的要素が強い場合でも，背の高さのように多くの遺伝子の作用が重なるケースでは，栄養状態や住環境，生後直後の習慣などが各遺伝子の発現に影響を及ぼす。このように，ヒトの形質は元々は遺伝的でも，環境によって多様になる程度が高い。一方で，特定の形質が特定の遺伝子と対応するものも知られている(左表)。

4 生殖と動物の発生

## B 耳あかの遺伝

ヒトの耳あかには，ウェット(湿っているもの)とドライ(乾いているもの)があり，この形質は常染色体上の1対の対立遺伝子によって決定する。 生物

### 耳あかの遺伝の例

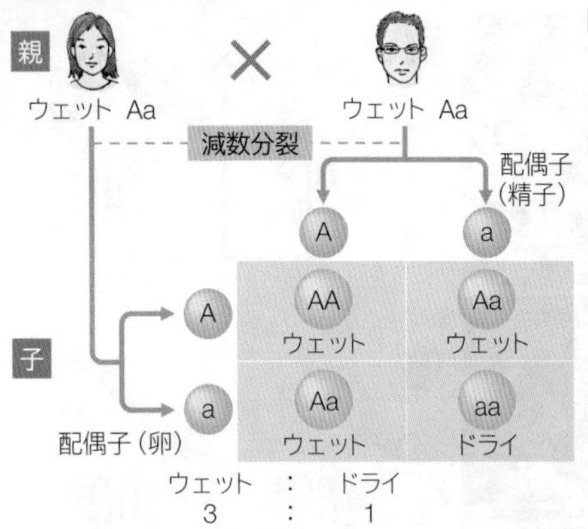


図のように，両親がウェットであっても，子どもにドライが生じるのは，両親ともヘテロ接合体(Aa)の遺伝子型をもつと考えれば説明がつく。

ドライとウェットの割合には，人種によって差がある。黄色人種は一般にドライが多い。

### 人種別のドライの割合

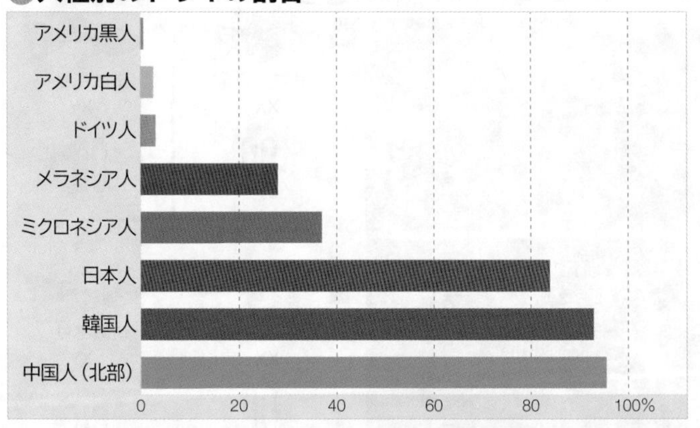


## C ABO 式血液型の遺伝

ABO 式血液型(⇒ p.212)は，常染色体上の**複対立遺伝子**によって決定する。 生物

1組の対立遺伝子が3つ以上存在する場合，それらの対立遺伝子を**複対立遺伝子**という。複対立遺伝子による遺伝の代表的な例が，ヒトの ABO 式血液型の遺伝である。ABO 式血液型の遺伝は A，B，O という3つの対立遺伝子によって支配されており，この3つのうちのどれを両親から受け継ぐかによって子の血液型が決まる。この3つの対立遺伝子の間での関係は，A と B が O に対して顕性で，A と B は対等である。ABO 式血液型の遺伝子は第9染色体の下の方に位置する(⇒ p.13)。

### 血液型と遺伝子型

| 血液型 | 遺伝子型 |
|---|---|
| A 型 | AA　AO |
| B 型 | BB　BO |
| AB 型 | AB |
| O 型 | OO |

A 型と B 型は遺伝子型が2種類あることになる。

### ABO 式血液型の遺伝の例

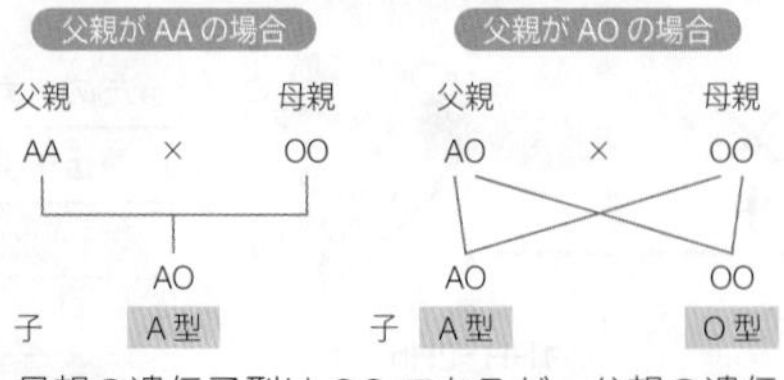


母親の遺伝子型は OO であるが，父親の遺伝子型は AA と AO の2種類が可能なので，それぞれの場合で子の血液型は異なってくる。

**TOPICS**

### ABO 式血液型と遺伝子頻度

1つの遺伝子座に存在する対立遺伝子の，集団における相対的な頻度を**遺伝子頻度**という。ABO 式血液型の割合は，人種や地域によってかなり異なっているが，それぞれの遺伝子頻度は世代を経てもほとんど変わらない。これは，各人種・各地域をメンデル集団と見なすことができ，ハーディ・ワインベルグの法則が適用できるためである(⇒ p.300)。日本人における ABO 式血液型の遺伝子頻度は，遺伝子 A が 28％，B が 18％，O が 54％でほぼ一定である。これをもとに計算すると，A 型は 38％，B 型は 23％，AB 型は 10％，O 型は 29％となる。

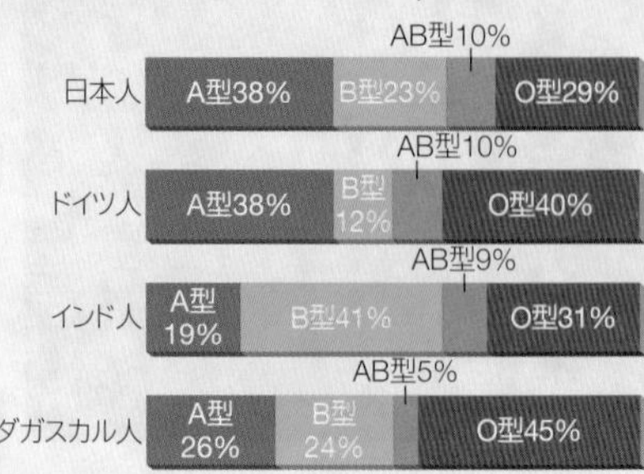


生物

 WORD 色覚異常⇔色盲

# D 赤緑色覚異常の遺伝

赤緑色覚異常は，X 染色体上の潜性遺伝子によって伴性遺伝をする。日本人の男性で約 5%，女性で約 0.2%存在するといわれている。

生物

### 表現型と遺伝子型

赤緑色覚異常をもたらす突然変異遺伝子を a(潜性)，正常遺伝子を A(顕性)で示した。女性の Aa は，色覚は正常であるが，一方の X 染色体に赤緑色覚異常を現す遺伝子を保有するので，**保因者**と呼ばれる。

| 表現型 | 男性 | 女性 | |
|---|---|---|---|
| 正常 | XY A | XX AA | XX Aa 保因者 |
| 色覚異常 | XY a | XX aa | |

### 赤緑色覚異常の遺伝

赤緑色覚異常を現す遺伝子は X 染色体上にあり，正常の遺伝子に対し潜性である。女性はこの遺伝子をホモにもつ場合しか発現しないが，男性では X 染色体を 1 本しかもたないので，保有するとそのまま発現する。このため，女性よりも男性に多く見られる。なお，赤緑色覚異常は，日常生活にはほとんど支障がない。

| 父 ＼ 母 | | XX AA 正常 | XX Aa 正常(保因者) | | XX aa 色覚異常 |
|---|---|---|---|---|---|
| | 配偶子 | X A | X A | X a | X a |
| XY A 正常 | X A | AA 正常 | AA 正常 | Aa 正常(保因) | Aa 正常(保因) |
| | Y | A 正常 | A 正常 | a 色覚異常 | a 色覚異常 |
| XY a 色覚異常 | X a | Aa 正常(保因) | Aa 正常(保因) | aa 色覚異常 | aa 色覚異常 |
| | Y | A 正常 | A 正常 | a 色覚異常 | a 色覚異常 |

## TOPICS 赤緑色覚異常の 2 つのタイプ

赤緑色覚異常は，錐体細胞にある赤視物質や緑視物質(⇒ p.216)を支配する遺伝子に変異が生じたことで引き起こされる。赤視物質の欠損タイプは 1 型，緑視物質の欠損タイプは 2 型と分類される。1 型と 2 型は色の見え方が比較的近く，「赤緑色覚異常」とはこの 2 つの型の総称である。1 人の人間の中に赤緑両方の異常があるわけではなく，1 型か 2 型かのどちらかでしかないのが普通である。1 型と 2 型の比率はおよそ 1：3 の割合で存在する。また，1 型と 2 型の遺伝子は X 染色体上の隣接する異なる遺伝子座にあり，赤緑色覚異常の遺伝は，実際には複雑である。

赤緑色覚異常の人の見え方のシミュレーション

# E 血友病の遺伝

血友病の遺伝に関わる遺伝子には 2 種類あるが，いずれも X 染色体上の潜性遺伝子であり，伴性遺伝をする。

生物

### ヨーロッパ王室の血友病の家系図

$X^h$ がどのように伝わったか，追跡しよう。

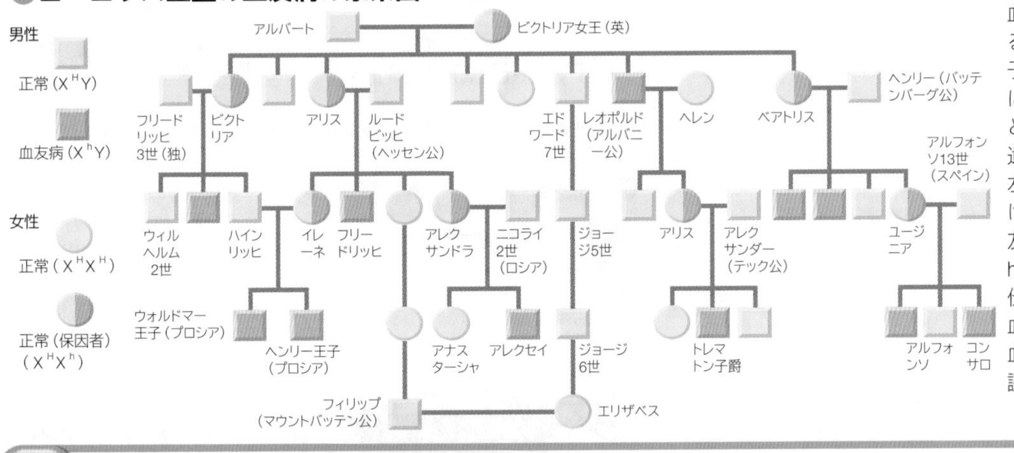


血友病は，先天的に血液凝固に関係する酵素の一部に欠陥があり血液凝固因子がつくられないため，血液が凝固しにくくなる病気である。赤緑色覚異常と同様に，X 染色体上に存在する潜性遺伝子によって伴性遺伝をする。

左の図は，19 世紀末から 20 世紀にかけての，ヨーロッパの王室における血友病の家系図である。

h は血友病遺伝子(潜性)，H は正常遺伝子(顕性)を表す。

血友病の患者は原則として男性であり，血友病の女性($X^hX^h$)はごくまれにしか誕生しない。

# F アルコール代謝酵素の遺伝

アルコールに強いか弱いかは，アセトアルデヒド脱水素酵素(ALDH)の活性によって決まる。

生物

顔面紅潮，動悸，頭痛，吐き気などの酒酔いの症状は，アルコールの酸化により生じるアセトアルデヒドによって引き起こされる。ALDH の一種である ALDH2 を合成できないと，アセトアルデヒドの分解が進まず，アルコールに弱い体質となる。ALDH2 を合成する遺伝子 A と合成しない遺伝子 a は不完全顕性の関係にあり，日本人など黄色人種には遺伝子 a をもつ人が多いが，黒人や白人にはほとんどいない。

| 遺伝子型 | ALDH2 の合成 | 酒への強さ | 日本人の割合 |
|---|---|---|---|
| AA | 合成できる | 強い | 50% |
| Aa | 合成は不十分 | 弱い | 40% |
| aa | 合成できない | 極めて弱い | 10% |

ALDH2 を合成する遺伝子：A
ALDH2 を合成しない遺伝子：a

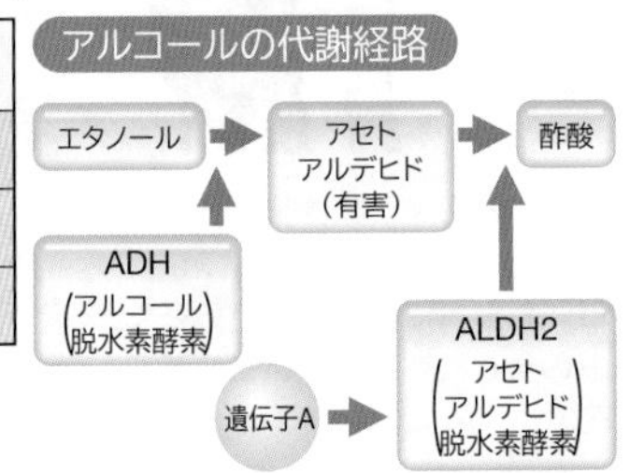


## 実験 アルコールパッチテスト

皮膚の細胞の ALDH2 の活性を見て，アルコールへの強さを判定する。

①絆創膏に消毒用エタノールをしみこませる。
②絆創膏を 7 分間腕に貼っておく。
③絆創膏をはがして判定する。その 10 分後に再度判定する。

| 状態 | 判定 |
|---|---|
| 絆創膏をはがした直後に赤くなる。 | 極めて弱い |
| はがして 10 分後に赤くなる。 | 弱い |
| はがして 10 分後も赤くならない。 | 強い |

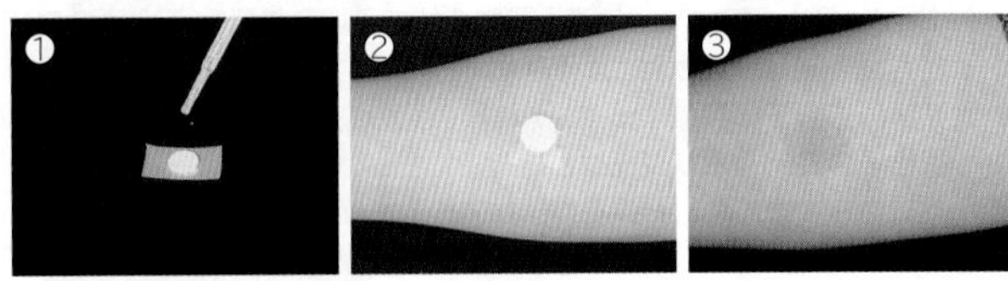

# 12 環境変異
Environmental variation

## A インゲンの種子の重さの変異

ヨハンセンは，インゲンの種子の重さについて変異を調べ，１つの純系から生じる集団の変異（環境変異）は遺伝しないことを示した。

### ヨハンセンの実験

デンマークのヨハンセンは，市販のインゲンの種子の重さを測り，変異を調べた。このうち，重い種子と軽い種子を選び同じ条件で栽培したところ，重い種子からは重い種子，軽い種子からは軽い種子が得られ，選択の効果が見られた。そこで，重い種子だけを選択して自家受精を繰り返していくと，やがて選択の効果がなくなり，常に同じ変異を示すようになった（純系が確立した）。

純系の種子の重さも，肥料，日照，土壌粒子，収穫時期などの違いで変異を生じる（**環境変異**）。

この実験のように，いくつかの純系が混合した集団では，選択の効果があるが，純系のみの集団では，選択の効果がなくなり，環境変異の効果だけが残る（**純系説**）。

同じ遺伝子をもつ場合でも，環境変異によって重さが異なることに着目しよう。

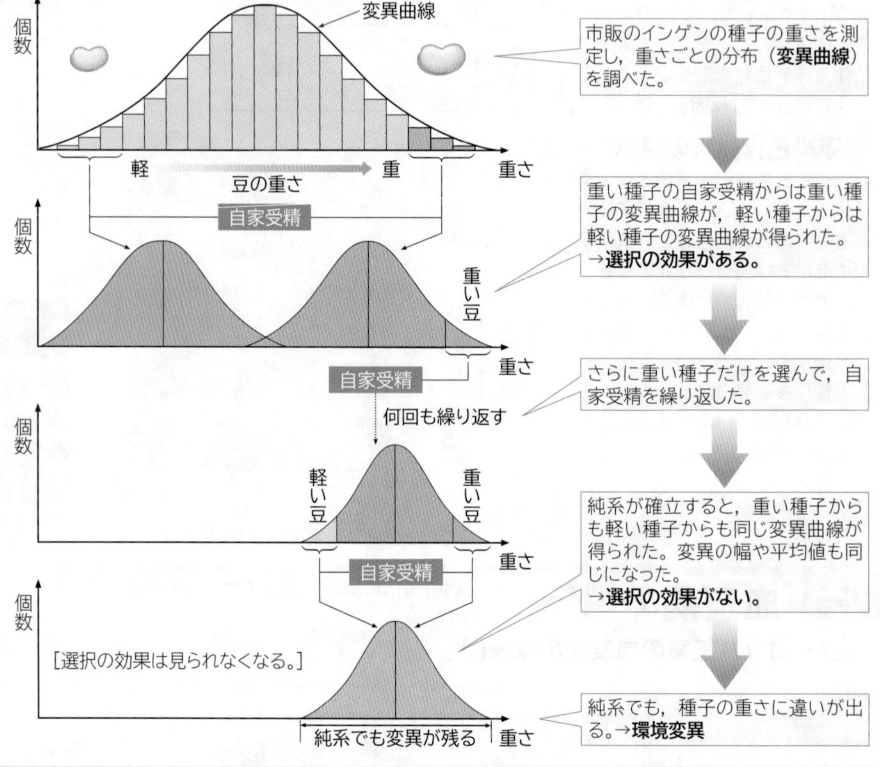


## B 回遊魚の陸封

動物の環境変異の例として，回遊魚が物理的に陸水域に封じ込められ，別の繁殖集団を形成する**陸封**が知られている。

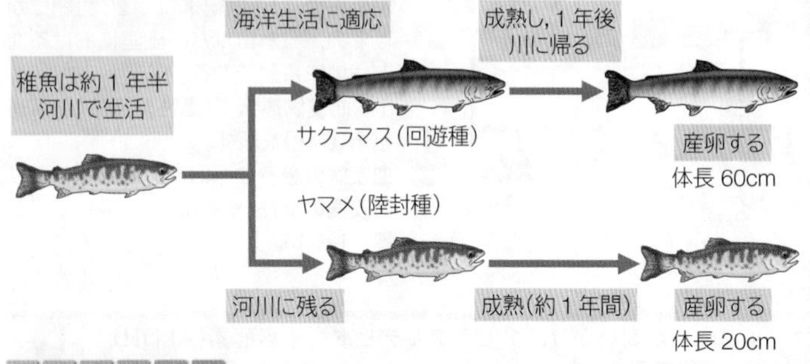

ヤマメ

サクラマスとヤマメは同種の魚であるが，海で生育し川で産卵するサクラマス（回遊種）と，一生を川で過ごすヤマメ（陸封種）では，大きさや体色などが大きく異なる。回遊種と陸封種に分けられる魚には，この他にベニマス（海）とヒメマス（陸水），アユ（海）とコアユ（陸水），サツキマス（海）とアマゴ（陸水）などが知られている。

## TOPICS
### 多数の遺伝子（ポリジーン）による遺伝

遺伝が関与していると考えられるにも関わらず，単純なメンデルの遺伝形式にはあわず，はっきりした対立形質を認めることができないものもある。その例として，連続変異を示す形質，例えばヒトの身長，体重などの量的形質がある。量的形質は複数の遺伝子が加算的に働いて効果を現すと考えられている。その形質は連続的に変異し，環境変異の示す曲線と同様になる。

ヒトの身長を例に，３種類の対立遺伝子Ａとａ，Ｂとｂ，Ｃとｃがいずれも身長を決めていると単純化して考えてみよう。Ａ，Ｂ，Ｃはどれも背を高くし，ａ，ｂ，ｃはどれも低くする。そして背の高さは，高い遺伝子と低い遺伝子の数で加算的に決まるとする。つまり，AABBCC のように大文字の遺伝子が６個ある場合に最も高く，AABBCc や AaBBCC などのように大文字の遺伝子が５個の場合は２番目，以下４個そろう場合，３個，２個，１個，０個（aabbcc の場合）の順に低くなる。つまり，大文字の遺伝子の数によって，７種類の背の高さが生じることになる。このように同じ形質に関与している多くの遺伝子のことを**ポリジーン**という。ただし，実際にはもっと多くの遺伝子がヒトの身長に関与していると考えられている。また，ヒトの身長は，遺伝子だけでなく生育環境などにも左右される。

ポリジーン遺伝のモデル

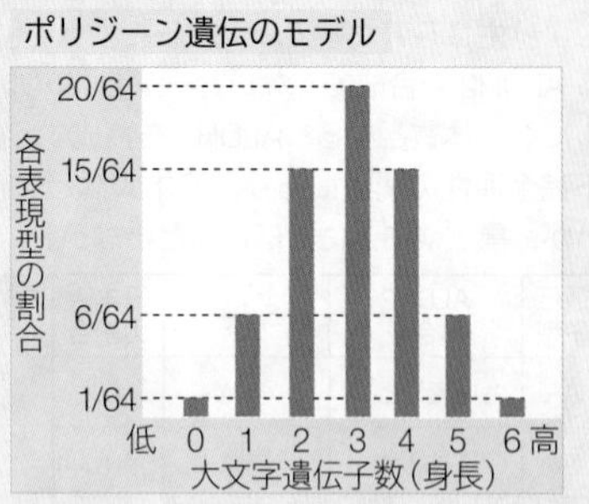


AaBbCc から予測される子どもの身長とその頻度。予測される表現型の割合を遺伝子型の大文字の遺伝子数で分類した。

# 13 突然変異
Mutation

## A 突然変異の種類

突然変異は，核酸構造の変化の種類によって染色体突然変異と遺伝子突然変異に分けることがある。

突然変異は，DNA の 1 塩基が別の塩基に置換されるような小さい変化から，光学顕微鏡で観察できるような染色体レベルの大きな変化まで含む。染色体の数や構造が変化する突然変異を**染色体突然変異**，DNA の塩基が変化する場合を**遺伝子突然変異**という。また，突然変異の発生様式として，自然状態で生じる突然変異を**自然突然変異**，人為的に引き起こされた突然変異を**人為突然変異**という(⇒ C)。突然変異のうち，体細胞に生じる**体細胞突然変異**(⇒ Topics 枝変わり)は，次世代に遺伝しないが，生殖細胞に生じる**生殖細胞突然変異**は一般に次世代に遺伝する。

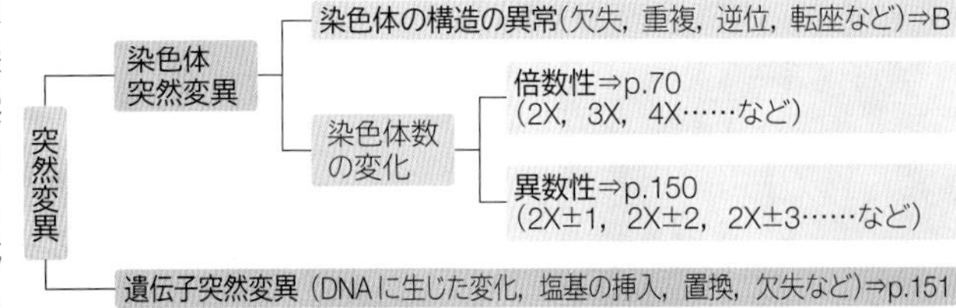


## B 染色体の構造の異常

染色体突然変異には，欠失，重複，逆位，転座などがある。構造変化が大きいほど個体に大きな影響をもたらすといわれる。

| | 欠失 | 重複 | 逆位 | 転座 |
|---|---|---|---|---|
| 染色体の状態 | 染色体が一部欠けたもの<br>ABCDE<br>ACDE | 染色体の一部が重複したもの<br>ABCDE<br>ABBCDE | 染色体の一部が逆の方向についたもの<br>ABCDE<br>ACBDE | 染色体の一部が他の染色体と入れ替わったもの<br>ABCDE<br>FGHCDE |
| 対合した状態 | | | | |
| キイロショウジョウバエのだ腺染色体 | | 正常<br>重複 | | |

### ショウジョウバエの眼の突然変異(重複)

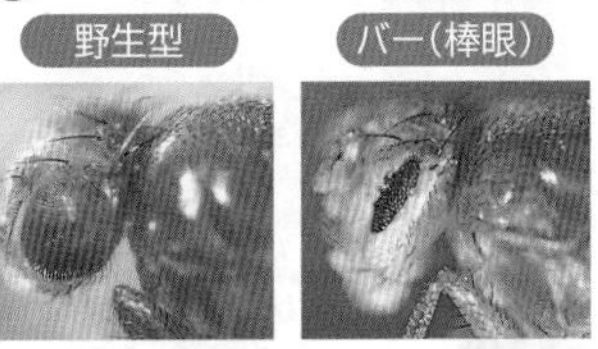


キイロショウジョウバエの眼を支配するバー(棒眼)遺伝子(第Ⅰ染色体上に存在)を含む染色体部分が重複を起こすと，個眼の数が減って丸い複眼が棒状に変化する。

染色体拡大図

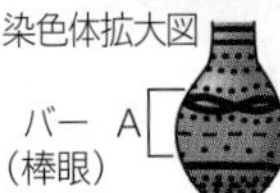


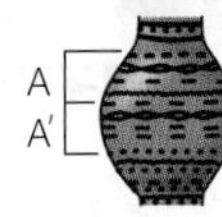


### TOPICS 枝変わり(体細胞突然変異の例)

枝や芽の一部で形質が変化した植物を枝変わりと呼ぶ。枝変わりは体細胞に起きた突然変異である。体細胞に起きた突然変異は一般には次世代に伝わらないが，つぎ木やさし木などの栄養生殖で増殖させることにより，新品種として認められたものも多い。

リンゴの代表的な品種であるデリシャスの枝変わりは種類が多い。

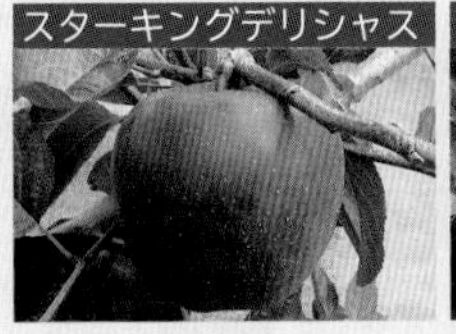

## C 人為突然変異

薬品処理や放射線照射などの人為的な操作によって生じる突然変異を人為突然変異といい，動植物の品種改良などに応用されている。

### マラーの実験

X 線が突然変異を起こすことを最初に明らかにしたのはマラーである(1927 年)。マラーは，ショウジョウバエの突然変異を効率よく検出する実験を考案し，X 線を照射すると致死突然変異などの突然変異の発生が 100 倍以上上昇することを確かめた。

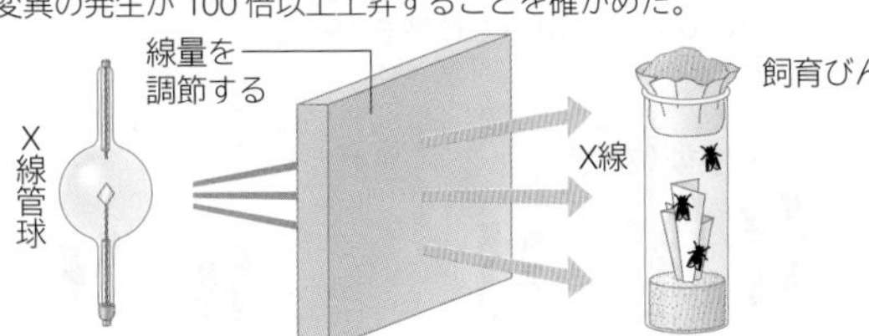


### γ線の利用

品種改良に最もよく用いられている放射線はγ線である。

| 品種改良の例 |
|---|
| 収量が多く，茎が短くて倒れにくいイネ |
| 低タンパク質のイネ |
| 低アレルゲンのイネ |
| 害虫に抵抗性を有し，早生のダイズ |
| 色とりどりに変化したキク |
| 高リシンのトウモロコシ |
| ローズオイルに似た成分をつくるハッカ |
| 黒斑病に強い二十世紀ナシ |

### ガンマーフィールド

屋外にあるγ線照射育種農場をガンマーフィールドと呼ぶ。下の写真は茨城県の農業生物資源研究所のガンマーフィールドで，半径 100 m の円形の農場の中心にγ線の線源が置かれていて，γ線を照射しながら植物を育てることができる。品種改良や突然変異機構の基礎研究に用いられている。

### コルヒチンの利用

(種なしスイカの作成)

コルヒチンは，細胞分裂時の紡錘体の形成を阻害する化学薬品である。コルヒチン処理を行うと，染色体が倍加しても細胞が分裂せず，倍数体が形成される。コルヒチン処理をした 4 倍体の卵細胞($2n$)と 2 倍体(通常)の精細胞($n$)の交雑で生じる 3 倍体($3n$)は，減数分裂が起きず不稔(種子ができない)になるが子房(果肉)はできる。現在では優良な種なしスイカを組織培養を使って増やしている。

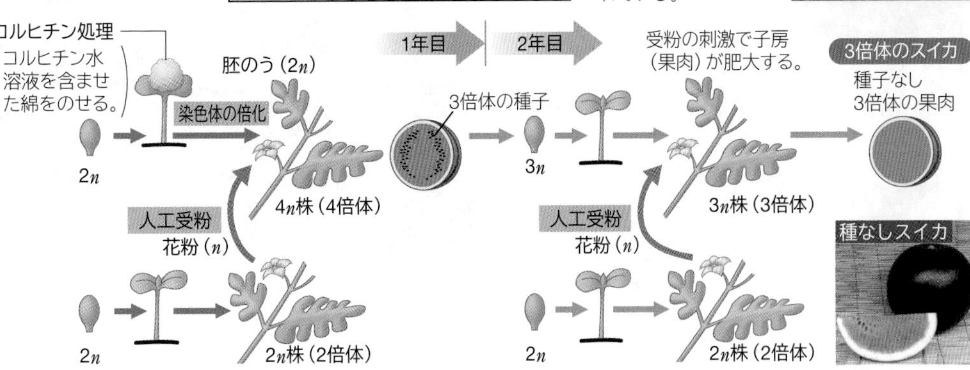

# 14 倍数体と異数体
Ploid and heteroploid

## A 倍数体

染色体の数が基本数の整数倍になっている場合を**倍数性**といい，その個体を**倍数体**という。 生物

野生のキク属ではX＝9を基本数として，様々な倍数体が存在している。

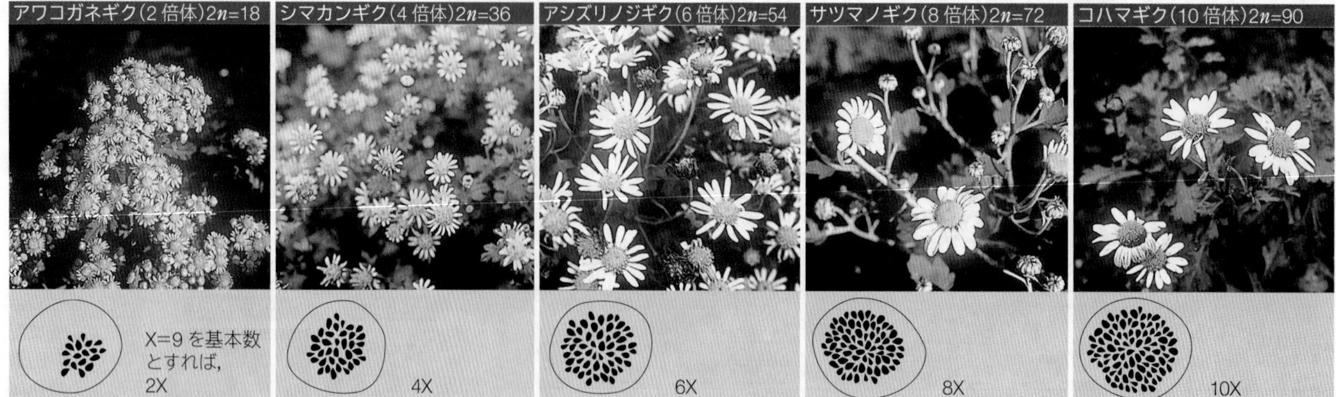


## B 異数体

染色体数が基本数の整数倍でない場合を**異数性**といい，その個体を**異数体**という。ヒトの先天性疾患の1つであるダウン症候群はその例である。 生物

### ダウン症候群の男子の染色体 ／ ダウン症候群の起こるしくみ

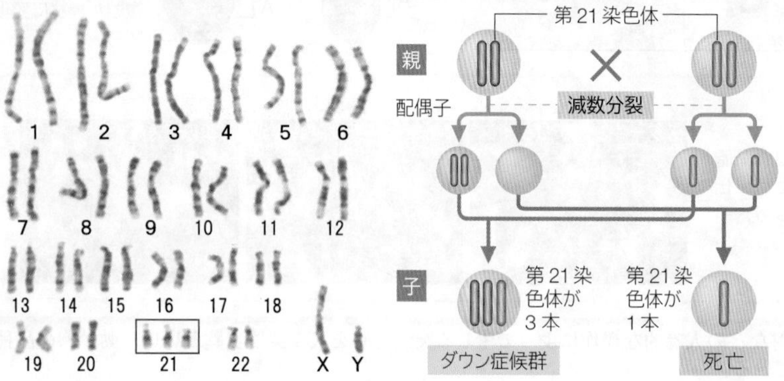


ダウン症候群はイギリスの医師ダウンによって発見された。21番目の常染色体(⇒ p.144)を3本もつ**異数体**であり，多くの場合，両親のいずれか一方の配偶子形成過程における染色体の不分離が原因で起こる。

### TOPICS 染色体数の異なる2種の交配は可能か？

フクロテナガザル(体長75～90 cm)の染色体数は$2n$＝50，シロテテナガザル(体長約50 cm)の染色体数は$2n$＝44である。この2種は身体的な特徴も，遺伝子の構成も異なっている。そのため，当然交配しないと考えられていたが，アメリカのジョージア州の動物園でこの2種に交配が起こった。誕生した雑種の染色体数は$2n$＝47であり，相同染色体対は成立していないため，この雑種は不妊であった。

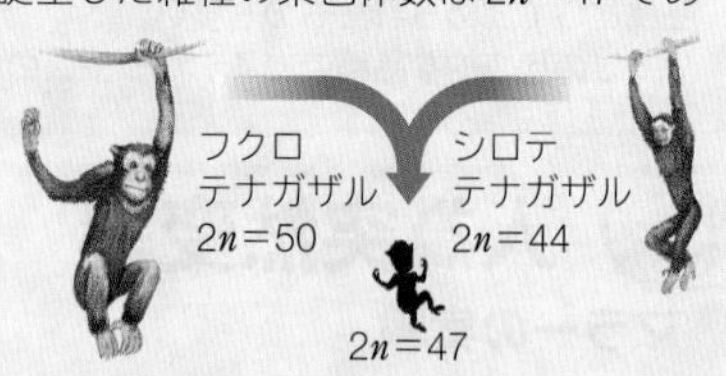


**相同染色体**：母方・父方から1本ずつ受継ぐ同型同大の染色体。

## 実験 ヒトの核型の調べ方

動物(特に脊椎動物)では，骨髄液や白血球などを用いて核型を調べる。

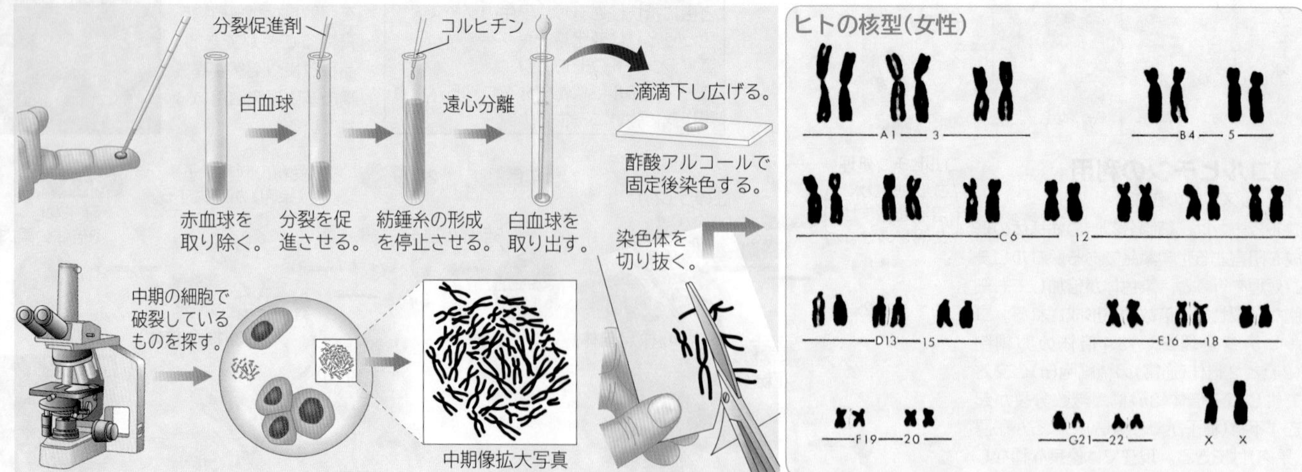

# 15 遺伝子突然変異
Gene mutation

## A 遺伝子突然変異の種類

遺伝子突然変異では，１つの塩基の変化でも形質発現に影響を及ぼす場合が多い。遺伝子突然変異には，置換，挿入，欠失などの種類がある。 生物

### 形質発現の流れ

DNA の塩基配列が変化すると，タンパク質の性質も変化する。

DNA（4種類の塩基が3つで1つのアミノ酸を指定する）

アミノ酸

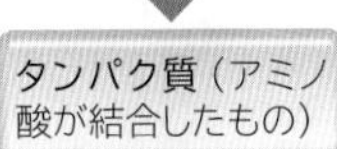

タンパク質（アミノ酸が結合したもの）

形質発現（タンパク質の働きによる）

### 遺伝子突然変異の種類

| | | | 1 | 2 | 3 | 4 | 5 | 6 | 7 | 8 | 9 | 10 | 11 | 12 | 13 | 14 | 15 |
|---|---|---|---|---|---|---|---|---|---|---|---|---|---|---|---|---|---|
| 野生型（正常） | | DNAの塩基配列 | A | G | G | A | C | C | T | G | T | G | T | A | G | G | A |
| | | アミノ酸 | セリン | | | トリプトファン | | | トレオニン | | | ヒスチジン | | | プロリン | | |
| 突然変異の形態 | 置換 | DNAの塩基配列 | A | G | G | A | C | C | T | G | T | ↓C | T | A | G | G | A |
| | | アミノ酸 | セリン | | | トリプトファン | | | トレオニン | | | アスパラギン酸 | | | プロリン | | |
| | 挿入 | DNAの塩基配列 | A | G | G | A | C | C | T | G | T | ↓A | G | T | A | G | G | A |
| | | アミノ酸 | セリン | | | トリプトファン | | | トレオニン | | | セリン | | | セリン | | |
| | 欠失 | DNAの塩基配列 | A | G | G | A | C | C | T | G | T | ↓T | A | G | G | A | |
| | | アミノ酸 | セリン | | | トリプトファン | | | トレオニン | | | イソロイシン | | | ロイシン | | |

（挿入：番号 1 2 3 4 5 6 7 8 9 ↓ 10 11 12 13 14 15　欠失：番号 1 2 3 4 5 6 7 8 9 ↓11 12 13 14 15）

### 種々の生物における遺伝子突然変異率

| 生物種と形質 | 突然変異率※ | 単位 |
|---|---|---|
| 大腸菌<br>抗生物質への耐性 | 2億5千万分の1 | 菌体1個あたり |
| アカパンカビ<br>核酸合成異常 | 2万5千分の1 | 胞子1個あたり |
| トウモロコシ<br>紫色の種子 | 10万分の1 | 配偶子1個あたり |
| キイロショウジョウバエ<br>白眼<br>黄体色 | 2万5千分の1<br>1万分の1 | 配偶子1個あたり |
| ヒト<br>血友病<br>小人症<br>ハンチントン病 | 10万分の1<br>2万5千分の1<br>100万分の1 | 配偶子1個あたり |

※自然状態で発生する突然変異率を表している。

## B 鎌状赤血球貧血症

鎌状赤血球貧血症は，赤血球が鎌状に変形し，貧血を引き起こす遺伝子病である。複雑な動物での遺伝子突然変異として解明された最初の例である。 生物

### 鎌状赤血球貧血症の起こるしくみ

転写の際に鋳型となったのはDNAのどちらの鎖か，注意しよう。

正常な赤血球のヘモグロビンβ鎖

| | | | | | | | |
|---|---|---|---|---|---|---|---|
| DNAの塩基配列 | CAC | GTA | GAC | TGA | GGA | CTC | CTC |
| | GTG | CAT | CTG | ACT | CCT | GAG | GAG |
| mRNAの塩基配列 | GUG | CAU | CUG | ACU | CCU | GAG | GAG |
| アミノ酸配列の一部 | Val バリン | His ヒスチジン | Leu ロイシン | Thr トレオニン | Pro プロリン | Glu グルタミン酸 | Glu グルタミン酸 |
| | 1 | 2 | 3 | 4 | 5 | 6 | 7 |

↓ 突然変異

鎌状赤血球のヘモグロビンβ鎖

| | | | | | | | |
|---|---|---|---|---|---|---|---|
| DNAの塩基配列 | CAC | GTA | GAC | TGA | GGA | CAC | CTC |
| | GTG | CAT | CTG | ACT | CCT | GTG | GAG |
| mRNAの塩基配列 | GUG | CAU | CUG | ACU | CCU | GUG | GAG |
| アミノ酸配列の一部 | Val バリン | His ヒスチジン | Leu ロイシン | Thr トレオニン | Pro プロリン | Val バリン | Glu グルタミン酸 |
| | 1 | 2 | 3 | 4 | 5 | 6 | 7 |

鎌状赤血球貧血症は，赤血球中のヘモグロビンの１つのアミノ酸がグルタミン酸からバリンに置換されたために起こる。DNA の塩基が１か所だけ変わったために生じた遺伝子突然変異（**点突然変異**）である。

正常な赤血球

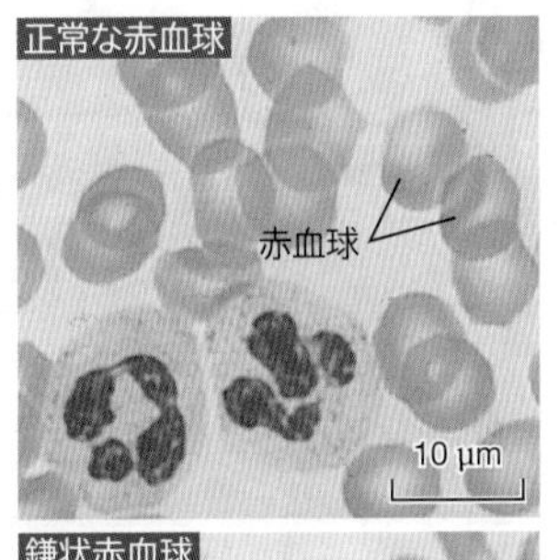


鎌状赤血球

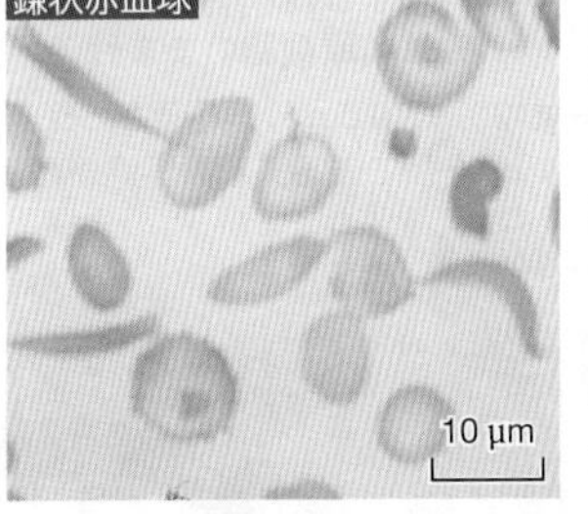


### 鎌状赤血球貧血症とマラリアの分布

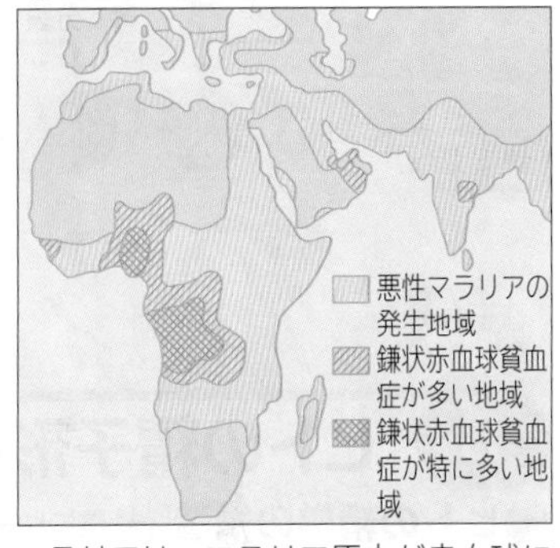


マラリアは，マラリア原虫が赤血球に寄生して起こる伝染病で，特に熱帯では致死率が高い。鎌状赤血球にはマラリアが寄生しないので，悪性マラリア発生地域には，他の地域に比べ，鎌状赤血球貧血症の人が多い。

## C 細胞での DNA 切断

DNA は細胞内に安定して存在する物質である。しかし，放射線・紫外線や活性酸素などによって切断されることがある。 生物

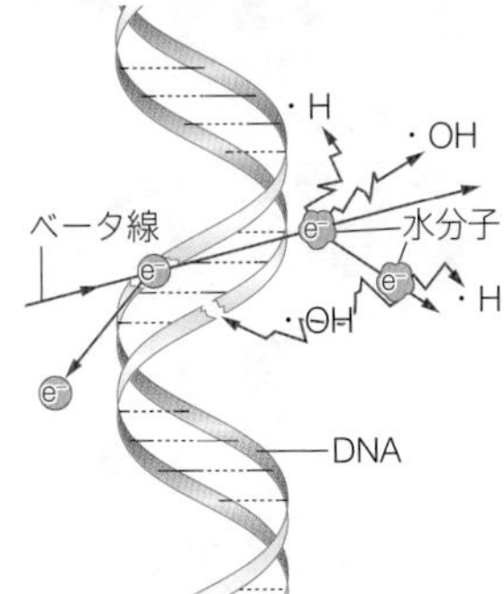


放射線の一種であるベータ線（高速の電子）がぶつかると，直接 DNA が切断される。また，ベータ線の通ったところでは水分子が分解されて，きわめて反応性の高い遊離基（ラジカル）であるヒドロキシルラジカル（・OH）が生じ，さらに DNA を切断するように働く。ヒドロキシルラジカルは，通常の酸素より反応性が高い活性酸素の１つである。

正常な染色体（左）と切断された染色体（右）

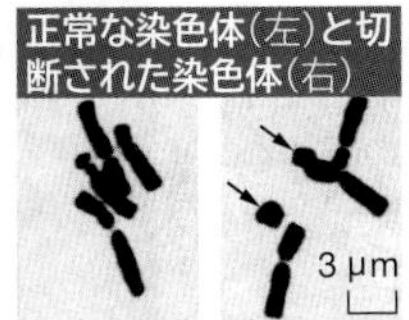


左はハプロパップスの正常な染色体。右は X 線（放射線の一種）を受けた結果，染色体 DNA の２本鎖が切断されたもの。染色体が切断されて切り離された部分（矢印）は染色体断片になる。

### ADVANCE DNA 切断と遺伝子の修復

DNA の切断に対しては，DNA を修復する働きも存在する（⇒ p.120）。DNA の修復は細胞にとっては重要な働きであるが，修復されなかった DNA や染色体は，細胞分裂の際に遺伝情報不足によって細胞ごと脱落したり，アポトーシス（⇒ p.174）によって排除されたりするので，生体への影響は少ない。高線量の放射線被曝や DNA への傷害が度重なる潰瘍などで高い頻度での修復が必要になったとき，修復にエラーが生じ，そのDNA が保持されて増えることの方が，むしろ危険な場合もある。

WORD 鎌状赤血球貧血症⇔鎌状赤血球症

# 16 動物の配偶子形成と受精

Zygote formation and fertilization of animals

## A 動物の配偶子形成

1個の一次精母細胞から4個の精子，1個の一次卵母細胞から栄養分の豊富な1個の卵がそれぞれつくられる。 生物

**始原生殖細胞**は，発生の初期から他の細胞とは区別されている。生殖腺(精巣・卵巣)の形成が始まると，アメーバ運動によって生殖腺原基に移動する。その後，体細胞分裂によって**精原細胞**・**卵原細胞**となり，長い休眠期を経て減数分裂を行い**配偶子**(精子・卵)に分化する。

精巣と卵巣で休眠する段階の違いに着目しよう。

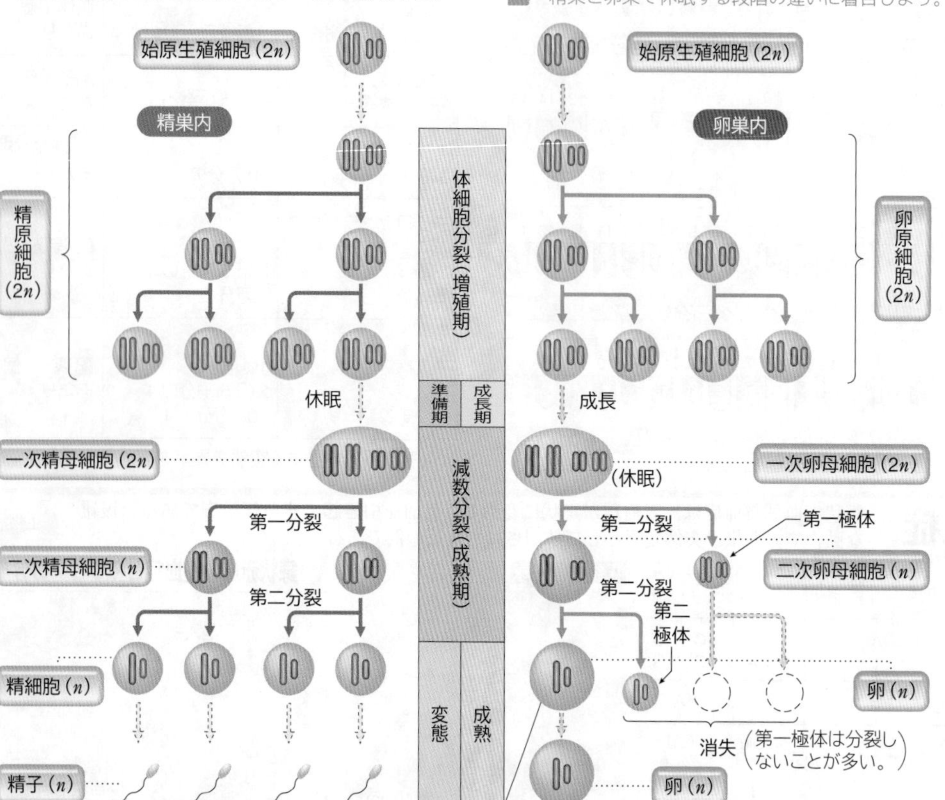


### ヒトの配偶子の分化

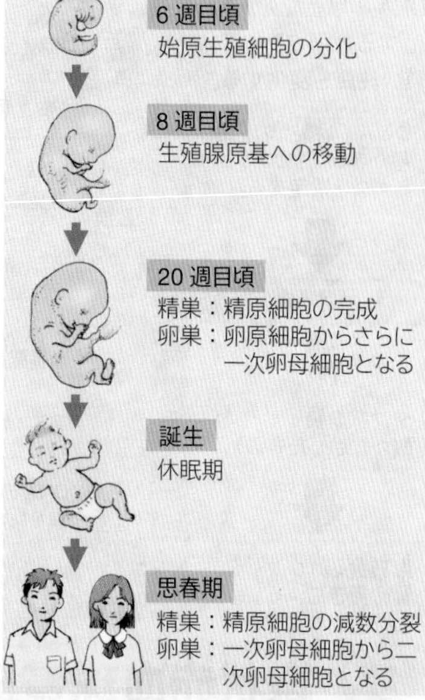


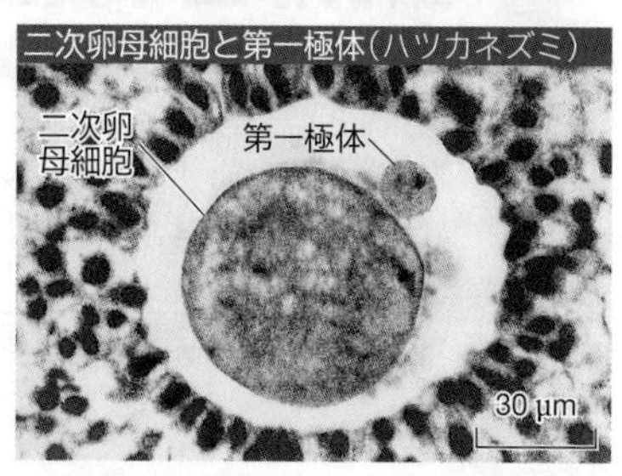


二次卵母細胞と第一極体(ハツカネズミ)

## B ヒトの精子形成

精子は細精管で形成される。細精管内の**精原細胞**は分裂して一方は精子形成へ向かい，一方は精原細胞のまま残るのでその数は一定に保たれる。 生物

### ヒトの精巣の構造

精巣には長さ30～70 cmの細精管が300～400本集合している。細精管の中では周辺部から中心部に向かって精子形成が進められ，一日に約6000万～8000万個の精子ができる。精原細胞が精子へ分化するためのホルモンや養分はセルトリ細胞が供給する。

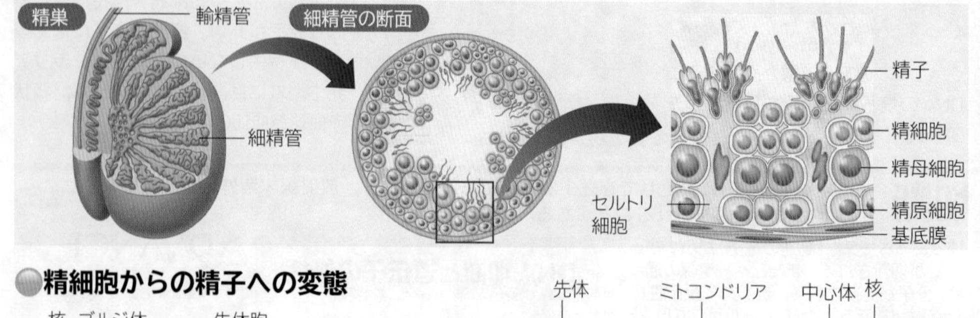


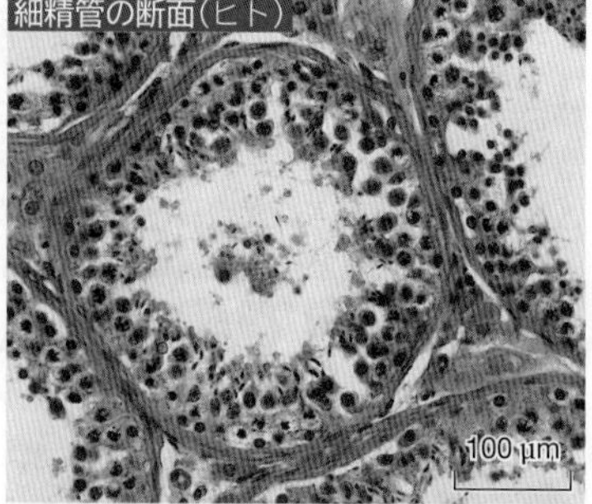


細精管の断面(ヒト)

### 精細胞からの精子への変態

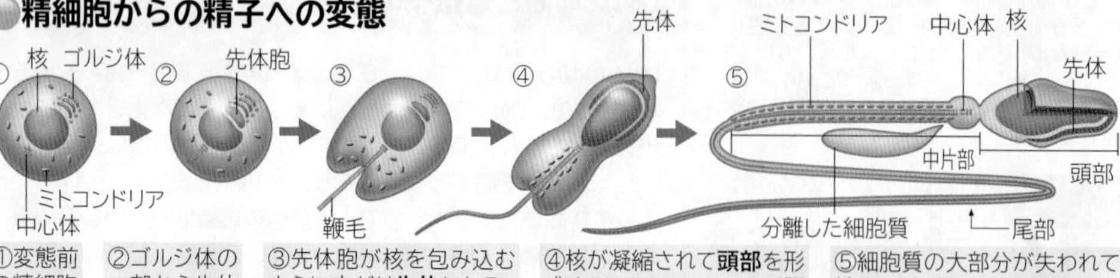


①変態前の精細胞

②ゴルジ体の一部から先体胞が形成される。

③先体胞が核を包み込むように広がり**先体**となる。中心体から**尾部**の繊維(**鞭毛**)が伸びる。

④核が凝縮されて**頭部**を形成する。ミトコンドリアが鞭毛の基部近くに集まり，**中片部**を形成する。

⑤細胞質の大部分が失われて精子が完成する。鞭毛はミトコンドリアからのエネルギー供給によって運動する。

精子(ヒト)

10 µm

WORD 精巣⇔睾丸　生殖腺⇔生殖巣　一次精母細胞⇔第一精母細胞　一次卵母細胞⇔第一卵母細胞　細精管⇔精細管　輸精管⇔精管

## C ヒトの卵形成

卵は，卵巣内のろ胞中で成熟し，**輸卵管に排卵**される。卵巣中の**一次卵母細胞**は，出生時には約200万個であるが，思春期には約40万個に減少する。

生物

### ヒトの卵巣の構造

ヒトの卵巣は直径3.5 cmくらいの卵型で左右に一対ある。卵原細胞は胎児期にすべて一次卵母細胞に分化し，減数分裂の第一分裂前期の状態で休眠している。思春期になると，月に1個の割合で減数分裂を再開し，ろ胞中で成熟して二次卵母細胞となって排卵される。排卵された二次卵母細胞は第二分裂中期の状態で，輸卵管に入ったところで精子と出会い受精した後，第二分裂を完了する。

成人女性が一生の間に排卵する卵の数は，400個程度にすぎない。

排卵には周期性があることに注意しよう。

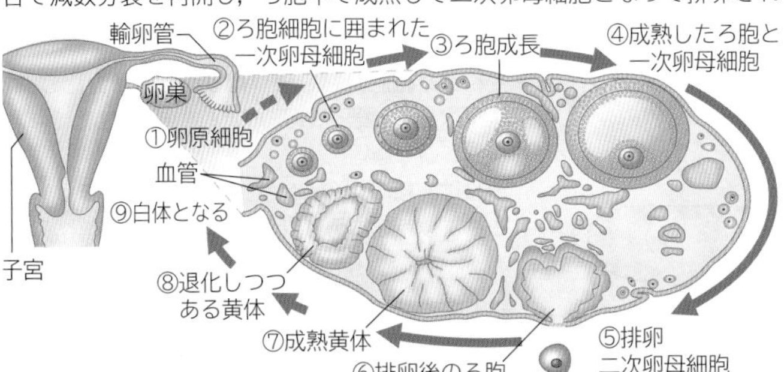


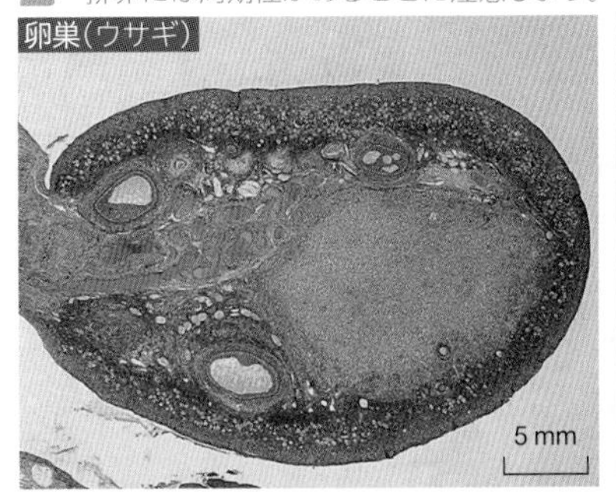


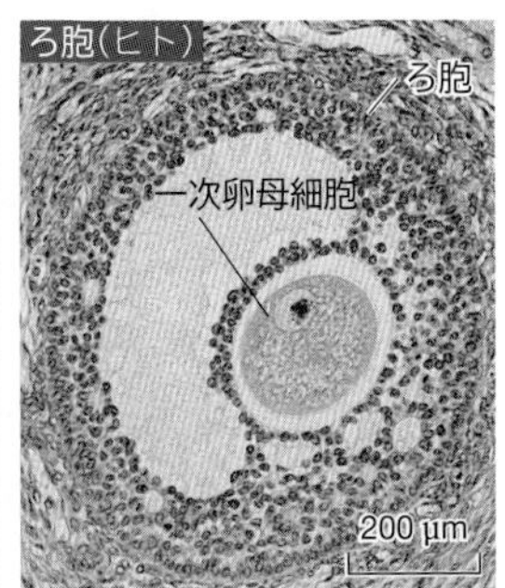


## D ウニの受精

一般に，水生動物は**体外受精**，陸上動物は**体内受精**を行う。ウニなどの水生動物では，他の精子の進入を防ぐ**受精膜**が形成される。

生物

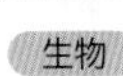

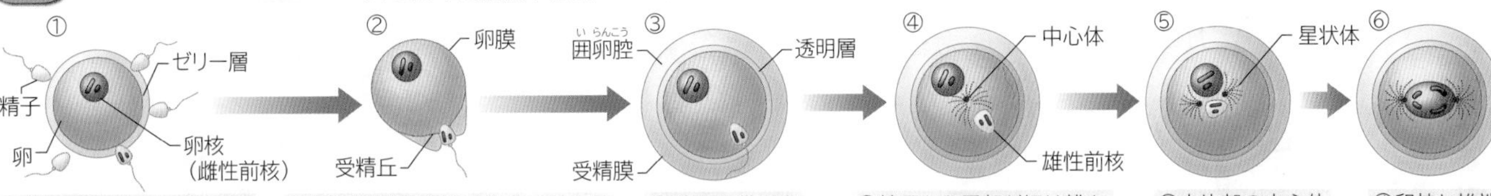


①精子が卵表面の**ゼリー層**に達する（卵と精子の染色体数を2本で表している）。

②最初の精子が卵に進入するとその部位が盛り上がって**受精丘**となり，透明な膜が形成され始める。

③透明な膜が卵の周囲に広がり，**受精膜**となる。

④精子から尾部が切り離される。精子の核（雄性前核）は半回転して卵核に近づく。

⑤中片部の中心体が星状体に変わり，2つに分かれる。

⑥卵核と雄性前核が合体する。

### 精子の進入と受精膜の形成

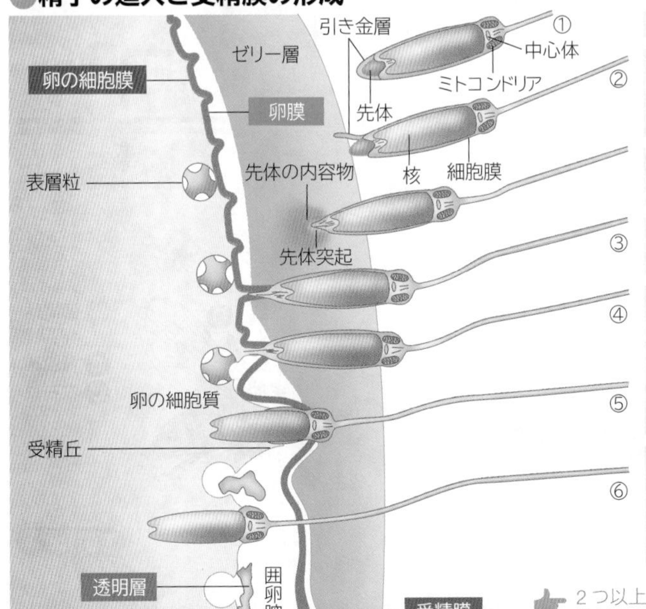


①精子が卵表面に達する。

②先体が壊れ，ゼリー層や卵膜を溶かす物質が放出される（**先体反応**）。

③精子が卵膜に接触すると受精丘ができる。

④卵の細胞膜と精子の細胞膜とが接触して融合する。

⑤精子進入点から受精膜が分離し始める。受精膜は卵膜が変化したもので，表層粒の分泌物の働きで硬くなる（多精拒否）。

⑥卵表面には新たに透明層が形成される。ミトコンドリアも卵内に入るが，その後退化消失する。

2つ以上の精子が進入しないしくみに着目しよう。

### 受精時の卵の成熟段階

| 卵の成熟段階 | 動物の例 |
|---|---|
| 成熟卵 | ウニ，刺胞動物 |
| 第二分裂中期 | カエル，多くの哺乳類 |
| 第一分裂中期 | ヒトデ，多くの昆虫類 |
| 一次卵母細胞 | カイチュウ，イヌ |

なお，核の合体までには卵の成熟は完了する。

**POINT**

**受精**

**1個の一次精母細胞⇒4個の精子**
**1個の一次卵母細胞⇒1個の卵**

Q：なぜ卵は1個しかできないのか？
A：卵母細胞に蓄えられた栄養分を1つに集中させることで，より生命力の強い発生能力に優れた卵をつくるためと考えられる（少数精鋭）。

**水生生物⇒体外受精（多産型）**
**陸上生物⇒体内受精（少産型）**

Q：なぜ陸上動物は体内受精をするのか？
A：体内受精は，生物の陸上進出に伴う乾燥への**適応**と考えられる。

### ウニの精子の進入（走査型電子顕微鏡）

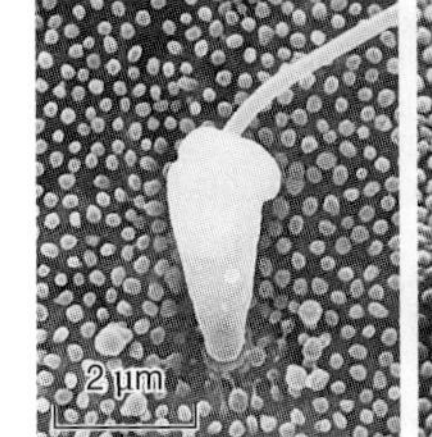


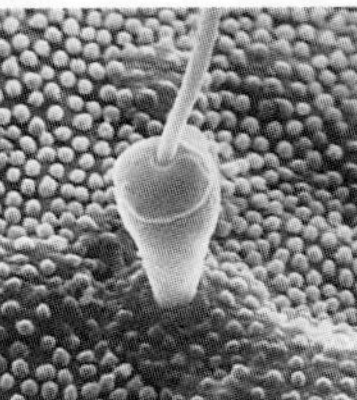

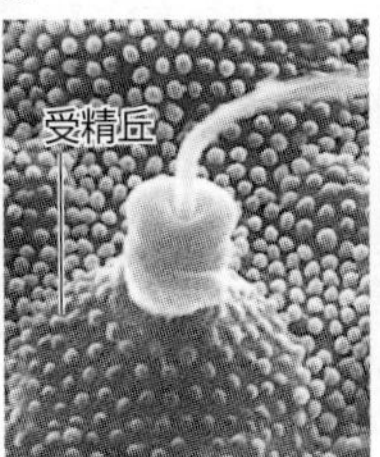


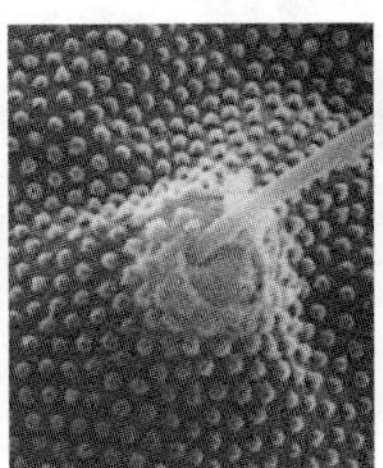

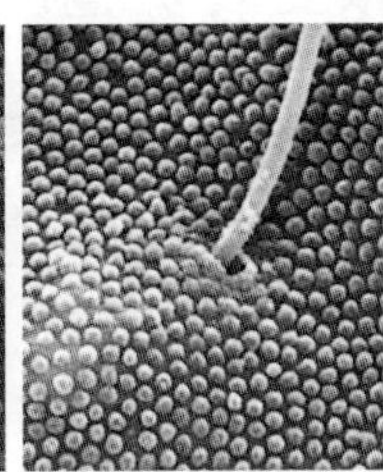

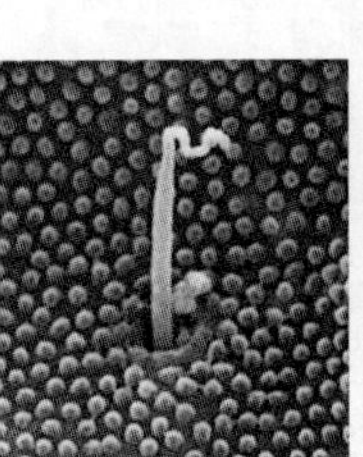

生物

WORD 輸卵管⇔卵管　ろ胞⇔卵胞　卵⇔卵子　受精丘⇔受精突起⇔迎接突起

# 17 動物の発生
Animal development

## A 発生のしくみの概略

受精卵が細胞分裂して増殖し，移動や相互作用を通して分化した後，形態が形成されるが，それぞれに遺伝子とタンパク質が関係している。

生物

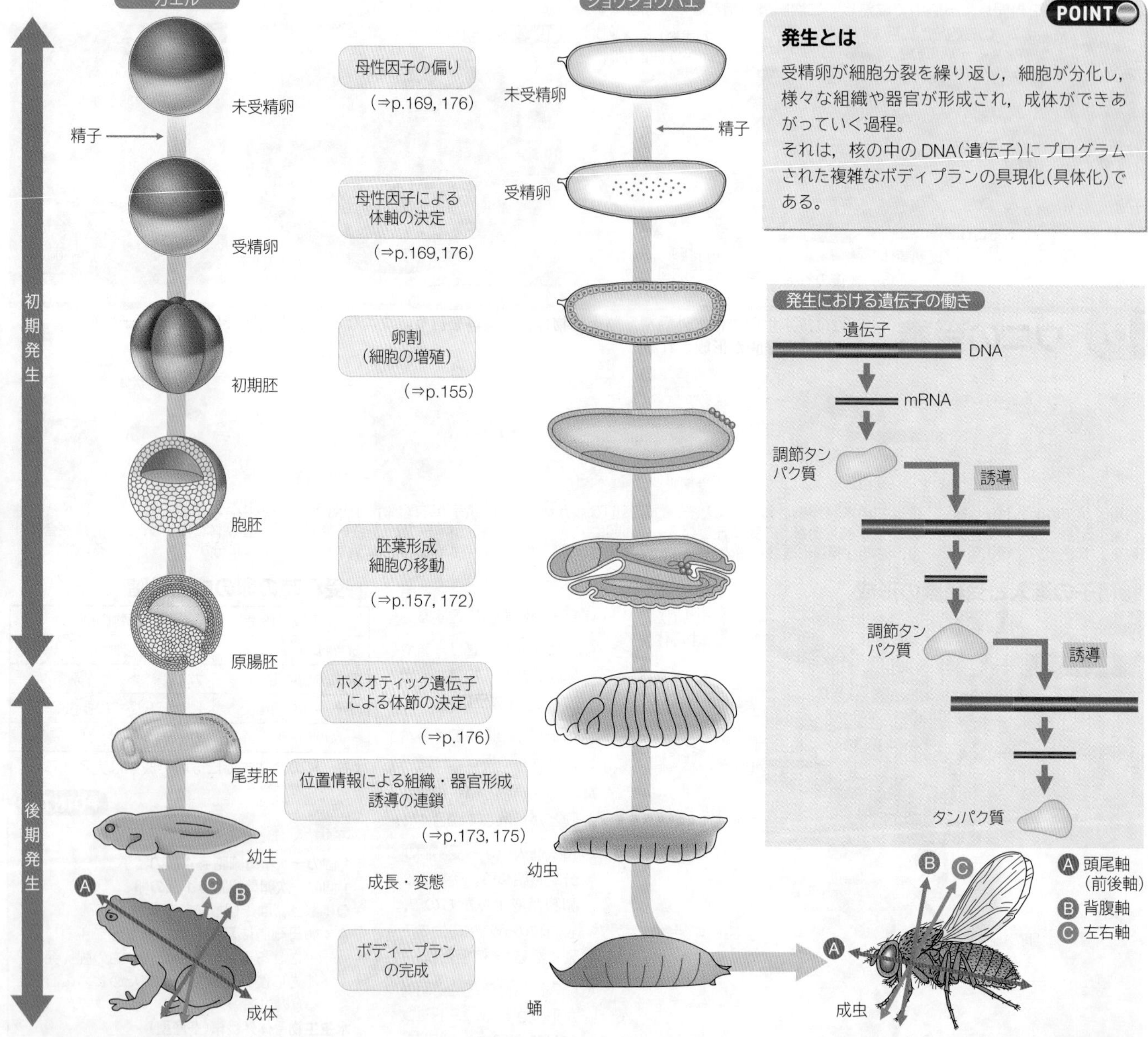


**POINT**

### 発生とは

受精卵が細胞分裂を繰り返し，細胞が分化し，様々な組織や器官が形成され，成体ができあがっていく過程。
それは，核の中のDNA(遺伝子)にプログラムされた複雑なボディプランの具現化(具体化)である。

**POINT**

### 動物の発生に関する用語

- 母性因子………卵形成時に母体から送り込まれ，卵母細胞に蓄えられたmRNAやタンパク質。
- 卵割……………受精後の初期に行われる受精卵の細胞分裂。
- 割球……………卵割によって生じる娘細胞。大きさにより，大割球・中割球・小割球に分けることがある。
- 胚………………卵割開始から食物を摂取できるようになる前の段階のもの。
- 胚葉……………卵割の進行とともに胚に生じる形態的に異なる細胞群。内胚葉・中胚葉・外胚葉に区分される。
- 体軸……………生物の体の方向性を表す基準線。多くの動物で，頭尾軸・背腹軸・左右軸の３つが見られる。
- 体制……………それぞれの生物が固有にもつ基本的な形や構造。
- 形態形成………発生によって固有の形態が形づくられること。
- 形態形成運動…形態形成に必要な細胞の移動。
- 原基……………特定の器官に発生することが定められた領域。
- 形成体…………他の細胞群に働きかけて分化させる領域や物質。
- 誘導……………形成体がもつ他の細胞群の分化を促す働き。
- 分化……………多細胞生物の細胞や組織が特定の機能や形態をもつものに変化すること。
- 極性……………細胞や細胞群で，分子的，生理的，形態的な特性に勾配が見られること。多くの場合，物質の濃度勾配が原因となる。
- 位置情報………細胞集団の中で特定の細胞が占める空間的位置に関する情報。
- 体節……………頭尾軸に沿って現れる繰り返し構造の単位。
- 幼生……………発生過程で，食物を摂取できるようになってから成体になるまでの時期の個体。
- 成体……………発生過程を終え，生殖可能となった個体。
- 変態……………個体発生の過程で個体の形態と機能が著しく異なるものに変化すること。
- 再生……………生物個体が失った組織や器官を再びつくり出すこと。


WORD 形成体⇔オーガナイザー⇔オルガナイザー

# 18 卵の種類と卵割の様式
Egg types and egg cleavage

## A 体細胞分裂と卵割の比較

卵割は，生じる娘細胞(割球)の成長をまたずに次々に起こる。卵割するたびに割球は小さくなり，胚全体の大きさに変化はない。 生物

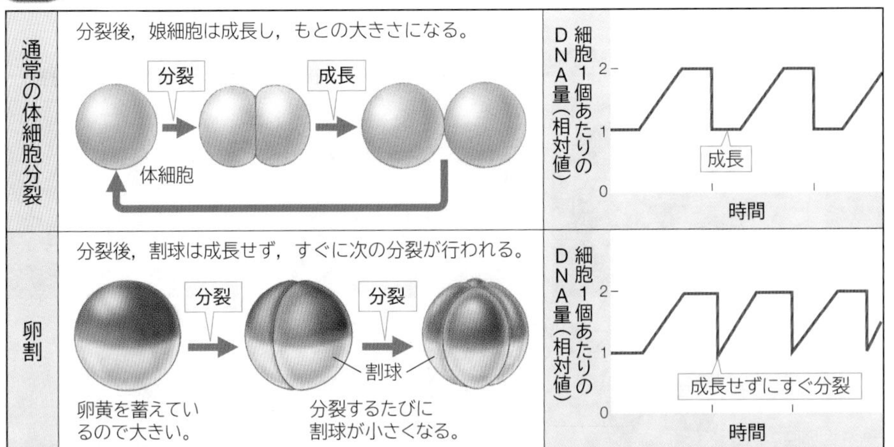


**POINT**

### 卵の各部の名称

卵には極性があり，卵割の方向や度合いも，それぞれの卵によって決まっている。

動物半球 / 植物半球 / 動物極 / 卵軸 / 赤道面 / 植物極

| | |
|---|---|
| 動物極 | 極体ができる部分 |
| 植物極 | 動物極の反対側の極 |
| 卵軸 | 動物極と植物極を結ぶ軸 |
| 赤道面 | 卵軸を直角に二等分する面 |
| 動物半球 | 赤道面で仕切られた動物極側の半球 |
| 植物半球 | 赤道面で仕切られた植物極側の半球 |

## B 卵の種類と卵割の様式

卵黄は胚発生に必要な栄養物質であるが，同時に，卵割を妨げる働きをもつ。 生物

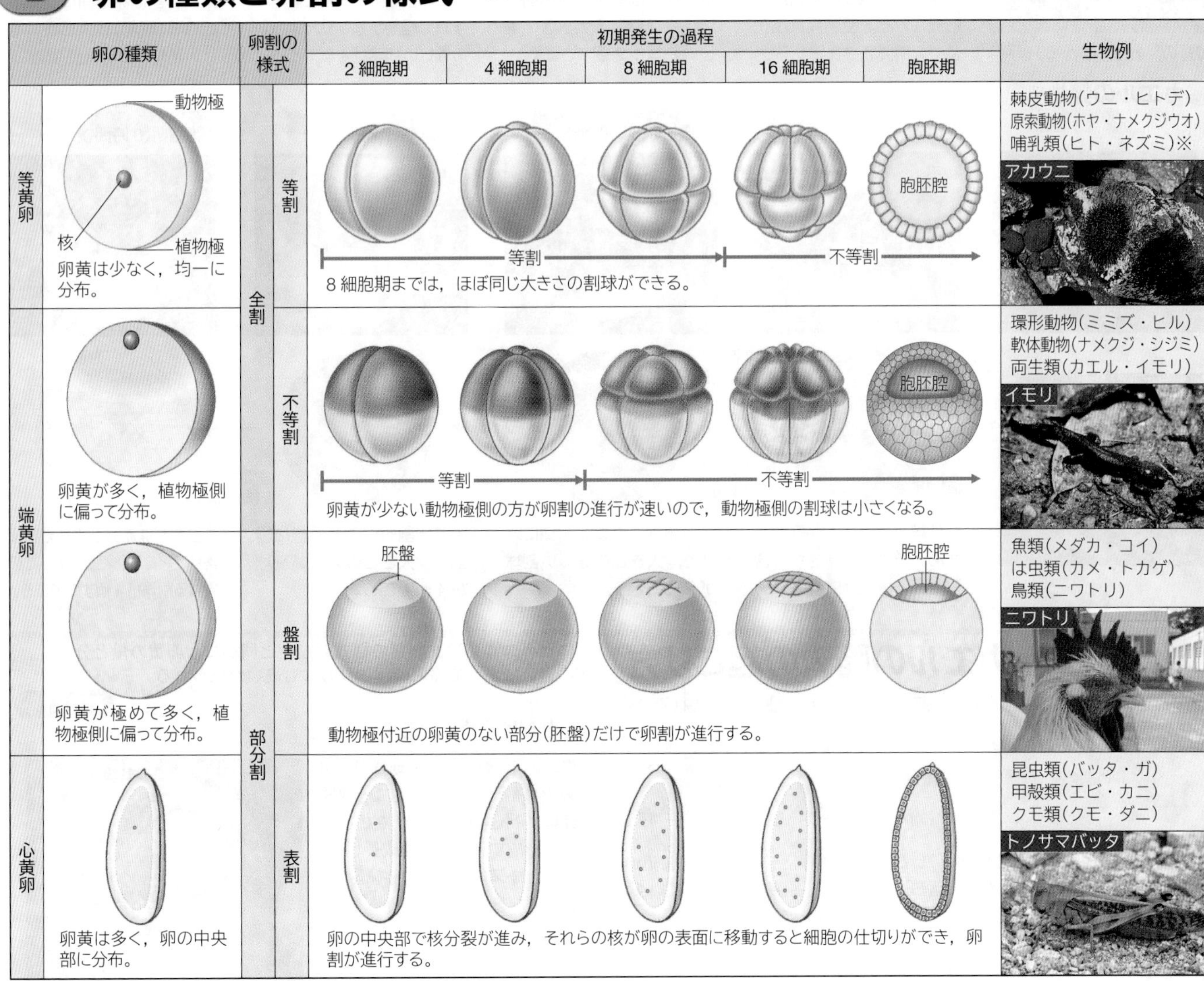

| 卵の種類 | | 卵割の様式 | | 初期発生の過程（2細胞期・4細胞期・8細胞期・16細胞期・胞胚期） | 生物例 |
|---|---|---|---|---|---|
| 等黄卵 | 動物極／核／植物極<br>卵黄は少なく，均一に分布。 | 全割 | 等割 | 胞胚腔<br>等割 → 不等割<br>8細胞期までは，ほぼ同じ大きさの割球ができる。 | 棘皮動物(ウニ・ヒトデ)<br>原索動物(ホヤ・ナメクジウオ)<br>哺乳類(ヒト・ネズミ)※<br>アカウニ |
| 端黄卵 | 卵黄が多く，植物極側に偏って分布。 | 全割 | 不等割 | 胞胚腔<br>等割 → 不等割<br>卵黄が少ない動物極側の方が卵割の進行が速いので，動物極側の割球は小さくなる。 | 環形動物(ミミズ・ヒル)<br>軟体動物(ナメクジ・シジミ)<br>両生類(カエル・イモリ)<br>イモリ |
| 端黄卵 | 卵黄が極めて多く，植物極側に偏って分布。 | 部分割 | 盤割 | 胚盤／胞胚腔<br>動物極付近の卵黄のない部分(胚盤)だけで卵割が進行する。 | 魚類(メダカ・コイ)<br>は虫類(カメ・トカゲ)<br>鳥類(ニワトリ)<br>ニワトリ |
| 心黄卵 | 卵黄は多く，卵の中央部に分布。 | 部分割 | 表割 | 卵の中央部で核分裂が進み，それらの核が卵の表面に移動すると細胞の仕切りができ，卵割が進行する。 | 昆虫類(バッタ・ガ)<br>甲殻類(エビ・カニ)<br>クモ類(クモ・ダニ)<br>トノサマバッタ |

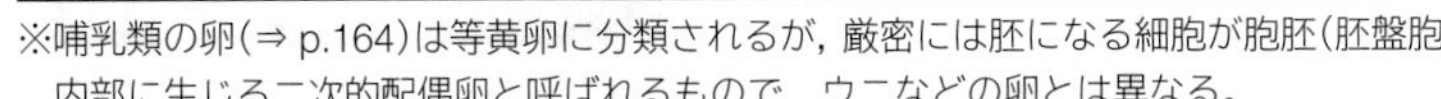

※哺乳類の卵(⇒ p.164)は等黄卵に分類されるが，厳密には胚になる細胞が胞胚(胚盤胞)内部に生じる二次的配偶卵と呼ばれるもので，ウニなどの卵とは異なる。

卵黄の分布と細胞分裂がおこる場所の関係に着目しよう。初期の卵割は胚全体で同調して進むことに注意しよう。

WORD 割球⇔卵割球　全割⇔全卵割

## A ウニとカエルの発生(1)

ウニでは，**桑実胚**から**胞胚**・**原腸胚**を経て**幼生**となる。カエルでは，胞胚・原腸胚のあと，さらに**神経胚**・**尾芽胚**を経て幼生となる。 生物

### ウニの発生

未受精卵

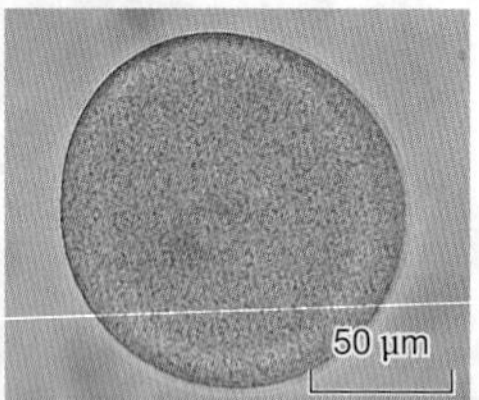


受精卵(7 分後)

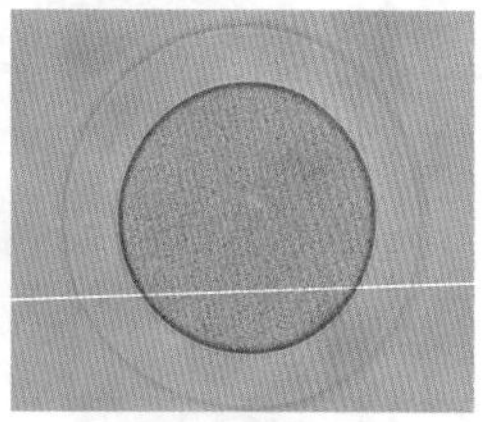

2 細胞期(50 分後)

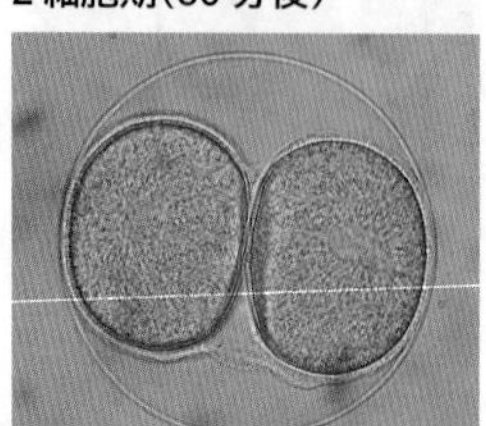

4 細胞期(1 時間 10 分後)

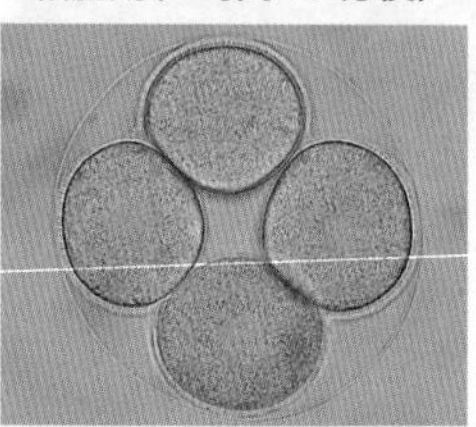

8 細胞期(1 時間 30 分後)

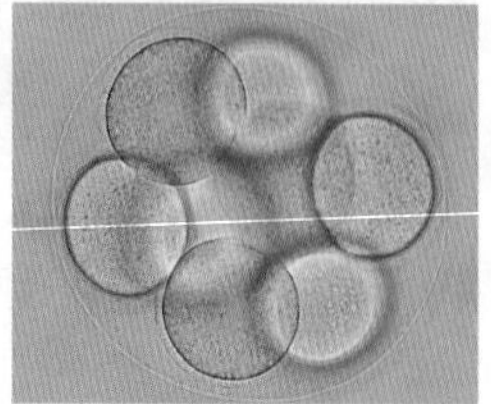

バフンウニ(下面)
雌　雄

雌雄の見分け方は p.160 参照

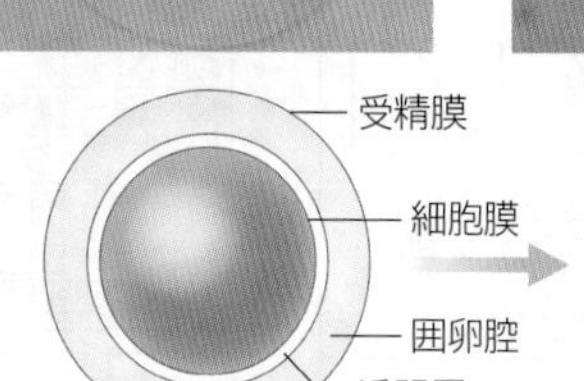


精子の進入点から**受精膜**が形成される。受精膜はふ化までの期間胚を保護する。

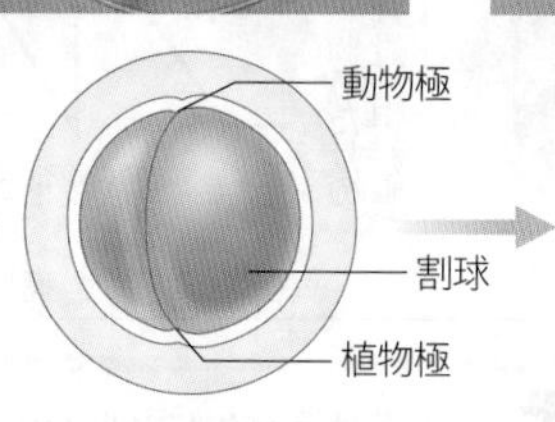


第一卵割は両極を結ぶ面で起こり(経割)，大きさの等しい割球が 2 個できる。

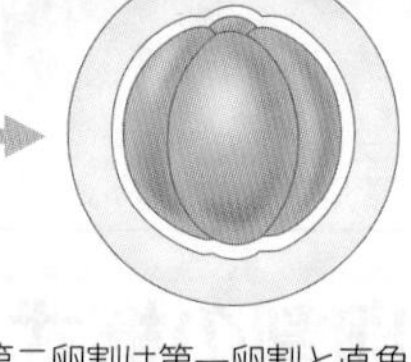

第二卵割は第一卵割と直角にずれて経割が起こり，大きさの等しい割球が 4 個できる。

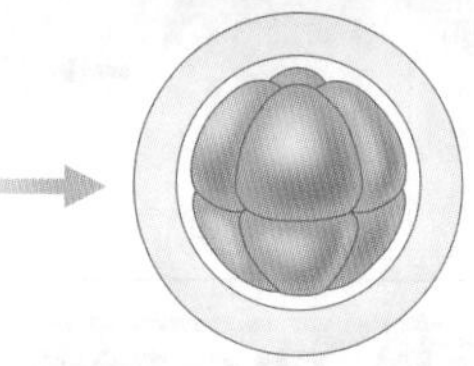

第三卵割は赤道面に沿って起こり(緯割)，大きさの等しい割球が 8 個できる。

### カエルの発生

卵塊

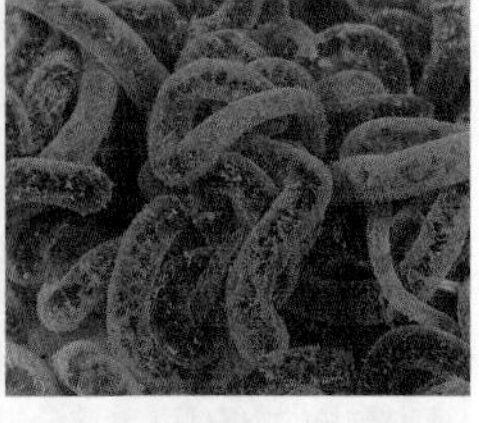

受精卵

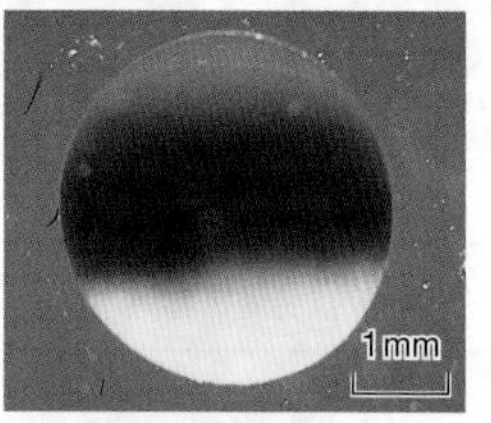


2 細胞期(6 時間後)

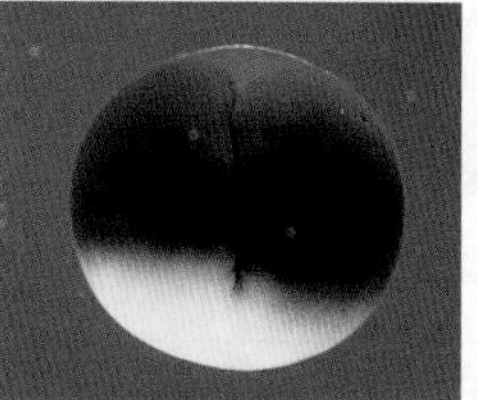

4 細胞期(7 時間後)

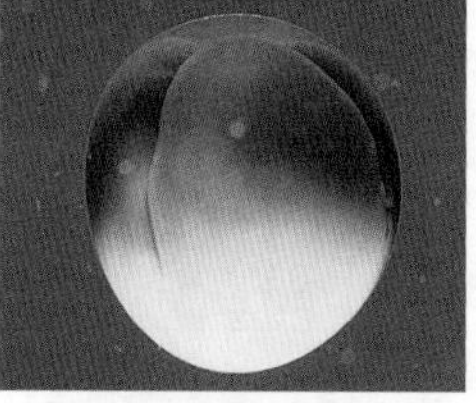

8 細胞期(8 時間後)

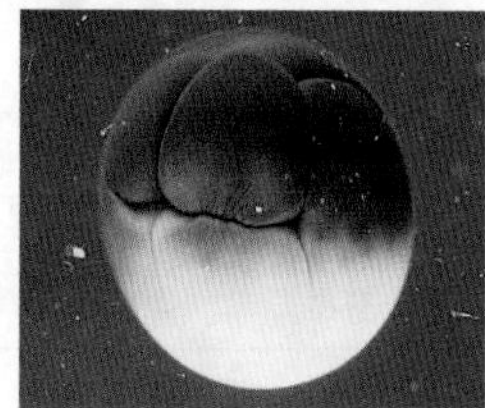

ヒキガエル(抱接)

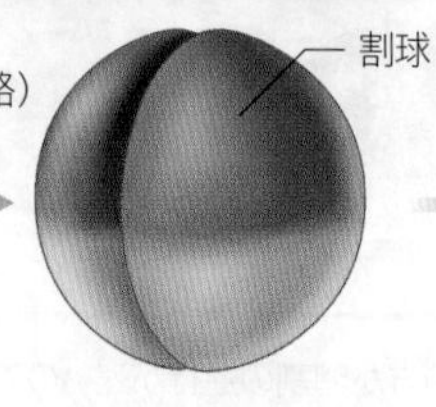


紫外線から自身を保護するためメラニン色素を多く含んだ動物極を上に向ける。

第一卵割はウニと同様に経割で，大きさの等しい割球が 2 個できる。

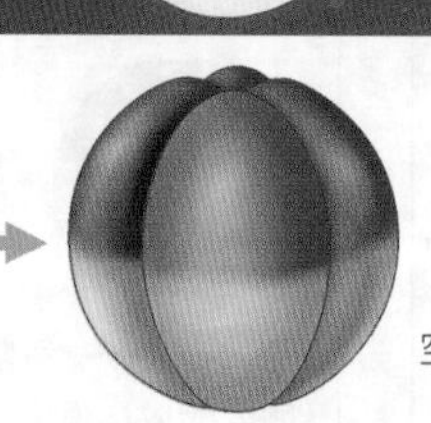

第二卵割もウニと同様に経割で，大きさの等しい割球が 4 個できる。

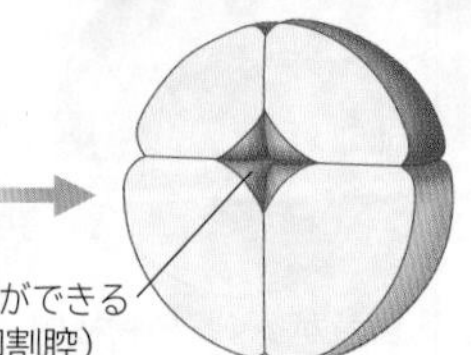


第三卵割は赤道面より動物極寄りで起こる(緯割)。大きさの異なる割球が 4 個ずつできる。

## B ウニとカエルの陥入の起こり方

ウニとカエルでは，卵割の様式の違いと同様に，卵黄の量と分布の違いによって陥入の起こり方にも違いが見られる。 生物

**ウニ** 植物極側の細胞層が胞胚腔内へ落ち込み，原腸が形成されていく。

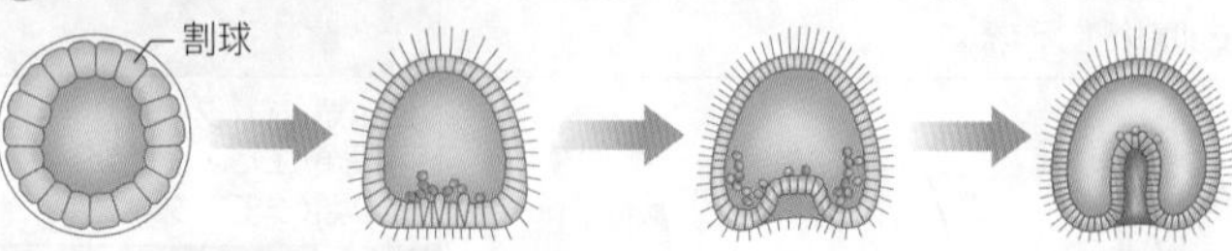


**カエル** 植物極側の細胞層が厚いため，動物極側と植物極側の境に近い部分から胞胚腔への落ち込みが始まり，原腸が形成されていく。

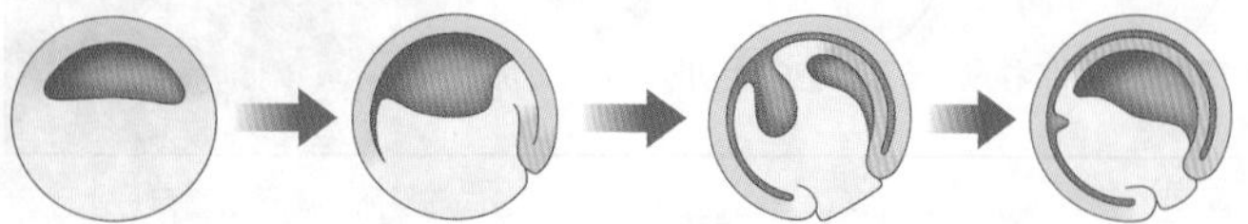

POINT

**小割球は骨片になる**

ウニの 16 細胞期に形成された 4 個の小割球は，その後，**一次間充織**(中胚葉)となり，やがて骨片を形成する。骨片は成長して，プルテウス幼生の骨格となる。

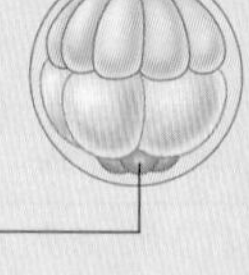


ウニ原腸胚初期の走査型電子顕微鏡像
一次間充織
30 µm

 WORD 経割⇔縦割　緯割⇔横割　間充織⇔間充組織⇔間葉　原腸胚⇔のう胚　原口背唇⇔原口上唇

## 生物の進化と胚葉形成

POINT

動物の発生の様子は生物の進化と密接に関係している(⇒ p.330)。海綿動物は胞胚期でほぼ発生が終わり，外胚葉しかできない。刺胞動物(クラゲ)は原腸胚期で終わり，外胚葉と内胚葉しかできない(原腸胚に触手を付けるとクラゲとなる)。棘皮動物(ウニ)では中胚葉はできるが，胞胚腔内に浮遊する細胞塊にとどまる。脊椎動物で全割を行う両生類になると明確な中胚葉の層が形成される。盤割を行うは虫類・鳥類及び胎盤を持つ哺乳類では，胚盤の中に外胚葉，内胚葉の層ができ，外胚葉層の細胞が内胚葉の層との間へ落ち込んで中胚葉層が形成される(⇒ p.162，164)。

**16 細胞期(1 時間 50 分後)**

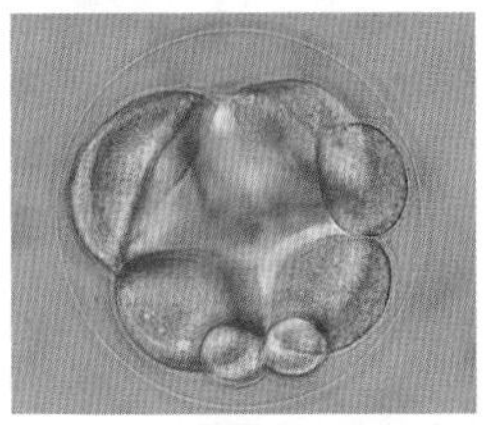

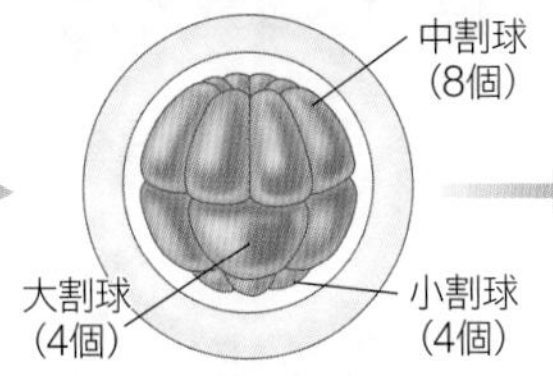


第四卵割は動物極側で経割，植物極寄りで緯割が起こり，大中小の割球ができる。

**桑実胚期(2 時間 10 分後)**

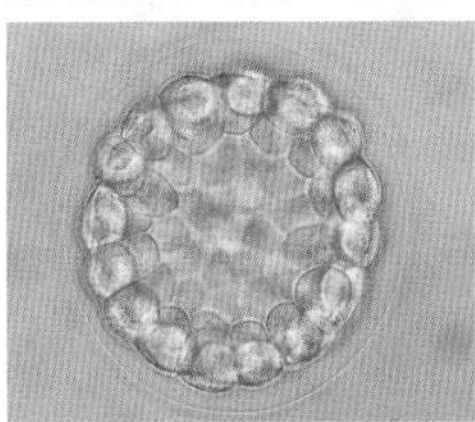

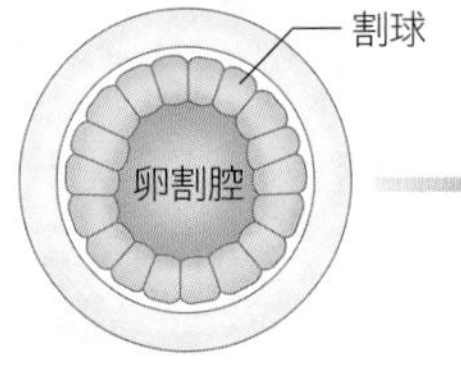


割球が表面に一層に並んで，クワの果実のような形になる。内部には**卵割腔**ができる。

**胞胚期(5 時間後)**

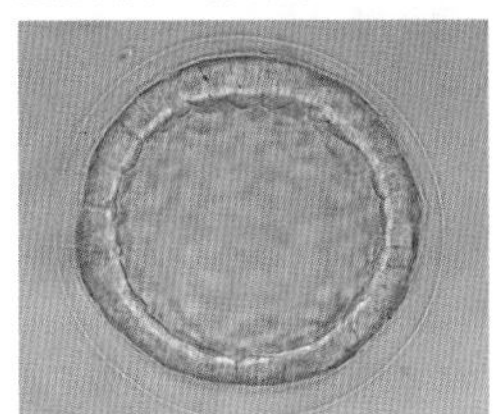

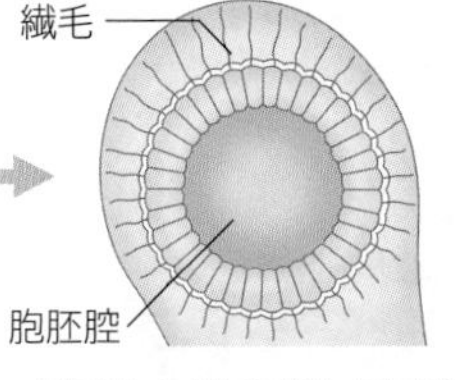


割球から繊毛が生じ回転運動を始める。やがて受精膜を溶かし泳ぎ出す(ふ化)。

**胞胚期(ふ化後)(7 時間後)**

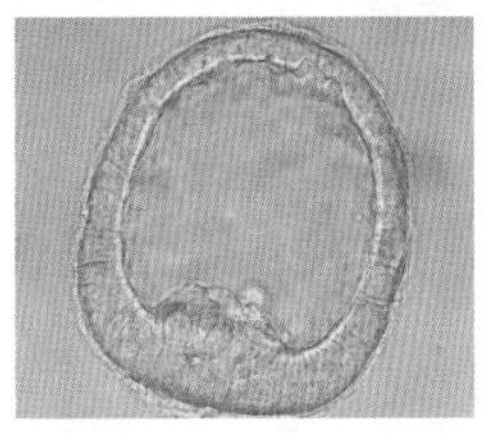

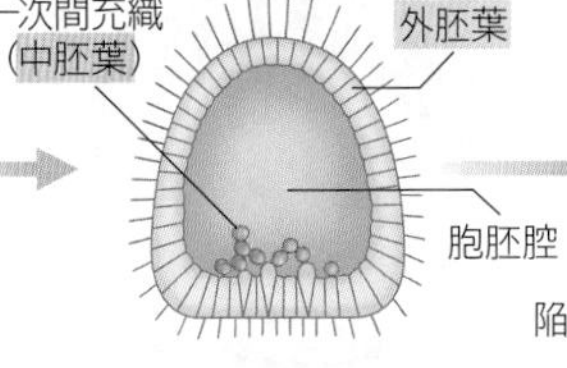


植物極側の細胞層から**一次間充織**が遊離し，**胞胚腔**内に入る。

**原腸胚初期(8 時間後)**

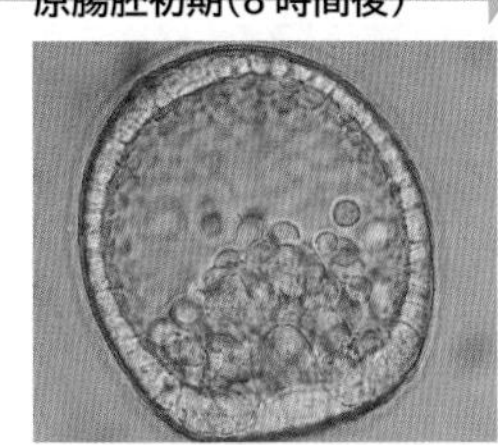

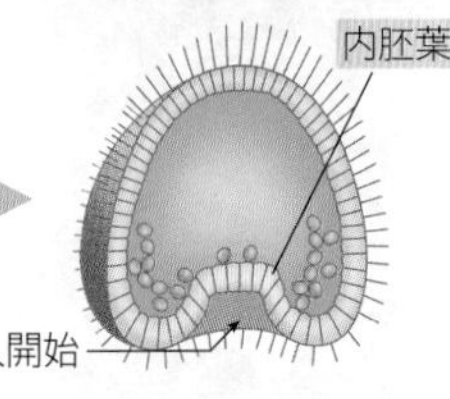


植物極側の細胞が**陥入**を起こす。回転しながら活発に泳ぐ。

**16 細胞期(9 時間後)**

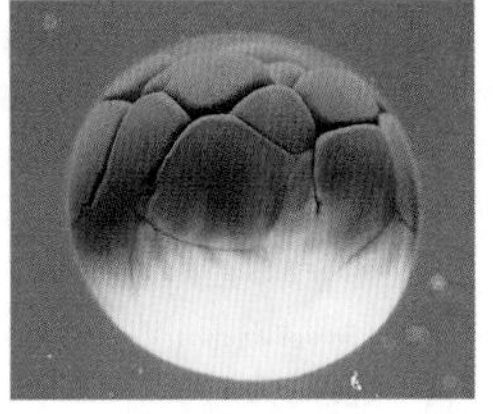

第四卵割は経割で，大きさの異なる割球が 8 個ずつできる。卵割腔ができてくる。

**桑実胚期(11 時間後)**

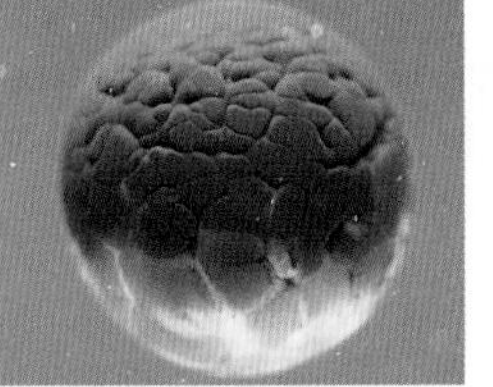

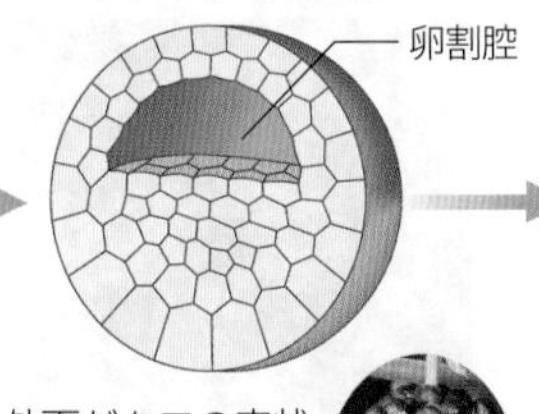


外面がクワの実状になる。卵割腔は動物極側に偏る。

**胞胚期(18 時間後)**

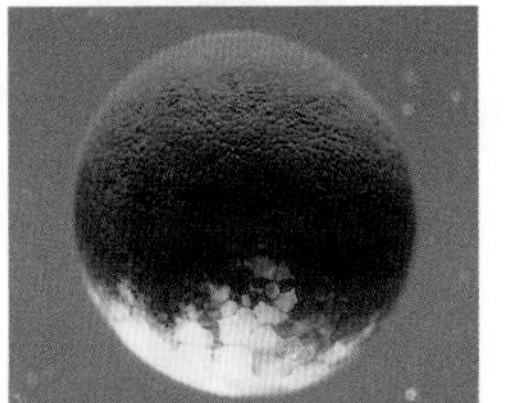

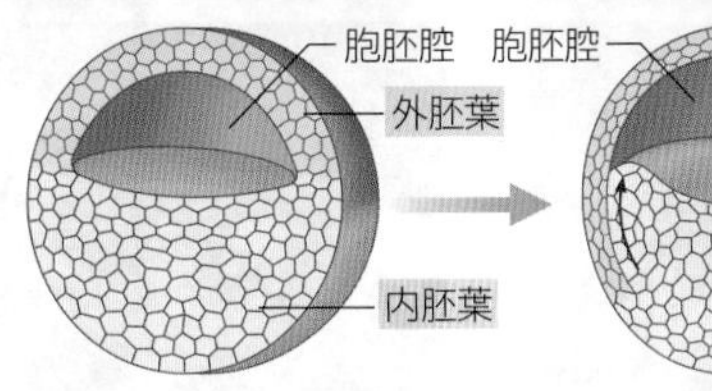


割球が小さくなり，表面が滑らかになる。卵割腔は胞胚腔と呼ばれるようになる。

**原腸胚初期(27 時間後)**

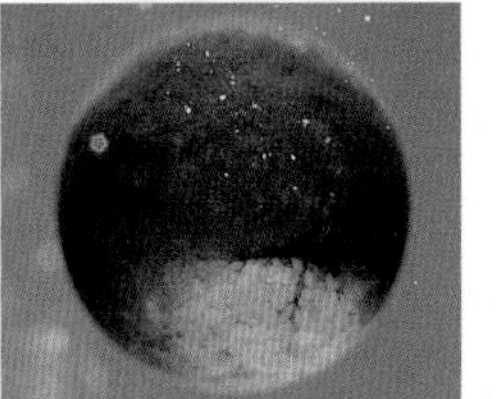

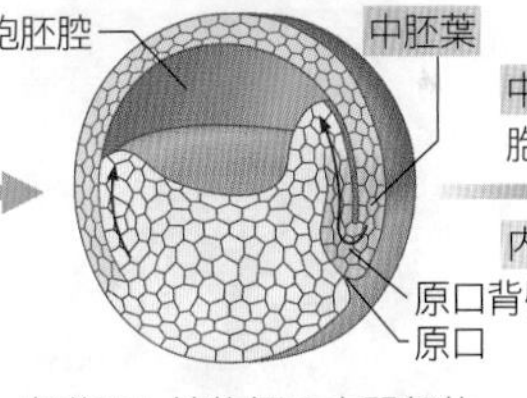


赤道面と植物極の中間部位に三日月形の切れ込み(**原口**)が生じ，**陥入**が起こる。

**原腸胚中期(34 時間後)**

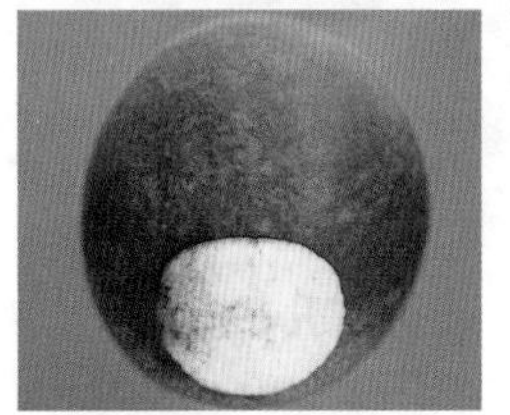

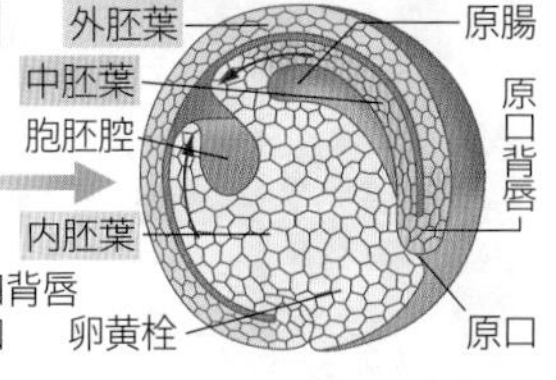


陥入の進行に伴い，**原腸**が発達し，胞胚腔が小さくなる。**卵黄栓**ができ始める。

## C カエルの陥入と原腸の形成

生物

カエルなどの両生類では，外胚葉の細胞層が植物極側にある内胚葉の細胞層を包み込むような形で陥入が起こる。

原腸胚初期になると，原口にビンのように細長い形をしたびん型細胞が形成され，陥入の先導役として働く。

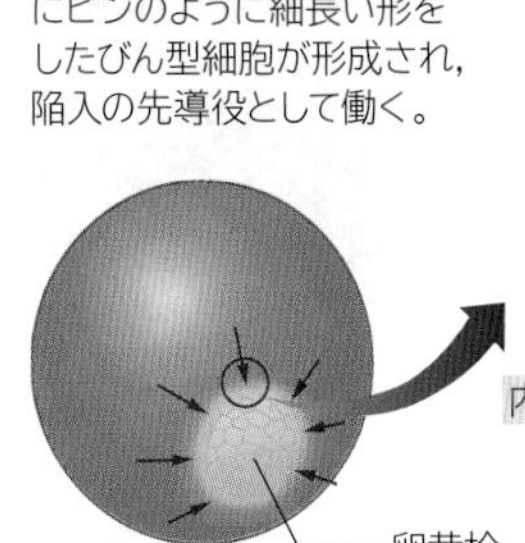


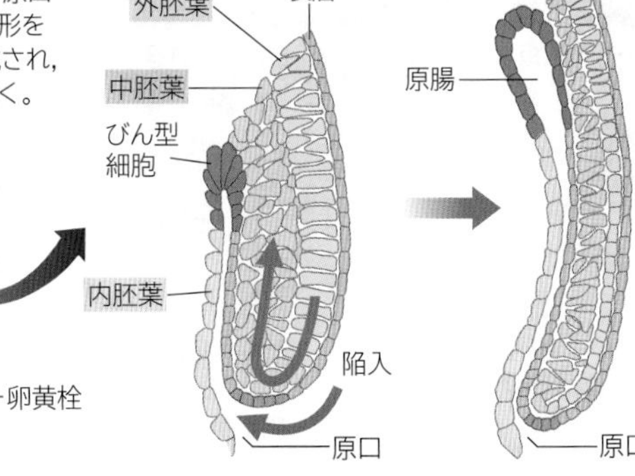


### アフリカツメガエルの原腸形成

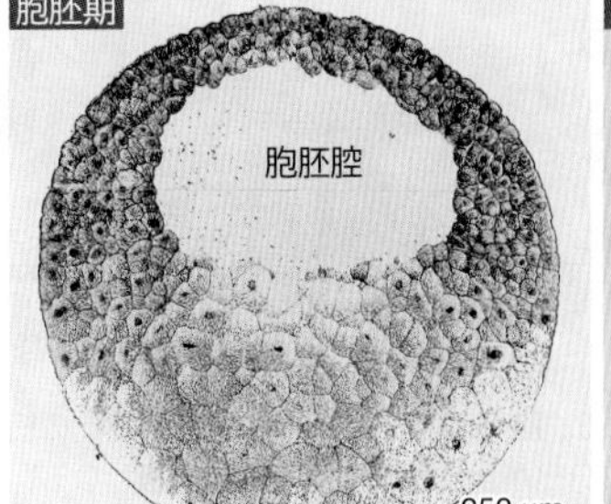


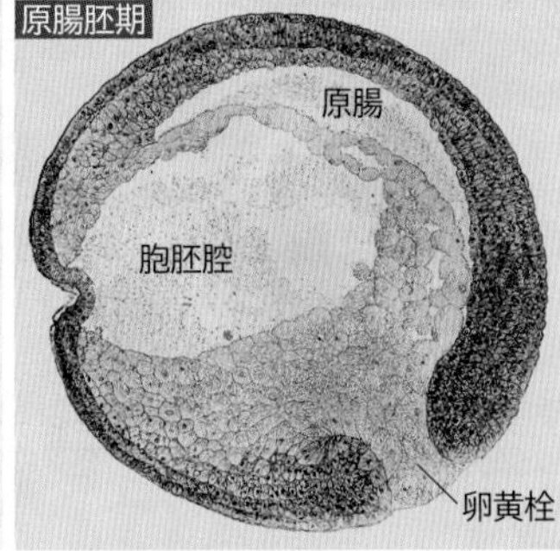

# 20 ウニとカエルの発生(2)

Early development of sea urchin and frog 2

## A ウニとカエルの発生(2)

一生を水中で生活するウニの変態は形態的な変化が中心である。カエルの変態は，陸上生活に適応するために，形態的・機能的な変化とも大きい。

生物

### ウニの発生

原腸胚中期(9時間30分後)

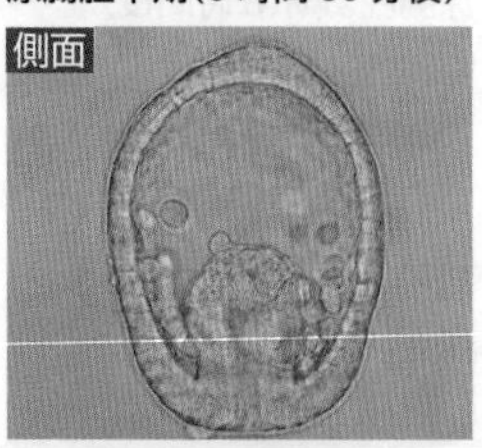

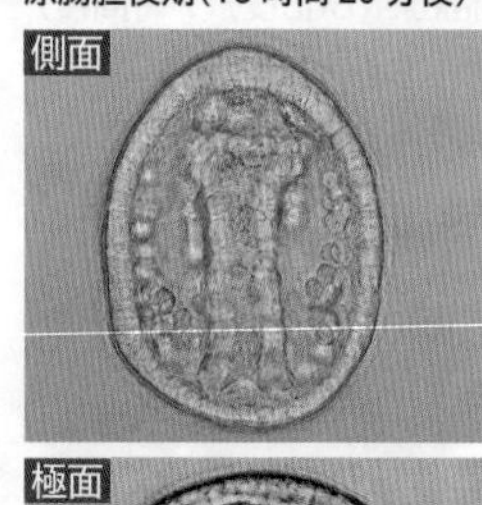


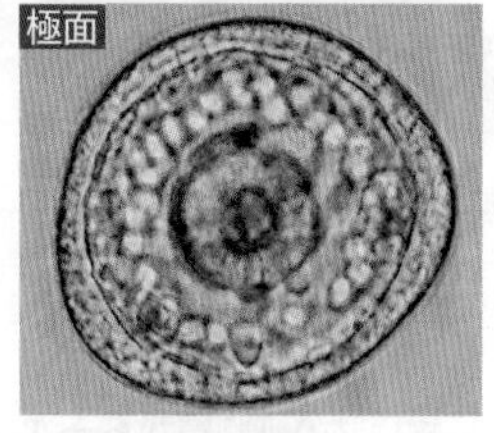


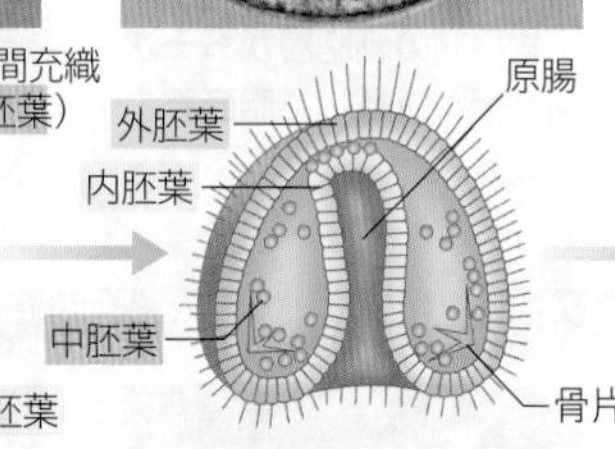


陥入が進み，**原腸**が形成される。一次間充織に続き，原腸の先端から二次間充織が離脱する。

原腸胚後期(13時間20分後)

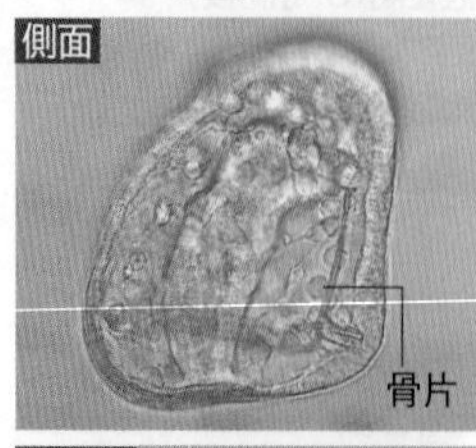


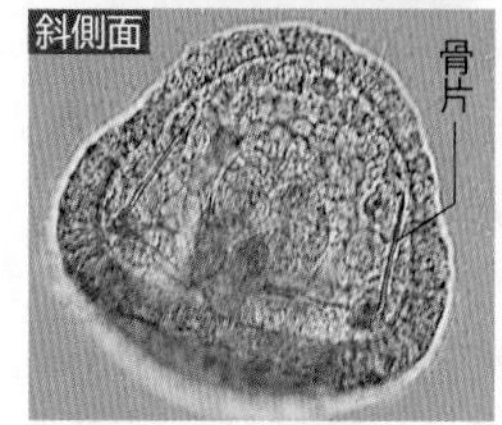


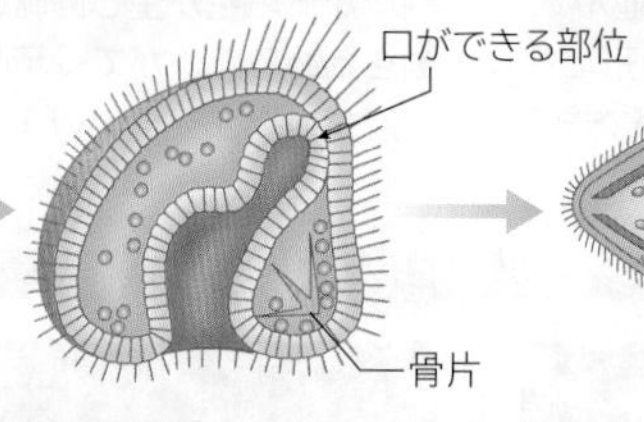


原腸が発達し，外・中・内の胚葉の分化がより明確になる。一次間充織から**骨片**ができる。

プリズム幼生期(15時間後)

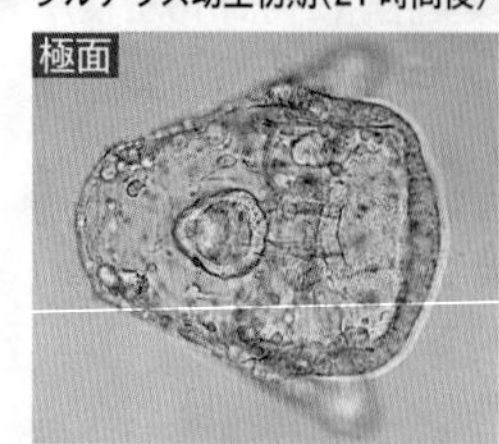


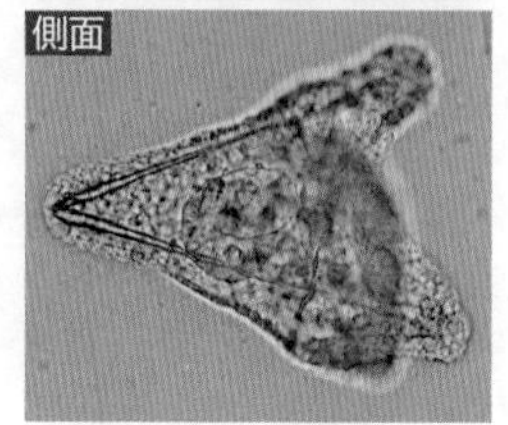


口ができる部位
骨片

原腸の先端が外胚葉に接し，**口**ができる。

プルテウス幼生初期(21時間後)

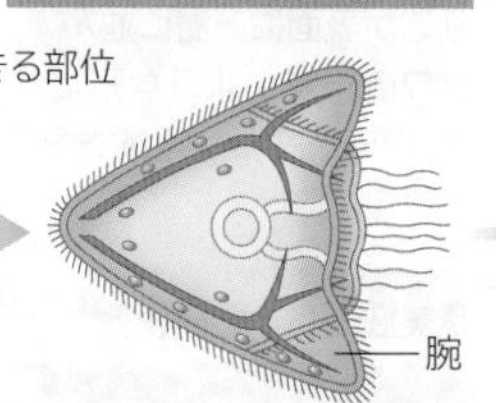


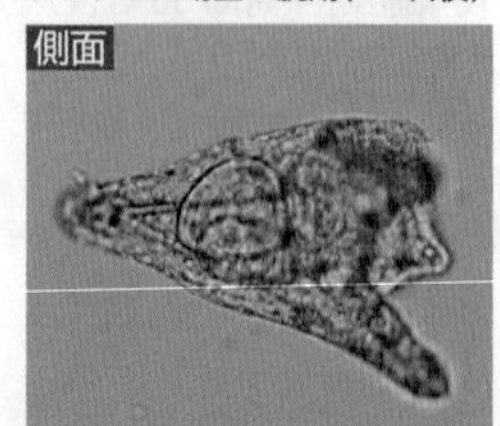


腕

外胚葉の細胞層が伸び，**腕**を形成し始める。原腸は**消化管**に，原口は**肛門**になる。

プルテウス幼生4腕期(1.5日後)

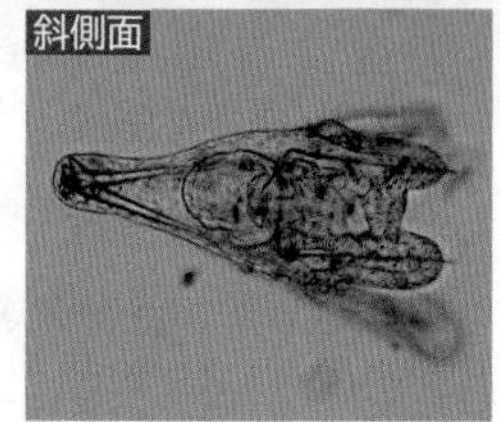


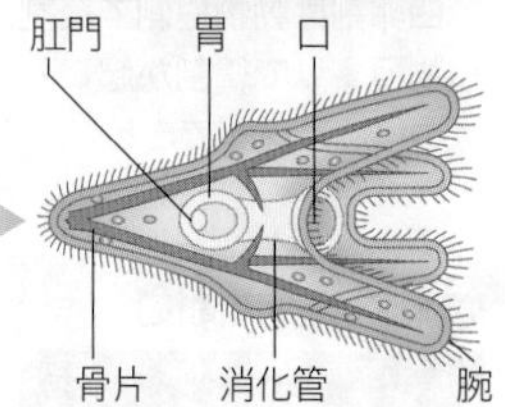


骨片が発達し，さらに腕を長く伸ばす。プランクトンを餌に独立生活を行う。

### カエルの発生

どの面で切断した断面か注意して胚全体の構造をイメージしよう。

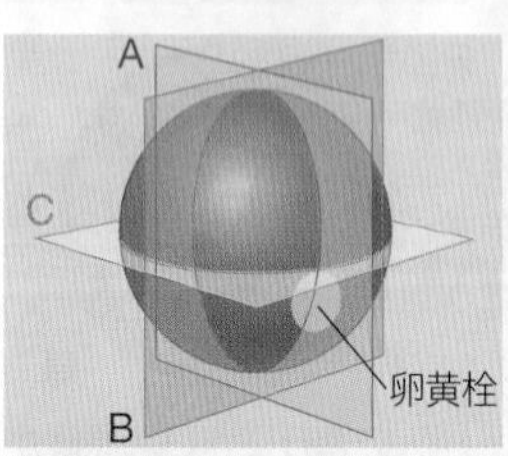


原腸胚後期(44時間後)

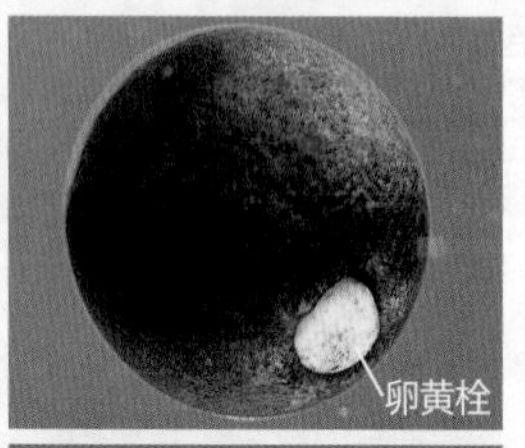


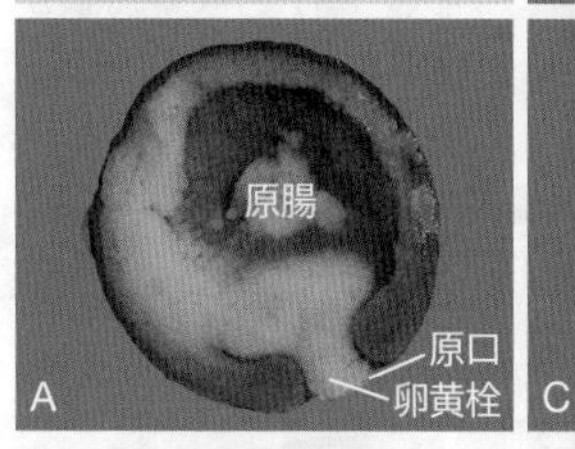


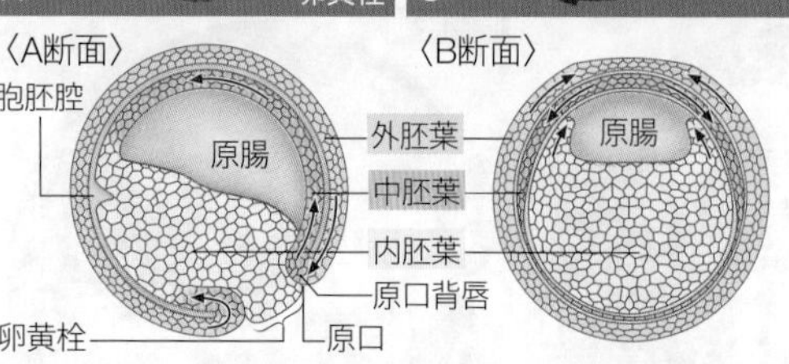


原腸が完成し，卵黄栓がはっきり現れる。胞胚腔は原腸に押しやられ無くなる。外・中・内の胚葉の分化がより明確になる。

神経胚初期(50時間後)

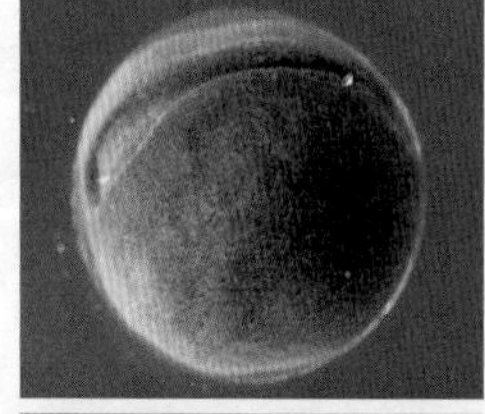

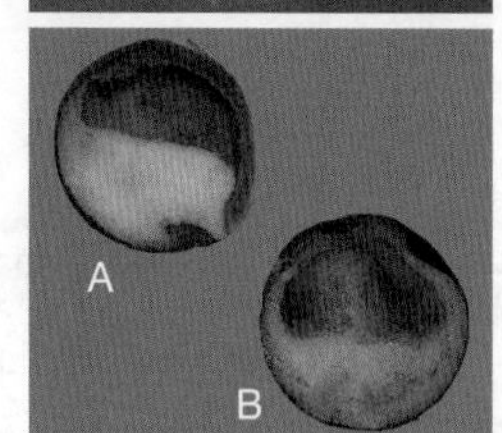


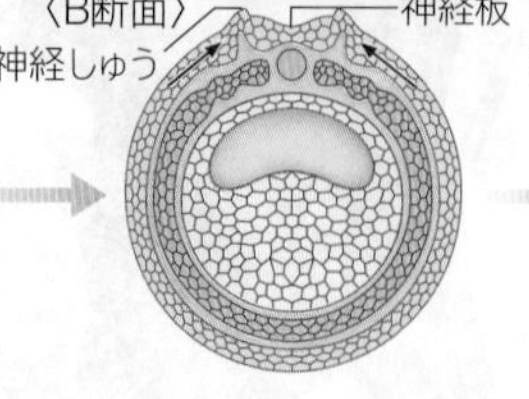


胚の背側の細胞層が厚くなり**神経板**となる。神経板の両端は盛り上がって神経しゅうとなる。

神経胚中期(60時間後)

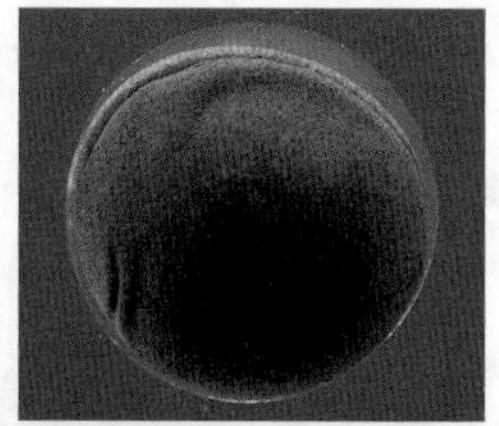

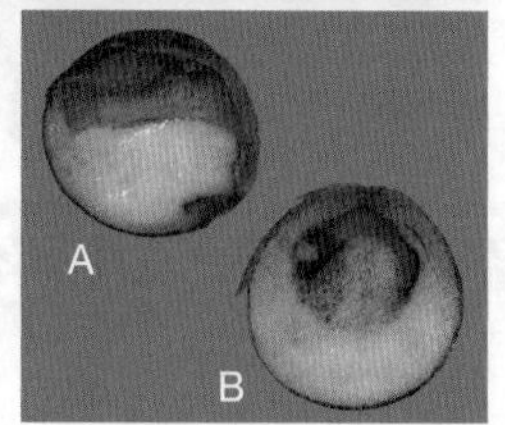


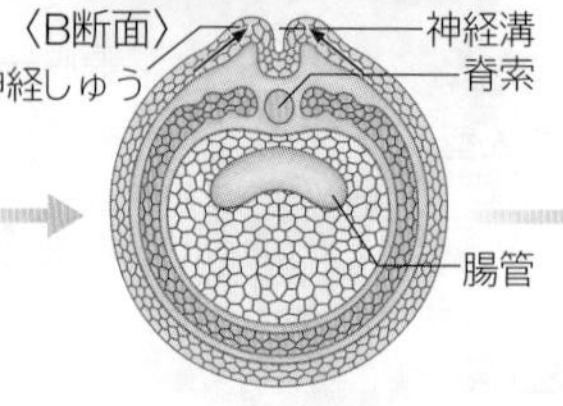


神経しゅうの隆起が進み，**神経溝**ができる。中胚葉から**脊索**，内胚葉から**腸管**ができる。

神経胚後期(65時間後)

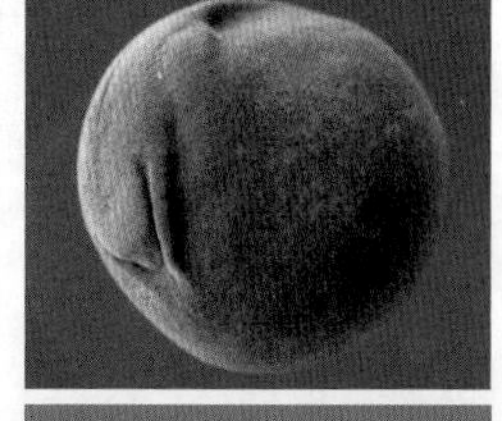

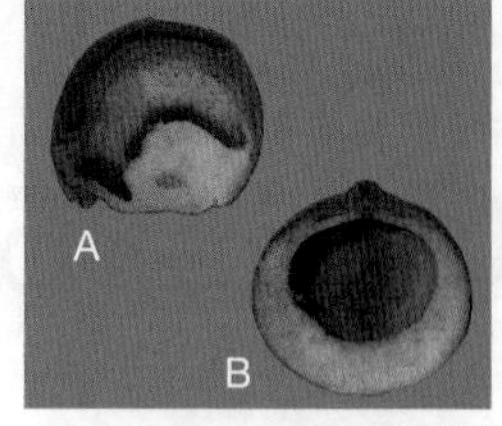


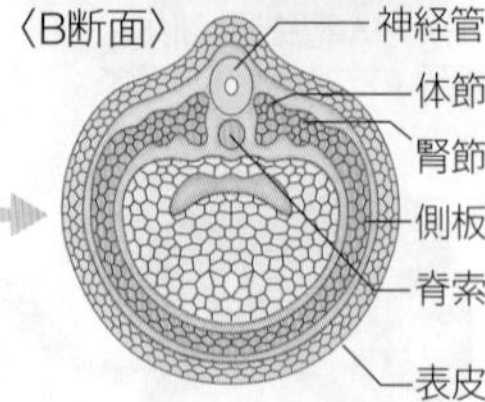


神経しゅうが上部でつながり**神経管**ができる。外胚葉から**表皮**，中胚葉から**体節**，**腎節**，**側板**ができる。

WORD 神経板⇔髄板　神経しゅう⇔髄しゅう　神経溝⇔髄溝　神経管⇔髄管　体節⇔原体節⇔中胚葉節

TOPICS

## 幼生から成体へ　驚くべき変態の真相

ウニもカエルも変態を行うが，この過程では劇的な変化が繰り広げられる。ウニではプルテウス幼生が稚ウニになる際，ウニ原基と呼ばれる細胞の塊ができ，それが半球状の体骨格などの様々な器官を形成していく。幼生の腕が成体の棘になると思いがちだが，幼生の体はすべて吸収されて稚ウニの栄養源になってしまう。カエルでは手足が形成されていくと同時にオタマジャクシの尾が縮んでなくなり，カエルの体ができあがっていく。一見幼生の体がベースになっているように見えるが，体内では凄まじい変化が起こっている。オタマジャクシの細胞はほぼ破壊され，新しいカエル用の細胞でできた組織・器官に組み替えられるのである。

### プルテウス幼生6・8腕期

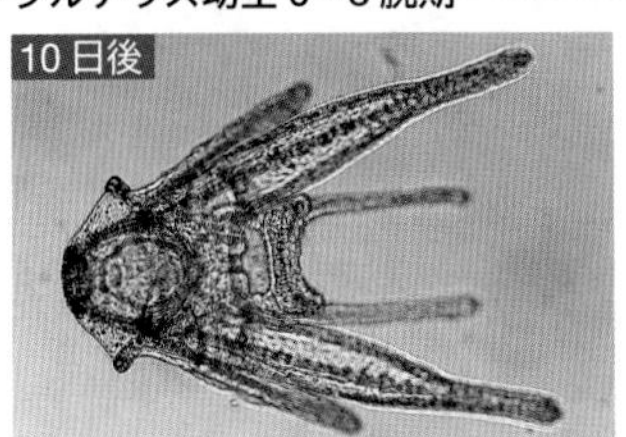


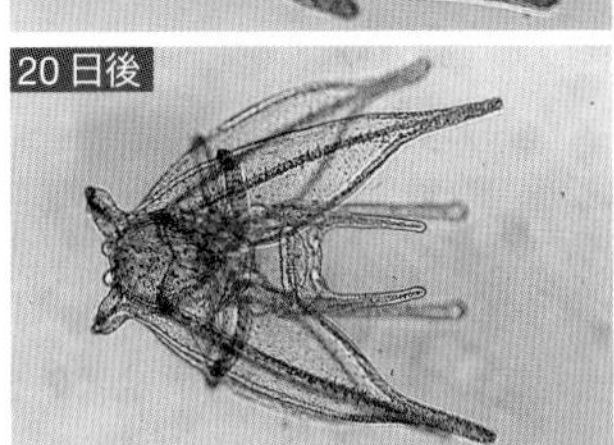


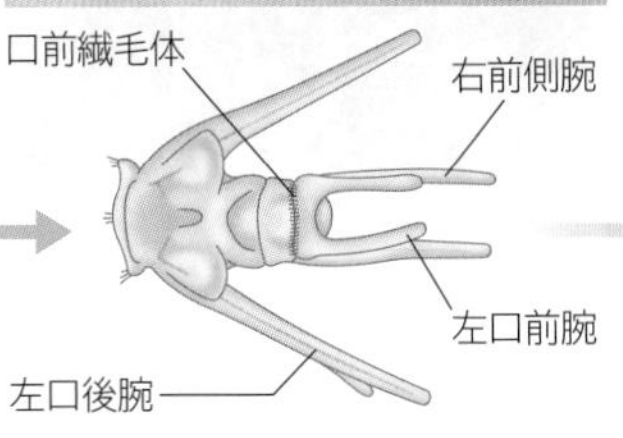


腕の数が4から6，8へと増えていく。

### 変態期

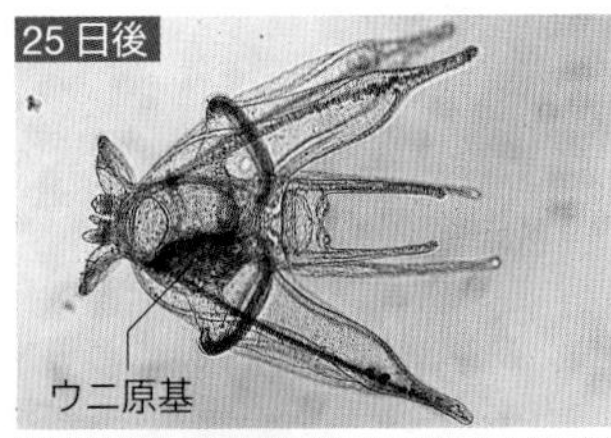


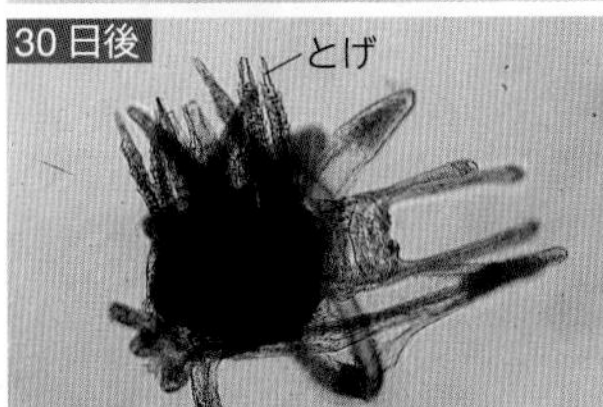


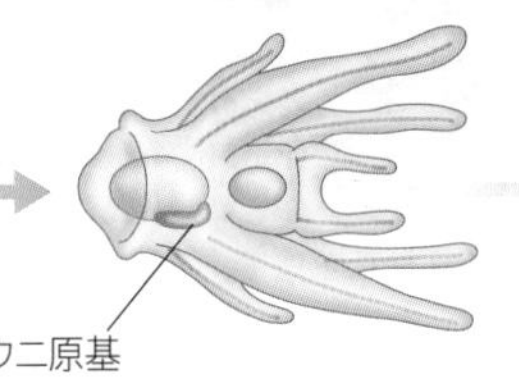


体の一部にウニ原基ができる。この中で口器・管足・とげなどの器官がつくられる。

### 稚ウニ

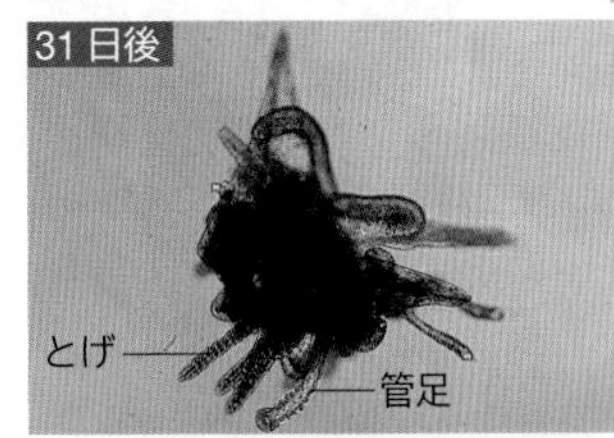


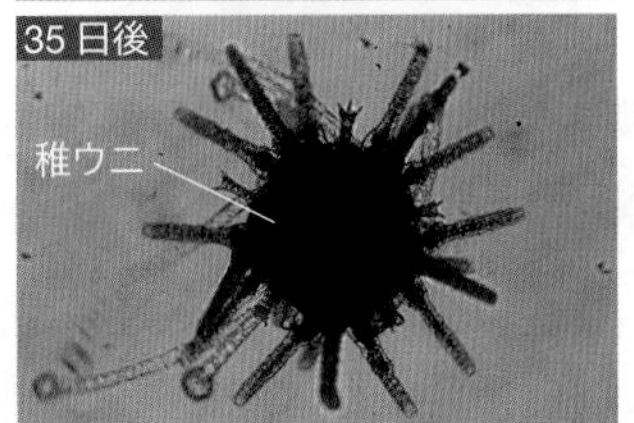


変態

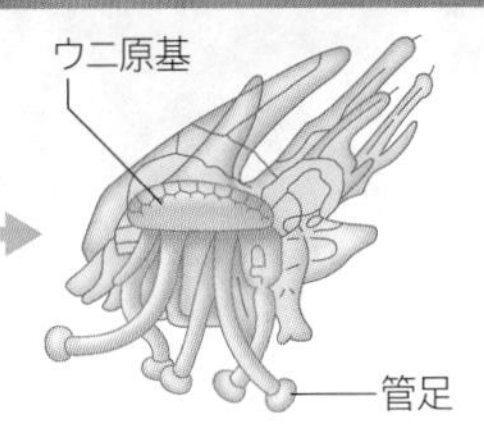


管足ととげが体外に露出し稚ウニとなる。

### 成体

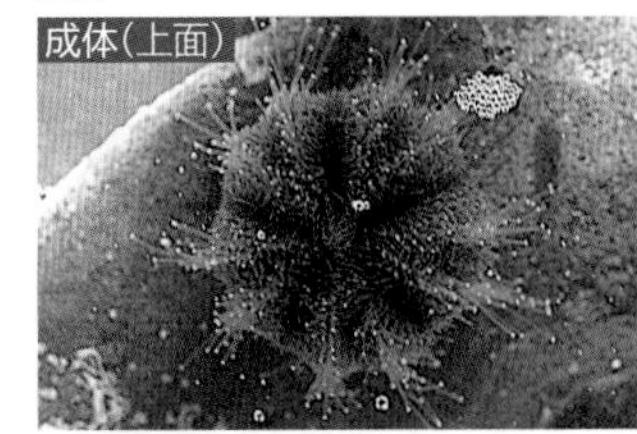


ADVANCE

### 偏光板によるプルテウス幼生の観察

ウニのプルテウス幼生を2枚の偏光板に挟むようにして顕微鏡で観察すると，偏光特性を示す骨格が虹のように輝いて見える。

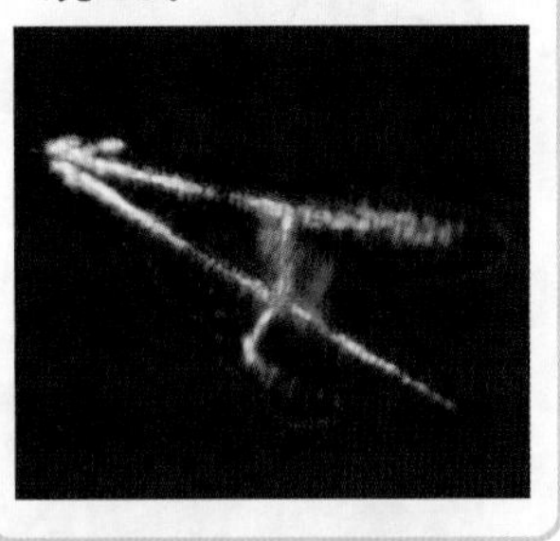

### 尾芽胚初期(81時間後)

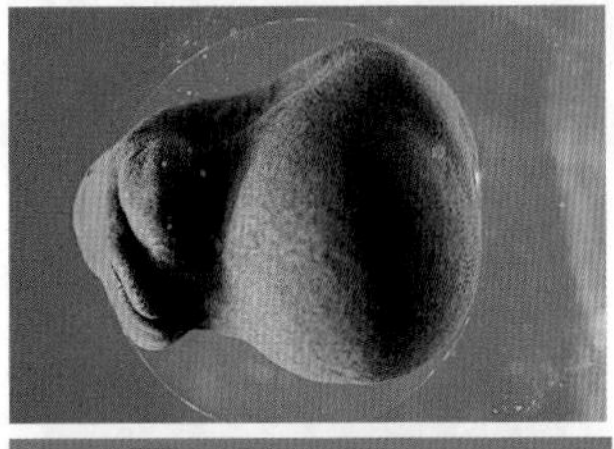

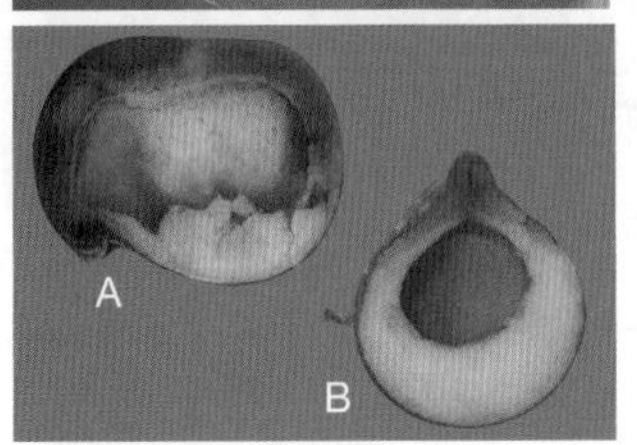


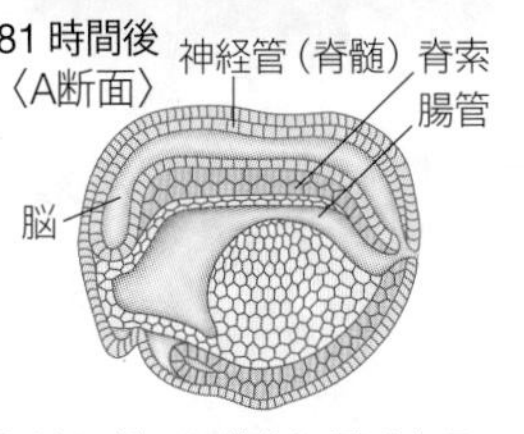


胚はしだいに前後に長くなる。**体腔**ができる。

### 尾芽胚(88時間後)

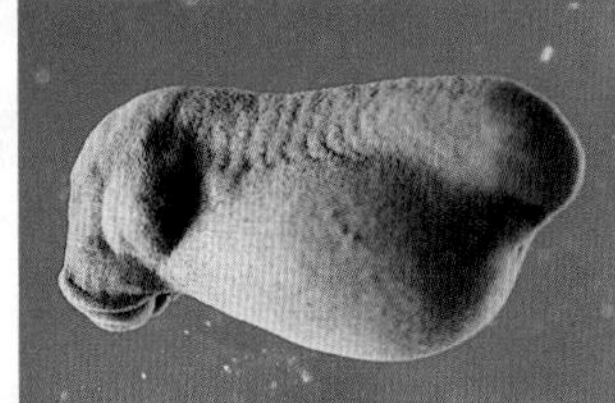

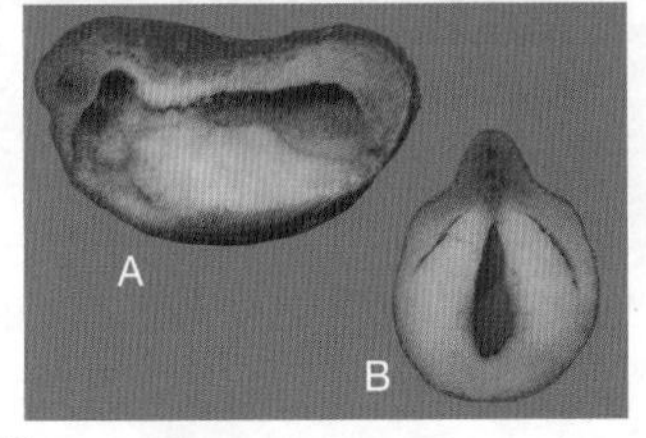


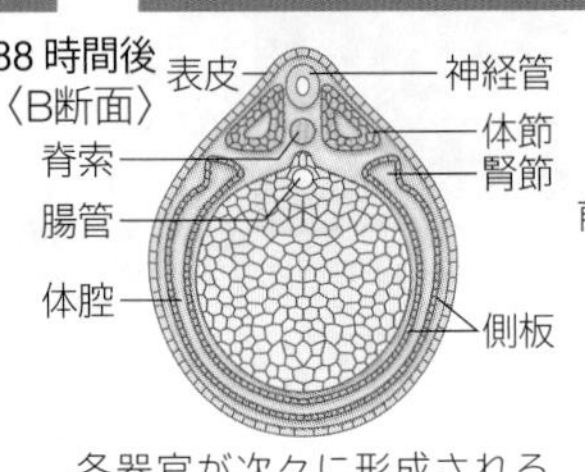

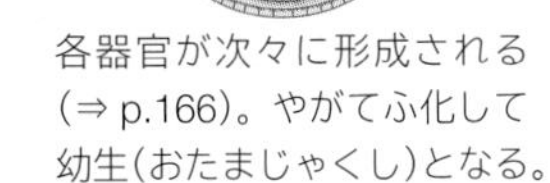

各器官が次々に形成される(⇒p.166)。やがてふ化して幼生(おたまじゃくし)となる。

### 幼生期・変態期

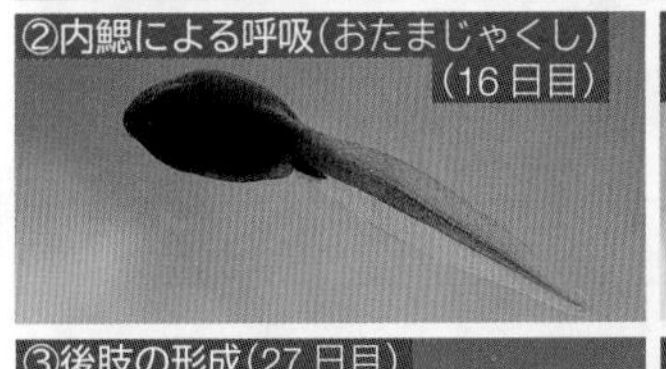


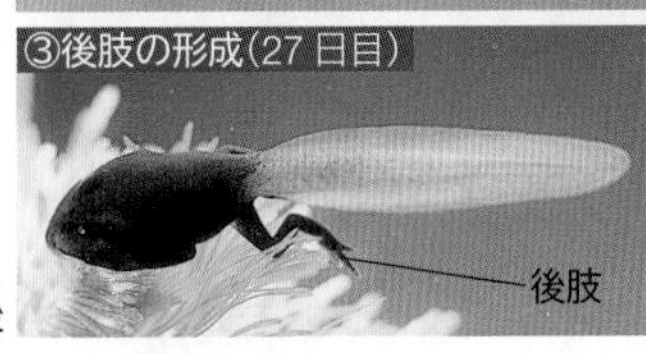


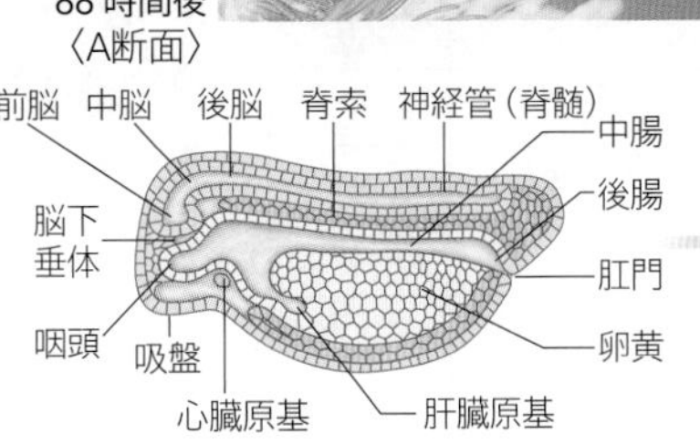

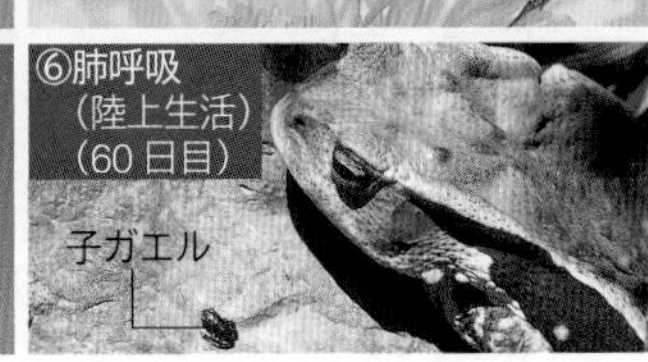


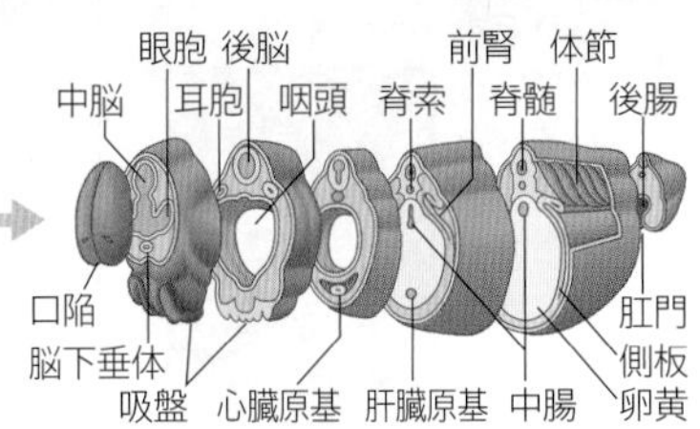


眼胞　後脳　前腎　体節　中脳　耳胞　咽頭　脊索　脊髄　後腸　口陥　脳下垂体　吸盤　心臓原基　肝臓原基　中腸　卵黄　肛門　側板

4 生殖と動物の発生

生物

# 実験　ウニの受精と発生の観察

ウニは卵の透明度が高く，卵割の様子が観察しやすい。また，一度に大量の卵が得られるので，発生の観察材料としてよく用いられる。

## ウニの生殖時期

| | |
|---|---|
| バフンウニ | 1月～3月 |
| ムラサキウニ | 6月～8月 |
| タコノマクラ | 7月～9月 |
| コシダカウニ | 7月～9月 |
| アカウニ | 11月～12月 |

## ウニの種類

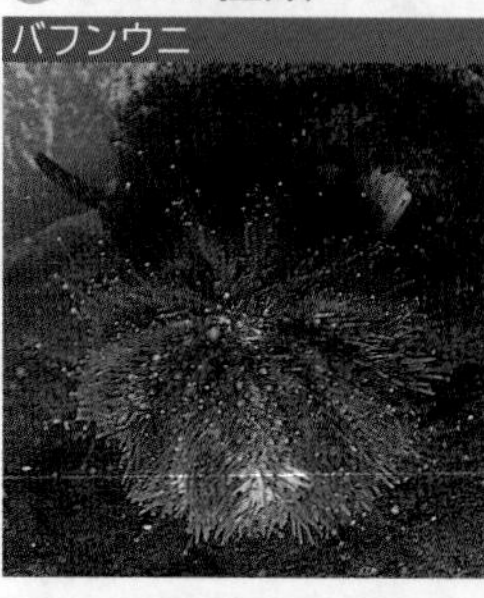
バフンウニ

ムラサキウニ

タコノマクラ

アカウニ

## 雌雄の見分け方

バフンウニは管足の色で雌雄を見分ける。時計皿等にウニを出しておくと，管足を出す。雄が白，雌がオレンジ色。

## 採卵と採精

精液は白色で粘性があり，卵はオレンジ色で粒状である。口器を取り除かずにアセチルコリンを注射する方法もある。

口器のまわりをはさみで切り，ピンセットで口器を取る。

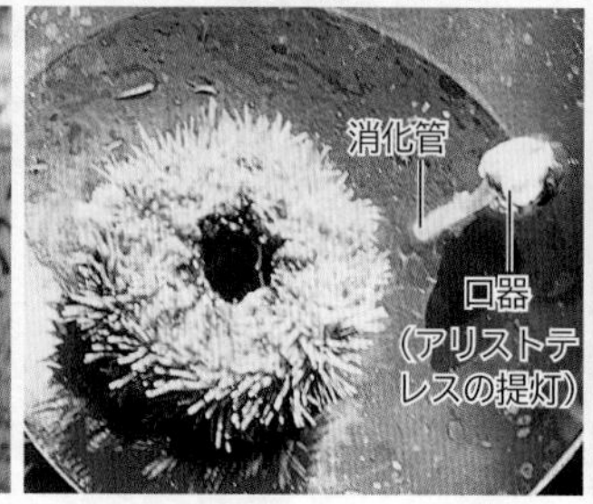

体内の液を捨て，4% KCl 溶液を注入する。

口器の反対側の生殖孔から放精排卵する。

## 受精の観察

100倍の顕微鏡で観察しながら受精させ，受精の瞬間から受精膜完成までを観察する。

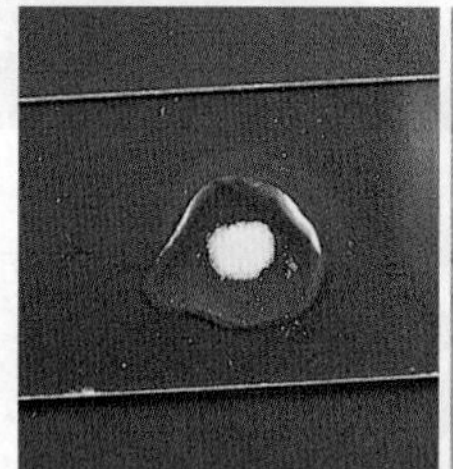
卵を海水ごと一滴ホールスライドガラスに取る。

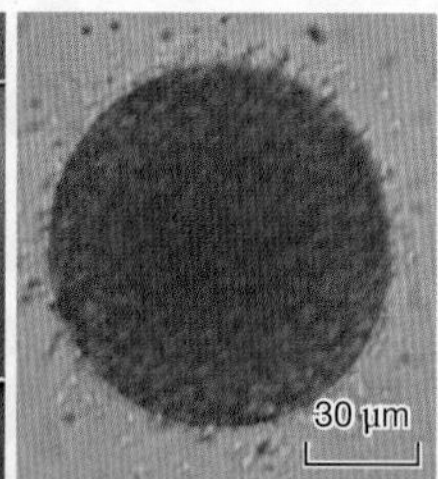

海水で薄めた精液を一滴加える。精子が卵のまわりに群がる。

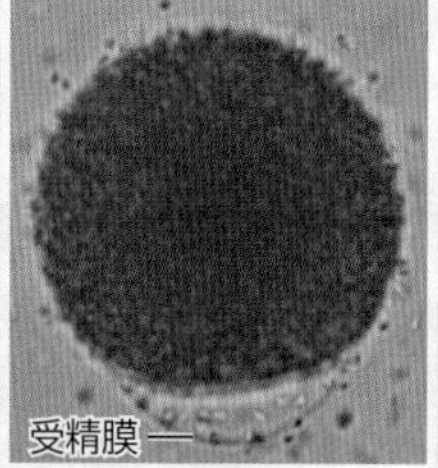

数秒後に受精膜が上がり始める。

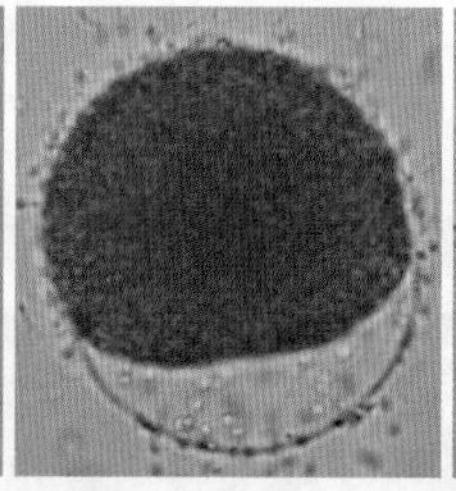
受精膜が上がり始めると，卵はいびつな形になる。

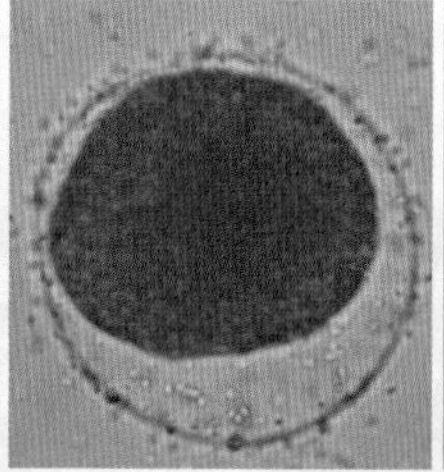
約30秒で受精膜が卵を覆う。

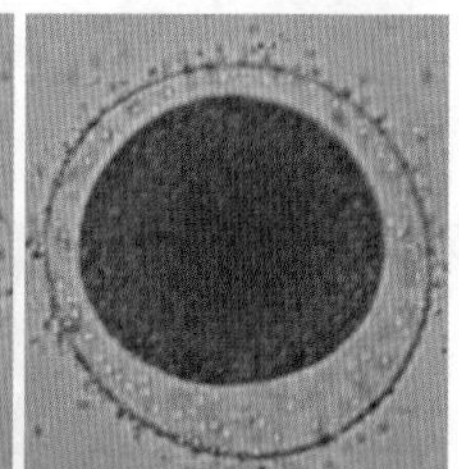
受精膜の完成。

## 発生の観察

生きた状態で観察するためには，半日～1日位時間をずらして受精させ，大きめのビーカーなどでエアレーションをしながら発生を継続させる。ふ化後はエアレーションを止め，胚がいる上澄みを新しいビーカーに移す作業を1日ごとに繰り返す。胚はいろいろな向きになっているため，様々な形に見える。

原腸胚（極面・側面）

## 発生にかかるおよその時間

（バフンウニ，単位は時間）

| 発生段階 | 冬の室温 | 25℃ |
|---|---|---|
| 受精卵 | 0 | 0 |
| 2細胞期 | 1.5 | 1.0 |
| 4細胞期 | 3.0 | 1.5 |
| 8細胞期 | 4.0 | 2.0 |
| 16細胞期 | 5.0 | 2.5 |
| 桑実胚 | 10 | 5 |
| 胞胚 | 24 | 9 |
| 原腸胚 | 30 | 12 |
| プリズム | 48 | 20 |
| プルテウス | 72 | 30 |

## 卵のゼリー層の観察

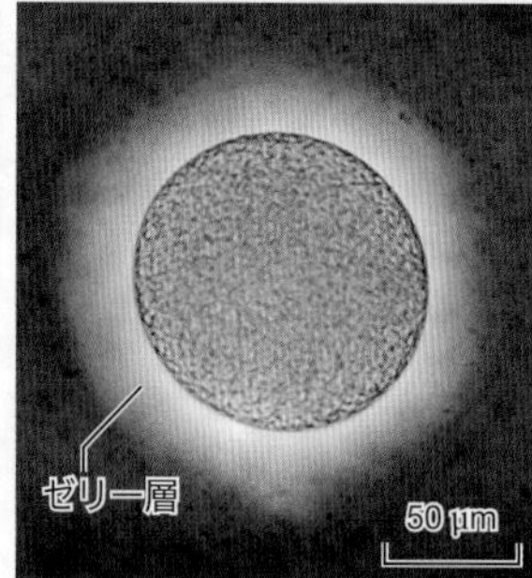

卵を海水ごと一滴ホールスライドガラスに取り，墨汁を一滴加えて低倍率（40倍）で観察する。光源は明るくする。墨汁が多すぎたらカバーガラスの横からろ紙で吸い取る。

## TOPICS　ウニの体の構造

ウニの体の中はほとんどが消化管と生殖器官である。下の写真は食用にする生殖器官のみを残したものである。

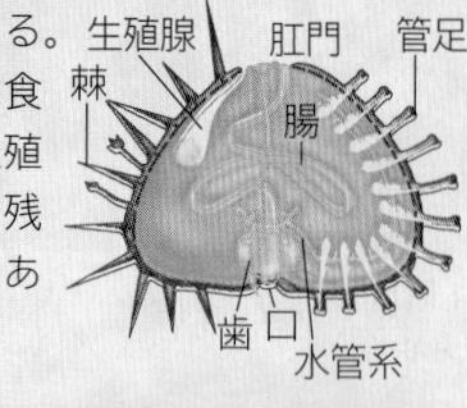

4 生殖と動物の発生

生物

# 実験　カエルの発生の観察

カエルは卵が大型で，発生の段階が肉眼やルーペではっきりと観察できる。また，各胚葉の分化も明確なので，発生の観察材料としてよく用いられる。

## カエルの生殖時期

| ニホンアカガエル | 2月～3月 |
|---|---|
| ヒキガエル | 3月中旬～4月上旬 |
| トノサマガエル | 5月 |
| アフリカツメガエル | 一年中可能* |

＊アフリカツメガエルは生殖腺刺激ホルモン(⇒ p.197)によって一年中産卵可能なので，研究材料としてよく用いられている。

## カエルの種類

ニホンアカガエル

ヒキガエル

トノサマガエル

アフリカツメガエル

## 卵の入手と固定

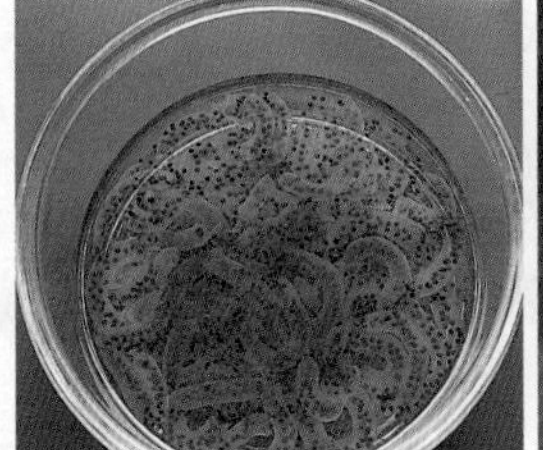
産卵直後の卵を採集し，発生を継続させる。

必要な時期の胚を保存容器に3分の2程度まで入れる。

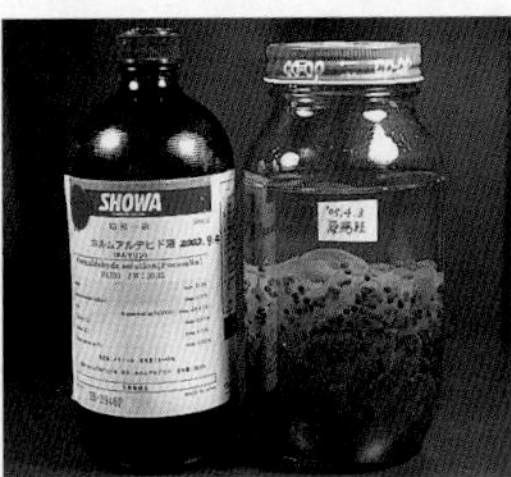

10％ホルマリン溶液で満たし，常温で保存する。観察には数年保存したものの方が扱いやすい。

### TOPICS 卵の黒い方が上になっているのは？

ヒキガエルの卵はいつも黒い方(動物極側)を上に向けている。卵の動物極側が黒いのは，紫外線を吸収するメラニン色素が多量に含まれているためである。これにより，卵は太陽光に含まれる有害な紫外線から守られている。

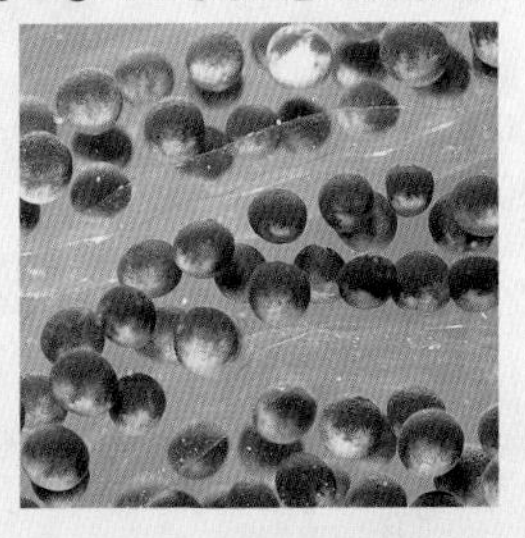

## 大根ステージ法による胚内部の観察

卵を輪切りにして発生中の胚の内部を観察するには，卵をつぶさないように切断しなければならない。大根ステージ法を用いると比較的簡単に切断することができる。

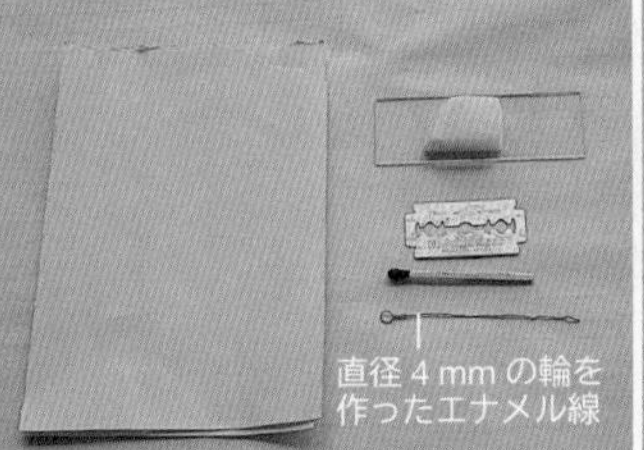

準備するもの

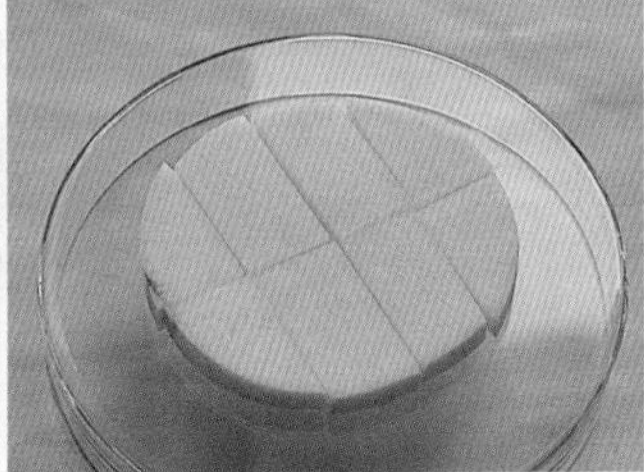
①厚さ7mmの大根を6～8切りにする。

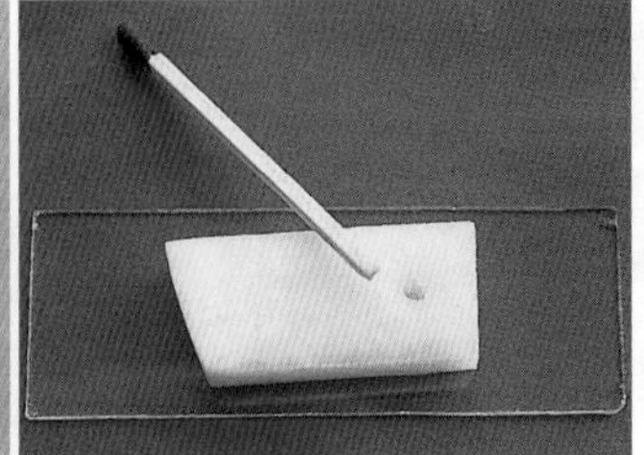
②マッチ棒で深さ約3mmの穴を開ける。

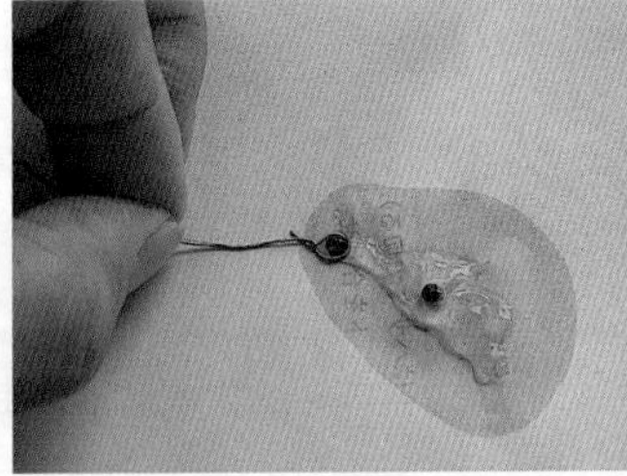
③エナメル線を使って紙の上で卵を転がし，寒天質を取り除く。

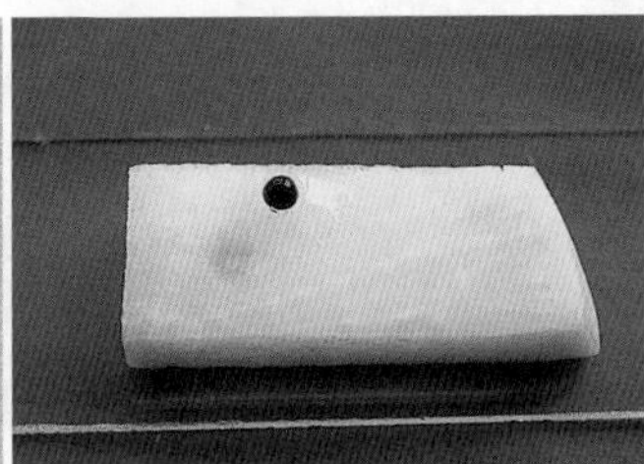
④卵を大根の上に置く。

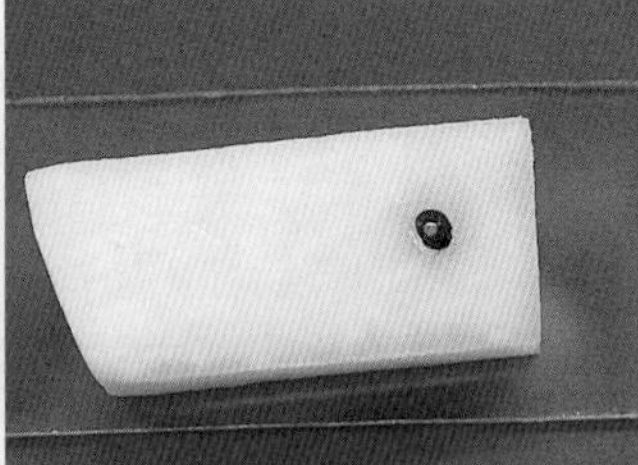
⑤卵の向きを考えて穴に落とす。

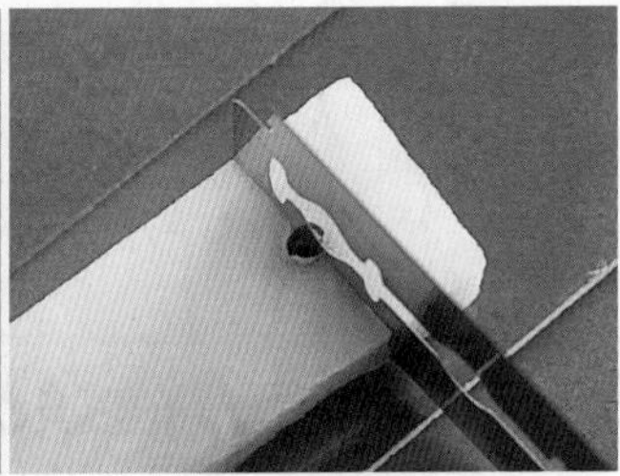
⑥新品の安全カミソリで大根ごと切る。

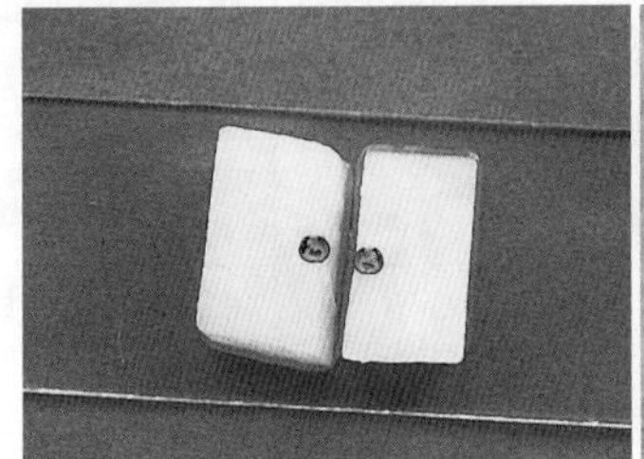
⑦大根の形を整えて双眼実体顕微鏡で観察する。

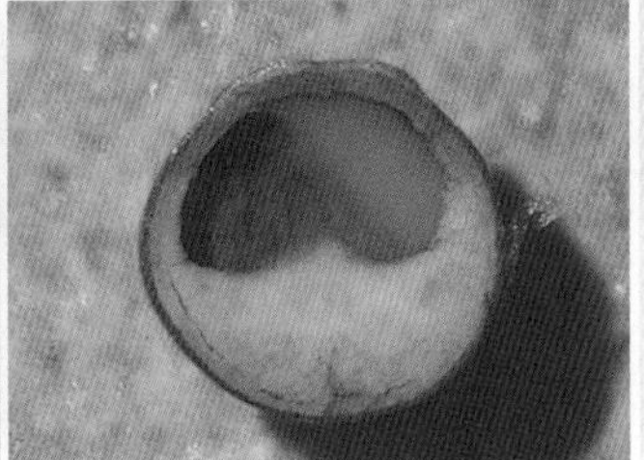
神経胚初期(頭部側)

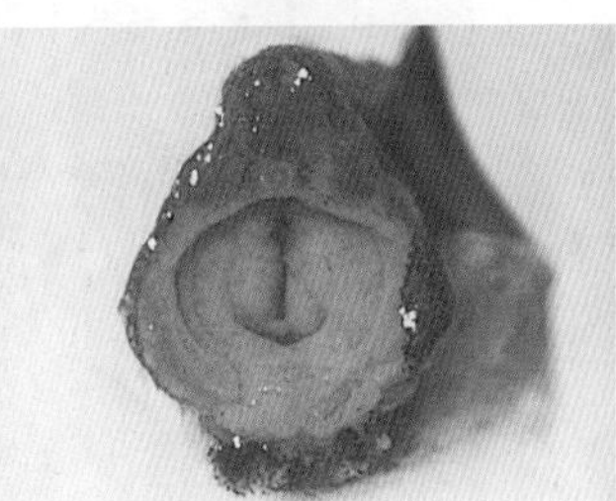
尾芽胚期(胸部)

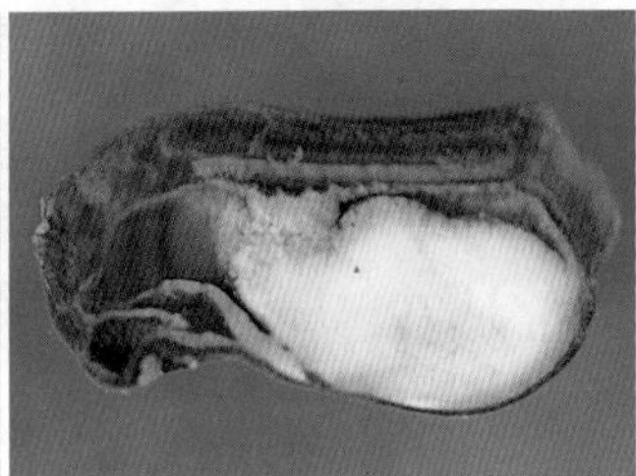
尾芽胚期(縦断面)

# 21 ニワトリの発生
Development of chicken

## A ニワトリの発生

鳥類・は虫類・魚類は，盤割によって胚を形成する。

生物

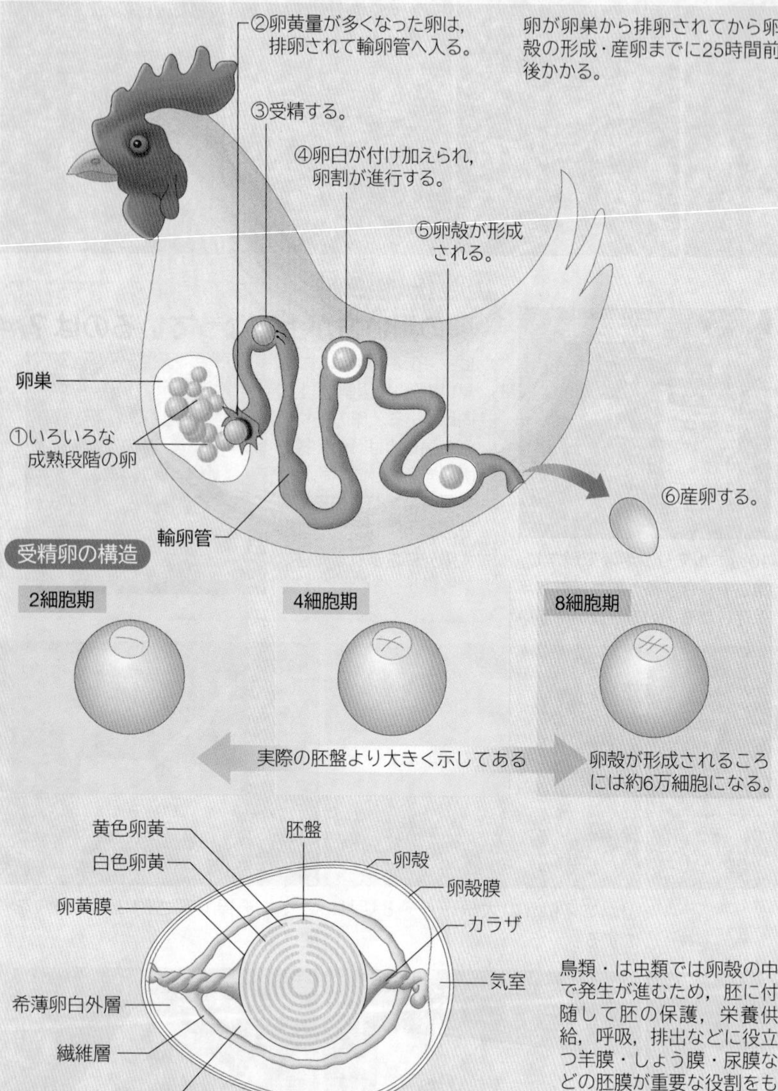


鳥類・は虫類では卵殻の中で発生が進むため，胚に付随して胚の保護，栄養供給，呼吸，排出などに役立つ羊膜・しょう膜・尿膜などの胚膜が重要な役割をもつ。

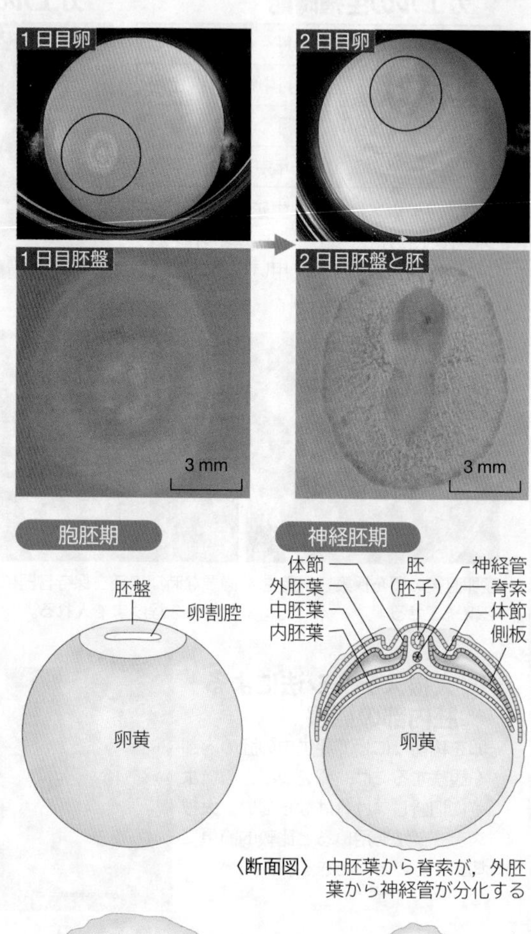


〈断面図〉 中胚葉から脊索が，外胚葉から神経管が分化する

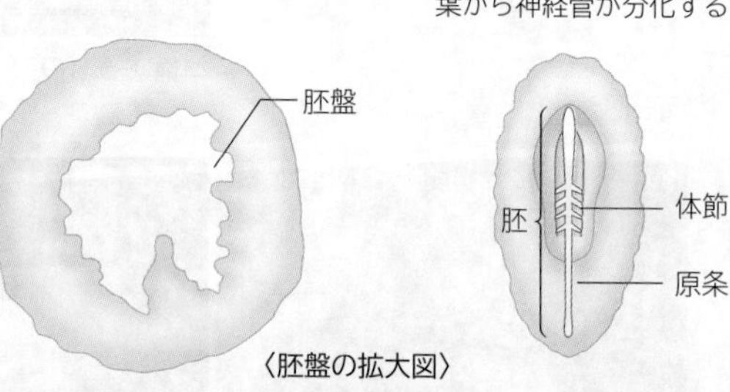

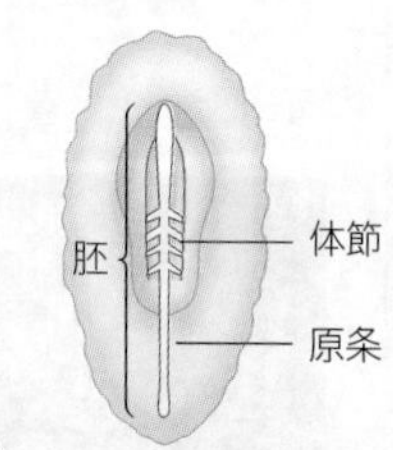


〈胚盤の拡大図〉

## B 胚膜の種類とその働き

鳥類・は虫類で形成される胚膜は，哺乳類の胚膜と共通点をもつが，独自の機能ももつ。

生物

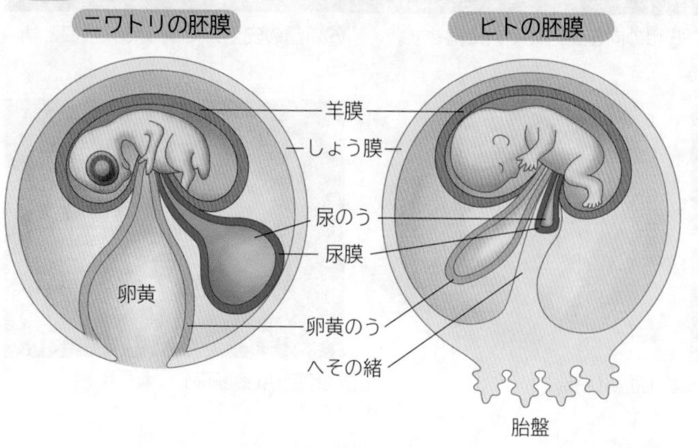


| 膜の種類 | 由来 | 働き | は虫類・鳥類 | 哺乳類 |
|---|---|---|---|---|
| しょう膜 | 外胚葉＋中胚葉 | 一番外側の胚膜。胚の保護。 | 発生が進むと尿膜とともにガス交換を行う。 | 発達するがガス交換は行わない。のちに柔毛に置き換わる。 |
| 羊膜 | 外胚葉＋中胚葉 | 直接胚を包み，胚を保護する。羊水に満たされている。 | 発生とともに発達する。 | 発生とともに発達する。 |
| 尿膜 | 中胚葉＋内胚葉 | 老廃物が排出される。 | 発生が進むとしょう膜と合体しガス交換を行う。 | 発生が進むと，尿膜の血管は胎盤の形成に関わる。 |
| 卵黄のう | 中胚葉＋内胚葉 | 卵黄を包む膜。卵黄の養分を血管を通して胚へ運ぶ。 | 発生とともに発達する。 | あまり発達せず，早い段階で吸収される。 |

## 胚盤と胚膜

【**胚盤**】卵黄の偏在の程度が著しい端黄卵の動物極側に盤状に存在する細胞質の部分を**胚盤**という。胚盤の内部には卵核が存在し，卵割は胚盤でのみ進行する。胚盤は胚盤葉から胚に成長する。

【**胚膜**】陸上動物の胚に付随して，胚の保護，栄養供給，呼吸，排出などに役立つ膜を**胚膜**という。胚膜には，羊膜・しょう膜・尿膜などがある。

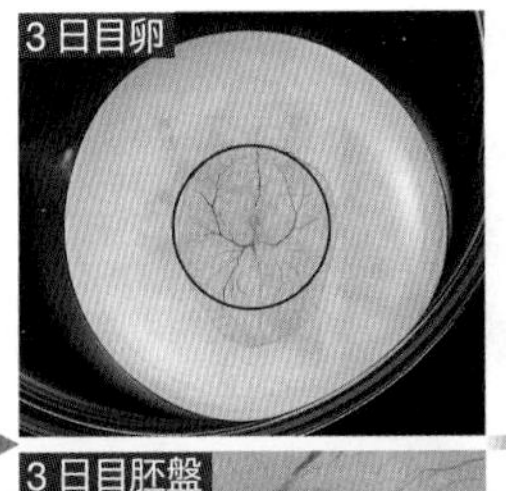


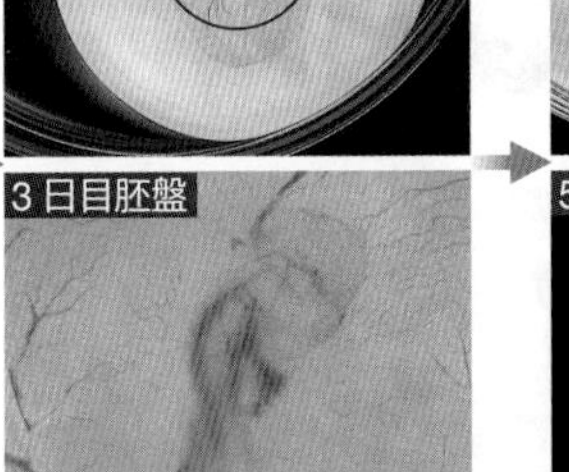


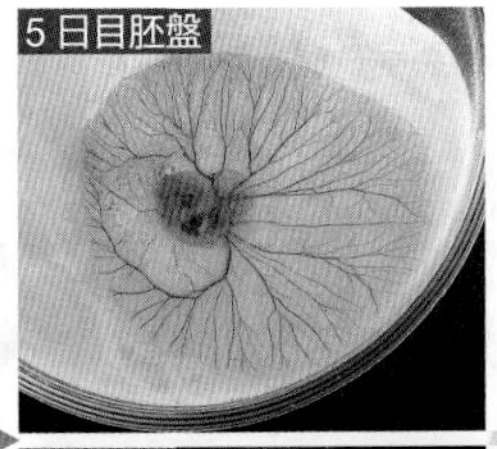


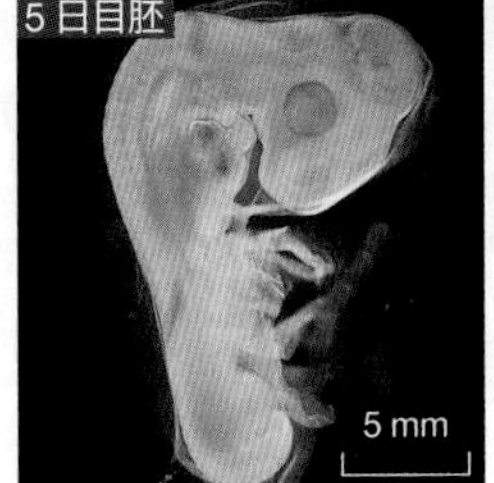


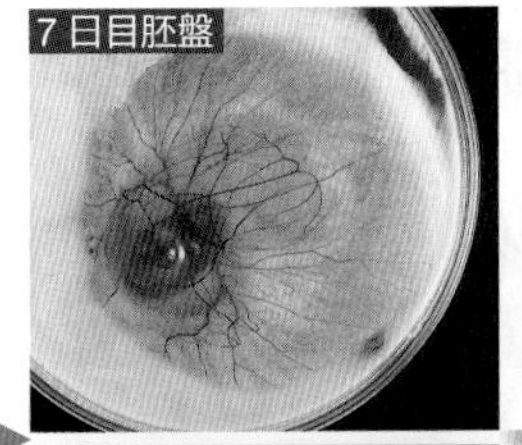


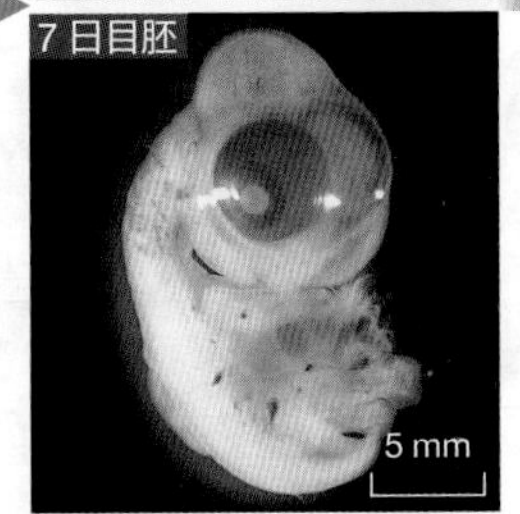


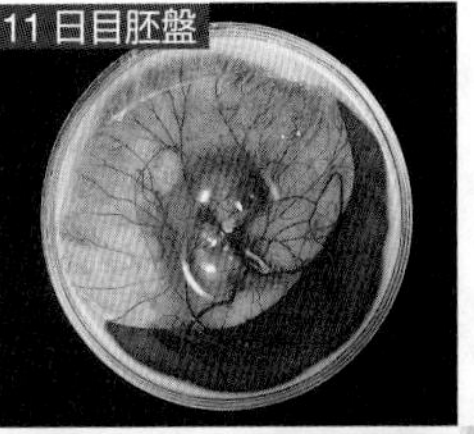


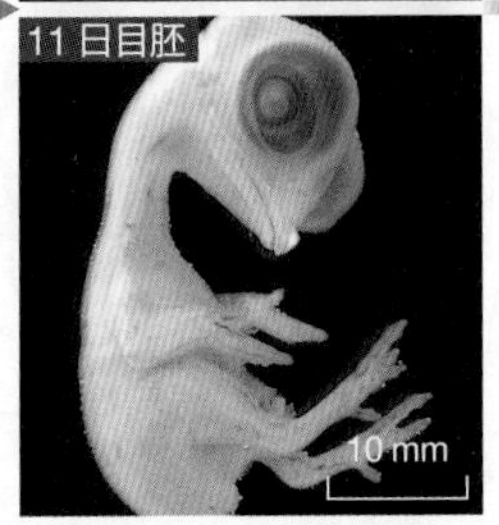


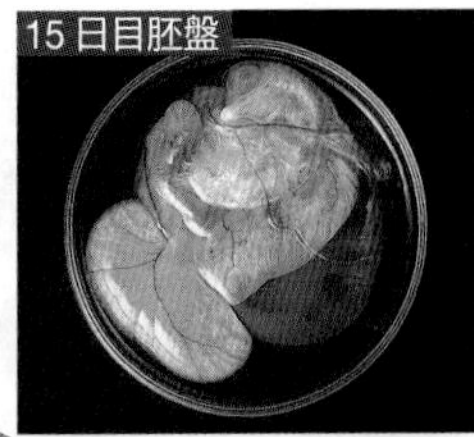


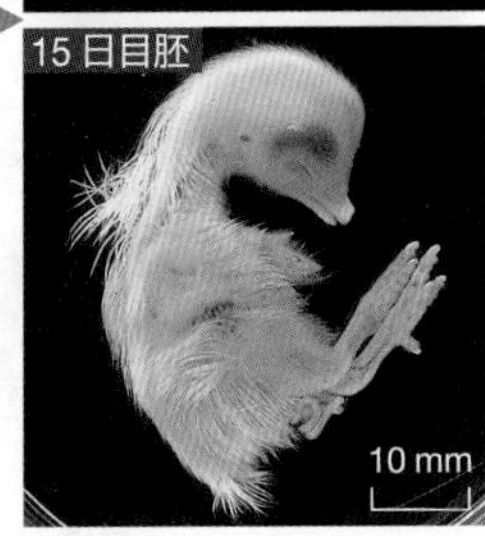


3日目の胚

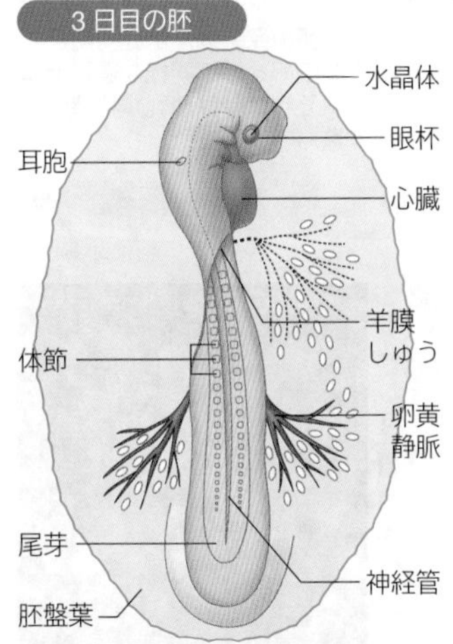


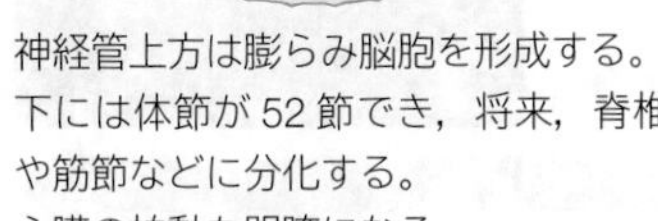

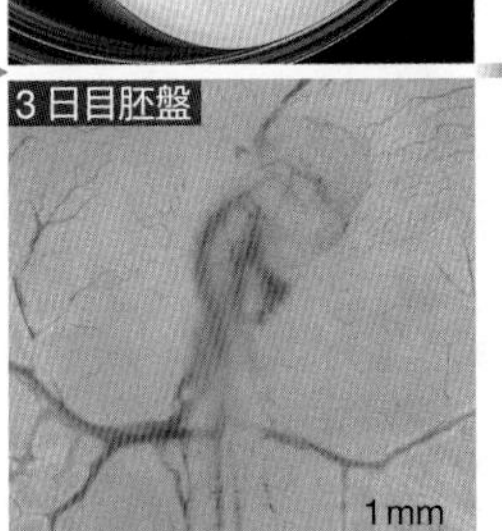

神経管上方は膨らみ脳胞を形成する。下には体節が52節でき，将来，脊椎や筋節などに分化する。心臓の拍動も明瞭になる。

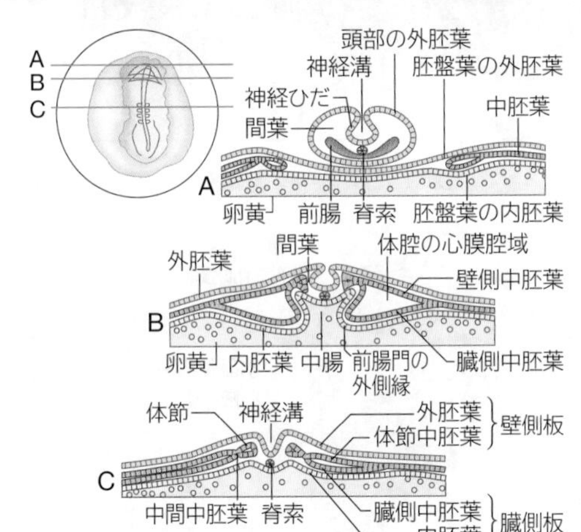


卵表面の胚盤にできた腔所に溝(原条)を生じ，神経管や腸管が形成される。

初期発生では全割する哺乳類も，発生の途中からは鳥類に似た胚盤葉を形成する(⇒ p.165)。

10日目の胚と胚膜

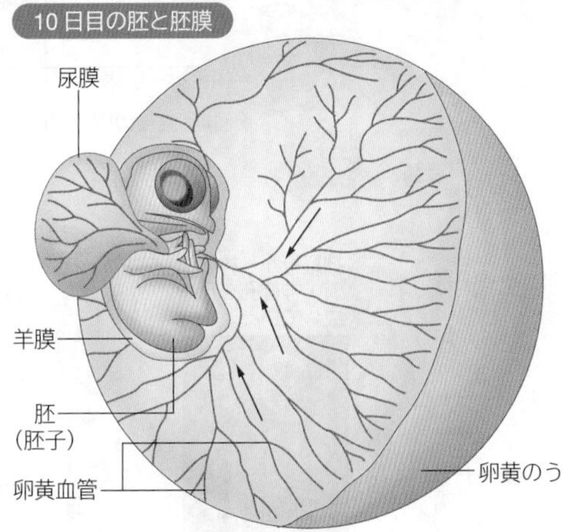


胚膜が形成される。胚膜は血液を通じて卵黄の養分を吸収し，胚の成長のために供給する。

TOPICS

### メダカの発生

魚類も鳥類のように盤割を行うが，羊膜・しょう膜は形成しない。メダカの卵では，受精後小油球が植物極側に集まって油滴を形成し，反対側に胚盤ができる。

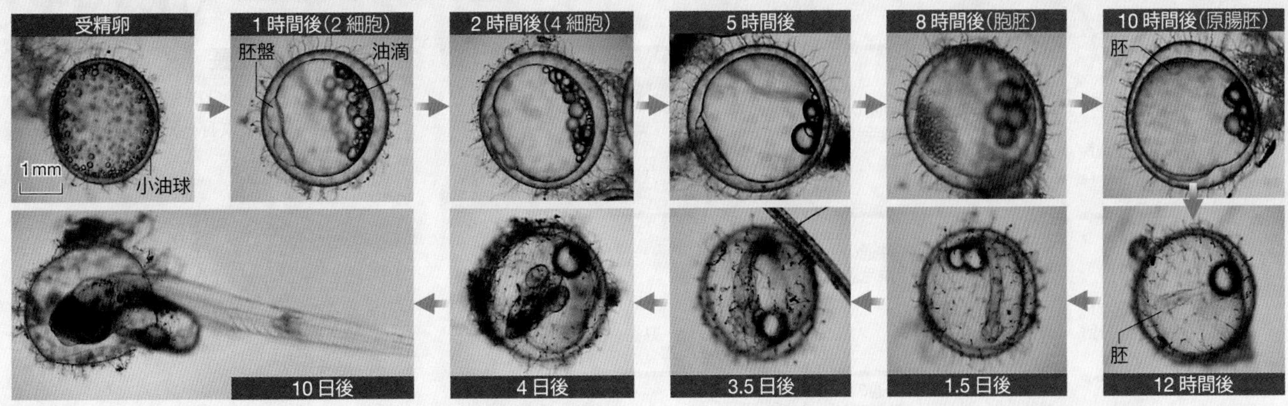

# 22 ヒトの発生
Early development of human

## A ヒトの発生

ヒトの発生の特徴は，胞胚期に，外側の細胞層(後に胎盤となる)と内側の細胞層(後に胚盤となる)に分かれることである。 生物

ヒトの卵は卵管内で受精する。受精卵は卵割を繰り返しながら子宮に向かい，受精後およそ7日目くらいに子宮壁に着床する。

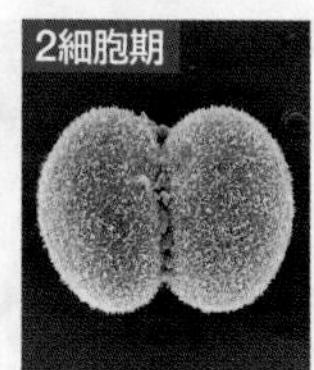

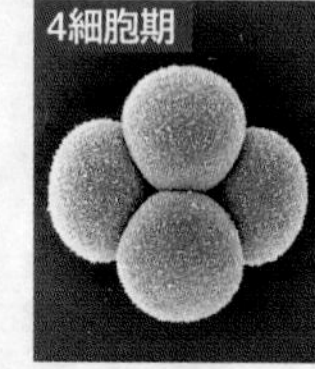

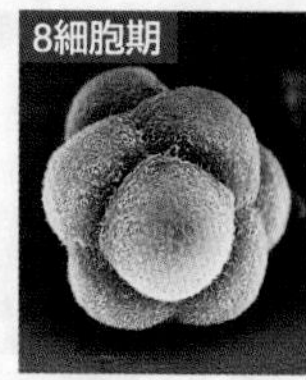

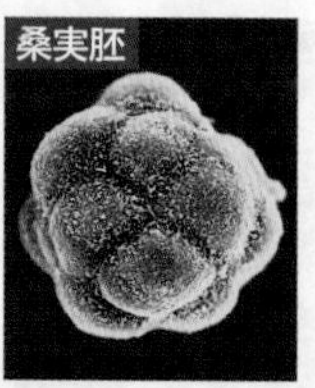

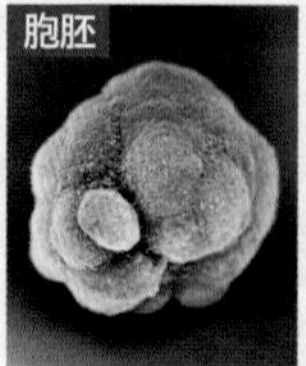


卵割の写真はハツカネズミの同時期の走査型電子顕微鏡写真で，ヒトの胚とほぼ同様の形態である。卵の周囲の透明帯は除去してある。

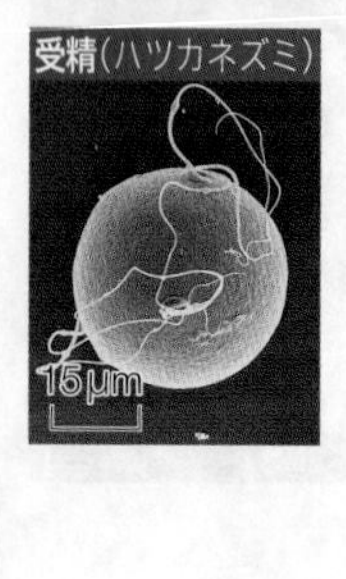


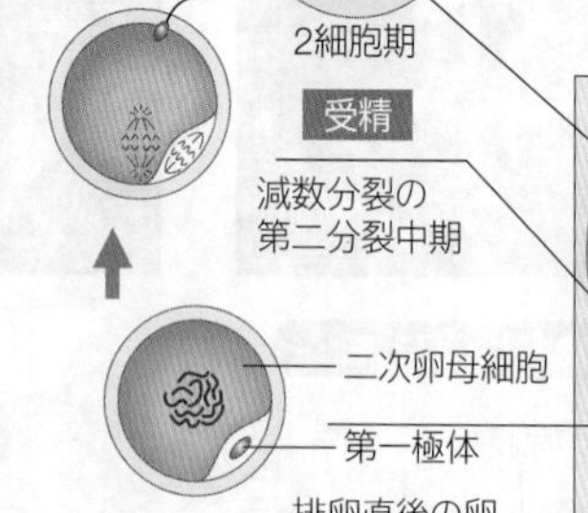


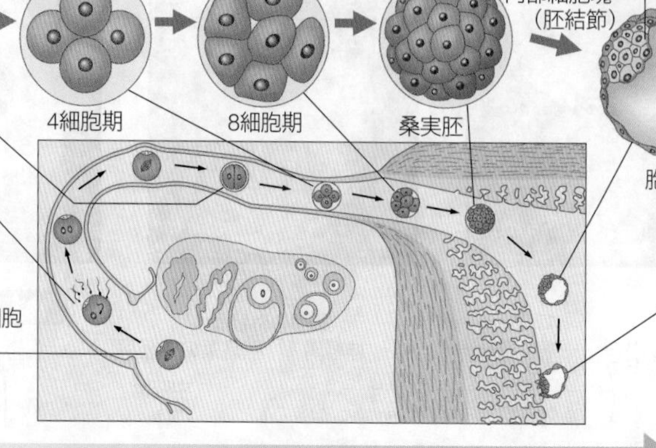


ヒトの卵の発生は，胞胚初期まではウニの卵とほぼ同様な過程で進むが，それ以降は哺乳類独特の過程で進んでいく。

受精 → 卵割 → 着床

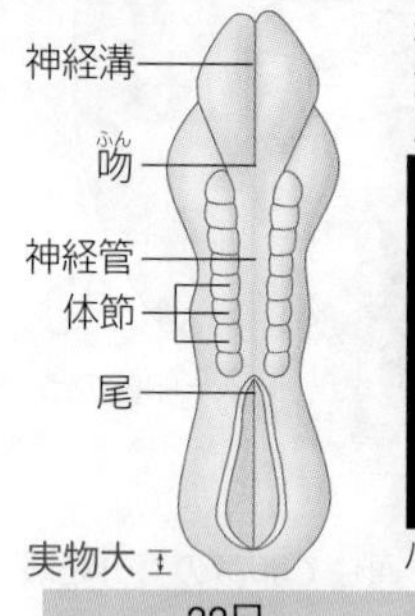


神経板から神経溝・神経孔を形成していく。

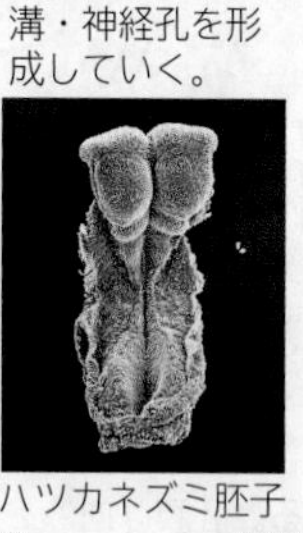
ハツカネズミ胚子

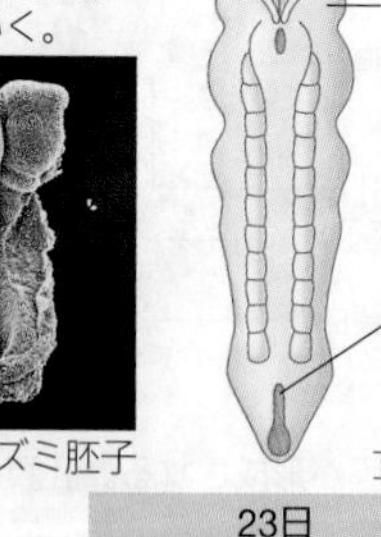

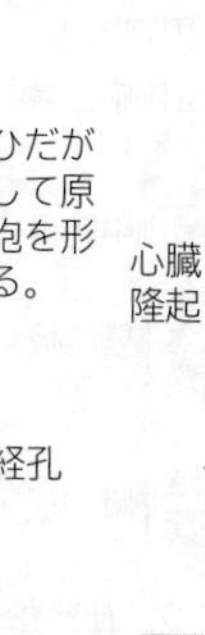


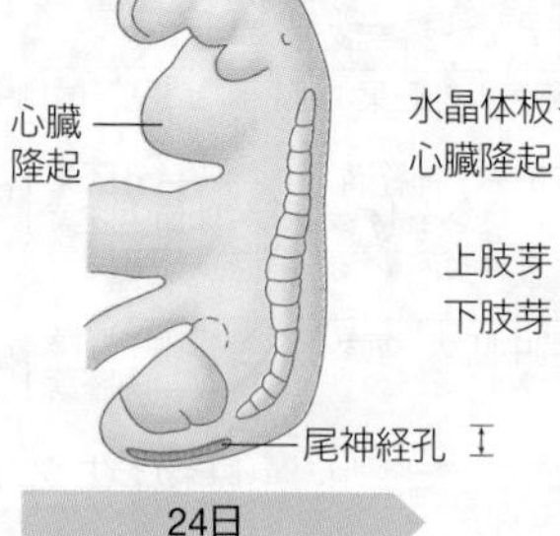


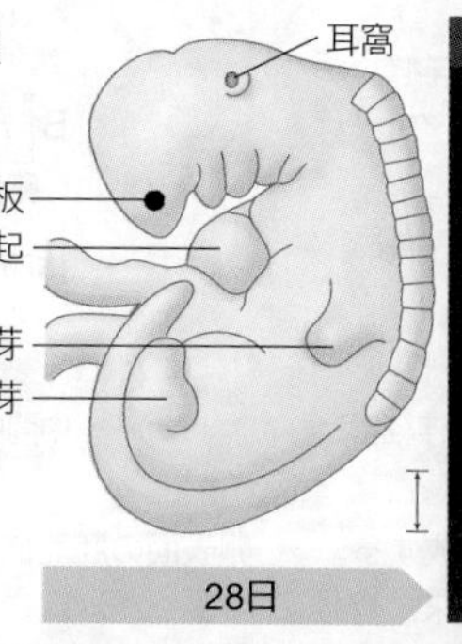


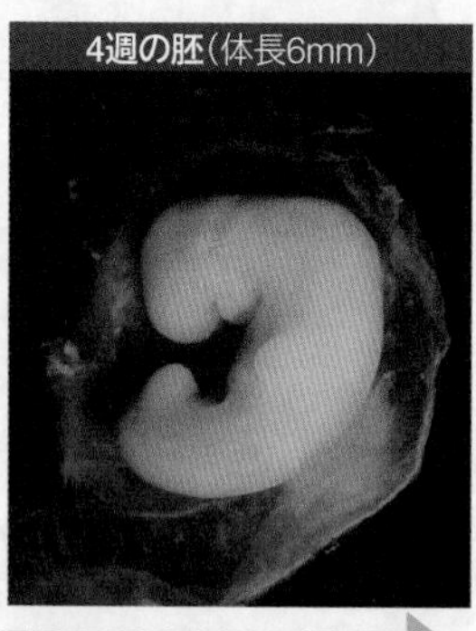


22日 23日 24日 28日

神経孔(管)の形成

## B 内部細胞塊の特性

内部細胞塊は未分化な細胞で，すべての組織に分化できる全能性(⇒ p.178)をもつため，分化前に卵や内部細胞塊が分離すると一卵性双生児となる。

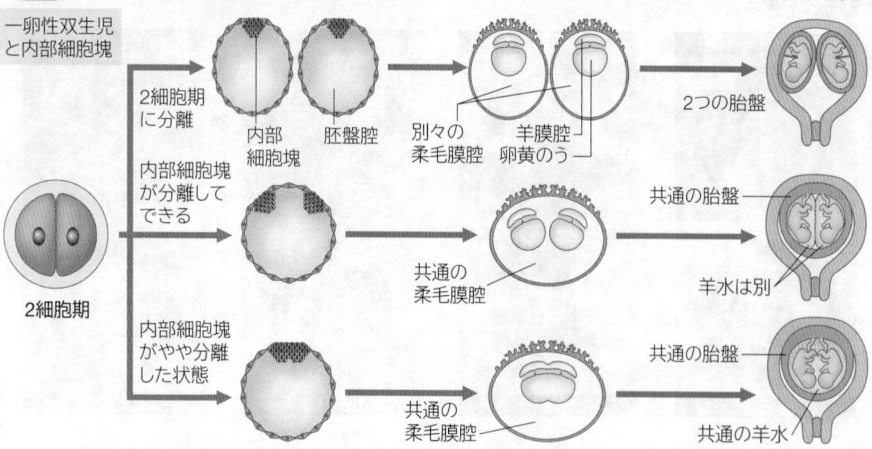


### ADVANCE

#### ヒトの胚の成長

8週目頃までに多くの器官が形成される。
〈ニュートンプレス「Newton」1982.9〉

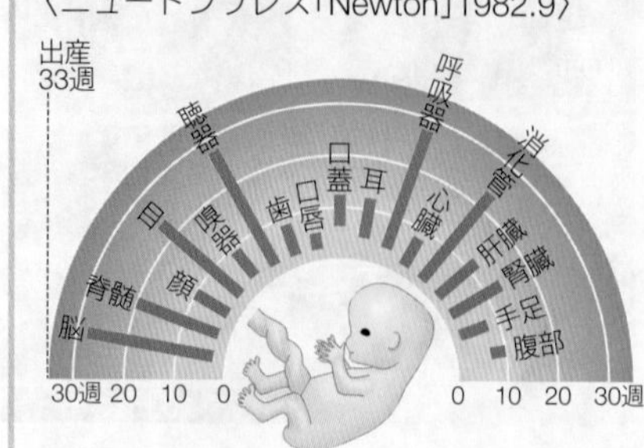


 WORD 原条⇔原始線条

POINT

### 日本では 10 か月，フランスでは 9 か月？

ヒトの妊娠期間は 266 日であるが，妊娠開始日の決め方は国により異なっている。日本では，最終月経の初日を 1 日目とするので，実際の受精日ですでに 14 日目となっており，妊娠期間は 266 + 14 = 280 日(= 40 週= 10 か月)となる。一方，フランスでは着床日(受精後 7 日目)を 1 日目とするので妊娠期間は 266 − 7 = 259 日(= 37 週間= 9 か月)となる。このため，実際の妊娠期間は同じなのに，日本では 10 か月で生まれ，フランスでは 9 か月で生まれることになる。なお，本書の説明中の日数は，実際の妊娠期間で示している。

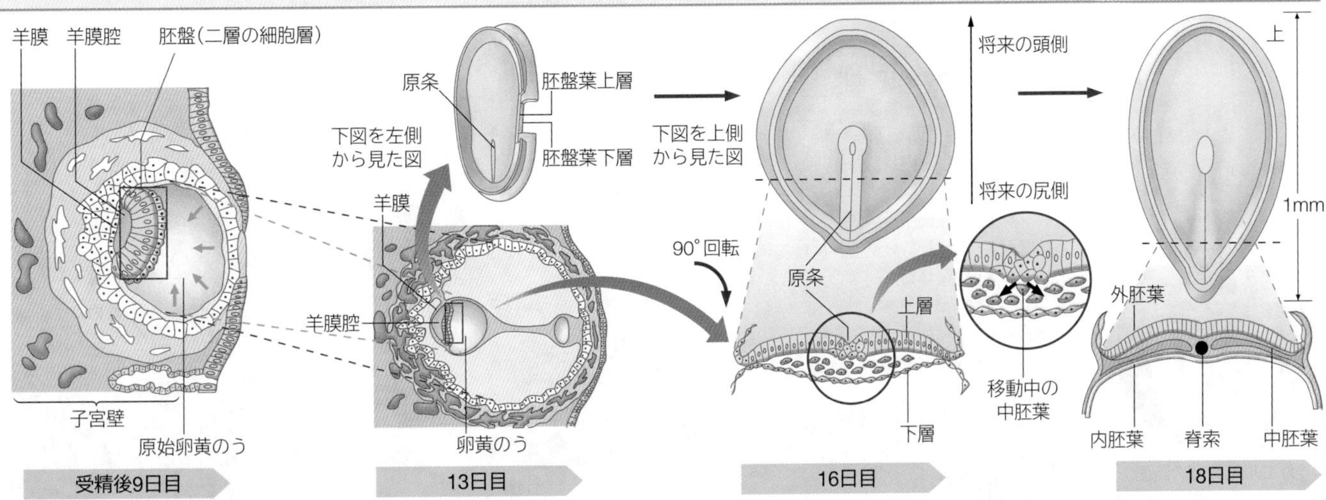


受精後9日目

着床した卵は子宮壁に埋没する。二層性の胚盤が形成される。

13日目

羊膜腔が拡大する。胚盤の上層は将来の外胚葉，下層は内胚葉である。

16日目

上層の細胞が内部に入り込み，中胚葉が形成される。しょう膜，尿膜，卵黄のうができる(⇒p.162)。

18日目

中胚葉から脊索が分化する。

胚盤葉の形成 → 胚葉と脊索の形成

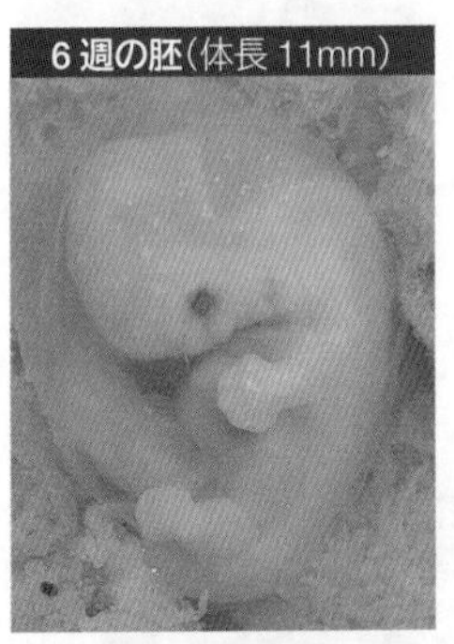

6 週の胚(体長 11mm)

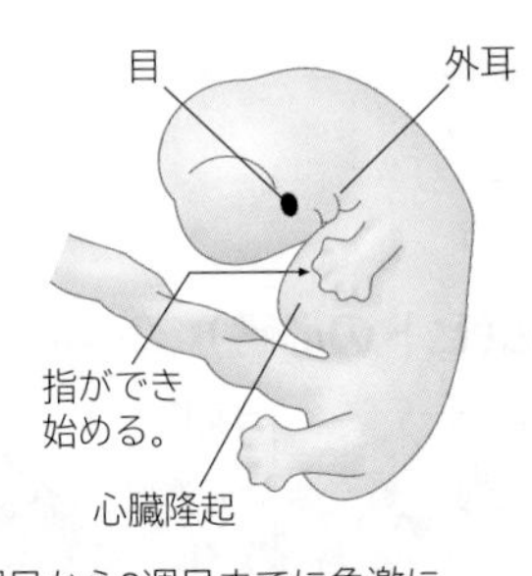


6週目から8週目までに急激に器官形成が起こる。

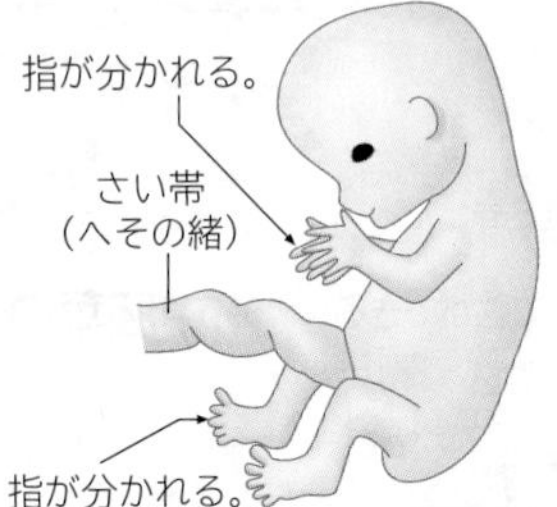


8週の胎児(8週目に入った胚は胎児と呼ばれる)。

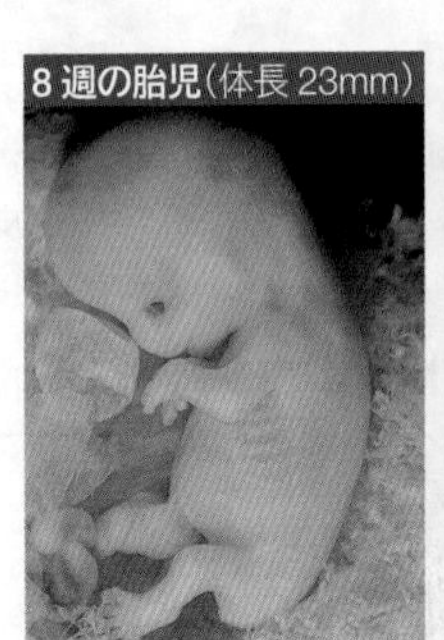

8 週の胎児(体長 23mm)

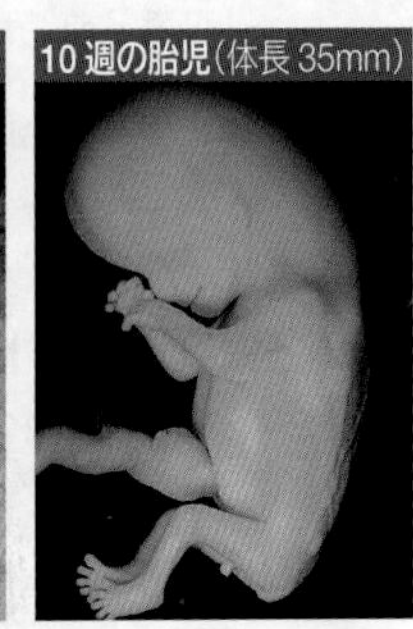

10 週の胎児(体長 35mm)

この後，38週目に約3 kgとなり，誕生する。

器官形成

## C 胎盤

しょう膜の一部から柔毛が発達し，母体の子宮内膜と絡み合って，胎盤を形成する(しょう膜が柔毛に置き換わる)。 生物

### 胎盤での血液循環

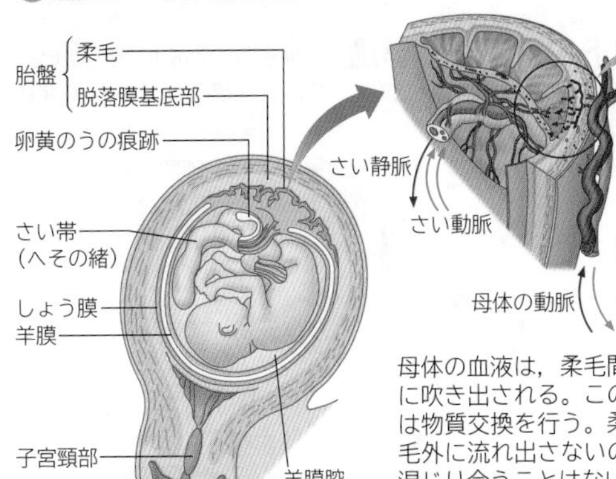

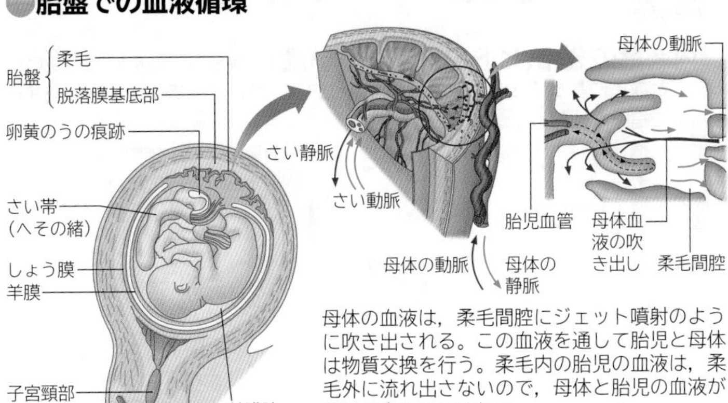


母体の血液は，柔毛間腔にジェット噴射のように吹き出される。この血液を通して胎児と母体は物質交換を行う。柔毛内の胎児の血液は，柔毛外に流れ出さないので，母体と胎児の血液が混じり合うことはない。

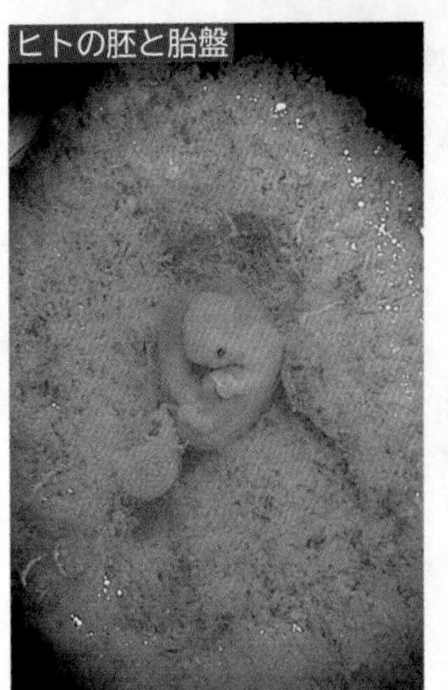

ヒトの胚と胎盤

(6 週目，体長 11mm)

### 胎盤における物質交換

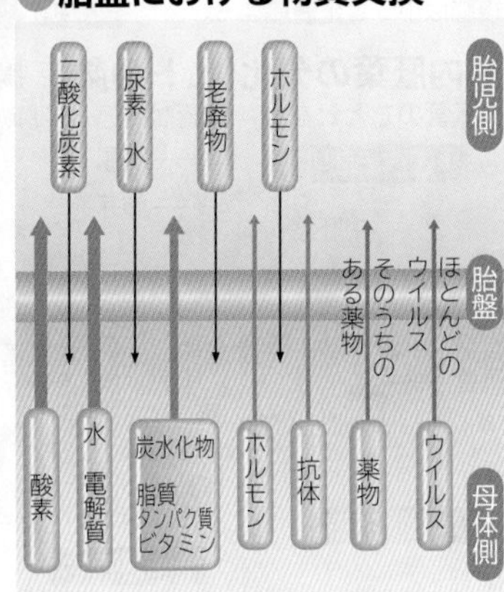

# 23 胚葉の分化と器官形成
Germ layers and organ formation

## A 各胚葉から分化する器官

脊椎動物では，外胚葉・中胚葉・内胚葉から分化する組織や器官は種に関わらずほぼ同じである。 生物

### 各胚葉の分化

内・中・外胚葉のそれぞれからどのような器官が分化するかに着目しよう。

**外胚葉** 神経系・感覚系器官，上皮組織
- 表皮
  - 表皮・毛・爪
  - 口腔上皮・嗅上皮
  - 水晶体・角膜
  - 耳胞（耳の原基）
  - 外耳・内耳
  - 外分泌腺
- 神経冠
  - 色素細胞
  - 感覚神経・交感神経
  - 副腎髄質
- 神経管
  - 脳・脊髄
  - 運動神経・副交感神経
  - 眼胞（目の原基）・網膜

**中胚葉** 骨格，筋肉，心臓，腎臓
- 脊索 のちに退化
- 体節
  - 真皮
  - 骨格筋（横紋筋）
  - 骨格
- 腎節
  - 腎臓・輸尿管
  - 輸精管
  - 生殖腺髄質
- 側板
  - 胸膜・腹膜・腸間膜
  - 心臓・血管・血球
  - 内臓筋（平滑筋）
  - 副腎皮質
  - 生殖腺皮質
- 体腔 体壁と内臓の間のすきま

**内胚葉** 呼吸器官，消化器官の上皮
- 腸管
  - 咽頭・肺・鰓・気管
  - 食道・胃・腸・肛門などの上皮
  - 肝臓・すい臓
  - 中耳
  - 内分泌腺（甲状腺・副甲状腺）
  - ぼうこう

カエル尾芽胚の断面

同じ器官でもその形は種によって様々であるが，いずれも同じ胚葉から分化する。

目 脳 脊髄 表皮

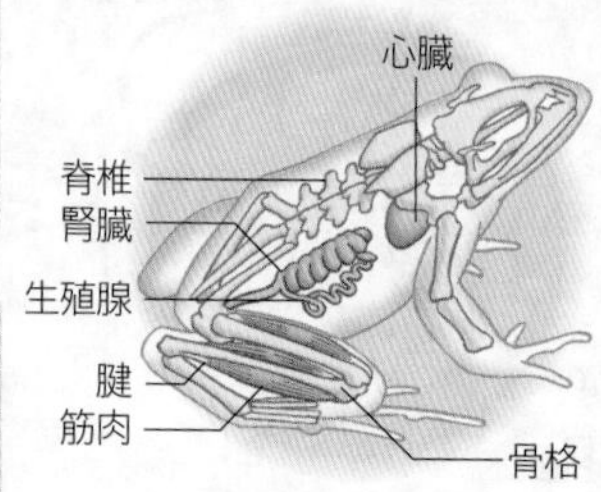


胃 肺 すい臓 腸 肝臓

脳 脊髄 表皮 心臓 腎臓 骨格 生殖腺 筋肉 肺 胃 肝臓 腸

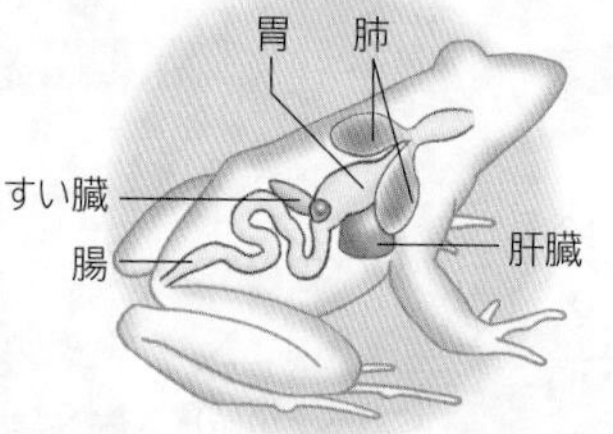

### 外胚葉の分化（ヒトの脳） 神経管の前部が肥大化して脳ができる。

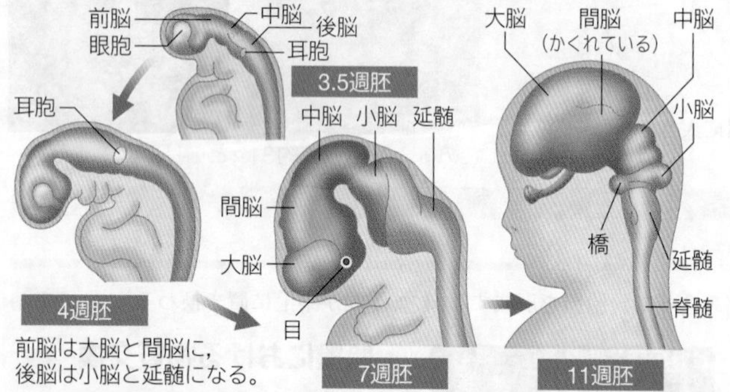


前脳は大脳と間脳に，後脳は小脳と延髄になる。

### 中胚葉の分化（ヒトの心臓） 左右の側板が接する部位から心臓ができる。

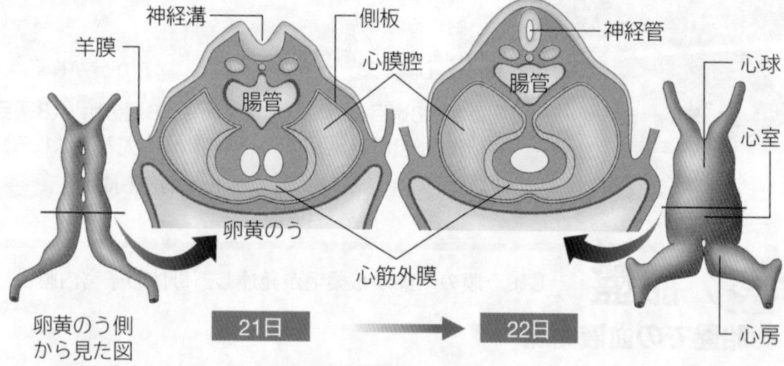


### 内胚葉の分化（ヒトの肺） 腸管の前部にできた突起（肺芽）が気管のもととなり，気管が発達して肺ができる。

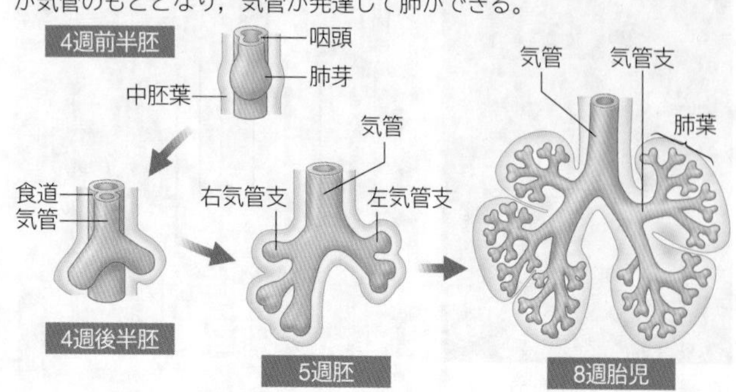


### 内胚葉の分化（ヒトの肝臓・すい臓） 腸管の中部に肝臓とすい臓のもととなる原基ができる。すい臓の原基は腹側と背側にできるが，やがて発達した十二指腸が回転して，1つに癒合する。

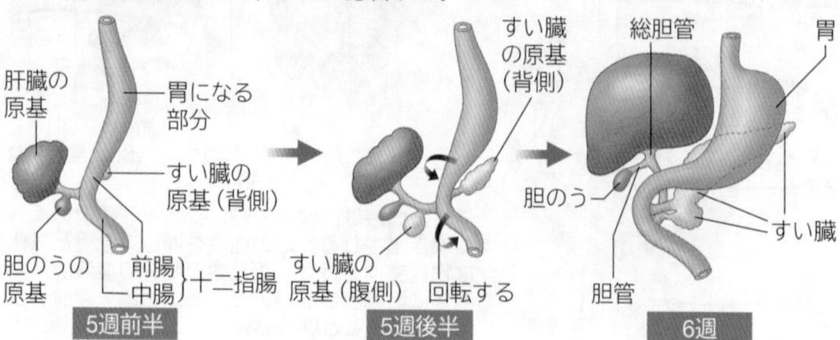


4 生殖と動物の発生

生物

 WORD 神経冠⇔神経堤　水晶体⇔レンズ　耳胞⇔聴胞　輸尿管⇔尿管

## B 複数の胚葉からできる器官

多くの器官は，単独の胚葉から分化してできるのではなく，複数の胚葉から分化した組織が組合さってできている。

### 外胚葉と中胚葉の連携（ヒトの皮膚）

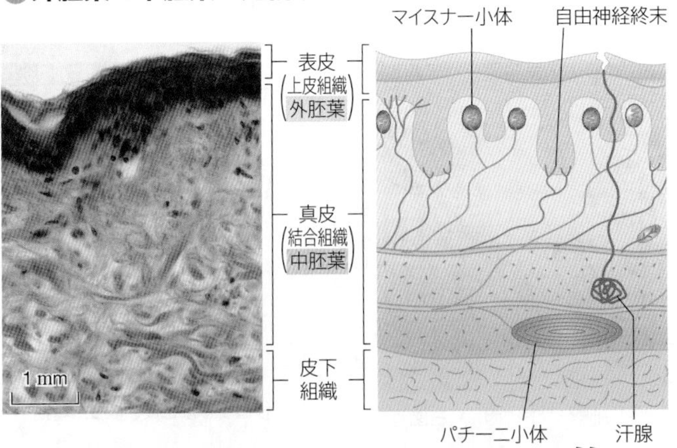


### 中胚葉と内胚葉の連携（カエルの消化管）

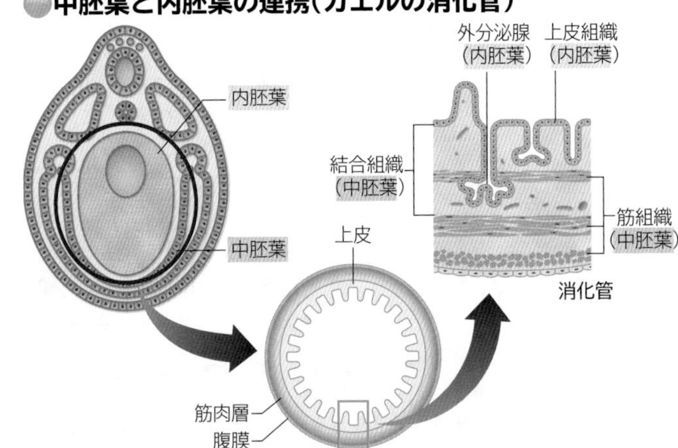


### 外胚葉と内胚葉の連携（カエルの頭部諸器官と鰓(えら)）

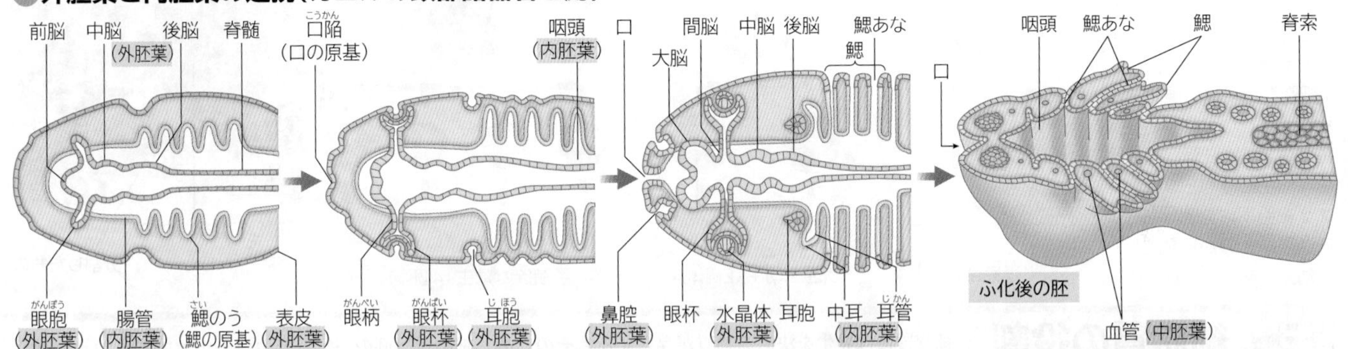


## ADVANCE 発生学のモデル生物「C. エレガンス」

体長わずか 1 mm のセンチュウの一種 *C.* エレガンス（*Caenorhabditis elegans*）は，成体で 959 個の体細胞しかなく，発生にかかる日数も 3 日と短いため，分化のしくみを探る絶好の生物とされ，受精卵から成体に至るまでのすべての細胞の行方（**細胞系譜**）が解明された。下の図から，腸は早くに分裂した 1 個の細胞から形成されるが，ほかの器官は複数の細胞が複雑に関わり合って形成されていくことがわかる。発生の過程でつくり出される細胞は全部で 1090 個である。そのうち 131 個（約 8 分の 1）の細胞が途中で死ぬことがわかっている（**プログラム細胞死** ⇒ p.174）。

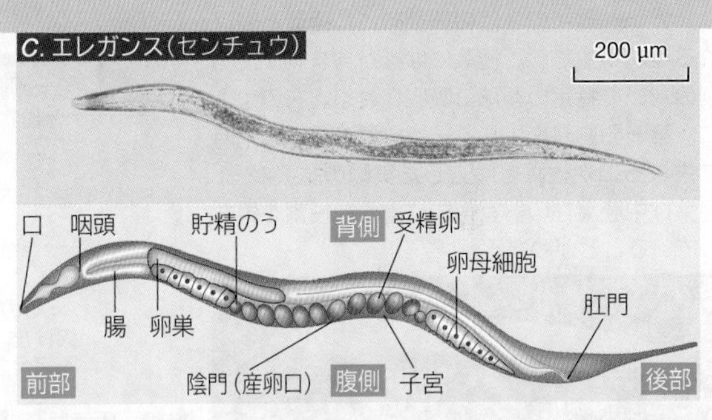


***C.* エレガンスの細胞系譜図**（Sulston & Horvitz，2002 年ノーベル医学・生理学賞受賞）

・は死ぬ細胞を示す。

受精卵

神経系　口・食道　下皮　神経系　口・食道　生殖細胞 生殖器　腸　筋肉

# 24 発生における核と細胞質の働き

Roles of nucleus and cytoplasm in development

## A 核の働き

核は個体を形成するすべての細胞に分化する能力（**分化全能性**）をもつ。動物では，発生の進行とともに核の能力は制限を受けるようになる。 生物

### アフリカツメガエルの核移植実験（ガードン）

除核した野生型（黒色）の未受精卵に，アルビノ個体（白色）の胞胚細胞および幼生の腸細胞の核をそれぞれ移植して，その後の発生を調べる。

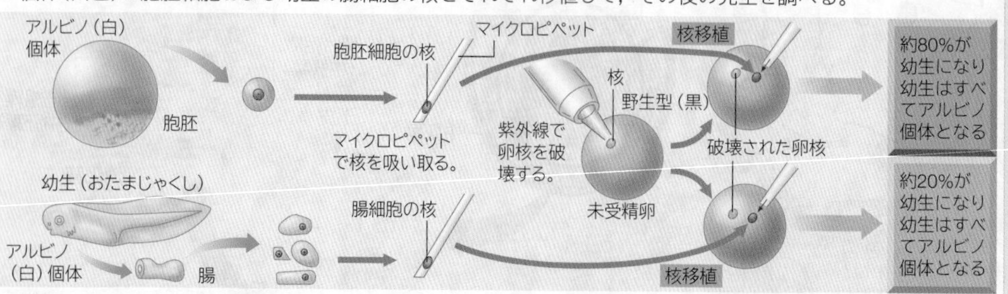


アフリカツメガエルの幼生
1 cm

胞胚期まで発生したもののうち，正常な幼生に発生した割合（%）
100 80 60 40 20 0
アフリカツメガエル
トノサマガエル
胞胚 原腸胚 神経胚 尾芽胚 心臓の拍動始まる 遊泳している幼生
移植する核を抜き取った時期

**結論**：胞胚の核も幼生の核も分化全能性をもつが，発生が進んだ段階の核の方が，より制限を受けやすい（右図）。

### ウニ初期胚の分割実験

ウニの初期胚を，$Ca^{2+}$ を含まない人工海水の中に移して容器を軽く振ると割球が分離する。

4細胞期までは分離したどの割球からも，大きさの小さい完全な形の幼生が生じる。8細胞期以降では，完全な幼生にはならない。右端の写真は2細胞期に分割したものと分割していないものから発生したプルテウス幼生である。

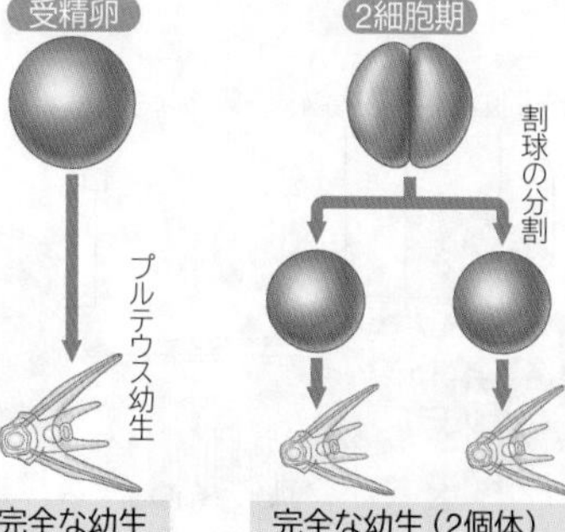


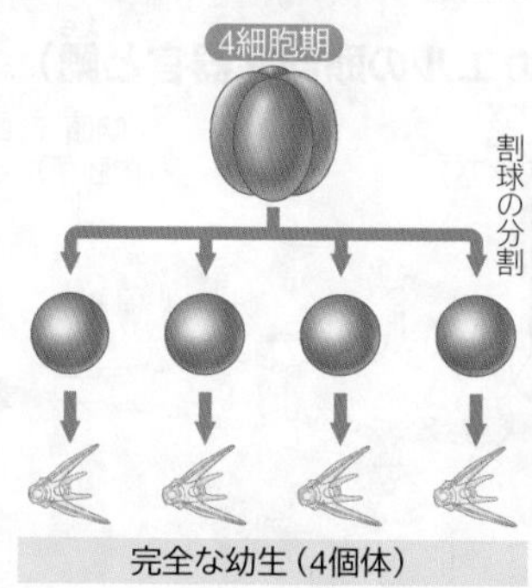


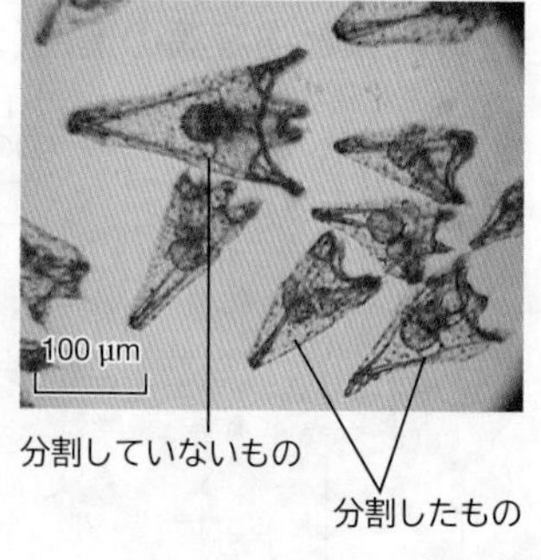


100 μm
分割していないもの
分割したもの

## B 細胞質の役割

細胞質には発生を決める物質が存在する。そのため，細胞質は胚の正常な発生に不可欠である。 生物

### ツノガイ極葉の働き

ツノガイは最初の3回の卵割時に，**極葉**と呼ばれる突起が生じる。極葉には核が含まれず，卵割のたびに特定の割球に吸収される。右のように，第一卵割時に生じる一次極葉，第二卵割時に生じる二次極葉を除去した実験の結果から，極葉は中胚葉性の器官形成に重要な役割を果たしていることがわかる。

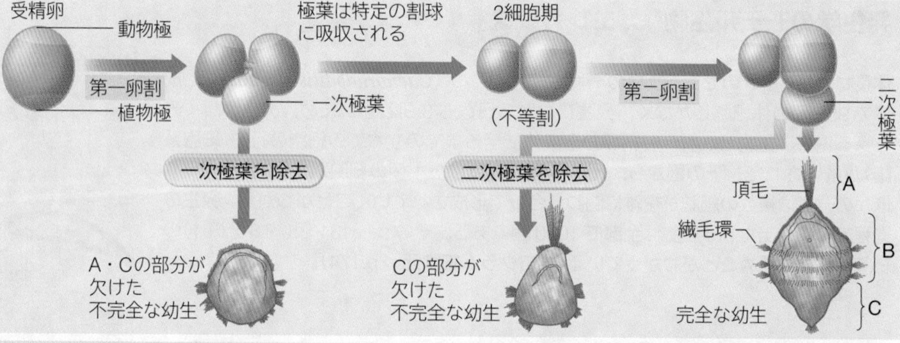


**結論**：極葉は胚の分化，幼生の器官形成に不可欠であり，極葉の細胞質がその中心的な役割を果たしている。

### ホヤの筋組織の分化

ホヤの8細胞期の割球を動物極側と植物極側に分割して発生させると，筋細胞が分化するのは植物極側の割球のみである。植物極側の細胞にある黄色の細胞質を動物極側の細胞に移入すると，動物極側の細胞でも筋細胞を分化することができるようになる。

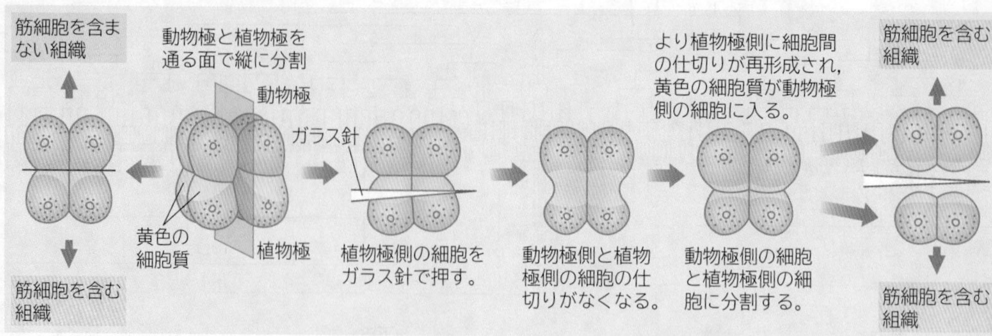


**結論**：植物極側の細胞に含まれる黄色の細胞質中には，筋細胞へと分化させる因子が存在する。

4 生殖と動物の発生

生物

 WORD 分化全能性⇔全能性⇔全形成能　マイクロピペット⇔ミクロピペット　灰色三日月環⇔灰色三日月⇔灰色新月環⇔灰色半月環

## C 細胞質の極性

細胞質内のある種の物質には濃度勾配があり，その分布状態の偏り（極性）が胚の正常な発生に不可欠である。 生物

### ウニ未受精卵の分割実験

赤道面で横に分割したウニの未受精卵と，動物極と植物極を通る面で縦に分割したウニの未受精卵をそれぞれ受精させ，その後の発生の様子を観察する。

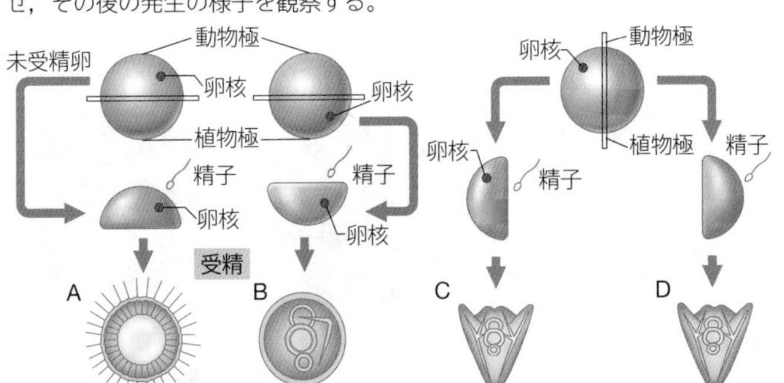


A：動物極側を受精させたもの →胞胚までしか発生しない（永久胞胚）。

B：植物極側を受精させたもの →不完全な幼生になる。各胚葉の分化が不完全。

C・D：縦分割し受精させたもの →大きさが半分で，形態は完全な幼生になる。

※Dには卵の核がないが，精子の進入が刺激となり精子の核のみで発生が始まる。

**結論**：未受精卵の細胞質には，その後の発生に必要な物質が動物極と植物極を結ぶ胚軸方向に沿って配置されている。

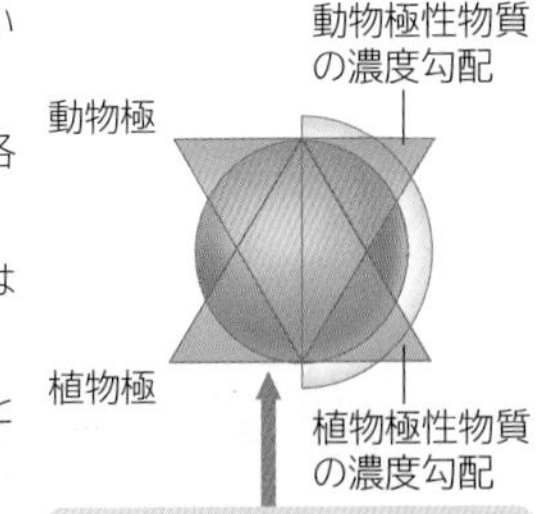


正常な発生には，動物極と植物極の細胞質がバランスよく含まれていることが必要。

### ウニ8細胞期の分割実験

未受精卵の分割と同様な結果になる。

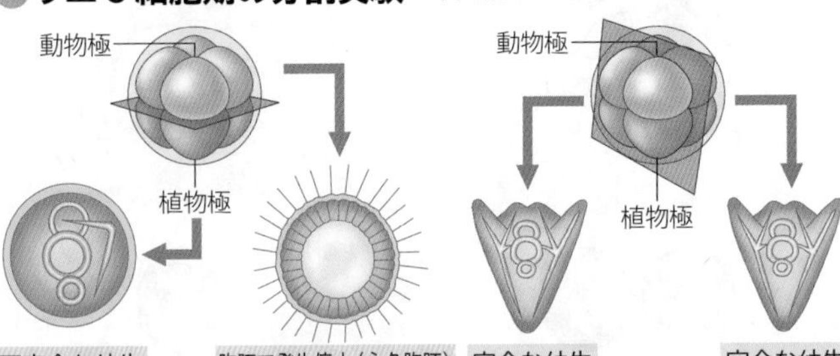


### ウニ初期胚の割球培養実験

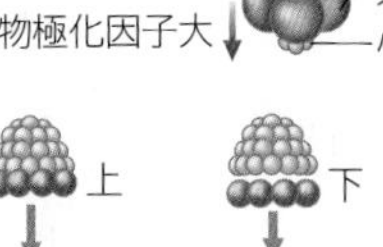


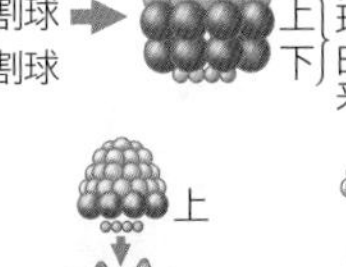


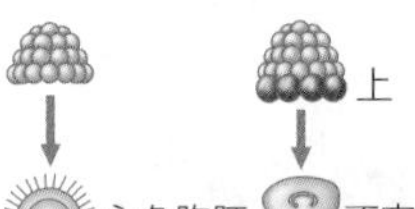

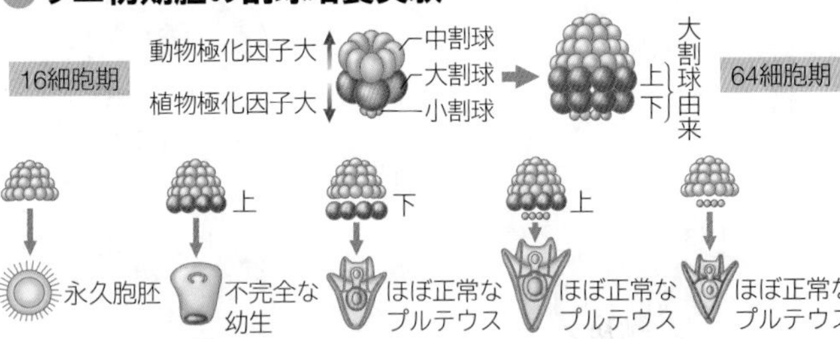


小割球を付加して培養するとほぼ正常な幼生ができる。

## D 灰色三日月環と背腹軸

イモリなどの両生類では，受精後に灰色三日月環が現れる。灰色三日月環の生じた側は将来背側になるので，この時点で背腹軸が形成される。 生物

### イモリ2細胞期胚の結さつ実験

**灰色三日月環**が含まれない胚は正常に発生しない。

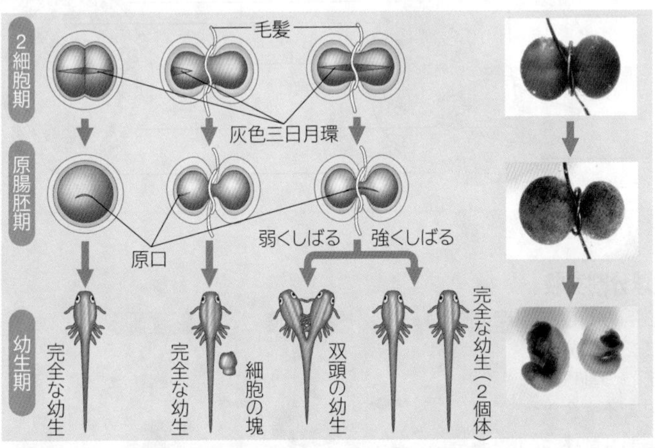


### 灰色三日月環の形成と背腹軸の決定

灰色三日月環は，精子進入点の反対側の赤道部分に現れる周囲と色の濃さが異なる領域である。**原口**はこのあたりにできる。この灰色三日月環が生じた側は将来背側となり，精子進入点の側は腹側となる。これは，卵の植物極側に局在する**ディシェベルドタンパク質**と呼ばれる**母性因子**（⇒ p.154）が，灰色三日月環のできる領域へと移動し，様々な調節遺伝子の働きを制御する（⇒ p.172）からである。

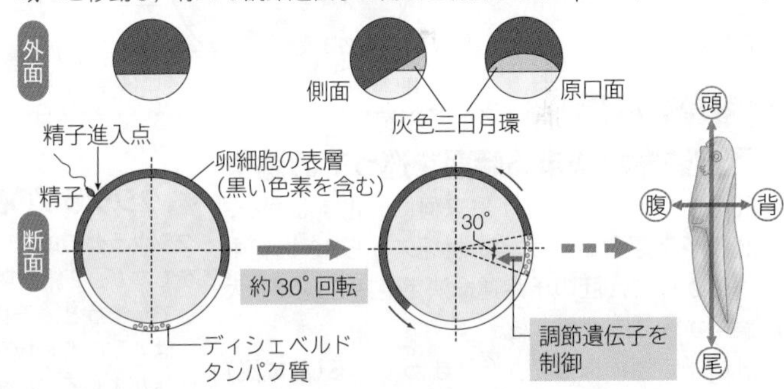


## E ショウジョウバエの前後軸の形成

未受精卵が蓄えていた卵極性遺伝子（母性効果遺伝子）の mRNA が受精後に翻訳され，卵極性タンパク質の濃度勾配が形成されて頭尾軸が決定する。 生物

### 前極の細胞質移植

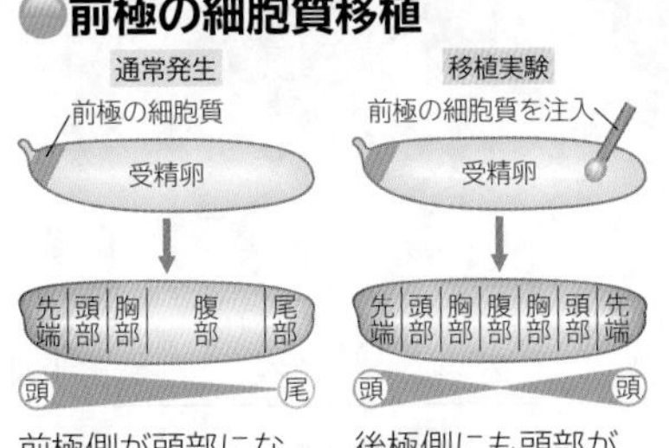


前極側が頭部になる。

後極側にも頭部ができる。

### 前後軸の決定

ショウジョウバエの卵割が表割であることに注意しよう。

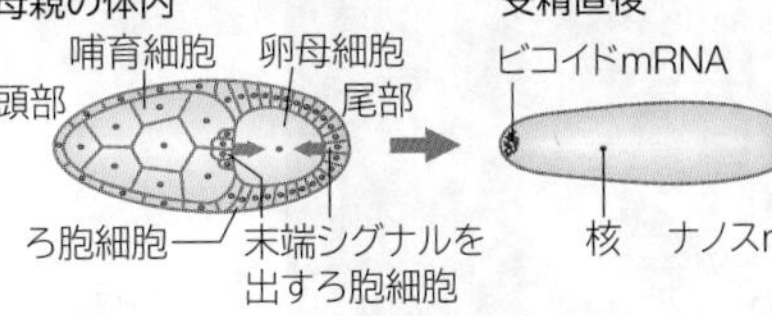

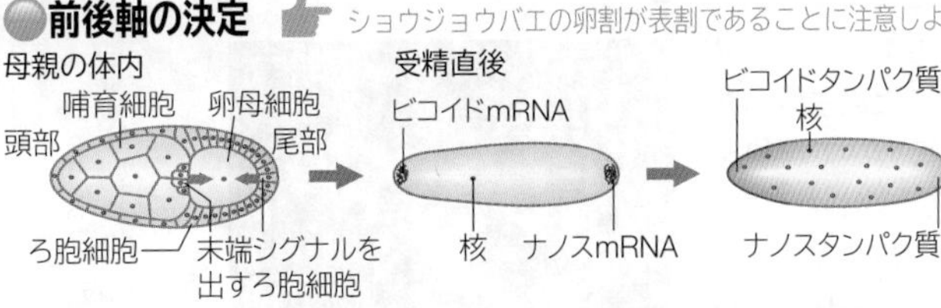


母親の哺育細胞の卵極性遺伝子（ビコイド遺伝子やナノス遺伝子）からできるmRNA（母性因子）が卵母細胞に送り込まれ，局在する。

受精するとただちにmRNAが翻訳され，それぞれのタンパク質がつくられる。

それぞれのタンパク質は拡散し，濃度勾配をつくる。

### 卵極性タンパク質の濃度

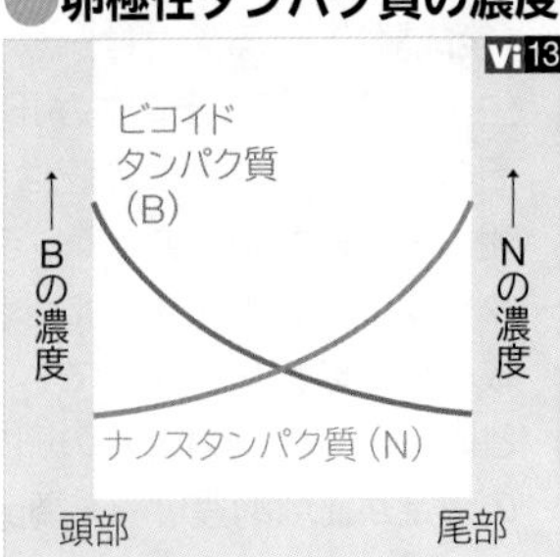


4 生殖と動物の発生

生物

# 25 発生のしくみの解明

Explication of embryonic development mechanism

## A 胚の原基分布図の作成

フォークトは局所生体染色法によりイモリ胞胚を染め分け，発生に伴う細胞の移動を追跡し，胚の各部の予定運命を示す図（原基分布図）をつくった。

生物

### 局所生体染色法

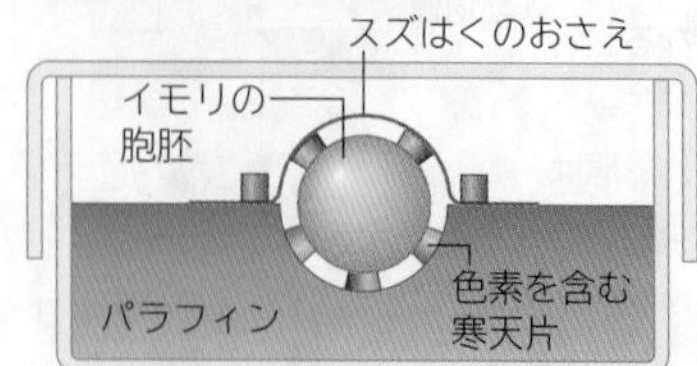


ナイル青や中性赤（生体に無害な色素）を寒天片に染み込ませ，イモリ胚の表面と接触させて部分的に染め分ける。染色後の胚を観察し続けることで胚の各部がどのような組織・器官に分化するかを調べることができる。

### 染色後のイモリ胚

染色された部分が原口に向かって移動する。

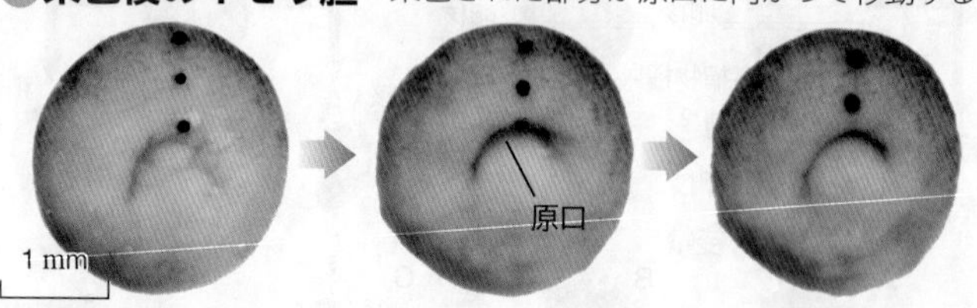


### フォークトの行った追跡の結果（『局所生体染色法による両生類胚の造形運動の解析』（1929年）による）

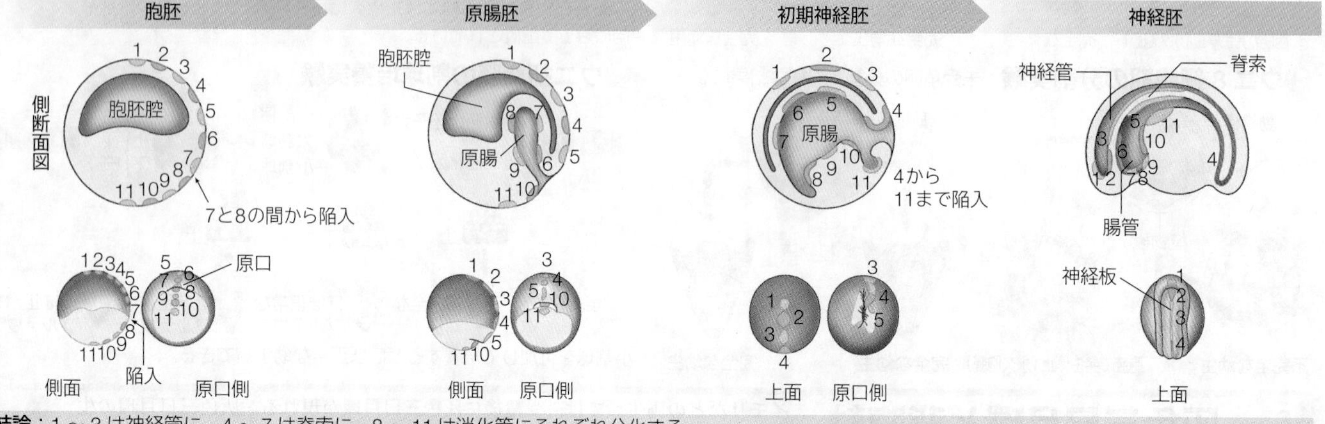


**結論**：1～3は神経管に，4～7は脊索に，8～11は消化管にそれぞれ分化する。

### イモリ胞胚の原基分布図

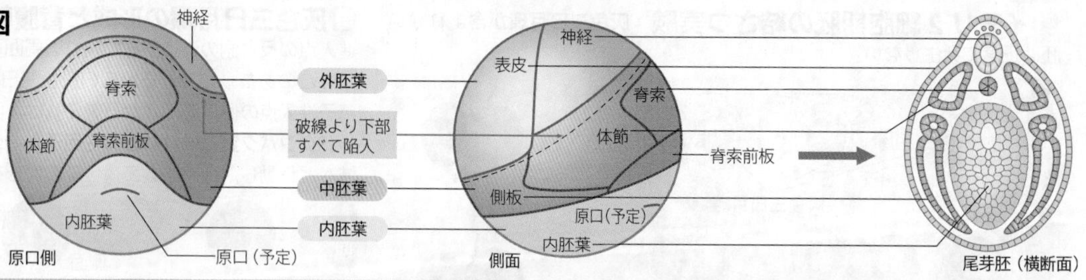


## TOPICS

### 予定運命が決まる時期を巡っての論争

胚のそれぞれの細胞が将来何に分化するかを，胚の**予定運命**という。17世紀末から18世紀中頃にかけて，胚の予定運命決定時期を巡って大論争が繰り広げられた。

胚の予定運命は最初から決まっている（**前成説**）とする立場の人々は，クシクラゲの卵の発生をもち出してその主張の正当性を説き，一方で胚の予定運命は発生が進むとともに決まっていく（**後成説**）とする人々は，ウニやカエルの卵の発生を取り上げて，その説が正しいことを主張した。その後，クシクラゲの胚は発生の極めて早い時期に予定運命が決まってしまうことがわかった。クシクラゲの卵のように，発生の予定運命が比較的早い時期に決まってしまう卵を**モザイク卵**と呼び，ウニやカエルの卵のように，予定運命の決定が比較的遅い卵を**調節卵**と呼ぶ。

#### クシクラゲの割球分割実験

クシクラゲの成体は8列のくし板をもつが，2細胞期に2つに分離してしまうと，それぞれの割球からは4列のくし板をもつ不完全な個体が生じる。4細胞期に割球を3個と1個に分割するとそれぞれ6列と2列のくし板をもつ個体が生じる。

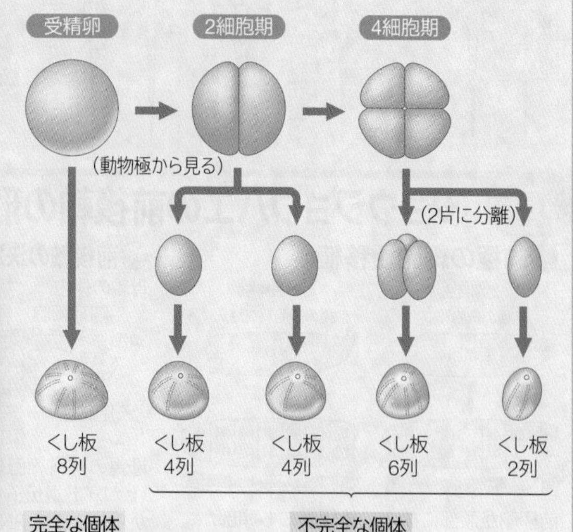




WORD 原基分布図⇔予定運命図⇔原基予定運命図⇔予定原基図⇔運命図　ナイル青⇔ナイルブルー　中性赤⇔ニュートラルレッド

## B イモリ胚の交換移植実験

シュペーマンは体色の異なる２種類のイモリの胚で**交換移植実験**を行い，予定運命が原腸胚から神経胚の間に決められていくことを解明した。 生物

### 初期原腸胚の交換移植

移植片の予定運命はまだ未決定で，移植された胚(宿主)の影響を受ける。

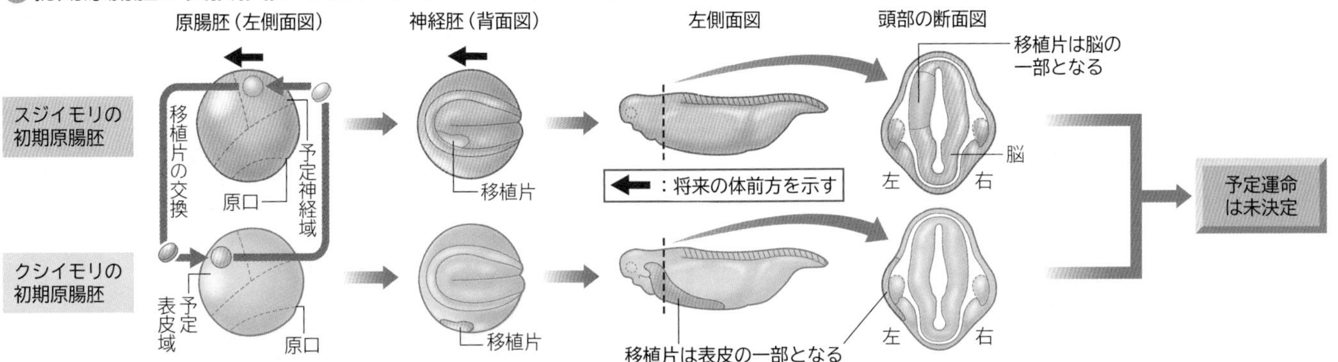


### 初期神経胚の交換移植

移植片の予定運命はすでに決定されており，宿主の影響は受けない。

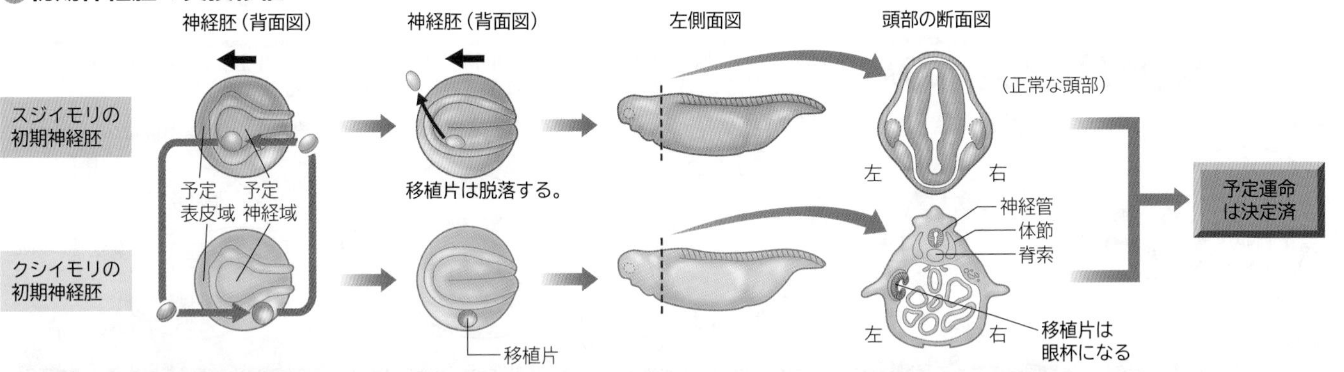


## C 形成体と誘導の発見

シュペーマンとマンゴルトは，イモリ初期原腸胚の**原口背唇部**に神経管を誘導する働きがあることを発見し，**形成体(オーガナイザー)**と名付けた。 生物

### イモリ初期原腸胚の原口背唇部の移植実験

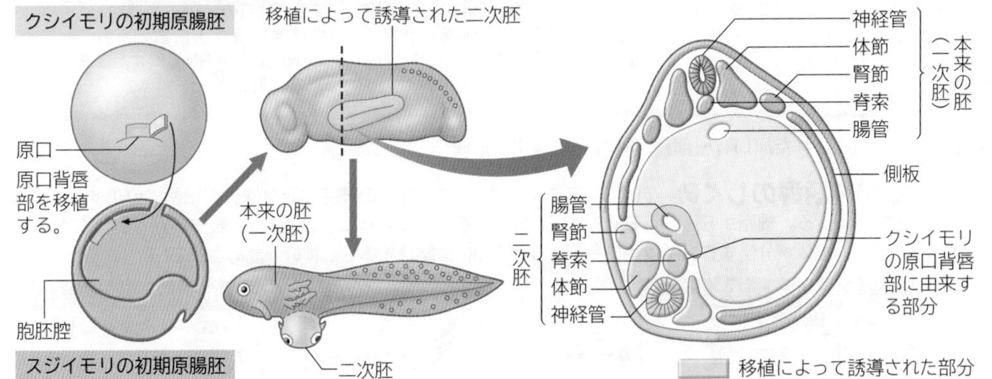


クシイモリの初期原腸胚の原口背唇部を切り取って，スジイモリの初期原腸胚の胞胚腔の中に移植すると，移植片を中心として本来の胚とは別の第二の胚(**二次胚**)が形成される。このとき移植片そのものは二次胚の脊索や体節・神経管の一部を形成するだけで，他の組織は宿主の胚に由来している。この原口背唇部のように，隣接する未分化の細胞群の予定運命を決定し，分化させる胚域を**形成体**といい，形成体がもつ分化を促す働きを**誘導**という。

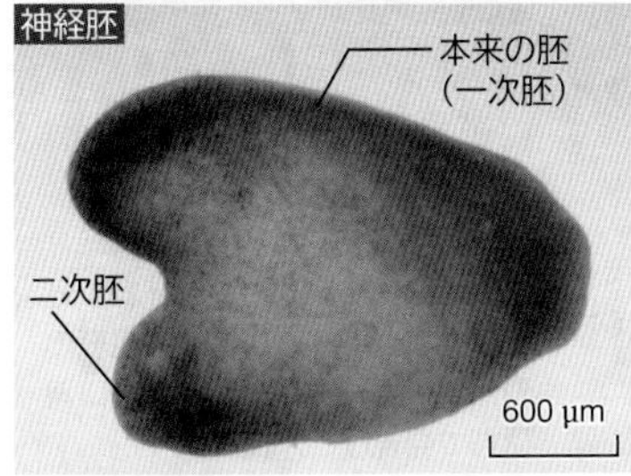


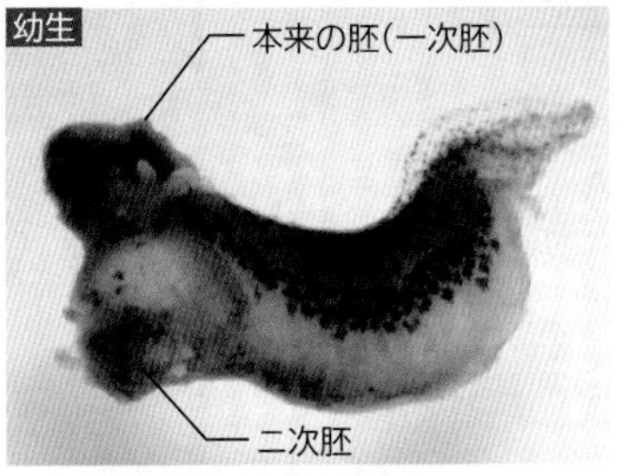


**TRY**
初期神経胚の交換移植実験で形成された眼杯と，原口背唇部の移植実験で形成された二次胚の違いは何だろうか。

**TOPICS**

### フォークトとシュペーマン

フォークトとシュペーマンは同時期に活躍したドイツの生物学者であり，シュペーマンは1935年にノーベル医学・生理学賞を受賞している。シュペーマンの胚移植実験は1918年，形成体の発見が1924年で，フォークトが原基分布図を作成した1926年よりも若干早い。実はシュペーマンも移植実験の前提として原基分布図の作成に取り組んでいたのである。しかし，フォークトの局所生体染色法ほどの優れた結果は得られなかったようである。

シュペーマン



WORD 調節卵⇔調整卵　形成体⇔オーガナイザー⇔オルガナイザー　原口背唇⇔原口上唇

# 26 中胚葉誘導と神経誘導

Mesoderm induction and nerve induction

## A 中胚葉誘導

ニューコープは，形成体（予定中胚葉）の一部が，予定内胚葉による誘導で生じることを明らかにした。この現象を中胚葉誘導という。 生物

### メキシコサンショウウオ胞胚の培養実験（ニューコープ）

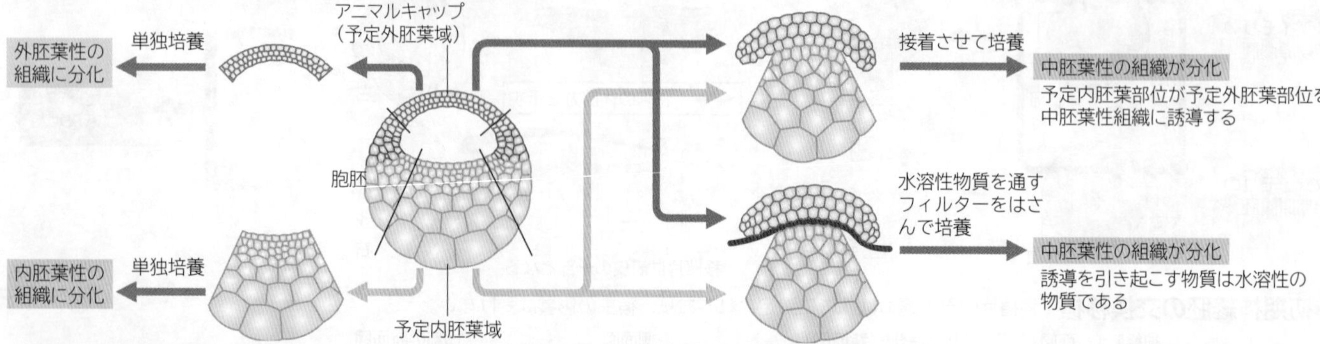


## B 中胚葉誘導のしくみ

植物極側から動物極側に物質の濃度勾配が生じ，植物極側から中胚葉誘導物質が送られる。背側では別の中胚葉誘導物質が送られ背腹軸が決まる。 生物

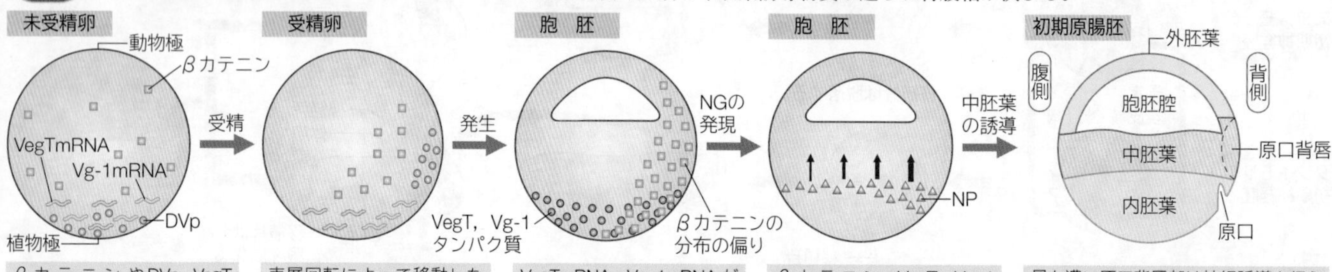


βカテニンやDVp，VegTmRNA，Vg-1mRNA等の母性因子が細胞内に蓄えられる。DVp，VegTmRNA，Vg-1mRNAは植物極側に局在する。

表層回転によって移動したDVpの働きにより，βカテニンの濃度の偏り（濃度勾配）が生じる。

VegTmRNA，Vg-1mRNAが翻訳され，VegT，Vg-1タンパク質が合成される。βカテニン，VegT，Vg-1タンパク質の働きかけによりノーダル遺伝子（NG）が発現し，ノーダルタンパク質（NP）が合成される。

βカテニン，VegT，Vg-1タンパク質の働きかけの度合いにより，NPの分布は背側が濃く，腹側が薄くなる。NPは動物極側に働きかけ，その濃度勾配により，背腹軸に沿ってそれぞれ異なる中胚葉を誘導する。

最も濃い原口背唇部は神経誘導を行う形成体となる。次に濃い部位は体節部位に，薄い腹側は側板部位中胚葉となる。

両生類では，受精した後，胞胚期までは胚独自のmRNA合成は起こらず，受精前から卵内に蓄えられていたmRNA（母性mRNA）によってのみタンパク質合成が行われる。

**βカテニン・DVp（ディシェベルドタンパク質）**：背腹軸の決定や形成体の誘導に関わるタンパク質。DVpはβカテニンの分解を阻害する。

**VegT・Vg-1**：内胚葉形成に関係するタンパク質。

## C 神経誘導

中胚葉誘導によって形成された原口背唇部は，神経を誘導する形成体として働く。 生物

### 神経誘導を調べた実験

アニマルキャップ

カエルの胞胚

培養 → 表皮に分化

原口背唇部

培養 → 神経に分化

培養 → 神経に分化

水溶性物質を通すフィルター

外胚葉

形成体

中胚葉

内胚葉

原口

初期原腸胚

原口背唇部

### 神経誘導のしくみ

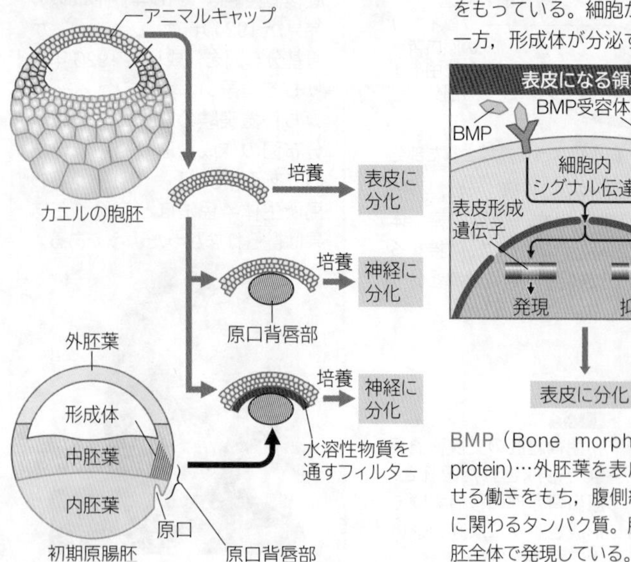

外胚葉（アニマルキャップ部位）の細胞は元々は表皮細胞に分化する能力をもっている。細胞が分泌する**BMP**が細胞膜に存在する受容体に結合すると，表皮細胞へと分化する。一方，形成体が分泌する**ノギン**や**コーディン**がBMPに結合すると，神経が誘導される。

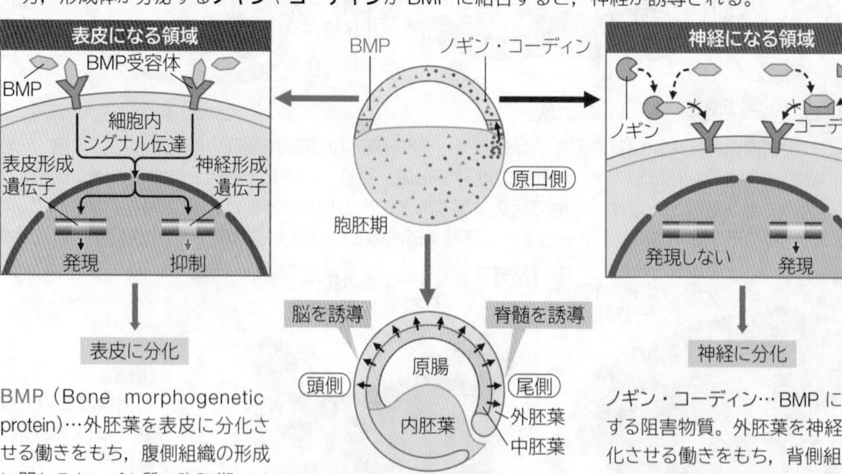


BMP（Bone morphogenetic protein）…外胚葉を表皮に分化させる働きをもち，腹側組織の形成に関わるタンパク質。胞胚期には胚全体で発現している。

ノギン・コーディン…BMPに結合する阻害物質。外胚葉を神経に分化させる働きをもち，背側組織の形成に関わるタンパク質。原口背唇部で発現している。

WORD メキシコサンショウウオ⇔アホロートル　アニマルキャップ⇔動物極キャップ　BMP⇔骨形成タンパク質⇔骨形成因子

# 27 誘導の連鎖

Chain of induction

## A イモリの目の形成と誘導の連鎖

眼杯が表皮から水晶体を誘導し，さらに，水晶体は表皮から角膜を誘導する。 生物

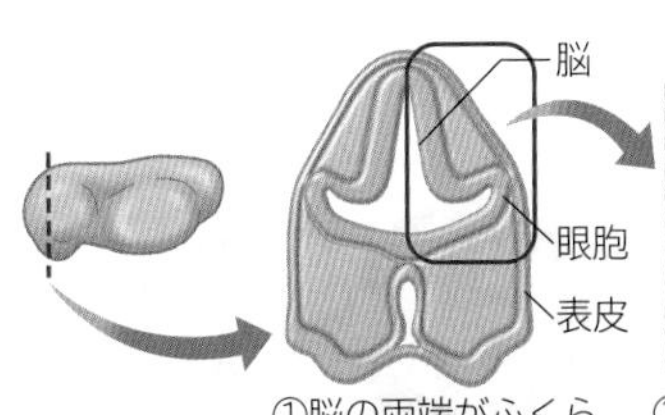
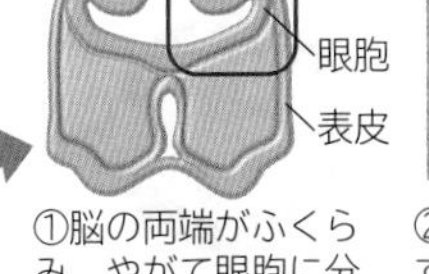


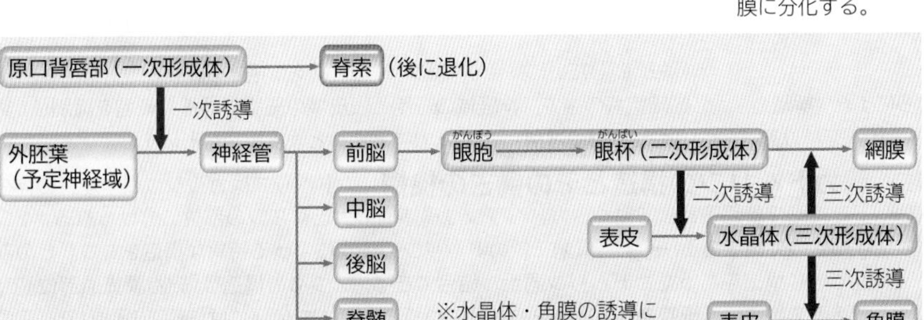

### 実験 眼杯の移植実験

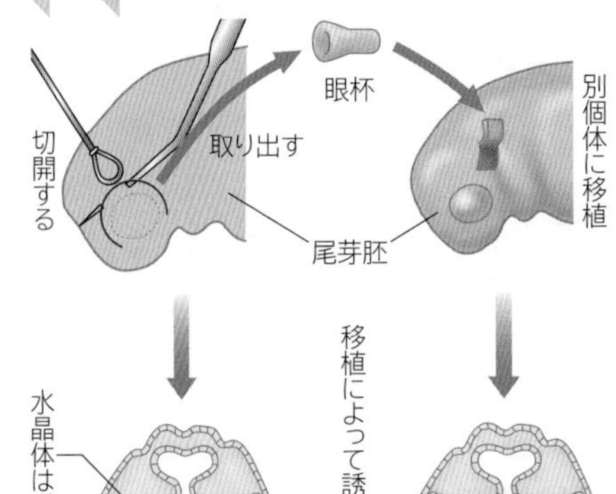


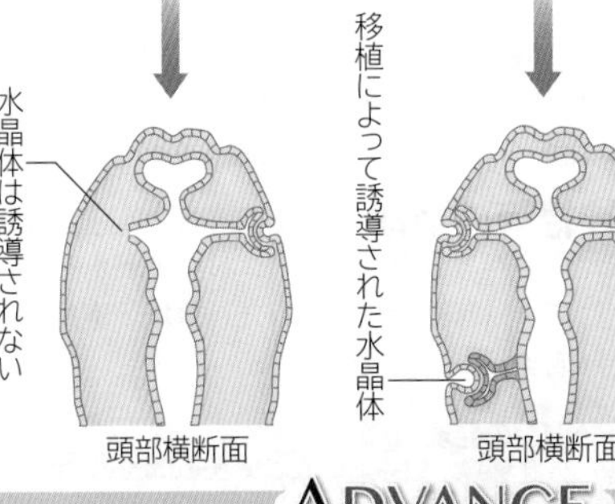


### ADVANCE 水晶体の主成分クリスタリン

水晶体の主成分はクリスタリン（哺乳類では$\alpha$，$\beta$，$\gamma$の3種がある）というタンパク質で，水晶体中でのその濃度は高く，目のレンズの屈折率を上げるのに役立っている。一般にタンパク質は濃度が高いと微小な粒子として集まってしまいやすい（分子の会合）。微小な粒子は光を散乱させ濁る性質をもつが，クリスタリンは分子の会合を防ぐ働きをもち，高濃度でも透明のままである。

このように，クリスタリンはレンズにふさわしい特性をもっているわけであるが，元々は水晶体の「特注品」としてつくられたタンパク質ではなかったようである。クリスタリンの一部は，細胞内で働くある種の酸化還元酵素とアミノ酸配列がよく似ているため，元々は酵素タンパク質だったものが目にも使われるようになったと考えられている。これを目によるタンパク質の「ハイジャック」と表現している研究者もいる。クリスタリンは目以外の様々な臓器にも分布しており，視覚以外の役割について，研究が進んでいる。

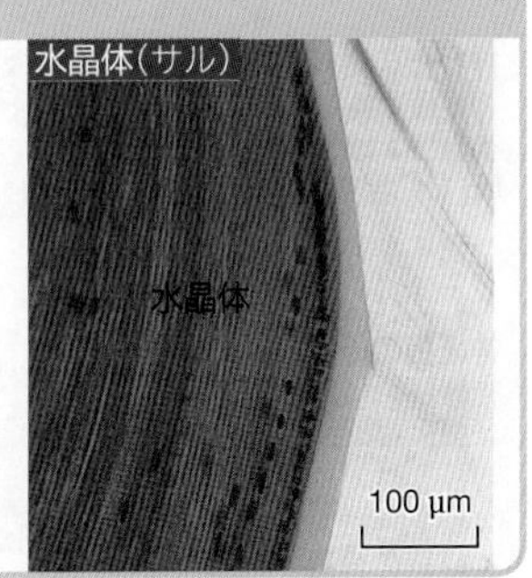


## B 誘導物質アクチビン

発生初期の未分化な細胞に働きかけて筋肉や脊索・消化管などを誘導する因子の1つがアクチビンである。 生物

アクチビンは細胞成長因子タンパク質の一種で，胞胚期の未分化な動物極の細胞塊（アニマルキャップ）に様々な濃度のアクチビンを反応させると，濃度に応じて異なる組織・器官ができてくる。

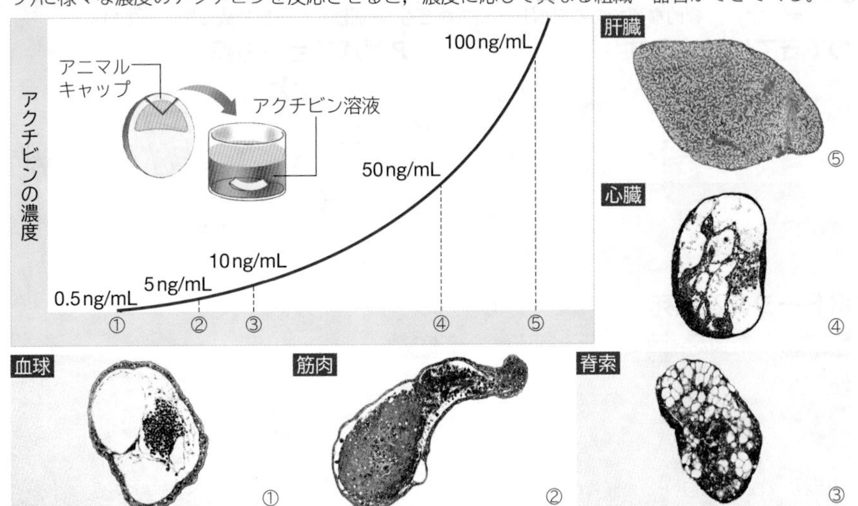


### TOPICS 執念が実を結んだアクチビンの発見

シュペーマンによる形成体の発見から50年，世界中の研究者たちが形成体の働きを支配する誘導物質の正体が何であるかを解明しようとしてきた。しかし，明確にこれだといえる物質はなかなか発見されなかった。

多くの研究者がもう誘導物質の発見は無理だとさじを投げていった中で，最後まで執念をもって挑戦し続け，ついに1989年に，その正体がアクチビンであることを突き止めたのが**浅島誠**である。

アクチビンは，ろ胞刺激ホルモンの分泌促進や血球の分化に関わる物質として，1987年にすでに報告されていたが，それが中胚葉誘導活性をもつ物質であるとは，誰も想像していなかった。

# 28 形態形成に働く要因

Factor act on morphogenesis

## A 細胞接着因子

細胞接着因子は細胞同士を接着させると同時に細胞外の情報を細胞内に伝える役割ももつ。カドヘリンやインテグリンなどが知られている。 生物

### イモリ神経胚の細胞選別

分化を開始した細胞には，自己と同じ種類の細胞を識別して互いに接着する性質がある。

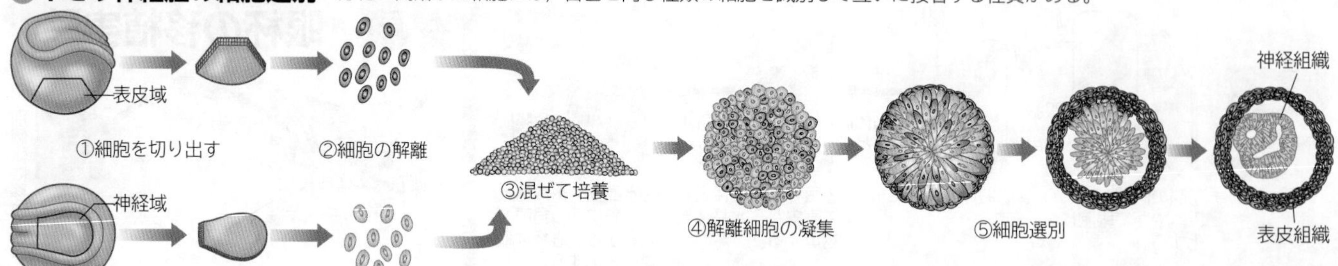


①イモリ神経胚の神経域と表皮域を切り出す。
②それぞれの部位を**トリプシン**（⇒p.72）で処理し，ばらばらにする（**解離**）。
③ばらばらになったそれぞれの細胞を混ぜて，生理食塩水中で培養を続ける。
④細胞はしだいに集合し（**凝集**），細胞塊を形成する。
⑤細胞塊の中で，神経域の細胞と表皮域の細胞が同種の細胞を識別して集合し（**細胞選別**），それぞれ神経組織と表皮組織を形成する。

### 神経管の形成

神経胚初期に外胚葉神経域の細胞でE型カドヘリンがなくなり，N型カドヘリンが合成されることにより，表皮から離れた神経域細胞が集合して神経管を形成する。

**カドヘリンの発現**
表皮（外胚葉）ではE-カドヘリンが発現している。

**神経板の形成**
神経板でN-カドヘリンが，神経しゅうでカドヘリン-6Bが発現する。

**神経板の陥入**
神経しゅう部分で新しい細胞接着が起こる。

**神経管の分離**
表皮から神経管が分離し，神経管から神経冠細胞が遊離する。

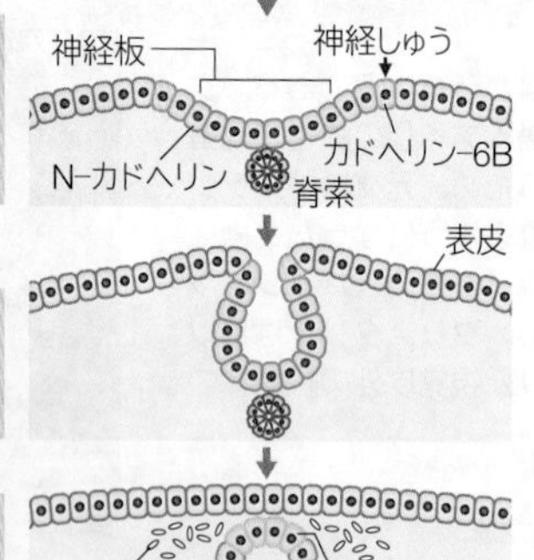


### カドヘリンの構造とその働きの機構

カドヘリンはカルシウムイオンの存在下で細胞接着因子として働く。カドヘリンは構造的に大きく３つの部位に分けられる。１つは細胞の外側にある「細胞外領域」で，カドヘリンの種類によって特異な構造をもつ。この部位で同じ構造をもったカドヘリン同士が結合できる。２つめの構造は「細胞膜貫通部位」で，細胞膜を貫通して細胞内外の領域をつなげている。もう１つの部位は「細胞内領域」で，この部位にはカテニンと呼ばれる連結タンパク質があり，アクチンフィラメントと結合し，細胞外の情報を細胞内に伝える働きをする。近年の研究で，がん細胞が転移しやすいのは，このカドヘリンが失われていくことによることが明らかにされている。

カドヘリンは，1982年に**竹市雅俊**が最初に発見した。

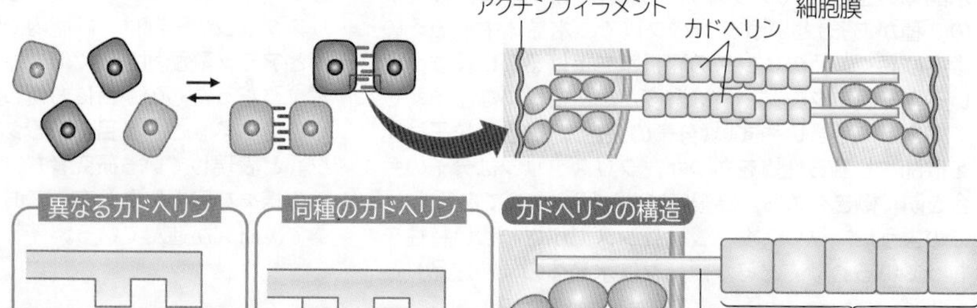


## B プログラム細胞死とアポトーシス

発生過程の決まった時期・場所で起こるプログラム細胞死や，細胞の積極的な死であるアポトーシスなども，個別器官の形態形成に関わっている。 生物

発生過程の特定の時期に，特定の場所で決まった細胞の死が起こることにより，正常な発生が進められている。このような細胞の死を**プログラム細胞死**と呼ぶ。

例えば，動物の指の形態形成過程では，指と指の間の細胞が死滅することにより，各指が離ればなれになる。このような細胞の積極的な死を**アポトーシス**（細胞の自殺）という。プログラム細胞死の多くはアポトーシスによる。

アポトーシスでは，細胞膜や細胞小器官が正常なまま核内のDNAが断片化し，まわりの細胞に影響を与えることなく細胞が縮小・断片化して死んでいく。一方，外傷などによって引き起こされる細胞の死（壊死（えし）：ネクローシス）では，細胞膜が破けて細胞内の物質が放出され，まわりの細胞が炎症を起こす。

### 指のできていくようす

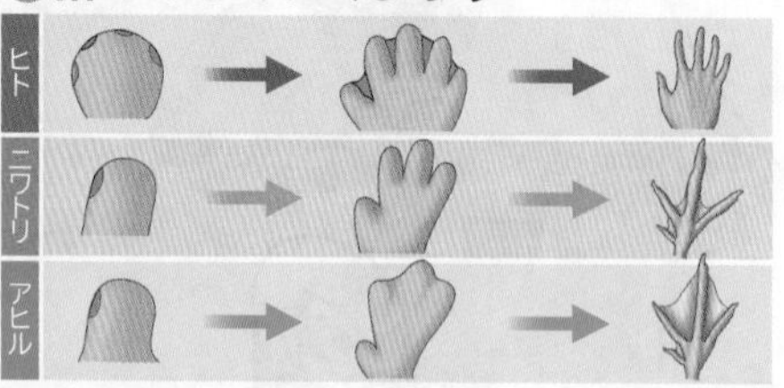


### アゲハチョウの翅

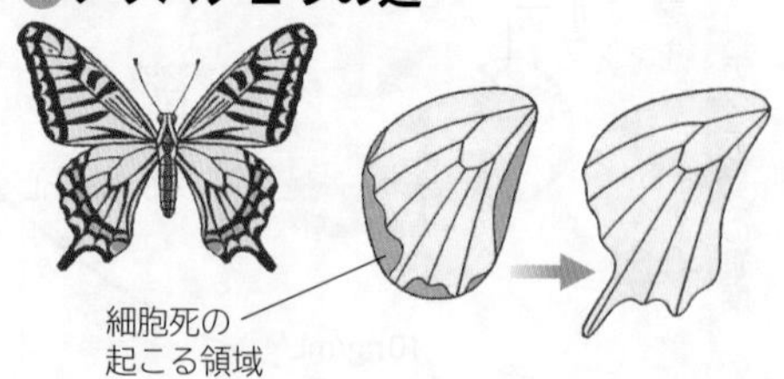


### アポトーシスと壊死

核の状態の違いに着目しよう。

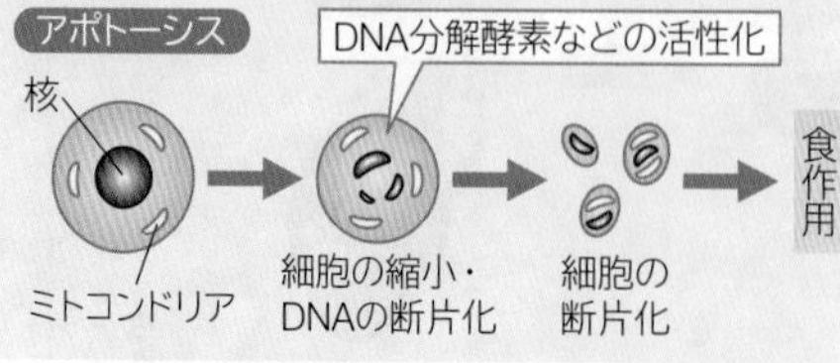


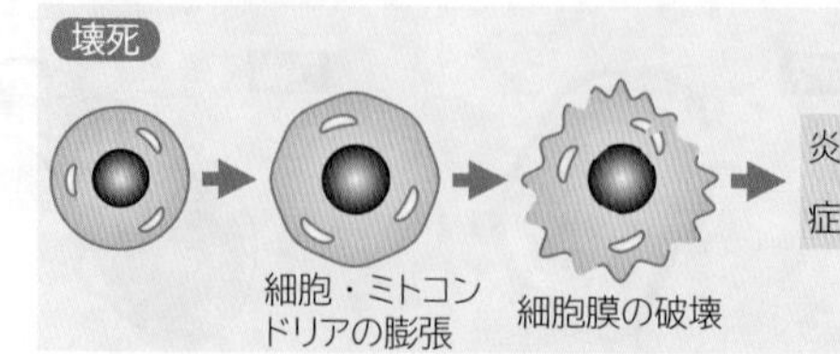


4 生殖と動物の発生

生物

 WORD 神経冠細胞⇔神経堤細胞　アポトーシス⇔細胞自死　極性化活性域⇔極性化活性体⇔極性化領域

## C 表皮と真皮の相互作用

ニワトリの羽毛や鱗は表皮から分化するが，どちらに分化するかは真皮の誘導によって決まり，表皮からの働きかけも重要な役割を果たす。

生物

### ニワトリ胚の皮膚の分離と再結合

羽毛に分化した組合せの共通点，鱗に分化した組合せの共通点に着目しよう。

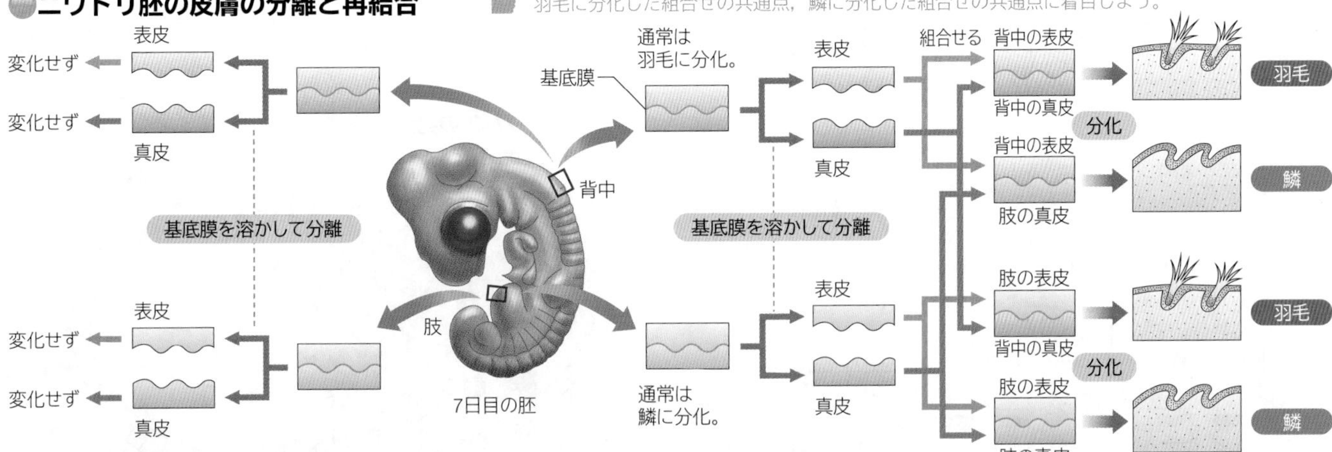


### 表皮の向きを変えた再結合実験

表皮の向きを変えて再結合させ，それぞれの皮膚がどのように分化するかを調べた。

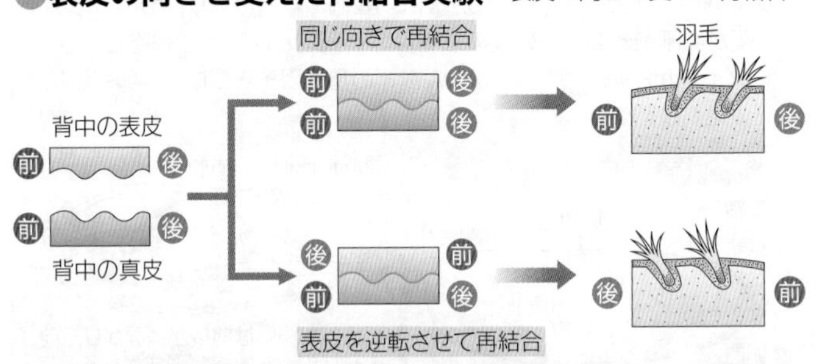


**1 2 の実験からわかること**

実験の結果から次のことがわかった。

①表皮や真皮は単独では皮膚に分化できない。

②表皮は真皮の誘導により皮膚に分化する。

③形成される器官の方向性を決めるのは，真皮ではなく表皮である。

**結論**：表皮を誘導するのは真皮であるが，表皮からの働きかけも必要である。

4 生殖と動物の発生

## D 位置による細胞の分化

四肢や指などの形成では，そのもととなる細胞の位置に関する情報が何らかの形で認識されて，決まった発生経路をたどる(パターン形成)。

生物

ニワトリ胚の翼(前肢)の正常な発生には，翼の原基後部にある**極性化活性域**(**ZPA**)と呼ばれる部位が重要な役割を果たす。

正常な発生をさせた場合は，前方から第２指，第３指，第４指と呼ばれる３本の指をもった正常な前肢ができる。

ところが，ZPA 部位の一部を原基前部に移植すると，原基後部と同じ構造が誘導され，３本の指が重複して６本の指をもった鏡像対称的な前肢(**重複肢**)が形成される。

これは，ZPA 部位でつくられる形態形成物質**ソニックヘッジホッグ**タンパク質(**Shh**)の濃度勾配が前肢形成に影響を及ぼし，Shh の濃度の高い順に第４指，第３指，第２指が形成されることによると推測される。

この Shh に合致する物質として**レチノイン酸**がある。レチノイン酸の濃度は前肢の原基後部になるほど高く，原基前部にレチノイン酸をしみ込ませたビーズを移植しても重複肢が形成されることから，レチノイン酸が**形態形成物質**(**モルフォゲン**)であると考えられている。

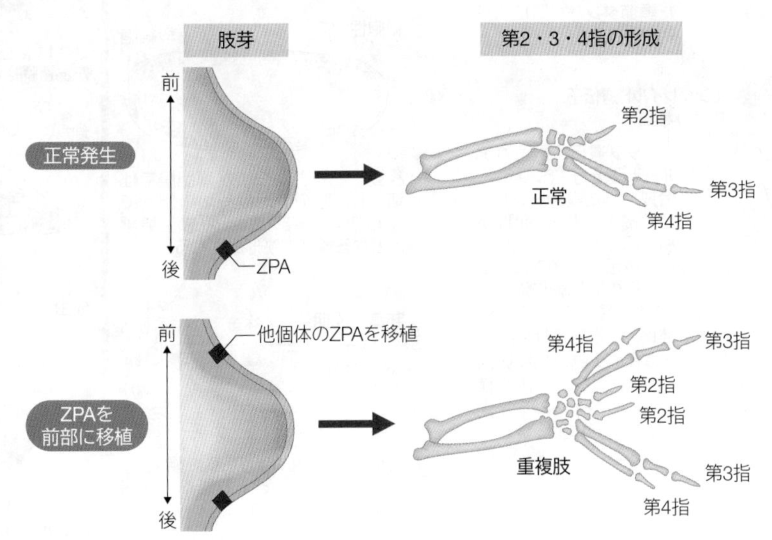


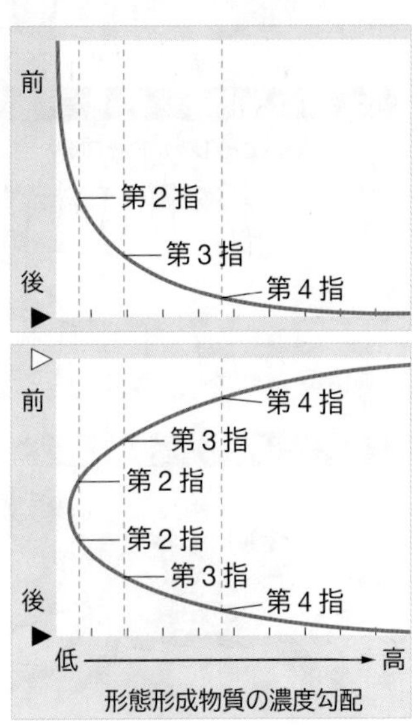


生物

# 29 形態形成に働く遺伝子
Gene act on morphogenesis

## A ショウジョウバエの体節構造の形成

ショウジョウバエの体節構造の決定には，分節遺伝子と呼ばれる調節遺伝子が関わる。 生物

### 1 卵極性遺伝子の発現 ビコイド遺伝子 ナノス遺伝子 など

ビコイド mRNA
ハンチバック mRNA とコーダル mRNA
頭
尾
未受精卵
ナノス mRNA

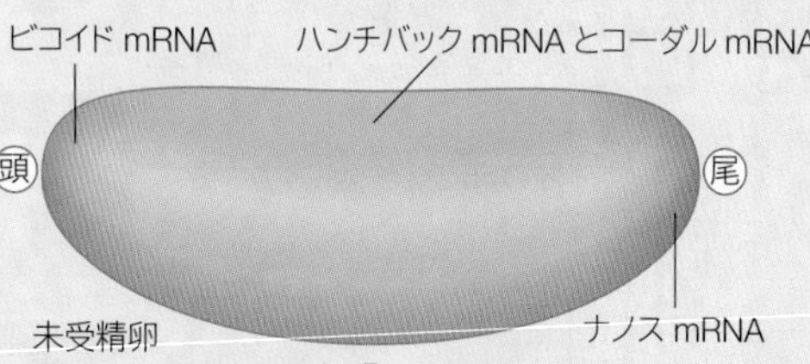

卵細胞内にある卵極性遺伝子の働きにより，胚の頭尾軸（前後軸）が決まる（⇒p.169）。

受精

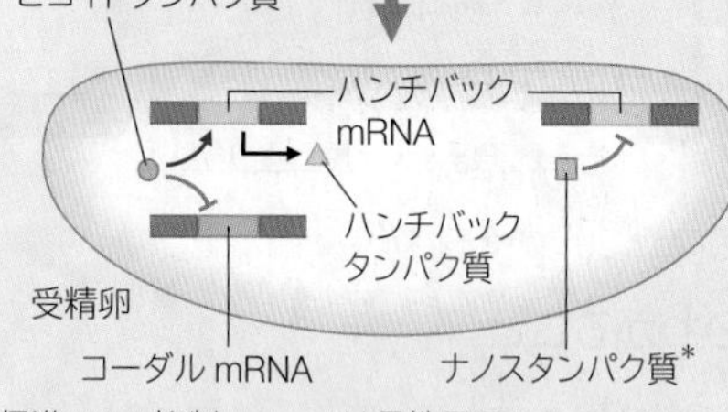

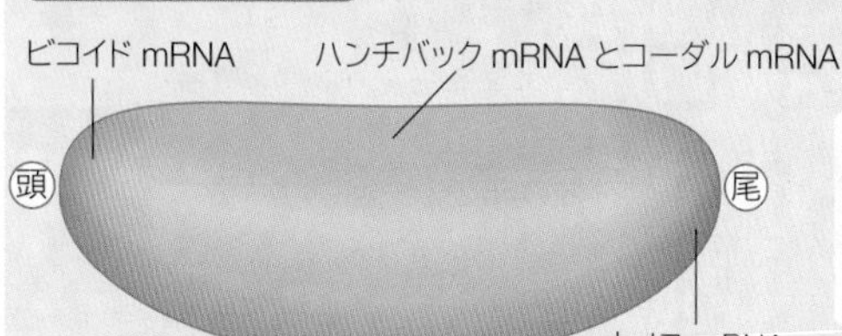


促進→ 抑制⊣ ＊は母性因子からつくられる。

### 2 ギャップ遺伝子群の発現 ハンチバック遺伝子 ジャイアント遺伝子 クルッペル遺伝子 クニルプス遺伝子 など 9 種類

ハンチバック mRNA
クルッペル mRNA
テイルレス mRNA
多核性胞胚
ジャイアント mRNA
クニルプス mRNA

ギャップ遺伝子は頭尾軸に沿って胚をおおざっぱに区分けする。
ビコイドタンパク質により，働きを促進または抑制される。

### 3 ペアルール遺伝子群の発現 イーブンスキップド遺伝子 フシタラズ遺伝子など 8 種類

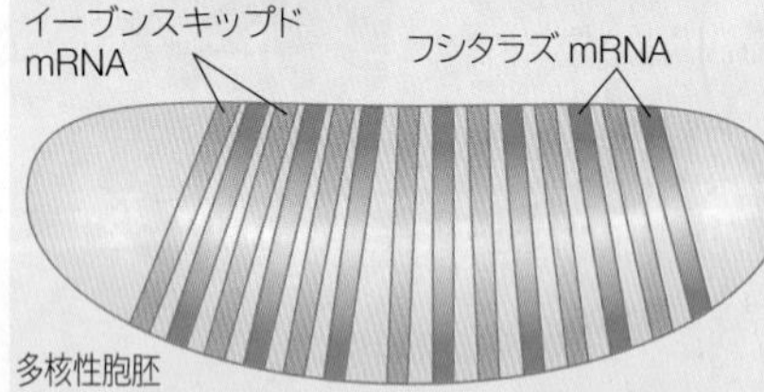


ペアルール遺伝子は胚の頭尾軸に沿って 7 つの細かい帯状発現領域を示し，7 つの帯状パターンを形成する。
この遺伝子も，ギャップ遺伝子群によって合成された調節タンパク質により制御される。

### 4 セグメントポラリティー遺伝子群の発現 エングレイルド遺伝子 など 9 種類

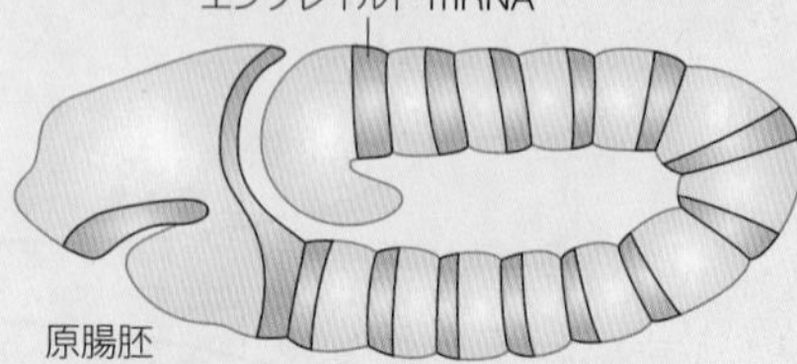


ギャップ遺伝子群やペアルール遺伝子群によって合成された調節タンパク質の働きにより，発現が引き起こされる。
この遺伝子の働きによって，胚の頭尾軸に沿った 14 本の帯状パターン（偽体節）が形成される。
＊偽体節：擬似的な体節構造で，以後の体節構造形成における遺伝子発現の制御単位となる構造。ただし，実際の体節とはややずれがある。

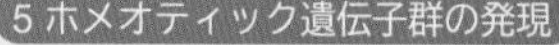

### 5 ホメオティック遺伝子群の発現

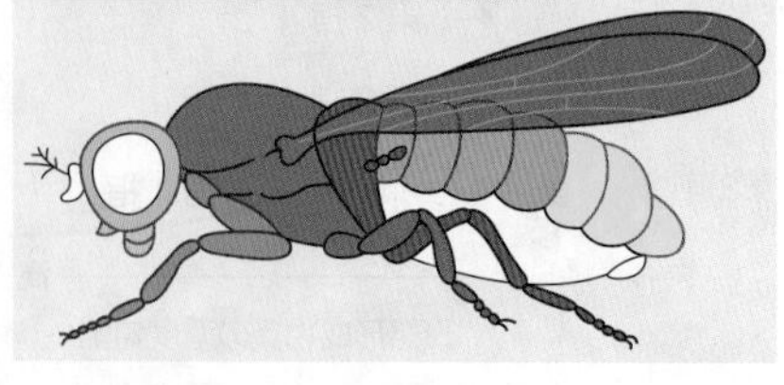

POINT

### ショウジョウバエの発生

卵形成

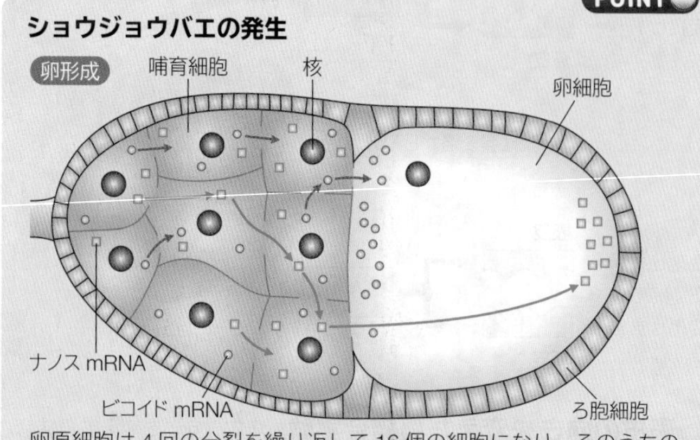


卵原細胞は 4 回の分裂を繰り返して 16 個の細胞になり，そのうちの 1 個が卵細胞となる。残りの細胞は哺育細胞と呼ばれる細胞となり，ビコイド mRNA やナノス mRNA などの母性因子を合成し，卵細胞に送り込む役割を担う。

発生過程

受精卵

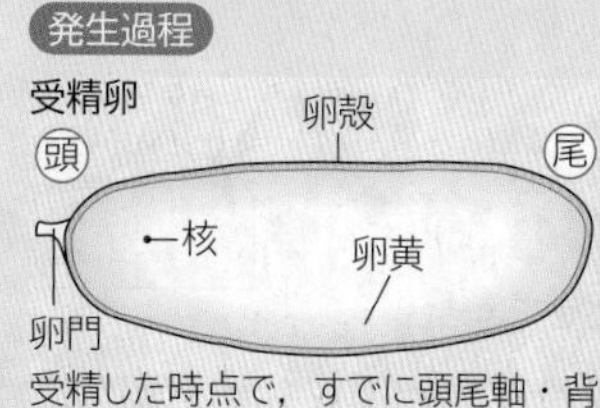


受精した時点で，すでに頭尾軸・背複軸が決まっている。

多核体

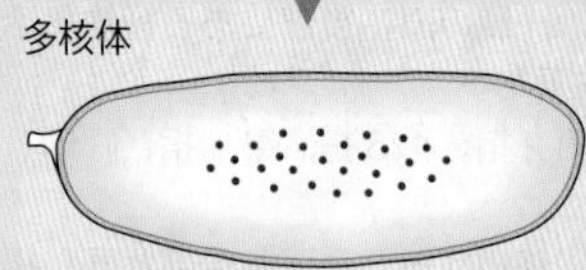

核分裂のみが繰り返され，多核になる。その後，分裂した核が細胞表面に移動し，多核性胞胚となる。

細胞性胞胚

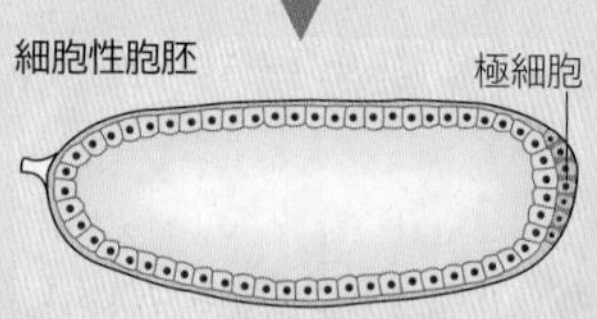


移動した胚表面の核が細胞膜で仕切られ，胚の表面は一層の細胞で覆われる。後部には，将来生殖細胞となる極細胞が形成される。

胚葉形成期

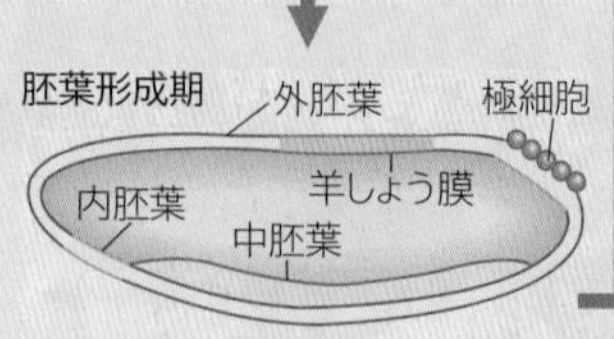


腹側の細胞層が胚内部に陥入し，中胚葉を形成する。頭尾軸の前端と後端が胚の内側に陥入し，内胚葉を形成する。

原腸形成期

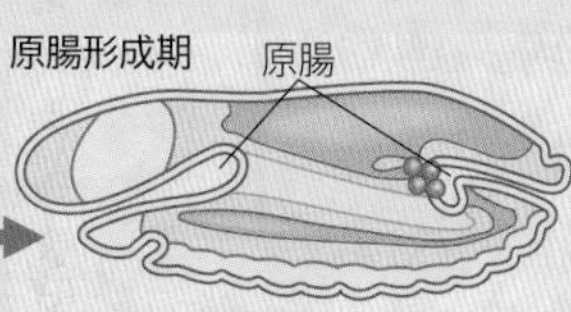


陥入した細胞は前後がつながり，前後軸に沿った原腸が形成される。この時期，胚は前後に短く縮む。

体節形成期（短縮胚）

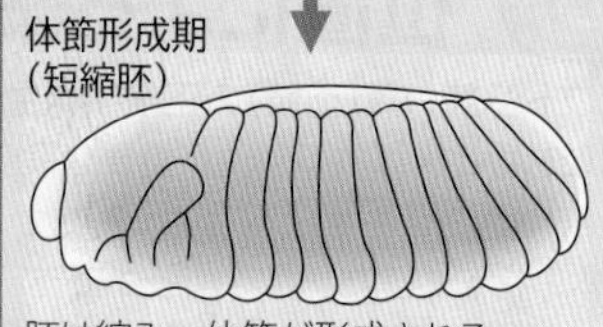

胚は縮み，体節が形成される。

幼虫

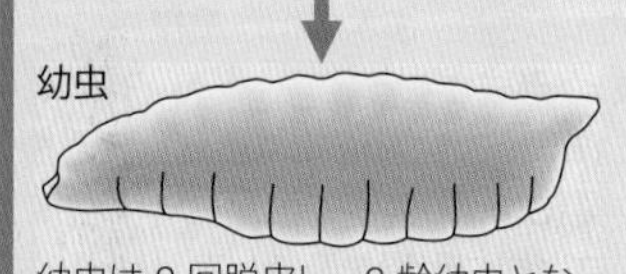

幼虫は 2 回脱皮し，3 齢幼虫となったあと蛹になる。

蛹（さなぎ）

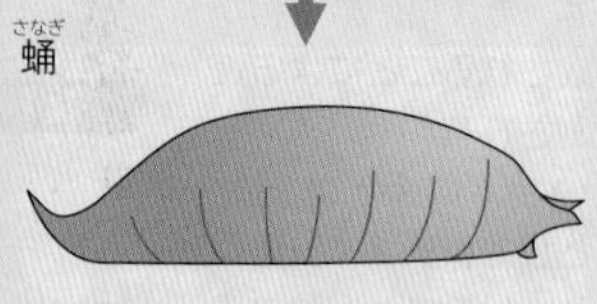

成虫

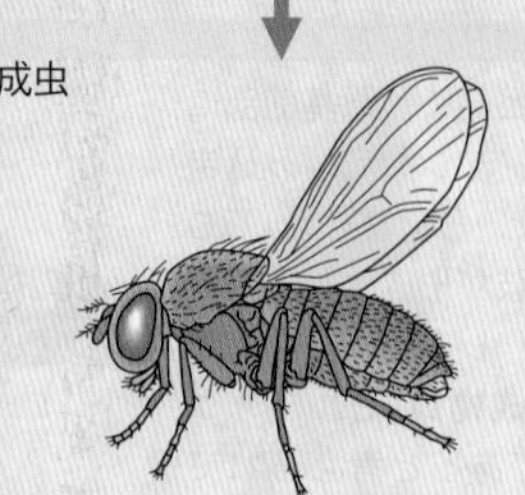

産卵後約 10 日で成虫となる。





WORD ホメオティック遺伝子⇔相同異質形成遺伝子 哺育細胞⇔ナース細胞

## B ホメオティック遺伝子群による形態形成

ショウジョウバエでは，調節遺伝子が連鎖的に発現して形態形成が行われる。体節の分化を支配する調節遺伝子を特にホメオティック遺伝子という。 生物

### ショウジョウバエのホメオティック遺伝子群

ショウジョウバエでは，第３染色体上に**アンテナペディア遺伝子群**５種類と**バイソラックス遺伝子群**３種類の計８種類のホメオティック遺伝子が存在する。それぞれの遺伝子は，分節遺伝子の産物によって形成された位置情報に従い，体軸に沿って発現する。

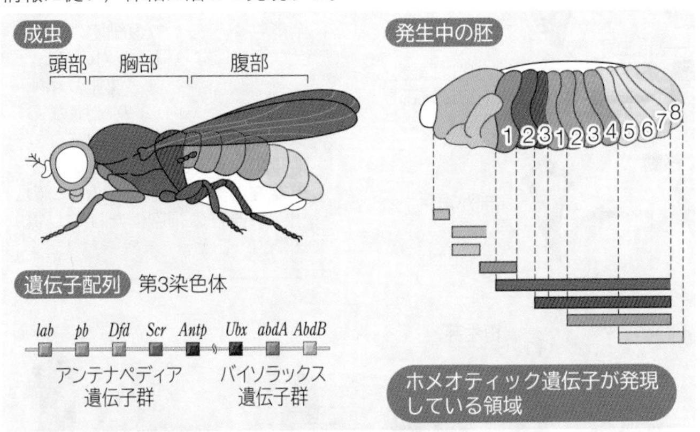


これらのホメオティック遺伝子群には相同性の高い 180 塩基対の配列が存在し，この塩基配列を**ホメオボックス**という。このホメオボックス部位が転写・翻訳されてできる特徴的な構造を**ホメオドメイン**と呼ぶ。ホメオドメイン構造をもつタンパク質は，調節タンパク質としての機能をもつ。

### Hox 遺伝子群の共通性

ショウジョウバエのホメオティック遺伝子群に相同な遺伝子はすべての真核生物で見つかっており **Hox 遺伝子群**と総称される。脊椎動物では４つの染色体(A ～ D)上に分かれ，各遺伝子が２～４個ずつ存在する。これらは進化の過程で重複したと考えられている。遺伝子の配列はショウジョウバエと極めて類似しており，染色体上の配列通りに，体軸に沿って発現している。

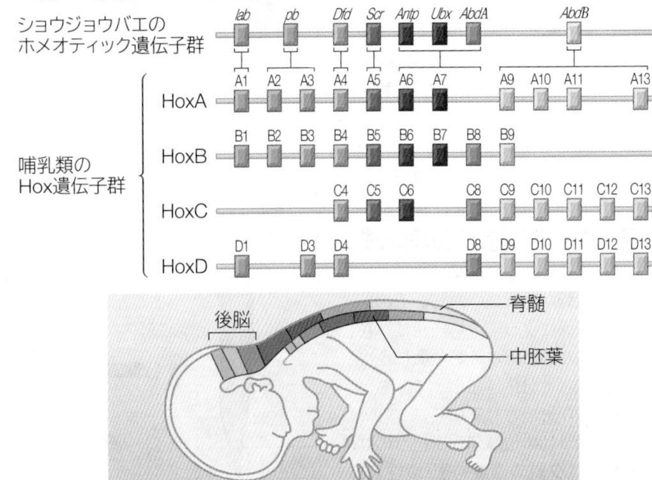


### ホメオティック変異体

ホメオティック遺伝子に変異が生じると，異なる場所に脚や翅が生じるホメオティック突然変異体が発生する。

**バイソラックス変異体** 通常は第2体節にのみ翅が生じるが，第3体節が第2体節に変化しているため，翅が両方の体節から生じて2対（4枚）になっている。

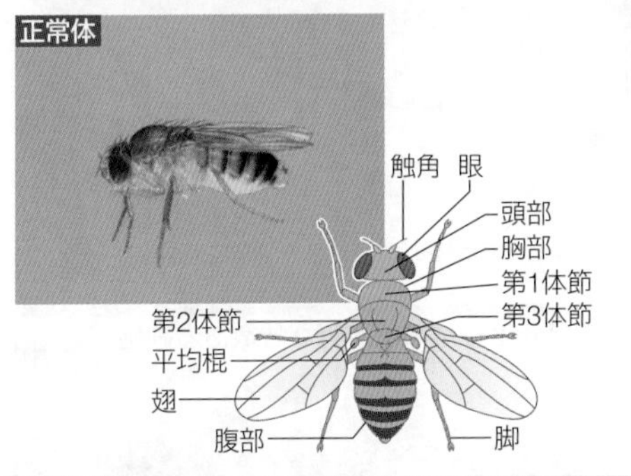

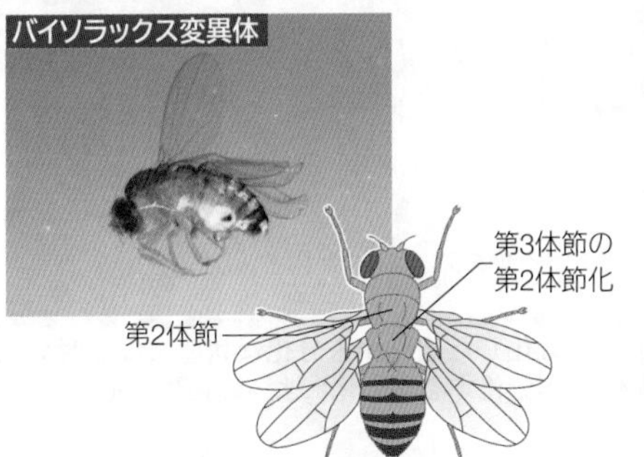


**アンテナペディア変異体** 本来触角（アンテナ）ができる体節に脚（ペド）が生じている。

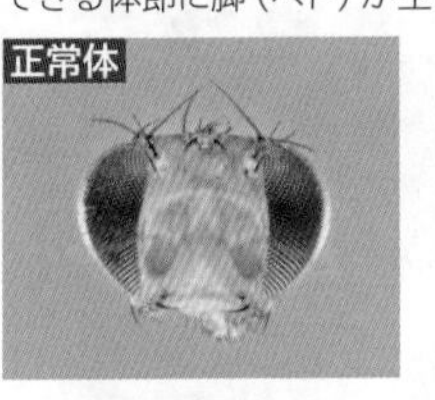


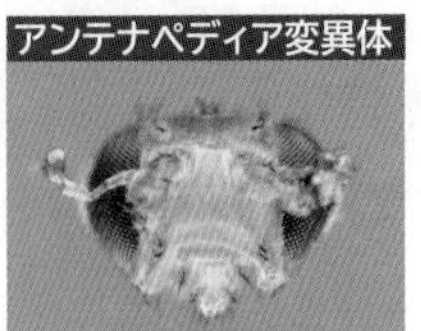


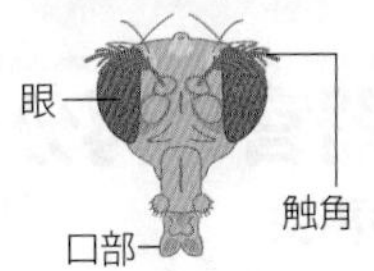


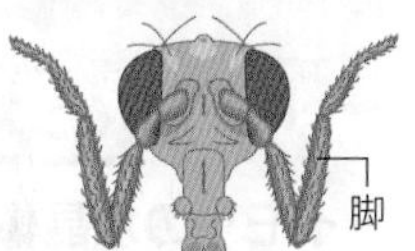


## ADVANCE

### 動物の進化と Hox 遺伝子群の広がり

Hox 遺伝子群は様々な動物に存在するが，共通性が極めて高いことが知られている。海綿動物から哺乳類に至るまでの，体軸形成に関わる Hox 遺伝子群の進化の全容が明らかにされた。

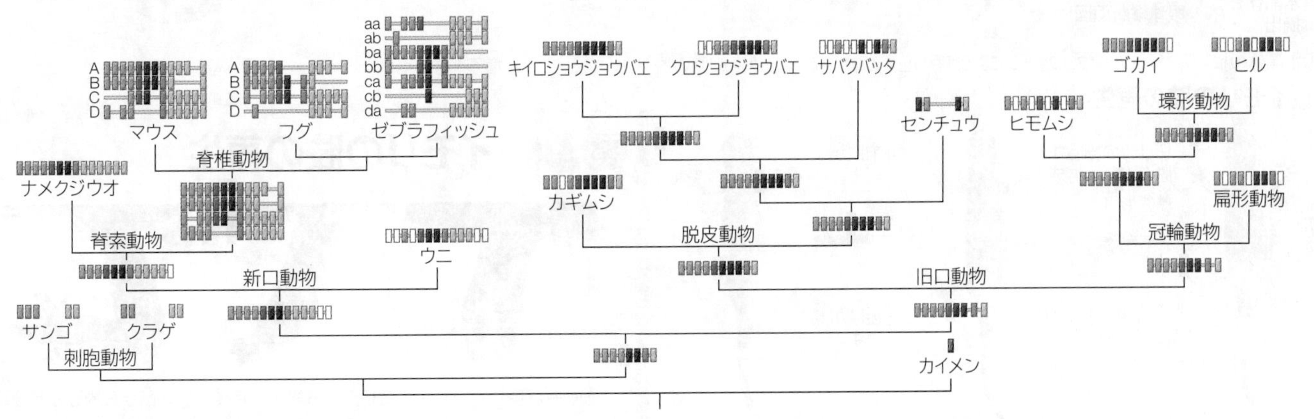


4 生殖と動物の発生

生物

# 30 細胞の分化と幹細胞

Cell differentiation and stem cell

## A 再生と極性

組織や器官の再生は未分化の全能性をもつ幹細胞の働きによって起こる。どんな組織・器官になるかは極性の差によって決まる場合がある。

生物

### プラナリアの再生

プラナリアは清流にすむ長さ約1～2cmの扁形動物で，古くから再生の実験によく使われてきた。プラナリアの全身には**全能性幹細胞**が広く分布しており，それぞれの細胞が頭尾軸に沿った極性により，自身の**位置情報**を明確に認識している。

プラナリアを切断すると，切り口の部分で未分化な細胞が増殖し，**再生芽**を形成する。

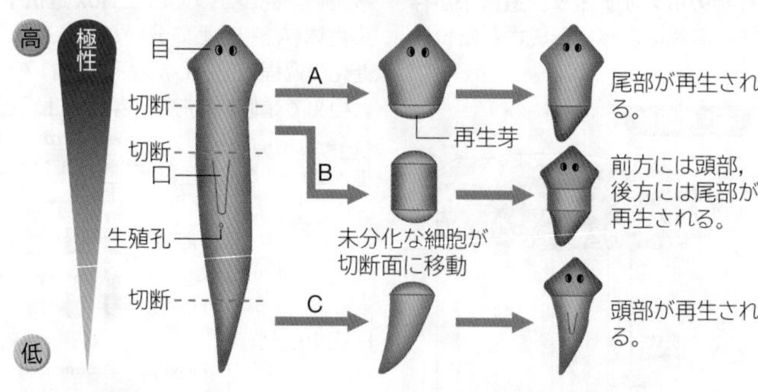


**POINT**

**細胞の分化能**

**全能性**：その1つの細胞から完全な個体になり得る能力のこと。例 受精卵

**多能性**：その1つの細胞から様々な組織や器官の細胞になり得る能力のこと。例 造血幹細胞

**単能性**：その細胞以外の1つの組織や器官の細胞にだけなり得る能力のこと。

### 再生を担う位置情報の再編成

再生芽が形成されると，切断片の中で体の**位置情報が再編成**される。その新しい位置情報に従って，切断片に存在する幹細胞がそれぞれその位置にふさわしい細胞へと分化することで，もとと同じ形態が形成されていく。

頭尾軸に沿っての位置情報を担うのは，**ERKタンパク質**の濃度勾配(極性)であることが知られている。

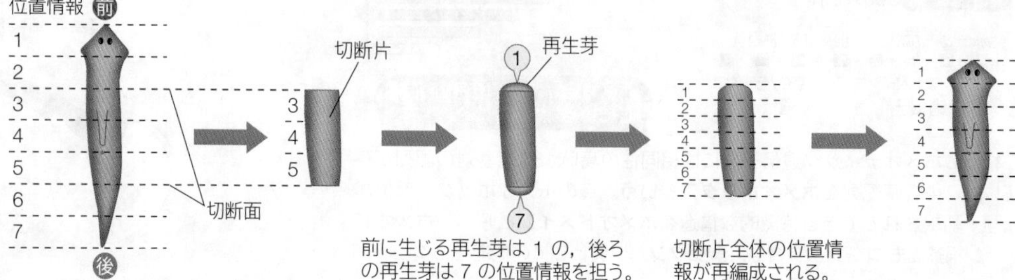


### ゴキブリの肢の再生

それぞれの細胞が番地のような位置情報(モルフォゲンの濃度勾配⇒ p.175)をもち，ある部位が失われると，その間を埋め合わせるように再生する。

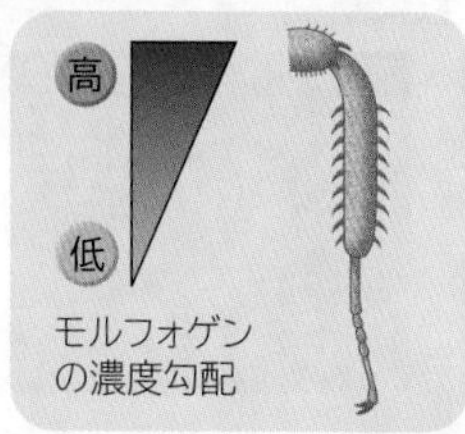


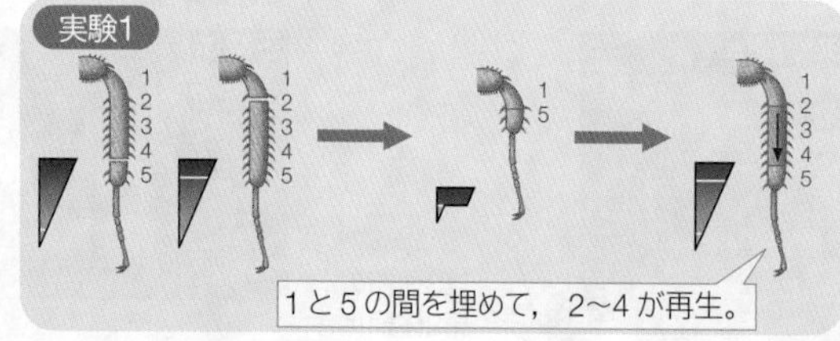


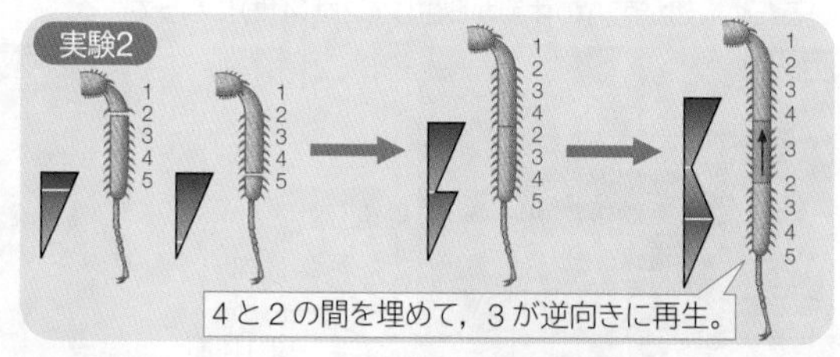


## B 再生と器官の再分化

分化した細胞が未分化な状態に戻る**脱分化**と，脱分化した細胞が再び特徴ある細胞へ分化する**再分化**によって再生が進む。

生物

### イモリの水晶体の再生

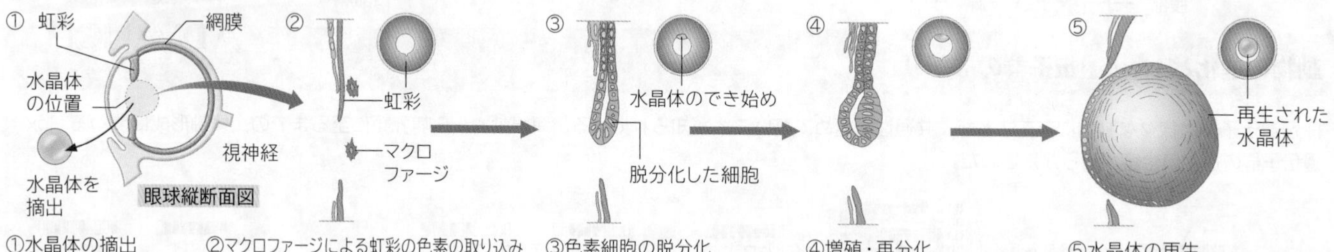


①水晶体の摘出　②マクロファージによる虹彩の色素の取り込み　③色素細胞の脱分化　④増殖・再分化　⑤水晶体の再生

### イモリの肢の再生

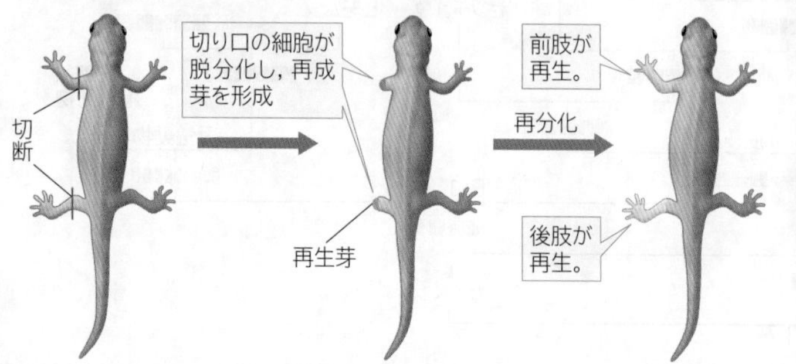


### 実験 イモリの肢の再生

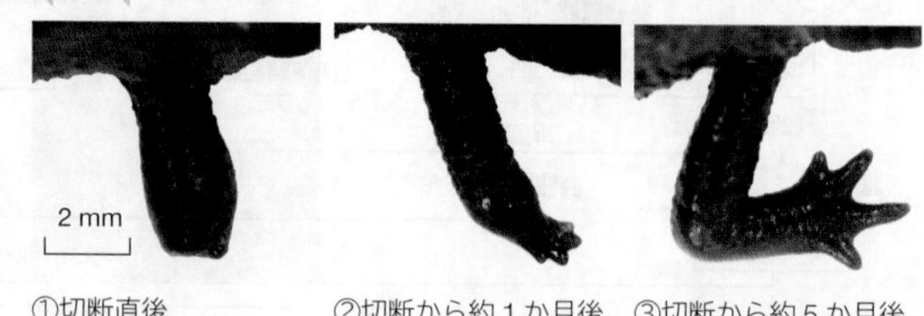


①切断直後　②切断から約1か月後。指が再生してきている。　③切断から約5か月後。完全に指が再生した。



WORD 水晶体⇔レンズ　マクロファージ⇔大食細胞⇔貪食細胞　体性幹細胞⇔成体幹細胞　iPS細胞⇔人工多能性幹細胞⇔誘導多能性幹細胞

## C 幹細胞とその利用

多細胞生物の体内には多能性をもつ**幹細胞**がある。幹細胞を人工的につくる技術も開発され，分化の研究や医療への応用が期待されている。

生物

### 幹細胞とは

自己複製能力をもつとともに様々な種類の細胞に分化する能力(多分化能)をもつ細胞を**幹細胞**という。幹細胞は細胞分裂して「自分自身のコピー(幹細胞)」と「他の細胞に分化できる細胞」を同時につくり出すことができる。

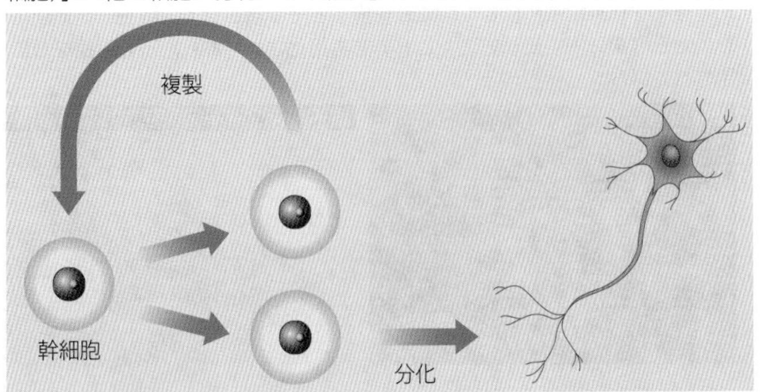


### ヒトの幹細胞

ヒトの体の中にも**体性幹細胞**と呼ばれる多くの幹細胞がある。

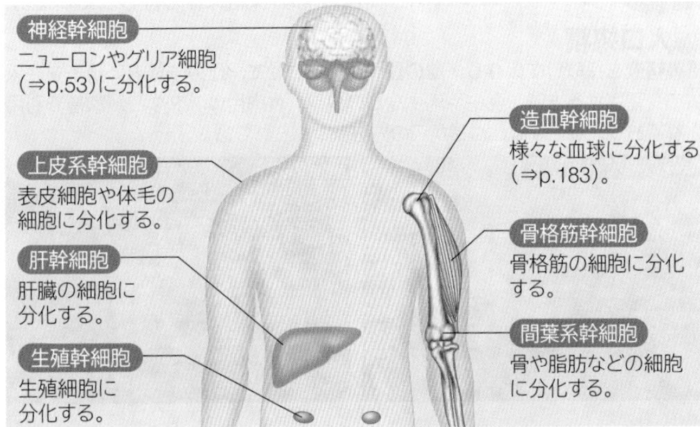


### 人工幹細胞

人工的につくられた幹細胞として，**ES 細胞**と **iPS 細胞**がある。

ES細胞　哺乳類の胞胚の内部細胞塊を使ってつくり出した全能性をもつ幹細胞のこと。(Embryonic Stem Cell：**胚性幹細胞**)

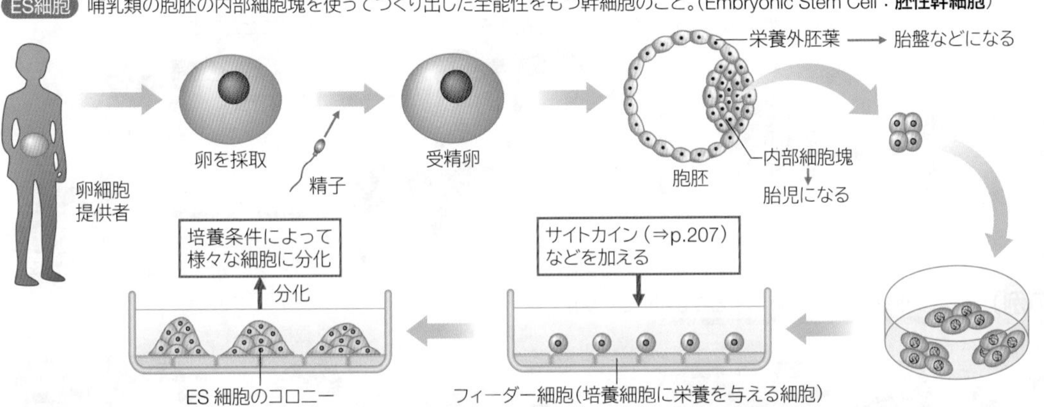


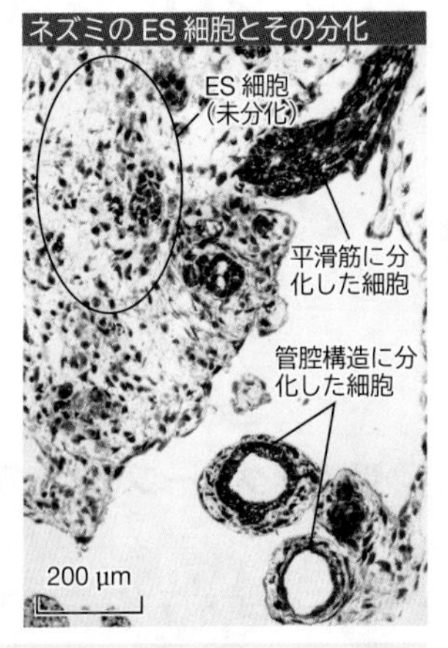


iPS細胞　体細胞に多能性を誘導させるための特定の遺伝子を導入することでつくられた多能性幹細胞のこと。(induced Pluripotent Stem Cell：**人工多能性幹細胞**)

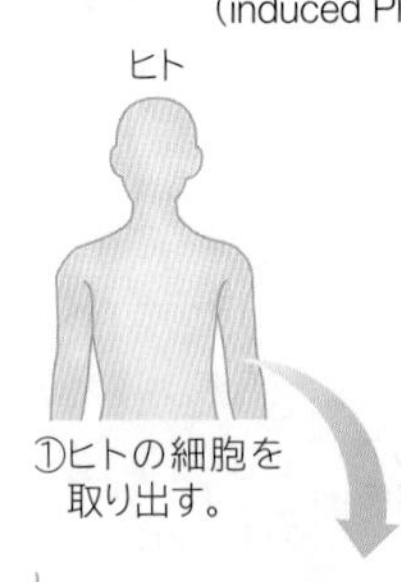


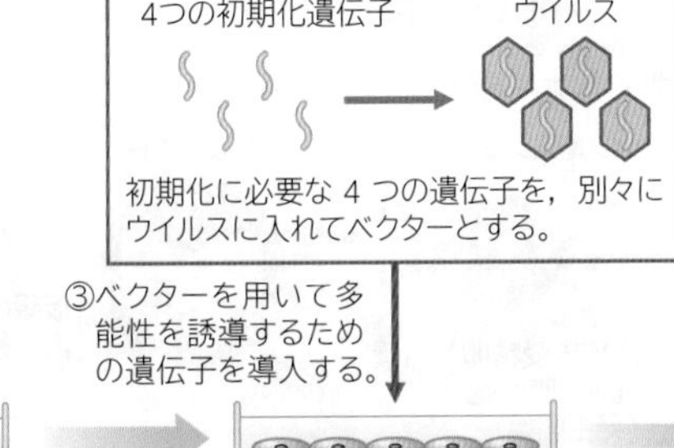


iPS細胞(中央の円形部分)

iPS 細胞のコロニー

②細胞を培養する。

④ES 細胞と同様に，専用培地を用いてフィーダー細胞の上で培養する。

⑤遺伝子導入をされた細胞が iPS 細胞となり，コロニーをつくる。

**山中ファクター**

山中伸弥らが，細胞を初期化させるために導入した 4 つの遺伝子を**山中ファクター**と呼ぶ。山中らは，気の遠くなるような試行錯誤の結果，ついにこの 4 つの遺伝子にたどり着いた。

***Oct3/4***：多能性の維持に関与する調節遺伝子

***Sox2***：多能性の維持に関与する調節遺伝子で，*Oct3/4* と協調的に働く。

***Klf4***：細胞の増殖を制御する遺伝子

***c-Myc***：がん原遺伝子

最初がん原遺伝子の *c-Myc* を導入したことで，iPS 細胞には発がん性があるのではないかと心配されたが，その後の研究で，*c-Myc* を使わなくても iPS 細胞が作成できることがわかった。

### 幹細胞の利用と問題

幹細胞の利用は，再生医療の分野などで大いに期待されるところであるが，問題点もある。

| 幹細胞 | 特徴・性質 | 多分化能 | 移植における拒絶反応 | 問題点その他 |
|---|---|---|---|---|
| 体性幹細胞 | 生体の各組織に存在する。分裂して，限られた種類の細胞になるものが多い。 | 多能性または単能性 | 他人のものであればあり | 白血病患者に対する造血幹細胞の移植医療(骨髄移植)はすでに行われている。 |
| ES 細胞 | ヒトの受精卵(胚盤胞の内部細胞塊)を使ってつくる。 | 全能性 | あり | 医薬品の開発等に有用なノックアウトマウス(⇒ p.129)の作成に利用されている。受精卵を使うことから生命倫理上の問題が指摘され，ヒトの ES 細胞作成は規制されている。 |
| iPS 細胞 | 体細胞に多能性誘導因子(遺伝子)を導入して人工的に作成される。 | 多能性 | 自分の細胞からつくったものであればなし | 4 つの初期化遺伝子にがん原遺伝子が含まれていたことから，つくった臓器にがん化の恐れがあると指摘された。 |

TRY　ES 細胞と iPS 細胞の違いを作成方法と移植における拒絶反応の面から説明してみよう。

# 31 生殖とバイオテクノロジー
Reproduction and biotechnology

## A 人工授精

自然交配によらず，採取した精液などを利用して人工的に行う受精を人工授精という。人工授精に用いる精子や卵の凍結保存も行われている。 生物

### 人口媒精

雄の精液を採取して保存し，雌の性周期にあわせて，雌の子宮内に精子を注入して受精させる方法。乳牛や肉牛などのウシ，食用のブタなど，家畜で利用されており，現在はほとんどがこの方法でつくられている。

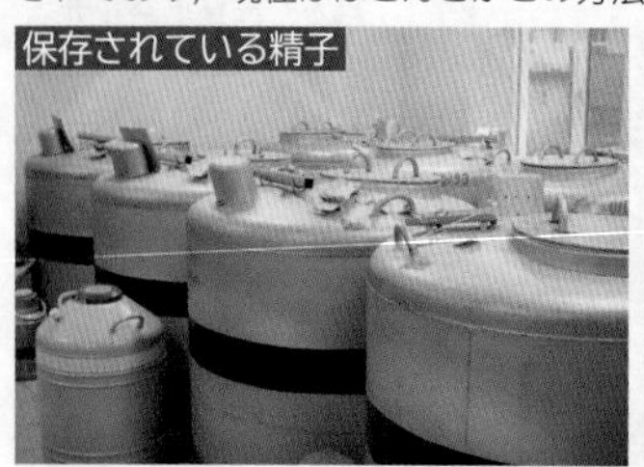
保存されている精子

精液の注入

### 体外授精

卵と精子を体外に取り出して，試験管内などで受精させて，胚を一定期間培養してから雌の体内に戻す方法。ヒトでも実用化されており，不妊治療などに利用されている。

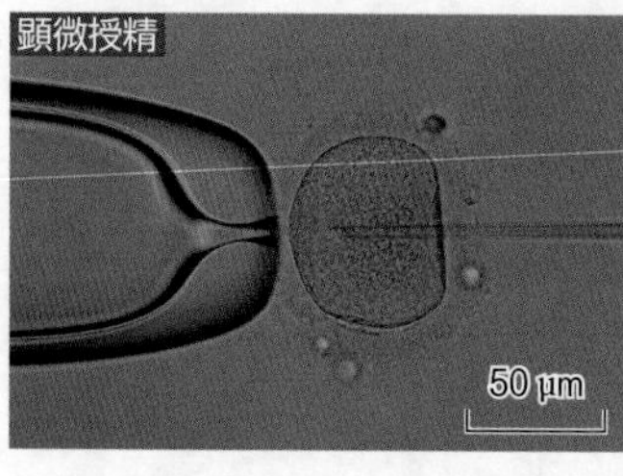

顕微授精

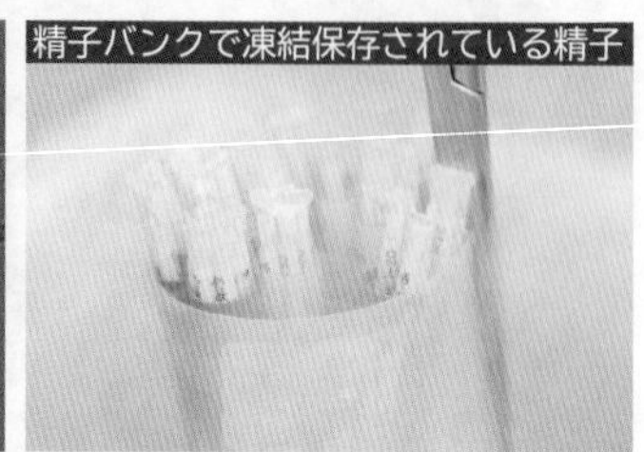
精子バンクで凍結保存されている精子

## B クローン動物

同一の DNA をもつ個体や細胞をクローンという。クローンヒツジ「ドリー」の誕生は世界中の話題となった。 生物

### 胚分割クローン（ウシの例）

受精後に卵割が進んで細胞数が増えた家畜の胚を2分割すると，一卵性双生児を得ることができる。

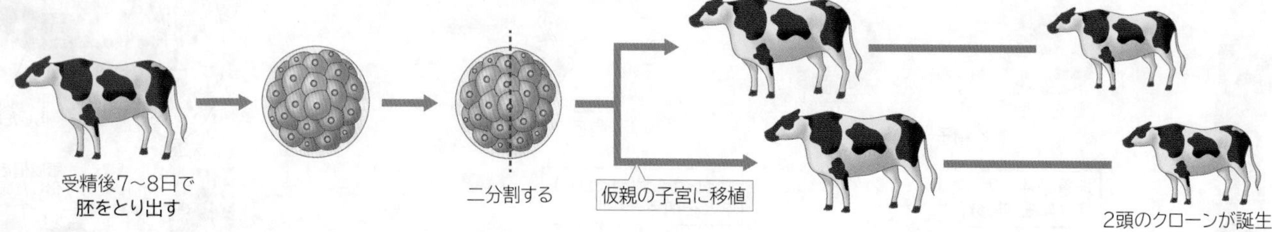


### 受精卵クローン（ウシの例）

子は両親の形質を受け継ぐ（子どうしがクローン）。

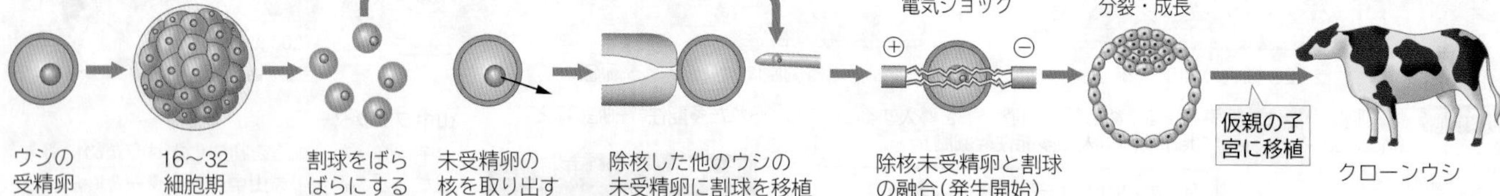


### 体細胞クローン（ヒツジの例）

体細胞を提供した親の形質をそのまま受け継ぐ（親子がクローン）。

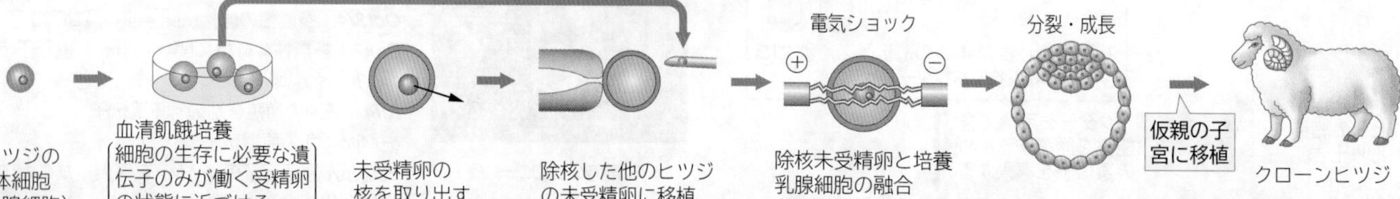


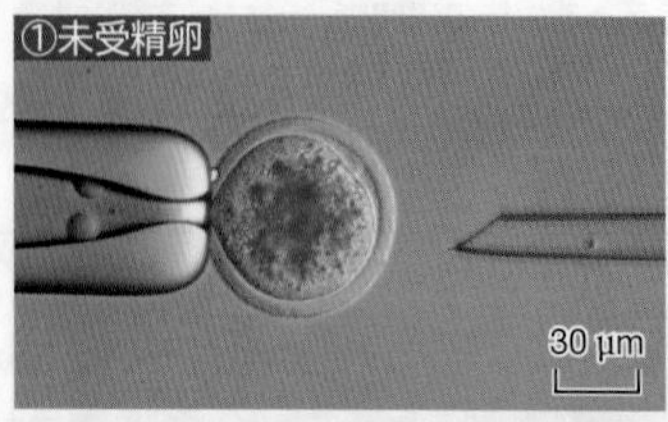

①未受精卵

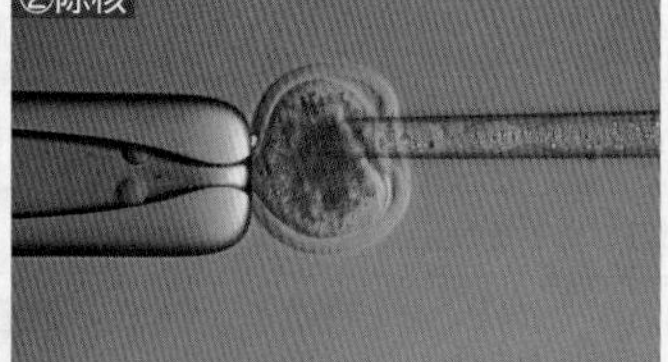
②除核

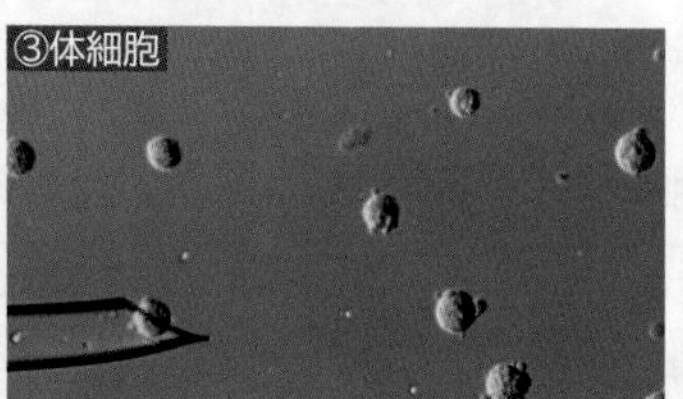
③体細胞

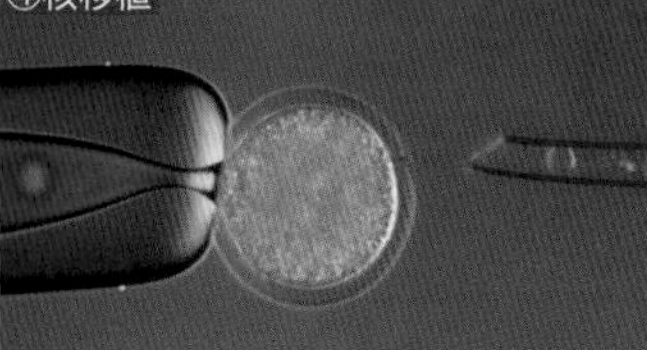
④核移植

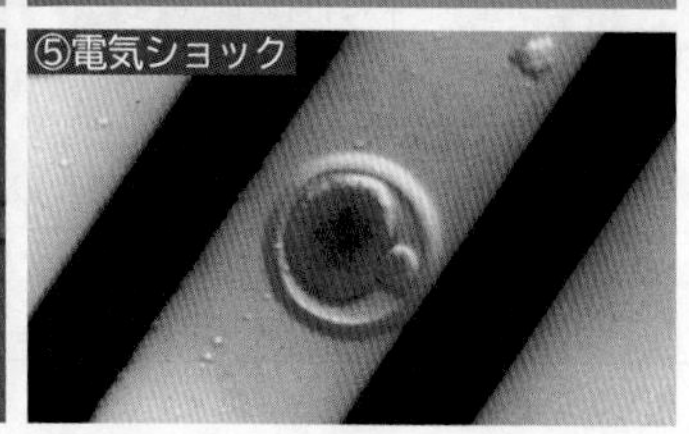
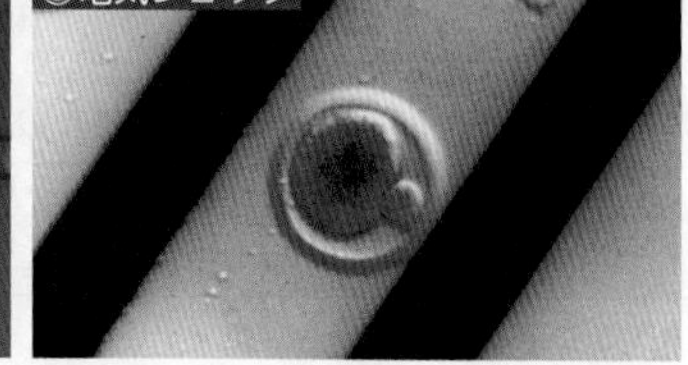
⑤電気ショック

ドリーが注目されたのは，成体の体細胞の核を移植した卵細胞から発生したからである。ドリーはその後妊娠し，ボニーを出産したため，クローンヒツジにも生殖能力があることが証明された。

「ドリー」とその子「ボニー」





WORD 人工授精⇔人工受精⇔人工媒精　体外授精⇔体外受精⇔試験管内授精

## C キメラ

遺伝子型の異なる細胞で構成された個体をキメラという。キメラマウスの作成にはES細胞(⇒ p.179)が利用される。

生物

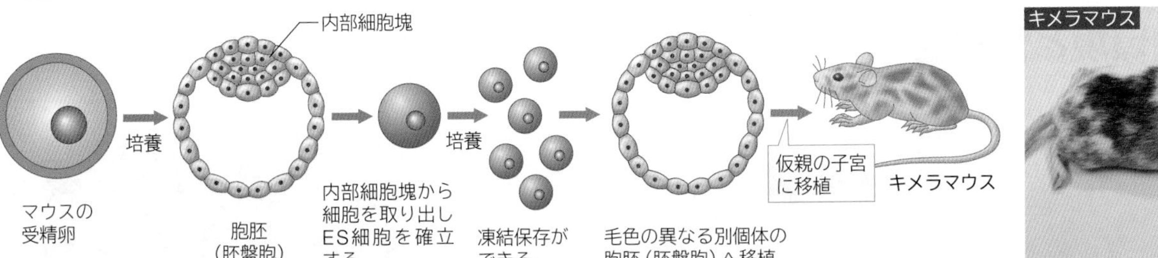


## D 細胞融合

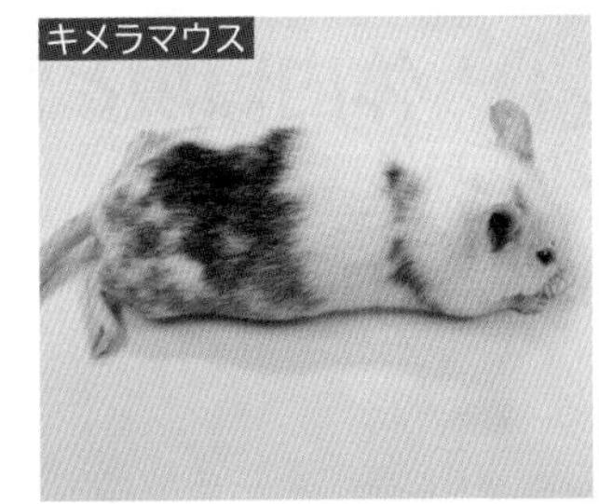

動物細胞でも植物細胞と同様に，細胞融合を行うことができる。

生物

### 雑種細胞の作出

動物細胞には細胞壁がないので，細胞融合の際セルラーゼで処理する必要がない。

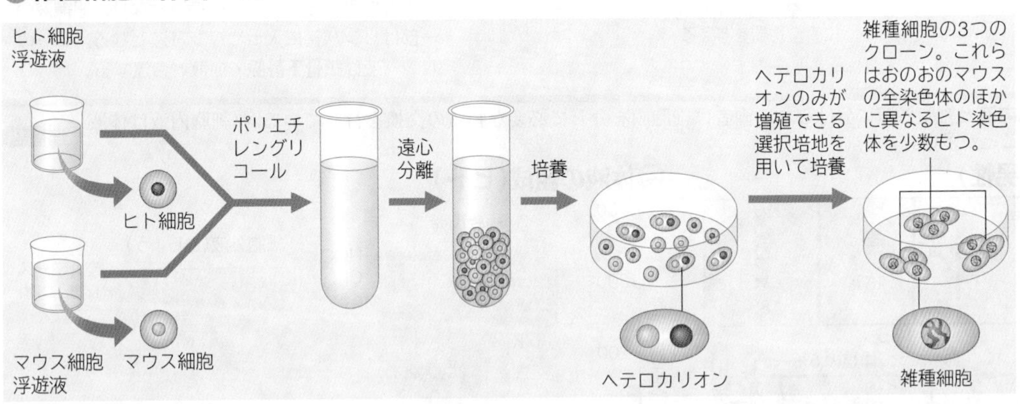


ヒトとマウスの細胞を融合させて複数の核をもつ細胞(ヘテロカリオン)を作る。この細胞から，融合した1個の核をもつ細胞ができる。

**雑種細胞の利用**

- 元の2種類の細胞の成分の相互作用の研究に利用する。
- 雑種細胞からは染色体が脱落しやすいため，特定の染色体の研究に利用する。
- 単クローン抗体の作成に利用する(下記参照)。

### 単クローン抗体

細胞融合を利用して，特定の抗体を生産しながら増殖し続ける細胞が得られる。この細胞が生産する抗体を**単クローン抗体**という。

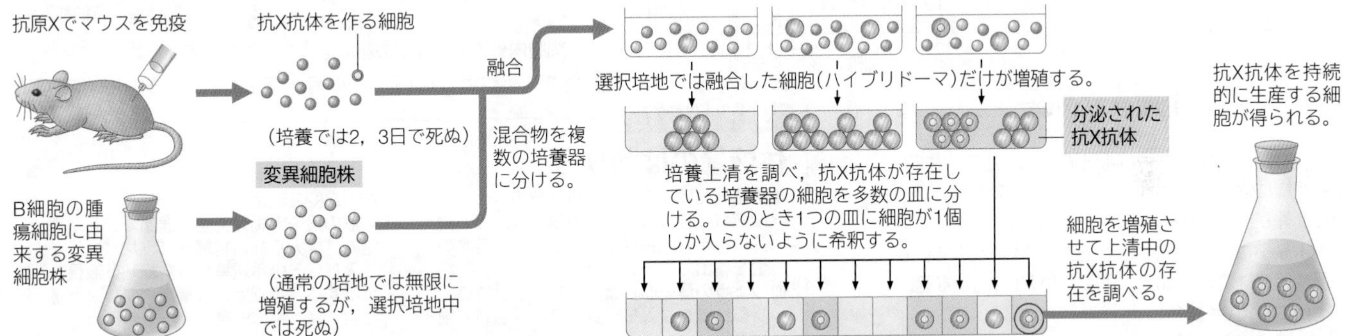


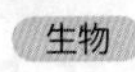

## E 染色体操作

魚類では，受精卵と極体の融合によって染色体を操作し，三倍体(大型個体)や雌魚のみ(卵)が生産されている。

生物

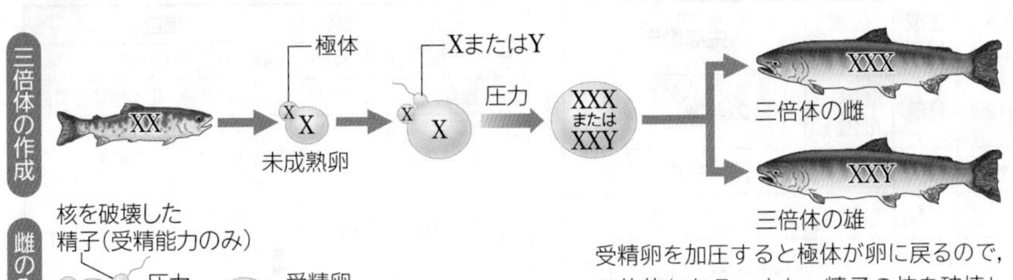


受精卵を加圧すると極体が卵に戻るので，三倍体となる。また，精子の核を破壊し受精させた後，同様な操作をすると，全て雌魚となる(雌性発生)。

三倍体のヤマメ(上：三倍体，下：二倍体)

三倍体は生殖腺が発達せず，成長が持続して大型になる。

# 1 体液と体内環境
Body fluid and internal environment

## A 体内環境と恒常性

多細胞生物の体細胞の生存には，それを取り囲む体液の状態(体内環境)を安定させるしくみが必要である。このしくみを恒常性(ホメオスタシス)という。 生物基礎

### 体内環境

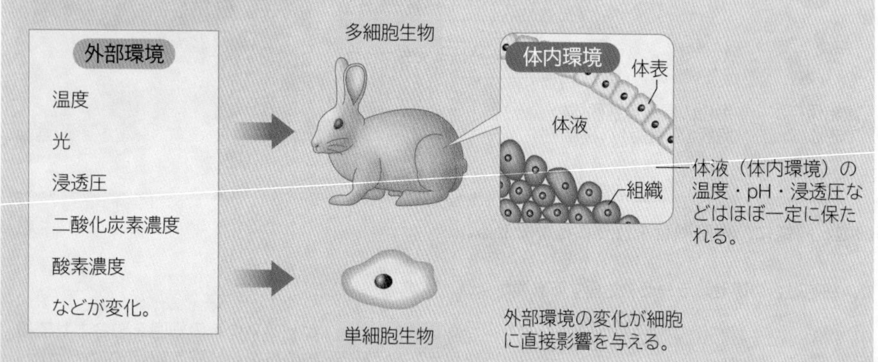


### 脊椎動物の体液

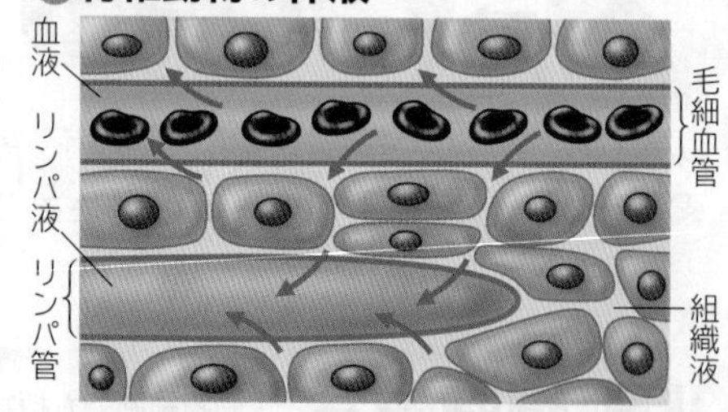


脊椎動物の体液は，**血液・組織液・リンパ液**に分けられる。血液の液体成分である血しょうの一部が毛細血管からしみ出て組織液となり，組織液の一部はリンパ管に入ってリンパ液となる。ヒトのリンパ液は**鎖骨下静脈**で血液と合流する。

## B 体液

体液は細胞内液と細胞外液に分けられ，両者は細胞膜を介して必要な物質の交換を行っている。(細胞内液は体液に含めないことが多い。) 生物基礎

### 人体を構成する成分(成人男性)

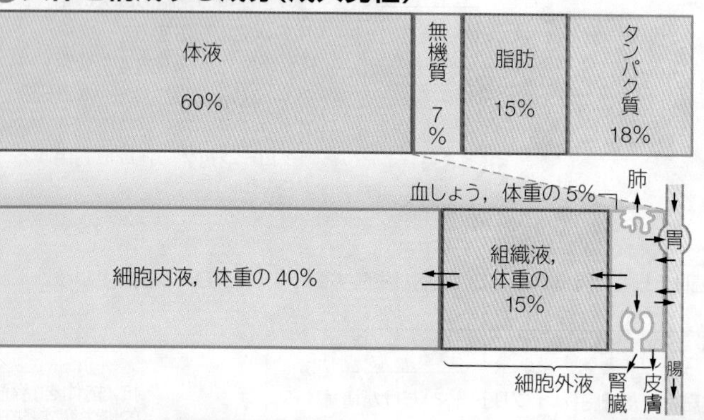


細胞外液には**血液・組織液・リンパ液**などが含まれる。

水は全体重の50～80%(乳児では77%)を占める。脂肪組織に含まれる水は少ないので，水の割合は，一般に女性が男性より小さく，太っている人はやせている人より小さい。下痢，嘔吐(おうと)，発汗による脱水で体液の量や組成は変化するが，腎臓により生存可能な範囲に調節される(⇒ p.192)。

### 体液の組成(ヒト)

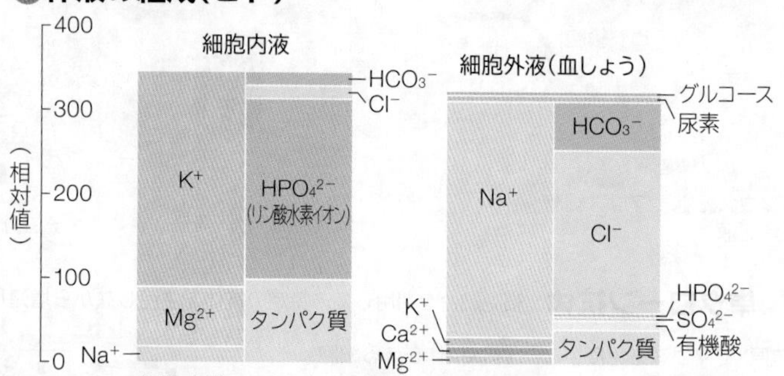


細胞内外でのイオンの組成は大きく異なっている。

TRY 細胞内液で最も多い陽イオンは何か。細胞外液で最も多い陽イオンは何か。

### TOPICS 体液量のはかり方

**希釈法**…測定しようとする区分の水に一様に拡散するような物質を注入し，その物質の希釈の度合いから，溶け込んだ水の量を算出できる。

**血しょうの量**…血しょうタンパク質に結合する物質を注入し，数分後に採血して物質の濃度を測定する。

**組織液の量**…毛細血管壁を通過できるが細胞内には入らない物質(イヌリンなど)を注入し，その希釈率から全細胞外液量を算出する。全細胞外液量から血しょう量を引くと，組織液量が算出できる。

## C 血液の成分

血液は有形成分(血球)と液体成分(血しょう)から構成される。血しょうの成分は腎臓などの働きにより一定に保たれている。

 生物基礎

### ヒトの血液の成分と主な働き

| 成分 | | 形状 | 核 | 直径(μm) | 数(個/mm³) | 寿命(日) | 生成場所 | 破壊場所 | 主な働き |
|---|---|---|---|---|---|---|---|---|---|
| 有形成分 | 赤血球 | 円盤状 | 無 | 6～9 | 男500万<br>女450万 | 約120 | 骨髄 | 肝臓・ひ臓 | 酸素の運搬 |
| | 白血球※ | 不定形 | 有 | 9～15 | 約7000 | 4～5 | 骨髄 | ひ臓 | 食作用，免疫 |
| | 血小板 | 不定形 | 無 | 2～4 | 約30万 | 9～12 | 骨髄 | ひ臓 | 血液凝固，止血 |
| 液体成分 | 血しょう | 水(約90%)，タンパク質(アルブミン・グロブリン・フィブリノーゲンなど約7%)，無機塩類(0.9%)，脂質(約0.7%)，グルコース(0.1%)など | | | | | | | 物質や熱の運搬，血液凝固，免疫 |

※白血球は，**顆粒球**(好中球・好酸球・好塩基球)・**単球**(マクロファージ)・**リンパ球**(T細胞・B細胞)に分類される。リンパ球やマクロファージの寿命は数か月以上と長い。

### 血しょうの組成

| 成分 | 比(%) | 機能 |
|---|---|---|
| 水 | 91 | 溶媒，体温の均一化 |
| 無機塩類 | 1 | 酸・塩基調節，細胞機能の調節 |
| タンパク質(アルブミン，グロブリン，フィブリノーゲン) | 7 | 浸透圧の維持<br>脂質やホルモンの輸送<br>抗体<br>血液凝固 |
| その他の有機物 | 1 | 栄養素(グルコース，アミノ酸，脂質，ビタミン)，老廃物(尿素，尿酸，クレアチニン)，ホルモン，酵素 |

体内環境の調節は，主に血しょう成分の調節によって行われる。

 WORD 体内環境⇔内部環境　外部環境⇔体外環境　恒常性⇔ホメオスタシス　リンパ液⇔リンパ　血小板⇔栓球　単球⇔単核球

# D 血球の生成・分化

血球は，骨髄にある造血幹細胞から分化・成熟して血液中へ出る。共通の造血幹細胞から分化すると考えられているが，わかっていないところも多い。 生物基礎

## 骨髄の構造

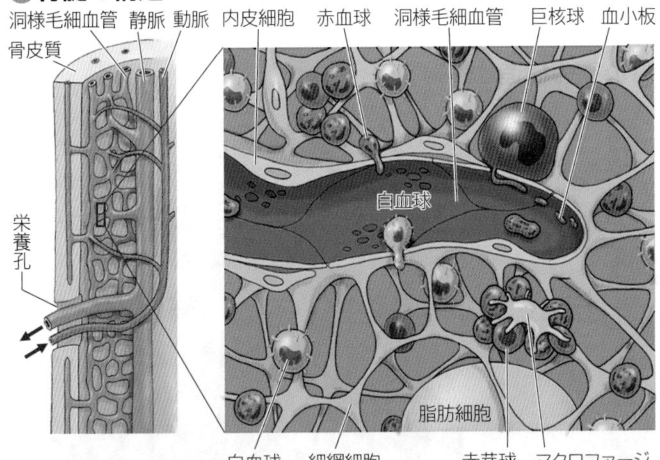


## 血球の分化

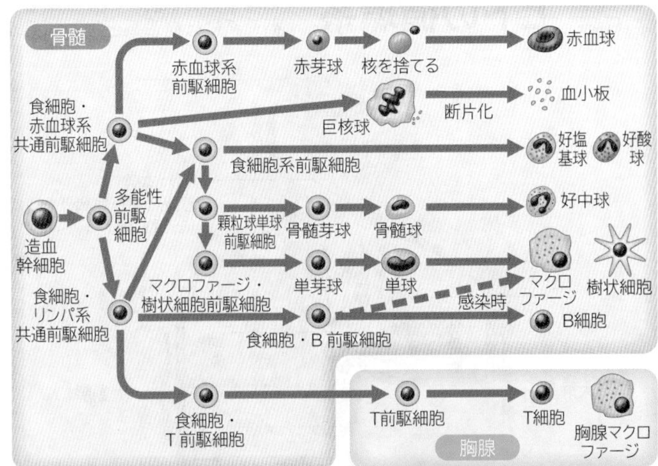


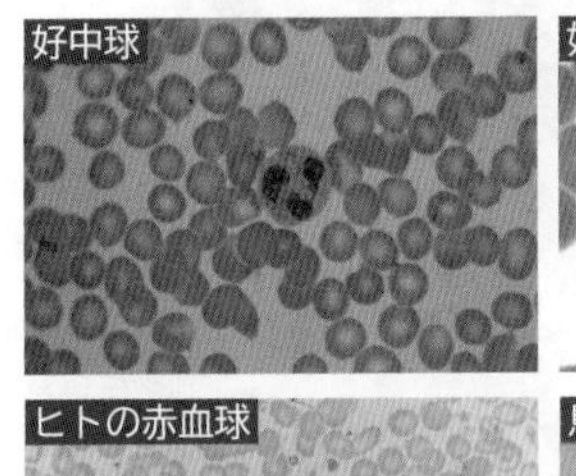
好中球

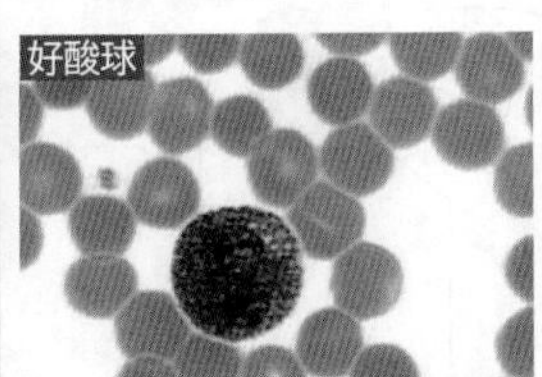
好酸球

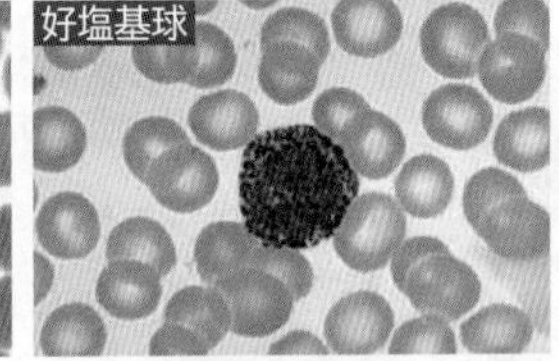
好塩基球

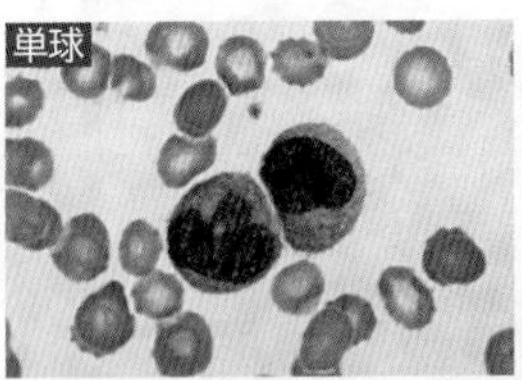
単球

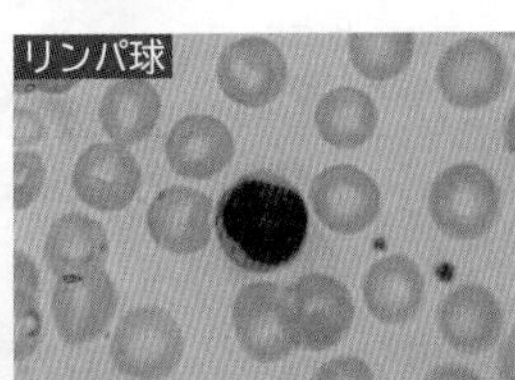
リンパ球

ヒトの赤血球

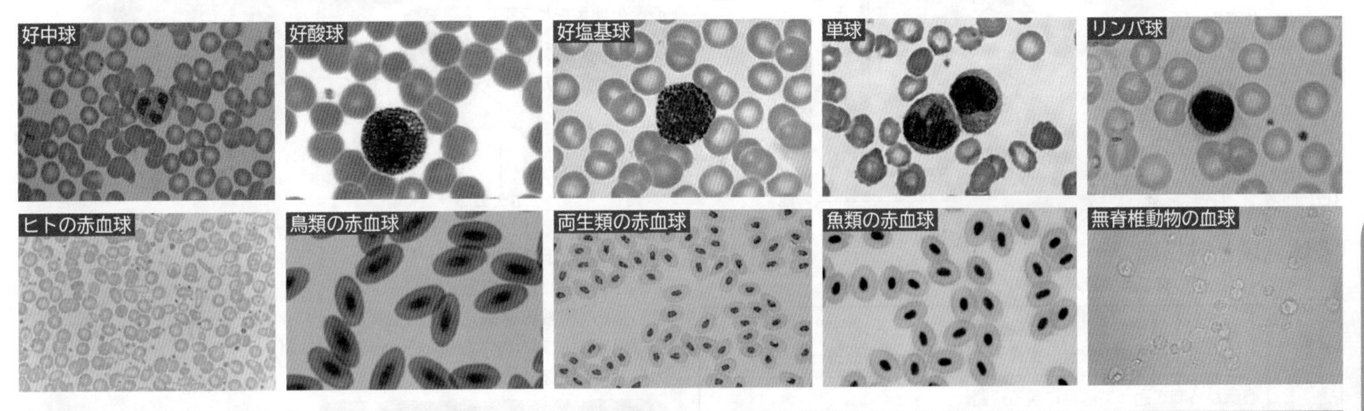

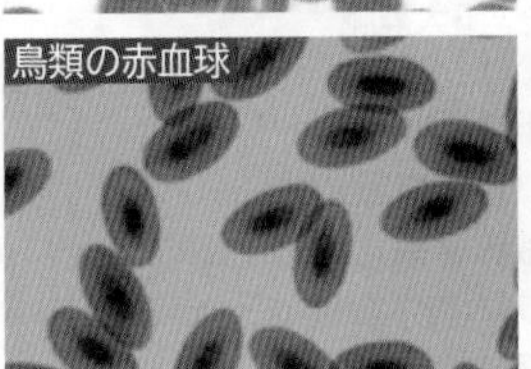
鳥類の赤血球

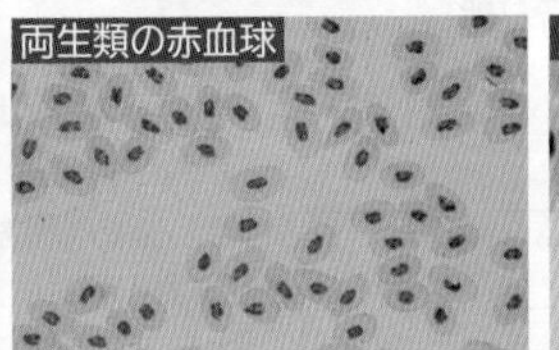
両生類の赤血球

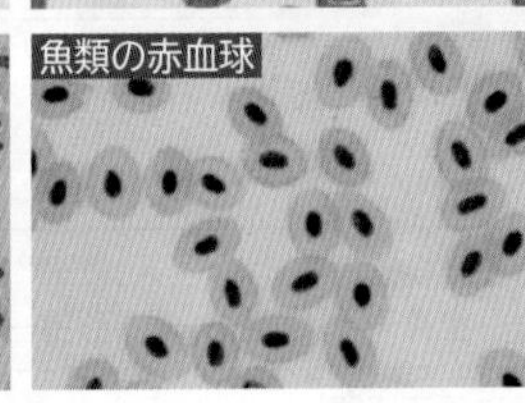
魚類の赤血球

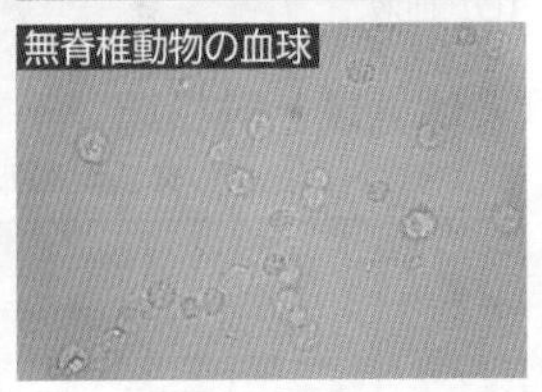
無脊椎動物の血球

# E 血液凝固

血管の損傷が起こると，まず血小板が応急の血栓をつくり，そこに**フィブリン**がからみついて強固な血栓となる。 生物基礎

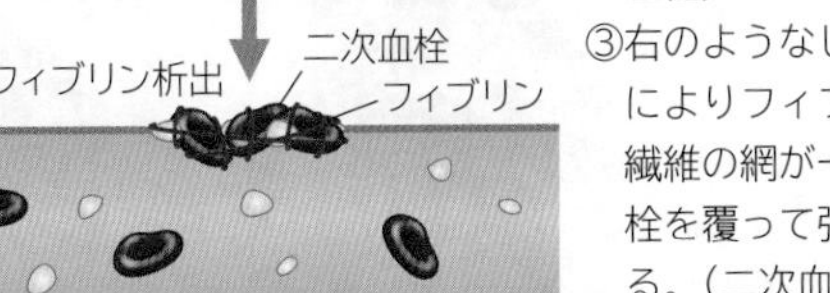

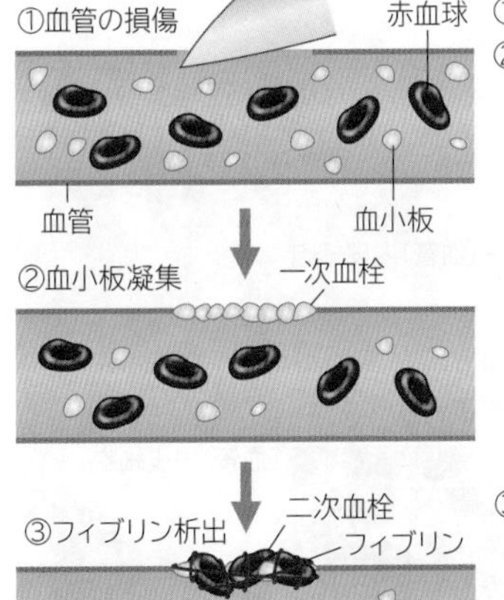


①血管壁が損傷する。
②損傷部分の結合組織に血小板が粘着する。粘着した血小板は活性化し，顆粒内の物質を放出して近くの血小板を次々と活性化し，偽足を出して密着する。（一次血栓）
③右のようなしくみによりフィブリン繊維の網が一次血栓を覆って強化する。（二次血栓）

## 血液凝固のしくみ

血管が切れて出血が起きると，様々な血液凝固因子の働きによって，血しょう中のフィブリノーゲンが繊維状のフィブリンに変わる。**フィブリン**が血球を包み込んで餅状の**血ぺい**となり，血管をふさぐ。

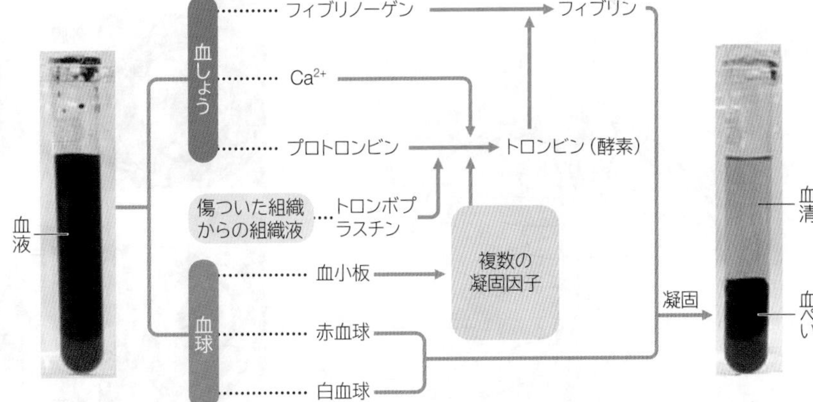


## 血液凝固の防止法

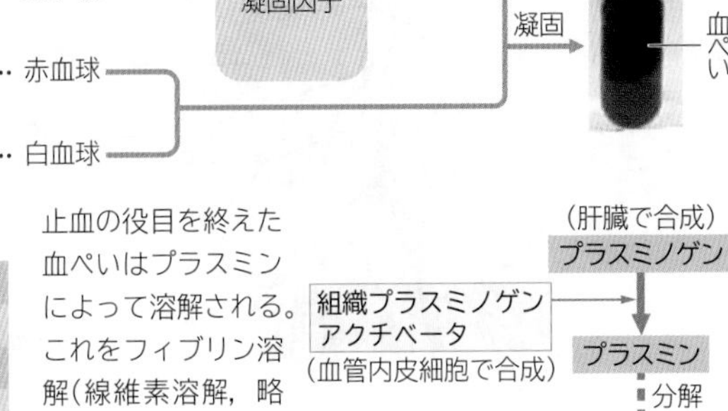

| | | |
|---|---|---|
| ①**クエン酸ナトリウム**または**シュウ酸カリウム**を加える。 | → | $Ca^{2+}$ が沈殿として取り除かれる。 |
| ②肝臓で生産される**ヘパリン**を加える。 | → | トロンビンの生成を阻害する。 |
| ③ヒルのだ液に含まれる**ヒルジン**を加える。 | → | トロンビンの作用を阻害する。 |
| ④5℃以下の低温に保つ。 | → | 酵素反応が抑制される。 |
| ⑤ガラス棒や羽毛で攪拌（かくはん）する。 | → | フィブリンを物理的に取り除く。 |

止血の役目を終えた血ぺいはプラスミンによって溶解される。これをフィブリン溶解（線維素溶解，略して**線溶**）という。

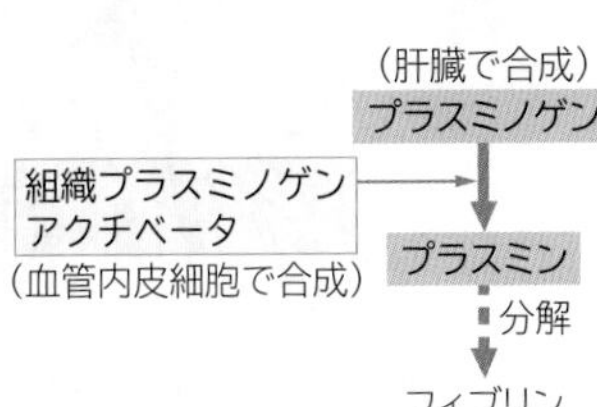


5 動物の体内環境の調節

生物基礎

# 2 循環系
Circulatory system

## A ヒトの循環系

循環系は各細胞が必要とする物質を輸送し，老廃物を除去する働きをもつ。循環系には血管系とリンパ系がある。血管系は心臓・血管からなる。

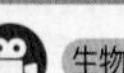

生物基礎

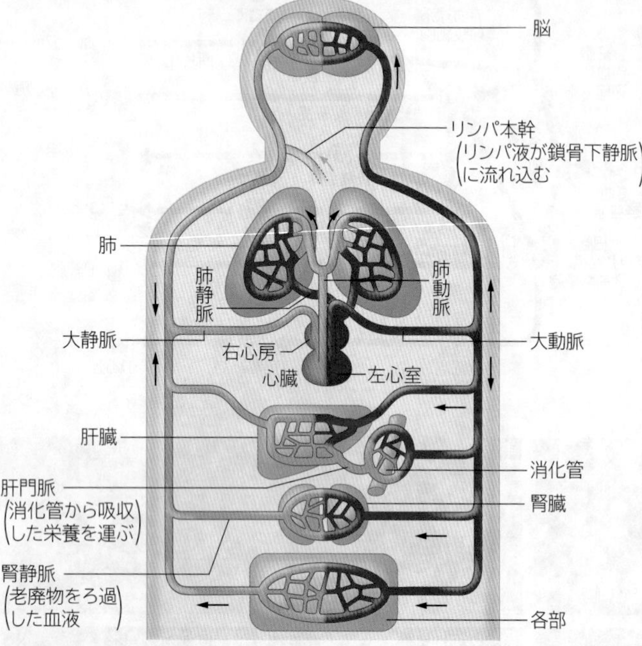


### 体循環と肺循環

血液の循環経路には**体循環**と**肺循環**がある。

| | |
|---|---|
| 体循環 | 心臓から全身を巡って心臓に戻る経路。<br>⟶左心室⟶大動脈⟶全身⟶大静脈⟶右心房⟶ |
| 肺循環 | 心臓から肺を通って心臓に戻る経路。<br>⟶右心室⟶肺動脈⟶肺⟶肺静脈⟶左心房⟶ |

**動脈血**：酸素を多く含む血液。
**静脈血**：酸素をあまり含まない血液。

### リンパ系

下半身と左上半身のリンパ管は鎖骨下静脈の左静脈角に，右上半身のリンパ管は右静脈角にそそぐ。

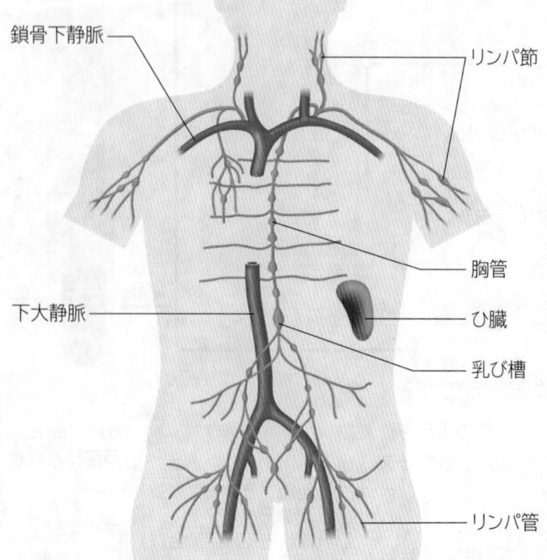


リンパ節で組織に侵入した病原体や異物を取り除く。

### 心臓の構造と拍動調節

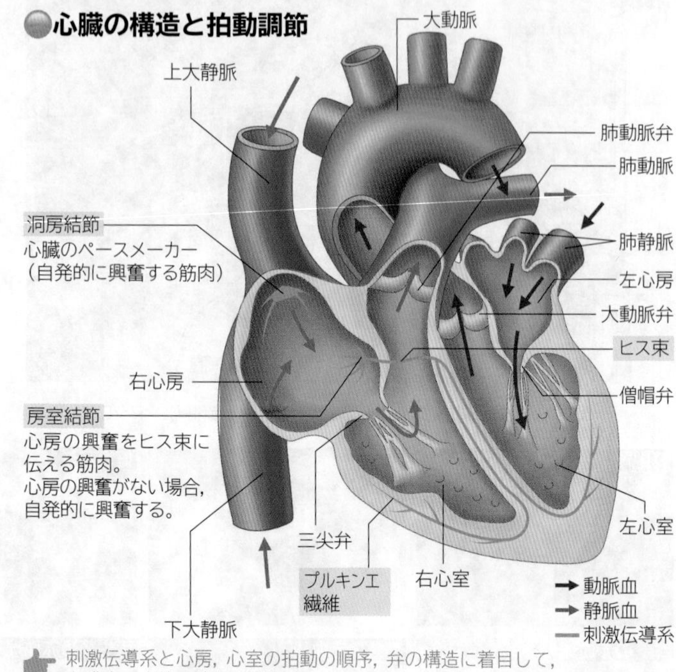


刺激伝導系と心房，心室の拍動の順序，弁の構造に着目して，心臓内の血液の流れを理解しよう。

心臓は神経から切り離しても拍動を続ける。これは，拍動が自動的に起こるしくみ(**刺激伝導系**)があるためである。刺激伝導系の起点となる**洞房結節**(とうぼう)は一定のリズムで活動電位(⇒ p.222)を繰り返し発生するので**ペースメーカー**と呼ばれる。

**刺激伝導系(興奮を伝導する特殊な心筋)**

洞房結節⟶心房(左右)⟶房室結節⟶ヒス束⟶プルキンエ繊維⟶心室(左右)

### 血管の構造

動脈

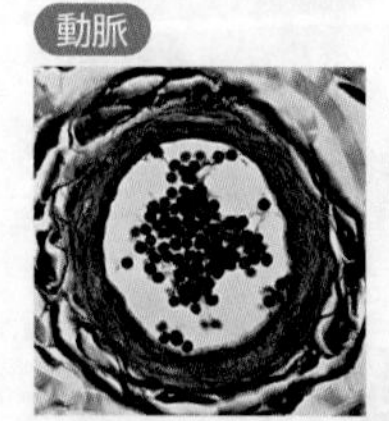
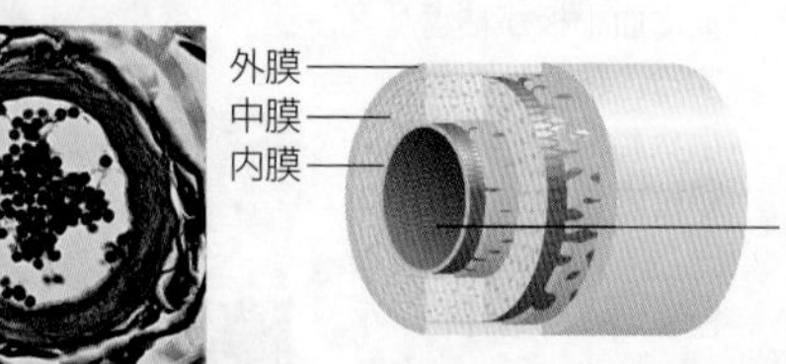


外膜…結合組織
中膜…平滑筋・弾性繊維
内膜…内皮細胞

静脈

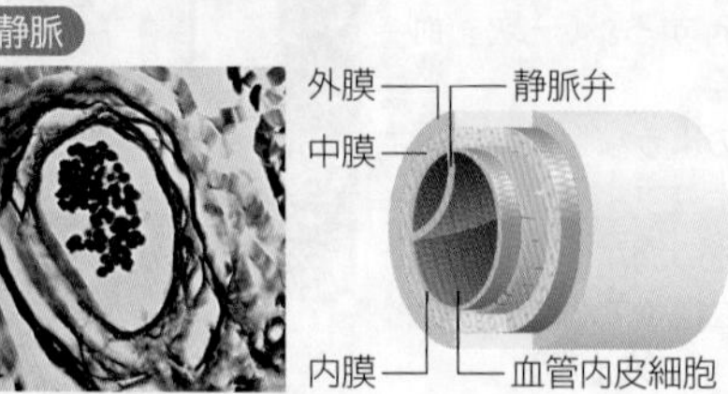


毛細血管

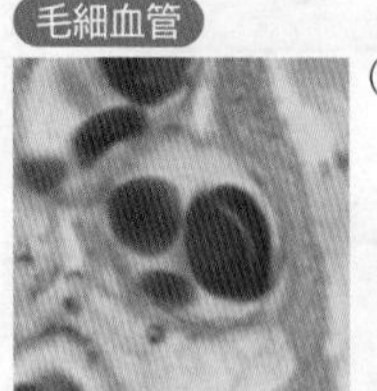
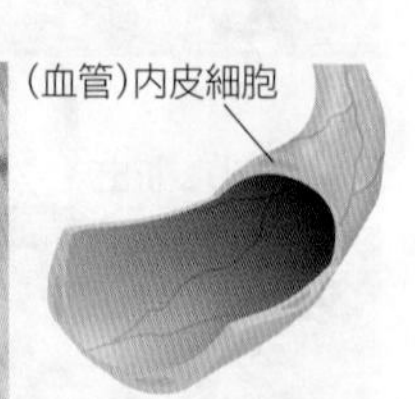


動脈と静脈の膜の厚さと弁の有無に着目しよう。

### リンパ管の構造

組織液はリンパ管の内皮細胞のすき間を通って回収される。

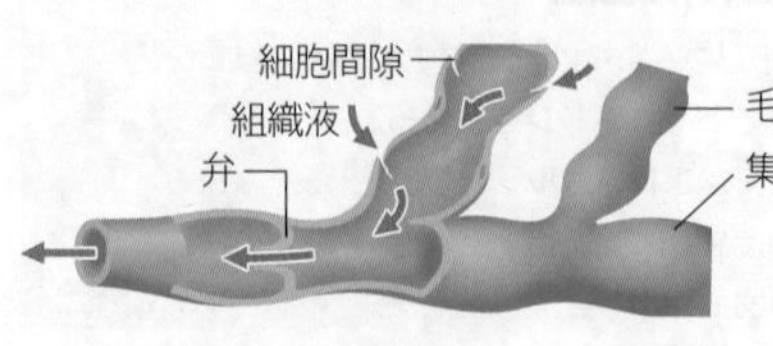


5 動物の体内環境の調節

生物基礎



WORD 拍動⇔心臓拍動　洞房結節⇔房結節⇔コッホ結節⇔キース・フラック結節⇔S-A結節　房室結節⇔田原の結節

## B 心臓の拍動

心臓は筋肉の収縮と弛緩をリズミカルに繰り返す。これに伴う弁の開閉音は，聴診で聞き取ることができる。

生物基礎

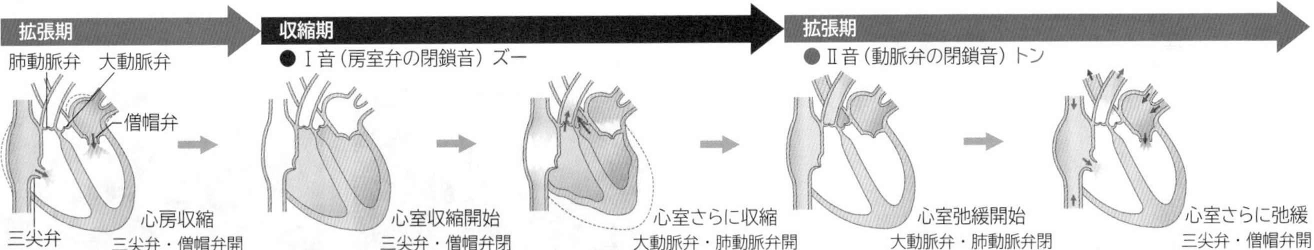


## C 閉鎖血管系と開放血管系

血管系には，動脈と静脈が毛細血管でつながれた**閉鎖血管系**と，毛細血管を欠く**開放血管系**がある。

生物基礎

| 閉鎖血管系 | 開放血管系 |
|---|---|
| 脊椎動物，環形動物，軟体動物頭足類(タコ・イカ) | 節足動物，軟体動物 |
| ・高圧で循環<br>・器官への血液分配はよく調節される<br>・血液は素早く心臓に戻る | ・低圧で循環<br>・血液の分配の調節は容易ではない<br>・血液が心臓に戻るには時間がかかる |
| 毛細血管があり，血液は血管の外に出ない。 | 動脈と静脈の間に毛細血管がなく，血液は組織の間を流れて，静脈に入る。 |

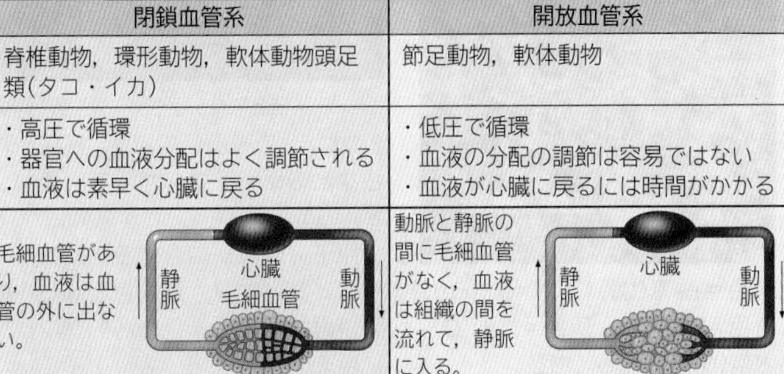


### 昆虫(開放血管系)

血液は背中側にある太い血管(背脈管)のぜん動運動で前方に送られ，組織の間にあふれ出る。組織の間をゆっくりと後方に向かって流れ，後方の背脈管に戻る。流れる経路は，組織の間の縦方向の膜によりある程度方向を与えられている。

翅や触角の付け根には補助的な心臓がある。酸素は気管を通して運ばれるため，酸素の運搬は行わない。

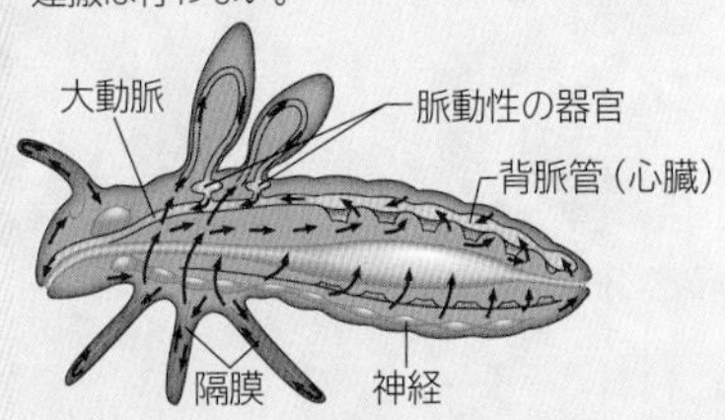


### ミミズ(閉鎖血管系)

血液は背脈管のぜん動運動で前方に向かって流れ，腹脈管では後方に向かって流れている。体表面の毛細血管が呼吸器官として働き，ガス交換を行っている。背脈管と腹脈管を結ぶ血管も収縮機能があり，補助的な心臓として働いている。

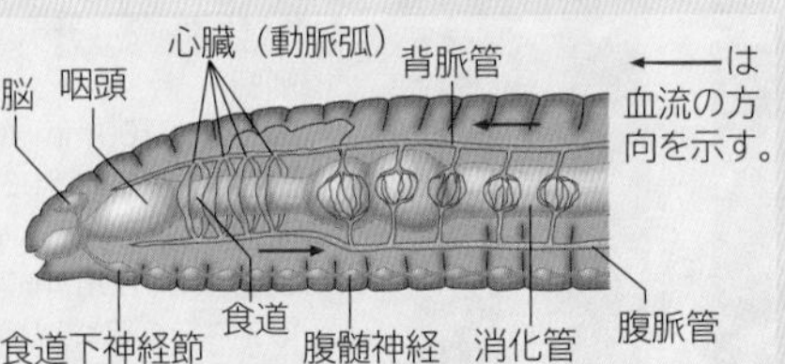


### エビ(開放血管系)

血液は心門の弁を通って心臓に入り，前後の動脈に押し出される。動脈の分岐するところで脈管から出て組織の間を流れ，静脈洞を経由して鰓(えら)に流れ込む。ここでガス交換を行い，別の脈管を通って心臓に戻る。

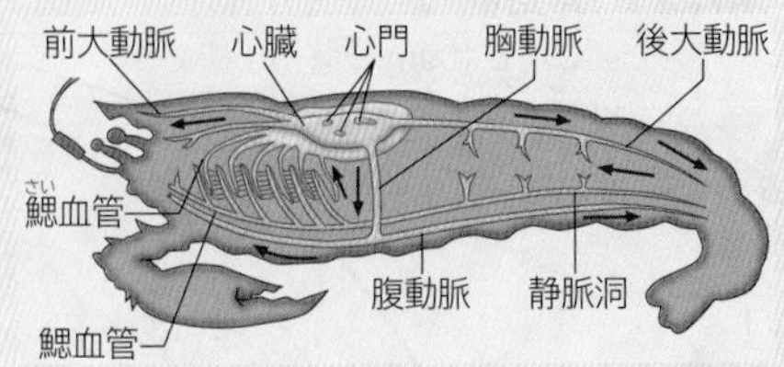


## D 脊椎動物の心臓

脊椎動物の心臓は，水中生活から陸上生活へ移行する過程で，徐々に2つのポンプに分離していった。

生物基礎

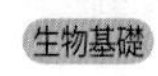

| 魚類(1心房1心室) | 両生類の成体(2心房1心室) | は虫類(2心房1心室) | 鳥類・哺乳類(2心房2心室) |
|---|---|---|---|
| 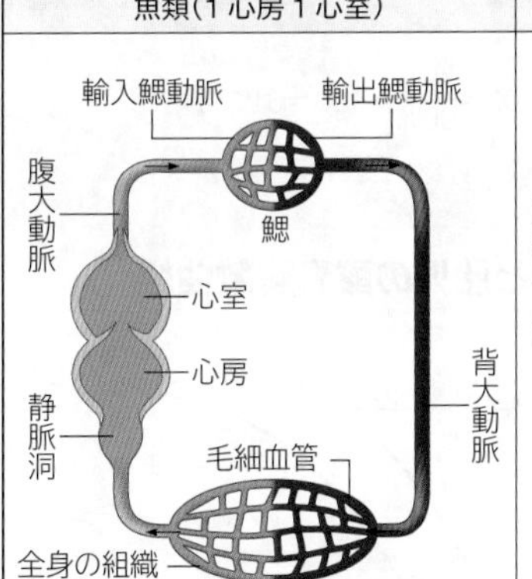 | 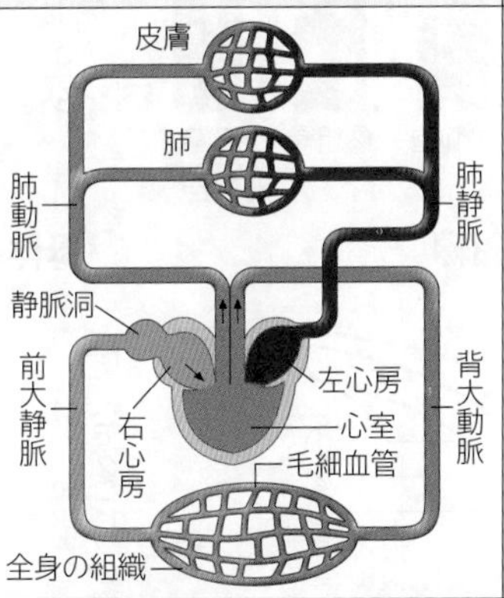 | 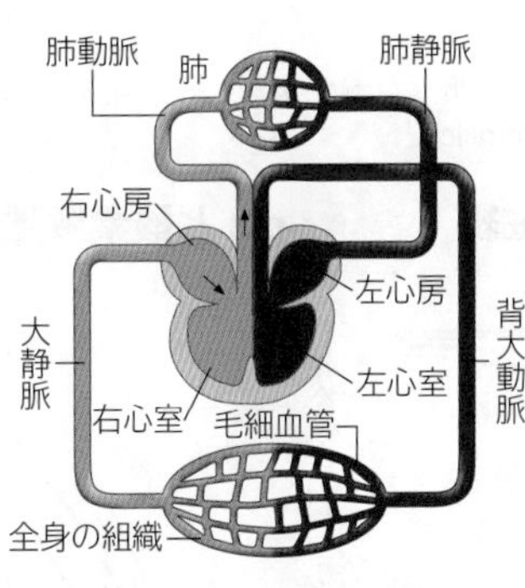 | 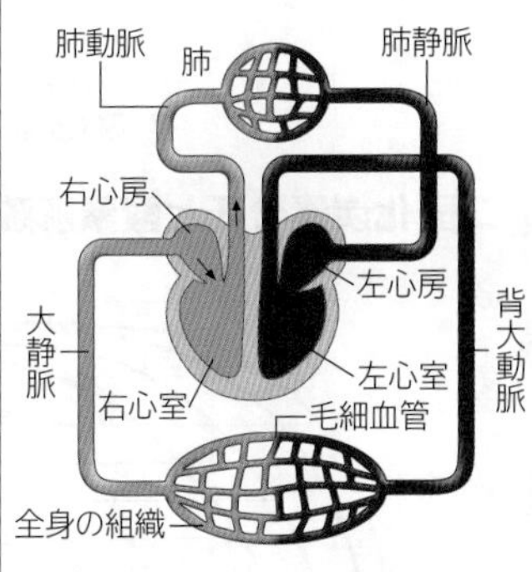 |
| 心臓から押し出された血液は鰓を通り，そこから様々な組織に流れていく。心房の手前に静脈洞と呼ばれる小室があり，心房への血液供給に役立っている。2心房2心室の肺循環をもつ循環系に比べると効率は悪いが，肺をもたない魚類では，十分に環境に適応した循環系である。 | 完全に分離された心房2つと分離されていない心室を1つもつ。左心房は肺からの動脈血を，右心房は体循環からの静脈血を受け取る。心室は分かれてはいないが，動脈血は体循環に入り，静脈血は肺循環に入る。肺動脈は皮膚にも枝管を伸ばす。これは皮膚が重要なガス交換の場所だからである。 | ワニ目以外のは虫類では，完全に分離した心房と部分的に分離した心室をもつ。心室の分離は不完全だが，動脈血と静脈血の流れはよく分離されていて，血液の混合はほとんどない。ワニ目では心室も完全に分離している。 | 心房・心室とも完全に分離し，体循環・肺循環の分離が完成している。このため肺循環と体循環の血圧を変えることができる。(ヒトでは，大動脈の血圧は100 mmHg程度，肺動脈の血圧は20 mmHg程度) |









5 動物の体内環境の調節

生物基礎

WORD 閉鎖血管系⇔閉鎖循環系

# 3 酸素の運搬
Transport of oxygen

## A ヘモグロビンの構造

生物

ヘモグロビンは，α鎖２本，β鎖２本のポリペプチド(グロビン)が結合したタンパク質である。α鎖とβ鎖には鉄を含む色素(ヘム)が含まれている。

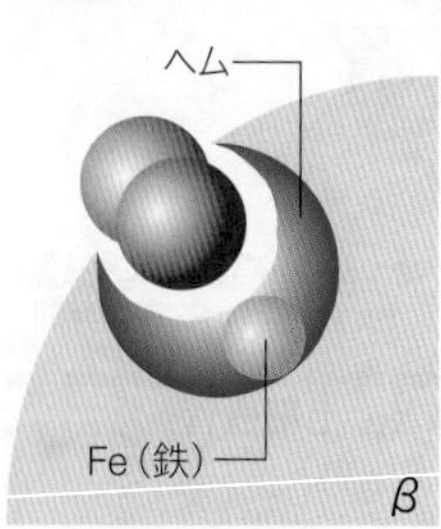
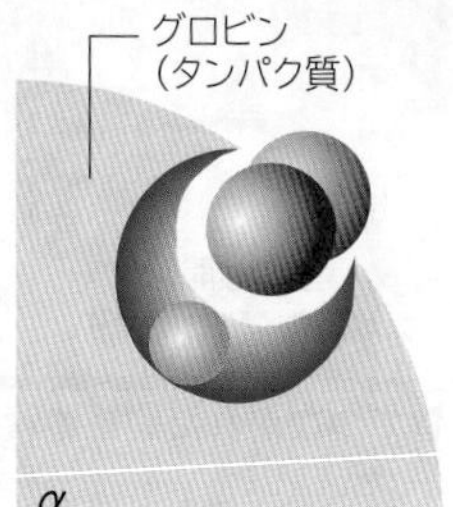
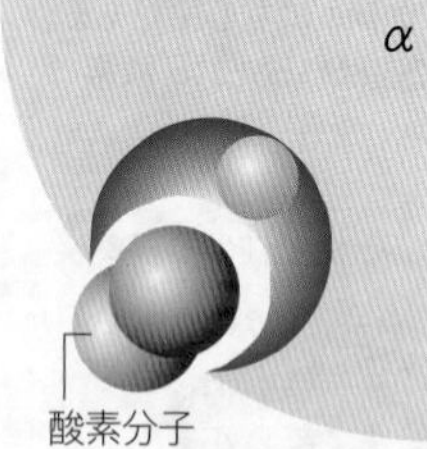
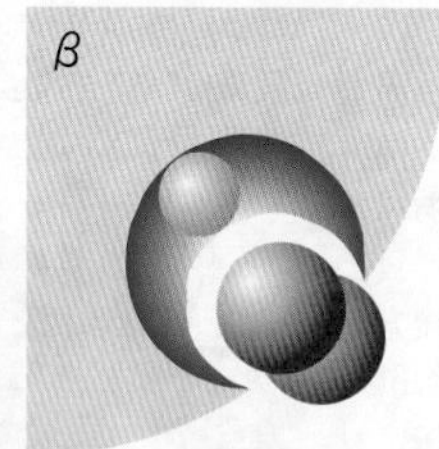


酸素１分子がヘムに結合するとヘム間の相互作用により，他のヘムも酸素に結合しやすくなる。逆に酸素１分子が離れると，ヘムと結合した残りの酸素も解離する。このため，酸素解離曲線は，S字状の曲線になる。

ヘムの構造

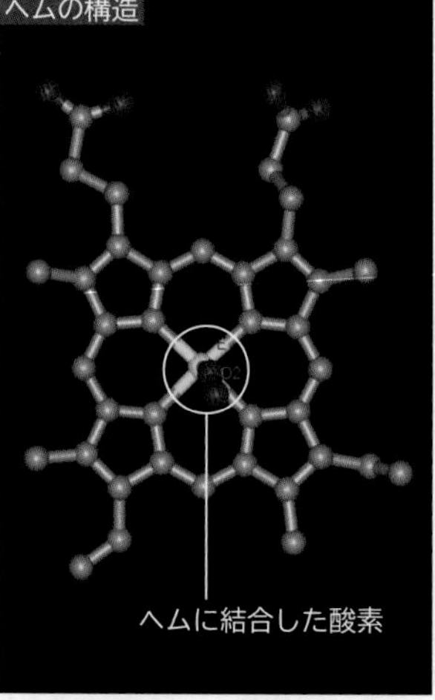


赤色＝酸素(O)，黄色＝鉄(Fe)，青色＝窒素(N)，灰色＝炭素(C)。水素(H)は省略してある。

ヘモグロビン分子

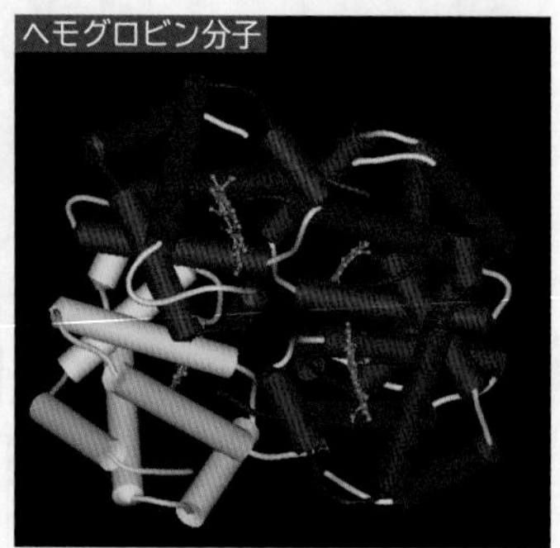

４つのグロビンのうち１つは黄(他の３つは赤)で表示してある。灰色や青色などの原子がつながっている部分がヘムである。

鉄原子に酸素が結合すると酸素ヘモグロビンとなり，鮮紅色となる。酸素が離れると暗赤色のヘモグロビンに戻る。

## B 酸素解離曲線

生物基礎

ヘモグロビンは，空気中に占める酸素の量(酸素分圧)によって，酸素との結び付きやすさが変化する。これを表したものが，**酸素解離曲線**である。

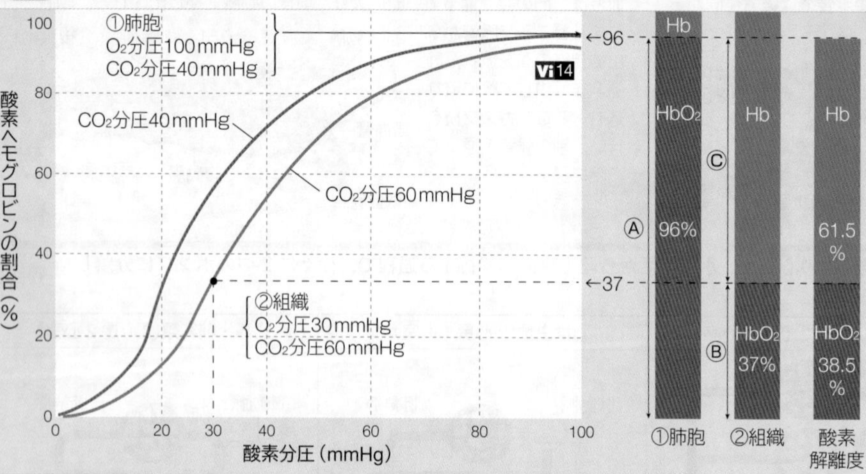


**酸素解離度の計算**

①肺胞
　$O_2$分圧　100mmHg　　$CO_2$分圧　40mmHg
　酸素ヘモグロビン96%

②組織
　$O_2$分圧　30mmHg　　$CO_2$分圧　60mmHg
　酸素ヘモグロビン37%

全ヘモグロビンのうち，肺から組織へ$O_2$を運んだヘモグロビンの割合は，

$$Ⓒ=Ⓐ-Ⓑ=96\%-37\%=59\%$$

肺で$O_2$と結合したヘモグロビンのうち，組織で酸素を解離したヘモグロビンの割合(酸素解離度)は，

$$\frac{Ⓒ}{Ⓐ}\times100=\frac{59\%}{96\%}\times100=61.5\%$$

### 二酸化炭素分圧と酸素解離曲線

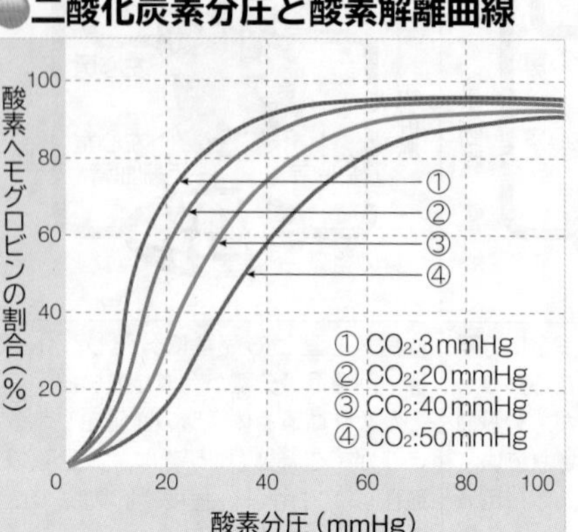


### pHと酸素解離曲線

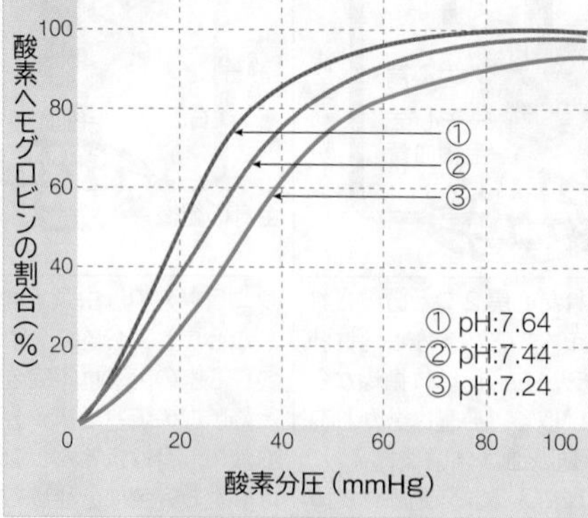


酸素ヘモグロビンは，酸素分圧が低いほど，二酸化炭素分圧が高いほど，pHが下がる(酸性)ほど，酸素を解離しやすい。

### 母体と胎児の酸素解離曲線

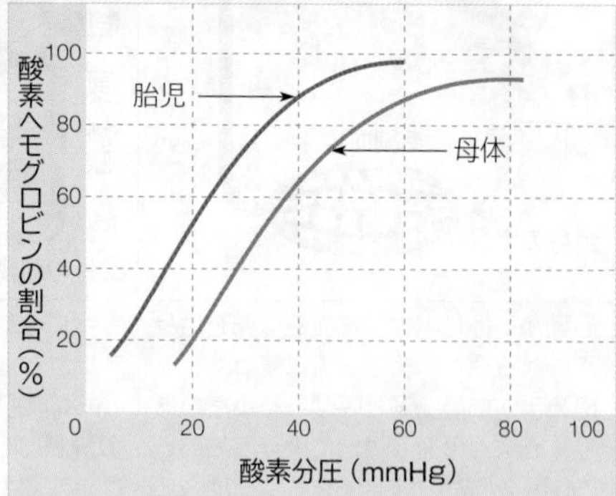


ヒトの胎児のヘモグロビンは，成人のヘモグロビンより低い酸素分圧でも酸素と結合する。そのため，胎児は母体の胎盤で酸素を受け取りやすい。





WORD ヘモグロビン⇔血色素　酸素ヘモグロビン⇔オキシヘモグロビン　酸素解離曲線⇔酸素結合曲線

## C 酸素の運搬

酸素は水に溶けにくいため，肺でヘモグロビンと結合し，血液によって各組織へ運ばれ，そこでヘモグロビンと解離することで各細胞に届けられる。 生物基礎

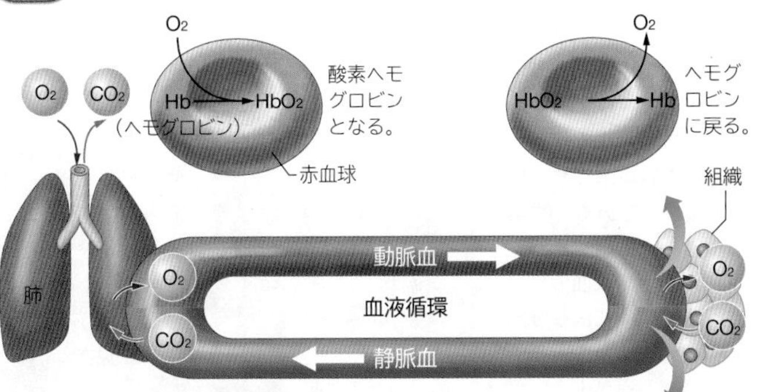


### ヘモグロビンの働き

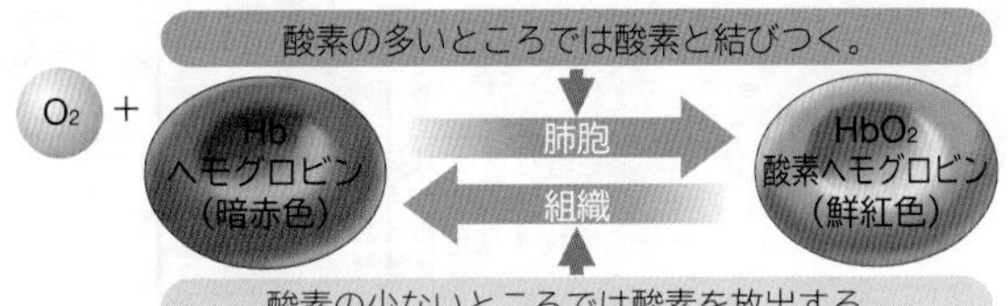


肺では，酸素分圧が高く，二酸化炭素分圧が低いので，反応が右側に進み，酸素ヘモグロビンとなる。組織では，酸素分圧が低く，二酸化炭素分圧が高いので，反応が左側に進み，酸素が解離してヘモグロビンとなる。

### 筋肉での酸素の吸収

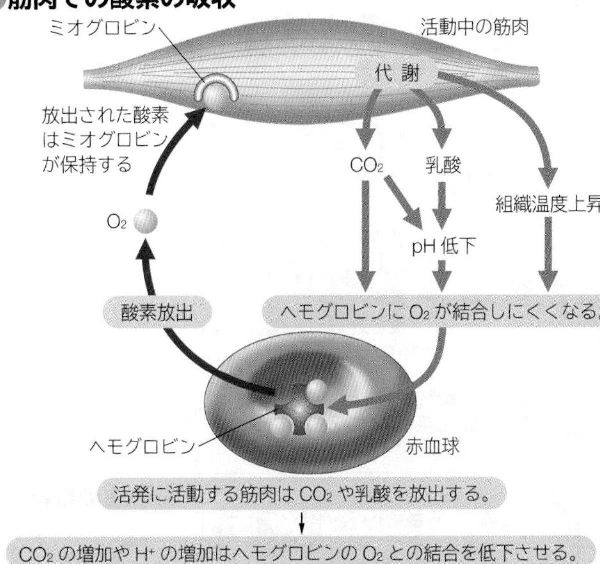


活発に活動する筋肉は $CO_2$ や乳酸を放出する。
↓
$CO_2$ の増加や $H^+$ の増加はヘモグロビンの $O_2$ との結合を低下させる。
↓
ヘモグロビンから離れた $O_2$ は筋肉のミオグロビンが受け取る。

## D 二酸化炭素の運搬

二酸化炭素は酸素に比べて水に溶けやすく，血しょうに溶けたりヘモグロビンと結合したりして運ばれる。 生物基礎

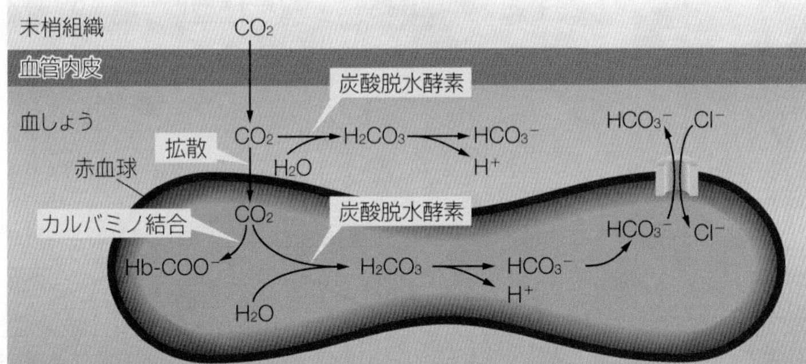


**①炭酸水素イオン**
組織で放出された二酸化炭素は，血しょうや赤血球中に拡散し，水と反応して炭酸水素イオン($HCO_3^-$)と水素イオン($H^+$)になる。

$$CO_2 + H_2O \longrightarrow H_2CO_3 \longrightarrow H^+ + HCO_3^-$$

この反応は，血管内皮細胞や赤血球中に存在する炭酸脱水酵素によって触媒される。

**②カルバミノ化合物**
ヘモグロビンのN末端のアミノ基に $CO_2$ が結合(カルバミノ結合)してカルバミノ化合物(Hb−$COO^-$)となる(肺ではこの反応は逆方向に進む)。

**③溶存二酸化炭素**
血しょうにそのまま溶けた溶存二酸化炭素としても運ばれる。

## E 肺の構造

肺の内部で気管支は細かく枝分かれし，その先にある肺胞で血液と外気とのガス交換(外呼吸)が行われる。 生物基礎

### 肺の位置

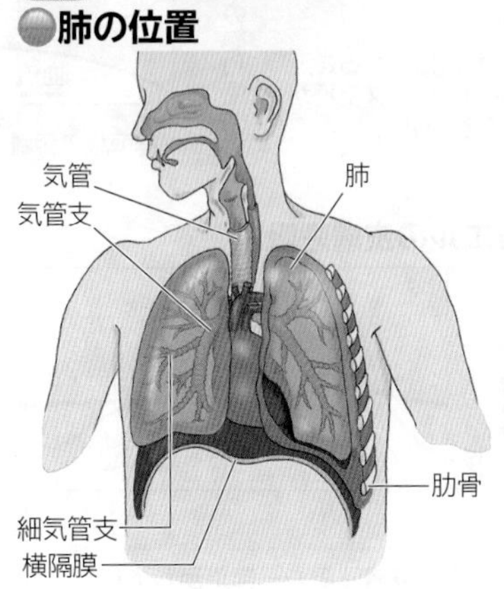


肺は側面を肋骨と筋肉で囲まれており，下にある横隔膜が上下することによってふくらんだり，縮んだりする。これにより，空気の出し入れが行われる。

### 肺胞

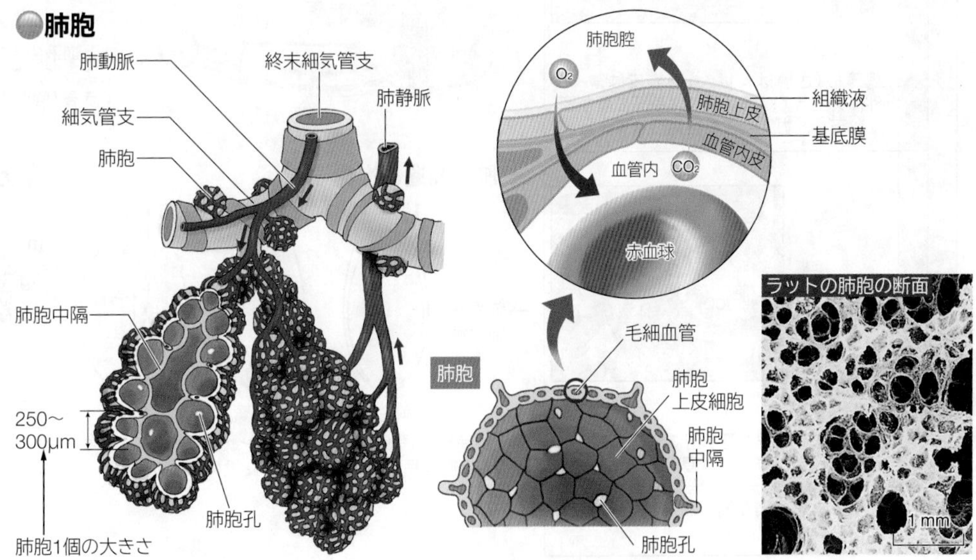

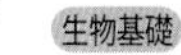

WORD 炭酸脱水酵素⇔カルボニックアンヒドラーゼ

# 4 動物の呼吸器官と消化器官

Respiratory organ and digestive organ of animals

## A 動物の呼吸器官

呼吸器官は外呼吸をするための器官である。外呼吸とは，外界と生体の間のガス交換で，内呼吸は体液と細胞の間のガス交換とその代謝である。 生物 中学

### 未分化な呼吸器官　体表(皮膚)呼吸

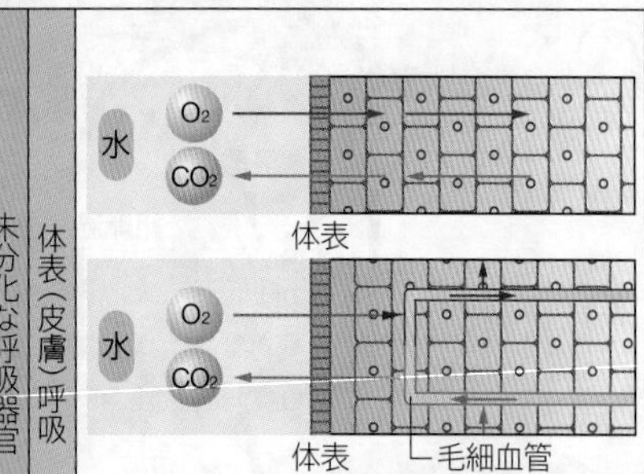


体制が簡単な動物(原生，海綿，刺胞動物)では，酸素が体表から拡散する(血管がない)。

### 呼吸器官　気管呼吸

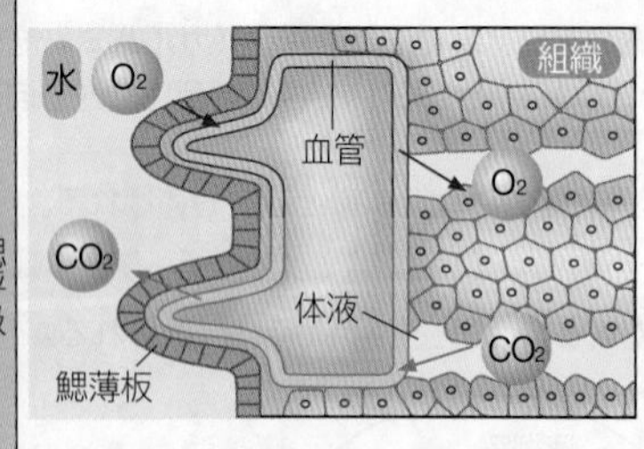

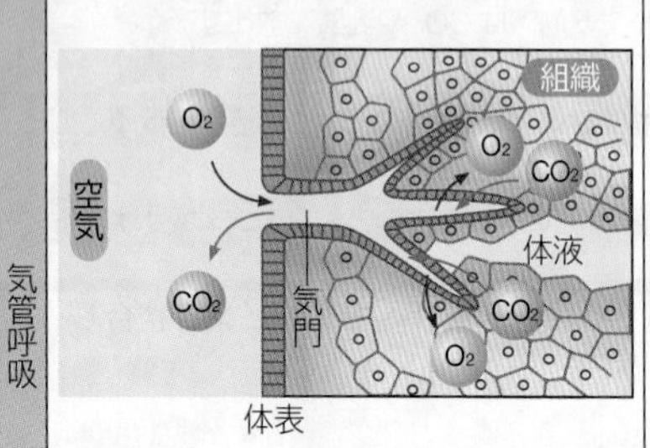


昆虫類では，気門から取り込まれた酸素が枝分かれした気管を通って，ガス交換が行われる。気管は複雑に分岐しているので，空気との接触面積が大きくなる。

### 鰓呼吸

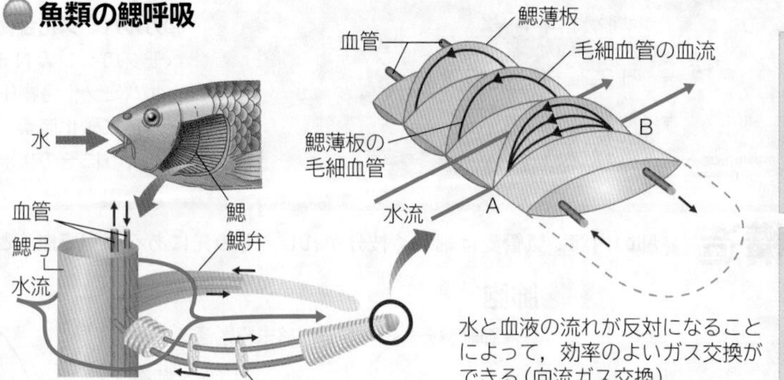


鰓薄板(さいはくばん)の表皮は薄く，外に突出している。また，毛細血管が密に分布し，ガス交換を容易にしている。

### 肺呼吸

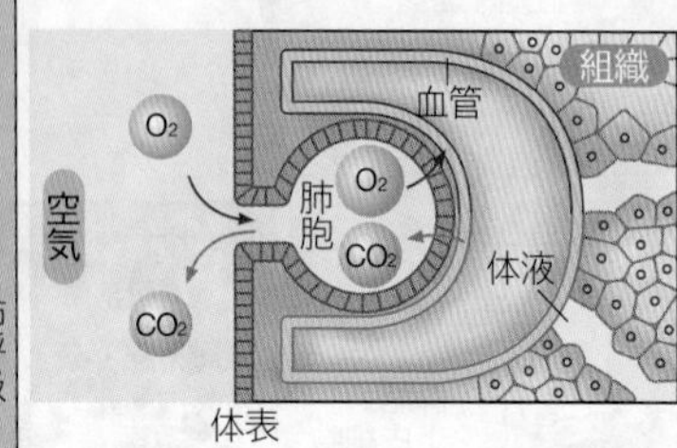


肺胞には，毛細血管が密に分布している。ヒトの肺には肺胞(直径 280μm)が $3\times10^8$ 個あり，その総表面積は $90m^2$ となる。表面積が増えることによって，ガス交換が容易になる。

### ヒドラの体表呼吸

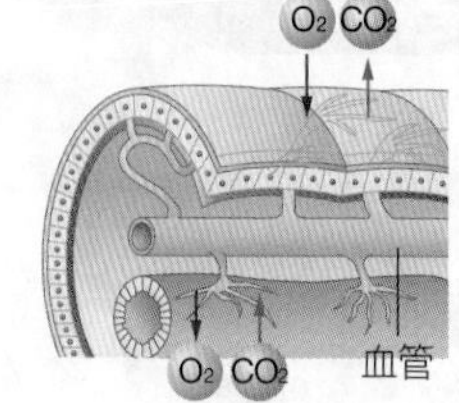

### ミミズの皮膚呼吸

ミミズの皮膚は酸素が溶けやすいように粘液で覆われている。酸素は皮膚から浸透し，血液によって運ばれる。二酸化炭素は血液に入り，毛細血管から拡散により排出される。



### 昆虫の気管

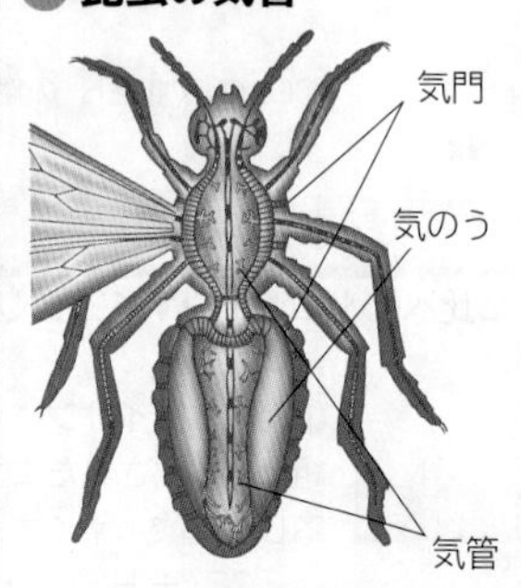


### 魚類の鰓(えら)呼吸

水と血液の流れが反対になることによって，効率のよいガス交換ができる(向流ガス交換)。



### 動物の系統と呼吸器の進化

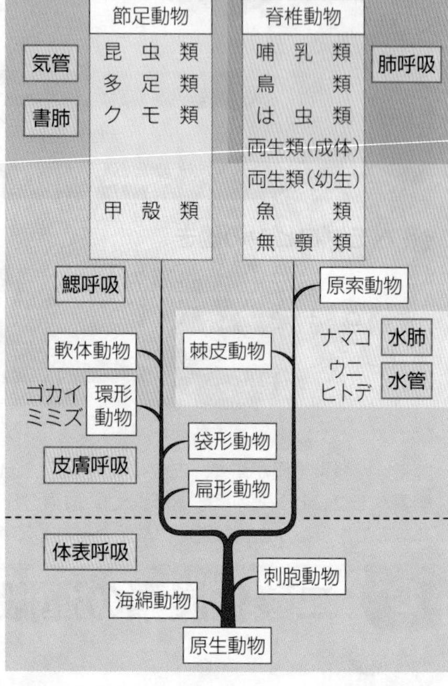


### 肺の発達と進化

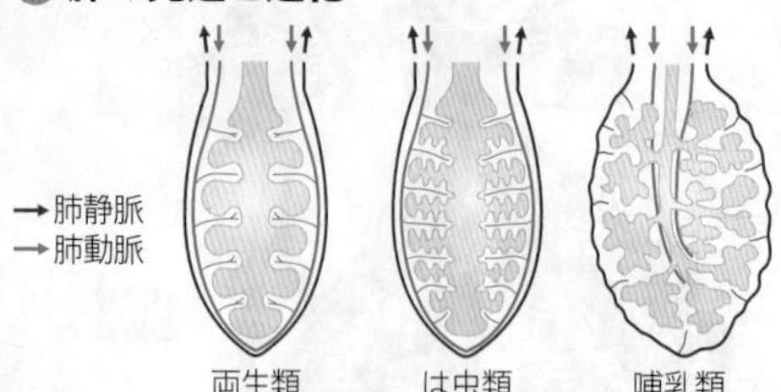


陸上脊椎動物では，肺胞の小型化と数の増加によって空気との接触面積が増大して，ガス交換の効率が上がってきた。

### カエルの皮膚呼吸

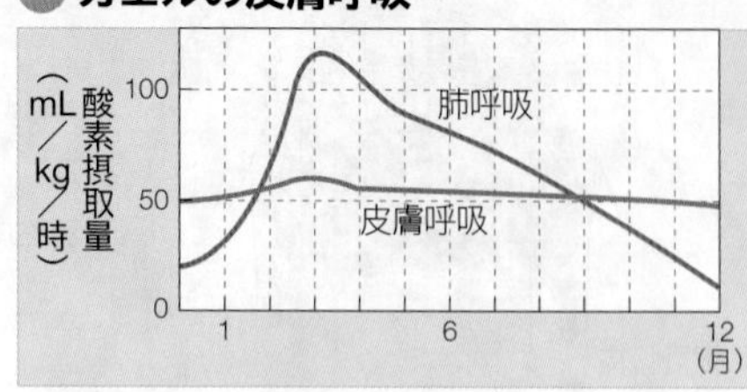


多くの動物は皮膚呼吸も一部併用している。カエルの場合は，普通は皮膚呼吸が 30～50%程度であるが，冬眠中は皮膚呼吸が 70%になる。ヒトでは 1%以下である。

## B 消化の様式

動物は，有機物を消化という働きによって分解・吸収し，呼吸や体をつくる材料にしている。消化の様式は，細胞内消化と細胞外消化に分けられる。

中学

### ●細胞内消化

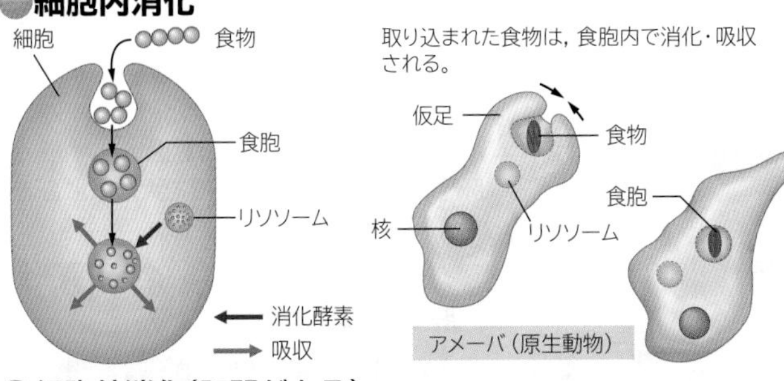

アメーバ（原生動物）

### ●細胞外消化（肛門がない）

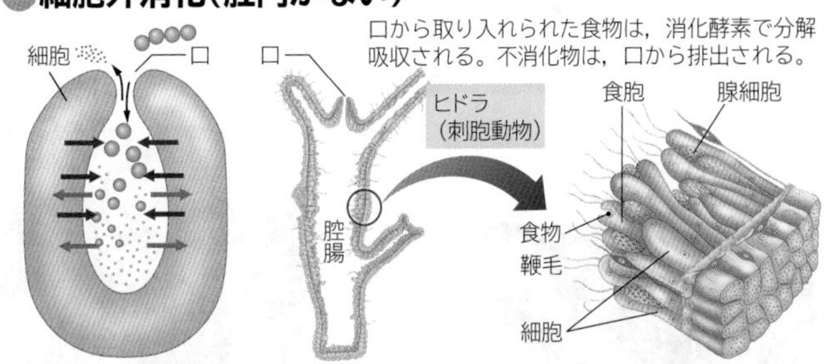

ヒドラ（刺胞動物）

### ●細胞外消化（肛門がある）

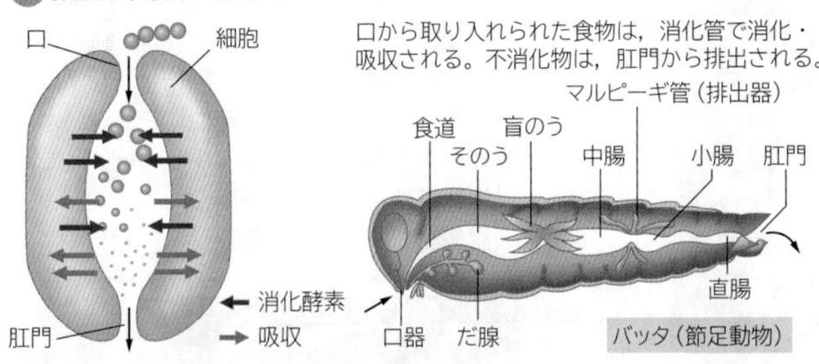

バッタ（節足動物）

そのうは食道に続くふくらみで，食物を一時的に貯蔵する。砂のうは，厚い筋肉の壁からなり，機械的消化に役立っている。

食道
そのう
砂のう
前胃
小腸

ニワトリ（鳥類）

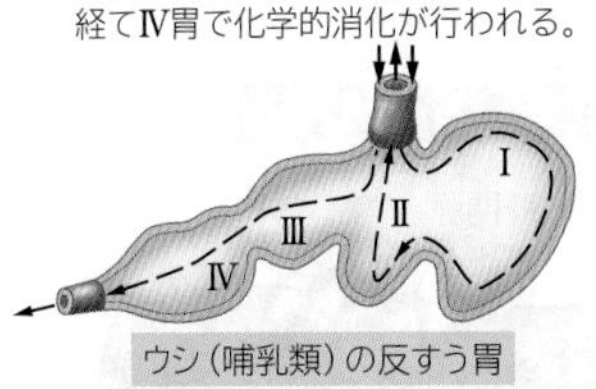

ウシ（哺乳類）の反すう胃

## C ヒトの消化器系と消化運動

ヒトの消化管を構成している各器官は，ぜん動運動や分節運動などの消化運動によって機械的消化を行う。

中学

### ●消化器系

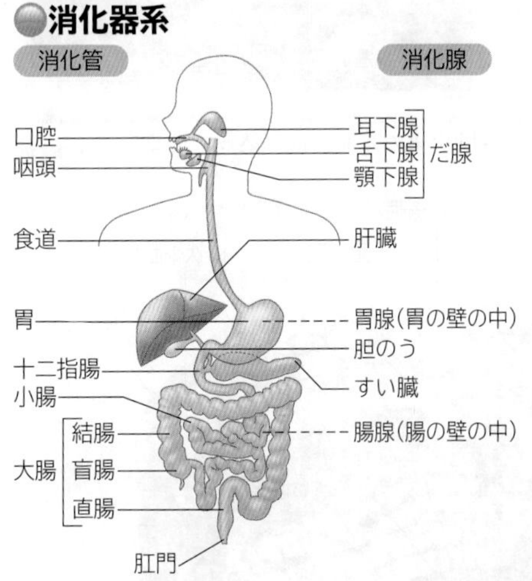


### ●各器官の消化運動

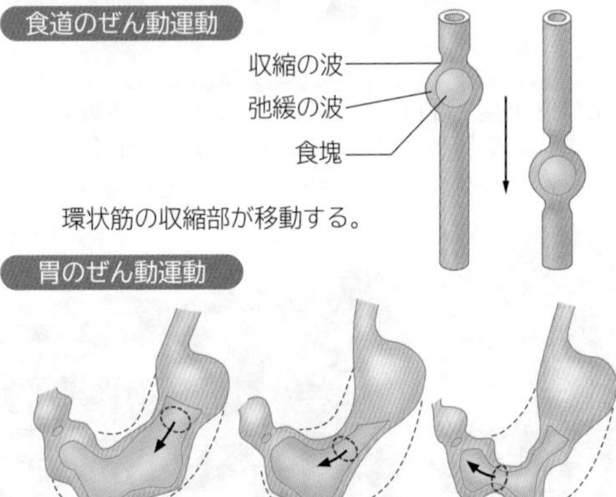


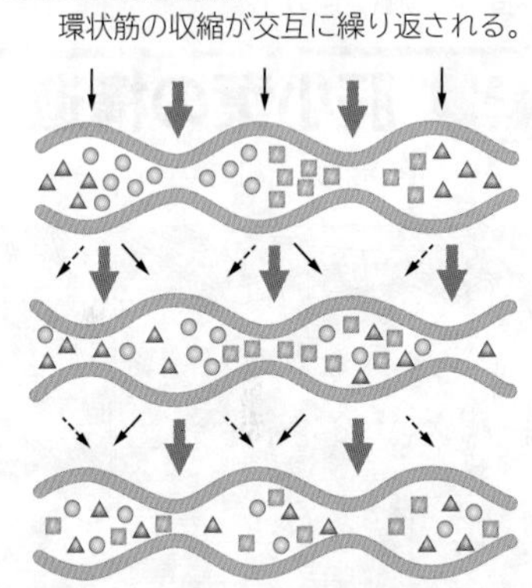


## D 消化の研究の歴史

酵素の研究の歴史は，消化酵素（⇒ p.57）の研究から始まった。

（⇒ p.57）

生物

### ●スパランツァーニ（18世紀）

生肉

生肉がほとんど溶けていた

ひもをつけた小さな金属かごに生肉を入れ，飼っていたタカに飲ませた。ひもでかごを引き出すと，生肉はほとんど溶けていた。

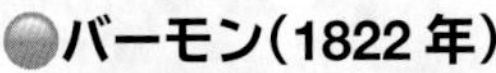

### ●バーモン（1822年）

散弾銃で負傷し，外から胃の中が見えるようになったセントマーチンという兵士の胃の様子を11年間にわたって観察した。

### ●プロー（1924年）

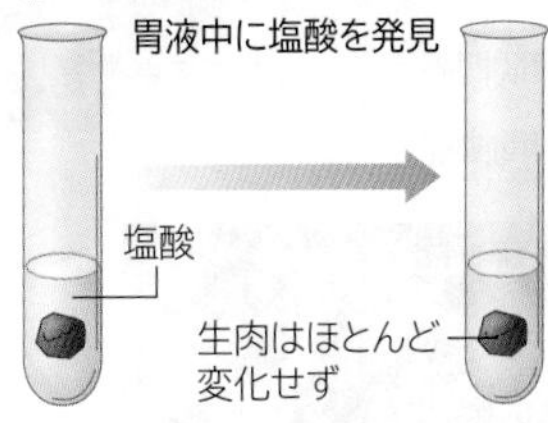


胃液中に塩酸を発見した。しかし，塩酸に生肉を入れただけではほとんど変化は見られなかった。

### TOPICS
### 胃はなぜ自分自身を消化しないのか？

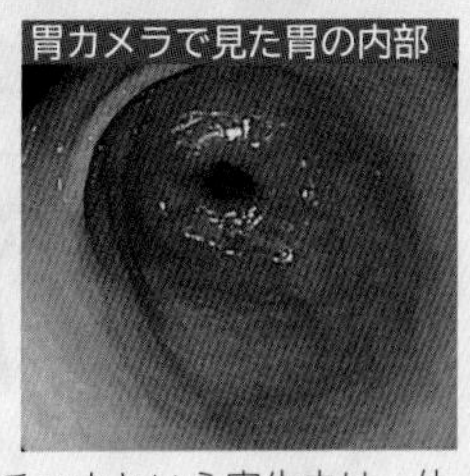
胃カメラで見た胃の内部

胃の筋肉の主成分はタンパク質だが，胃液（タンパク質分解酵素）で分解されない。これは胃壁にある粘膜で筋肉が守られているからである。

胃に寄生するカイチュウという寄生虫は，体表を包む粘膜によって生きているときは胃の中で暮らせるが，死ぬと粘膜の粘液が消失し，消化液に直接さらされて消化されてしまう。

WORD 原生動物⇔原虫　刺胞動物⇔腔腸動物　仮足⇔偽足　だ腺⇔だ液腺

# 5 体内環境を調節する器官(1) 肝臓

Organ of internal environment regulation 1: liver

## A 肝臓の構造

肝臓は右上腹部の横隔膜直下にある。消化管から吸収した栄養素が多く含まれている血液は肝門脈から流入し，肝静脈から流出する。

生物基礎

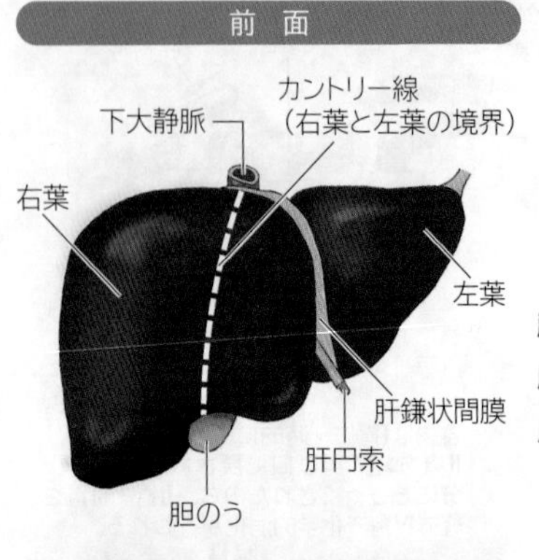


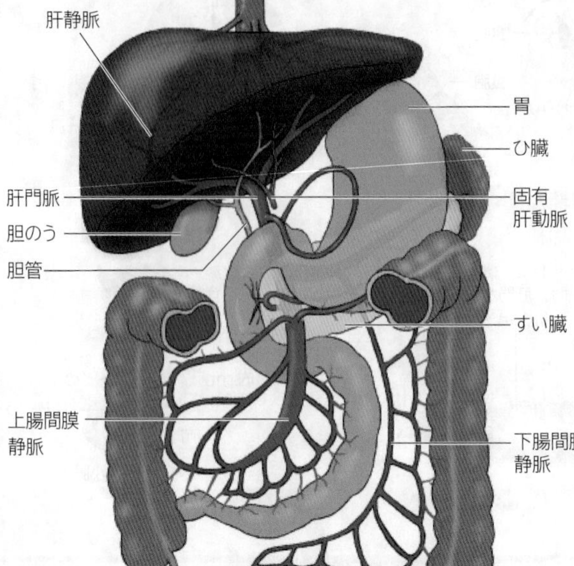


**肝門脈**は，消化管やひ臓からの静脈が合流したものである。

肝臓の後面から肝門脈と**肝動脈**が流入する。**肝静脈**は肝臓を出たところで大静脈に合流する。

**POINT**

**肝臓の細胞など**

**類洞**（るいどう）：肝細胞索間の毛細血管

**毛細胆管**：胆汁の通路

**肝細胞**：様々な物質の代謝を行う

**クッパー細胞**：マクロファージ（侵入した抗原や古くなった赤血球を処理）

**ピット細胞**：ナチュラルキラー細胞

**樹状細胞**：抗原提示細胞

**星細胞**：脂肪摂取細胞

赤血球を捕食するクッパー細胞

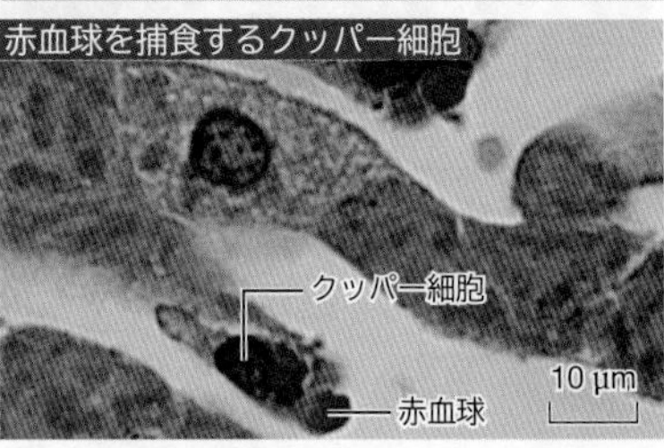


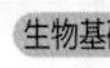


## B 肝小葉の構造

肝臓には**肝小葉**と呼ばれる六角柱状の構造が多数ある。血液は肝小葉の類洞に流れ込み，そこで様々な物質のやりとりが行われ，中心静脈に注ぐ。

生物基礎

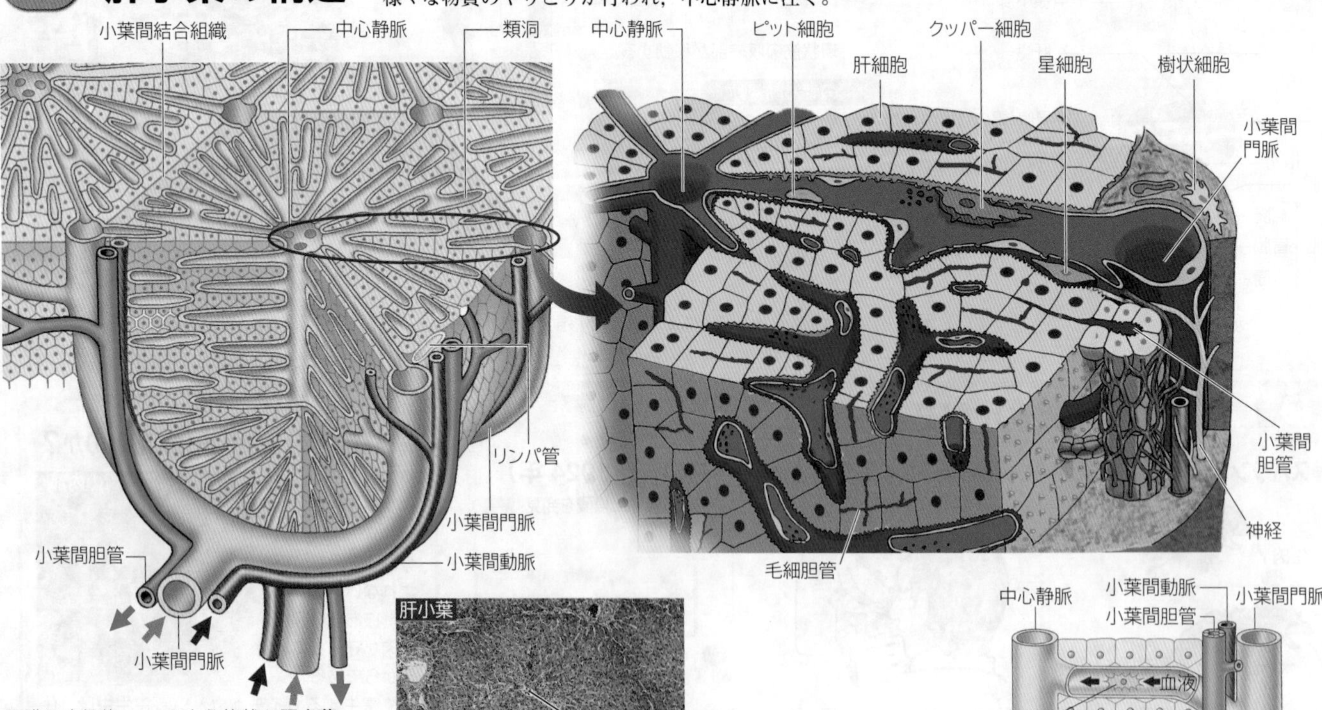


肝臓は直径約1mmの六角柱状の**肝小葉**が集まってできている。肝小葉1つに40～50万個の**肝細胞**がある。

血液の流れと物質のやりとりに着目しよう。

WORD 門脈⇔肝門脈⇔門静脈　胆汁⇔胆液　ナチュラルキラー細胞⇔NK 細胞　グルコース⇔ブドウ糖　グリコーゲン⇔グリコゲン

## C 肝臓の働き

肝臓の働きは，栄養物質の代謝・貯蔵，胆汁の生成，血液の量や成分の調節，解毒作用，尿素の生成，体温の保持，ビタミンの貯蔵など多岐にわたる。 生物基礎 生物

| | |
|---|---|
| 栄養物質の代謝・貯蔵 | 小腸で栄養分を取り込んだ血液は，肝門脈を通って肝臓へ流れ込む。肝臓は，血液中のグルコースをグリコーゲンに変換して貯蔵する。低血糖時には，貯蔵したグリコーゲンをグルコースに分解して血液に供給する。 |
| 胆汁の生成 | 胆汁は，肝細胞で生成され，胆のうで貯蔵されたのち，胆管を経て十二指腸に分泌される。胆汁に含まれる胆汁酸は，脂肪を乳化し，その消化・吸収を促す。胆汁は，ヘモグロビンの分解産物である胆汁色素(ビリルビン・ビリベルジン)によって，黄色または緑色となっている。 |
| 血液量の調節 | 心臓から送り出される血液の 20％が肝臓に流入する。肝臓は，体内血液の約 3 分の 1，一時的には約半分を貯蔵することが可能で，血液の貯蔵量を調節することで，血液の循環量を一定に保っている。クッパー細胞の働きで，古くなった赤血球を破壊する。胎児期には赤血球を生成する。 |
| 血液成分の調節 | 血しょう中のタンパク質の主成分であるアルブミンや，血液凝固に働くフィブリノーゲン・プロトロンビン・ヘパリンなどを合成し，血液中に分泌する。 |
| 解毒作用 | 食物中に含まれる有害物質や微生物が分泌する有害物質を，酵素反応によって酸化・還元・分解し，無毒物質に変換する。 |
| 尿素の生成 | タンパク質やアミノ酸の分解によって生じる毒性の強いアンモニアを，**オルニチン回路**と呼ばれる代謝経路によって，毒性の弱い尿素に変換する。 |
| 体温の保持 | 活発な代謝反応に伴って発生する熱が，血液によって全身に運ばれるため，体温の保持に役立つ。発熱量は筋肉に次いで多い。 |
| ビタミンの貯蔵 | 小腸で吸収したビタミンのうち，脂溶性ビタミン(ビタミン A など)を貯蔵する。 |

### 肝臓における栄養素の代謝

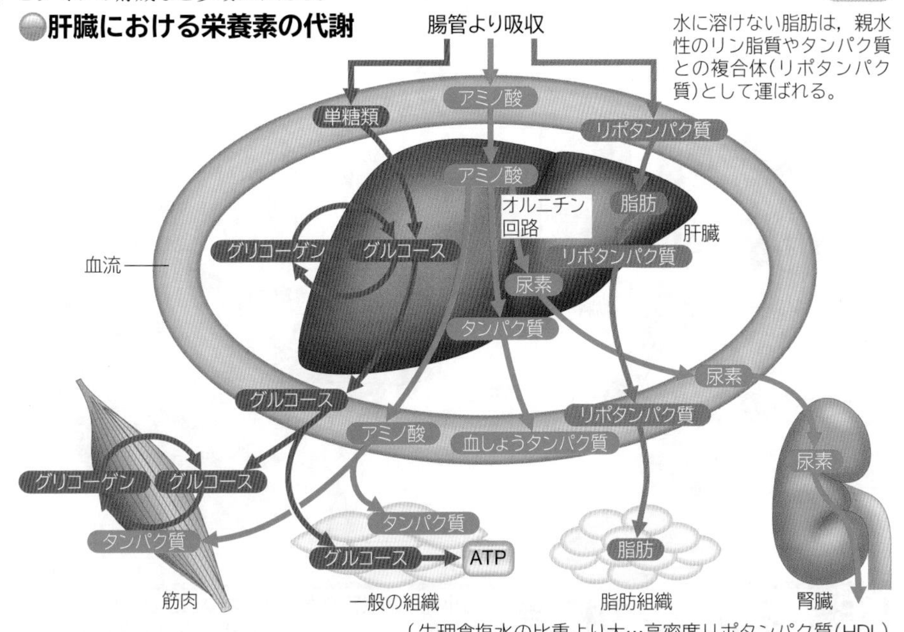


リポタンパク質：脂肪とタンパク質の複合体
- 生理食塩水の比重より大…高密度リポタンパク質(HDL)
- 生理食塩水の比重より小…低密度リポタンパク質(LDL)
- さらに比重の小さいもの…キロミクロン

### オルニチン回路

$NH_3$，$CO_2$，アスパラギン酸のアミノ基から 1 分子の尿素が合成される。

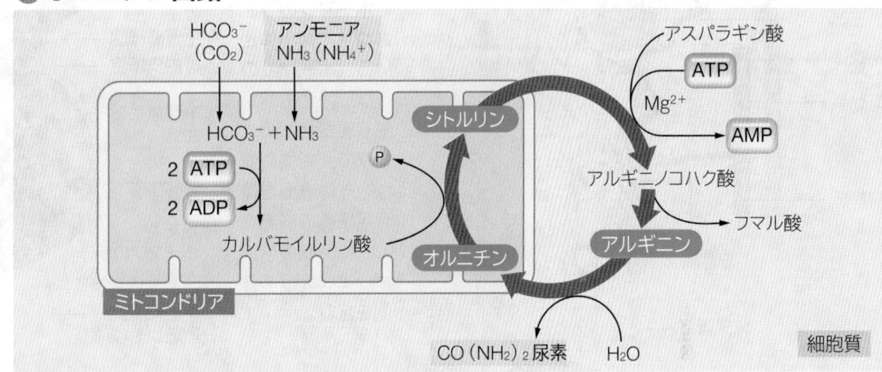


## D 胆のう

胆汁は肝臓でつくられ，胆のうで濃縮される。食物が十二指腸に送られると胆のうが収縮し，胆汁が排出される。 生物基礎

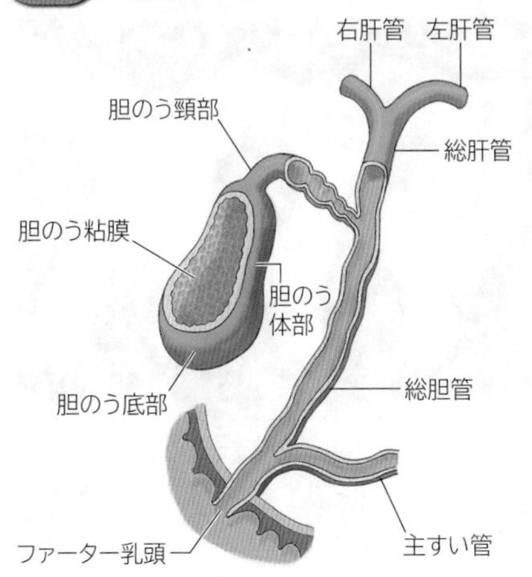


肝臓でつくられた胆汁は，胆のうで濃縮され，十二指腸に放出される。

### 胆汁の働き

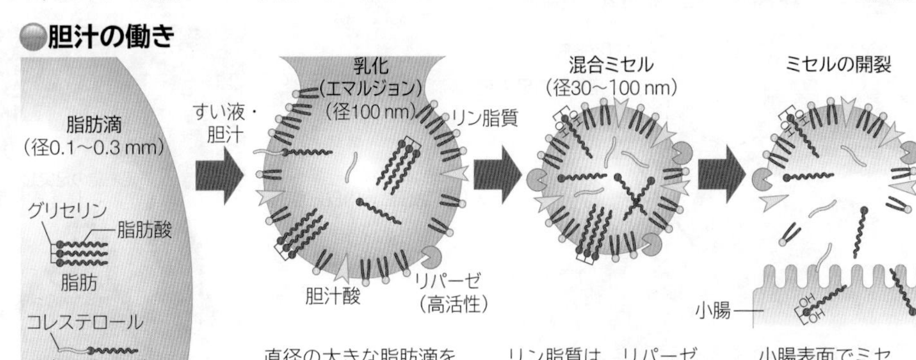


直径の大きな脂肪滴を直径 100 nm 以下の微粒子にする(乳化)。これによりリパーゼが効率よく働く。

リン脂質は，リパーゼにより分解された脂肪酸などと，親水性部分を外に向けたミセルを形成し，小腸の細胞表面に運ぶ。

小腸表面でミセルが壊れ，細胞内へ拡散する。

5 動物の体内環境の調節

生物基礎 生物

WORD オルニチン回路⇔尿素回路　キロミクロン⇔カイロミクロン

# 6 体内環境を調節する器官(2) 腎臓

Organ of internal environment regulation 2 : kidney

## A 腎臓の構造

腎臓は背中側の肋骨の下に左右一対あり，右腎は左腎よりやや下にある。内部は**皮質**と**髄質**に分かれ，中心部には**腎う**という空洞がある。

生物基礎

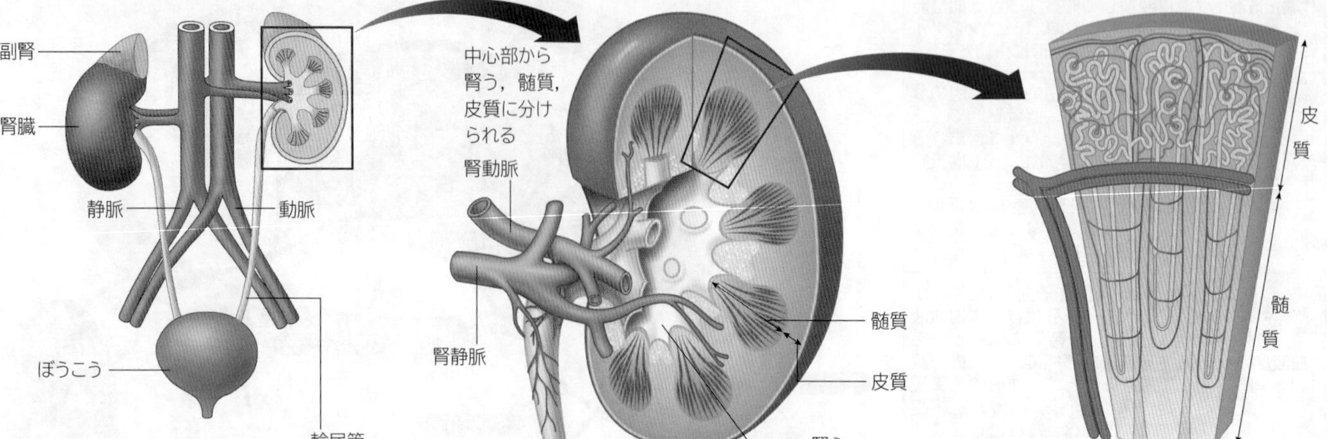


## B ネフロンの構造

**腎小体**と**細尿管**をあわせて**ネフロン**といい，腎臓の構造上，機能上の単位となっている。ネフロンは，左右の腎臓をあわせて200万個以上ある。

生物基礎

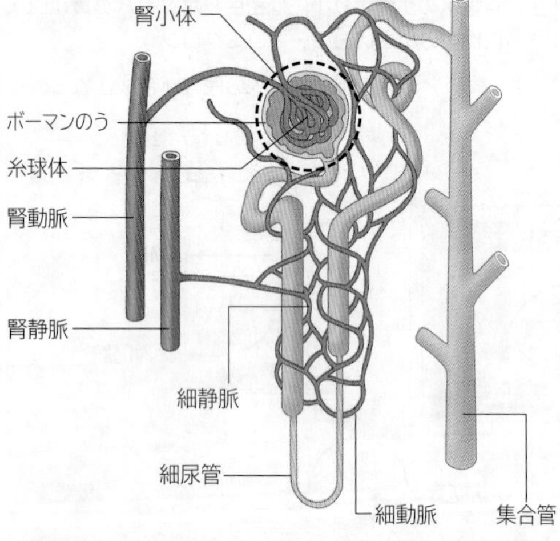


毛細血管が糸玉のように集まった**糸球体**と，それを囲む**ボーマンのう**をあわせて**腎小体**という。ボーマンのうは細尿管の端が膨らんだ杯状の二重壁で，内側の壁は糸球体表面を覆う足細胞の層をつくり，外側の壁はボーマンのうの外側を包む。

### 腎小体

遠位細尿管
輸入細動脈
輸出細動脈
平滑筋細胞
内皮細胞
ボーマンのう
糸球体毛細血管
足細胞（ボーマンのうの糸球体側の壁）
原尿
細尿管
ボーマンのう壁側上皮（外側）

腎小体（走査型電子顕微鏡）
ボーマンのう
糸球体
20 μm

## C ろ過

糸球体の血圧は高く保たれ，血管の壁には小さなすき間がある。このすき間を通れる物質はすべてボーマンのうにこし出され，**原尿**となる。

生物基礎

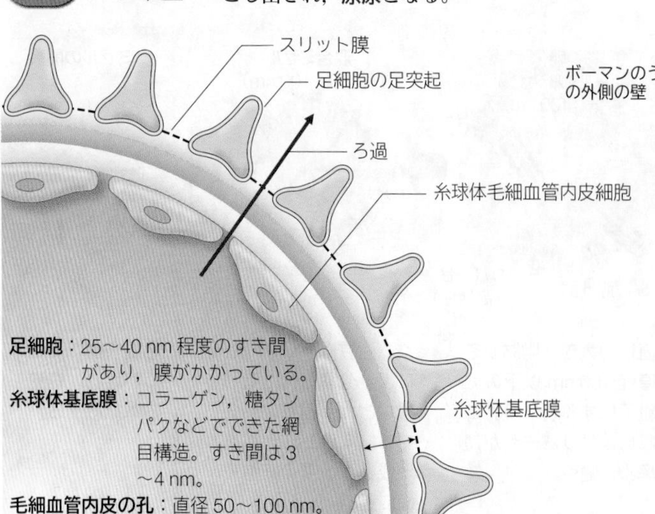


**足細胞**：25～40 nm 程度のすき間があり，膜がかかっている。
**糸球体基底膜**：コラーゲン，糖タンパクなどでできた網目構造。すき間は3～4 nm。
**毛細血管内皮の孔**：直径 50～100 nm。

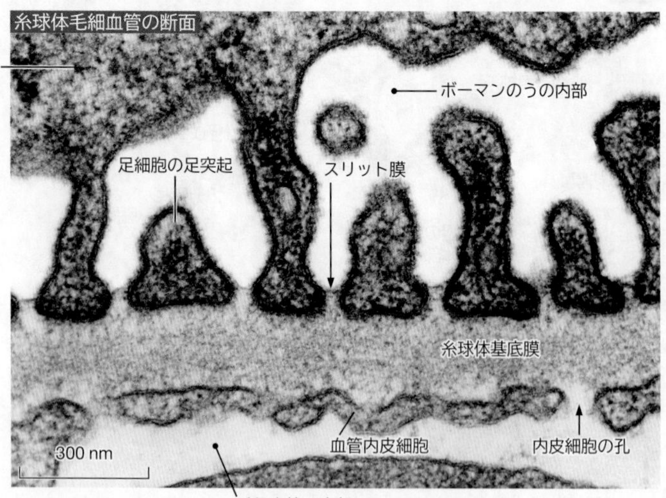




WORD 輸尿管⇔尿管　ネフロン⇔腎単位　腎小体⇔マルピーギ小体　細尿管⇔腎細管⇔尿細管　ボーマンのう⇔糸球体のう
足細胞⇔有足細胞⇔タコ足細胞

# D 再吸収

原尿は毎分 120 mL つくられ，成分は血しょうとほぼ同じである。原尿中の有用成分や水は，細尿管や集合管を通る間に 99%以上が再吸収される。 生物基礎

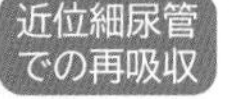

近位細尿管での再吸収

グルコース，アミノ酸：ほぼ 100 %
電解質($Na^+$，$K^+$)，水：60 ～ 70 %

ヘンレループでの再吸収

下行脚：水を再吸収
上行脚：$Na^+$，$K^+$，$Cl^-$を再吸収

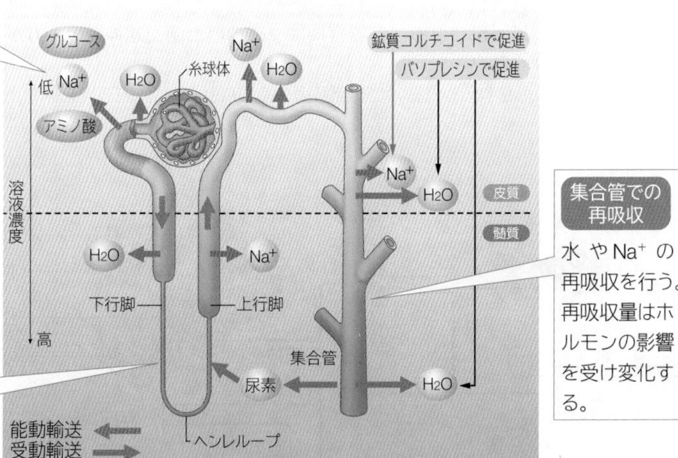


集合管での再吸収

水や$Na^+$の再吸収を行う。再吸収量はホルモンの影響を受け変化する。

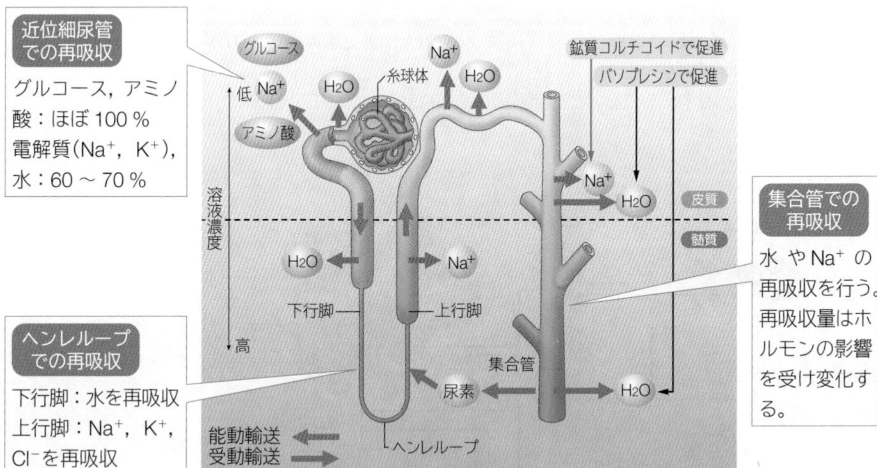

### ヒトの血しょうと尿の成分比較

| 成分 | 血しょう(%)…A | 原尿(%) | 尿(%)…B | 濃縮率 B/A |
|---|---|---|---|---|
| 水 | 90～93 | 99 | 95 | 1.0 |
| タンパク質 | 7～9 | 0 | 0 | 0 |
| グルコース | 0.10 | 0.10 | 0 | 0 |
| 尿素 | 0.03 | 0.03 | 2.00 | 67 |
| 尿酸 | 0.004 | 0.004 | 0.05 | 13 |
| クレアチニン | 0.001 | 0.001 | 0.08 | 80 |
| アンモニア | 0.001 | 0.001 | 0.04 | 40 |
| $Na^+$ | 0.30 | 0.30 | 0.35 | 1.2 |
| $K^+$ | 0.02 | 0.02 | 0.15 | 7.5 |
| リン酸塩 | 0.009 | 0.009 | 0.15 | 17 |
| イヌリン | 0.01 | 0.01 | 1.2 | 120 |

**イヌリン**：糸球体からボーマンのうへ自由に移動することができる物質で，細尿管で再吸収も分泌もされない(濃縮はされる)。1 分間に尿中にこし出されるイヌリンの量は，1 分間にろ過によって血しょうから除かれるイヌリンの量と同じになる。

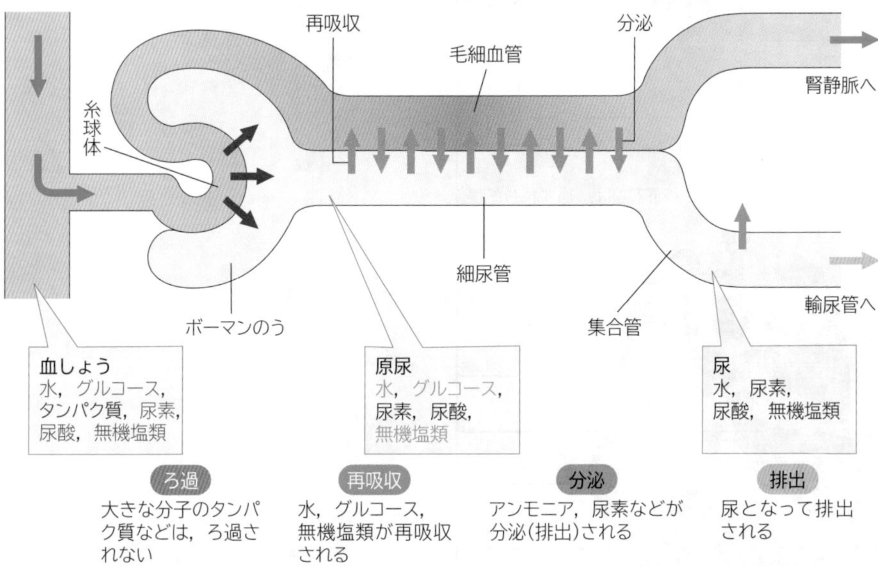


**ろ過**　大きな分子のタンパク質などは，ろ過されない

**再吸収**　水，グルコース，無機塩類が再吸収される

**分泌**　アンモニア，尿素などが分泌(排出)される

**排出**　尿となって排出される

原尿から毛細血管に再吸収される物質に着目しよう。

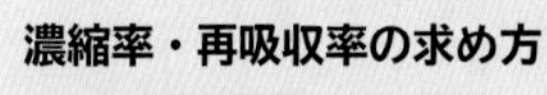

**POINT**

### 濃縮率・再吸収率の求め方

**濃縮率の計算**

$$濃縮率=\frac{尿中の濃度}{血しょう中の濃度}=\frac{尿中の濃度}{原尿中の濃度}$$

**ろ過された原尿量**

イヌリンの濃度が 120 倍なので，

$$原尿量=\frac{イヌリンの尿中の濃度}{イヌリンの血しょう中の濃度}\times 尿量$$

1 分間の尿量が 5 mL とすると，1 分間にろ過された原尿の量は，

$$原尿量=\frac{1.2}{0.01}\times 5\ \mathrm{mL}=600\ \mathrm{mL}$$

**水の再吸収率**

$$水の再吸収率=\frac{原尿量-尿量}{原尿生成量}\times 100(\%)$$

# E 水の再吸収量の調節

バソプレシンというホルモン(⇒p.197)は集合管での水の再吸収を促進する。その結果，尿は濃縮され，血しょうの塩類濃度は低下する。 生物基礎 生物

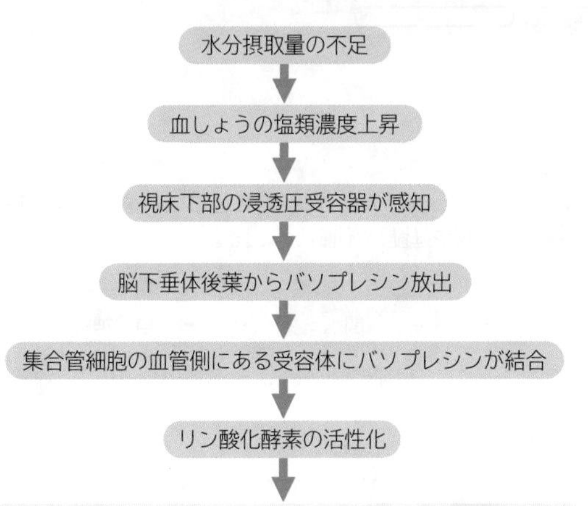


水チャネル(アクアポリン⇒p.61)を細胞膜に組み込み，チャネル数を増やす。水チャネルを活性化し，水の透過性を上げる。

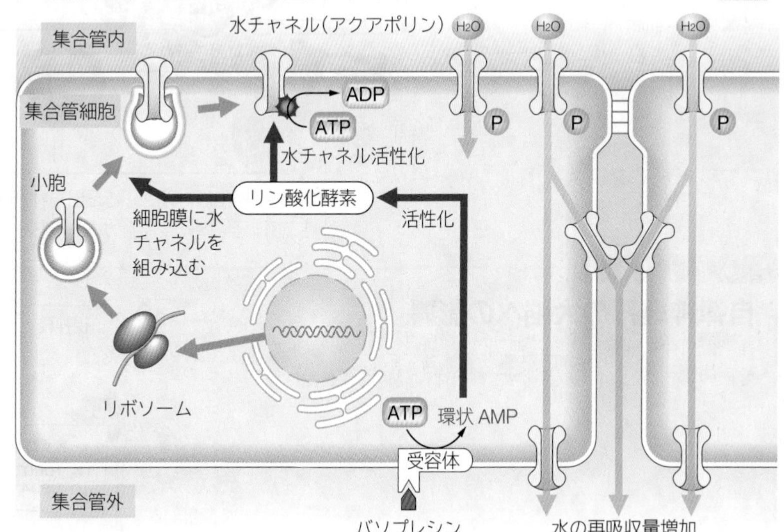

# 7 自律神経系による調節

Regulatory role of autonomic nervous system

## A 自律神経系

自律神経系の中枢は間脳の**視床下部**にある。各器官には交感神経と副交感神経の両方が分布し，互いに対抗的(拮抗的)に支配制御される。

生物基礎

### 自律神経系の分布

自律神経系は，**交感神経**と**副交感神経**に分けられる。内臓などを無意識のうちに調節し，体内環境を保つ上で重要な役割を果たす。

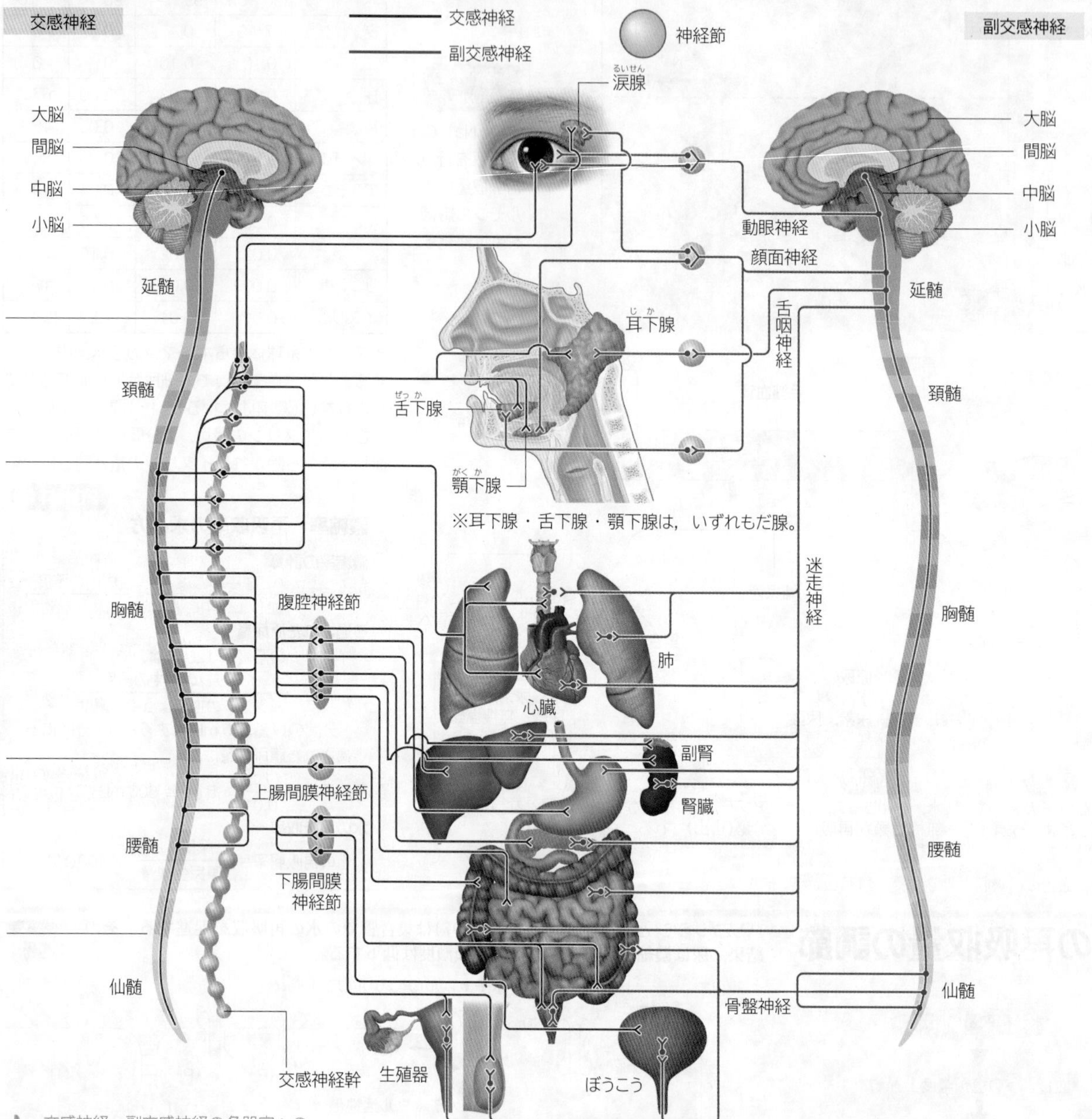


※耳下腺・舌下腺・顎下腺は，いずれもだ腺。

交感神経・副交感神経の各器官への働きに着目しよう。

自律神経では，脳や脊髄を出た神経繊維は途中で必ずシナプス(⇒ p.224)を経由して器官に到達する。交感神経は胸髄や腰髄から，副交感神経は脳幹(中脳や延髄)や仙髄から出る。

### TOPICS 自律神経系の大脳への影響

通常，自律神経系は大脳と無関係に働いているが，大脳が極度に興奮すると，間脳が刺激され自律神経も影響を受ける。

受容器 →(視神経)→ 大脳 → 間脳 → 自律神経 →(交感神経の興奮)→ 器官

受容器：思いがけないものを見る。
大脳：(感覚・精神活動の中枢)
間脳：(自律神経の中枢)

大当たり
宝くじ
1等 1000万円
10884
10884

ハーハー
汗腺：分泌促進
瞳孔：拡大
肺　：呼吸運動促進
心臓：拍動促進



WORD アドレナリン⇔エピネフリン　拮抗支配⇔拮抗作用⇔対抗作用　グルコース⇔ブドウ糖　インスリン⇔インシュリン

## B 交感神経と副交感神経

交感神経はストレスや緊急時に適した身体状況に対応し(闘争と逃避)，副交感神経は休息時にエネルギーを蓄える身体状況に対応する(休息と消化)。 生物基礎 生物

### 自律神経系の働き

| 器官・作用 | 交感神経 | 副交感神経 |
|---|---|---|
| 瞳孔 | 拡大 | 縮小 |
| 毛様筋 | 弛緩 | 収縮 |
| 涙腺(分泌) | 軽度促進 | 促進 |
| 汗腺(分泌) | 促進※ | — |
| 立毛筋 | 収縮 | — |
| 血管 | 一般に収縮 | — |
| 血圧 | 上昇 | 低下 |
| 心臓の拍動 | 促進(速く・浅く) | 抑制(遅く・深く) |
| 呼吸運動 | 促進 | 抑制 |
| 気管・気管支 | 拡張 | 収縮 |
| だ腺(分泌) | 促進(濃いだ液) | 促進(うすいだ液) |
| 胃腸のぜん動 | 抑制 | 促進 |
| 消化液の分泌 | 抑制 | 促進 |
| 副腎髄質 | 分泌促進 | — |
| 子宮 | 収縮 | 弛緩 |
| 排尿 | 抑制 | 促進 |
| 排便 | 抑制 | 促進 |

| | 交感神経 | 副交感神経 |
|---|---|---|
| 働く時期 | 主に活動時 | 主に安静時 |
| 神経の起点 | 脊髄(胸髄・腰髄) | 中脳・延髄・脊髄(仙髄) |
| 節前繊維の長さ | 短い | 長い |
| 節後繊維の長さ | 長い | 短い |
| シナプスの位置 | 神経節 | 効果器の直前 |
| 神経伝達物質 | ノルアドレナリン※ | アセチルコリン |

※暑いときの発汗のようにアセチルコリンを分泌する交感神経もある(⇒ p.201)。

各臓器は，原則として交感神経と副交感神経の支配を受けており(**二重支配**)，その作用は拮抗的である(**拮抗支配**)。

### 自律神経の伝達物質

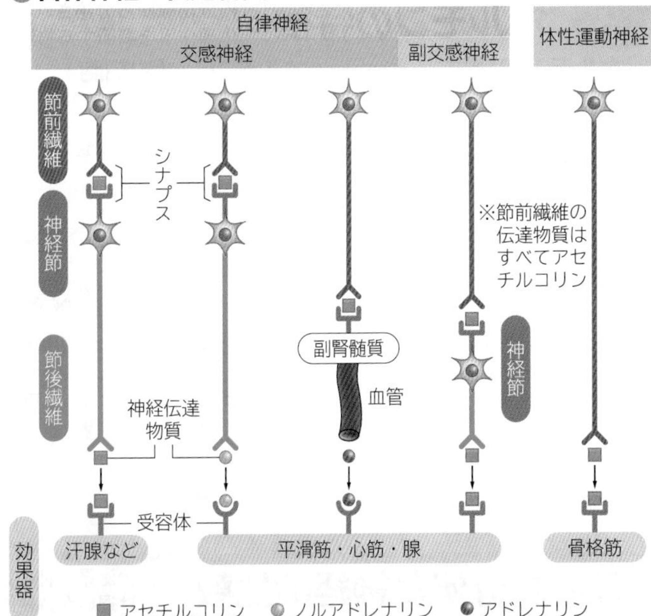


### ADVANCE 心臓のかん流実験

心臓の迷走神経(副交感神経)を刺激すると，心臓の拍動が抑制される。図のように迷走神経を刺激して拍動が抑制された心臓Aの内腔液を取り出して，迷走神経を除去した心臓Bに加えると心臓Bの拍動も抑制される。この実験から「迷走神経を刺激すると心臓内に神経を刺激する物質(アセチルコリン)が生成される」ことがわかる。心臓のかん流実験は1921年にレーウィが考案した。

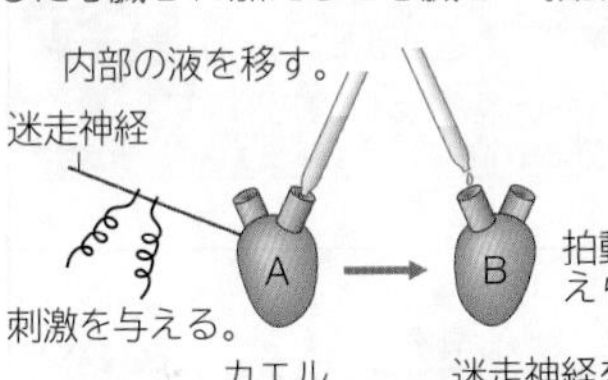


## C 間脳視床下部の働き

間脳視床下部は，体温，血糖量など多数の器官が関わる反応を，統合的に調節する体内環境維持の最高中枢である。 生物基礎

| | | 受容器 | | 遠心路→効果器 | 反応 |
|---|---|---|---|---|---|
| 体温調節 | 温度低下 | 皮膚 | 冷受容器 | 交感神経→皮膚血管<br>交感神経→副腎髄質<br>放出ホルモン→脳下垂体前葉→甲状腺<br>体性運動神経→骨格筋 | 血管収縮<br>アドレナリン分泌促進<br>甲状腺ホルモン分泌促進<br>ふるえ<br>(アドレナリン分泌促進～ふるえ：熱産生) |
| | 温度上昇 | 皮膚<br>視床下部 | 温受容器<br>温受容ニューロン | 交感神経(活動低下)→皮膚血管<br>交感神経(コリン作動性)→汗腺 | 血管拡張<br>発汗<br>(熱放散) |
| 血糖調節 | 血糖低下 | 小腸<br>視床下部 | グルコース受容器<br>グルコース感受性ニューロン | 交感神経→肝細胞<br>交感神経→ランゲルハンス島A細胞<br>交感神経→副腎髄質 | グリコーゲン分解促進<br>グルカゴン分泌促進<br>アドレナリン分泌促進 |
| | 血糖上昇 | 視床下部 | グルコース感受性ニューロン | 副交感神経→肝細胞<br>副交感神経→ランゲルハンス島B細胞 | グリコーゲン合成促進<br>インスリン分泌促進 |
| 水分調節 | 体液量減少 | 心房<br>脳室周囲 | 低圧受容器<br>アンギオテンシンⅡ受容ニューロン | 脳下垂体後葉→バソプレシン→集合管 | 尿量低下(水の再吸収促進) |
| | 浸透圧上昇 | 視床下部 | 浸透圧受容ニューロン | | |

ブタの脳下垂体断面

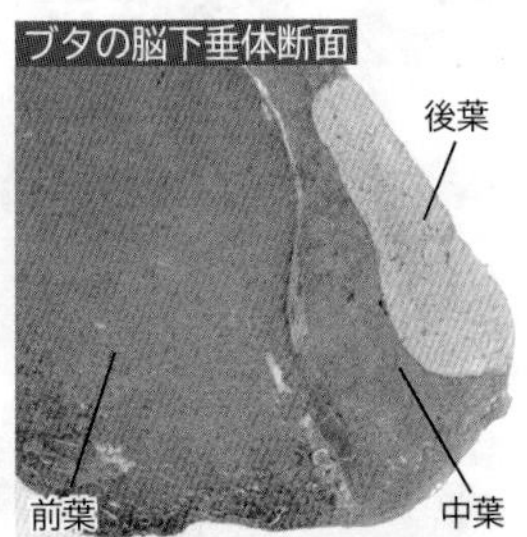


ヒトの脳下垂体前葉の細胞

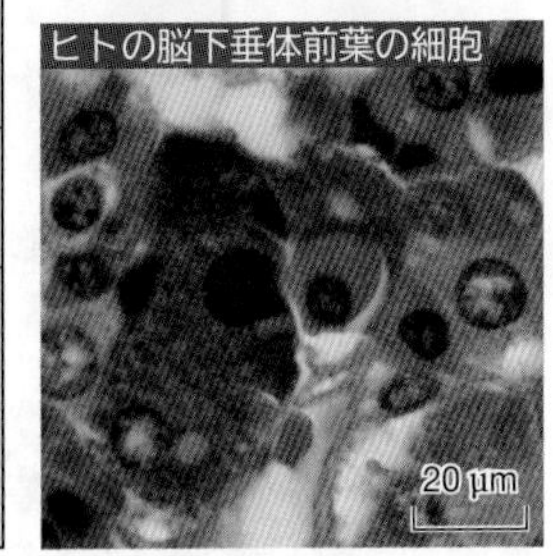

# 8 ホルモンによる調節(1)
Hormonal regulation 1

## A ホルモンの特徴

内分泌腺から分泌されて血液によって運ばれ，全身あるいは特定の組織，器官(標的器官)の生理作用を調節する物質をホルモンという。 生物基礎 生物

### ホルモンの特徴

①**内分泌腺**でつくられ，血液中に直接分泌される。
②受容体をもつ**標的細胞**に対して特異的に作用する。
③ごく微量でも作用し，効果は持続的である。
④作用は即効的だが，神経の伝達速度よりは遅い。
⑤タンパク質系(ペプチドホルモン)とステロイド系(ステロイド核をもつ脂質)に分けられる。タンパク質系は飲んでも効果がない。
⑥動物(脊椎動物)の種が異なっても，ホルモンの化学構造は似ているので同様の効果がある。

### ホルモンと標的細胞

ホルモンは標的細胞の受容体に特異的に結び付く。

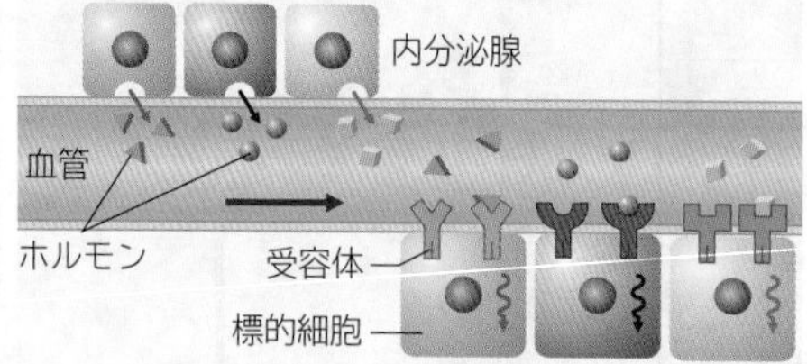


ホルモンが受容体に結び付くと，細胞は固有の働きを示す。

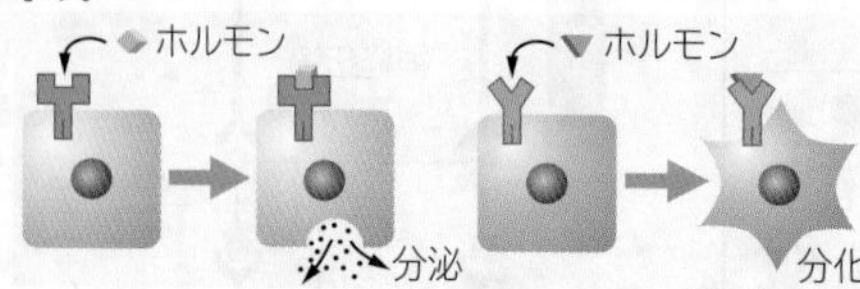


POINT

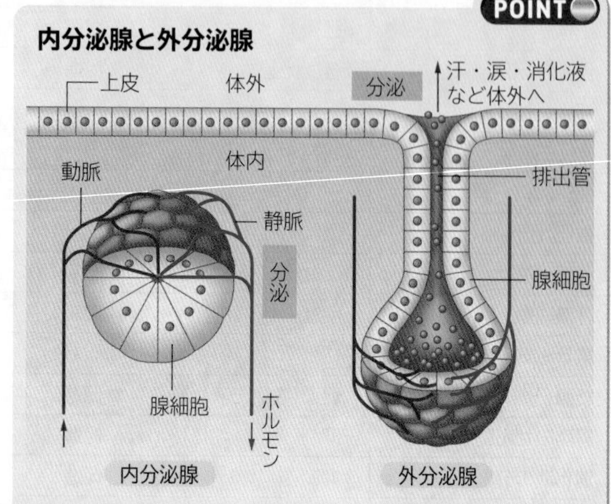


## B 内分泌と神経の比較

内分泌系，神経系とも物質が受容体に結合することで情報が伝達される。前者の場合は遅いが持続的であり，後者の伝達は速く一過性である。 生物基礎 生物

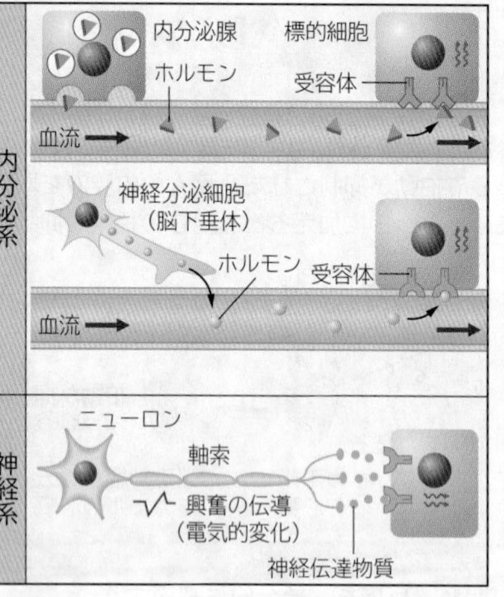


| | 内分泌系 | 神経系 |
|---|---|---|
| 情報 | ホルモン | 電気的変化，神経伝達物質 |
| 情報の通路 | 循環系(血管) | 軸索，樹状突起 |
| 情報の伝達速度 | 神経系に比べ遅い(数cm/秒) | 速い(自律神経で1~5m/秒) |
| 効果 | 持続性 | 一過性 |
| 作用対象 | 全身の標的器官 | シナプス後細胞 |

ADVANCE

### 消化管ホルモン

1902年，ベーリスとスターリングは，十二指腸粘膜の酸性抽出液中に，すい液の分泌を促す物質を発見し，セクレチンと名付けた。また彼らは，セクレチンのような作用をもつ物質全般をホルモンと名付けた。
消化管から分泌されるセクレチンのようなホルモンは，**消化管ホルモン**と呼ばれ，内分泌器官から分泌されるホルモンと分けて考えられてきた。最近では，消化管ホルモンの分泌細胞や制御機構が明らかになり，両者を区別する必要性がなくなりつつある。

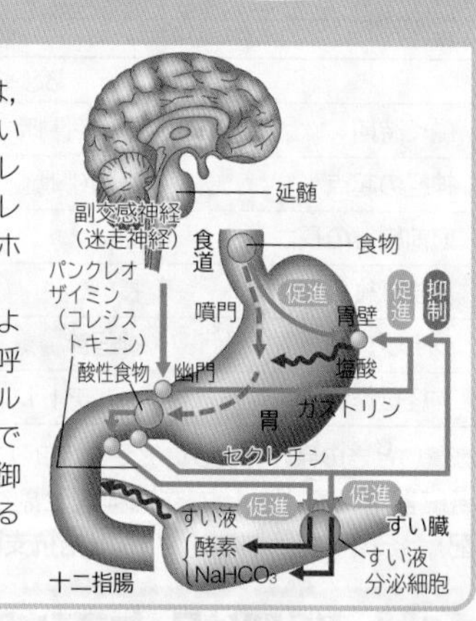


## C 水溶性ホルモンと脂溶性ホルモン

水溶性ホルモンは細胞膜を通過できないためその受容体は細胞表面にあり，脂溶性ホルモンは細胞膜を通過できるのでその受容体は細胞内にある。 生物

**水溶性ホルモンの場合**

ホルモンが細胞膜受容体に結合する。
↓
酵素が活性化される(インスリンの場合は受容体自身が酵素として働く)。
↓
セカンドメッセンジャーにより細胞内シグナルが伝達される。
↓
リン酸化酵素(キナーゼ)が活性化される。
↓
リン酸化により酵素の活性が調節される。または転写因子が活性化され特定のタンパク質合成が行われる。

水溶性ホルモン：ペプチドホルモン　インスリンなど
脂溶性ホルモン：ステロイドホルモンや甲状腺ホルモン

細胞膜受容体
細胞膜　酵素　酵素　酵素
活性化　活性化
Gタンパク質
セカンドメッセンジャー
リン酸化酵素
活性化　活性化
標的タンパク質　酵素　転写因子
細胞質
細胞内受容体(核または細胞質)
核　転写促進　mRNA　DNA　タンパク質合成

**脂溶性ホルモンの場合**

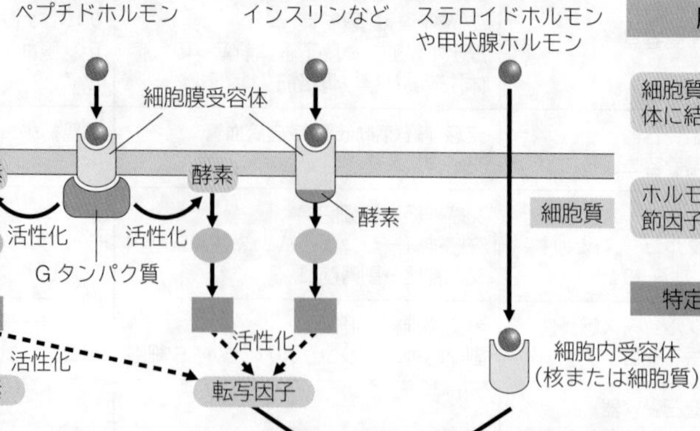

細胞質または核内にある細胞内受容体に結合する。
↓
ホルモンと受容体の複合体は転写調節因子としてDNAに結合する。
↓
特定のタンパク質が合成される。

**セカンドメッセンジャー**：情報伝達物質が受容体に結合するとつくられ，細胞内部へ情報を伝える物質。



WORD 排出管⇔導管　神経伝達物質⇔伝達物質⇔化学伝達物質　インスリン⇔インシュリン　ランゲルハンス島⇔すい島
(すい臓の)A細胞⇔α細胞　(すい臓の)B細胞⇔β細胞　細精管⇔精細管　輸精管⇔精管　インテルメジン⇔メラノトロピン

# D ホルモンの働き

同じホルモンでも標的器官が違えば，活性化される酵素や転写される遺伝子が異なる。そのため，１つのホルモンが組織により異なる作用を発揮する。 生物基礎

## ヒトの内分泌器官

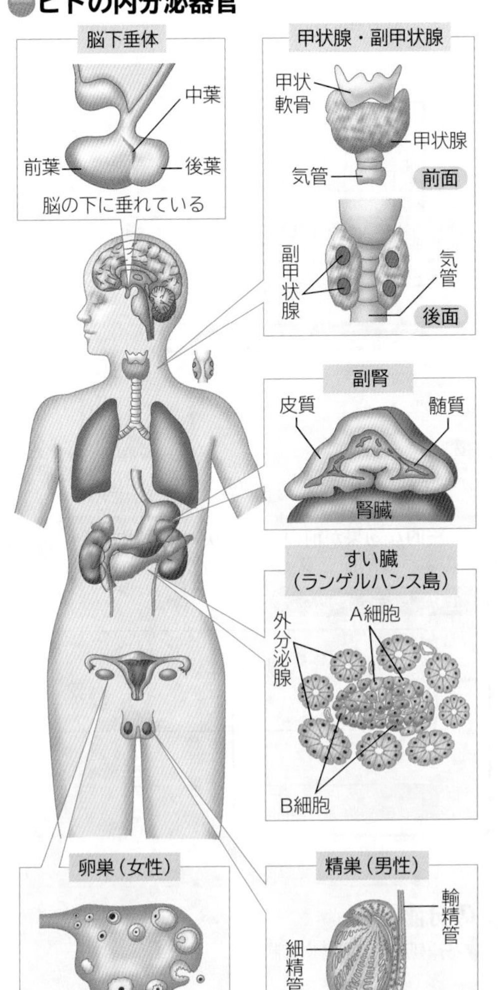


## 脊椎動物のホルモンとその働き

| 内分泌器官 | | ホルモン | 標的器官 | おもな働きなど |
|---|---|---|---|---|
| 脳下垂体 | 前葉 | 成長ホルモン | 骨・筋肉など | 全身の成長促進，タンパク質の合成促進，グリコーゲンの分解促進→血糖量増加 [(+)巨人症，(−)小人症] |
| | | 甲状腺刺激ホルモン | 甲状腺 | チロキシンの分泌促進 |
| | | 副腎皮質刺激ホルモン | 副腎皮質 | 糖質コルチコイドの分泌促進 |
| | | 生殖腺刺激ホルモン<br>├ろ胞刺激ホルモン | 卵巣・精巣 | 卵巣　ろ胞の発育促進，ろ胞ホルモンの分泌促進<br>精巣　精巣の発育促進，精子の形成促進 |
| | | └黄体形成ホルモン | 卵巣・精巣 | 卵巣　排卵促進，黄体形成の促進，黄体ホルモンの分泌促進<br>精巣　雄性ホルモンの分泌促進 |
| | | プロラクチン（黄体刺激ホルモン） | 乳腺 | 乳腺の発達，乳汁分泌促進 |
| | 中葉 | 黒色素胞刺激ホルモン（インテルメジン） | 表皮のメラニン細胞 | メラニン果粒の分散→体色黒化（両生類・魚類）<br>メラニン合成促進（哺乳類） |
| | 後葉 | バソプレシン（抗利尿ホルモン，血圧上昇ホルモン） | 集合管<br>毛細血管 | 腎臓での水の再吸収促進→尿量減少，<br>毛細血管の収縮→血圧上昇<br>[(+)高血圧，(−)尿崩症…尿量が多くなる] |
| | | オキシトシン（子宮収縮ホルモン） | 子宮・乳腺 | 子宮平滑筋の収縮，乳汁分泌の促進 |
| 甲状腺 | | ＊＊チロキシン | 一般臓器 | 代謝（エネルギー消費）の促進，中枢神経系の発達促進，両生類の変態，鳥類の換羽促進[(+)バセドウ病，(−)クレチン症] |
| | | カルシトニン | 腎臓・骨 | 血中の $Ca^{2+}$ を減少させる |
| 副甲状腺 | | パラトルモン | 骨<br>腎臓・腸 | 骨から $Ca^{2+}$ を血液中に溶出→ $Ca^{2+}$ 濃度上昇<br>[(−)テタニー症…骨格筋けいれん] |
| 副腎 | 髄質 | ＊アドレナリン | 肝臓・筋肉<br>心臓などの器官 | グリコーゲンの分解促進→血糖量増加<br>心臓拍動の促進→血圧上昇[(+)アドレナリン性糖尿病] |
| | 皮質 | 糖質コルチコイド | 筋肉<br>一般臓器 | タンパク質から糖の合成を促進→血糖量増加 |
| | | 鉱質コルチコイド | 腎臓<br>一般臓器 | 腎臓（細尿管・集合管）での $Na^+$ の再吸収と $K^+$ の排出促進<br>[(+)ストレス)] |
| すい臓のランゲルハンス島 | B細胞 | インスリン | 肝臓・筋肉 | 組織での糖消費促進，グリコーゲンの合成促進→血糖量減少<br>[(−)インスリン性糖尿病] |
| | A細胞 | グルカゴン | 肝臓 | グリコーゲンの分解促進→血糖量増加 |
| 生殖腺 | 卵巣 | ろ胞ホルモン（エストロゲン） | 一般臓器<br>子宮 | 雌の二次性徴の発現，子宮壁の肥厚 |
| | | 黄体ホルモン（プロゲステロン） | 子宮・乳腺<br>脳下垂体前葉 | 妊娠の成立と維持<br>黄体形成ホルモンの分泌抑制（排卵抑制） |
| | 精巣 | 雄性ホルモン（アンドロゲン） | 一般臓器<br>生殖器 | 雄の二次性徴の発現，精子形成促進 |

ペプチドホルモン　ステロイドホルモン　[(+)ホルモン過剰で起こる　(−)ホルモン不足で起こる]
その他（＊アミン，＊＊チロシン（アミノ酸）の誘導体・ヨウ素を含む）

# E 神経分泌

視床下部の神経分泌細胞はホルモン生産細胞である。ここで生産されたホルモンは脳下垂体に送られ，内分泌系の調節を行う。 生物基礎 生物

神経分泌細胞

後葉ホルモンであるバソプレシンとオキシトシンを生産する細胞がある。軸索は脳下垂体後葉まで伸びており，生産されたホルモンは，脳下垂体後葉に分泌される。

視床下部ホルモンを生産する細胞がある。軸索は一次毛細血管網まで伸びており，軸索末端から放出されたホルモンは，毛細血管から脳下垂体門脈を通り，脳下垂体前葉に送られ，前葉ホルモンの分泌を促進または抑制する。視床下部ホルモンは放出ホルモンまたは抑制ホルモン（⇒p.198）である。

神経分泌細胞

視床下部
後葉ホルモン
一次毛細血管網
視床下部ホルモン
二次毛細血管網
二次毛細血管網
洞様毛細血管
ホルモン分泌細胞
洞様毛細血管
後葉
前葉
中葉
血液
前葉ホルモン



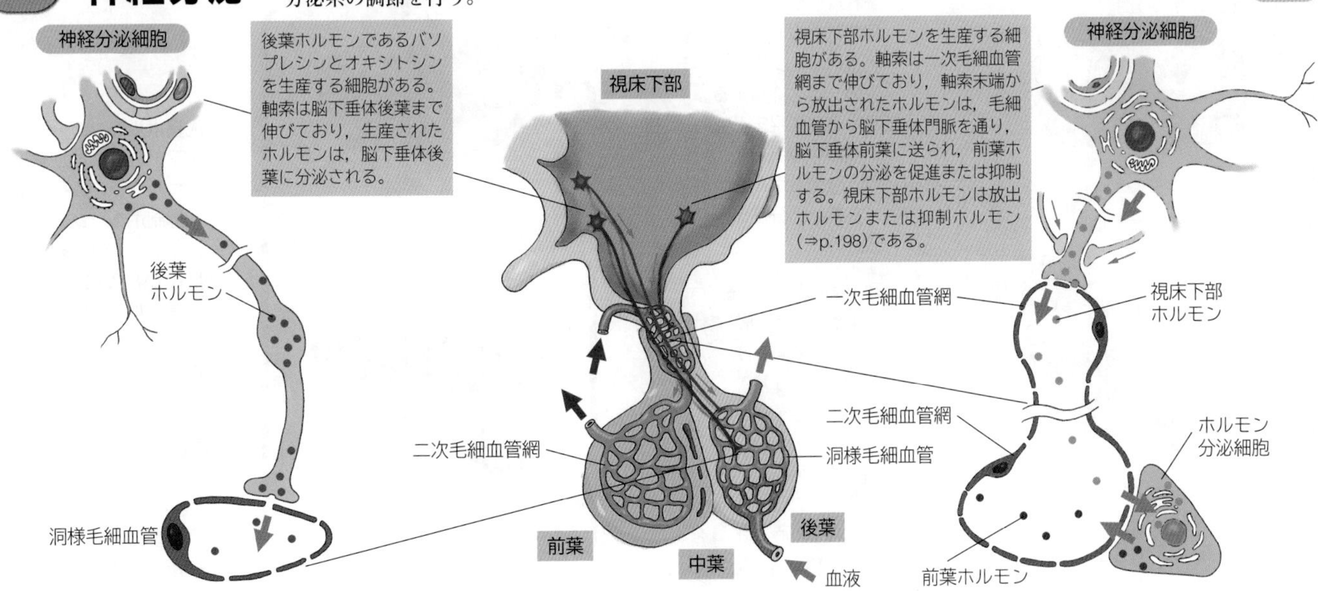

WORD メラニン⇔黒色素　チロキシン⇔甲状腺ホルモン　バソプレシン⇔バソプレッシン　パラトルモン⇔副甲状腺ホルモン
アドレナリン⇔エピネフリン　細尿管⇔腎細管⇔尿細管　バセドウ病⇔バセドー病

# 9 ホルモンによる調節(2)

Hormonal regulation 2

## A 内分泌系の階層支配

多くのホルモンで，視床下部→脳下垂体→末梢内分泌器官　という３段階の階層的な分泌調節がなされている。 生物基礎

間脳：視床下部

| 視床下部から | 脳下垂体 | 脳下垂体から | 末梢内分泌器官 | 末梢内分泌器官から | 作用先 |
|---|---|---|---|---|---|
| 成長ホルモン放出ホルモン／成長ホルモン抑制ホルモン | 前葉 | 成長ホルモン | 体の各部（骨などの成長促進） | | |
| 甲状腺刺激ホルモン放出ホルモン | 前葉 | 甲状腺刺激ホルモン | 甲状腺 | チロキシン | 一般臓器（異化の促進） |
| 副腎皮質刺激ホルモン放出ホルモン | 前葉 | 副腎皮質刺激ホルモン | 副腎皮質 | 糖質コルチコイド | 筋肉・一般臓器（タンパク質の糖新成） |
| プロラクチン放出ホルモン／プロラクチン抑制ホルモン | 前葉 | プロラクチン | 乳腺（乳汁生産の促進） | | |
| 生殖腺刺激ホルモン放出ホルモン | 前葉 | 生殖腺刺激ホルモン | 生殖腺 | ろ胞ホルモン | 子宮・一般臓器（二次性徴発現） |
| | | | 生殖腺 | 雄性ホルモン | 生殖器・一般臓器（二次性徴発現） |
| 黒色素胞刺激ホルモン放出ホルモン／黒色素胞刺激ホルモン抑制ホルモン | 中葉 | 黒色素胞刺激ホルモン | 皮膚（メラニン合成） | | |
| （合成・輸送） | 後葉 | バソプレシン | 腎臓（水の再吸収） | | |
| （合成・輸送） | 後葉 | オキシトシン | 子宮（子宮筋の収縮） | | |

※原則として，下位のホルモンは，上位のホルモンの分泌を抑制する。

## B フィードバックによる調節

階層的調節の中で，最終産物や最終的な効果が前の段階に戻って作用することをフィードバックといい，このような調節をフィードバック調節という。 生物基礎

フィードバックによって結果の変化を打ち消す場合を**負のフィードバック**，結果がさらに増大する場合を**正のフィードバック**という。負のフィードバックでは，結果が一定に保たれるのに対し，正のフィードバックでは，結果が増大する一方である。ホルモンの調節は，多くの場合，負のフィードバックによる。

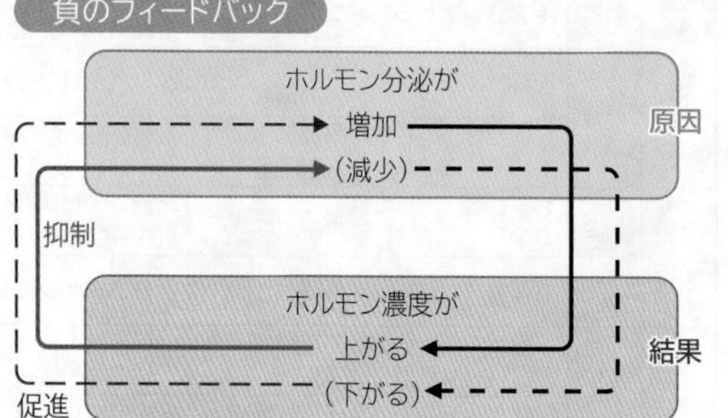


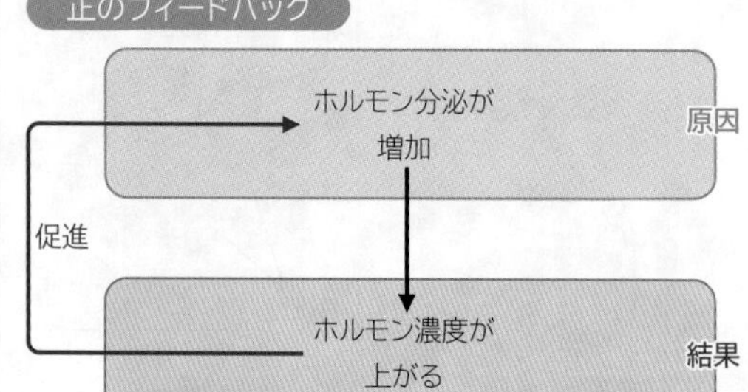


### 甲状腺ホルモンの分泌調節

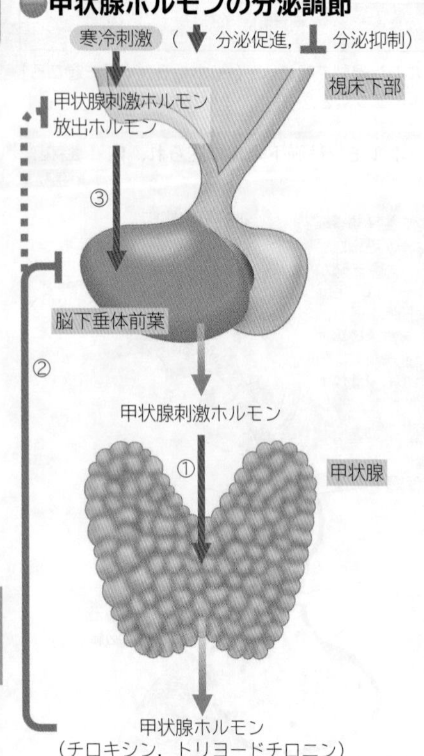


①**甲状腺刺激ホルモン**は甲状腺ホルモンの合成を促進する。

②**甲状腺ホルモン**は脳下垂体・視床下部に負のフィードバックをかけ，甲状腺刺激ホルモン・甲状腺刺激ホルモン放出ホルモンの分泌を抑制する。

③**寒冷刺激**は視床下部の体温調節中枢を興奮させ，甲状腺刺激ホルモン放出ホルモンの分泌を促進する。

**甲状腺ホルモンの働き**
- ほとんどの組織で代謝を促進し，エネルギー消費を増やして体温を上昇させる。
- 成長ホルモンとともに脳の発達を促進する。
- 心拍数，心拍出量を増加させる。

### 成長ホルモンの分泌調節

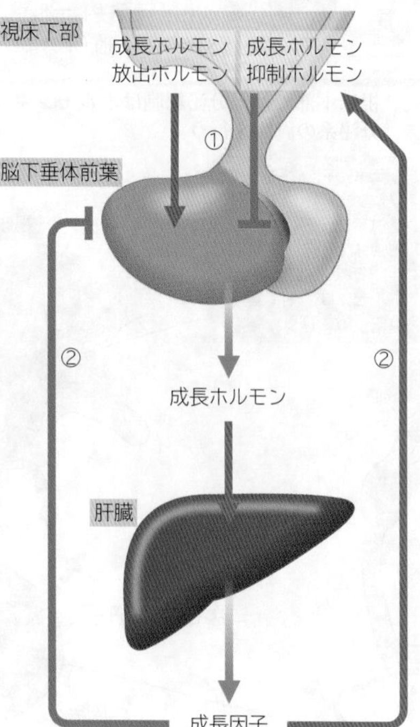


各ホルモンの働きが促進なのか抑制なのかに着目しよう。

①**成長ホルモン**の分泌は視床下部の成長ホルモン放出ホルモンと成長ホルモン抑制ホルモンのバランスによって決まる。

②**肝臓からの成長因子**は，成長ホルモンの分泌を抑制し，成長ホルモン抑制ホルモンの分泌を促進する。

**成長ホルモンの働き**
- タンパク質合成の促進
- 血糖量の増加
- 脂肪分解促進






WORD 放出ホルモン⇔放出因子　抑制ホルモン⇔放出抑制ホルモン⇔抑制因子　プロラクチン⇔黄体刺激ホルモン　オキシトシン⇔子宮収縮ホルモン　雄性ホルモン⇔アンドロゲン　ろ胞⇔卵胞　ろ胞ホルモン⇔エストロゲン

## C Ca²⁺濃度の調節

$Ca^{2+}$は神経の興奮伝導，筋収縮，血液凝固など様々な機能に関わっている。血しょう中の$Ca^{2+}$濃度を正常な範囲に保つことは極めて重要である。

生物基礎

$Ca^{2+}$濃度は，副甲状腺で分泌される**パラトルモン**と甲状腺で分泌される**カルシトニン**によって調節される。

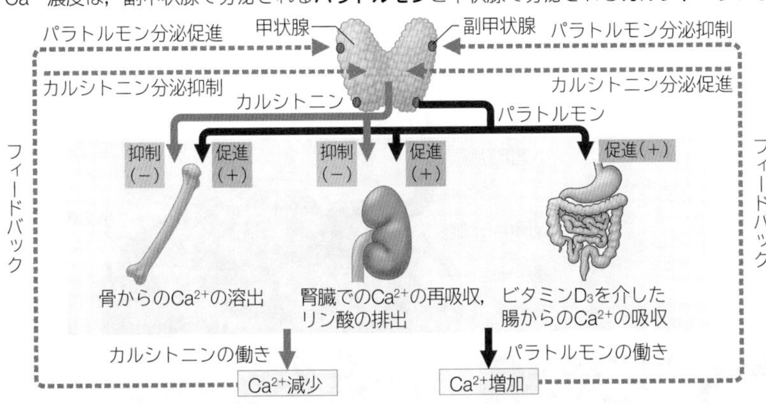


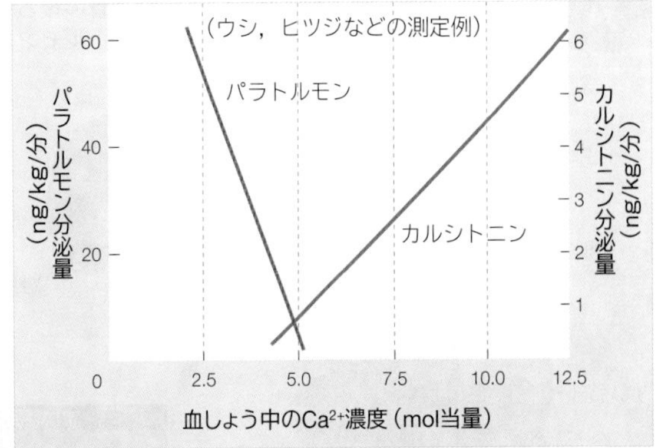


## D ヒトの性周期の調節

卵巣は妊娠が成立しない限り，卵胞の成長，排卵，黄体形成を平均28日周期で繰り返す。この周期は視床下部，脳下垂体，性腺により制御される。

### ホルモン分泌の調節

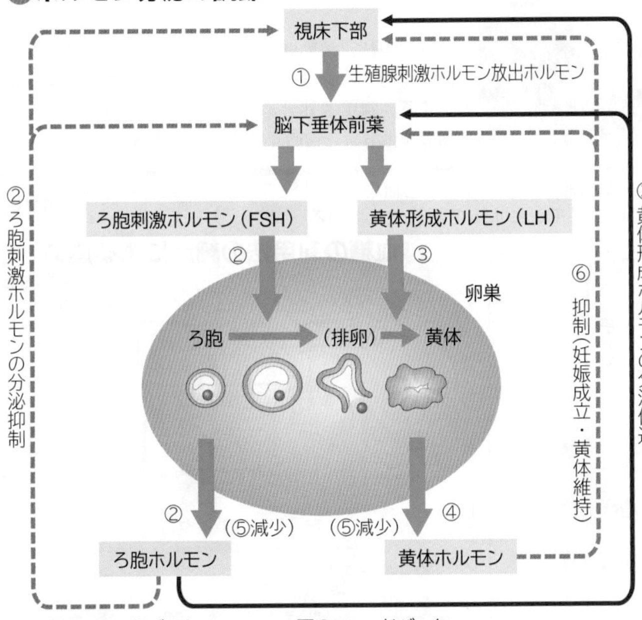


①視床下部から分泌した**生殖腺刺激ホルモン放出ホルモン**は，脳下垂体前葉に作用して，**ろ胞刺激ホルモン**(FSH)を分泌させる。

②ろ胞刺激ホルモンは，**ろ胞**を発達させ，ろ胞から**ろ胞ホルモン**を分泌させる。ろ胞ホルモンの血中濃度が上がると，**子宮内膜**が肥厚し，生殖腺刺激ホルモン放出ホルモンとろ胞刺激ホルモンの分泌を抑制する(**負のフィードバック**)。

③ろ胞ホルモンが高濃度になると，脳下垂体前葉から**黄体形成ホルモン**(LH)が大量に分泌され(**LHサージ**)，卵が排出される(**排卵**)。

④黄体は，**黄体ホルモン**を分泌する。このホルモンの作用で子宮内膜の腺分泌が始まり，子宮内膜を保持する。

⑤受精卵が着床しないとき(妊娠しない場合)は，黄体が退化して，黄体ホルモンの分泌が減少し，子宮内膜は剝離(はくり)する(**月経**)。ろ胞ホルモン・黄体ホルモンの減少により，ろ胞刺激ホルモンと生殖腺刺激ホルモン放出ホルモンに対する抑制がなくなる。

⑥受精卵が着床したとき(妊娠した場合)は，黄体は維持され，黄体ホルモンの分泌が続き，ろ胞刺激ホルモンと生殖腺刺激ホルモン放出ホルモンの分泌が抑制される(排卵の抑制)。

### ヒトの性周期

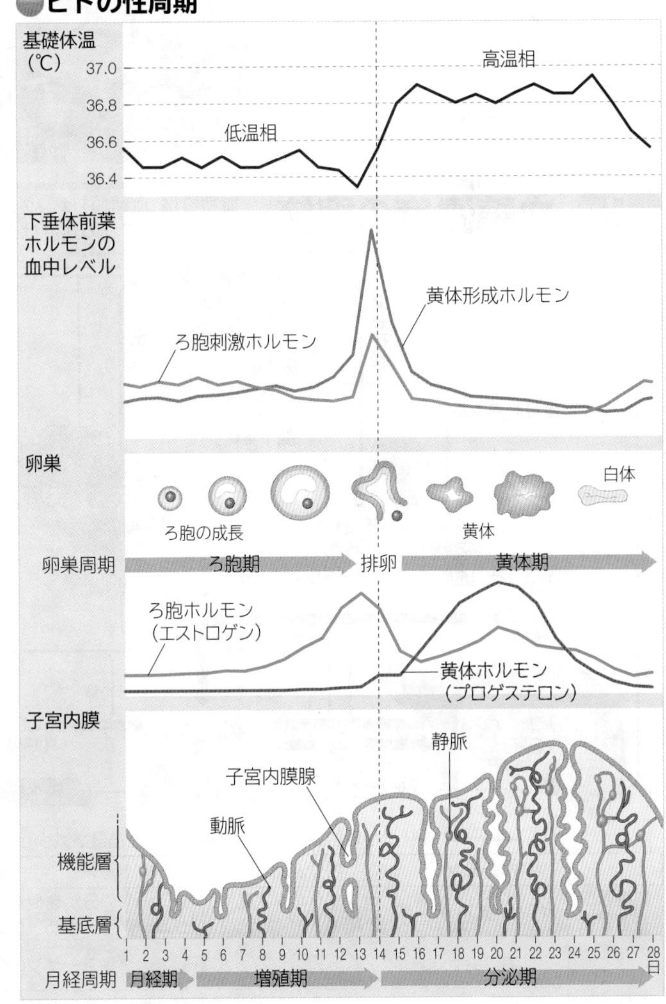


**基礎体温による排卵の推定**

4～5時間熟睡した後の体温は基礎代謝のみによって規定される。これを連日記録したものを**基礎体温**という。排卵後に黄体から分泌される黄体ホルモンの代謝産物は，視床下部の体温調節中枢に作用し，基礎体温を0.3～1.0℃上昇させる。したがって，基礎体温はろ胞期の低温相と黄体期の高温相からなる二相性を示す。

5 動物の体内環境の調節

生物基礎

WORD 黄体ホルモン⇔プロゲステロン

# 10 血糖濃度・体温の調節

Blood sugar concentration and body temperture regulation

## A すい臓の構造

すい臓は胃の後ろにある細長い器官で，多数の小葉に分かれている。小葉内に消化酵素をつくる腺房と，ホルモンをつくるランゲルハンス島がある。 生物基礎

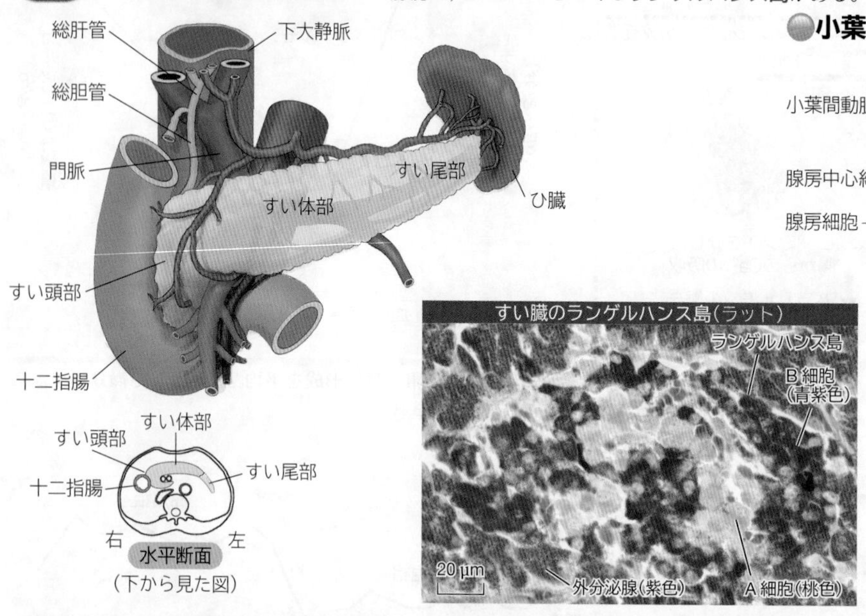


### 小葉の構造

小葉間動脈
毛細血管
ランゲルハンス島(内分泌部)
腺房(外分泌部)
腺房中心細胞
小葉内排出管
腺房細胞
小葉間排出管
毛細血管
結合組織

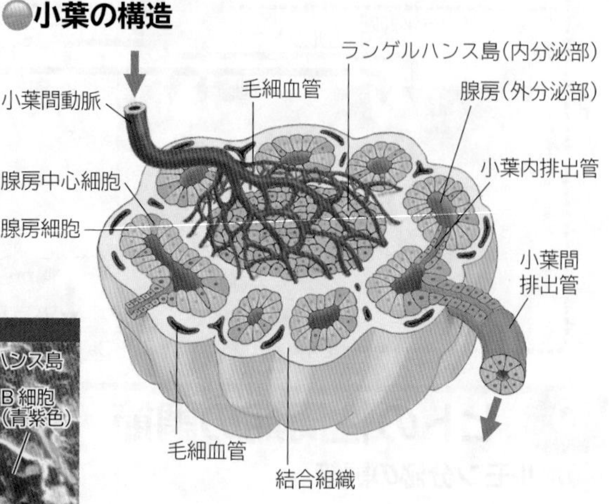

ランゲルハンス島はすい臓小葉の中に島のように点在する内分泌腺で，周囲の毛細血管にホルモンを放出する。腺房は外分泌腺で，排出管を通して十二指腸に消化酵素を含むすい液を分泌する。

## B 血糖濃度の調節

血糖濃度(血糖値)は，グルコースの細胞への取り込みと血中への供給のバランスによって決まる。それぞれの速度は，多くのホルモンによって調節されている。 生物基礎

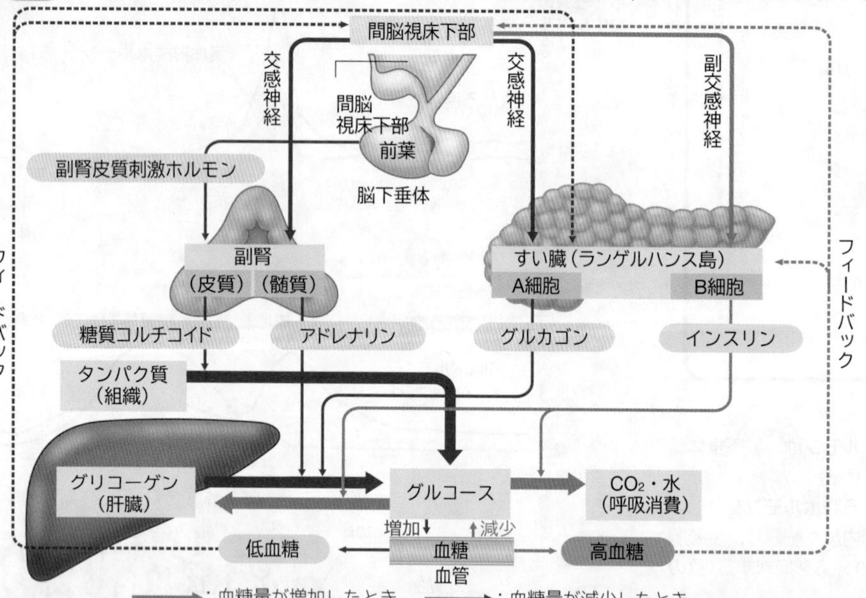


→：血糖量が増加したとき　→：血糖量が減少したとき

| | ホルモン | 内分泌腺 | 作用 | |
|---|---|---|---|---|
| 血糖濃度を下げる | インスリン | ランゲルハンス島 B細胞 | グルコースの分解を促進<br>グリコーゲン・脂肪・タンパク質の合成を促進 | |
| 血糖濃度を上げる | グルカゴン | ランゲルハンス島 A細胞 | 肝臓でのグリコーゲンの分解を促進 | 作用発現速い |
| | アドレナリン | 副腎髄質 | 肝臓・骨格筋でのグリコーゲンの分解を促進 | |
| | 糖質コルチコイド | 副腎皮質 | タンパク質からの糖新生を促進 | 作用発現遅い |
| | 成長ホルモン | 脳下垂体前葉 | グルコースの細胞への取り込みを抑制 | |
| | チロキシン | 甲状腺 | グリコーゲンの分解と腸でのグルコース吸収を促進 | |

血糖濃度を上げるホルモンの作用の違いに注意しよう。

### 血糖の利用法の細胞による違い

グルコース担体
(インスリンに依存しない)
肝細胞
グルカゴン
非糖質
(乳酸，アラニン)
(糖新生)
インスリン
グリコーゲン
グルコース
血糖
アドレナリン，グルカゴン

グルコース担体
(インスリン依存性)

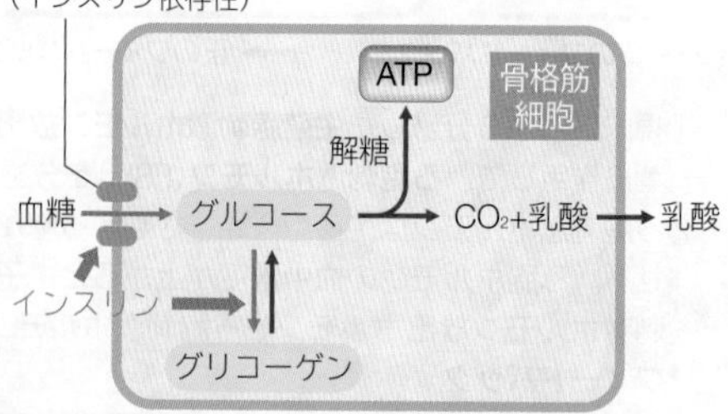


グルコース担体
(インスリン依存性)

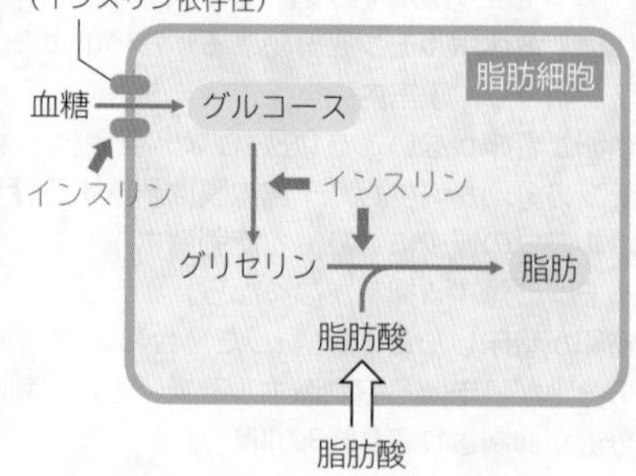


5 動物の体内環境の調節

生物基礎

# C 糖尿病

インスリン分泌量が低下したり，組織のインスリン感受性が低下したりすると**糖尿病**になる。糖尿病はインスリン分泌能から２つの型に分類される。 生物基礎

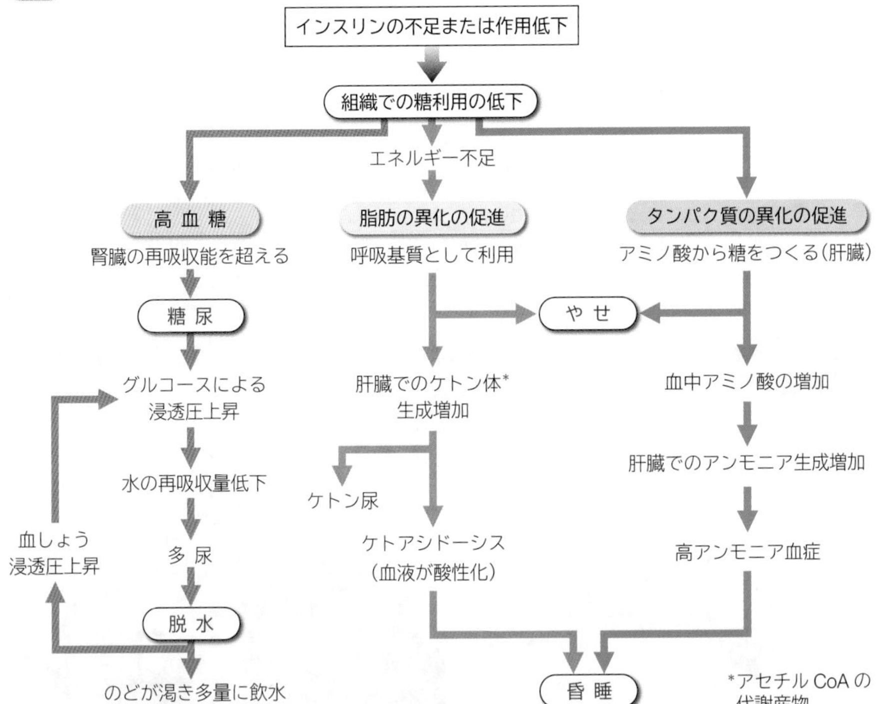


**Ⅰ型糖尿病（インスリン依存性糖尿病）**

**ランゲルハンス島Ｂ細胞でのインスリン生成・分泌能力の低下**により，インスリンが不足する。

原因　ウイルス感染や自己免疫性の炎症。10 代で突然発症することも多いため，若年性糖尿病ともいわれる。

**Ⅱ型糖尿病（インスリン非依存性糖尿病）**

一般に，高血糖状態が続くことによる**組織のインスリン感受性の低下**（インスリン抵抗性）が原因となる。組織のインスリン感受性が低下すると，標準的なインスリン濃度では血糖濃度が下がらなくなるため，血中のインスリン濃度は高くなることが多い。この状態が長く続くと，ランゲルハンス島Ｂ細胞が疲労するので，結果として**インスリン生成・分泌能力の低下**が起こる。

原因　習慣的な過食と肥満が原因となることが多い。40 代から発症することが多く，徐々に進行する。全糖尿病患者の 90%がこのタイプである。

Ⅰ型とⅡ型の糖尿病の原因の違いに着目しよう。

## 食事後の血糖濃度とホルモンの分泌

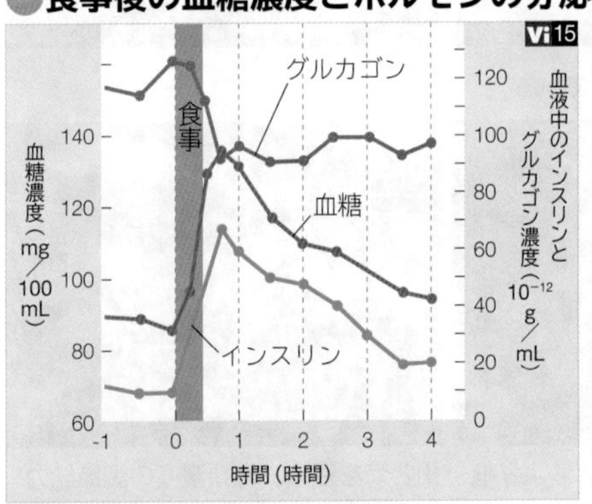


Vi 15 食事後，炭水化物が消化されてグルコースとなり，小腸で吸収されるため，血糖濃度が急激に上昇する。これにより，グルカゴンの分泌量は減少し，インスリンの分泌量が増加して，しだいに血糖濃度が下がる。このようなしくみによって，血糖濃度は約 100 mg/100 mL に保たれている。

## 糖尿病患者のグルコース投与後の変化

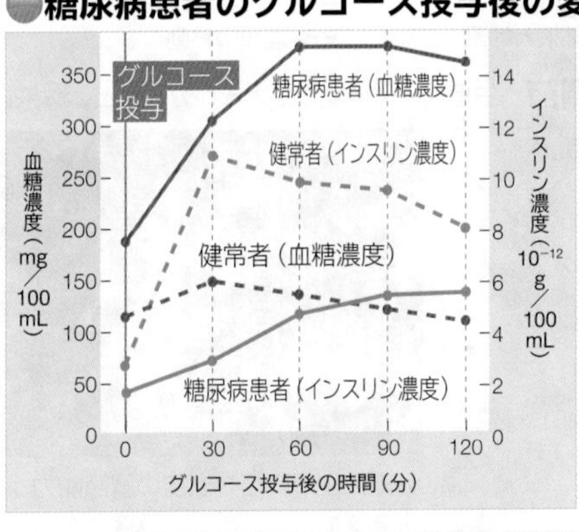


糖尿病患者では，インスリンの分泌量が不足するため，血糖濃度が高い状態のままとなる。腎臓でのグルコース再吸収量には限界があるので，高血糖が続くと尿中にグルコースが排出される。

# D 体温の調節

ヒトの体温は，自律神経とホルモンによって熱産生と熱放散が制御されることで調節されている。 生物基礎

## 外界の温度が低いとき

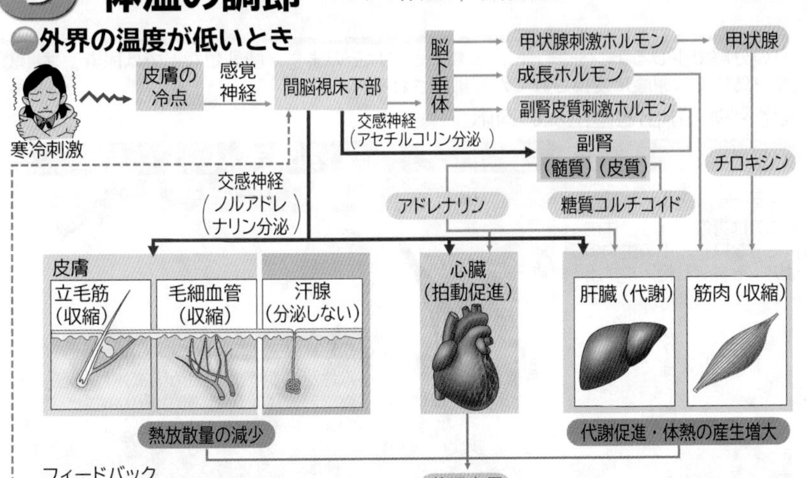


## 外界の温度が高いとき

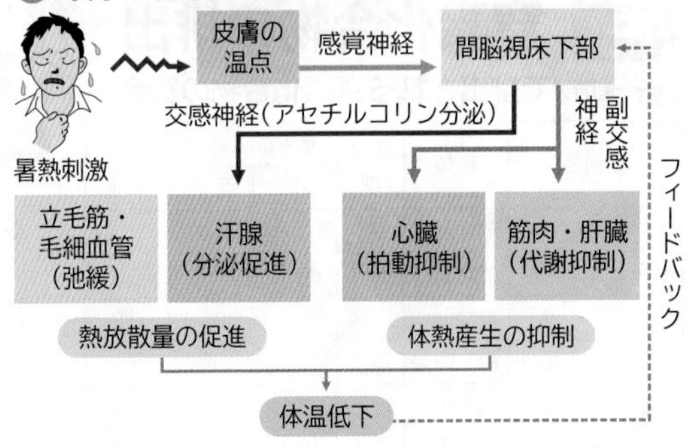


寒いときは熱産生の増加と熱放散の抑制によって体温を調節し，暑いときはその逆となる。なお，暑いときに汗をかくのは交感神経の働きであるが，これは**アセチルコリン**の分泌によるものでノルアドレナリンによるものではない。



WORD 担体⇔輸送体⇔運搬体⇔キャリアー

# 11 様々な動物の体内環境の調節
Regulation of internal environment at any animals

## A 塩類濃度調節

体液の塩類濃度は，動物の種類や生活環境によって異なる。高等な動物になるほど，体液の塩類濃度を調節し，一定に保つしくみが発達している。 生物基礎

### 生活環境と塩類濃度

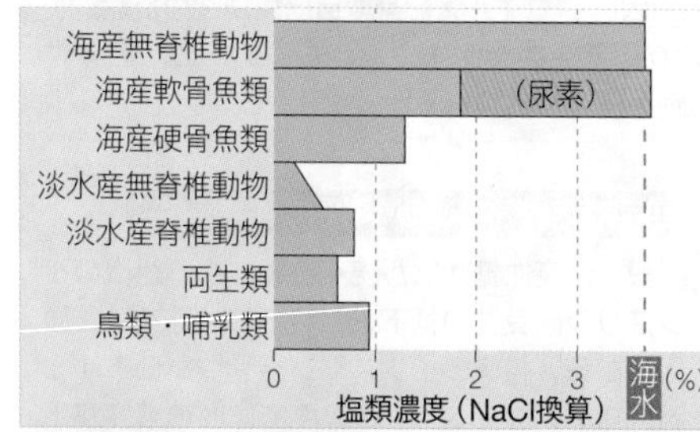


### 水生動物の塩類濃度調節

軟骨魚類：エイ，サメなど。硬骨魚類：大部分の魚類。

| | | |
|---|---|---|
| 海産 | 無脊椎動物 | 塩類濃度調節のための特別なしくみをもたないものが多い。体液の塩類濃度は外液（海水）の塩類濃度に等しく，外液の塩類濃度の変化に応じて体液の塩類濃度も変化する。 |
| | 軟骨魚類 | 体液の塩類濃度は低いが，排出物である**尿素**を再吸収することによって，体液の塩類濃度を海水とほぼ等しい濃度に保っている。 |
| | 硬骨魚類 | 鰓にある**塩類細胞**から余分な塩類を能動的に排出し，腎臓での水の再吸収を活発に行って，体液と等濃度の尿を少量排出することで，体液の塩類濃度を海水より低く保つ。 |
| 淡水産 | 無脊椎動物 | 体内に水が浸透して塩類が失われやすいので，余分な水を排出して塩類を積極的に取り込むしくみ（収縮胞など）を備えている。 |
| | 硬骨魚類 | 鰓で塩類を能動輸送で取り込み，体液より低い濃度の尿を腎臓から大量に排出することによって，体液の塩類濃度を一定に保っている。 |

### 硬骨魚類の塩類濃度調節

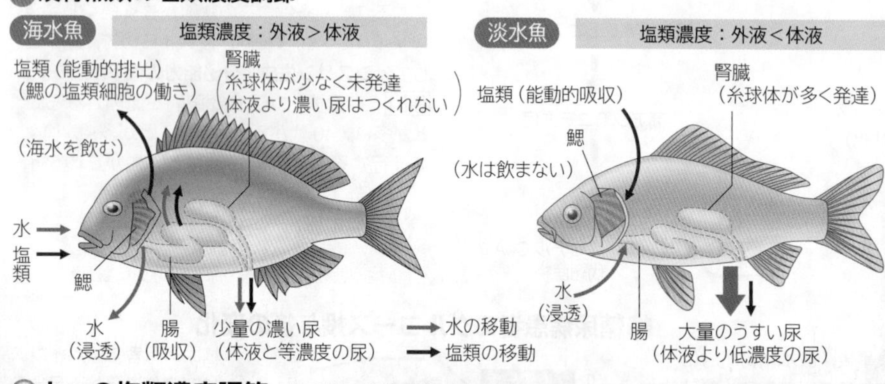


硬骨魚（海水生ウナギ）の塩類細胞

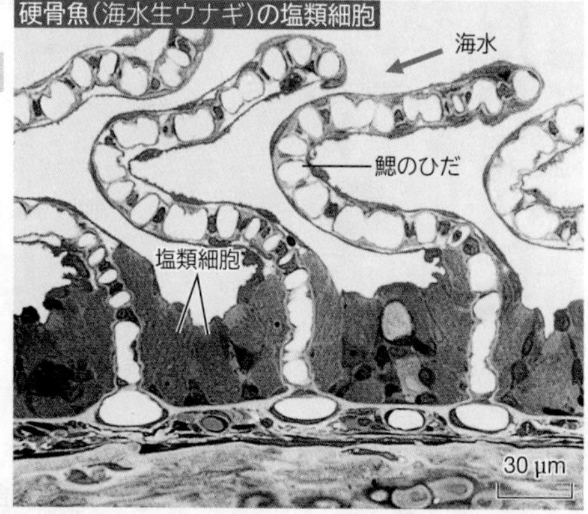


### カニの塩類濃度調節

生息地の環境変化が大きいカニほど，体液の塩類濃度調節能力が発達している。

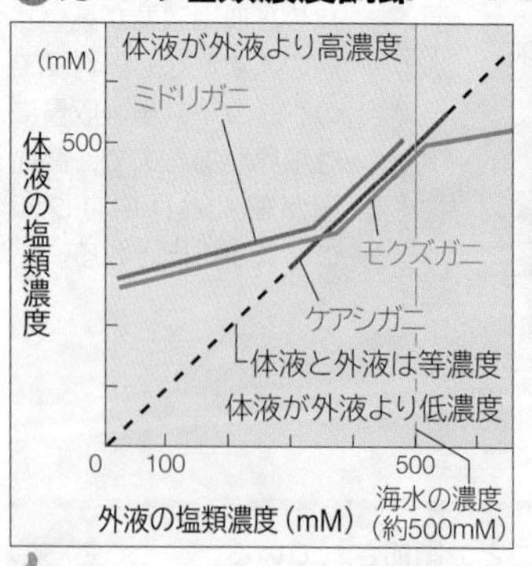

ケアシガニ

外洋に生息。塩類濃度の調節能力が未発達で，外液の塩類濃度に合わせて体液の塩類濃度も変化する。

ミドリガニの仲間

河口付近に生息。外液が体液より低濃度の場合は塩類濃度を調節できるが，高濃度の場合は調節できない。

モクズガニ

川と海を往来。塩類濃度の調節能力が最も発達しており，外液の変化に対して体液の変化が少ない。

生息する場所と塩類濃度調節能力の関係に着目しよう。

## B 窒素化合物の排出

タンパク質の分解で生じるアンモニアは，魚類などではそのまま，哺乳類などでは尿素に，は虫類や鳥類では尿酸に変換されてから排出される。 生物基礎 生物

### 各動物で排出される窒素化合物の割合

| 動物名 | 種類 | 生息地 | 窒素排出物の割合（%） アンモニア | 尿素 | 尿酸 |
|---|---|---|---|---|---|
| ヤリイカ | 軟体動物 | 海水 | 67 | 1.7 | 2.1 |
| ザリガニ | 節足動物 | 淡水 | 60 | 11 | 0.8 |
| コイ | 魚類 | 淡水 | 60 | 6.2 | 0.2 |
| ウシガエル（幼生） | 両生類 | 淡水 | 75 | 10 | — |
| ウシガエル（成体） | 両生類 | 陸上 | 3.2 | 91.4 | — |
| ウミガメ | は虫類 | 海水 | 16.1 | 45.1 | 19.1 |
| ニシキヘビ | は虫類 | 陸上 | 8.7 | — | 89 |
| ニワトリ | 鳥類 | 陸上 | 3.4 | 10 | 87 |
| ヒト | 哺乳類 | 陸上 | 4.8 | 86.9 | 0.65 |

### 窒素化合物の排出と陸上への適応

水中生活

アンモニア排出型

アンモニアは毒性が強く，体内に蓄積できない。水中の生物の多くはアンモニアを絶えず排出している。

魚類　両生類（幼生）

陸上生活

尿素排出型

両生類（成体）　哺乳類

尿素はアンモニアより毒性が弱く体内に蓄積して濃縮できる。しかし，水に溶けやすいので，排出には大量の水が必要である。

尿酸排出型

は虫類　鳥類

尿酸は毒性が弱く水にも溶けにくいので，最小限の水とともに半固体性の結晶として排出できる。閉鎖された卵内で発生する動物には，最も安全な排出方法である。

TRY 生息地の違いと排出物の関係はどのようになっているだろうか。

5 動物の体内環境の調節
生物基礎 生物

 WORD 塩類濃度調節⇔浸透圧調節⇔浸透調節

## C 無脊椎動物のホルモン

昆虫類の脱皮や変態，甲殻類の体色変化などは，ホルモンの働きによって調節されている。

### カイコガの脱皮と変態

昆虫の脱皮・変態は，**アラタ体**(脳の後方)と**前胸腺**(前胸部)の２つの内分泌腺から分泌されるホルモンによって調節されている。

### カイコガの幼虫の内分泌腺

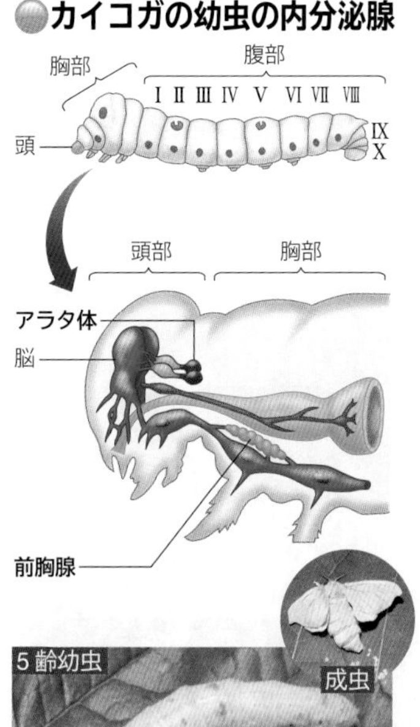


5齢幼虫
成虫

### 脱皮・変態とホルモン

| アラタ体ホルモン<br>（幼若ホルモン） | 幼虫形態の維持<br>蛹化の抑制 |
|---|---|
| 前胸腺ホルモン<br>（エクジステロイド） | 脱皮・変態を<br>促進 |

・アラタ体ホルモンと前胸腺ホルモンが同時に働くと，幼虫のまま脱皮して，次の齢になる。

・前胸腺ホルモンだけが働くと，幼虫が変態(蛹化・羽化)する。

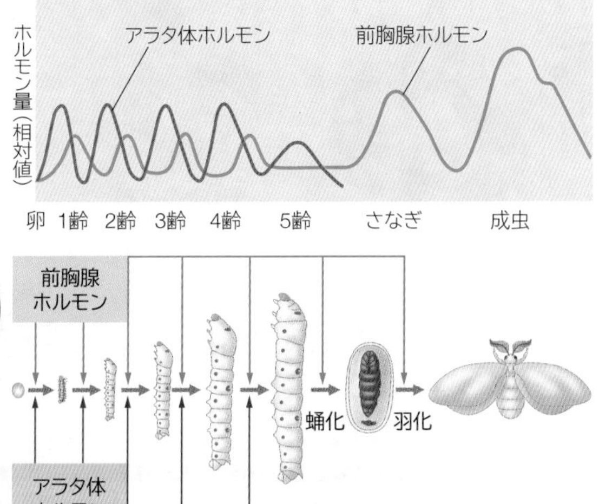


### 実験 カイコガの結さつ実験

カイコガの幼虫を木綿糸などで正確に強く結び，その後の発生を調べる。

4齢幼虫

頭部と胸部の間を結さつ。 結さつ部より後部が蛹化。

5齢幼虫

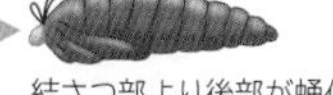

頭部と胸部の間を結さつ。 結さつ部より後部が蛹化。

胸部と腹部の間を結さつ。 頭部と胸部が蛹化。

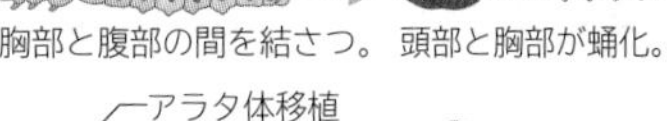

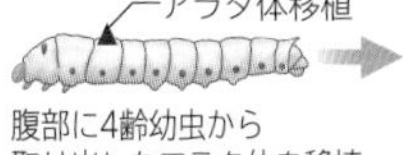


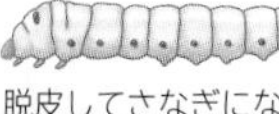

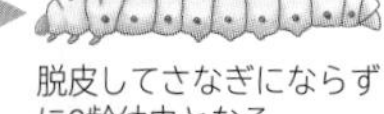

腹部に4齢幼虫から取り出したアラタ体を移植。 脱皮してさなぎにならずに6齢幼虫となる。

5齢幼虫期に頭部と胸部の間を結さつしたもの

5齢幼虫期に胸部と腹部の間を結さつしたもの

### ザリガニの体色変化と脱皮

甲殻類の体色変化・脱皮は，**サイナス腺**，**X器官**，**Y器官**から分泌されるホルモンによって調節されている。

### ザリガニの内分泌腺

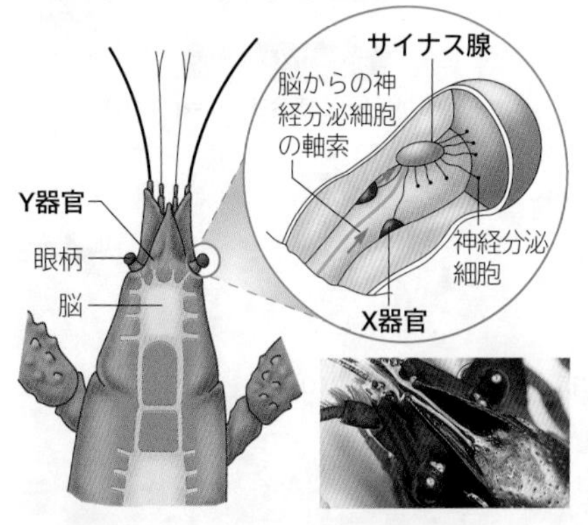


| | |
|---|---|
| サイナス腺 | 脳で産生された**体色変化ホルモン**やX器官で合成された**脱皮抑制ホルモン**などを蓄え，必要に応じて分泌する。エビ類(ザリガニはエビ類)の体色変化ホルモンは，色素胞内の色素果粒を凝集させ，体を淡色化させる(カニ類では，色素果粒を拡散させ，体を濃色化させる)。 |
| X器官 | **脱皮抑制ホルモン**など多くのホルモンを合成する。合成されたホルモンは，サイナス腺を経由して血液中に分泌される。 |
| Y器官 | **脱皮ホルモン(エクジステロイド)**を合成し，分泌する。 |

### 体色変化ホルモンの働き

| 白色背景下に置く | 黒色背景下に置く |
|---|---|
| 体色が淡くなる | 体色が濃くなる |
| 色素果粒の凝集 | 色素果粒の拡散 |

## ADVANCE アゴニストとアンタゴニスト

昆虫類の脱皮や変態には，アラタ体ホルモンや前胸腺ホルモンなどが関与している。これらのホルモンによく似た働きをする物質(アゴニスト)を利用した殺虫剤がある。ハエやカの変態に関与し，死に至らしめる薬剤として開発されたメトプレンはその代表的な例である。メトプレンは，アラタ体ホルモンに構造が類似しており，ホルモン受容体と結合してホルモン作用を示し，幼虫の変態を妨げる。

タバコに含まれ，神経伝達物質であるアセチルコリンによく似ているニコチンは，必要な反応の邪魔をする拮抗物質(アンタゴニスト)である。ニコチンはアセチルコリンの受容体に結合する。通常，アセチルコリンは酵素によって分解されるが，ニコチンは分解されず，長時間受容体に結合している。その結果，アセチルコリンの受容体への結合を妨げる。パーキンソン病の治療薬としても使用されるアトロピンもアセチルコリンのアンタゴニストである。

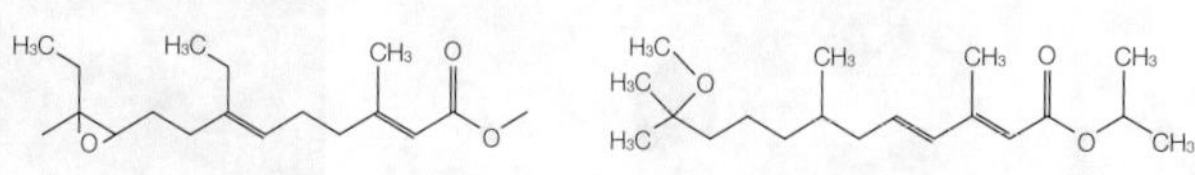


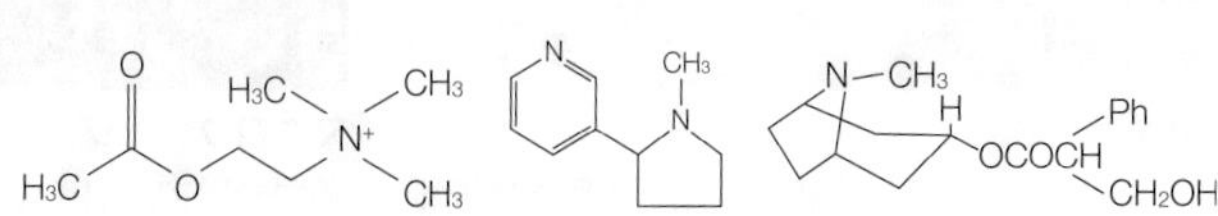


WORD アラタ体ホルモン⇔幼若ホルモン　前胸腺ホルモン⇔エクジステロイド⇔エクジソン　アゴニスト⇔作動薬⇔作動体　アンタゴニスト⇔遮断薬⇔ブロッカー

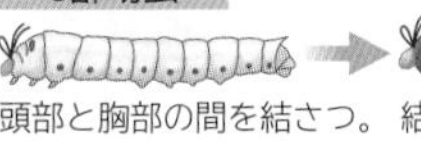

# 12 免疫のしくみ
Mechanism of immunity

生物基礎

## 免疫のしくみの全体像

異物など(非自己)と，自分の正常な細胞や構成物質(自己)を識別し，排除・処理するシステムを**免疫系**という。

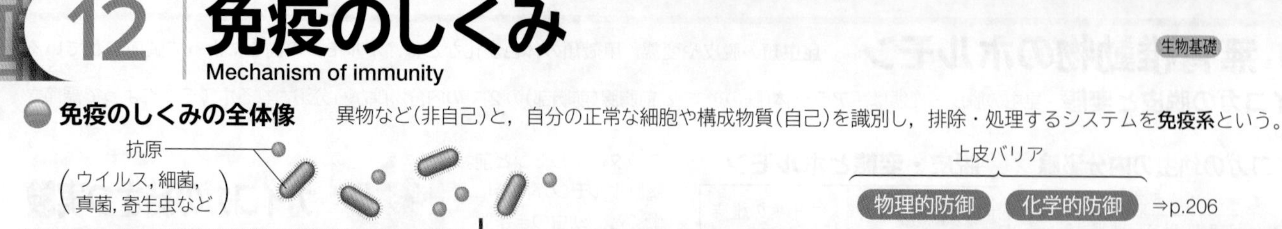

抗原
(ウイルス, 細菌, 真菌, 寄生虫など)

上皮バリア
物理的防御　化学的防御　⇒p.206

組織

好中球

食作用
侵入した抗原を食べる働き(⇒p.206)

マクロファージ

樹状細胞

(TLR⇒p.206)

自然免疫
生まれたときからもっている免疫のしくみ

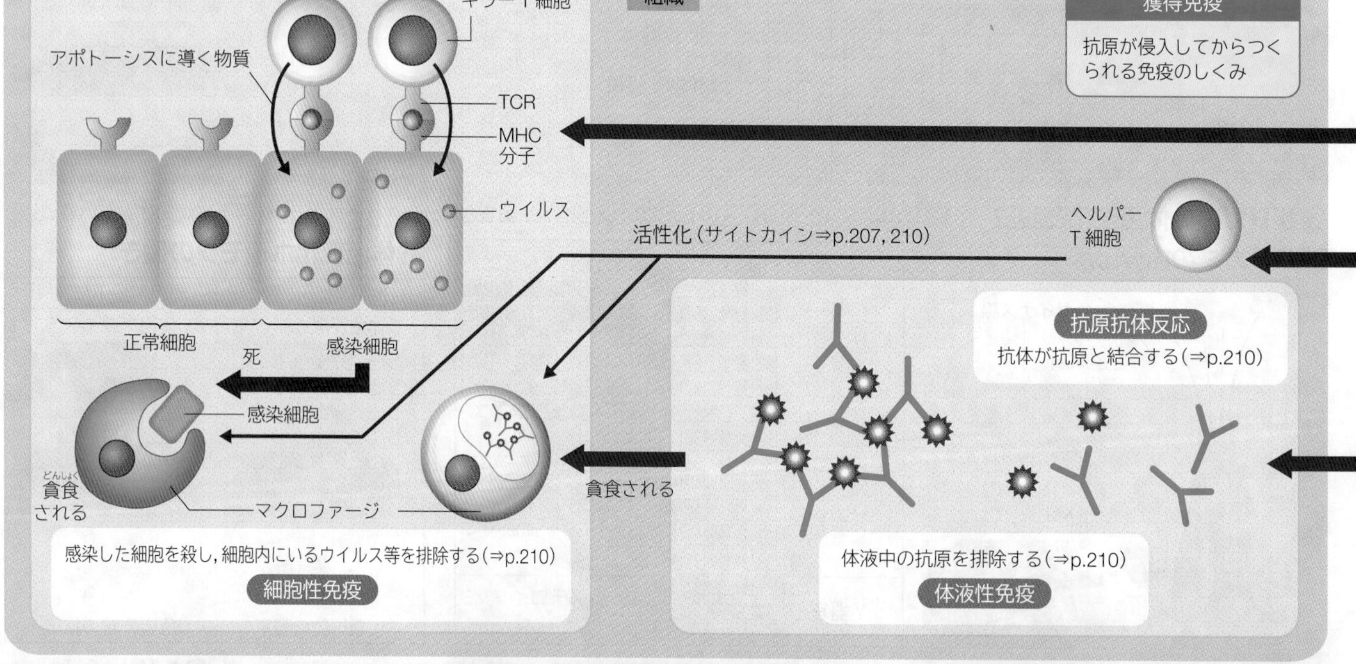


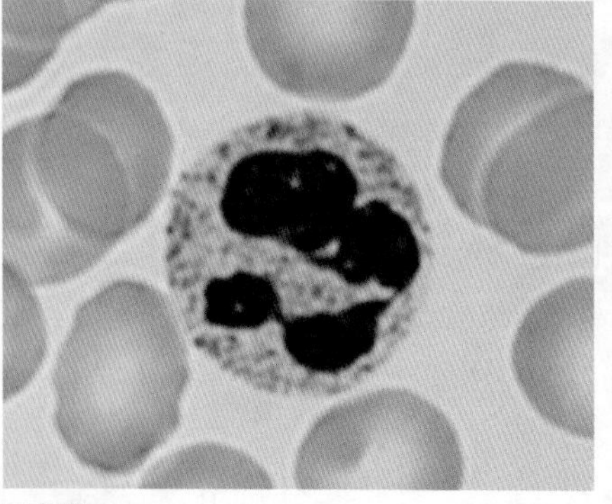

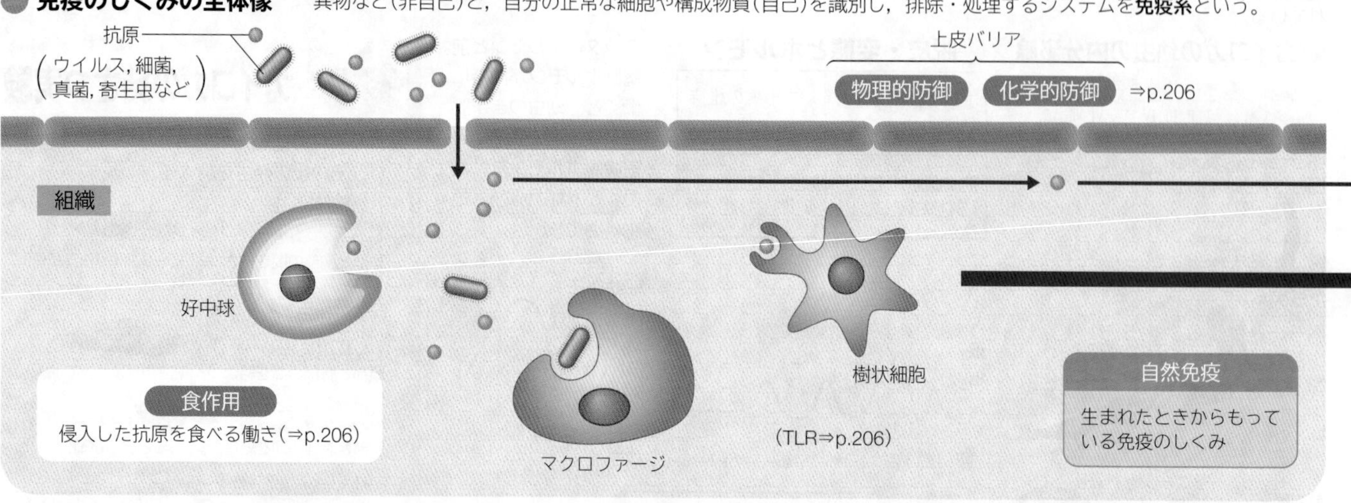

**好中球**
毛細血管壁をすり抜け，組織へ出て炎症箇所で細菌を貪食する。組織での寿命は３～４日。

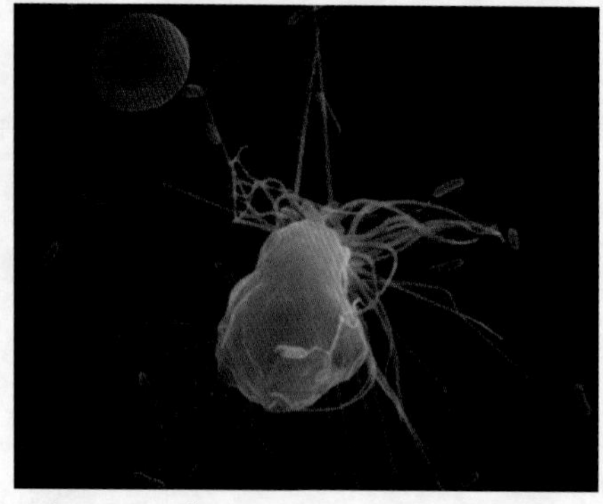

**マクロファージ**
細菌や異物，ウイルス感染細胞，がん細胞などを貪食し，一部を細胞表面に提示する。

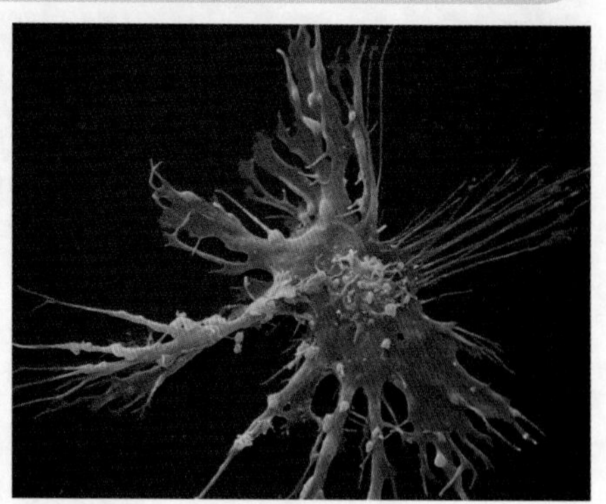

**樹状細胞**
抗原を貪食するとリンパ節に移動し，抗原提示を行ってＴ細胞を活性化する。




WORD 食作用⇔貪食　自然免疫⇔先天性免疫⇔生得免疫　獲得免疫⇔後天性免疫⇔適応免疫

組織

NK 細胞（⇒p.206）

攻撃

感染

リンパ節

BCR（⇒p.209）

抗原

B 細胞

樹状細胞

抗原提示

貪食した抗原の断片を MHC 分子にのせて細胞表面に出す（⇒p.207, 209）

TCR（⇒p.208）

MHC 分子（⇒p.207）

T 細胞

T 細胞

活性化

（サイトカイン⇒p.207, 210）

増殖・活性化

増殖・活性化

キラー T 細胞

記憶キラー T 細胞

記憶ヘルパー T 細胞

TCR

MHC 分子

免疫記憶（⇒p.211）

ヘルパー T 細胞

抗原を認識した B 細胞（⇒p.209）

リンパ管・血管を通って組織（感染部位）に移動

増殖・活性化

記憶 B 細胞

免疫記憶（⇒p.211）

抗体産生細胞

リンパ管・血管を通って組織（感染部位）に移動

抗体（免疫グロブリン）

抗体産生

抗原に対応した抗体をつくる（⇒p.209）

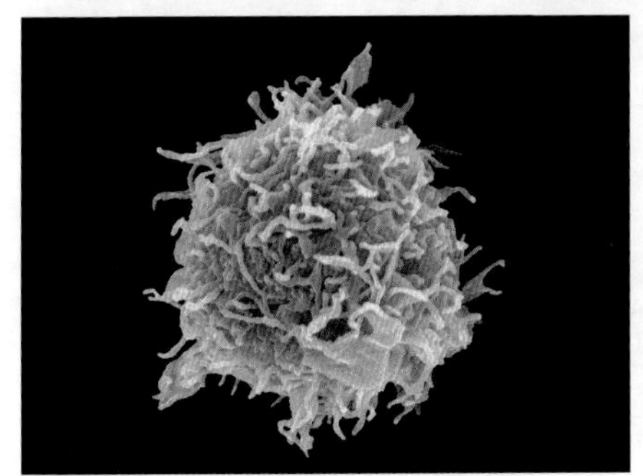

**B 細胞**

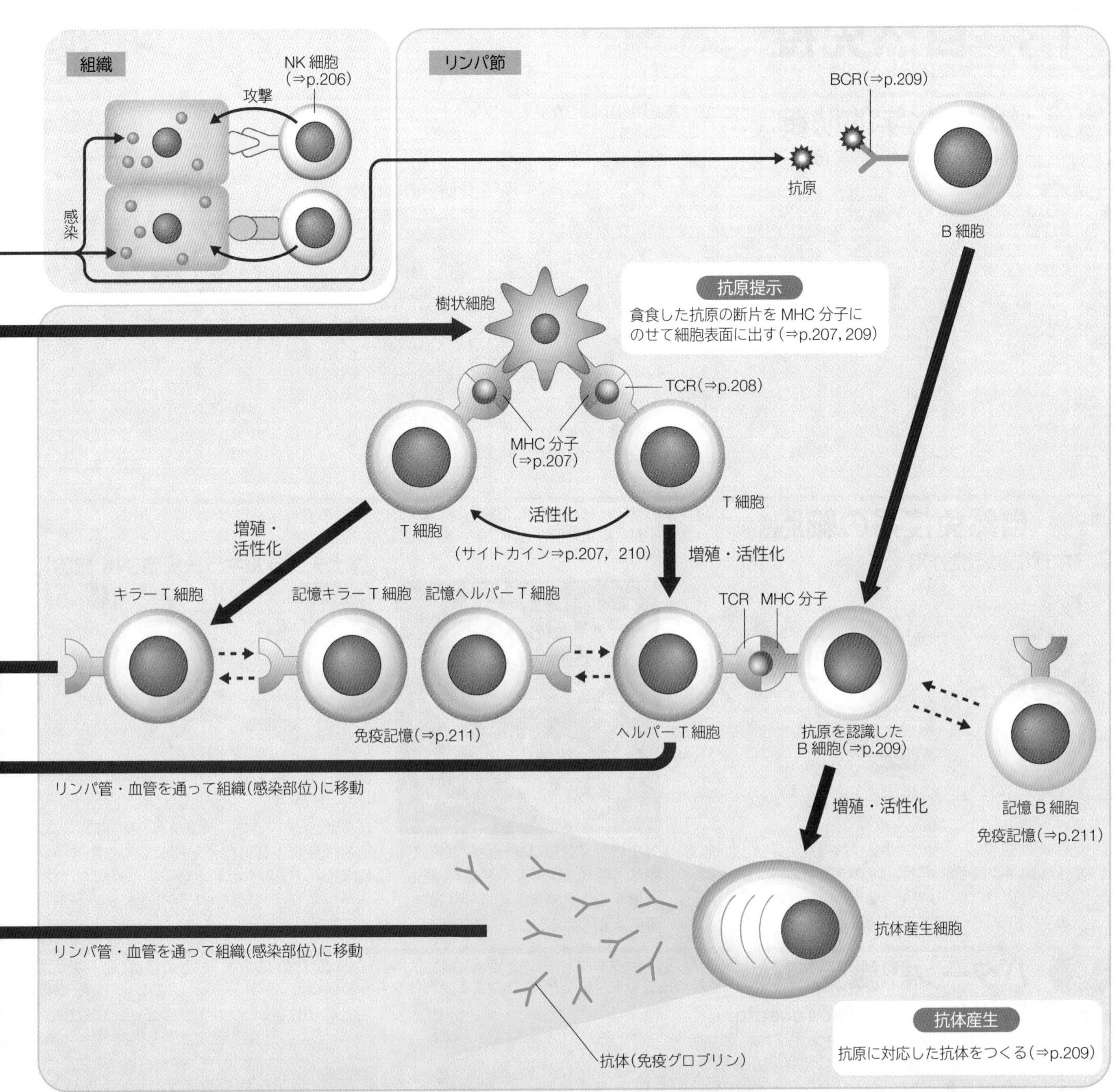

細胞表面にある受容体で抗原をとらえて貪食し，その断片を提示する。活性化すると抗体産生細胞と呼ばれ，抗体を産生する。

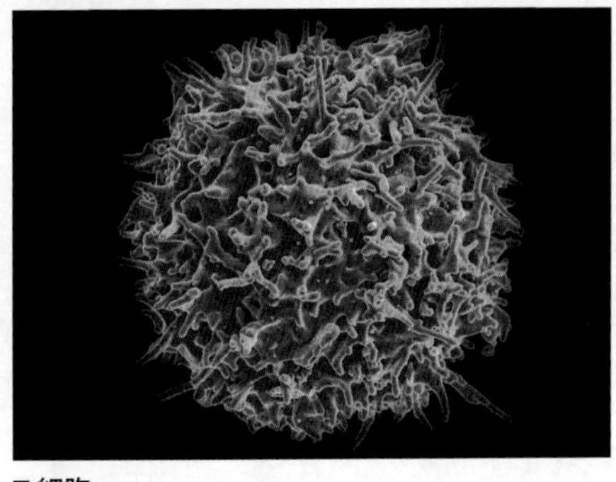

**T 細胞**

樹状細胞による抗原提示を受けて活性化し，様々なサイトカインを放出するヘルパー T 細胞や，感染細胞を殺すキラー T 細胞になる。

**その他の免疫に関わる細胞（免疫細胞）**

ナチュラルキラー細胞（NK 細胞）⇒ p.206

肥満細胞⇒ p.207　　プレ T 細胞⇒ p.208

自己反応性 T 細胞，制御性 T 細胞⇒ p.211

**アポトーシス**：プログラムされた細胞死とも呼ばれ，DNA の断片化が起こり死に至る。細胞内物質が放出されないので，ウイルス等を含んだままマクロファージに貪食され，分解される。

**MHC 分子**：主要組織適合遺伝子複合体（major histocompatibility complex）によってつくられ，T 細胞に抗原を提示するための分子である。ヒトでは白血球で最初に発見されたため，ヒト白血球型抗原（human leukocyte antigen：HLA）とも呼ばれる。



WORD B 細胞⇔ B リンパ球　T 細胞⇔ T リンパ球　MHC 分子⇔主要組織適合性抗原　キラー T 細胞⇔細胞傷害性 T 細胞
抗体産生細胞⇔形質細胞⇔プラズマ細胞　免疫グロブリン⇔イムノグロブリン

# 13 自然免疫
Innate immunity

## A 物理・化学的防御

体表では細胞間の隙間をなくし，反射，粘液の分泌，殺菌物質など様々な方法で異物の侵入を防いでいる。 生物基礎

生体の構造，反射，殺菌性物質の分泌などによって異物を排除するしくみ。

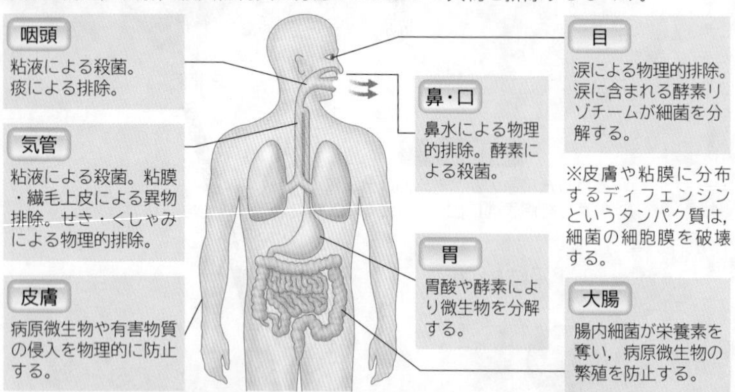


**POINT**

**生体防御のまとめ**

| | | | |
|---|---|---|---|
| 生体防御 | 非特異的生体防御(自然免疫) | 物理・化学的な防御 | 生体の構造，反射，殺菌性物質の分泌 |
| | | 血液凝固 | 血液中の細胞成分の凝集 |
| | | 食作用 | 食細胞による異物の取り込み |
| | | 炎症 | 血管の拡張，平滑筋の収縮，血管透過性の増大，白血球の遊出 |
| | 特異的生体防御(獲得免疫) | 体液性免疫 | B 細胞(抗体産生細胞)による抗体の産生 |
| | | 細胞性免疫 | T 細胞による抗原感染細胞への攻撃 |

## B 自然免疫系の細胞

自然免疫系の細胞には，侵入した異物を貪食し，分解する食作用を行う食細胞(好中球，マクロファージ，樹状細胞，B 細胞)や NK 細胞がある。 生物基礎

### 好中球による食作用

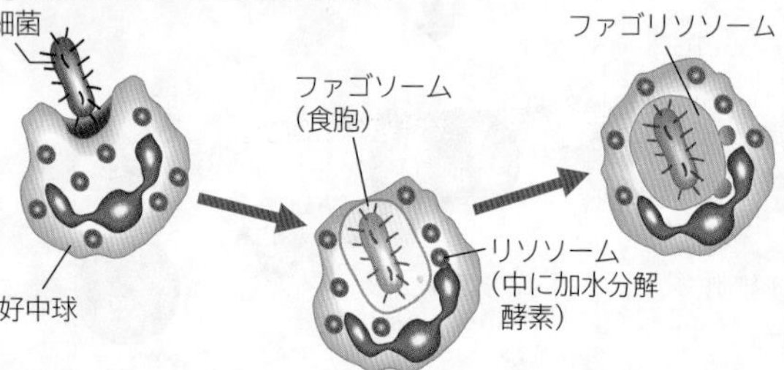


好中球やマクロファージなどの食細胞は，細菌などを細胞内に取り込み，酵素によって殺菌・消化する。

好中球は 1 週間ほどの寿命の大半を骨髄中で過ごし，血液中に出てからは数時間で組織へ移行，細菌を貪食し，死滅する。

マクロファージは単球として 1 ～ 2 日循環した後組織へ移行し，不定形のマクロファージとなる。寿命は数か月。

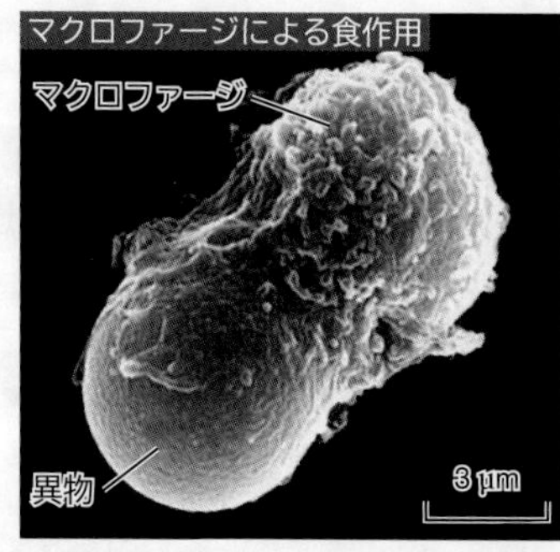


**好中球**や**マクロファージ**などの**食細胞**は，異物を細胞内に取り込み，消化・分解する。異物を多く取り込んだ食細胞は分解産物とともに膿(うみ)になる。

### ナチュラルキラー細胞(NK 細胞)

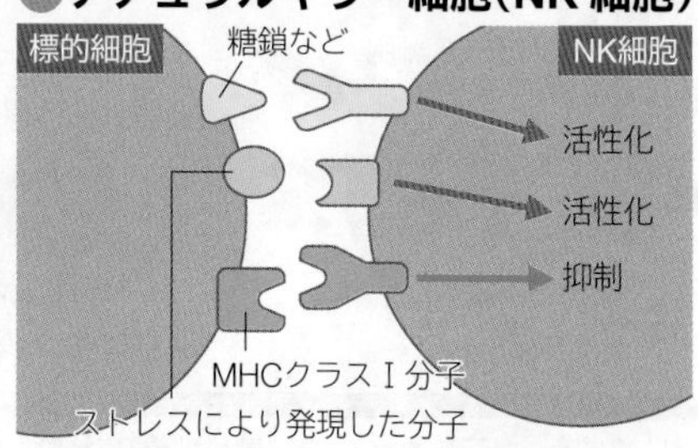


リンパ球の一種で，ウイルスに感染した細胞や，がん細胞を殺す。感染細胞が細胞表面に出した，通常は発現しない分子を認識して攻撃する。MHC(⇒ p.207)クラスⅠ分子により抑制されるが，活性化シグナルが抑制シグナルを上回ると活性化される。

## C パターン認識受容体

樹状細胞やマクロファージなどの食細胞は出会った病原体のグループごとの特徴(細胞膜の成分や RNA など)を認識する受容体をもっている。 生物基礎 生物

### トル様受容体(TLR：Toll-like receptor)

ショウジョウバエの発生に関わる Toll という受容体は，生体防御にも関わっていることが発見され，これを欠損したハエはカビが生えたりする。

哺乳類でも相同分子が発見され，病原体センサーとして働いていることがわかった。

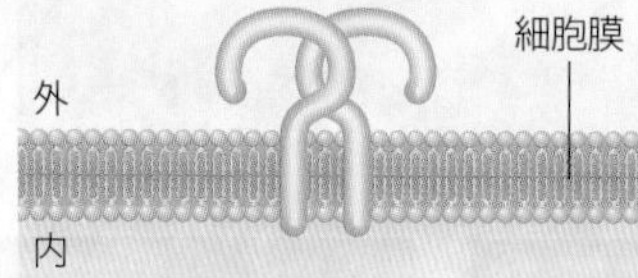


TLR は 2 つのサブユニットからなるタンパク質(二量体)で，細胞膜や食胞膜の表面にあり，細菌の細胞壁表面にある物質やウイルスの RNA・DNA を認識する。

TLR の位置

表面構造を認識する受容体
TLR1/2　TLR2/6　TLR2　TLR4　TLR5
細胞膜
TLR3　TLR7　TLR9
食胞膜
分解産物(内部物質)を認識する受容体

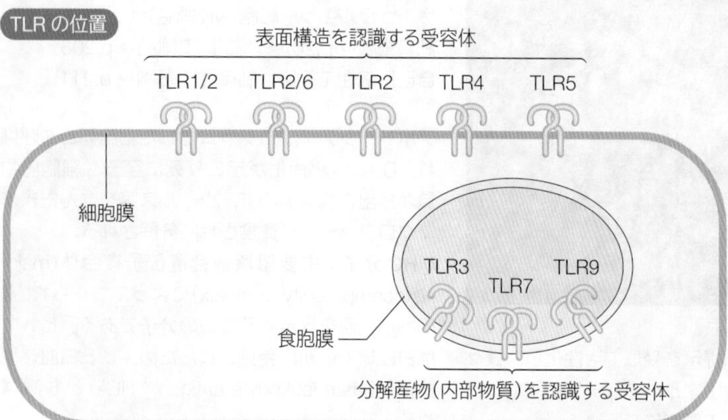

食胞中の受容体は，ある程度分解した成分を認識する。

| 種類 | 認識する対象 | 場所 |
|---|---|---|
| TLR1/2 | 細菌(3 本鎖リポタンパク質) | 細胞膜 |
| TLR2/6 | マイコプラズマ(2 本鎖リポタンパク質) | |
| TLR2 | 細菌・真菌・原虫(ペプチドグリカンなど) | |
| TLR4 | 細菌(リポ多糖) | |
| TLR5 | 細菌(フラジェリン) | |
| TLR3 | ウイルス(2 本鎖 RNA) | 食胞膜 |
| TLR7 | ウイルス(1 本鎖 RNA) | |
| TLR9 | 細菌・ウイルス(DNA の非メチル化 CpG 配列) | |

CpG 配列：AACGTT など，中央に CG のある 6 塩基配列。ヒトではメチル化されている。

# D サイトカイン

細胞の分化，増殖，活性化，アポトーシスなどを誘導する可溶性タンパク質を総称して**サイトカイン**という。多くの種類があり働きは複雑である。 生物基礎 生物

## 細胞間の情報伝達

①，②のように働く情報伝達物質(タンパク質)を総称して**サイトカイン**と呼ぶ。サイトカインには次のようなものがある。

**インターロイキン**(IL)…白血球間の情報伝達
**インターフェロン**(IFN)…抗ウイルス作用
**腫瘍壊死因子**(TNF)…細胞傷害，アポトーシス誘導，炎症誘導

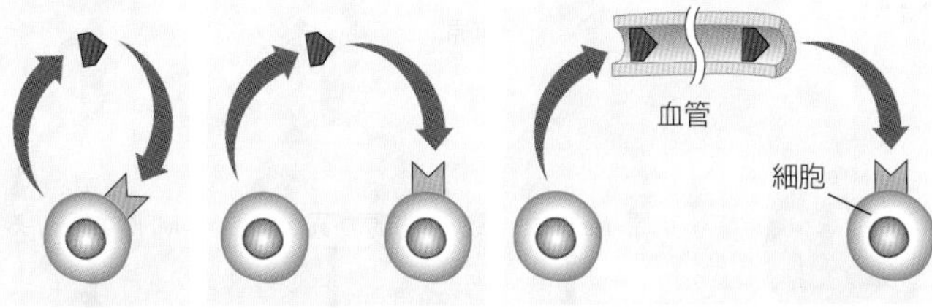


**①自己分泌**：情報を伝達する物質が分泌した細胞自身に作用する。
**②傍分泌**：情報を伝達する物質が分泌した細胞の近くの細胞に作用する。
**③内分泌**：情報を伝達する物質は血流に乗って遠く離れた細胞に作用する。

| | 主な産生細胞 | 主な標的細胞 | 主な作用 |
|---|---|---|---|
| IL-1 | マクロファージ | リンパ球 | リンパ球とマクロファージの活性化 |
| IL-2 | ヘルパーT細胞 | T細胞 | T細胞の分化・増殖，活性化 |
| IL-4 | ヘルパーT細胞 | B細胞 | B細胞の分化・増殖，IgE・IgGの産生 |
| IL-5 | ヘルパーT細胞 | B細胞 | B細胞の分化・増殖，IgAの産生，好酸球の活性化 |
| IL-6 | ヘルパーT細胞，マクロファージ | B細胞 | B細胞の分化 |
| IFN-α | マクロファージ，好中球 | 組織細胞 | 細胞内のウイルス複製阻害，MHCクラスⅠ発現誘導 |
| IFN-γ | ヘルパーT細胞，NK細胞 | 組織細胞 | マクロファージとNK細胞の活性化 |
| TNF-α | マクロファージ | 組織細胞 | 標的細胞を傷害，炎症誘導，血管新生 |
| TNF-β | リンパ球 | 組織細胞 | 標的細胞を傷害，炎症誘導，血管新生 |

# E 炎症

感染や外傷により免疫反応が起こって赤くはれた状態を**炎症**という。サイトカインの働きで血管が拡張し，血しょうが組織に出てはれてくる。 生物基礎

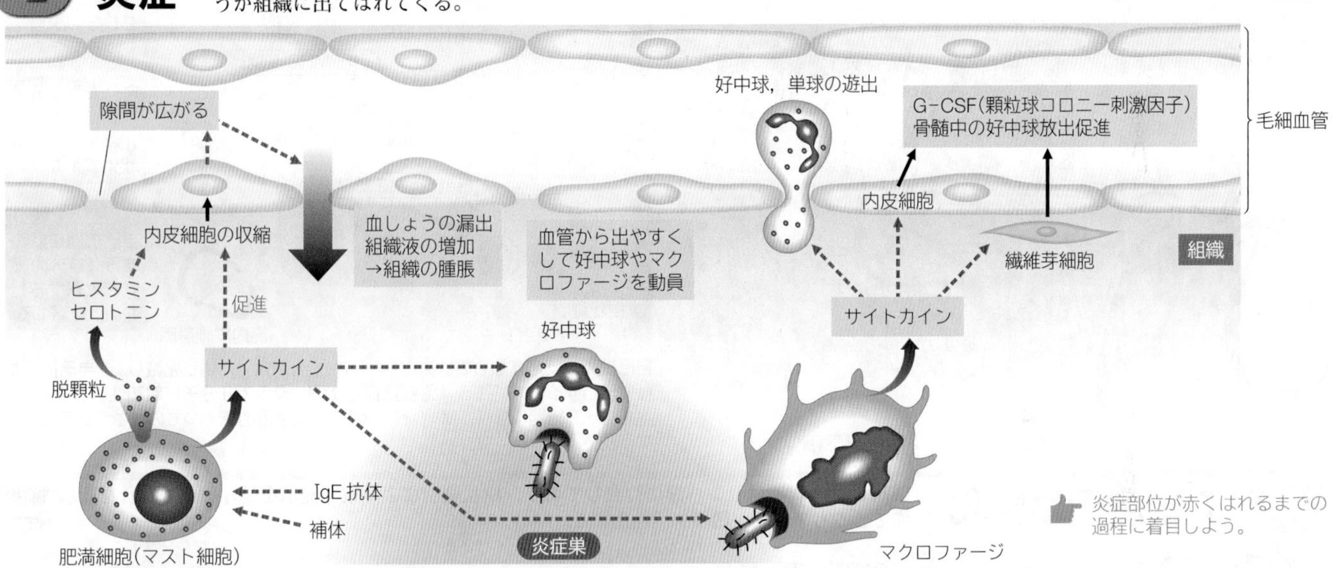


# F 抗原提示

分解された抗原の断片は，MHC分子に乗せて細胞表面に提示される。内在抗原はクラスⅠ分子，外来抗原はクラスⅡ分子に乗せて提示する。 生物基礎 生物

細胞は抗原をMHC(Major Histocompatibility Complex)分子に乗せてT細胞に提示する(⇒p.208)。MHC分子には，クラスⅠ・クラスⅡの2種類がある。

**すべての体細胞**

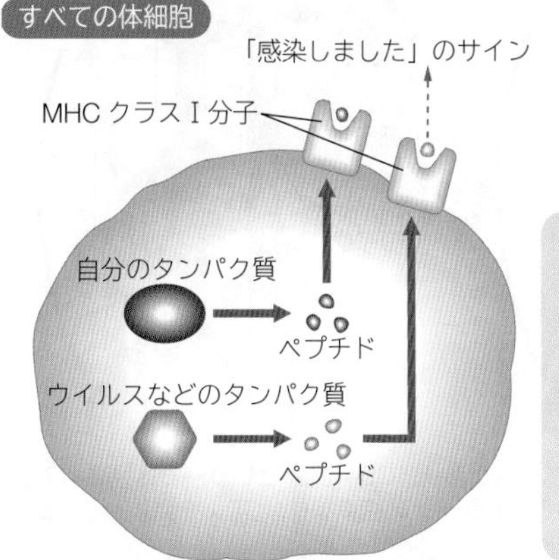


細胞内のタンパク質由来ペプチドはMHCクラスⅠ分子に乗る。ウイルスなどに感染した細胞は，これを細胞表面に提示することでキラーT細胞に感染を伝え，攻撃を受ける。また，MHCクラスⅠ分子を発現していない異常な細胞はNK細胞の攻撃対象となる。

**樹状細胞など**

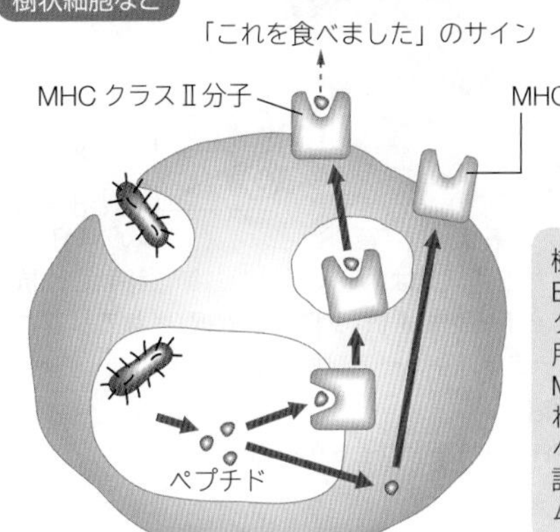

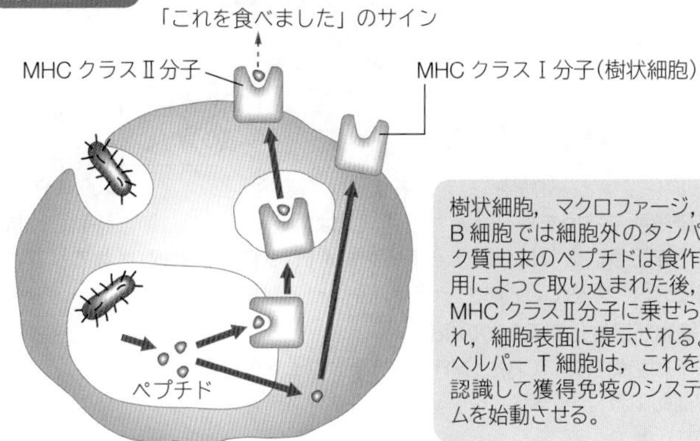

樹状細胞，マクロファージ，B細胞では細胞外のタンパク質由来のペプチドは食作用によって取り込まれた後，MHCクラスⅡ分子に乗せられ，細胞表面に提示される。ヘルパーT細胞は，これを認識して獲得免疫のシステムを始動させる。

WORD B細胞⇔Bリンパ球　T細胞⇔Tリンパ球　キラーT細胞⇔細胞傷害性T細胞　抗体産生細胞⇔形質細胞⇔プラズマ細胞

# 14 獲得免疫(1)
Acquired immunity 1

## A 抗原受容体の多様性

獲得免疫に関わる細胞(T 細胞や B 細胞)は 1 種類の抗原と特異的に結合する受容体(抗原受容体)を 1 種類だけ細胞表面に出している。

生物基礎 生物

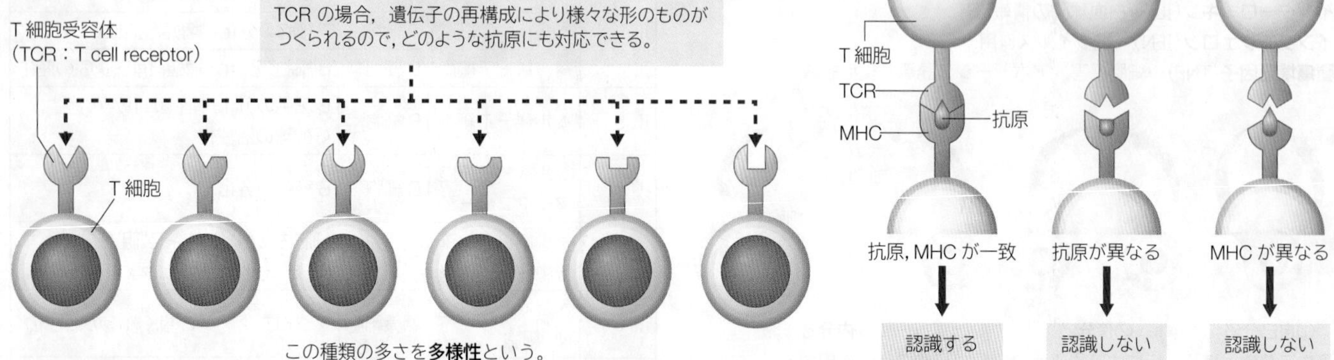


## B 胸腺での T 細胞の分化

T 細胞の前駆細胞(プレ T 細胞)は，胎児期に造血組織(肝臓，骨髄)から胸腺に移動し，そこで増殖・分化して，多様なものが準備される。

生物基礎 生物

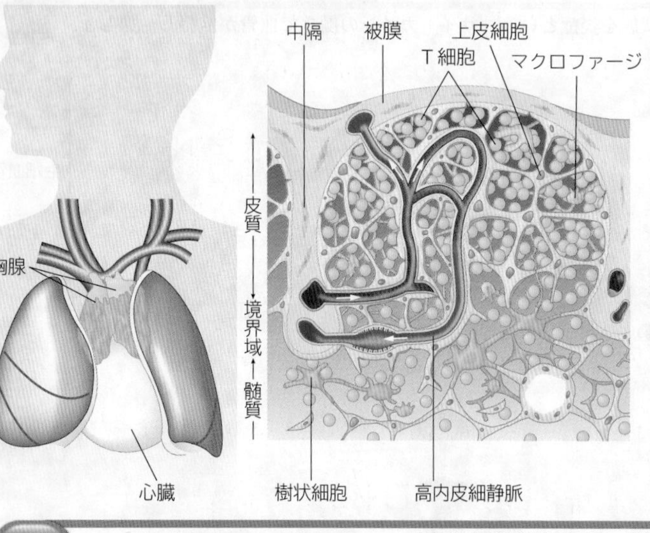


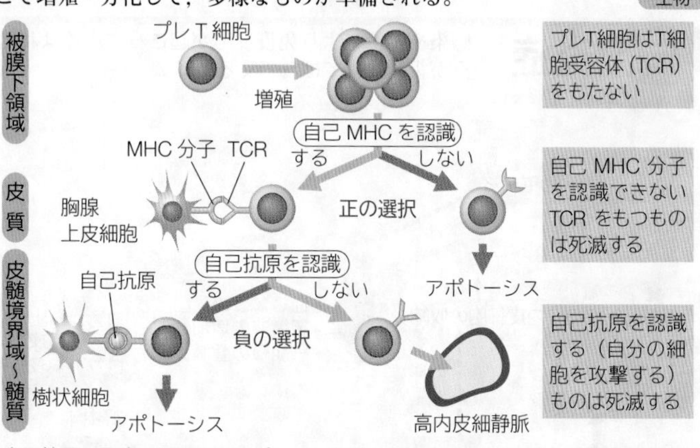


自己抗原と反応するものはアポトーシス（⇒p.174）により死滅し，非自己抗原だけに反応するものが残る（**免疫寛容**）。MHC クラスⅡ分子に親和性をもつものはヘルパーT 細胞になり，MHC クラスⅠ分子に親和性をもつものはキラーT 細胞になる。

## C T 細胞の活性化

成熟した T 細胞はリンパ節に待機しており，樹状細胞により抗原提示を受けると，それを認識できるものだけが増殖・活性化する。

生物基礎 生物

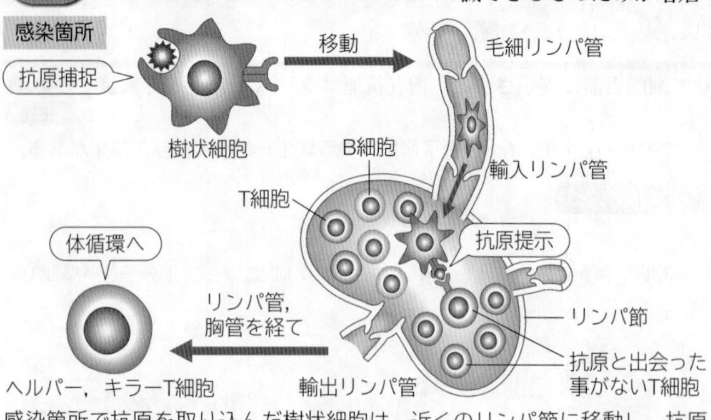


感染箇所で抗原を取り込んだ樹状細胞は，近くのリンパ節に移動し，抗原提示を行う。それに対応する T 細胞が選択(**クローン選択**)されてリンパ節内で分裂・増殖し，ヘルパーまたはキラー T 細胞になる。

**T 細胞が活性化するための条件**

①T 細胞受容体(TCR)と MHC ＋抗原ペプチドの結合
②補助刺激分子の結合
③サイトカイン

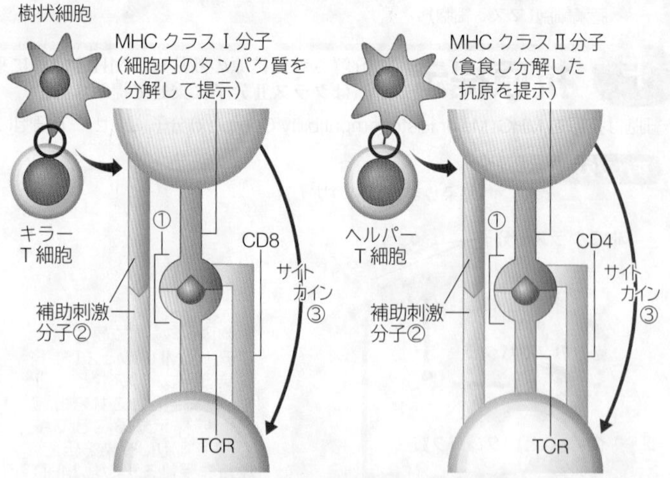


細胞膜の表面には様々なタンパク質があり，CD+ 数字という形で区別されている。CD8 を発現している T 細胞はキラー T 細胞になり，CD4 を発現している T 細胞はヘルパー T 細胞になる。

WORD 獲得免疫⇔後天性免疫⇔適応免疫　B 細胞⇔ B リンパ球　T 細胞⇔ T リンパ球　キラー T 細胞⇔細胞傷害性 T 細胞

## D B細胞の抗原受容体

B 細胞受容体は抗原を直接認識する。その種類は非常に多いが，同じ形の受容体をもった細胞はほとんどない。

生物基礎
生物

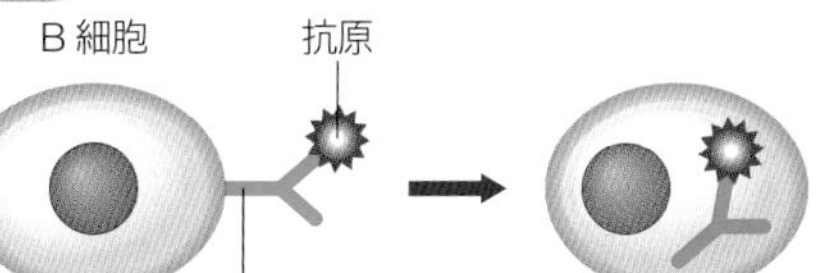


リンパ節に待機しているB細胞は，リンパの流れにのって届いた抗原を受容体（BCR）にくっつけ，細胞内に引き込んで分解する。

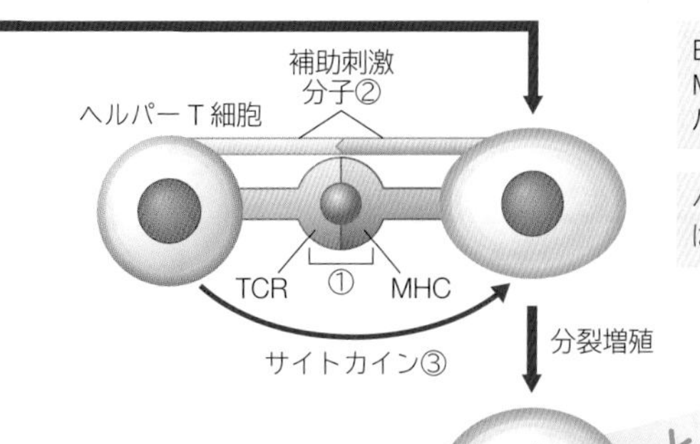


B 細胞は，分解した抗原の断片をMHC クラスⅡ分子にのせてヘルパーT細胞に提示する。

ヘルパーT 細胞と結合したB 細胞は増殖し，活性化する。

活性化した B 細胞は抗体産生細胞と呼ばれ，抗体を分泌するようになる。

**B細胞が活性化するための条件**

①T細胞受容体(TCR)とMHC＋抗原ペプチドの結合
②補助刺激分子の結合
③サイトカイン

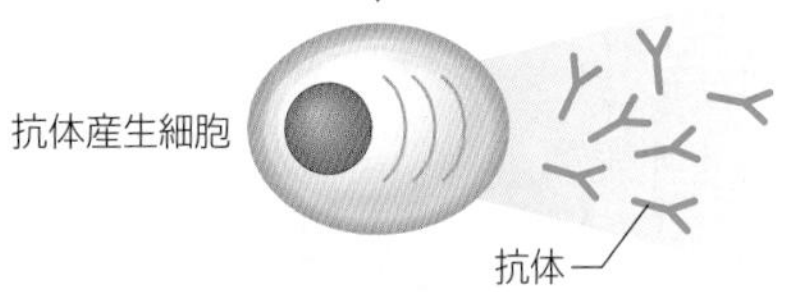

## E B細胞受容体から抗体へ

B 細胞受容体は，**可変部**の遺伝子を再構成して抗原をより強く捕捉できるようにする。また，**定常部**を変えることで5種類の抗体がつくられる。

生物基礎
生物

### 抗体の構造

抗体は，**免疫グロブリン**(Ig)と呼ばれるタンパク質でできている。免疫グロブリンには，主要なIgGをはじめ，IgA，IgM，IgD，IgEの5種類が存在する。

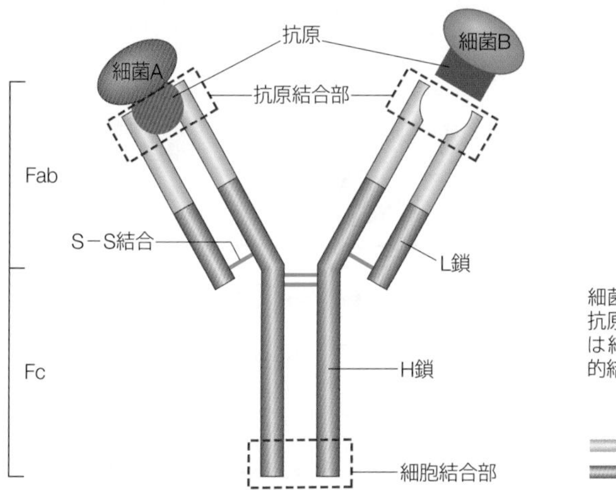


細菌Aに対する抗体は抗原の異なる細菌Bには結合できない(特異的結合)。

…可変部
…定常部

IgGの構造

Y字形のタンパク質で，H鎖とL鎖が2本ずつの計4本のポリペプチドからなる。
H鎖，L鎖ともN末端側を可変部(その先端が抗原結合部位)，反対側に定常部がある。

### ヒトの抗体の種類

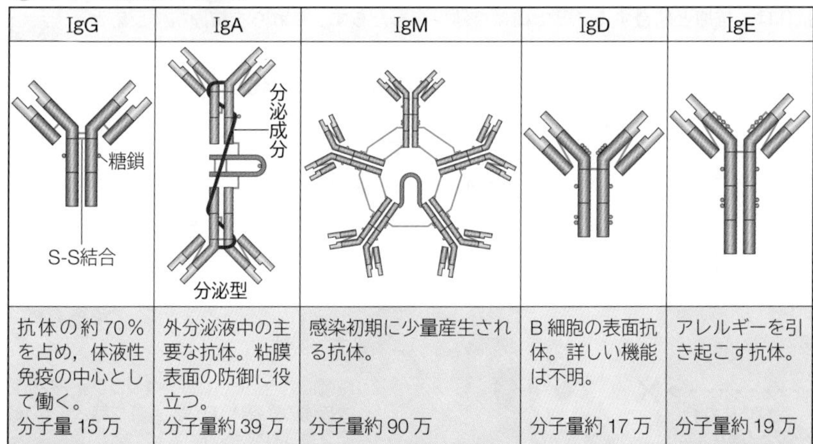


| IgG | IgA | IgM | IgD | IgE |
|---|---|---|---|---|
| 抗体の約70％を占め，体液性免疫の中心として働く。<br>分子量15万 | 外分泌液中の主要な抗体。粘膜表面の防御に役立つ。<br>分子量約39万 | 感染初期に少量産生される抗体。<br>分子量約90万 | B細胞の表面抗体。詳しい機能は不明。<br>分子量約17万 | アレルギーを引き起こす抗体。<br>分子量約19万 |

### ADVANCE

#### 多様な抗体がつくり出されるしくみ

タンパク質である抗体は，他のタンパク質と同様に遺伝子からつくられる。ヒトの未分化なB細胞では，H鎖・L鎖の可変部をつくる162の遺伝子断片の組合せと，ランダムに起こる突然変異によって，多様な抗体をつくる準備ができている。このしくみを解明した利根川進は1987年にノーベル医学・生理学賞を受賞した。

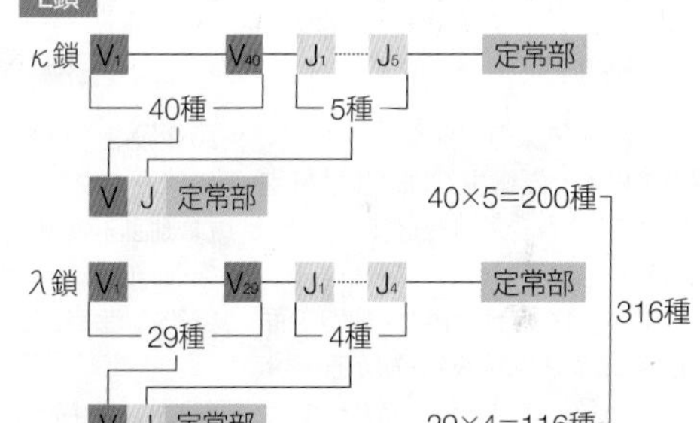


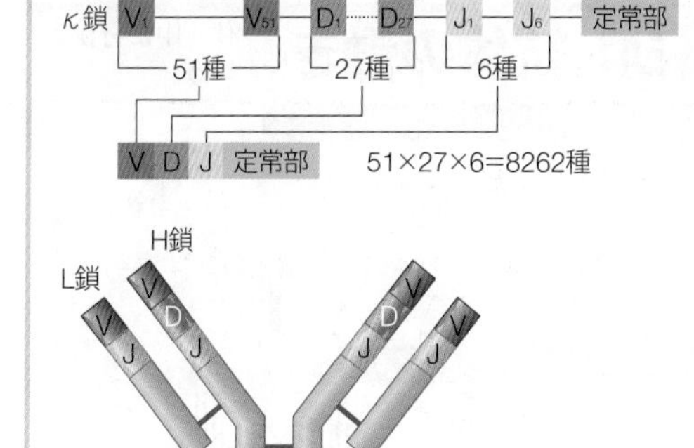


5 動物の体内環境の調節

生物基礎
生物

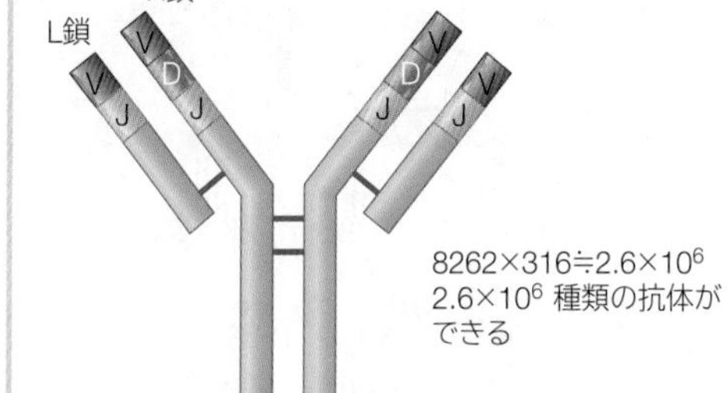

WORD 免疫グロブリン⇔イムノグロブリン　H鎖⇔重鎖　L鎖⇔軽鎖

## A 細胞性免疫と体液性免疫

キラーT細胞やマクロファージがウイルス等に感染した細胞を排除する反応を**細胞性免疫**，抗体が体液中の抗原を排除する反応を**体液性免疫**という。

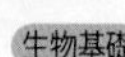

抗原
細胞表面免疫グロブリン
MHC クラスⅡ分子
抗原断片
B 細胞
B 細胞活性化
分裂増殖
記憶細胞
（メモリーB 細胞）
抗原の情報を記憶
（→二次応答）
サイトカイン

**体液性免疫**
抗体産生
抗体産生細胞
（形質細胞）
①抗原の中和（抗原抗体反応）
②マクロファージの活性化
③補体*の活性化→（溶菌・貪食されやすくする）

*侵入した細菌の溶解に関わる一群のタンパク質。

MHC クラスⅡ分子
抗原断片
樹状細胞やマクロファージ
T 細胞受容体
抗原提示細胞
（主に樹状細胞）
ヘルパーT 細胞
サイトカイン
サイトカイン

**細胞性免疫**
マクロファージ活性化
食作用促進
キラーT 細胞活性化
ウイルス感染細胞を傷害

MHC クラスⅠ分子
樹状細胞やマクロファージ
抗原提示細胞
キラーT 細胞

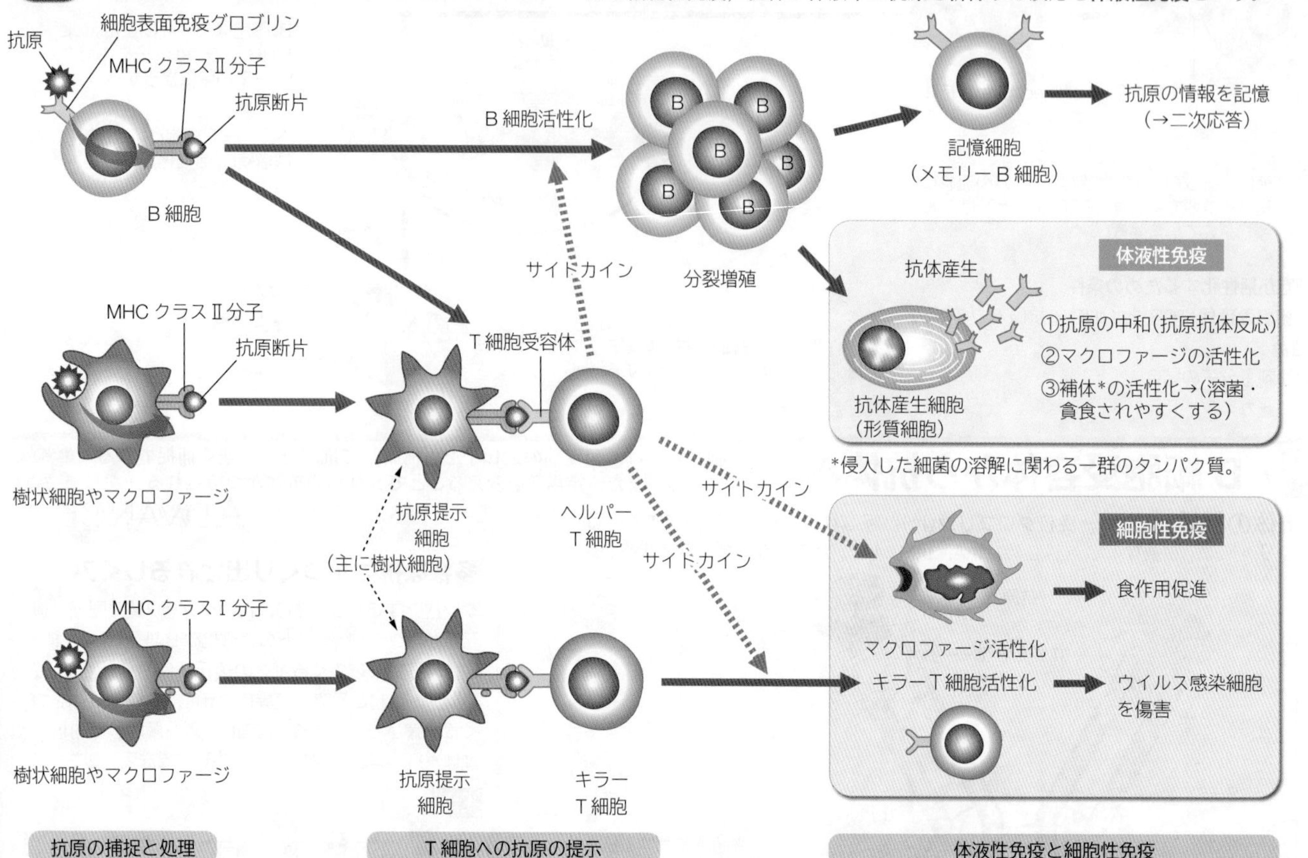

| 抗原の捕捉と処理 | T 細胞への抗原の提示 | 体液性免疫と細胞性免疫 | |
|---|---|---|---|
| 第１段階：抗原の捕捉<br>体内に侵入した微生物は，樹状細胞やマクロファージ，B 細胞に捕らえられ貪食される。<br>B 細胞は，B 細胞受容体（細胞表面免疫グロブリン）で微生物を捕らえる。この受容体は，後に抗体として放出される。 | 第２段階：抗原の提示<br>樹状細胞やマクロファージ，B 細胞は細胞内で部分消化した抗原の断片を MHC クラスⅡ分子というタンパク質に結合させて細胞表面に提示する。ヘルパーT 細胞は，抗原断片の結合した MHC クラスⅡ分子を T 細胞受容体（TCR）という細胞表面分子で認識して活性状態となる。 | 第３段階：ヘルパーT 細胞による指令<br>活性化したヘルパーT 細胞は様々な伝達物質（サイトカイン）を放出して他の免疫担当細胞を活性化する。ヘルパーT 細胞によって発動する獲得免疫は，**体液性免疫**と**細胞性免疫**に分類されるが，両者は共同して抗原を排除する。 | **体液性免疫**：B 細胞（抗体産生細胞）から分泌された抗体によって抗原を排除する反応。<br>**細胞性免疫**：マクロファージやキラーT 細胞の活性を高めて抗原を排除する反応。 |

## B 抗体の働き

体液中に分泌された抗体は，抗原と結合することで様々な効果をもたらす。これらを**抗原抗体反応**という。

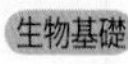

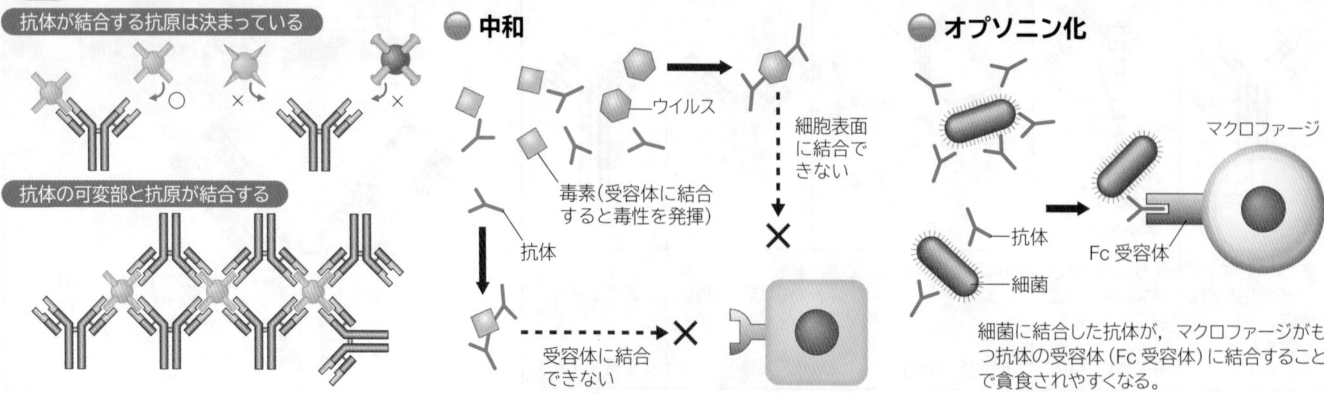


 WORD B 細胞⇔B リンパ球　T 細胞⇔T リンパ球　キラーT 細胞⇔細胞傷害性 T 細胞　抗体産生細胞⇔形質細胞⇔プラズマ細胞

## C 免疫寛容

免疫反応は，原則として自己の成分(自己抗原)に対しては起こらない。これを**免疫寛容**という。 生物基礎

自己抗原に反応するT細胞やB細胞は，胸腺や骨髄で排除されているはずだが，排除しきれず体液中に出てくることがある。このような場合，制御性T細胞が活躍する。

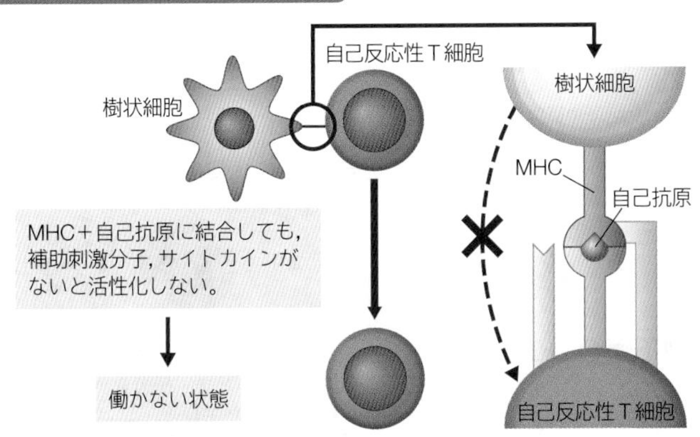


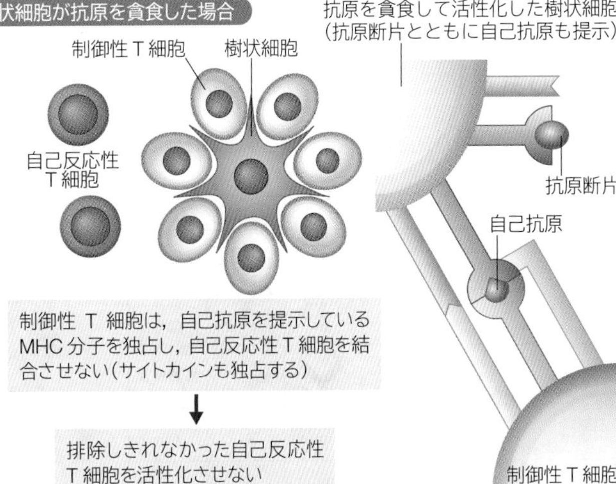


## D 免疫記憶

活性化して増殖したT細胞やB細胞の一部は**記憶細胞**になる。記憶細胞は長期間生存して，次に同じ病原体に感染したとき活性化される。 生物基礎

### 抗体生産量の違い

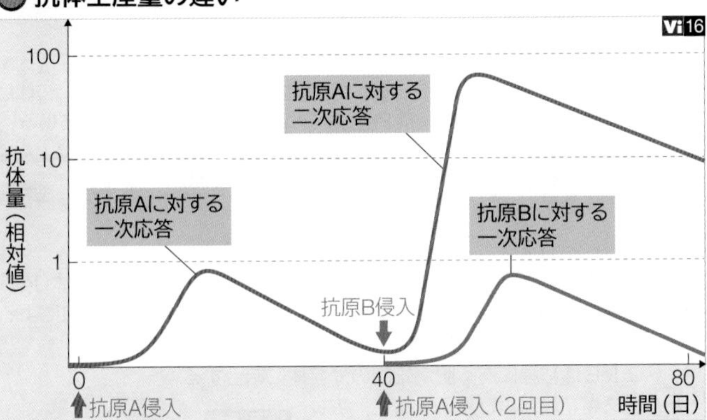


2回目の反応の方が速く，大量の抗体が分泌される。
これは，記憶B細胞がかなりの数残されており，形質細胞への分化の途中の状態にあるため抗体が素早くつくられるためである。

### 予防接種

殺した病原体(不活化ワクチン)や弱毒化した病原体(生ワクチン)，弱毒化した毒素(トキソイド)を人体に接種して記憶細胞を形成させ，病気を予防する方法。感染症の予防として非常に有効で，天然痘をはじめ多くの病気が根絶，またはそれに近い状態になっている。

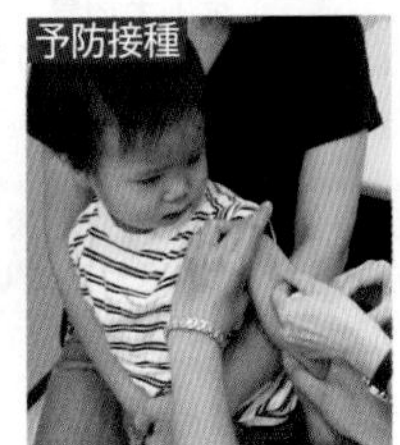
予防接種

TRY 予防接種してからある程度の期間がたった後に抗体量を測定したところ，抗体量はピークの1/10だった。このことから，予防接種の効果はあったと考えられるか。

### 細胞性免疫の二次応答

他個体の組織を移植すると，通常，**キラーT細胞**によって移植片が攻撃を受け脱落してしまう。この場合も，2回目の方が1回目より早く脱落する。

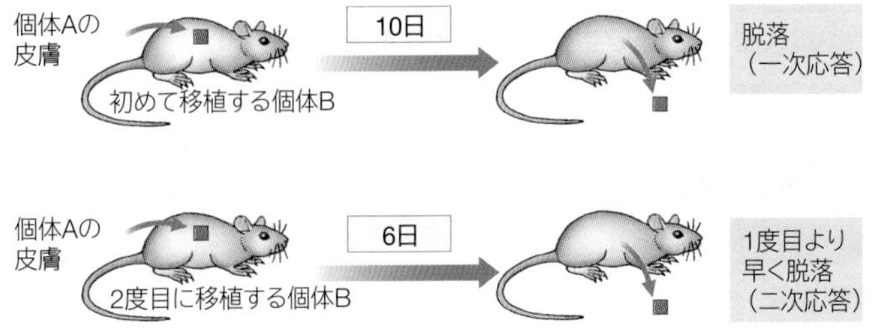


TRY 個体Cで移植片が活着したのはなぜだろうか。

### 血清療法

ウマやウサギなどの動物に病原体や毒素を接種して抗体をつくらせ，その抗体を含む**血清**を患者に接種して病気を治療する方法。ジフテリア，破傷風，ヘビ毒中毒症，ボツリヌス毒素中毒症などの治療法として用いられている。同種動物血清の2度目の接種により，深刻なアレルギー(⇒ p.212)を引き起こす。

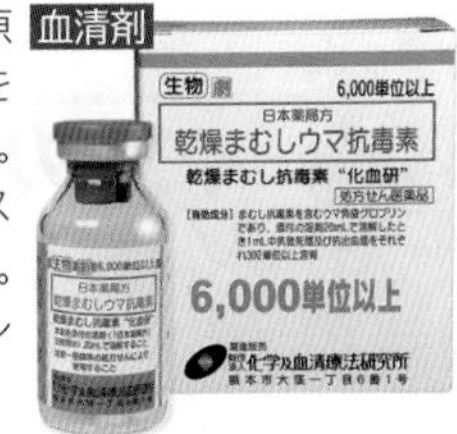

血清剤

### TOPICS ヌードマウス

体毛と胸腺をつくる遺伝子は共通しており，この遺伝子に突然変異が起こると体毛も胸腺もないネズミ(ヌードマウス)になる。このネズミは免疫がうまく働かないため，移植をしても拒絶反応は起こらない。簡単に移植ができるのでがんの研究などに使われる。

### POINT 獲得免疫の特徴

①抗原特異性……獲得免疫の細胞は特定の抗原だけを攻撃(特定の抗原だけを認識できる受容体をもつ)し，他の抗原には無力である。
②多様性…………いかなる抗原にも対応できるよう，極めて多種類の細胞(抗原受容体)が用意されている。
③自己寛容………自己の成分(自己抗原)には反応しない。
④免疫記憶………活性化したT細胞やB細胞は記憶細胞を残し，2回目の感染のときには1回目より速く強い反応を起こす。

WORD 免疫寛容⇔免疫トレランス⇔トレランス　クローン選択説⇔選択説　主要組織適合性複合体⇔主要組織適合遺伝子複合体　MHC分子⇔主要組織適合性抗原　二次応答⇔二次反応　トキソイド⇔変性毒素

# 16 免疫とヒト
Immunity and human

## A 血液型
2 種類の血液を混ぜると凝集が起こることがある。凝集反応は抗原抗体反応の一種であり，血液型はこの反応の有無によって分類される。 生物基礎

### ABO 式血液型
赤血球表面の**凝集原**(抗原)A，B と血清中の**凝集素**(抗体)$\alpha$，$\beta$の有無によって 4 種の型に分類される。A と$\alpha$，B と$\beta$が同時に存在すると凝集が起こる。

| 血液型 | A 型 | B 型 | AB 型 | O 型 |
|---|---|---|---|---|
| 赤血球表面の凝集原 | A | B | A・B | なし |
| 血清中の凝集素 | $\beta$ | $\alpha$ | なし | $\alpha$・$\beta$ |
| 抗 A 血清(凝集素$\alpha$を含む)に対する赤血球凝集反応 | 凝集 | | 凝集 | |
| 抗 B 血清(凝集素$\beta$を含む)に対する赤血球凝集反応 | | 凝集 | 凝集 | |

TRY A 型の血液を O 型の個体に輸血することはできるか。

### Rh 式血液型
アカゲザル(*Rhesus monkey*)の赤血球表面にある **Rh 抗原**の有無によって $Rh^+$型と $Rh^-$型に分類される。メンデル遺伝(⇒ p.135)に従い，$Rh^+$型が顕性である。$Rh^-$型のヒトに Rh 抗原を接種すると抗 Rh 抗体が形成される。

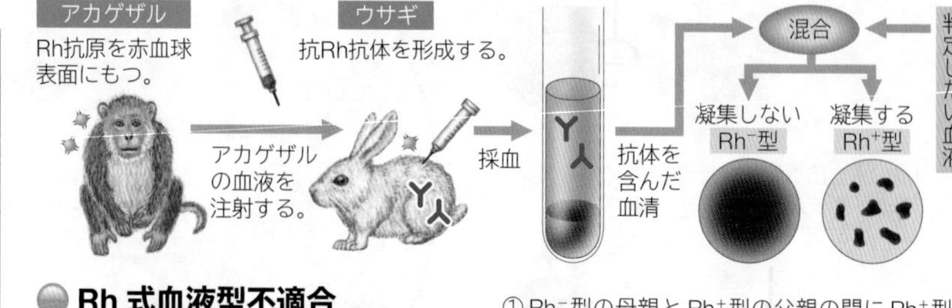


### Rh 式血液型不適合

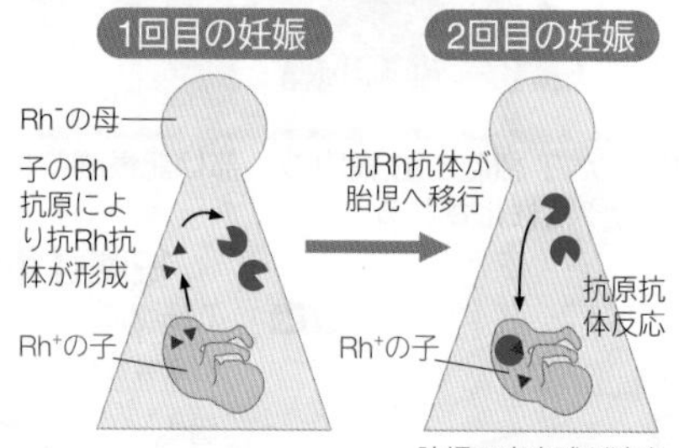


① $Rh^-$型の母親と $Rh^+$型の父親の間に $Rh^+$型の第 1 子が生まれたとき，子の Rh 抗原によって母体に抗 Rh 抗体が生じる。
②この母親が $Rh^+$型の第 2 子を受胎すると，母体の抗 Rh 抗体が胎盤を通って胎児に移行し，Rh 抗原との抗原抗体反応によって胎児の赤血球を攻撃する(**血液型不適合**)。その結果，胎児の赤血球は溶血を起こし，重度の貧血状態(新生児溶血症)で生まれてくる場合がある。
現在では，出産後の母親に強力な抗 Rh 抗体を接種して胎児由来の Rh 抗原を取り除き，母体に抗 Rh 抗体をつくらせないことで予防している。

## B アレルギー
過敏な免疫反応によって生体に不都合が生じることをアレルギーという。アレルギーの原因となる花粉やダニなどの抗原を特にアレルゲンと呼ぶ。 生物基礎

### 即時型アレルギー
抗原が侵入してから発症するまでの時間が短い(例 花粉症，じんましん，アナフィラキシーショック)。

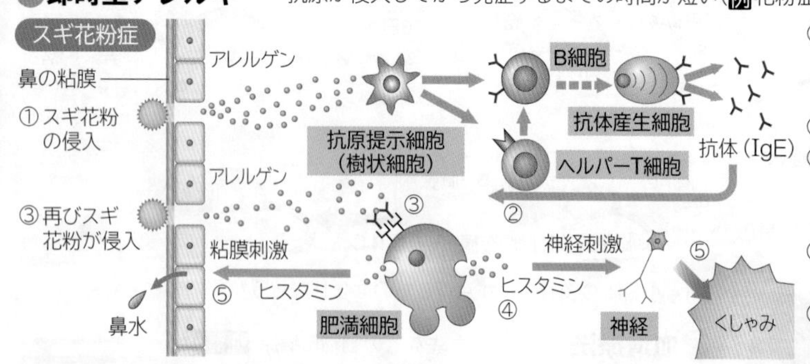


①スギ花粉が侵入すると，その一部がアレルゲンとなり，抗体(IgE)がつくられる。花粉症にならない人では，ヘルパー T 細胞による B 細胞の活性化が抑制されている。
② IgE は粘膜にある**肥満細胞**の受容体に結合する。
③スギ花粉が再び侵入すると，アレルゲンが肥満細胞上の IgE と結合する。
④肥満細胞から**ヒスタミン**と呼ばれる化学物質が分泌される。
⑤ヒスタミンは粘膜や神経を刺激して，**鼻水やくしゃみ**を起こさせる。

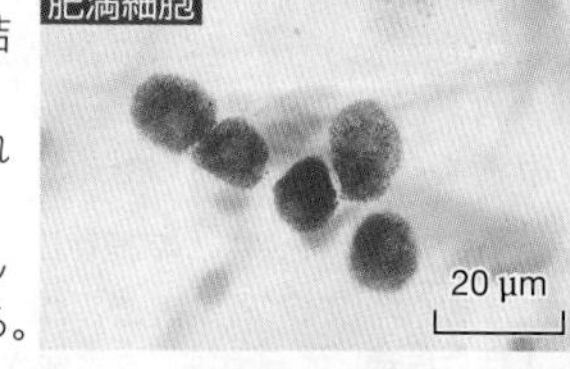


## C インフルエンザ
インフルエンザは RNA を遺伝物質とするウイルスで変異が速く，表面にある HA，NA というタンパク質に変異が多いため，免疫で対応しにくい。 生物基礎

NA(ノイラミニダーゼ)　HA(ヘマグルチニン)
RNAポリメラーゼ
遺伝子RNA
脂質二重層
タンパク質の殻
100 nm

例 スペイン風邪：H1N1，香港風邪：H3N2，高病原性鳥インフルエンザ：H5N1

インフルエンザウイルスの特徴
遺伝物質：RNA(8 分割されている)
HA：細胞に侵入する際に必要なタンパク質。16 種類の亜型が発見されている。
NA：細胞から脱出する際に必要なタンパク質。9 種類の亜型が発見されている。
どのような生物に感染するかは HA の型で，体内で増殖するか否かは NA の型で決まるといわれている。

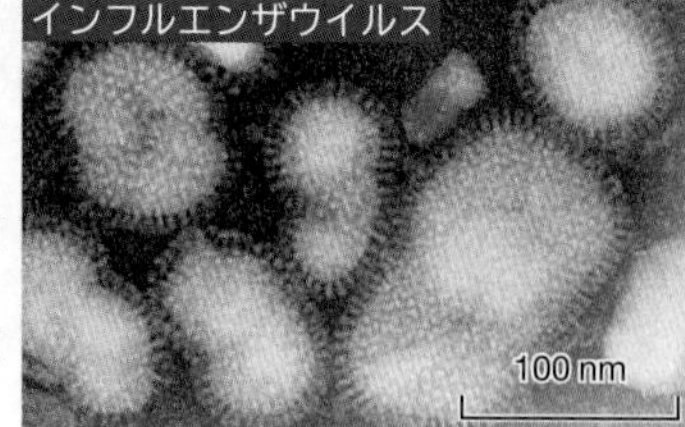


### TOPICS がんと免疫
がん細胞の MHC には特異的な抗原があり，通常はキラー T 細胞に攻撃にされて排除される。ところがある種のがんの細胞は，細胞表面にある物質でキラー T 細胞の働きを抑制・不活性化して免疫から逃れて増殖するため，がんに発達することがある。
本庶佑はがん細胞のもつ抑制物質(PD-1)を発見し，2018 年ノーベル医学・生理学賞を受賞した。本庶の発見は，免疫の不活性化を防ぐことでがん治療を行う薬として実用化されている。


WORD Rh 抗原⇔ Rh 因子　アレルギー⇔過敏症　即時型アレルギー⇔アナフィラキシー　肥満細胞⇔マスト細胞　DNA ⇔デオキシリボ核酸

## D エイズ

免疫機能が極端に低下した状態を免疫不全という。エイズ(AIDS)は，後天性免疫不全症候群の略称で，ヒト免疫不全ウイルス(HIV)によって発症する。 生物基礎

### HIVの構造

HIV(**H**uman **I**mmunodeficiency **V**irus)は，RNAを遺伝子とし，**逆転写酵素**をもつレトロウイルスに属する。感染者の血液や精液などに多く含まれ，性交渉や輸血などを通して感染する。空気感染することはない。

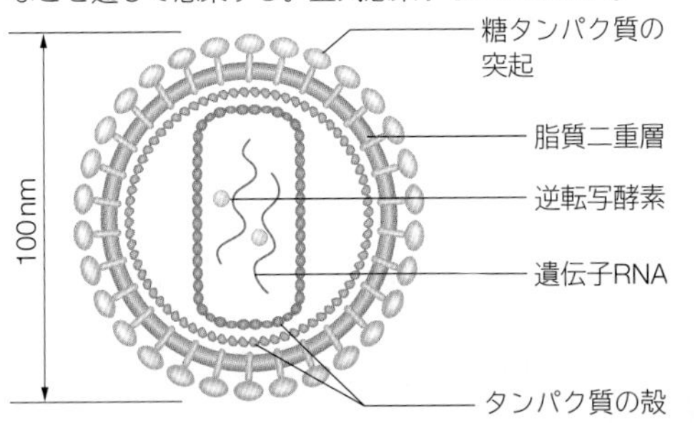


宿主細胞内で増殖したHIV

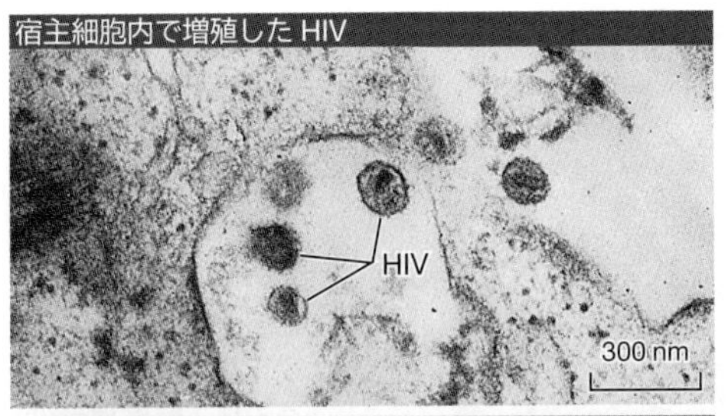


宿主細胞の細胞膜を奪いながら細胞外に飛び出すHIV

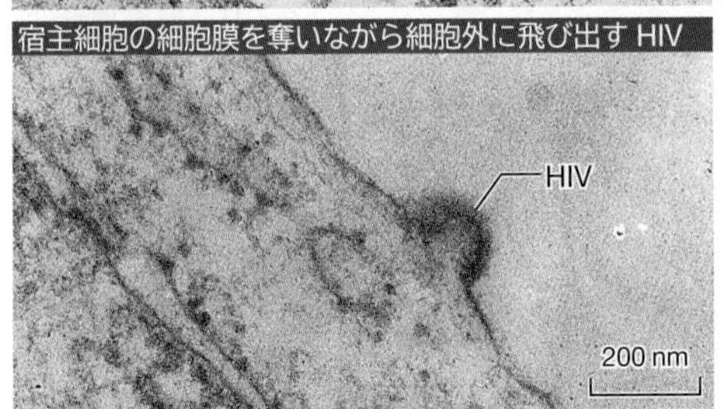


### HIVの感染・増殖

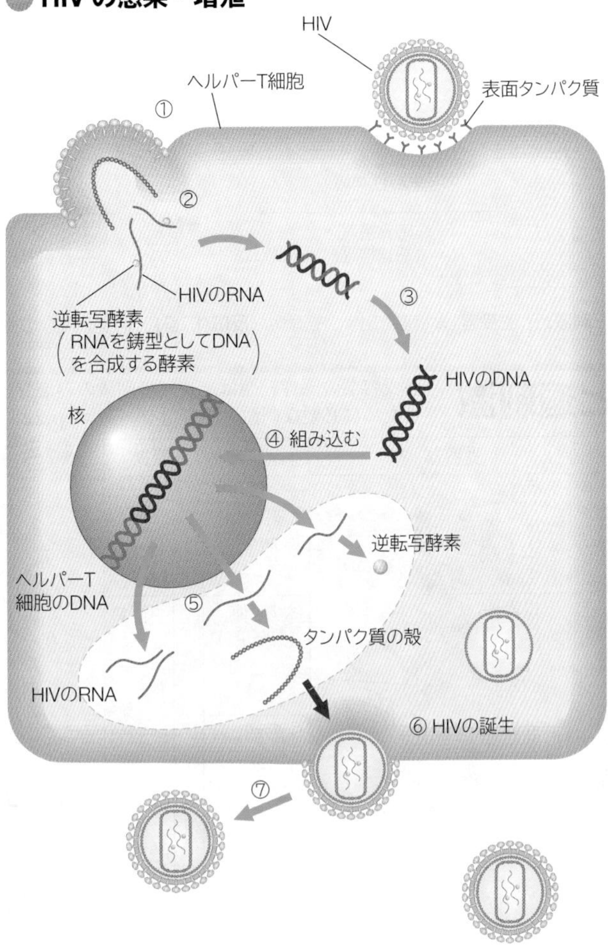


①HIVが宿主となるヘルパーT細胞に結合する。

②HIVのRNAと逆転写酵素が細胞内に侵入する。

③逆転写酵素によってウイルスRNAから2本鎖のウイルスDNAが合成される。

④ウイルスDNAが核内に侵入し，宿主のDNAに組み込まれる(この状態をプロウイルスという)。

⑤長い潜伏期を経て，宿主(ヘルパーT細胞)が活性化されると，ウイルスDNAが活発に転写・翻訳されて，ウイルスRNAやウイルスタンパク質がつくられる。

⑥ウイルスRNAとウイルスタンパク質から新しいHIVが多数形成される。

⑦新しいHIVは細胞膜の脂質成分を取り込んで細胞外に出る。細胞膜を奪われた宿主のヘルパーT細胞は死ぬ。

## E 自己免疫疾患

自己寛容が破たんし，免疫が自分の正常な細胞に対して働くことで起こる様々な症状を自己免疫疾患という。 生物基礎

### 自己免疫疾患の例

| 病名 | 攻撃を受ける場所 | 主な症状 |
|---|---|---|
| 関節リウマチ | 関節面の骨端表面を覆う滑膜細胞 | 関節炎，関節の破壊 |
| 全身性エリテマトーデス | 細胞の核の成分(抗核抗体，DNA抗体) | 顔の蝶形紅斑，発熱，筋肉痛，関節炎，腎炎，肺炎 |
| Ⅰ型糖尿病 | すい臓ランゲルハンス島B細胞 | インスリンの生成量・分泌量低下 |
| 重症筋無力症 | 神経筋接合部のアセチルコリン受容体 | 筋力低下 |
| バセドウ病 | 甲状腺刺激ホルモン受容体 | 受容体に抗体が結合し，甲状腺ホルモンが過剰に分泌される |

## F 臓器移植

臓器移植は，MHC分子の型が一致しないと免疫による攻撃(**拒絶反応**)を受けてしまい，生着しない。 生物基礎

### 拒絶のしくみ

移植された臓器から遊離した抗原をマクロファージや樹状細胞が見つけて，ヘルパーT細胞を活性化する。ヘルパーT細胞は，キラーT細胞やB細胞を活性化する。

**急性拒絶反応**は，キラーT細胞による攻撃で，移植後1週間から3か月の間に起こる。急性拒絶反応を繰り返し抑えるために**免疫抑制剤**が使われる。

**慢性拒絶反応**は，抗体による攻撃で，移植後3か月以降に発症する。

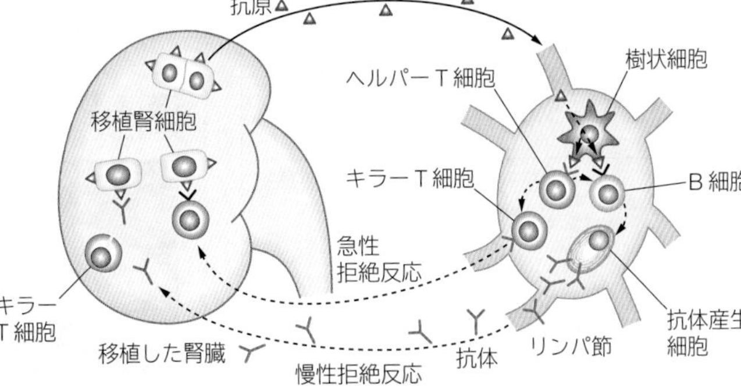


ヒト白血球型抗原(HLA；ヒトのMHC分子のこと)

複数の遺伝子座に非常に多くの対立遺伝子が存在するため，血縁関係のない他人と一致する確率は極めて低い。T細胞が，自己と非自己を見分ける目印になり，臓器移植の際，他人のHLAは非自己とみなして攻撃・排除しようとする(拒絶反応)。

# 1 刺激の受容と感覚

Stimulus reception and sensation

## A 受容と反応

受容器が受容した刺激は**中枢神経系**(大脳)に伝えられ，知覚が生じる。中枢神経系は，感覚情報を統合して効果器に指令を出し，反応が起こる。

生物

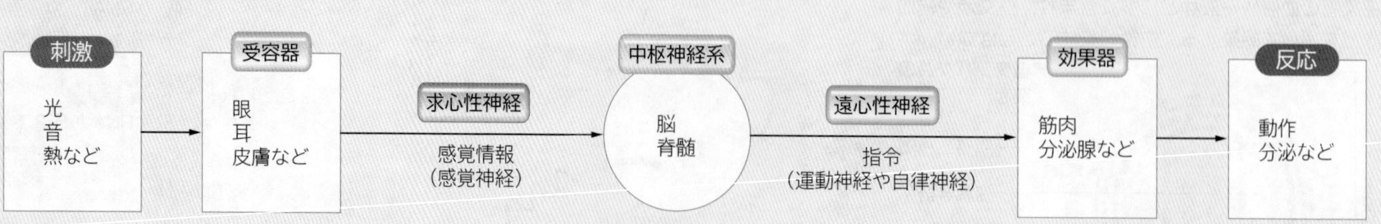


動物は，外部環境の変化を**刺激**として**受容**し，刺激に応じた適切な**反応**(**応答**)を示す。刺激の受容には**受容器**が，反応には**効果器**がそれぞれ働く。

## B 受容器と適刺激

各受容器の感覚細胞は，特定の刺激のみを受容する。この刺激を**適刺激**という。反応が生じるために必要な刺激の最少量を**閾値**(いきち)(⇒ p.223)という。

生物

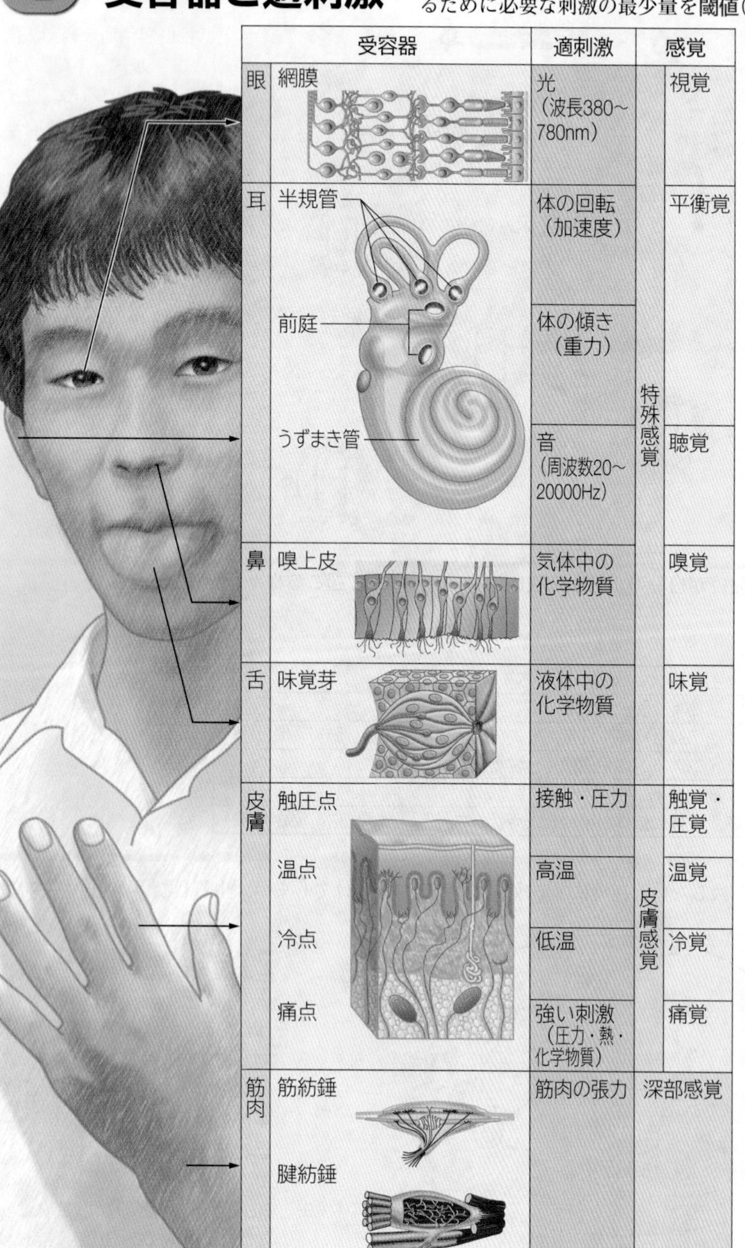

| | 受容器 | 適刺激 | | 感覚 |
|---|---|---|---|---|
| 眼 | 網膜 | 光(波長380～780nm) | 特殊感覚 | 視覚 |
| 耳 | 半規管 | 体の回転(加速度) | 特殊感覚 | 平衡覚 |
| 耳 | 前庭 | 体の傾き(重力) | 特殊感覚 | 平衡覚 |
| 耳 | うずまき管 | 音(周波数20～20000Hz) | 特殊感覚 | 聴覚 |
| 鼻 | 嗅上皮 | 気体中の化学物質 | 特殊感覚 | 嗅覚 |
| 舌 | 味覚芽 | 液体中の化学物質 | 特殊感覚 | 味覚 |
| 皮膚 | 触圧点 | 接触・圧力 | 皮膚感覚 | 触覚・圧覚 |
| 皮膚 | 温点 | 高温 | 皮膚感覚 | 温覚 |
| 皮膚 | 冷点 | 低温 | 皮膚感覚 | 冷覚 |
| 皮膚 | 痛点 | 強い刺激(圧力・熱・化学物質) | 皮膚感覚 | 痛覚 |
| 筋肉 | 筋紡錘<br>腱紡錘 | 筋肉の張力 | 深部感覚 | |

### ミュラーの法則

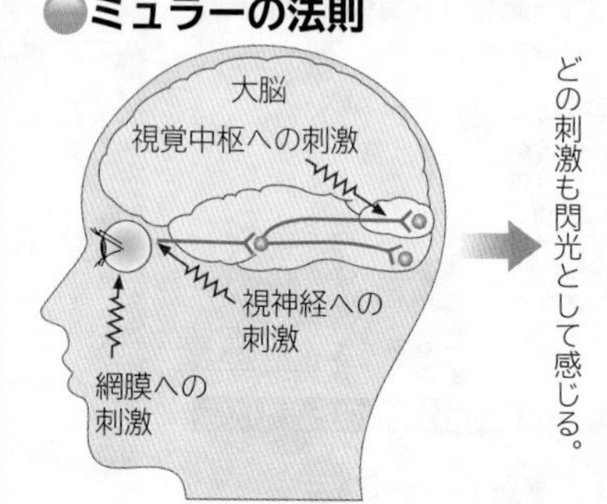


受容器から中枢までの経路では，その途中の部分がどのような刺激を受けても決まった感覚が生じる。

柱に頭をぶつけたときなどに「目から火が出る」のは，視神経が，光以外の刺激で興奮する例である。

### ウェーバーの法則

ウェーバーの法則は，近似的な経験法則として各種感覚に適用される。刺激(R)と，感知できる限界変化量(ΔR)の関係(ウェーバー比，K)を ΔR/R＝K と表す。強い刺激を受け続けているときは，変化量を大きくしないと刺激の変化を感知することができない。

### TOPICS 脊椎動物の特殊な受容器

魚類や両生類には，体の両側に**側線器**と呼ばれる機械受容器が存在する。側線器は水流の圧力を感知して，流れの速力と方向を認知する。

マムシ科のヘビには，顔面の両側に**赤外線受容器**が存在する。赤外線受容器は，動物から発せられるわずかな赤外線(熱)を感知する。これにより夜間でもネズミなどの小動物を捕らえることができる。

# 2 視覚器(1)
Optic organ 1

## A ヒトの眼球の構造と働き

眼は代表的な**視覚器**である。ヒトの眼球は，カメラとよく似た構造をしているので，カメラ眼と呼ばれる。**水晶体**はレンズ，**虹彩**はしぼりに相当する。 生物

### 眼球の構造(右眼の水平断面を上から見た図)

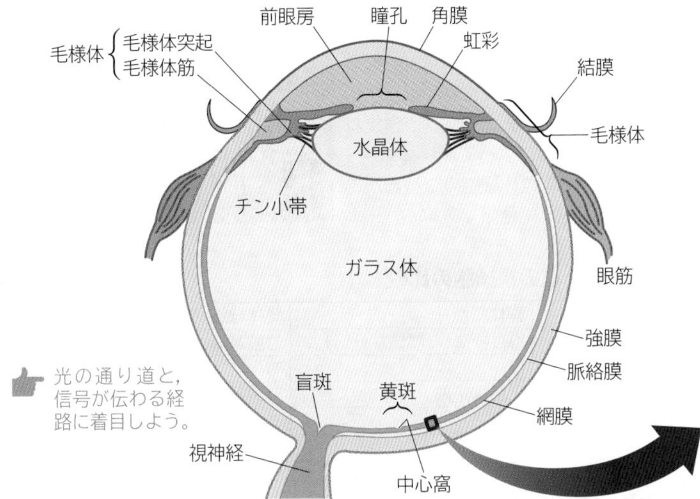


光の通り道と，信号が伝わる経路に着目しよう。

**強膜**：強靭な白い膜。前面は透明な角膜になっている。
**脈絡膜**：色素と血管に富み，遮光の働きとともに網膜に栄養を与えている。前面は毛様体と虹彩になっている。
**網膜**：眼球内面を覆い，光刺激を視細胞で受容する。
**黄斑**：網膜の中心付近の黄褐色に見える部分。錐体細胞の密集部分。
**盲斑**：視神経細胞の神経繊維が眼球の外へ出るところで，視細胞がない。

### 網膜の構造と光の受容

光は，視神経細胞や双極細胞の層を通過して，**視細胞**で受容される。受容された情報は 双極細胞→視神経細胞→脳 と伝えられる。

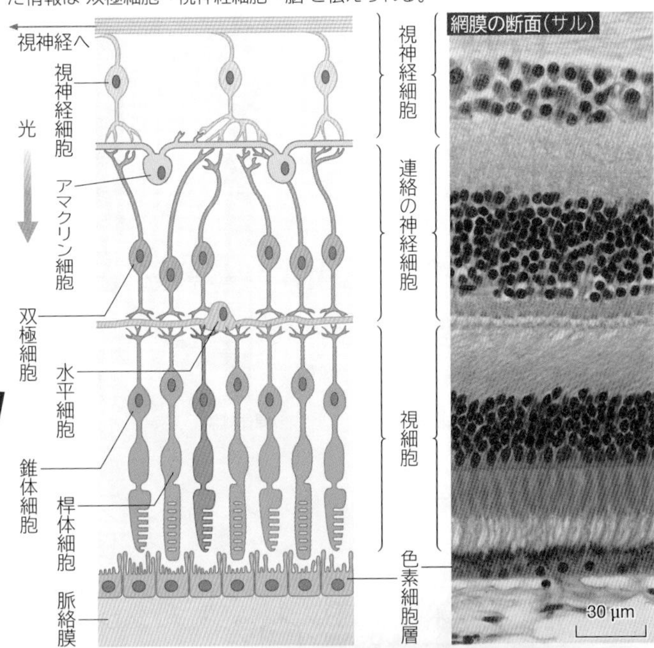


### 視細胞の分布(右眼)

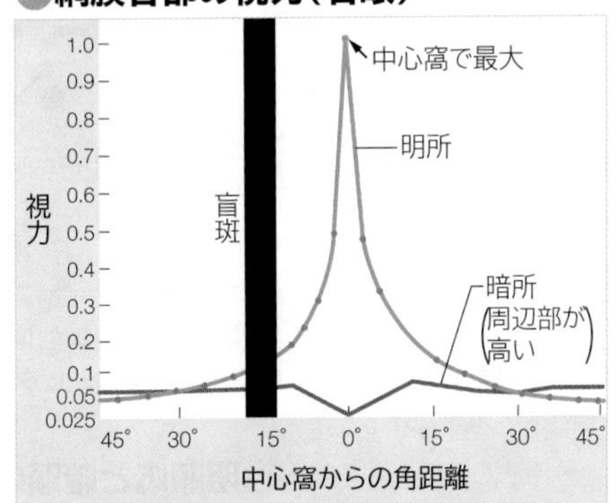


光をよく感じる**黄斑**付近には錐体細胞が多く存在し，**盲斑**にはどちらの視細胞も存在していない。

### 網膜各部の視力(右眼)



明所では，錐体細胞が多く存在する中心窩で視力が高い。暗所では，桿体細胞が多く存在する周辺部で視力が高い。

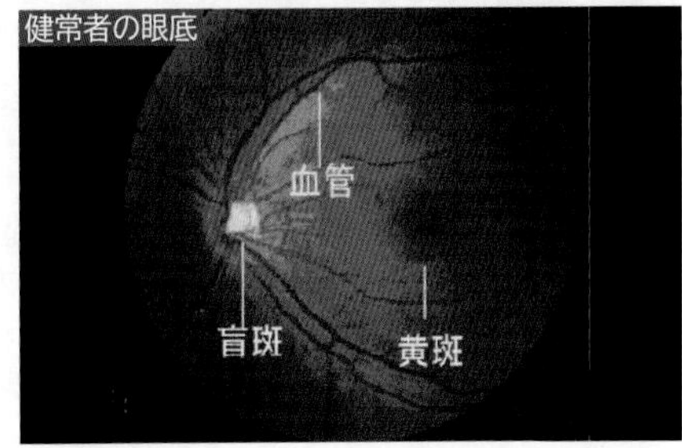


盲斑は視神経繊維が集まっていて，光の反射が大きく白っぽく見える。

TRY 暗所では，中心窩よりも周辺部の視力が高いのはなぜか。桿体細胞，錐体細胞の機能(⇒ p.216)に注意して説明しよう。

### ADVANCE 中心窩の構造

黄斑(直径 2 mm 程度)の中央部分は網膜がややくぼんでいて**中心窩**と呼ばれる。中心窩(直径 0.5 mm 程度)はものを注視するときにその像が結像する部分で，網膜の中で最も分解能が高く，高い視力が得られる部分である。中心窩では，桿体細胞はなく最も小さい錐体細胞が高密度に集まっている。また，視細胞に接続する細胞が脇側にずれて配置されていて，視細胞に到達する光の散乱を小さくしている。

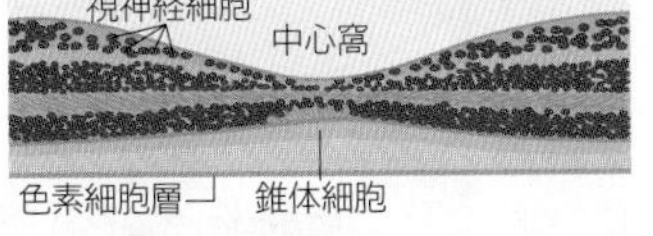


### 実験 盲斑の確認

黒丸を左眼の正面から 20cm 離し，右眼を閉じて左眼でゆっくり 1 から順に数字を読んでいく。あるところで，黒丸が見えなくなる。さらに進んで行くと，黒丸が見えるようになる。黒丸が見えなくなったとき，盲斑上に像が結ばれている。

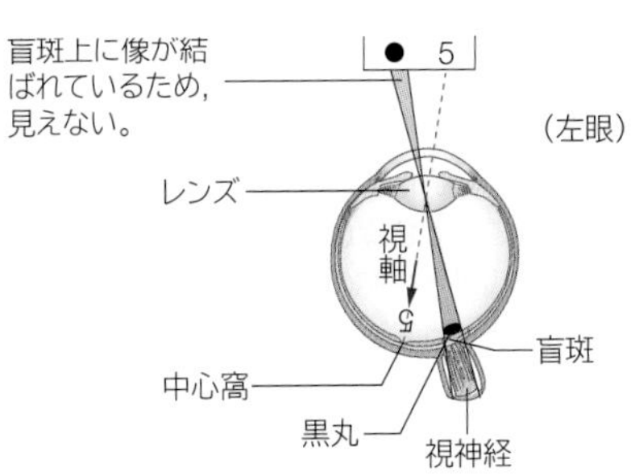


● 1 2 3 4 5 6 7 8

# 3 視覚器(2)

Optic organ 2

## A 視細胞と光の受容

錐体細胞は感度が低く，強光下で働き，色の識別ができる。桿体細胞は感度が高く，弱光下でも働くが，色の識別はできない。

生物

### 視細胞の構造

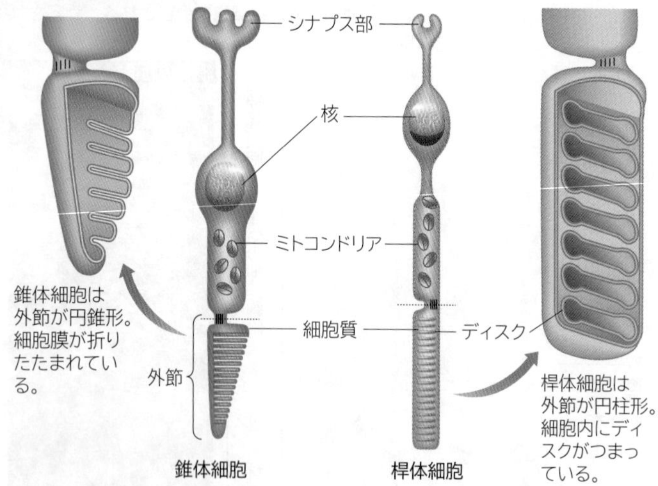


視細胞の外節は，桿体細胞は円柱形，錐体細胞は円錐形をしている。どちらも外節は層状構造をもち，膜でできたへん平なディスク(円板)が積み重なっている。ディスクの膜には視物質が組み込まれている。錐体細胞は，含まれる視物質の種類によって赤錐体細胞・緑錐体細胞・青錐体細胞の３種類がある。桿体細胞は１種類である。

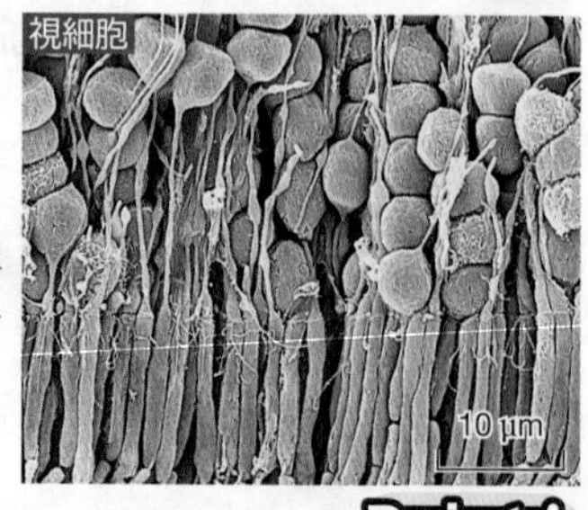


**Point!**

**ヒトの２種の視細胞の比較**

| | 桿体細胞 | 錐体細胞 |
|---|---|---|
| 光感受性 | 感度が高い(閾値が低い) | 感度が低い(閾値が高い) |
| 色の識別 | 無 | 有 |
| 分布 | 網膜周辺部 | 黄斑と中心窩に集中 |
| 種類 | １種類 | 赤・緑・青錐体細胞がある |
| 視力 | 低い | 高い |

### 視物質

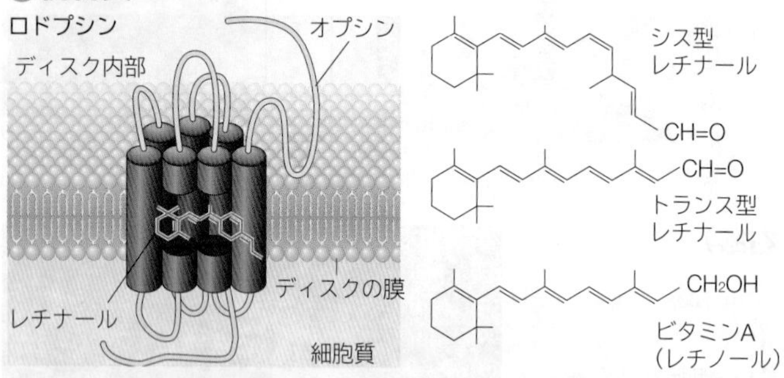


視細胞の外節に含まれる感光性色素タンパク質を**視物質**という。桿体細胞の視物質は**ロドプシン**で，タンパク質であるオプシンとビタミンＡのアルデヒド型であるレチナールが結合している。レチナールには，立体構造の異なるシス型とトランス型があり，ロドプシンの成分はシス型である。一方，錐体細胞の視物質は**フォトプシン**と総称される。フォトプシンを構成するオプシンは３種の錐体細胞によって異なるが，レチナールは同じである。つまり，視物質のレチナールは桿体細胞と錐体細胞で全く同じである。

### 桿体細胞のロドプシンとレチナールのサイクル

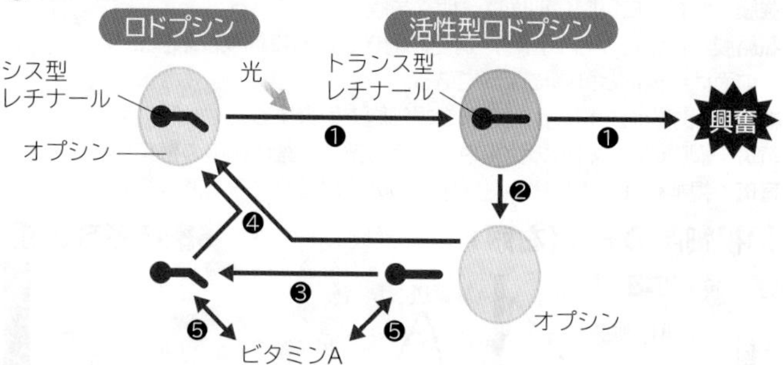


❶ロドプシンは光を吸収するとレチナールがシス型からトランス型に変換されて活性型ロドプシンになる。これにより桿体細胞の活性化と視神経細胞の興奮が起こり，視覚経路に伝えられる。❷レチナールがオプシンから離れる。❸異性化酵素によりトランス型レチナールをシス型レチナールに変換する。❹シス型レチナールとオプシンよりロドプシンが再合成される。❺レチナールは，ビタミンＡから合成される。

### 錐体細胞と色覚

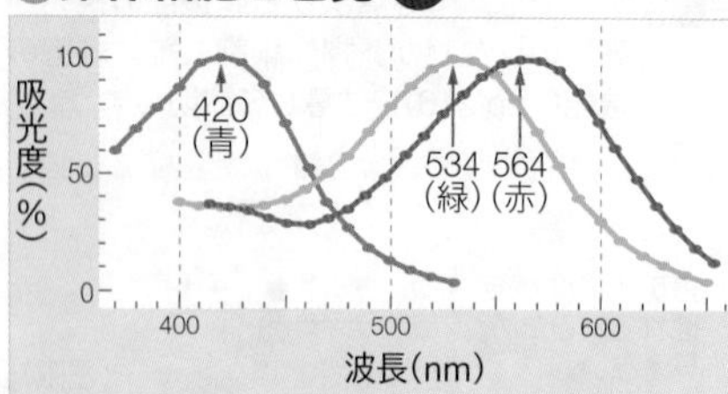


光の波長の違いは色の違いとして感じられ，この感覚のことを**色覚(色感覚)**という。図は，ヒトの３種の錐体細胞の吸収スペクトルで，数値は，吸収が極大になる波長を表している。色覚は，反応を起こす３種の錐体細胞の種類や反応の割合から脳が統合して生じる。

なお，白に相当する単一波長の光は存在せず，３つの錐体細胞がほぼ均等に刺激を受けると，ヒトは白を見ている感覚をもつ。

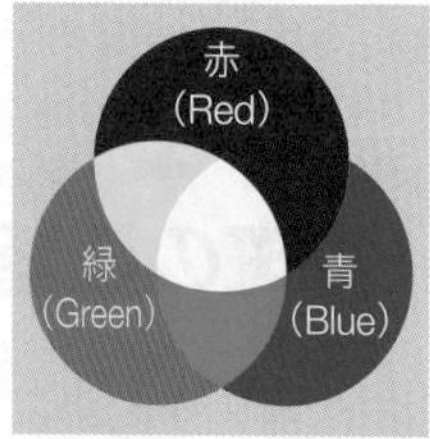


赤・緑・青の三色を**光の三原色**という。これらの３色の強度を組合せて様々な色を表現できる。それは，青・緑・赤錐体細胞の３つの視細胞の反応の割合を脳で統合して様々な色として認識するからである。

### 明順応と暗順応

明順応　暗所から明所に入ると，まぶしく感じるが，眼の光に対する感度が低下してやがて正常に見えるようになる。この現象を**明順応**という。

暗順応　明所から暗所に入ると，はじめはよく見えないが，やがて，眼の感度が上がってよく見えるようになる。これを**暗順応**という。

下図は，暗所に入った時点から一定間隔で広い視野における眼の感度を測定したグラフである。①相は，錐体細胞による順応によるもので，感度が10倍程度上がる。錐体細胞は光に対する応答が速い。②相は，桿体細胞によるもので，感度は1000倍以上上がるが，順応に時間がかかる。

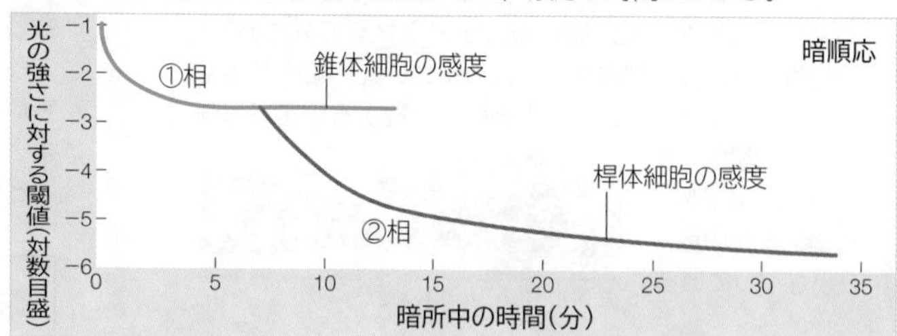




WORD 桿体細胞⇔桿状体細胞⇔棒細胞　錐体細胞⇔錐状体細胞⇔円錐細胞　フォトプシン⇔アイオドプシン⇔イオドプシン

## B ヒトの眼の調節

ピントの調節は毛様筋が，瞳孔の大きさによる明暗調節では虹彩にある２種類の筋肉が重要な役割を果たしている。

生物

### 遠近調節

毛様体の筋肉の働きと水晶体自身の弾性によって，ピントが調節される。

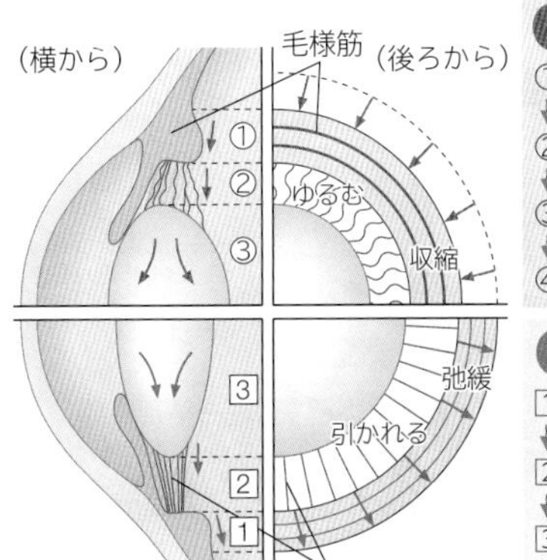


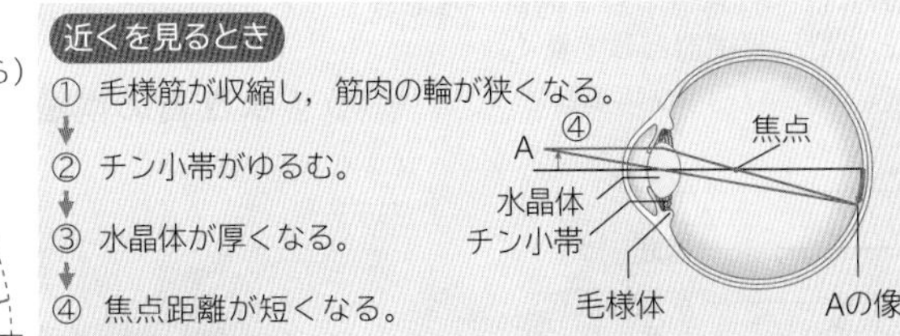

近くを見るとき
① 毛様筋が収縮し，筋肉の輪が狭くなる。
② チン小帯がゆるむ。
③ 水晶体が厚くなる。
④ 焦点距離が短くなる。
A
④
焦点
水晶体
チン小帯
毛様体
Aの像

遠くを見るとき
1 毛様筋が弛緩し，筋肉の輪が広がる。
2 チン小帯が引かれる。
3 水晶体が引っ張られ，薄くなる。
4 焦点距離が長くなる。
B
④
焦点
Bの像




### レンズによる矯正

→は矯正された像

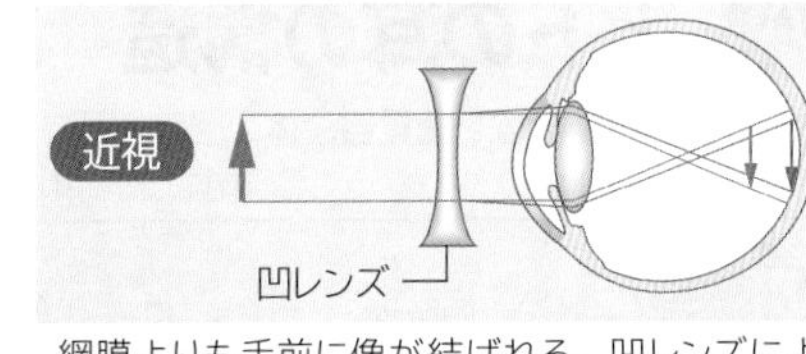


網膜よりも手前に像が結ばれる。凹レンズにより矯正できる。

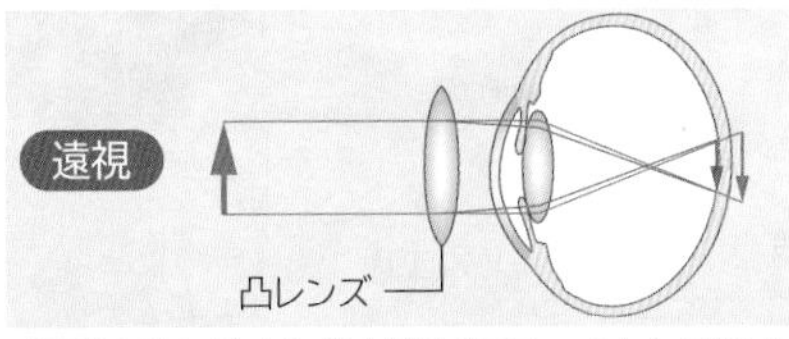


網膜よりも後方に像が結ばれる。凸レンズにより矯正できる。

### 光量調節

虹彩にある２種類の筋肉の働きで瞳孔の大きさが変化し，光量が調節される。

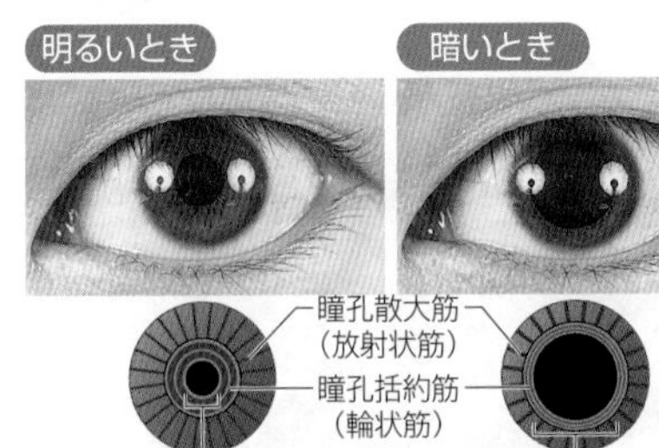


| 明所 | | 暗所 |
|---|---|---|
| 弛緩 | 瞳孔散大筋 | 収縮 |
| 収縮 | 瞳孔括約筋 | 弛緩 |

瞳孔の面積は，最大時と最小時で，約16倍の違いが生じる。瞳孔散大筋は交感神経，瞳孔括約筋は副交感神経の支配を受けている。

### ADVANCE ヒトの視覚経路と視野の欠損

**●視覚経路**　視覚情報を処理する神経経路のことを**視覚経路**という。耳側視野は鼻側の網膜，鼻側視野は耳側の網膜にそれぞれ投影される。網膜の鼻側半分からの視神経は**視交叉**で交叉し，網膜の耳側半分からの視神経は交叉しない。

こうして鼻側網膜からの情報は反対側の，耳側網膜からの情報は同じ側の視索・外側膝状体・視放線・一次視覚野に伝えられる。

**●視野の欠損**　視覚経路が障害されると視野の欠損をきたす。

【神経①の切断】
同側の眼が見えなくなる。
【視交叉②の切断】
両眼の耳側半分の視野が欠損する。
【視索③の切断】
反対側の視野が欠損する。

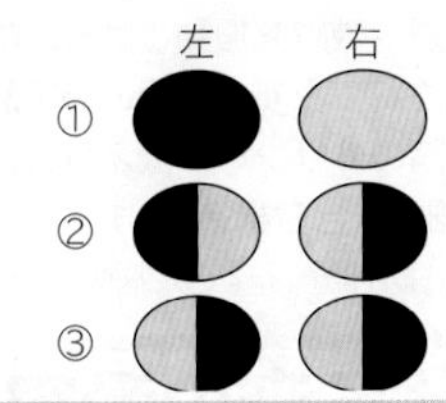


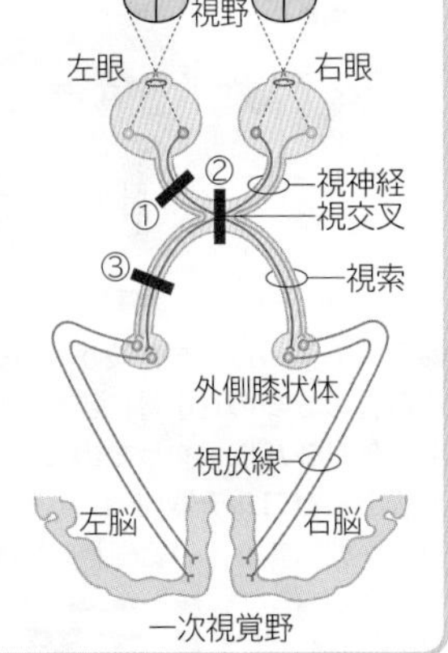


TRY 急に周囲が明るくなったときに，どのような反応が起こるか整理しよう。

## C いろいろな動物の視覚器

視覚器は，動物によって異なる構造をしている。

生物

### ミドリムシ（ミドリムシ類）の眼点と感光点

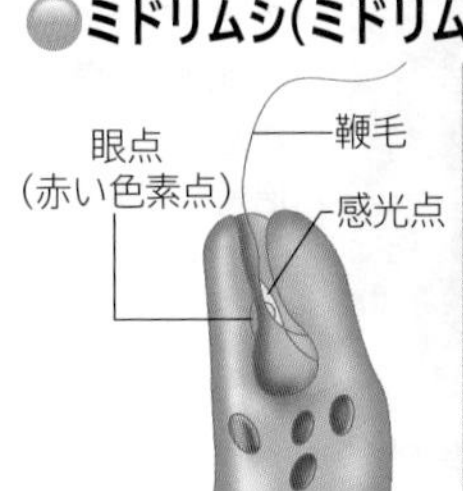


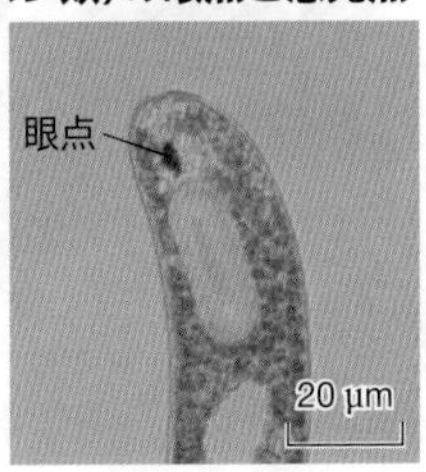


鞭毛の基部の**眼点**と**感光点**で光の強弱と方向を感じる。

### ミミズ（環形動物）の視細胞

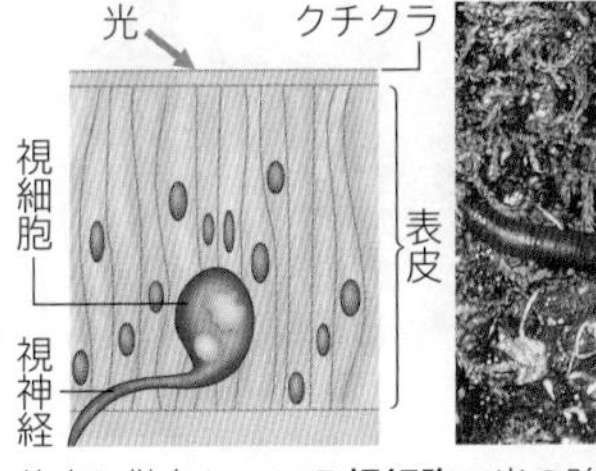


体表に散在している**視細胞**で光の強弱を感じる。

### プラナリア（扁形動物）の杯状眼

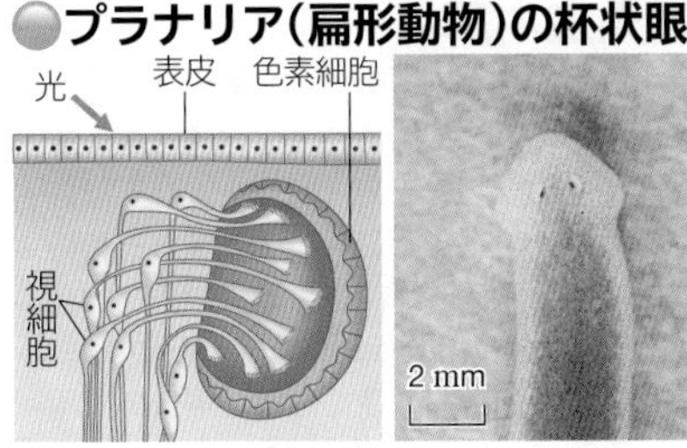

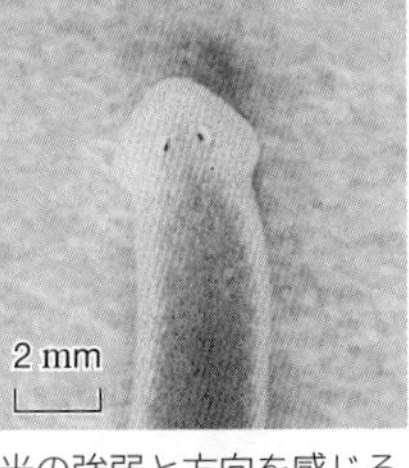


頭部にある一対の**杯状眼**で光の強弱と方向を感じる。

### タコ（軟体動物）のカメラ眼

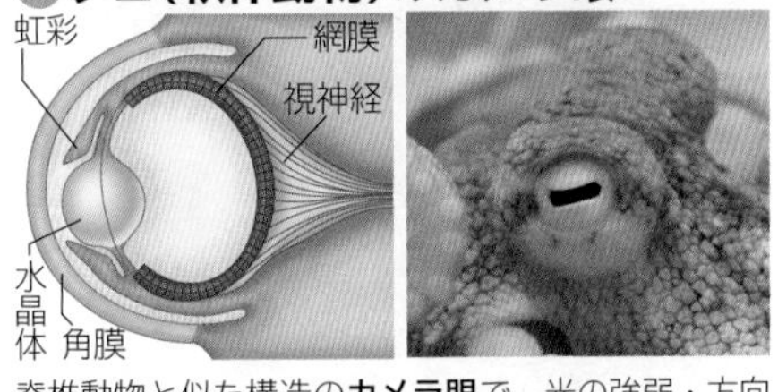

脊椎動物と似た構造の**カメラ眼**で，光の強弱・方向とともに，形を感じることができる。

### アリ（昆虫類）の複眼と単眼

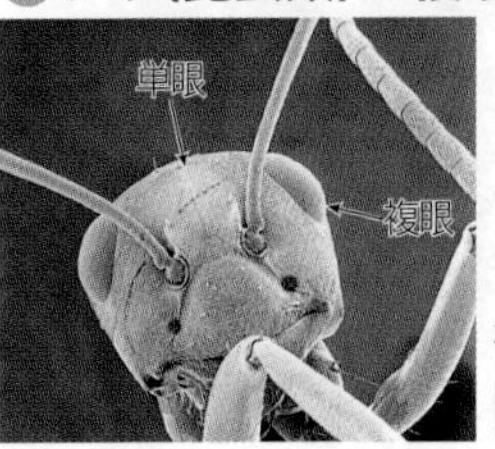


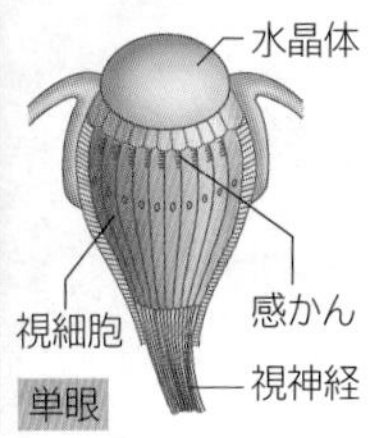


**単眼**は，光の強弱と方向を感じる。

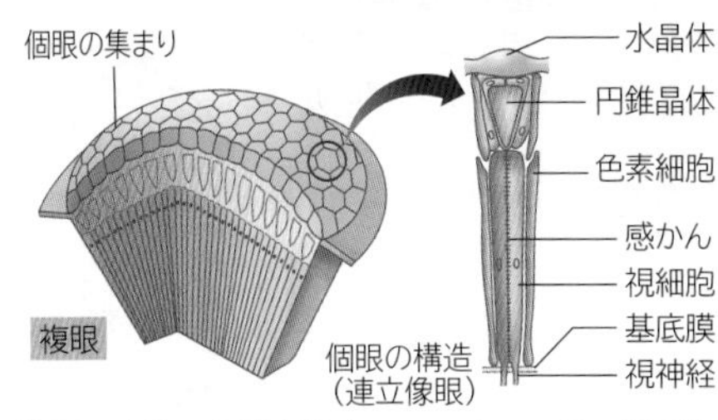


**複眼**は多数の**個眼**が集まってできている。光の強弱・方向とともに，形を感じることができる。



WORD 盲斑⇔盲点　黄斑⇔黄点　ガラス体⇔硝子体　水晶体⇔レンズ　チン小帯⇔毛様小帯⇔毛様体小帯　瞳孔⇔ひとみ

# 4 聴覚器・平衡器

Auditory organ and statoreceptor

## A ヒトの耳の構造

ヒトの耳は，**外耳・中耳・内耳**からできている。内耳の**うずまき管**は聴覚器として働き，**半規管**と**前庭**は平衡器として働く。 生物

音を受容する感覚器官を**聴覚器**，体の回転や傾きを受容する感覚器官を**平衡器**という。

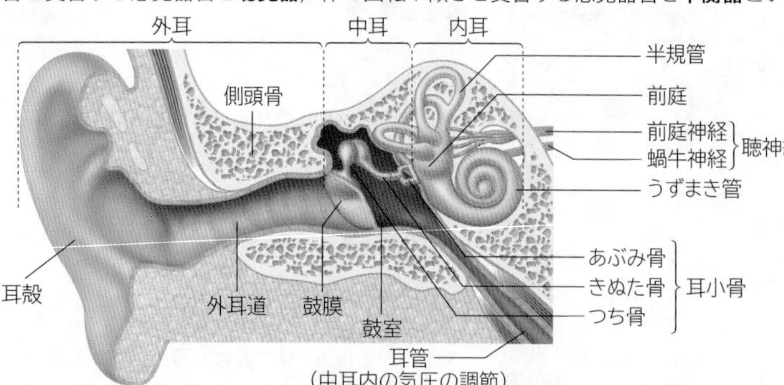


### ●うずまき管の構造

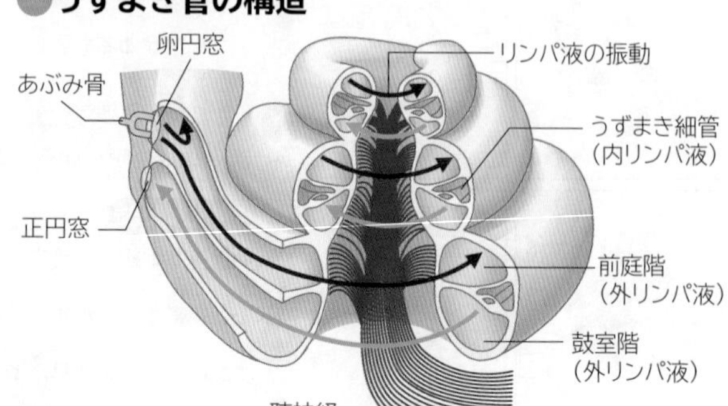


## B 音の伝導経路

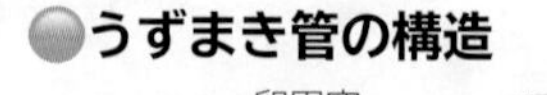

外耳を伝わってきた空気の振動は**鼓膜**と**耳小骨**で固体の振動に，さらに内耳のリンパ液の振動に変換された後，聴細胞の感覚毛の変化を引き起こす。 生物

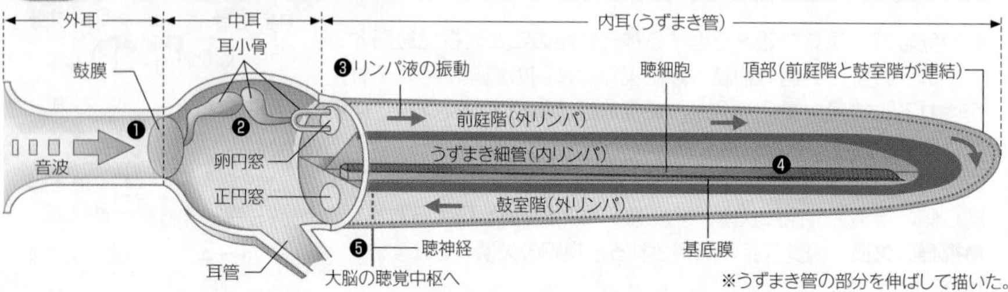


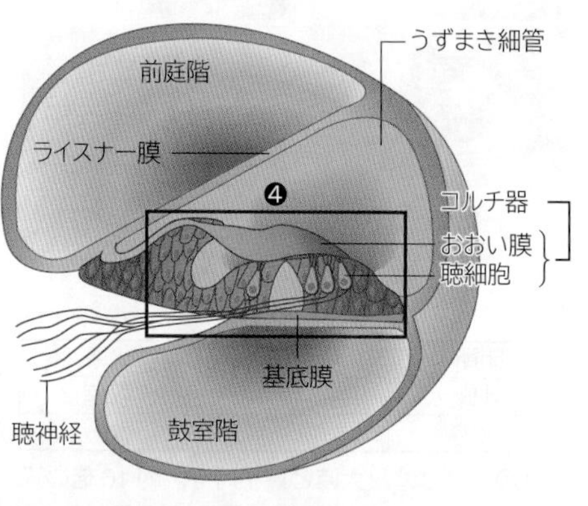


❶耳殻で集められた音波が外耳道を通り鼓膜を振動させる。❷鼓膜の振動が，**つち骨・きぬた骨・あぶみ骨**の３つの耳小骨によって増幅されてうずまき管の**卵円窓**を振動させる。❸卵円窓の振動は前庭階の**外リンパ**に伝わったのち，鼓室階の外リンパに伝えられ正円窓に達する。❹外リンパの振動が**基底膜**および**コルチ器**（おおい膜と聴細胞を含む構造）をゆらし，その結果**聴細胞**の感覚毛がゆがんで聴細胞が興奮する。❺聴細胞の興奮は，聴神経を経て大脳の聴覚中枢に伝えられ，聴覚が生じる。

## C コルチ器による音の受容

聴細胞は，コルチ器の変形に伴って感覚毛が曲がることにより興奮を起こす。このように，物理的刺激を受け取る受容器を**機械受容器**という。 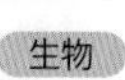

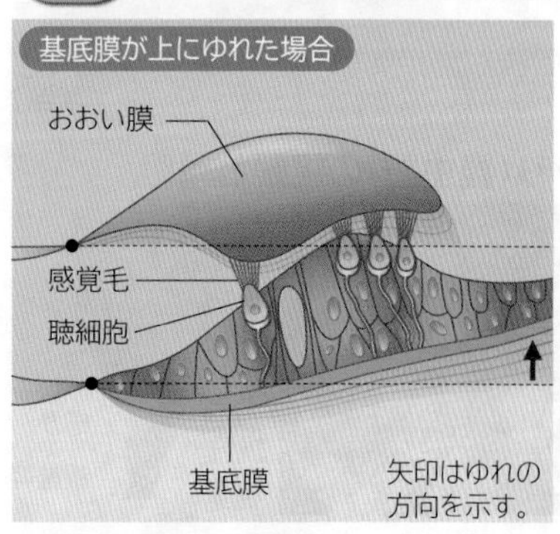


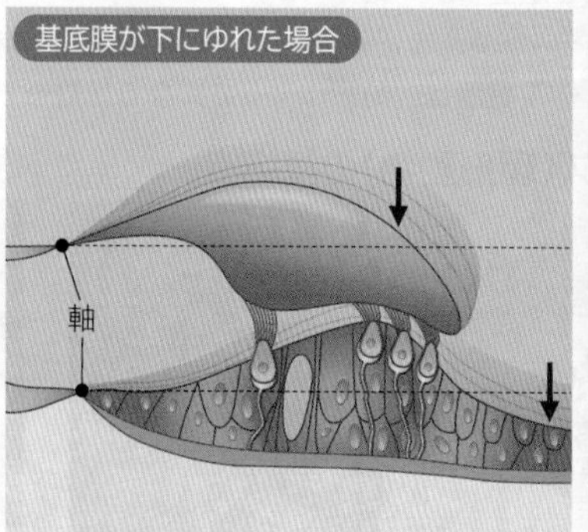


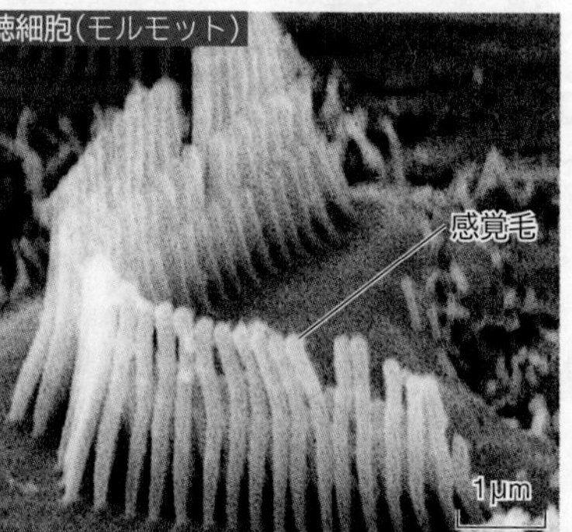


聴細胞は表面に感覚毛をもつ**有毛細胞**の一種である。うずまき管では15,000個の聴細胞が音の情報を電気信号に変えている。この信号を30,000本を超える聴神経が受容する。

### ●音の高低の識別

基底膜はうずまき管の卵円窓側で幅が狭く硬く，頂部に近いほど広く柔らかい。これらの性質から頂部に近いほど，周波数（Hz）の小さい音波（低音）で振動する。図は，ヒトの基底膜の模式図で，特定の周波数の音波に対して最大の振幅を起こす部位を表している。

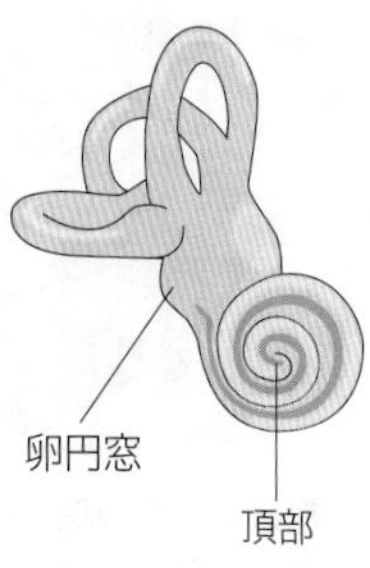


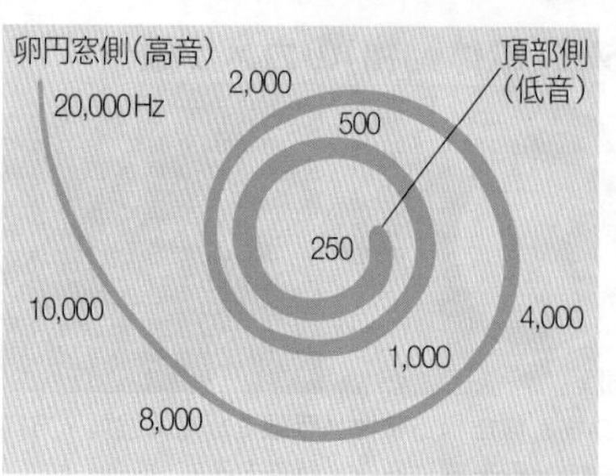


### TOPICS 難聴と人工内耳

難聴には，鼓膜や耳小骨の障害による伝音性難聴と内耳そのものの障害による感音性難聴とがある。感音性難聴の場合，これまで補聴器を用いる以外の治療方法がなかったが，最近ではうずまき管の中にワイヤー状の電極を埋め込む治療方法が開発されている。これが**人工内耳**である。両耳の聴細胞が障害を受け，高度な難聴になった場合の，極めて有効な治療方法として期待されている。



WORD 聴覚器⇔音受容器　平衡器⇔平衡受容器　耳殻⇔耳介　うずまき管⇔蝸牛　耳管⇔エウスタキオ管⇔ユースタキー管

## D 半規管と前庭

半規管は体の回転を，前庭は体の傾きをそれぞれ感じる平衡器である。半規管と前庭は骨の中に埋まった袋で，中にリンパ液が入っている。

生物

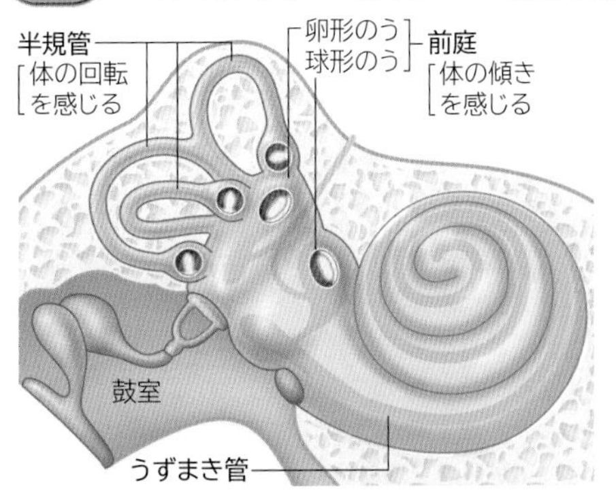


3つの半規管はそれぞれが直角になるように配置されており，体が回転するとその運動(加速度)が3方向に分解される。

半規管と前庭の断面

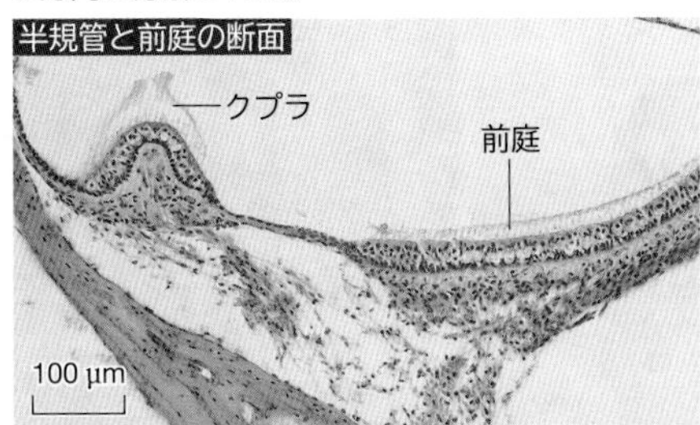


側頭骨から取り出したヒトの内耳

**半規管の働き** 上の図の赤い部分の拡大

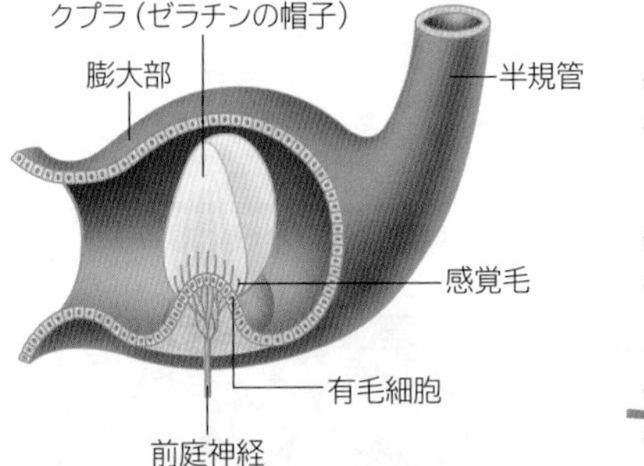

体がある方向に回転すると，半規管内のリンパ液が流動して**クプラ**が動かされるので，感覚毛が曲がり，有毛細胞が興奮する。

**前庭の働き** 左上の図の青い部分の拡大

平衡石
感覚毛
有毛細胞
前庭神経

平衡石を載せた感覚毛

平衡石
5 µm

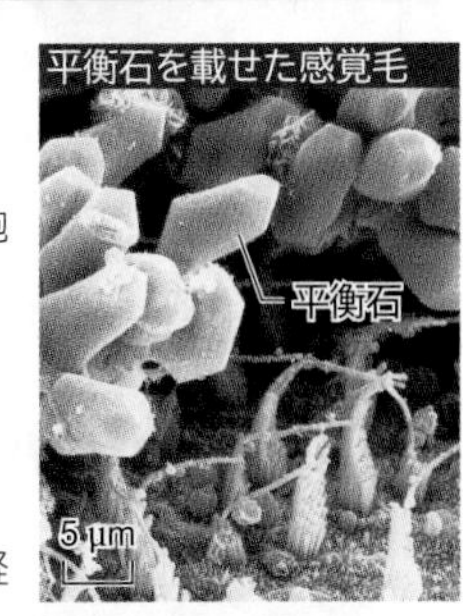

体が傾くと，ゼリー状の物質に包まれた**平衡石**が重力によってずれて，感覚毛が曲がり，有毛細胞が興奮する。前庭は，**卵形のう**・**球形のう**の2つの部分に分かれ，前者は平衡石が水平方向に，後者は垂直方向に保たれ，水平や垂直方向の運動に対応している。

## E 昆虫の聴覚器

昆虫は，複雑なコミュニケーション能力を発達させている。バッタやキリギリスは鼓膜器を使い，カはジョンストン器官を使って音を感じる。

生物

### キリギリス

脚部に一対の鼓膜器をもつ。

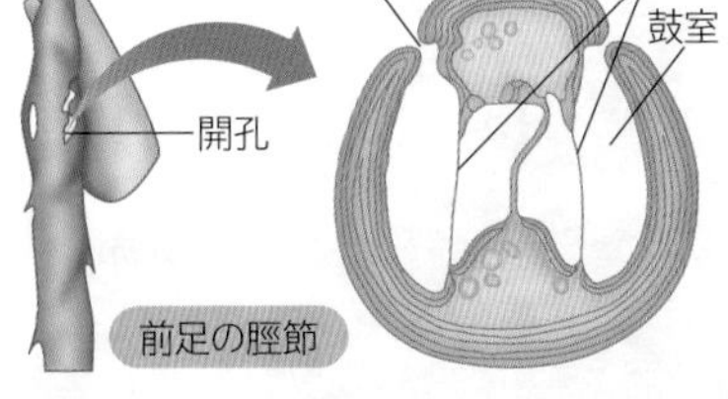


### トノサマバッタ

腹部に一対の鼓膜器をもつ。

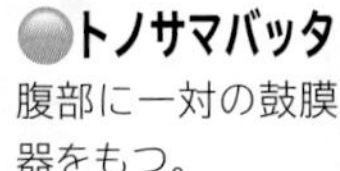

聴細胞
聴神経
鼓室
鼓膜

### カ

触角の基部に聴覚器(ジョンストン器官)をもつ。

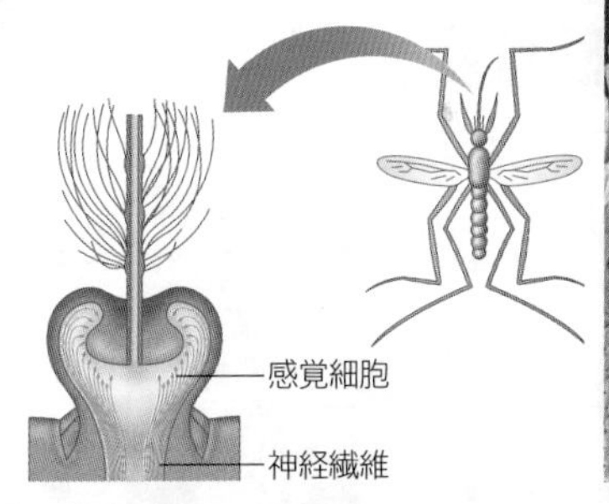


カのジョンストン器官

## F 無脊椎動物の平衡器

多くの無脊椎動物には，脊椎動物の前庭とよく似た平衡器がある。平衡器は，水中を泳ぐものや空を飛ぶものでよく発達している。

生物

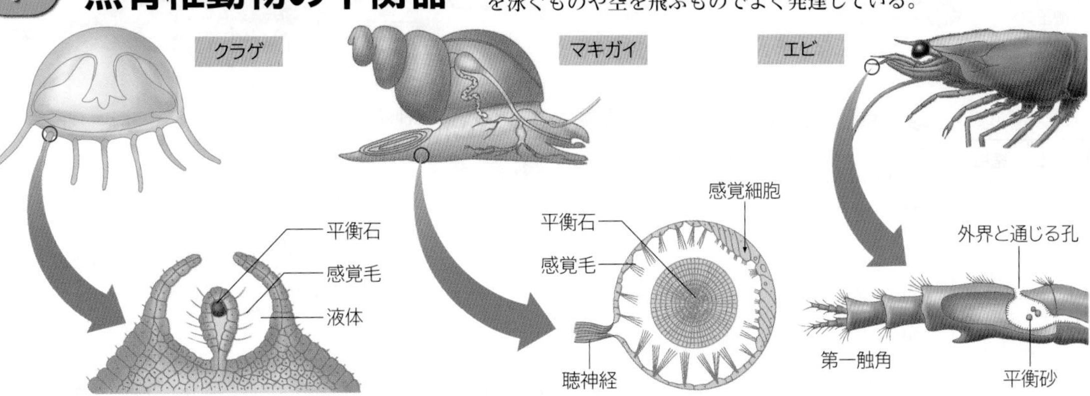


イセエビの平衡器の感覚毛

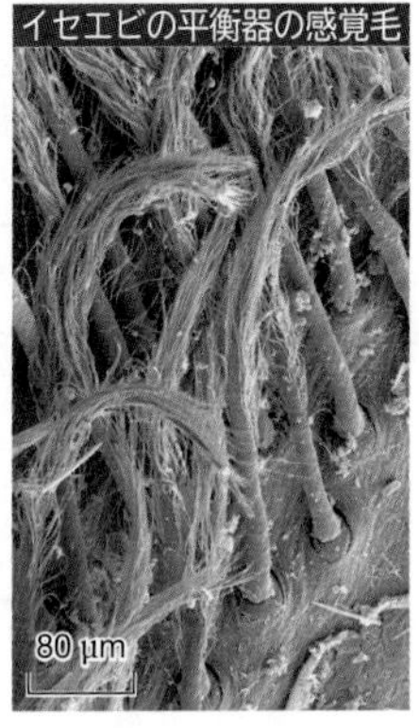


WORD コルチ器⇔コルチ器官　前庭⇔前庭器官　リンパ液⇔リンパ　平衡石⇔耳石

# 5 その他の受容器
Other sensory receptors

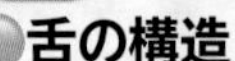

## A ヒトの味覚器

液体中の化学物質を受容する感覚器官(化学受容器)を味覚器または味受容器という。舌は代表的な味覚器で，舌乳頭にある味覚芽で刺激を受容する。 生物

### 舌の構造

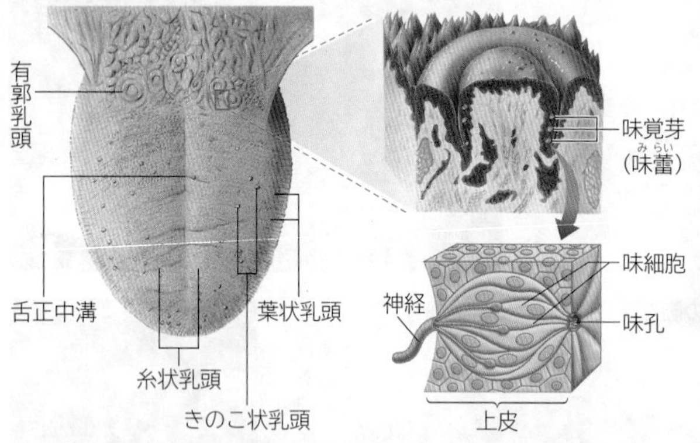


舌の表面には数種の舌乳頭があり，その上皮に多数の味覚芽が存在する。

味覚芽(ウサギ)
味覚芽
味孔
味細胞
10 μm

### TOPICS うま味(UMAMI)

うま味はうま味調味料の主成分であるグルタミン酸ナトリウムなどの独特の味覚である。これを最初に発見したのは池田菊苗で，昆布の味成分がグルタミン酸(塩)であることをつきとめ，うま味と名付けた(1908年)。その後，カツオ節や干しシイタケのうま味成分がイノシン酸(塩)，グアニル酸(塩)であること，また，うま味成分どうしを混ぜるとうま味が強まることも発見された。これらはすべて日本人によって発見され，うま味は「UMAMI」として国際的に用いられている。

## B ヒトの嗅覚器

気体中の化学物質を受容する化学受容器を嗅覚器または嗅受容器という。鼻は代表的な嗅覚器で，鼻腔上部にある嗅上皮で刺激を受容する。 生物

### 嗅上皮の構造

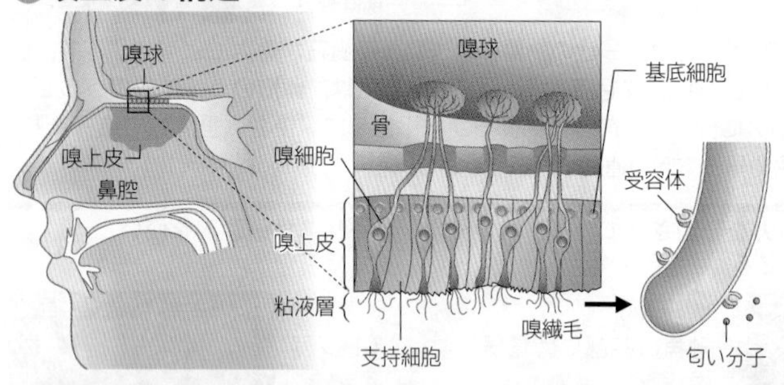


嗅細胞は樹状突起の先端から嗅繊毛を嗅上皮表面の粘液層へ伸ばし，この嗅繊毛の膜に匂い分子受容体が存在する。嗅細胞の軸索(嗅神経繊維)は集合して，嗅球へ向かって伸びる。

匂い分子が嗅細胞に結合すると，活動電位が生じ，嗅球に送られ，さらに大脳の嗅覚野に伝わり，匂いが知覚される。

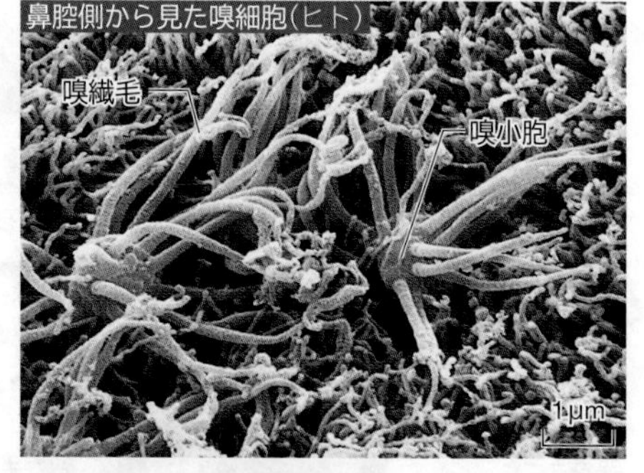


## C 皮膚の感覚装置

皮膚は，外部からの刺激を受容する感覚器官としての働きをもつ。 生物

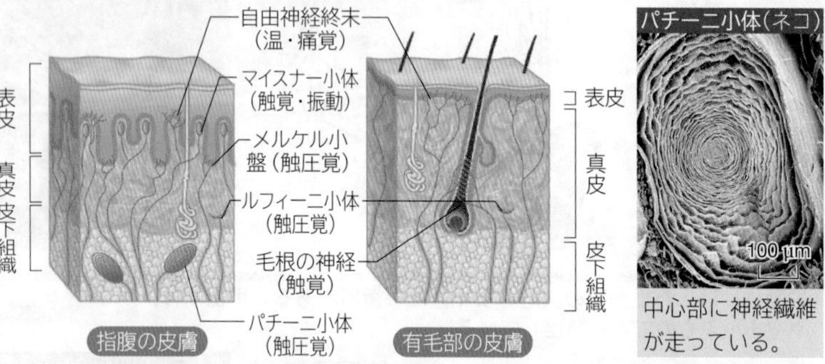


中心部に神経繊維が走っている。

指腹では触圧覚(触覚と圧覚)の感覚装置が数多く発達している。有毛部では触覚が毛の動きとして毛根の神経に伝わる。温覚・痛覚はともに自由神経終末で感じる。

### 感覚点の分布密度(ヒトの皮膚1cm²あたり)

| | 平均 | 額 | 鼻 | 腕 | 指腹 |
|---|---|---|---|---|---|
| 冷点 | 6~23 | 8 | 13 | 6 | 2~4 |
| 温点 | 0~3 | 0.6 | 1 | 0.4 | 1.6 |
| 触圧点 | 25 | 50 | 100 | 15 | 100 |
| 痛点 | 100~200 | 184 | 44 | 203 | 60~95 |

皮膚には，冷覚・温覚・触圧覚・痛覚それぞれの感覚装置(感覚点)が多数散在している。

### 2点識別閾値の身体部位による差異

皮膚の2点に加えられた刺激を2点と感じる最小距離。値が小さいほど敏感。

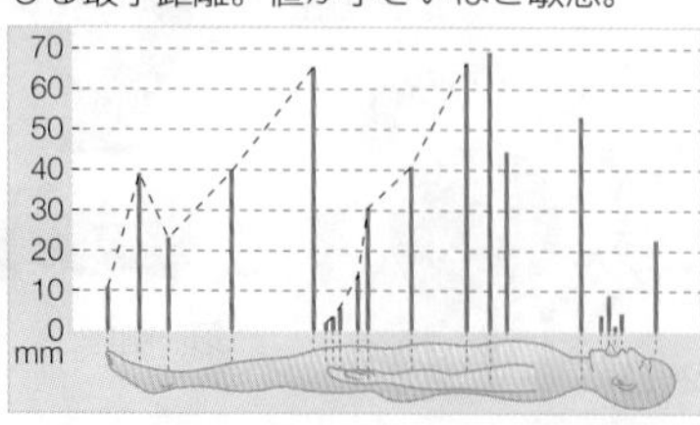


## D 筋紡錘と腱紡錘

生物

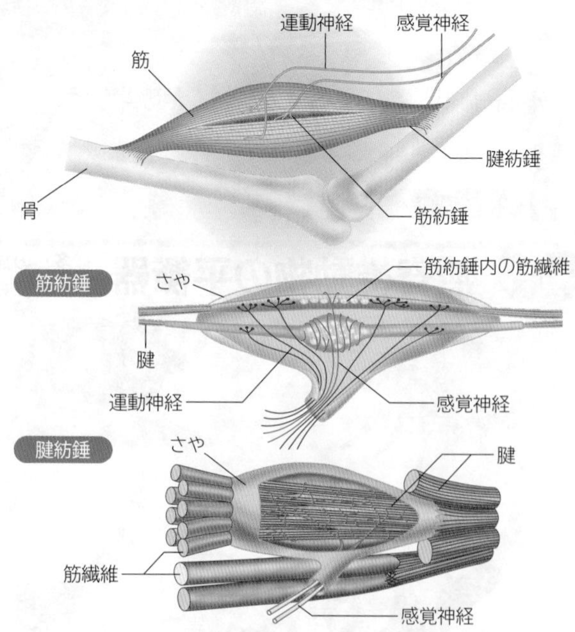


**筋紡錘**は筋が伸びると引き伸ばされ，緊張状態を感知する。**腱紡錘**は腱に加わる張力を感知し，運動神経に抑制的に働く。

 WORD 嗅繊毛⇔嗅小毛　味覚芽⇔味蕾　マイスナー小体⇔マイスネル小体

# 6 ニューロン
Neuron

## A ニューロンの種類と構造

ニューロンは，細胞体と多数の突起(樹状突起・軸索)で構成され，働きにより，感覚ニューロン・介在ニューロン・運動ニューロンに分けられる。 生物基礎 生物

ニューロンは，神経系の機能的な構成単位で神経細胞のことである。信号の受容・処理・伝達の役割を担う。樹状突起や細胞体で受け取った信号を，軸索を通って軸索の末端まで伝え，軸索末端に接続している他のニューロンや効果器に信号を伝える。

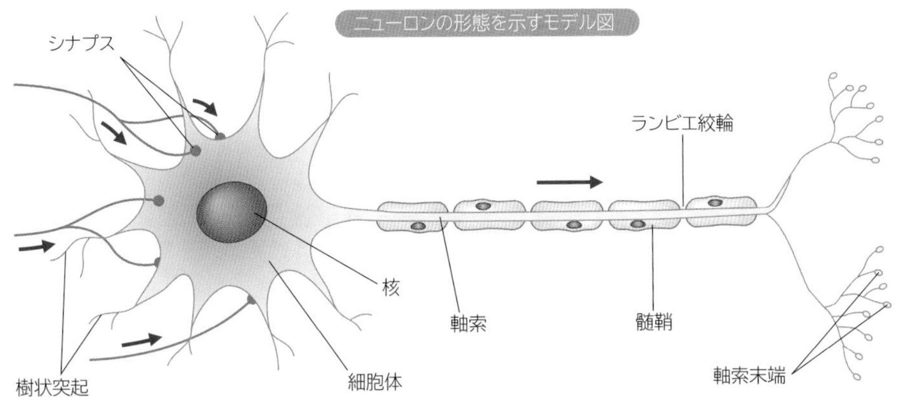


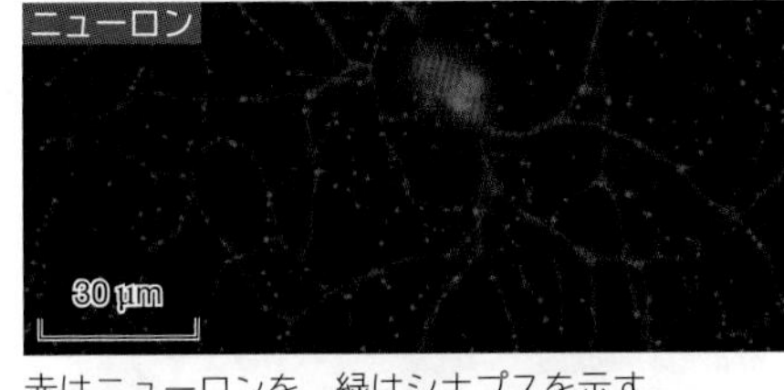

赤はニューロンを，緑はシナプスを示す。

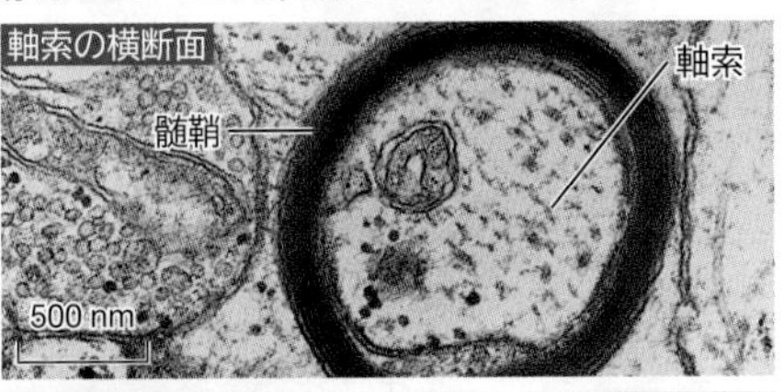


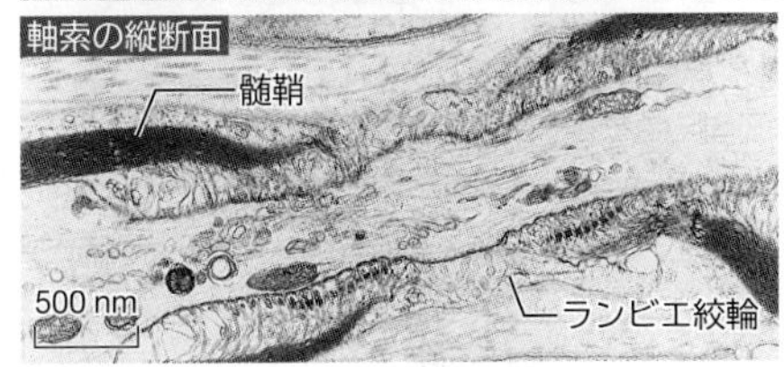


**ニューロンの種類**（⇒p.223）
感覚ニューロン→受容器からの刺激を中枢に伝えるニューロン
介在ニューロン→中枢神経系を構成するニューロン。複雑な神経回路網を構成する
運動ニューロン→中枢からの指令を効果器に伝えるニューロン

## B 神経繊維の種類と構造

ニューロンの軸索とそれを取り巻く被膜を含めて神経繊維という。軸索を取り巻く鞘には，髄鞘と神経鞘がある。 生物

**●髄鞘と神経鞘** 通常，軸索は鞘に覆われているが，この鞘には髄鞘と神経鞘とがある。神経鞘とは**シュワン細胞**(中枢神経では**オリゴデンドロサイト**)の細胞質が軸索を包んだものであり，髄鞘とはこれらの細胞が薄く伸びてできた膜が軸索の周囲を何重にも取り巻いたものである。髄鞘は脂質を主成分として電気的絶縁性があり，興奮の伝導速度に影響を及ぼす(⇒ p.223)。神経繊維は，髄鞘と神経鞘の有無によって 4 つに分類できる。

| | 無髄無鞘神経繊維 | 無髄有鞘神経繊維 | 有髄無鞘神経繊維 | 有髄有鞘神経繊維 |
|---|---|---|---|---|
| 髄鞘の有無 | 無 | 無 | 有 | 有 |
| 神経鞘の有無 | 無 | 有 | 無 | 有 |
| 存在部位 | 脊椎動物の嗅神経 | 脊椎動物の交感神経<br>多くの無脊椎動物の神経 | 脊椎動物の中枢神経 | 脊椎動物の末梢神経 |
| 形態 | | シュワン細胞<br>軸索<br>シュワン細胞の核 | 軸索<br>オリゴデンドロサイト<br>髄鞘<br>ランビエ絞輪 | ランビエ絞輪<br>髄鞘<br>シュワン細胞<br>シュワン細胞の核<br>軸索 |

## C グリア細胞

中枢神経系や末梢神経系でニューロンをサポートし，保護している一群の細胞がグリア細胞である。 生物

| グリア細胞の例<br>(存在部位) | 働き |
|---|---|
| アストロサイト<br>(中枢神経系) | ニューロンと毛細血管の間で，血液脳関門の機能をもつ。ニューロンへ栄養の補給をする。 |
| オリゴデンドロサイト<br>(中枢神経系) | 髄鞘を形成する。 |
| シュワン細胞<br>(末梢神経系) | 軸索に巻き付いて神経鞘を形成する。有髄神経繊維では，何重にも巻き付いて髄鞘を形成する。 |

### ●中枢神経のグリア細胞

ニューロン
オリゴデンドロサイト
アストロサイト
毛細血管

### ●髄鞘のでき方

髄鞘は，グリア細胞が軸索に何重にも巻き付いて形成される。図はシュワン細胞による末梢神経の髄鞘の形成過程を示す。

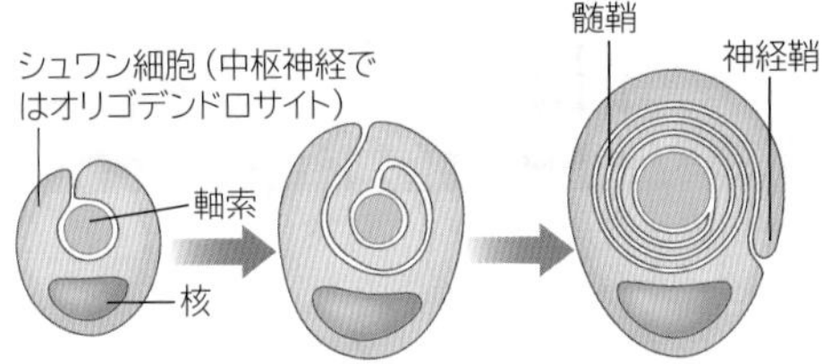

# 7 興奮の伝導
Stimulus conduction

## A 静止電位と活動電位

膜電位には興奮の生じていない静止電位と興奮発生時の活動電位がある。
膜電位はイオンポンプとイオンチャネルによって調節されている。

### 細胞内外の電位差の変化（細胞内に測定電極，細胞表面に基準電極）

細胞には細胞膜の内外で電位差があり，これを**膜電位**という。膜電位には静止時に生じる**静止電位**と，興奮時に生じる**活動電位**がある。

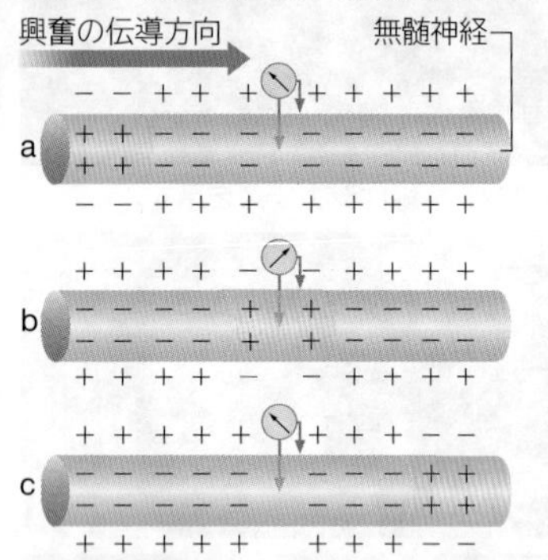


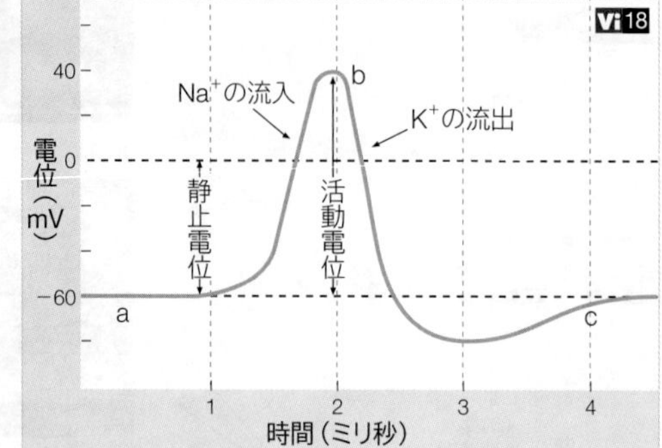


**POINT**

**膜電位の測定法**

微小電極の一方を生理的塩類溶液に入れ，もう一方を細胞内に刺したガラス電極に入れて測る。

KCl 溶液を満たしたガラス毛細管微小電極
オシロスコープ
刺激
軸索
拡大
生理的塩類溶液

### 静止電位が生じるしくみ

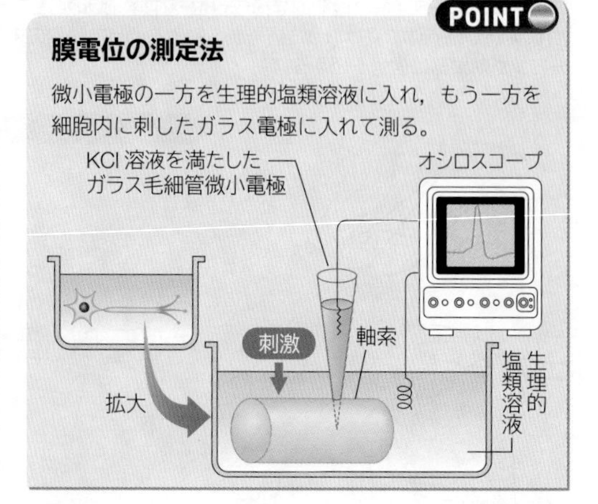

細胞膜にあるナトリウムポンプ（$Na^+$–$K^+$ ATP アーゼ）の働きで，細胞外は $Na^+$，細胞内は $K^+$ の高濃度状態にある。$K^+$ は濃度勾配に従って電位非依存性 $K^+$ チャネルを通って細胞内から外に流出する。$K^+$ はプラス電荷をもつので，$K^+$ の流出により細胞外の電位が上がり外から内に電位の勾配が生じる。この電位勾配が $K^+$ の流出を妨げ，やがて $K^+$ の流出は止まる。この状態が静止状態で，細胞内はマイナス 60 mV 程度の静止電位を示す。なお，$Na^+$ の膜の透過性は $K^+$ に比べて非常に低く，$Na^+$ の流入はほとんどない。

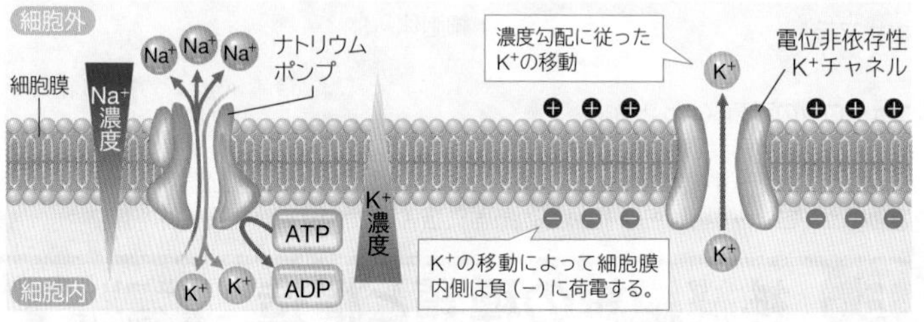


## B 活動電位の発生のしくみ

ニューロンが刺激を受けると，活動電位が発生する。活動電位は，主に $Na^+$ と $K^+$ の膜の透過性の変化に起因して生じる。

A 活動電位発生時の膜電位

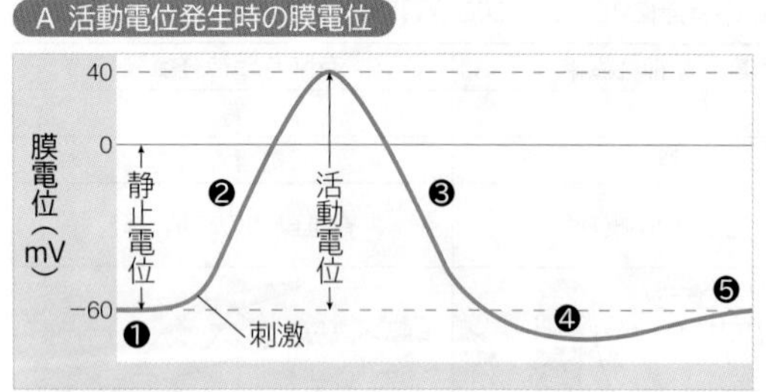


B $Na^+$ と $K^+$ の透過性の変化

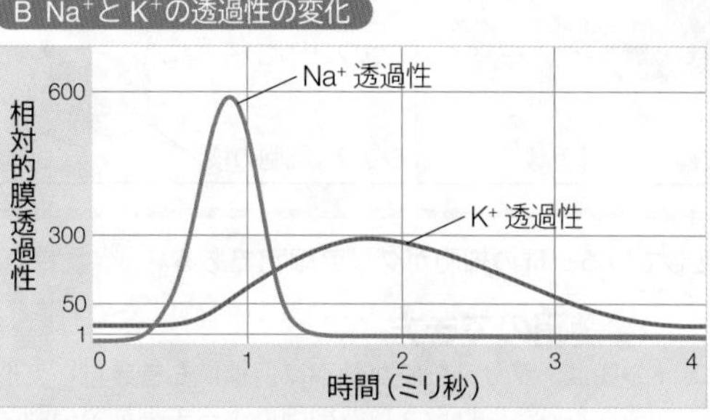


C 時間経過に伴う細胞膜のイオン透過性の変化

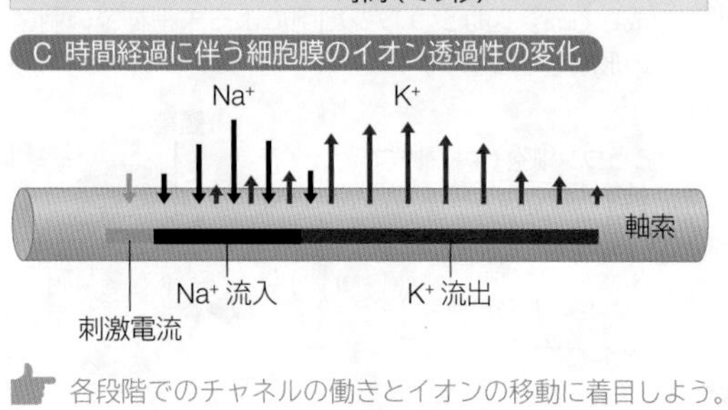


❶静止状態

閉じている
電位依存性 $Na^+$ チャネル　電位依存性 $K^+$ チャネル　電位非依存性 $K^+$ チャネル
細胞膜　不活性化ゲート　活性化ゲート

❶静止状態では，電位依存性 $Na^+$ チャネル（以下 $Na^+$ チャネルと略記）と電位依存性 $K^+$ チャネル（以下 $K^+$ チャネルと略記）の活性化ゲートが閉じている。$Na^+$ チャネルの不活性化ゲートは開いている。なお，ここではナトリウムポンプは省略してある。

❷活動電位上昇期（脱分極）

❷刺激が加わると，$Na^+$ チャネルの活性化ゲートが開き，$Na^+$ が流入する。その結果，膜の外側に対して内側がプラスに電位する（脱分極）。

❸活動電位下降期（再分極）

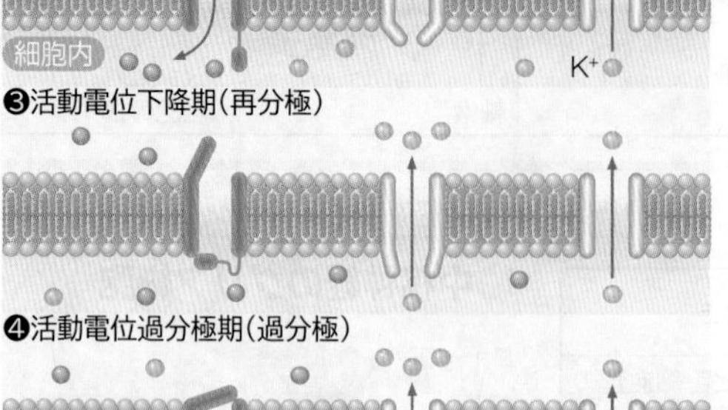

❸ $Na^+$ チャネルの不活性化ゲートが閉じ，$Na^+$ 流入は抑制される。$Na^+$ の流入に少し遅れて，$K^+$ チャネルの活性化ゲートが開き，$K^+$ の流出を促進する。その結果，膜の内側が再びマイナスに戻る（再分極）。

❹活動電位過分極期（過分極）

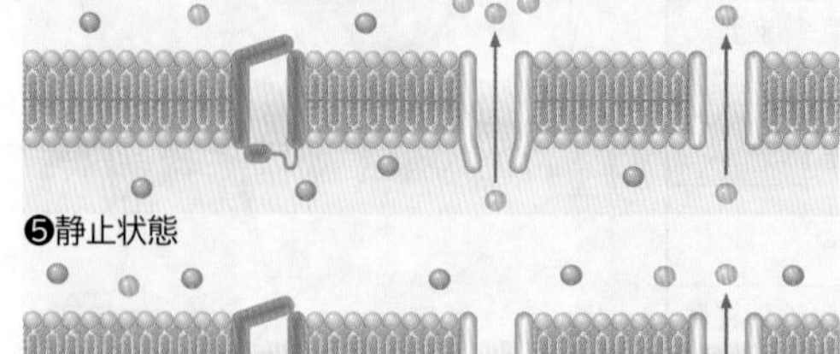

❹ $Na^+$ チャネルの活性化ゲートも閉じる。$K^+$ チャネルのゲートはまだ開いている（過分極）。

❺静止状態

❺ $K^+$ チャネルのゲートが閉じ，$Na^+$ チャネルの不活性化ゲートが開く。その後，ナトリウムポンプの働きで静止状態（❶）に戻る。

各段階でのチャネルの働きとイオンの移動に着目しよう。

WORD 閾値⇔しきい値⇔限界値　終板⇔運動終板

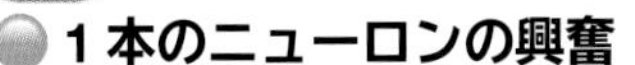

## C 全か無かの法則

興奮は，一定の強さ(閾値)以上の刺激によって起こるが，活動電位の大きさは刺激の強さに関わらず一定である。これを**全か無かの法則**という。 生物

### 1本のニューロンの興奮

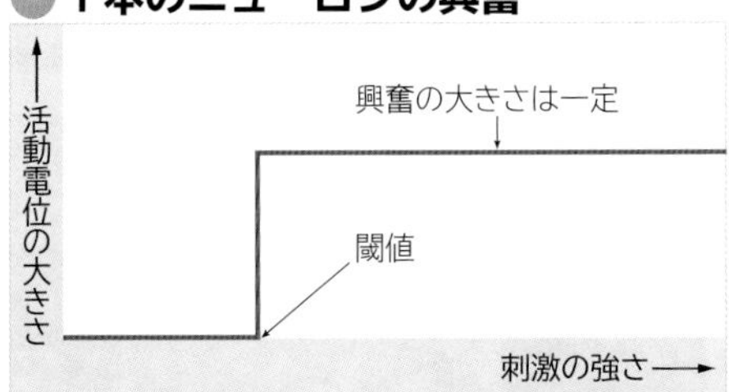


1本のニューロンに生じる活動電位の大きさ(興奮の大きさ)は，刺激の強さが閾値以下では，反応しないが，閾値以上であれば，一定の反応を示す。1本のニューロンでは全か無かの法則が成り立つ。

### 神経(軸索の束)の興奮

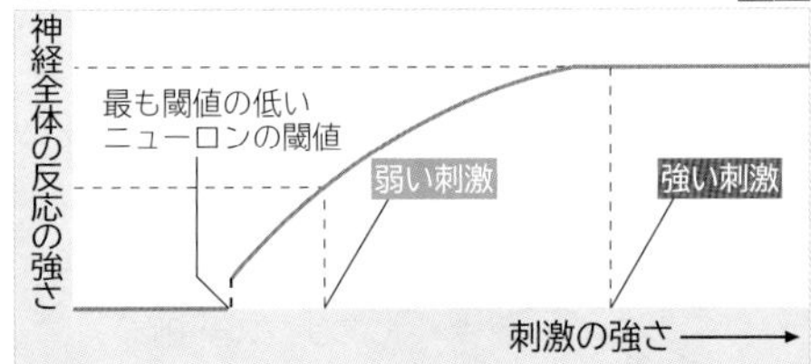


強い刺激ではすべてのニューロンが興奮するため神経全体の反応の強さが最大となっている。最も閾値の低いニューロンが興奮しない刺激の強さでは反応は起こらない。神経(軸索の束)では全か無かの法則は成り立たない。

### 刺激の大きさとニューロンの興奮

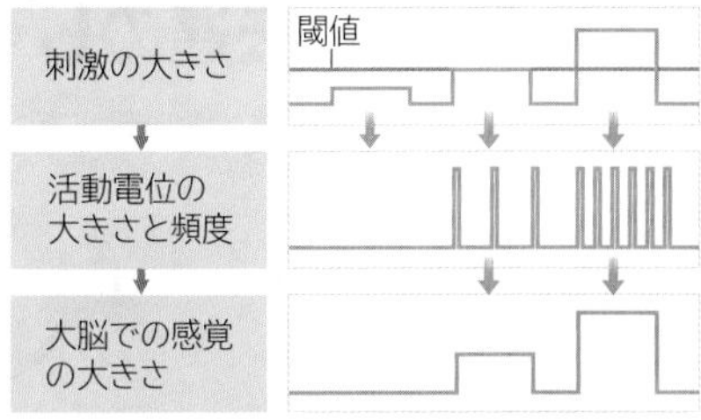


刺激の強さはニューロンの興奮の頻度に変換される。刺激が強くなるほど興奮の頻度が高くなる。その頻度が感覚の大きさとして大脳で感じとられる。

## D 興奮の伝導

神経細胞や筋細胞の一部分に生じた興奮がそれらの細胞内を伝わることを**興奮の伝導**という。 生物

### 興奮の伝導のしくみ

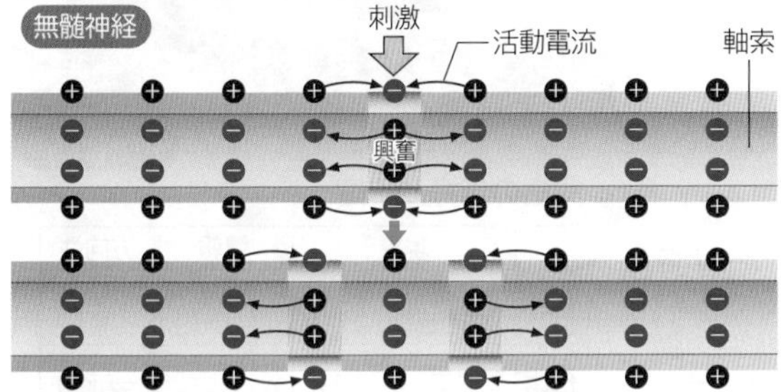


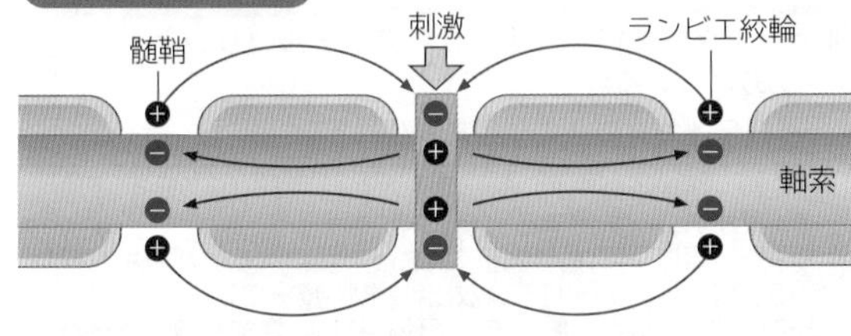


軸索の膜の1箇所に活動電位が生じる(興奮する)とその部分とすぐ隣りの部分との間に微弱な電流(この電流を**活動電流**という)が流れるようになる。この電流が刺激となって隣接部分に新たな活動電位が生じる。新しい活動電位が軸索上に次々と発生して興奮は伝導する。一方，一度興奮を起こした部位は，静止電位に戻ったあと，しばらく(約1ミリ秒間)は興奮できなくなる(これを**不応期**という)。そのため興奮部は，後戻りすることなく両方向に向かって伝わる。

有髄神経繊維では，髄鞘の電気的絶縁性が高く，髄鞘のある部分は，活動電位は発生しない。髄鞘が途切れているランビエ絞輪の部分だけに活動電流が流れ，興奮はランビエ絞輪からランビエ絞輪へとびとびに伝播する。その結果，同じ太さの無髄神経繊維よりも興奮は速く伝導する。このような有髄神経繊維における興奮の伝わり方は**跳躍伝導**と呼ばれる。

### 興奮の伝導速度の比較

有髄神経繊維は，無髄神経繊維に比べ，伝導速度が速いだけでなく，$Na^+$を能動輸送で排出する際に使うエネルギーも少なくてすむ。

| 神経繊維 | | 軸索の直径(µm) | 伝導速度(m/s) | 測定温度(℃) |
|---|---|---|---|---|
| 無髄 | イカ | 260 ～ 520 | 18 ～ 35 | 23 |
| | ミミズ | 50 ～ 90 | 15 ～ 45 | 22 |
| | ザリガニ | 100 ～ 250 | 15 ～ 20 | 20 |
| 有髄 | カエル | 15 ～ 20 | 30 ～ 40 | 24 |
| | | 4 ～ 8 | 7 ～ 15 | 24 |
| | ネコ | 15 ～ 20 | 80 ～ 110 | 37 |
| | | 2 ～ 6 | 10 ～ 30 | 35 |

軸索の直径と伝導速度の関係に着目しよう。

## E 興奮が伝わる経路

受容器で受容した情報は，感覚ニューロンを経て中枢神経系の介在ニューロンに伝わる。中枢からの指令は運動ニューロンを経て効果器に伝わる。 生物

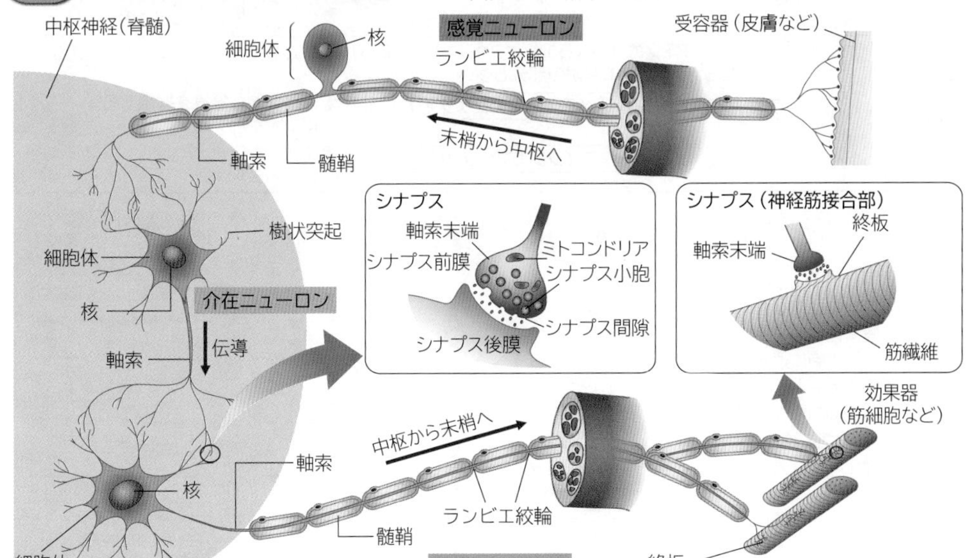


### 末梢神経の構造

末梢神経は，神経繊維が束ねられた構造をしている。

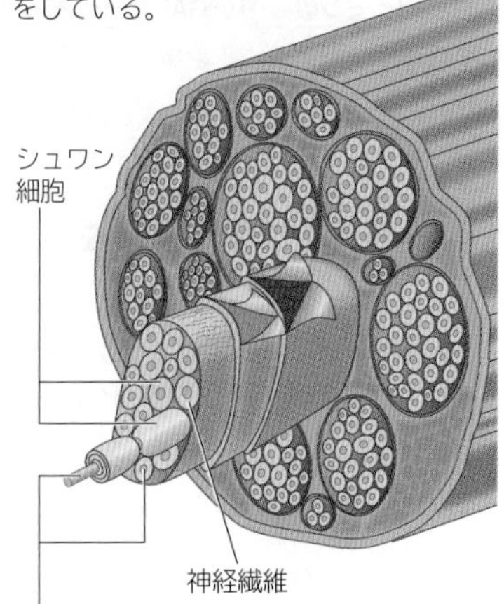


TRY 感覚ニューロンの軸索の途中を刺激すると，どうなるか。

# 8 シナプスと興奮の伝達
Synapse and stimulus transmission

## A 興奮の伝達のしくみ

ニューロンの軸索の末端部(**神経終末**)は，わずかなすき間をはさんで他の神経細胞や効果器の組織と接続している。この部分を**シナプス**という。

生物

ニューロンの興奮が他の細胞に伝わることを**伝達**という。シナプスでは，興奮は軸索末端側から細胞体側に伝わる。

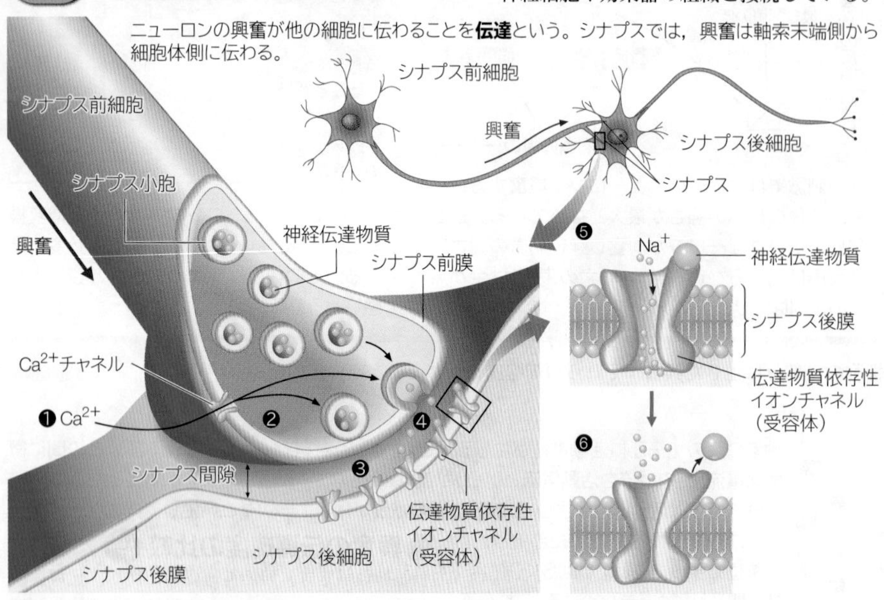


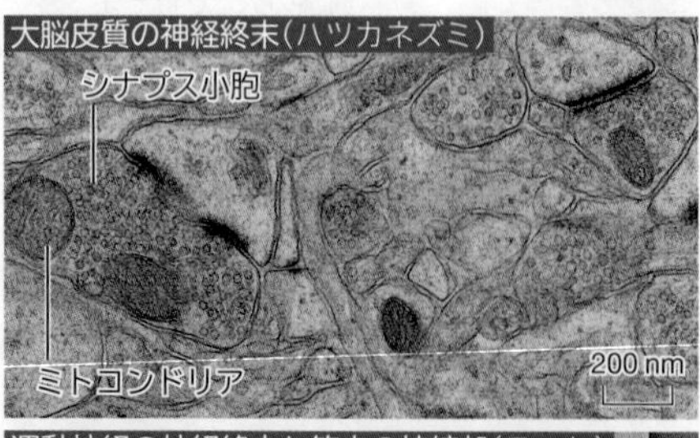


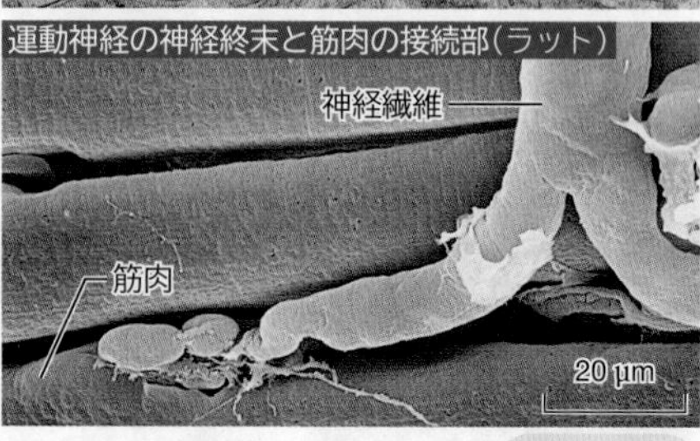


❶❷興奮がシナプス前細胞の神経終末に伝わると$Ca^{2+}$チャネルが開き，$Ca^{2+}$が流入する。❸ $Ca^{2+}$の増大によりシナプス小胞が膜へ融合する。❹神経伝達物質がシナプス間隙に拡散する。❺神経伝達物質が受容体に結合すると伝達物質依存性イオンチャネルが開き，$Na^+$などの移動が生じシナプス後細胞の膜電位が変化する。❻神経伝達物質が受容体から離れると伝達物質依存性イオンチャネルが閉じる。神経伝達物質は，酵素による分解やシナプス前膜からの回収などで直ちに減少する。

**POINT**

**興奮の伝導と伝達**

| | 現象 | 情報 | 方向性 |
|---|---|---|---|
| 伝導 | 興奮が同一ニューロン内を伝わること | 膜電位の変化(電気的) | 両方向性 |
| 伝達 | 興奮が他のニューロンに伝わること | 神経伝達物質(化学的) | 一方向性 |

## B 主な神経伝達物質

代表的な**神経伝達物質**として，運動神経と副交感神経で分泌される**アセチルコリン**と，交感神経で分泌される**ノルアドレナリン**があげられる。

生物

神経伝達物質は多種類あるが，化学的に4つのタイプに分類できる。アセチルコリンを除くほとんどの神経伝達物質の合成にはアミノ酸が深く関与している。

**アセチルコリン** アミノ酸を直接の素材としない。

アセチルCoA＋コリン→ **アセチルコリン**

運動神経，副交感神経のほか，大脳皮質など中枢神経系で広く使われる。アルツハイマー病患者では，脳内のアセチルコリン放出神経細胞の一部が消失している。

$CH_3-N^+(CH_3)_2-CH_2-CH_2-O-CO-CH_3$ アセチルコリン

**モノアミン系** 単一のアミノ酸から合成される。

トリプトファン→ **①セロトニン**

チロシン→ **②ドーパミン** → **③ノルアドレナリン** → **アドレナリン**

①脳幹，視床下部，大脳辺縁系などで使われる。安眠や鎮静に効果があり，枯渇するとうつ病になる。
②中脳，視床下部，大脳辺縁系などで使われる。パーキンソン病患者では，ドーパミン放出神経細胞の一部が死んでいる。
③交感神経のほか，脳内で広く使われる。増加すると気分が高揚し，枯渇するとうつ病になりやすくなる。

セロトニン（HO-, -CH₂-CH₂-NH₂, NH）　ドーパミン（HO, HO, -CH₂-CH₂-NH₂）　ノルアドレナリン（HO, HO, -CH(OH)-CH₂-NH₂）

**アミノ酸系** アミノ酸そのもの。

**①グルタミン酸** → **②GABA(γ-アミノ酪酸)**

①大脳皮質，脳幹などで興奮性シナプスの伝達物質として使われる。
②大脳，小脳などで使われる。興奮を抑制する働きをもつ。

**ペプチド系** 5個のアミノ酸からなるエンケファリンがよく知られるほか，消化管ホルモン(⇒p.196)なども含まれる。未解明の部分も多い。

エンケファリン前駆体 → **①メチオニンエンケファリン** / **②ロイシンエンケファリン**

①重い慢性的な痛みを抑制する。C末端がメチオニン。
②鎮痛作用を示す。C末端がロイシン。

### ADVANCE 興奮性シナプスと抑制性シナプス

シナプスには，興奮を伝達するシナプス(**興奮性シナプス**)だけでなく，興奮を抑制するシナプス(**抑制性シナプス**)も存在する。興奮性シナプスはグルタミン酸などの神経伝達物質を含み，これがシナプス後細胞に達すると，$Na^+$の流入などが起こり，**脱分極**(細胞内外の電位差が静止時より小さくなる)が起きて**興奮性シナプス後電位**(EPSP)が発生する。抑制性シナプスはGABAなどの神経伝達物質を含み，これがシナプス後細胞に達すると，$Cl^-$の流入などが起こり，**過分極**(細胞内外の電位差が静止時より大きくなる)が起きて**抑制性シナプス後電位**(IPSP)が発生する。
シナプス後細胞に活動電位が発生するかどうかは，その細胞に接続した多くのシナプスのEPSPとIPSPの総和が閾値を超えるかどうかで決まる。

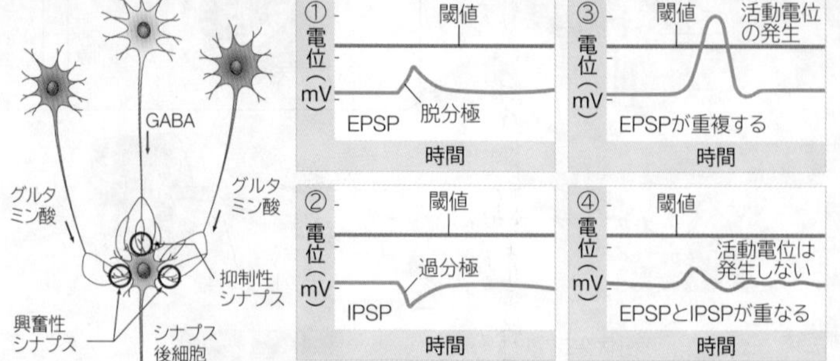




WORD 神経伝達物質⇔伝達物質　神経終末⇔神経末端⇔軸索末端　ハツカネズミ⇔マウス　ドーパミン⇔ドパミン　ノルアドレナリン⇔ノルエピネフリン

# 9 興奮の伝達経路
Neural pathways of stimulus transmission

## A ヒトの神経系

ヒトの神経系は，ニューロンが多数集まり形態・機能的な中枢となる**中枢神経系**と，中枢神経系から出て末梢器官を結ぶ**末梢神経系**に大別される。 生物基礎 生物

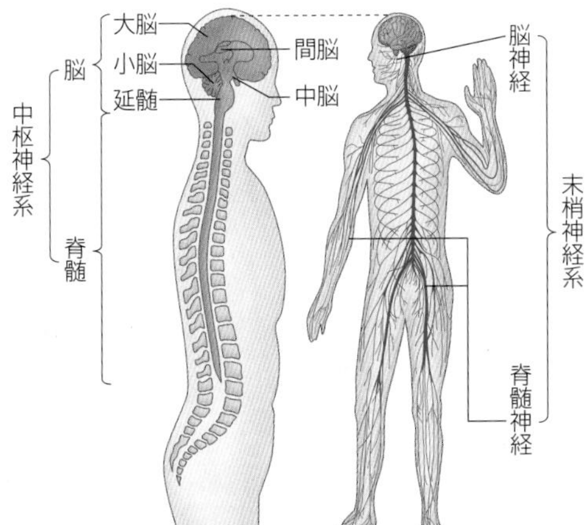


### 神経系を構造で分類

| | | | |
|---|---|---|---|
| 神経系 | 中枢神経系 | 脳 | 大脳・間脳・中脳・小脳・延髄 |
| | | 脊髄 | 頸髄・胸髄・腰髄・仙髄・尾髄 |
| | 末梢神経系 | 脳神経 | 脳から出る末梢神経。全 12 対 |
| | | 脊髄神経 | 脊髄から出る末梢神経。全 31 対 |

### 末梢神経系を機能で分類

| | | | |
|---|---|---|---|
| 末梢神経系 | 体性神経系 | 感覚神経 | 受容器(末梢)からの刺激を脳(中枢)に伝える。 |
| | | 運動神経 | 脳(中枢)からの指令を効果器(末梢)に伝える。 |
| | 自律神経系 | 交感神経 | 対抗的に働き合いながら，内臓や血管，腺などの働きを調節する。 |
| | | 副交感神経 | |

### 末梢神経系を伝達の方向性で分類

| | | | |
|---|---|---|---|
| 末梢神経系 | 求心性神経 | 興奮の伝達方向が末梢から中枢に向かう。 | 例 感覚神経 |
| | 遠心性神経 | 興奮の伝達方向が中枢から末梢に向かう。 | 例 運動神経，自律神経 |

## B 興奮の伝達経路

興奮は，感覚神経が通る背根から脊髄に入り，大脳の感覚中枢に至る。大脳の運動中枢からの命令は，運動神経が通る腹根を経由して，効果器に至る。 生物

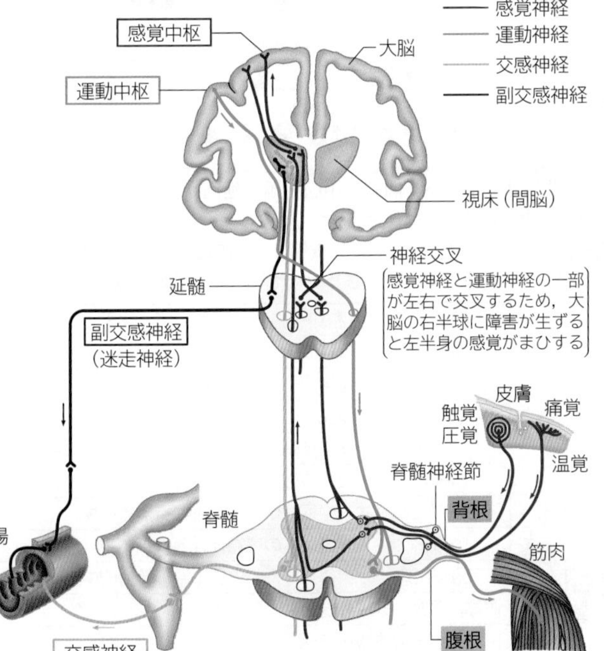


### 脊髄の構造

脊髄の内部(**髄質**)は細胞体の集まりで，見た目の色から，**灰白質**と呼ばれる。一方，表層(**皮質**)は神経繊維の束で，**白質**と呼ばれる。灰白質は脊髄反射の中枢としての機能ももつ。

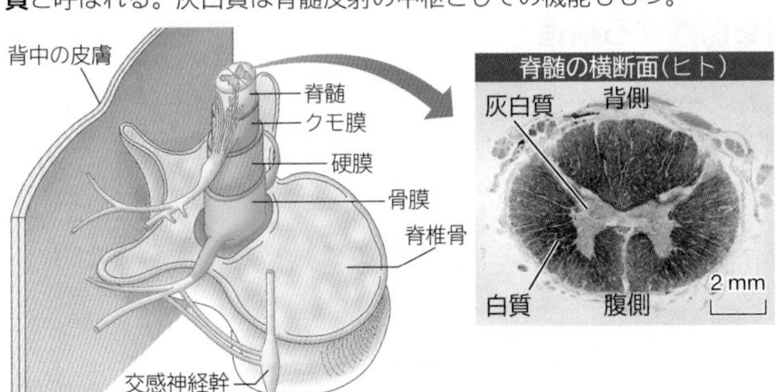


### 反射

反射は，大脳を経由しない**反射弓**と呼ばれる神経回路で反応が起こるので，刺激に対して無意識に起こる。

| | | |
|---|---|---|
| 反射 | 脊髄反射 | 膝蓋腱反射：膝蓋腱を軽くたたくと足が上がる |
| | | 屈筋反射：熱いものに触ったときに思わず手を引っ込める |
| | 延髄反射 | だ液の分泌，せき，くしゃみなど |
| | 中脳反射 | 瞳孔反射：明暗の変化で瞳孔の大きさが変わる(⇒ p.217) |
| | | 姿勢保持反射：体が傾いてももとの姿勢を保持しようとする |

**膝蓋腱反射** 経由するシナプスは1つだけである。

軽くたたく（刺激）
筋紡錘
膝蓋腱（しつがいけん）
反応
脊髄神経節
感覚神経
運動神経
（大脳へ）
白質（皮質）
背根（感覚神経の通路）
シナプス
脊髄
灰白質（髄質）
腹根（運動神経・自律神経の通路）

TRY 膝蓋腱反射では，なぜ軽くたたくと足が上がるのか，考えてみよう。

**屈筋反射** 経由するシナプスは複数ある。

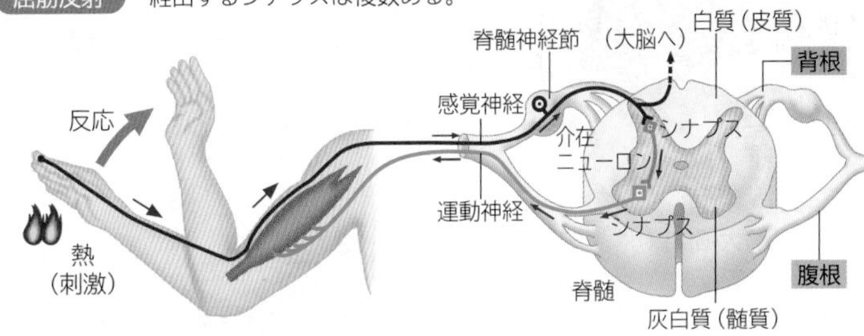


**反射弓**

刺激 → 受容器（筋紡錘・感覚器） →(感覚神経)→ 脊髄背根 → 反射中枢（脊髄・延髄・中脳など） → 脊髄腹根 →(運動神経など)→ 効果器（筋肉・腺） → 反応

WORD 脊椎骨⇔椎骨

# 10 神経系の発達と脳
Development of nervous system and brain



## A 動物の進化と神経系の発達
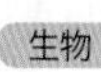
生物

### 刺激の受容と応答

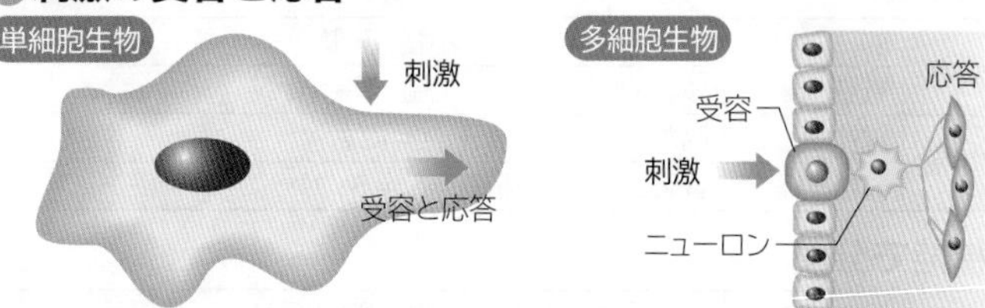


単細胞生物では，刺激の受容と応答を同じ細胞が行っている。多細胞生物では，刺激の受容と応答は別の細胞が行っており，さらにその間に情報の伝達を行うニューロンが発達している。

### 神経系の発達

| 散在神経系（神経細胞のみ） | 集中神経系（神経節・脳・脊髄などの中枢をもつ） | | |
|---|---|---|---|
| | かご形神経系 | はしご形神経系 | 管状神経系 |
| 刺胞動物（ヒドラ） | 扁形動物（プラナリア） | 節足動物（ハチ） | 脊椎動物（魚類） |
| | 脳 | 脳<br>神経節 | 脳<br>脊髄 |

## B 脊椎動物の脳の進化
生物

### 脊椎動物の中枢神経系の分化

脊椎動物の中枢神経系は，発生の初期の１本の管（神経管）に始まる。神経管がしだいに分化して脳や脊髄が形成される。

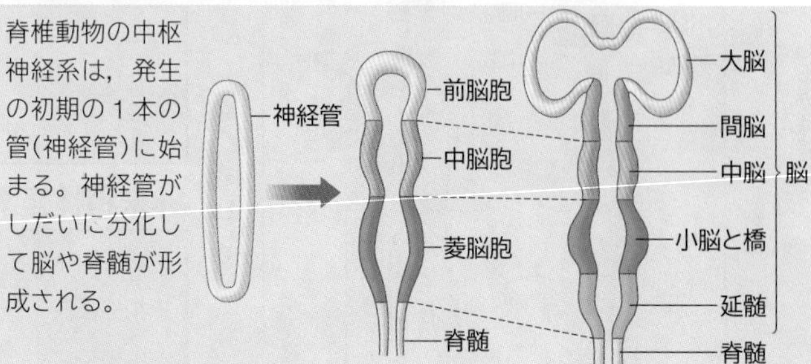

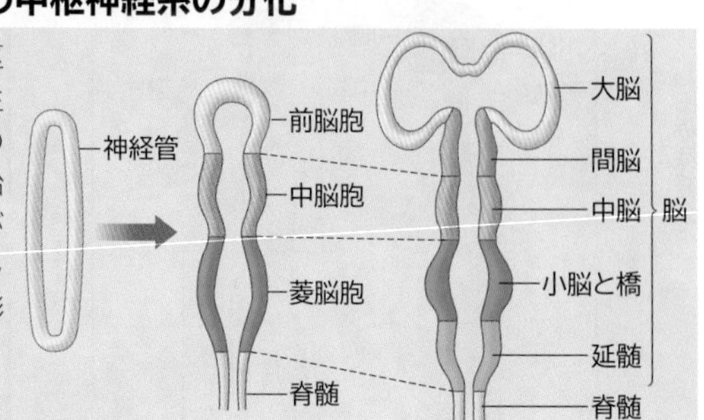


### 脊椎動物の脳の形態

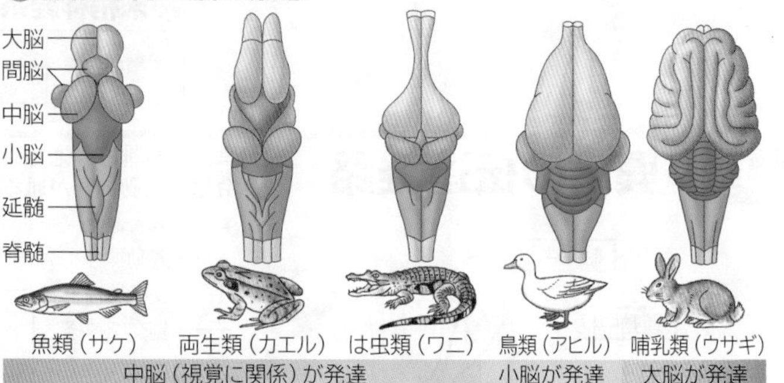


## C ヒトの脳とその働き
生物基礎 生物

脳の各部には，場所に応じた役割分担がある。間脳・中脳・橋・延髄からなる脳幹には，生命維持に直接関わる自律神経系の中枢が存在する。

### 脳の縦断面

大脳　脳梁　視神経交叉　脳下垂体　前　視床　視床下部（間脳）　灰白質　白質　中脳　松果体　後　小脳　橋　延髄　脊髄

脳の外観（左半球）　頭頂葉　前頭葉　後頭葉　側頭葉　前　後

※脳幹に重大な損傷があると**脳死**状態になる。

### 中枢神経系の働き

大脳の皮質は，**新皮質**・**古皮質**・**原皮質**に区別される。古皮質・原皮質は，そのまわりの一部を含めて**大脳辺縁系**と呼ばれる。

| | | | | |
|---|---|---|---|---|
| 脳 | 大脳 | 新皮質 | 感覚野 | 視覚・聴覚など各種の感覚中枢 |
| | | | 運動野 | 骨格筋の運動など各種の随意運動の中枢 |
| | | | 連合野 | 記憶・思考・理解など高度な精神活動の中枢 |
| | | 古皮質 | | 嗅覚 |
| | | 原皮質 | | 本能行動の中枢，情動や欲求などの中枢 |
| | | 髄質 | | 興奮の伝達経路 |
| | 小脳 | 随意運動を調節する中枢，体の平衡を保持する中枢 | | |
| | 脳幹 | 間脳 | 視床 | 嗅覚以外の感覚神経と大脳の中継点 |
| | | | 視床下部 | 自律神経系と内分泌系の統合的中枢 |
| | | 中脳 | 眼球の運動，虹彩の調節などの中枢 | |
| | | 橋 | 感覚・運動の情報伝達経路 | |
| | | 延髄 | 呼吸運動，心臓の拍動，消化管の運動，涙やだ液の分泌の中枢 | |
| 脊髄 | | 皮質 | | 感覚・運動の情報伝達経路 |
| | | 髄質 | | 脊髄反射の中枢，排尿や排便の中枢 |

### 脳の横断面

大脳の表層（**大脳皮質**）は，細胞体が密集して灰白色に見えるので**灰白質**と呼ばれ，多様な機能がまとまりをもって分布している。内部（**大脳髄質**）は，神経繊維が縦横に走り白色に見えるので**白質**と呼ばれる。脊髄における皮質（白質），髄質（灰白質）の関係とは逆になっている。

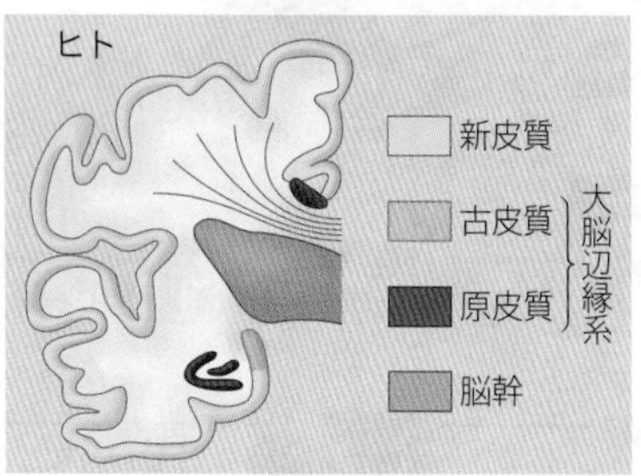


### 脳を保護する構造

脳は，頭蓋骨，髄膜（外から硬膜・クモ膜・軟膜）で保護されている。クモ膜と軟膜の間には，クモ膜下腔という空間があり，脳脊髄液で満たされている。

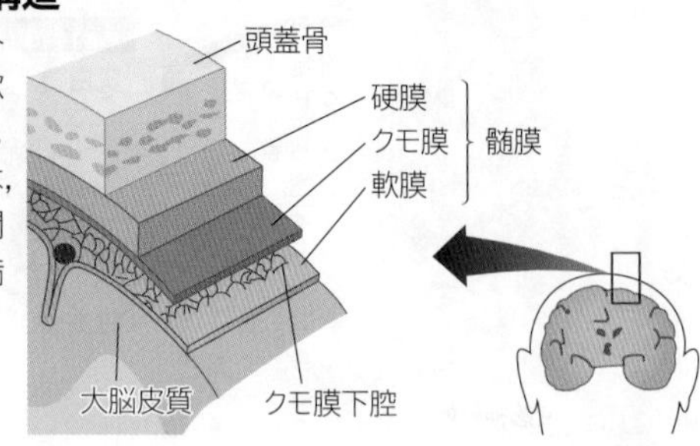




 WORD 刺胞動物⇔腔腸動物　松果体⇔上生体　放射性同位体⇔放射性同位元素⇔ラジオアイソトープ

## D ヒトの大脳皮質

新皮質では感覚や運動を支配する領域が決まっていて，感覚野・運動野・連合野に分けられる。それぞれの部分には特定の中枢が分布している。

生物



### 大脳皮質の機能分布（左半球外側面）

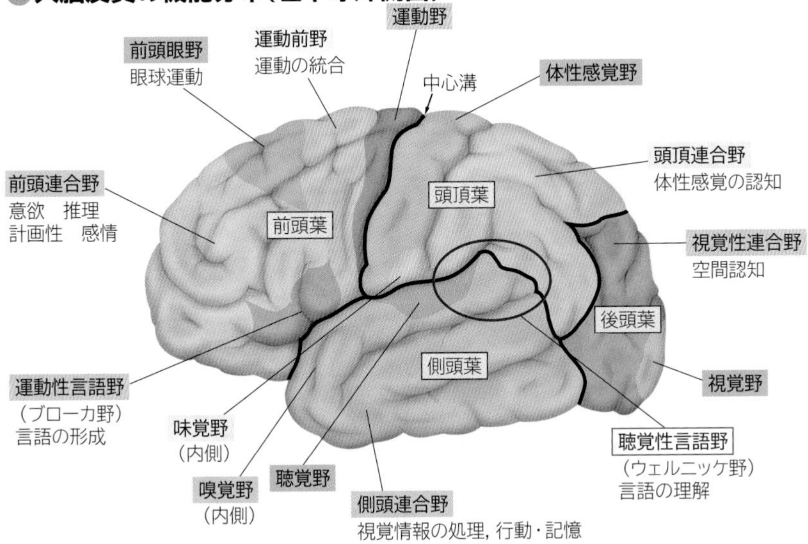


**連合野**：運動野と感覚野を除く領域が連合野。高次の神経活動を統御する。
**溝・回**：大脳表面の皺の溝の部分を**溝**，盛り上がっているところを**回**という。

### 大脳皮質と感覚・運動

中心溝の前側に随意運動を支配する運動野，後ろ側に皮膚感覚を支配する感覚野がある。手指や顔は，随意運動で細かい動きを，皮膚感覚で鋭敏さをそれぞれ要求されるので，脳表面で大きな面積を占めている。

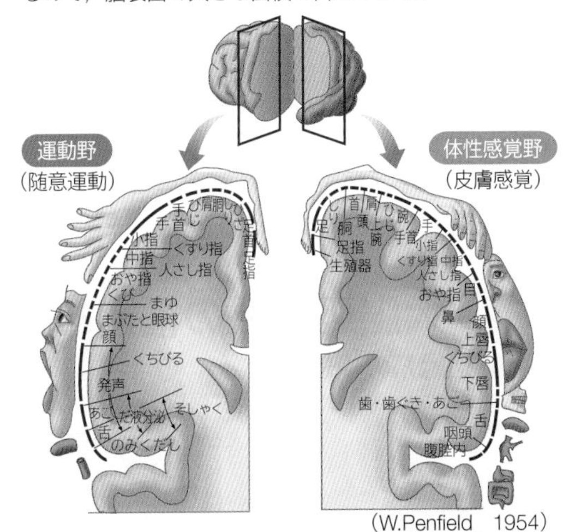


（W.Penfield　1954）

ADVANCE

### 右脳と左脳

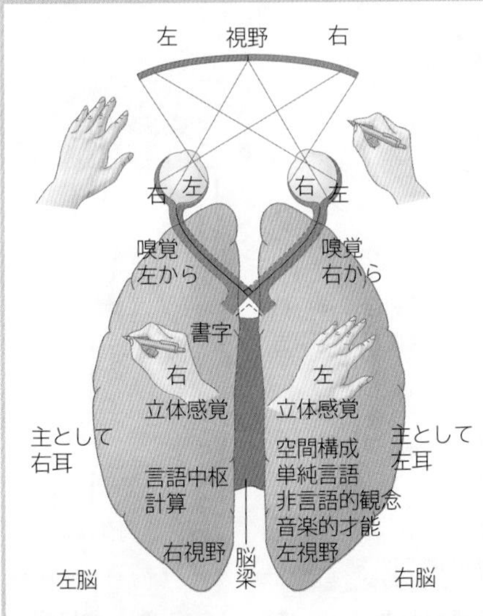


大脳皮質の左半球（左脳）と右半球（右脳）とではその働きに違いがある。左脳は言語の理解や計算能力など言語的機能にすぐれ，右脳は空間構成の把握や音楽的能力など非言語的機能にすぐれる。左脳と右脳は，脳梁と呼ばれる神経繊維の束でつながり，協調して働いている。運動神経は延髄で，感覚神経は脊髄または延髄で交叉しているので，左半身で受けた刺激は右脳に到達し，右半身で受けた刺激は左脳に到達する。同様に，視神経は内側（鼻側）半分が間脳の直前で交叉していて，左視野を右脳が，右視野を左脳がそれぞれ担当する。

重度のてんかん患者の治療のために，脳梁を切断する手術が行われたことがある。この患者は，手術後，左視野のもの（非言語的機能をつかさどる右脳が認識するもの）が言葉にできなくなった。

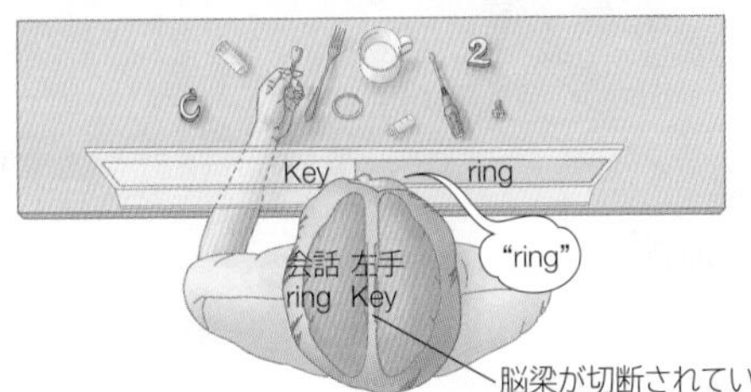


①スクリーンの中央を凝視する手術後の患者の左視野に key，右視野に ring の文字を瞬間的に映し出すと，患者は「ring を見た」という。⇒言語的機能には左脳が働いている。
②次に，触覚に頼って，見たものを取り上げるようにいうと，左手で鍵（key）を選ぶ。⇒非言語的機能を司る右脳が見たものを選ぶ（右脳で見たものを言葉にできないが，文字の意味は分かる）。
③左手で取り上げたものの名称を問われると「ring」と答える。⇒言語的機能をつかさどる左脳に従う。

TOPICS

### 脳の活動を観察する

生きた脳の内部の観察にはいくつかの方法がある。
左端の写真は MRI（磁気共鳴画像法）で撮影したヒトの脳である。MRI は体を強い磁場の中に入れ，体内に含まれる水素原子核から放出される電磁波をとらえて画像化する方法である。この方法では，造影剤を使わずに脳の内部を観察することができる。
右側の 4 枚の写真は PET（陽電子放射断層撮影装置）で撮影したヒトの脳である。PET は放射性同位体を含む溶液を体内に注入して，そこから放出される陽電子を検出して映像化する方法である。この方法では，脳内の様々な物質の動きを映像化することができる。この写真は，放射性の水を注入して血流の状態を表したもので，血流が多く活発に働いている部位が赤色で示されている。

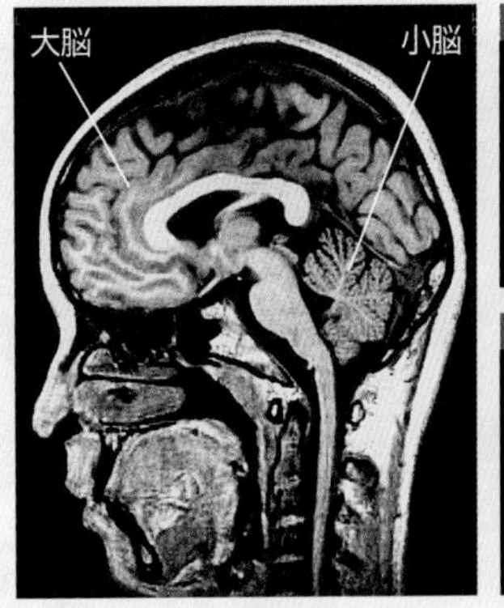


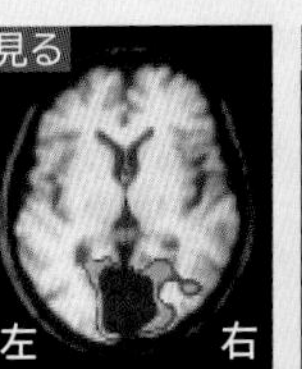


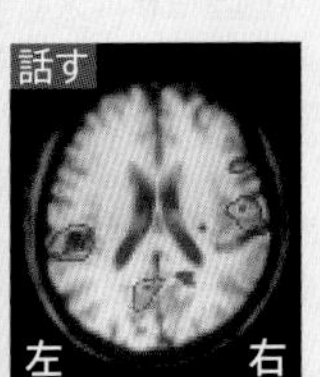


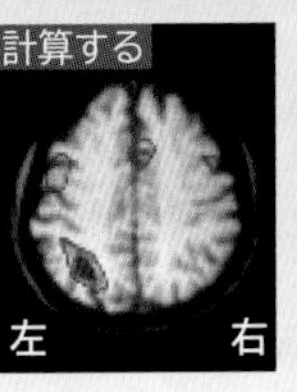


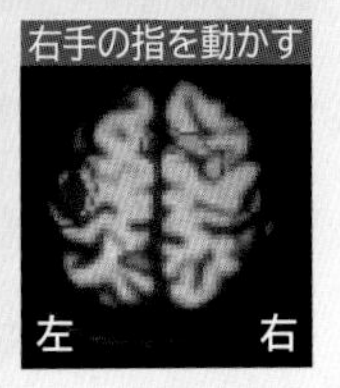

# 11 大脳の構造と働き

Structure and function of cerebrum

## A 大脳辺縁系と大脳基底核

ヒトの大脳辺縁系と大脳基底核は大脳の内部に位置し，特定の機能を担当している。本能や情動，運動に深い関わりをもっている。 生物

高次の機能を担う大脳新皮質の内側には，系統発生的に古い脳である大脳辺縁系（主に原皮質よりなる）と大脳基底核がある。大脳辺縁系は，生存や種族維持に関わる機能を担い，大脳基底核は，運動の制御機能を担っている。

大脳辺縁系（一部）

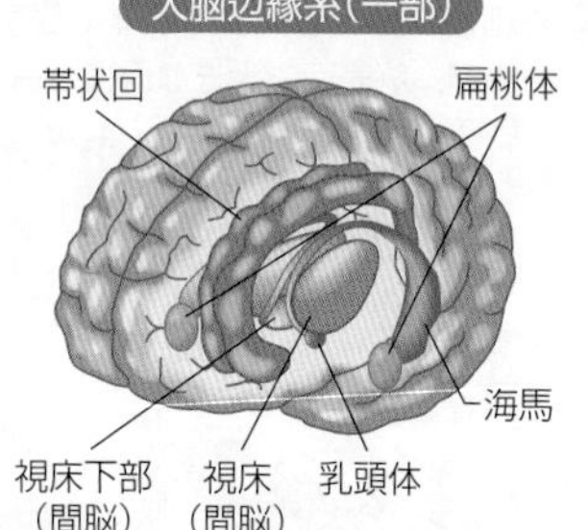


大脳基底核（一部）

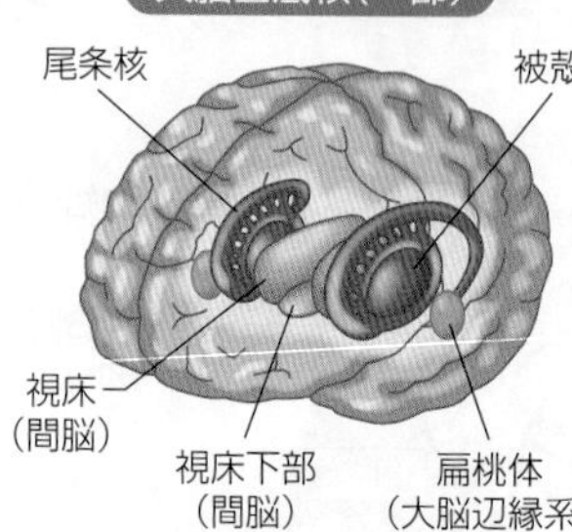


### ●進化と大脳の発達

高等な動物になるほど新皮質が発達するが，大脳辺縁系の変化は少ない。

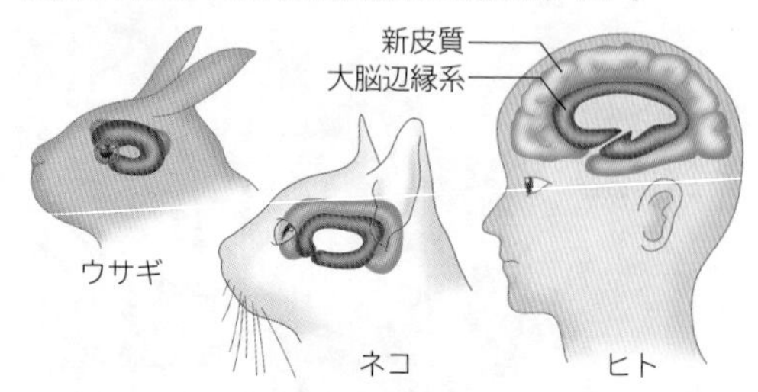


## B 大脳辺縁系の構造と働き

大脳辺縁系は，大脳半球の内側面で脳梁や間脳を取り囲み，古皮質や原皮質などを含む部分で，本能，情動，記憶の形成などに関わっている。 生物

### ●大脳辺縁系の構造

大脳辺縁系には，帯状回，海馬傍回，海馬，扁桃体などが含まれる。

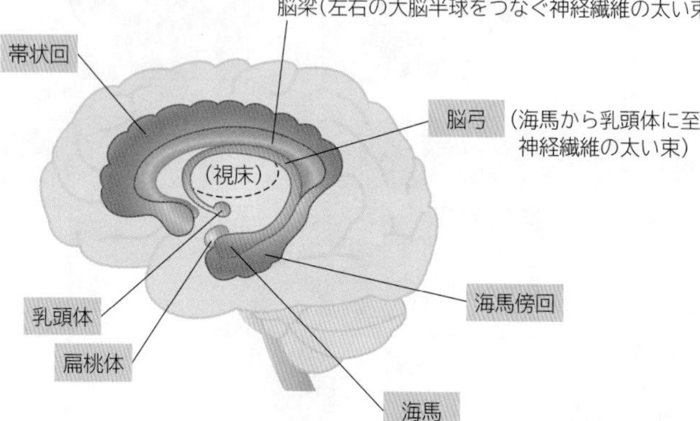


が大脳辺縁系

| | | |
|---|---|---|
| 大脳辺縁系 | 帯状回 | 大脳辺縁系の各部位を結ぶ役割を果たし，自律神経機能や認知プロセスに関与。 |
| | 扁桃体 | 情動行動に関与。アーモンド（扁桃）型をしていることからこの名前がある。 |
| | 海馬 | 記憶の形成に関与。 |
| | 海馬傍回 | 海馬に隣接する大脳皮質領域。記憶の記銘と保持に関与。 |

### ●大脳辺縁系の働き

大脳辺縁系は，本能行動（摂食や生殖など）や情動（喜び，悲しみ，怒り，恐怖，嫌悪，驚きというような一過性の激しい感情で，心拍数や血圧の変化など身体的反応を伴うもの）や記憶など生存や種族維持に必要な基本的生命現象を担っている。

大脳辺縁系は，間脳視床下部と関係が深く，自律神経系や内分泌系の制御にも関与する。大脳辺縁系の中で，扁桃体は情動に深く関わり，海馬は，記憶の形成に働いている（⇒ p.239）。

### ●情動が起こるしくみ

情動には扁桃体が重要な役割を果たしている。

①感覚情報の伝達と評価

大脳新皮質から届けられる感覚情報をもとに，扁桃体が快か不快かなどの評価（価値判断）をする。評価は大脳新皮質にフィードバックされ，情動が生じる。

②脳幹への伝達

情動の評価は脳幹に送られ，脳幹の自律神経機能や内分泌機能などを制御して身体反応が引き起こされる。

③情動の制御

大脳新皮質の前頭葉は情動の制御，つまり評価の変更や消去を行う。

前頭葉
大脳新皮質
① ③
大脳辺縁系（扁桃体）
②
脳幹
身体反応

**脳幹**：間脳（視床・視床下部），中脳，橋，延髄

## ADVANCE 大脳基底核とパーキンソン病

大脳基底核は大脳半球の深部にある核（ニューロンの細胞体の集まりを核という）の集団で，線条体（被殻と尾状核），淡蒼球，視床下核，黒質の４つの部分がある。主な働きは大脳皮質と連携した運動の調節，特に，運動の開始や停止の制御に深く関わる。大脳皮質から運動の指令が出ると，その一部は大脳基底核にも伝わり，大脳基底核は，運動をより精巧にするための情報を，間脳（視床）経由で大脳皮質にフィードバックする。

大脳基底核が障害を受ける病気の１つにパーキンソン病がある。パーキンソン病では，手足の震え，筋肉の硬直，緩慢な動作など日常生活に支障が出ることが多い。原因は，黒質にあるドーパミンを分泌するニューロンの細胞死が原因と考えられている。

尾状核
被殻
線条体 尾状核 被殻
側脳室
視床（間脳）
淡蒼球
視床下核
黒質

ヒト脳の側面からの透視図（左上）と横断面（右）。大脳基底核の構成要素を赤色で示す。

## TOPICS 扁桃体とクリューバー・ビューシー症候群

サルは通常，ヘビを恐れ近付こうとしない。クリューバーとビューシーは実験で，サルの両側の扁桃体を含む側頭葉を破壊すると，ヘビを全く恐れなくなり，ヘビをつまみ上げて平気で食べようとしたりする現象を発見した。このクリューバー・ビューシー症候群の特徴は，①目で見たものが何であるか認識できない，②手に取るどんなものでも口に運ぼうとする，③性行動の異常亢進，④情動反応（逃避行動や攻撃行動，怒りや恐れなど）の低下が見られる。これらの特徴から扁桃体は，生体に有益か無益かの価値判断を行い，怒りなど情動を起こす中心であると考えられている。

# 12 筋肉の構造

Structure of muscles

## A 骨格筋の構造

**骨格筋を構成する筋繊維の細胞質には強い収縮力をもつ筋原繊維の束が存在する。筋原繊維は，Z膜で仕切られたサルコメアを基本単位とする。**

生物

骨格筋は代表的な**効果器**で，筋繊維(筋細胞)が束になったものであり，筋繊維は筋原繊維が束状に集まったものである。筋原繊維の主な構成成分は，**アクチン**および**ミオシン**というタンパク質である。これらのタンパク質はそれぞれ，アクチンフィラメントと呼ばれる細い繊維とミオシンフィラメントと呼ばれる太い繊維を形成し，互いに重なり合いながら規則正しく配列している。アクチンフィラメントのみからなる部分を**明帯**，ミオシンフィラメントを含む部分を**暗帯**という。

POINT

**筋肉の種類**(⇒ p.53)

| 筋肉の種類 | | | 筋繊維の特徴 | 性質 |
|---|---|---|---|---|
| 骨格筋 | 横紋筋 | 随意筋 | 円柱状。多核。平行に並ぶ。 | 骨格を動かす。収縮が速いが，疲労しやすい。 |
| 心　筋 | 横紋筋 | 不随意筋 | 円柱状。単核。枝分かれする。 | 心臓を動かす。収縮が速く，疲労しにくい。 |
| 内臓筋 | 平滑筋 | 不随意筋 | 紡錘形。単核。互いに密着。 | 内臓を動かす。張力が持続し，疲労しにくい。 |

※意志によって働く筋肉を随意筋，意志とは無関係に働く筋肉を不随意筋という。

### 筋肉

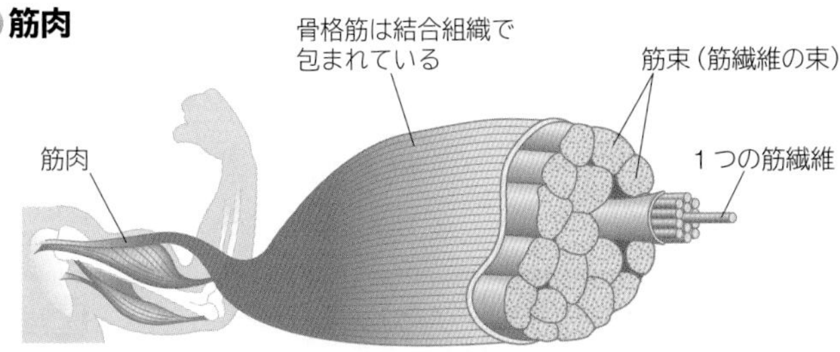


### 筋原繊維

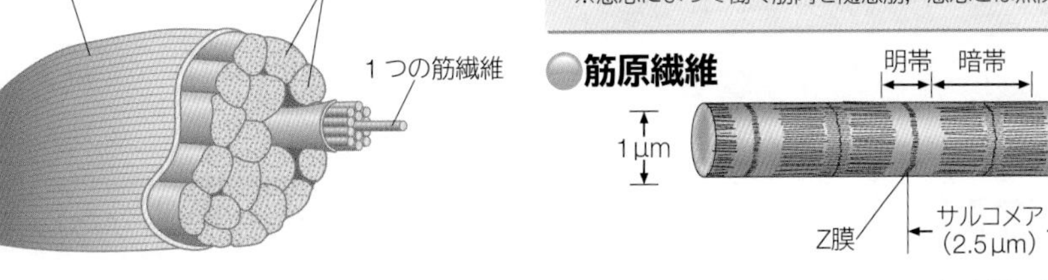


### 筋繊維(筋細胞)

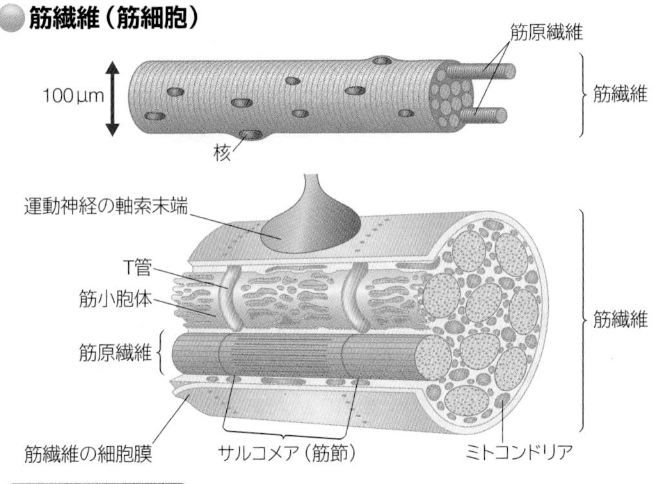


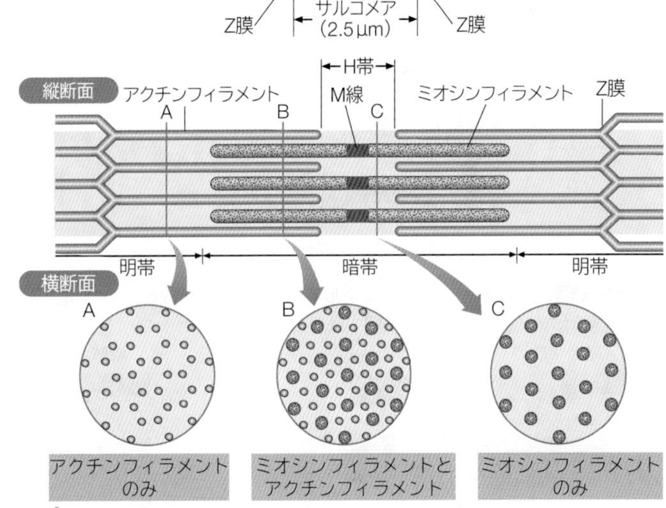


筋肉の構造の階層性に着目しよう。

**ミオシンフィラメント**

ミオシンフィラメントは，ミオシン分子が束ねられた構造をしている。ミオシン分子は2個の頭部と1本の尾部をもつ。1つのミオシンフィラメントは200個またはそれ以上のミオシン分子から構成されている。

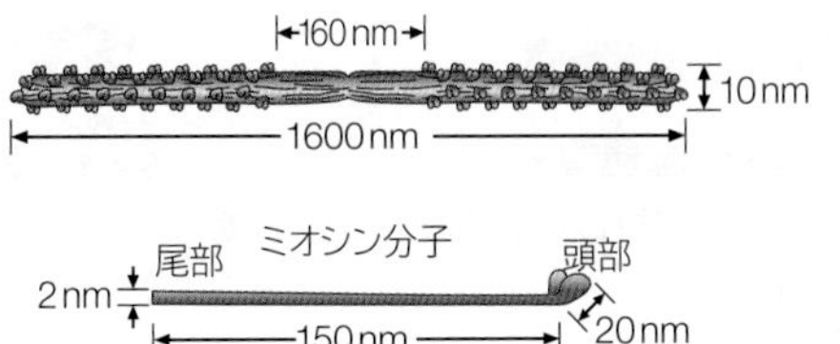


**アクチンフィラメント**

アクチンフィラメントは，球状のアクチン分子が二重らせん状につながったもの。これにトロポミオシンとトロポニン複合体が結合している。(長さ約1000nm)

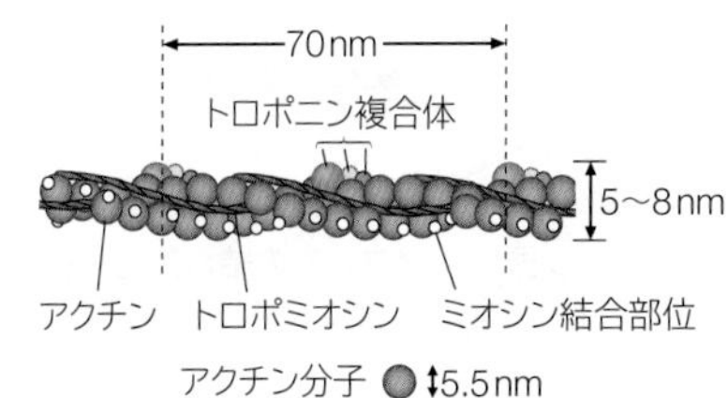


## B 筋収縮のしくみ

**アクチンフィラメントがミオシンフィラメントの間に滑り込むことによってサルコメアが短縮し，筋収縮が起こるとする考え方を滑り説という。**

生物

### 滑り説

筋収縮時のサルコメアを顕微鏡で観察すると，暗帯の幅は変わらず，明帯の幅だけが短縮する。このことから，筋収縮はフィラメントの長さが短縮して起こるのではなく，アクチンフィラメントがミオシンフィラメントの間を暗帯の中央に向かって滑り込むことによって起こると考えられる。

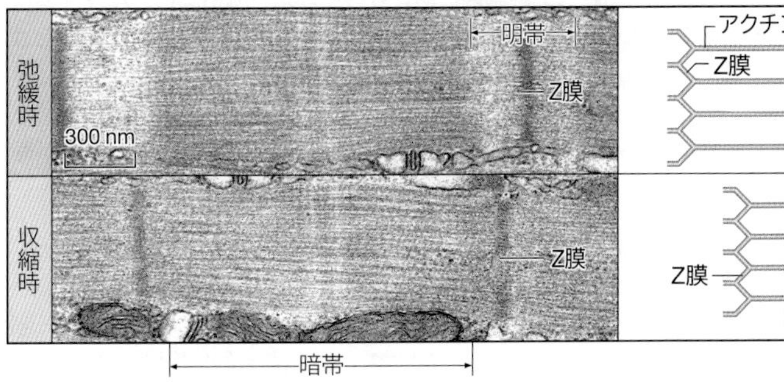


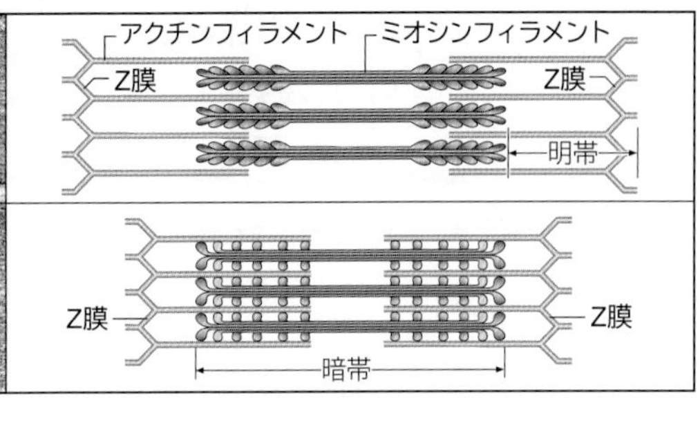


WORD 効果器⇔作動体　筋肉⇔筋　筋繊維⇔筋細胞　Z膜⇔Z線　サルコメア⇔筋節　明帯⇔I帯　暗帯⇔A帯

# 13 筋収縮
Muscle contraction

## A 筋原繊維への興奮の伝達

運動神経の神経終末に達した興奮は，筋繊維の小胞体(**筋小胞体**)に伝わる。筋小胞体は，膜上にカルシウムポンプをもち，$Ca^{2+}$ を放出・吸収する。 生物

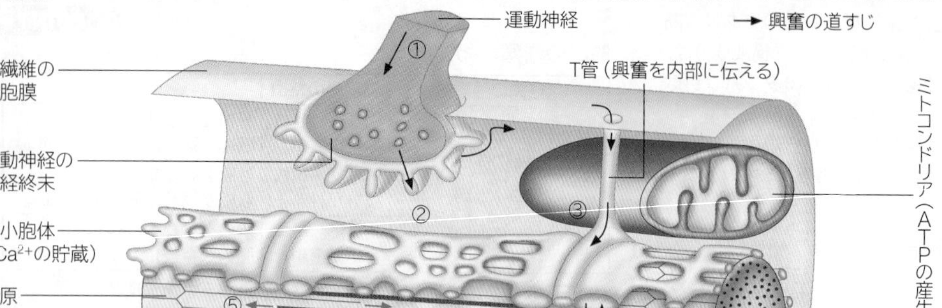


①興奮が運動神経の神経終末に伝わる。
②神経終末からアセチルコリンが放出され，筋繊維の細胞膜が興奮する。
③興奮はT管を介して筋小胞体に伝わる。
④筋小胞体から $Ca^{2+}$ が放出される。
⑤$Ca^{2+}$ がアクチンフィラメントのトロポニンに結合し，アクチンフィラメントとミオシンフィラメントの結合が可能となる。ATPのエネルギーを利用したアクチンフィラメントとミオシンフィラメントの滑り込み(筋収縮)が起こる。
⑥興奮が解けると，筋小胞体が能動輸送によって $Ca^{2+}$ を再吸収する。

## B 筋収縮の調節

筋収縮は $Ca^{2+}$ によって調節され，ATPの分解に伴って力が生み出され，収縮する。

生物

### 筋収縮時の $Ca^{2+}$ の役割

❶$Ca^{2+}$ が細胞質中にない状態では，ミオシン頭部の結合部位がトロポミオシン繊維によってかくされている。

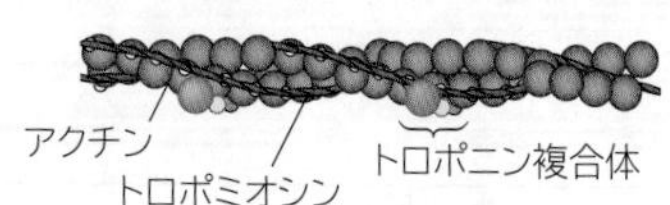


❷$Ca^{2+}$ が筋小胞体より筋原繊維に放出されると，$Ca^{2+}$ がトロポニンに結合する。これによりトロポニンの立体構造が変化し，トロポミオシンに覆われていた結合部位が露出する。

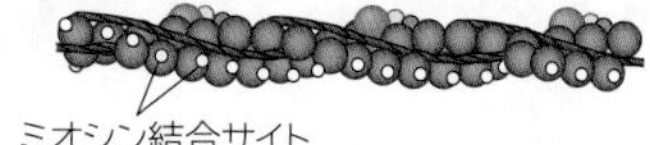


### 筋収縮とATP

筋収縮のエネルギー源はATPである。収縮の調節には $Ca^{2+}$ が関与する。ミオシン分子の頭部は，アクチンと結合する能力およびATP分解酵素の働きをする。(下図ではトロポミオシンとトロポニン複合体は省略してある)

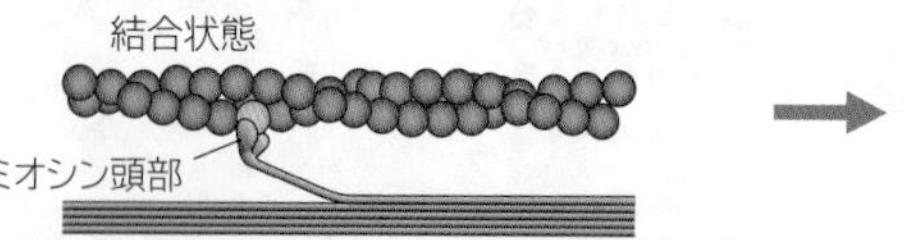


❶サイクル開始のこの図では，ミオシン頭部はアクチンと結合している。

解離 ATP ATP

❷ATPがミオシン頭部に結合すると，アクチンとの結合が外れる。この状態は低エネルギー状態である。

立ち上がり ADP P

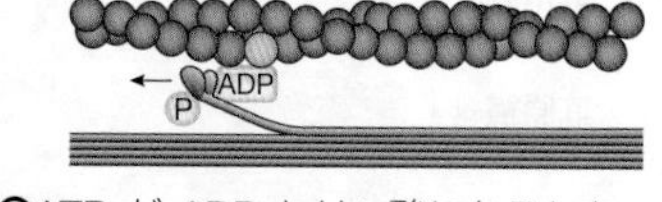

❸ATPがADPとリン酸になるとき，ミオシン頭部は前方に傾く。この状態は高エネルギー状態である。

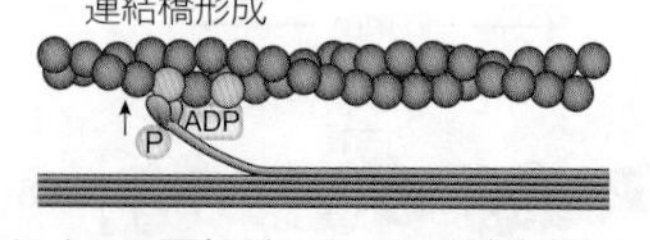


❹ミオシン頭部がアクチンの結合部位に結合する。

力の発生 ADP P

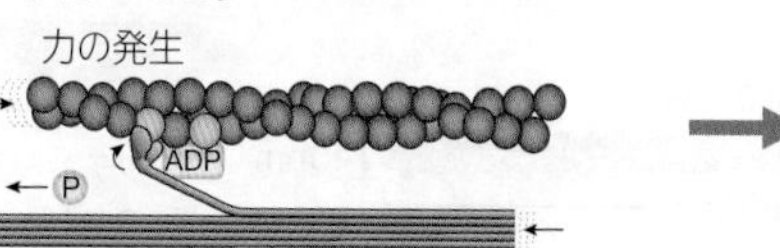

❺リン酸がミオシン頭部から離れると，頭部がアクチンに強く結合し，アクチンフィラメントをたぐりよせる。

結合状態 ADP

❻ADPが頭部から離れ，❶と同様の状態になる。このときミオシン頭部は，❶の状態から，アクチン分子2個分移動している。

## C 筋収縮とエネルギー供給

収縮によって急激にATPを消費する筋肉では，**クレアチンリン酸**を仲立ちとして，ATPを供給するしくみが発達している。 生物

筋収縮の際のエネルギー源はすべてATPである。しかしATPは筋細胞内にあまり多く含まれていない。ATPが消費されると，筋細胞は次の3つの過程でATPを生産し補充する。①クレアチンリン酸とADPによる生成，②解糖による生成，③呼吸による生成。①と②は無酸素的に行われ，③は酸素が必要である。エネルギーが不足し，十分な収縮ができない状態を**疲労**という。

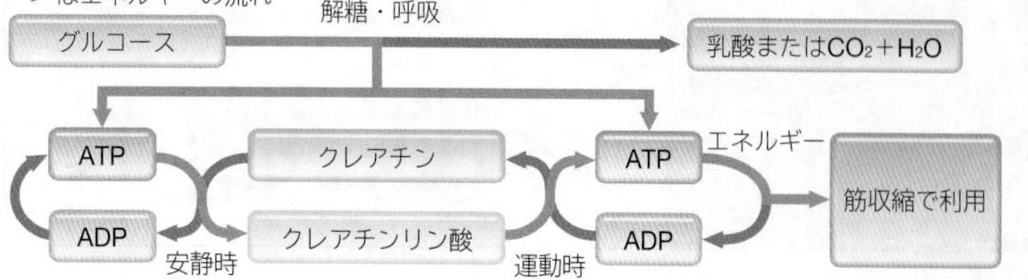


**運動時** クレアチンリン酸からADPにリン酸が渡されATPが合成される。運動が持続しクレアチンリン酸が不足すると，呼吸または解糖によってグルコースが分解され，ATPが合成される。

**安静時** ATPからクレアチンリン酸を合成しクレアチンリン酸の形でエネルギーを蓄える。運動時に解糖によって蓄積した乳酸は肝臓に運ばれ，グリコーゲンに再合成される。



 WORD T管⇔T小管⇔小管⇔横行小管　単収縮⇔れん縮　キモグラフ⇔カイモグラフ　グリセリン筋⇔グリセリン浸漬筋

# D 筋収縮の記録

筋収縮は，単収縮と強縮に大別される。単収縮の記録にはミオグラフが，強縮の記録にはキモグラフが用いられる。

生物

## ミオグラフ

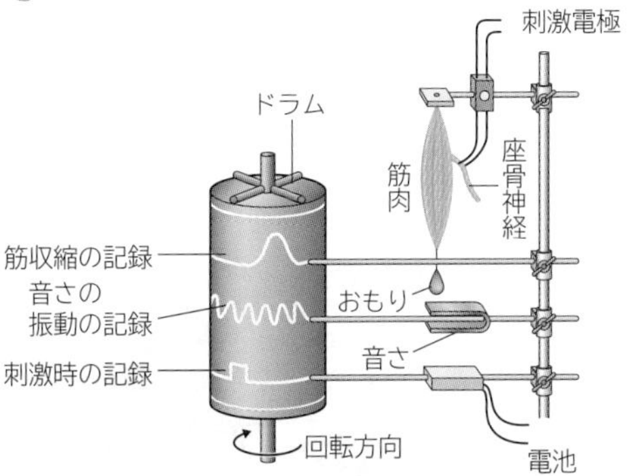


ドラムを回転させ，てこにつないだ神経筋標本に電気刺激を与えて，てこの先端で筋収縮の変化を記録し，音さの波形によって経過時間を同時に記録する。

## ミオグラフによる記録

ドラムを高速で回す。

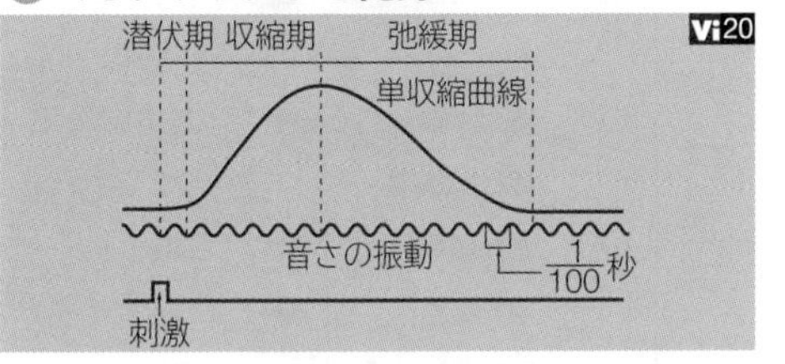


刺激後，約 1/100 秒の潜伏期間がある。その後，約 1/10 秒間で収縮して弛緩する。

## 筋収縮の種類

| 単　収　縮 | | 1 回の刺激による筋収縮 |
|---|---|---|
| 強　　縮 | 不完全強縮 | 断続的な刺激（毎秒 15 回程度）による収縮 |
| | 完全強縮 | 高頻度の断続的な刺激（毎秒 30 回以上）による収縮 |

## キモグラフによる記録

ドラムを低速で回す。

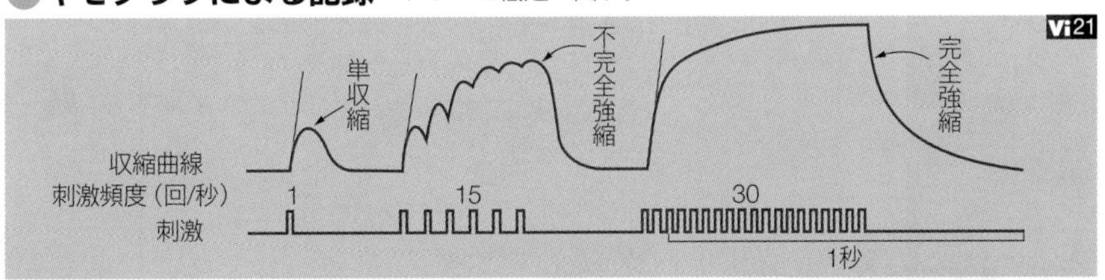


**【単収縮】**1 回の刺激に対応して筋肉が収縮して弛緩する過程。単収縮の持続時間は筋肉の種類によって異なる。温度の低下で長くなる。

**【不完全強縮と完全強縮】**1 回の刺激による単収縮が弛緩しきる前に再び刺激すると，2 つの単収縮が重なり合って 1 つの単収縮よりも大きな収縮が起こる。この現象を**収縮の加重**という。刺激の頻度が増すと，個々の単収縮は次々に加重されて収縮は増大する。この際，個々の単収縮が区別できるような収縮を**不完全強縮**という。刺激頻度をさらに増して，個々の単収縮が完全に融合した収縮を**完全強縮**という。完全強縮時の収縮は単収縮よりも大きい。カエル縫工筋では 20℃で約 30 Hz の刺激で完全強縮になる。通常の骨格筋の収縮は，完全強縮から成り立っている。

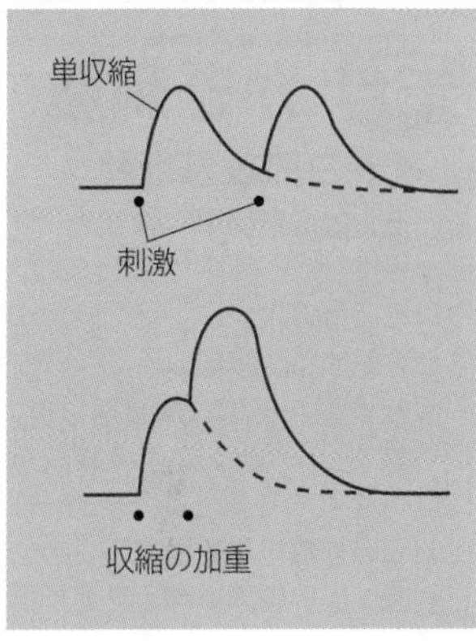


# E 筋節長と張力の関係

収縮している筋原繊維の筋節の長さは，アクチンフィラメントとミオシンフィラメントの重なりの程度に依存し，収縮力に影響を及ぼす。

生物

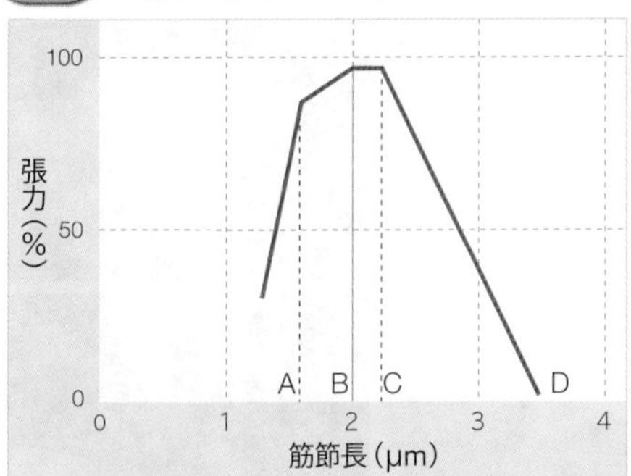


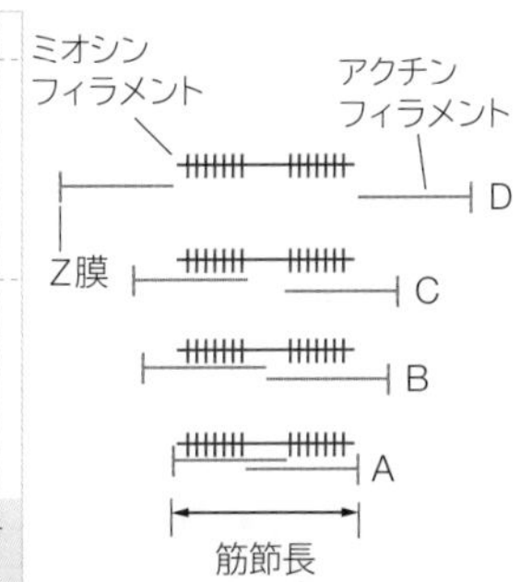


## 筋節長が収縮力に及ぼす影響

1 つの筋節における筋節長と張力（収縮力）の関係を左側に，筋節長 A ～ D における 2 種の筋フィラメントの重なり方を右側に示す。

【DC 間（筋節長約 3.6 ～ 2.2 μm）】…両フィラメントの重なりの割合を反映した張力が得られる。D では，重なりがなくなり張力は 0 になる。

【CB 間（筋節長約 2.2 ～ 2.0 μm）】…ミオシンフィラメントのヘッドが全てアクチンフィラメントと重なる。この範囲で最大張力が得られる。

【BA 間（筋節長約 2.0 ～ 1.6 μm）】…アクチンフィラメントどうしの重なりが生じ，重なりが増すほど張力は低下する。

【A（筋節長約 1.6 μm）以下】…ミオシンフィラメントが Z 膜に衝突する。その程度が増すほど張力は低下する。

# 実験 グリセリン筋の収縮

筋肉をグリセリン溶液に浸した標本をグリセリン筋という。グリセリン筋は，筋原繊維の構造を保持しているので，筋収縮の観察に適している。

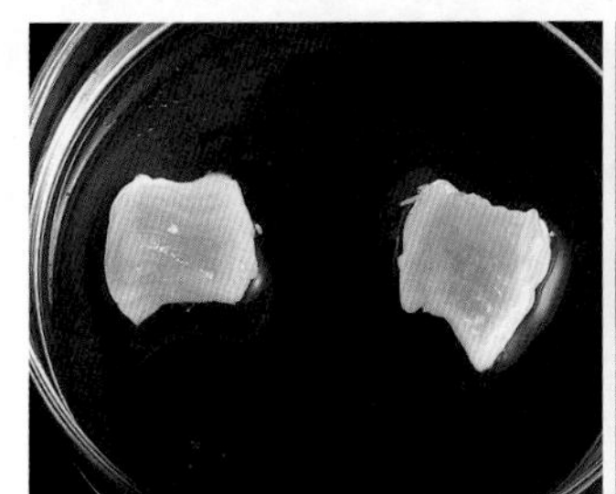

①ホタテガイの貝柱を 50％グリセリン溶液に浸し，0℃で数日間保存する。

②グリセリン筋を柄付き針で抑えながら，かみそりの刃で細く切る。

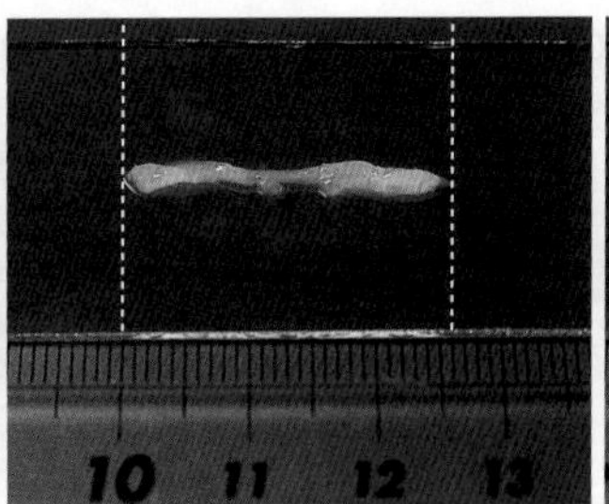


③あらかじめ長さを測定する。

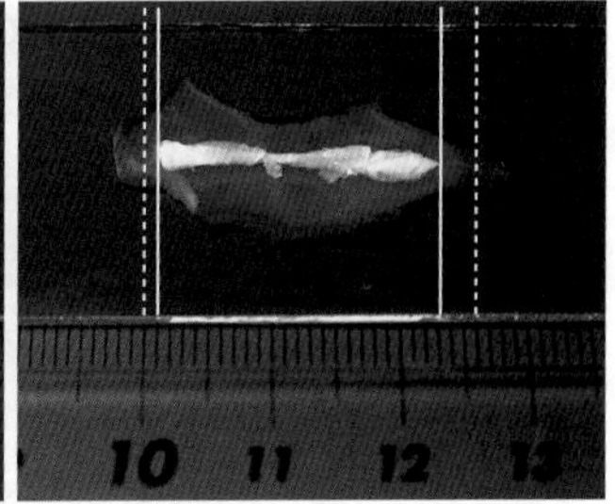


④ ATP 溶液を注ぐ。グリセリン筋は収縮する。

結論：筋収縮では，ATP がエネルギー源として使われる。

# 14 刺激と行動(生得的行動)
Stimulus and behavior

## A 走性

外部からの刺激に対して一定の方向に運動する行動を走性という。刺激に近付く場合を正の走性，刺激から遠ざかる場合を負の走性という。 生物

### ●ミドリムシの正の光走性

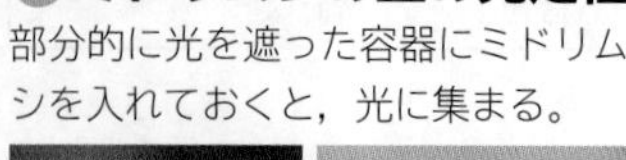

部分的に光を遮った容器にミドリムシを入れておくと，光に集まる。

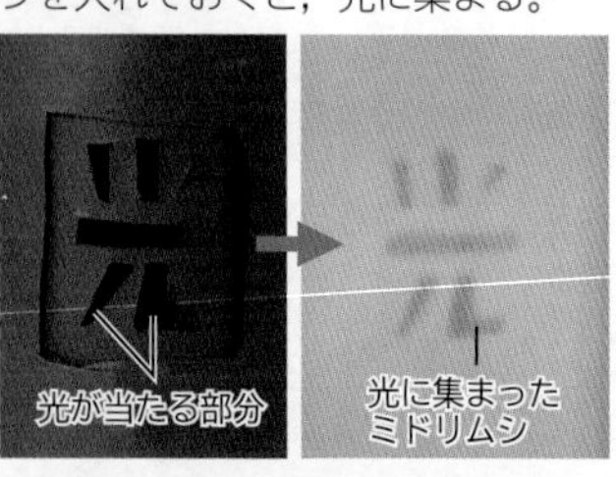


### ●ハエの幼虫の負の光走性

ハエの幼虫(ウジ)は光受容器のある頭部を振りながら移動し，より暗い方向に体軸を回転する。

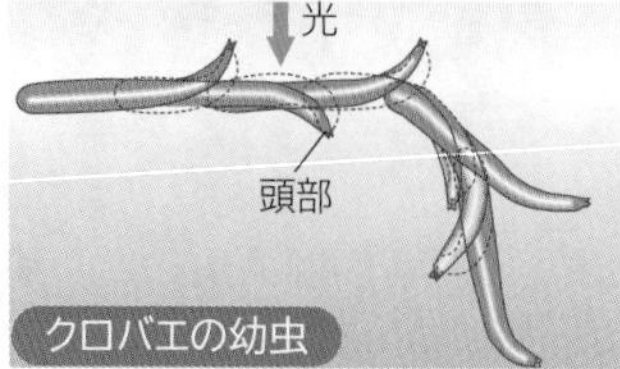


### ●プラナリアの負の光走性

プラナリアは，明るい場所では方向を変え，暗い場所では動きが遅くなる。結果として，暗い場所に集まる。

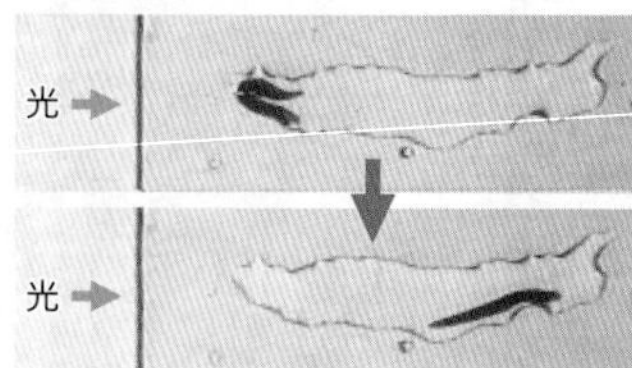


### ●ダンゴムシの正の湿度走性

ダンゴムシは，乾燥した場所に比べ，湿った場所では活動が不活発になる。結果として，湿った場所に落ち着く。

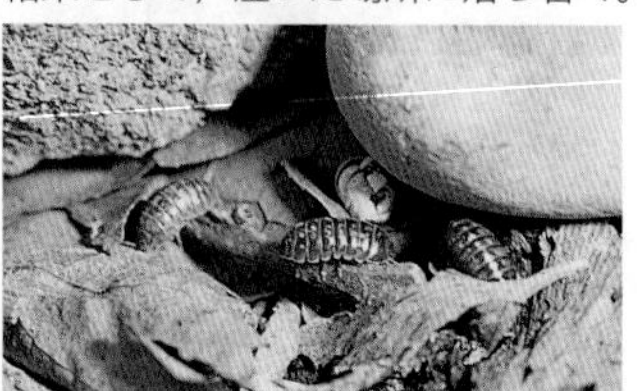

## B かぎ刺激

動物に生まれつき備わる，種や個体の維持に適応した行動を引き起こす特定の刺激をかぎ刺激という。 生物

### ●イトヨの攻撃行動

イトヨの雄は繁殖期になると，腹部が赤くなり，縄張りをもつようになる。他の雄が縄張りに侵入すると攻撃する。腹部の赤くない姿の似た模型Aには攻撃しないが，形は異なるが腹部の赤い模型Bにはいずれも攻撃したことから，イトヨの攻撃行動を引き起こすかぎ刺激は赤い腹部であることがわかる(1948年 ティンバーゲンの実験)。

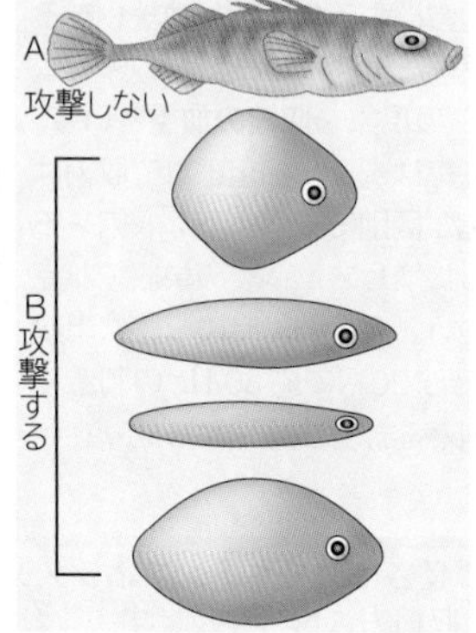


### ●セグロカモメのつつき行動

セグロカモメのひなは，親鳥のくちばしにある赤い斑点をつついて餌をねだる。くちばしの赤い斑点は，この行動のかぎ刺激となっている。

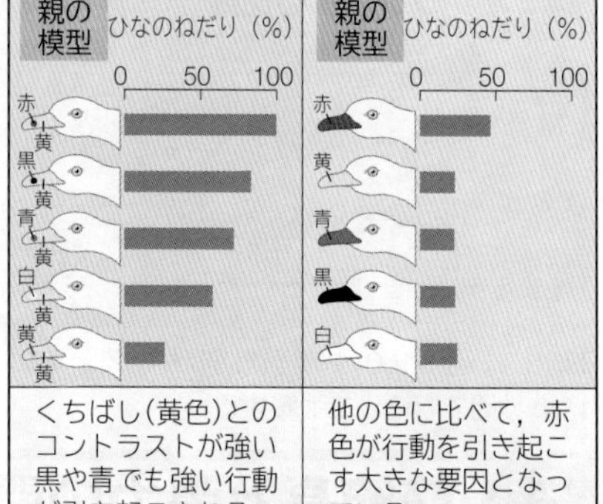


### ●イトヨの配偶行動

最初のかぎ刺激(卵で膨らんだ雌の腹部)によって引き起こされた行動が，次の行動のかぎ刺激となり，一連の行動が一定の順序で連鎖的に起こる(固定的動作パターン)。

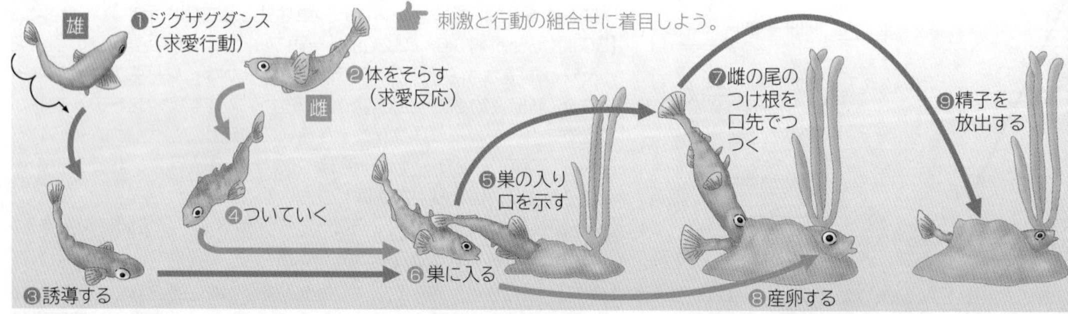


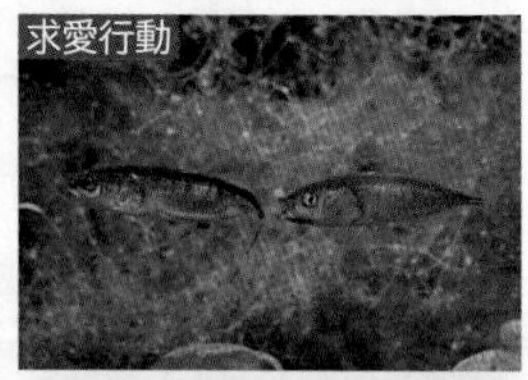

## C ミツバチのダンスによる情報伝達

餌場(蜜源)を発見した働きバチは，脚に花粉を付けて巣に戻り，ダンスを踊ってその位置を他の個体に伝える(1940年代のフリッシュの研究)。 生物

### ●餌場までの距離とダンスの種類

餌場が近いときには**円形ダンス**を踊り，遠いときには**8の字ダンス**を踊る。他の個体は触角で触れながら踊り手の後を追い，花の香りと同時に，餌場の距離や方向を感知する。

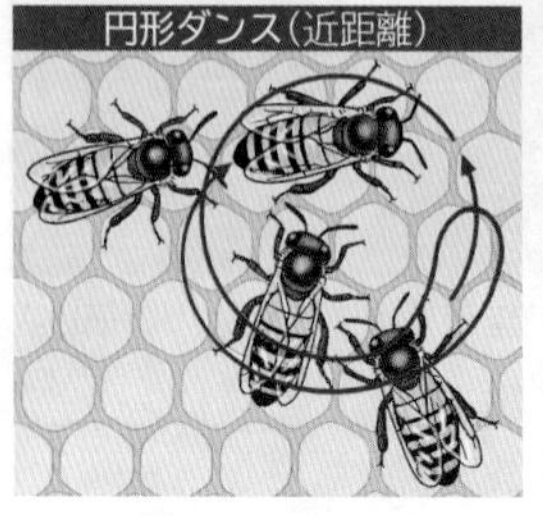


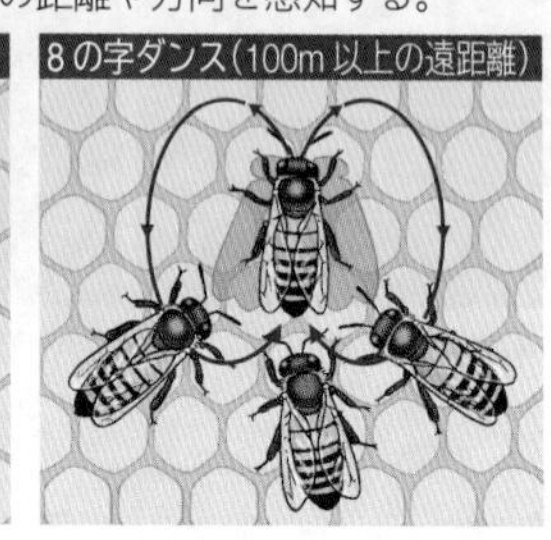


### ●8の字ダンスと餌場の方向

重力の逆方向を太陽の方向と見なし，太陽と餌場の角度を示す。

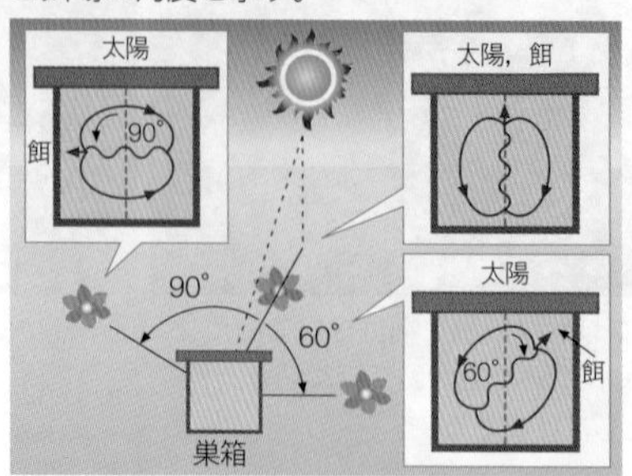


### ●8の字ダンスと餌場までの距離

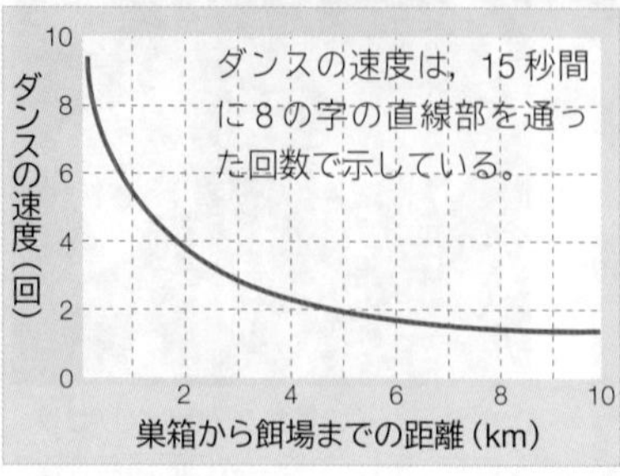


餌場までの距離が遠いほど，ダンスの速度は遅くなる。

# D フェロモンによる行動

動物から体外に放出され，同種の他個体に特有の行動や発育分化を引き起こす化学物質をフェロモンという。



## フェロモンの種類

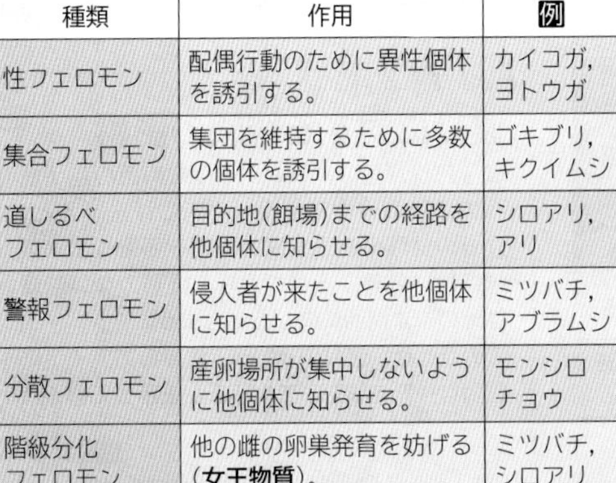

| 種類 | 作用 | 例 |
|---|---|---|
| 性フェロモン | 配偶行動のために異性個体を誘引する。 | カイコガ，ヨトウガ |
| 集合フェロモン | 集団を維持するために多数の個体を誘引する。 | ゴキブリ，キクイムシ |
| 道しるべフェロモン | 目的地(餌場)までの経路を他個体に知らせる。 | シロアリ，アリ |
| 警報フェロモン | 侵入者が来たことを他個体に知らせる。 | ミツバチ，アブラムシ |
| 分散フェロモン | 産卵場所が集中しないように他個体に知らせる。 | モンシロチョウ |
| 階級分化フェロモン | 他の雌の卵巣発育を妨げる(**女王物質**)。 | ミツバチ，シロアリ |

## アリの道しるべフェロモン

餌場を発見したアリは，道しるべフェロモンを放出し，腹部先端を引きずりながら巣に戻る。他の個体は，道しるべフェロモンを触角で感知しながら移動し，餌場へたどり着く。触角を切除したり，交叉させたりすると，方向の定位ができなくなり，アリの動きが変化する。

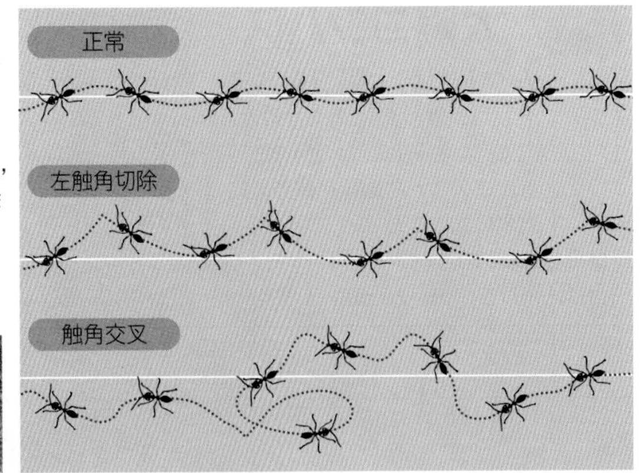


## カイコガの性フェロモン

カイコガの雄は，雌が空中に放出した性フェロモンのにおいをたよりに，歩いて雌を見つけ出し交尾する。雄には，においにより発現する，プログラムされた定型的行動パターンがある。

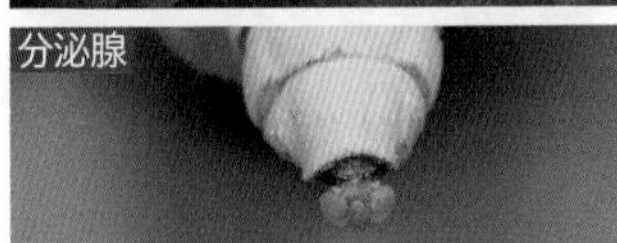


雄は，雌の分泌腺から放出された性フェロモンを触角で感知し，激しく羽ばたきながら雌に近づいて(婚礼ダンス)，交尾を行う。

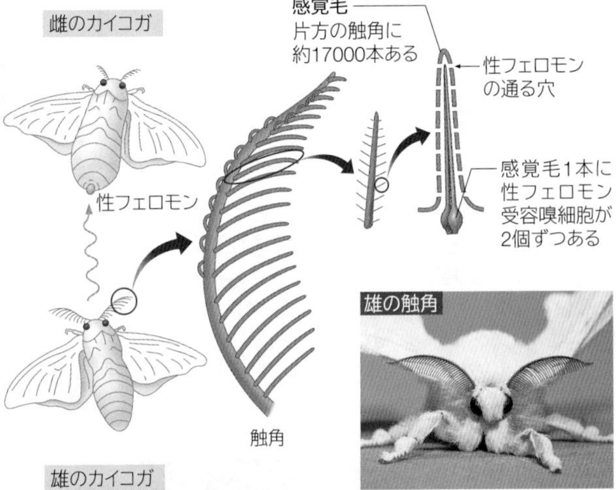


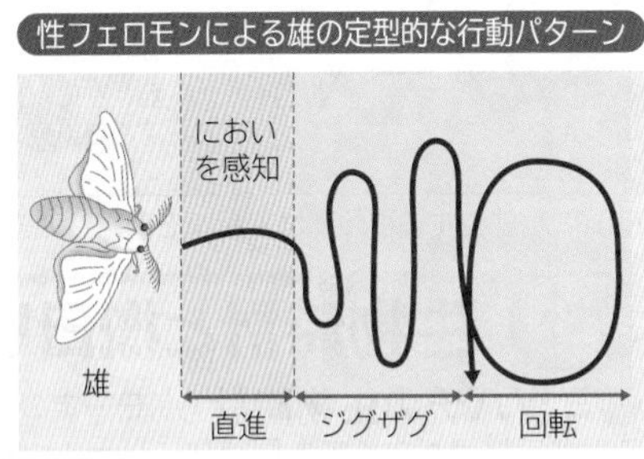


雄は性フェロモンを感知すると，①におい刺激を受容している間は刺激方向に直進する。②刺激がなくなると小さなターンから次第に大きくなるジグザグターンを繰り返し，回転に移る。におい源に近づくとにおい密度が増加し，直線的ににおい源に近づく。におい密度が低下すると②に移る。

## ADVANCE 雄のカイコガの性行動と神経行動学

神経どうしのネットワークが具体的にどのような行動に関与しているのかを調べる研究が進んでいる。東京大学先端科学技術研究センターの神崎亮平教授は，性フェロモンによる雄のカイコガの定型的な行動とそれに関わる神経回路を明らかにし，神経回路を電子回路に置き換えたロボットを作成してカイコガの行動を検証している。

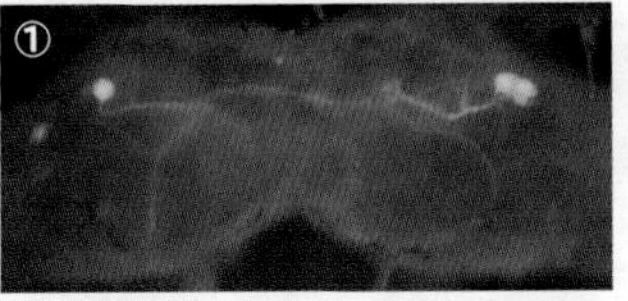


遺伝子組換え技術を用いて，特定の遺伝子が発現している脳内の神経回路を可視化する。

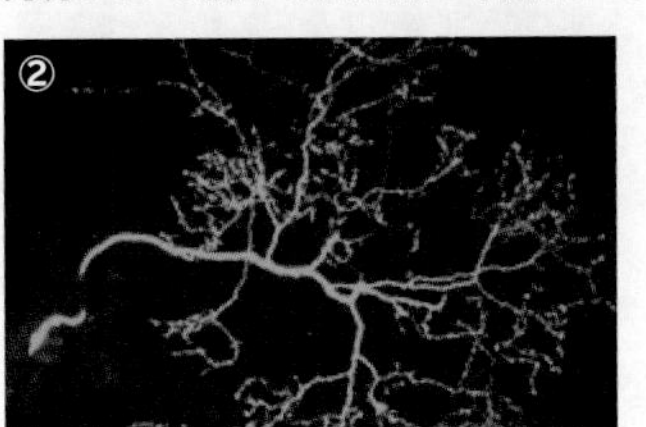


神経回路を構成するニューロンごとにガラス微小電極を刺し入れて，どのような場面でどのニューロンが働いているかを調べ，データベース化する。

データベースに基づき性フェロモン受容における神経回路の働きを電子回路で再現した「におい源探索ロボット」を作成する(センサーには本物の雄のカイコガの触角を使用)。実際に性フェロモンを流してみると，雄の定型的な行動がロボットによって再現される。

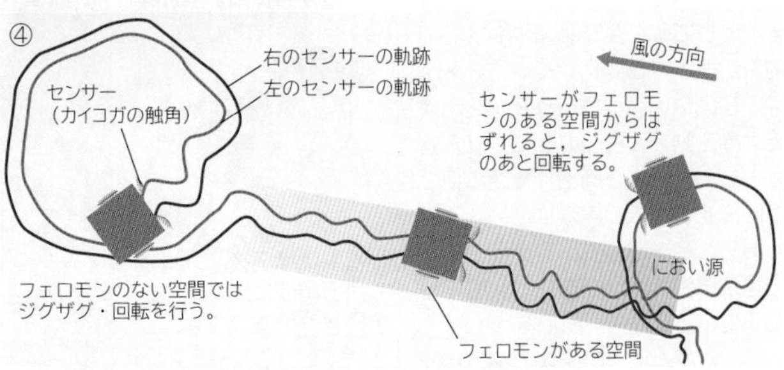


行動をニューロンのレベルで理解することが可能になりつつある。

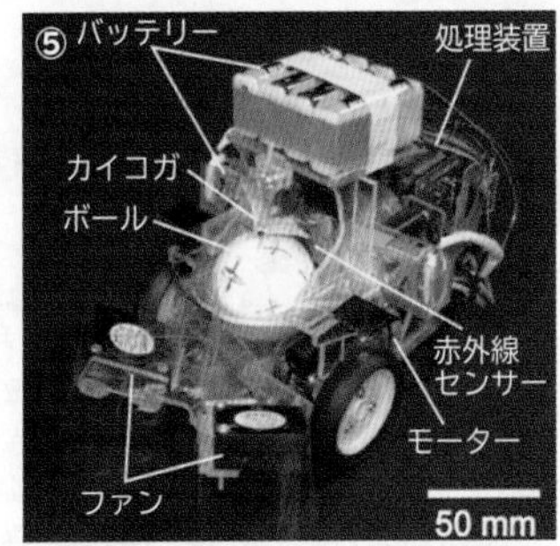


本物の雄のカイコガを乗せ，足の動きに合わせて正確に動くロボットを作成すると，このロボットもにおい源に到達することができた。さらに，左足だけ実際の雄の足の動きの2倍ロボットが動くようにすると，最初は混乱するが，数回で調整できるようになる(学習が成立する)。

WORD 階級分化フェロモン⇔カースト分化フェロモン⇔階級フェロモン

# 15 定位
Orientation



## A 太陽コンパス

渡り鳥やミツバチなどの多くの生物は，太陽の位置を基準にして方向を感知する(定位する)しくみ(**太陽コンパス**)をもっている。 生物

### ●ホシムクドリの太陽コンパス

ホシムクドリは，渡りの時期になると，一定の方向に向いて飛び立つ姿勢を取るようになる。右のような観察小屋で，鏡を用いて太陽の光をずらすと，その角度だけ飛び立つ方向もずれる。曇りや雨の場合は，飛び立つ方向が一定にならない。

6方向から光が入る小屋

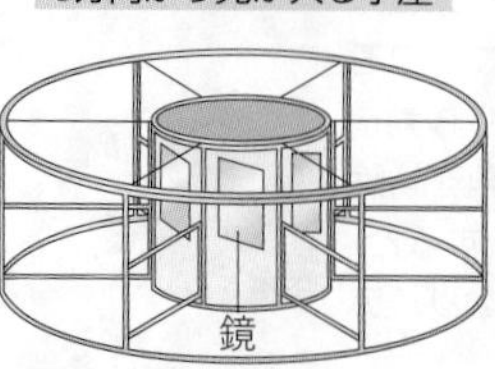


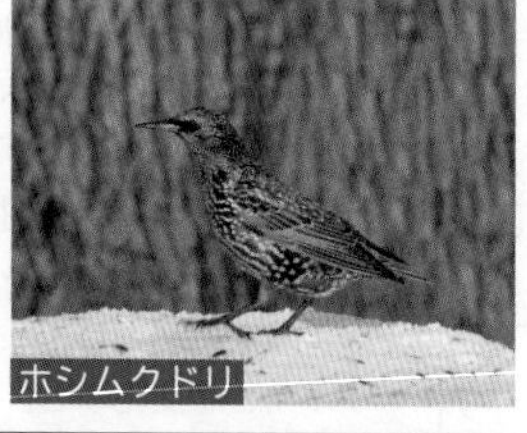
ホシムクドリ

| ❶鏡を用いないとき | ❷鏡を用いて観察小屋へ入る太陽の光を90°左へずらす | ❸鏡を用いて観察小屋へ入る太陽の光を90°右へずらす |
|---|---|---|

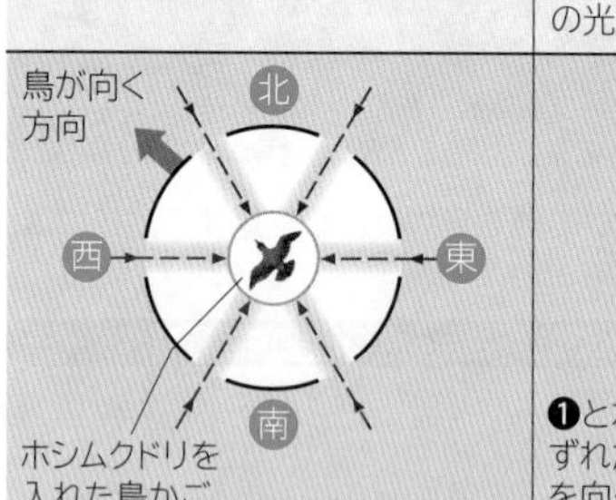


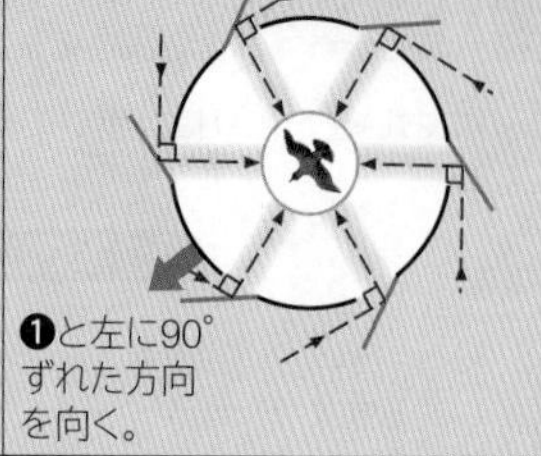


❷と逆側の方向を向く。

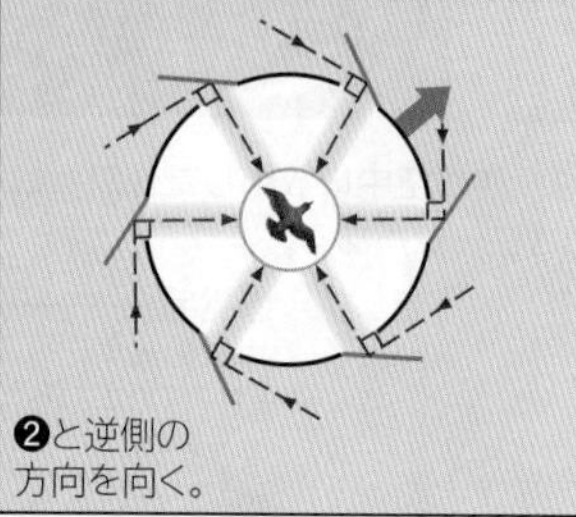

夜間に渡りをする種類では，星座を利用して方向を決めている(**星座コンパス**)。

### TOPICS 渡りに対する経験の影響

ヨーロッパ産のホシムクドリを南西の越冬地への渡りの途中で捕獲し，南に移送すると，渡りの経験のある成鳥は方向を変えて本来の越冬地に到着するが，渡りの経験のない若鳥はそのまま南西に向かってしまう。

このことは，渡りの経験が，渡りの方向決定に重要な役割を果たしていることを示している。

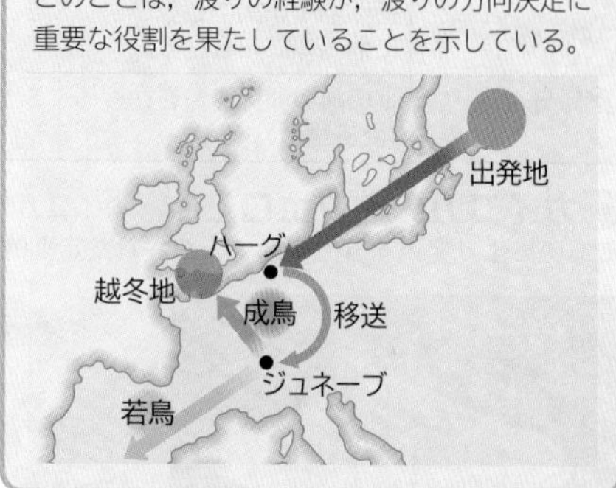


## B 生物時計と概日リズム

ほぼ1日で繰り返される生命活動の周期を**日周性**という。生物の自律的に時間を感知するしくみ(**生物時計**)による日周性を特に**概日リズム**という。 生物

### ●ミツバチの生物時計

毎日一定の時刻に餌を与えると，ミツバチは餌がなくても同時刻にやってくるようになる(時刻学習)。パリで午後8時から10時30分に餌を与えていたミツバチをニューヨークに移送すると，このミツバチは午後3時(パリの時間帯で午後8時)に餌探しを始める。この実験から，ミツバチが太陽の位置ではなく生物時計で時間を感知していることが証明された。

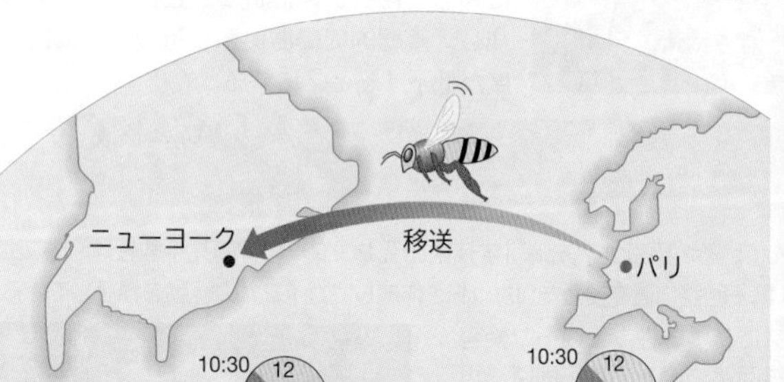


### ●ムササビの概日リズム

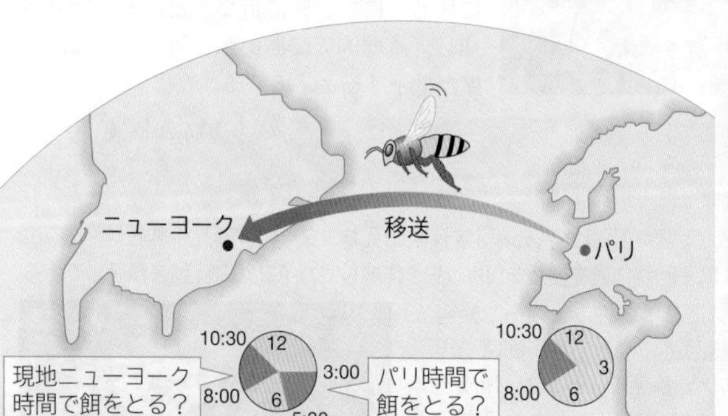

ムササビは夜行性の動物で，日没後に活動する。暗黒中で活動を記録すると，活動と休止の周期は，24時間より少し短い(23時間30分)が，一定に保たれる。通常は，明暗のリズムによって24時間周期に修正されている。

ムササビ

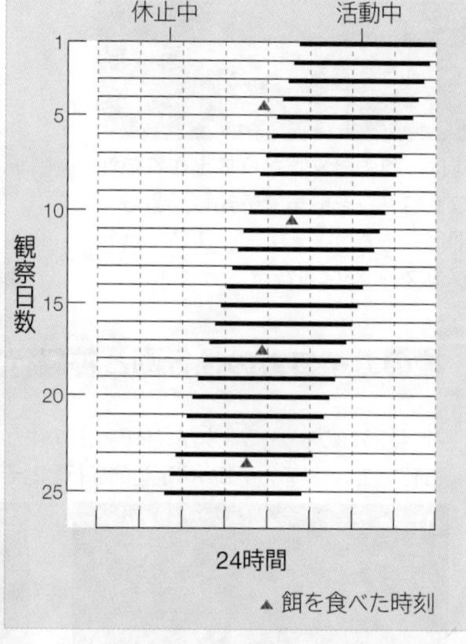


### TOPICS 生物時計はどこにある？

松果体は，脊椎動物の間脳背側部に位置する小さな器官である。下等な脊椎動物では網膜と同様に明暗を感じる光受容器として働くが，鳥類や哺乳類ではメラトニンというホルモンを分泌する内分泌器官へと変化している。メラトニン合成に関わる酵素の活性は，昼低く，夜高いという概日リズムを示す。鳥類では，松果体を摘出すると，暗闇中では昼活動して夜休むというリズムがなくなり，1日中活動するようになる。また，松果体を摘出した鳥に他個体の松果体を移植すると，活動のリズムが回復する。この実験は，鳥類では松果体に概日リズムを制御する生物時計があることを示している。

哺乳類では，視床下部の視交叉上核という場所に生物時計があり，交感神経を介して松果体を制御していることがわかっている。

体内時計は24時間周期からわずかにずれているが，目や松果体で感じた光刺激(明暗周期)を利用して，24時間周期に同調させている。

松果体を摘出した個体

暗闇では1日中活動

松果体摘出後，他の鳥の松果体を移植する

暗闇でもリズムを回復

Zzz



 WORD 概日リズム⇔サーカディアンリズム　生物時計⇔体内時計　エコーロケーション⇔反響定位

## C 超音波による定位

コウモリは，標的との距離によって，長さや頻度が変化する超音波を使って標的を探索する。ヤガはこの音を聞き分けて回避行動をとる。

生物

### コウモリの超音波（エコーロケーション）

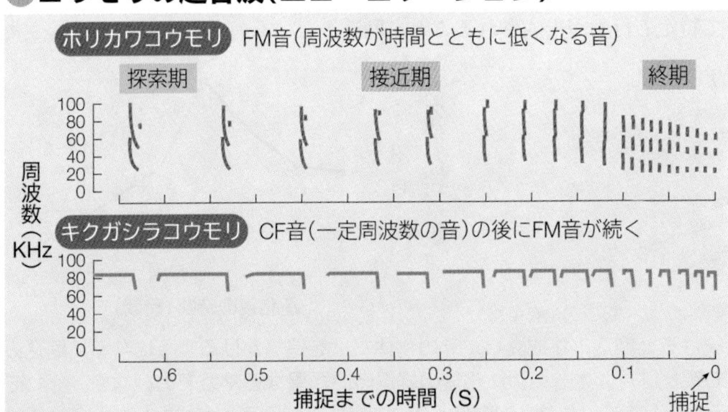


探索期（標的が遠い）：頻度が少なく長い音
接近期（標的を確認・接近する）：頻度が増し，短い音になる
終期（標的を捕捉する）：最も頻度が多く短い音

### ガの耳と聴神経

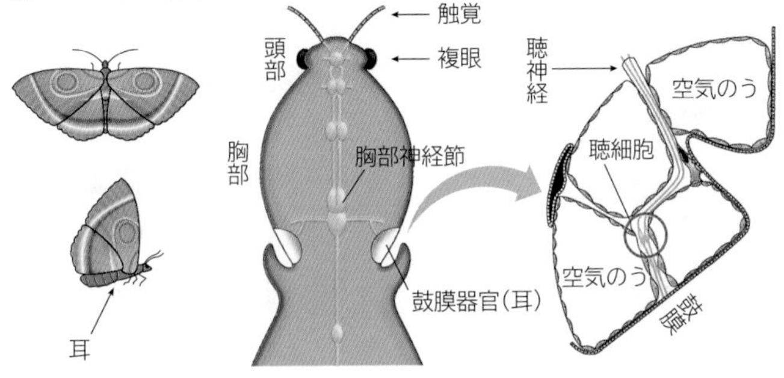


ガの耳は胸部の側面にあるため，音源に近い側に比べ遠い側は体の影になり音が小さくなる。また，音源が上方にある場合，翅を下げると耳は翅の影になり音は小さくなる。ガの聴神経は２本しかないが右の４つの機能を果たしている。

### ヤガの回避行動

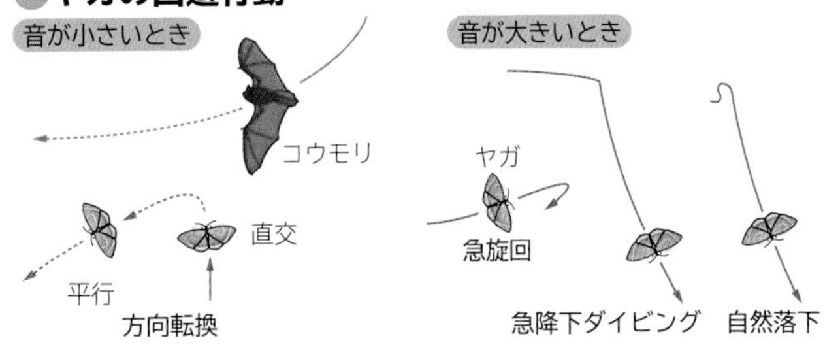


コウモリが反響音を聴くのに対し，ヤガは直接音を聴くので，ヤガの方が先に相手を発見することになる。
音が小さい（遠い）とき：音源に対し横向きの場合は方向転換し（横向きだと翅全面で反響音を返してしまうので発見されやすい），猛スピードで逃げる。
音が大きい（近い）とき：急旋回，急降下，自然落下などコウモリが予測できない動きで逃げる。

### 音源の違いによる聴神経の応答の違い

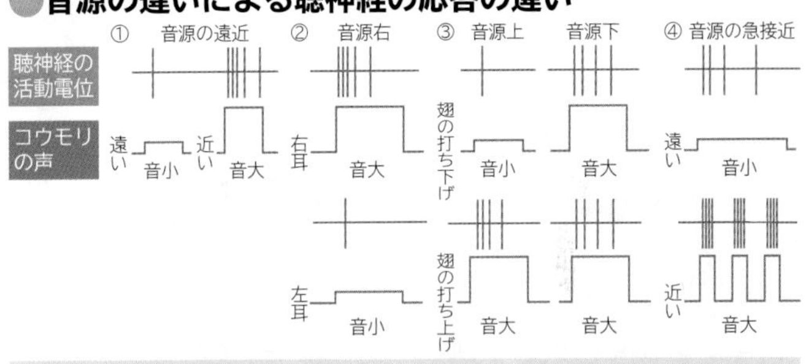


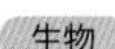

①音源までの距離の測定：音が大きくなるほど神経は高頻度で応答する。
②音源の方位（左右）の測定：左右の耳で聴く音の強弱の違いで，音源側の神経は強く，反対側は弱く応答する。
③音源の方位（上下）の測定：羽ばたきによって音の大きさが変化するかしないかで音源の方向を測定する。
④コウモリの接近の察知：持続音から断続音に変化すると高頻度で活動電位を発生する。

## D 音による定位

メンフクロウは，両耳で感じる音の時間差と音圧差を使って聴覚空間地図を作成し，暗闇でも音だけを頼りに獲物を捕らえることができる。

生物

左右の耳の位置は上下にずれており，左右の耳で上下方向の感度に差がある。

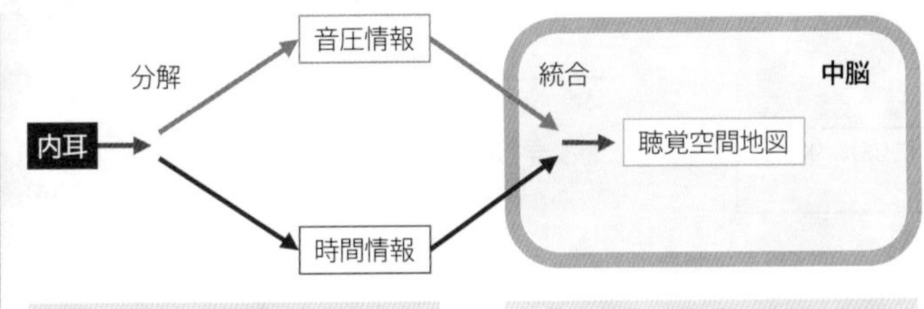


内耳でとらえた音情報は，時間情報と音圧情報に分解される

時間情報と音圧情報は中脳で統合され，聴覚空間地図が形成される

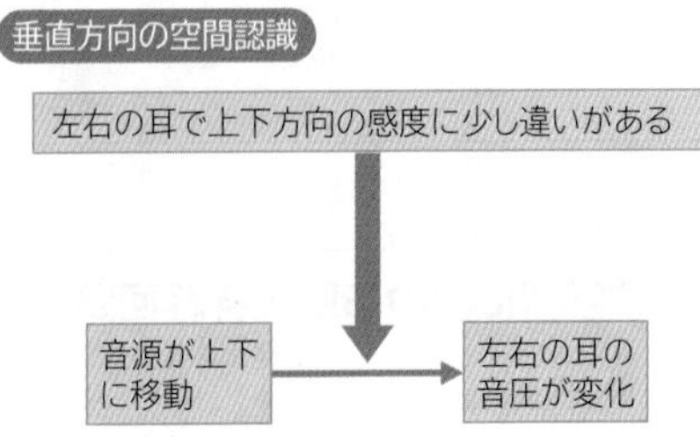

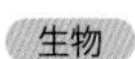

上下にずれた耳をもつフクロウは，げっ歯類を捕食するもので，全て左耳が上になっている。

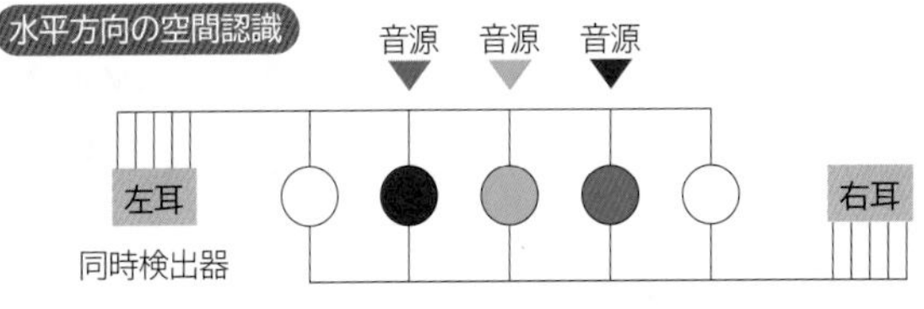


左右の内耳からの伝導距離の違いにより，各細胞には少しずつ時間がずれて興奮が届く。各細胞は左右の内耳から同時に興奮が到着したときに最大の応答を示す。音源が左右に移動すると，違う細胞が最大応答を示す。（音源が青の位置だと青い細胞に興奮が同時に到達する）

# 16 学習による行動
Behavior by learning



## A 刷込み

発育過程の特定の時期に環境からの刺激によって特定の行動が形成されることを刷込みという。　生物

アヒルやカモなどのひなは，ふ化後初めて見る動く物体(模型など何でもよい)を親と見なし，後を追いかける(後追い行動)。

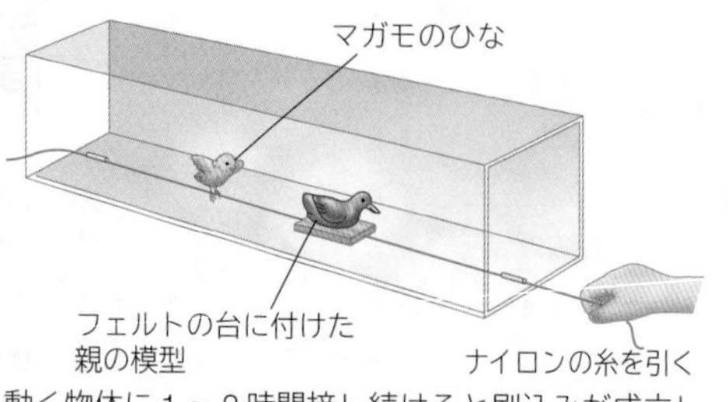


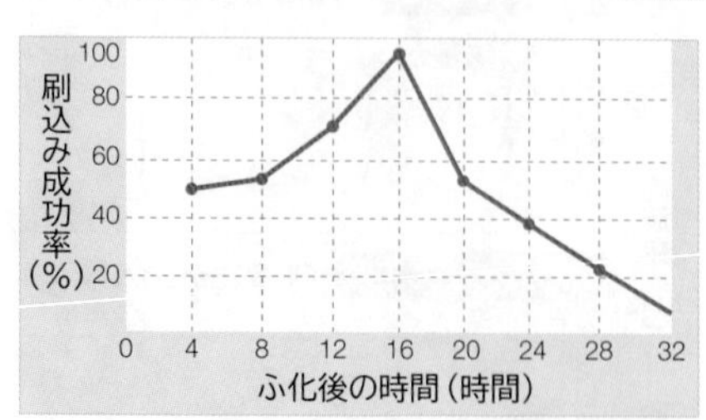


動く物体に1～2時間接し続けると刷込みが成立し，その物体だけを追いかけるようになる。刷込み成立後に本当の親と接しても親とは見なさない。ふ化後の経過時間が異なるマガモのひなを，それぞれ図のような装置に1時間入れたところ，生後16時間のひなで最もよく刷込みが成立した。刷込みは生後の限られた期間だけに成立し，一度成立すると変更されることはない(この点では生得的行動に近い)。刷込みの考え方は1935年ローレンツが提唱した。

## B 小鳥の歌学習

小鳥の歌(さえずり)は生後決まった期間内(臨界期)の学習により獲得される。歌の研究はソナグラフによる周波数解析図(声紋)により大きく発展した。　生物

### キンカチョウのさえずり

周波数(kHz) 10 8 6 4 2
0.5 1 1.5 2秒
a a a b c de f b c de f
イントロ フレーズ1 フレーズ2

短いイントロ(a，a，a)に続いて同じフレーズ(b，c，d，e，f)を繰り返す

### さえずりの発達過程

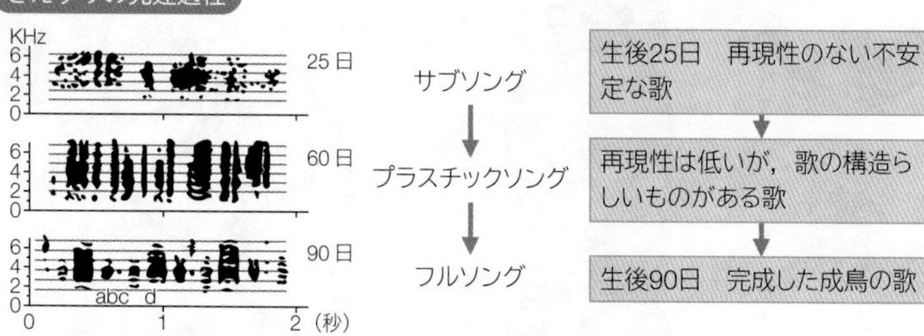


### キンカチョウの歌学習

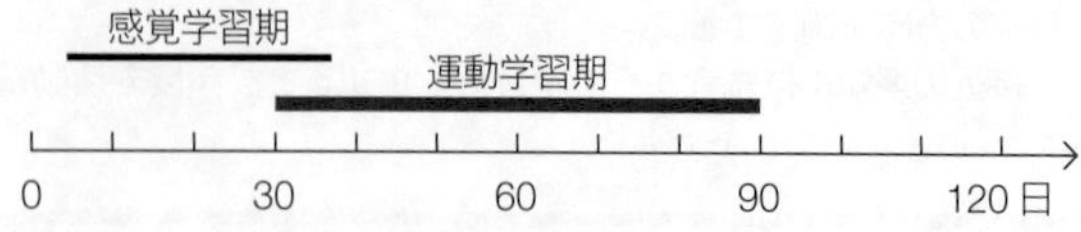


感覚学習期：モデル(父親)の歌を聴いて歌の鋳型として記憶する
運動学習期：実際の声を出して自分の声を聴きながら，記憶している鋳型にあうように，自分の歌を修正しながら歌を完成させる

キンカチョウのひなは35日位で自分で餌を食べるようになり，90日位で成鳥になる。

### 歌学習の臨界期

ジュウシマツに育てられたキンカチョウのひな → ジュウシマツの歌を歌う

途中で歌のモデルを父親からほかのキンカチョウの雄に変更した場合，若鳥は父親の歌と新しいモデルの歌の混じった歌を歌う。

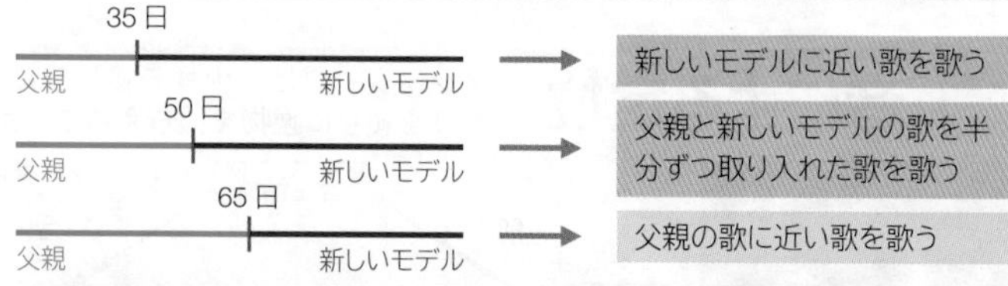


感覚学習と運動学習の時期が相当に重なっていることがわかる。
(生後50日前後に身近にいる雄の歌を聴きながら学習している)

### 歌学習に関わる脳内神経回路

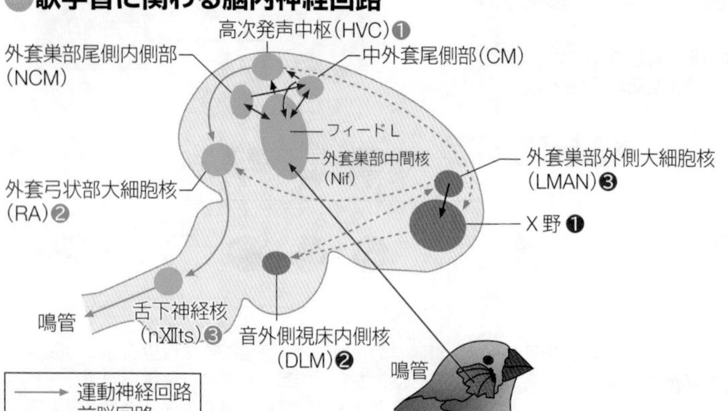


鳴管の筋肉を制御して歌をつくり出すのに必要な経路

この経路を左右両側とも破壊すると歌えなくなる。

迂回路

**成鳥**ではこの経路を両側とも破壊しても歌に影響は出ない。
**歌学習前の若鳥**でLMANを両側とも破壊すると，歌学習が全くできなくなる。

 WORD 刷込み⇔インプリンティング　条件づけ反応⇔条件反射　オペラント条件づけ⇔道具的条件づけ⇔オペラント学習

## C 古典的条件づけ

反射を引き起こす刺激（無条件刺激）と無関係な**条件刺激**を合わせて与えると，条件刺激だけで反応が起こるようになる（**古典的条件づけ**）。 生物

### イヌの条件づけ（パブロフの実験）

パブロフは一連の刺激を繰り返すことで，後天的に反射行動を成立させた。

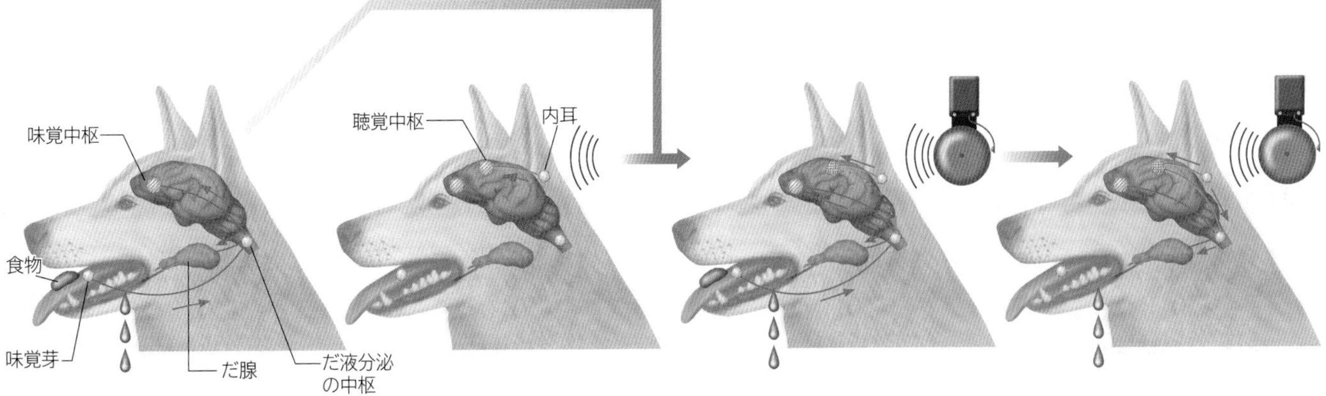


食物を与えると（無条件刺激），だ液が出る（反射）

食物を与えず，ベルを聴かせる（無関係な刺激）

ベルを聴かせて，食物を与えることを繰り返す（条件づけ）

ベルを聴かせるだけで（条件刺激），だ液が出る（条件づけ反応）

## D 試行錯誤

動物が試行と失敗を繰り返すうちに，合理的な行動がとれるようになることを**試行錯誤**という。 生物

### オペラント条件づけ

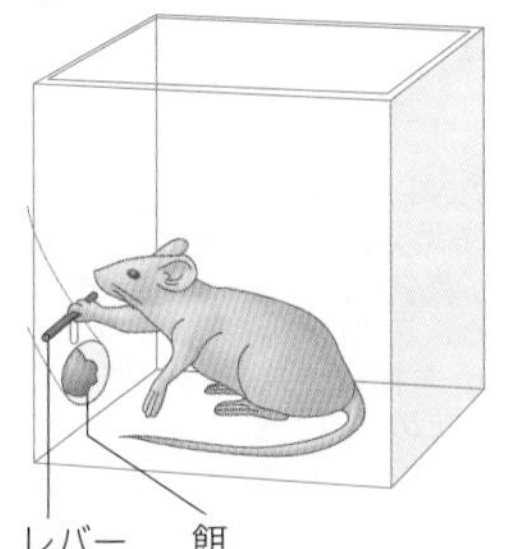


レバーを押すと餌が出る箱にネズミを閉じ込める。ネズミは初め偶然にレバーを押して餌を得るが，これを何度も経験すると，自発的にレバーを押すようになる。このように，動物の自発的な反応が，反応の結果生じた刺激の変化によって強化され，安定した反応となることを**オペラント条件づけ**という。

### ネズミの迷路実験と学習曲線

誤った場合に電気ショックなどの罰を与えると，学習は早く成立する。給餌実験では，満腹のネズミは空腹のネズミに比べて学習が成立しにくい。そのため，最近では他の方法もよく行われている。

いろいろな迷路

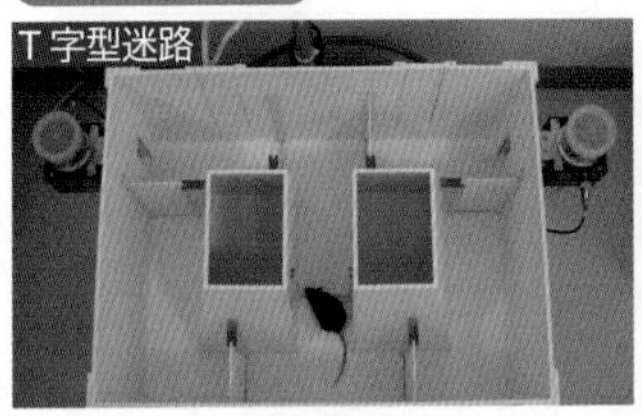


左右のいずれかに餌が置かれる。

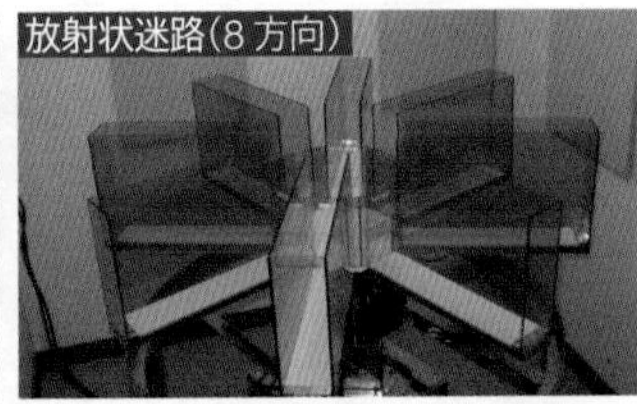


各先端に餌が置かれ，いかに効率的にとれるかを調べる。

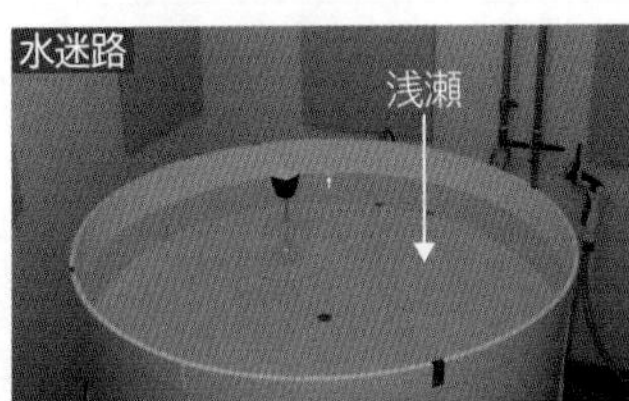


水面下にある透明な浅瀬にいかに早くたどりつけるかを調べる。

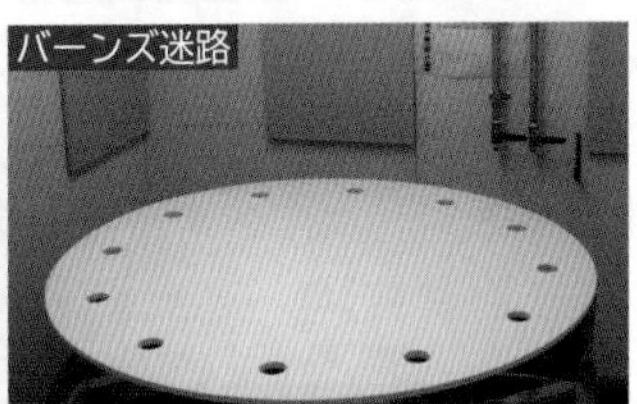


1 つの穴の下にのみ，ネズミが好む暗くて狭い箱がある。

学習曲線　試行錯誤の進行過程を表すグラフを**学習曲線**という。

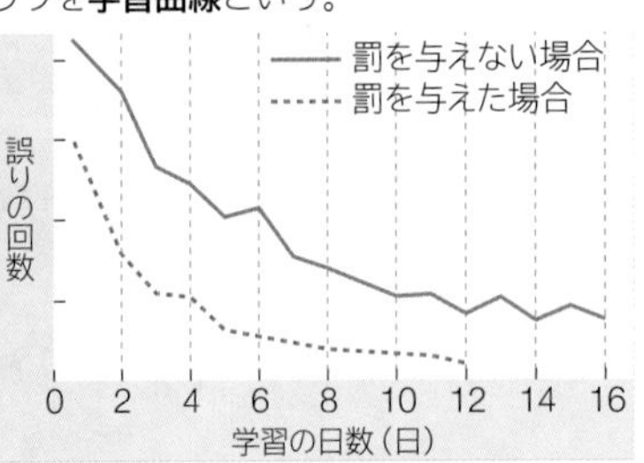


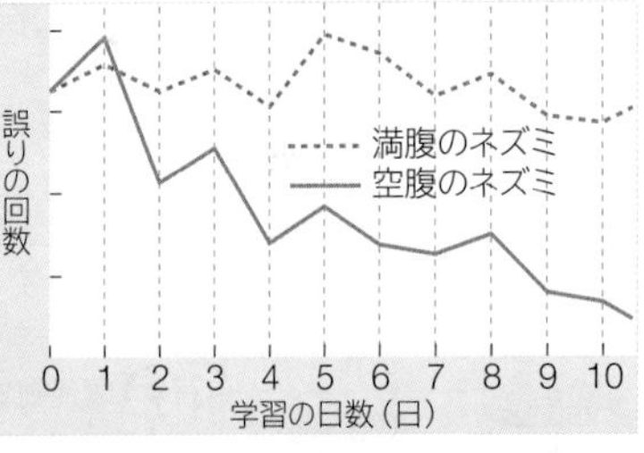


## E 知能行動

大脳皮質の発達した動物に見られる，経験や学習に基づいて目的にあった適切な手段を選び，未経験の事態に対応する行動を**知能行動**という。 生物

### まわり道実験

飛び越えることが不可能な金網を使用する。

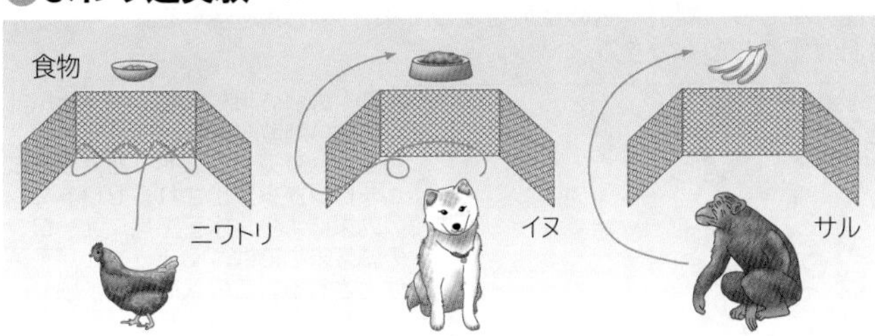


金網への突進をひたすら繰り返す（生得的行動）。

しばらくうろうろした後，遠まわりをして到達する（学習行動）。

行動する前に周囲の状況を把握し，迷わずに到達する（知能行動）。

### 道具の使用

チンパンジーは，天井にぶら下がっているバナナを手に入れるために，誰から教わることもなくテーブルや箱を下まで運び，踏み台として利用する。

WORD 学習⇔習得的行動　試行錯誤⇔試行錯誤学習

# 17 学習と記憶
Learning and memory

## A 慣れと鋭敏化

繰り返される刺激に対して，感受性が低下する現象を慣れという。慣れは最も単純な学習行動で，動物は慣れによって無害な刺激には反応しなくなる。

生物

### アメフラシの慣れと鋭敏化

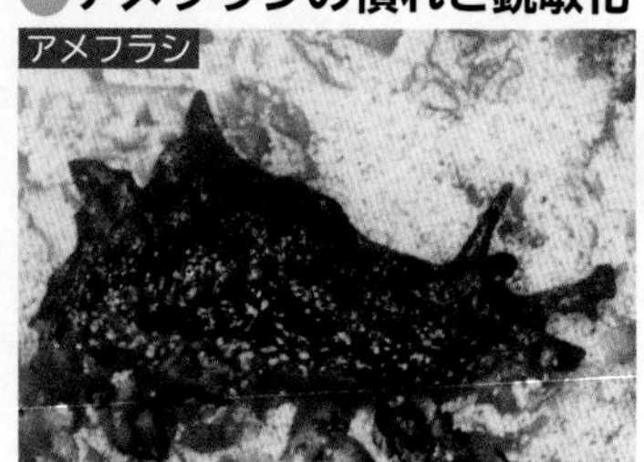


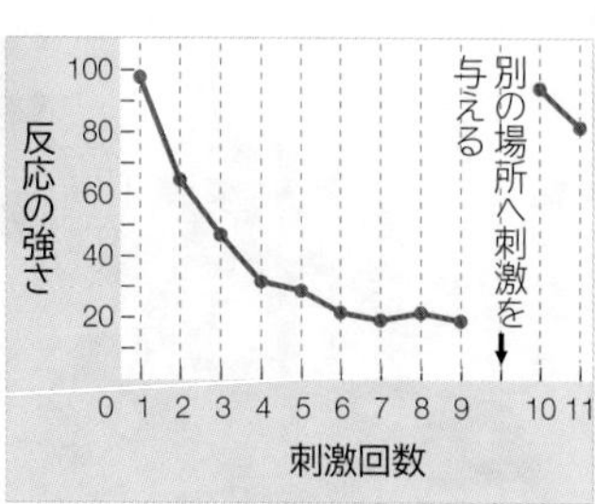


アメフラシの水管に接触刺激を与えると鰓（えら）を引っ込める。水管への接触が繰り返されると慣れが生じ，鰓を引っ込めなくなる。慣れが生じた段階で別の場所への刺激を与えると，水管に対する反応が回復する。これは，反応の減少が筋肉の疲労によるものではないことを示している。
水管への接触刺激と尾部への電気ショックを合わせて行うと，弱い接触刺激でも鰓を引っ込める。このような現象を**鋭敏化**という。この鋭敏化は，調節ニューロンの働きによって，水管の感覚神経からの神経伝達物質の放出が促進されるために起こると考えられている。

神経どうしの関係と神経伝達物質の働きに着目しよう。

### 鰓引っ込め反射のしくみ

水管感覚ニューロンの活動電位が軸索末端まで伝わると，$Ca^{2+}$ チャネルが開いて $Ca^{2+}$ が流入する。すると，シナプス小胞が細胞膜と融合し，伝達物質が放出される。この結果，鰓運動ニューロンが興奮し，鰓が引っ込められる。
やや遅れて $K^+$ チャネルが開くと $K^+$ が流出して活動電位は終了し，伝達物質の放出は終わる。

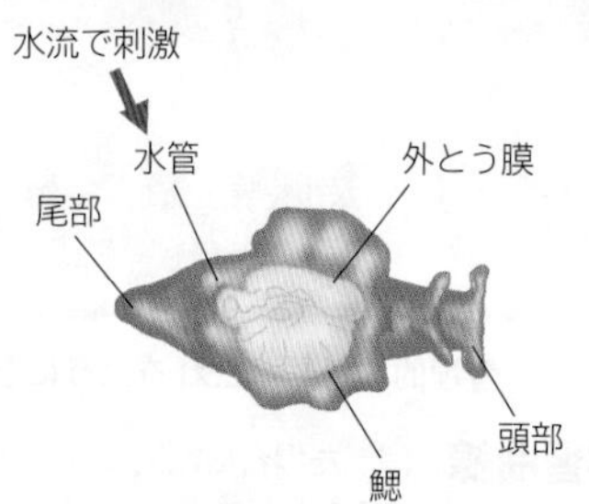


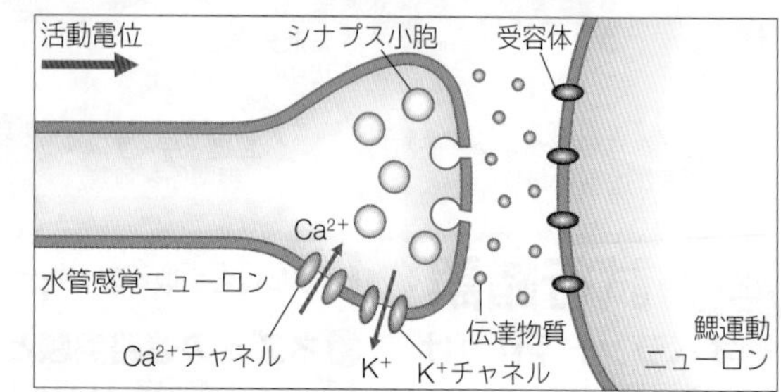


### 慣れのしくみ

シナプスでの伝達効率の低下により慣れが成立する。

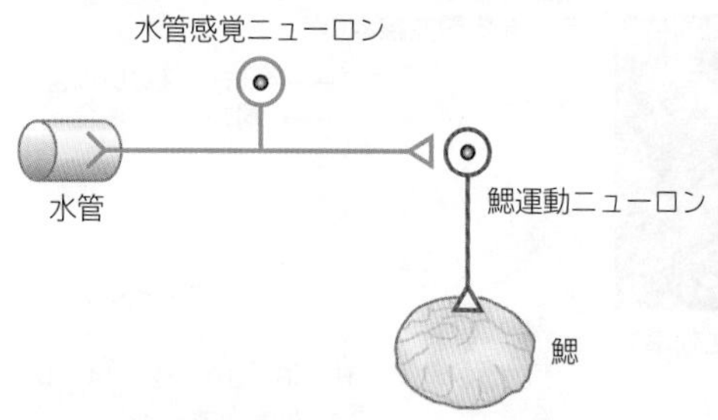


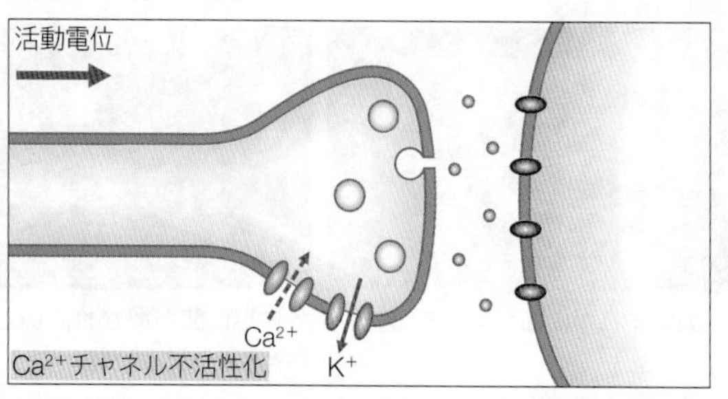


水管への同じ刺激が繰り返されると $Ca^{2+}$ チャネルが不活性化（開くチャネル数が減少）し，$Ca^{2+}$ の流入量が減少する。これにより，シナプス小胞数や伝達物質の放出量が減少する。このため，鰓運動ニューロンに発生する電位が弱くなり，やがて興奮しなくなる。

### 脱慣れと鋭敏化

シナプスでの伝達効率の増大により**脱慣れ**が起こる。さらに，その効果が大きければ鋭敏化が起こる。

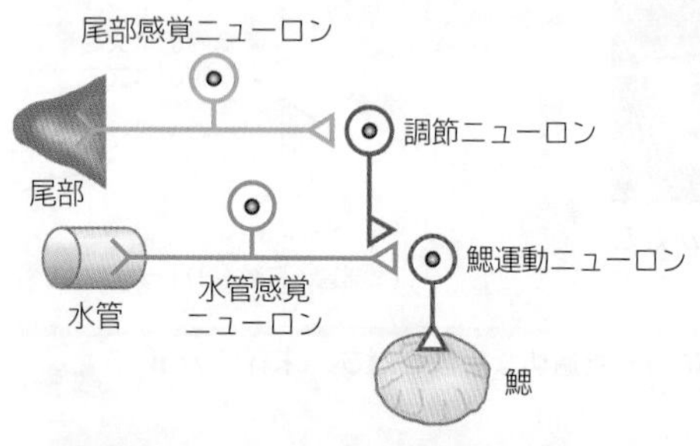


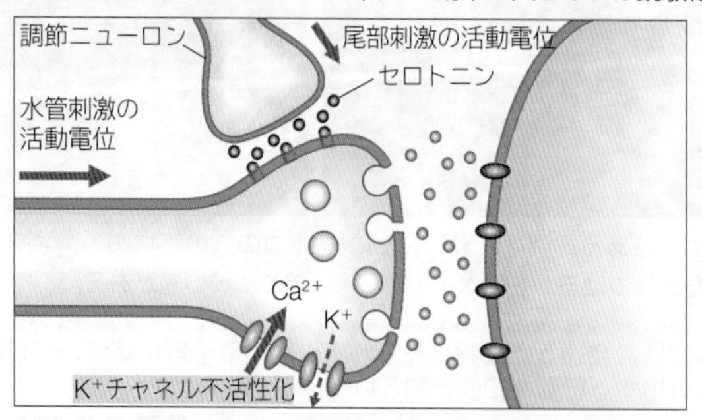


尾部に加えられた強い刺激は，尾部感覚ニューロン，調節ニューロンを経て，水管感覚ニューロンの末端に到達する。調節ニューロンが興奮すると，伝達物質としてセロトニンが放出される。セロトニンは $K^+$ チャネルを不活性化する。これにより，活動電位が延長し，$Ca^{2+}$ の流入量が増え，伝達物質の放出量が増加する。この結果，鰓運動ニューロンを興奮させることができるようになる。

## B アメフラシの条件づけ

アメフラシは学習能力をもち，鰓引っ込め反射を使って条件づけが成立する。また，これを長期間記憶することもできる。

生物

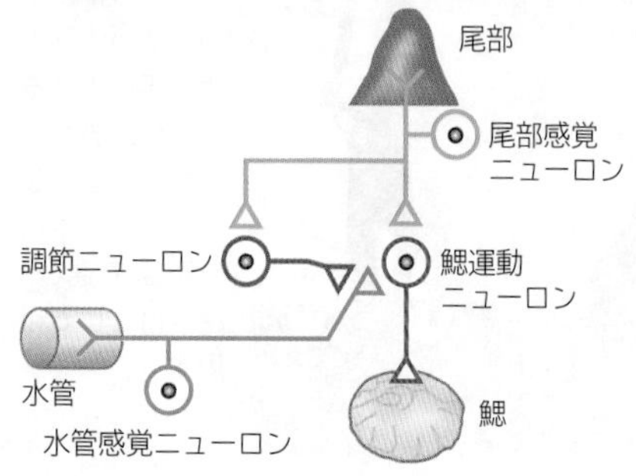


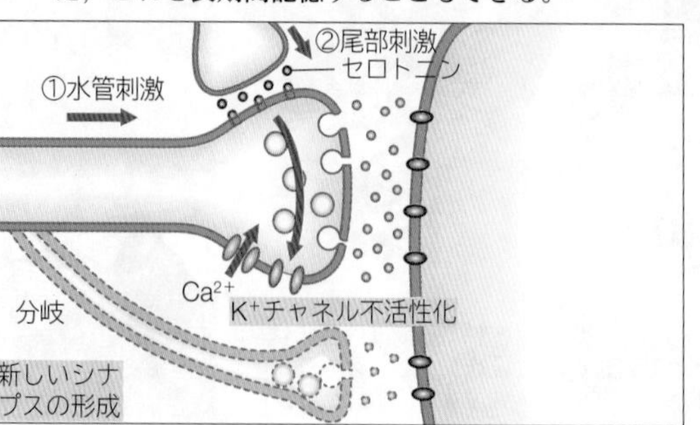


水管への弱い刺激（条件刺激）と尾部への強い刺激（無条件刺激）を組み合わせ，繰り返し刺激すると，調節ニューロンから放出されるセロトニンの効果により，水管感覚ニューロンの軸索末端では，$K^+$ チャネルが不活性化される。この状態が続く限り，水管だけを刺激しても，鋭敏化と同様に活動電位が延長し，$Ca^{2+}$ の流入量が増加し，伝達物質の放出量が増加する。さらに長期間にわたり条件づけを繰り返すと，シナプスに形態変化が起こる。（シナプス可塑性）

## C ヒトの記憶中枢

ヒトの記憶の形成には**海馬**が深く関わっており，海馬を含む側頭葉内側を損傷すると記憶に障害が出る。

生物

### 大脳辺縁系

脳の内側面で，脳梁をC字形に囲む領域を**大脳辺縁系**という(⇒ p.228)。

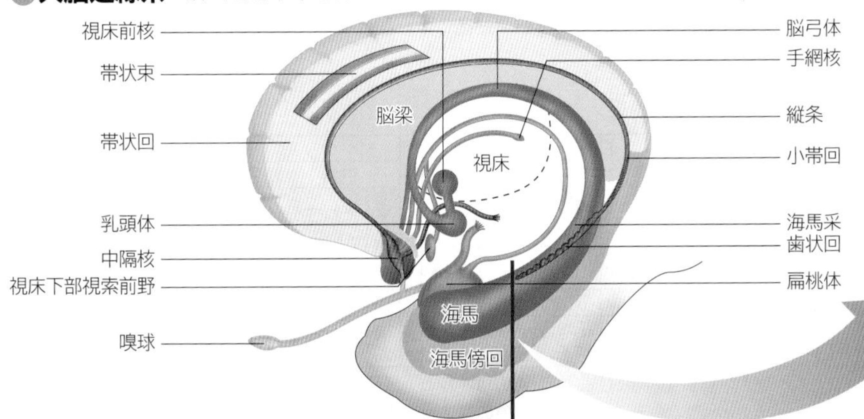


ヒトの大脳では新皮質が発達しており，古い皮質(原皮質・古皮質)は大脳半球の下面や内側面に押しやられている。この古い皮質の中に海馬は存在する。

### 海馬の断面

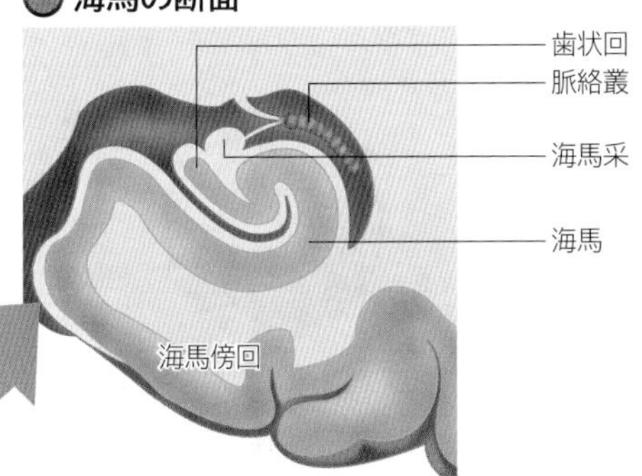


### 記憶の分類

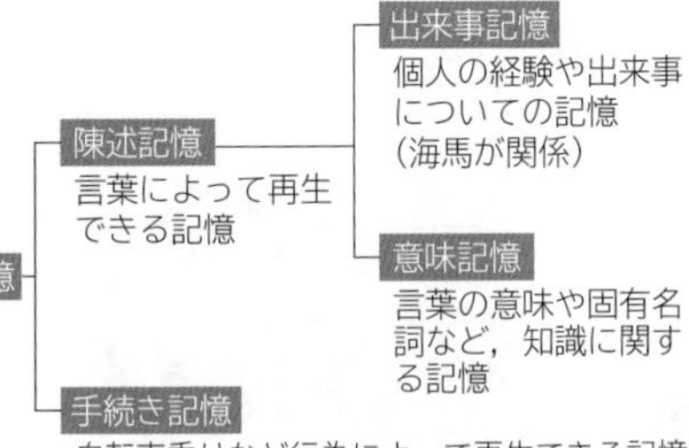


| | | |
|---|---|---|
| 陳述記憶 | 短期記憶 | 新しい事柄を数分間意識して覚えている過程(作業記憶)電話帳で調べた番号を覚えて電話をかけるときなど |
| | 長期記憶 | 短期記憶の情報がしっかりと登録され，普段は意識されないが必要なときに思い出せる記憶 |

### 海馬での信号伝達

海馬傍回→内嗅皮質→歯状回→海馬(CA3領域→ CA1 領域)

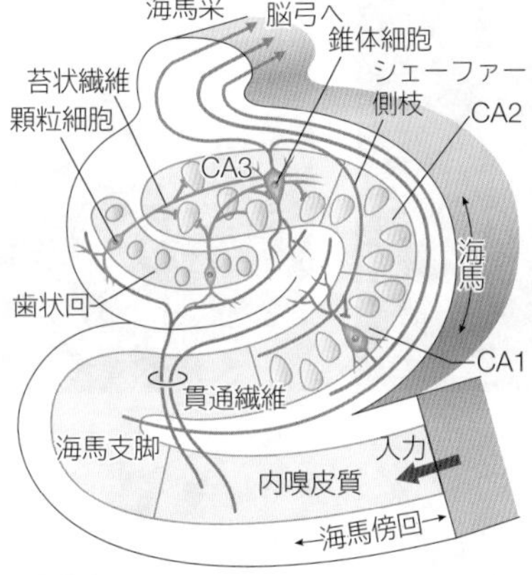


CA1 領域の錐体細胞を失うと，新しい事が覚えられなくなる。

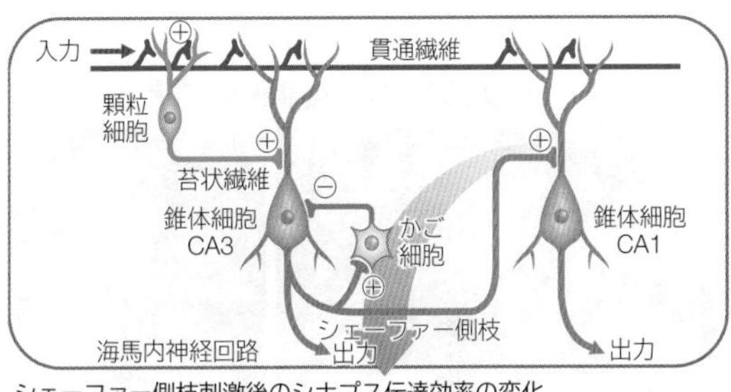


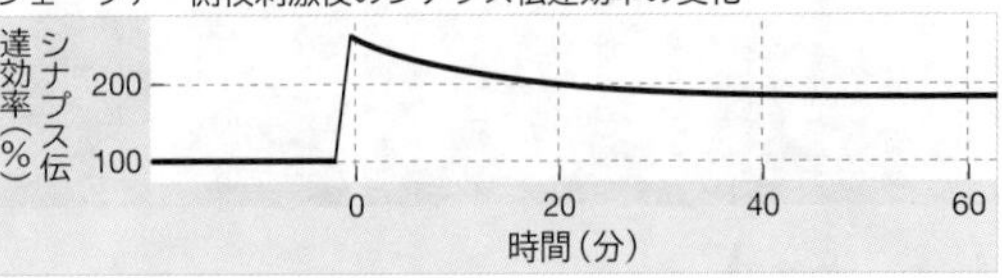


CA3 領域の錐体細胞の軸索は，CA1 領域の錐体細胞に結合している。この軸索を数秒間高頻度で電気刺激すると，興奮性シナプス後電位が発生し，刺激を止めた後も数時間以上持続する(長期増強)。このようなシナプスでの伝達効率の変化が記憶のしくみに関わると考えられている。

### チンパンジーの数字の作業記憶

ADVANCE

京都大学では，コンピュータのディスプレイに出てくる数字を見て瞬間的に記憶する能力について，チンパンジーの母子3組とヒトのおとなで比較した結果，チンパンジーの子どもの記憶能力がヒトのおとなよりも優れていることを明らかにした。

**●チンパンジーの数字の順番の記憶**

①チンパンジーが「問題下さい」を意味する白い○に触れる。 → ②コンピュータ画面に1から9までの数字がばらばらに出てくる。 → ③出てきた数字を順番通りに指で触れていく(a)。

**結果**：6か月ほどで母子ともに順番を理解し，2･3･5･8･9といった隣り合わない数字についても順番を正しく理解できるようになった。

**●チンパンジーの母子とヒトのおとなの瞬間的な記憶の比較**

①コンピュータ画面に数字がばらばらに出てくる。 → ②最少の数字に触れると他の数字が白い四角形に置き換わる(b)。 → ③もとの数字の順番に白い四角形を触れていく(c)。

**結果**：チンパンジーの子どもの方がヒトのおとなよりもすばやく正解できた。さらに，5個の数字が一瞬(210ミリ秒)だけ出て白い四角形に換わるようにすると，チンパンジーの子ども(アユム)だけ高い正答率を得ることができた。

(a)

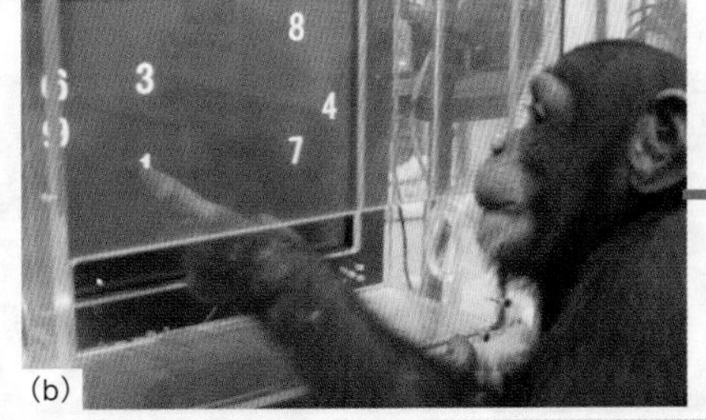
(b)

(c)

WORD 帯状回⇔帯状皮質　海馬傍回⇔海馬回　陳述記憶⇔宣言的記憶　手続き記憶⇔非陳述記憶　出来事記憶⇔エピソード記憶

# 1 植物の環境応答
Environmental responses of plants

## A 屈性と傾性

植物の環境に対する応答の１つに屈曲運動がある。屈曲運動には，屈性と傾性がある。

生物

### 屈性

植物が刺激の方向に対して一定の方向に屈曲する性質を**屈性**という。

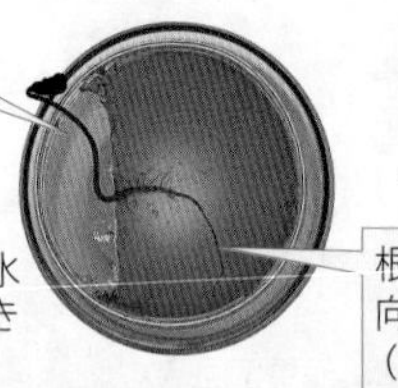

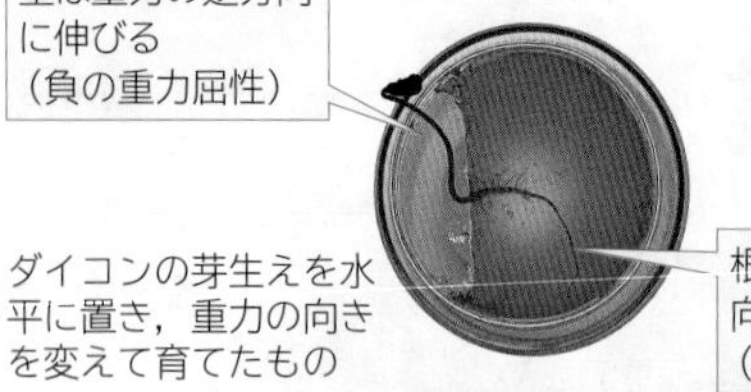

ダイコンの芽生えを水平に置き，重力の向きを変えて育てたもの

植物ホルモンの１つであるオーキシンの働きにより，茎では重力方向側の成長が促進され，根では重力方向側の成長が阻害されると考えられている（⇒ p.242）。

**POINT**

**屈性と傾性の特徴**

| 屈性 | | |
|---|---|---|
| 性質 | 刺激 | 例 |
| 光屈性 | 光 | 茎（＋），根（−） |
| 重力屈性 | 重力 | 茎（−），根（＋） |
| 接触屈性 | 接触 | ヘチマ，スイートピーの巻きひげ（＋） |
| 水分屈性 | 水 | 根（＋） |
| 化学屈性 | 化学物質 | 花粉管（＋），シダの精子（＋または−） |

| 傾性 | | | |
|---|---|---|---|
| | 性質 | 刺激 | 例 |
| 成長運動 | 光傾性 | 光 | タンポポの花の開閉 |
| 成長運動 | 温度傾性 | 温度 | チューリップ，サフランの花の開閉 |
| 膨圧運動 | 光傾性 | 光など | 気孔の開閉 |
| 膨圧運動 | 接触傾性 | 接触 | オジギソウの葉の開閉 |

（＋）：刺激の方向に屈曲する（**正の屈性**）。
（−）：刺激の逆方向に屈曲する（**負の屈性**）。

**成長運動**：成長速度の差による屈曲。
**膨圧運動**：細胞の膨圧の差による屈曲。

### 傾性

刺激に対してその方向とは関係なく決まった運動を示す性質を**傾性**という。

#### ■チューリップの花の温度傾性（成長運動）

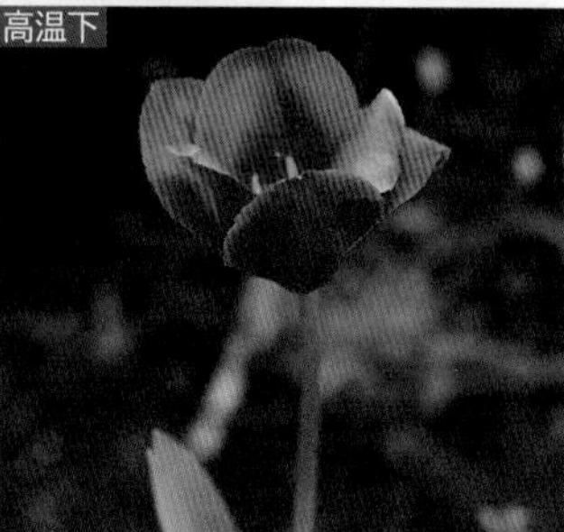

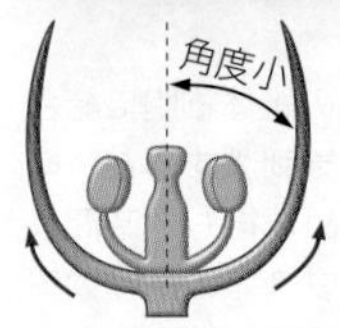
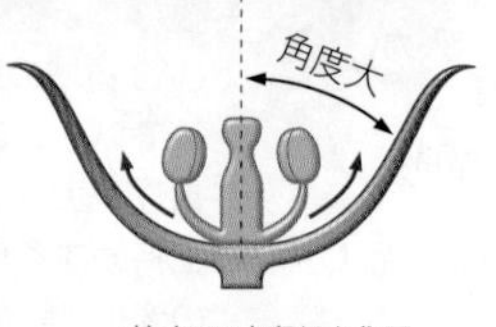

花弁の外側が成長し，花が閉じる

花弁の内側が成長し，花が開く

#### ■オジギソウの葉の接触傾性（膨圧運動）

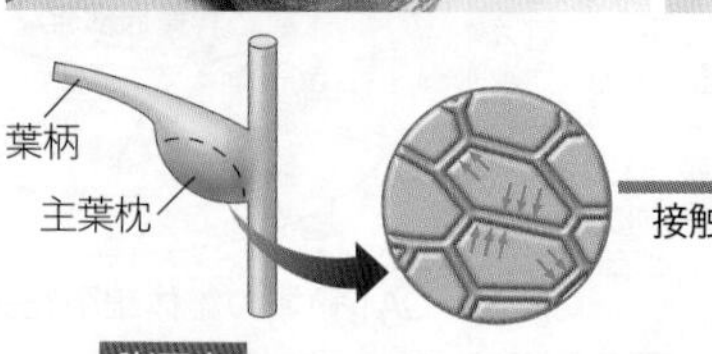

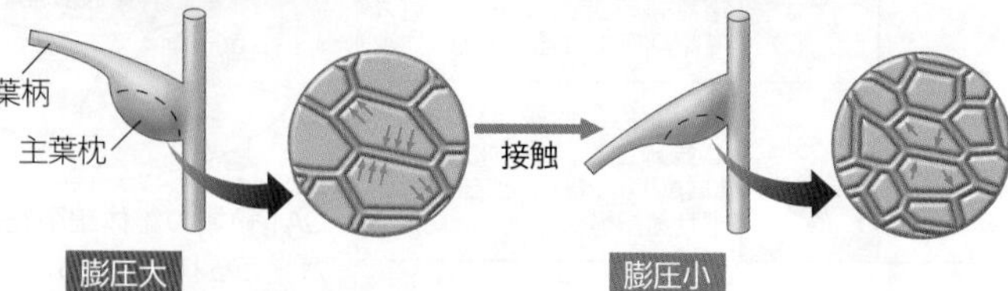

接触すると，葉枕の細胞の膨圧が低下し，細胞容積が変化して，葉が閉じる。

## B 光屈性のしくみ

植物の茎は光の方向に屈曲する（**正の光屈性**）。これは光の当たる側で成長が遅く，光の当たらない側で成長が速いために起こる（成長運動）。

生物

### 幼葉鞘の屈曲

マカラスムギ（アベナ）の幼葉鞘に一方から光を当てると，幼葉鞘は光の当たる方向に屈曲する。

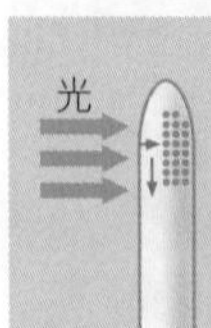

**TOPICS**

**幼葉鞘**

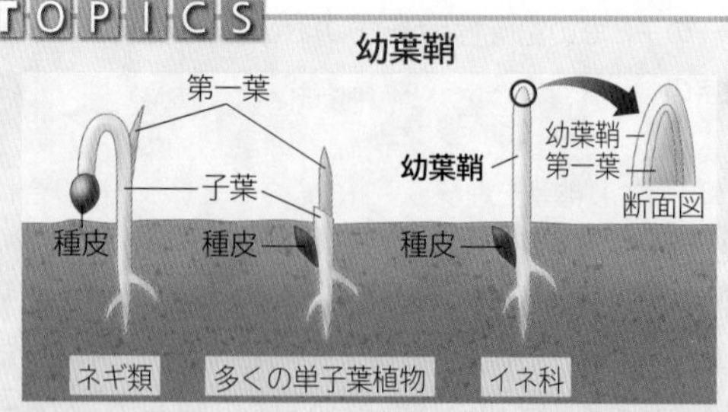

幼葉鞘はイネ科の植物に特有な器官で，幼芽の最も外側にあり，中空構造の鞘になっていて，第一葉を包んでいる。

### マカラスムギの幼葉鞘の光屈性（右側から光を当てて，20 分間隔で撮影したもの）

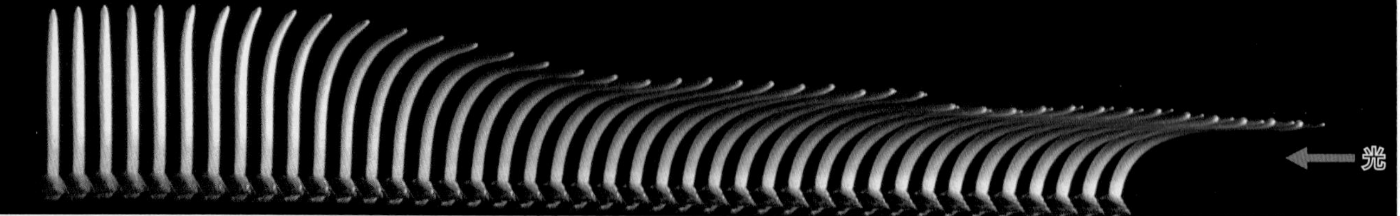




WORD 屈性⇔向性　光屈性⇔屈光性⇔向日性　重力屈性⇔屈地性⇔向地性　接触屈性⇔屈触性　水分屈性⇔屈水性⇔屈湿性⇔向水性⇔湿度屈性

## C オーキシンの発見

幼葉鞘を用いた様々な実験によって，植物体内を移動し，成長を促進させる物質の存在が示され，そのような作用をもつ物質をオーキシンと呼んだ。

生物

### ダーウィンの実験(1880 年)

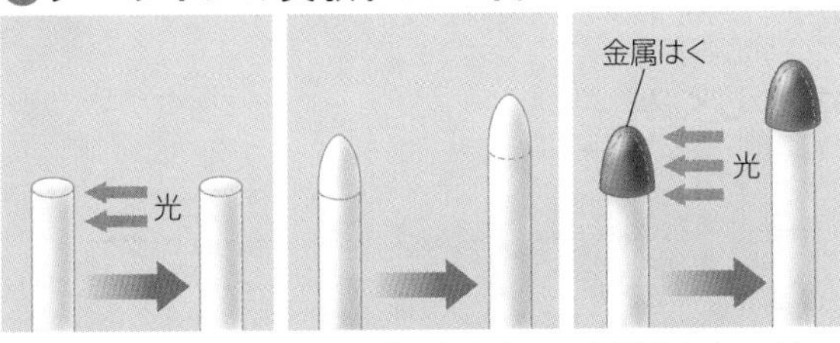


先端部がないものは成長せず，光を当てても屈曲しないが，先端部を戻すと成長が再開する。先端部を金属はくで覆うと，光を当てても屈曲しない。

光
砂

先端部以外を砂に埋め，先端部だけに光を当てると屈曲する。

**推論**：光を感知するのは**幼葉鞘の先端部**で，その情報が**下方へ伝わり**屈曲させる。

#### POINT

**オーキシンの化学成分**

| | |
|---|---|
| 天然 | インドール酢酸(IAA) |
| 人工 | ナフタレン酢酸(NAA)<br>インドール酪酸(IBA)<br>2,4-D　　　　など |

各実験からわかることとわからないことを整理しよう。

### ボイセン＝イェンセンの実験(1913 年)

※はその後の関連研究結果である。

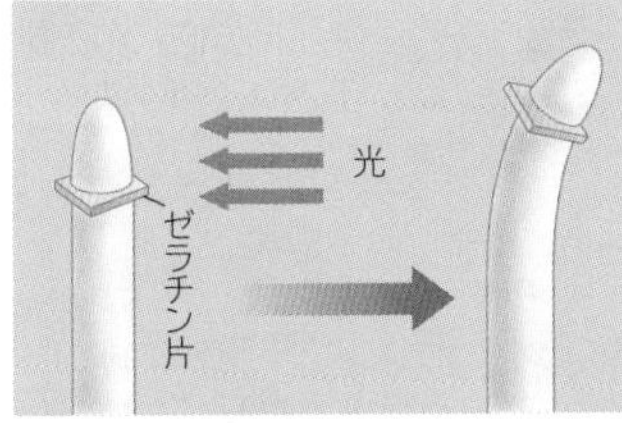


先端部を切り取り，ゼラチン片を間に挟むと屈曲する。

**推論**：先端部から下方へ伝えられる情報は，**ゼラチンを通り抜ける**。

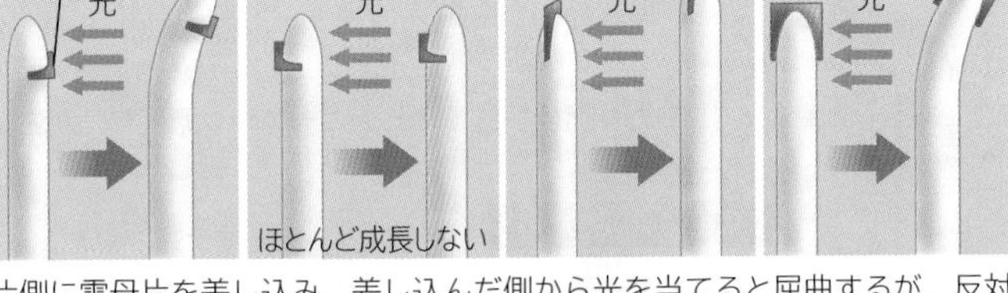


片側に雲母片を差し込み，差し込んだ側から光を当てると屈曲するが，反対側から光を当てると屈曲しない。先端に雲母片を差し込み，雲母片と直角に光を当てると屈曲しないが，平行に光を当てると屈曲する。

**推論**：先端部から下方へ伝えられる情報は，**光の当たらない側を下方に移動**する**水溶性物質**である。

### パールの実験(1919 年)

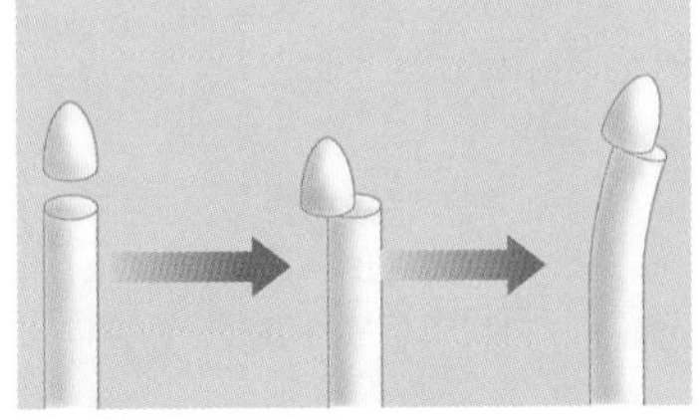

先端部を切り取り，ずらしてのせると，光を当てなくても屈曲する。

**推論**：先端部でつくられた物質は，**成長を促進する**働きがある。

### ウェントの実験(1926 年)

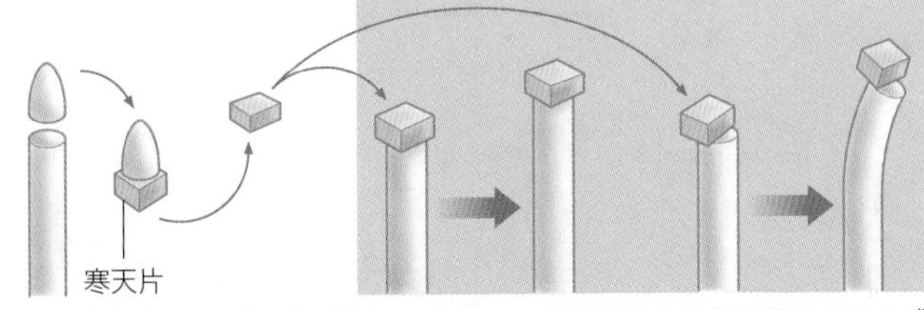


先端部を切り取り，寒天片にのせる。この寒天片を切り口にのせると成長が再開され，ずらしてのせると屈曲する。

**推論**：先端部でつくられ寒天片に移動した物質は，**成長を促進**する（この物質を**オーキシン**と名付けた）。

#### TRY

次の処理をした場合，幼葉鞘の成長はどのようになるか考えてみよう。

①透明なキャップをかぶせ，光を当てる。

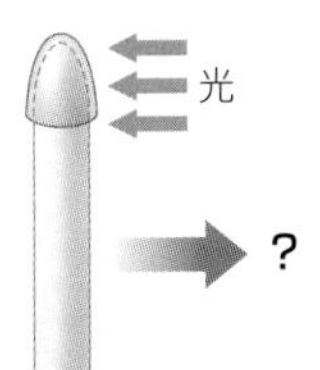


②切り離した先端部を戻し，光を当てる。

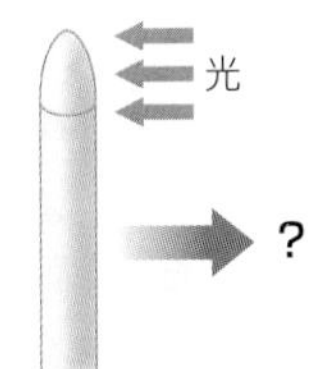


③雲母片を挟み，光を当てない。

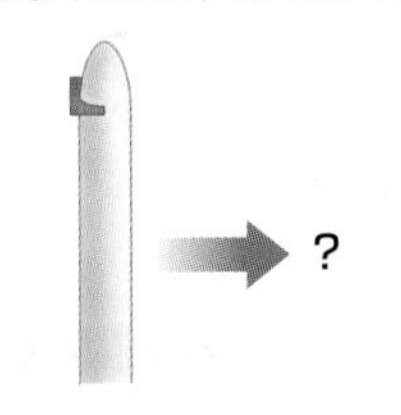


### アベナ屈曲試験法

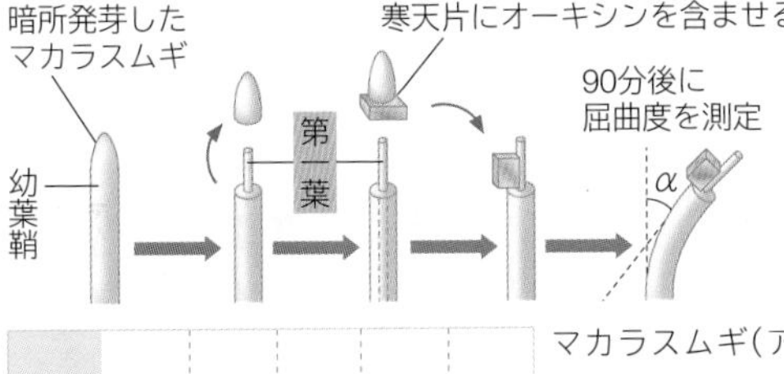


屈曲度
20°
15°
10°
5°
0
0.1
0.2
0.3
0.4
オーキシン濃度 (mg/L)

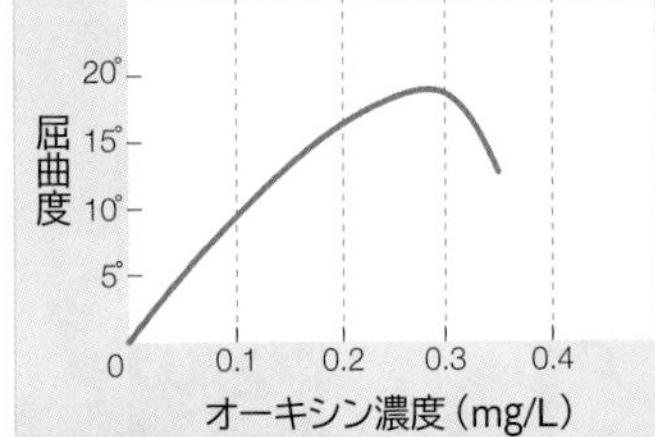

マカラスムギ(アベナ)を図のように処理し，屈曲度(α)を求めることで，グラフからオーキシンの濃度を求めることができる。

#### ADVANCE

**酸成長説**

オーキシンによる細胞の成長は，オーキシンが$H^+$を排出するポンプを活性化し，細胞壁が酸性になることで起こる。このような考え方を酸成長説という。

①オーキシンの働きで，細胞壁の$H^+$濃度が高くなる。

②細胞壁のpHが低下し，セルロース繊維どうしをつなぐ多糖類の分解酵素が活性化する。

③多糖類が分解されセルロースがゆるむことで，細胞が伸長できるようになる。

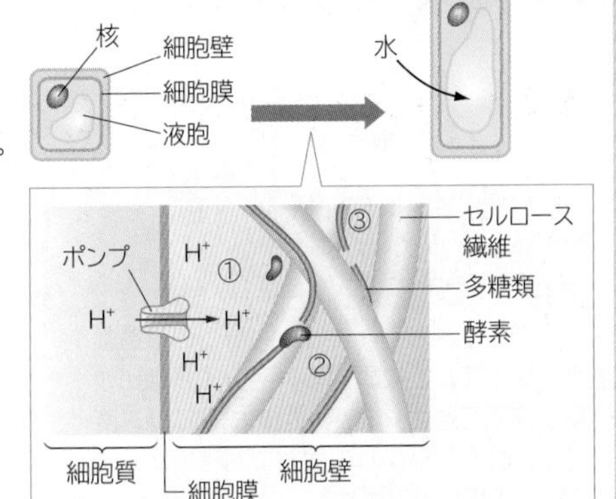


7 植物の環境応答と成長

# 2 植物の成長と分化
Growth and differentiation of plant

## A オーキシンの移動と成長

植物は主にオーキシンの移動と濃度により成長が制御されている。オーキシンの移動の１つに極性移動がある。 生物

### 極性移動

オーキシンには，茎の先端から基部へ一定方向にのみ移動する**極性移動**が見られる。極性移動が見られる植物ホルモンはオーキシンだけである。

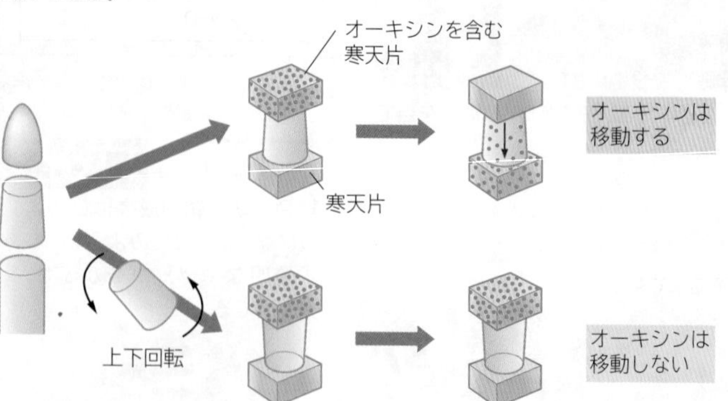


### 極性移動のしくみ

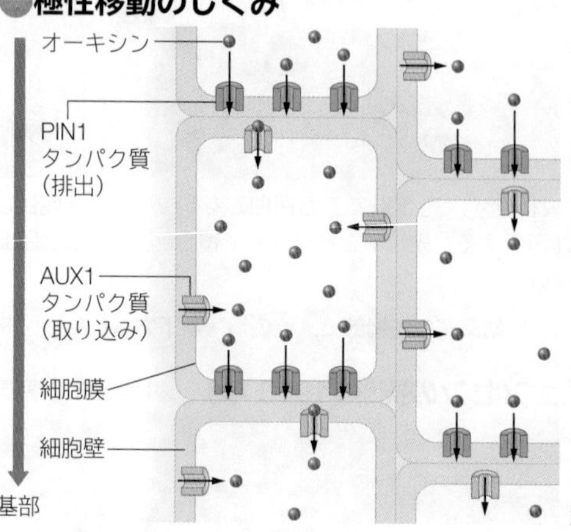


シロイヌナズナの細胞膜には，細胞内にオーキシンを取り込むAUX1タンパク質と，排出するPIN1タンパク質（担体⇒p.60）がある。AUX1タンパク質は細胞膜に均一に分布しているが，PIN1タンパク質は基部側に分布するので，オーキシンは基部方向にのみ排出され，極性移動が起こる。

### 重力屈性

重力屈性はコルメラ細胞にあるPIN3タンパク質が配置変換することでオーキシン濃度に差が生じて起こる。

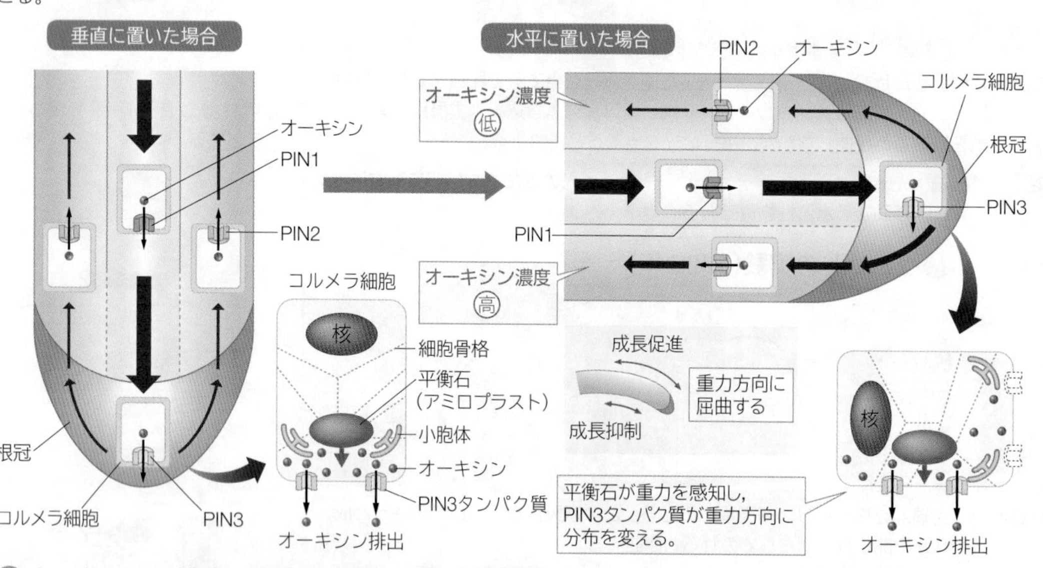


**PINタンパク質**…細胞内のオーキシンを細胞外に排出する細胞膜上のタンパク質。いくつかの種類が知られている。
<シロイヌナズナの例>

**PIN1** 地上部では柔細胞の基部側，根では形成層や内皮の細胞の根冠側に局在する。極性移動に関与。

**PIN2** 根の表皮細胞の基部側に局在する。根冠側から基部側へのオーキシンの移動に関与。

**PIN3** 根冠のコルメラ細胞の細胞膜に均一に分布する。重力刺激が加わると重力方向に分布を変える。

### オーキシンの濃度と器官の成長

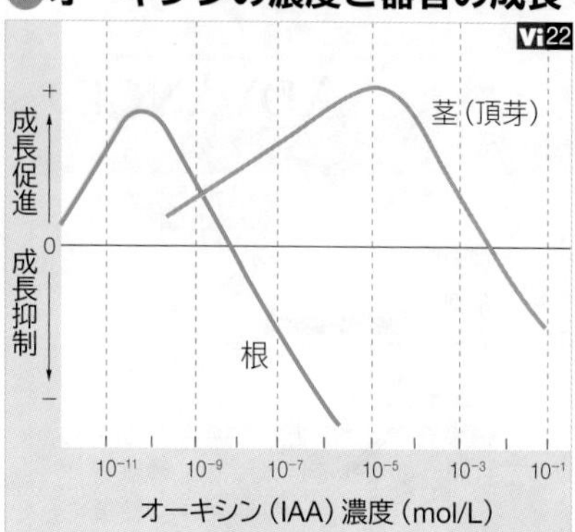


植物の成長に最も適したオーキシンの**最適濃度**は，各器官ごとに異なる。茎の成長は比較的高濃度で促進されるが，根の成長は低濃度で促進される。いずれの器官でも濃度が高すぎると，成長が阻害される。

### 頂芽優勢

頂芽が成長しているときは，頂芽で合成されたオーキシンの働きによりサイトカイニン合成が抑制され，側芽の成長は抑制される。

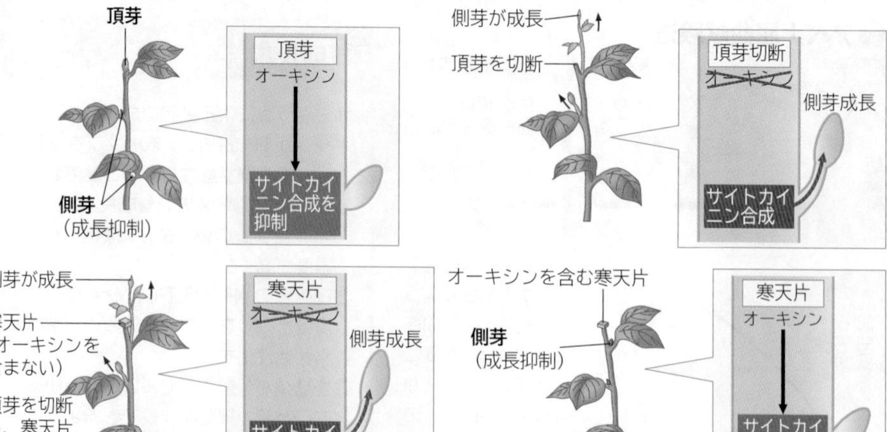


 WORD インドール酢酸⇔IAA　コルメラ細胞⇔平衡細胞

# B 植物細胞の成長
細胞の成長には伸長と肥大があり，これらは微小管とセルロースの配置によって決まる。 生物

## 各種植物ホルモンによる細胞成長

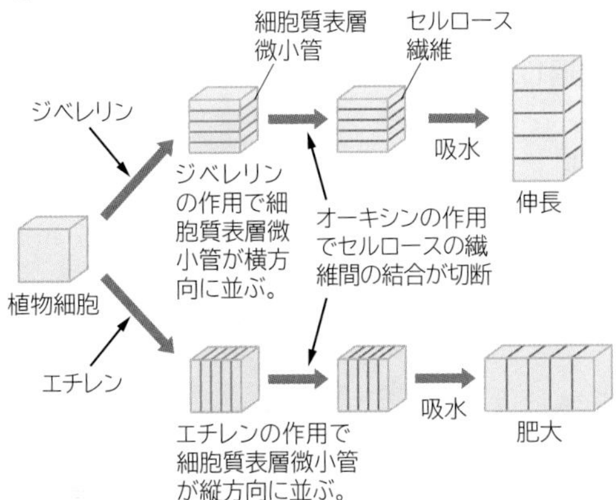


植物細胞には，細胞膜内を裏打ちするように細胞質表層微小管というタンパク質がある。セルロース合成酵素は，細胞質表層微小管と同じ方向に動いて，新しい繊維を合成する。その後，細胞の吸水によってセルロース繊維がない方向へ膨らみ，成長する。

## オーキシンとジベレリンによる伸長作用

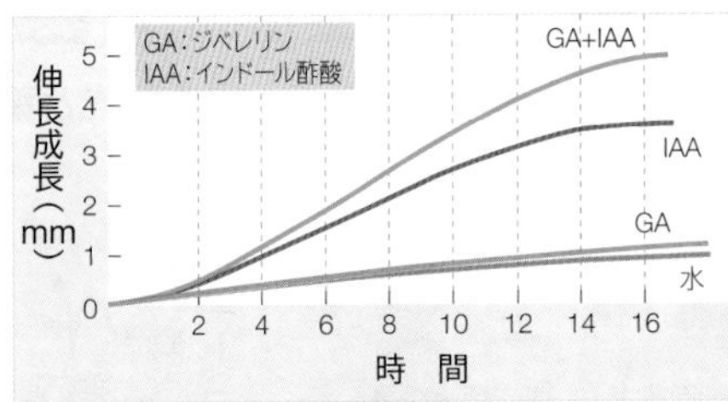


ジベレリン単独では効果が少なく，オーキシンと協調して相乗的な効果を示す。

## 矮性（わいせい）植物の成長回復

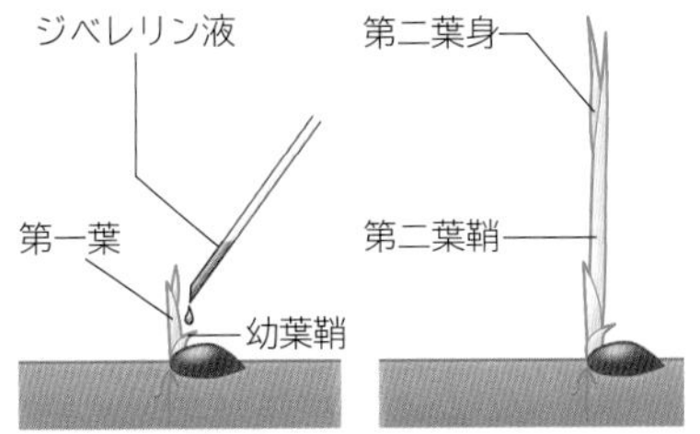


矮性（丈の低い）イネの芽生えにジベレリンを与えると，伸長成長が正常に回復する。

TOPICS

### 単為結実
ジベレリンは，未受精のまま果実が成熟する単為結実を促進する。種なしブドウの生産にはジベレリンが利用されている。

# C 植物組織の分化
植物ホルモンによって一度分化した組織を未分化の細胞塊（カルス）にし，再分化することができる。 生物

## 組織の分化（ニンジン）

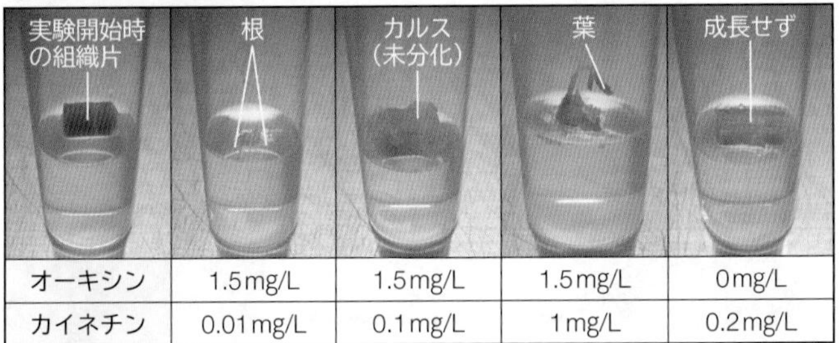


| | | | | |
|---|---|---|---|---|
| オーキシン | 1.5mg/L | 1.5mg/L | 1.5mg/L | 0mg/L |
| カイネチン | 0.01mg/L | 0.1mg/L | 1mg/L | 0.2mg/L |

サイトカイニンは，オーキシンと協調して細胞分裂を促進し，植物組織を分化させる。サイトカイニンとオーキシンの濃度を様々に組み合わせてニンジンの組織を処理すると，カルスになったり（脱分化），根や茎に再分化したりする。カイネチンはサイトカイニンの一種で，1955年に発見された。

TOPICS

### 「天狗の巣」の正体は？
サクラやヤナギなどの樹木から，異常に細い側枝が多数出ていることがある。日本では「天狗の巣」，ヨーロッパでは「魔法のホウキ」と呼ばれている。

これは天狗巣病菌という菌類の感染によって起こる。天狗巣病菌が生産するサイトカイニンの作用で側芽の成長が促進され，形態異常が生じる。

# D 落葉と果実の成熟
エチレン（$C_2H_4$）は，気体の植物ホルモンで，落葉や細胞の老化等を促進する。 生物

## 離層形成

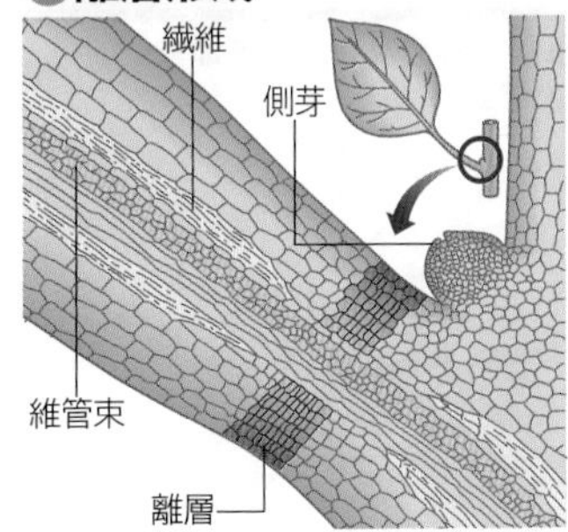


落葉や落果はその付け根に**離層**が形成されることによって起こる。アブシシン酸はエチレンを活性化し，エチレンが離層形成を促進する。離層形成は，オーキシンによって抑制される。

## エチレンによる離層形成の促進

リンゴから発散したエチレンによって，サツキの葉の離層形成が促進され，落葉する。

## エチレンによる果実の成熟促進

リンゴから発散したエチレンによってユズの未熟果が熟す。




WORD 単為結実⇔単為結果

# 3 光に対する反応
Reaction to light

## A 植物をとりまく光環境
生育場所により光環境が異なるが，植物はそれを利用して生育している。 生物

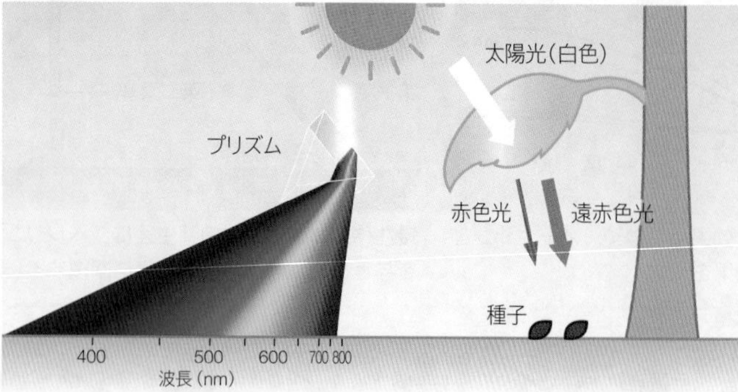


### 太陽光と葉を透過した太陽光の波長分布

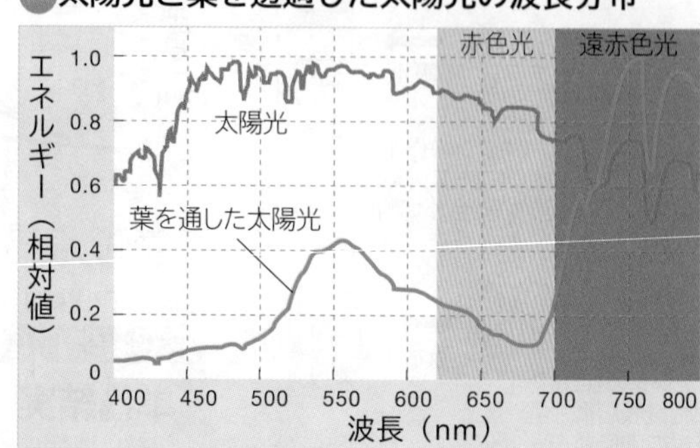


植物の葉を透過した光では，光合成に必要な赤色光(660 nm 前後)は少なく，遠赤色光(700～800 nm)の割合が多くなる。

## B 光受容体
植物はクロロフィル以外にも特定の波長(色)の光を受容する受容体をもっており，生育場所の光環境に応じた光応答を行っている。 生物

### 植物がもつ光受容体

| 光受容体 | 吸収光 | 主な作用・現象 | 細胞内の場所 |
|---|---|---|---|
| フィトクロム | 遠赤色光<br>赤色光 | 花芽形成(⇒ p.246)<br>光発芽<br>クロロフィル合成 | $P_r$ 型－細胞質基質<br>$P_{fr}$ 型－核内に移動する |
| フォトトロピン | 青色光 | 気孔の開口(⇒ p.248)<br>光屈性<br>葉緑体の定位 | 細胞膜(青色光受容後は一部が細胞質内に放出される) |
| クリプトクロム | 青色光 | 胚軸伸長の抑制<br>花芽形成 | 核内 |

### 赤色光による緑化(インゲンマメ)
暗所で黄化した芽生えに赤色光を照射すると，フィトクロムが赤色光を受容し，クロロフィルが合成されて緑化する。

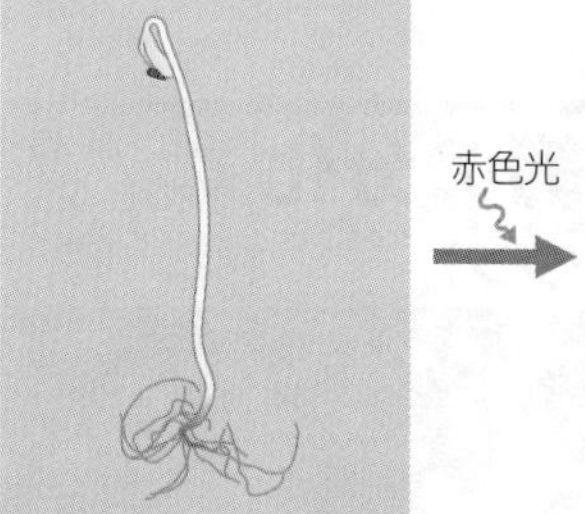
赤色光

### 光受容体の吸収スペクトル

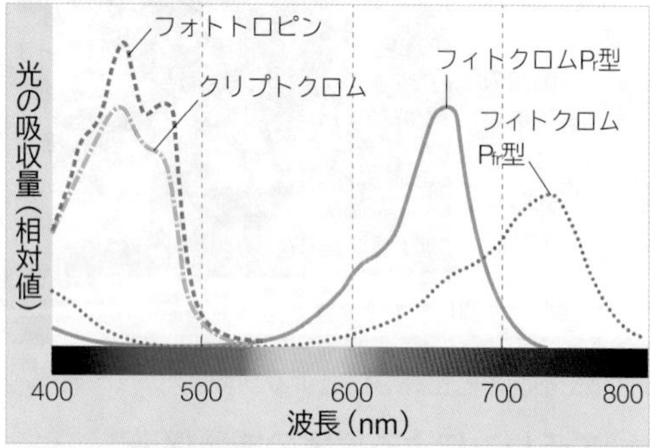


フォトトロピンとクリプトクロムは，青色光をよく吸収し，フィトクロムの $P_r$ 型は赤色光(660 nm 付近)，$P_{fr}$ 型は遠赤色光(730 nm 付近)をよく吸収する。

### 青色光による葉緑体の定位(ツノゴケ)

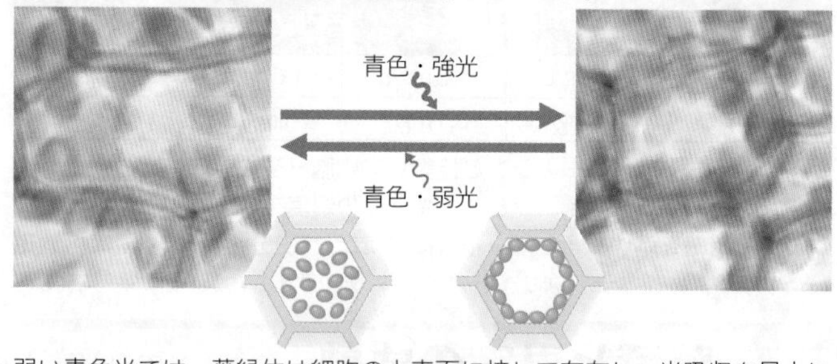


弱い青色光では，葉緑体は細胞の上表面に接して存在し，光吸収を最大にする。強い青色光では側面に移動し，光障害を防ぐ。

## C 赤色光とフィトクロム
フィトクロムは芽生えの茎頂や根端，葉などに多く分布し，種子の発芽の調節や花芽形成の調節，形態形成などにおいて重要な役割を果たす。 生物

### フィトクロムの可逆反応

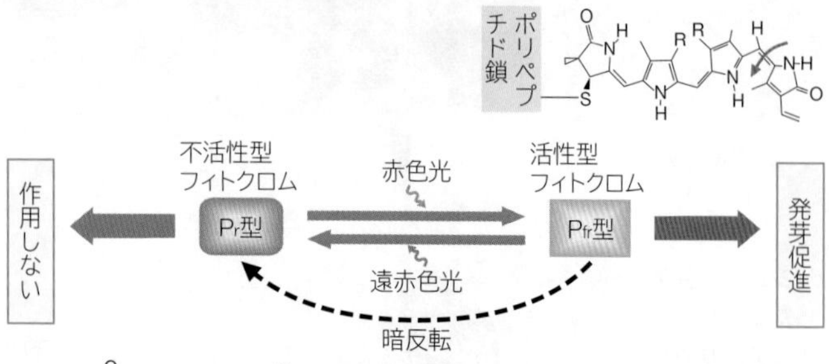


フィトクロムは赤色光と遠赤色光により可逆的に構造が変化する。この反応は光量が 1 ～ 1000 μmol/m² のときに起こる。

### フィトクロムの作用機構

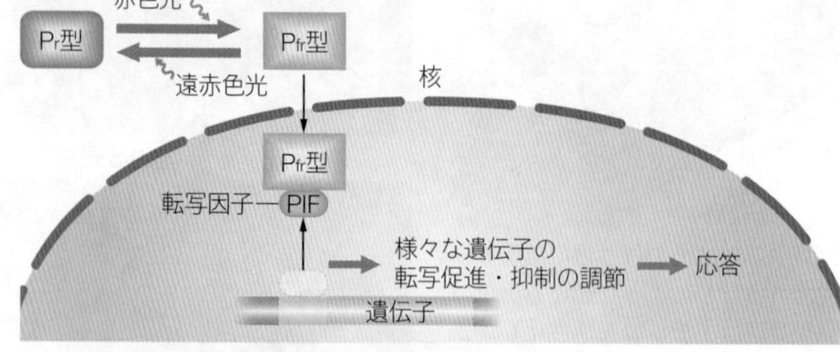


フィトクロムの可逆反応は細胞質基質で行われ，$P_{fr}$ 型になったフィトクロムは核内に移動する。核内では $P_{fr}$ 型が転写因子である PIF の分解を促進することで光応答に関する遺伝子の転写を調節している。

 WORD フィトクロム⇔フィトクローム⇔ファイトクローム　遠赤色光⇔近赤外光

# 4 発芽の調節
Regulation of germination

## A 種子の発芽と光

植物の種子は，水，温度，酸素の環境条件が整えば発芽する。さらに発芽に赤色光を必要とする種子を光発芽種子という。

生物

### 光発芽種子と暗発芽種子

| 光発芽種子 | 暗発芽種子 |
|---|---|
| 光(赤色光)によって発芽が促進される。 例 レタス(一部の品種)，タバコ | 光によって発芽が抑制される。 例 カボチャ，ケイトウ |

### レタスの発芽と光の波長

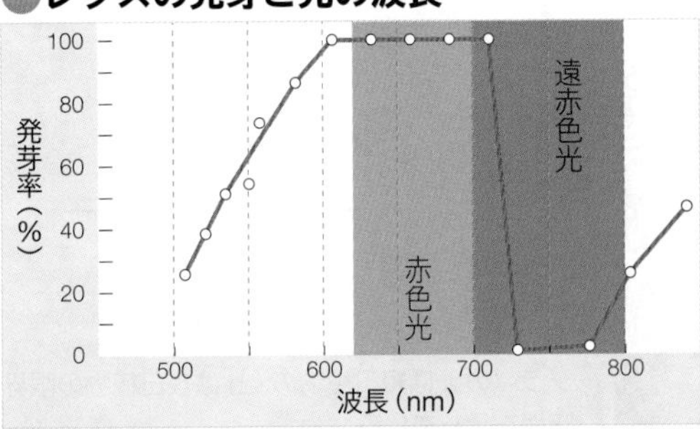


発芽率は赤色光で高く，遠赤色光で低い。

### 光発芽種子とフィトクロム

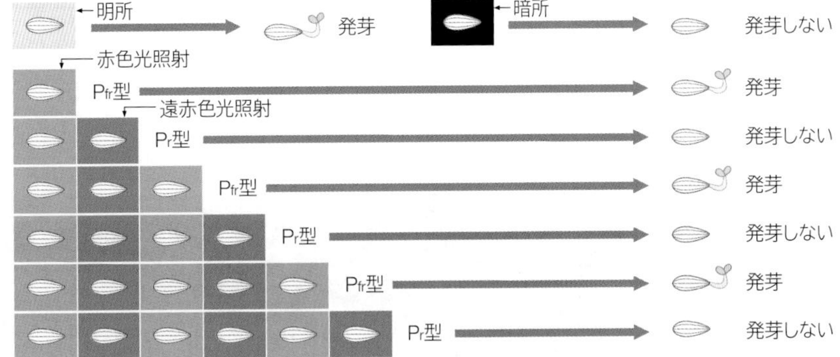


レタスのある品種の種子に赤色光と遠赤色光を交互に当てると，最後に当てた光が赤色光のとき発芽する。これは，赤色光の照射により $P_{fr}$ 型になったフィトクロムがジベレリンの合成を誘導するからである。赤色光の直後に遠赤色光を当てると，赤色光の効果は打ち消される。

TRY 赤色光で発芽して，遠赤色光で発芽しないのはなぜか。

## B 発芽のしくみ

植物ホルモンのジベレリンが情報伝達物質として働き，発芽を調節している。

生物

### 発芽

ジベレリンは，有胚乳種子(イネ科)の発芽を促進する。

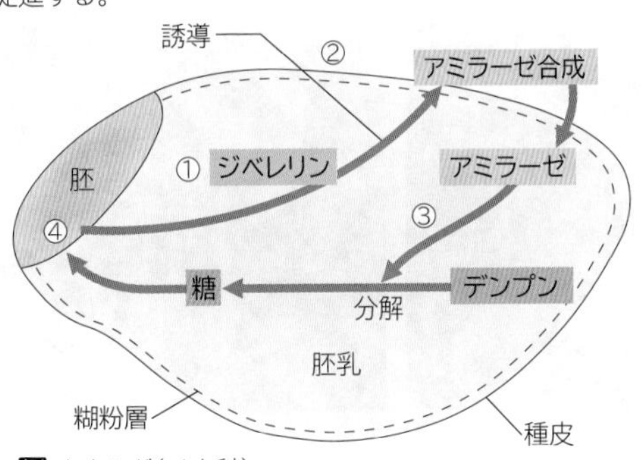


例 オオムギ(イネ科)

①種子が吸水すると，胚でジベレリンが合成される。
②ジベレリンの働きによって，糊粉層でアミラーゼが合成される。
③アミラーゼによって，胚乳のデンプンが糖に分解される。
④糖を分解したときに得られるエネルギーを利用して，胚が成長し，発芽する。

### アミラーゼが合成される過程

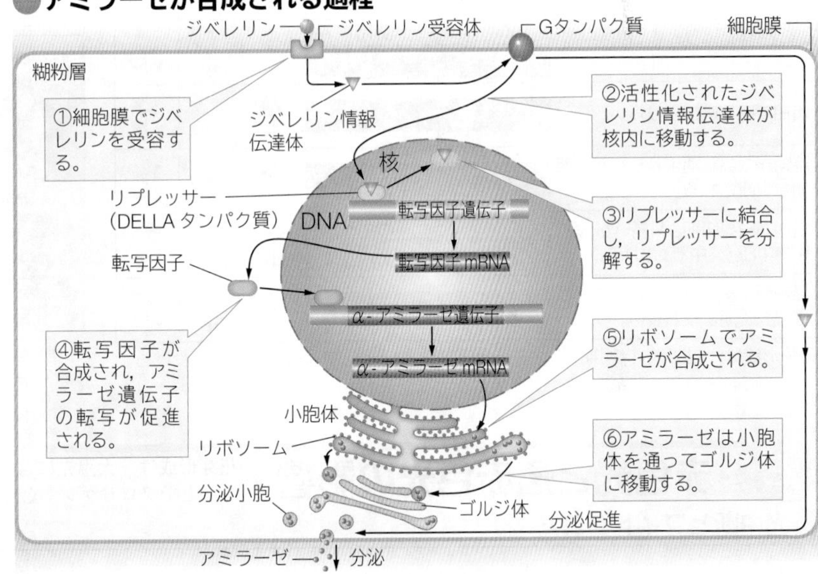


## C 種子の発芽抑制(休眠維持)

環境条件が整っていても発芽や成長が見られない状態を休眠という。休眠にはアブシシン酸が関与している。

生物

### 発芽抑制(休眠)

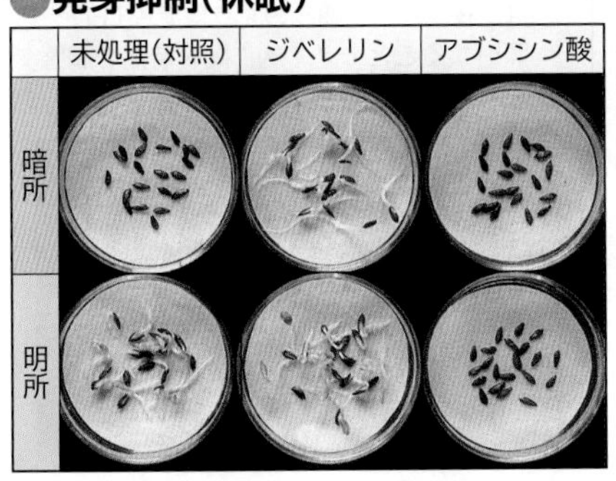


光発芽種子であるレタスの種子にジベレリンを加えると，暗所でも発芽が促進される。また，アブシシン酸を加えると，明所でも発芽が抑制される。

### アブシシン酸濃度と発芽率

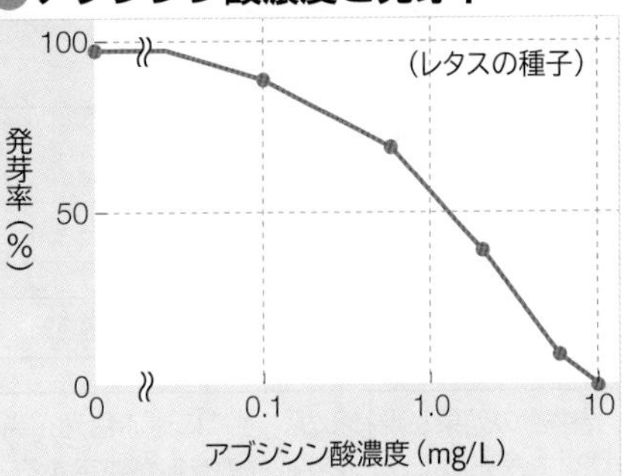


アブシシン酸は種子を休眠させ，より遠くの場所へ種子を散布させたり，環境条件が悪化したときの発芽を抑制したりして，芽生えの生存率を高める。

7 植物の環境応答と成長

生物

WORD ジベレリン⇔ジベレリン酸⇔GA　アブシシン酸⇔アブシジン酸⇔ABA

# 5 花芽形成

Bud formation

## A 光周性

日長の変化に対する生物の反応性を光周性という。花芽形成に影響を与える連続した暗期の長さを限界暗期という。

生物

### 光周性による花芽形成の型

※(　)内は限界暗期の時間

| 長日植物<br>暗期が限界暗期よりも短いと花芽を形成する植物 | 短日植物<br>暗期が限界暗期よりも長いと花芽を形成する植物 | 中性植物<br>日長に関係なく成長に応じて花芽を形成する植物 |
|---|---|---|
| ダイコン(13～14) | アサガオ(8～9) | トマト |
| サトウダイコン(13～14) | オナモミ(8.5～9) | キュウリ |
| ムクゲ(11～12) | キク(9.5～10) | トウモロコシ |
| ホウレンソウ(10～11) | コスモス(11～12) | キンギョソウ |

### 1日の暗期と開花までの日数

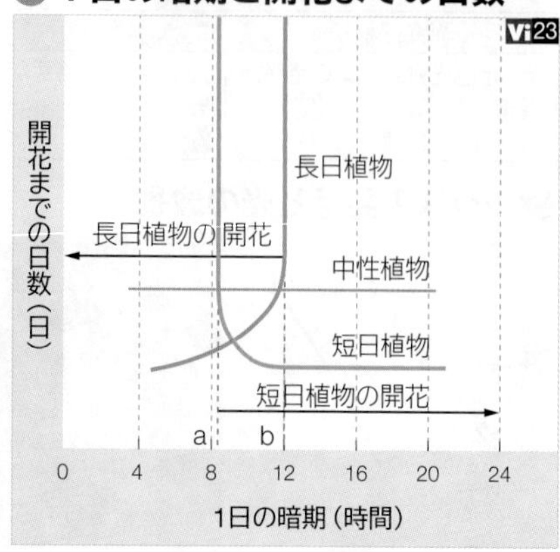


グラフのａは短日植物の，ｂは長日植物の限界暗期を示している。

### 花芽形成と日長条件

| 1日の明期と暗期の長さ(日長条件) Vi24 | | 花芽形成 長日植物 | 花芽形成 短日植物 | 花芽形成 中性植物 |
|---|---|---|---|---|
| 暗期が限界暗期より長い。 | ←限界暗期→ 明期 暗期 | × | ✿ | ✿ |
| 暗期が限界暗期より短い。 | | ✿ | × | ✿ |
| 暗期が限界暗期より短いが，明期が中断される。 | | ✿ | × | ✿ |
| 暗期が限界暗期より長いが，途中で中断(光中断)される。 | 光中断 | ✿ | × | ✿ |
| 光中断があるが，連続した暗期は限界暗期よりも長い。 | | × | ✿ | ✿ |

花芽形成は，昼の長さ(明期)ではなく，夜の長さ(連続した暗期)の影響を受ける。

光中断や明期の中断の実験をしないと，明期と暗期のどちらの影響を受けているかわからないことに注意しよう。

### 長日処理と短日処理

日長条件を人為的に変えることで，花芽形成を調節できる。

| 長日処理 | 人工照明で暗期を短くする。 |
|---|---|
| 短日処理 | 暗幕などで暗期を長くする。 |

短日処理したアサガオ(短日植物)

アサガオの芽生えを短日処理すると，丈の低い状態でも頂芽が花芽となり開花する。

キク(短日植物)の電照栽培

正月の出荷時期に開花するように，秋ギクを晩夏から長日処理して開花を遅らせている。

## B 赤色光と遠赤色光の影響

花芽形成は，太陽光に含まれる赤色光や遠赤色光をフィトクロムが受容することでフロリゲンが合成され進行していく。

生物

### 光中断とフィトクロム

| 光中断に用いる光の条件 | フィトクロム | 花芽形成 長日植物 | 花芽形成 短日植物 |
|---|---|---|---|
| ←限界暗期→ 明期 暗期 | (光中断なし) | × | ✿ |
| 赤色光 | 赤色光→ $P_{fr}$型 | ✿ | × |
| 遠赤色光 | 赤色光→ $P_{fr}$型 遠赤色光→ $P_r$型 | × | ✿ |
| | 赤色光→ $P_{fr}$型 遠赤色光→ $P_r$型 赤色光→ $P_{fr}$型 | ✿ | × |
| | 赤色光→ $P_{fr}$型 遠赤色光→ $P_r$型 赤色光→ $P_{fr}$型 遠赤色光→ $P_r$型 | × | ✿ |

暗期中に赤色光を当てると光中断の効果が現れるが，すぐに遠赤色光を当てるとその効果は打ち消される。交互に照射した場合は最後に当てた光によって花芽形成の有無が決定する。

### TOPICS 赤色 LED を用いた電照菊

キクの電照栽培では，地球温暖化対策として，白熱電球より消費電力の低い LED の導入が進められている。愛知や沖縄では，夜間，短日植物のキクに赤色 LED を照射することで効率的に開花時期を調整している。

WORD フィトクロム⇔フィトクローム⇔ファイトクローム　遠赤色光⇔近赤外光　フロリゲン⇔花成ホルモン

## C 花芽形成のしくみ

光条件を葉で感知するとフロリゲンが葉で合成され，師管を通って茎頂に移動し，花芽形成を開始させる。

生物

### オナモミの花芽形成実験

オナモミは，限界暗期が9時間の短日植物である。

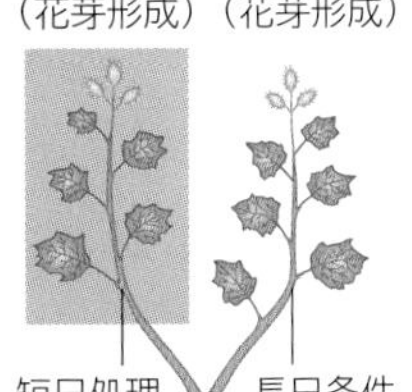


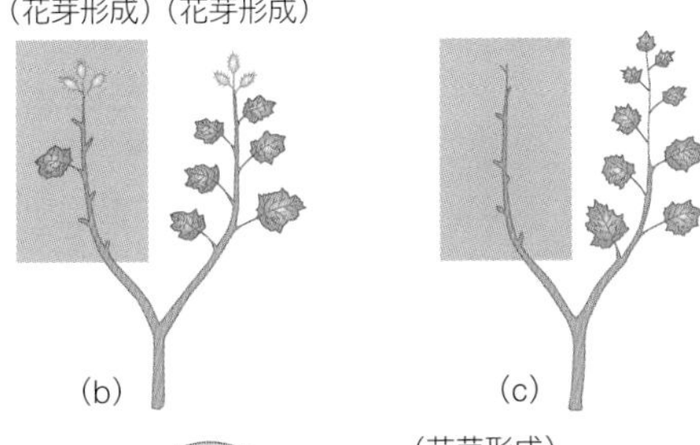


一方の枝を短日処理すると，長日条件下の枝にも花がつく(a)。短日処理をする側に葉は少なくても花はつくが(b)，葉がないと花はつかない(c)。

**推論**：光刺激は**葉で受容**される。

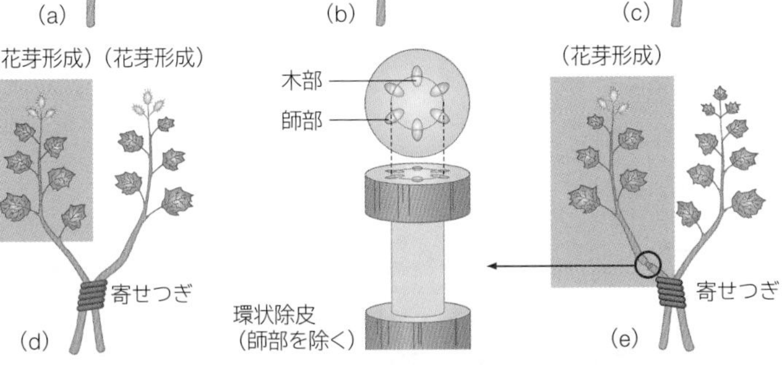


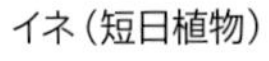

異なる株を寄せつぎし，一方の枝を短日処理すると，長日条件下の株にも花がつくが(d)，環状除皮（師部を除く）すると，花はつかない(e)。

**推論**：フロリゲンは葉で生成され，**師管を通って**移動する。

(d)，(e)の実験は，(a)，(b)，(c)の結果を受けての実験であることに注意しよう。

オオオナモミの花

### フロリゲンの合成場所と移動経路

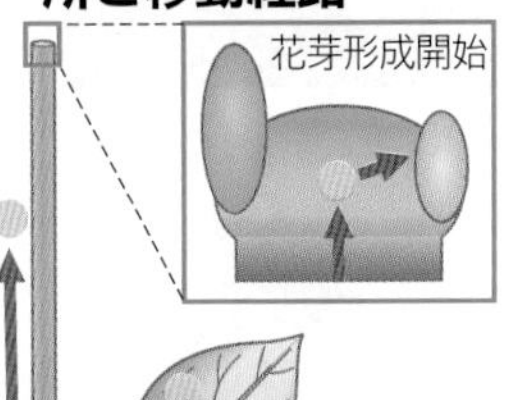

花芽形成開始
フロリゲン
師管を通って移動

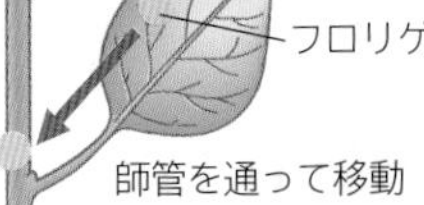

## D フロリゲンによる遺伝子発現調節

フロリゲンは葉でつくられた後に植物体内を移動し，茎頂の花芽形成遺伝子に働きかけて花芽形成するように調節している。

生物

### フロリゲンの動き

シロイヌナズナ（長日植物）

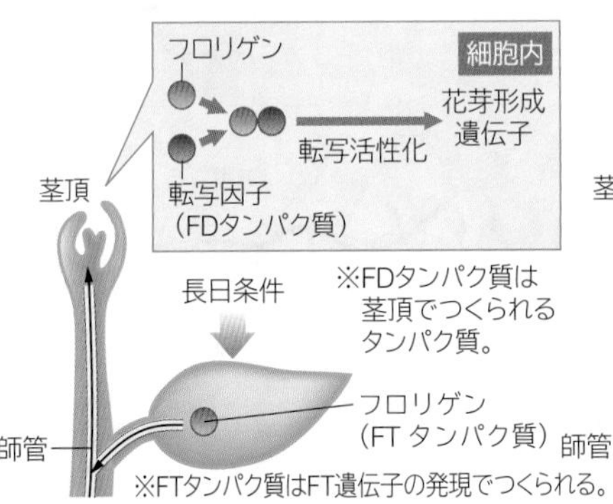


イネ（短日植物）

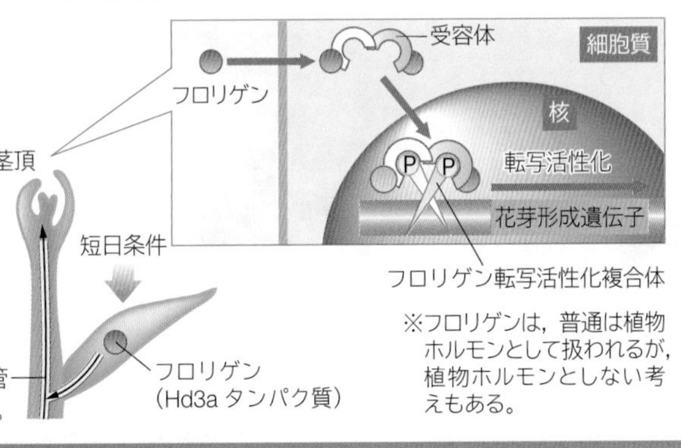


※フロリゲンは，普通は植物ホルモンとして扱われるが，植物ホルモンとしない考えもある。

#### ADVANCE
#### アンチフロリゲンの発見

短日植物のキクにおいて，暗期開始一定時間後に赤色光(600～700 nm)で光中断すると，花芽形成を抑制するタンパク質がつくられることが，2013年に日本の研究チームによって解明された。このタンパク質はアンチフロリゲンと呼ばれ，葉でつくられた後，師管を通って茎頂へ到達し花芽形成を阻害する。

## E 温度の影響

低温によって花芽形成が誘導される現象を春化といい，春化を引き起こすための人為的な低温処理を春化処理（バーナリゼーション）という。

生物

### コムギの種まき時期と花芽形成

| 品種 | 秋 | 冬 | 春 | 夏 | 花芽形成 |
|---|---|---|---|---|---|
| 秋まきコムギ | 種まき 生育 | 生育 | 生育 | 生育 | ○ |
| 秋まきコムギ | | | 種まき 生育 | 生育 | × |
| 秋まきコムギ | | | 種まき 春化処理 生育 | 生育 | ○ |
| 春まきコムギ | | | 種まき 生育 | 生育 | ○ |

秋まきコムギの種子を春にまき生育させると，花芽は形成しない。しかし，発芽後に4℃で40～50日間置く（春化処理）と，花芽が形成される。このように，秋に発芽して越冬し春に開花する植物には，花芽形成に低温を必要とするものが多い。

### 春化処理の効果

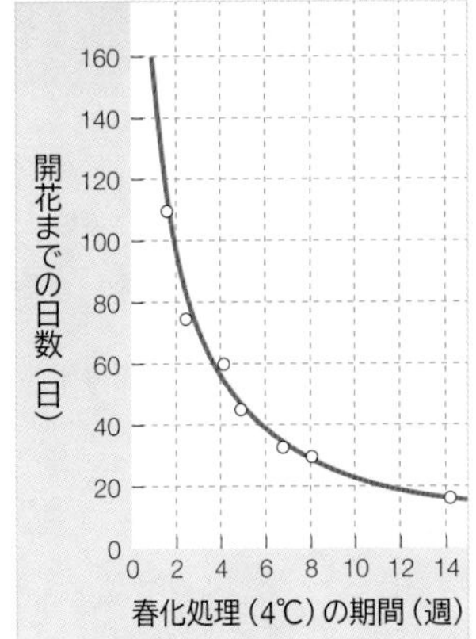


ホソムギの例。春化処理の期間が短いと効果が薄くなる。

### 春化処理と日長条件

長日植物であるライムギの発芽しかけた種子を次の(a)～(d)の条件で生育させ，春化処理と日長条件の関係を調べた。

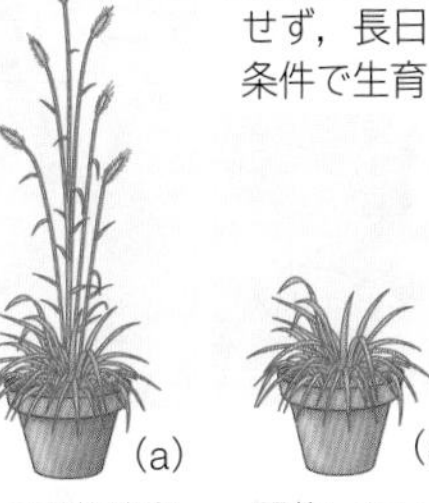


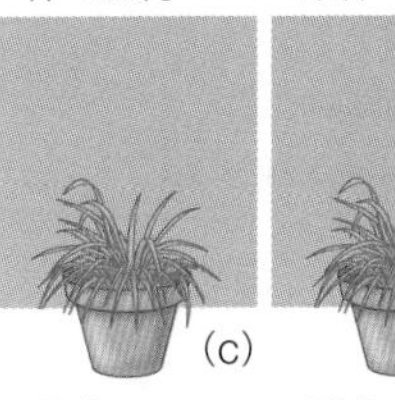


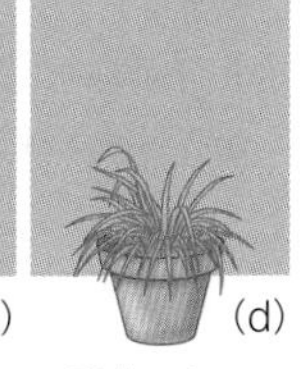


**推論**：発芽しかけた種子を低温処理をすると，早く開花結実するが，長日条件下でなければ効果が見られない。

# 6 水の輸送
Transport of water

## A 水の吸収と移動

植物は生きる上で必要な水の確保と輸送機構が備わっている。水や無機塩類は，葉から蒸散する際の力が引き金となり，水の凝集，根での根圧により輸送される。　生物

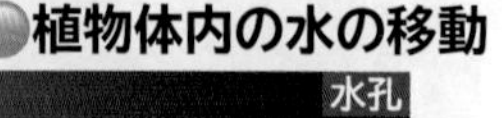

### ●植物体内の水の移動

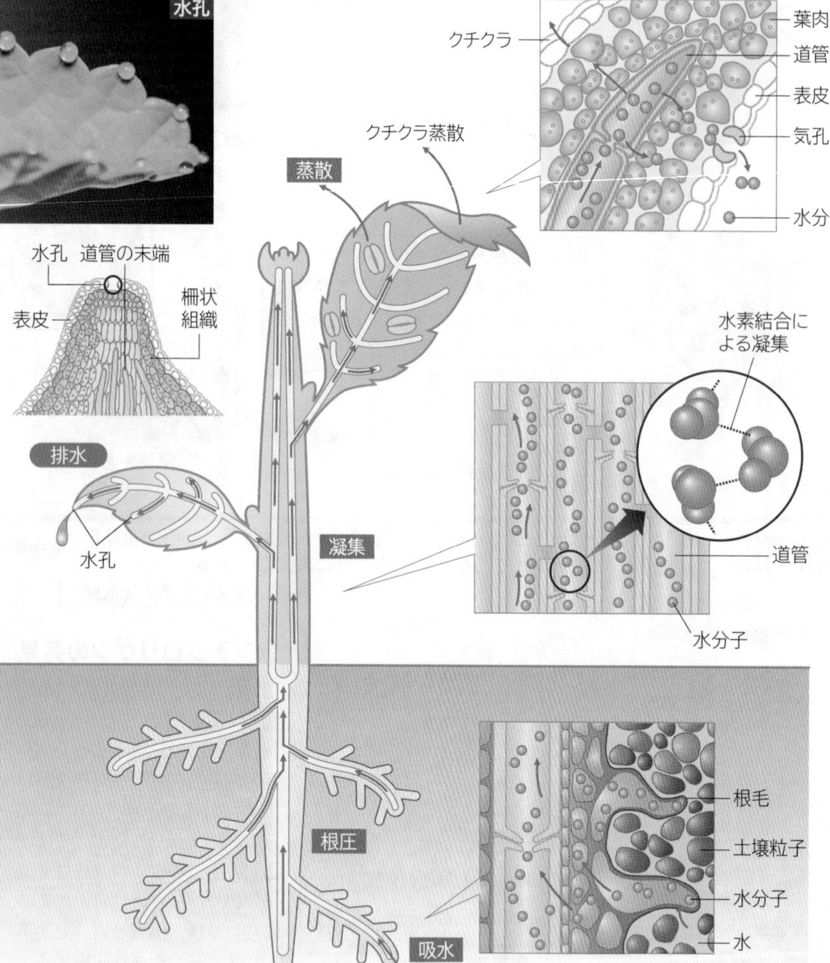


### ●蒸散と吸水

蒸散量の増加後に吸水量が増加する。このことから，蒸散が引き金となって根からの吸水を促進することがうかがえる。

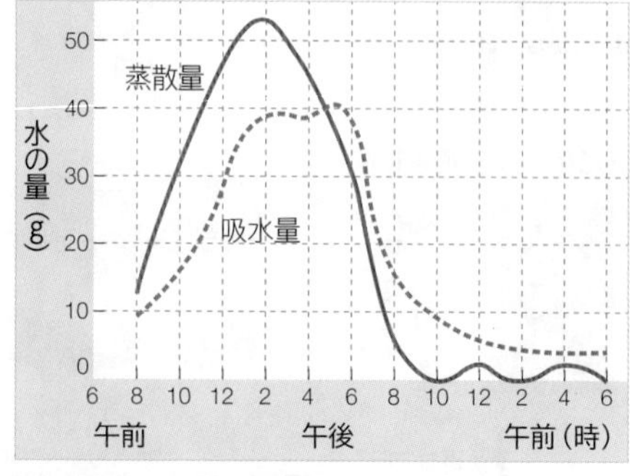


### ●根による水の吸収過程

皮層から維管束柱に水が移動する際，細胞間（**アポプラスト**）を通る経路と細胞内（**シンプラスト**）を通る経路がある。内皮では疎水性のカスパリー線が水の移動を遮断するので，シンプラストのみで移動する。

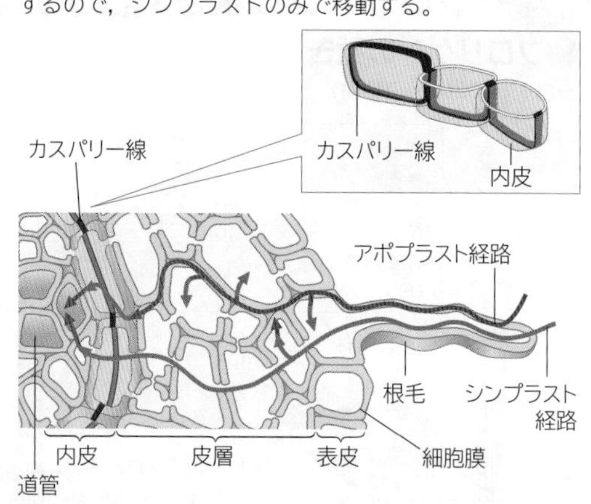


## B 気孔の開閉調節

気孔は主にガス交換や水分調節のために開閉する。孔辺細胞は気孔に面する細胞壁が厚く逆側が薄いため，膨圧の上昇に伴って湾曲し気孔が開く。　生物

### ●気孔開閉のしくみ

**気孔が開くしくみ**

①フォトトロピンが青色光を受容すると，$H^+$が能動輸送で流出する。
②膜が過分極し，$K^+$が流入する。
③孔辺細胞内の濃度が高くなり，水が流入する。
④体積が増加して気孔が開く。

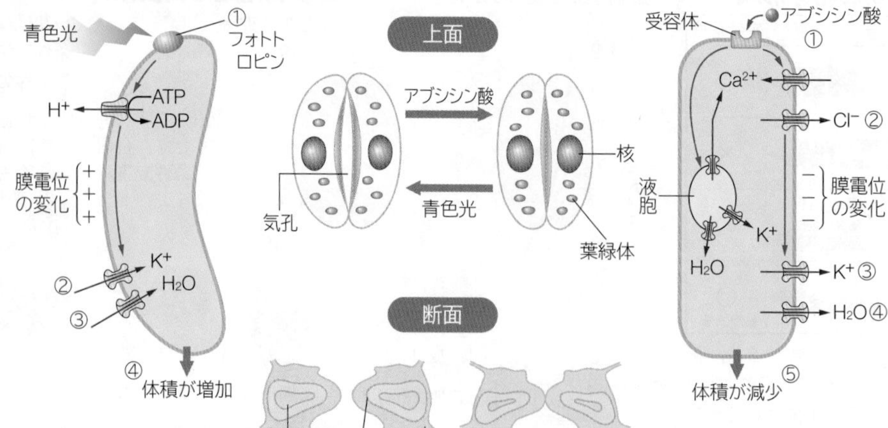


**気孔が閉じるしくみ**

①アブシシン酸の受容により，孔辺細胞内へ$Ca^{2+}$が流入する。
②$Cl^-$が流出し，膜が脱分極する。
③膜の脱分極により$K^+$が流出する。
④孔辺細胞外の濃度が高くなり，水が流出する。
⑤体積が減少して気孔が閉じる。

# 7 様々な応答
Various responses of plants

## A ストレス耐性

植物は生育環境からのストレスに対して耐性をもつ。冷害や塩害時には，主にブラシノステロイドが働く。 生物

### 耐冷性とブラシノステロイド

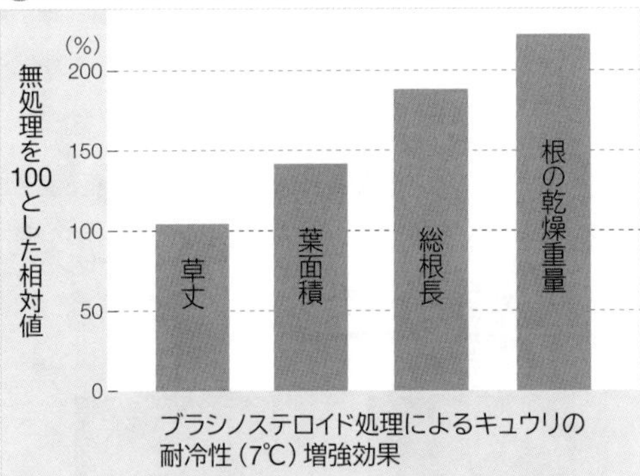

ブラシノステロイド処理によるキュウリの耐冷性（7℃）増強効果

キュウリは10℃以下になると生育が難しくなるが，ブラシノステロイドを与えると成長がよくなり，葉が黄色くなる傷害もなくなる。

### 薬剤耐性

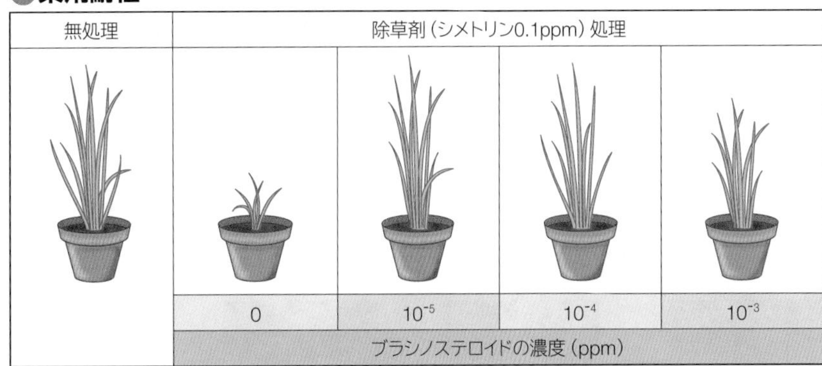


イネ種子をブラシノステロイドに2日間浸し，4日間栽培した苗に除草剤（シメトリン）を散布した後，3週間後の成長を示す。
ブラシノステロイドによる薬害傷害軽減効果が見られる。

## B 食害や病原体に対する応答

植物が捕食や病原菌感染などの傷害にあうと，植物体内でジャスモン酸やサリチル酸が合成され，被害が広がらないような応答が誘導される。 生物

### 食害に対する防御

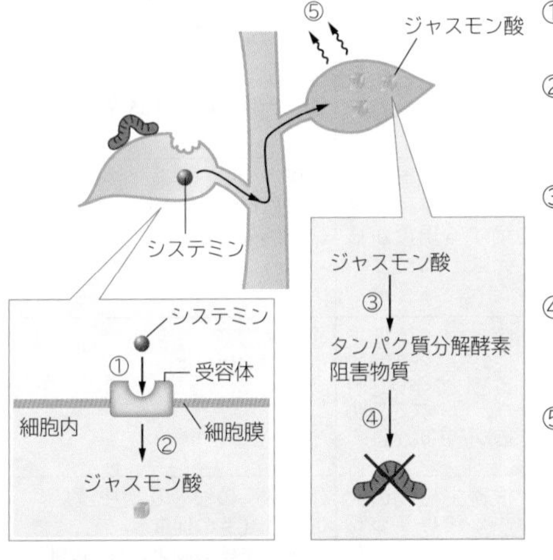


①食害を受けた葉でシステミンが合成される。
②システミンは受容体に結合し，ジャスモン酸の合成を誘導する。
③ジャスモン酸はタンパク質分解酵素阻害物質の合成を誘導する。
④タンパク質分解酵素阻害物質は捕食者の消化酵素の働きを阻害する。
⑤ジャスモン酸は揮発性物質に変化し，周囲の植物の防御応答を誘導する。

### 病原菌感染に対する防御

感染前　植物の表皮（クチクラ，細胞壁）による物理的防御。

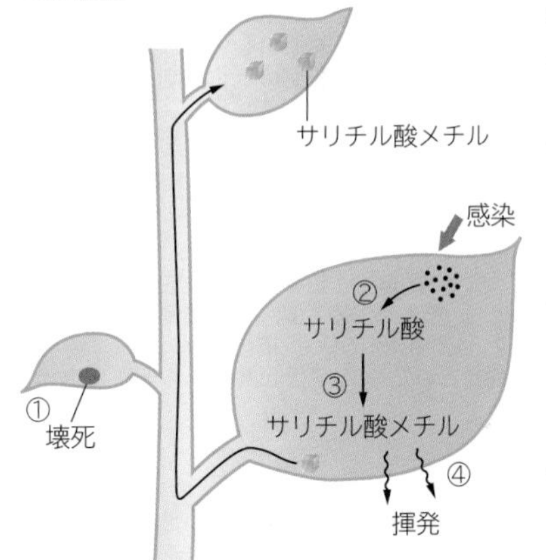


感染後
①感染部位の細胞が壊死する。（**過敏感反応**）
②感染部位でサリチル酸や抗菌物質，抵抗性の誘導に関与するタンパク質がつくられる。
③サリチル酸はサリチル酸メチルに変換され，植物全体に運ばれて抵抗性を誘導する（**全身獲得抵抗性**）。
④サリチル酸メチルは，揮発・拡散して，別の部位や周囲の植物の抵抗性を誘導する。

## C 菌根菌

被子植物の約80％と裸子植物のすべての根には，菌根菌と呼ばれる菌類が共生している。 生物

### 外生菌根菌と内生菌根菌

菌根菌には，菌糸体が根に付着して植物と共生関係を築く**外生菌根菌**や，組織や細胞内に入り込んで植物と共生関係を築く**内生菌根菌**が知られている。広範囲に広がった菌糸は，リン酸などの栄養分や水分を吸収して植物へ供給する。菌根菌は病原菌の感染を防ぐこともある。

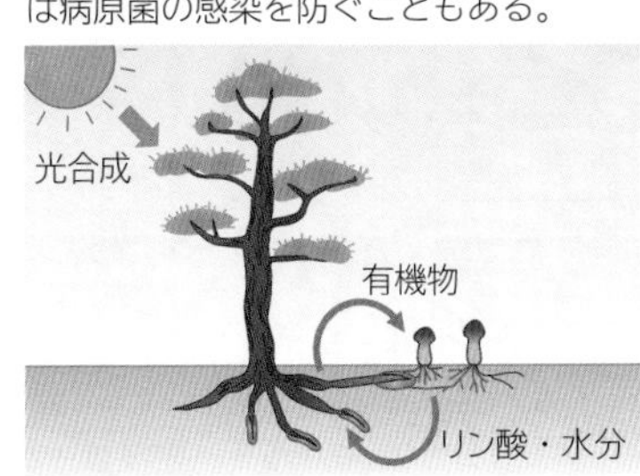


外生菌根菌…オーキシンなどの植物ホルモンを分泌するものが知られている。

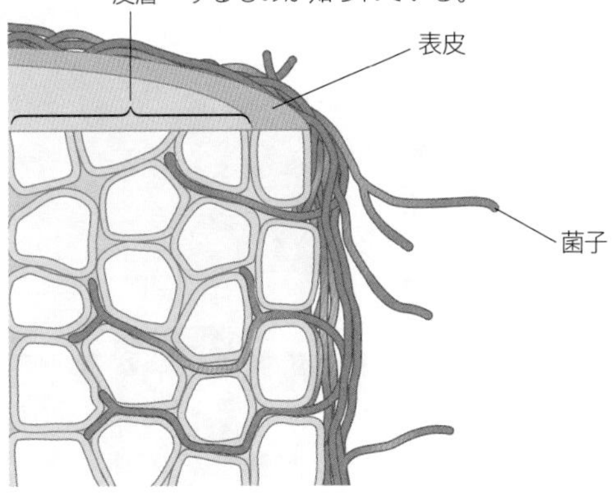

例 マツタケ

内生菌根菌

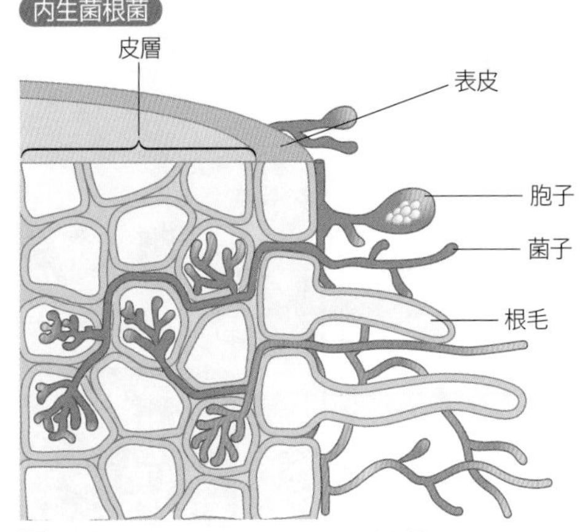

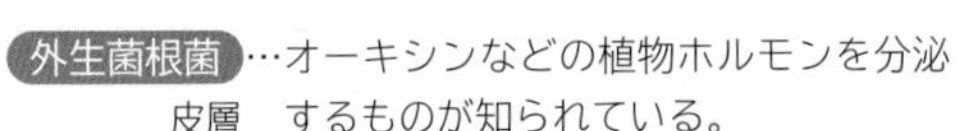

例 アーバスキュラー菌根菌，ラン菌根菌

# 8 植物の一生と調節

Life and adjustment of the plants

## A 植物の成長と植物ホルモン

植物は環境からの刺激に対応して成長するため，植物ホルモンを用いて調節を行っている。 生物

### 植物の一生と植物ホルモン

植物の成長過程では，環境の変化などを感知しながら，鍵となる植物ホルモンが共同しながら働いている。

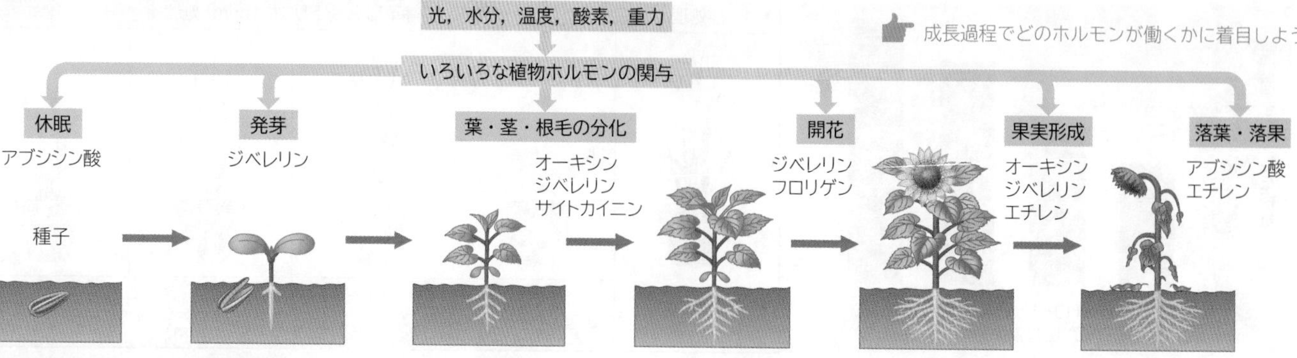


### 植物ホルモンの種類と働き

| 植物ホルモン | 発見の経緯 | 主な働き |
|---|---|---|
| オーキシン<br>インドール酢酸 (IAA) | 光屈性の研究から成長促進物質として発見された。 | ①細胞の伸長促進<br>②細胞分裂の促進<br>③花芽の形成促進<br>④発根促進<br>⑤離層形成（落葉・落果）の抑制<br>⑥頂芽優勢 |
| サイトカイニン | トウモロコシの未熟種子から細胞分裂を促進する物質として単離された。 | ①細胞分裂の促進<br>②細胞の老化抑制<br>③カルスから茎・葉を分化 |
| ブラシノステロイド（ブラシノライド） | アブラナの節間伸長を促進する物質として花粉から発見された。 | ①根や茎の伸長成長促進<br>②温度，化学薬剤，塩害に対する抵抗性<br>※ステロイドホルモンである。 |
| サリチル酸 | ヤナギ抽出物として古くからヒトの消炎や鎮痛に使われていた。 | 病原菌に対する抵抗性 |
| ジベレリン (GA) | イネ馬鹿苗病の原因となるカビから抽出され発見された。 | ①細胞の伸長促進<br>②細胞分裂の促進<br>③種子の発芽促進<br>④開花促進<br>⑤子房の発育促進（単為結実） |
| アブシシン酸 (ABA) | 植物の器官脱離や休眠芽形成を引き起こす物質としてワタなどから発見された。 | ①気孔の閉鎖<br>②細胞の伸長阻害<br>③種子や頂芽の発芽抑制<br>④エチレンの合成誘導 |
| エチレン | ガス街灯近くの街路樹が早く落葉する現象から発見された。 | ①果実の成熟促進<br>②離層形成（落葉・落果）の促進<br>③細胞の老化促進 |
| ジャスモン酸 | 病害虫への抵抗性の役割を担う物質として発見された。ジャスミンの香りの主成分。 | ①傷害応答<br>②離層形成促進 |
| ストリゴラクトン | 根寄生植物の発芽を誘導する物質として発見された。 | ①菌根菌の根への共生を誘導<br>②種子発芽の促進<br>③頂芽優勢の制御（分枝抑制）<br>※リン酸が欠乏すると根で合成される。 |

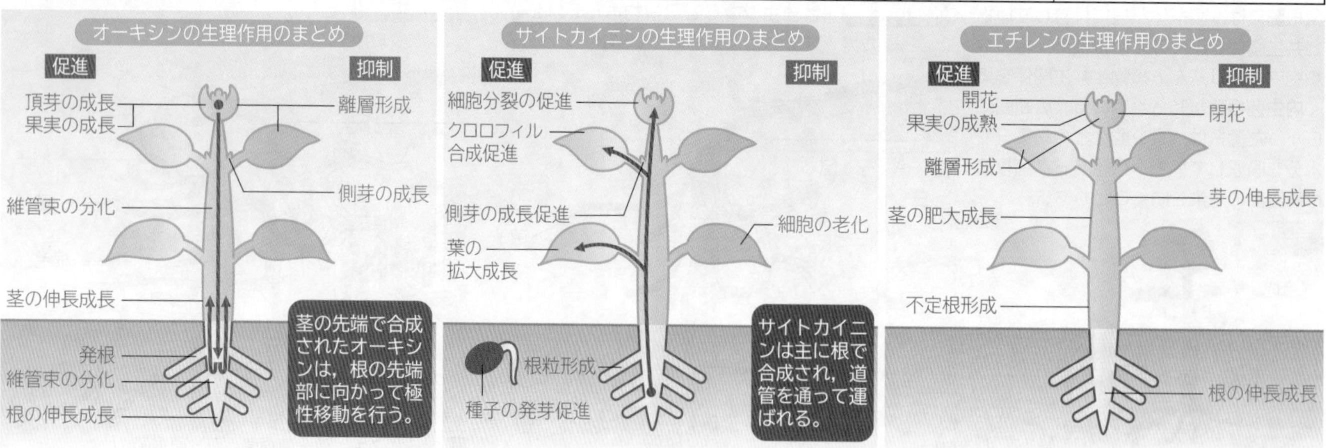

## B 環境からの刺激と応答

発芽・成長時も含め，植物は環境からの刺激に対応して生活するためのしくみをもっている。



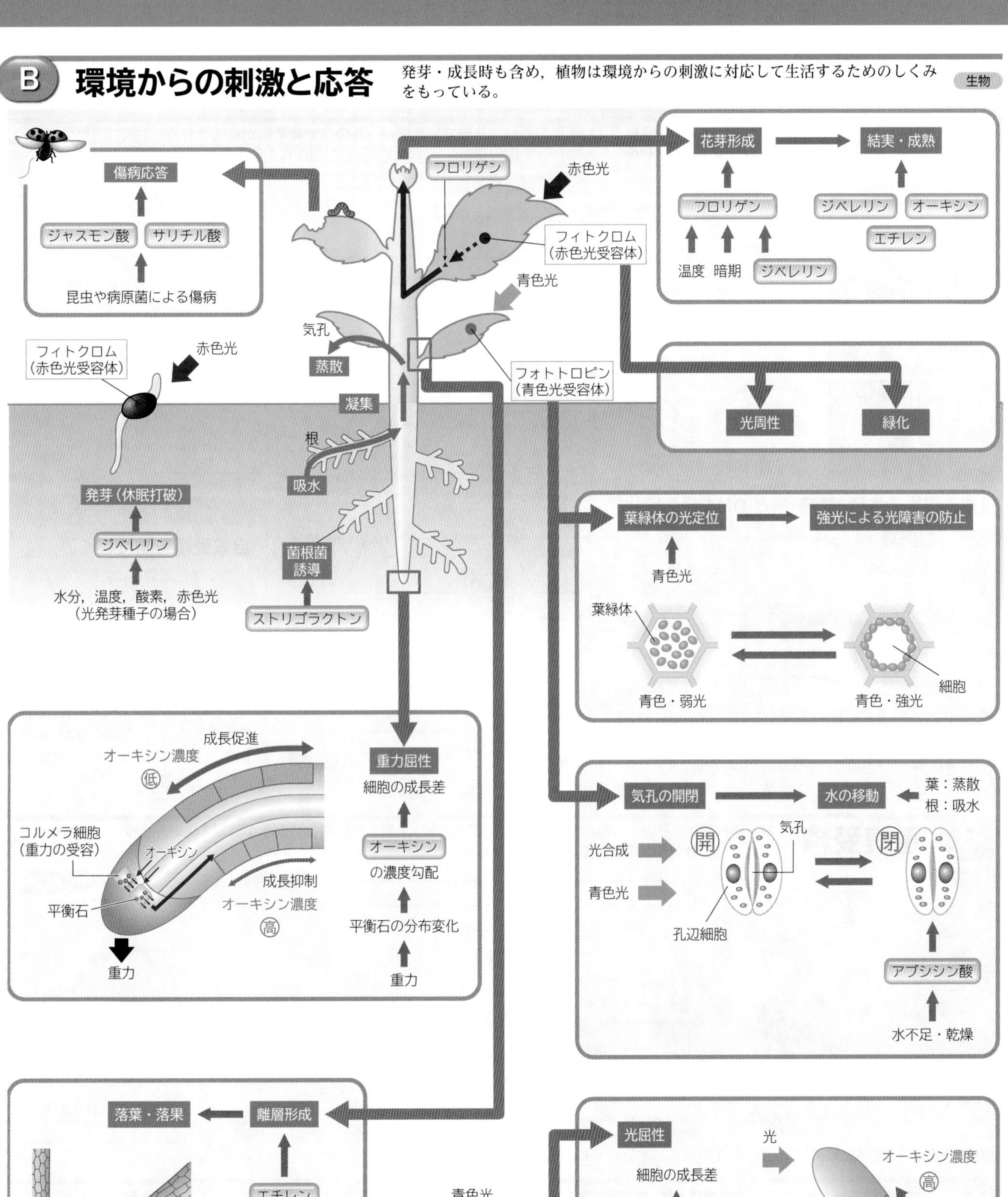

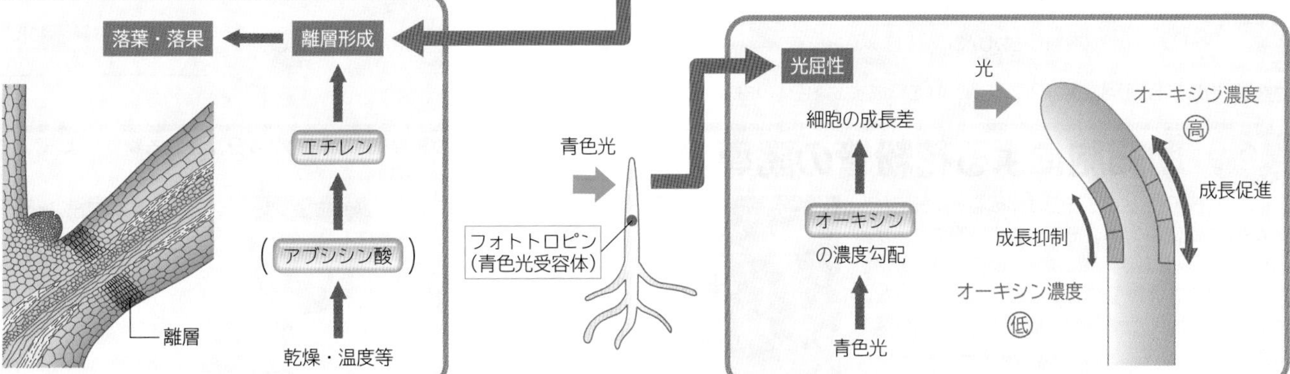

# 9 種子植物の生殖
Reproduction of plants

## A 被子植物の配偶子形成

生物

被子植物では，**花粉**で**精細胞**が，**胚のう**で**卵細胞**が形成される。1個の花粉母細胞から4個の花粉，1個の胚のう母細胞から1個の胚のうができる。

花の縦断面(サクラ)

柱頭　子房の縦断面

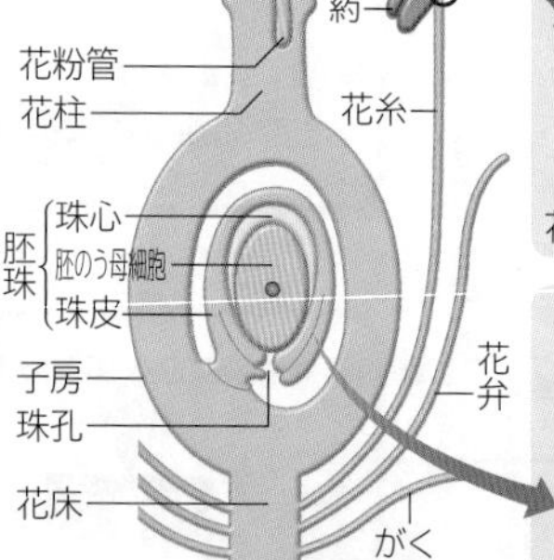

被子植物の花の縦断面

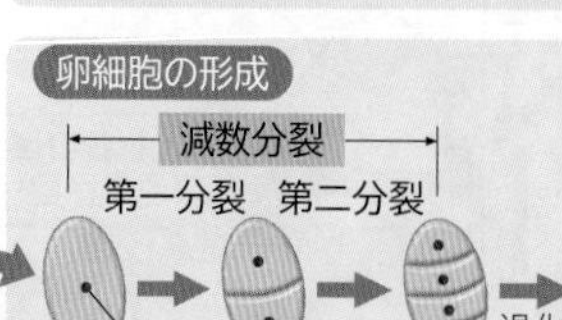
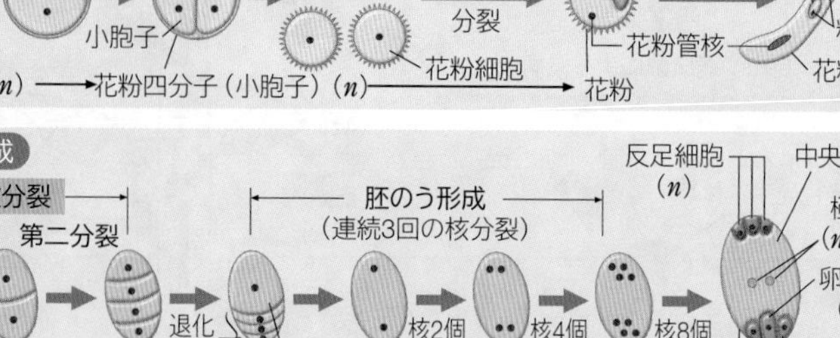

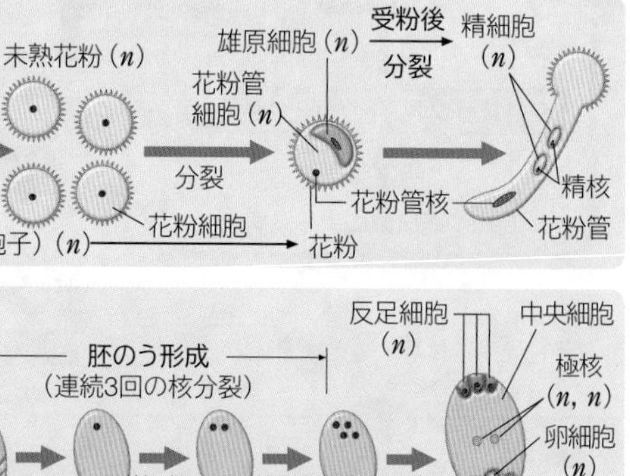

### ●被子植物の生殖細胞形成と DNA 量の変化

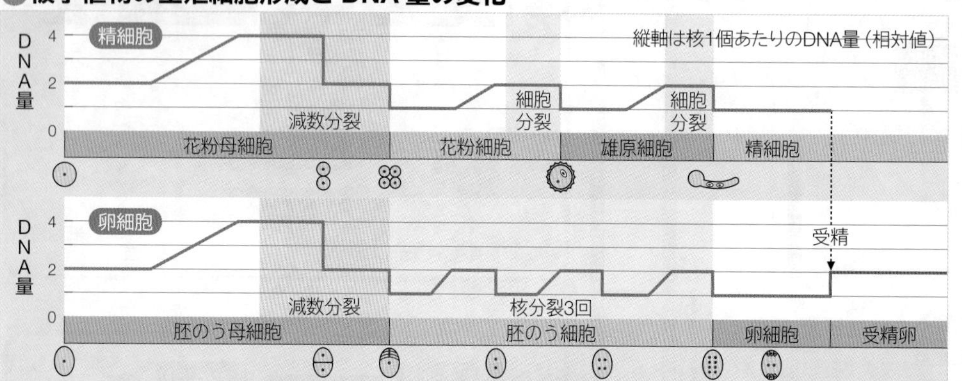


### ADVANCE 自家受精を防ぐしくみ

植物には他の個体と交配するために，自家受精を防ぐしくみをもっているものがある。自身の花粉が受粉しても，花粉が発芽しなかったり，花粉管の伸長が途中で止まってしまったりして，受精に至らないようにするしくみがあり，これを**自家不和合性**という。この発現に関わる遺伝子(S遺伝子)には，花粉で発現する遺伝子(雄性遺伝子)がある。

## B 重複受精

生物

被子植物では，胚のうに運ばれた2個の精細胞のうち1個が**卵細胞**と，もう1個が**中央細胞**と受精する。このような受精形式を**重複受精**（じゅうふくじゅせい）という。

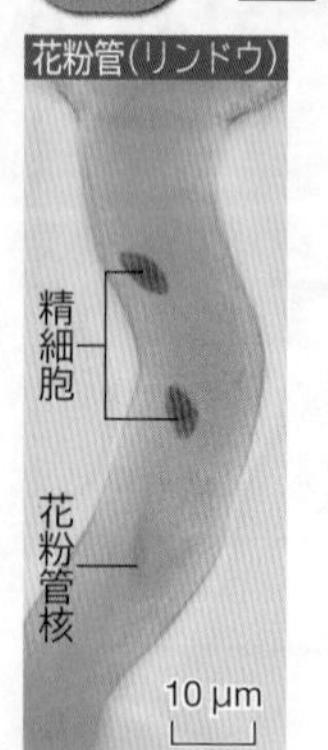

花粉管(リンドウ)

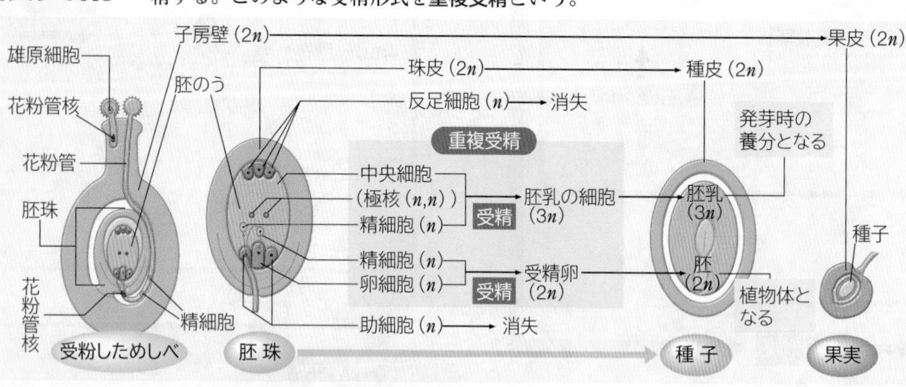


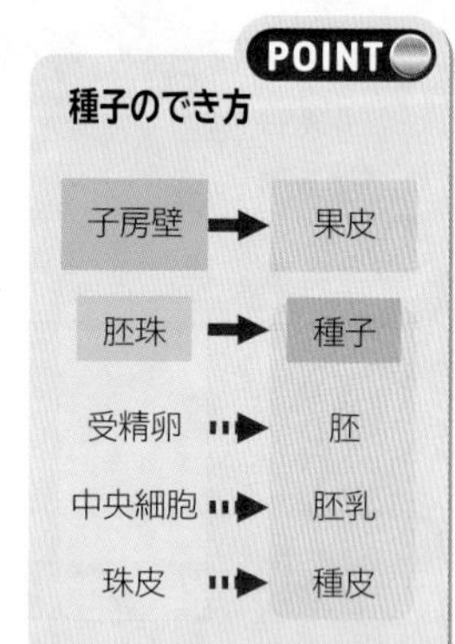

POINT
種子のでき方
子房壁 → 果皮
胚珠 → 種子
受精卵 → 胚
中央細胞 → 胚乳
珠皮 → 種皮


**TRY** 果皮，胚，胚乳の核相と，それぞれを構成する染色体の由来を説明しよう。

## C 助細胞による花粉管の誘導

生物

受粉後の胚珠での花粉管の誘導は，助細胞から分泌される物質によって生じることが明らかにされている。

トレニア(被子植物)の胚珠では卵細胞と助細胞が珠皮の外に裸出している。それぞれの細胞にレーザー光を当てて破壊する実験により，助細胞から分泌される物質が花粉管を誘導していることがわかった。東山哲也らはこの助細胞から放出される花粉管誘導物質(タンパク質)を同定し，**ルアー**と名付けた(2009年)。

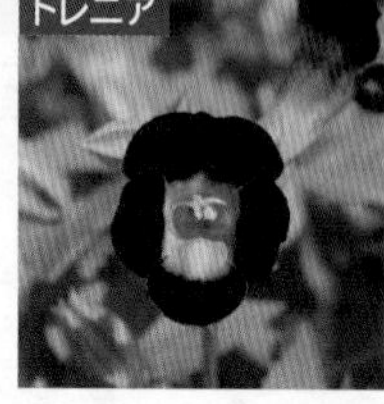
トレニア

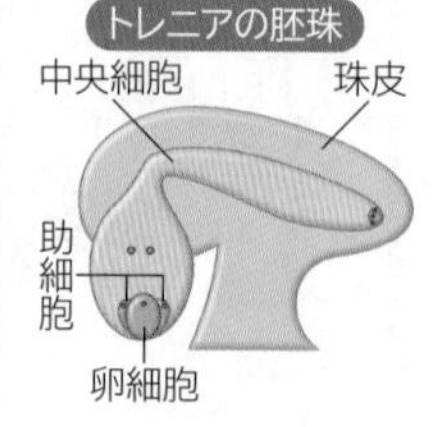

トレニアの胚珠

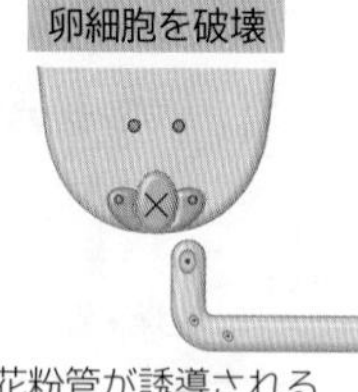

 WORD 種子植物⇔顕花植物　めしべ⇔雌ずい　おしべ⇔雄ずい　花床⇔花托

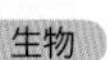

## D 被子植物の胚発生

受精卵は胚珠の中で分裂を繰り返し，子葉・幼芽・胚軸・幼根へと分化して胚になる。胚の成熟とともに，多くの場合種子は休眠状態に入る。 生物

### ナズナ（無胚乳種子）の胚発生

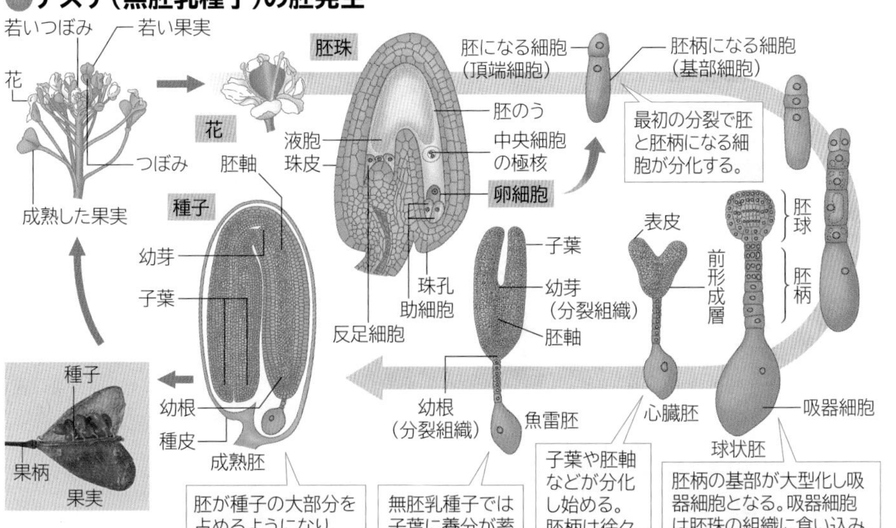


### 有胚乳種子

胚乳が発達した種子。胚乳に蓄えられた養分が発芽の際胚に吸収される。

例 単子葉類（コメ・コムギなど），カキ，トウゴマ

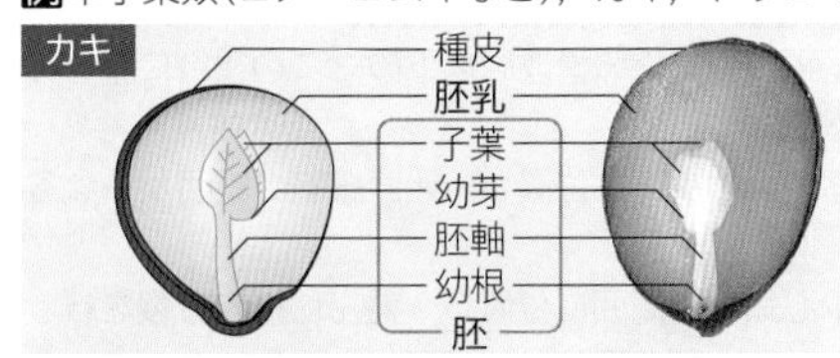


### 無胚乳種子

発生の初期には胚乳があるが，その後消失した種子。子葉に養分を蓄えている場合が多い。例 ダイズ，クリ，ナズナ，アサガオ

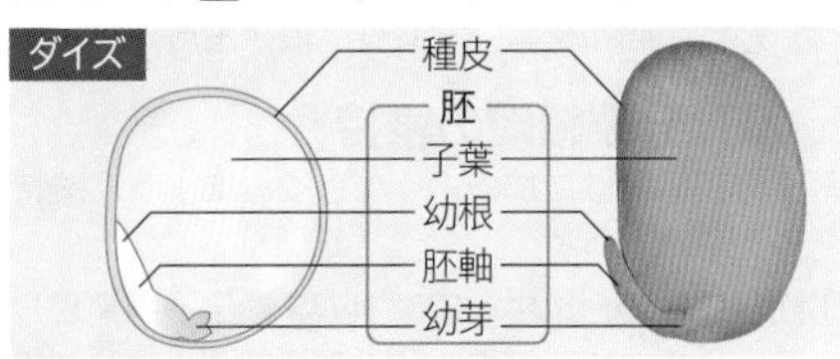


ナズナとダイズを比べ，対応関係に注意しよう。

## E 頂端分裂組織の分化

茎頂分裂組織や根端分裂組織などの頂端分裂組織は，球状胚や心臓胚の時期に合成されるオーキシン（⇒ p.241）の濃度勾配によって誘導される。 生物

胚形成が進むと，胚球の細胞で**オーキシン**が合成されるようになる。球状胚期以降には，**PINタンパク質**（⇒ p.242）の働きにより，オーキシンが頂端細胞から原根層細胞に向かって輸送される。その結果，胚先端側中央部のオーキシン濃度が低下し，これがシグナルとなって茎頂分裂組織の分化が始まる。

一方，原根層細胞周辺ではオーキシン濃度が高くなり，根端分裂組織の分化が始まる。

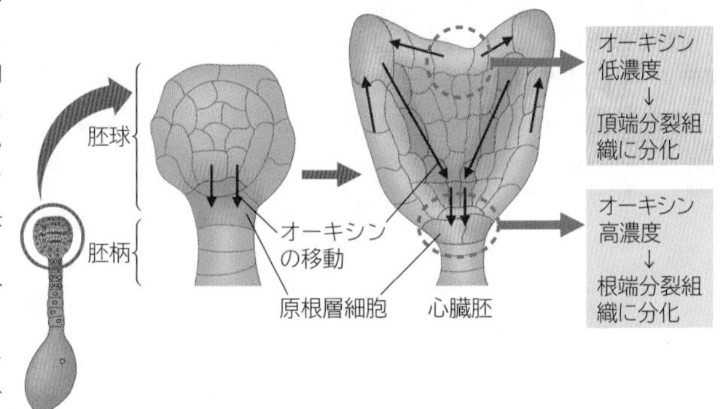


### PIN タンパク質の働き

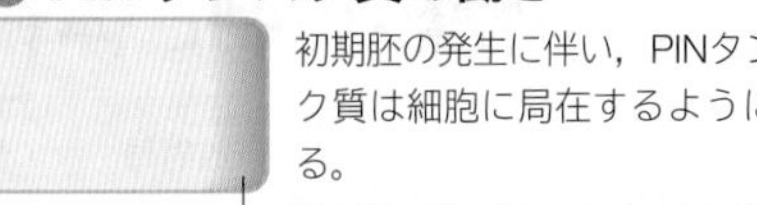

初期胚の発生に伴い，PINタンパク質は細胞に局在するようになる。

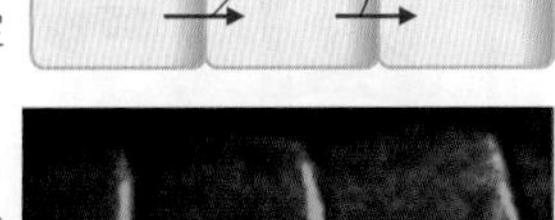


PINタンパク質はオーキシンを特定方向に輸送する。

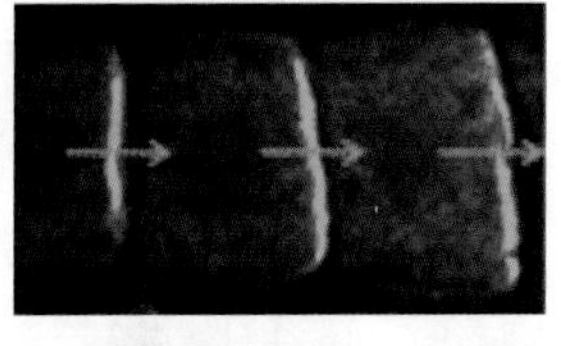

右はPINタンパク質が緑色蛍光を発するようにした写真。矢印はオーキシンの輸送方向。

## F 裸子植物の配偶子形成と受精

裸子植物では，重複受精は行われず，胚のうがそのまま成熟して胚乳となる。イチョウやソテツなどでは花粉で精子が形成される。 生物

### イチョウの配偶子形成と受精

裸子植物でも被子植物同様に，配偶体は胞子体に寄生する形になっている（⇒ p.329）。雄性配偶子はイチョウ・ソテツ等では繊毛をもつ**精子**であるが，マツ・スギ・ヒノキ等では運動性のない**精細胞**である。いずれの場合も，受精を行うのは卵細胞のみである。

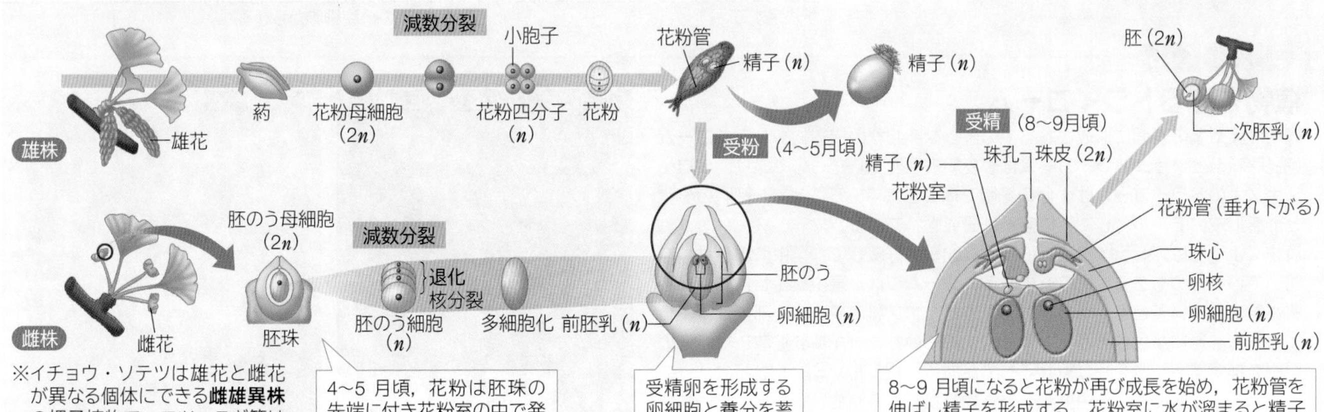


※イチョウ・ソテツは雄花と雌花が異なる個体にできる**雌雄異株**の裸子植物で，マツ・スギ等は同一個体に雄花・雌花の両方ができる**雌雄同株**である。

# 10 植物の形態形成のしくみ

Mechanism of plant morphogenesis

## A 茎頂分裂組織の構造と維持

茎頂分裂組織は茎の先端にあり，３つの組織から構成されている。この組織の維持には，３つの遺伝子が働いている。

生物

### 茎頂分裂組織の構成

茎頂分裂組織の構成は以下の３つの領域に分けられる。

**中心領域**

茎頂の中央部に位置し，始原細胞の集団からなる。

**周辺領域**

中心領域の周囲に位置し，盛んに細胞分裂を行う細胞からなる。葉の原基などが形成される部位。

**髄状領域**

中心領域の下部に位置し，茎の髄や維管束などの形成にあたる部位。この領域の上層部にはほとんど細胞分裂を行わない細胞が集まっており，形成中心と呼ばれる。

茎頂分裂組織（縦断面）

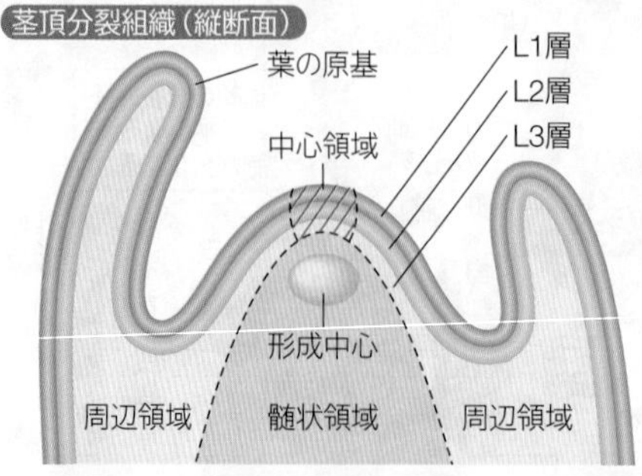


茎頂分裂組織は外側からL1・L2・L3の３つの層に分けられ，各層の中心領域にそれぞれ２～３個の始原細胞が存在する。L1層とL2層は単層である。これらの層の細胞は，層面に沿って分裂・成長していくので，単層が維持される。L3層は細胞分裂面がランダムなため，層状構造が不明瞭な細胞集団になる。

### 茎頂分裂組織の維持

茎頂分裂組織は，次のようなしくみによって維持されると考えられている。

①髄状領域の形成中心では ***WUS* 遺伝子**が発現し，中心領域にある始原細胞の分化が抑制され，分裂組織が維持される。

②中心領域の始原細胞では ***CLV3* 遺伝子**が発現し，CLV3タンパク質がつくられる。

③CLV3タンパク質は一部が加工され，成熟型のポリペプチド（MCLV3ペプチド）となって髄状領域へ移動する。

④MCLV3ペプチドは，髄状領域にあるMCLV3ペプチド受容体（CLV1タンパク質）に結合する。

⑤**CLV1タンパク質**から *WUS* 遺伝子の発現を抑制する信号が出される。

このようなフィードバック（⇒ p.198）によって茎頂分裂組織が一定の大きさに保たれる。

茎頂で働く遺伝子

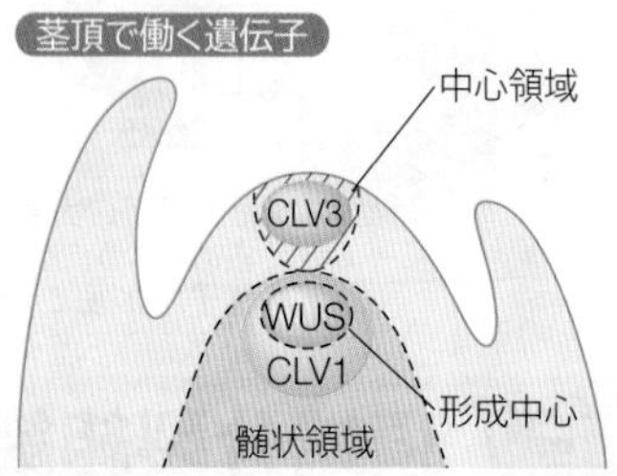


## B 植物の体制と体軸

植物は，頂端－基部軸，放射軸，向背軸の３つの体軸をもとに体制を形づくる。茎頂と根端ではそれぞれ別の分化が起き，葉・根が形成される。

生物

植物には，茎頂や根端などの先端と基部を結ぶ**頂端－基部軸**，茎や根の中心から外側に向かう**放射軸**，葉の表側と裏側を結ぶ**向背軸**の３つの体軸がある。

先端
放射軸
頂端－基部軸
基部
向軸側
向背軸
背軸側
先端

### 向背軸の決定と葉の形成

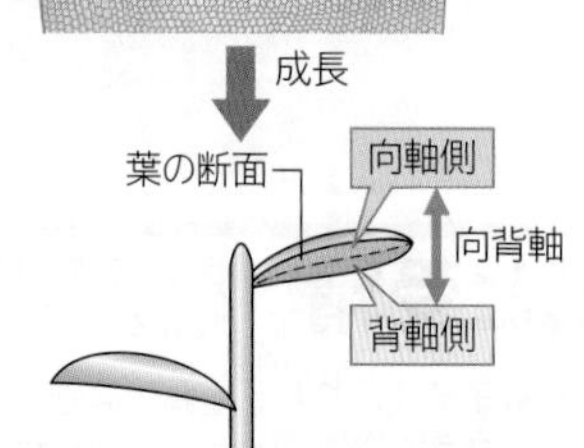


成長

葉の断面
向軸側
向背軸
背軸側

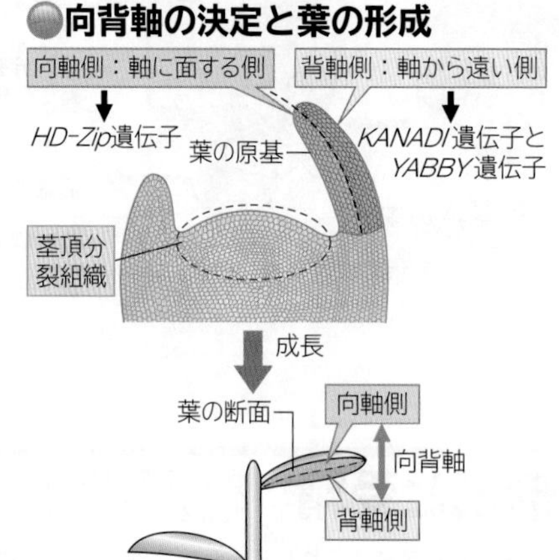

向軸側と背軸側で異なる遺伝子が発現し，向背軸が決定する。

### 根の形成

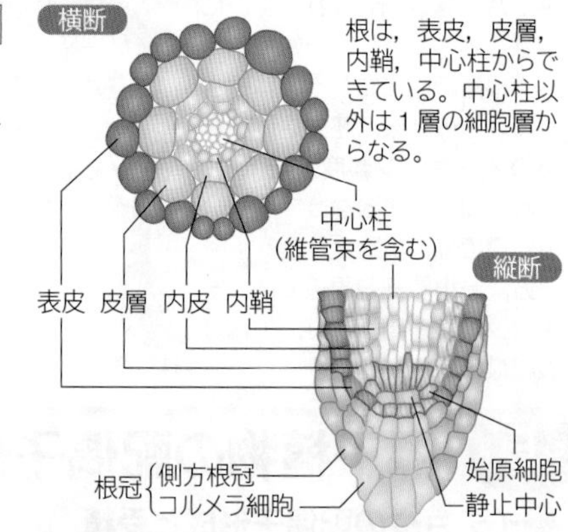


根の各組織は，縦にきれいな細胞列をつくる。根端分裂組織は，静止中心と始原細胞，その周囲の分裂細胞からなる。

## TOPICS

### 植物を守るトライコーム

植物の葉や茎の表面に形成される毛のような突起状の構造物を**トライコーム**（毛状突起）という。トライコームは表皮組織が変化したものであり，シロイヌナズナのトライコームは１個の細胞で構成されていることで，細胞の分化と形態形成のモデルとして特に盛んに研究されている。

植物によっては，トライコームに特殊な物質を貯蔵して，昆虫による食害を防いでいるものもある。トマトのトライコームには，害虫を寄せ付けない物質が含まれていると考えられている。また，ナス科の植物の一部には，トライコームを昆虫が食べるとその中に含まれていた成分が揮発拡散して，その昆虫を捕食する昆虫を呼び寄せるものがある。バジルやミントなどのハーブのトライコームにも，防虫効果のある物質が蓄えられている。ハーブの独特の香りはその物質のにおいである。ワタの種皮のトライコームは非常に長く，人間はこれを綿（わた）として利用している。

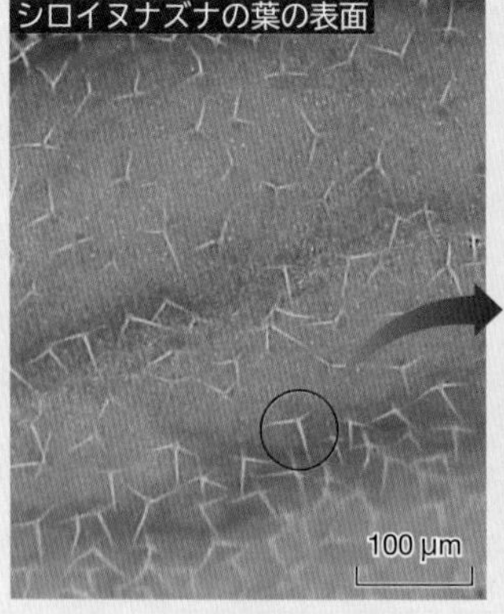

# C 花の形成と調節遺伝子

シロイヌナズナの研究により，花の形成に関係するホメオティック遺伝子の存在が明らかにされた。





## シロイヌナズナの花の形成とホメオティック遺伝子

シロイヌナズナの花の形成に関係するホメオティック遺伝子には，A，B，Cの3群があり，その組合せにより形態が決定する(**ABCモデル**)。これらの遺伝子に変異が生じると花の形態形成に異常が発生する。

ABCモデル

花の形成を支配する遺伝子群A～Cは，それぞれ働く領域が決まっており，次のルールに従って発現する。

1. 遺伝子群Aは単独で働くとがく片を形成する。
2. 遺伝子群AとBがともに働くと花弁が形成される。
3. 遺伝子群BとCがともに働くとおしべが形成される。
4. 遺伝子群Cが単独で働くとめしべが形成される。
5. 遺伝子群AとCは互いに働きを抑制しあう(拮抗的に働く)。

| 発現する遺伝子群 | | 形成される器官 |
|---|---|---|
| A | → | がく片 |
| A＋B | → | 花弁 |
| B＋C | → | おしべ |
| C | → | めしべ |

| 遺伝子群 | 遺伝子の名称 |
|---|---|
| A | アペタラ1(*AP1*)，アペタラ2(*AP2*) |
| B | アペタラ3(*AP3*)，ピスティラータ(*PI*) |
| C | アガモス(*AG*) |

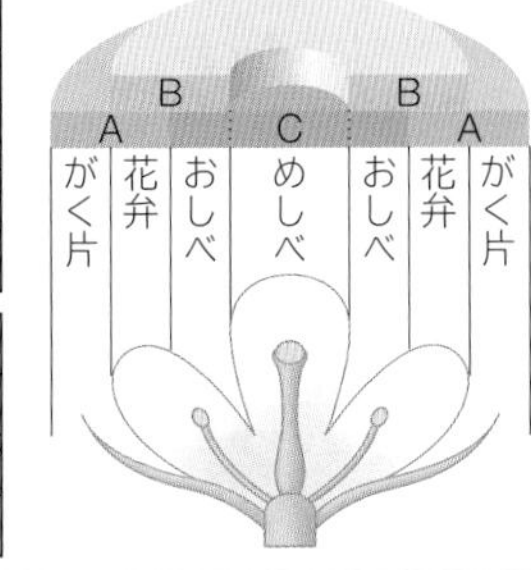


| A～Cがともに正常に働く | 遺伝子群Aが働かない | 遺伝子群Bが働かない | 遺伝子群Cが働かない | A～Cがともに働かない |
|---|---|---|---|---|
| B B / A C A / がく片 花弁 おしべ めしべ おしべ 花弁 がく片 | B B / C / めしべ おしべ おしべ めしべ おしべ おしべ めしべ | A C A / がく片 がく片 めしべ めしべ めしべ がく片 がく片 | B B / A A A A A / がく片 花弁 花弁 がく片 花弁 花弁 がく片 | |
| おしべ めしべ 花弁 がく片 / A A+B B+C C B+C A+B A | おしべ めしべ / C B+C C B+C C | めしべ がく片 / A C A | 花弁 がく片 / A A+B A A+B A | 葉のようなもの |
| 正常体 | 遺伝子群Aの異常 | 遺伝子群Bの異常 | 遺伝子群Cの異常 | 遺伝子群A～Cの異常 |
| 正常な花ができる。 | がく片と花弁ができない。 | おしべと花弁ができない。 | めしべとおしべができない(八重の花になる)。 | 葉のようなものだけになる。 |

TRY 遺伝子AとBがともに働かないときは，どのような構造が形成されるか予想してみよう。

TOPICS

### 『モデル生物』としてのシロイヌナズナ

シロイヌナズナ(学名 *Arabidopsis thaliana*)はアブラナ科の極めてありふれた雑草である。ヨーロッパ原産の帰化植物で日本でも北海道から九州の海岸や低地に分布する。そんな雑草のシロイヌナズナが20年ほど前から，ショウジョウバエやマウスに引けを取らない『モデル生物』として脚光を浴びている。その理由は，

①栽培が極めて容易であり，狭い実験室で大量に栽培できる。
②「自家和合性」をもち，同一の個体で交配ができる。遺伝の研究には不可欠。
③ゲノムのサイズが植物の中でも小さく，1億3千万ほどの塩基対しかない。すでに塩基配列が解読されている。
④世界的な研究協力体制が整備されている。

といったもので，シロイヌナズナは極めて利用価値の高い植物であるといえる。

WORD おしべ⇔雄ずい　めしべ⇔雌ずい

# 11 組織培養と細胞融合
Tissue culture and cell fusion

## A 組織培養

組織培養の技術を使うことで，品質が一定の有用な植物を量産したり，植物が本来もっていなかった性質をもたせることができる。器官培養，茎頂培養，胚培養，葯培養など様々な方法がある。

植物の細胞には分化全能性が備わっているので，植物細胞を取り出して適当な条件下で培養すると，細胞分裂して未分化な細胞の塊（カルス）を形成する。これを栄養素・植物ホルモンなどを調整した特別な培地で培養することで完全な植物体を得ることができる。

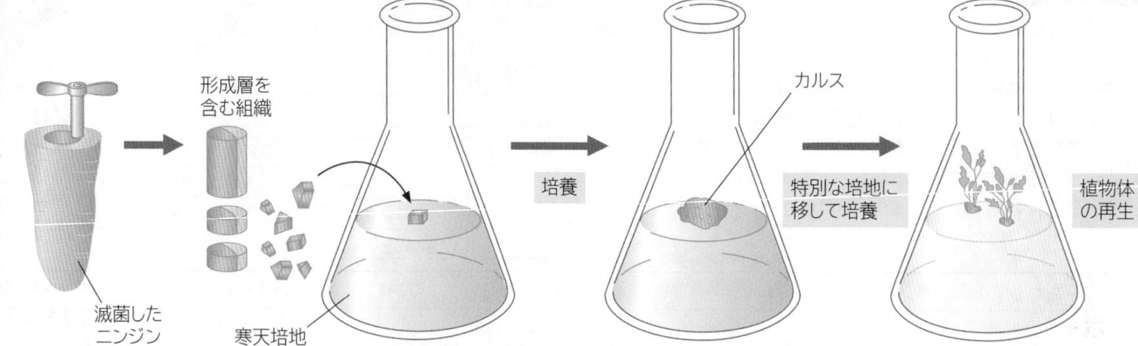


7 植物の環境応答と成長

### 組織培養のいろいろ

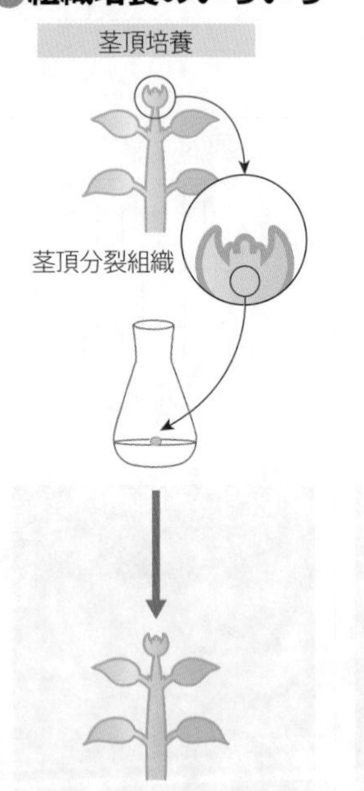


茎頂から分裂組織を取り出して培養する。茎頂は分裂が速くウイルス感染しにくいので，感染した植物体からでもウイルスフリーの植物体が得られる。

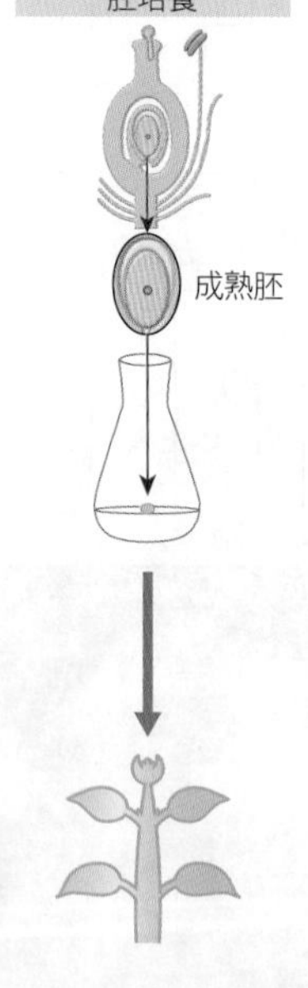


雑種をつくるよう人工受粉した後，成熟した胚を取り出して培養する。発芽や成長の進みにくい雑種でも値物体も得ることができる。

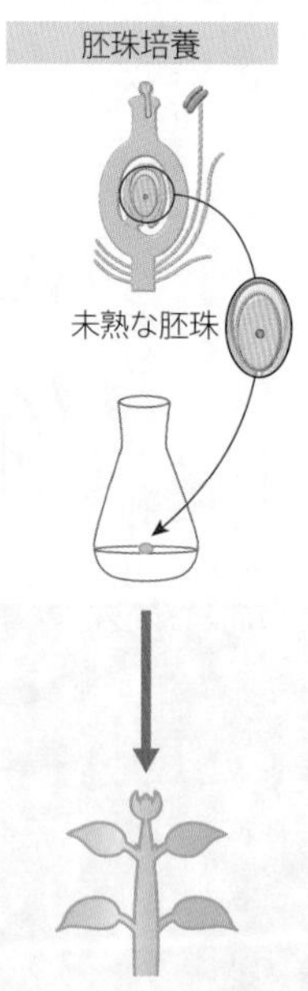


雑種をつくるよう人工授粉し，成熟する前の胚珠を取り出して培養する。胚の生育が進まないような雑種でも植物体を得ることができる。

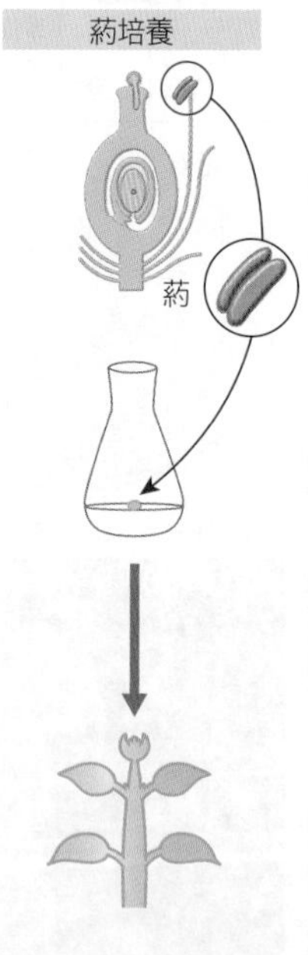


花粉の入った葯を培養する。花粉からの培養なので，単相（$n$）の組織となるが，染色体の倍加処理をすることで純系の植物体が得られる。

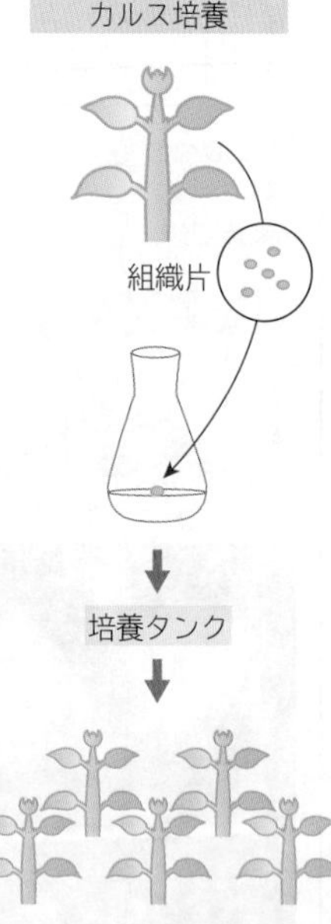


植物は全能性が高いので，組織片を培養してカルスを得る。カルスを培養タンクで大量に培養することで，有用植物の大量生産ができる。

### 茎頂培養

茎頂分裂組織はウイルスなどに汚染されていないので，ウイルスフリー植物を大量に得ることができる。

**カーネーションの茎頂培養**

①カーネーション茎(材料)

②葉を除去，消毒

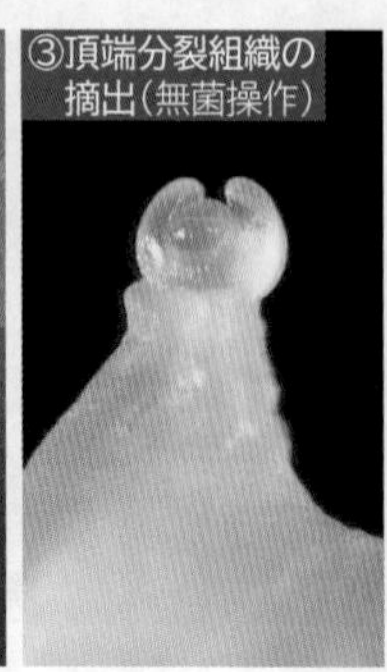
③頂端分裂組織の摘出(無菌操作)

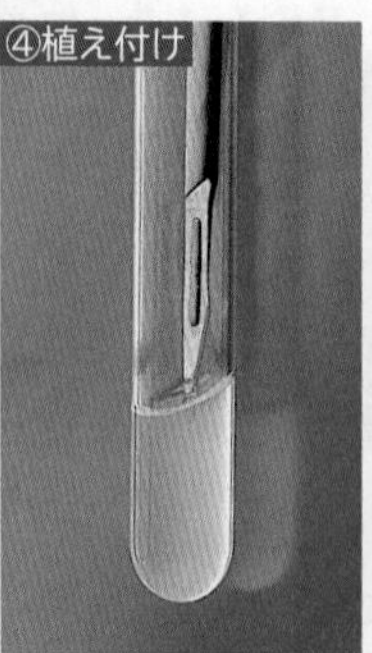
④植え付け

⑤培養３か月目

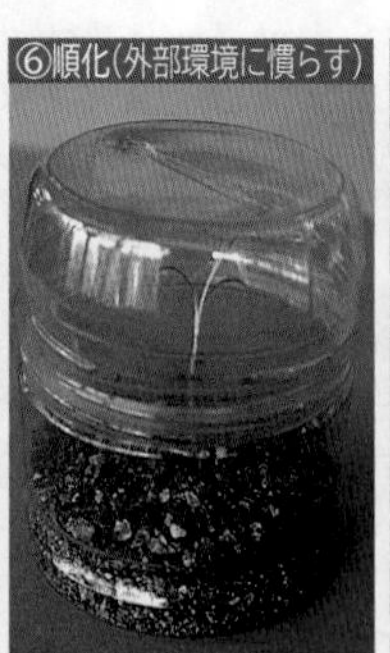
⑥順化(外部環境に慣らす)

⑦ウイルスフリーカーネーション

 WORD 茎頂培養⇔成長点培養

### 胚培養

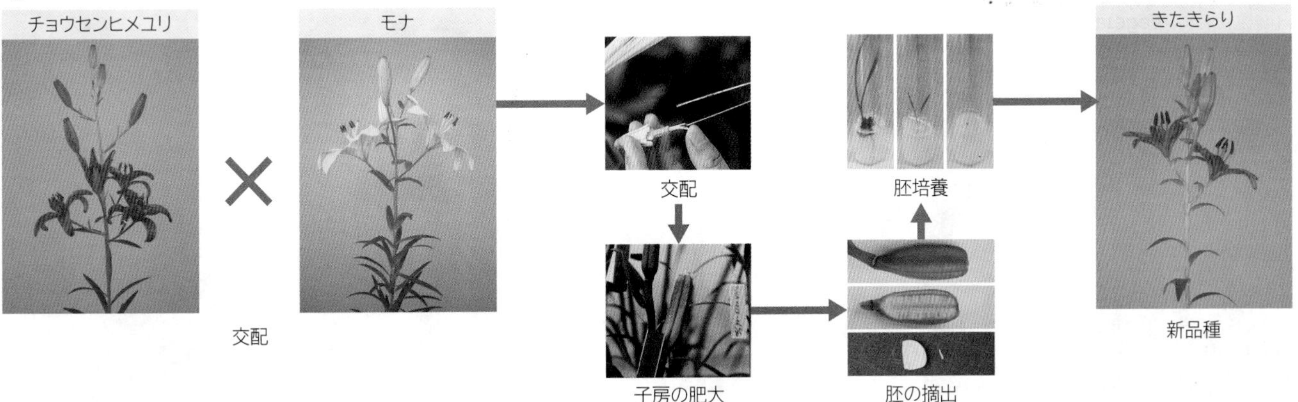


### 胚珠培養

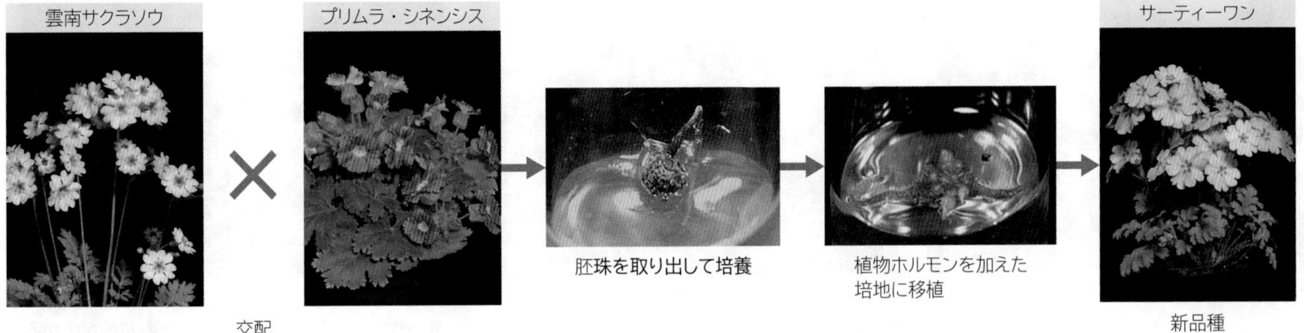




## B 細胞融合

2 種類の異なる生物の細胞を 1 つに融合させる技術を細胞融合という。この技術は動物でも利用されている。

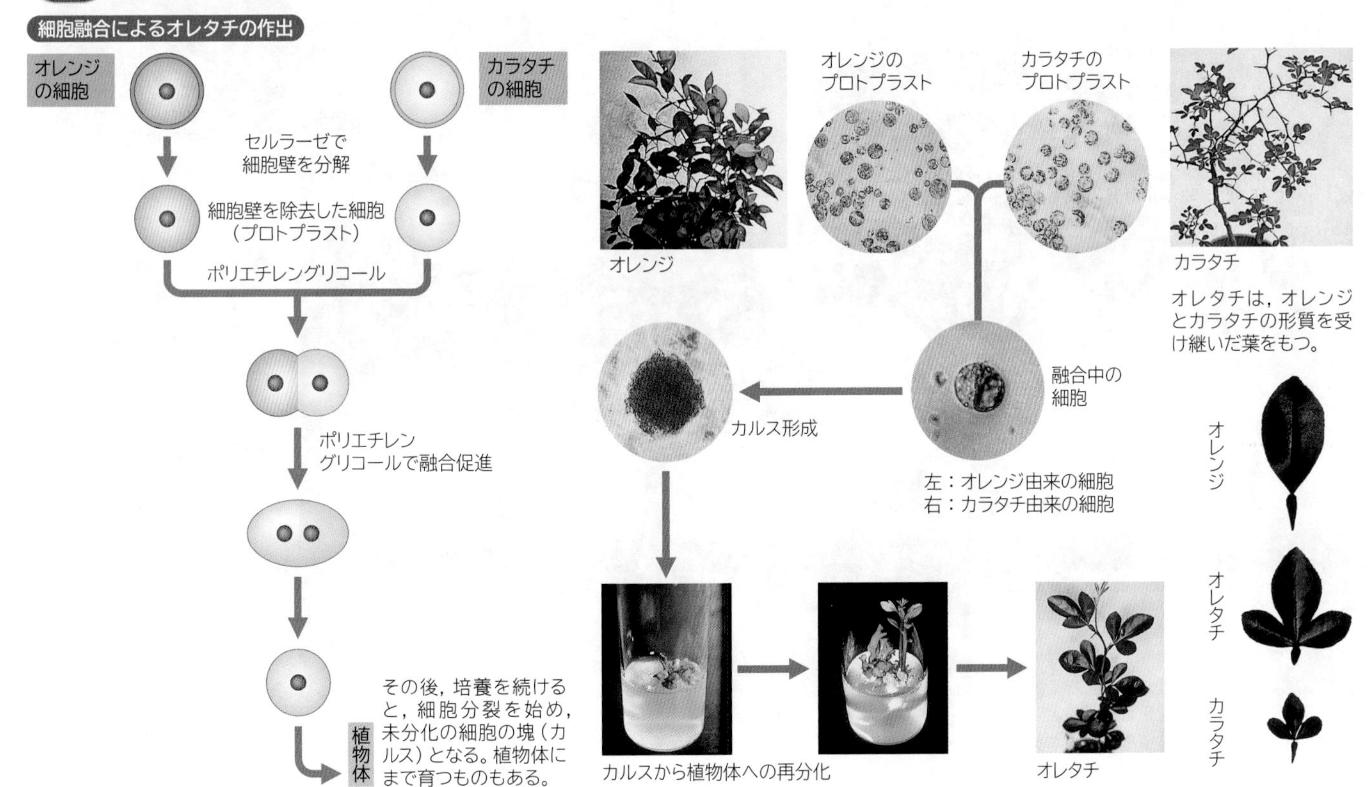

**細胞融合によるオレタチの作出**

オレンジの細胞

カラタチの細胞

セルラーゼで細胞壁を分解

細胞壁を除去した細胞（プロトプラスト）

ポリエチレングリコール

ポリエチレングリコールで融合促進

植物体

その後，培養を続けると，細胞分裂を始め，未分化の細胞の塊（カルス）となる。植物体にまで育つものもある。

オレンジ

オレンジのプロトプラスト

カラタチのプロトプラスト

カラタチ

オレタチは，オレンジとカラタチの形質を受け継いだ葉をもつ。

融合中の細胞

左：オレンジ由来の細胞
右：カラタチ由来の細胞

カルス形成

カルスから植物体への再分化

オレタチ

オレンジ

オレタチ

カラタチ

# 1 植生と生態系
Vegetation and ecosystem

## A いろいろな植生

植生の外観を相観という。多くの生物の生活の場となる植生は，相観によって，森林・草原・荒原・水生植生などに分けることができる。

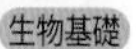

大阪府近郊の落葉樹林

薪や炭を取るため定期的に伐採されていた地域ではクヌギやコナラなどの落葉広葉樹林が成立する。

沖縄のマングローブ林

沖縄などの亜熱帯の河口付近にはマングローブ林が発達し，エビや小魚などが生息する。

モンゴルの草原

バッタやレイヨウなど草食性の動物やハゲワシ・イヌワシなど肉食性の動物が生息する。

尾瀬の湿原

標高が高く，水分量の多い場所では湿原が成立する。

モンゴルの針葉樹林

寒さの厳しいモンゴルでは，乾燥しにくい山の北斜面に針葉樹林が多く見られる。

高山のお花畑

高山では冬に強い風と雪の影響があるため高さの低い植物が生息し，雪が消えるとお花畑が広がる。

## B 生態系とは何か

生物基礎 生物

一定の空間におけるすべての生物とそれを取り巻く非生物的環境との相互作用（作用と環境形成作用）の全体を**生態系**という。

大気 $CO_2$ $O_2$
太陽
光エネルギー
消費者
生産者
蒸散 水
消費者
落葉
消費者
生産者
分解者
分解
土壌
$NH_4^+$
水
水
分解者

生態系
非生物的環境
水 光 大気
生産者 消費者
分解者
土壌 生物的環境 温度
生物の集合体
→ 作用
→ 環境形成作用

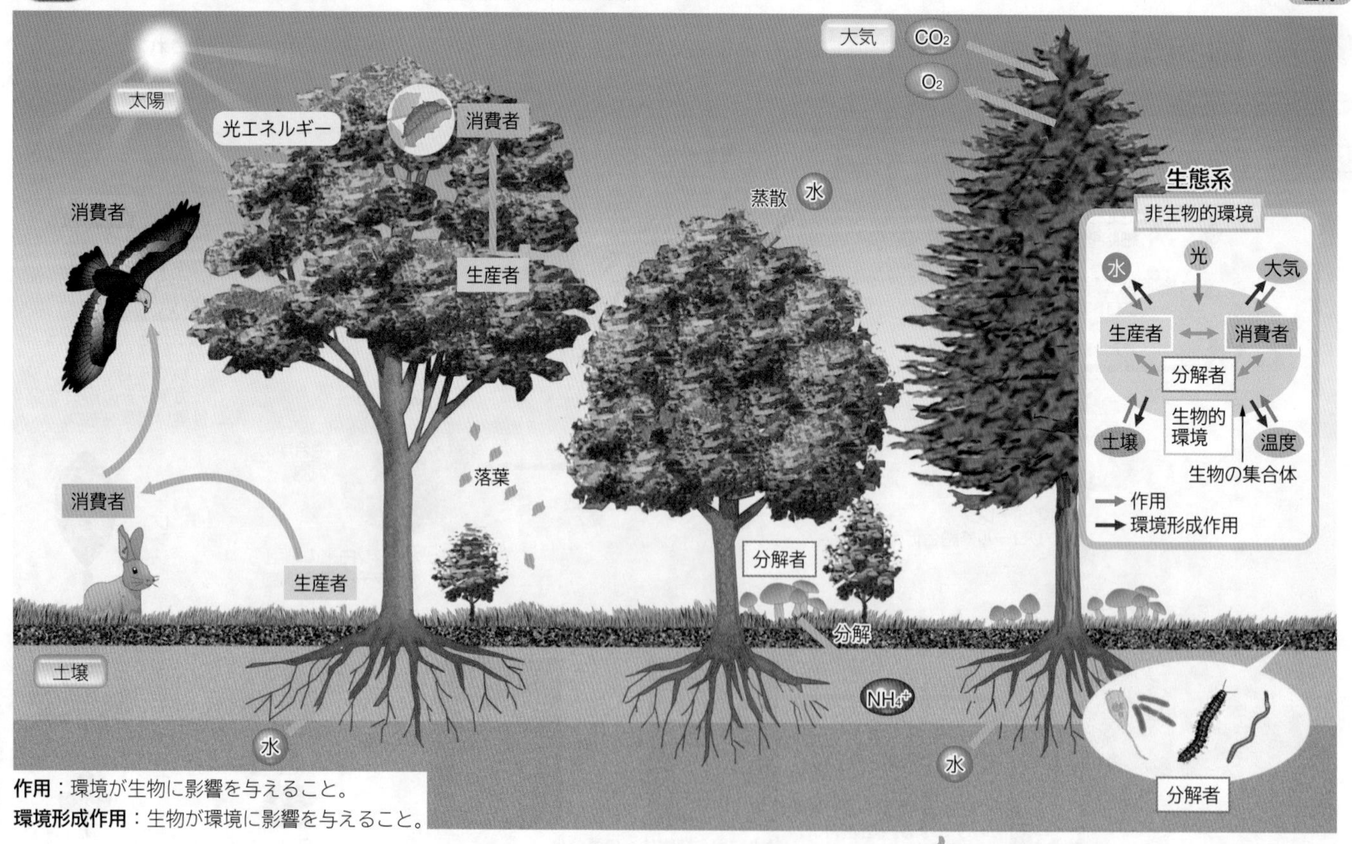

**作用**：環境が生物に影響を与えること。
**環境形成作用**：生物が環境に影響を与えること。

分解者は消費者に含まれることに注意しよう。




WORD 植生⇔植被　非生物的環境⇔無機的環境　生物的環境⇔有機的環境　環境形成作用⇔反作用

## C 土壌と植生

気温や降水量のほかに，土壌の状態も形成される植生の種類に影響を与える。また，生育する植物の種類によって，形成される土壌も異なる。

生物基礎

### 土壌の発達

岩石が風化した細かい粒に有機物が混ざり，土壌がつくられていく。

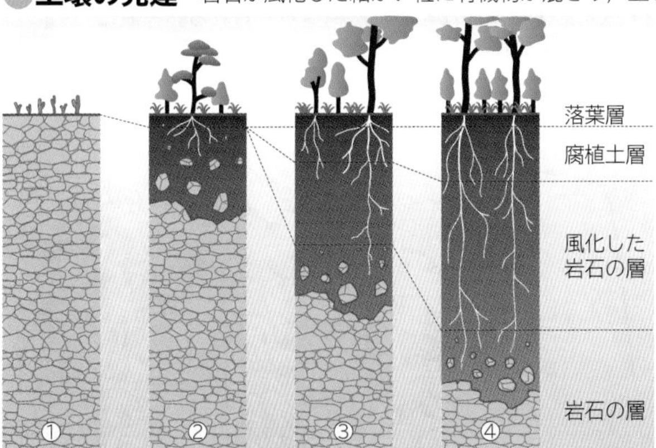


①岩石(母岩)が露出し，表面に地衣類やコケ植物などが生える。
②母岩の風化が進むと，陽生植物が進入するようになり，表面に落葉・落枝が堆積した層(落葉層)が形成される。
③植物が繁茂すると，母岩が根によってさらに細かく砕かれ，落葉層の下に，落葉・落枝の分解によって生じた有機物を含む黒色の層(腐植土層)が形成される。さらにその下には，有機物を含まない茶色の層(風化した岩石の層)が形成される。
④十分に発達した土壌では，腐植土層や風化した岩石の層がいっそう深くなり，団粒構造も形成され，土壌は成熟する。

成熟した土壌(褐色森林土)

生物が存在しないと土壌が形成されないことに注意しよう。

### いろいろな土壌

植生や気候帯と分布が一致する土壌には，ポドゾル・褐色森林土・赤黄色土などがある。

#### ポドゾル

亜寒帯の代表的な土壌。貧栄養の酸性土。

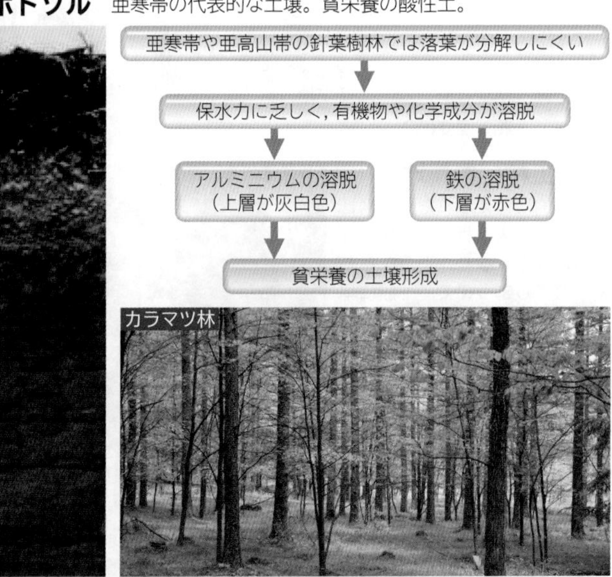

カラマツ林

#### 褐色森林土

温帯の代表的な土壌。腐植土層が厚く，肥沃。

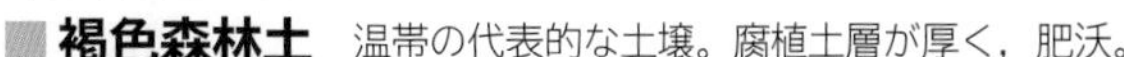
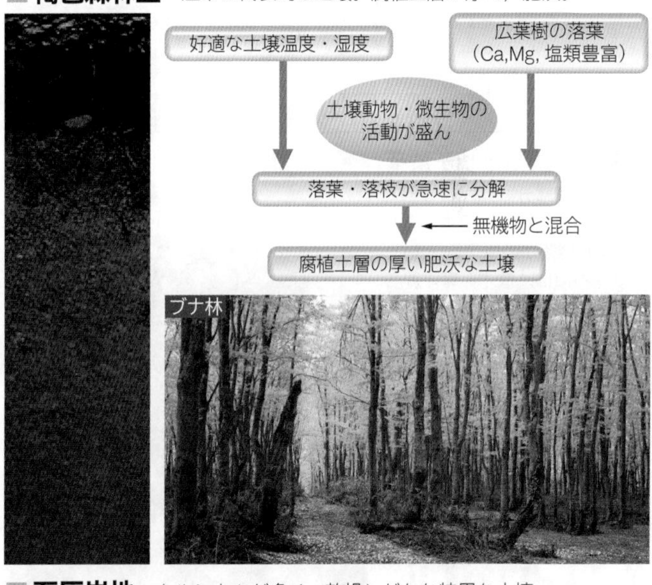

ブナ林

#### 赤黄色土

熱帯・亜熱帯の代表的な土壌。腐植土層の薄い酸性土。

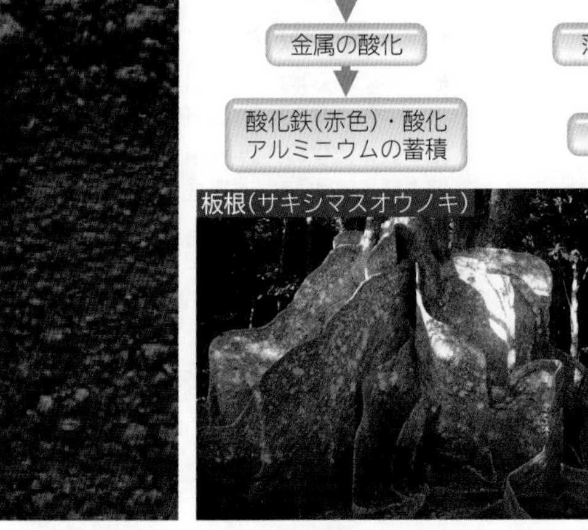

板根(サキシマスオウノキ)

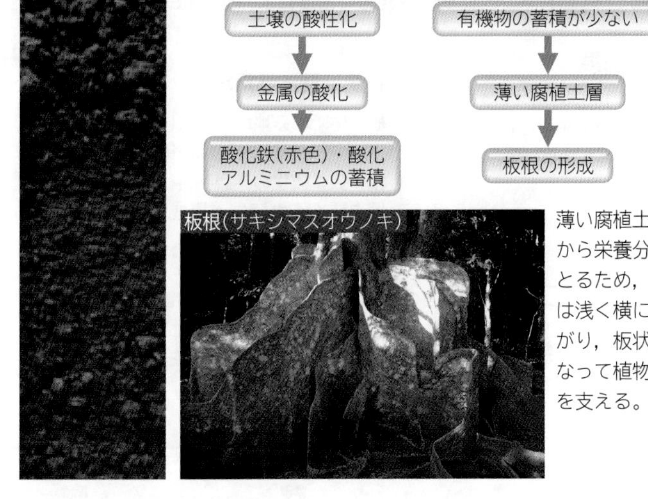

薄い腐植土層から栄養分をとるため，根は浅く横に広がり，板状になって植物体を支える。

#### 石灰岩地

カルシウムが多く，乾燥しがちな特異な土壌。

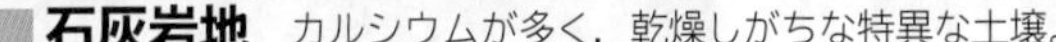
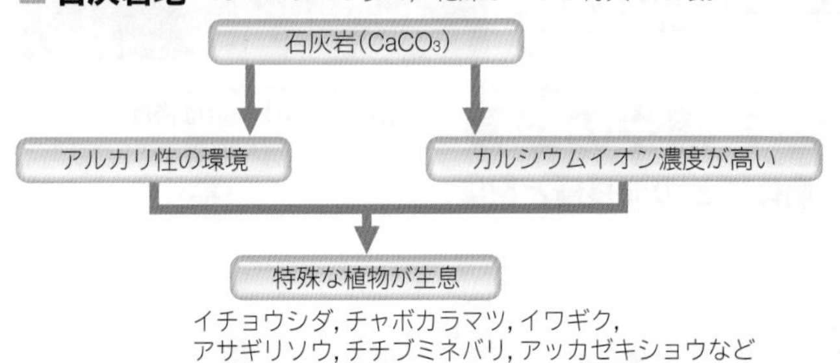


イチョウシダ，チャボカラマツ，イワギク，アサギリソウ，チチブミネバリ，アッカゼキショウなど

石灰岩壁植生

アッカゼキショウ




WORD ポドゾル⇔灰白色土

# 2 植生の構造

Structure of plant vegetation

## A 森林の階層構造

発達した森林では高木層・亜高木層・低木層・草本層などの階層構造がみられる。一般に，上層の樹木ほど光補償点が高く，下層の樹木ほど低い。 生物基礎

| | 樹高（m） | 相対照度 | 暖温帯 | 冷温帯 | 亜寒帯 |
|---|---|---|---|---|---|
| | 20 | 100 % | | | |
| 高木層 | | | スダジイ<br>クスノキ<br>タブノキ<br>アラカシ<br>シラカシ | ブナ<br>ミズナラ<br>サワグルミ<br>ウラジロモミ | エゾマツ<br>カラマツ<br>トドマツ<br>ダケカンバ |
| | 8 | 10 % | | | |
| 亜高木層 | | | ヤブツバキ<br>カクレミノ<br>ヤマモモ<br>シロダモ | ウリハダカエデ<br>イロハモミジ<br>タムシバ | ウラジロモミ<br>シラカンバ<br>イタヤカエデ |
| | 2.5 | 1 % | | | |
| 低木層 | | | ネズミモチ<br>ヤブニッケイ<br>ヒサカキ<br>アオキ | クロモジ<br>エゾユズリハ<br>シャクナゲ<br>ハイイヌガヤ | チシマザクラ<br>ナナカマド<br>ムシカリ |
| | 1 | 0.5 % | | | |
| 草本層 | | | ヤブコウジ<br>ヤブラン<br>ベニシダ | カタクリ<br>チシマザサ<br>ヤマソテツ<br>シシガシラ | サンカヨウ<br>ハリブキ<br>ツバメオモト |
| | | 0.1 % | | | |
| コケ層 | | | ヒノキゴケ | アオシノブゴケ | イワダレゴケ |

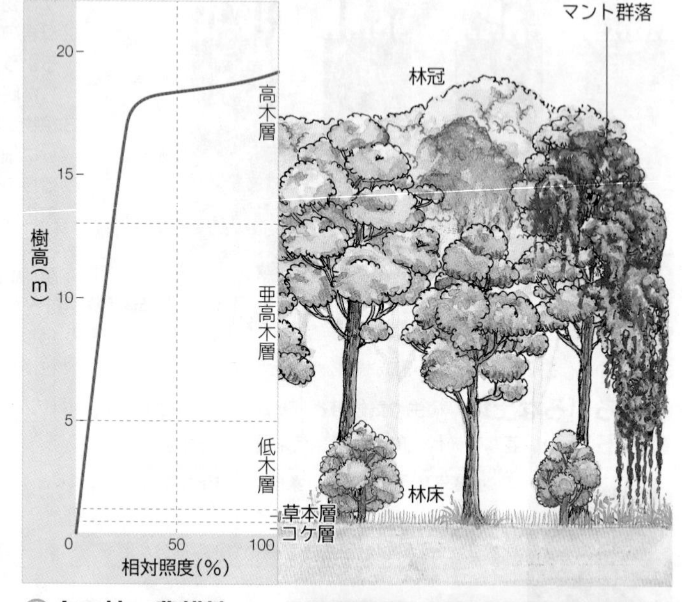


### マント群落・ソデ群落

森林の縁の部分は光がよく当たるので，つる植物や低木からなる**マント群落**が発達する。また，その外側には，低木・草本からなる**ソデ群落**が発達する。これらは，乾燥や強風から森林内の植物を守る上で役立っている。

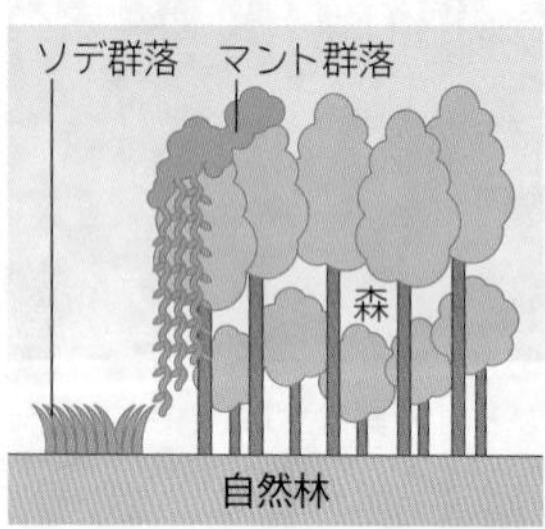

### 人工林・農耕地

林業目的に植えられたスギやヒノキなどの人工林では，樹木は同時に大きくなり，下草なども刈られてしまうので，一般に単純な階層構造となる。農耕地も単純な階層構造といえる。

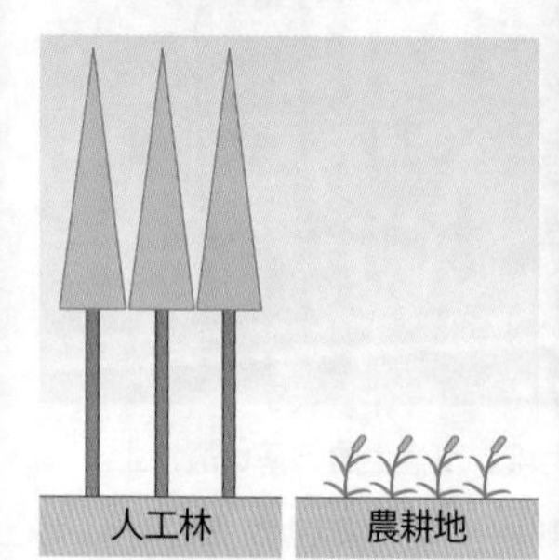

## B 植生の成長

個体ごとの成長量は密度によって異なるが，植生全体の成長量は最終的に密度によらずほぼ一定となる。これを最終収量一定の法則という。 生物

### 個体ごとの成長量と密度

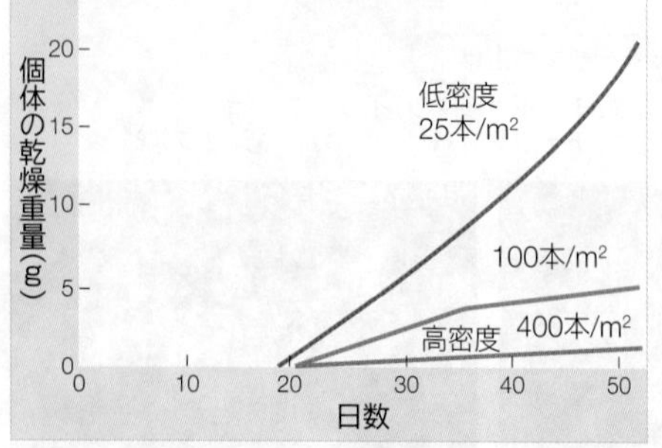


密度が高くなるほど光や栄養分をめぐって各個体間の競争が激しくなり，成長が悪くなるため乾燥重量は少なくなる。

### 植生全体の成長量と密度

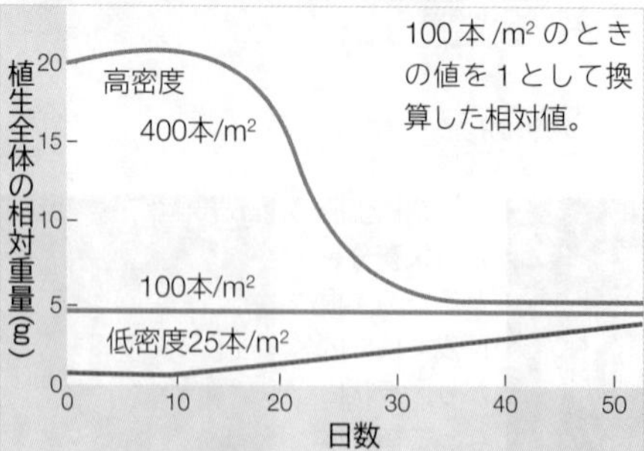


植生全体の乾燥重量は，始めは高密度の方が圧倒的に大きいが，しだいに密度に関係なくほぼ一定の値となる。 最終的な植生全体の重量がどのようになっているかに着目しよう。

**POINT**

**植生に関する用語**

**植　生**：ある地域に生息している単独または複数の植物の集まり。
**相　観**：植生の外観的特徴。
**優占種**：その植生の構成種の中で最も占める割合が高く，その植生を特徴付ける種。
**標徴種**：特定の植生に特徴的に現れる種。

なお，外観や組成が他と区別される単位性をもった植物の集団を**群落**（植物群落）というが，高等学校の学習では使われなくなってきている。

 WORD コケ層⇔地表層　群落⇔植物群落　方形区法⇔区画法⇔コドラート法

## C 生産構造図

植生内の同化器官と非同化器官の垂直的分布を層別刈取法によって調べ，光量の垂直的変化とともに図示したものを生産構造図という。

### 層別刈取法

地面から一定の高さごとにそろえて植物体を刈り取り，同化器官(葉)と非同化器官(茎)に分けて生体重量と植生内の照度を測定する。これをグラフに表したものが生産構造図である。

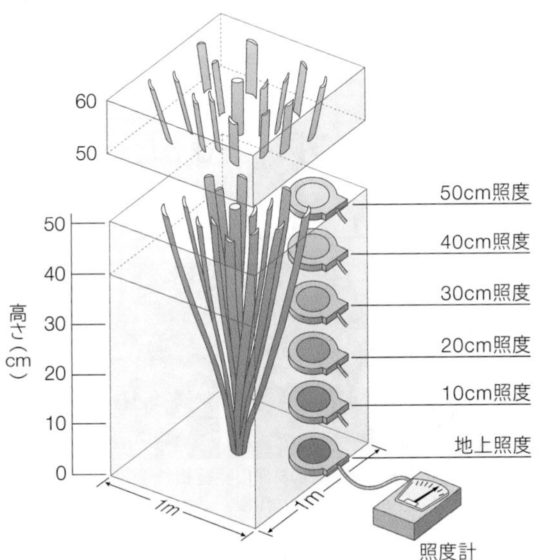


### 生産構造図

同化器官である葉の分布の違いに着目しよう。

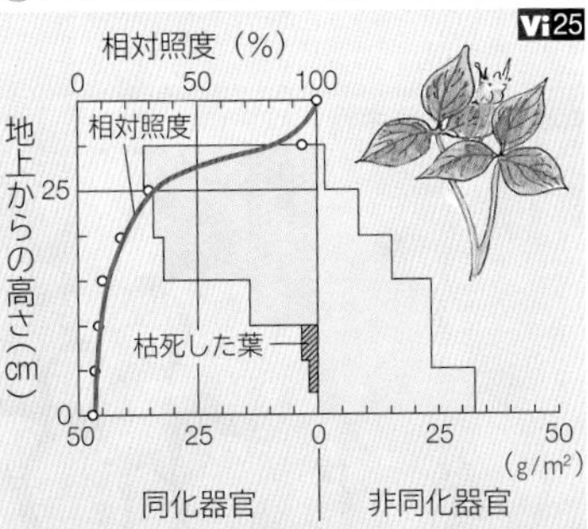


**広葉型**

ほぼ水平な葉が植生の上部に集中するので，照度はある高さから急激に低下する。そのため，下層には葉が付かない。茎は下部ほど太くなる(例ソバ・ヤエナリ)。

**イネ科型**

葉が急角度についているので，照度はなだらかに下降する。そのため，下層まで葉が付く。物質生産は各層全体で行われ，単位面積あたりの葉量は多く，生産効率は高い(例コムギ・トウモロコシ)。

## 実験 植生の調査

植生の平面的構造の調査には**方形区法**が用いられる。
方形区法は，一定面積(一般に草原 1 m²，森林 100 m² 以上)の区画(方形区)を設けて，区画内に出現する植物の種類や被度・頻度などを調査する方法である。これにより，その植生の優占種や特徴がわかる。

①対象となる地域内に方形区を設定する。
　対象地域や植生の様子によって異なるが，複数の調査区を設定する。
②方形区内の植物種を調べる。
　森林のように多層になった植生の場合は，階層ごと(高木層，亜高木層，低木層，草本層，コケ層)に調べる。このとき各層の最高の高さを記入しておく。
③各方形区において植物種ごとに，被度を測定して調査票に記入する。

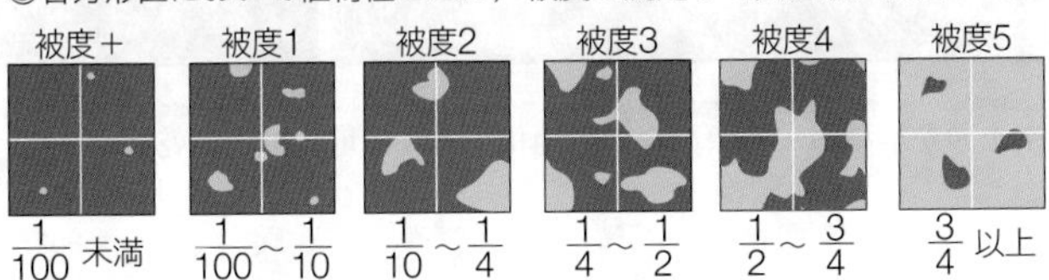


④各植物の頻度(全調査区数に対する出現枠数の割合)を求める。

| 種類 | 被度 | | | | | | | | | | 平均被度 | 被度(%) | 頻度(%) | 優占度 |
|---|---|---|---|---|---|---|---|---|---|---|---|---|---|---|
| | Ⅰ | Ⅱ | Ⅲ | Ⅳ | Ⅴ | Ⅵ | Ⅶ | Ⅷ | Ⅸ | Ⅹ | | | | |
| イタドリ | 2 | 3 | 2 | 5 | 2 | 3 | 3 | 2 | 2 | 3 | 2.7 | 100 | 100 | 100 |
| ススキ | — | 1 | 1 | 2 | 1 | 2 | 1 | 1 | — | 2 | 1.1 | 41 | 80 | 61 |
| サルトリイバラ | — | 1 | — | 1 | — | — | — | 1 | 1 | — | 0.4 | 15 | 40 | 28 |

⑤被度と頻度の最高値を 100 %とし，被度(%)と頻度(%)を求める。
⑥各植物の被度(%)と頻度(%)の平均値を計算する(優占度)。
　優占度の最も高い種が優占種である。

### シラカンバ林の生産構造図

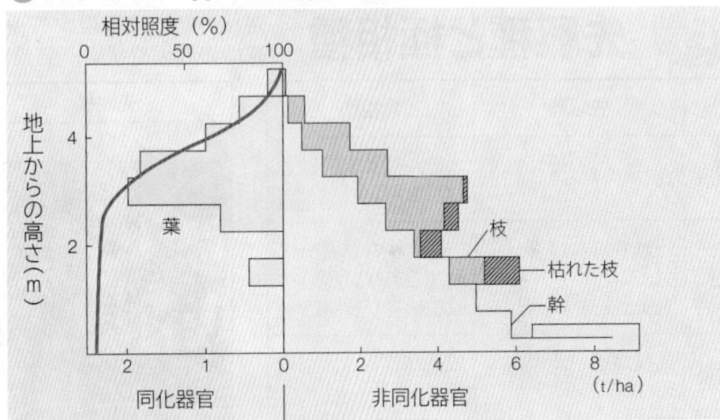

植生の調査では，調査面積によってはその植生に出現する種を調査し損なったり，逆に余分な面積の調査をしてしまうこともある。よって近年の調査では方形区という枠をとらずに，調査の中心点からその周りを調査し始め，新しい種が出現しなくなったところで調査を終了する方法もとられている。

# 3 植生の遷移(1)
Succession of vegetation

## A 乾性遷移

乾性遷移では，岩石や礫・砂に植物が侵入し，草原から森林へと変化していく。極相は安定した陰樹林になる。

生物基礎

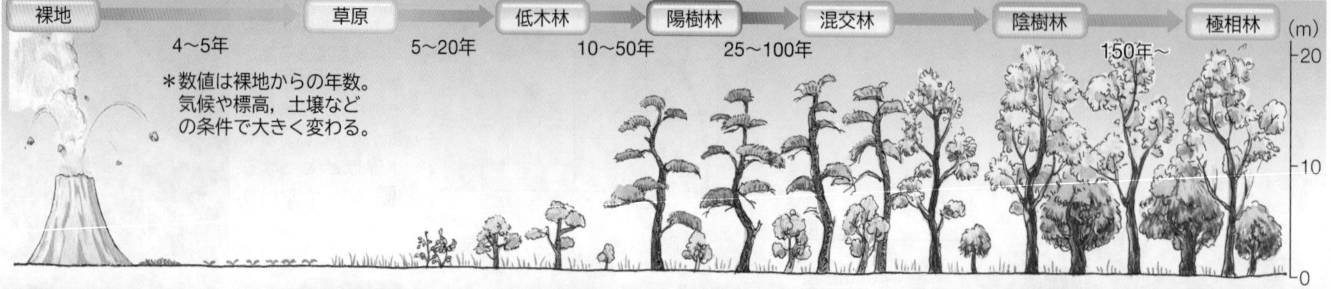

**先駆種** 岩の上にはコケ植物や地衣類が生え，砂や礫のある場所では，イタドリなどの多年草が最初から生える。

**草原** 植物の枯死体により土壌が形成され保水力や養分が増える。イタドリやススキ，木本のヤシャブシなども見られる。

**低木林** ヤシャブシやニオイウツギなどの低木が草本に優占し，先駆的草本類は駆逐される。

**陽樹林** アカマツ・クロマツ(冷温帯ではシラカンバ)などの陽樹が増える。溶岩が植物の根に砕かれ，土壌形成が進む。

**混交林** 陽樹林の林床には光が入らないため陽樹が育たなくなり，陰樹の幼木が育って混交林となる。

**極相林** スダジイ，タブノキ，クスノキ，カシなどの陰樹が林冠を覆い，林床にもその幼木が生え，植物の種類が安定してくる。

TRY なぜ最初から陰樹が侵入しないのだろうか。

## B 先駆種と極相種

遷移の初期に出現する種を先駆種，極相で出現する種を極相種という。先駆種や極相種は，裸地の成因や状態，気候などにより異なる。

生物基礎

| | 先駆種 | 極相種 |
|---|---|---|
| 種子 | 小さく風で運ばれやすい。 | 大きく遠くまでは運ばれない。 |
| 性質 | 乾燥や少ない養分に耐える。<br>陽生植物が多い。 | 乾燥や少ない養分に耐えられない。<br>陰生植物が多い。 |
| 成長 | 成長が速い。小型で短命。 | 成長が遅い。大型で長命。 |
| 例 | メヒシバ，ススキ | スダジイ，タブノキ |

| 先駆種 | 遷移途中の陽樹 | 極相種 | |
|---|---|---|---|
| メヒシバ | アカマツ | スダジイ(暖温帯) | トウヒ(亜寒帯) |

## C 湿性遷移

湿性遷移では，湖沼などに動植物の枯死体や土砂が堆積し，湿原を経て陸地化する。陸地化の後は乾性遷移の低木林から始まる遷移と同じになる。

生物基礎

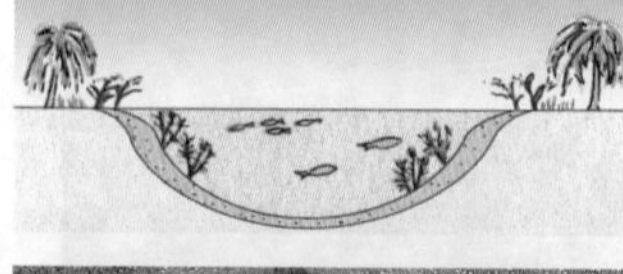

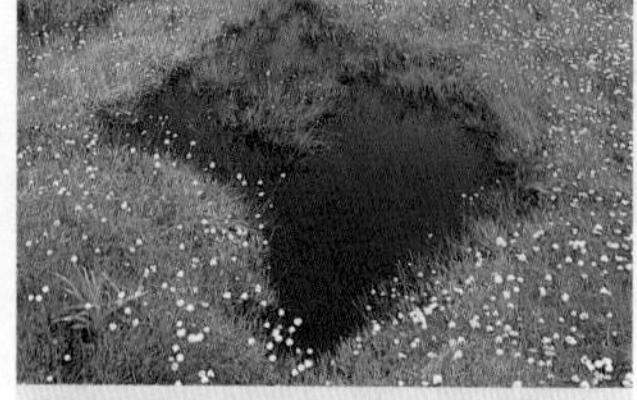

湖沼に動植物の枯死体や土砂などが堆積し，しだいに浅くなる。

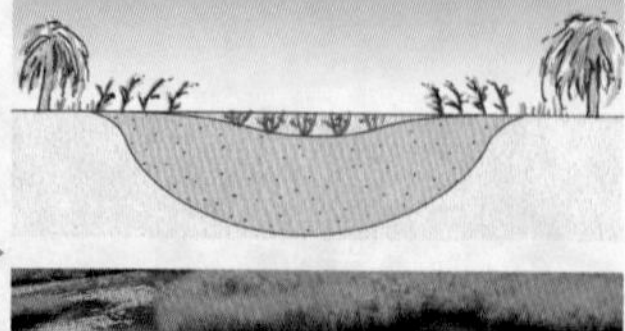

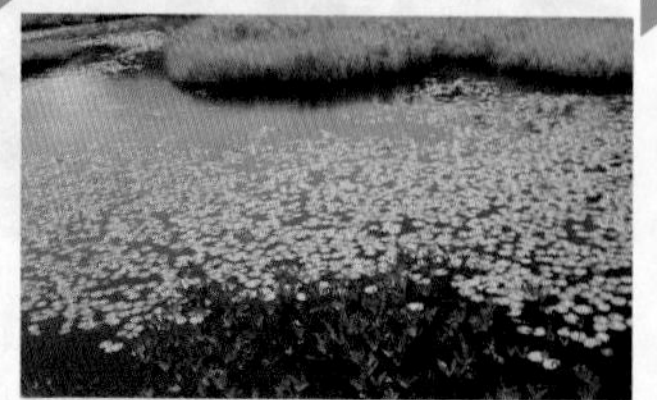

浅くなった湖沼には，葉が水面に浮かぶヒツジグサなどの浮葉植物が生える。

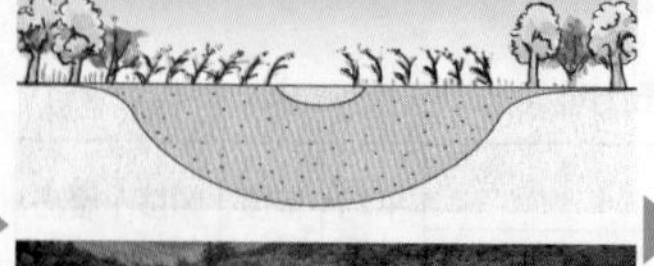

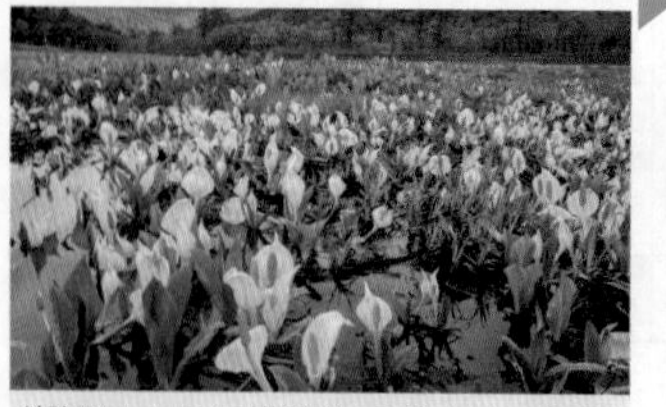

湖沼はさらに堆積物で埋まり，湿原を経て草原へ移行する。

草原の周囲から低木林ができ，乾性遷移へと移行する。

 WORD 極相⇔クライマックス　混交林⇔混合林　先駆種⇔先駆植物⇔パイオニア

# D 一次遷移



火山噴火後の溶岩台地や崩壊地など，これまで植物が侵入したことのない場所から始まる遷移を一次遷移という。

## 伊豆大島の植生図

伊豆大島では，噴出した時代が明らかな岩石の上に植生が分布しているので，遷移を推定することができる。

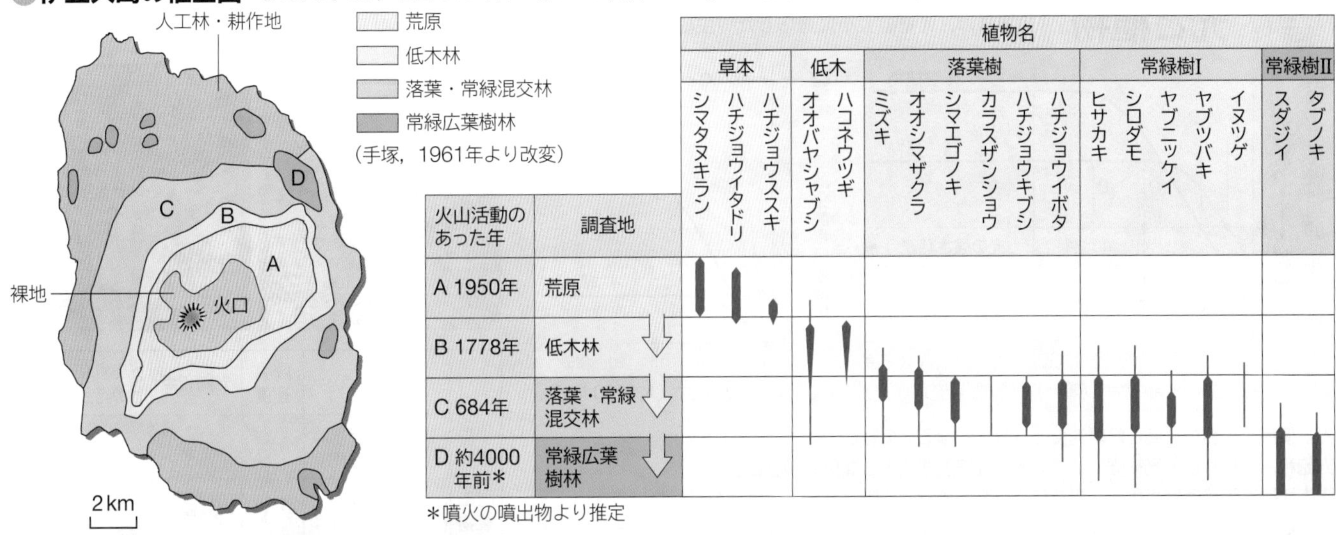


| 火山活動のあった年 | 調査地 | 草本：シマタヌキラン | ハチジョウイタドリ | ハチジョウススキ | 低木：オオバヤシャブシ | ハコネウツギ | 落葉樹：ミズキ | オオシマザクラ | シマエゴノキ | カラスザンショウ | ハチジョウキブシ | ハチジョウイボタ | 常緑樹Ⅰ：ヒサカキ | シロダモ | ヤブニッケイ | ヤブツバキ | イヌツゲ | 常緑樹Ⅱ：スダジイ | タブノキ |
|---|---|---|---|---|---|---|---|---|---|---|---|---|---|---|---|---|---|---|---|
| A 1950年 | 荒原 | | | | | | | | | | | | | | | | | | |
| B 1778年 | 低木林 | | | | | | | | | | | | | | | | | | |
| C 684年 | 落葉・常緑混交林 | | | | | | | | | | | | | | | | | | |
| D 約4000年前＊ | 常緑広葉樹林 | | | | | | | | | | | | | | | | | | |

＊噴火の噴出物より推定

## 1986 年の三原山噴火後の伊豆大島の初期遷移

溶岩流やその岩片であるスコリアにイタドリが定着して，島状の植生(パッチ)をつくり始める。

イタドリのパッチにススキなどの風散布型の種子をもつ植物が入り込む。

大きくなったパッチにカジイチゴなどの鳥散布型の種子をもつ植物が入り込む。

草原を経て，しだいにイヌツゲなどの低木林に移行する。

# E 二次遷移

生物基礎

森林の伐採跡地や山火事のあとに始まる遷移を**二次遷移**といい，二次遷移で生じた森林を**二次林**という。土壌中に生き残った根茎や種子が含まれているので，一次遷移に比べて遷移の進行が速い。雑木林は，定期的に広葉樹を伐採し，切り株から出る芽(萌芽〈ほうが〉)を管理・育成する萌芽更新によって維持される。雑木林ではこのように人為的に二次遷移の段階が繰り返されている。

広葉樹の萌芽更新

雑木林

# F 森林のギャップ更新

生物基礎

高木が枯死したり，台風で倒れたりすると林冠に穴があいた状態(**ギャップ**)になる。そこから林床に光がそそぎ，今まで光が不十分で発育が抑えられていた幼木や発芽が抑えられていた種子が成長を開始する(ギャップ更新)。このようにしてギャップは修復され，部分的な世代交代や新たな種を加えながら森林は維持されている(⇒ p.288)。

ギャップ

ギャップの下の林床

# 4 植生の遷移(2)

Succession of vegetation 2

## A 光と植物

植物には，光量の大小に適応した陽生植物と陰生植物とがある。 生物基礎

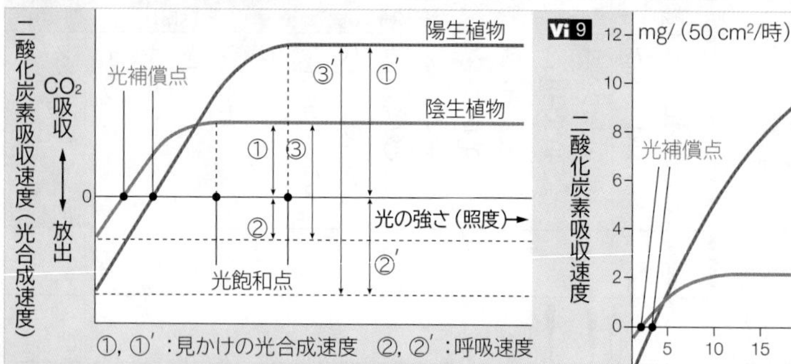

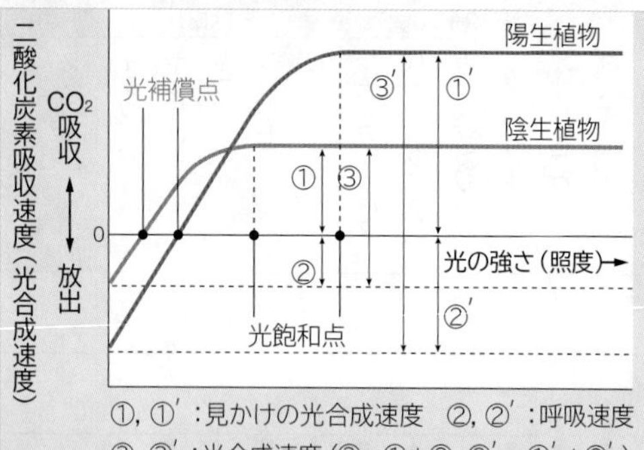

| | 光補償点 | 呼吸速度 | 光飽和点 | 光飽和点での見かけの光合成速度 |
|---|---|---|---|---|
| 陽生植物 | 高(明)（1000～2000 lux） | 大 | 高(明) | 大 |
| 陰生植物 | 低(暗)（100～500 lux） | 小 | 低(暗) | 小 |

**光補償点**：光合成速度と呼吸速度とが等しくなる光の強さ。
**光飽和点**：これ以上光を強くしても光合成速度が増大しない光の強さ。
**陽生植物**：呼吸速度が大きく光補償点の高い植物で，暗いところでは十分に成長できない。
**陰生植物**：呼吸速度が小さく光補償点の低い植物で，暗いところでも十分に成長できる。

## B 陽葉と陰葉

同じ植物個体であっても，光量の大小に適応した陽葉と陰葉をもつ。 生物基礎

同じ1本の樹木でも，光のよく当たる場所の葉(陽葉)は，日陰にある葉(陰葉)に比べて柵状組織がよく発達しているため小型であるが厚く，重量は大きい。光合成が盛んだが，同時に呼吸速度も大きいために，光補償点は高くなる。これに対し，陰葉には陽葉ほどの光合成能力はない。しかし光補償点が低いため，光量が少ないところでは見かけの光合成量が陽葉より大きくなる。陰葉は暗い場所に適した葉なのである。

### ブナの陽葉と陰葉

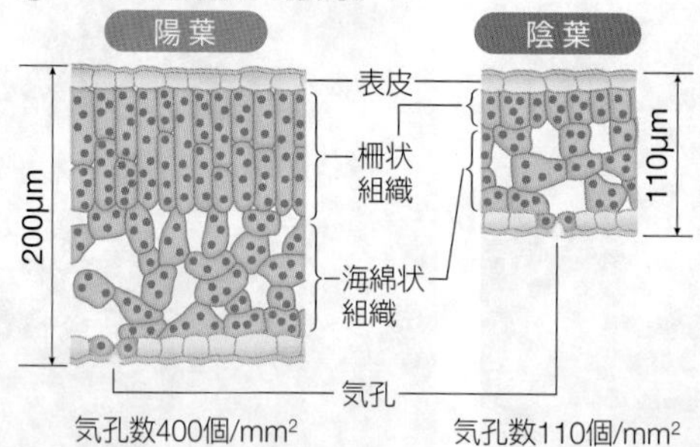


気孔数400個/mm²　　気孔数110個/mm²

### タブノキの陽葉と陰葉の比較(平均値)

| | 陽葉 | 陰葉 |
|---|---|---|
| 葉の長さ | 104.0 mm | 109.0 mm |
| 葉の横幅 | 36.4 mm | 38.5 mm |
| 葉の重さ | 0.77 g | 0.74 g |
| 葉面の照度 | 4200 lux | 1700 lux |

## C 環境条件と植物の生活様式

夏緑樹林の林床に生息する植物は，季節によって変化する光の量を上手に利用している。 生物基礎

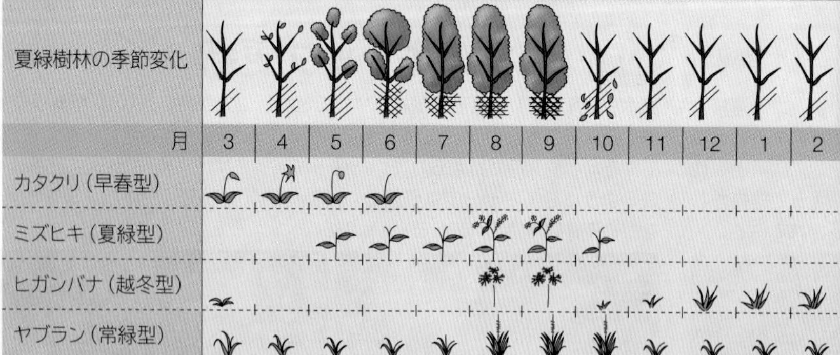


| | |
|---|---|
| 早春型 | 早春，まだ雑木林の木々が葉を展開する前に，林床に届く光を利用して光合成を行い，地下部に養分を蓄える。上部の樹木の葉が繁茂して林内が暗くなると地上部は枯れ，翌春に備える。 例 カタクリ，イチリンソウ |
| 夏緑型 | 林床に達するわずかな光を有効に利用することができるので，樹木が葉を展開するのと同時に芽を出し，光を十分に受けられるように水平の葉を付ける。 例 ミズヒキ，ウバユリ |
| 越冬型 | 秋に花茎が伸びて，葉がない状態で開花する。冬場，上部の樹木の葉がないときに葉を出し，林床に届く光を利用して光合成を行う。 例 ヒガンバナ，キツネノカミソリ |
| 常緑型 | 葉は1年中あって，年間を通して光合成を行う。林内が相当暗くても枯れない。春から夏にかけて新しい葉が伸びる。 例 ヤブラン，カンアオイ，ジャノヒゲ |

カタクリ(早春型)

ミズヒキ(夏緑型)

ヒガンバナ(越冬型)

ヤブラン(常緑型)




 WORD 光補償点⇔補償点　lux ⇔ lx　夏緑樹林⇔落葉広葉樹林　ラウンケル⇔ラウンケア　休眠芽⇔休芽　生活形スペクトル⇔生活形組成表

## D 生活形

それぞれの環境に適応した生物の生活様式を反映している形態を**生活形**という。 生物基礎

### ラウンケルの生活形

デンマークの植物生態学者ラウンケルは，乾燥と低温という生育に不適当な時期を過ごすときの植物の適応の姿に注目し，冬芽(越冬芽・休眠芽・抵抗芽)の位置によって**生活形**を分類した。ラウンケルの生活形は次の３点で優れている。

①植物と気候との関係を端的に示している。　②専門家でなくても簡単に分類できる。

③いろいろな地域の植生や植物種が異なっていても比較できる。

| 生活形 | 地上植物 | 地表植物 | 半地中植物 | 地中植物 | 一年生植物 | 水生植物 |
|---|---|---|---|---|---|---|
| 冬芽の位置 | 地表30cm 以上 | 地表30cm 以内 | 地表に接する部分 | 地中 | (種子で越冬) | 水中 |
| 植物例 | アカマツ<br>ブナ<br>シラカシ<br>ハイマツ | ヤブコウジ<br>アオノツガザクラ<br>シロツメクサ<br>コケモモ | タンポポ<br>ススキ<br>オオマツヨイグサ<br>ジャノヒゲ | ヤマユリ<br>チューリップ<br>ワラビ<br>カタクリ | ヒマワリ<br>アサガオ<br>メヒシバ<br>イヌタデ | アオウキクサ<br>ヨシ<br>ハス<br>オオカナダモ |

### 生活形スペクトル

ラウンケルの生活形を用いて，ある地域の植物相の生活形の割合(%)を表したものを**生活形スペクトル**という。割合の最も大きい生活形に注目する。

熱帯多雨林では地上植物が，砂漠では一年生植物が発達する。寒冷な寒帯・高山では地上植物は発達しない。土壌が浅く凍結する高山では地中植物が少ない。

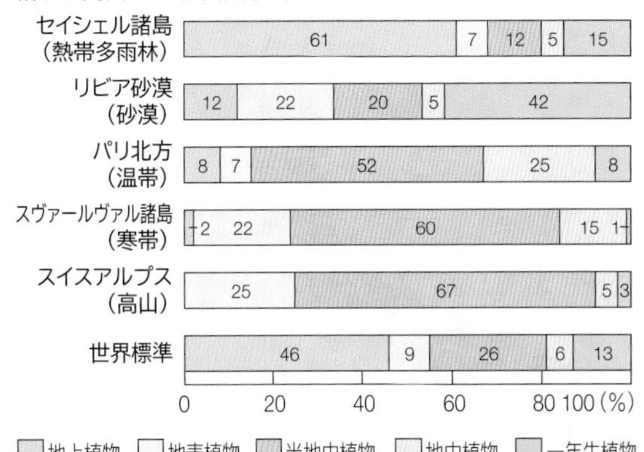


## E 最小受光量

生物基礎

植生の最上層の光の強さを100％としたときの，ある高さの植物体が受けている光の強さを相対値(%)で表したものを比較受光量という。そのうち，植生最下層の葉が受ける最小値を**最小受光量**という。陽生植物では大きく(25～10％)，陰生植物では小さい値(5～0.5％)を示す。

| 植物の種類 | 最小受光量(%) |
|---|---|
| アカマツ林 | 28～37 |
| カラマツ林 | 13～25 |
| クリ林 | 13～22 |
| ミズナラ林 | 7～14 |
| ブナ・ミズナラ | 8～20 |
| ヒノキ林 | 5～15 |
| スギ林 | 5～8 |
| ツブラジイ林 | 2.5～5 |
| モミ林 | 1.7～8 |
| コミヤマカタバミ | 1.4 |
| ツゲ | 1.00 |
| イラクサの一種 | 0.66 |

POINT

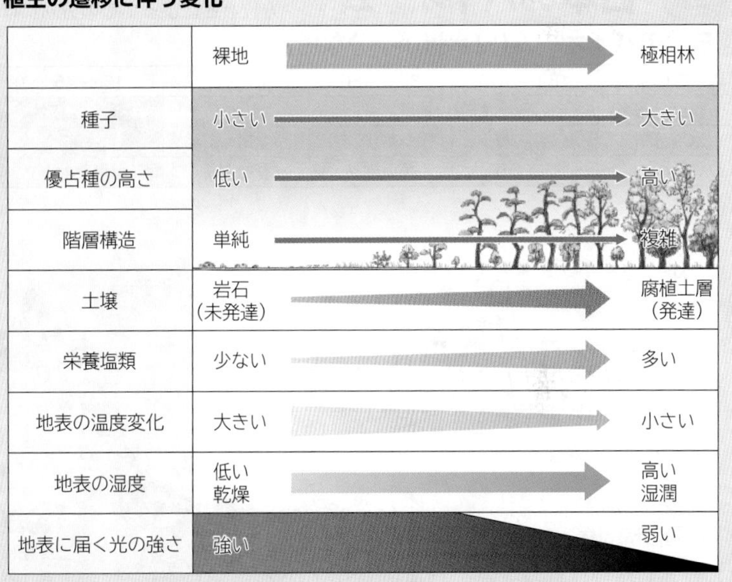


TOPICS

### 身近な空き地での植生の遷移

遷移の進展の背景には，化学物質を使った植物どうしの相互作用が関係する場合もある。

植物が自己の生存を有利に展開するために，化学物質を使って他の植物の生育を阻害または助長する現象を**他感作用**という。

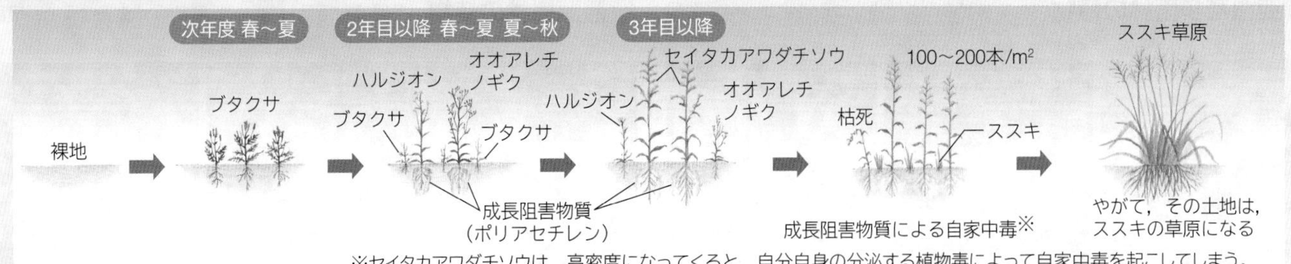


※セイタカアワダチソウは，高密度になってくると，自分自身の分泌する植物毒によって自家中毒を起こしてしまう。

# 5 気候とバイオーム(1)
Climate and biome 1

## A 暖かさの指数

バイオームは年平均気温と年降水量によって決まるが，暖かさの指数から簡便にバイオームを決定することができる。 生物基礎

暖かさの指数は植生分布の指標として非常に便利である。平均気温5℃を植物が成長できる最低温度と仮定し，次の式により算出する。

暖かさの指数
＝平均気温5℃以上の月の(平均気温−5)の合計値

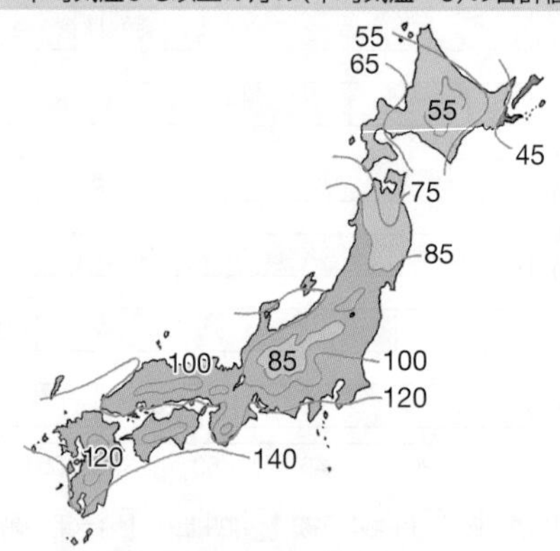

### 暖かさの指数の求め方の例

| 月 | 札幌 | | 那覇 | |
|---|---|---|---|---|
| | 平均気温 | −5 | 平均気温 | −5 |
| 1 | −4.1 | — | 16.6 | 11.6 |
| 2 | −3.5 | — | 16.6 | 11.6 |
| 3 | 0.1 | — | 18.6 | 13.6 |
| 4 | 6.7 | 1.7 | 21.3 | 16.3 |
| 5 | 12.1 | 7.1 | 23.8 | 18.8 |
| 6 | 16.3 | 11.3 | 26.6 | 21.6 |
| 7 | 20.5 | 15.5 | 28.5 | 23.5 |
| 8 | 22.0 | 17.0 | 28.2 | 23.2 |
| 9 | 17.6 | 12.6 | 27.2 | 22.2 |
| 10 | 11.3 | 6.3 | 24.9 | 19.9 |
| 11 | 4.6 | — | 21.7 | 16.7 |
| 12 | −1.0 | — | 18.4 | 13.4 |
| 暖かさの指数 | | 71.5 | | 212.4 |

平均気温は1971年から2000年の平均

### 暖かさの指数とバイオーム

| 暖かさの指数 | バイオーム |
|---|---|
| 240 以上 | 熱帯多雨林 |
| 180 ～ 240 | 亜熱帯多雨林 |
| 85 ～ 180 | 照葉樹林 |
| 45 ～ 85 | 夏緑樹林 |
| 15 ～ 45 | 針葉樹林 |
| 0 ～ 15 | 高山草原 |

札幌…暖かさの指数71.5 ⇒夏緑樹林
那覇…暖かさの指数212.4 ⇒亜熱帯多雨林

札幌周辺の風景

那覇周辺の風景

## B 日本のバイオーム

南北の緯度に応じた分布を**水平分布**，海抜に応じた分布を**垂直分布**という。ただし，地形や方位などによってその分布には幅がある。 生物基礎

### 日本のバイオーム(降水量が十分な場合)

| 暖かさの指数 | 180 ～ 240 | 85 ～ 180 | 45 ～ 85 | 15 ～ 45 | 0 ～ 15 |
|---|---|---|---|---|---|
| 垂直分布※ | 丘陵帯(低地帯) | | 山地帯 | 亜高山帯 | 高山帯 |
| 水平分布 | 亜熱帯 | 暖温帯(暖帯) | 冷温帯(温帯) | 亜寒帯 | 寒帯 |
| バイオーム | 亜熱帯多雨林 | 照葉樹林 | 夏緑樹林 | 針葉樹林 | 高山草原 |

※中部日本の場合

垂直分布

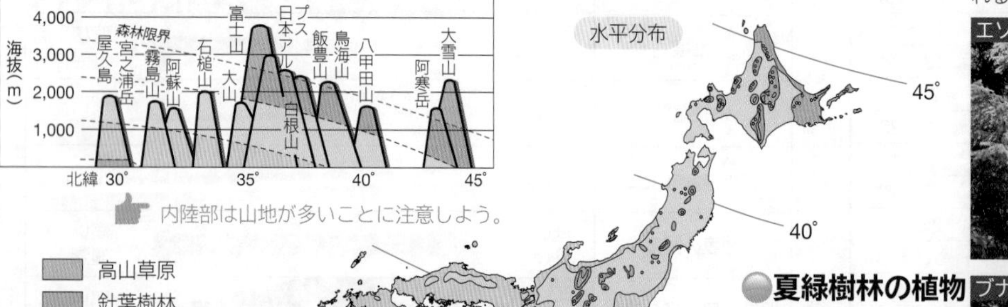


内陸部は山地が多いことに注意しよう。

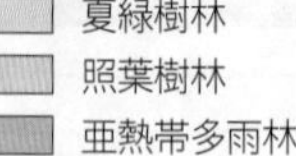

### 高山草原の植物

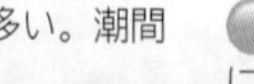

背の低い多年生草本が多い。雪どけとなる夏に一斉に開花し，いわゆるお花畑となる。

ハクサンイチゲ

### 針葉樹林の植物

常緑で冬の寒さに耐えられる高木が多い。

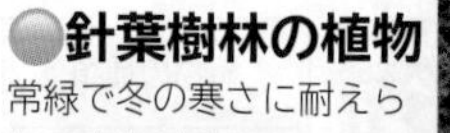

エゾマツ

トドマツ

### 夏緑樹林の植物

冬期に落葉し，秋には紅葉するものが多い。比較的薄い葉が多く，林内は明るい。

ブナ

ミズナラ

### 亜熱帯多雨林の植物

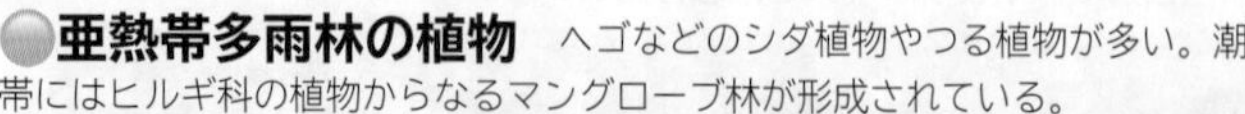

ヘゴなどのシダ植物やつる植物が多い。潮間帯にはヒルギ科の植物からなるマングローブ林が形成されている。

ヤエヤマヒルギ

メヒルギ

オヒルギ

### 照葉樹林の植物

冬期でも落葉しない。比較的厚く丈夫な葉で，表面にクチクラ層が発達しており，光沢がある。林内は暗い。

アラカシ

ヤブツバキ

タブノキ

 WORD バイオーム⇔群系⇔生物群系　夏緑樹林⇔夏緑林　丘陵帯⇔低地帯

## C 中部日本のバイオームの垂直分布

中部日本では海抜の違いによって，約 2,500 m 以上の高山帯，約 1,500 m 以上の亜高山帯，約 600 m 以上の山地帯および丘陵帯に分けられる。 生物基礎

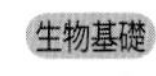

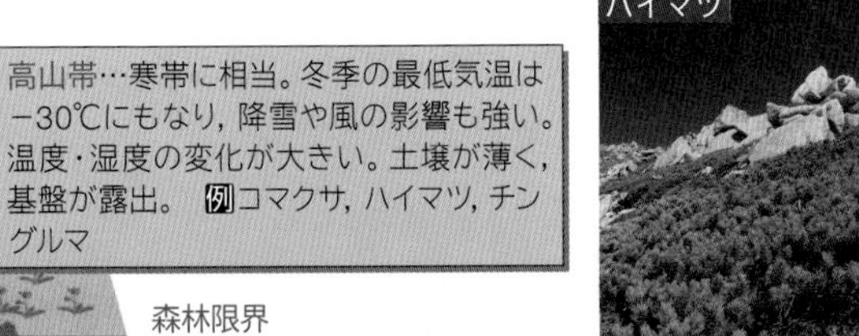

高山帯…寒帯に相当。冬季の最低気温は−30℃にもなり，降雪や風の影響も強い。温度・湿度の変化が大きい。土壌が薄く，基盤が露出。 例コマクサ，ハイマツ，チングルマ

ハイマツ

コマクサ

ライチョウ

森林限界
樹林が高木として分布する限界（夏の平均気温10℃以下）。

亜高山帯…亜寒帯に相当。最低気温−20℃。植物の活動期間は3～5か月。常緑の針葉樹が主な植物。植物種が少ない。土壌には未分解の腐食質が多い。 例シラビソ，コメツガ，トウヒ

亜高山帯の林

ニホンカモシカ

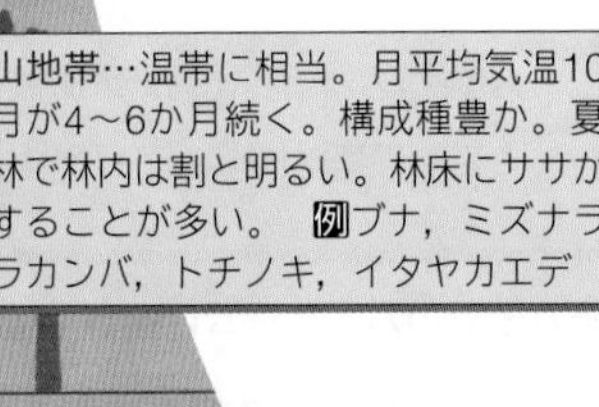

山地帯…温帯に相当。月平均気温10℃の月が4～6か月続く。構成種豊か。夏緑樹林で林内は割と明るい。林床にササが発達することが多い。 例ブナ，ミズナラ，シラカンバ，トチノキ，イタヤカエデ

山地帯の林

ツキノワグマ

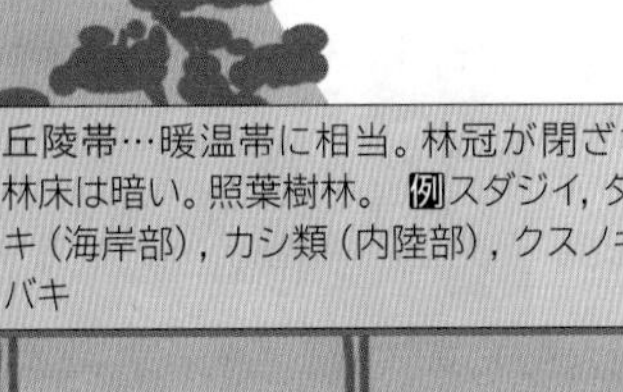

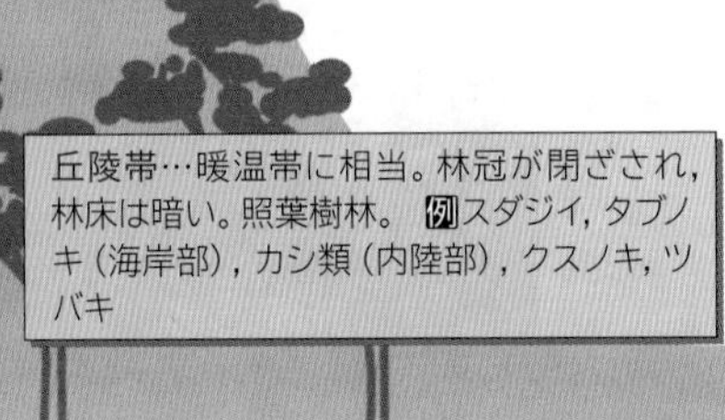

丘陵帯…暖温帯に相当。林冠が閉ざされ，林床は暗い。照葉樹林。 例スダジイ，タブノキ（海岸部），カシ類（内陸部），クスノキ，ツバキ

丘陵帯の林

ホンドタヌキ

## D 海岸および海洋のバイオーム

海岸や海洋では，水深によって生息する生物種が異なる。 生物基礎

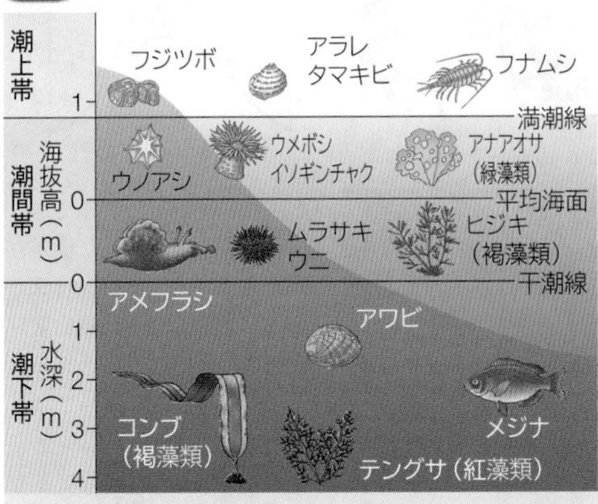


**潮上帯**…海水には没しないが，波をかぶったり，飛沫がとぶ。耐乾燥性のある生物しか生育できない。

**潮間帯**…大潮のときの満潮線と干潮線にはさまれる部分。酸素の供給は十分であるが，海水に浸るときと空気にさらされるときとが交互に繰り返される場所。

**潮下帯**…水深が深くなるにつれて特に赤色系の光が，水に吸収され，青色系の光だけがより深いところに届く。青色系の光を光合成に使うことができる紅藻類が最も深いところに分布している。

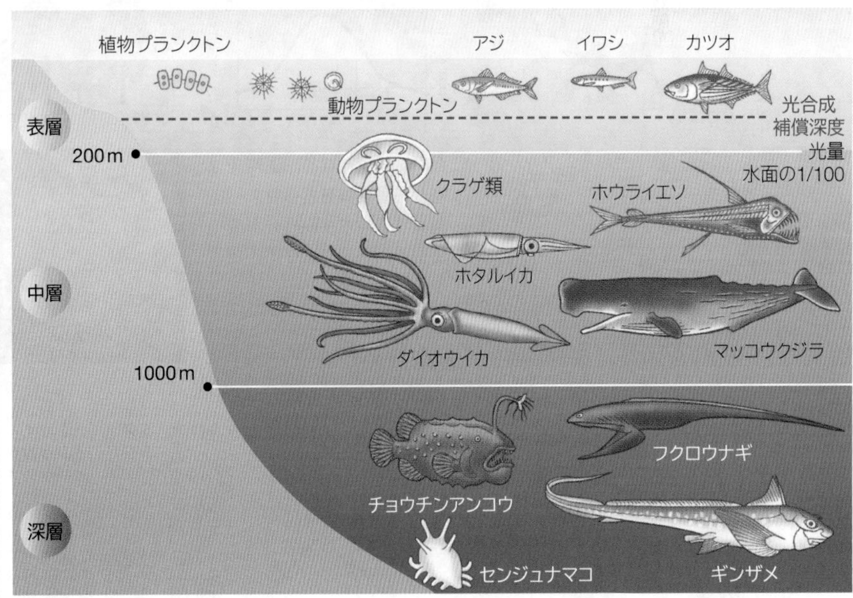


水中の生物は，生活様式から，プランクトン（浮遊性生物），ネクトン（遊泳性生物），ベントス（底生性生物）と分けることもある。

光合成補償深度が水深 200 m に満たないことに注意しよう。

8 生態と環境

生物基礎

# 6 気候とバイオーム(2)
Climate and biome 2

## A 気候とバイオーム

バイオームは，年平均気温と年降水量によって決まる。

生物基礎

### バイオームの分布と気候の関係

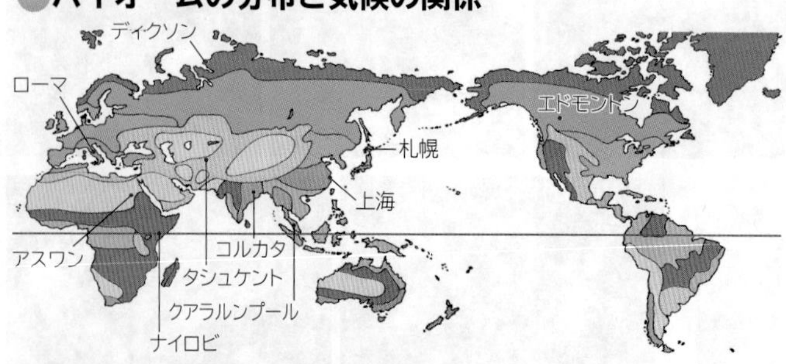

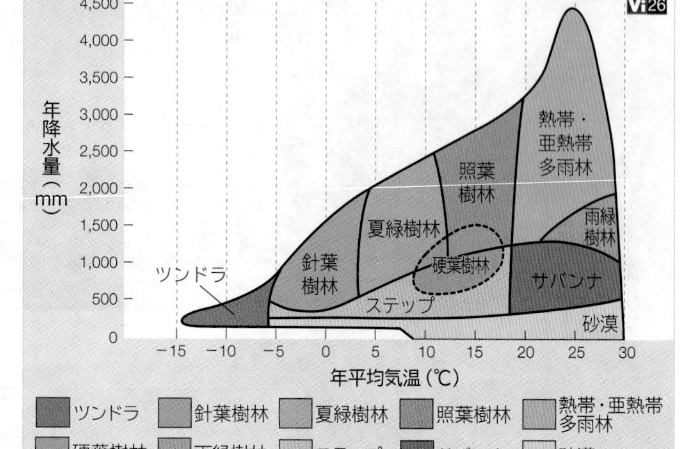


### 気温・降水量とバイオーム

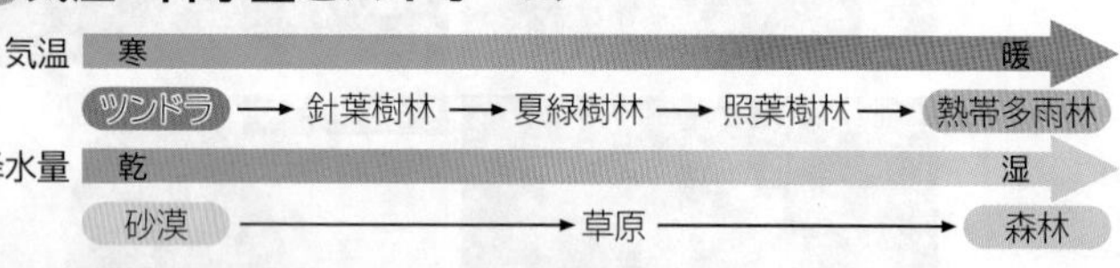


## B バイオームの種類

各バイオームには，それぞれのバイオームに適した動物が生息している。

生物基礎

低温のため樹木の生育が困難な地域には，地衣類やコケ植物などが生育するが，種類数は少ない。

冬が長く寒冷な亜寒帯では，針状の葉をもつ常緑の高木が森林を形成している。植物の種類数は少ない。

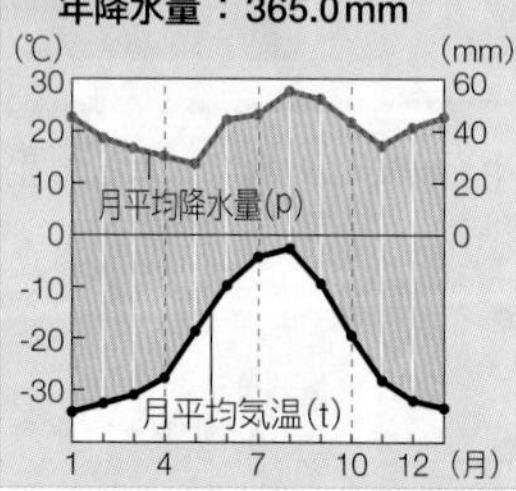


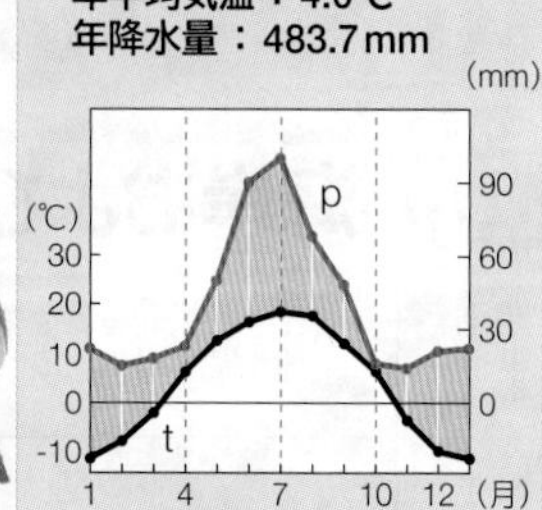


カラマツ(落葉)
エゾマツ・トドマツ
トウヒ
モミ
おもに常緑の針葉樹林
クズリ
アムールトラ
キバノロ

冬季に低温となる冷温帯では，春から夏に葉を繁らせ，秋に落葉する樹木が森林を形成している。季節により景観が異なるのが特徴である。

暖温帯の雨の多い地域では，一年中緑の葉を付けた樹木が森林を形成している。林床が暗く，季節による景観の変化が少ない。

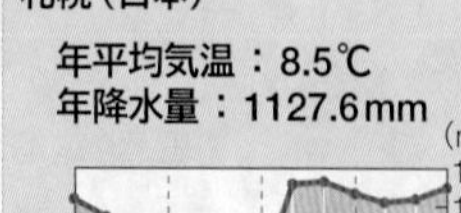


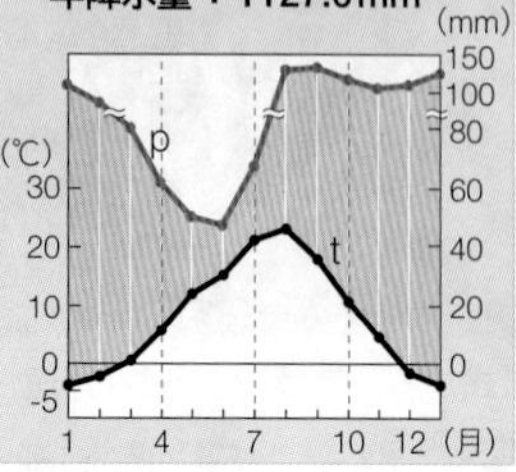

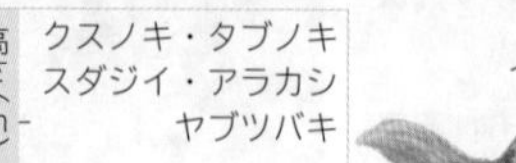


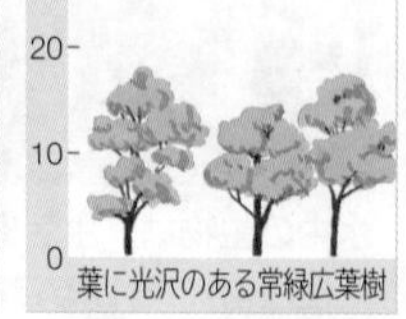


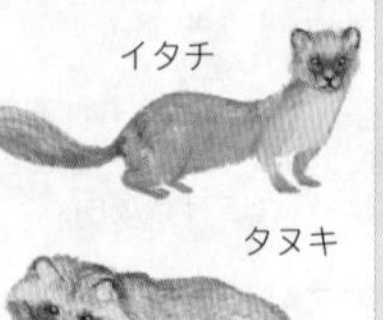


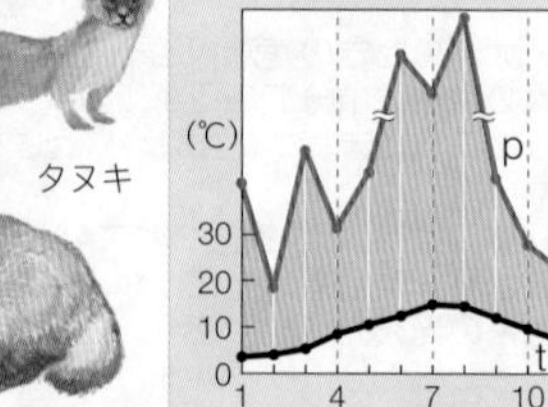

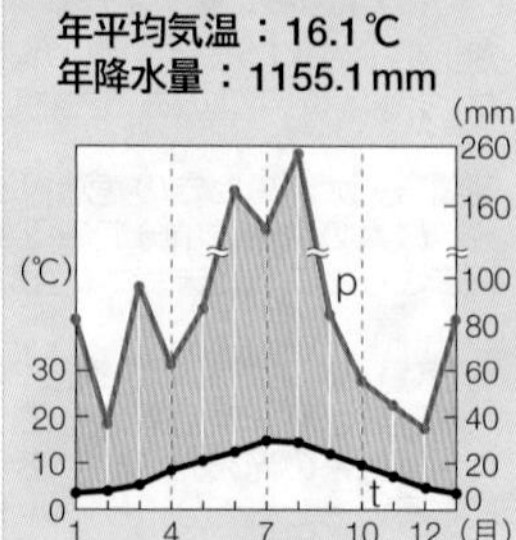

WORD サバンナ⇔サバナ　ツンドラ⇔寒地荒原　夏緑樹林⇔落葉広葉樹林　照葉樹林⇔常緑広葉樹林　雨緑樹林⇔雨緑林

## 熱帯・亜熱帯多雨林

高温多湿の熱帯・亜熱帯では，多種類の樹木が密林(ジャングル)を形成している。林内は暗く湿度が高いために着生植物やつる植物が多い。

高さ(m) 20 10 0
フタバガキ（ラワン）
ガジュマル
つる植物
着生植物
樹冠が高く種類が多い
ナマケモノ
ジャガー

**クアラルンプール（マレーシア）**
**年平均気温：27.0℃**
**年降水量：2389.8 mm**

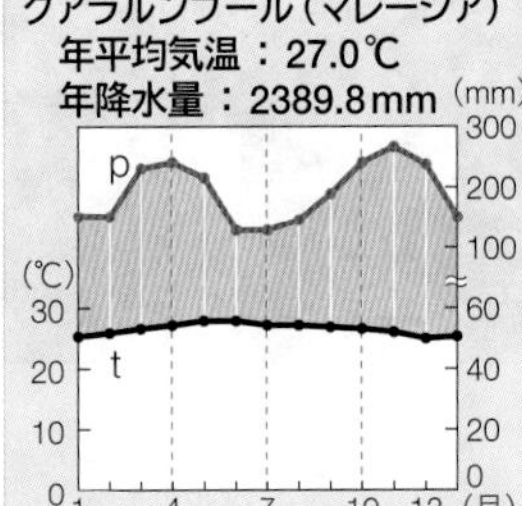


## 硬葉樹林

冬季に多雨で，夏季に乾燥する地中海性気候の地域には，夏季の乾燥に強く樹高の低いオリーブなどの固い葉をもつ常緑広葉樹の林が形成される。

**ローマ（イタリア）**
**年平均気温：15.6℃**
**年降水量：716.9 mm**

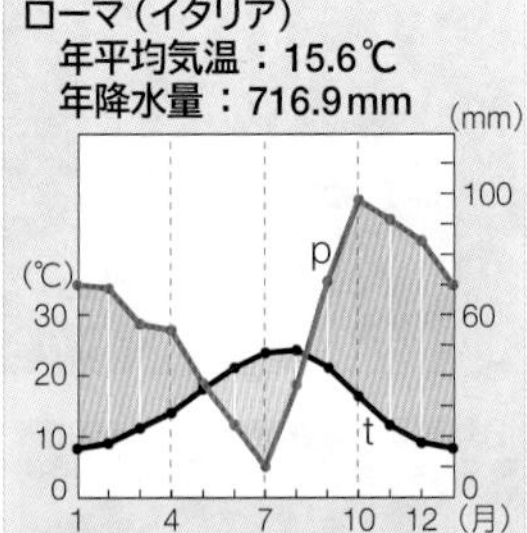


## 雨緑樹林

熱帯から亜熱帯にかけての雨季と乾季がはっきりしている地域には，雨季に葉を繁らせ乾季に落葉する樹木が密林を形成している。

**コルカタ（インド）**
**年平均気温：27.0℃**
**年降水量：1814.0 mm**

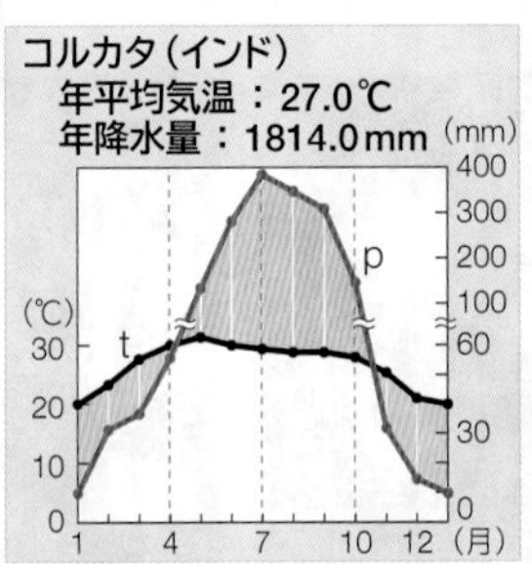


## ステップ

冬季に雨が降り，夏季になると乾燥する大陸内部では，イネ科やカヤツリグサ科などの草本からなる草原が発達する。

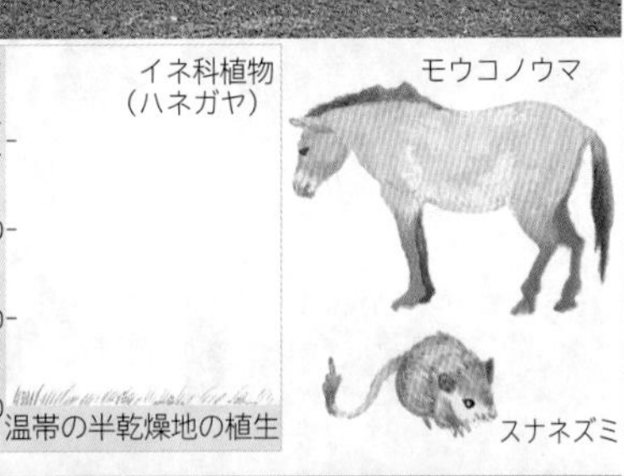


**タシュケント（ウズベキスタン）**
**年平均気温：14.4℃**
**年降水量：424.3 mm**

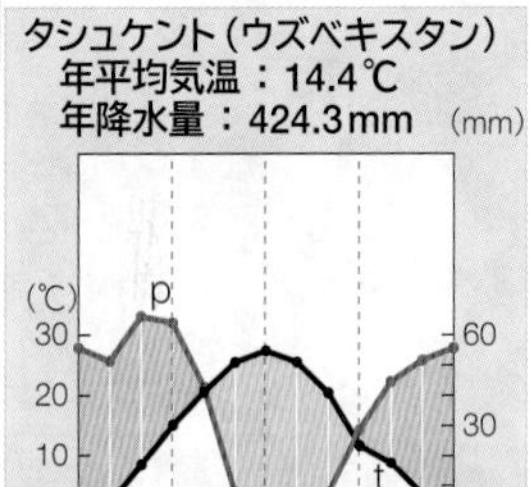


## サバンナ

熱帯・亜熱帯の乾燥した地域には，イネ科やカヤツリグサ科の草原の中に木本の植物が点在する。

**ナイロビ（ケニア）**
**年平均気温：19.1℃**
**年降水量：722.6 mm**

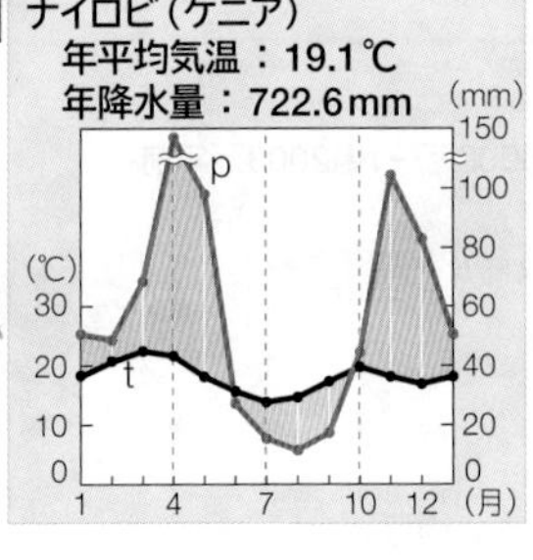


## 砂漠

極端に降水量が少ない地域には，植物がほとんど生育せず，サボテン科やトウダイグサ科などの乾燥に強い植物がまばらに生育する。

**アスワン（エジプト）**
**年平均気温：26.1℃**
**年降水量：0.6 mm**

## ワルターの気候ダイヤグラム

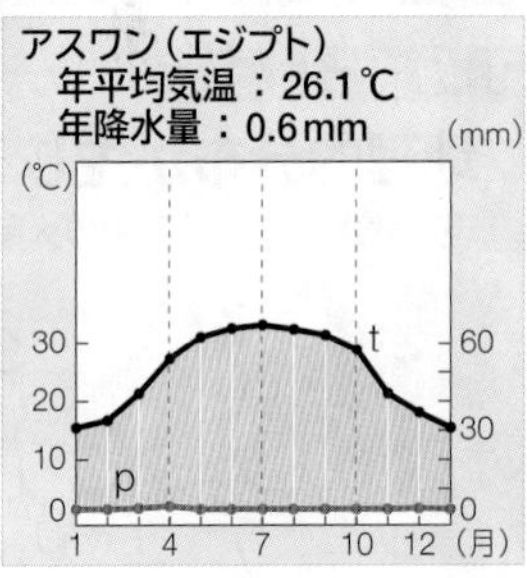

月平均気温と月平均降水量を折れ線グラフで示したものをワルターの気候ダイヤグラムという。気温30℃と降水量60 mmの位置を一致させ，100 mm以上の降水量を表す場合は1目盛りを縮めて表示する。降水量の折れ線が気温の折れ線よりも上にある場合は湿潤期(青)を，降水量が下にある場合は乾燥期(黄)を示す。

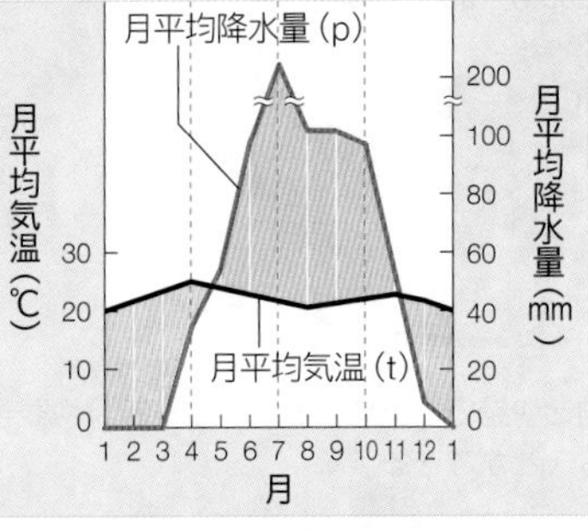


## TOPICS 熱帯多雨林の絞め殺し植物

熱帯雨林の木生つる植物の中には絞め殺し植物といわれるものがある。

絞め殺し植物は，他の樹木の枝に巻き付き，成長して根を林床に下ろして，巻き付いている樹木の栄養源を奪う。根は網の目のように樹木を覆い，樹冠の葉を包むため，巻き付かれていた樹木はやがて枯死する。枯死した樹木は腐り，網状のシメコロシノキのみが残る。日本では西表島で見られる。

WORD 熱帯多雨林⇔熱帯雨林　ステップ⇔温帯草原　砂漠⇔乾荒原

8 生態と環境

生物基礎

# 7 生物の地理的分布
Biogeographic distribution

## A 植物の区系分布

ある環境または地域に生育しているすべての植物を植物相という。世界の植物相は，6つの区系に分類できる。

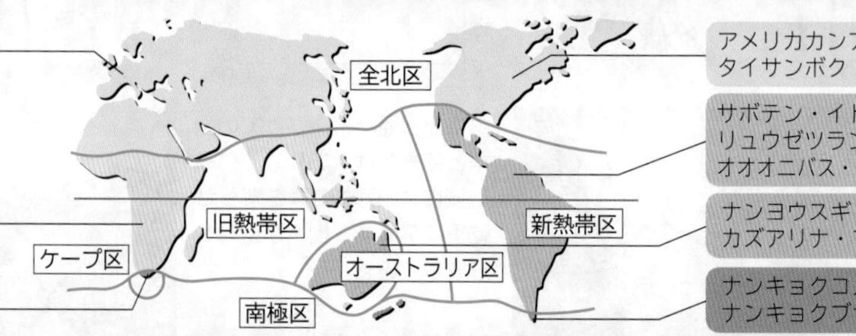

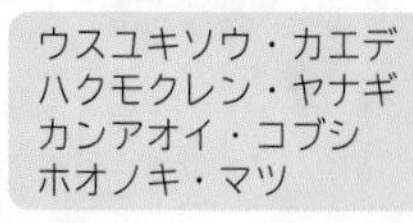


### TOPICS 地理的分布が生じる理由

現在オポッサムは下図の大陸に見られる。

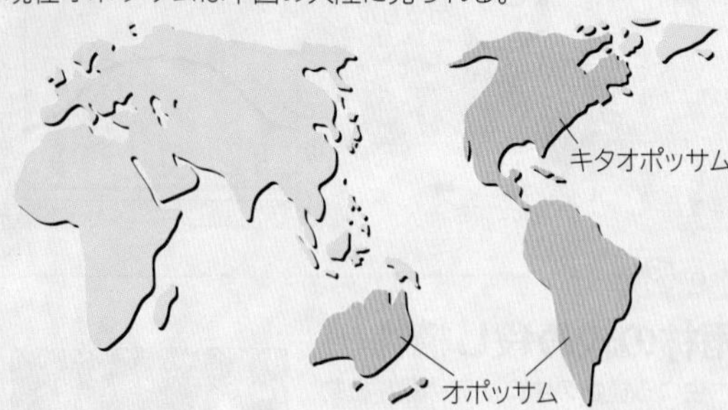


分子系統を比べると南米のものが一番古く，オーストラリア，北アメリカのものと続く。このことや化石上の証拠から，現在の地理的分布には次のようなシナリオが考えられる。

①アジアで誕生したオポッサムが北米に分布拡大。
②北米から南米，オーストラリアをはじめ，世界各地に拡散。
③南米とオーストラリア以外は絶滅。
④南米のオポッサムが北米にも移動し，現在の地理的分布へ。

① 1億5000万～1億2000万年前

② 7000万～5500万年前

③ 4000万～2500万年前

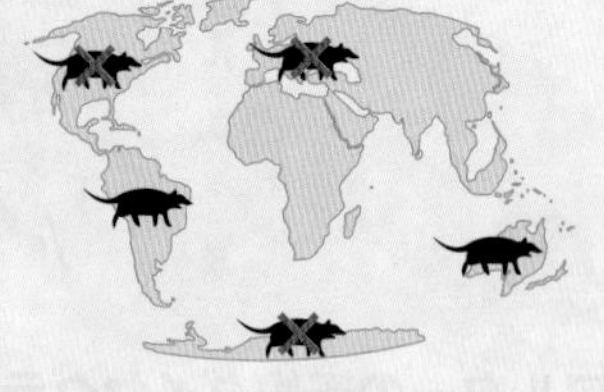

④ 300万年前

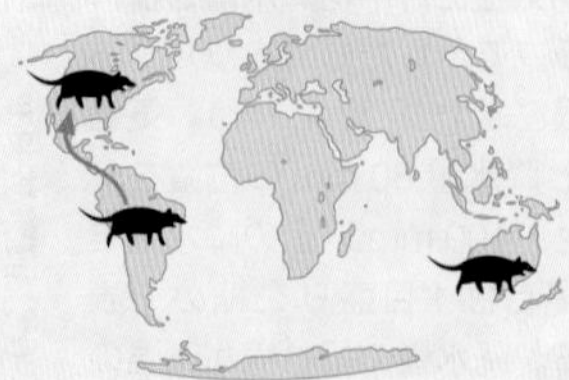

大陸の動きや過去の気象変動，捕食－被食や競争のような種間の関係などを類推することができる。

## B 動物の区系分布

ある環境または地域に生息しているすべての動物を動物相という。世界の動物相は，主に哺乳類と鳥類の分布から，6つの区系に分類できる。

フタコブラクダ　トナカイ　コウライキジ

アライグマ　シチメンチョウ

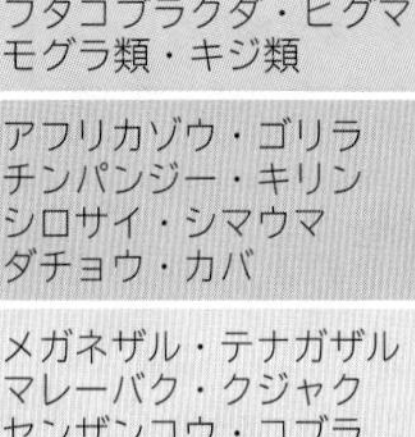


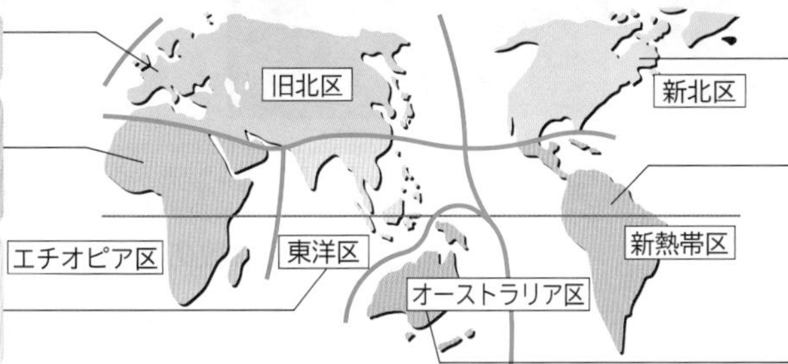

アルマジロ　ナマケモノ　ハチドリ

チンパンジー　ダチョウ

オランウータン　マレーバク

カンガルー　ハリモグラ　キウイ　ヒクイドリ

## C 日本の動物区系境界線

日本の動物区系境界線には，八田線，ブラキストン線，渡瀬線がある。北海道，本州，南西諸島では，それぞれ特徴のある動物相が形成されている。

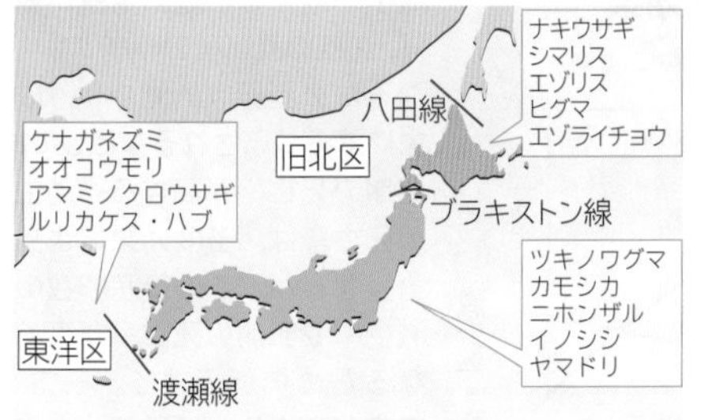


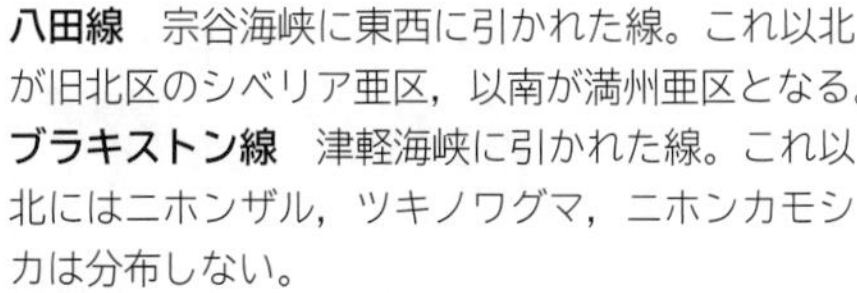

**八田線**　宗谷海峡に東西に引かれた線。これ以北が旧北区のシベリア亜区，以南が満州亜区となる。

**ブラキストン線**　津軽海峡に引かれた線。これ以北にはニホンザル，ツキノワグマ，ニホンカモシカは分布しない。

**渡瀬線**　屋久島と奄美大島の間に引かれた線。これ以北が旧北区，以南が東洋区となる。アマミノクロウサギ，ハブはこれ以南だけに分布する。

ヒグマ

ツキノワグマ

エゾリス

ニホンザル

ニホンカモシカ

ハブ

# 8 個体群と環境
Population and environment

## A 個体の分布様式

個体は環境状態や個体群内の関係により，その個体群特有の分布様式を示す。 生物

集中分布 イワシ

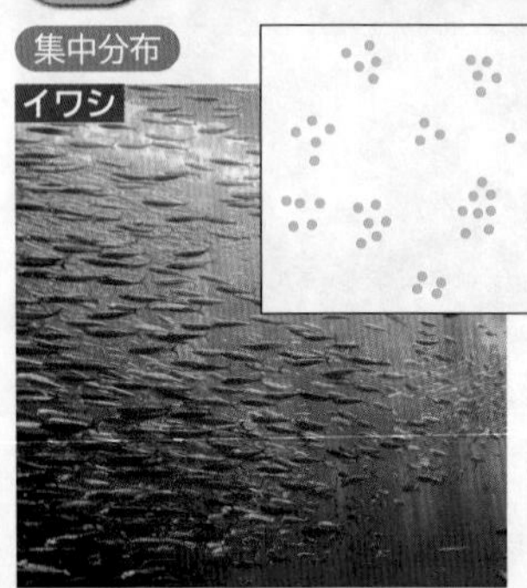

一様分布 ペンギン

ランダム分布 タンポポ

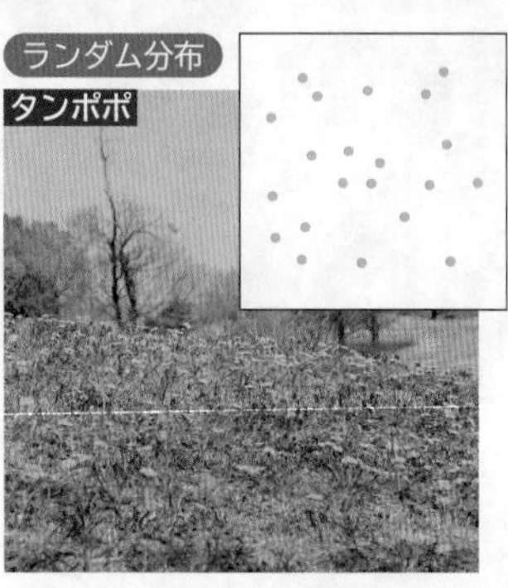

**POINT** 分布様式と個体間の関係

| | 関係する個体間の関係 |
|---|---|
| 集中分布 | 群れ（相互依存関係） |
| 一様分布 | 縄張り（排他的関係） |
| ランダム分布 | 特に関係なし |

## B 哺乳類の温度適応

生物

環境に応じて生物はその形質を変化させることがある。

**アレンの規則** 寒地に生息する種ほど耳・足・尾などの突出部が小さい。放熱を防ぐのに有利。

ホッキョクギツネ　ホンドギツネ　フェネック

寒冷 ⟷ 温暖

**ベルクマンの規則** 寒地に生息する種ほど大型で，体重あたりの表面積が小さい。体温保持に有利。

ホッキョクグマ　ヒグマ　ツキノワグマ　マレーグマ

寒冷 ⟷ 温暖

## C 作用と環境形成作用

生物

**ケイ藻類の個体数の年変化**

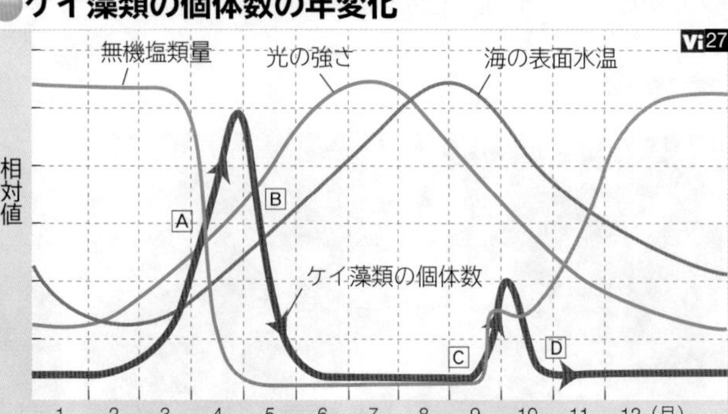


| | 作用 | ケイ藻の増減 | 環境形成作用 |
|---|---|---|---|
| A | 光の強さ（増） 水温（上昇）→ | 増加 | → 無機塩類（減） |
| B | 無機塩類（減） → | 減少 | |
| C | 無機塩類の湧昇（増） → | 増加 | |
| D | 光の強さ（減） 水温（低下）→ | 減少 | → 無機塩類（増） |

ケイ藻類の個体数に影響する要素がどれかに着目しよう。

## D 個体群の成長と密度効果

個体群の大きさは個体数や個体群密度で表され、個体群の成長は増殖率で示される。個体群密度が個体群に影響を与えることを密度効果という。 生物

**個体群の成長曲線**

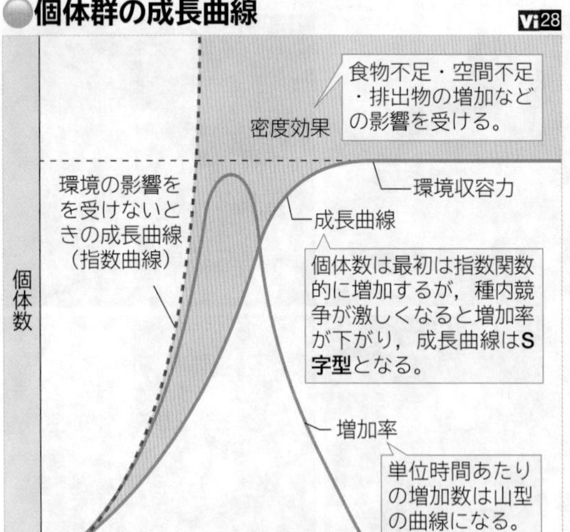


**アズキゾウムシにおける密度効果**

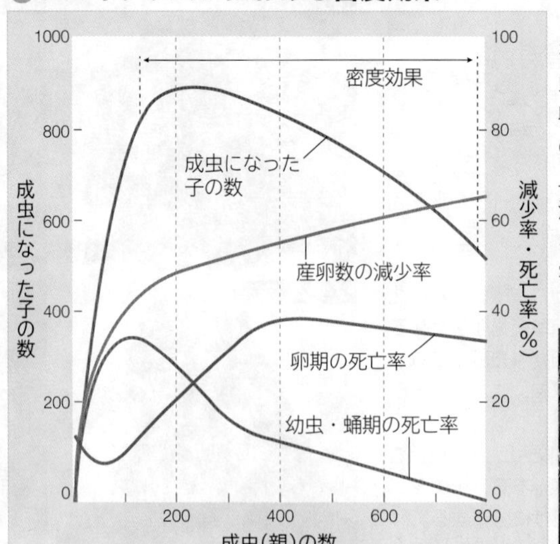


成虫が増えると産卵場所が減り，1匹の雌が産む卵が少なくなるため産卵数は減少し，成虫に踏みつぶされるなどして，卵期の死亡率が高まる。幼虫の死亡率は，密度効果により上昇するが，その後産卵数の減少率や卵期の死亡率が高くなるために低下する。一方，密度が高まると増殖率があがる現象をアリー効果という。

アズキゾウムシ

 WORD 非生物的環境⇔無機的環境　生物群集⇔群集　環境形成作用⇔反作用　アレンの規則⇔アレンの法則

## E 相変異

生物

密度効果によって個体の形態や行動が著しく変化することを**相変異**という。

### トノサマバッタの相変異

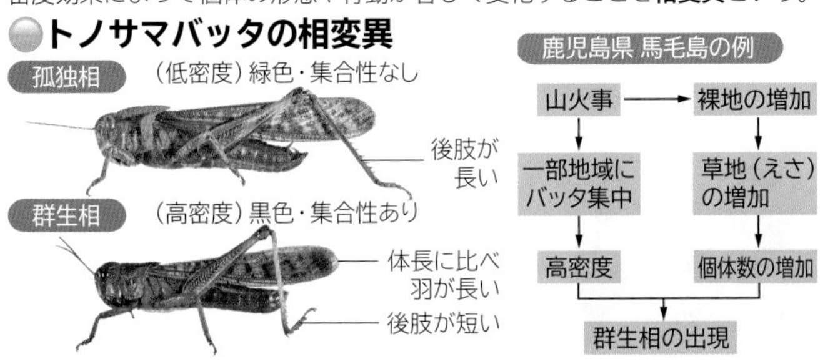


幼虫期の個体群密度が高くなると**群生相**となり，個体群密度が低下すると次の世代から**孤独相**に戻る。 TRY トノサマバッタが相変異することは，環境への適応の面でどのような利点があるだろうか。

## F 標識再捕法

生物

捕獲した個体に標識をしてもとの生息域に戻し，再捕獲したときの標識済み個体数の割合から個体群の全個体数を推定する方法を**標識再捕法**という。

$$\text{全個体数} = \frac{\text{再捕獲個体数}}{\text{再捕獲個体数中の標識個体数}} \times \text{標識個体数}$$

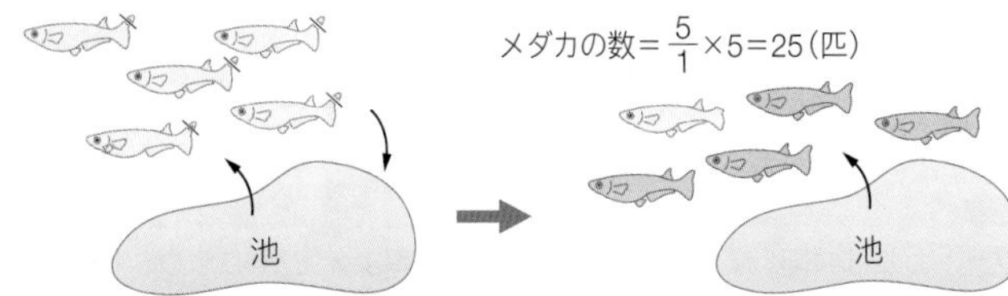


## G 生命表と生存曲線

同時期に生まれた集団について，各発育段階まで生き残っていた個体の数を表にしたものを**生命表**といい，グラフにしたものを**生存曲線**という。

生物

### アメリカシロヒトリの生命表と生存曲線

| 発育段階 | 初めの生存数 | 期間内の死亡数 | 期間内の死亡率(%)* |
|---|---|---|---|
| 卵 | 4287 | 134 | 3.1 |
| ふ化幼虫 | 4153 | 746 | 18.0※1 |
| 一齢幼虫 | 3407 | 1197 | 35.1※1 |
| 二齢幼虫 | 2210 | 333 | 15.1 |
| 三齢幼虫 | 1877 | 463 | 24.7 |
| 四齢幼虫 | 1414 | 1373 | 97.1※2 |
| 七齢幼虫 | 41 | 29 | 70.7※2 |
| 前蛹 | 12 | 3 | 25.0 |
| さなぎ | 9 | 2 | 22.2 |
| 羽化成虫 | 7 | 7 | 100.0 |

アメリカシロヒトリは1年に2度羽化する。第2世代では，ふ化直後(※1)と，巣の中で集団生活から単独生活に移る幼虫時代後期(※2)に死亡率が高い。成虫になれるのは，産まれた卵の0.2%に満たない。

＊期間内の死亡率(%)

$$= \frac{\text{期間内の死亡数}}{\text{はじめの生存数}} \times 100$$

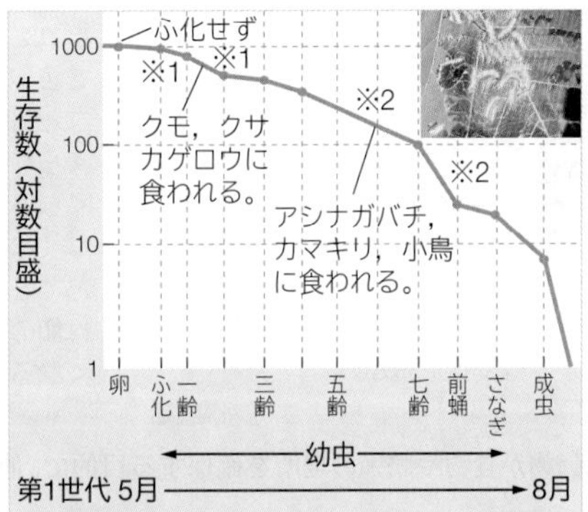


**POINT**

**生命表と生存曲線**

**生命表** 同時期に生まれた一定数の個体が，いつ，どのようにして減少していくかを示した表。

**生存曲線** 横軸に相対年齢(寿命を100とする)，縦軸に対数目盛で生存数をとったグラフ。出生時の生存数を1000としてグラフにする。

## H 生存曲線の型

生物

生存曲線は3つの型に分けられる。

Ⅰ型：逆L字型(大型哺乳類・社会性昆虫)

Ⅱ型：右下がり直線型(ヒドラ・鳥類・は虫類)

Ⅲ型：L字型(魚類・両生類)

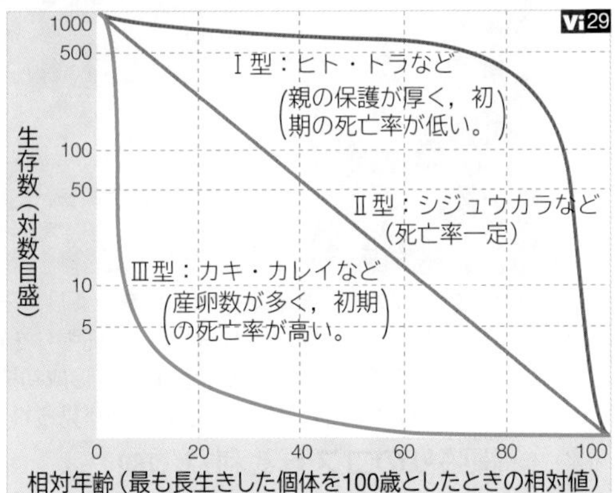


### 産卵数と生存数

一般に，雌1個体が1回の繁殖期に産む卵(子)の数は，成体になれる確率が低いほど多い。これには卵の保護の有無や産卵場所の違いが関係している。

| 卵の産み方 | 種名 | 産卵(子)数 |
|---|---|---|
| 卵胎生(卵が体内でふ化) | ノコギリザメ<br>アカエイ<br>ウミタナゴ | 12<br>10<br>12～40 |
| 卵を海藻などに産み付ける | シラウオ<br>ハタハタ | 600～800<br>270～2,000 |
| 卵は海面を浮遊する | マイワシ<br>ブリ<br>ヒラメ<br>マダラ<br>マンボウ | 5～8万<br>180万<br>45万<br>200～300万<br>2億 |

## I 年齢ピラミッド

生物

1つの個体群の各年齢段階の個体数の分布を**齢構成**といい，齢構成を図示したものを**年齢ピラミッド**という。年齢ピラミッドの形から，個体群の将来を予測することができる。

### 年齢ピラミッドの型

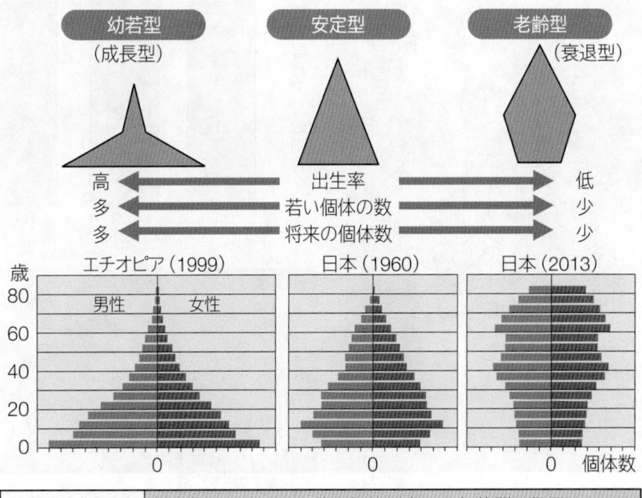


| 幼若型(成長型) | 将来生殖可能になる若い個体が多く，個体群は発展する。 |
|---|---|
| 安定型 | 生殖可能な個体数が大きく変動しないので，安定している。 |
| 老齢型(衰退型) | 将来生殖可能な個体が減り，個体数が減少する。 |

# 9 個体群の構造
Structure of population

## A 群れ

統一的な行動をとる動物個体群を群れという。集合して生活することで防衛・捕食・繁殖などを有利に行える場合がある。 生物

ジャッカル

ジャッカルは共同して狩りを行うことで，効率よく獲物を捕らえる。

ジャコウウシ

ジャコウウシは子を守るため円陣を組む。

コウテイペンギン

冬場に子育てするコウテイペンギンは集合密着して吹雪の寒さから互いを守る。

マガン

マガンはV字型飛行を行い，他の個体がつくる空気の渦を利用してエネルギーを節約する。最も エネルギーを消費する先頭は交代で飛ぶ。

群れの大きさを決める要因の1つに食性がある。草原に豊富にあるイネ科植物を食べる動物(シマウマやヌーなど)は大きな群れをつくるが，散在する果実を食べる動物(森林にすむサルなど)はさほど大きな群れはつくらない。前者では群れが大きくなるほど警戒に使う時間が少なくなり，多くの時間を採餌にあてることができるが，後者では餌の奪い合いや探索時間が長くなるなど効率が悪くなる。

### 群れの利益と不利益 Vi30

警戒 ① ②
食物の奪い合い
採餌
時間の配分率
①における最適な群れの大きさ
②における最適な群れの大きさ
群れの大きさ

※②は①より群れを形成する動物の捕食者が多い場合

採餌の時間が最大となる群れの大きさが最適である。群れの大きさ，捕食者に対する警戒に要する時間，同種間の食物の奪い合いに要する時間の三者の関係で採餌に使える時間が決まる。

捕食者が増加すると，警戒時間のグラフは上(②)に，採餌時間のグラフは下(②)に移動し，最適な群れの大きさは右に移動する(赤矢印)。

採餌にかけられる時間が減るのはどのような場合かに着目しよう。

## B 縄張り

動物が食物や繁殖の場所を確保する目的で，他の個体や群れを寄せつけずに占有する一定の空間を縄張りという。 生物

### アユの縄張り

夏場，アユは石に付いた藻類などを摂食するための縄張りをつくる。この縄張りには個体群密度が関係しており，密度が高くなると順位の高い個体が条件のよい場所に縄張りをつくり，他は群れとなる。

アユの縄張りのようす

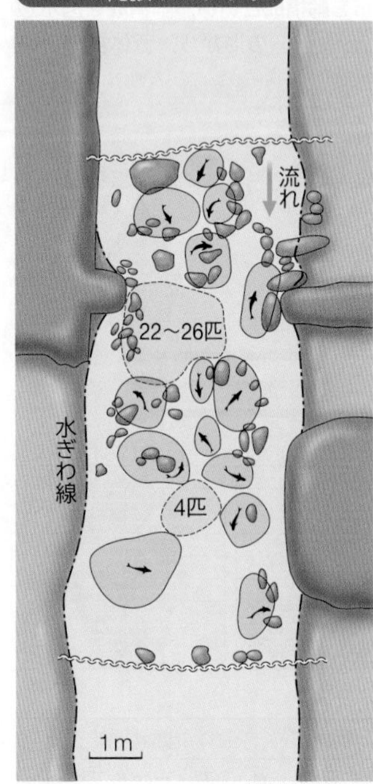


アユの縄張りと密度

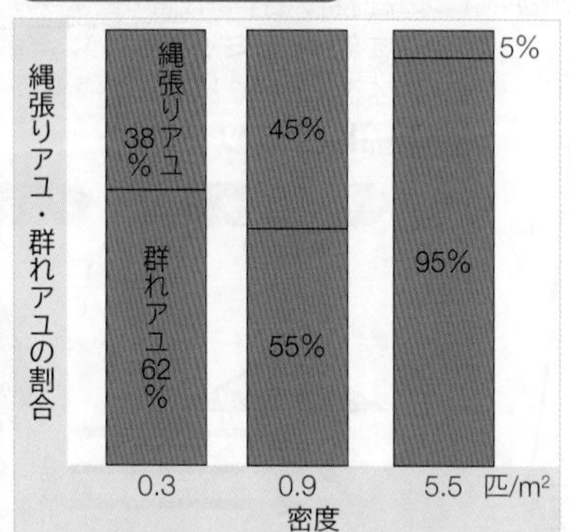


アユの友釣り

釣り針を付けたおとりアユを川に流し，激しく体当たりをしてきた縄張りアユを釣り上げる。

### ホオジロの縄張り

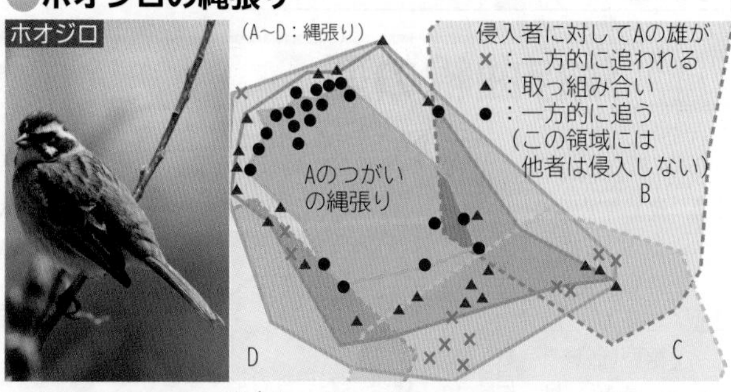


ホオジロなどの鳥は繁殖期に縄張りをつくり、一夫一妻制で育児をする。縄張り内ではテリトリーソング(縄張りを宣言するさえずり)を歌って他の個体の侵入を防ぐ。縄張り形成初期には，それでも侵入してくる個体に対して闘争を挑む姿勢が見られる。

### 縄張りのコストと利益 Vi31

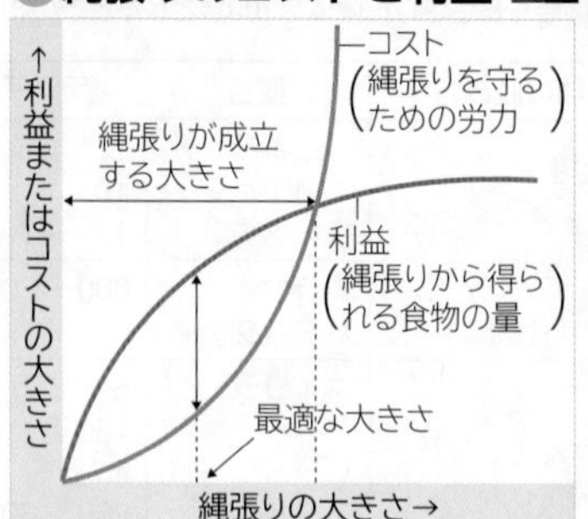


縄張りが大きいほど多くの餌を得られるが，同時にその縄張りを守るための労力も多くなる。「(縄張りから得られる利益)－(縄張り維持に必要なコスト)」が最大になる縄張りの大きさが最適である。アユのように，個体群密度が高い場合には縄張りをつくらないこともある。

TRY 縄張りから得られる利益に上限があるのはなぜだろうか。

## C スニーカー 生物

縄張りを自分でつくらず，繁殖行動中の雌雄に横から入って繁殖行動に参加し，子孫を残す雄を**スニーカー**または**サテライト**という。魚類や両生類などで見られる。

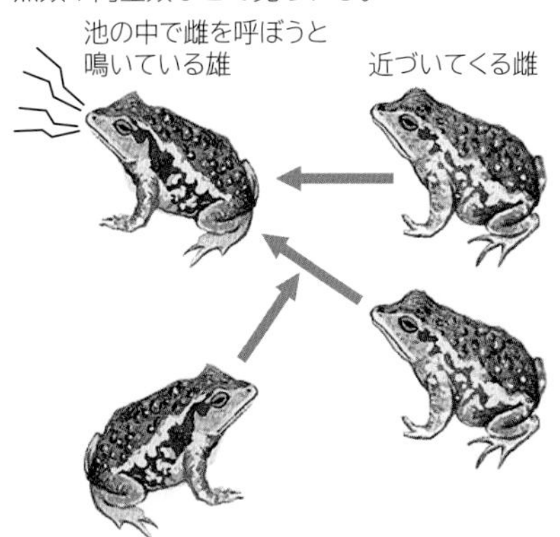


## D 順位制 生物

動物個体間に優劣の関係に基づく序列があるとき，これを順位という。順位によって群れの安定が保たれる場合，これを順位制という。

### ニワトリの順位(つつき順位)

鶏舎内のニワトリ

| つつく個体 | つつかれる個体 |
|---|---|
| A | B, C, D, E, F |
| B | C, D, E, F |
| C | D, F |
| D | E, F |
| E | C, F |
| F | |

鶏舎などに閉じ込められたニワトリでは，個体どうしがつつきあって順位を決める。ここでは C，D，E は三すくみで強弱がはっきりしないが，他の個体の間では順位が決まる。一度順位が決まると群れは安定し，無用な争いがなくなる。

### フサオマキザルの順位

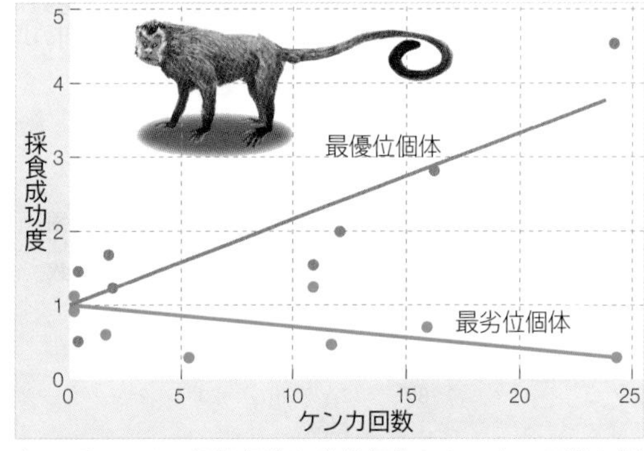


上のグラフは，優位個体と劣位個体のケンカの回数と採食成功度の関係を示している。優位個体はケンカを頻繁にしても採食に成功するが(青線が右上がり)，劣位個体はケンカをすればするほど採食に失敗する(緑線が右下がり)(Janson，1985)。

## E リーダー制 生物

群れを統率するリーダーがいて群れの行動をまとめることをリーダー制という。

ゴリラのリーダー

リーダー制はオオカミやゴリラの群れで見られる。ゴリラは背中が銀色になったシルバーバックと呼ばれる成熟した雄をリーダーに，群れとして行動する。群れの仲間に危害が加えられると，リーダーは命がけで守ろうとする。

**TOPICS**

### ボスザルは存在するのか？

ニホンザル

ニホンザルの群れ，特に餌付けされた群れでは「ボス(リーダー)」という呼称が多く用いられてきたが，餌付けされていない個体群にはリーダー的な存在はいないとの報告がある。現在ではその存在に否定的見解が高まり，「αオス」と呼ぶようになった。

## F 社会性動物 生物

集団生活を行う動物のうち，不妊の階級が見られるものを**社会性動物**(昆虫では社会性昆虫)という。社会性動物の集団は，多世代で構成されており，血縁度が高い。

かつての社会性動物の基準は，集団の中に分業的な階層が存在することであった。現在では，集団の中に不妊の階級が存在することが重視され，このような動物集団のあり方を**真社会性**という。これに対し，少数の親子が階層をつくらずに一緒に生活するあり方を亜社会性，血縁関係のない個体どうしが集団をつくるあり方を側社会性と呼ぶことがあるが，このような動物はふつう社会性動物には含めない。

### ハダカデバネズミの社会

哺乳類でありながら真社会性をもつ種である。地中に長大なトンネルをつくり，1組の繁殖できる雌雄と多数の非繁殖雌雄の個体が集団生活を送る。繁殖期には，**ヘルパー**と呼ばれる繁殖を手伝う個体が現れる(共同繁殖)。繁殖可能な雌雄が死ぬと，別の個体がその地位を引き継ぎ繁殖を行う。

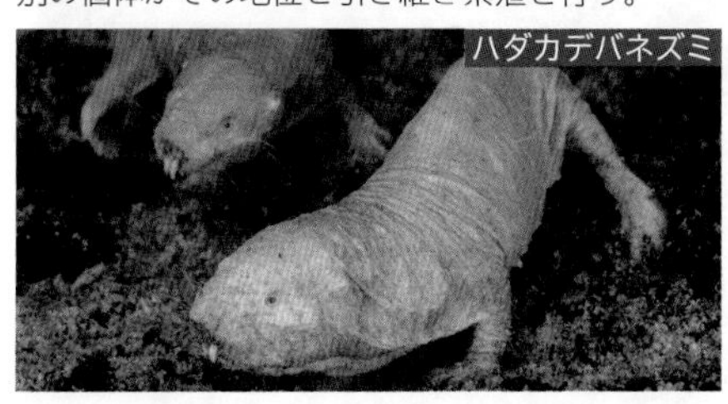
ハダカデバネズミ

### ミツバチの社会

ミツバチの社会は産卵専門で5年くらい生きる1匹の女王バチ，その女王バチから生まれた不妊の働きバチ，特定の季節のみに生まれる雄バチから成り立つ。女王バチになるか働きバチになるかは，ふ化後に与えられる食物の違いによって決まる。女王バチは幼虫のときにロイヤルゼリーを与えられる。

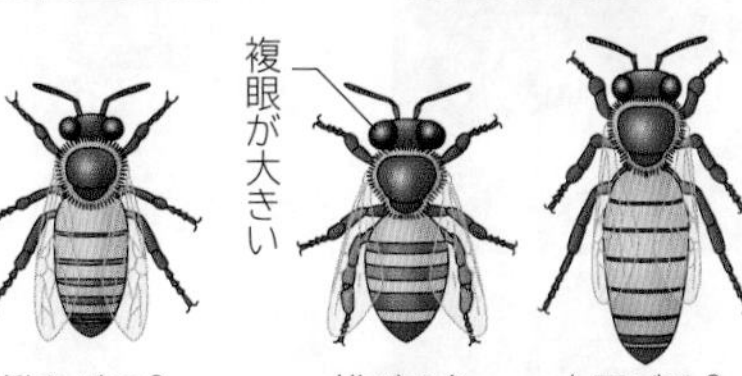
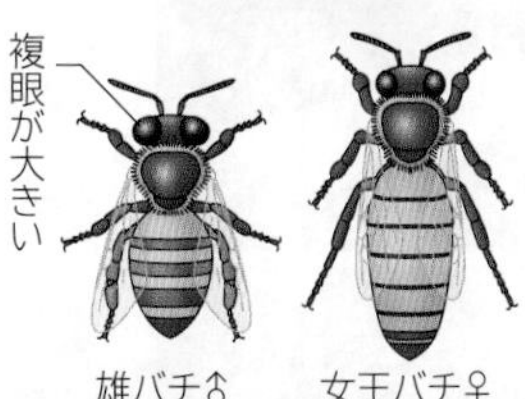

働きバチ♀　雄バチ♂　女王バチ♀

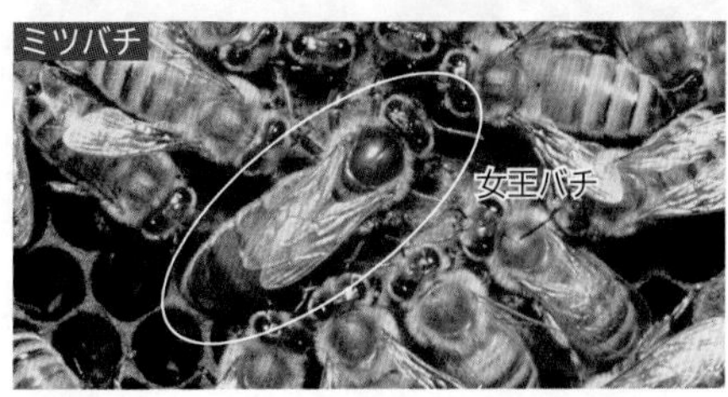

ミツバチ

**TOPICS**

### 利他行動の発達した理由

ある個体が自己の生物的な不利益にも関わらず他個体に生物的な利益を与える行動を**利他行動**という。ミツバチのように雄の染色体数が $n$(半数体)の種では，働きバチの姉妹間で共通する対立遺伝子は平均すると75%になり，母子間での50%より大きい。自分の子を残すより，姉妹の世話をする方が自分と同じ遺伝子を多く残せる(包括適応度が高くなる)ので，血縁選択が起こりこのような行動が発達したと考えられる。

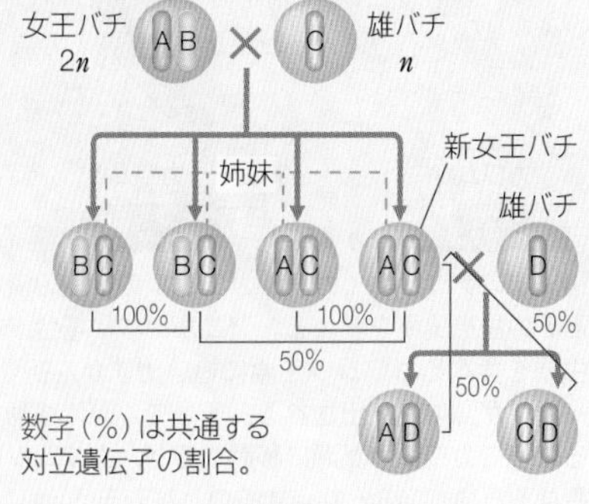

数字(%)は共通する対立遺伝子の割合。

# 10 異種個体群間の関係(種間相互作用)

Functional relationship among different populations

## A 種間競争

食物や生活空間をめぐり同種や異種の複数個体間で奪い合いが起こることを競争という。同種間の場合を種内競争，異種間の場合を種間競争という。 生物

### 3種のゾウリムシの培養実験

Vi32

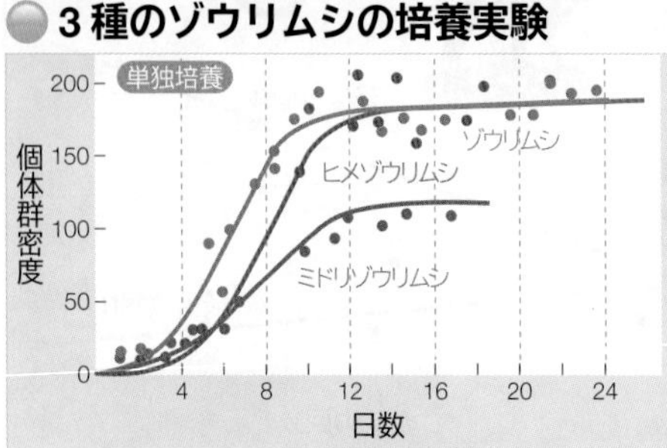


3種のゾウリムシを**単独培養**すると，それぞれ**S字型曲線**を描いて増殖する。
(縦軸の数値は，ある体積中のもの)



混合培養すると食物となる細菌を奪い合う**種間競争**が起こり，一方のゾウリムシは絶滅する(**競争的排除**)。

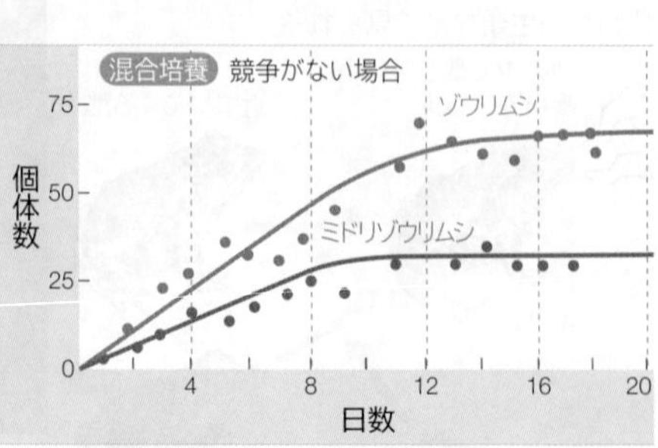


生活空間の異なる(水面近くと底近くなど)種どうしの混合培養では2種が共存することもある。

### ソバとヤエナリの種間競争

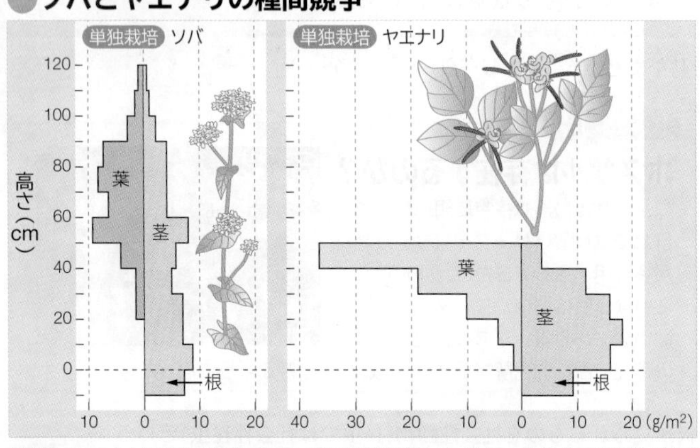


ソバとヤエナリを同じ密度でそれぞれ単独栽培した場合，それらの収量はほぼ等しい。

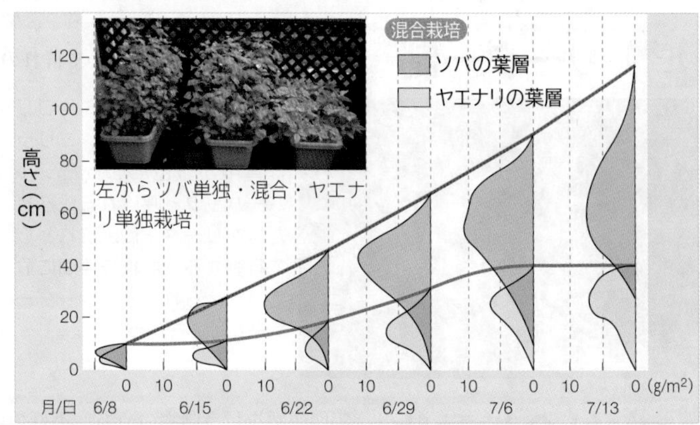


ソバとヤエナリを混合栽培した場合，草丈の低いヤエナリは草丈の高いソバよりも光合成をする上で不利になり，単独栽培時に比べて成長率が悪くなる。

## B すみわけ

えさや生活空間が競合する種が，種ごとに生息場所を別にして共存することをすみわけという。 生物

### 3種の淡水魚のすみわけ

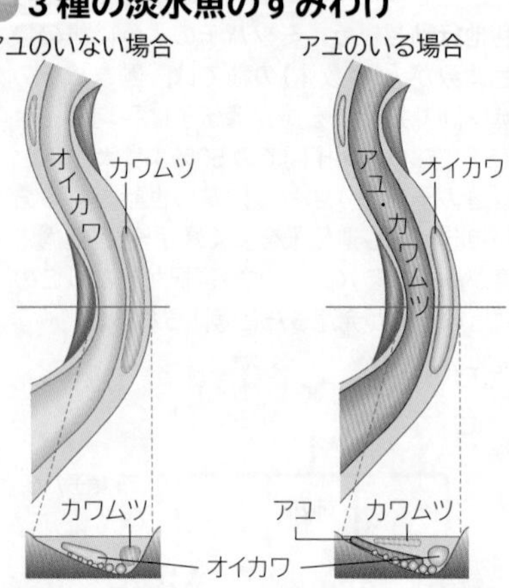


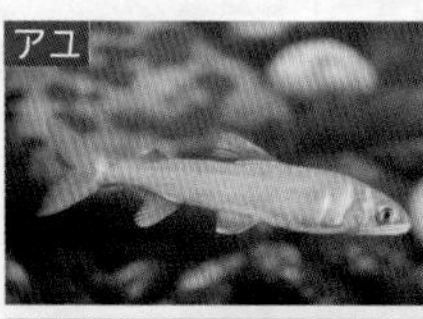

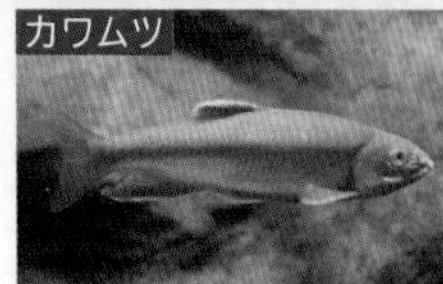


河川にすむアユ，オイカワ，カワムツの3種の淡水魚は，アユが川を上ってくるとその生息場所を変える。アユがいない場合，主に藻類を食べるオイカワは昆虫類を食べるカワムツを淵(ふち)に追い出すが，初夏にアユが川を上ってくると，オイカワが淵に追い出される。そして，淵に移動してきたオイカワに追い出されるようにカワムツが瀬に移動するが，カワムツは藻類を食べるアユとは食性が異なるため，アユと共存することができる。

### 4種のシマリスのすみわけと食いわけ

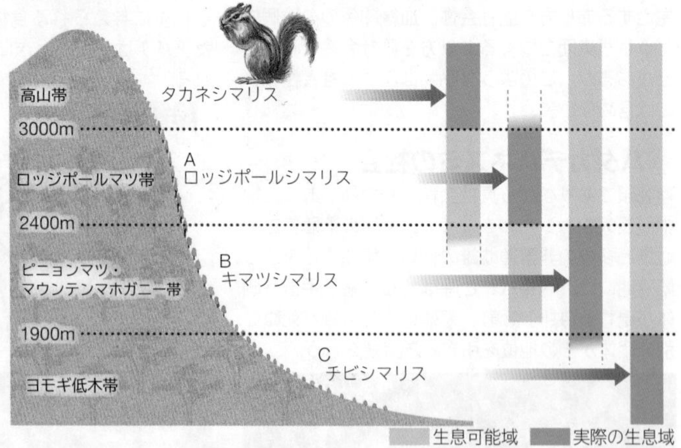


アメリカのシエラネバタ国立公園のシマリス属4種の垂直分布。4種のシマリスが標高および植生によってすみわけている。特にA，B，Cの3種のリスの種間関係を調査すると食性に違いがない。違う種が出会うとケンカをする。強さの順番はA＞B＞Cである。その結果，Aは森林に執着。→B，Cを追い出す。→BはCを低木林に追いやる。→すみわけ・食いわけが生じる。

## C 食いわけ

餌が競合する種どうしが，競争の結果，餌の種類を別にして共存することを食いわけという。 生物

### 草原の採食遷移(時期によって餌を摂る種が変化する現象)

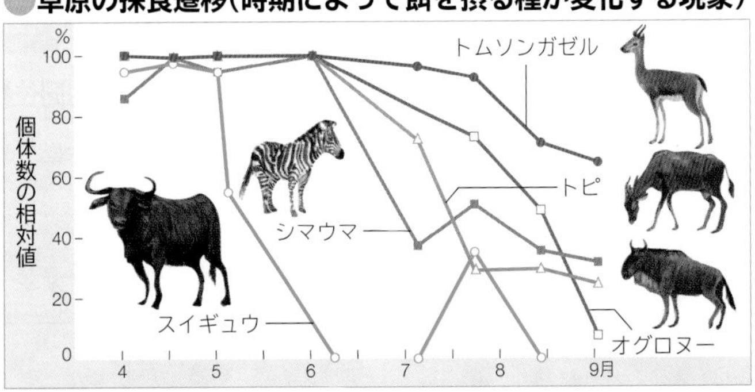


タンザニアのセレンゲティ国立公園のカテナでは，乾期になるとスイギュウが移動し始め，続いてシマウマそしてトピ，オグロヌー，トムソンガゼルが移動する。これは丈の高い草を利用する種が先に移動し，地表部の草を利用する種が最後まで残ることが可能だからである。

### ADVANCE 捕食者と被食者が共生

細胞性粘菌は大腸菌を捕食し，ほとんどの場合はそれらを食べつくし餓死して絶滅する。ところが実験室内で両者を一緒にして培養すると，時々単独培養では見られない粘性をもったコロニーが出現し，その中で大腸菌と粘菌が安定的に共存している姿が確認された。

これは図のように，捕食・被食の関係以外に，捕食者からの栄養漏えいが被食者にとって利益となるように，互いに影響し合いながら進化(共進化)が起こったものと考えられる。

このような共生関係のでき方を，現在のミトコンドリアや葉緑体の細胞内共生の始まりを解明する研究につなげていく動きがある。

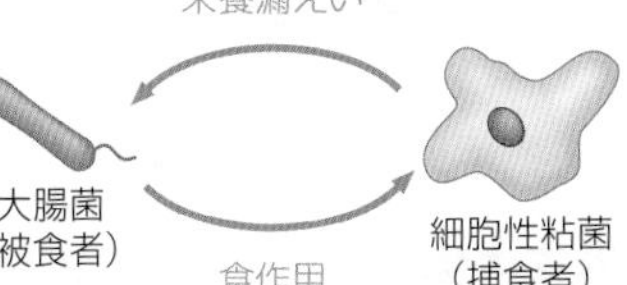

## D 捕食と被食

食う者(捕食者)と食われる者(被食者)の数は相互に関係し合いながら変化する。 生物基礎 生物

### 被食者・捕食者の個体数の周期性

被食者・捕食者の両者の個体数は周期的に変動する。

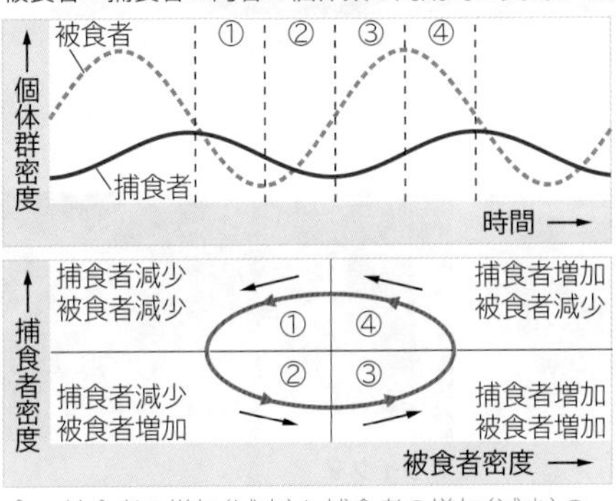


被食者の増加(減少)と捕食者の増加(減少)のどちらが先に起こるかに着目しよう。

### 被食者(ドングリ)・捕食者(齧歯類)・寄生者(マダニ)の三者の個体群密度の関係

ニューヨーク州ミルブルック近郊のオーク林においては，齧歯類の個体群密度はオークのドングリの個体群密度に一年遅れて変化し，マダニの個体群密度は齧歯類の個体群密度に一年遅れて変化する傾向がある。

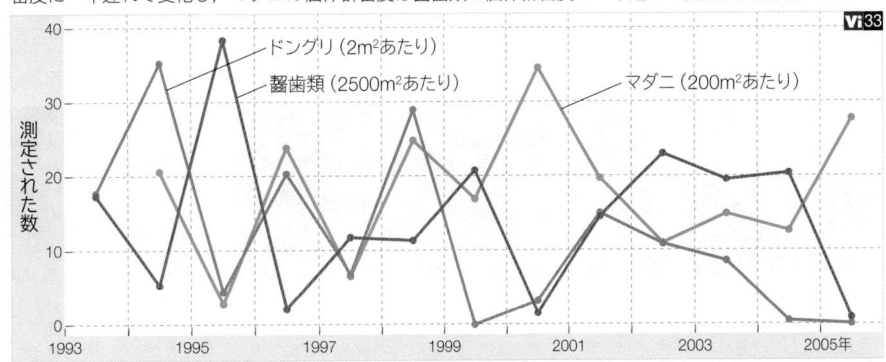


## E 異種生物間の相互作用

種の異なる生物の間には，相利共生，片利共生，中立，寄生，片害作用などがある。 生物

### 相利共生

2つの種が共生または協力することで互いに利益を得る。

アリはアブラムシの腹部から出す分泌物をもらう代わりに，アブラムシを積極的に保護したり，他の植物へ運んだりする。

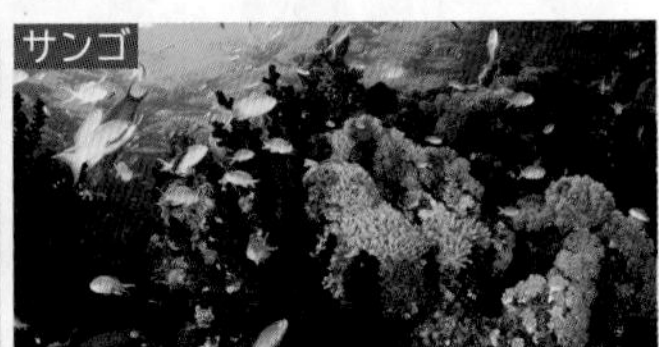


サンゴは刺胞動物のサンゴ虫と藻類の共生体である。サンゴ虫は藻類から光合成で得た有機物をもらい，藻類にすみかを提供している。

### 片利共生

片方だけが利益を得る。

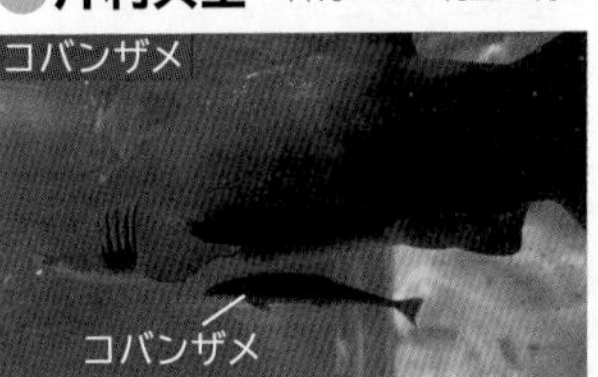


コバンザメはサメやウミガメの腹部に付着し，外敵から身を守ったり，食物を獲得したり移動の労力を軽減したりと利益を受ける。

### 中立

互いに影響を及ぼさない。

草を食べるシマウマと，高いところの樹木の葉を食べるキリンとでは，同じ場所に生息しても利害関係はない。

### 寄生

宿主の体内や体表部に生活する寄生者は，宿主に害を与える。

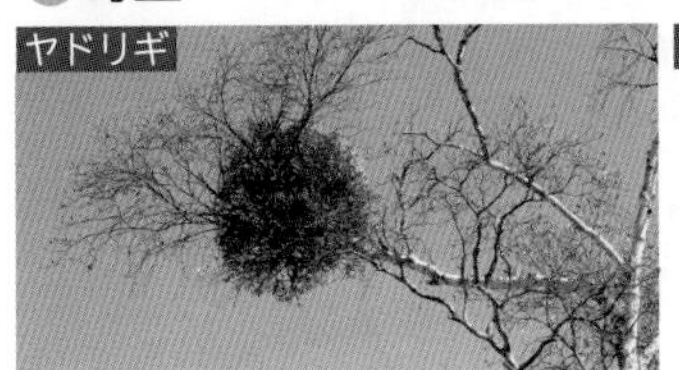


ヤドリギは広葉樹に寄生するが，自らも光合成を行う半寄生の生活をする。

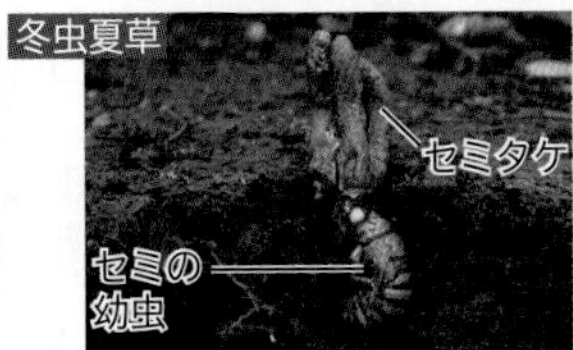


昆虫の幼虫に寄生するキノコの仲間がいくつか知られている。

### 片害作用

生物の出す分泌物などが，他の生物に不利に働くことがある。

異常発生したプランクトンからの有害物質や酸素不足により，魚介類が死ぬ。

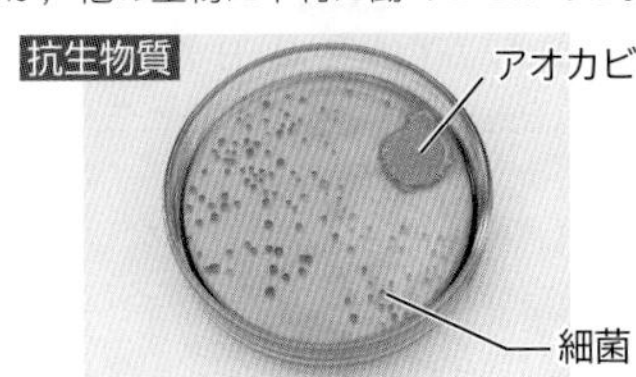


アオカビから分泌される抗生物質は，細菌を殺す働きがある。

# 11 生態的地位
Niche

## A 生態的地位

生物が属する生態系や群集の中で，それぞれの種が占める場所や役割のことを**生態的地位**という。生態的地位が同じ種どうしを**生態的同位種**という。生態的同位種には収れんが起こりやすい。

生物

### 2種類のチョウの生態的地位

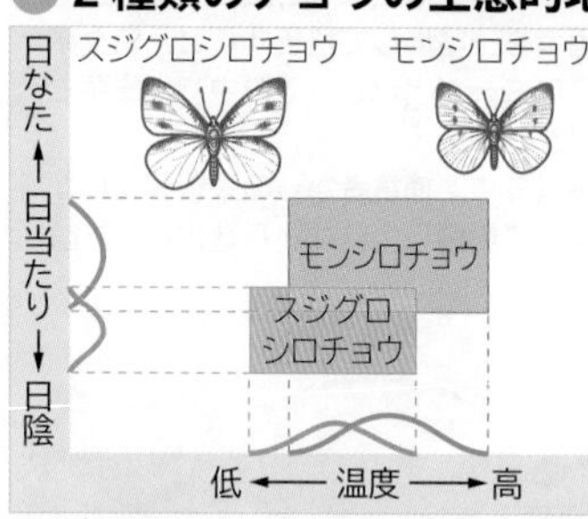


モンシロチョウとスジグロシロチョウは，同じ地域に生息する姿のよく似たチョウだが，その生活には微妙な違いがある。生息する場所の温度条件は重なるが，食草がモンシロチョウは開けた畑にあるキャベツ，スジグロシロチョウは半日陰に生えるイヌガラシやタネツケバナのため，前者は日なた，後者は日陰を好み，その生態的地位は異なる。

### オーストラリア大陸とアメリカ大陸のほ乳類の生態的同位種

| 大陸 | 大型植食種 | 穴を掘る小・中型植食種 | アリ食のみ | 膜を広げて滑空 | 大型肉食種 |
|---|---|---|---|---|---|
| オーストラリア | カンガルー | ウォンバット | フクロアリクイ | フクロモモンガ | フクロオオカミ |
| アメリカ | バイソン | プレーリードッグ | アリクイ | モモンガ | ピューマ |

### 外来生物

一般に在来種より強い適応力をもつため，その生態的地位を奪い，生態系の乱れや在来種の激減が懸念されている。

**セイタカアワダチソウ**
北米原産。他の植物を阻害する他感作用(アレロパシー)現象を引き起こす(⇒ p.265)。

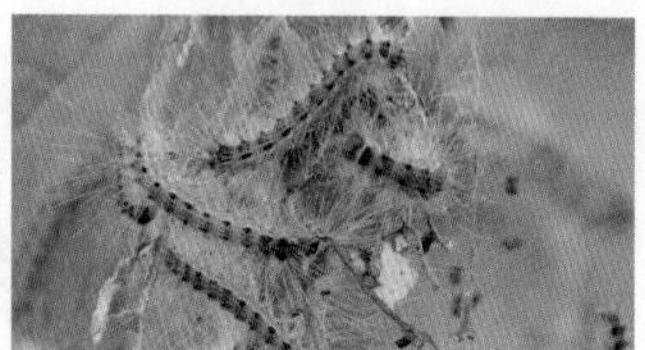
**アメリカシロヒトリ**
北米原産。春・秋2回羽化する。幼虫はサクラなどの樹木の葉を食べ，大発生すると大きな被害を与える。

**セイヨウオオマルハナバチ**
トマトなどの温室栽培で受粉を助ける目的のため輸入。野外に逃亡することもあり，在来種への影響が心配されている。

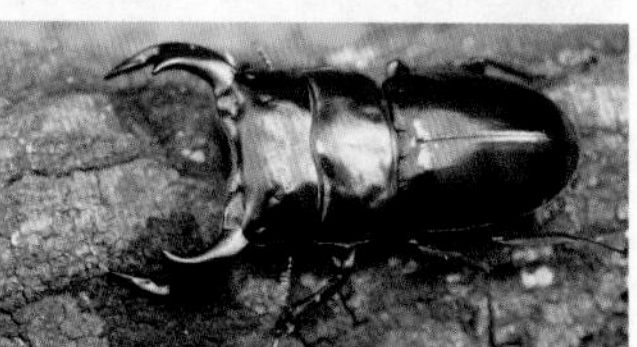
**アンタエウスオオクワガタ**
ペットとして輸入された外来産クワガタムシが野生化し，繁殖したり，在来種との雑種が生じたりしている。

**ミシシッピアカミミガメ**
アメリカ合衆国南部からメキシコ原産。ミドリガメとして売られていたものが，野生化している。

**ブラックバス**
(別名：オオクチバス)
北米原産。釣り用に各地の湖などに放流したものが繁殖。肉食性で在来魚を食べる。

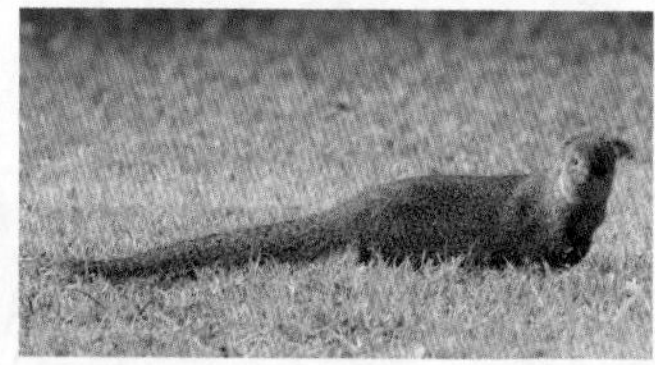
**マングース**
ジャコウネコ科。沖縄等でハブ退治目的で放したが，ヤンバルクイナなど稀少種を襲い絶滅の危機に陥れている。

**アライグマ**
北米原産の動物。ペットとして輸入されたが，性格が凶暴なため捨てられ，野生化している。

### 基本ニッチと実現ニッチ

ある生物種に，生活に影響する捕食や競争などがない場合，広いニッチ空間を利用できる。この最大のニッチ空間を**基本ニッチ**という。
しかしほとんどの場合，競争相手や捕食者が存在するので，その影響を受けてニッチ空間が制限され，より狭い**実現ニッチ**となる。

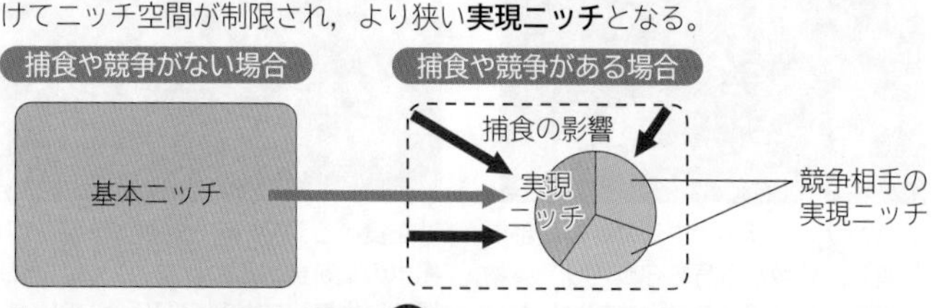


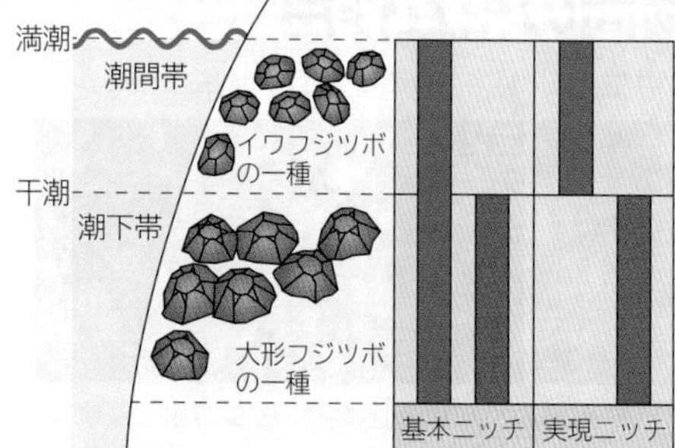


**基本ニッチ**
イワフジツボの一種は，乾燥に耐えられるので，潮間帯から潮下帯まで生息できる。
大型フジツボの一種は，乾燥に弱いため，潮間帯には生息できない。

**実現ニッチ**
潮下帯では，大型フジツボの一種に覆われてしまうため，イワフジツボの一種は生息できない。

### ニッチの分割と共存

生物が利用する資源(食物など)と利用頻度を示したグラフを**資源利用曲線**という。
①ニッチが重なるA，Bの2種がいる場合，資源を巡る競争が起こり，どちらかが絶滅してしまうことがある。
②資源の利用のしかたが異なる場合(すみわけ，食いわけなど)，共存することができる。
③ニッチが共通する種が多い場合でも，資源の利用を分割すること(**ニッチ分割**)で，多数の種が共存可能となる。

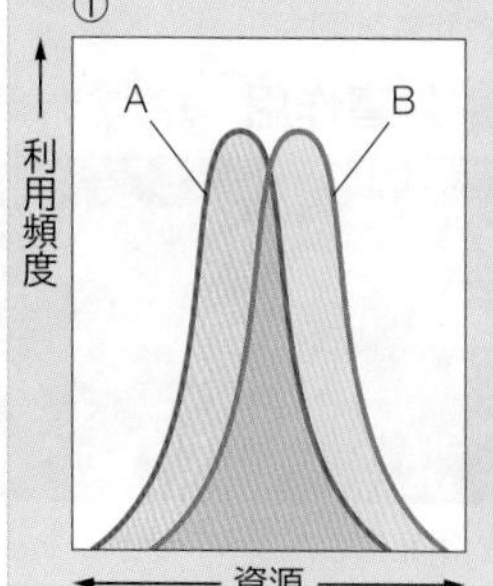


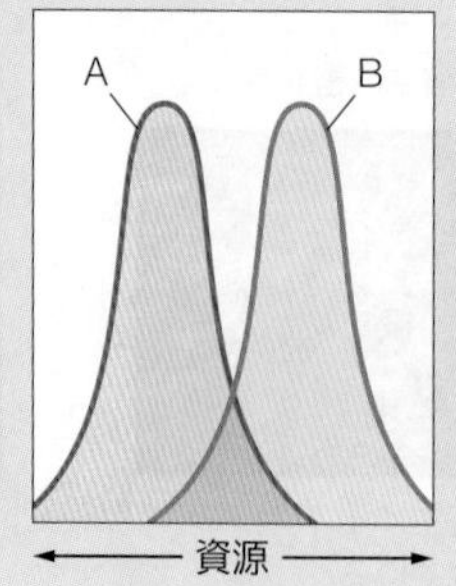


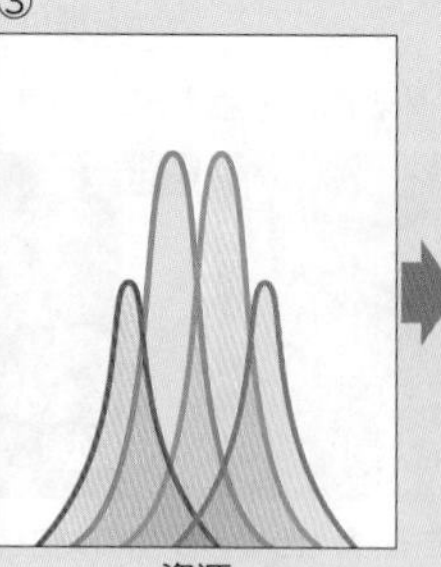


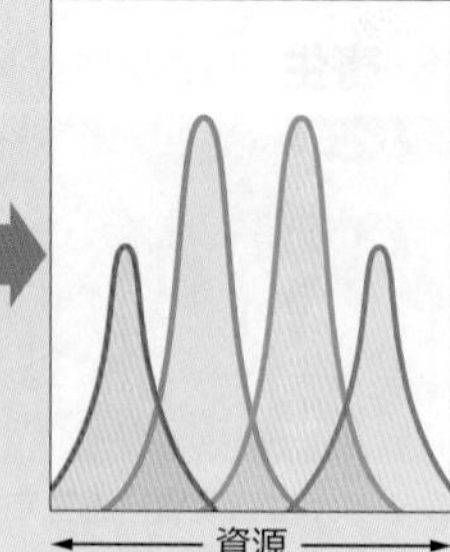

# 12 化学物質による生存戦略

Chemical strategy of living things

## A 植物と動物の化学戦争

植物は化学物質を使って，動物に食べられるのを防いだり，動物たちに助けられたりしながら，生存を有利にしようとしている。

生物

### クルミ類の防衛戦略

生きたクルミの葉には糖と結合した状態のジュグロンがあり，落葉して土壌微生物によって分解されると，酸化されて強い毒性をもったジュグロンとなる。

ジュグロンによってクルミの木は他の植物や加害者となる昆虫などの競争者が周辺に近づくのを防いでいる。この現象は2000年前のプリニウスの『博物誌』にも記載されている。

クルミ

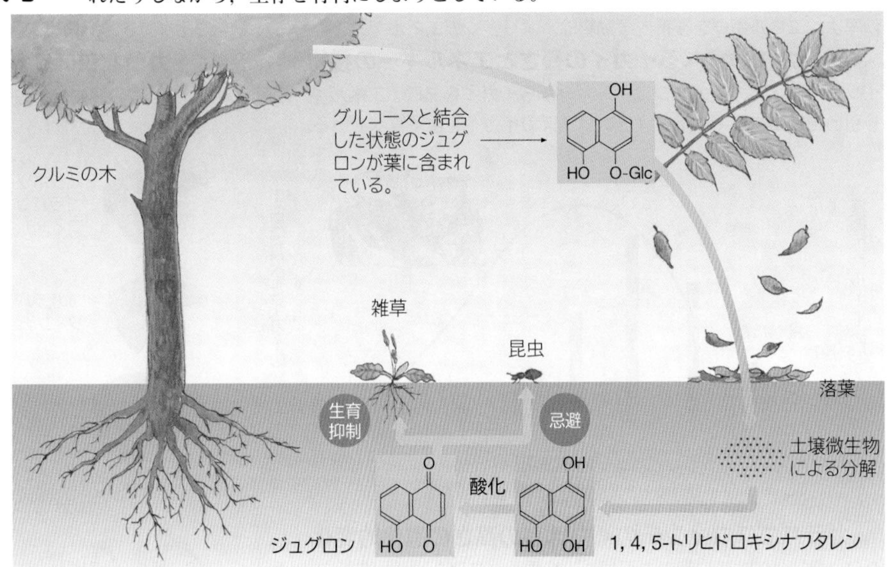


### リママメの防衛戦略

ナミハダニに加害されたリママメは，ナミハダニの天敵であるチリカブリダニを誘引する物質を分泌する。この物質の匂いを嗅ぐとナミハダニは分散して逃避する傾向がある。また，未加害の近くのリママメも未然に食害を防ごうと誘引物質を分泌し，チリカブリダニをボディーガードとして呼び寄せる。

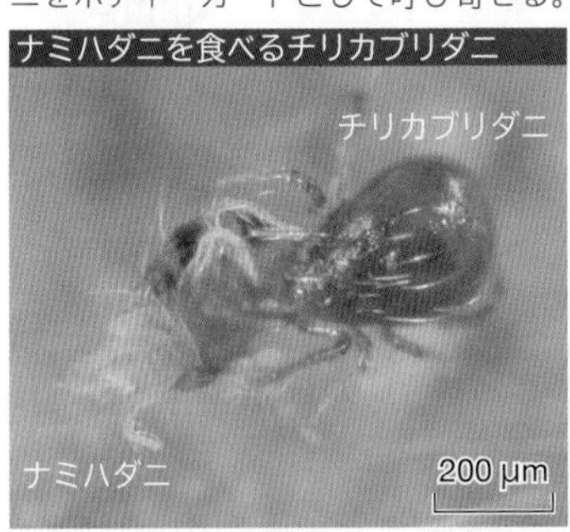


ナミハダニを食べるチリカブリダニ

誘引物質

チリカブリダニ（ナミハダニの天敵）

誘引物質

攻撃するナミハダニ

チリカブリダニ誘引物質（β-オシメン，ジメチルノナトリエン，リナロール，サリチル酸メチルなど）

加害されたリママメ

隣の未加害のリママメも誘引物質を放出

### ユーカリを食べるコアラ

ユーカリの葉にはシオネールなどの芳香油が含まれている。この成分は多くの生物にとって有毒であるが，コアラはシオネールを解毒できる。そのため，コアラはユーカリを独占でき，動きが鈍くても生き残ることができたと考えられている。

コアラ

### アリに種子を散布させる

カタクリやフウロケマンの種子には**エライオソーム**という突起がある。ここにはオレイン酸，アミノ酸，糖などが含まれており，これらの物質がアリの運搬行動を誘起している。巣穴に運ばれた種子はやがて発芽する。カタクリなどは分布を広げるために，アリを上手に使っている。

カタクリ

カタクリの種子

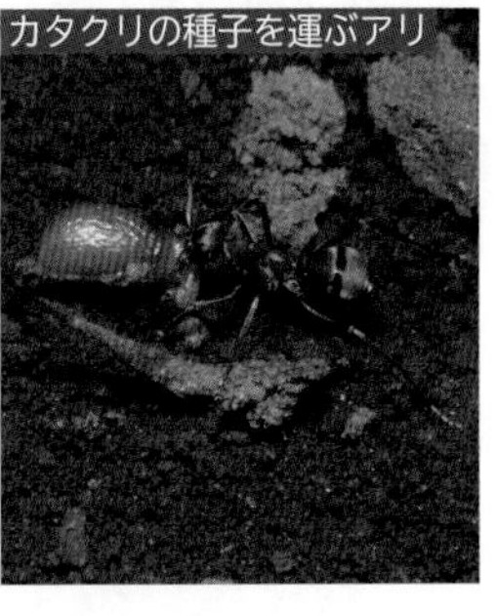

カタクリの種子を運ぶアリ

# 13 行動生態学

Behavioral ecology

## A 効率的採餌行動

動物は生存や繁殖のために食物を摂取する必要があるが，そのとり方や餌の種類にも環境に応じた適応が見られる。 生物

効率よくエネルギーを獲得する動物は，より多くのエネルギーを繁殖に費やすことができ，適応度を上げられる。

### イソガニの食べるイガイの長さとエネルギーの獲得

イソガニは，イガイのもつエネルギーからイガイをあけるエネルギーを差し引いた純エネルギー量が大きいサイズのイガイをよく食べている。

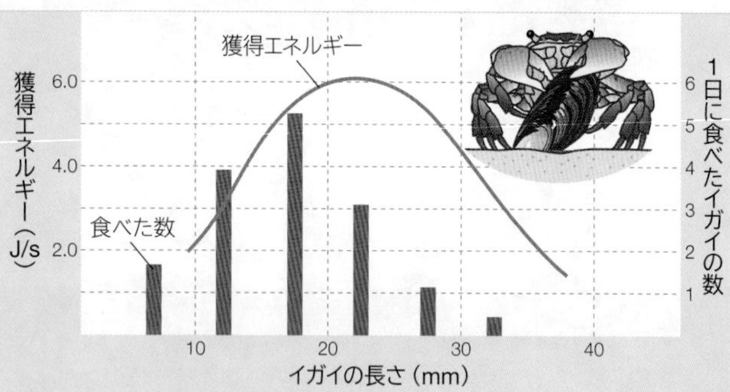


### ガラパゴスフィンチのくちばしの高さ

くちばしの高さと，割ることのできる種子の硬さとの関係は下図のようになる。

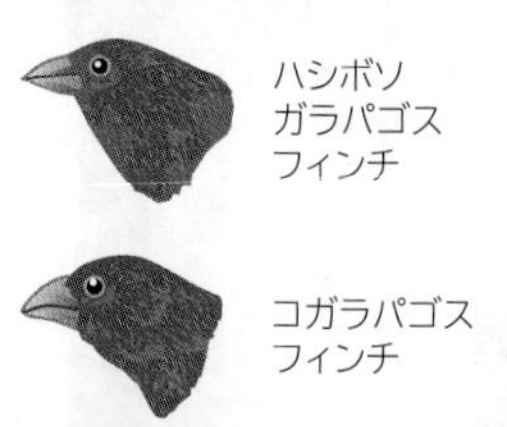

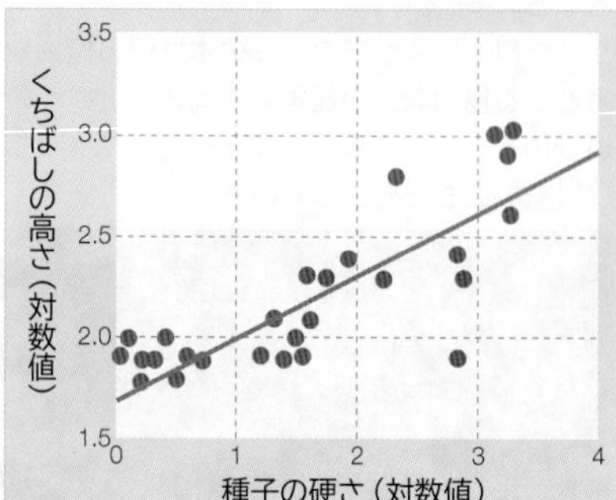


### ガラパゴスフィンチのくちばしの高さの進化的変化

ダフネ島で 1977 年に起きた干ばつの結果，ハマビシやサボテンの実は大きく硬い実が増えた。その結果，くちばしの高い個体が多く生き残り，その結果干ばつ後に生まれた子のくちばしは高いものが多くなった（**形質置換**）。

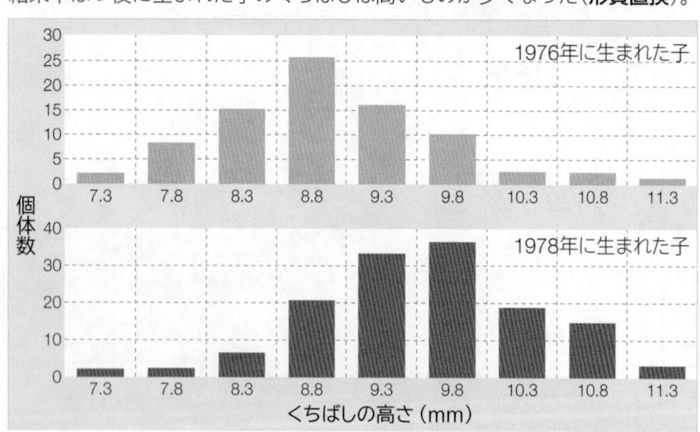


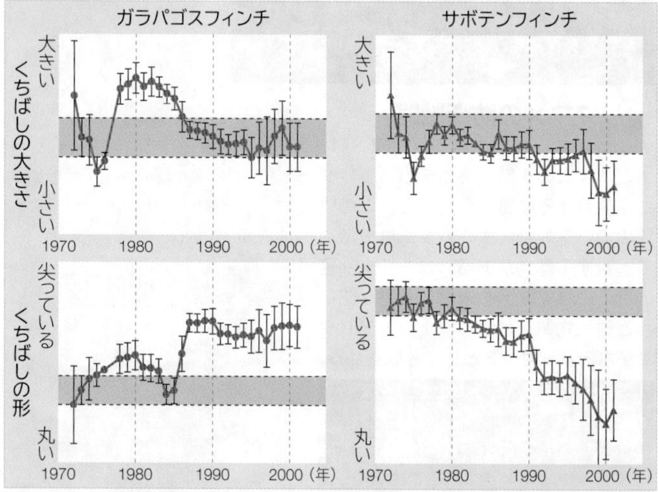


自然選択（⇒p.302）が働かなければ，くちばしの形態の変化は破線で囲った範囲内に留まる。形態の変化は，自然選択の要因で進化していると思われる。

## B 遺伝子を効率よく残す繁殖戦略

繁殖の際の動物の行動には，自らの遺伝子を効率よく残すための様々な適応戦略が見られる。 生物

### 性転換する魚の繁殖戦略

体の大きさによって性転換する魚が知られている。

#### 雄間に配偶競争がない場合

クマノミのように，雄の体の大きさと繁殖成功度が無関係な場合は，右のグラフのようになる。よって，P点より体が大きくなると，雌に性転換した方が，自分の遺伝子を残す上で有利と考えられる。

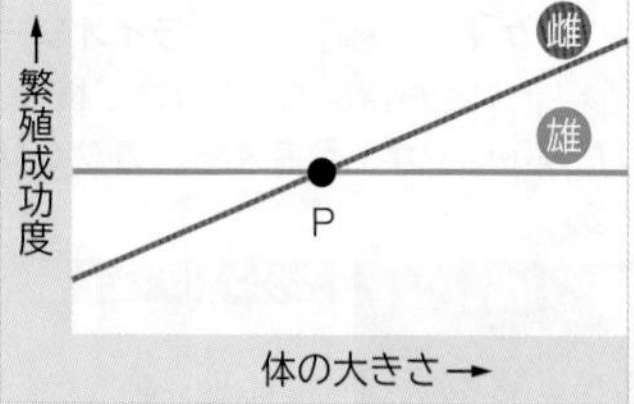


#### 雄間に配偶競争がある場合

キンギョハナダイのように，雄の体が大きくなると繁殖成功度が上がる場合は，右のグラフのようになる。Q点より体が大きくなると，雄に性転換した方が自分の遺伝子を残す上で有利と考えられる。

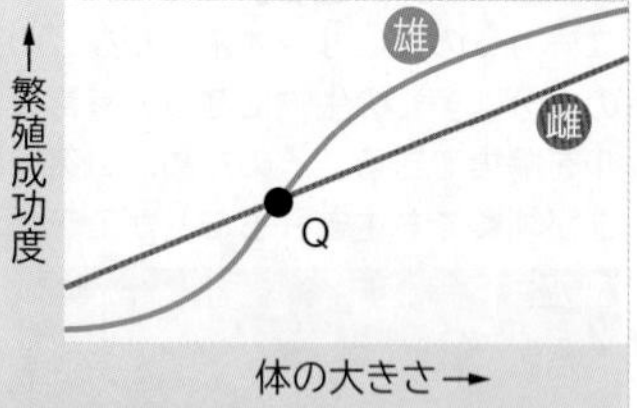


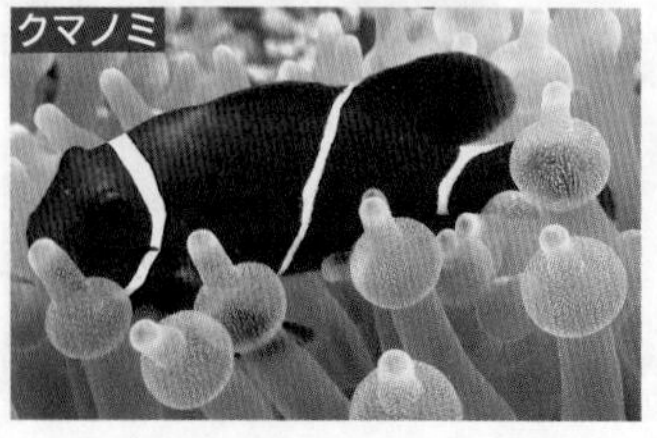
クマノミ

1 つのイソギンチャクに住むことになった雌雄で配偶行動をするので，競争がない。

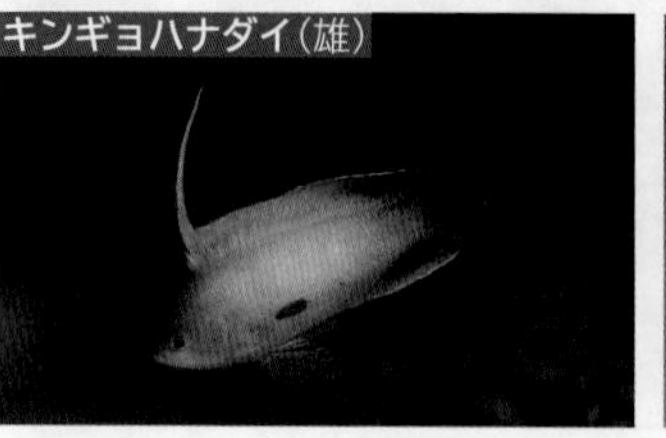
キンギョハナダイ（雄）

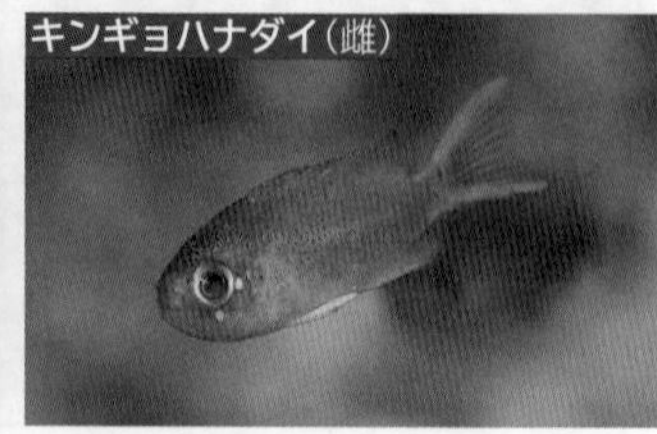
キンギョハナダイ（雌）

## C 適応度を上げるための性選択

繁殖の機会を多くすることに関連して，雌雄いずれかの性に特殊な形態や行動が進化することがある。 生物

アフリカホウオウジャク(雄)

クジャク(左・中央が雄，右が雌)

アフリカホウオウジャクやクジャクなどの鳥は，雄が特異な羽根をもつ。
アフリカホウオウジャクでは羽根の長さの長い方が，クジャクでは眼状斑点の数の多い方が，より交尾相手として選ばれる傾向がある。
このような競争を**性選択**と呼ぶ。性選択の働く種では，性選択の際の特徴となる形質をもつ個体が世代を重ねてよりその特徴を進化させていく。

### クジャクの眼状斑点と配偶成功数の関係

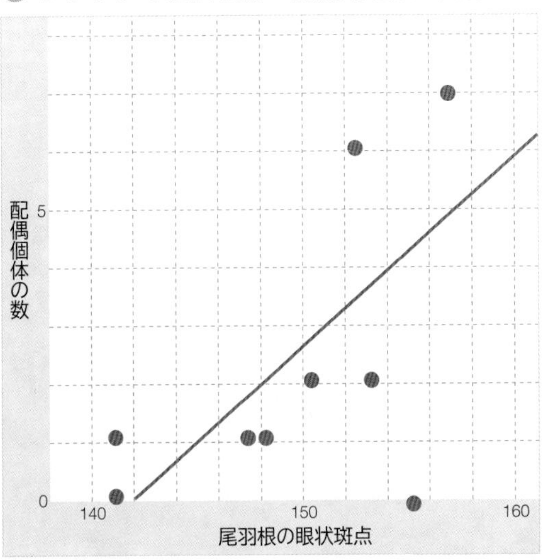


## D K戦略とr戦略

動物がより多くの子孫を残すための適応は，少産少死のK戦略と多産多死のr戦略に大別して考えることができる。 生物

生物が適応度を上げて進化していくには，内的自然増加率(r)を大きくするか，環境収容力(K)を大きくするかの２つの方法がある。
個体数が非常に少ない状態から増殖するとき，その変化はS字状の曲線に従い，次のような式(ロジスティック式)で表すことができる。

個体数の増加速度(個体数の時間変化率)：$\dfrac{dN}{dt}=r\left(1-\dfrac{N}{K}\right)N$

$N$：個体数　$t$：時間　$r$：内的自然増加率
$K$：環境収容力(ある環境に存在する生物の最大量)

この式は，内的自然増加率(r)と環境収容力(K)という２つの変数から成っている。種内競争が激しくないときは，個体の潜在的な増殖能力を高めるように作用するr選択が進化し，逆に種内競争が激しくなったときは，種内競争を勝ち抜くK選択が進化する。
一般的に，r戦略者は競争能力を犠牲にして潜在的な繁殖力を高めた種，K戦略者は潜在的な繁殖能力を犠牲にして競争力を高めた種である。

### 近縁種でのr－K戦略

競争の有無は状況によって異なるので，ある種が常にどちらかの戦略をとるとは限らない。ただし，近縁種を比較すると，どちらかの戦略を選択していることが読み取れる場合がある。
下表のヒメガマの例では，北方の種の方が小さい地下茎や穂をたくさん付けて，北部の厳しい環境変化に対応するような性質が見られる。生息地の環境特性に合わせた特性と考えられる。

| 生息地の環境特性 | ノースダコタ(アメリカ北部) | テキサス(アメリカ南部) |
|---|---|---|
| 成長に適した日数<br>霜のない日数の変動係数<br>生息地の株密度 | 短　い<br>大きい<br>低　い | 長　い<br>小さい<br>高　い |
| 形質 | ヒメガマ(*T.angustifolia*) | 近縁種(*T.domingensis*) |
| 開花までの日数<br>平均茎高〔cm〕<br>株あたりの平均地下茎数<br>地下茎１本の平均重量〔g〕<br>株あたりの平均穂数<br>穂の平均重量〔g〕<br>１株の穂の総重量〔g〕 | 44<br>162<br>3.14<br>4.02<br>41<br>11.8<br>483 | 70<br>186<br>1.17<br>12.41<br>8<br>21.4<br>171 |
| 戦略 | r戦略 | K戦略 |

### K選択とr選択の特徴

| | K選択 | r選択 |
|---|---|---|
| 気候 | 安定しているかまたは周期的 | 不規則に大きく変化する |
| 死亡率 | 密度に依存する | 密度に依存せず，壊滅的 |
| 生存曲線(⇒p.273) | Ⅰ型もしくはⅡ型が多い | Ⅲ型が多い |
| 種内競争 | 厳しい | 穏やか |
| 進化する形質 | 1. 高い競争能力<br>2. 遅い成長<br>3. 遅い繁殖<br>4. 大きな体<br>5. 多回繁殖<br>6. 大卵少産<br>7. 長い寿命 | 1. 高い内的自然増加率<br>2. 速い成長<br>3. 早い繁殖<br>4. 小さな体<br>5. 一回繁殖<br>6. 小卵多産<br>7. 短い寿命 |

### 密度が高まったときの適応

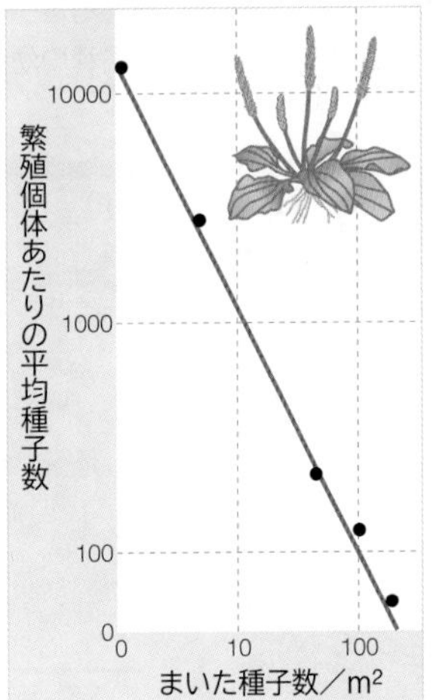


オオバコでは，密度が増加するにつれてつくられる種子の数は減少する。

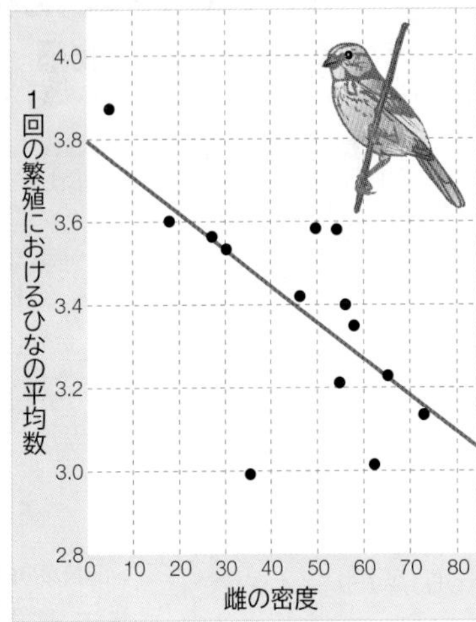


カナダ・ブリテッシュコロンビア州マンダート島のウタスズメの例では，雌の密度が増加すると食物が不足してくるため，１回の繁殖におけるひなの数は減少する。

# 14 生態系の物質循環(1)

Material circulation in ecosystem 1

## A 森林での食物網

生物間における捕食者と被食者の関係を食物連鎖という。食物連鎖は，実際には複雑な網目状になっており，これを食物網という。食物網が複雑になるほど，生態系は安定する。

生物基礎　生物

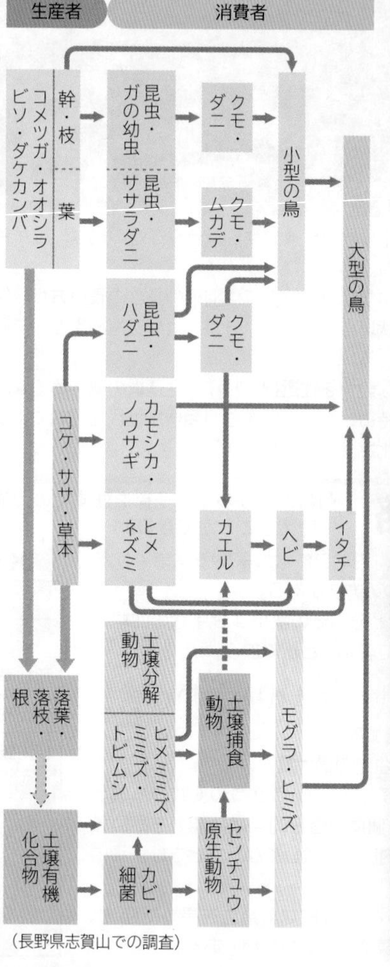


（長野県志賀山での調査）

**POINT**

**食物連鎖に関する用語**

**食物連鎖**：捕食－被食による生物の直接的なつながり。
**食物網**：食物連鎖が複雑な網目状になった実際の状態。
**生産者**：光合成によって有機物を生産する生物。
**消費者**：生産者が生産した有機物を利用する生物。
**分解者**：生物の遺体や排出物を無機物に分解する菌類・細菌類。
**生食連鎖**：生きている植物から始まる食物連鎖。
**腐食連鎖**：生物の遺体・排出物から始まる食物連鎖。

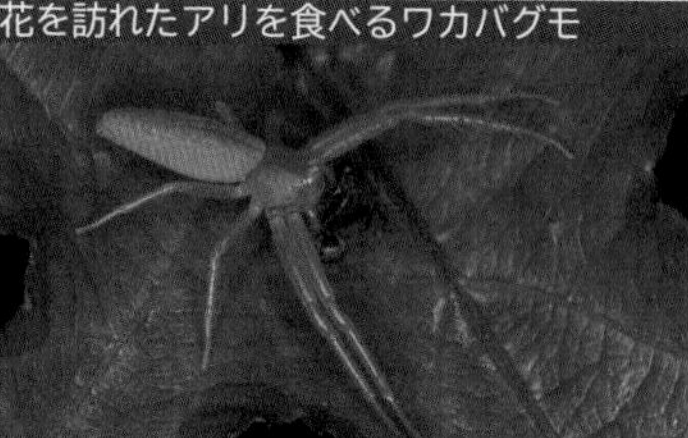
花を訪れたアリを食べるワカバグモ

樹木を食べるシロアリ

## B 海洋での食物網

海洋には，光合成を行う植物プランクトンを起点とする食物網が存在する。

生物基礎　生物

**ニシンを中心とした食物網**　ニシンは自分より小さい各種の幼生やミジンコ類を食べている。成長するにつれ，大型のものも食べられるようになり，食物網が複雑になる。

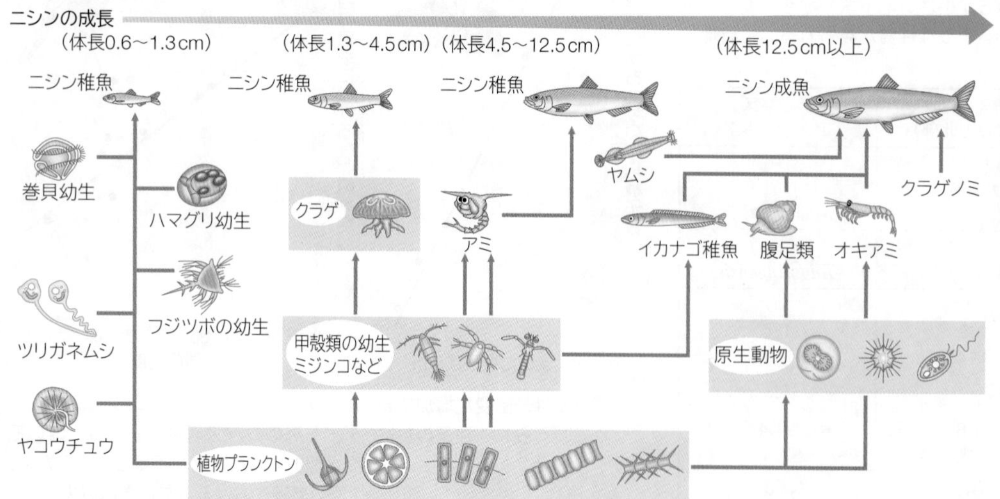


オキアミ
1 cm

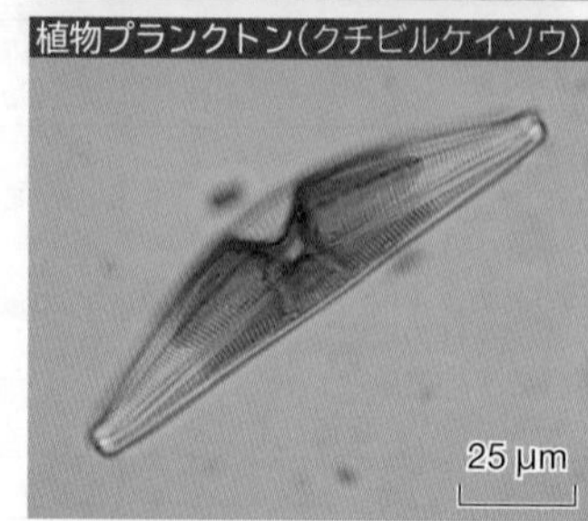

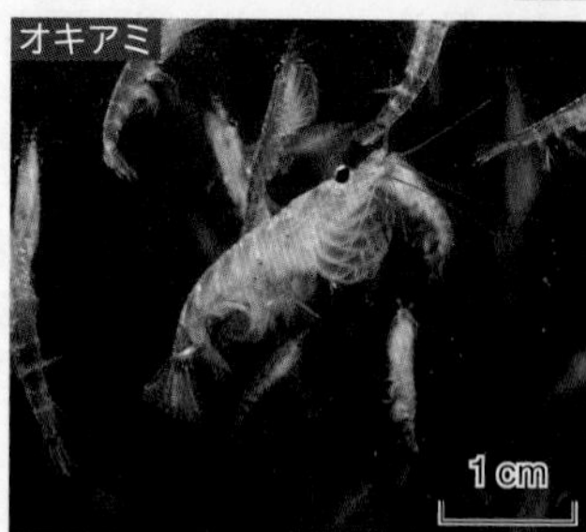
植物プランクトン（クチビルケイソウ）
25 μm

8 生態と環境



WORD プランクトン⇔浮遊生物　バイオフィルム⇔菌膜　同位体⇔同位元素⇔アイソトープ

# 実験　食物網の調査(ヒメハマシギの食性調査)

食物網を明らかにする方法の１つに，捕食者・被食者および環境中の炭素と窒素の安定同位体比を調査・比較する手法がある。

## 手順１ ―観察―

方法　ヒメハマシギの捕食行動を直接観察する。

結果　①ゴカイやカニなどの大型の底生生物(ベントス)を捕食する機会は少なかった。
②高速で干潟をつつく行動が観察された(120回/分)。

考察　①大型の底生生物のみでは生命活動のエネルギー源として不足している。
②バイオフィルム(微細藻類・細菌およびこれらの生物が体外に放出する多糖類粘液で構成される干潟表層にできる薄い膜)を生命活動のエネルギー源としている可能性がある。

## 手順２ ―胃の内容物の調査―

方法　胃の内容物に含まれる色素とバイオフィルムに含まれる色素を比較する。
結果　胃の内容物からバイオフィルムと全く同じ23種類の色素が検出された。
考察　バイオフィルムを生命活動のエネルギー源としている可能性が高い。

バイオフィルム採取の様子

## 手順３ ―熱収支の計算―

方法　バイオフィルムの摂取量から得られるエネルギー量を計算する。
結果　生命活動に必要なエネルギー量の50%以上の値になった。
考察　生命活動のエネルギーとして十分な量がバイオフィルムから得られる。

## 手順４ ―安定同位体測定―

方法　炭素の安定同位体 $^{12}C$ と $^{13}C$ の量比および窒素の安定同位体 $^{14}N$ と $^{15}N$ の量比を，ヒメハマシギの胃の内容物(A)や糞(B)，食物源と考えられる底生微細藻類(C)，バイオフィルムから底生微細藻類を除いたもの(D)，ゴカイなどの大型多毛類(E)で調べ，グラフにまとめる。

結果

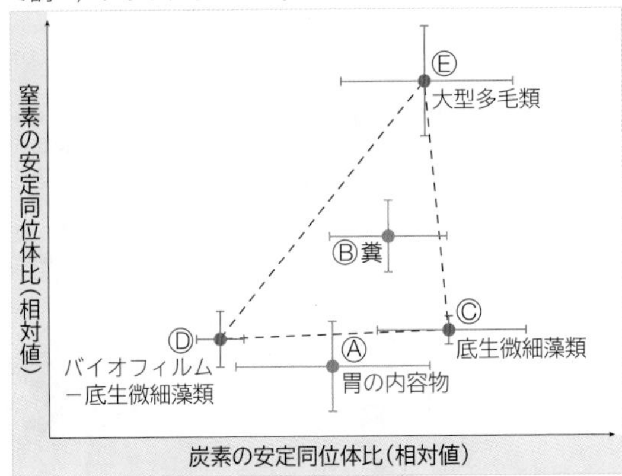


考察　①胃の内容物(A)はバイオフィルムを構成しているCとDの安定同位体比の平均値に近い。
②糞(B)の窒素同位体比が高いのは，大型多毛類(E)の未消化部分が多く含まれていると考えられる。

## 結論

ヒメハマシギは生命活動のエネルギー源の多くをバイオフィルムに依存している。

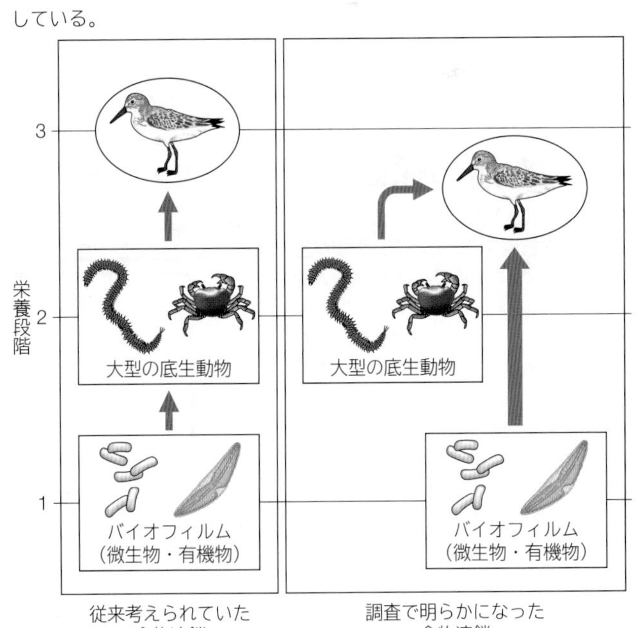

# 15 生態系の物質循環(2)

Material circulation in ecosystem 2

## A 炭素循環

生物が生きていくためのエネルギー源を産み出し，体の構成成分となる炭素の循環には，植物が重要な働きをしている。

生物

生態系において，物質は生物的環境とそれを取り巻く非生物的環境との間を循環する。これを**物質循環**という。大気中の二酸化炭素($CO_2$)は光合成の材料として植物に取り込まれて有機物となり，食物網にのって生物界を循環して生物体内におけるATPの生産過程で消費される。生物体からの排出物や遺体は，微生物によって分解され，再び$CO_2$として大気に戻される。海洋は大気中の$CO_2$濃度を調節する働きをもつ。このほかに，火山の噴火によっても$CO_2$が排出される。
現在では，人間活動に伴って排出される$CO_2$の量が多くなってきている。

空気中の$CO_2$を吸収する働きがあるのはどこかに着目しよう。

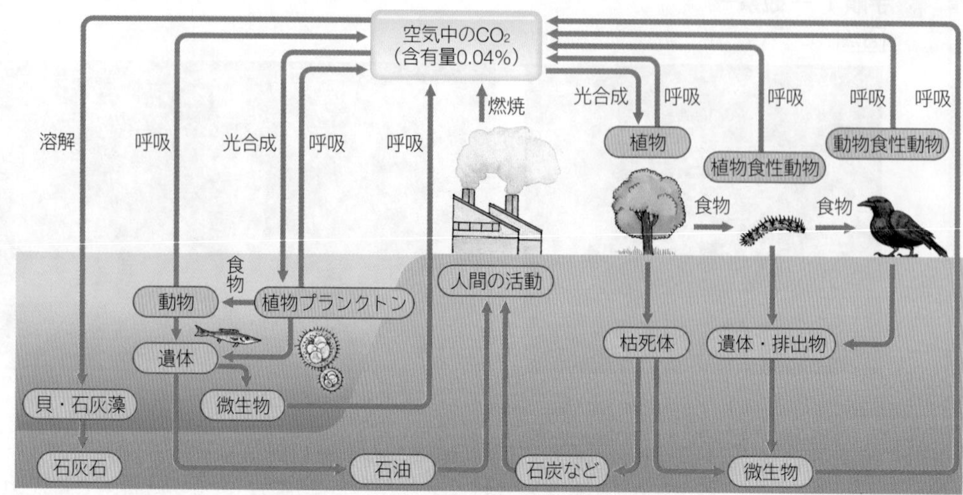


## B 窒素循環

核酸やタンパク質などの材料となる窒素の循環には，微生物が重要な働きをしている。

生物

大気中の窒素($N_2$)は，雷などの空中放電や，根粒菌，アゾトバクターやネンジュモなどの微生物によって生物が利用できる形に固定され，生物界に取り込まれる(⇒p.97)。この窒素を使って，植物はアミノ酸や核酸，クロロフィルなどを合成する(⇒p.96)。動物は，植物体内に取り込まれた窒素を食物網を通して利用する。生物からの排出物や遺体の中の窒素は，土壌や水中に生息する腐敗菌や亜硝酸菌・硝酸菌によって分解され，再び植物体内に取り込まれる。脱窒素細菌は土壌中の窒素酸化物を窒素として大気に戻す。

空気中の$N_2$を固定する働きがあるのはどこかに着目しよう。

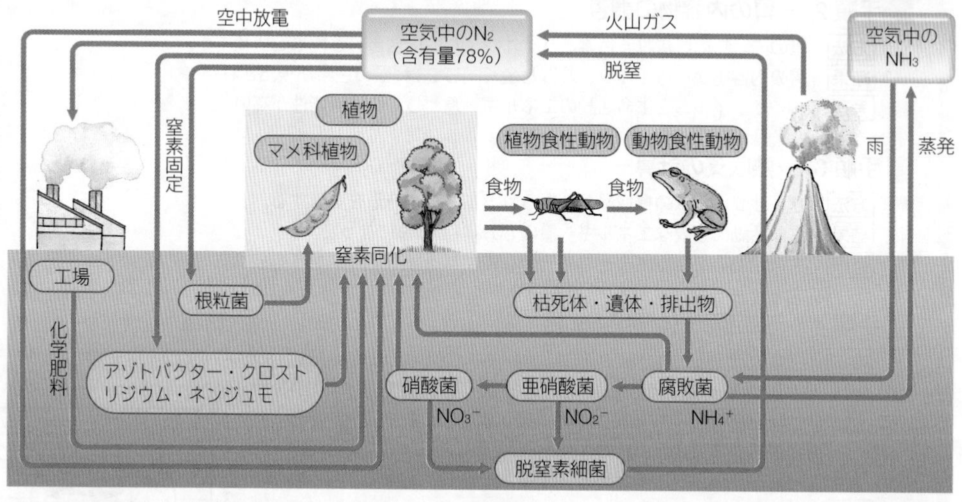


## C 酸素の循環

植物が長い地球の歴史の中で生産した酸素を，動物が利用している。

生物

大気中の酸素($O_2$)は，呼吸や光合成を通して生物界を循環する。その際，生物が生きていく上でのエネルギー源となるATPの生産(呼吸)に大きく貢献する。エネルギー生産以外に，生物体の構成成分として利用された酸素は，遺体や排出物から微生物に取り込まれて分解され，再び$CO_2$として大気中に戻される。
大気中の$O_2$は，上層部で太陽光に含まれる紫外線を吸収してオゾン($O_3$)となり，地表の生物が有害な紫外線を受けにくくする。

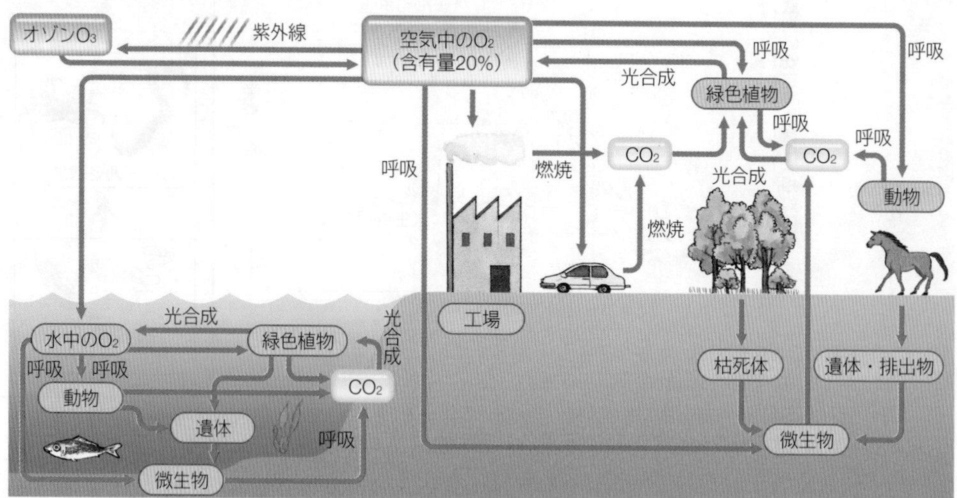


8 生態と環境

生物



WORD ATP ⇔アデノシン三リン酸　植物食性動物⇔植食性動物⇔草食動物　動物食性動物⇔肉食性動物⇔肉食動物

## D 熱帯雨林におけるリンの吸収戦略

熱帯雨林では，核酸やATPなどの材料となるリン(P)が土中の栄養塩類に吸着していて，樹木に吸収されにくくなっている。 生物

### 節約戦略　落葉前に，葉に含まれるリンの多くを回収する。

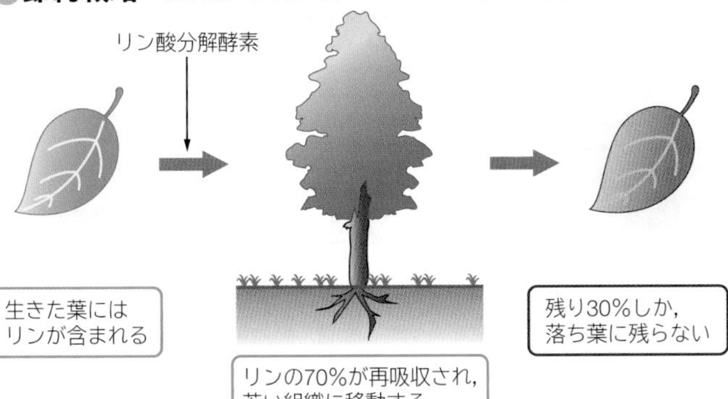


土壌中のリンが欠乏するほど，樹木はより多くのリンを再吸収する。
（一度手に入れたリンは手放さない）

### 共生戦略　根に外生菌根菌を共生させて，リンを提供してもらう。

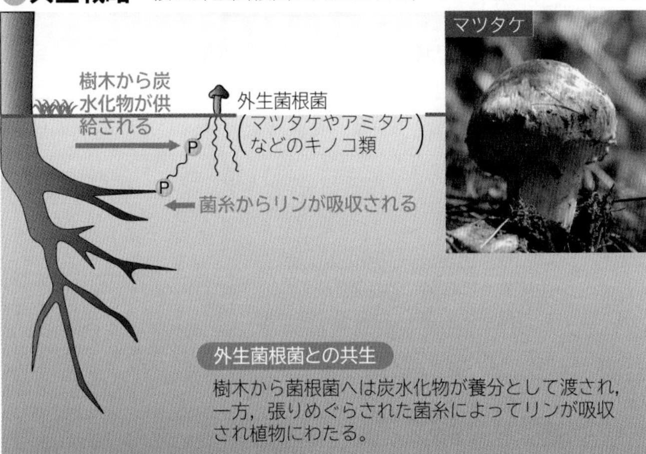


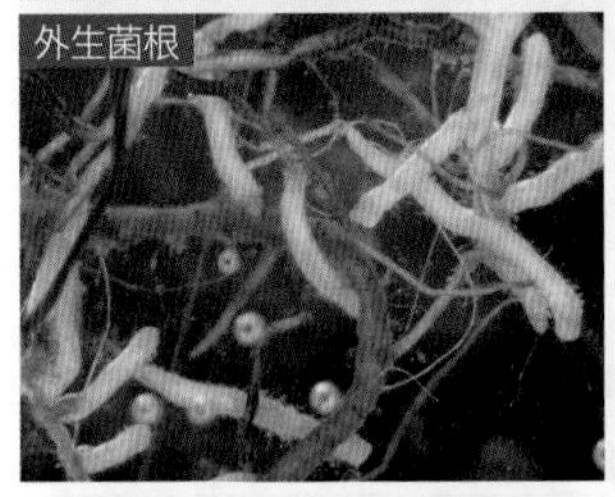


外生菌根菌の菌糸は樹木の根とからみ合っており，菌糸は根の細胞間隙に入り込んで植物にリンを供給する。菌糸の入り込んだ外生菌根は，より強固なものになる。

### 拡大戦略　根の分布を積極的に広げて，リンの獲得に努める。

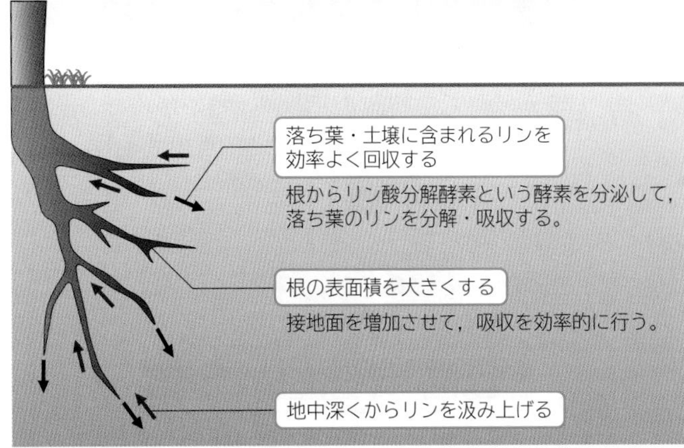


### 日和見(ひよりみ)戦略　土壌生物が分解したリンを利用する。

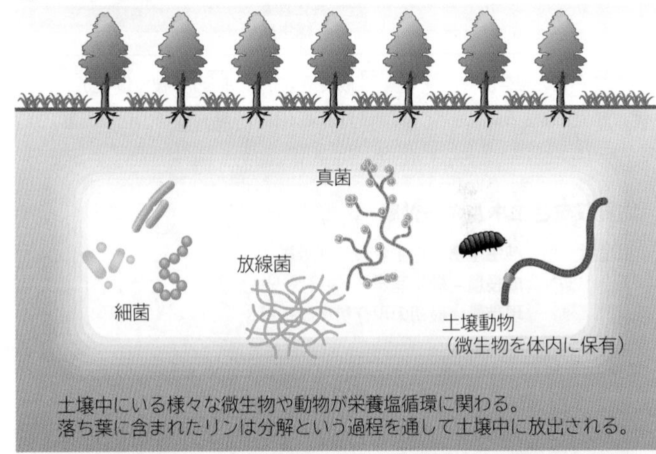


微生物の働き　体外に酵素を放出し，リンを有機物から遊離する。

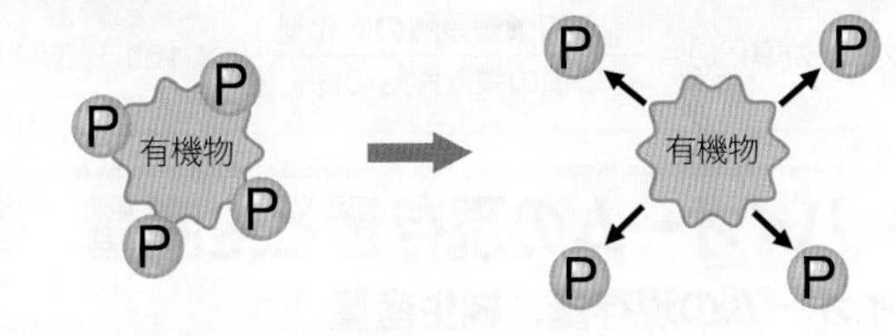


## E 物質循環における人為的影響

物質循環は自然の働きだが，人為的な作用が加わることで大きな影響が出ることがある。 生物

アメリカ・ニューハンプシャー州のホワイトマウンテン国立公園の国有林で，6つの水系の内の1つの水系に関わる樹木をすべて伐採して，水量や硝酸塩の増減を調べる実験が行われた。
38エーカー(153800 m²)もの森林を完全に伐採し，その流出水を測定した結果，流出水により失われる無機塩類の量は，伐採によって増加することがわかった。

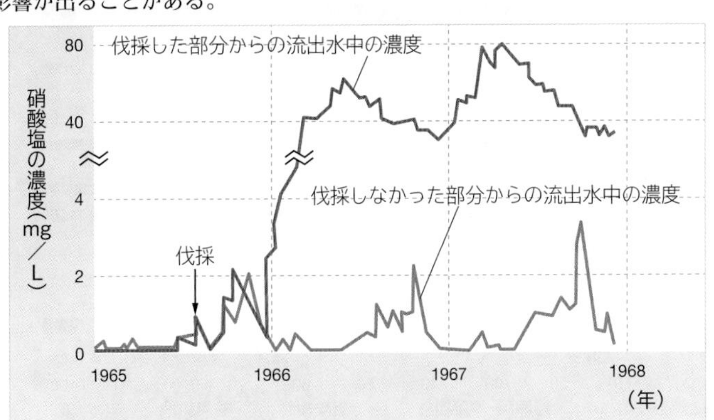


8 生態と環境

生物

# 16 生態系におけるエネルギーの流れ
Energy flow through ecosystem

## A 栄養段階とエネルギーの流れ

食物網における生産者，一次消費者などの区分を栄養段階という。栄養段階が上がるたびに，エネルギーの多くが熱エネルギーとして放出される。 生物基礎 生物

### 生態系における物質生産と物質収支

成長に使われた部分以外はすべて呼吸により無機物に分解される。

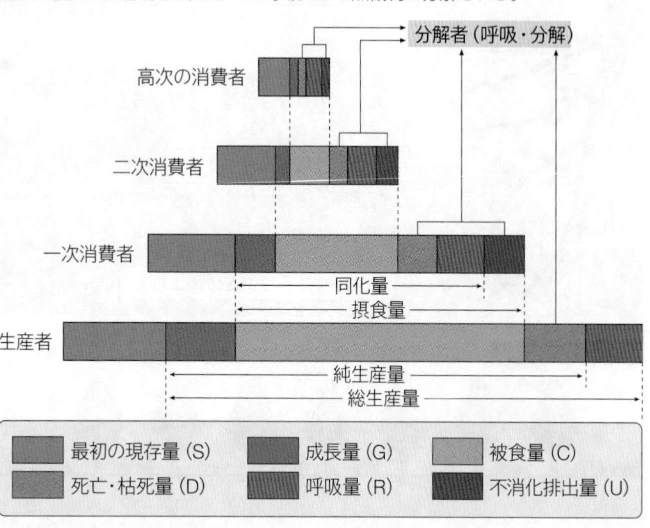


### 生態系におけるエネルギー収支（淡水生態系での例）

太陽のエネルギーは植物によって固定され，消費者によって順次消費される。
単位はkJ/cm²・年，（　）内はエネルギー効率

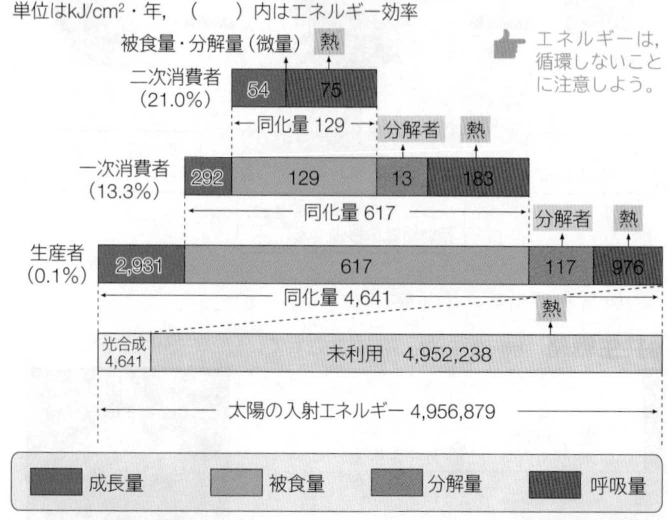


### POINT 物質収支とエネルギー効率

**生産者**
- **純生産量**＝総生産量－呼吸量
- **成長量**＝純生産量－（被食量＋枯死量）
- **現存量**＝最初の現存量＋成長量

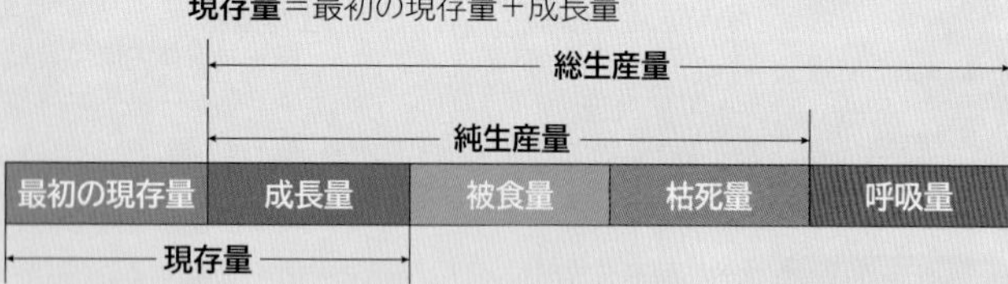


**消費者**
- **同化量**＝摂食量－不消化排出量
- **生産量**＝同化量－呼吸量
- **成長量**＝生産量－（被食量＋死亡量）

摂食量
同化量（生産者の総生産量に相当）
生産量（生産者の純生産量に相当）
最初の現存量｜成長量｜被食量｜死亡量｜呼吸量｜不消化排出量
現存量

$$\text{エネルギー効率(\%)} = \frac{\text{その栄養段階の同化量}}{\text{1つ前の栄養段階の同化量}} \times 100$$

エネルギー効率は，栄養段階が上がるほど大きくなる。

## B バイオームの現存量と生産量

現存量（単位面積あたりの生物量）と生産量（緑色植物が光合成で固定したある期間と面積あたりの炭素の量）は，バイオームの種類により大きく異なる。 生物

### 各バイオームの現存量，純生産量

①植物の生産量（純生産量の総量）は陸地の方が多く，海洋のほぼ2倍である（115：55）。→右表①

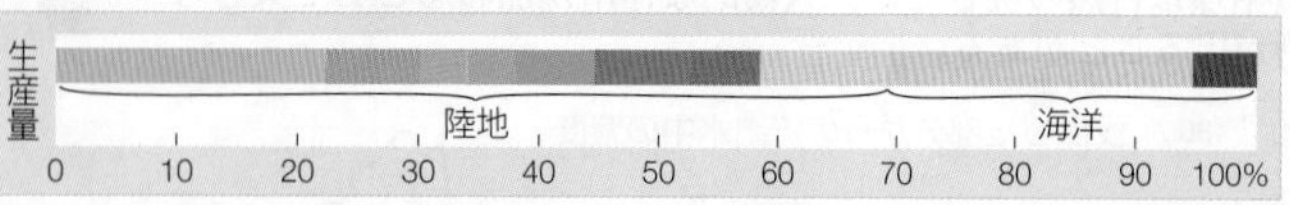


②生物量は熱帯多雨林が非常に大きい。→右表②

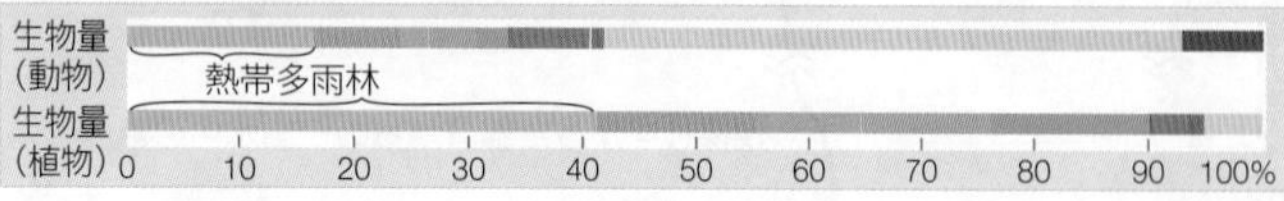


③海洋は単位面積あたりの生物量・純生産量は小さい。→右表③
しかし，総面積が大きいので総量は大きくなる。→右表④

面積
陸地　海洋
0　10　20　30　40　50　60　70　80　90　100%
熱帯多雨林　照葉・硬葉樹林　針葉樹林　農耕地　外洋
雨緑樹林　夏緑樹林　サバンナ　その他　大陸棚

| バイオームの種類 | 面積 $10^9$ ha（10億ha） | 生物量（植物） 平均 t/ha | 生物量（植物） 総量 $10^9$ t | 純生産量 平均 t/ha・年 | 純生産量 総量 $10^9$ t/年 | 生物量（動物） 総量 $10^6$ t |
|---|---|---|---|---|---|---|
| 熱帯多雨林 | 1.7 | 450 | 765② | 22.0 | 37.4 | 330② |
| 雨緑樹林 | 0.75 | 350 | 260 | 16.0 | 12.0 | 90 |
| 照葉・硬葉樹林 | 0.5 | 350 | 175 | 13.0 | 6.5 | 50 |
| 夏緑樹林 | 0.7 | 300 | 210 | 12.0 | 8.4 | 110 |
| 針葉樹林 | 1.2 | 200 | 240 | 8.0 | 9.6 | 57 |
| サバンナ | 1.5 | 40 | 60 | 9.0 | 13.5 | 180 |
| 農耕地 | 1.4 | 10 | 14 | 6.5 | 9.1 | 6 |
| 陸地計（その他含む） | 14.9 | 123 | 1837 | 7.73 | 115.0① | 1005 |
| 外洋 | 33.2 | 0.03 | 1.0 | 1.25 | 41.5 | 800 |
| 大陸棚 | 2.66 | 0.1 | 0.27 | 3.6 | 9.6 | 160 |
| 海洋計（その他含む） | 36.1 | 0.1③ | 3.9④ | 1.52③ | 55.0①,④ | 997 |
| 地球合計 | 51.0 | 36 | 1841 | 3.33 | 170.0 | 2002 |

### 単位面積あたりの純生産量

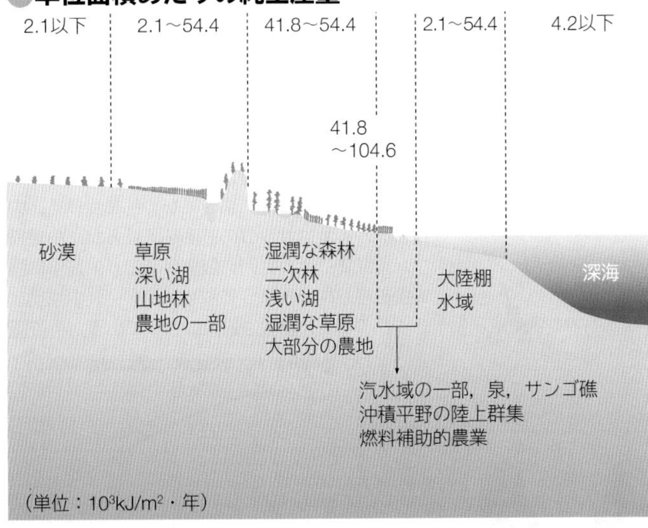


全体の中で森林や農地などの生産力の高い生態系が占める割合は，実際には小さい。

### 森林の遷移に伴う生産量などの推移

森林の遷移が進むとともに純生産量は増加していくが，30 年目あたりをピークに減少し，やがて極相に達するころになると 0 に近づき平衡状態になる。これは総生産量と呼吸量がほぼ同じくらいの値になるためである。

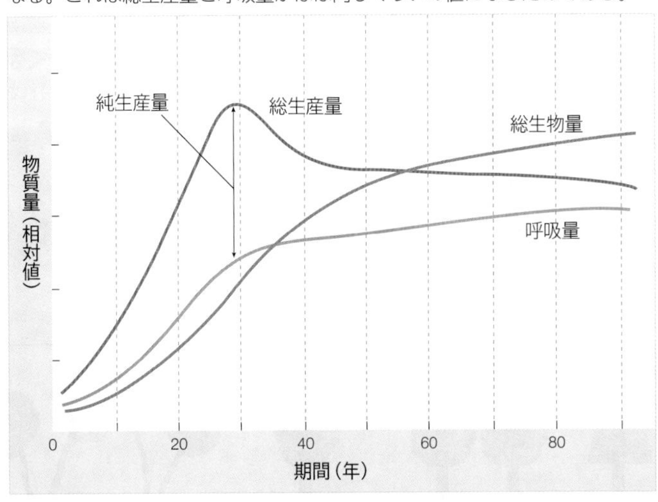


## C 生態ピラミッド

各栄養段階にある生物の個体数や生体量，エネルギー量などをピラミッド状に表現した図形を生態ピラミッドという。

生物基礎 生物

### 個体数ピラミッド

北米の草原生態系 ［1 ha＝10000 m²］

三次消費者 7.4
二次消費者 $0.88\times10^6$
一次消費者 $1.75\times10^6$
生産者（緑色植物） $14.43\times10^6$個体/ha

一般に上位の栄養段階の生物の方が大型になるため，個体数は少なくなり，先細りのピラミッドになる。

### 生体量ピラミッド

フロリダのシルバースプリング

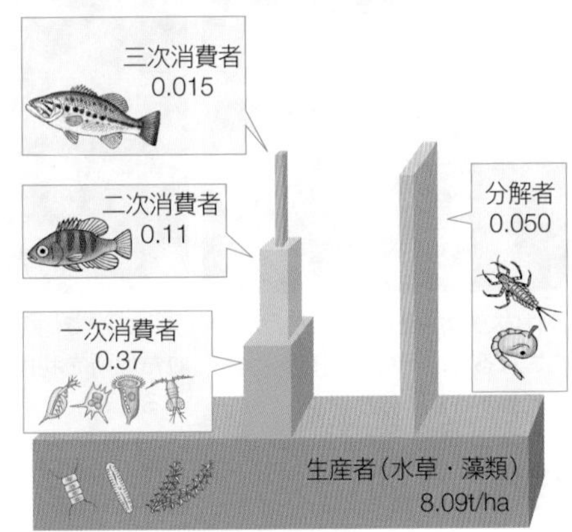


各栄養段階の全重量を生体量という。

### エネルギー量ピラミッド

フロリダのシルバースプリング

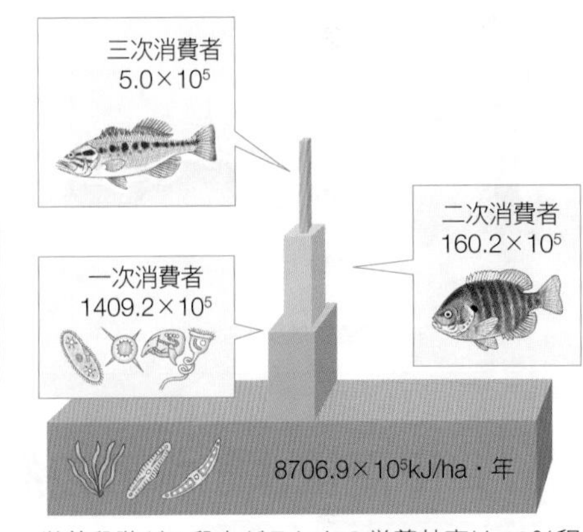


栄養段階が 1 段上がるときの栄養効率は 10％程度である。

### 生態（個体数）ピラミッドの特殊な例

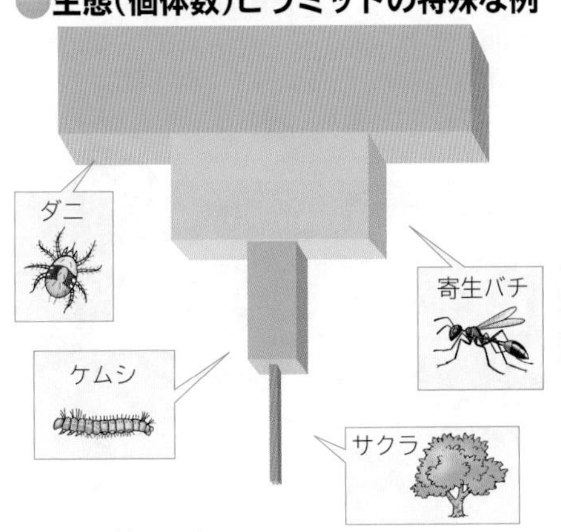


寄生の場合は，個体数ピラミッドは上の図のように逆転するが，生体量やエネルギー量のピラミッドは先細りの普通のピラミッド形になる。

## D 落葉の分解

生物

落葉の分解速度は一般に針葉樹の方が広葉樹に比べて遅い。また，林の種類ではスギ林が最も分解能力が低い。

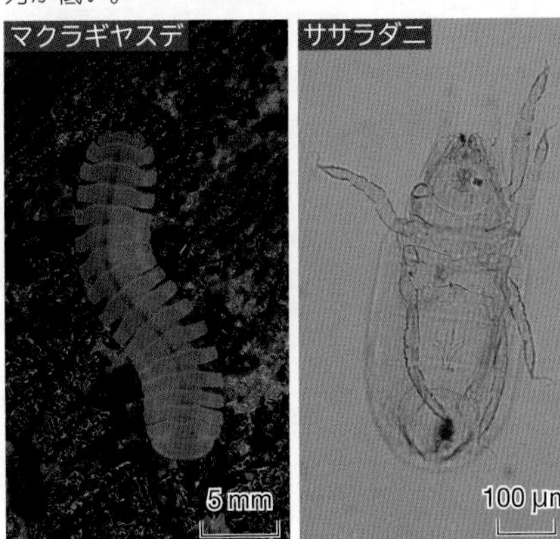


| 場所 | 落葉材料 | 重量減少率(%) 12 か月 | 18 か月 |
|---|---|---|---|
| スギ林 | スギ | 8.1 | 25.2 |
| | ブナ | 41.2 | 59.6 |
| | 広葉樹 | 58.5 | 90.1 |
| ブナ林 | スギ | 2.8 | 32.2 |
| | ブナ | 44.9 | 60.6 |
| | 広葉樹 | 63.7 | 90.5 |
| 一般広葉樹林 | スギ | 23.5 | 38.9 |
| | ブナ | 55.2 | 63.9 |
| | 広葉樹 | 83.6 | 100.0 |

# 17 生態系のバランス
Balance in ecosystem

## A 生態系のかく乱と復元

生態系は，台風や洪水，火災，人間活動などによってかく乱され，変動しているが，その幅は一定の範囲内に保たれている場合が多い。

生物基礎 生物

### 小規模なかく乱

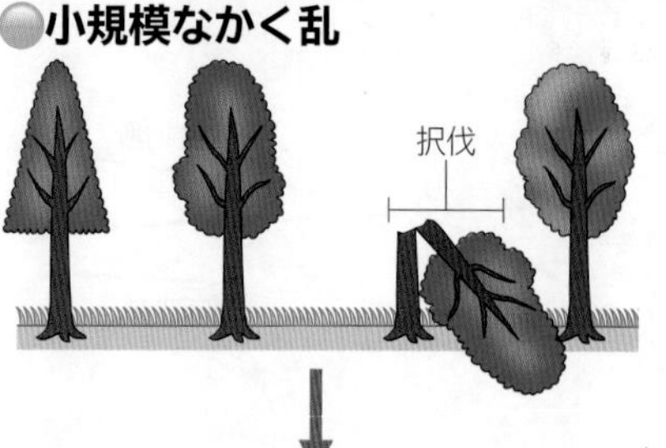


### 中規模なかく乱

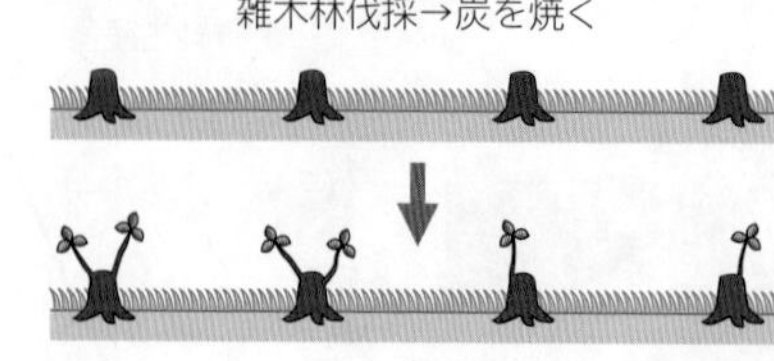


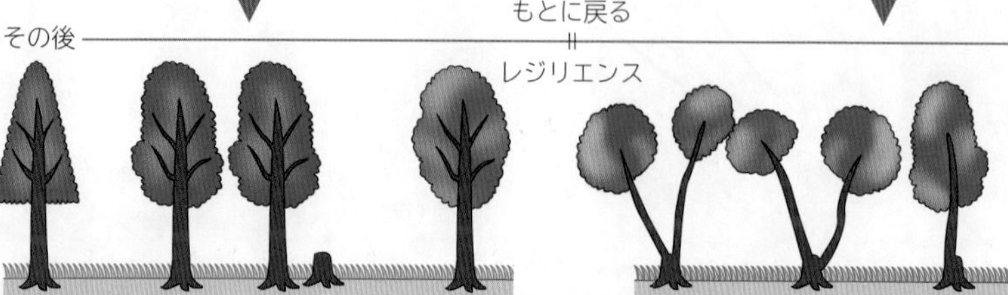


### 中規模かく乱説

中規模のかく乱を受けると，種の多様性が最大になるという考え方。

サンゴは台風の波浪によってかく乱を受ける。大規模なかく乱はサンゴの被度を下げるが，小規模なかく乱ではサンゴ間に競争が起こり，競争に強い優占種が中心となって種数は少ない。中規模なかく乱のとき，種数は最大になっている。 Vi34

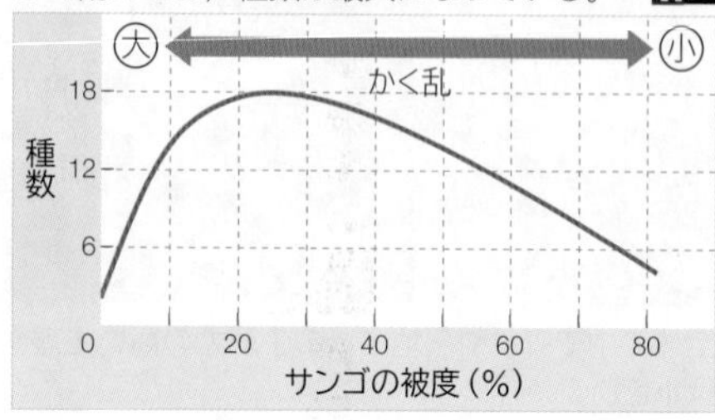


サンゴの被度は，かく乱の大きさを表していることに着目しよう。

### 大規模なかく乱

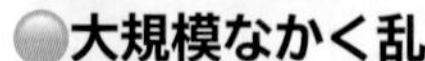

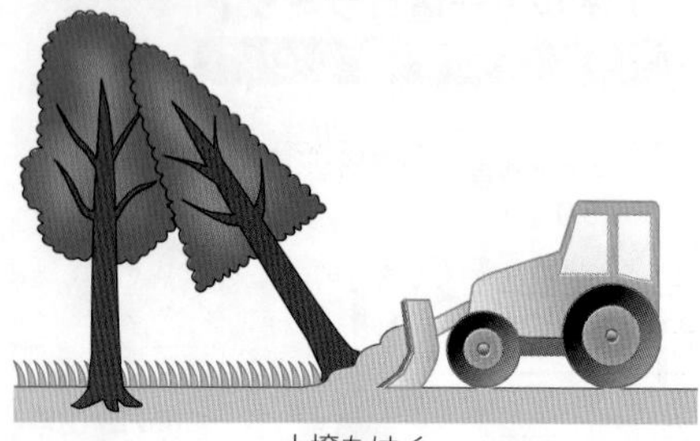


### かく乱を利用する植物

植物の中には，生態系のかく乱をうまく利用して生育するものや，かく乱がないと生育できないものがある。

森林内の木が倒れギャップが形成されると，その空間を利用して成長する。

洪水などで他の植物が取り除かれた場所を利用して発芽・成長する。

秋の七草の１つで，洪水などのかく乱が起こる環境に生息する。

## B 干潟による水の自然浄化

河川を通して干潟に流れ込む様々な有機物は，そこに生息する様々な生物によって分解または捕食される。

生物基礎

### 干潟にすむ生物とその果たす役割

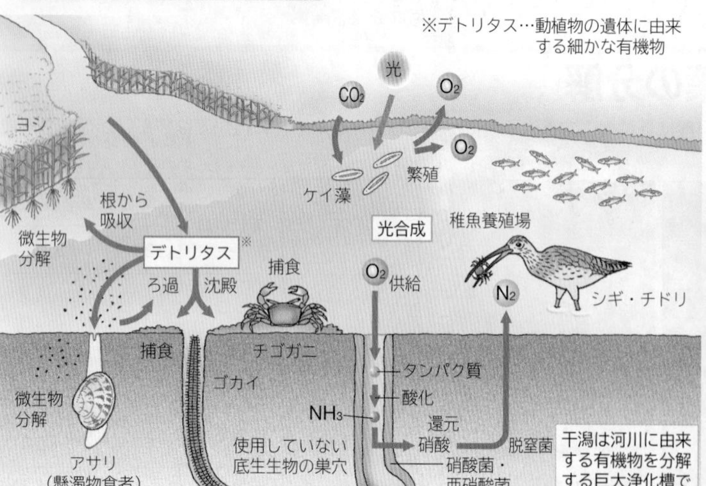


二枚貝のアサリなどは海水中のデトリタスをろ過して食べ，浄化した水を吐き出す。有機物の量が多く処理しきれないときは擬糞として排出し，それを砂泥中のゴカイが食べる。沈殿したデトリタスはゴカイやカニ類などによって食べられ，それらはシギやチドリなどの鳥類にとって格好の餌となる。泥の中に混ざった有機物はゴカイによって食べられる。干潟にすむ微小藻類は光合成を行って酸素を供給する。砂泥中では潮の干満やカニやゴカイが砂をほじくり返すことによって酸素が供給されるので，好気性細菌が多く，有機物の分解に貢献している。

WORD 自然浄化⇔自浄作用　化学的酸素要求量⇔COD　生物化学的酸素要求量⇔生物学的酸素要求量⇔生化学的酸素要求量⇔BOD

# C 河川による水の自然浄化

河川に流入した有機物は，少量であれば細菌や原生動物など，微生物の働きによって分解される(自然浄化)。流入量が多いと水質悪化が進行する。 生物基礎

## 自然浄化の過程 Vi35

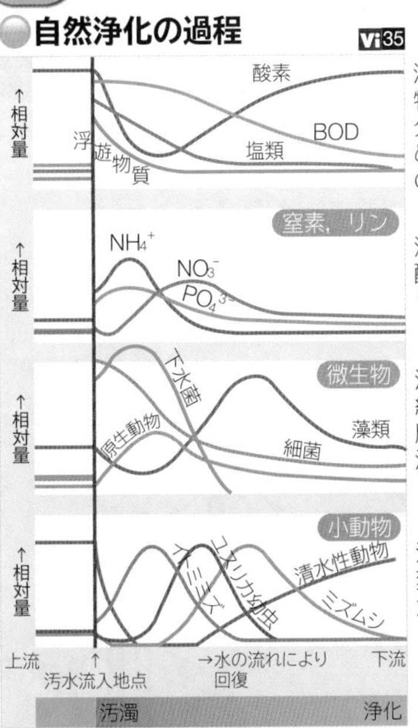


流入直後はBODが高く，有機物が多い。酸素は，有機物を分解する微生物が増加するため一時的に減少するが，藻類の増殖により増える。

流入したアンモニアは，亜硝酸菌や硝酸菌の硝化作用により硝酸塩になる。

流入直後は下水菌やその他の細菌が増殖し，それを食べる原生動物が増える。有機物が減少すると，どちらも減る。

汚濁への強さにより，生物種が変化する。浄化が進むにつれ，魚も増える。

## 水質汚染の指標

| | |
|---|---|
| BOD(Biochemical oxygen demand) | **生物化学的酸素要求量**(有機物の量を表す)<br>水中微生物の呼吸によって消費される酸素量。 |
| COD(Chemical oxygen demand) | **化学的酸素要求量**(有機物の量を表す)<br>水中の有機物を分解するのに必要な酸素量。 |
| SS(Suspended solid) | **浮遊物質量**<br>プランクトンやその死骸などの不溶性物質の量。 |
| DO(Dissolved oxygen) | **溶存酸素量**<br>水中に溶けている酸素量。 |
| $NH_4^+$－N | **アンモニウム態窒素**<br>水中にアンモニウム塩として含まれている窒素の量。 |
| 大腸菌数 | ふん便による水の汚染がどの程度かを測る指標。 |

## 水質評価の例(平成 16 年国土交通省案)

| ランク | 説明 | 水質管理指標 | | |
|---|---|---|---|---|
| | | DO(mg/L) | $NH_4^+$-N(mg/L) | 水生生物の生息 |
| A | 生物の生息･生育･繁殖環境として非常に良好 | 7 以上 | 0.2 以下 | Ⅰ.きれいな水<br>・カワゲラ・ナガレトビケラ等 |
| B | 生物の生息･生育･繁殖環境として良好 | 5 以上 | 0.5 以下 | Ⅱ.少しきたない水<br>・コガタシマトビケラ<br>・オオシマトビケラ等 |
| C | 生物の生息･生育･繁殖環境として良好とはいえない | 3 以上 | 2.0 以下 | Ⅲ.きたない水<br>・ミズムシ・ミズカマキリ等 |
| D | 生物が生息･生育･繁殖しにくい | 3 未満 | 2.0 超 | Ⅳ.大変きたない水<br>・セスジユスリカ・チョウバエ等 |

# D 里山の暮らしと生態系のバランス

人里や集落に接し，人間が生活するために適度に利用し，持続管理してきた林，丘陵地，農耕地，小川や池などの一帯を里山という。 生物基礎 生物

かつての日本の農家は，裏山の雑木林を伐採して炭や薪をつくったり，落ち葉を集めて堆肥をつくったりするなど，小規模なかく乱によって里山を維持してきた。里山には，林地，草地，川，池，水田などの様々な環境が存在し，多様な生物の生息場所を生む。近年，用水路のコンクリート化などによって生物の隠れ家や産卵場所が失われたりしている。また，炭や薪の替わりに化石燃料が，堆肥の替わりに化学肥料が用いられるようになり，里山の利用が極端に減ってきている。人間活動の変化によって小規模なかく乱がなくなり，里山の生態系のバランスが崩れ，多様性の維持が困難になっている。

水田は，米の生産の場であると同時に，多くの生物が生息する場でもある。また，大雨のときに一時的に水を蓄えたり，土壌浸食を防いだりするなど，高い公益性をもつ。

# E キーストーン種

生態系において，比較的少ない個体数でありながらも，生態系全体に大きな影響(間接効果)を与える生物種をキーストーン種という。 生物基礎 生物

## キーストーン種の発見(1966 年)

アメリカ北太平洋沿岸のある岩礁潮間帯には右のような食物網が成立している。ロバート・ペインは，ヒトデを除去すると，ヒトデに捕食されていたすべての種が均等に増殖するのではなく，イガイだけが増殖して岩礁を独占し，種の多様性が激減することを発見した。ヒトデはこの食物網におけるキーストーン種であった。

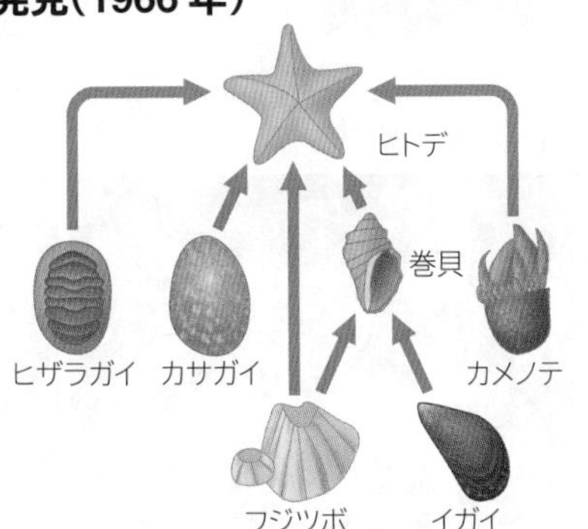


### TOPICS キーストーン種の絶滅と生態系のかく乱

かつて北海道に分布していたエゾオオカミは明治時代から減少し，現在では絶滅したとされている。天敵がいなくなったエゾシカは，北海道の各地で爆発的に増加し，エゾシカが引き起こす農業被害や自然植生の破壊，交通事故などは，北海道の自然と経済を脅かす社会問題となっている。エゾシカの個体数を一定の範囲に保つという点で，エゾオオカミはキーストーン種であったといえる。

エゾオオカミのはく製

風蓮湖周辺のエゾシカの群れ

# 18 生物の多様性
Diversity of organisms

## A 生物多様性の３つの側面

生物多様性とは，生物学的多様性を短縮したことばである。生態系，種，遺伝子の３つのレベルの多様性がある。 生物基礎 生物

生態系の多様性

生態系の多様性（生態系多様性）とは,「場」の多様性である。場のスケールに特定の基準はなく，目的に応じて使い分けられる。

種の多様性

1 つの生態系には，様々な生物種が互いにかかわりながら共存している。種の多様性には「種の豊富さ」・「種の均等度」がある。特定の種のみが多い場合は種多様性が低い。

遺伝子の多様性

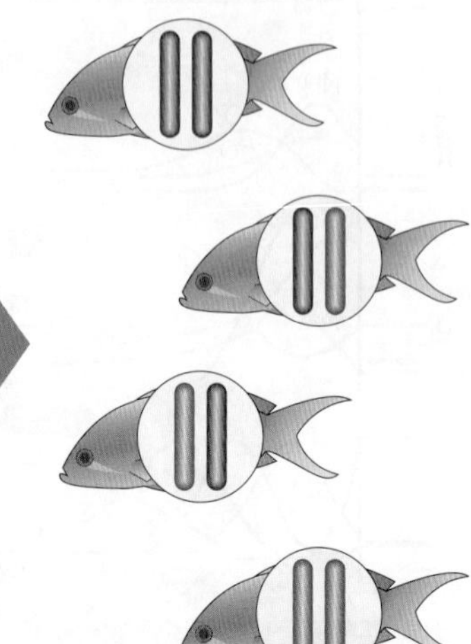

ある生物種の集団を構成する個体間には遺伝的な変異が存在する。遺伝子の多様性（遺伝的多様性）は進化の原動力になる。

## B 生物多様性を阻害する要因

生物多様性は，生息地の分断や個体数の減少，遺伝的かく乱などによって阻害され絶滅につながることもある。 生物基礎 生物

### 生息地の分断化

広大な熱帯雨林が伐採や開発などで分断されると，そこに暮らす生物の個体群が小さくなって遺伝的な多様性が失われたり，生活の場が限られたりして絶滅の可能性が高まり，絶滅の渦が生じることもある。

熱帯雨林でのプランテーション

### 近交弱勢

集団の個体数が少なくなると遺伝的に近い個体間の交配が増え，劣性の有害な遺伝子がホモ接合となって現れてくる。このような現象を**近交弱勢**という。フロリダパンサーでは遺伝的な多様性が低下した結果，9 割の子にねじれた尾や逆毛などの異常な形態が現れるようになった。

フロリダパンサー

### 遺伝子移入

同じ生物種でも，生息地域が異なるため遺伝子の交流を欠くと，通常は地理的に異なる個体群(生態型・亜種など)の間では遺伝子の構成(遺伝子プール)が微妙に異なる。自然状態では交流がないこれらの個体群を人為的に出会わせると，在来個体群の遺伝子プールが失われてしまう。地域ごとに異なるメダカが雑種化したり，日本固有種のニッポンバラタナゴがタイリクバラタナゴと交雑して在来種がいなくなるようなことが起こっている。

## C 生物多様性条約

個別の野生生物種や特定地域の生態系に限らず，地球規模の広がりで生物多様性を考え，その保全を目指す国際条約として生物多様性条約がある。 生物基礎 生物

1993 年 12 月 29 日に発効した生物多様性条約は，生物多様性を種・遺伝子・生態系の３つのレベルでとらえ，その保全などを目指している。
本条約の目的は，次の３つからなる。

1. 生物多様性の保全
2. 生物多様性の構成要素の持続可能な利用
3. 遺伝資源の利用から生ずる利益の公正かつ衡平な配分

2010 年に開かれた名古屋での第 10 回締約国会議(COP10)においては，遺伝資源を利用する際にその保有国に利益の還元を義務づけることを盛り込んだ**名古屋議定書**などが採択された。

COP10 全体会合

## D 絶滅危惧種

絶滅のおそれのある生物を絶滅危惧種といい，開発や乱獲によるものの他に，外来生物によってその数を減らすこともある。 生物基礎 生物

### レッドリスト・レッドデータブック

野生動植物の保護のために，世界レベルや各国レベルで絶滅のおそれのある種のリスト(レッドリスト)が作成されている。IUCN(国際自然保護連合)が右のような基準を定めており，日本では，環境省が動物・植物・菌類などについてレッドリストを作成し「レッドデータブック」にまとめている(最新はレッドリスト 2020 と「レッドデータブック 2014」)。水産庁，各自治体，NGO なども作成している。

| | |
|---|---|
| 絶滅(EX) | すでに絶滅したと考えられる種 |
| 野生絶滅(EW) | 飼育・栽培下でのみ存続している種 |
| 絶滅危惧 IA(CR) | ごく近い将来における絶滅の危険性が極めて高い種 |
| 絶滅危惧 IB(EN) | 近い将来における絶滅の危険性が高い種 |
| 絶滅危惧 Ⅱ(VU) | 絶滅の危険が増大している種 |
| 準絶滅危惧(NT) | 生息条件の変化によっては「絶滅危惧」に移行する可能性のある種 |

哺乳類

**ニホンカワウソ EX**
特徴 毛皮が良質
分布 本州以南
原因 毛皮目的の乱獲，水質汚染

**ニホンオオカミ EX**
特徴 体長約 1m
分布 本州・四国・九州
原因 生息地の減少，狩猟，伝染病

**フクロオオカミ EX**
特徴 肉食の有袋類
分布 オーストラリア
原因 風評による駆除

魚類

**ネコギギ EN**
特徴 夜行性で国内最小のナマズ
分布 三重・岐阜・愛知
原因 河川改修，水質汚濁

**ミヤコタナゴ CR**
特徴 小型のタナゴ類
分布 関東地方の小川・沼
原因 生息地の環境悪化

鳥類

**トキ CR**
特徴 淡い紅の鴇(とき)色の羽根をもつ
分布 佐渡島
原因 乱獲，森林伐採

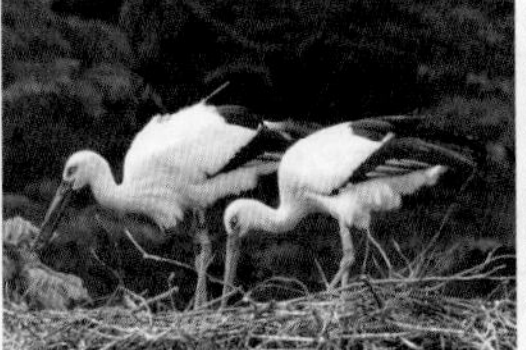

**コウノトリ CR**
特徴 赤色の長い後肢をもつ
分布 水辺
原因 乱獲，樹木の伐採，農薬汚染

**ヤンバルクイナ CR**
特徴 頸部に白い縞模様がある
分布 沖縄山原
原因 外来種による捕食

**アホウドリ VU**
特徴 太平洋最大の海鳥
分布 伊豆諸島鳥島，尖閣諸島
原因 羽毛採取のための乱獲

**カラスバト NT**
特徴 尾の長い大型の黒いハト
分布 伊豆諸島，南西諸島
原因 食用として捕獲，餌の減少

両生類

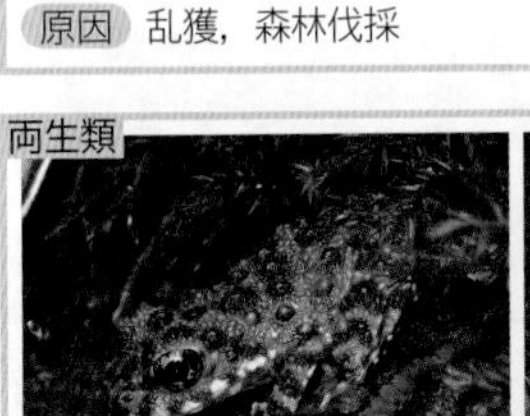

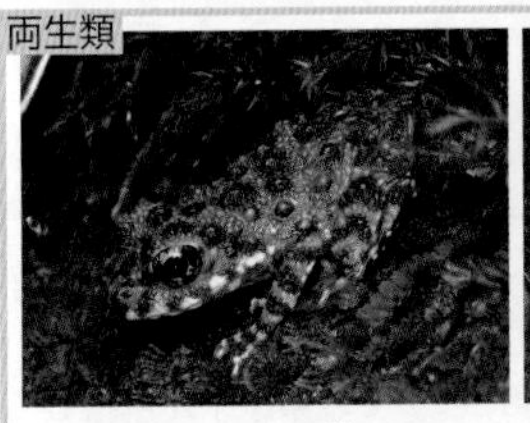

**オキナワイシカワガエル EN**
特徴 明るい緑色と金褐色が美しい
分布 沖縄本島北部
原因 森林伐採，河川開発，道路工事

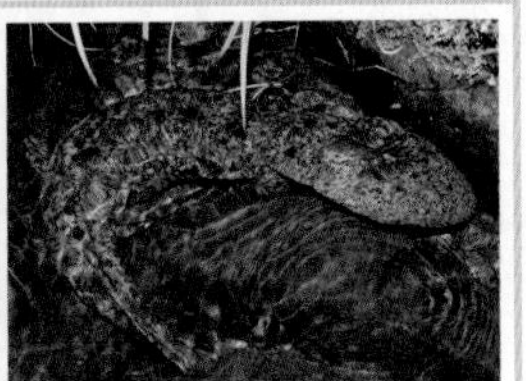

**オオサンショウウオ VU**
特徴 世界最大の両生類
分布 岐阜県以西の渓流
原因 水質汚濁，河岸の改修

は虫類

**ヤエヤマセマルハコガメ VU**
特徴 強いドーム状の甲をもつ
分布 石垣島，西表島
原因 道路での交通事故

昆虫

**ヤンバルテナガコガネ EN**
特徴 日本最大の甲虫
分布 沖縄山原
原因 密猟，開発

**ゴイシツバメシジミ CR**
特徴 はねに碁石状の斑紋がある
分布 熊本・宮崎・奈良
原因 幼虫の食草シシンランの減少

植物

**ムニンノボタン CR**
特徴 白色の花で花弁が 4 枚ある
分布 小笠原諸島父島
原因 道路工事の影響

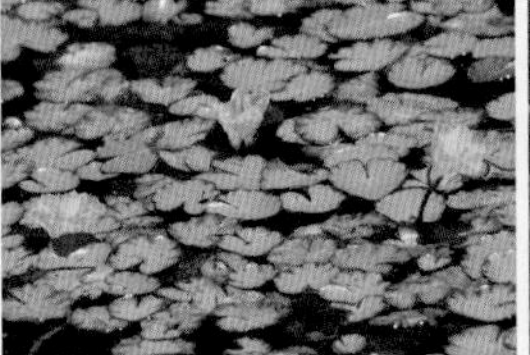

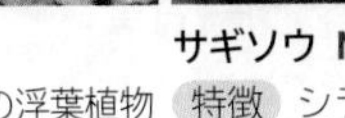

**アサザ NT**
特徴 ミツガシワ科の浮葉植物
分布 北海道〜九州の水辺
原因 ダムなどによる水位変動，護岸工事

**サギソウ NT**
特徴 シラサギが翼を広げたような花
分布 湿地
原因 湿地の減少，水質汚濁，盗掘

**サクラソウ EN**
特徴 紅紫色〜白色の多年草
分布 河川，高原
原因 盗掘，自然環境の破壊

**フジバカマ NT**
特徴 秋の七草
分布 河原
原因 護岸工事，乾燥化

# 自然環境の変化

Changes in natural environment

## A 地球の温暖化

温室効果をもたらすガスには多くの種類がある。そのうち二酸化炭素を主な原因とする地球温暖化は，これからの人類にとって大きな課題となる。

生物基礎 生物

地球の気温は，太陽からの放射と地表からの赤外線による放熱によってバランスがとられている。この放熱を地表面にとどめているのが二酸化炭素($CO_2$)などの**温室効果ガス**である。温室効果ガスの量が適量なら地球の平均気温は15℃くらいになるが，近年化石燃料の燃焼の増大に伴ってその$CO_2$排出量も増加している。その結果，年平均気温が上昇し，これが将来の地球環境に対してどのような影響を与えるか心配されている。

### 地球の年平均気温の変化

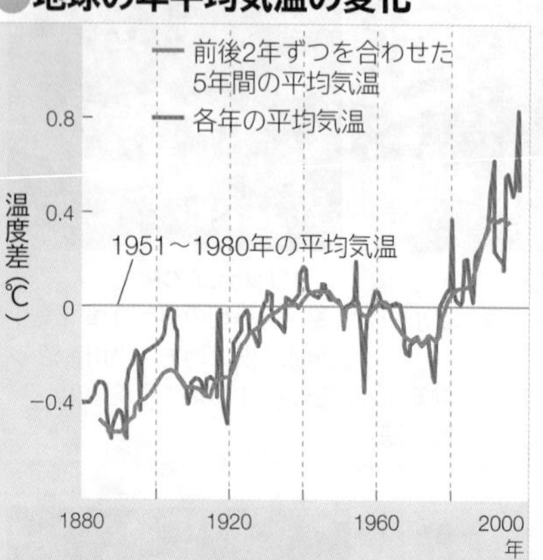


### 大気中の二酸化炭素濃度の変化

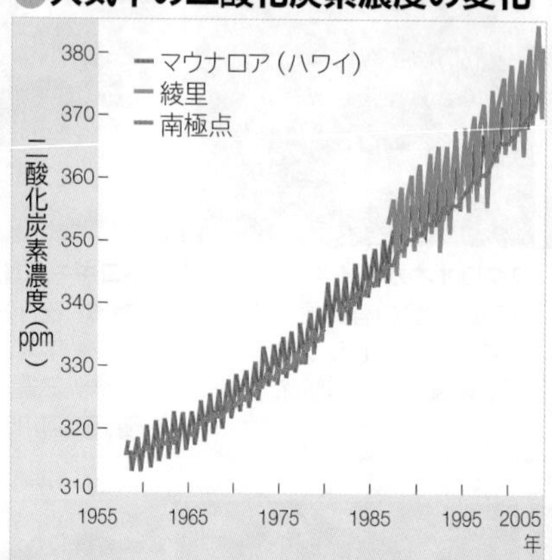


温暖化に関係する物質は$CO_2$以外にも見つかっている。

| 温室効果ガス | 100年間の濃度変化 | 温暖化への寄与(%) | 寄与率(%) |
|---|---|---|---|
| 二酸化炭素($CO_2$) | 257 → 339ppm | 0.52 | 66 |
| メタン($CH_4$) | 1.15 → 1.65ppm | 0.12 | 15 |
| 一酸化二窒素($N_2O$) | 0.28 → 0.3ppm | 0.02 | 2.5 |
| 対流圏のオゾン($O_3$) | 12.5%増 | 0.04 | 5 |
| フロン−11($CCl_3F$) | 0 → 0.18ppm | 0.025 | 3 |
| フロン−12($CCl_2F_2$) | 0 → 0.28ppm | 0.04 | 5 |
| その他のガス | 275 → 339ppm | 0.02 | 2.5 |

ppm：$10^{-6}$(100万分の1)　ppb：$10^{-9}$(10億分の1)

TRY マウナロアと綾里では，$CO_2$濃度に1年単位の周期性があるのはなぜだろうか。

## B オゾン層の破壊

大気中にあるオゾン($O_3$)濃度の比較的高い層をオゾン層という。生物に有害な紫外線を吸収する働きがあり，その破壊が問題となっている。

生物基礎 生物

**オゾン層**は地上10～50kmのところにあり，太陽からの有害な紫外線を吸収して地球上の生物を保護している。近年，人工的につくられた化学物質(フロンなど)により破壊されており，白内障や皮膚がんの増加が懸念されている。

### オゾンホールの拡大

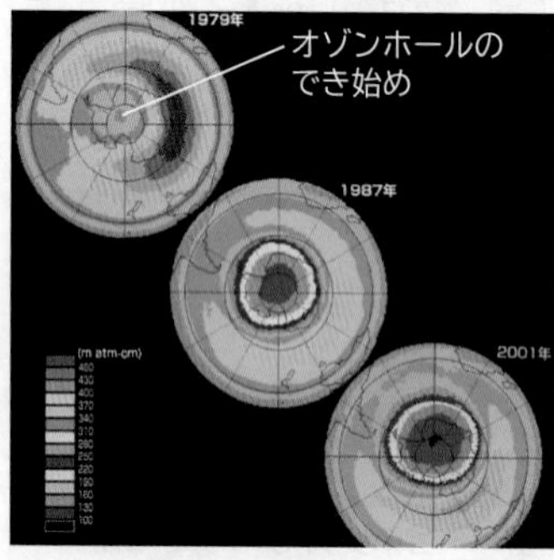


南極のオゾン層分布図。1979年はオゾンホールができ始めたとされる年。

### オゾンホール面積最大値の経年変化

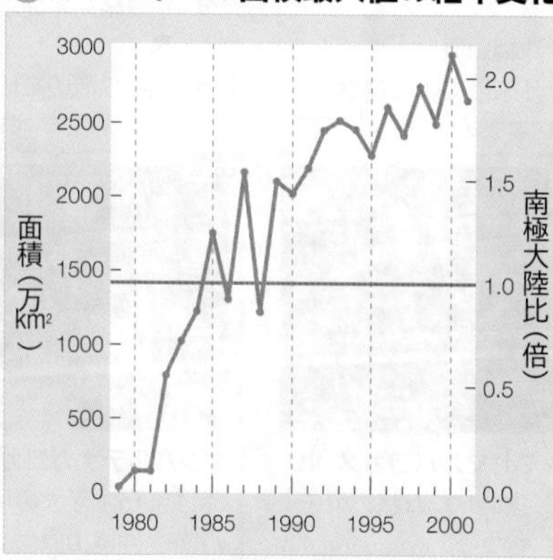


### フロンとオゾン層破壊

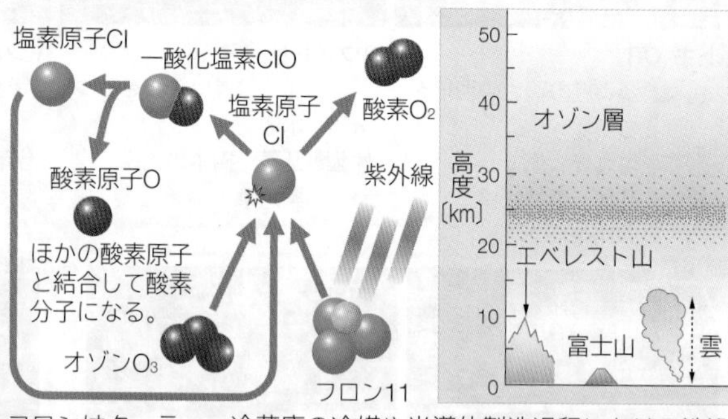


フロンはクーラー・冷蔵庫の冷媒や半導体製造過程における洗浄剤などとして盛んに使用されていた。当初は無害と考えられていたが，上空40km付近では，紫外線によって塩素原子が解離してオゾンを破壊することがわかり，現在では使用が禁止されている。

TRY フロンガスの使用が禁止されたにもかかわらず，オゾンホールはいまだに形成されているのはなぜだろうか。

## C 酸性雨

人間活動により生じた$SO_2$や$NO_2$が雨に溶け込んで酸性雨となり，森林の立ち枯れや湖の酸性化を引き起こしている。

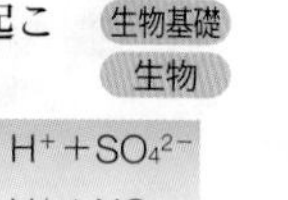

生物基礎 生物

酸性雨により立ち枯れた樹木

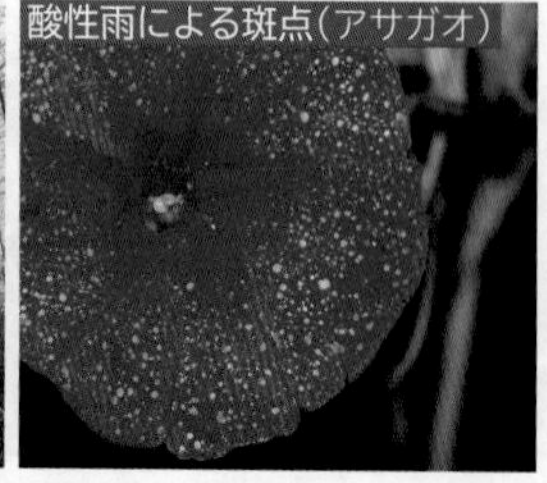
酸性雨による斑点(アサガオ)

通常の雨は二酸化炭素が溶解しておりpHは5.6程度であるが，化石燃料の燃焼に伴って発生する硫酸($H_2SO_4$)や硝酸($HNO_3$)の酸化物が溶け込むとpHは通常の雨より酸性度が高まる(酸性雨)。被害は発生源から遠く離れたところでも起きる。ヨーロッパなどの多くの国では，森林が枯れたり，魚が死滅したり激減する湖沼(酸性湖)が社会問題になっている。

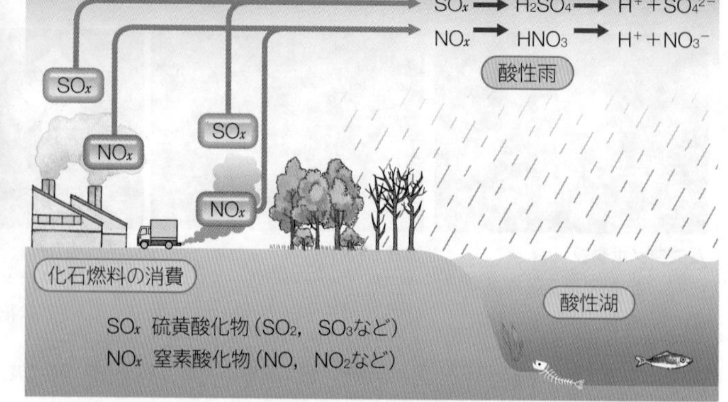

## D 海洋の汚染

分解できる限度を超えた人類の排出物が自然界に大きな影響を与えている。

生物基礎 生物

### 原油による汚染

原油を運ぶ大型のタンカーが座礁事故を起こすと，有害な原油が流出して広範囲に海洋を汚染する。流出した原油は，水鳥や海洋に生息するアザラシなど様々な生物に影響を与える。

世界の石油流出現場（過去30年間）

大きな事故としては，1979 年に中米トリニダードトバゴ沖で大型タンカーどうしが衝突して 300,000kL が流出した例や，1991 年の湾岸戦争時に 500,000 ～ 600,000kL が流出した例がある。

### 生活排水による汚染

生活排水が海に流れ込むと，水中の窒素やリンなどが増えて**富栄養化**し，プランクトン（ヤコウチュウ，ツノモなど）が大量に発生して**赤潮**が起こる。このとき，大量の酸素が消費され，海中は酸素不足になり，魚の大量死が起こる。

赤潮

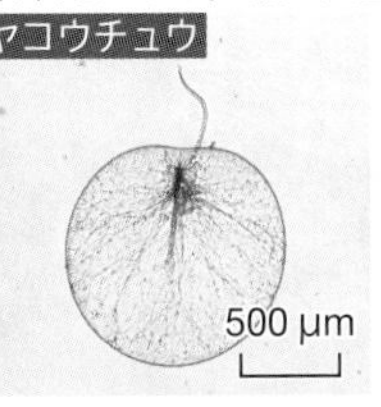

ヤコウチュウ

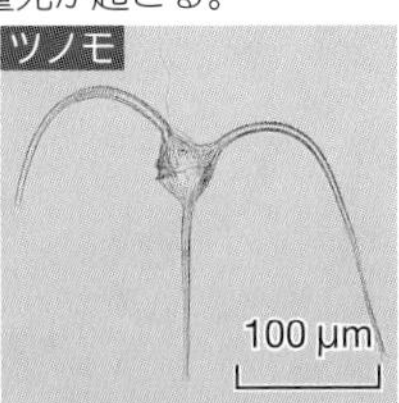

ツノモ

TOPICS

### 石油分解細菌

近年，深海底から石油を分解する細菌が発見された。将来，海洋の原油汚染の対策として期待されている。

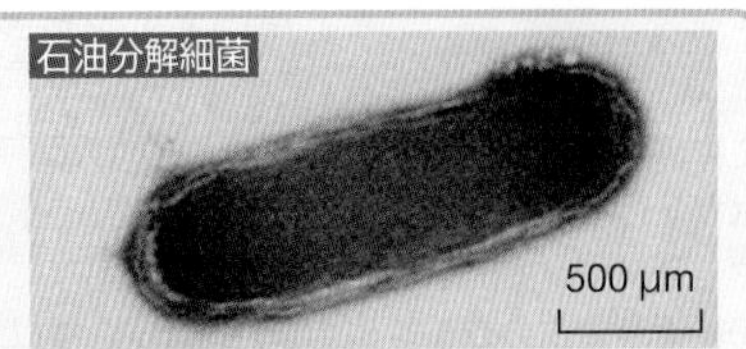

石油分解細菌

## E 生物濃縮

特定の物質が生体内に蓄積し，食物連鎖を通して高次の消費者に濃縮されていく現象を生物濃縮という。

生物基礎 生物

DDT の生物濃縮の例

図はアメリカのロングアイランド付近の食物網と DDT の生物濃縮。

DDT はかつて農薬として広く使用された。水中の濃度は 0.00005ppm だったが，生態系内や体内で分解されにくく，高次消費者ではその濃度が数十万倍にもなった。DDT の影響で鳥類の卵の殻が割れやすくなるなどの被害が出た。

有害物質の放出は，たとえ低濃度でも危険となる。

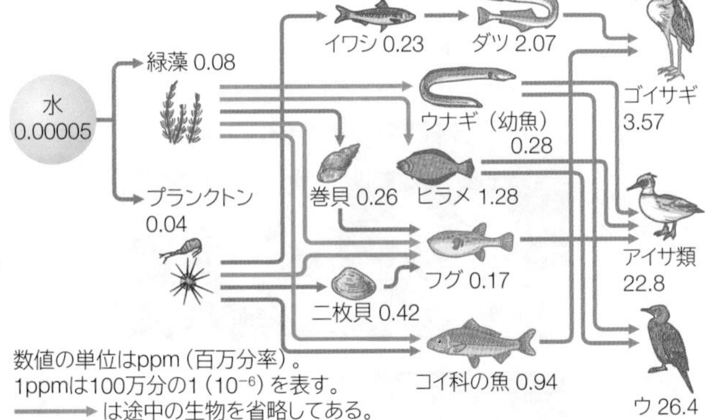


数値の単位はppm（百万分率）。1ppmは100万分の1（$10^{-6}$）を表す。
→ は途中の生物を省略してある。

## E 内分泌かく乱物質

生物基礎

自然界に存在していなかった化学物質が自然界に放出されている。その中にはホルモンと同様の働きをして，内分泌系の機能を乱す**内分泌かく乱物質**がある。

### 雄の生殖器をもつ雌のイボニシ

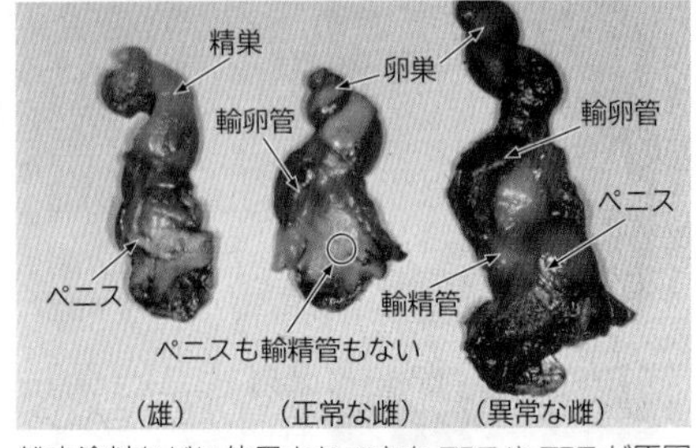


船底塗料などに使用されてきた TBT や TPT が原因となって生じる。

## G 熱帯雨林の破壊

先進国の豊かな暮らしを支えるためや途上国の燃料資源として，熱帯雨林が取り返しのつかない勢いで失われている。

生物基礎 生物

野生生物への生息・生育地の提供や二酸化炭素の吸収など，多面的な機能を有する森林が，1990 年から 2000 年にかけて，全世界で毎年約 940 万 ha 失われている。この原因としては，農地への転用，森林火災，違法伐採などがある。2000 年に設立された「国連森林フォーラム（UNFF）」で世界の森林保全のための取り組みが行われている。

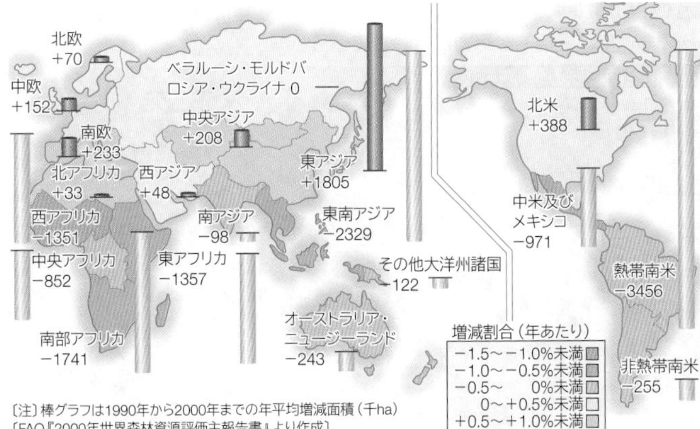


〔注〕棒グラフは1990年から2000年までの年平均増減面積（千ha）
〔FAO『2000年世界森林資源評価主報告書』より作成〕

過度の焼き畑による森林破壊

熱帯雨林は有機物の分解が速いので，もともと土壌が通常数 cm しかない。さらに伐採によって表土がむき出しになると，雨季の豪雨によって洗い流されてしまう。このような土地が森林に戻ることは困難である。

熱帯林の変化（ブラジル・ロンドニア地方）

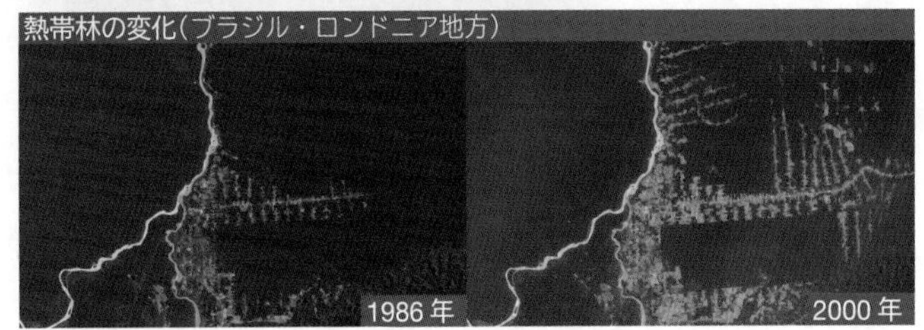


1986 年にはほぼ手つかずであったが，道路がつくられた（横縞模様）ことで，たった 15 年ほどで伐採や開発が進み，熱帯雨林が急激に失われていった。

WORD 内分泌かく乱物質⇔外因性内分泌かく乱物質⇔環境ホルモン

# 20 保全生態学
Conservation ecology

## A 生物の多様性とその低下

人間活動によって，生物の多様性の一部が失われている。特定外来生物の指定，環境アセスメントなどの対応が求められている。 生物基礎 生物

### ●ホットスポット（生物多様性ホットスポット）

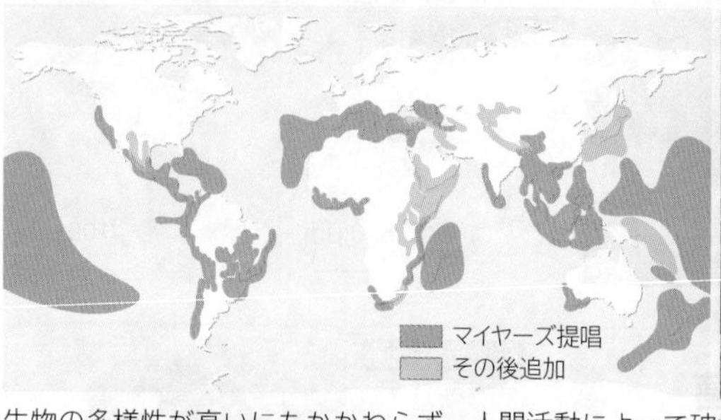

スマトラトラ（インドネシア）

タカヘ（ニュージーランド）

生物の多様性が高いにもかかわらず，人間活動によって破壊の危機に直面している地域を**ホットスポット**（生物多様性ホットスポット）という。2000年に，イギリスの生態学者であるノーマン・マイヤーズによって提唱され，次の2つの基準によって定義付けがなされている。

①維管束植物の0.5％以上または1500種以上が地域固有のものである。
②原生的植物の70％以上がすでに失われている。

日本を含む34の地域がこの基準を満たしており，これらの地域だけで全世界の植物・両生類・は虫類・鳥類・哺乳類の約60％が存在している。

### ●外来生物の移入

沖縄のやんばるの森は世界的に見ても特有な生物が生息する場所である。そこにハブ（毒蛇）の捕食者としてマングースが移入されたが，マングースは危険なハブよりも他の在来種を多く捕食している。また，やんばるの森の中央に道路がつくられ，人間がイヌやネコを捨てに来るようになった。捨てられたイヌやネコが在来種の捕食者となり，ヤンバルクイナなどのやんばるの森に固有な種もその餌食になり，生息域がさらに減少している。

ヤンバルクイナ

マングース

### TOPICS

#### 絶滅種の再導入とエコアップ

近年，一度地域から失われた種を再導入し，もとの生態系に近づける試みや，都市化の影響により自然環境が失われつつある地域において，生態的回廊を設置したりして，生物が生息しやすくなるような環境整備（エコアップ）が続けられている。

再導入されたオオカミ

アメリカのイエローストーン国立公園ではオオカミが見られなくなり，増えすぎたアメリカアカシカによる植生の食害が深刻化していた。カナダ産オオカミの再導入が始まると，アメリカアカシカの個体数の減少による植生の回復，他の動物の増加などが確認された。

コウノトリ　整備された魚道

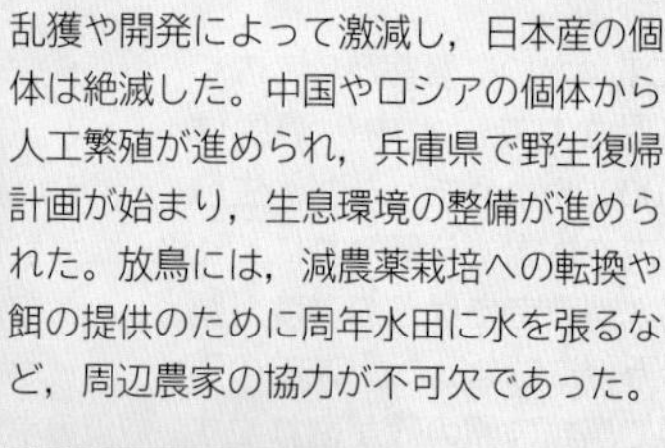

乱獲や開発によって激減し，日本産の個体は絶滅した。中国やロシアの個体から人工繁殖が進められ，兵庫県で野生復帰計画が始まり，生息環境の整備が進められた。放鳥には，減農薬栽培への転換や餌の提供のために周年水田に水を張るなど，周辺農家の協力が不可欠であった。

放鳥されたトキ

特別天然記念物に指定され保護活動が行われたが，日本産のトキは絶滅した。1999年から日本産との差異が個体差程度である中国産のトキの人工繁殖が進められ，2008年から放鳥が開始された。2012年には放鳥されたつがいのひなが確認されている。

アニマルパスウェイ

道路や線路などで分断された森林を動物が行き来できるようにするために，樹上に設置された小さな橋をアニマルパスウェイという。

動物横断用トンネル

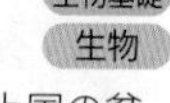

最近の道路建設では，自然環境負荷低減のために，動物横断用のトンネルや橋などを設置している。

## B 砂漠化の進行

全陸地の4分の1の土地と，世界人口の6分の1にあたる10億人の人々が，**砂漠化**の影響を受けている。 生物基礎 生物

相次ぐ干ばつのほかに，樹木の伐採や家畜の過放牧などによって，表土が失われ砂漠化が進んでいる。土地の乾燥化だけでなく，土壌の浸食や植生の減少なども問題となっている。潅がいのために地中の塩分が表層付近に上がってきて塩害を起こすケースもある。砂漠化の要因には，途上国の貧困や人口増加等の問題もある。このため，1996年に発効した砂漠化対処条約のもとに，国際的な努力が行われている。

砂漠化を防ぐ試み（砂防ネット）

# 21 生態系サービス
Ecosystem services

## A 生態系サービスの種類

人類が生態系から得ている利益や恩恵を**生態系サービス**といい，供給サービス・調整サービス・文化的サービス・基盤サービス・保全サービスに分類される。 生物基礎 生物

### 供給サービス
食料や水，原材料，エネルギーなど，人間生活にとって極めて重要な資源を生産・提供するサービス。

漁業

食料や加工品の原材料としての水産資源が供給される。

天然ゴムの採集

採集したゴムノキの樹液は精製・乾燥などの加工をして利用される。

水力発電(黒部第四ダム)

水のもつ力学的エネルギーを変換して電気エネルギーをつくり出す。

**POINT**

**生態系サービスの種類**

| | |
|---|---|
| 供給サービス | 食料，原材料，エネルギーの供給など |
| 調整サービス | 気候・洪水の調節，廃棄物処理など |
| 文化的サービス | レクリエーション，文化的刺激など |
| 基盤サービス | 物質循環，光合成による $O_2$ の供給，土壌形成など |
| 保全サービス | 資源の確保，災害の備えなど |

※この地球の生態系は人間だけのものではないことには注意すべきである。

### 調整サービス
気候の激変緩和，洪水の予防，水の浄化や，排出物・有害物質の分解など，環境を制御するサービス。

豊かな森林

気候の急激な変化を抑えるだけでなく，大きな保水作用ももつ。

干潟

川から流れ込む有機物を分解・処理している(⇒ p.288)

### 文化的サービス
精神的充足や知的・美的な楽しみ，レクリエーション機会などを提供するサービス。

サンゴ礁

美しい景観を目当てに，多くの人がダイビングなどにおとずれる。

森林

多面的な生態系サービスをもたらす森林は森林浴など文化的側面ももつ。

### 基盤サービス
炭素・窒素や水などの循環，酸素の生成と循環，土壌の形成，作物の送受粉と種子の拡散などを行うサービス。

ストロマトライト

ストロマトライトを構成するシアノバクテリアは太古から酸素を供給している。

マルハナバチによる授粉

作物や果実を実らせるためには授粉をする必要がある。ハチ類の存在が重要である。

### 保全サービス
医薬品の開発などにつながる遺伝子資源を確保したり，傾斜地崩壊などの災害を未然に防ぐサービス。

熱帯雨林

熱帯雨林には医薬品の材料など，未知の資源があるとされている。

棚田

生産の現場であると同時に，大雨時の水を一時的に蓄える場ともなる。

# 藻類バイオとは何か —微細藻類の物質生産—

**河野重行**
東京大学大学院新領域創成科学研究科教授



40℃を超えるような猛暑，頻発する落雷や突風，1時間に100ミリを超えるような豪雨，居座る台風，夏が今までの夏とは違ってきている。「地球温暖化」を実感する夏だ。

2013年5月10日，米国海洋大気庁(NOAA)は，ハワイ島マウナロア観測所で測定している大気中の二酸化炭素($CO_2$)濃度が，1958年の観測開始から初めて400ppmを超えたと発表した。産業革命前は280ppmと推定され，現在の濃度上昇率は半世紀前に比べて3倍になっている。NOAAは「温暖化が加速している」と警鐘を鳴らす。400～440ppmが継続すると，気温は2.4～2.8℃上昇すると予測されているからだ。

**●再生可能エネルギー**

大気中の$CO_2$濃度の上昇が石油や石炭といった化石燃料の大量消費にあることは明らかである。太陽光，風力，波力・潮力，流水・潮汐，地熱，バイオマスといった自然の力で補充される資源とそれを使って得られる発電，給湯，冷暖房，輸送，燃料といった再生可能エネルギーが注目されている。

バイオマスとは生物資源のことで，再生可能エネルギーのうち，生物資源に由来する燃料がバイオ燃料である。バイオ燃料はバイオエタノールとバイオディーゼルがその代表的なものであり，トウモロコシ，サトウキビ，ナタネ，ダイズなどの植物を原料としているので，ゼロエミッションあるいはカーボンニュートラルといった長所がある。原料の植物は元々大気中の$CO_2$を吸収して成長したものなので，それを燃焼して$CO_2$を大気中に放出したとしても，$CO_2$の排出量は植物による吸収で相殺されてゼロ(ゼロエミッション)となり，環境中の炭素循環量に対しても中立(カーボンニュートラル)となる。

**●バイオ燃料とシェール革命**

世界最大の砂糖の生産国であるブラジルでは，1930年代からサトウキビを原料としたエタノールの生産が盛んで，現在では全国に400を超える工場があり，サトウキビの栽培や収穫から砂糖あるいはバイオエタノールの製造と販売までを一貫して行っている。サトウキビの糖汁で製糖するか発酵させてバイオエタノールにするかは両者の価格で決まる。その配分比率は現在ほぼ半分ずつで推移しており，砂糖生産では世界シェアの20～25%を占め世界最大，バイオエタノール生産ではアメリカについで世界第2位となっている。ブラジルのバイオエタノールの魅力は低価格であり，ガソリンより2割も安い。

アメリカでトウモロコシ由来のバイオエタノールが最初に注目されたのは1970年代からで，補助金が拠出されたこともあって，ガソリン代替エネルギーとして脚光を浴びるようになった。2008年になると，信用危機・気候変動・原油価格高騰の3大危機を解決するための政策として，「グリーン・ニューディール」が発表され，世界各国でこれに沿った政策が推進されていった。アメリカでトウモロコシやコムギを使ったバイオエタノールの製造が本格化し，飼料はもとより食料品の高騰を招き世界中が混乱したのもこのころである。食糧と競合しないバイオマスとして注目されたのが微細藻類で，ボトリオコッカスやナノクロプシスといった淡水や海産の単細胞藻類の大量培養が研究されるようになった。ボトリオコッカスは乾燥重量あたり25～75%のオイルを含み，それを細胞外に分泌するということから一躍脚光を浴びていた。

しかし，2013年になるとシェール革命で状況は一変する。これまで不可能とされていた頁岩(けつがん)(シェール)に封じ込められているガスやオイルを取り出すことに成功したのだ。シェール層はアメリカのほぼ全域に広がり，そこに埋蔵されている石油や天然ガスは100年分を超えるといわれている。アメリカは世界最大のエネルギー輸入大国から2020年ごろにはエネルギー大国に躍り出ると見られる。ここにきてバイオ燃料は急速にその経済的魅力を失いつつある。

**●藻類バイオ**

バイオ燃料から目を転じて，日本の藻類バイオ市

図1　**緑と赤のヘマトコッカス**　ヘマトコッカスは単細胞の緑藻で本来緑色をしているが(A)，連続光や強光あるいは飢餓などのストレス環境下ではアスタキサンチンを蓄積して真っ赤なシスト(休眠細胞)になる(B)。

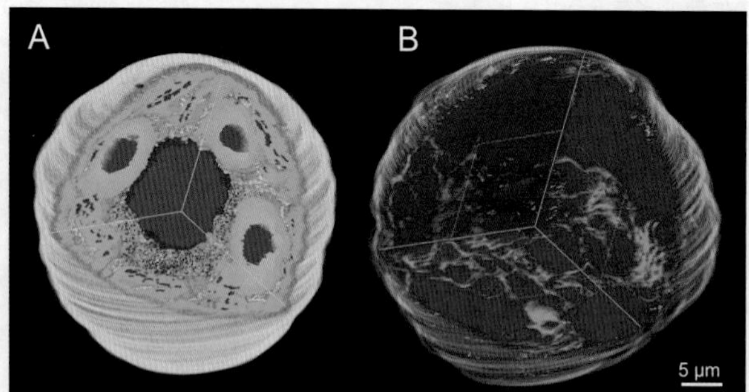


図2　**ヘマトコッカスの電顕3D**　明暗条件で培養した緑の細胞(A)と連続光で培養した赤いシスト(B)を電顕包埋して350枚ほどの超薄切片に切り分け電顕3Dで立体構築した。緑の部分が葉緑体，赤い部分はアスタキサンチンを含むオイル，葉緑体の中にある青と水色の部分がピレノイド，紫の粒はデンプン粒子である。細胞中央に藤色の核があり，その周辺には黄色ミトコンドリアが分布している。赤いシスト(B)の真ん中やや左にある藤色の部分が核，手前の緑の部分(葉緑体)の中には退化した青と水色の小さなピレノイドが見える。赤いシストではアスタキサンチンを含むオイルが全細胞の52%にもなる。

場を調査すると，海苔，昆布，ワカメといった日本伝統の食品の市場規模の割合が意外に大きいことに気付かされる。また，クロレラやアスタキサンチンといった健康食品や医薬外用品も目立ち，フコイダン，ユーグレナ，スピルリナ，フコキサンチンなどがこれに続く。

アメリカ，イスラエル，台湾などでは大規模培養施設でスピルリナやクロレラの商業培養が行われている。スピルリナはアフリカや中南米の湖に自生する熱帯性の藻類で現地の貴重な食糧源として利用されてきた。アフリカ中央部のチャド湖の近くの村の市場ではスピルリナの乾燥物が売られている。食品としての工業的生産は，日本企業が 1978 年にタイのバンコク郊外に人工池による培養工場を建設して販売したのが世界最初とされている。クロレラは，タンパク質の含量が比較的多いので，第二次大戦後の食糧難の時代に食糧資源の一つとして盛んに研究された。大量培養のできるようになった 1960 年代以降は健康食品としても販売されており，知名度は高い。

**●ヘマトコッカス**

藻類バイオで成功したビジネスモデルにアスタキサンチン製造がある。アスタキサンチンは，サケやマスの養殖での肉の色揚げに，養鶏場などでは卵の黄身の色揚げ用の飼料に使われていたが，強力な抗酸化力で知られており，医薬品や健康食品，テレビ CM の影響もあってアンチエイジングの化粧品などで注目されるようになった。アスタキサンチンは，カロテノイドの一種で，強光下におかれた植物は過剰な光合成によって生じる活性酸素を抑えるのにβカロテノイドやアスタキサンチンを蓄積して赤くなる。微細藻類も同じで，強光下で，ドナリエラやスミレモはβカロテノイドを，クロロモナスやヘマトコッカスはアスタキサンチンを蓄積する(図 1)。

ヘマトコッカスはクロレラよりはクラミドモナスに近い緑藻で生活環の一時期には鞭毛をもつ。ヘマトコッカスは 25～50μm もある大型の細胞なので，これを超薄切片にして 1 枚 1 枚電子顕微鏡写真を撮影しコンピューターで立体構築(電顕 3D)した(図 2)。発達した葉緑体が細胞周縁部を囲み，細胞のほぼ中心に核があり，その周辺にアスタキサンチンを含む小さなオイルドロップがある。葉緑体にはピレノイドと多数のデンプンが見られる。光ストレスにさらされると，チラコイド膜が分解し葉緑体は小さく縮退し，アスタキサンチンの小さな顆粒が細胞質に貯まってくる。アスタキサンチンは脂溶性なので，オイルドロップに溶け込む。アスタキサンチンを含む小さなオイルドロップは融合して巨大なオイルドロップへと変貌する。電顕 3D を見るとヘマトコッカスはアスタキサンチン源としてもオイル源としても格好の微細藻類といえる。

**●クロレラ**

クロレラは，トレボキシア藻綱に属する鞭毛をもたない単細胞藻類で，様々な特徴をもつ種の総称である。そのほとんどの種が培養可能なので各企業がそれぞれに特徴的な種を培養している。クロレラやクラミドモナスなどの微細藻類を培養している培地から，栄養塩(窒素，リン，硫黄などを含むイオン化合物)を除去すると，微細藻類がオイルを蓄積することはよく知られていて，このことが微細藻類を用いたバイオ燃料開発の理由の一つともなっている。

クロレラの場合，培地から硫黄を除くと，デンプンを蓄積し始め，その量は乾燥重量の 50%にもなる。クロレラを含め緑藻の仲間は葉緑体の中にピレノイドをもっている。ピレノイドには光合成の反応で $CO_2$ を固定するルビスコという酵素が大量に含まれており，その周辺にはデンプンが蓄積して鞘のようになっている。これをデンプン鞘と呼ぶ。通常，葉緑体に含まれるデンプンはこのデンプン鞘 1 個ぐらいであるが，硫黄欠乏にすると葉緑体に大量のデンプンが蓄積されるようになる。硫黄欠乏がさらに進むと細胞周辺部にオイルが貯まるようになり，デンプンが分解されてオイルに変換しているのがわかる(図 3)。電顕 3D で見ると，クロレラは貯蔵物質として元々デンプンとオイルを同時にもっていて，ストレスや環境条件によってそのどちらかがより多く蓄積されるようになると考えられている(図 4)。オイルの量は乾燥重量の 60% を超すこともある。

**●藻類バイオの将来展望**

微細藻類でバイオ燃料が実用化され商業販売されたものはまだない。価格が現実的ではないのだ。そこにシェール革命が追い打ちをかける格好になっている。しかし，だからといって，微細藻類の本来の多彩な魅力が薄れたわけではない。バイオマスには 5F と呼ばれる段階がある。付加価値のある高価なものから並べると，Food(食品)，Fiber(繊維)，Feed(飼料)，Fertilizer(肥料)，Fuel(燃料)の順になる。実は付加価値の低い燃料は微細藻類にとって最も実用化しにくいものなのだ。化粧品，食品や飼料など付加価値のあるものから段階を経て燃料へ到達すべきであり，微細藻類の物質生産にもっと注目し，燃料だけでなくより多彩な微細藻類の利用法を考えるべきだろう。

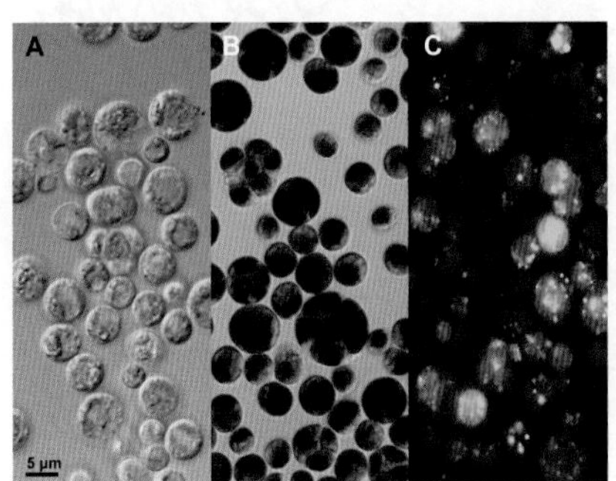


図 3　**クロレラの物質生産**　通常に培養していたクロレラ(A)を栄養塩飢餓にすることでデンプン(B)やオイル(C)を自由につくらせることができる。栄養塩飢餓に短期間さらしたクロレラをヨウ素デンプン反応で染色するとたくさんのデンプンが蓄積していることがわかる(B)。栄養塩飢餓に比較的長期間さらしたクロレラをオイルを染色する蛍光色素で染色するとたくさんのオイルを蓄積していることがわかる(C)。

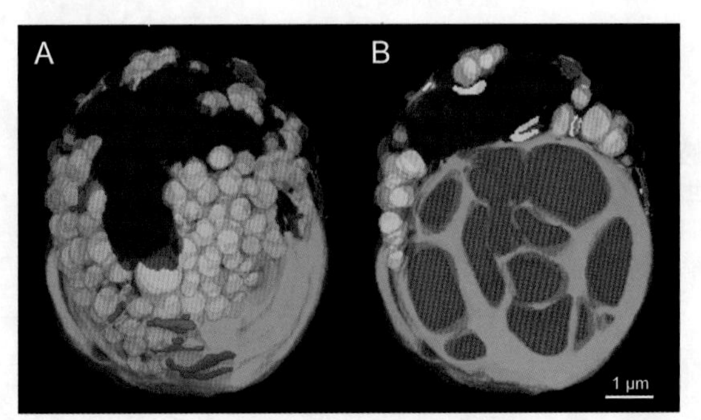

図 4　**クロレラの電顕 3D**　硫黄欠乏培地で培養してすぐのクロレラを電顕 3D で立体構築し，細胞壁と細胞膜を除いた細胞表層が見えるようにし(A)，それを半分に割って細胞内部が見えるようにした(B)。黄色の顆粒がオイルドロップであり，葉緑体の外側に分布している。B では細胞の下側の 2/3 以上が葉緑体であり，そこには紫色で示した不定形デンプン粒が多数見られる。デンプンとオイルが 1 つの細胞に共存していることがわかる。

# 1 生物進化の考え方の変遷

The change of theory of evolution

## A 用不用の説

ラマルクは，著書『**動物哲学**』(1809 年)の中で，生物進化について初めて体系的な説明を試み，**用不用の説**を唱えた。

生物

ラマルクは，生物には生きるための努力が内在していること，そしてこの努力を実行するのに使う器官や習性が発達し，使用によって発達した状態が親から子に伝わり，環境に適した生物を生む「原動力」になると考えた(用不用の説および獲得形質の遺伝)。この考え方は，現在では完全に否定されている。

あまり使わないので，腕は小さくほとんど無力である

跳躍あるいは直立のからだを支えるためたえず使うので脚はよく発達する

指を広げることを続けたので指間の皮が発達した

目を補うため嗅覚が発達した

狭い所を通り抜けることを繰り返しているので細長くなり，四肢は退化した

### ADVANCE

**ラマルクの功績**

ラマルクの用不用の説は，現在では否定されている。しかし，生物進化の概念を初めて体系的に示した功績は大きい。また分類学でも，リンネの人為分類の考え方を否定し，初めて系統分類の考え方を取り入れ，後のヘッケルの系統樹の概念に大きな影響を与えた。

## B 自然選択説

ダーウィンは，著書『**種の起源**』(1859 年)の中で，**生存競争**による適者生存を柱とする**自然選択説**を唱えた。

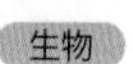

ダーウィン

ダーウィンは 22 歳から 5 年間，イギリス海軍の調査船ビーグル号に乗船し，南半球の大陸や諸島の動植物について調査・観察を行った。特にガラパゴス諸島で観察した生物の多様な姿は，自然選択説の成立に大きなヒントを与えた。右のゾウガメの甲らの違いは，どんな役に立つのかはっきりしない。しかし，フィンチ類(小鳥の一種)のくちばしはその形が，虫を取る，木の実をついばむなど，えさの取り方に適していた。同様な違いは，ハワイ諸島のミツスイについても知られている。

### ●ハトのいろいろな品種

野生のカワラバトから人為選択によっていろいろな品種ができた。

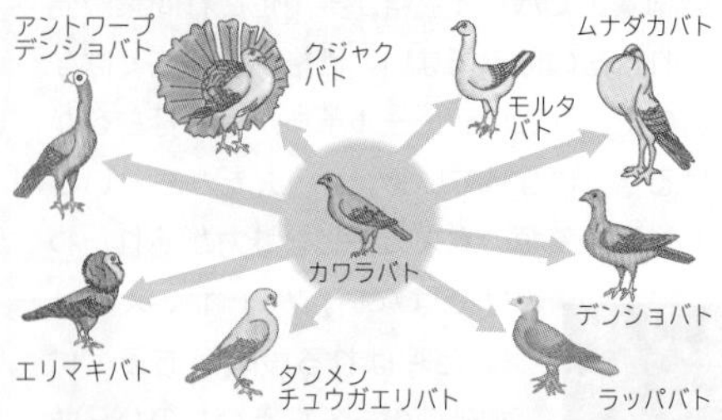


### ●ダーウィンによる種の分岐の説明

下の図で，横線どうしの間隔を 1 千世紀と仮定する。1 万 4 千世紀後には，A 種の子孫は $a^{14}$ ～ $m^{14}$ の 8 種に分化し，B ～ E 種の子孫は絶滅し，F 種の子孫はあまり変化せず $F^{14}$ として残っている。

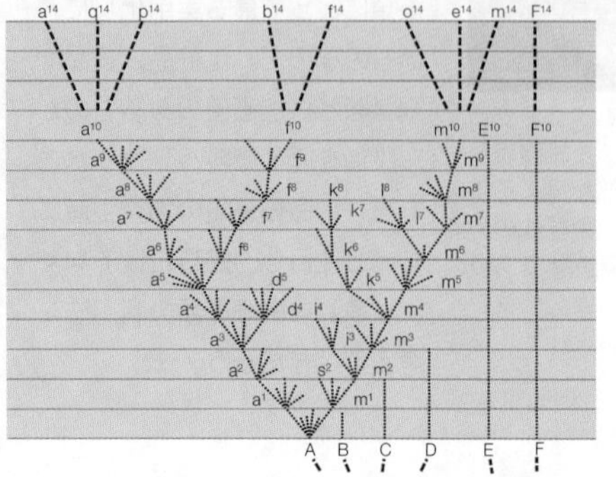

### ●ガラパゴス諸島のゾウガメ

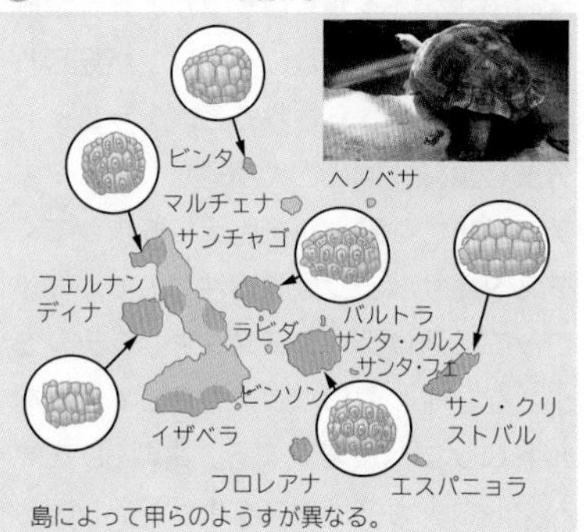

島によって甲らのようすが異なる。

### ●ハワイ諸島のミツスイ

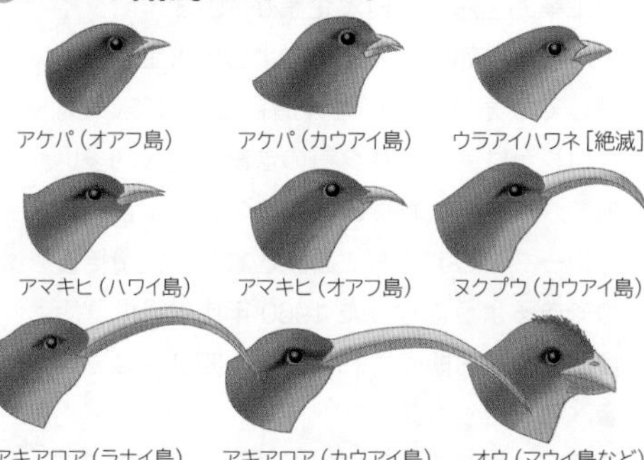


・親から，わずかずつ違う子が多数生まれる。全部は生き残れないから，選抜が行われなければならない。
・特徴の違いに注目して子孫を選抜することにより，様々な品種を得ることができる。

→

**自然選択説**

自然のもとでも，環境によりよく適したものがより多く子孫を残すことが繰り返される。こうした自動的な選抜の「結果」として，この系列がやがて新しい種となっていく。

### POINT 用不用の説と自然選択説の比較

**用不用の説**

器官の反復的使用はその発達を助長する。そうして得られた形質(**獲得形質**)の遺伝によって進化が起こるとする説。
現在では否定されている。

キリンは少しでも高いところの葉を食べようと，一生懸命背伸びを繰り返した。その結果，少しずつ首と前足が長くなり，それが何代も繰り返される中で，今のようになった。

**自然選択説**

同じ親から生まれても少しずつ形質が異なる中で，生存や繁殖に有利なものがより多くの子孫を残すことによって，進化が起こるとする説。

同じ親から生まれたキリンにも個体間に差異があり，首の長いものや短いものが混在していた。環境が悪くなると，少しでも首が長い個体ほど生き残り，子孫を残した。この選択が何代も繰り返された結果，今のようになった。

・いずれの説もキリンの首がなぜ長くなったかの答えは出しておらず，その理由は現在も不明である。





 WORD 用不用の説⇔用不用説　選択⇔淘汰

# C 隔離説

ワグナーは，**地理的隔離**が種の分化を助長するとする**隔離説**を唱えた(1868年)。隔離には，活動習性の違いから交雑ができなくなる**生殖的隔離**もある。

生物

## 地理的隔離によるラクダの分化

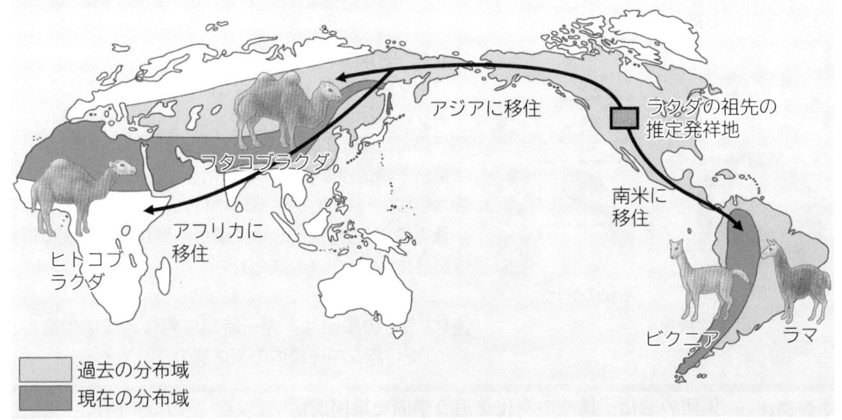


新生代第三紀に北米大陸に生息していたラクダの祖先が移住し，アジア，アフリカの砂漠で隔離され，フタコブラクダ，ヒトコブラクダになった。南米大陸では，山地に隔離され，ラマやビクニアになった。

## 種の分化における隔離の役割

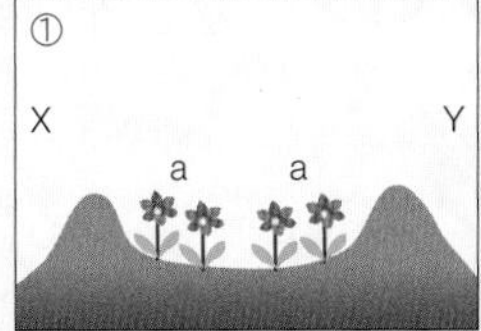


X地域からY地域にかけて植物aが分布していた。

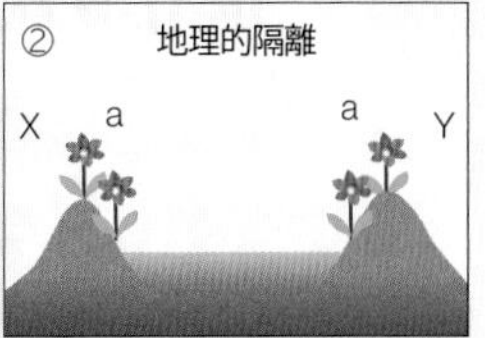


植物aが2つの地域に分断され，別々に交配をし始めた。

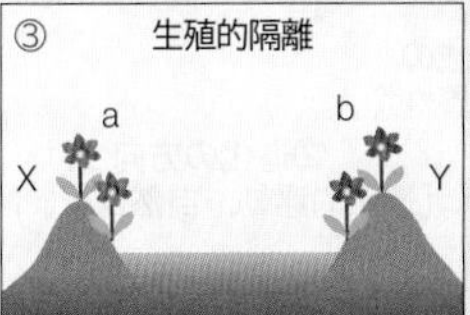


Y地域では，aからbという種が分化し，繁殖するようになった。

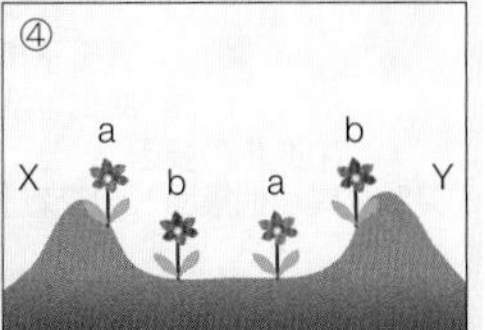


X地域とY地域が地続きとなっても植物aとbの交雑は起きず，種が確定した。

# D 定向進化説

コープ(1880年)とアイマー（1885年)がそれぞれ，オオツノジカの角やマンモスの牙を根拠として展開したが，現在では否定されている。

生物

生物の進化は，環境や自然選択とは無関係に生物に内因する要因により「ある一定の方向に向かって進む」とする説。

アイルランドオオツノジカ

実用的とは見なしがたい角が，時代とともに巨大化した。

TOPICS

## 定向進化説の否定

ウマの進化では，変化が系列をなして1つの方向に進んでいるように見えるので，定向進化説の根拠として主張されたことがある(⇒p.320)。しかし，すべてを整理してみると，実は右図のように様々な方向に枝分かれしている化石があることがわかった。枝分かれの多くは行き止まりとなり，系統が絶滅したので，生き延びた筋道だけをつなぐと，方向性があるように見えたのである。

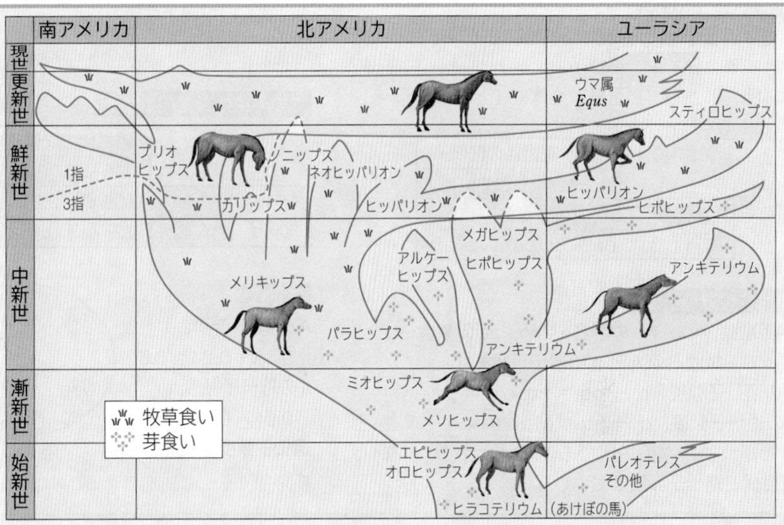


# E 突然変異説

生物

ド・フリースは12年間に渡って野生のオオマツヨイグサを数千株ずつ栽培し，各世代における形質の変化を記録した。その結果，新しい形質をもち，しかもその形質が子に遺伝するような「変種」がわずかに現れることを発見し「種の形成は自然選択によって起こるのではなく“突然起こる大変化”によって起こるのである」という考えを発表した(1901年)。この考えは，20世紀後半になって，突然変異が微小な変化を引き起こすもとになるものであることがわかり否定されたが，「進化が突然に遺伝的に起こる変異によって生じる」という根本的な考え方は現在も生きている。また，彼はこのオオマツヨイグサの研究によりメンデルの法則の再発見もなしとげた。

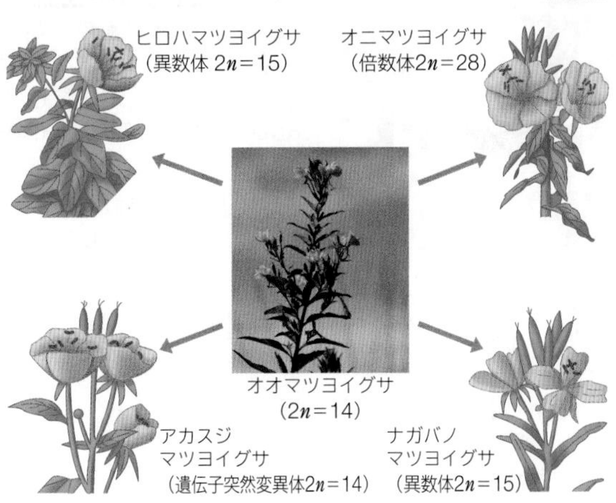


# F 中立説

生物

木村資生

遺伝子やその翻訳産物であるタンパク質のアミノ酸に生じるすべての突然変異は，鎌状赤血球貧血症の変異遺伝子(⇒p.303)のように不利であったり，まれに有利であったりするが，必ずしも不利・有利のどちらかになるとは限らない。むしろ**有利でも不利でもない場合が多く**，そうした「中立的」な変異の蓄積が分子レベルでの進化の素材であるという中立進化の理論が木村資生(もとお)によって1960年代に展開された。

# 2 進化のしくみ(1)

Mechanism of evolution 1

## A 進化のしくみ

ある生物集団の中で遺伝子が多様化し，その中で偶然もしくは環境に適したものが残り，世代を超えて集団内に広がることで進化していく。 生物

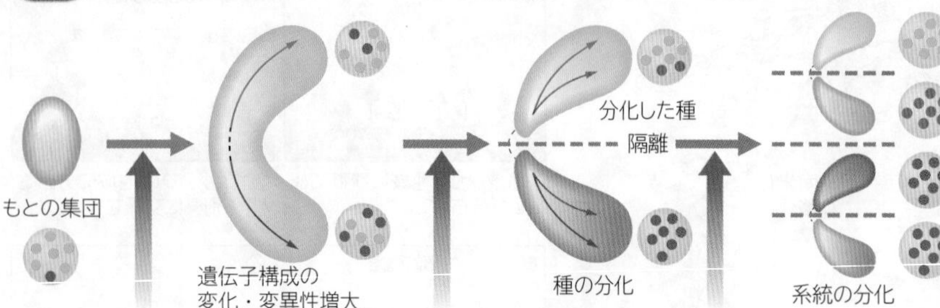


⓪もとの集団では遺伝子構成が安定している。
①ランダムに起こるDNAの変化(突然変異)や交雑により，集団内の遺伝子構成が多様化する(小進化)。
②その後，遺伝的浮動や自然選択などにより集団内の遺伝子構成が変化し，種分化をするものも現れる。
③さらに，それぞれの生態的地位に合うような系統(同種内の，ある形質について遺伝子型が等しい個体群)に分化していく(大進化)。

注)ここでの集団は，同一時期に同じ地域に生息し，交配可能な単一種内の個体群のことである。

## B ハーディ・ワインベルグの法則

集団の遺伝子構成の変化を追う学問を集団遺伝学という。ある集団において5つの条件を満たせば，遺伝子頻度は変わらず安定している。 生物

### ハーディ・ワインベルグの法則

「5つの条件を満たした集団に存在する対立遺伝子の割合(**遺伝子頻度**)は一定で，何世代経っても変化しない」という法則である。逆に条件が1つでも成立しなければ進化が起こることになる。

**親世代の遺伝子頻度**

・対立遺伝子Aとaの遺伝子頻度をそれぞれpとqとする。(A：a＝p：q)
・集団内のpとqの合計は全体で1とする。
(p＋q＝1)

| | | 親世代の配偶子 | |
|---|---|---|---|
| | | A(p) | a(q) |
| 親世代の配偶子 | A(p) | AA($p^2$) | Aa(pq) |
| | a(q) | Aa(pq) | aa($q^2$) |

**次世代の遺伝子頻度**

AAの割合…$p^2$，Aaの割合…2pq，aaの割合…$q^2$
よって，集団内のAとaの遺伝子頻度は，
Aの遺伝子頻度　$p^2 + pq = p(p+q) = p$
aの遺伝子頻度　$q^2 + pq = q(p+q) = q$
したがって，次の世代でも，A：a＝p：qとなり，親世代と遺伝子頻度は変化しない。

**5つの条件**

①個体数が十分に多い
②他の集団との間で個体の出入りがない
③突然変異が起こらない
④自然選択が働かない
⑤任意交配する

**親世代の集団**（遺伝子プール）

Aの遺伝子頻度　6/10＝0.6
aの遺伝子頻度　4/10＝0.4

生まれてきた遺伝子型aaの個体が自然選択を受けて死滅

**5つの条件を満たす場合**

| | | 親世代の配偶子 | |
|---|---|---|---|
| | | 0.6A | 0.4a |
| 親世代の配偶子 | 0.6A | 0.36AA | 0.24Aa |
| | 0.4a | 0.24Aa | 0.16aa |

**次世代**

Aの遺伝子頻度
0.36＋0.24＝0.6
aの遺伝子頻度
0.24＋0.16＝0.4
**遺伝子頻度は変化しない**

**条件4を満たさない場合**

| | | 親世代の配偶子 | |
|---|---|---|---|
| | | 0.6A | 0.4a |
| 親世代の配偶子 | 0.6A | 0.36AA | 0.24Aa |
| | 0.4a | 0.24Aa | 0aa |

**次世代**

A：a
＝(0.36＋0.24)：0.24
＝5：2
Aの遺伝子頻度　約0.7
aの遺伝子頻度　約0.3
**遺伝子頻度は変化する**

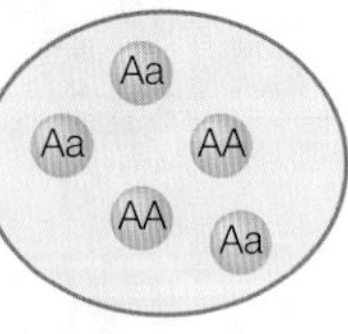

進化のしくみを考えるときは，5つの条件のどれが成立していないかを考えよう。

## C 突然変異

個体レベルで偶然に突然変異が起こる。これらは生存上有利でも不利でもない中立的なものが大半である。 生物

### 変異の蓄積

無性生殖では，体細胞に起きた変異がそのまま次世代に引き継がれる。有性生殖では，生殖細胞に存在する変異が主に次世代に遺伝する。

**POINT 突然変異と進化**

生殖細胞に起きた変異でも，発生過程で死亡するなど次世代に引き継がれずに排除されるものが多い。まれに有利な場合があると，生存して分化につながることがあると考えられる。

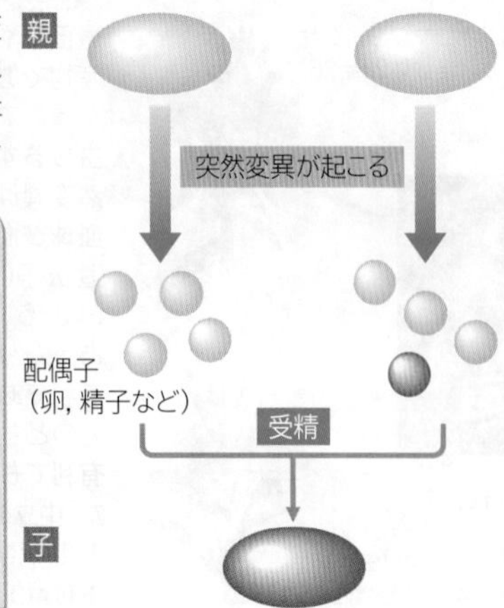


### 分子進化の中立説

生物個体の変化の有無に関わらず，DNAの塩基配列やその直接の産物である各種タンパク質のアミノ酸配列のような分子に関する進化を**分子進化**という。偶然(ランダム)に起きた突然変異の中には，指定するアミノ酸が変化しないものも変化するものもあるが，生存上有利でも不利でもない中立的なものが多い。中立的な突然変異は集団内に蓄積する。

**同義置換**　塩基置換しても指定されるアミノ酸は変化しない。

**非同義置換**　指定されるアミノ酸が変化しても，タンパク質の機能に影響しないこともある。

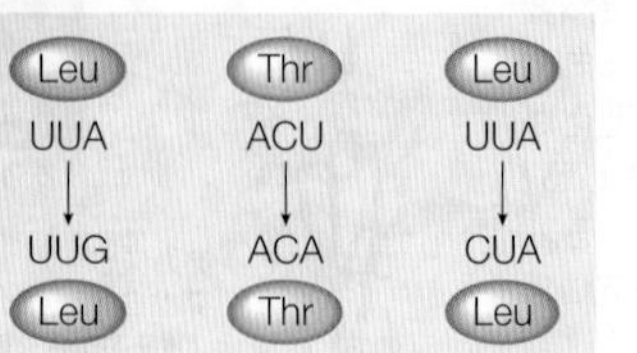

| Leu | Thr | Leu |
|---|---|---|
| UUA | ACU | UUA |
| ↓ | ↓ | ↓ |
| UUG | ACA | CUA |
| Leu | Thr | Leu |

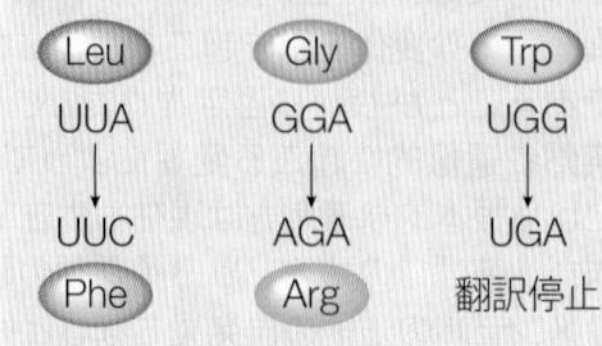


9 生物の進化

## 染色体の構造変化

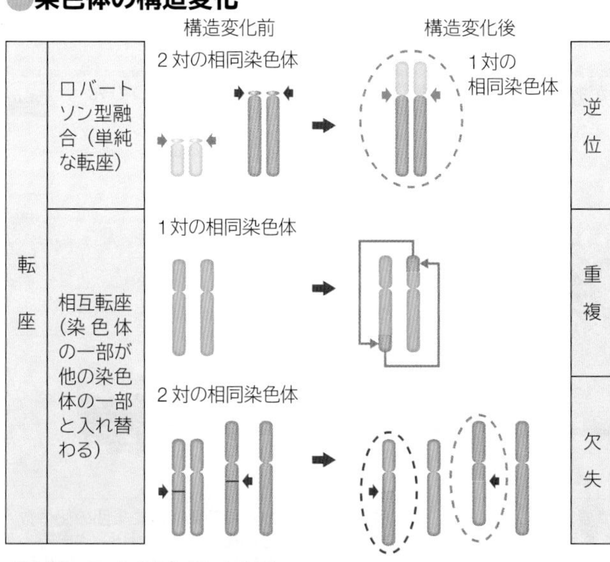


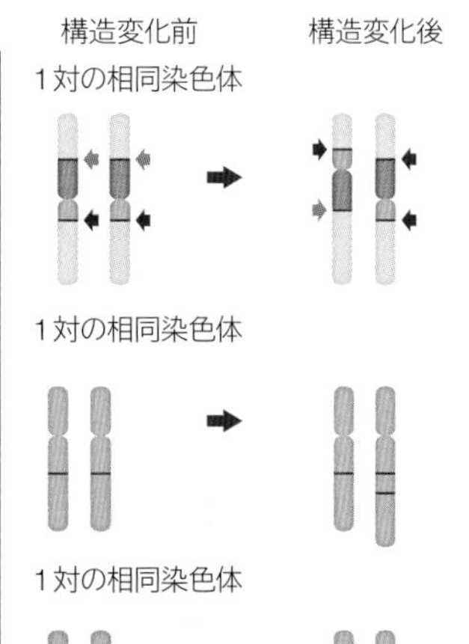

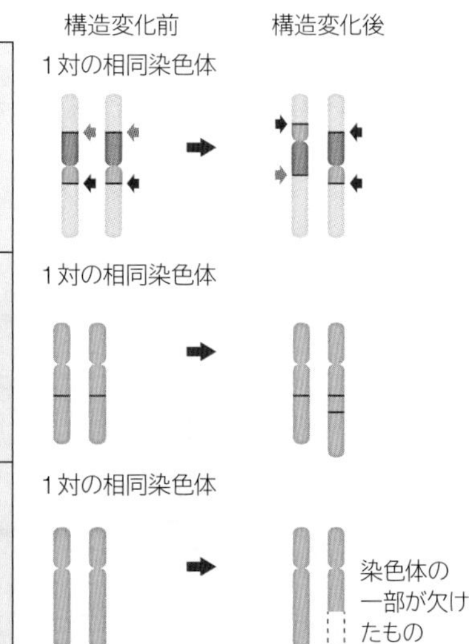


ロバートソン型融合は，染色体数の変化はもたらすが，種分化にはあまり関係しないと考えられている。
ヒト2番染色体は，チンパンジーの12，13番染色体に由来するロバートソン型融合の例であり，ヒトとチンパンジーの染色体数の違いをもたらした。

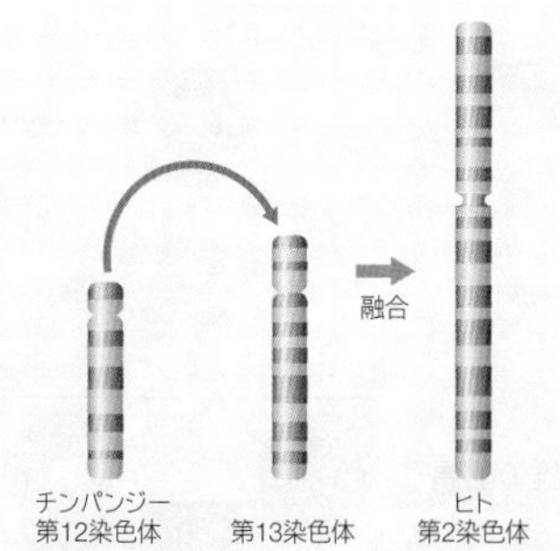


## 遺伝子突然変異の種類

| | | | 1 | 2 | 3 | 4 | 5 | 6 | 7 | 8 | 9 | 10 | 11 | 12 | 13 | 14 | 15 | |
|---|---|---|---|---|---|---|---|---|---|---|---|---|---|---|---|---|---|---|
| 野生型(正常) | | DNAの塩基配列 | A | G | G | A | C | C | T | G | T | G | T | A | G | G | A | |
| | | アミノ酸 | セリン | | | トリプトファン | | | トレオニン | | | ヒスチジン | | | プロリン | | | |
| 突然変異の形態 | 置換 | DNAの塩基配列 | A | G | G | A | C | C | T | G | T | C | T | A | G | G | A | |
| | | アミノ酸 | セリン | | | トリプトファン | | | トレオニン | | | アスパラギン酸 | | | プロリン | | | |
| | 挿入 | DNAの塩基配列 | A | G | G | A | C | C | T | G | T | A | G | T | A | G | G | A |
| | | アミノ酸 | セリン | | | トリプトファン | | | トレオニン | | | セリン | | | セリン | | | |
| | 欠失 | DNAの塩基配列 | A | G | G | A | C | C | T | G | T | T | A | G | G | A | | |
| | | アミノ酸 | セリン | | | トリプトファン | | | トレオニン | | | イソロイシン | | | ロイシン | | | |

一塩基置換は，集団内の一塩基多型(SNP)として見られるように，それだけで大きな変化をもたらすことは少ない。多くの場合，生存には影響しないが，鎌状赤血球症などのように機能的に影響する例は知られている。
進化に関わりの大きい突然変異は付加や欠失であると考えられる。
付加・欠失では塩基配列全体に変化をもたらす(**フレームシフト**)。このとき，終止コドンがどこかに生じる可能性が高いので，遺伝子が有意味に変化する可能性は低い。
ただし，フレームシフトして終止コドンを含むようになったDNAに，さらに突然変異が生じて大きな遺伝子変化につながる可能性がある。

### TOPICS 染色体の倍数化による種分化

植物では染色体の倍数化による種分化が知られている。木原均は，コムギの染色体の構成について研究(**ゲノム分析**)を行い，パンコムギが3種のゲノムからなる6倍体であることを確かめた(1944年)。そして，その祖先が中央アジアで自然交雑と染色体の倍数化によってできたことを明らかにした。

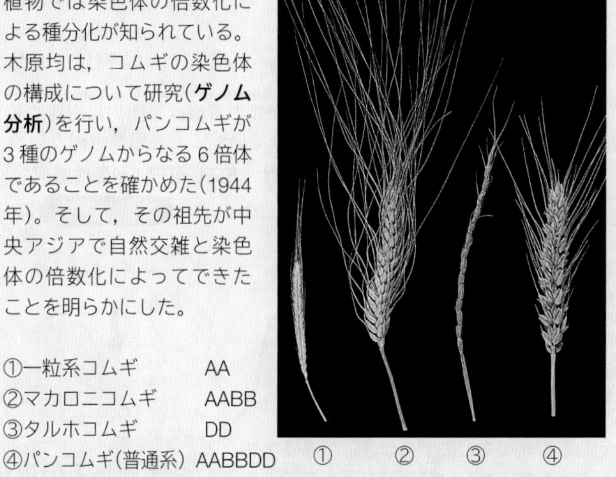

①一粒系コムギ　AA
②マカロニコムギ　AABB
③タルホコムギ　DD
④パンコムギ(普通系)　AABBDD

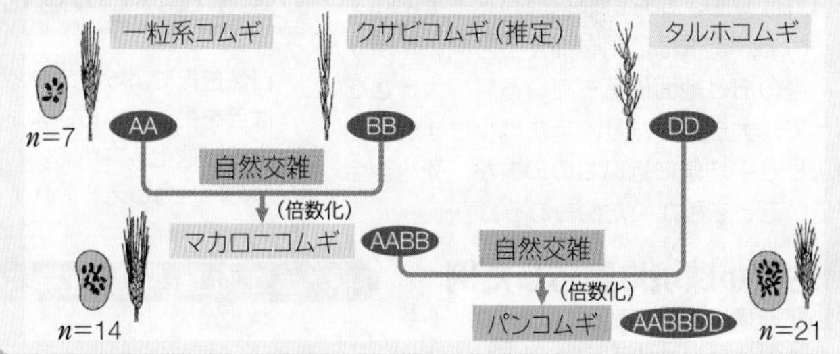


## 遺伝子重複

ある遺伝子がゲノム内に複数存在するようになることを**遺伝子重複**という。

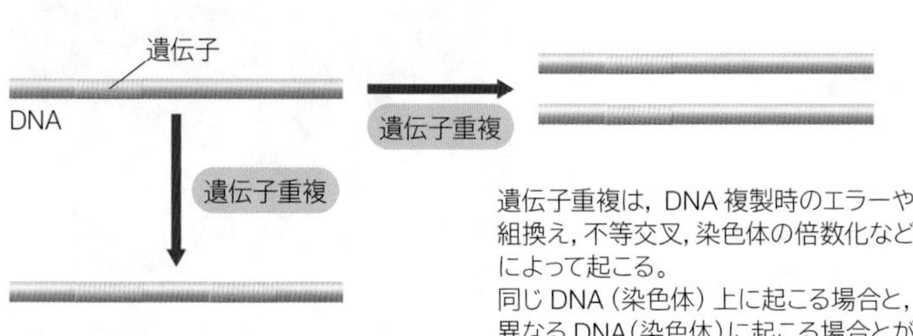


遺伝子重複は，DNA複製時のエラーや組換え，不等交叉，染色体の倍数化などによって起こる。
同じDNA(染色体)上に起こる場合と，異なるDNA(染色体)に起こる場合とがある。

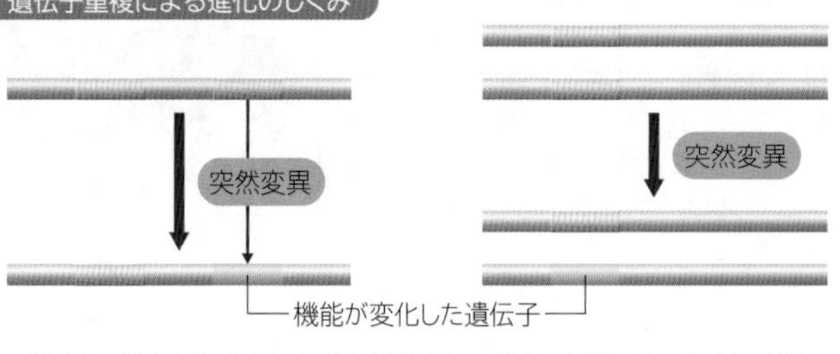


重複した遺伝子にさらに突然変異が生じ，新たな機能をもつ遺伝子が生じることがある。

# 3 進化のしくみ(2)

Mechanism of evolution 2

## A 遺伝的浮動

世代間で遺伝子頻度が偶然に変化することがある。これを**遺伝的浮動**という。遺伝的浮動には，びん首効果や創始者効果がある。

生物

### 遺伝的浮動

世代間で集団内の対立遺伝子の頻度が偶然変化することがあり，これを**遺伝的浮動**という。遺伝的浮動は，個体数の小さな集団で起こりやすい。

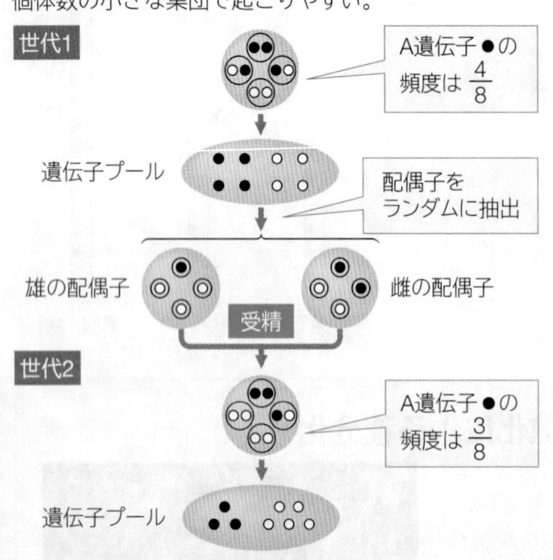


### 集団のびん首効果

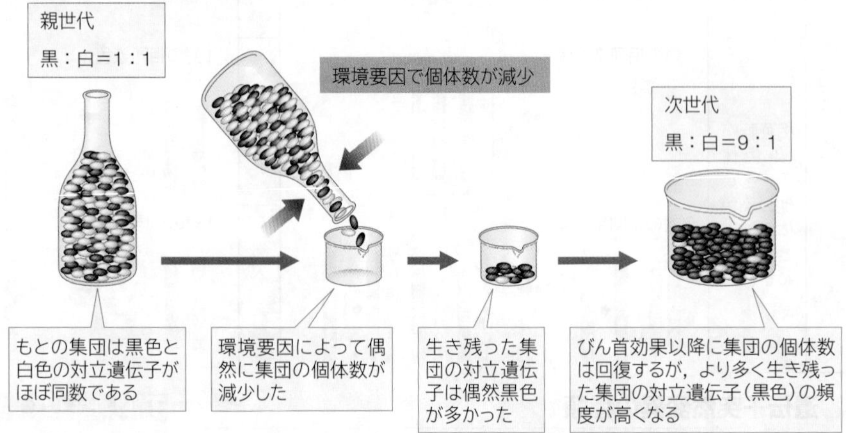


口の細いびんから内容物を少量だけ取り出すと，もとの内容物の割合と一致しないことが多い。大きな生物集団においても環境の激変によって個体数が減少し，集団の大きさが小さくなることがある。このとき遺伝的浮動が起きやすくなり，これを集団の大きさの**びん首効果**という。遺伝的浮動は，自然選択や隔離と同様に進化を引き起こす重要な要因となる。

## B 自然選択

突然変異の蓄積は集団内に形質の違いをもたらす。この形質の違いにより，生存や繁殖に有利なものだけが残っていくことを**自然選択**という。

生物

### 選択の種類

選択には，**安定化選択**・**方向性選択**・**分断性選択**などがある。

**安定化選択** 選択が平均的な個体に有利に働く。

平均値　選択による損失　選択前の個体群 → 選択後の個体群

**方向性選択** 選択が極端な個体の一方に有利に働く。

選択による損失　選択前の個体群 → 選択後の個体群

**分断性選択** 選択が両極端な個体に有利に働く。

選択による損失　選択前の個体群 → 選択後の個体群

一定した環境のもとで十分な適応が達成されていれば，そこからの変化はかえって不利を招くので，選択は変化を抑える方向に作用する。嵐のあと地面に落ちている鳥の大きさを測って，大きすぎたり，または小さすぎるものよりも平均値に近いものの方が，死ぬ割合が低いことを確かめた例もある。

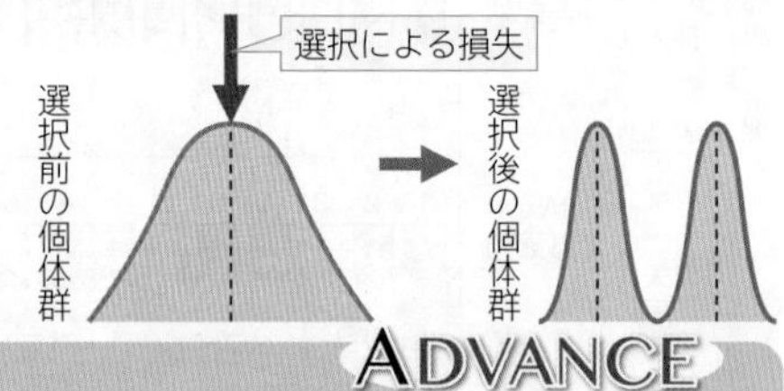

ADVANCE

### 進化としての退化

自然選択によって，いろいろな環境のもとで特別の適応をもつ生物が進化してくる。例えば，洞窟の動物は目を失っている。また，体内寄生虫の多くは，目や消化器官など，生殖巣以外のほとんどすべての体内臓器が退化している。しかし，吸収した栄養分をほぼ無駄なく生殖にあてることができるので，進化の一つの形ともいえる。サナダムシでは，数千の節片が雌雄の生殖巣で満たされている。

### 生物が環境に適応した例

生物が環境に応じて変化した例に，イギリスの工業地帯で黒化型のオオシモフリエダシャクが激増した**工業暗化**がある。これは，野生型の淡色の個体が，立木の樹皮をおおう地衣に色調が似ていたが，排煙の被害により地衣が剥げ落ちた樹皮の上では目立ちやすく，鳥に捕食されやすかったためと考えられる。その後，旧チェコスロバキアでも同様な例が見つかった(右図)。ただしイギリスでは，環境関連の法改正で大気が浄化されると，野生型が再び増えて黒化型はまれとなった。

旧チェコスロバキアの工業暗化

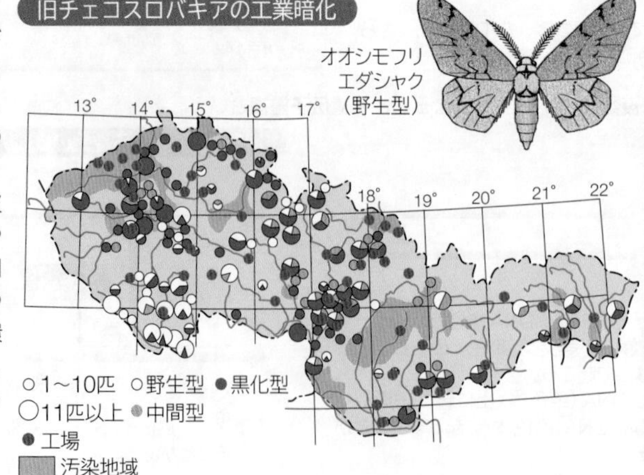


樹皮にとまった野生型(1匹)と黒化型(3匹)

 WORD びん首効果⇔ボトルネック効果

## C 平衡多型

変異により生じた遺伝子ともとの遺伝子の両方が共に集団内に存在し続けることがある。この永続状態を**平衡多型**という。

生物

鎌状赤血球貧血症の変異遺伝子(HbS)は，生体に非常な不利を与えるにもかかわらず，多くの熱帯地域で現存している(⇒ p.151)。その理由はマラリアへの抵抗性にある。夫婦がともにヘテロ(HbS/＋)であると，右図のように，子には３つの型がすべて予想される。(HbS/HbS)は無条件に不利である。(＋/＋)は，マラリアには一部の人が感染するだけなので，マラリア感染者にとってだけ不利となる。こうしてマラリア流行地では，住民は大部分の(＋/＋)と，かなりの数の(HbS/＋)から構成され続けていく。ヘテロ接合体の組合せが相対的に有利なことから＋とHbSが共存するような，こうした永続状態を**平衡多型**という。

なお，HbSがマラリア抵抗性を示すのは，鎌状赤血球内ではマラリア原虫が増殖しにくく，症状が進まないからである。そして増殖が抑えられるのは赤血球内のpHが変わってしまうからであることや，さらにpHがなぜ変わるかという分子レベルの理由も明らかになっている。

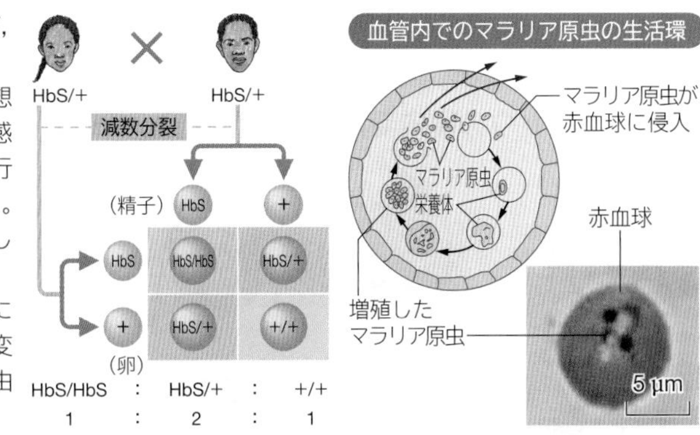


## TOPICS

### 中立説の発展

中立説は，初め自然選択説に対立するものとして批判されたが，現在は一般的なものとして受け入れられている。

中立説の具体的な根拠の１つは，野生のショウジョウバエの個体群について，ある酵素の遺伝子を調べると，予想以上に様々な塩基の置換が多数含まれていることだった。自然選択説(図の上段)のように，塩基の突然変異にすべて「有利か不利か」のしばりがかかっていれば，こうした結果にはならないはずである。中立説(図の中段)は，不利と有利の境目が一線でなく，広い幅をもち，分子レベルで進化をみる上では，その部分こそ重要だとされた。

さらにその後，不利と中立の境目も一線でなく，その広い幅の部分が実際上は重要だという理論(図の下段)が，木村資生の共同研究者である太田朋子によって展開されている。HbSは普通は不利(淘汰される)であるが，マラリア流行時に相対的に有利(「ほぼ中立」とは違うがそれに近い)でもあることを考えると，これは現実にいっそう合った説といえる。

自然選択説，中立説およびほぼ中立説を比較する模式図

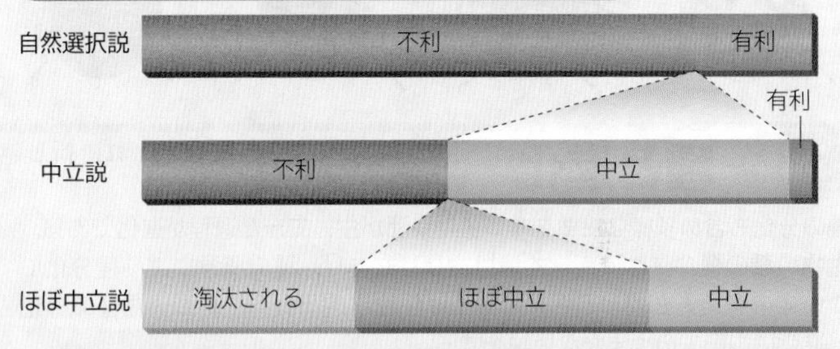


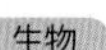


## D 擬態と警告色

生物が周囲のものや他の生物に似ることを**擬態**という。擬態は自衛や攻撃に有利になるような自然選択の結果と考えられる。

生物

木の葉によく似た姿となって，攻撃者から発見されないようにしている(隠蔽擬態)。

姿を花に似せ，被食者を待ち伏せしている(攻撃擬態)。

アシナガバチに擬態している。毒をもつ生物に見られる警告色で捕食されないようにしている(ベイツ型擬態)。

ハチ類

毒をもつ生物がお互い似た体色をもち，捕食のリスクを少なくしている(ミュラー型擬態)

## E 共進化

他の生物との密接な関係が，生存や繁殖に影響を及ぼしあうような相互的な進化を**共進化**という。

生物

花の蜜を主食にしており，蜜を吸うことに特化した非常に細長いくちばしをもつ。花の蜜腺までの長さに応じて，いろいろなくちばしの長さをもったハチドリが進化している。それぞれの花では，ハチドリが花粉の媒介者(ポリネーター)となっている。また，空中で花の蜜を吸うため，翼を非常に速くかつ正確に動かし静止することもできる(ホバリング)。

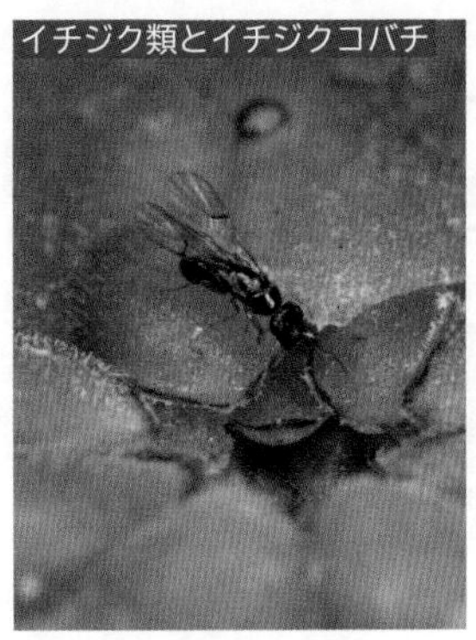


イチジク類の花は球形で，内部に雄しべと雌しべがあり，開口部は鱗片で閉ざされている。多くの昆虫や風による花粉の媒介は不可能であるが，体長2 mm程度と小さいイチジクコバチは開口部から潜って花粉を媒介し，子房に産卵する。イチジク類は花の形態など多様な種類があるため，同じくらいのコバチが共進化によって存在していると考えられている。

傘の表面の茶色の粘液質に含まれる糖分をハエに提供する代わりに，胞子をハエのからだにつけて別の場所へ運んでもらい分布を広げている共生関係にある。

生物

# 4 進化のしくみ(3)

Mechanism of evolution 3

## A 種内変異

同種の個体間でも，様々な個体差，性差，系統差などが見られる。これを**種内変異**という。 生物

### ●ナミテントウの種内変異

背の模様が異なっているが，すべて同じ種である。 〈日経サイエンス「特集 進化」1987.11〉

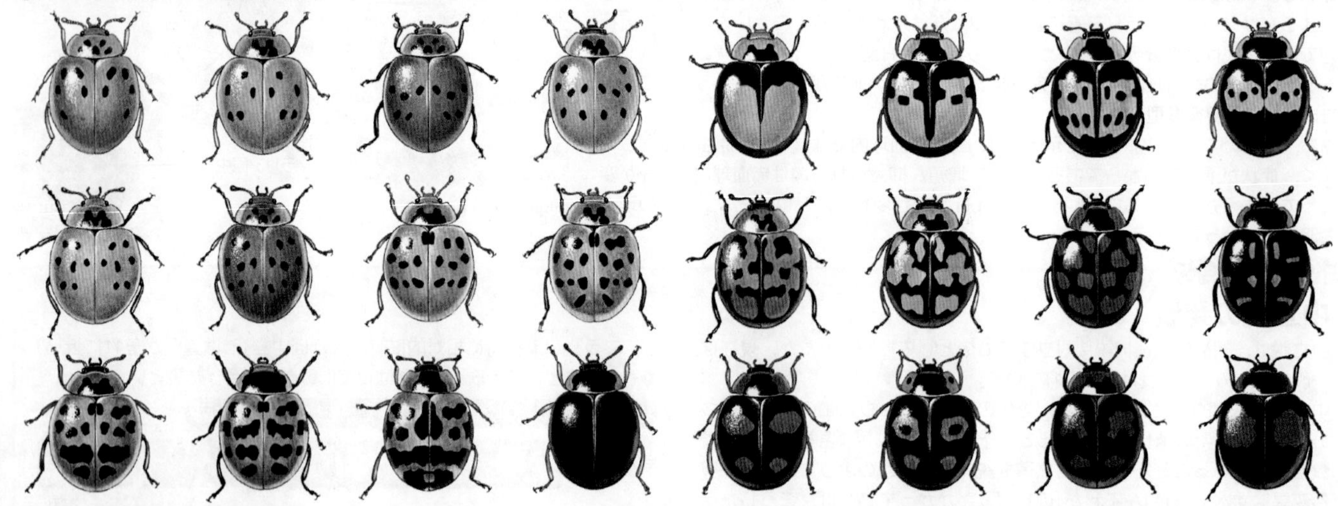

## B 種と進化

進化によって種が複数にわかれ，新しい種ができることを**種分化**という。種分化には同所的種分化と異所的種分化があるとされる。 生物

種の分化も含め多様な特徴をもつ生物集団が生じてきた過程が**進化**である。生物の**種**の概念には形態学的種概念などもあり，種の概念により種分化についての考え方も異なるが，ここでは**生物学的種概念**に基づいた種の分化と進化についての大まかな解説をする。

※種の形態や機能は，突然変異の蓄積で変化していく。その際，種の中の遺伝的多型(遺伝的多様性)も進む。その中で，環境に対して極めて不利なものは，自然選択により生存できない場合がある。

**生物学的種概念**：種は実際にあるいは潜在的に相互交配する自然集団のグループであり，他の同様の集団から生殖的に隔離されている(ドブシャンスキー，マイヤーによる)。

### ●同所的種分化と進化

#### ■生殖的隔離

種分化は，同一個体群内での生殖的隔離で起きる。種分化の前後に，突然変異が起きている。

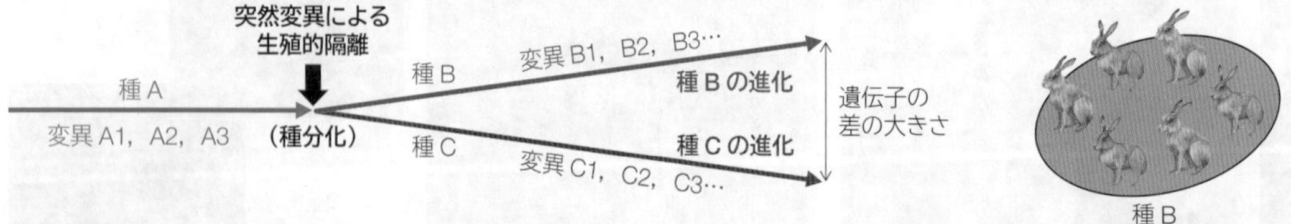


種の進化では，突然変異の積み重ねがあり，その中でも同所的種分化では，個体郡内で短期間に生殖的隔離の起きた集団が成立すると考えられる。

染色体突然変異の逆位や相互転座など減数分裂に困難をきたすような変異や一個体に起きた突然変異が無性生殖などによって複数個体となり，生殖的隔離につながる場合なども原因として考えられる。

### ●異所的種分化と進化

#### ■地理的隔離(同一個体群の生息域が分断されたとき)

地理的隔離が生じると，分断された個体群どうしは互いに生殖できなくなり，自然交配が不可能になる。そのため，個体群ごとに独自の突然変異が蓄積していく。

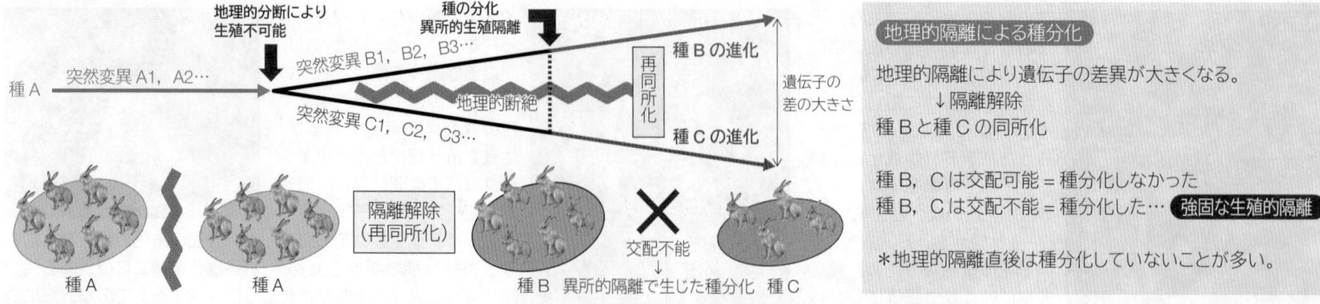


蓄積した突然変異によって個体群間で強固な生殖的隔離が生じている場合，種分化が起きていることがわかる(**種分化**)。

種Bと種Cの個体が互いに交配可能な場合，種分化に至っていなかったと判断される(**同一種の変異蓄積による多様性増大**)。

ADVANCE

## 地理的隔離による生殖的隔離後の二次的接触の具体例

遺伝子の変異による分岐点は，種分化を示しているとは限らない。種の基準として，生殖的隔離の存否が重要だからである。
異所的種分化がそのまま同所的になった例として，ヤツメウナギの仲間の分布に関する山崎裕治（富山大学）らの研究例がある。

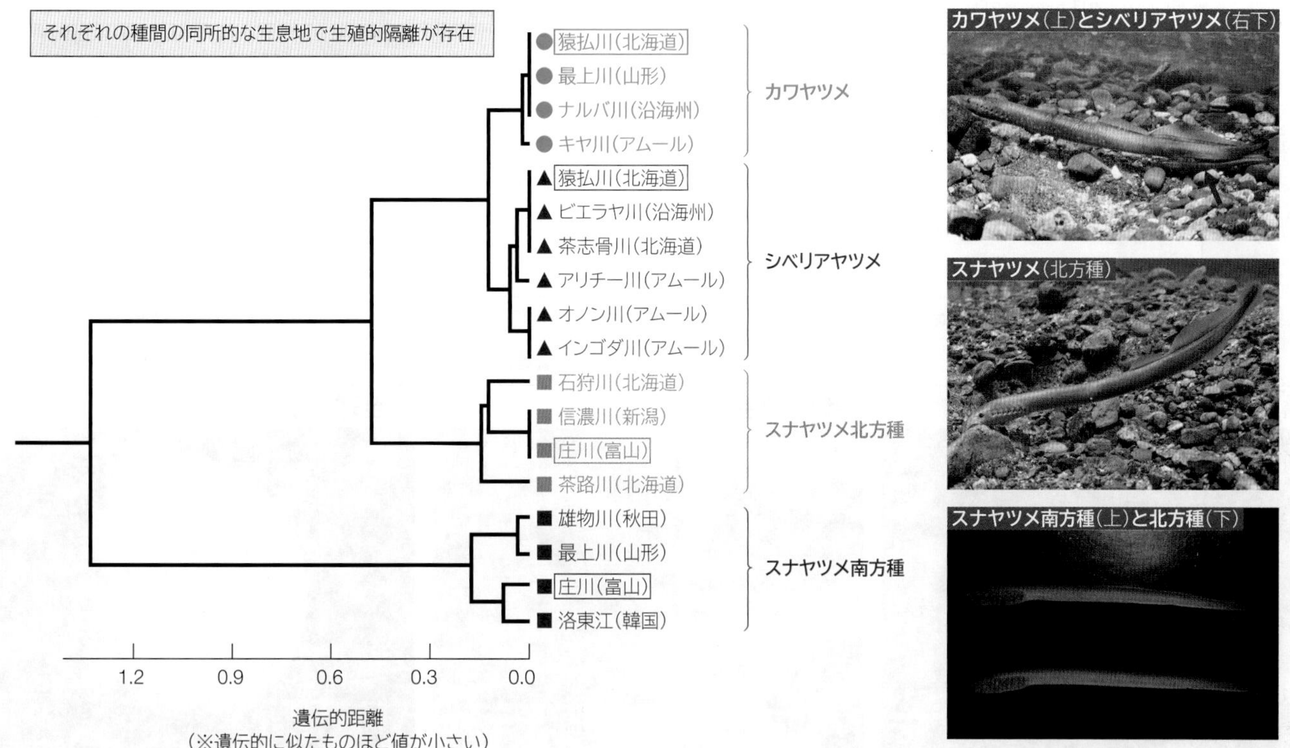


ケース１　北海道猿払川ではカワヤツメとシベリアヤツメは同所的に生息しているが，生殖的隔離が起きており，形態的にも別種とわかる。カワヤツメとシベリアヤツメは２つの水系でそれぞれ異所的種分化を起こしていたが，２つあった水系が１つになり，同所的になったと考えられる。

ケース２　富山県の庄川のスナヤツメには，形態的にはほとんど区別できないが，強固な生殖的隔離のある２群があることが明らかとなった。この２系統のスナヤツメは北方種・南方種の２種として認識されるようになり，形態的な差がほとんどないことから，同所的種分化の例ではないかと考えられた。しかし，遺伝的な研究から，これらのスナヤツメは，カワヤツメとシベリアヤツメの種分化よりも相対的に古い時代に，異所的種分化によって強固な生殖的隔離が成立し，その後同所的になったと考えられている。隔離のメカニズムについてはわかっていない。

### 地理的隔離された集団の同所化

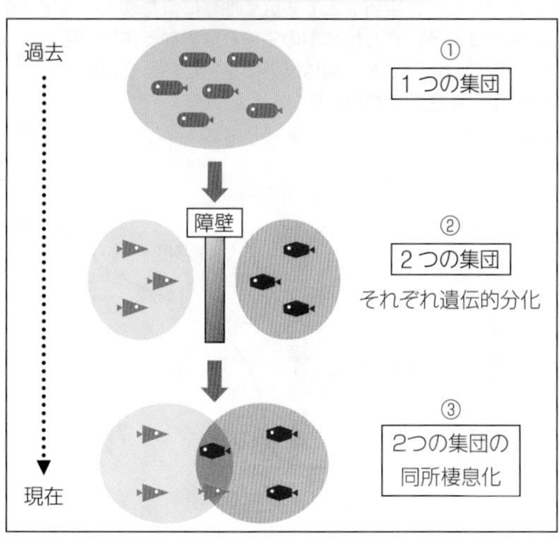


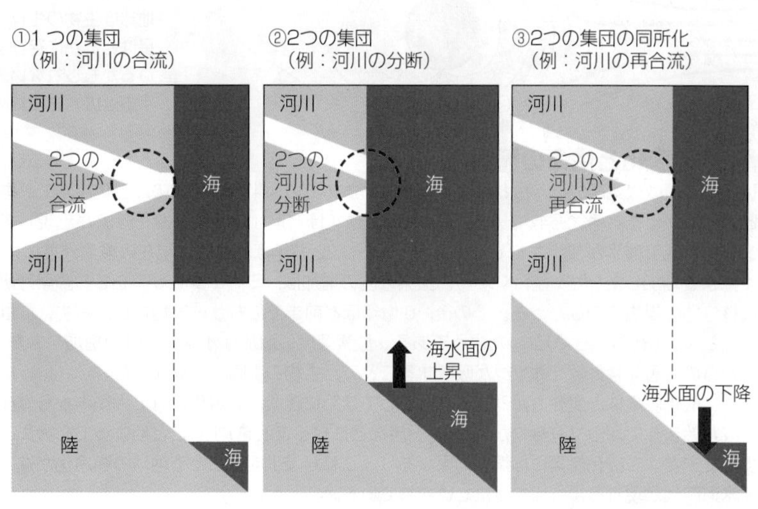


9 生物の進化

生物

# 5 地球環境と生命の歴史 生物

Earth's environment and history of life

## 地質時代区分と生命の歴史 ※地球の歴史を1年にたとえると

| 年代 | 46億年前 | 40億年前 | | | | 25億年前 | | | | | | 5.4億年前 |
|---|---|---|---|---|---|---|---|---|---|---|---|---|
| ※ | 1月 | 2月 | 3月 | 4月 | 5月 | 6月 | 7月 | 8月 | 9月 | 10月 | 11月 | 12月 |
| 地質時代区分 | 冥王代 | | 始生代（太古代） | | | | 原生代 | | | | | 顕生代 |
| | 先カンブリア時代 | | | | | | | | | | | 古生代 中生代 新生代 |
| 大気 | 二酸化炭素多い（酸素なし） → | | | | | 二酸化炭素減少 酸素増加 → | | | | | | 酸素急増とオゾン層形成 |
| 地球イベント▲ | ▲マグマオーシャン | | ▲海の誕生<br>▲大陸地殻の形成 | | | 磁場の強化 | ▲全球凍結 | 超大陸ヌーナ | | | ▲▲全球凍結 | 超大陸パンゲア |
| 生命イベント▲ | | | ▲生命（原核生物）誕生？ | | | ▲シアノバクテリア出現 | ▲真核生物出現 | | | | ▲多細胞生物出現 | 哺乳類の出現▲ |

## マグマオーシャン

原始地球ができたとき，地球には次々と微惑星が衝突した。その熱などで地球の温度が上がり，岩石が溶けてマグマオーシャンと呼ばれる状態になったと考えられている。

## 海の誕生

地球が次第に冷えてくると，水蒸気が雨となって地球に降りそそぎ，海ができたと考えられている。

## 全球凍結

約7億年前など，過去に何回か地球が赤道付近まで氷河におおわれる全球凍結（スノーボール）にいたったことがある。生物が全球凍結の中でどのように生きのびたかはまだよくわかっていない。

## 磁場の強化

38億年前頃には地球に磁場があったらしいが，その後磁場は強くなったと考えられている。磁場についてはわからないこともあるが，地球磁場は太陽から来る荷電粒子（太陽風）から生命を守っている。

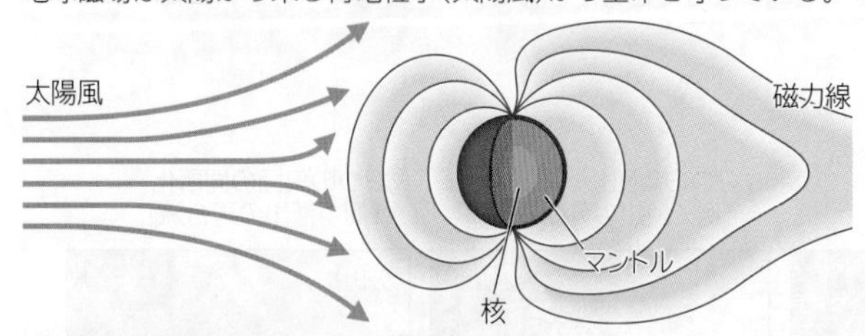


### ADVANCE 地球環境の幸運と地球外生命の可能性

現在，生命が確認されているのは地球だけである。金星にも火星にも生命は見つかっていない。生物が生存していくためには液体の水が欠かせない。実は，地球の位置（太陽からの距離）が重要で，金星は太陽に近いために暑すぎて水は蒸発してしまい，火星は太陽から遠いために寒すぎて氷になっていると考えられている。

地球は生物の生存に適した惑星だが，宇宙はとても広く地球に似た環境の惑星や衛星はどこかに存在する可能性はある。また地球型の生物とは異なる生物が宇宙にはいるかもしれない。しかしいずれにしても，地球以外に生物がいる証拠はまだなく，宇宙は広すぎるため見つかる可能性もきわめて低い。

## 大気の変化と生命の歴史

地球誕生の頃の大気組成は，今とは全く違っていた。その大半が分子状の二酸化炭素で，酸素はほとんどなかったと考えられている。今から27億年ほど前，シアノバクテリアが出現して広まると，光合成で酸素が放出されて蓄積され始めた。22億年ほど前には現在の酸素濃度の100分の1にまで増加した（大酸化イベント）。酸素濃度の増加は，ミトコンドリアをもち酸素呼吸を行う真核生物の誕生につながった。その後，6億年ほど前までにもう一度増加し，古生代には今よりずっと多く（35%くらい）なったようである。酸素濃度の増加はオゾン（$O_3$）の増加をもたらし，宇宙からの有害な紫外線をオゾンが吸収することで，生物の上陸につながった。

一方，二酸化炭素は，炭酸カルシウムなどとして次第に沈殿，固定化されて大気中から減少する。光合成が始まってからは有機物が化石化（石炭などになることを）することによっても大局的には減少してきた。二酸化炭素には温室効果があり，これが減少することで地球の寒冷化が進み，やがて氷河時代が現れるようになったといわれている。

Vi 36

大気中の酸素濃度（現在＝1）：1，$10^{-1}$，$10^{-2}$，$10^{-3}$，$10^{-4}$，$10^{-12}$
大気中の二酸化炭素濃度（現在＝1）：$10^4$，$10^3$，$10^2$，10，1
$CO_2$濃度　$O_2$濃度　シアノバクテリアの出現　縞状鉄鉱層　オゾン層の形成
40（億年前）30　20　10　現在

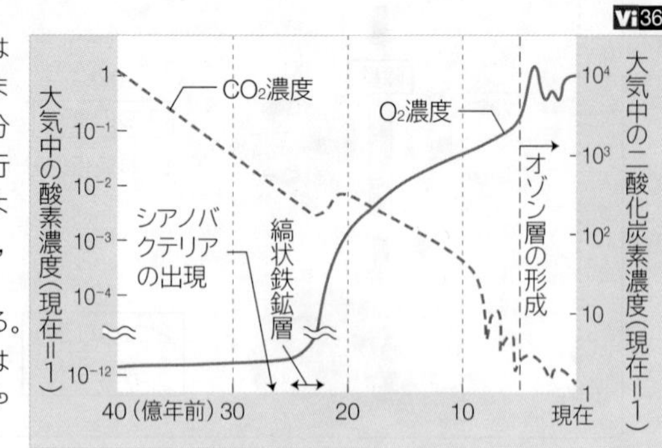

シアノバクテリアの出現と酸素濃度の関係に着目しよう。

| 年代 | 5億年前 | 4億年前 | 3億年前 | 2億年前 | 1億年前 | |
|---|---|---|---|---|---|---|
| ※ | 11月20日 | 12月1日頃 | | 12月14日頃 | | 12月31日 |

| 地質時代区分 | 顕生代 | | | | | | | | | | | |
|---|---|---|---|---|---|---|---|---|---|---|---|---|
| | 古生代 | | | | | | 中生代 | | | 新生代 | | |
| | カンブリア紀 | オルドビス紀 | シルル紀 | デボン紀 | 石炭紀 | ペルム紀 | 三畳紀 | ジュラ紀 | 白亜紀 | 古第三紀 | 新第三紀 | 第四紀 |

| 生物イベント▲ | ▲カンブリア爆発（多くの生物門出現） ▲魚類出現 ▲植物上陸 ▲両生類出現 ▲昆虫類出現（動物上陸） ▲は虫類出現 ▲裸子植物出現 ▲哺乳類出現 ▲恐竜繁栄 ▲鳥類出現 ▲被子植物出現 ▲恐竜絶滅 人類出現▲ |
|---|---|
| 大絶滅◆ | ◆オルドビス紀末 ◆デボン紀後期 ◆ペルム紀末（最大規模） ◆三畳紀末 ◆白亜紀末（隕石衝突） |

※地球の歴史を1年にたとえると　地球の歴史約46億年はイメージしにくいので，これを1年間にたとえてみる。すると，生命の誕生は3月始め頃，哺乳類の出現は12月半ば，人類の出現は12月31日の午後になる。

### カンブリア爆発

### 恐竜の繁栄

### 隕石の衝突（想像図）

### 大量絶滅と生物相の変化

短期間に多くの生物種が絶滅することを大量絶滅といい，カンブリア紀以降5回の大量絶滅が起きたと考えられている。

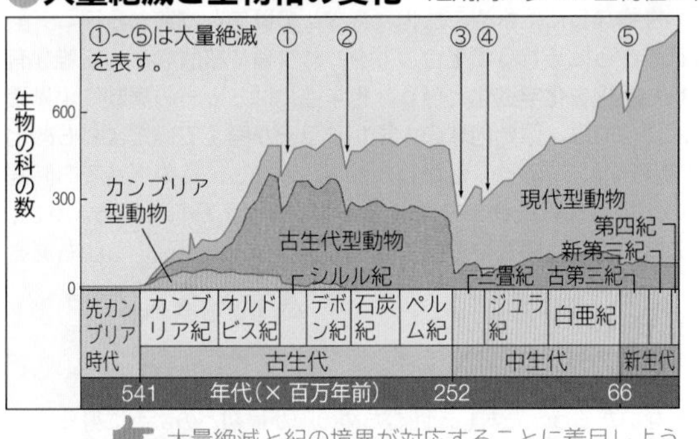


大量絶滅と紀の境界が対応することに着目しよう。

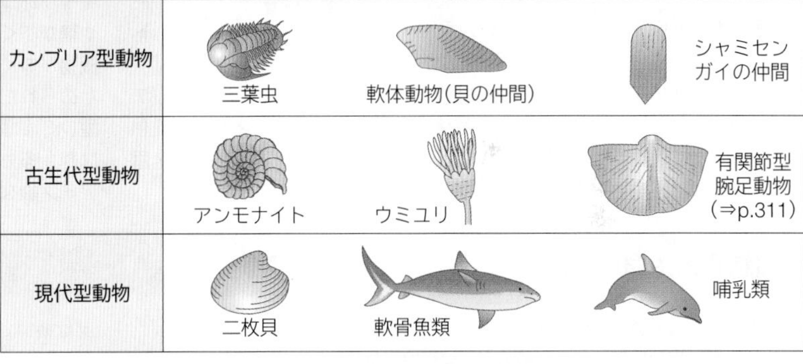


## TOPICS

## 大量絶滅と生物の進化

地球は生物の生存に適した環境をもつ惑星ではあるが，46億年の歴史の中では大きく環境が変わることが何度もあり，大量絶滅も5回ほどあったと考えられている。

中でも古生代最後のペルム紀末には，9割以上の生物種が絶滅したといわれている。また，中生代の終わりの白亜紀末には恐竜が絶滅している。このとき，小惑星が地球に衝突したことが絶滅の引き金になったことはほぼ確実である。それ以外の絶滅の原因はよくわかっていないが，寒冷化，温暖化などの環境変化，火山活動の変化，大陸の合体や分散，海洋の無酸素化など様々な仮説が出されている。

そしてこれら大量絶滅のたびに，生き残った生物群が新たに適応放散して多くの種が出現してきた。それは絶滅によって空いた生態的地位（ニッチ）を，新たな生物種が利用できるようになるためではないかと考えられている。さらに，過去に地球が全球凍結した後には，真核生物や多細胞生物が出現している。このような地球環境の大きな変化が，次の生物進化の舞台を用意したのかもしれない。

また，シアノバクテリアの光合成によって地球が酸素の多い環境に変化し，これが全球凍結やオゾン層の増加につながり，真核生物・多細胞生物の誕生や生物の上陸の舞台を用意したともいわれている。

このように，地球環境と生物が互いに影響しあいながら，生物は進化してきたようである。

| 時代 | 大量絶滅 | 種の絶滅率 |
|---|---|---|
| 中生代 | ⑤白亜紀末 | 約40％ |
| | ④三畳紀末 | 約47％ |
| 古生代 | ③ペルム紀末 | 約95％ |
| | ②デボン紀後期 | 約75％ |
| | ①オルドビス紀末 | 約86％ |

WORD ペルム紀⇔二畳紀　三畳紀⇔トリアス紀　カンブリア爆発⇔カンブリア紀の大爆発

# 6 生命の起源
Origin of life

## A 生物の自然発生説の否定

パスツールは精密な実験によって自然発生説を否定し，生物は生物から生まれるという**生物発生説（生物続生説）**を科学的に立証した。　生物

### レディの実験（1668 年）

レディは次のような対照実験を行い，ハエの自然発生を否定した。

びんの口を布でおおわない場合，ハエがむらがり，腐った肉には幼虫（ウジ）がわく。

びんの口を布でおおった場合，びんのまわりにハエがむらがるが，腐った肉にはウジがわかない。

**POINT**

**自然発生説**

生物の自然発生はパスツールの実験などで否定された。しかしそれは今の環境での短時間でのことで，最初の生物はかつて長い時間をかけて自然発生したと考えられる。現在の生物は，すべて共通の祖先に由来するのではないかと考えられている。

### パスツールの実験（1862 年）

パスツールは，白鳥の首フラスコを用いた精密な実験によって，現在の地球上において，微生物が自然に発生することはないと結論づけた。

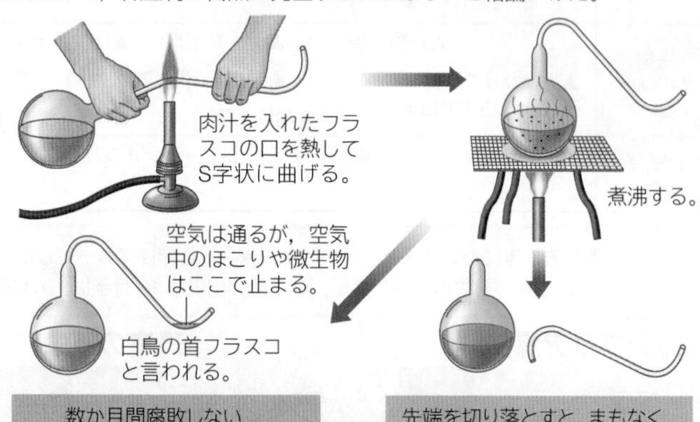


## B 化学進化と生命の起源

有機物が非生物的につくられる過程が，化学進化である。単純な有機物から複雑な高分子の有機物がつくられた。　生物

### ミラーの実験（1953 年）

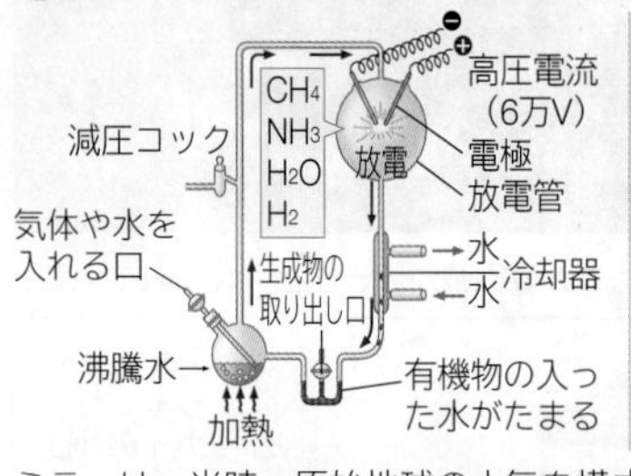


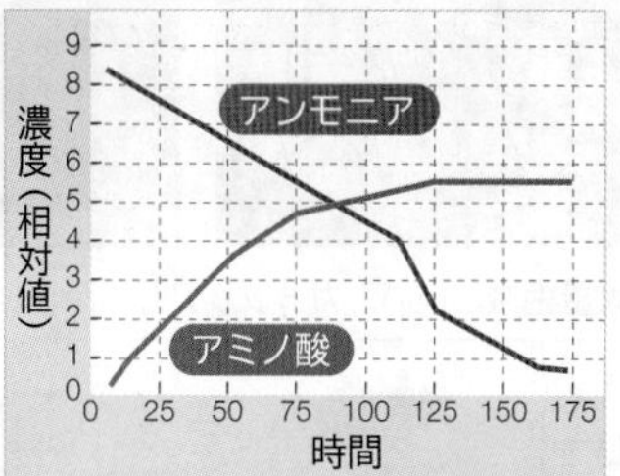


ミラーは，当時，原始地球の大気を構成していると考えられていた組成（アンモニア，メタン，水素など）の混合気体に，放電を続けてエネルギーを供給すると，グリシン・グルタミン酸などのアミノ酸の他，乳酸・酢酸・尿素などの有機化合物が微量ではあるが生じることを示した。

### 化学進化

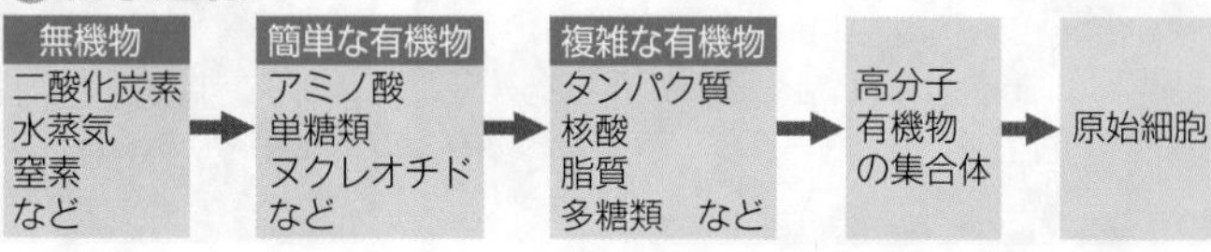


生命誕生前の地球には，生物をつくる有機物のもとになる無機物とエネルギーがあった。生物なしに，水や二酸化炭素などの簡単な物質からアミノ酸や糖がつくられ，さらにそれらが化合してタンパク質や核酸などの複雑な有機物がつくられた過程を**化学進化**という。化学進化はミラーの実験により確かめられたが，現在では，原始地球の大気がミラーが考えていたよりも酸化型（水，二酸化炭素など）であることがわかった。しかし，この場合でも時間はかかるものの，複雑な有機物までは形成されると考えられている。なお，アミノ酸などの有機物は，隕石や彗星とともに宇宙から来たという説もある。

## ADVANCE　細胞膜と生命の起源

**●モデルとしてのコアセルベート**

生命の起源について，アミノ酸のような有機物が蓄積し，原始の生命システムへと編成されていったという一般的な見通しを最初に提案したのは，オパーリンとホールデンだった（1928 年）。オパーリンは，生命システムの最初の姿が**コアセルベート**（コロイド溶液が混合されて生じる微小粒子の集合）だったとする説を提唱した。

コアセルベートは，大きさや膜で囲まれているところから細胞を思わせた。さらにその後の実験でモデル的な原始大気から生命システムの材料となりうる簡単な有機物が得られ，原始細胞のモデルとして注目された。ただし，細胞で重要な遺伝子（DNA）の役割がまだ不明の時期のモデルだったこと，コアセルベートの膜はタンパク質性だが細胞膜は脂質二重層を基本にしていることから，現在では原始細胞のモデルとはみられない。しかし，生命の進化が「生命力」のようなものの流入によるのでなく，物質システムの発展の結果だとする現在の見方を定着させるのに役立った。

**●囲い込みと吸着による濃縮**

コアセルベート自体は原始生命体のモデルではない。しかし微小な区域が膜で囲まれ，反応が維持され続けるというイメージは，生命の起源を考える上で無理がない。反応産物が外側に拡散して失われれば，生じ始めた生命の萌芽は続いていかないだろう。ただし，囲むための膜が最初どのように得られるのかという難問が残る。

膜による囲い込みでなく，微小な粒子に有機物が選択的に吸着され，そこで反応が進み，産物が濃縮されるということも考えられた。ケアンズ=スミスは，吸着の土台には無機物として広く存在する粘土の微粒子が考えられると唱えた（1972 年）。ヴェヒタースホイザーは，土台の鉱物として黄鉄鉱がいっそう好都合であるとした（1988 年）。

鉱物から DNA へという遺伝的「乗っ取り」の具体的なしくみは想像の域を出ない。しかし，現在の生物に必須の膜や遺伝子も最初からの大前提でなく，後で追加されたのかもしれないという発想は，生命の起源研究に今後も幅広い目配りが必要なことを示唆している。

それでも，いずれかの時点で外部と内部を仕切る膜が現れたのは確かである。原始的な膜は，リン酸などの物質的な特性によって自動的に形成された可能性が指摘されている。しかし，それだけで生命を包む膜になりえた確証はない。単純な膜と生体膜を分かつ特徴的な機能として，輸送機能（⇒ p.46）と情報伝達機能（⇒ p.62）がある。最初に出現したのは空間を分けるだけのリン酸などによる単なる境界膜だったのか，それともタンパク質やヌクレオチド等との相互関係で機能的な面も同時進行的に形成されたのか，いまだ決定的な答えは出ていない。

## C 生命の誕生

有機物から生命誕生の過程を説明する様々な仮説が提案されてきたが，まだよくわかっていない。 生物

### 原始細胞のモデル

どこかの時点で有機物を囲む膜ができたと考えられ，オパーリンのコアセルベートや江上不二夫らのマリグラヌール(熱水鉱床に似た条件でできる球状の小胞)などいろいろなモデルが提案されているが，その詳細は不明な点が多い。

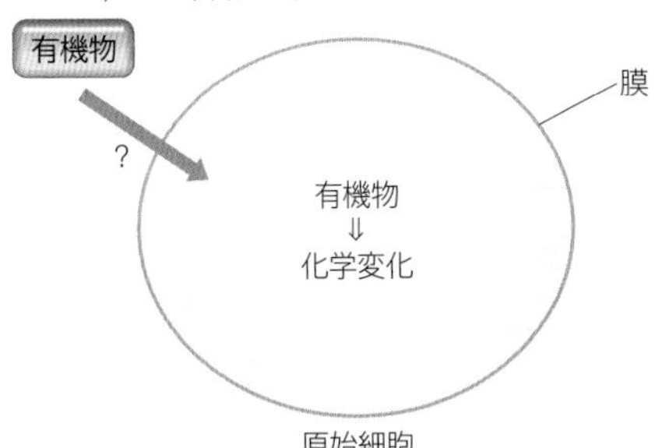


### 熱水噴出孔

最初に生命が誕生した環境としては，海底の熱水噴出孔(ブラックスモーカー)が注目されている。ここは還元型の物質($CH_4$，$NH_3$，$H_2$，$H_2S$ など)が多く，高温，高圧で化学反応も進みやすく，現在の地球で最も原始的な生物と考えられている超好熱性の細菌・古細菌が生息している。これらのことから，このような環境で最初の生物(原核生物)が誕生した可能性がある。

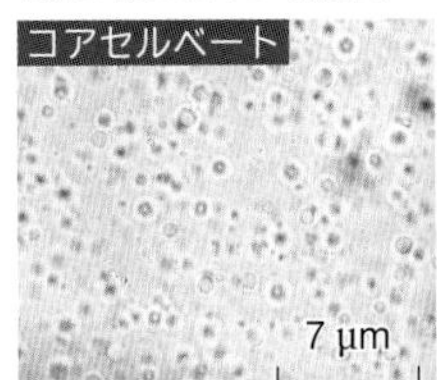

コアセルベート

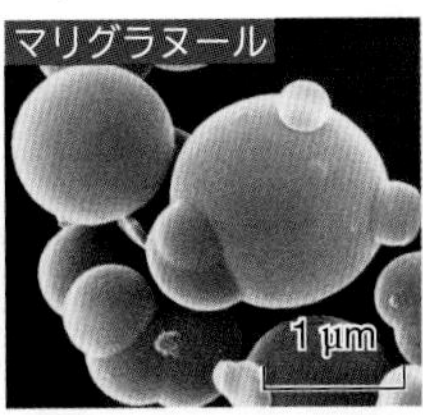

マリグラヌール

熱水噴出孔(ブラックスモーカー)

## D 細胞構造の進化

生物は，膜構造をもたない原核生物から，核やミトコンドリア，葉緑体などの細胞小器官をもつ真核生物へと進化したと考えられている。 生物

### 細胞内共生説

細胞内共生説とは，1970 年にマーグリスが唱えた，「真核生物の細胞小器官の起源は，各種の原核生物が共生した結果である」という説である。ミトコンドリアと葉緑体については，これらが独自の DNA をもつことや二重膜をもつこと，それぞれが分裂して増えることをうまく説明できることなどから広く支持されている。最初に呼吸を行う好気性細菌が共生してミトコンドリアが，次に光合成を行うシアノバクテリアが共生して葉緑体ができたと考えられている。

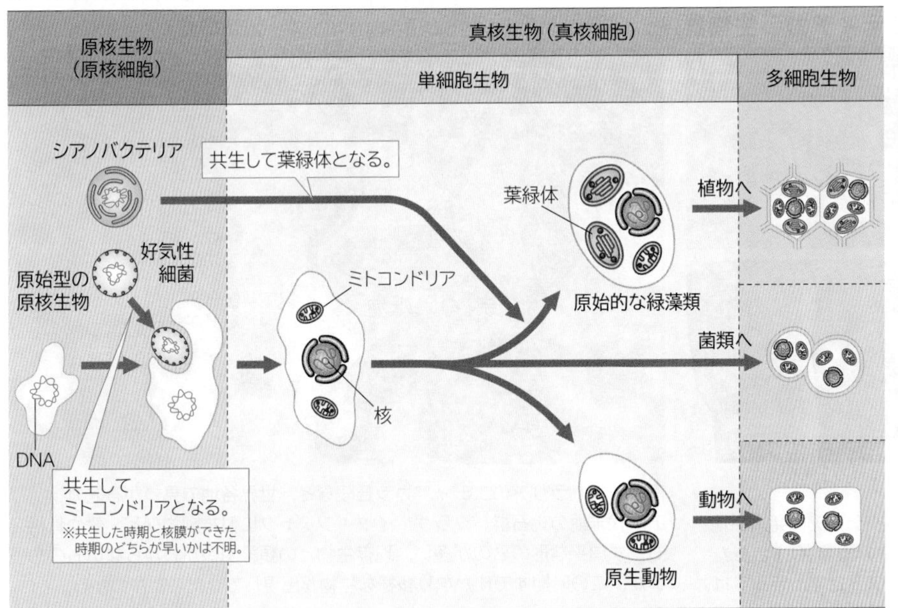


### 葉緑体などに含まれる遺伝子

葉緑体やミトコンドリアなどは，核の DNA とは異なる DNA をもっている。このことは，これらの細胞小器官がかつては独立した生物であったことを示唆している。

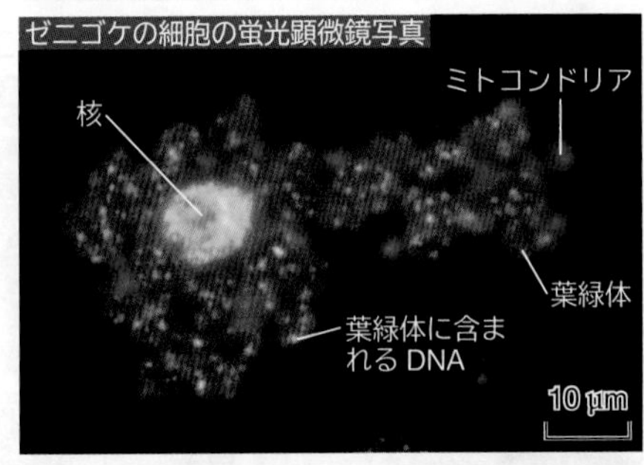

ゼニゴケの細胞の蛍光顕微鏡写真

### 下等な緑藻類を共生させている原生生物

細胞内共生説の 1 つの根拠となっている。

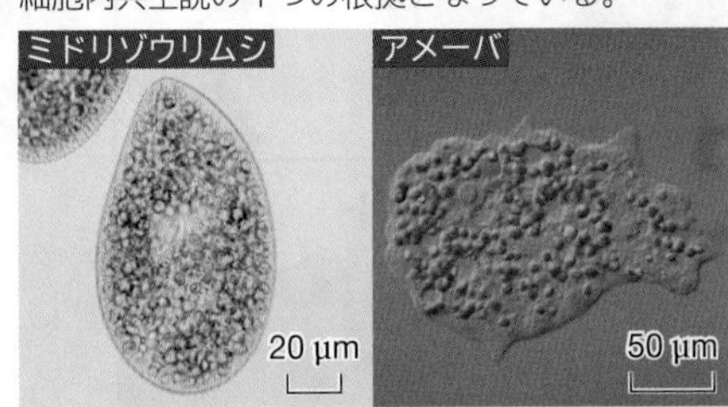


TOPICS

### RNA ワールド仮説

現在の生物では，DNA が遺伝情報を担い，タンパク質が酵素などとして生物の形質を担っている。DNA の遺伝情報は，DNA → RNA →タンパク質と伝わる(セントラルドグマ⇒ p.108)。しかし，最初の細胞は RNA だけで，遺伝子と酵素の働きをしていたとするのが，RNA ワールド仮説である。RNA を遺伝子としているウイルスがあり，さらに RNA が酵素(触媒)として働くこともある(リボザイム⇒ p.100)ことがわかったことから，図のようなプロセスが提案された。すなわち，最初は RNA だけの世界(RNA ワールド)であり，やがて RNA からタンパク質を合成するしくみができ，さらに遺伝子として安定な DNA を使う DNA ワールドになったとする考え方である。

これに対してタンパク質ワールドが最初だとする考え方やタンパク質と RNA ワールドは共に進化してきたという説が提唱されている。一方，DNA ワールドからスタートした可能性も，完全に否定されたわけではない。

RNAに基づく生命系(RNAワールド)
複製 RNA　RNAは遺伝子と酵素両方の働きをもつ。
↓ RNAの塩基配列とアミノ酸の配列を結びつける
RNAとタンパク質に基づく生命系
複製 RNA —翻訳→ タンパク質
↓ DNAをつくり，そのDNAからRNAコピーをつくる新しい酵素の出現
現在の細胞(DNAワールド)
複製 DNA —転写→ RNA —翻訳→ タンパク質

WORD 細胞内共生説⇔共生説

# 7 地質時代の生物相とその変遷(1)

Life in geologycal times and its transition 1

## A 先カンブリア時代

約 38 ~ 40 億年前に生命が誕生したと考えられている。約 27 億年前にシアノバクテリアが繁栄して酸素が増加し，その後真核生物が現れる。

生物

**POINT**

**先カンブリア時代**

- 最初の生命誕生(原核生物)。
- シアノバクテリアの出現(酸素放出)。
- 真核生物の誕生(ミトコンドリア共生)。
- 多細胞生物の誕生。

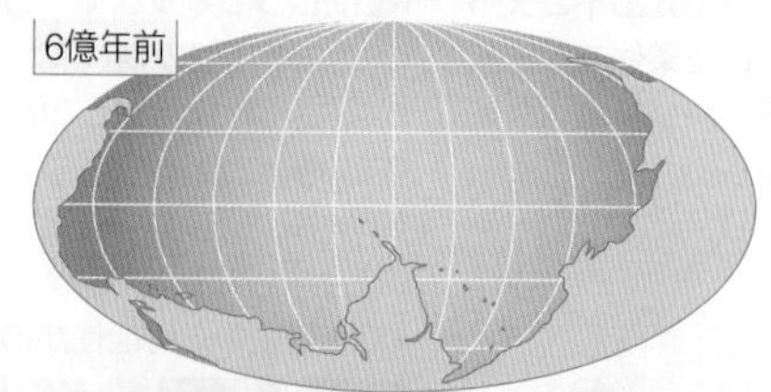


| 先カンブリア時代 | | | | | | | | | |
|---|---|---|---|---|---|---|---|---|---|
| 冥王代 | 始生代 | | | | 原生代 | | | | |
| 46(億年前) | 40 | 38 | 35 | 27 | 25 | 21 | 12 | 5.4 | |

- 原核生物の出現(35～40 億年前)
- シアノバクテリアの繁栄(27億年前)
- 真核生物の出現(21億年前)
- 多細胞生物の出現(10億年前)
- エディアカラ生物群

地球の誕生　最古の岩石　最古の細胞化石　全球凍結　全球凍結

### 世界最古の化石

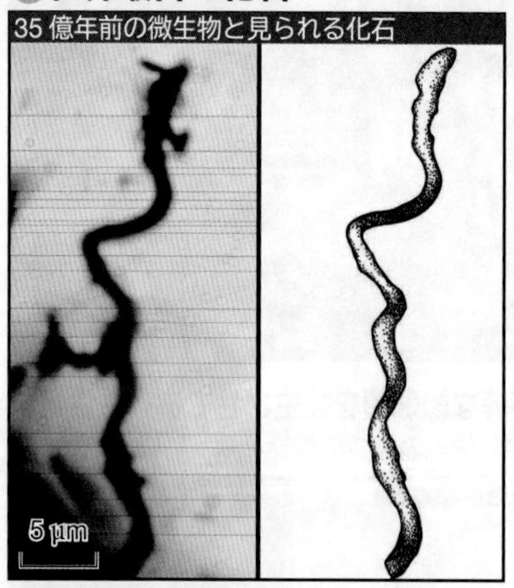


35 億年前の微生物と見られる化石

### エディアカラ生物群(先カンブリア時代末　約 5.8 億年前　オーストラリア南部)

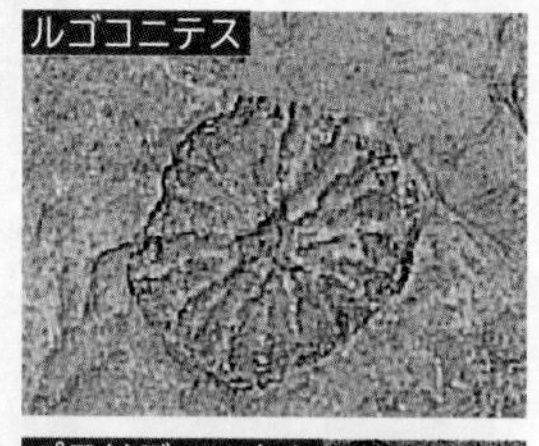

ルゴコニテス

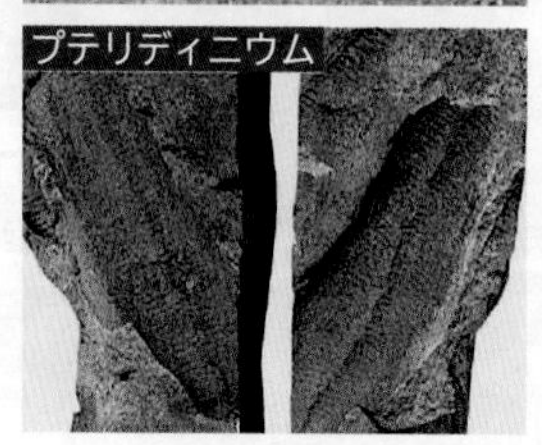

プテリディニウム

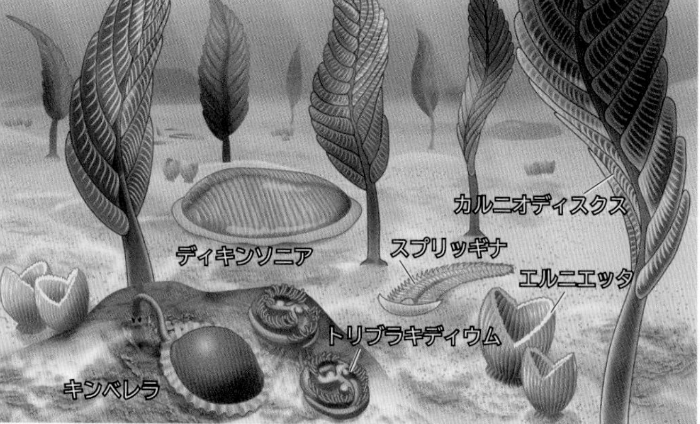


南オーストラリアのエディアカラ丘陵など，世界各地で見つかる先カンブリア時代末期の化石群。クラゲやイソギンチャクに似た動物など，殻や骨格をもたず扁平な形のものが多い。現存生物との類縁関係がわからないものも多いが，この時期すでにかなり多様な生物が出現していたことがわかる。

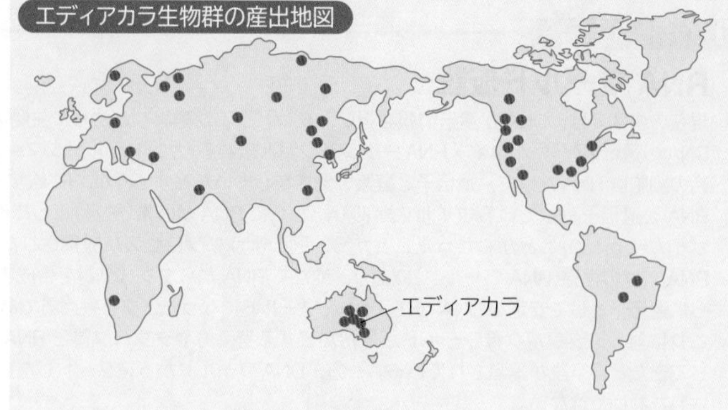


### ストロマトライト

ストロマトライトの化石

現生のストロマトライト

シアノバクテリアの発達が地球に大量の酸素($O_2$)をもたらした。ストロマトライトは，シアノバクテリアが海中の泥などを吸着して岩石状になったもので，シアノバクテリアの発達の様子を知ることができる。先カンブリア時代の大量のストロマトライトの化石は，この頃に酸素が大量に蓄積されたことを示している。ストロマトライトは現在の海でもつくられている。



 WORD シアノバクテリア⇔ラン藻類⇔ラン細菌⇔ラン色細菌

# B 古生代(5.4～2.5 億年前)

古生代には脊椎動物の魚類が出現し，その後多様な進化をとげ，両生類・は虫類がそれぞれ出現した。



POINT

**古生代**

- 古生代前半では海生無脊椎動物が繁栄。
- 三葉虫の出現と繁栄・絶滅。
- 脊椎動物が出現し，無顎類や魚類(軟骨魚類・硬骨魚類など)が繁栄。
- 古生代なかばには植物が陸上へ進出し，昆虫類が出現・繁栄。
- 両生類の出現により脊椎動物が陸上進出。
- 古生代後半では両生類や巨大シダ植物が繁栄。
- は虫類・裸子植物の出現。
- ペルム紀にはそれまで温暖だった地球が寒冷化し，氷期を迎えた。

| 古生代 | | | | | |
|---|---|---|---|---|---|
| カンブリア紀 | オルドビス紀 | シルル紀 | デボン紀 | 石炭紀 | ペルム紀(二畳紀) |
| 5.4(億年前) | 4.9 | 4.4 | 4.2 | 3.6 | 3.0　2.5 |

三葉虫の出現 ― 三葉虫の絶滅

バージェス動物群
澄江動物群
(カンブリア爆発)

(腕足類・無脊椎動物のほとんどの系統が出現)

アンモナイトの出現

フズリナ

昆虫類の出現

魚類の出現

両生類の出現

動物の陸上進出

は虫類の出現

植物の陸上進出

巨大シダ植物の繁栄

裸子植物の出現

| 主な動物 | 無脊椎動物の時代 | 魚類の時代 | 両生類の時代 |
|---|---|---|---|
| 主な植物 | 菌類・藻類 | シダ植物の時代 | |

## カンブリア爆発(カンブリア紀初期　約 5.4 億年前～ 5.3 億年前)

**バージェス動物群**はカナダ・ロッキー山脈のバージェス頁岩(けつがん)から発見された動物化石群。ウォルコットによれば，70 属 130 種で無脊椎動物のおもな門がほとんど出現している。現存種と類縁のものも，全く無縁と思われるものもある。あらゆるデザインが試されたという言い方をする学者もいる。カンブリア紀初期に多様な生物が爆発的に出現したことから，この出来事は，カンブリア爆発と呼ばれている。なお，中国の澄江からも，カンブリア紀の多くの化石が良い保存状態で見つかっている。

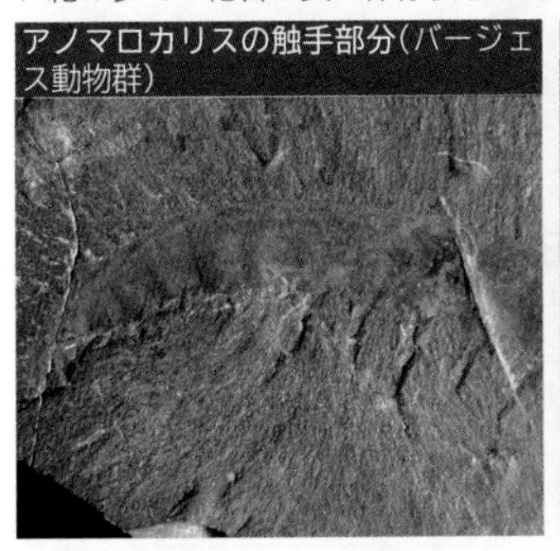
アノマロカリスの触手部分(バージェス動物群)

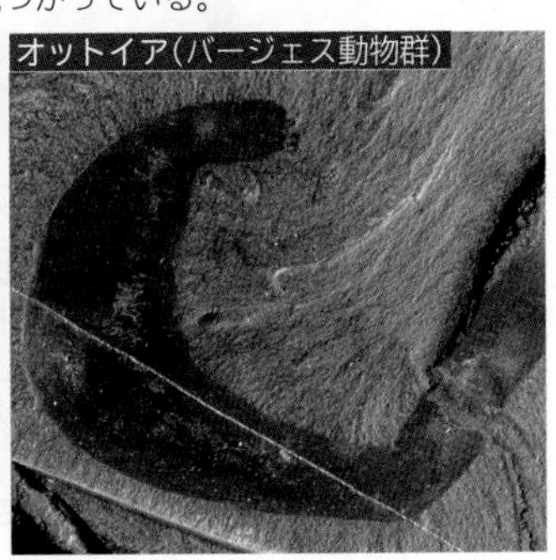
オットイア(バージェス動物群)

## 石炭紀の森

化石としてのみ知られる古生シダ類はデボン紀からペルム紀にかけて，特に石炭紀に繁栄した。化石燃料である石炭は，石炭紀などの植物に由来する。

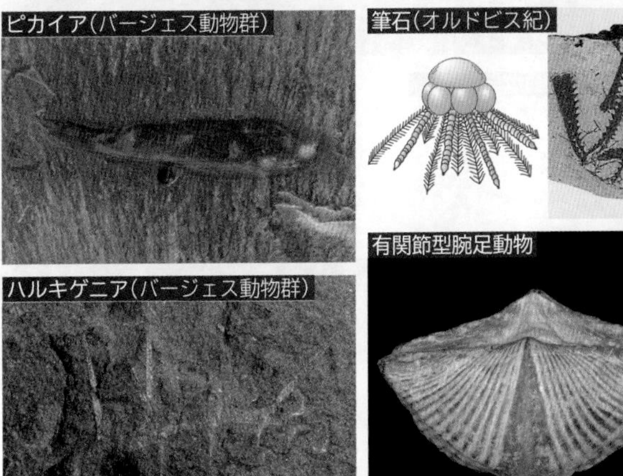

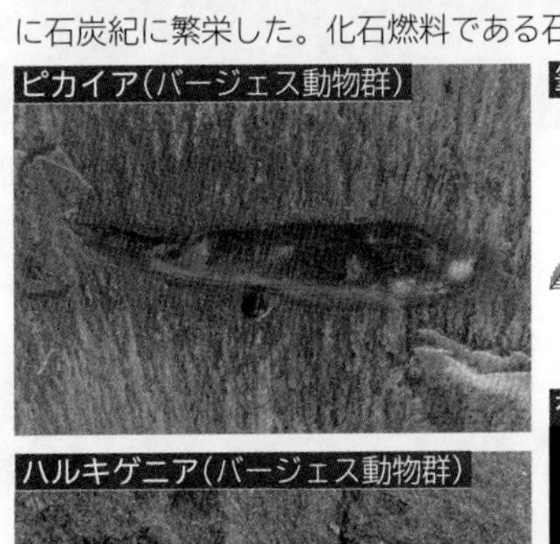
ピカイア(バージェス動物群)

ハルキゲニア(バージェス動物群)

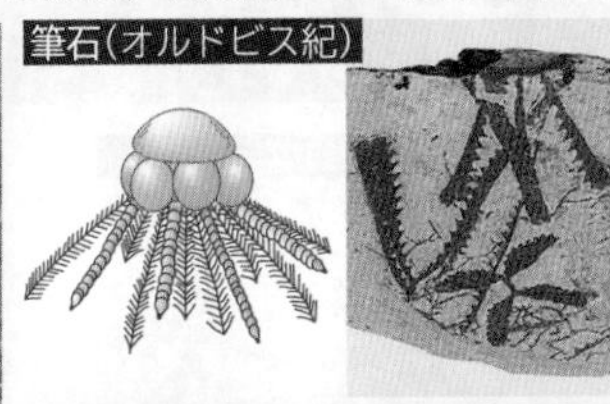
筆石(オルドビス紀)

有関節型腕足動物





WORD 無顎類⇔円口類

# 8 地質時代の生物相とその変遷(2)

Life in geologycal times and its transition 2

## A 中生代(2.52 億～ 6600 万年前)

中生代になると，陸上では裸子植物とは虫類が大いに発展し，形態的・機能的に多様な進化をとげた。

生物

POINT

**中生代**

- アンモナイトの繁栄と絶滅。
- 大型は虫類(恐竜)の繁栄と絶滅。
- 鳥類・哺乳類の出現。
- 裸子植物の繁栄と被子植物の出現。
- パンゲア(超大陸)の分裂と移動。

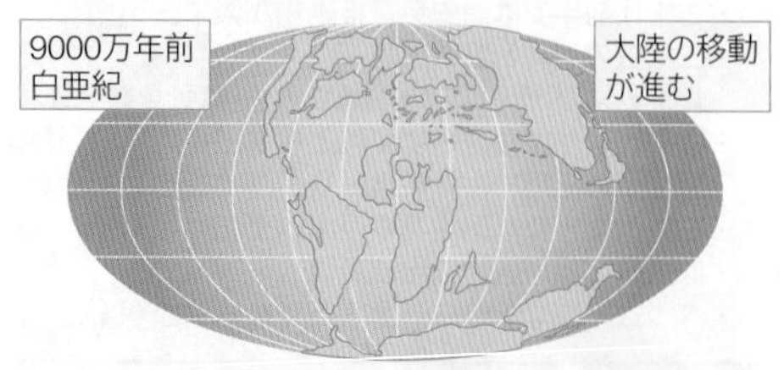


| 中生代 | | | |
|---|---|---|---|
| 三畳紀(トリアス紀) | ジュラ紀 | 白亜紀 | |
| 2.52(億年前) | 2.01 | 1.45 | 0.66 |

- アンモナイトの繁栄 ― アンモナイトの絶滅
- は虫類の適応放散(大型は虫類の出現) ― 大型は虫類の繁栄(鳥類の出現) ― 大型は虫類の絶滅
- 哺乳類の出現
- 裸子植物の繁栄 ― イチョウ・ソテツ類繁栄
- 被子植物の出現 ― 被子植物の発展
- は虫類の時代
- 裸子植物の時代

ニッポニテス(アンモナイト)

ゴードリセラス(アンモナイト)

ビンクティファー(硬骨魚類)

大型は虫類の繁栄

イチョウ(裸子植物)

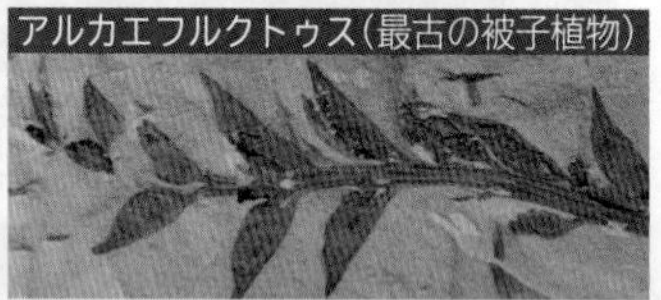
アルカエフルクトゥス(最古の被子植物)

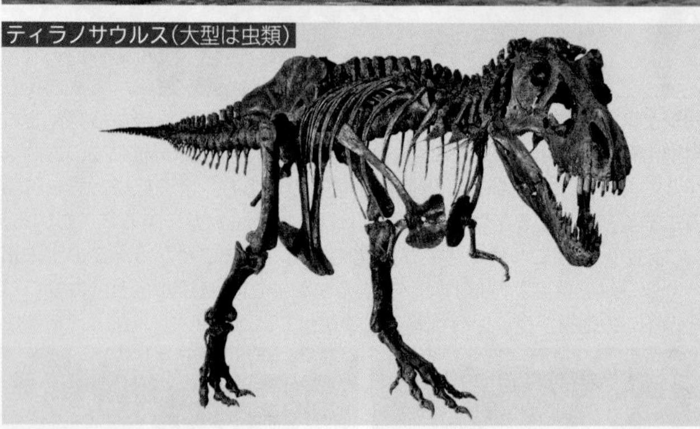

ティラノサウルス(大型は虫類)

中華竜鳥(シノサウロプテリクス)

1996 年に白亜紀前期の地層から発見された化石。羽毛をもつ小型肉食恐竜で，鳥類が恐竜から進化したことを示している。

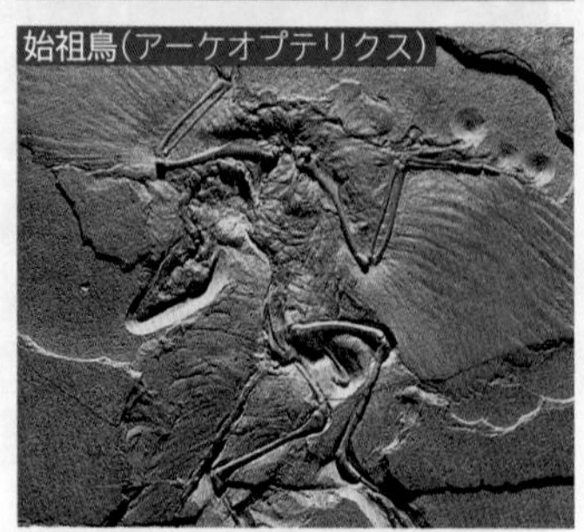
始祖鳥(アーケオプテリクス)

1861 年にジュラ紀後期の地層から発見された化石。羽毛と歯をもつことから鳥類とは虫類の中間的な生物であると考えられた。

TOPICS

### 大型は虫類の絶滅の理由

恐竜など大型は虫類の絶滅の理由は長年論争になってきた。しかし，恐竜の絶滅した白亜紀末の地層に地球にはほとんど存在しない元素イリジウムが大量に蓄積されていること，現在のメキシコのユカタン半島の地下に直径 170 km の穴があることなどから，直径約 10 km の隕石が地表に衝突し，大規模な気候変動(寒冷化)が起きて絶滅したという説が有力となっている。

## B 新生代(6600 万年前～現在)

新生代は比較的温暖であったが，165 万年前から現在までは氷期が断続的に訪れ，生物の分布と進化に影響を与えた。

生物

**POINT**

**新生代**

- 哺乳類の繁栄と適応放散。
- 原人の出現と人類の発展。
- 被子植物の繁栄，双子葉植物の繁栄。

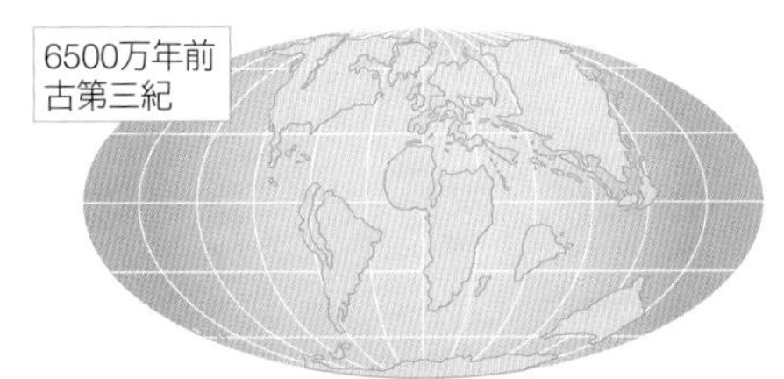


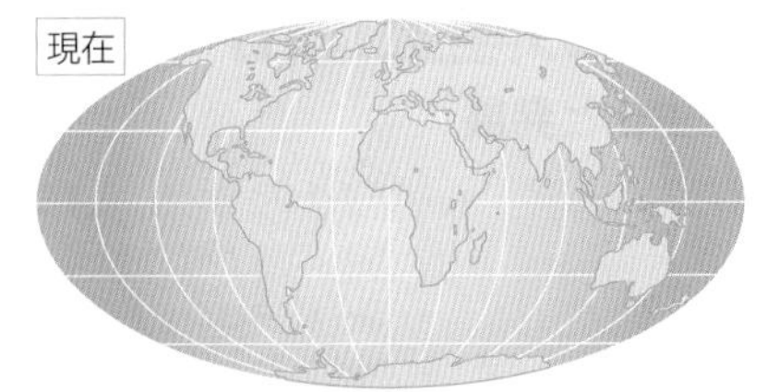


| 新生代 | | |
|---|---|---|
| 古第三紀 | 新第三紀 | 第四紀 |
| 6600(万年前) | 2300 | 259 |
| 哺乳類の適応放散 | | |
| 霊長類の出現 | 猿人の出現（サヘラントロプス）（アウストラロピテクス） | 原人の出現（ホモ・エレクトス） 人類の発展（旧人，新人） |
| ※類人猿から人類への分岐として，サヘラントロプス・チャデンシスが 700 万年前に出現。 | | |
| 被子植物の繁栄 | 大草原の形成 | |
| 哺乳類の時代 | | |
| 被子植物の時代 | | |

新生代の環境と哺乳類の繁栄

人類の発展

ナウマンゾウ(左)とマンモス(右)

第四紀後期の大型哺乳類。ナウマンゾウは温帯北部に分布。マンモスは寒冷な気候に適応して長い毛で体がおおわれていた。

ナウマンゾウの下あごと臼歯

メタセコイア(裸子植物)

北京原人(ホモ・エレクトス)の頭骨

ユリノキ(被子植物)

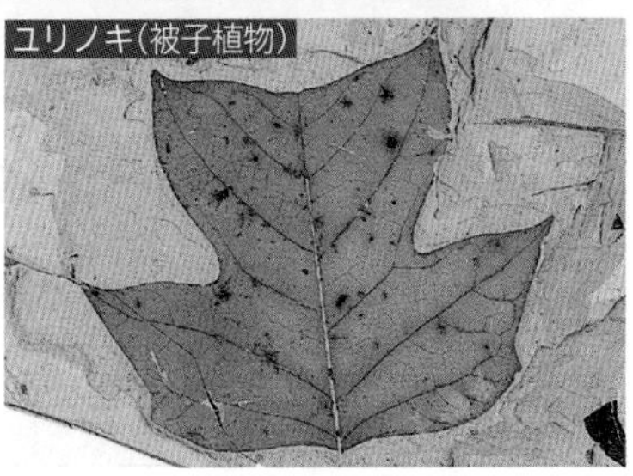

9 生物の進化

生物

# 9 生物の陸上進出
Disembarkation of organisms

## A 植物の陸上進出

古生代ではシダ植物，中生代では裸子植物，新生代では被子植物が中心に繁栄した。 生物

### 植物の陸生化と発展

**シャジクモ類**
- 淡水に生育する藻類。
- 受精後，減数分裂が行われ植物体が形成される。
- シャジクモ類から植物が進化したとされる。

シャジクモ

細胞分裂時の核膜消失・紡錘体の状態や，精子の鞭毛の構造，ゲノム比較などからシャジクモ類が植物の祖先と考えられている。

**クックソニア**(シルル紀)
- 最古の陸上植物化石。
- コケ植物とシダ植物の中間的植物。
- 胞子をつくる。
- 維管束はない。

クックソニア

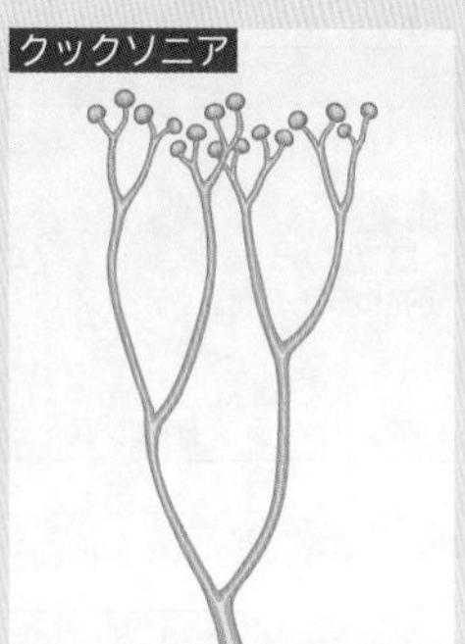

**古生マツバラン**(デボン紀)
- 胞子をつくる。
- 維管束をもつ。
- 二叉分枝する茎をもつ。
- 根・葉は未分化。

リニア

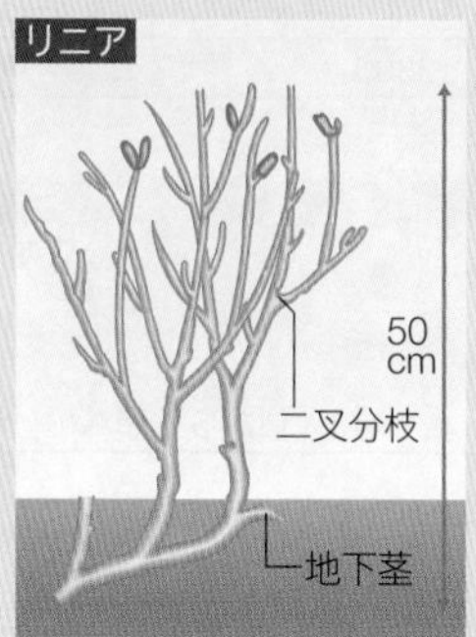


**木生シダ植物**(石炭紀)
- 数十 m にも成長する。
- 主に水辺に生育した。
- 巨大シダ植物が現れ，森林をつくった。
- 根・茎・葉の分化が明確。

レピドデンドロン(リンボク)

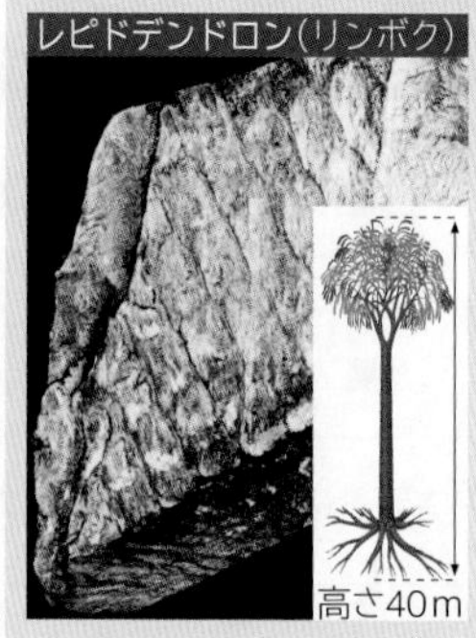


**裸子植物**(三畳紀)
- 種子は乾燥や低温に強く，発芽時期まで休眠する。
- 植物食性恐竜に食べられていた。
- 花粉・胚珠・種子を形成。

イチョウ(裸子植物)

### 被子植物の発展

**木本の繁栄**(中生代白亜紀)
- 子房や果実を形成。
- 胚珠に子房を付けることで，さらに乾燥耐性が強くなった。
- 花や果実を付け，哺乳類や昆虫との共生関係を築き始めた。

アルカエフルクトゥス
(最古の被子植物)

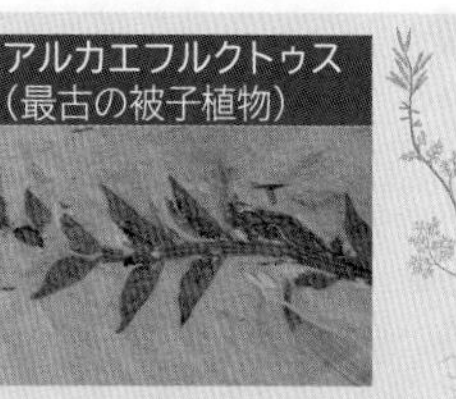

**草本出現と繁茂**(新生代第三紀)
- 一年生草本が出現し草原をつくった。
- 一世代が短く，個体の交代が早いので，寒冷や乾燥した気候に対応できる。
- 生育不適期を種子で過ごす。

## B 陸上植物の発展

陸上に進出した植物は，乾燥や重力に対応できるように適応していった。 生物

### 現存する植物の特徴

| | コケ植物 | シダ植物 | 裸子植物 | 被子植物 |
|---|---|---|---|---|
| | 胞子体 胞子のう 配偶体 | 胞子のう 胞子体 | めしべ 胞子体 胚珠 | 葯 胞子体 胚珠 |
| 散布方法 | 胞子 | 胞子 | 種子 | 種子 |
| 受精 | 水が必要 | 水が必要 | イチョウ・ソテツでは水が必要(花粉室内) | 水は不要 |
| 生活環 | 配偶体が主，胞子体は配偶体上 | 胞子体が主，配偶体は小さいが独立 | 胞子体が主，配偶体は胞子体内 | 胞子体が主，配偶体は胞子体内 |
| 気孔 | なし(気室孔) | あり | あり | あり |
| 維管束 | なし | あり | あり | あり |
| 根・茎・葉 | 分化は不明確 | 分化は明確 | 分化は明確 | 分化は明確 |

### 陸上進出で獲得した特徴

| | |
|---|---|
| クチクラ層 | 体表がクチクラ層に覆われ，体表からの水分蒸発を防ぐ。 |
| 気孔 | 水分蒸発を防ぐとともに，ガス交換・水分調節をする。 |
| 維管束 | 水分や養分を移動させるとともに，重力に耐える機械的強度ももつ。 |
| 根・茎・葉の分化 | 光合成・水分吸収などの機能分化と効率化。根は体を支えることにも役立つ。 |
| 胞子と種子 | 乾燥に耐える外皮をもつ。種子は栄養分を貯え，より乾燥・低温に耐えられる。 |

**TOPICS**

#### 植物による環境の変化

植物の祖先は水辺から陸上へ進出していった。植物が広がるにつれ，地表では土壌が発達し，気孔からの蒸散により雨も降りやすくなっていったと考えられる。このように，植物の発展と環境の変化は密接に関係している。

## C 脊椎動物の陸上進出

魚類として古生代に発展した脊椎動物は，肺や四肢，重力に耐えられる骨格などを獲得し，両生類，は虫類へと進化し，陸上に進出した。

生物

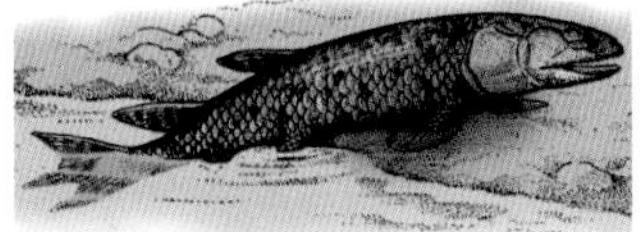

古生代デボン紀

**ユーステノプテロン**(肺魚の仲間)
それまでの魚類のうきぶくろを肺として使って呼吸した。
魚類だがひれに骨格があり，はうことが可能。
頭骨や脊椎骨に両生類に似た特徴が見られる。

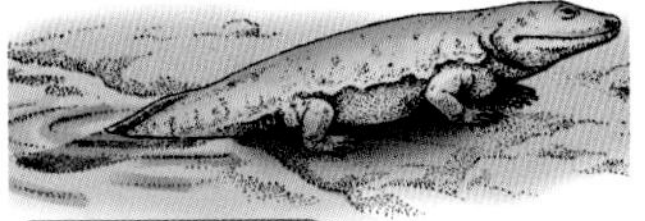

古生代デボン紀

**イクチオステガ**(原始的な両生類)
ひれが進化してできた脚をもつ。
水辺で生活していた。
前後肢の基部の骨が発達した体を支えられる四肢をもち，歩くことができる。
尾には条鰭があり，魚類の尾びれのようになっている。

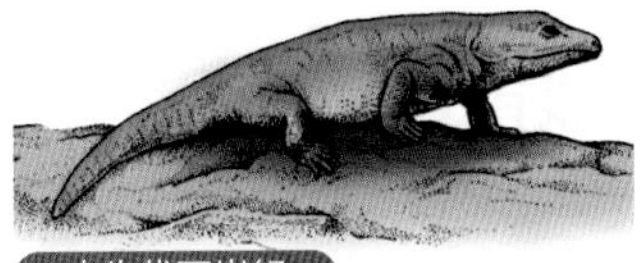

古生代石炭紀

**パレオチリス**(原始的なは虫類)
発達した４本の脚をもち，腹部をつけずに歩くことができた。
巨大なカエルのようであった。
脊椎骨，上腕骨などに，は虫類の特徴が見られる。
指先は前方を向いている。
湿地などの水辺で生活していた。

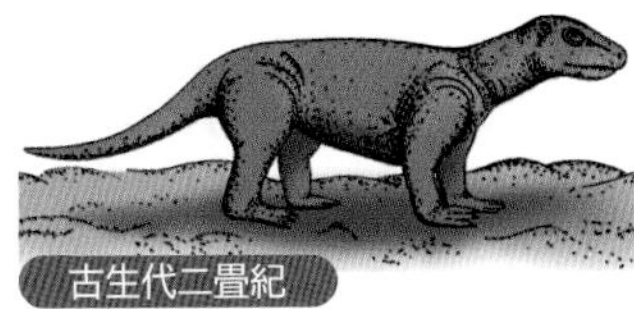

古生代二畳紀

**リケノプス**(は虫類獣形類)
は虫類ではあるが歯があり，哺乳類に近くなっている。
頭骨や骨盤，四肢の付き方が哺乳類に似る。
体表の鱗で乾燥を防ぐ。
指の数は５本。

| | 硬骨魚類 | 両生類 | は虫類 | 哺乳類 |
|---|---|---|---|---|
| 呼吸 | 鰓呼吸 | 幼生：鰓呼吸<br>成体：肺呼吸 | 肺呼吸 | 肺呼吸(肺胞が発達) |
| 体表 | 鱗と粘液 | 粘液 | 鱗 | 毛 |
| 四肢 | なし | 側方に突出 | 側方に突出 | 下方に突出 |
| 生殖 | 卵生(主に体外受精，水中産卵) | 卵生(体外受精，水中産卵) | 卵生(体内受精，陸上産卵) | 胎生(体内受精) |
| 窒素排出物 | アンモニア(水溶性) | 幼生：アンモニア(水溶性)<br>成体：尿素(弱毒性) | 尿酸(不溶性) | 尿素(弱毒性) |

それぞれの生物の特徴を，乾燥への耐性，重力への適応に着目して理解しよう。

## D 現生生物に見る陸上生活への適応

多くの両生類は，成長するに従って進化の過程と同様に陸上生活に適応できるようになる。

生物

### 呼吸器の水中適応から陸上適応

消化管には元々多少の呼吸機能があり，肺とうきぶくろはどちらも消化管に由来して生じた相同器官である。魚類では，鰓(えら)が呼吸の中心であるが，うきぶくろの中にも肺と同様の役割を果たすものがある。

多くの硬骨魚類の肺やうきぶくろは，主に消化管=腸管由来と考えられている。両生類・は虫類・鳥類・哺乳類の肺も，消化管由来と考えられている。

**ドジョウ**
・腸による呼吸
(うきぶくろ・肺はない)

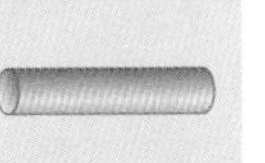

**スズキ・メダカなど**
・うきぶくろ
(消化管から空気を送り込む器官なし)

**両生類・は虫類・鳥類・哺乳類**
・肺

**コイなど**
・うきぶくろ
(気管を通してうきぶくろに空気を送り込む)

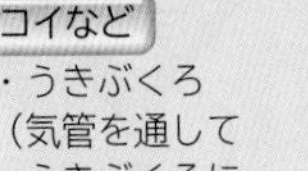

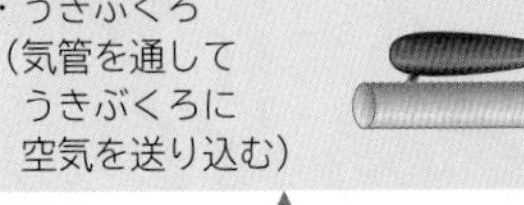

**肺魚**
・肺

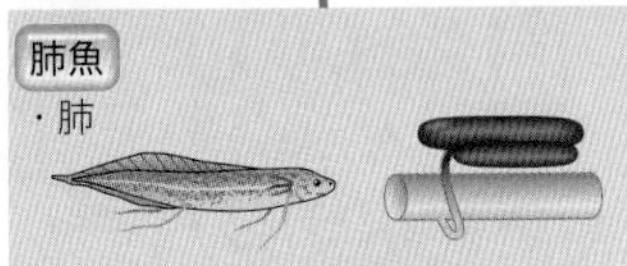

**ポリプテルスなど**
・うきぶくろ
(肺との見方もある)

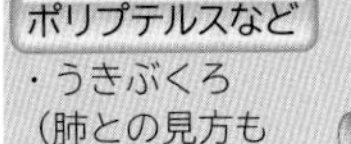

**ユーステノプテロン(絶滅)**
・肺

**軟骨魚類(サメ・エイなど)**
・鰓のう(※)
(肺・うきぶくろともになし)

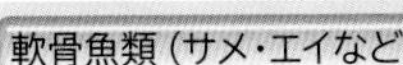

**原始硬骨魚類(絶滅)**
・鰓のう(※)
(肺・うきぶくろともになし)

※鰓のすぐ後ろの消化管由来と考えられる呼吸器

### 様々な環境にすむ両生類のぼうこうの容量

| 種 | 生活環境 | 容量(体重の%) |
|---|---|---|
| A | 半乾燥熱帯ステップ | 50 |
| B | 乾燥した砂漠 | 50 |
| C | 熱帯の乾燥した砂漠 | 50 |
| D | 半乾燥または乾燥した砂漠 | 44 |
| E | 熱帯の湿潤地 | 25 |
| F | 南西オーストラリアの涼しい湿潤地 | 30 |
| G | 熱帯雨林 | 30 |
| H | 水中 | 1 |

左の表のように，成体が水中生活中心の両生類から陸生生活中心の両生類までをその環境の乾燥の程度を基準に並べてみると，ぼうこうの容積が大きく異なることがわかる。両生類ではぼうこうの水分の再利用が可能で陸のものほどその能力が高い。

### 糸球体と細尿管の水透過性に対する脳下垂体後葉の作用

| 動物 | | 作用の有無 | |
|---|---|---|---|
| | | 糸球体 | 細尿管 |
| 魚類 | | − | − |
| 両生類 | 水生有尾類 | ＋ | − |
| | 陸生有尾類 | ＋ | − |
| | 水生無尾類(ツメガエル) | ＋ | − |
| | 陸生無尾類(水陸両生も含める) | ＋ | ＋ |
| は虫類・鳥類・哺乳類 | | ＋ | ＋ |

＋：作用する　−：作用しない

ツメガエルは成体になっても基本的な生活環境は水中である。この表からは腎臓の糸球体に対して尿量を減少させる作用を示すのは両生類以上であることがわかる。両生類も特に陸生無尾類において，糸球体，細尿管両方への尿量を減少させる作用が認められる。

# 10 霊長類の進化
Evolution of primates

## A 哺乳類の適応放散

中生代に現れた哺乳類は，新生代に入って様々な環境に適応し，多様な進化をとげた。 生物

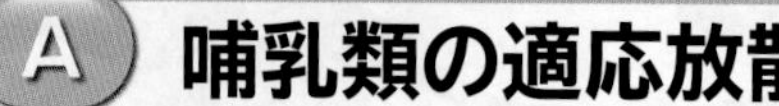

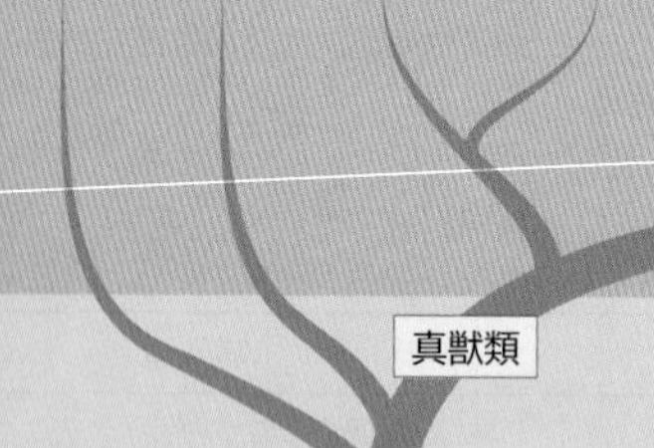

## B 霊長類の進化と形態

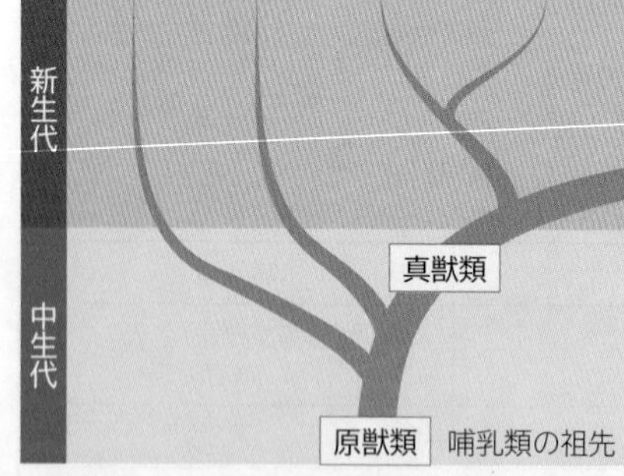

霊長類は，生活場所を樹上に移したことで，樹上生活に適応した様々な形態を発達させた。 生物

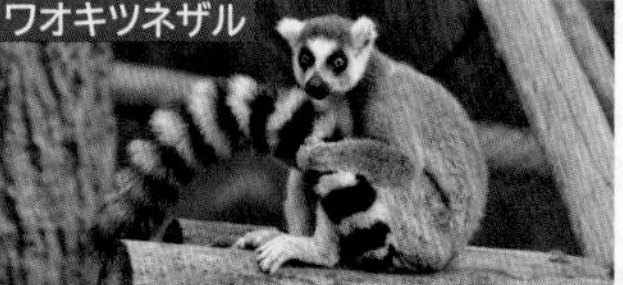

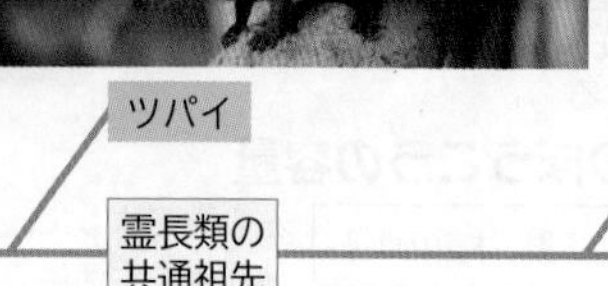
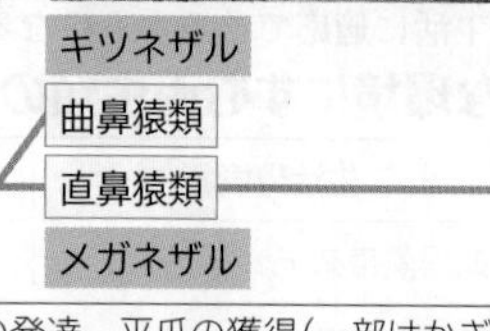


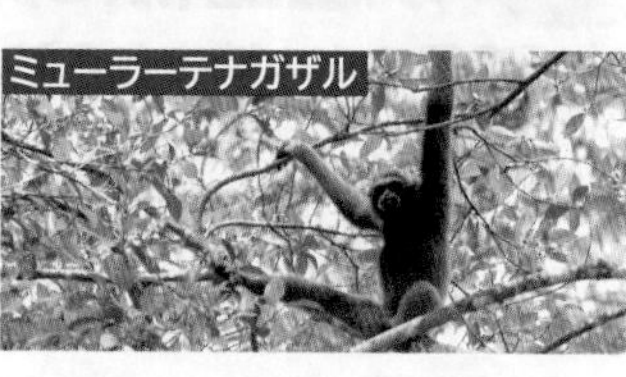

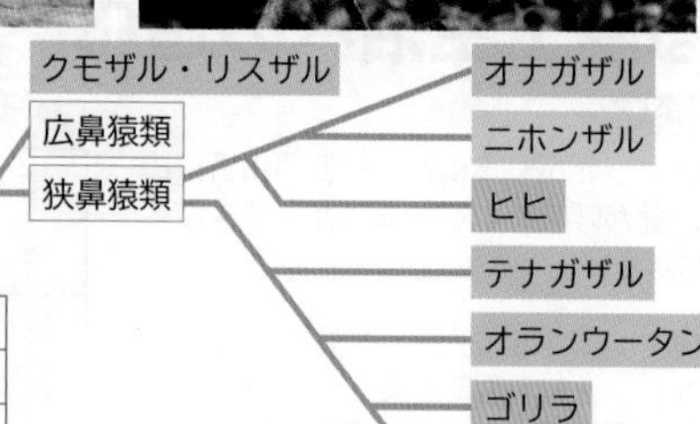


| | |
|---|---|
| キツネザル | 母指対向性，両眼視の発達，平爪の獲得(一部はかぎ爪) |
| クモザル | 母指対向性，両眼視がさらに発達，全ての爪が平爪 |
| オナガザル | 肩関節の発達(腕だけで移動が可能) |
| テナガザル | 尾の退化 |
| チンパンジー | 大型化，半樹上生活に移行 |

**母指対向性** 第一指が短く，他の指と向き合うようになり，枝などのものをにぎれるようになった。

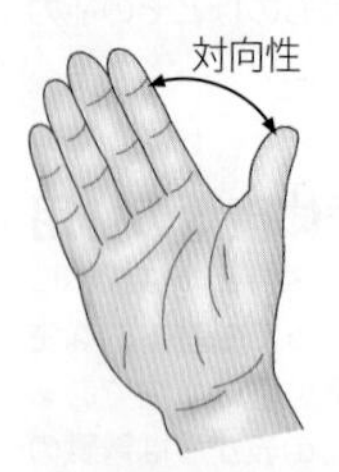



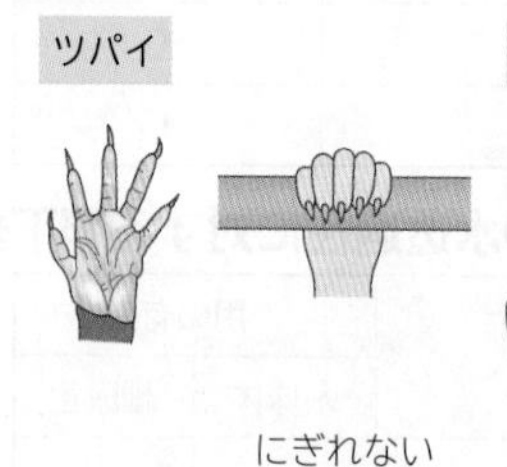

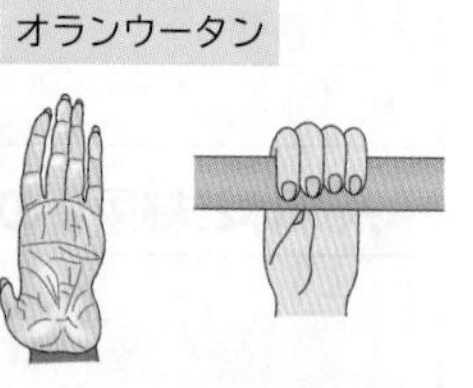

**肩関節** 肩関節の自由度が上がり，前肢(腕)を様々な方向に動かせるようになった。

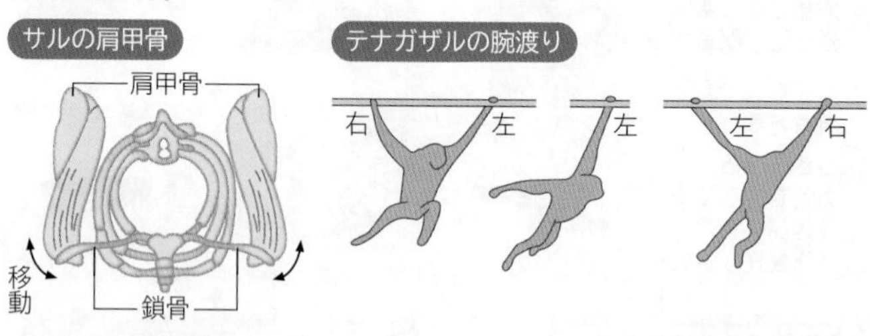


**両眼視** 眼が顔の前方に配置され，両眼視の範囲が拡大した。両眼視の範囲では立体視が可能で，距離が認識できる。

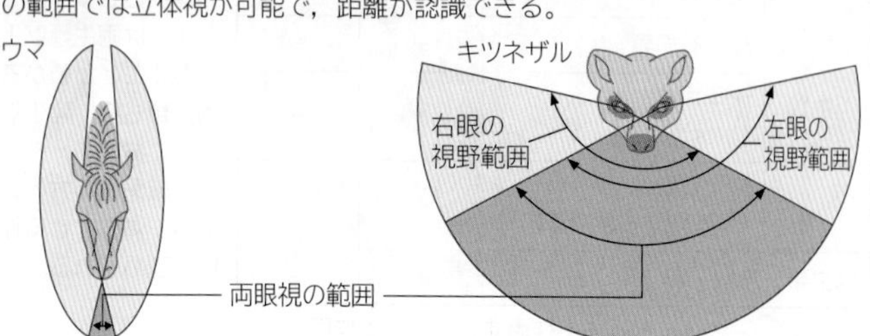


**平爪** かぎ爪が広がって平爪になったことで，よりものをつかみやすくなった。

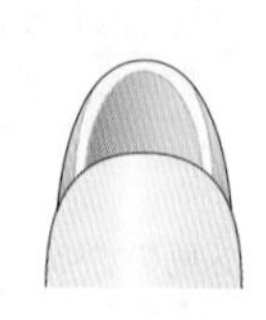

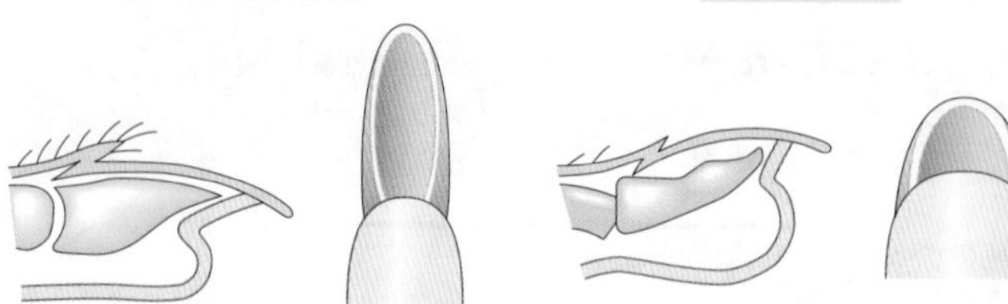

# 11 ヒトの進化(1)
Evolution of human 1

## A 類人猿とヒトの比較

類人猿とヒトには共通点も多いが，直立二足歩行をするのに適した骨格など，様々な違いが見られる。 生物

### 全身骨格

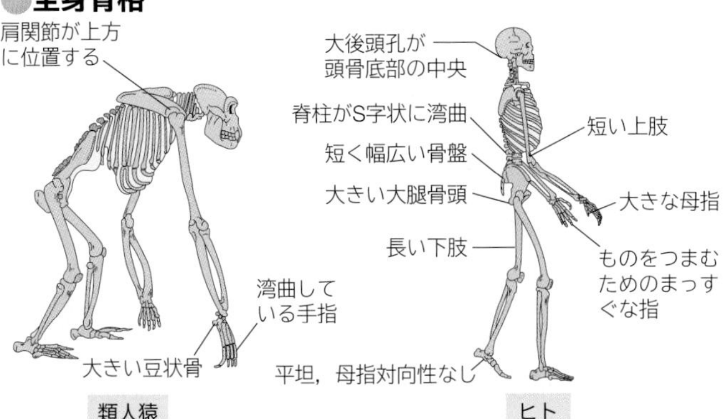


### 歯列

ヒトの歯列はアーチ型(放物線)で，類人猿がU字型であるのと区別される。

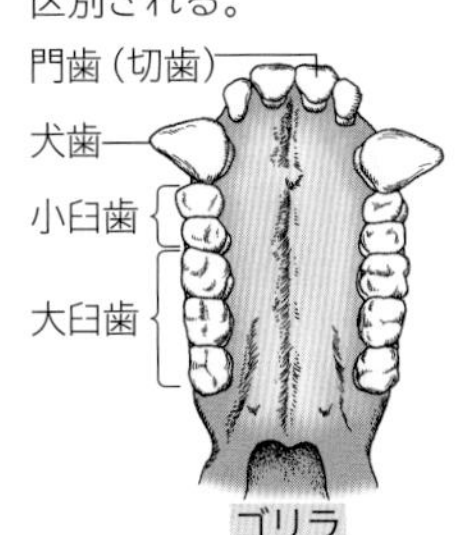


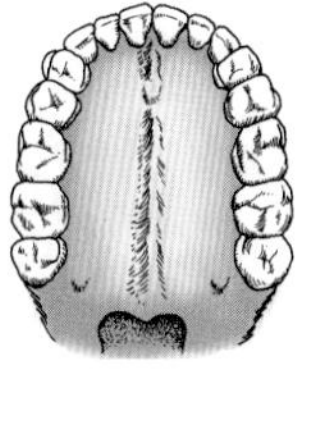


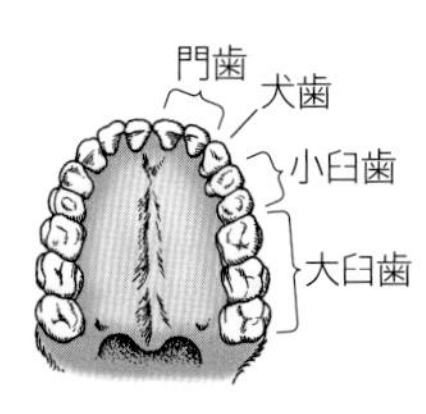


### 手足

地上生活が進むにつれて，足の母指の対向性は失われ，歩行と体重保持に適するようになった。手の母指の対向性は残り，道具の使用に適している。

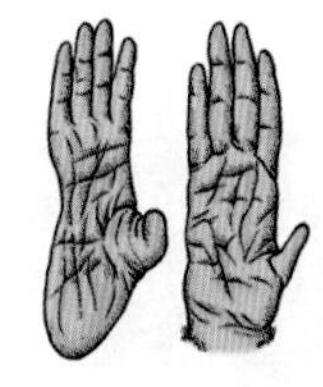
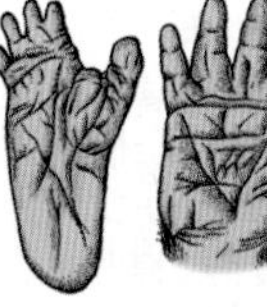
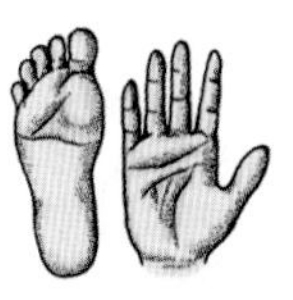


### 骨盤

ヒトの骨盤は幅広く上向きに開口しており，内臓を支えやすい。

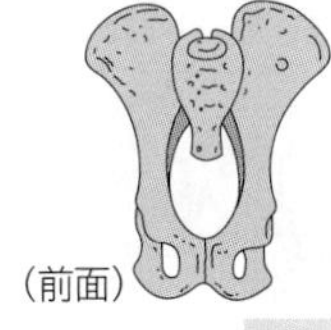
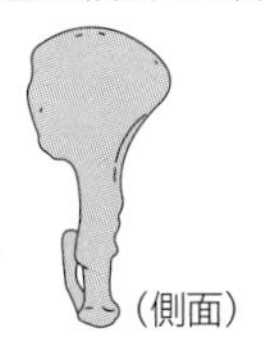


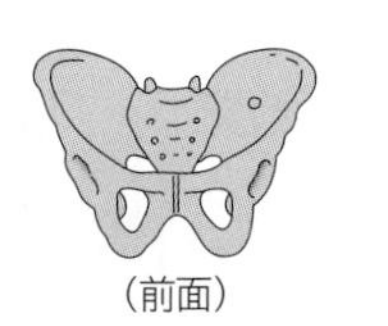


### 脳

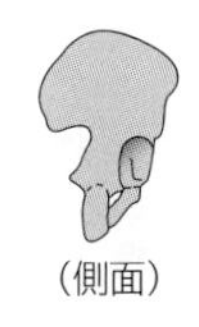

ヒトの脳は，容積が大きいばかりでなく，前頭葉およびブローカ野の発達が著しい(⇒ p.227)。

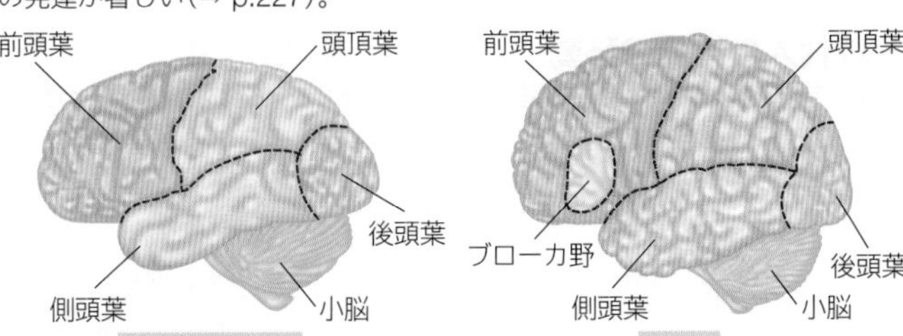


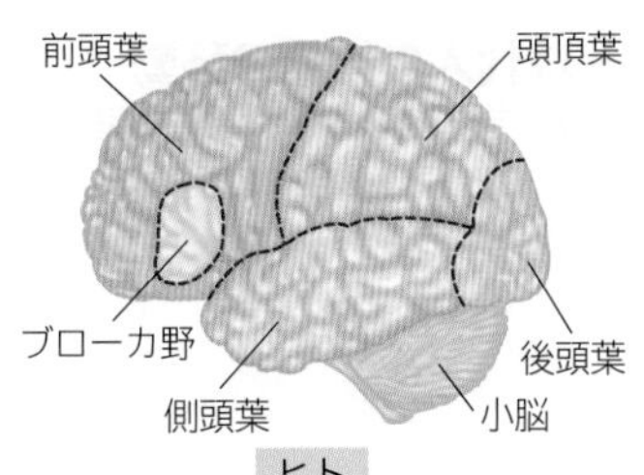


### 発声器官

ヒトでは咽頭が長くなり，母音と子音を使い分けられるようになったことで，言語が発達したと考えられる。

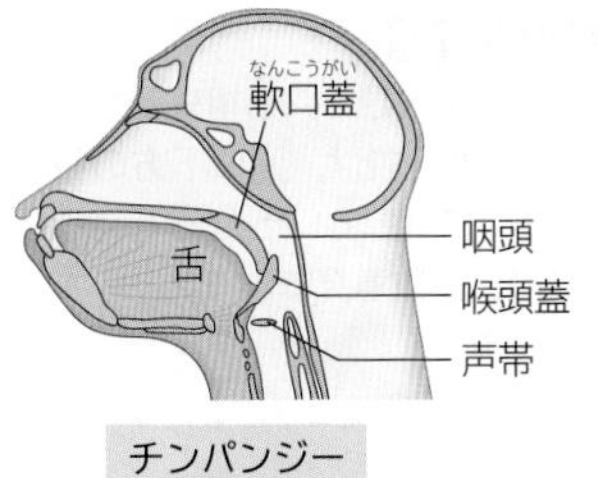


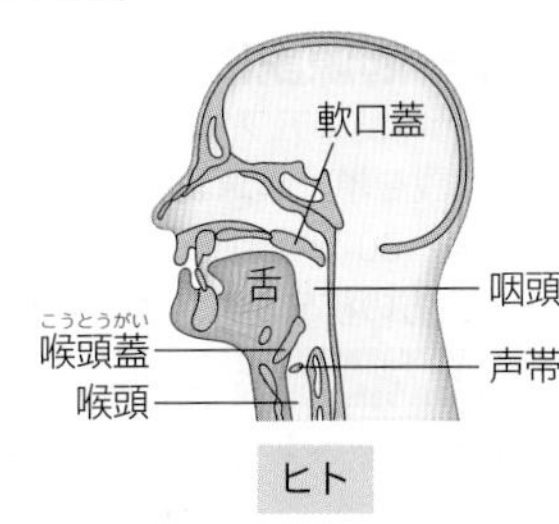


## B 人類の進化

猿人から進化してきた多くの分枝には，ネアンデルタール人のように絶滅して現生人類につながらなかったことが明らかになってきたものも多い。 生物

人類の起点は，約700万年前の**サヘラントロプス・チャデンシス**である。猿人，原人，旧人，新人は，系統としてつながっていたのではない。たとえばネアンデルタール人は旧人レベルの人類として絶滅し，新人の祖先ではなかった。現代の全人類は，新人のある系統からの子孫である。

**猿人**
**アウストラロピテクス**
420～250万年前
脳容積 360～650 cm³
身長 120～150 cm

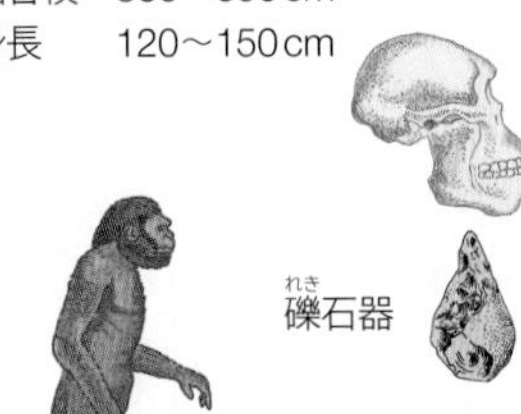

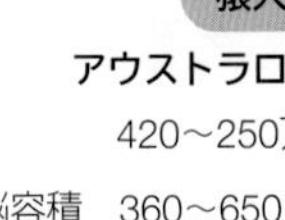
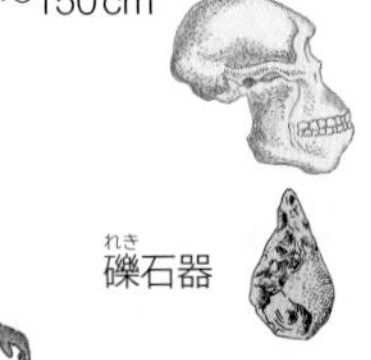

**原人**
**ホモ・エレクトス**
180～20万年前
脳容積 780～900 cm³
身長 170 cm

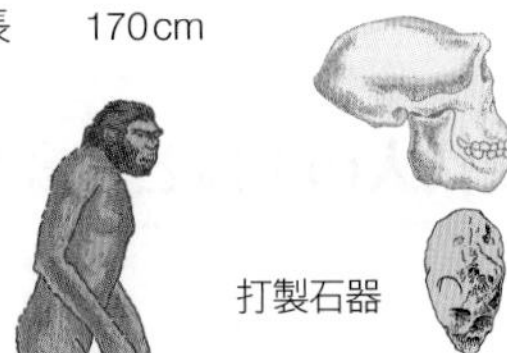


**旧人**
**ホモ・ハイデルベルゲンシス**
80～25万年前
脳容積 1100～1400 cm³
身長 175～180 cm

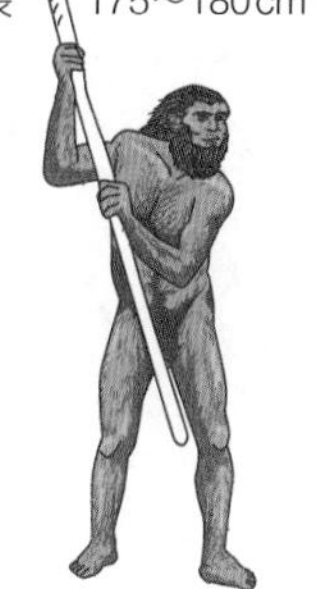

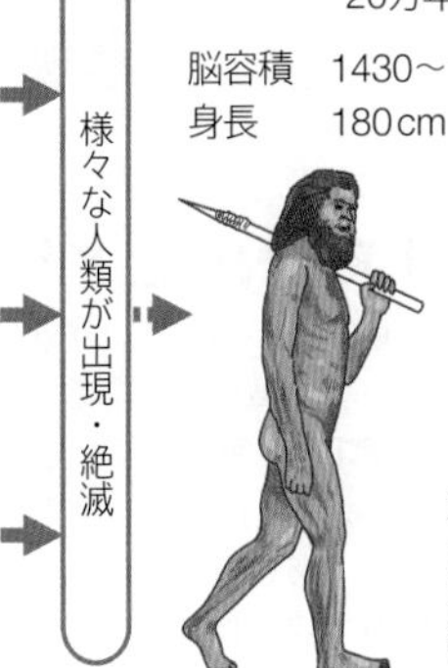


**新人**
**ホモ・サピエンス**
20万年前～現在
脳容積 1430～1480 cm³
身長 180 cm

猿人・原人・旧人は骨格をもとにした想像図。それぞれに他の種も知られているが，その関係性や由来には様々な見解がある。

WORD ホモ・エレクトス⇔ホモ・エレクトス・エレクトス　ホモ・ネアンデルタレンシス⇔ホモ・サピエンス・ネアンデルタレンシス
ホモ・サピエンス⇔ホモ・サピエンス・サピエンス

# 12 ヒトの進化(2)

Evolution of human 2

## A 頭骨の比較

アウストラロピテクス以降は，頭骨から脊髄が出る穴(大後頭孔)が頭骨の底部中央近くに移っていて，直立二足歩行をしていたことを示している。 生物

チンパンジー

眼窩上隆起（高い）

大後頭孔

犬歯（大きい）

脳容積 325～650 cm³

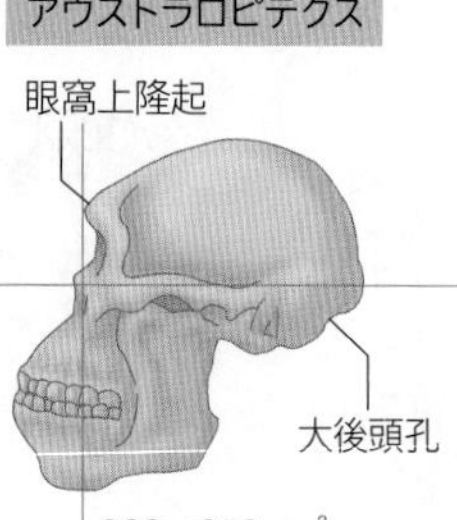


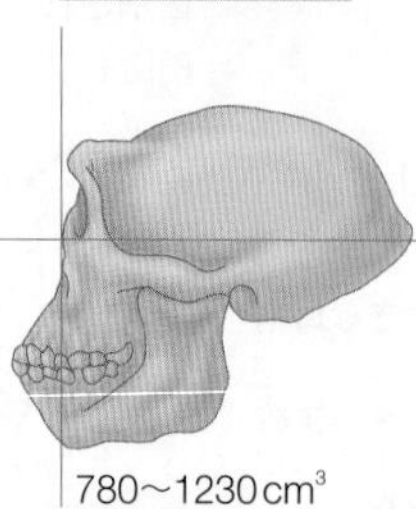


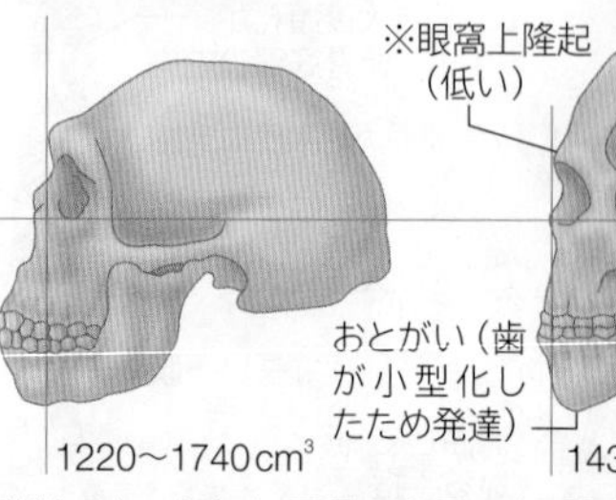


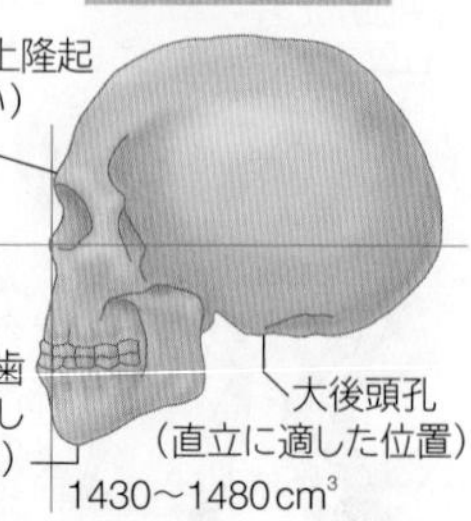


※食生活の変化により，歯に力を入れて咀しゃくする必要がなくなったため，頭骨を強固にする眼窩上隆起が低くなった。

## B 幼形成熟

個体発生が形態的には幼生の段階で停止したまま子孫を産出しうるまでに性的に分化成熟することを幼形成熟という。 生物

ヒトとチンパンジーの頭蓋骨は，胎児期でよく似ているにもかかわらず，成体になると顕著な違いが見られる。ヒトは若いうちに性的に成熟して子を残すので，チンパンジーでのその後の変化に相当する部分は，ヒトの一生のうちから抜け落ちたと考えられている。

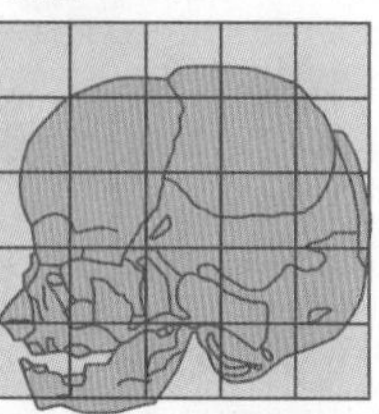
チンパンジーの胎児

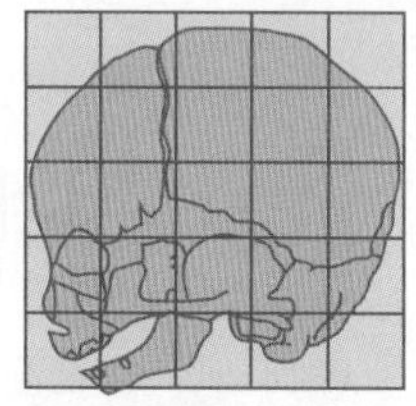
ヒトの胎児

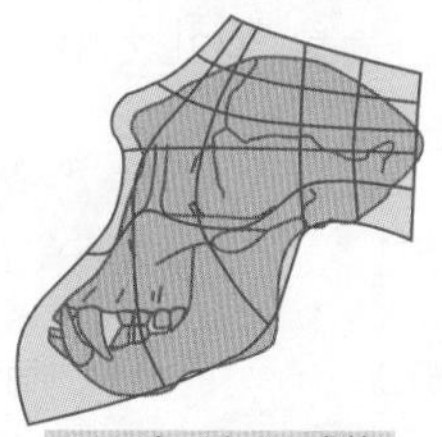
チンパンジーの成体

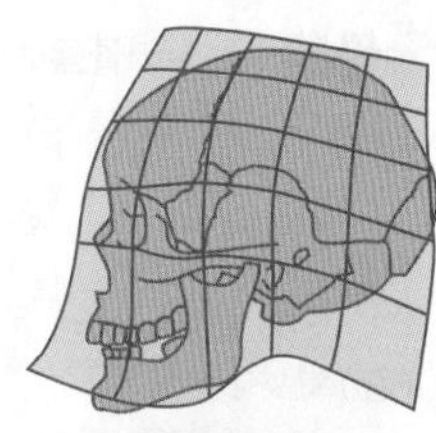
ヒトの成体

## C 人類の移動と進化

人類は世界中にひろがっていったが，その過程については，いくつかの考え方がある。 生物

### 単一起源説に基づくホモ属進化の概略

約20万年前にアフリカから出発した祖先人類が全人類の共通祖先となったとする説を**単一起源説**という。対立する多地域進化説は，図の下方の枝分かれ(約180万年前)が，その段階で世界に分散定着していったと考えるが(図で上方の枝分かれを除いたものにほぼ近い)，少数意見である。

人類の単一起源説

現在　ヨーロッパ人　アフリカ人　東アジア人　オーストラリア先住民

●クロマニヨン人　●港川人，山頂洞人

10万年前

ネアンデルタール人（旧人）　ハイデルベルゲンシス（旧人）　ボーダー洞穴人　カブウェ人　北京原人（原人）

50万年前

約180万年前　ジャワ原人（原人）

アフリカにいた初期のホモ属

### 現代人の祖先の移動

人類の単一起源説では，共通祖先はアフリカから拡散しつつ適応をとげた。ベーリング海峡は当時陸続きであった。南太平洋への分布は船による。ジャワ島東方のフローレス島で発見(2004年)された数万年前の特異な小型・小頭の化石人類と右図との関係については今後の研究課題である。

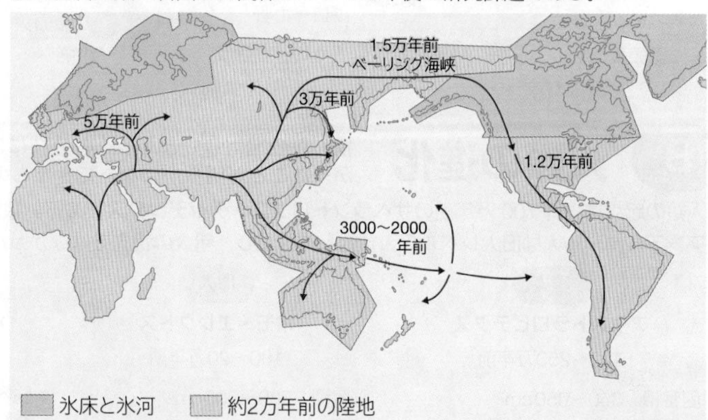


## TOPICS

### ミトコンドリアDNAとY染色体DNAをもとにした現代人の系統と移動経路

ミトコンドリアは母親由来のものだけが次代に受け継がれ，分子進化の速度が速いという特徴をもつ。そこで，世界の様々な人類集団のミトコンドリアDNAをもとに分子系統樹(図左)を作成した結果，現生人類の起源は約20万年前のアフリカの1人の女性(ミトコンドリアイブ)であることと，その後の人類の移動経路が示された。父親由来のY染色体をもとにした系統樹(図右)も，同様に現代人の起源がアフリカにあることを示した。移動ルートもミトコンドリアとほぼ同じであった。

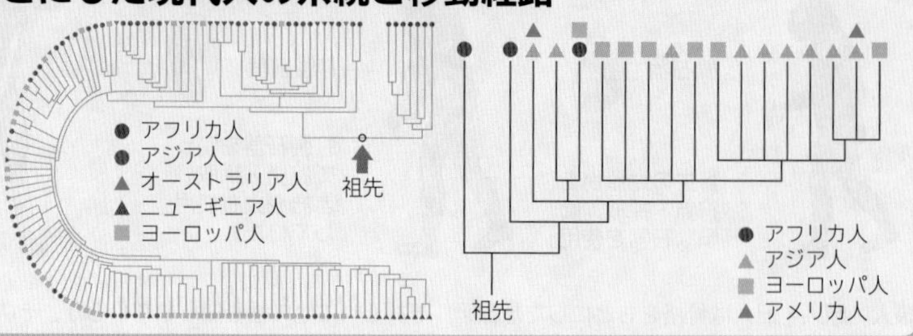




9 生物の進化　生物

# 13 生物進化とその証拠(1)
Evolution and its evidence 1

## A 示準化石と示相化石

示準化石は特定の年代の地層に分布していて，その地層の年代を示す化石であり，示相化石はその生物が生息していた環境を示す化石である。 生物

| 示準化石 | | | |
|---|---|---|---|
| 古生代 | | 中生代 | 新生代 |
| 三葉虫 | リンボク | アンモナイト | ビカリア |
| フズリナ | ウミユリ | 三角貝 | マンモス |

示相化石

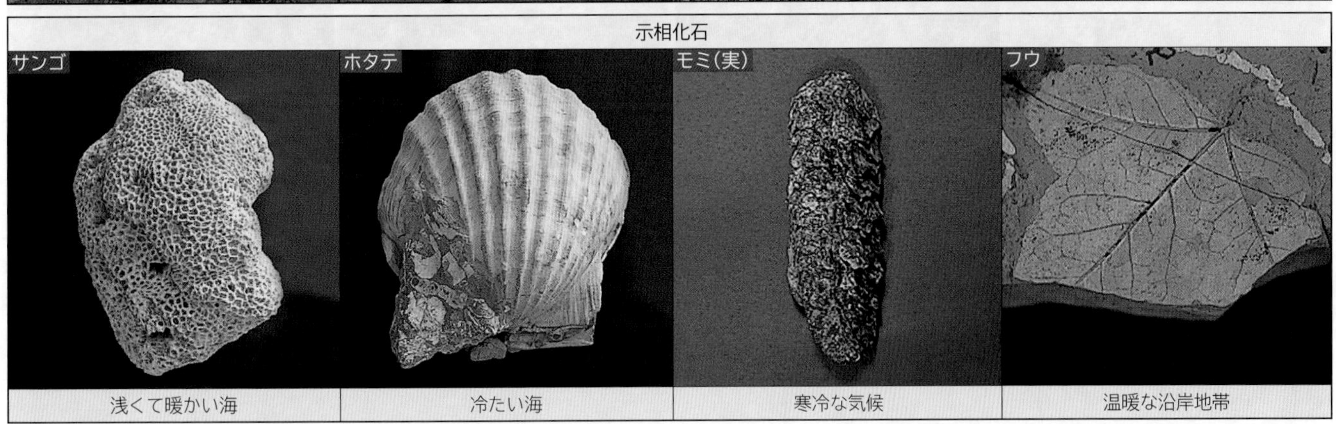


| 浅くて暖かい海 | 冷たい海 | 寒冷な気候 | 温暖な沿岸地帯 |
|---|---|---|---|

### POINT

**示準化石**

①広い範囲に分布している。
②その種族の生存期間が短い。
③個体数が多い。

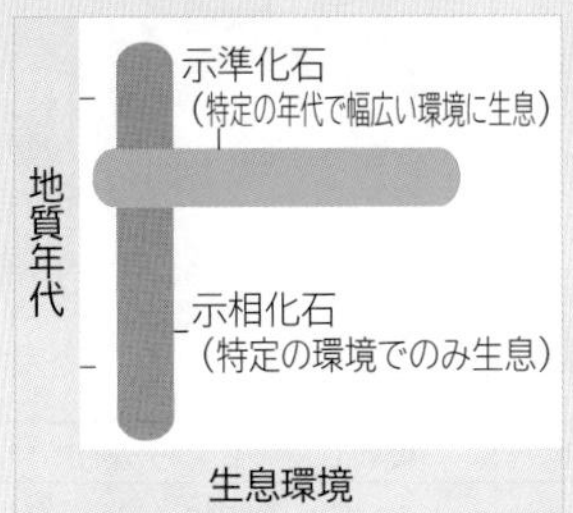


### TOPICS

## 化石の年代測定

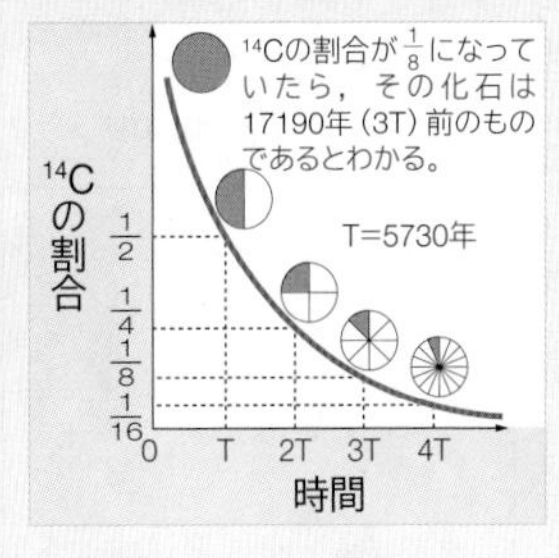


原子番号が同じで質量数が異なる原子を，互いに同位体という。同位体のうち，放射線を放出して他の原子に変わる同位体を放射性同位体という。この放射性同位体の原子数が半分になる時間を半減期といい，半減期を利用することで化石の年代を測定することができる。

大気中の炭素のほとんどは $^{12}C$ であるが，放射性同位体である $^{14}C$ も一定の割合で存在し，これらは生物の体内に取り込まれる。やがて生物が死ぬと大気との炭素交換がなくなり，体内の $^{14}C$ は放射線を放出しながら安定した $^{14}N$ に変化するため，$^{14}C$ の存在量は少しずつ減っていく($^{14}C$ の半減期は5730年である)。一方，$^{12}C$ は安定した同位体でありその存在量は変化しないため，生物の遺骸(化石)中の $^{14}C$ の割合を求めることで，およそ数万年前までの年代測定を行うことができる。

なお，数万年～数億年前といったより古い年代の測定を行う場合には，$^{14}C$ よりも半減期の長い $^{238}U$ や $^{40}K$ が用いられる。



WORD 放射性同位体⇔放射性同位元素⇔ラジオアイソトープ

# 14 生物進化とその証拠(2)
Evolution and its evidence 2



## A 中間的な特徴をもつ化石

現存の生物との中間的な特徴を示す生物(**中間形生物**)の化石は，進化の過程を知る手がかりとなる。 生物

### 始祖鳥 は虫類と鳥類の特徴をあわせもつ。

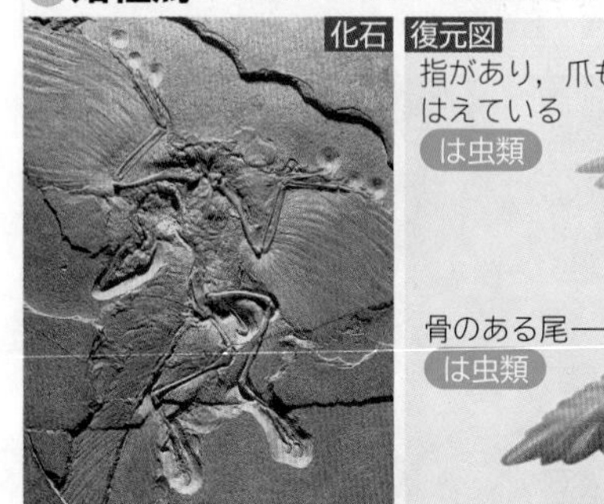

### シダ種子植物 シダ植物と似た外観だが，種子をもつ。

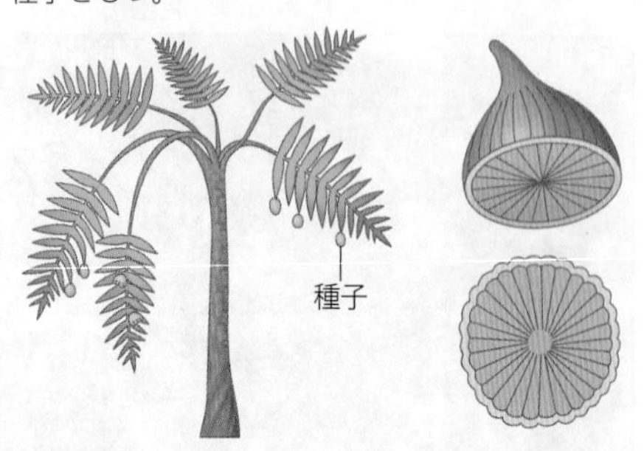


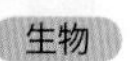

## B 生きている化石

過去に栄えた生物の子孫で，現在もその特徴をとどめて生きている生物を**生きている化石**という。 生物

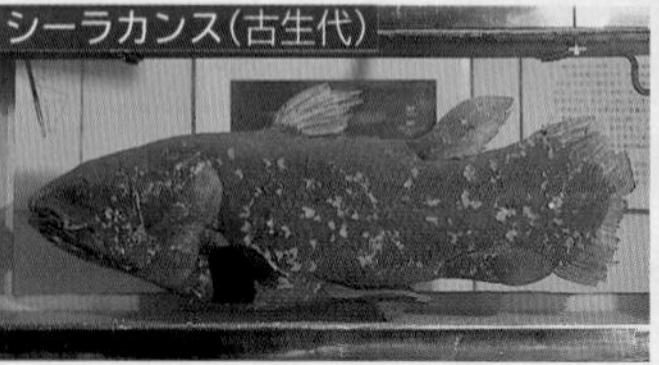

デボン紀に栄えた。白亜紀に絶滅したと思われていたがマダガスカル沖で生息が確認されている。

石炭紀に栄えたロボクの仲間。

他のトンボと異なり，羽を閉じて止まる。日本とヒマラヤに生息している。

氷期に広く分布していた。温暖化した現在は高山帯に生息している。

古生代初期に栄えた三葉虫からシルル紀ころに分かれた。

アンモナイトと共通の祖先をもつ。

現在では1属1種だが，中生代に最も栄えた。

化石は北半球各地の第三紀層から発見されている。

## C 化石による進化の跡づけ

多様な進化の変遷の様子を知ることができる。 生物

発見されているウマの化石を年代順に並べると，多様な分化経路がわかる。現在のウマは，しだいに大型化してきた分岐系統上にある(⇒ p.299)。

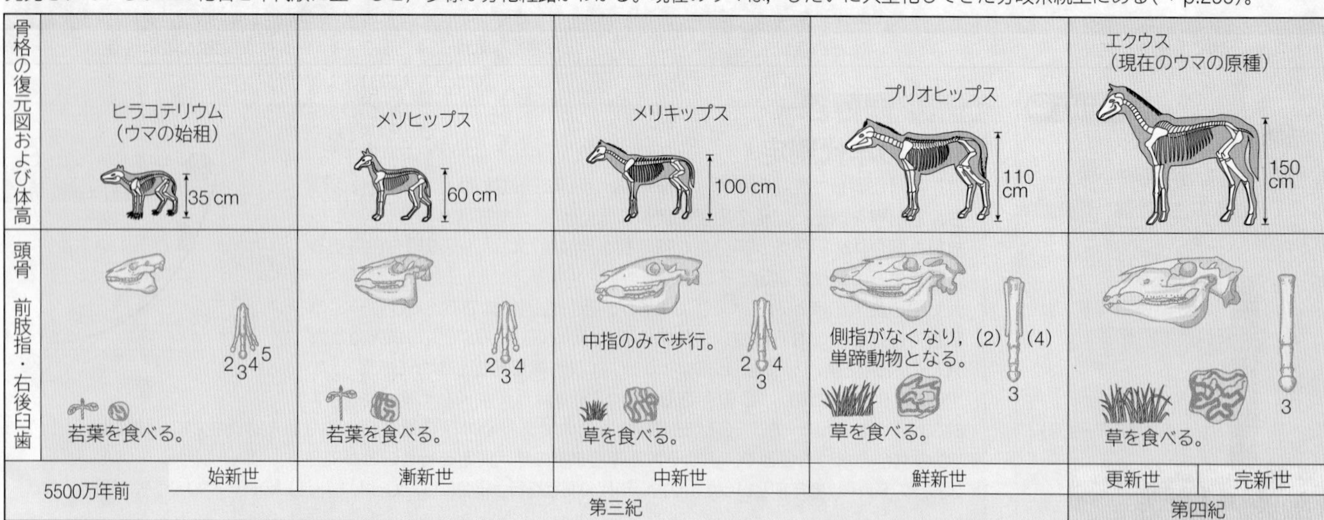

# D その他の化石

生物体そのものではなく，生物の生活の痕跡や植物の樹脂のような軟体部も化石として残っている。

生物

足跡や巣穴，糞など，生物が生活をしていたことを示す痕跡が残ったものを**生痕化石**（せいこん）という。また，植物の樹脂が化石となったものを**こはく**という。樹脂が固まる間に節足動物などが生きたまま閉じ込められ，生物の状態が良いまま保存されることもある。

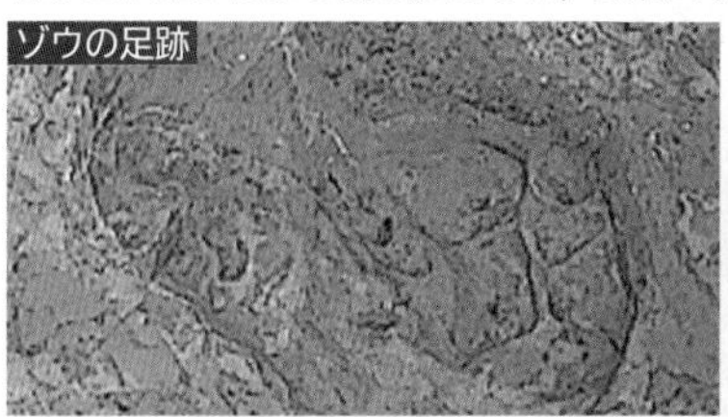
ゾウの足跡

巣穴化石

糞化石

こはく中のクモの化石

TOPICS

## 化石の価値

化石は，過去の生物の遺体や生活の痕跡（足跡など）が地層の内部や表面に保存されたものである。現在，約25万種の古生物が化石として記録されている。一方，現存の生物は記録されているだけでも約200万種，実際には3500万種という試算もある。地質時代の長さを考えると，化石として保存・発見された古生物は，古生物全体のごくわずかに過ぎないことがわかる。

# E 相同器官と相似器官

相同器官や相似器官の存在は，生物が生活環境への適応により形態を変化させていったことを示す。

生物

### 動物に見られる相同と相似

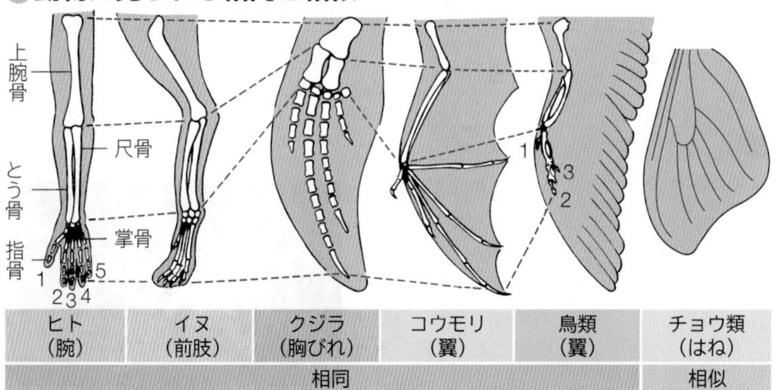


| ヒト（腕） | イヌ（前肢） | クジラ（胸びれ） | コウモリ（翼） | 鳥類（翼） | チョウ類（はね） |
|---|---|---|---|---|---|
| 相同 | | | | | 相似 |

POINT

**相同器官と相似器官**

**相同器官**：見かけ上の形態や働きは違うが，発生学的起源が同じ器官。
**相似器官**：見かけ上の形態や働きは似ているが，発生学的起源が異なる器官。

### 植物に見られる相同と相似

| | | 相似（外見が類似） | | |
|---|---|---|---|---|
| | | イモ | 巻きひげ | とげ |
| 相同（器官が同じ） | 根 | サツマイモ | | |
| | 茎 | ジャガイモ | ヤブガラシ（ブドウ科） | カギカズラ |
| | 葉 | | エンドウ | サボテン |

# F 痕跡器官

ある生物の祖先では有用であったが，現在では退化して使われなくなった器官を痕跡器官という。痕跡器官は生物間の類縁を知る手がかりとなる。

生物

痕跡器官

形はあるがほとんど機能していない器官を痕跡器官という。痕跡器官は，祖先では役に立っていたが，環境や生活様式の変化によって不要となり，退化の過程にあるものと見られる。

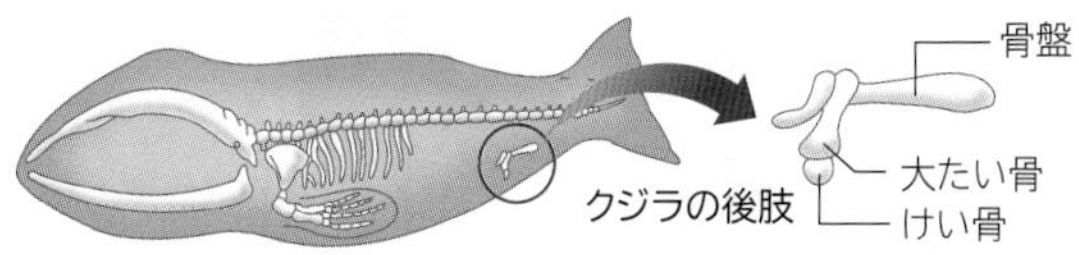


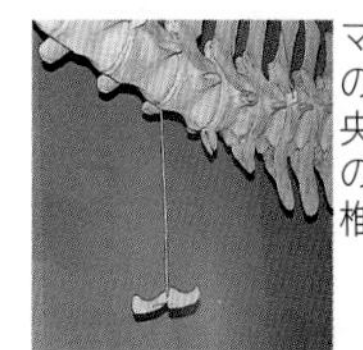
マッコウクジラの骨格標本。中央が後肢，上側の大きな骨が脊椎骨である。

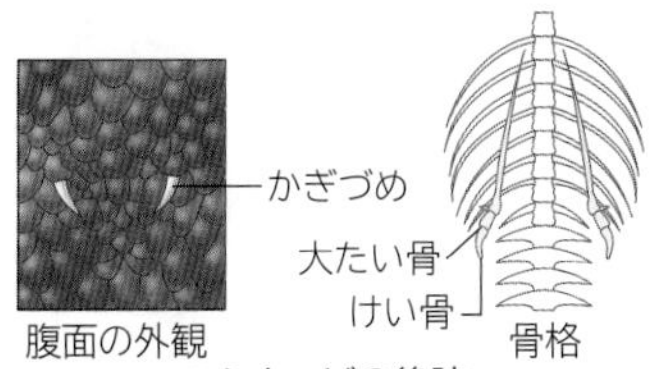

ニシキヘビの後肢

ヒトに見られる痕跡器官

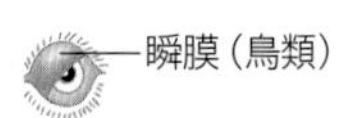


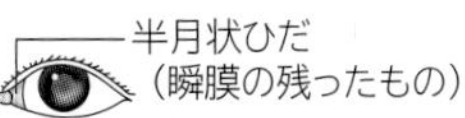


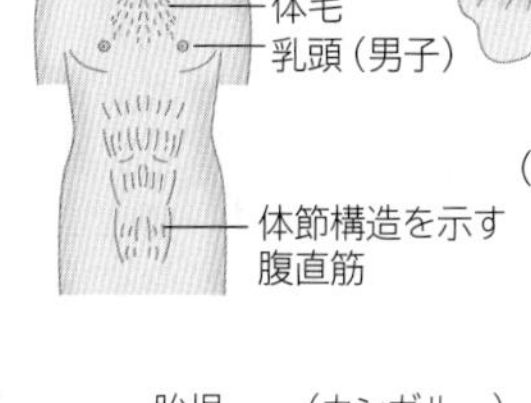

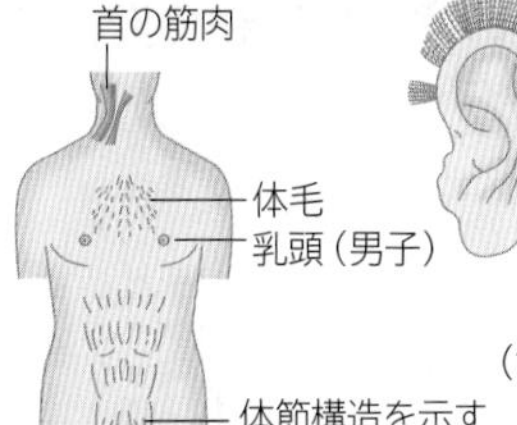


動耳筋
ダーウィンの突起（耳殻の先端が折れ曲がった痕跡）
（サル）

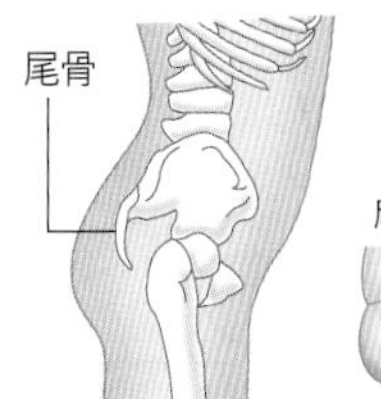


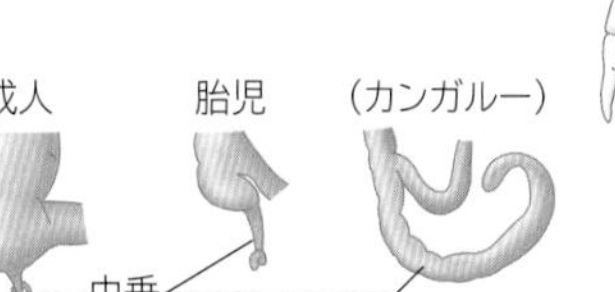


犬歯　第3臼歯（親知らず）

# 15 生物進化とその証拠(3)

Evolution and its evidence 3

## A 発生学上の証拠

ヘッケルは，受精卵が生物個体になるまでの過程(**個体発生**)は，その動物の進化の過程(**系統発生**)を反復するという**発生反復説**を唱えた(1860年)。 生物

### 脊椎動物の初期発生(胚)の比較

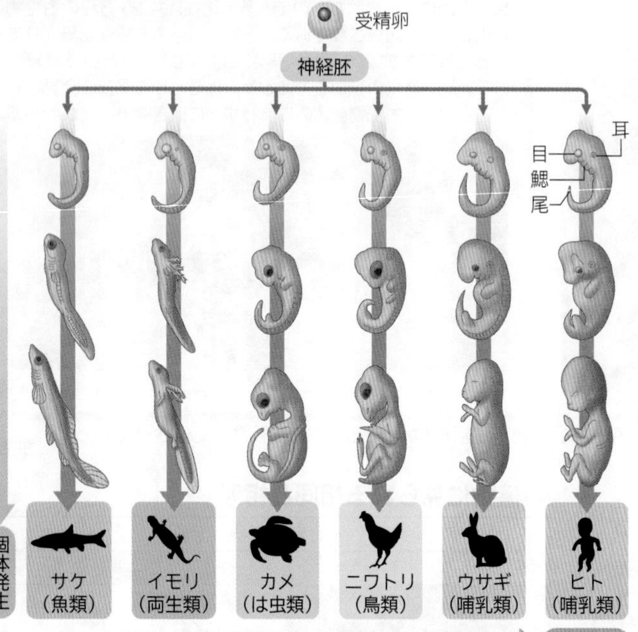


### ヒトの胚発生に見られる進化の痕跡

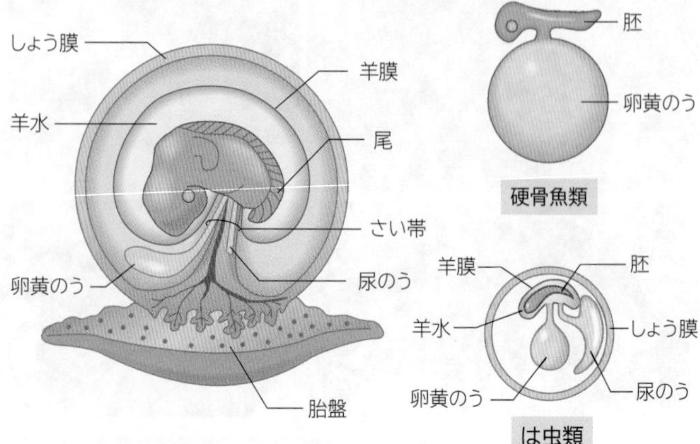


両生類やは虫類などでできる卵黄のう・尿のうがヒト(哺乳類)でもできるが，痕跡的である。哺乳類では，胚膜と母体の組織から胎盤が形成される。

| | 硬骨魚類・両生類 | は虫類 | 哺乳類 |
|---|---|---|---|
| 卵黄のう | あり | あり | あり(痕跡的) |
| 尿のう | なし | あり | あり(痕跡的) |
| 羊膜 | なし | あり | あり |
| しょう膜 | なし | あり | あり |

### 節足動物(甲殻類)の幼生の比較

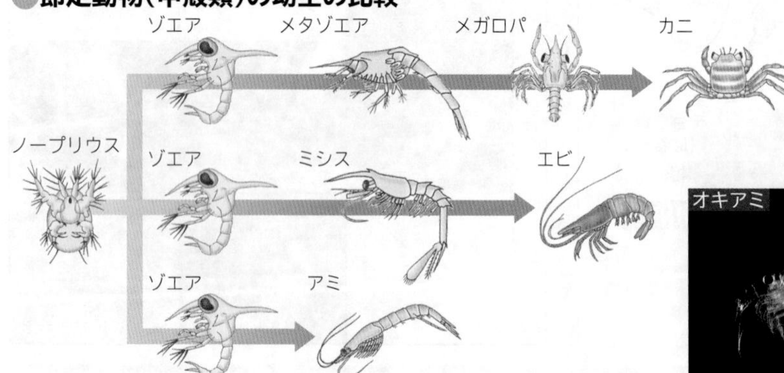


下等な甲殻類ではノープリウス幼生としてふ化するが，高等な甲殻類はゾエア期でふ化するなど，ふ化の時期は種類によって異なる。

カニ

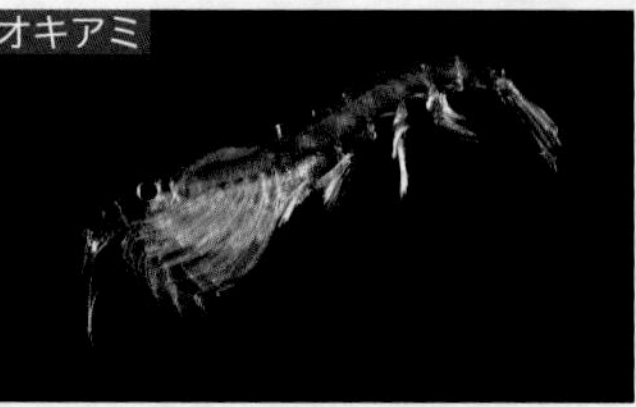
オキアミ

エビ

## B 生理・生化学上の証拠

生物の排出物や生物がもつ物質なども進化の重要な証拠となる。 生物

### ニワトリの胚の窒素排出物の変化

ニワトリの胚の窒素排出物は，発生経過につれてアンモニア→尿素→尿酸と変化する(右図)。これは鳥類の進化の道筋とよく合致する。ただし，有害なアンモニアから無害な尿素への切換え，さらに水分の節約になる尿酸への切換えには適応的な意味もある。同じは虫類でも，水生のカメは尿素を，陸生のヘビは尿酸を排出することからも，窒素の排出形態は進化の道筋とともに，生理・生化学的な適応が関係していると考えられている(右図)。

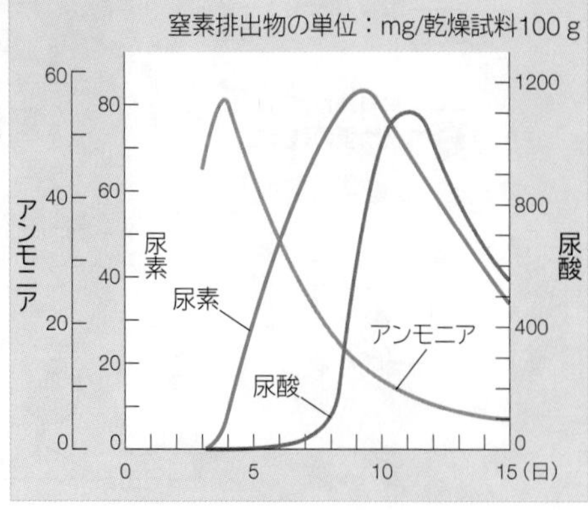


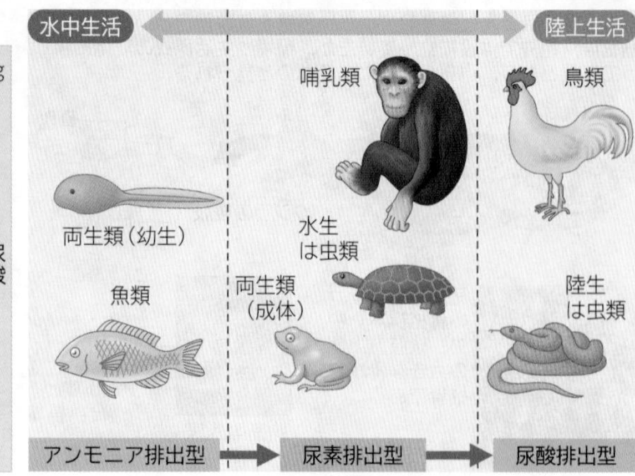


 WORD 発生反復説⇔反復説　収束進化⇔収れん進化　シトクロムc⇔チトクロムc

 

## C 生態学上の証拠

生物の**地理的分布**は生態学上最も重要な進化の証拠となる。気候条件や環境への形態・生理機能の適応なども，進化研究の上で重要な手がかりとなる。 生物

### 大陸移動説

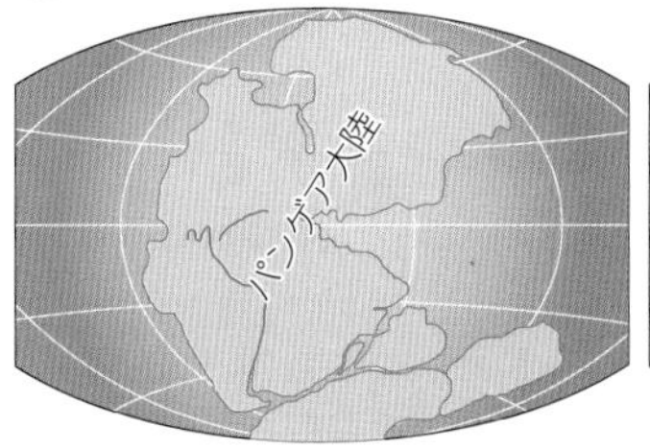

中生代(2.3 億年前)

中生代(2 億年前)

ウェゲナーは，大陸が地球表面上を移動してその位置や形状を変えるという**大陸移動説**を提唱した(1912 年)。古生代ペルム紀後期(2.5 億年前)にすべての大陸が次々と衝突してパンゲア大陸が誕生し，中生代三畳紀の 2 億年前ころから再び分裂を開始し，ローラシア大陸とゴンドワナ大陸に分離した。

### ゴンドワナ大陸とヤマモガシ科の分布

ヤマモガシ科はかつてのゴンドワナ大陸の一部(南米，アフリカ，インド，オーストラリアなど)に分布している。本科はゴンドワナ大陸で発展した**ゴンドワナ植物**といわれている。

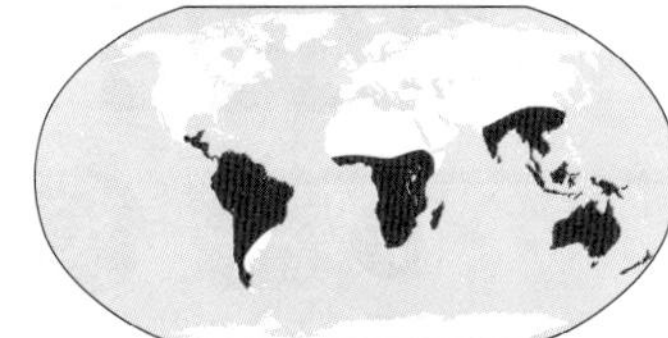

### ゴンドワナ大陸と有袋類の分布

最初の有袋類はローラシア大陸に出現し，南アメリカ→南極→オーストラリアへと移動した。その後，有胎盤類も陸続きになったアフリカ，インド，南アメリカに移動したので，競争力が弱い有袋類が絶滅した。ただし，適応力のあったオポッサム類だけは生き残り，逆に陸橋を通って北アメリカに進出した(⇒ p.270)。オーストラリア大陸だけは他の大陸から遠く隔絶していたので，有袋類の適応放散が起こりいろいろなニッチに進出できた。

地上

カンガルー
〔足・尾の構造などトビウサギに似る〕

フクロネコ
〔消化器の構造など食肉目に似る〕

樹上

キノボリフクログマ
(コアラ)
〔体制全体，足指の構造などナマケモノに似る〕

フクロモモンガ
〔体制全体，飛膜の発達などムササビに似る〕

地中

フクロモグラ 〔体制全体，目の退化などモグラに似る〕

〔 〕内は，有胎盤類と特に似ている点を示す。

## D 分子生物学上の証拠

近年，化石中の DNA の塩基配列やタンパク質の構造を調べ，それを比較検討して，生物の類縁関係や，分枝年代(分子時計)を推定することが盛んに行われている。 生物

### シトクロム c のアミノ酸配列の違いと分子系統樹

| | ① | ② | ③ | ④ | ⑤ | ⑥ | ⑦ | ⑧ | ⑨ | ⑩ | ⑪ | ⑫ | ⑬ |
|---|---|---|---|---|---|---|---|---|---|---|---|---|---|
| ①ヒト | | 1 | 12 | 11 | 9 | 13 | 15 | 18 | 21 | 31 | 43 | 48 | 45 |
| ②サル | 1 | | 11 | 10 | 8 | 12 | 14 | 17 | 21 | 30 | 43 | 47 | 45 |
| ③ウマ | 12 | 11 | | 6 | 6 | 11 | 11 | 14 | 19 | 22 | 46 | 46 | 46 |
| ④イヌ | 11 | 10 | 6 | | 5 | 10 | 9 | 12 | 18 | 25 | 44 | 46 | 45 |
| ⑤ウサギ | 9 | 8 | 6 | 5 | | 8 | 9 | 11 | 17 | 26 | 44 | 46 | 45 |
| ⑥ニワトリ | 13 | 12 | 11 | 10 | 8 | | 8 | 11 | 17 | 28 | 46 | 47 | 46 |
| ⑦カメ | 15 | 14 | 11 | 9 | 9 | 8 | | 10 | 18 | 28 | 46 | 49 | 49 |
| ⑧カエル | 18 | 17 | 14 | 12 | 11 | 11 | 10 | | 15 | 29 | 48 | 49 | 47 |
| ⑨マグロ | 21 | 21 | 19 | 18 | 17 | 17 | 18 | 15 | | 29 | 48 | 49 | 47 |
| ⑩ガ | 31 | 30 | 22 | 25 | 26 | 28 | 28 | 29 | 29 | | 45 | 47 | 47 |
| ⑪コムギ | 43 | 43 | 46 | 44 | 44 | 46 | 46 | 48 | 48 | 45 | | 54 | 47 |
| ⑫アカパンカビ | 48 | 47 | 46 | 46 | 46 | 47 | 49 | 49 | 49 | 47 | 54 | | 41 |
| ⑬酵母 | 45 | 45 | 46 | 45 | 45 | 46 | 49 | 47 | 47 | 47 | 47 | 41 | |

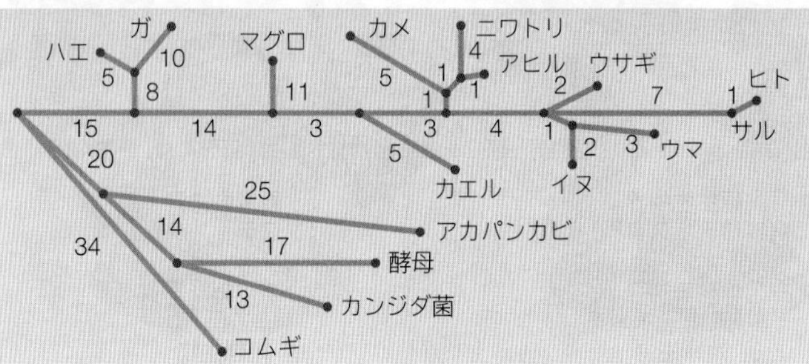


104 個のアミノ酸からなるシトクロム c は，電子伝達系の酵素の一つで，ほぼすべての生物がもっている。 シトクロム c のアミノ酸配列は，種によって少しずつ異なっており，これを利用して進化や系統を調べることができる。上の表中の数字は，生物間で変化しているアミノ酸の数を示している。表をもとに作成した上の系統樹は，化石などをもとにつくられたものとほぼ一致している。

**POINT**

**分子系統樹のつくり方**

左の表の①ヒト，③ウマ，⑧カエル，⑨マグロを選んで簡単な方法(遺伝子の進化速度が一定であることを仮定した近隣結合法)で作成する。まず，アミノ酸の相違数の小さいものから結合することにより得られる樹形を作成し，系統樹の枝の長さ(遺伝的距離)を求め，右図を作成する。

(1) ヒトとウマ　2 種のアミノ酸の相違数は 12 個で，互いに同数ずつ異なると考えるので，枝の長さは相違数÷2 となる。　$x = 12 \div 2 = 6$

(2) ヒト，ウマとカエル　遺伝子の進化速度が一定なので，$y1 \sim y3$ は同じ長さである。したがって，平均のアミノ酸の相違数から長さを求める。　$(14 + 18) \div 2 = 16$　$y = 16 \div 2 = 8$

(3) ヒト，ウマ，カエルとマグロ　$z1 \sim z4$ は同じ長さなので，平均のアミノ酸の相違数から求める。　$(21 + 19 + 15) \div 3 = 18.3$
$z = 18.3 \div 2 \fallingdotseq 9.2$

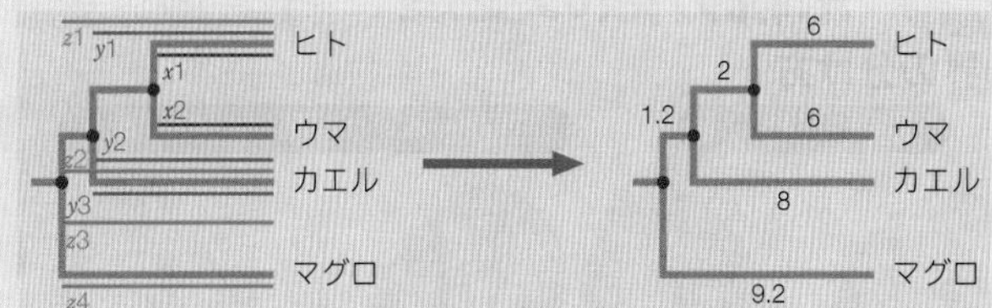


このつくり方には，アミノ酸の置換は一定の速度で進むこと，種の生活環境(この例では，陸上，淡水，海水)や分類群(この例では，哺乳類，両生類，魚類)によらず置換速度に変化がないことなどの前提がある。しかし，実際にはこのような前提が成り立たない場合が多い。その理由として，(1) 統計的な「振れ」がある(ヒトと比べてウマ 12 個とイヌ 11 個の違いは「振れ」の範囲である)，(2) 置換が多くなると同じ箇所が何回も置換して，置換の速度が一定とならない(他のアミノ酸に置換するとシトクロム c として機能しなくなり致死となる一定の範囲がある)，(3) 大きく離れた分類群では置換速度に変化がある場合がある，などが挙げられる。表の結果を見ると，半分くらいの箇所はアミノ酸の置換が禁止されていて，残りの半分の範囲だけで置換が起きてきた可能性が考えられる。

# 1 生物の系統と分類

Phyleic line and classification of organisms

## A 生物を分類する

生物を形態や生殖・発生などの特徴によって体系的に位置付けることを分類という。分類の最も基本的な単位を種という。

生物基礎 生物

新種の発見 → 観察・調査 → 結論

<カモノハシの例>

オーストラリアからイギリス（大英博物館　ジョージ・ショウ博士）に新種の動物のはく製が送られる。

・四本足の動物にカモのくちばしを縫いつけたものと疑われる。
・オーストラリアの移住民は「ダックモウル」（アヒルモグラ）と呼ぶ。

**はく製の特徴**

○カモのようなくちばし
○水かきと蹴爪（けづめ）　} → 鳥類？
○体毛
○ビーバーそっくりの尾　} → 哺乳類？

**その後の観察**

○生殖器が卵を産む仲間のもの（総排出腔） → は虫類？　鳥類？
○雌の腹部に汗腺のような乳腺 → 哺乳類？
○雄の蹴爪に毒腺 → は虫類？

**現地での生態観察**

○雌は卵を産み，**授乳して子育てをする。**

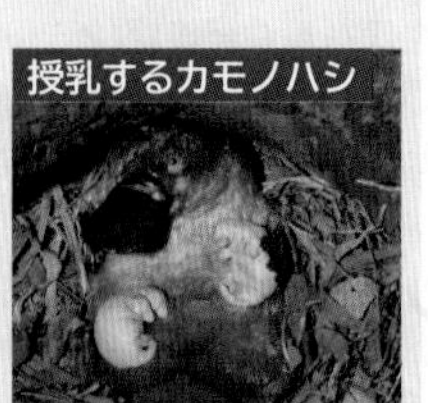
授乳するカモノハシ

卵生の原始的な**哺乳類**である。
↓
哺乳綱カモノハシ目（単孔目）に分類

※カモノハシのゲノムも調べられており，今後，分類上の位置に再検討が加えられるかもしれない。

カモノハシ

## B 分類の階級

生物基礎 生物

分類には，**種**，**属**，**科**，**目**，**綱**，**門**，**界**の階級（分類階級）がある。それぞれの階級でまとめられる生物のまとまりを分類群という。近年は界の上に分子生物学的な系統分類の**ドメイン**が設定されている。

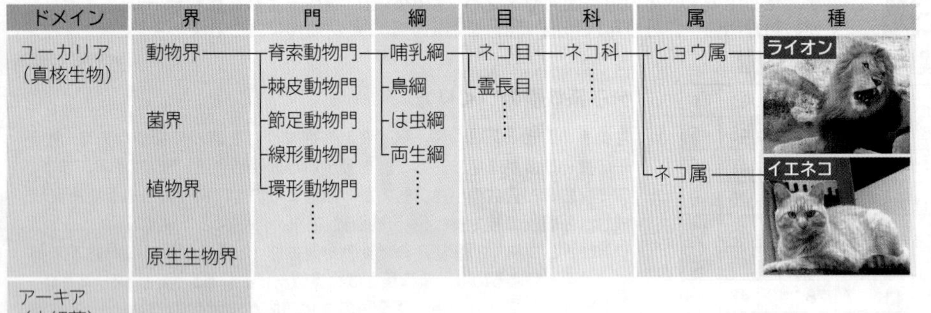

| ドメイン | 界 | 門 | 綱 | 目 | 科 | 属 | 種 |
|---|---|---|---|---|---|---|---|
| ユーカリア（真核生物） | 動物界 | 脊索動物門 | 哺乳綱 | ネコ目 | ネコ科 | ヒョウ属 | ライオン |
| | | 棘皮動物門 | 鳥綱 | 霊長目 | ⋮ | | |
| | 菌界 | 節足動物門 | は虫綱 | ⋮ | | | |
| | | 線形動物門 | 両生綱 | | | ネコ属 | イエネコ |
| | 植物界 | 環形動物門 | ⋮ | | | ⋮ | |
| | | ⋮ | | | | | |
| | 原生生物界 | | | | | | |
| アーキア（古細菌） | 原核生物界 | | | | | | |
| バクテリア（細菌） | | | | | | | |

## C 生物の学名

生物

生物の国際的な正式種名を**学名**といい，**属名**＋**種小名**という**二名法**で表される。二名法はスウェーデンの**リンネ**によって提唱された。正式には最後に命名者を付けるが，省略されることも多い。学名にはラテン語を用い，属名・種小名はイタリック体で書く（命名者はローマン体）。

| 和名 | 学名（属名→種小名→命名者の順） |
|---|---|
| ヒト | *Homo sapiens* Linne<br>（ヒト）（かしこい） |
| トキ | *Nipponia nippon* Temminck<br>（日本の）（日本） |
| ソメイヨシノ | *Prunus yedoensis* Matsumura<br>（サクラ）（江戸の） |

## D 系統分類の変遷

体制や生殖法，発生過程の比較に基づいて推論されてきた生物の系統は，分子系統学的解析によって新たなる分類の考え方に変わりつつある。

生物

### 界の分け方

二界説（リンネ）

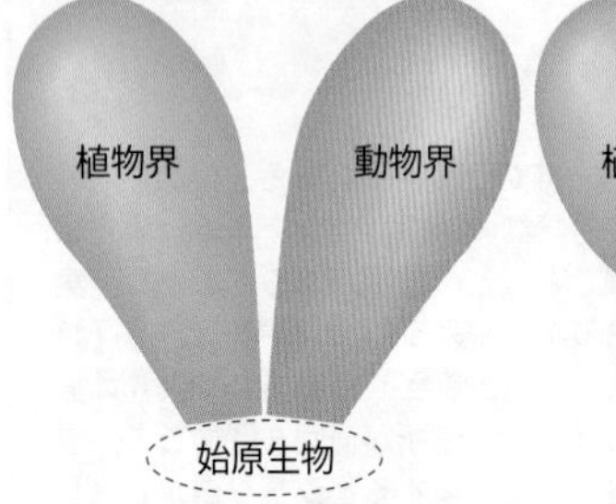


運動性の有無により，植物界と動物界の2界に分ける。

三界説（ヘッケルなど，1866年）

植物界　動物界　原生生物界　始原生物

系統分類の考え方から，原生生物界を設け3界に分ける。

四界説（コープランド，1938年）

植物界　動物界　原生生物界（プロティスタ界）　原核生物界（モネラ界）　始原生物

細胞構造に着目し，原核生物界（モネラ界）を設け4界に分ける。

五界説（ホイッタカーなど，1969年）

植物界　菌界　動物界　原生生物界（プロティスタ界）　原核生物界（モネラ界）　始原生物

栄養生産の違いに着目し，菌界を設け5界に分ける。

古くから動物と植物の2つに分類されていたが，細菌類，菌類，単細胞生物など，多くの生物の構造が明らかになるにつれて，分類に矛盾が生じるようになった。どの分類法も，人為的に定めた基準によって分類しているので，その意味では二界説から五界説（⇒後見返）までどれも誤りとはいえない。

WORD　ネコ目⇔食肉目　霊長目⇔サル目　ホイッタカー⇔ホイタッカー　原核生物界⇔モネラ界　原生生物界⇔プロティスタ界

### ●ドメインに基づく分類(3ドメイン説)

ウーズはリボソームの小サブユニットを構成するrRNA(⇒p.100)の塩基配列を他の生物と比較し，界よりも上位の分類階級としてバクテリア(細菌)ドメイン，ユーカリア(真核生物)ドメイン，アーキア(古細菌)ドメインの3つのドメインを提唱した。現在では，真核生物と古細菌にはイントロン(⇒p.108)が存在するが，細菌には存在しないなど，多くの裏付けに支えられて広く支持されている。

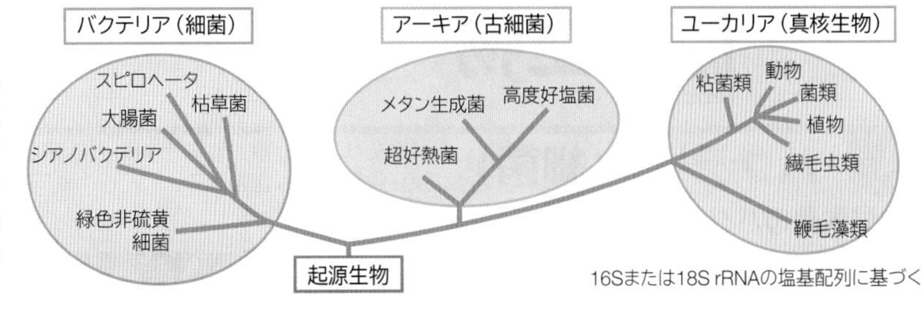

16Sまたは18S rRNAの塩基配列に基づく

## E 真核生物の新たな分類

タンパク質をつくる遺伝子の塩基配列や鞭毛の形態などから，真核生物を新たに分類しなおす努力が続けられている。

生物

様々な遺伝子の塩基配列や鞭毛の形態の比較などから，真核生物を8つのグループに分ける新たな説が提唱されている。この説では，五界説(⇒後見返)ですべて原生生物界に分類されていた藻類のうち，紅藻類・緑藻類・シャジクモ類が陸上植物と同じ「アーケプラスチダ」，ケイ藻類・褐藻類が「ストラメノパイル」のグループにそれぞれ分類されている。光合成を行う生物は，これらを含めた5つのグループに分散しており，その起源が複数であることを示している。また，五界説では独立した界を構成する動物(後生動物)と菌類が，「オピストコンタ」という同じグループに分類されている。これは，遊泳細胞(後生動物では精子)が細胞後方で回転運動する鞭毛をもつ共通性によるものであり，形状や生態が大きく異なる両者の起源が等しいことを示している。

### ●真核生物を構成する8つのグループの系統樹(Baldauf 2003 改)

□は光合成生物を含む

アサガオ（陸上植物）　ミル（緑藻類）　ユウコウチュウ 200µm　ゾウリムシ 50µm　マラリア原虫 10µm　ヤコウチュウ（渦鞭毛藻類） 500µm

シャジクモ（シャジクモ類）　トサカノリ（紅藻類）　ワカメ（褐藻類）　ハネケイソウ（ケイ藻類） 50µm　ワタカビ（卵菌類） 50µm

キイロタマホコリカビ（細胞性粘菌類） 300µm　葉状アメーバ 50µm

アーケプラスチダ：陸上植物，紅藻類，シャジクモ類，緑藻類
リザリア：放散虫類，有孔虫類，有殻アメーバ類
アルベオラータ：渦鞭毛藻類，マラリア原虫，ゾウリムシ
ストラメノパイル：卵菌類，ケイ藻類，褐藻類
アメーボゾア：葉状アメーバ類，細胞性粘菌類，変形菌類
オピストコンタ：襟鞭毛虫類，後生動物，菌類
エクスカバータ：鞭毛虫類
ユーグレノゾア：真正粘菌類，ミドリムシ類，トリパノソーマ類

トリコモナス 50µm　ランブルベンモウチュウ 30µm　トリパノソーマ 20µm　ミドリムシ 30µm

ジャガー（後生動物）　タテエリベンモウチュウ（襟鞭毛虫類） 50µm　シイタケ（菌類）

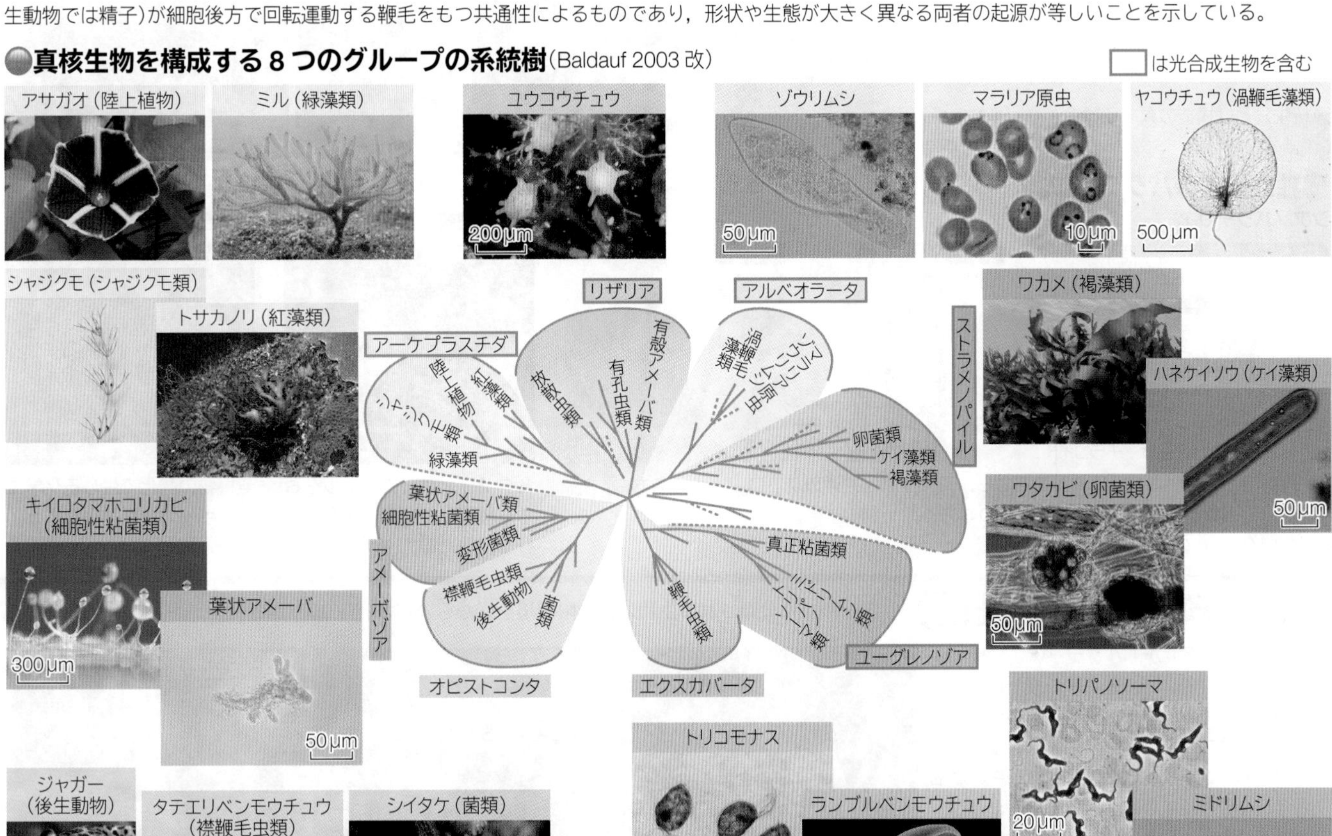

動物や植物と近縁なグループにはどのような生物があるかに着目しよう。

**TOPICS**

### 襟鞭毛虫類

襟鞭毛虫は多細胞生物の起源ではないかと考えられている。その理由として，最も原始的な動物の海綿動物を構成する襟細胞が襟鞭毛虫に酷似していることがあげられる。

単細胞生物が多細胞生物になるために必要なのは，「細胞の接着」と「細胞間の情報伝達」である。襟鞭毛虫を調べると，細胞接着分子のプロトカドヘリン，細胞間の分子認識に関与するC型レクチン，シグナル伝達制御に関与するチロキシナーゼの遺伝子が発現していることがわかった。現在は系統を確認するため，海綿動物と襟鞭毛虫のゲノム解析が進められている。

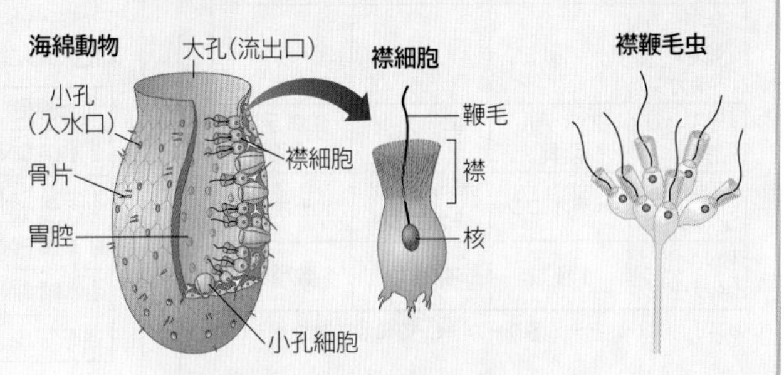


WORD rRNA⇔リボソームRNA　バクテリア⇔細菌⇔真正細菌　シアノバクテリア⇔ラン藻類⇔ラン細菌⇔ラン色細菌
アーキア⇔古細菌⇔始原菌⇔アーケア⇔アルケア　エクスカバータ⇔エクスカベート　オピストコンタ⇔オピストコント　変形菌類⇔粘菌類

# 2 原核生物
Procaryote

## A バクテリア(細菌)

バクテリアに分類される生物の大部分は従属栄養生物であるが，光合成や化学合成を行う独立栄養生物も含まれる。

生物

### ●従属栄養のバクテリア

基本的な構造

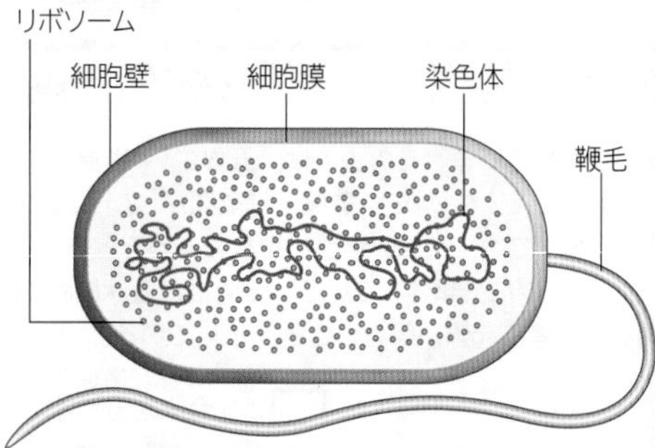


真核生物とは構造の異なる鞭毛を0～多数もつ。

放線菌 10 μm

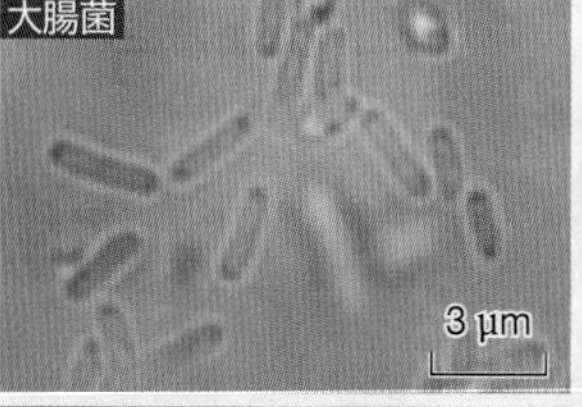


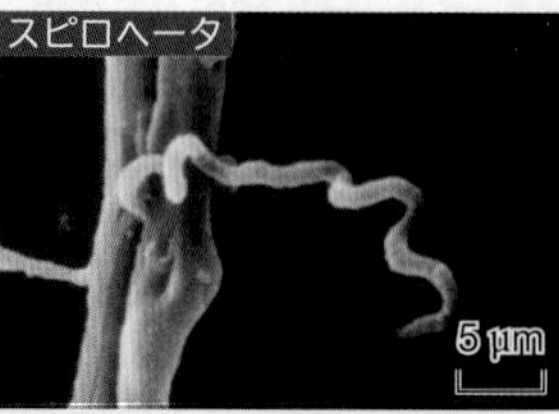


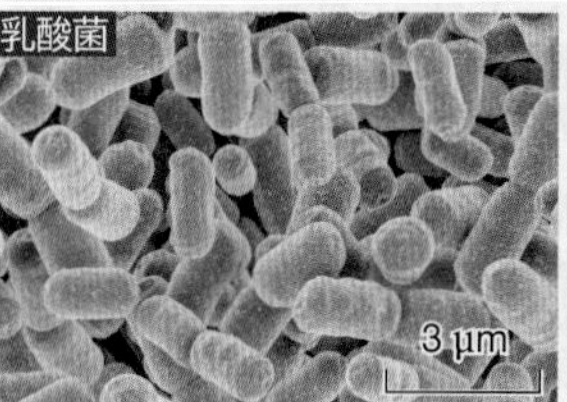


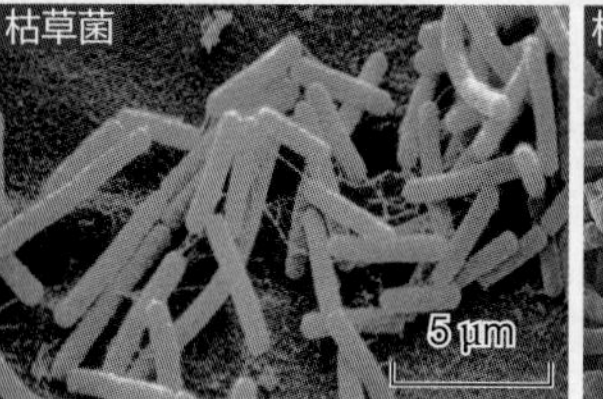


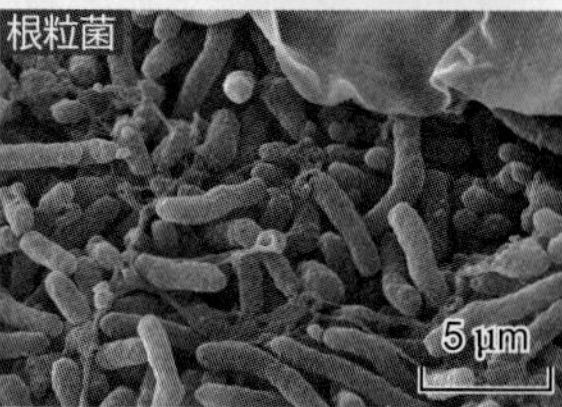


### ●独立栄養のバクテリア

シアノバクテリア

基本的な構造

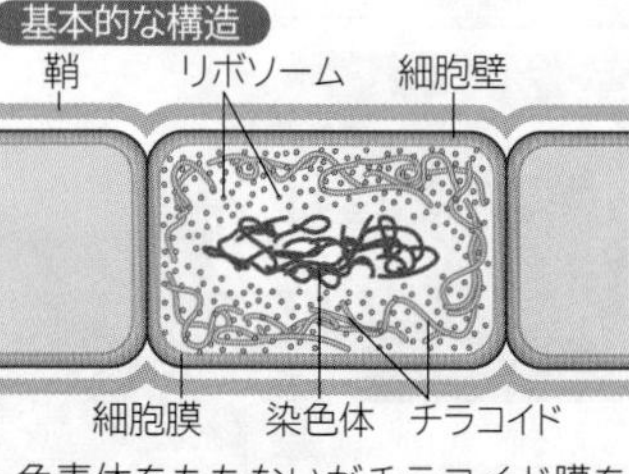


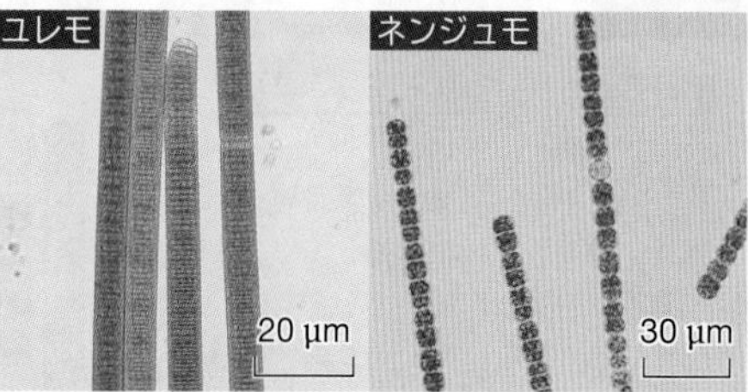


・色素体をもたないがチラコイド膜をもち，真核生物と共通のクロロフィルaをもつ。
・フィコシアニン(藍色の色素)をもつものもある。
・光合成を行う。

光合成細菌

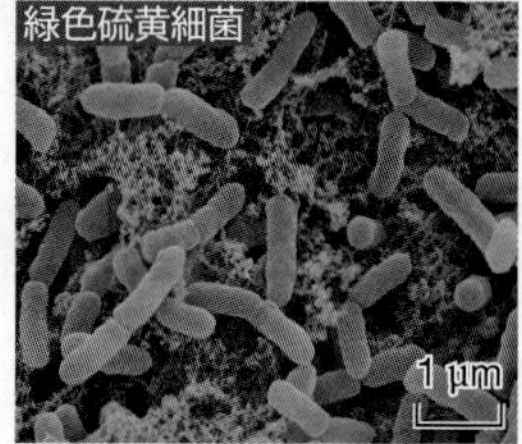


バクテリオクロロフィルをもち，酸素を生じない光合成を行う。

化学合成細菌

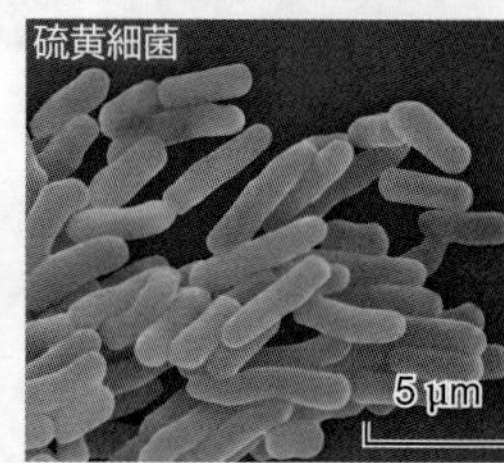


無機物の酸化で生じる化学エネルギーで炭酸同化を行う。

## B アーキア(古細菌)

アーキアに分類される生物は，極限環境を好むものが多い。

生物

rRNAの違いの程度が，バクテリアより真核生物に近い原核生物。細胞壁の構成成分はバクテリアのものと異なる。超好熱菌は温泉や熱水鉱床(⇒ p.309)などに，高度好塩菌は岩塩や塩湖に生息する。メタン生成菌は，嫌気条件の湖沼や海洋，ウシの反すう胃などに生息する。

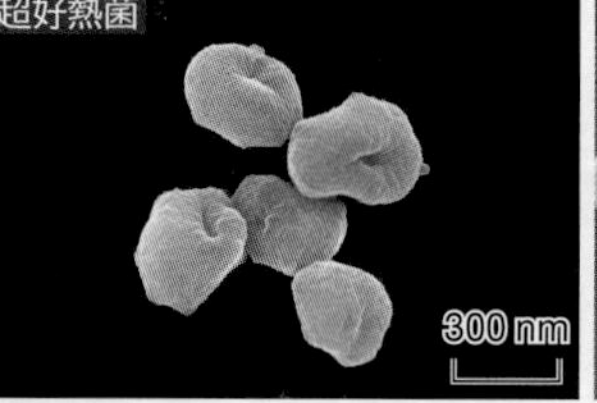


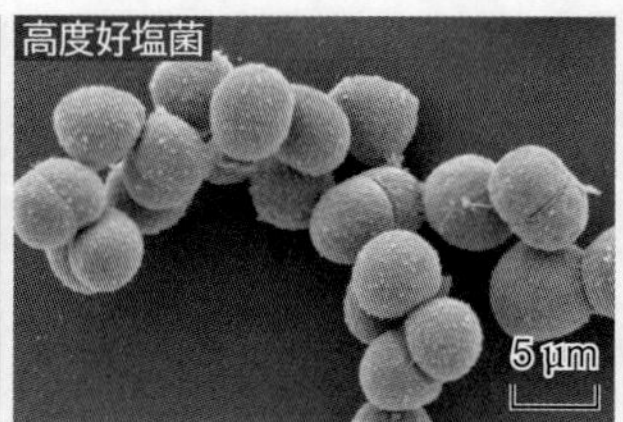


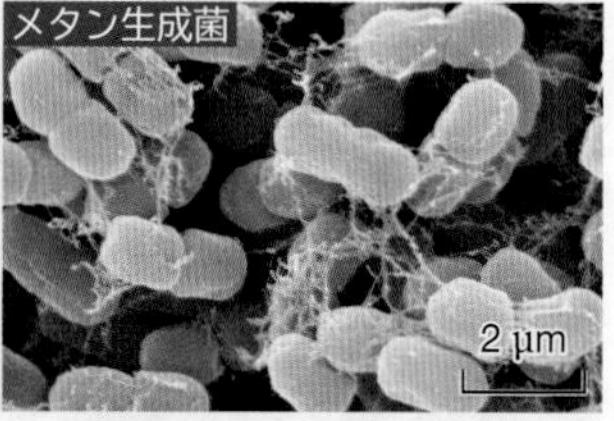


### POINT 3つのドメインの比較

| | バクテリア | アーキア | ユーカリア |
|---|---|---|---|
| 核 | × | × | ○ |
| ヒストン | × | ○ | ○ |
| 細胞壁のペプチドグリカン | ○ | × | × |
| 細胞膜の脂質 | エステル脂質 | エーテル脂質 | エステル脂質 |
| 転写開始アミノ酸 | メチオニン | ホルミルメチオニン※ | メチオニン |
| RNAポリメラーゼ | 1種類 | 数種類 | 数種類 |

※メチオニンのアミノ基のHが－CHOに置き換わったもの。

### ADVANCE ウイルスの分類

ウイルスはタンパク質と核酸でできているが，細胞構造をもたず，自ら代謝や増殖ができない。他の生物(宿主)の細胞に寄生して増える。ウイルスは核酸の種類と構造によって分類されることが多いが，宿主となる生物の違いにより，動物ウイルス，植物ウイルス，細菌ウイルスに分類されることもある。

| 分類 | ウイルス例 |
|---|---|
| 2本鎖DNA | 天然痘ウイルス |
| 1本鎖DNA | イノウイルス |
| 2本鎖RNA | レオウイルス |
| 1本鎖RNA | インフルエンザウイルス |
| 逆転写 | HIVウイルス |

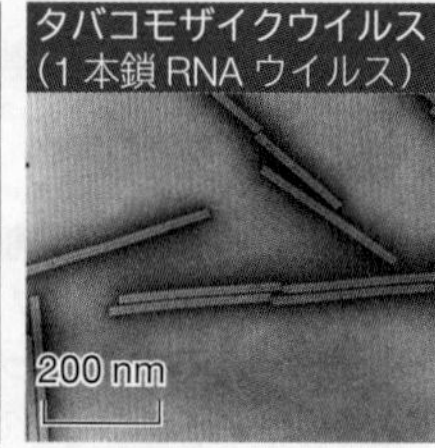


タバコモザイクウイルス(1本鎖RNAウイルス)

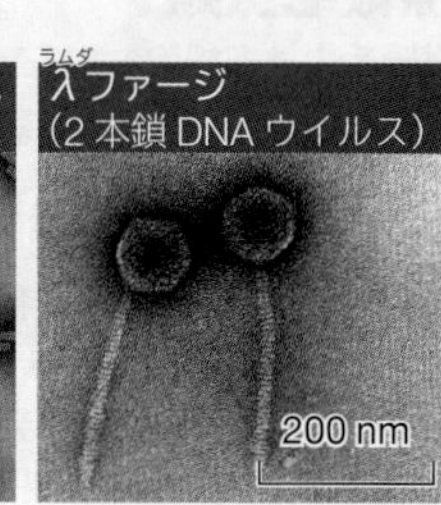


λ(ラムダ)ファージ(2本鎖DNAウイルス)




 WORD バクテリア⇔細菌⇔真正細菌　シアノバクテリア⇔ラン藻類⇔ラン菌類⇔ラン色細菌　クロロフィル⇔葉緑素

# 3 原生生物
Protista

## A 原生動物

単細胞で運動性があり，細胞口や収縮胞などの細胞小器官をもつ。鞭毛虫類，根足虫類，胞子虫類，繊毛虫類が含まれる。 生物

### 原生動物

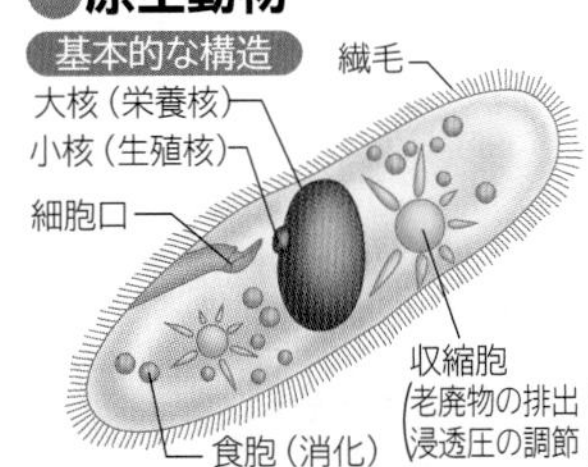


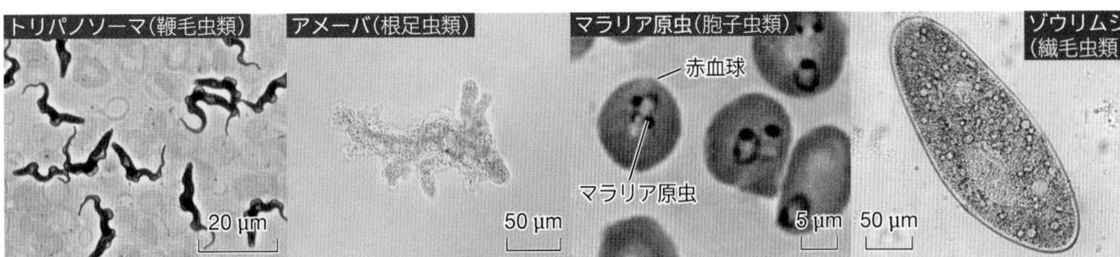


## B 粘菌類

アメーバ状の単細胞。集合して多細胞（ナメクジ状）となり胞子をつくる細胞性粘菌と，接合して多核の変形体となり胞子をつくる変形菌類を含む。 生物

### 細胞性粘菌

アメーバ状の単細胞。集合して多細胞体（ナメクジ状）になると胞子をつくる。

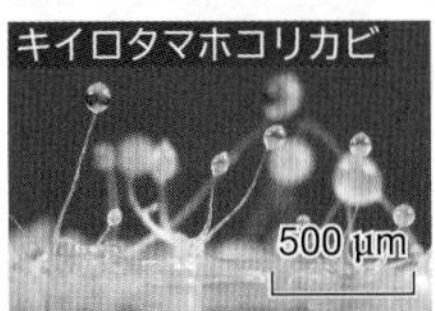


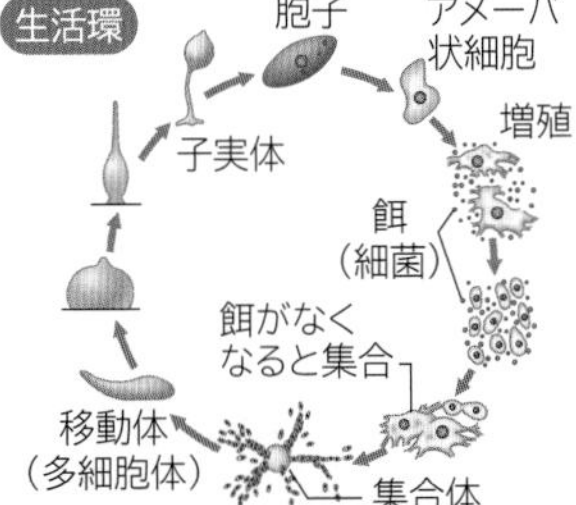


### 変形菌類

アメーバ状の単細胞が接合し，多核の変形体になり，胞子をつくる。

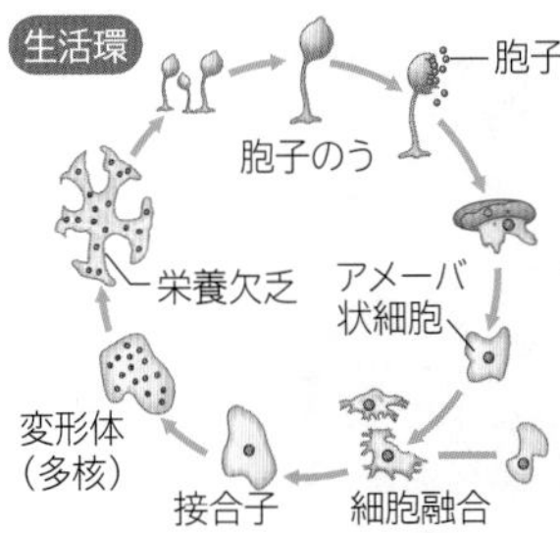


## C 卵菌類

隔壁のない多核の菌糸をのばして成長し，遊走子をつくる。

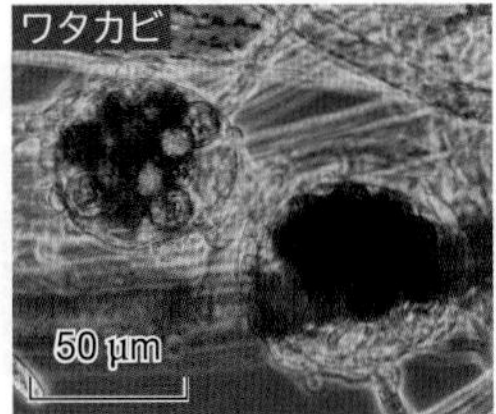


## D 藻類

クロロフィルをもち光合成を行う。大部分は水中で生活する。 生物

①クロロフィル a，c をもつ藻類

### 渦鞭毛藻類

特有の形をした殻に包まれている。葉緑体をもたないものもいる。

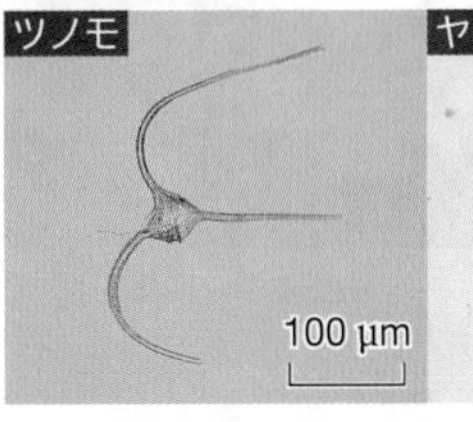


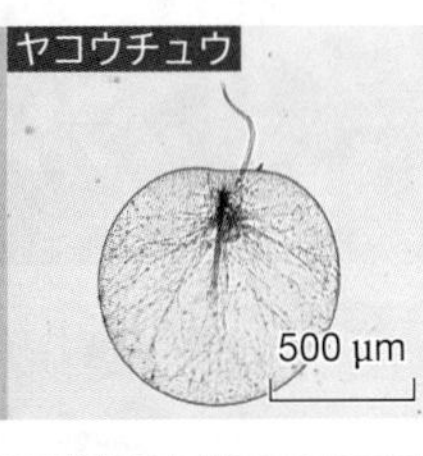


### ケイ藻類

ケイ酸質の殻をもつ。縦分裂し，接合を行う。

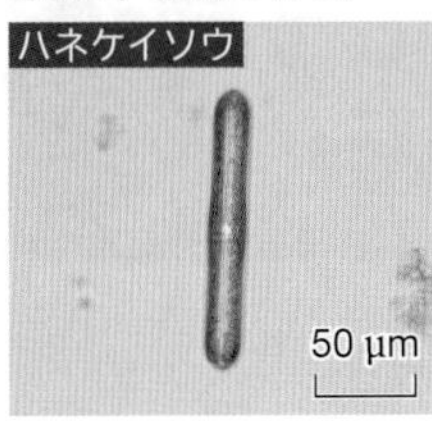


### 褐藻類

クロロフィルの他に，フコキサンチンという褐色の色素を含む。すべて多細胞生物で，ほとんどが海産である。

②クロロフィル a，b をもつ藻類

### ミドリムシ類

葉緑体の他に眼点，収縮胞，鞭毛などの細胞小器官をもつ。

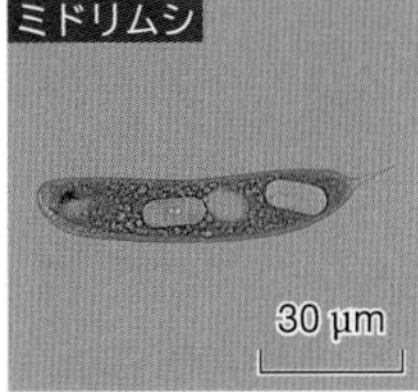


### 緑藻類

クロロフィルを大量に含む。単細胞生物から多細胞生物まで様々な形態のものがある。

### シャジクモ類

クロロフィルを大量に含む。環状に枝が出る。陸上植物の起源とされる。

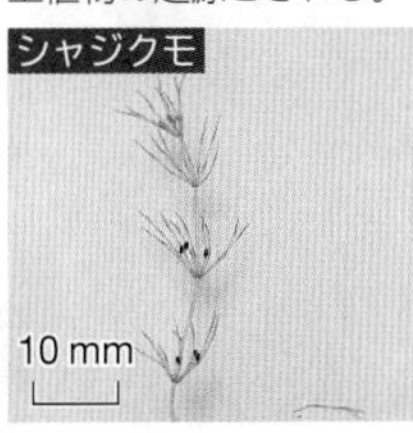


③クロロフィル a をもつ藻類

### 紅藻類

クロロフィルの他に，フィコエリトリンやフィコシアニンという色素を含む。藻類で鞭毛がないのは紅藻類だけである。

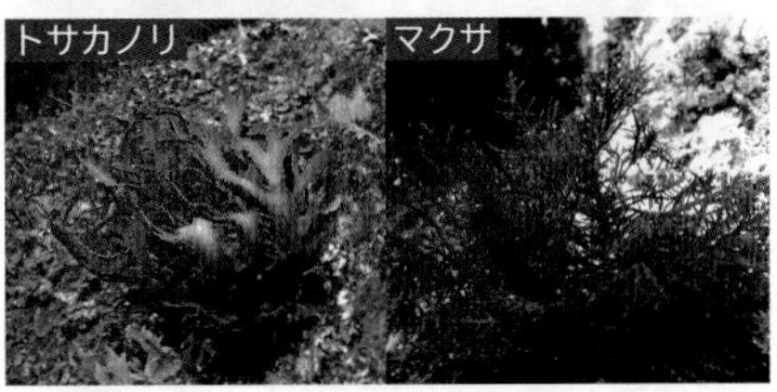


### 藻類の鞭毛の構造

鞭毛は遊走子などに見られる。紅藻類には鞭毛がない。

鞭毛の基本形

| 尾形 | 片羽型 | 両羽型 |
|---|---|---|
| | | |

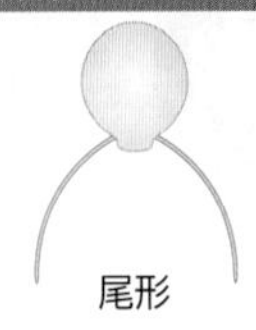


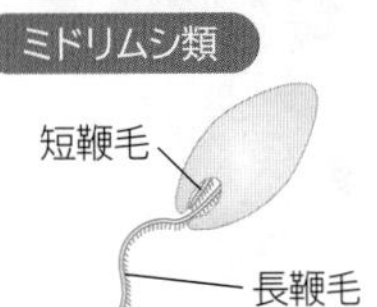


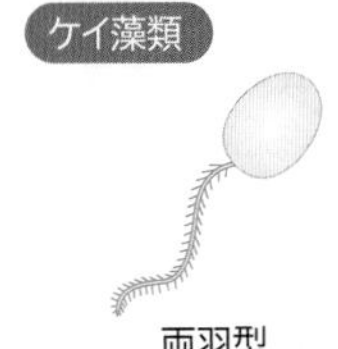


渦鞭毛藻類：縦鞭毛（尾形），横鞭毛（片羽型） 尾形＋片羽型

褐藻類：後鞭毛（尾形），前鞭毛（両羽型） 尾形＋両羽型

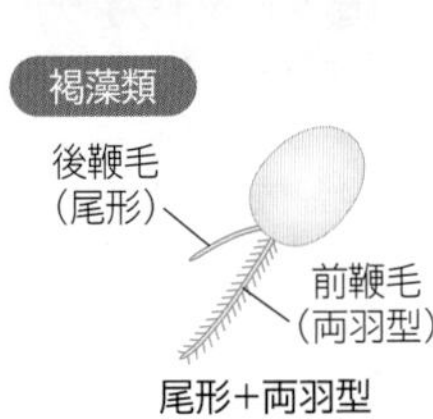

WORD 原生動物⇔原虫

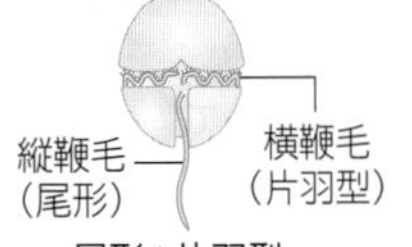

# 4 植物・菌類

Plants and fungi

## A コケ植物

コケ植物は根・茎・葉の区別がなく，維管束は発達していない。胞子で増える。蘚類(せんるい)・苔類(たいるい)・ツノゴケ類に分けられる。

生物

オオミズゴケ(蘚類)

コスギゴケ(蘚類)

ゼニゴケ(苔類)　ツノゴケ(ツノゴケ類)

### ●コケ植物の生活環(スギゴケ)

胞子体　配偶体

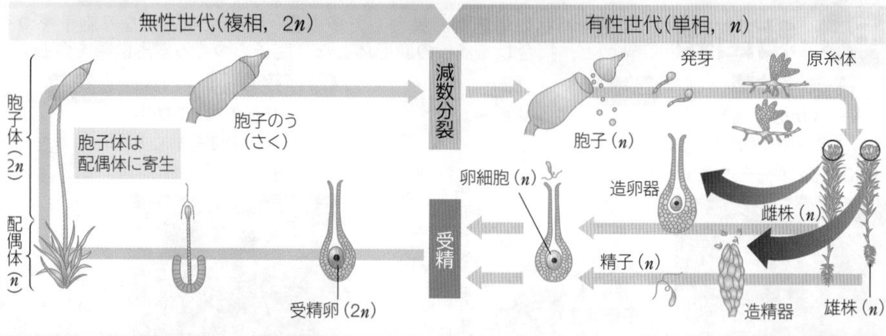


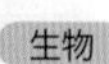

## B シダ植物

根・茎・葉の区別があり，維管束が発達している。胞子で増える。シダ類のほか，原始的なヒカゲノカズラ類やトクサ類が含まれる。

生物

ヒカゲノカズラ(ヒカゲノカズラ類)　トクサ(トクサ類)

ウラジロ(シダ類)　サンショウモ(シダ類)

### ●シダ植物の生活環(イヌワラビ)

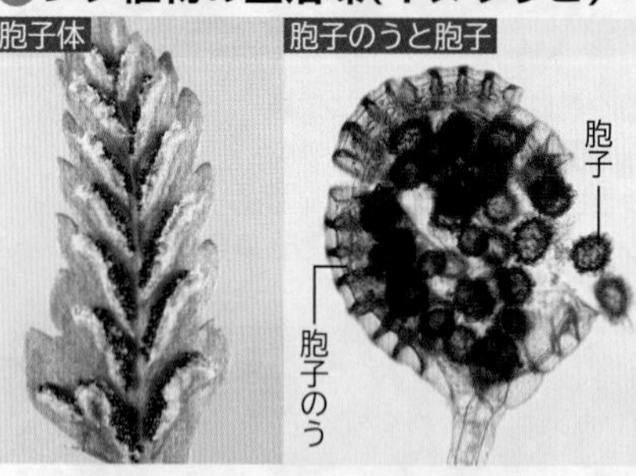
胞子体　胞子のうと胞子


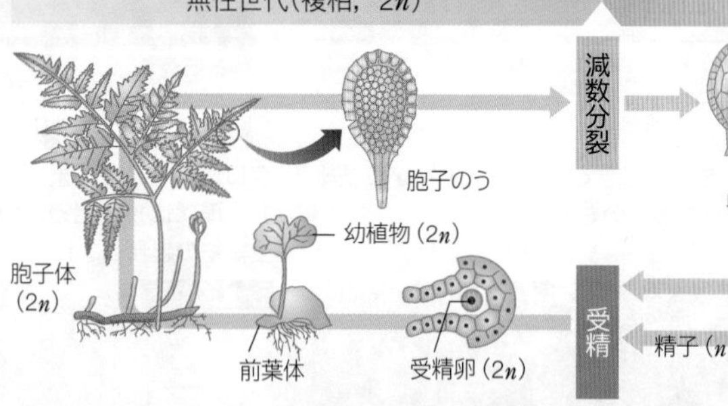


POINT

### 地衣類

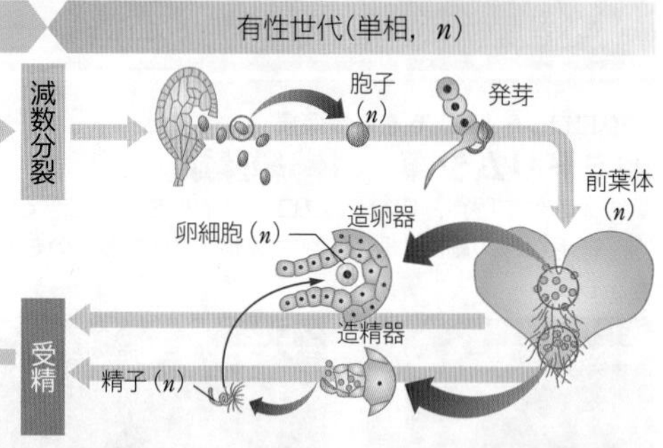

コケ植物のような外観をしているが，菌類(主に子のう菌類)に緑藻類あるいはシアノバクテリアが共生して生活している生物群を地衣類という。葉のように見える部分(葉状体)は菌糸でできている。この菌糸によって他の生物が生息できないような極地に定着し，無機物や水を緑藻類・シアノバクテリアに供給する。緑藻類・シアノバクテリアは光合成によって有機物をつくり出し菌類に分け与えている。ウメノキゴケ・リトマスゴケ・サルオガセなどがある。

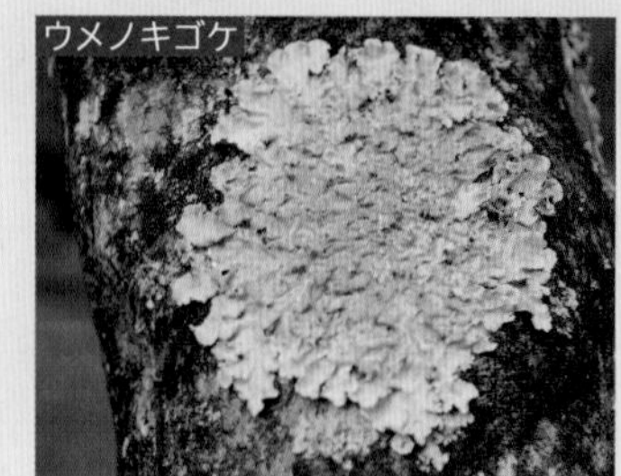
ウメノキゴケ

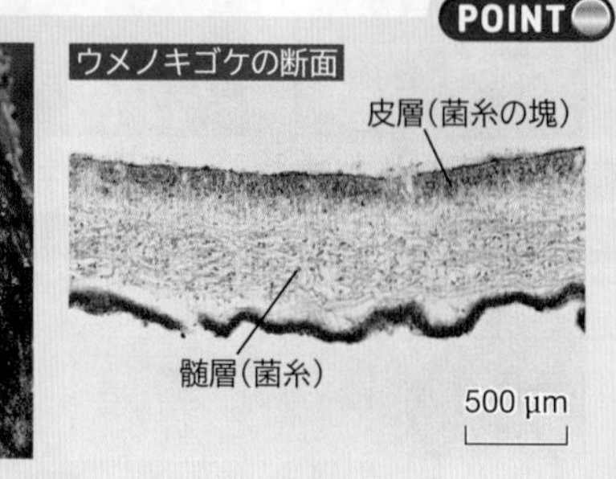
ウメノキゴケの断面

## C 種子植物

根・茎・葉の区別があり，維管束がよく発達し，大型のものが多い。花が咲き，胚珠の中で種子をつくる。裸子植物と被子植物に大別される。 生物

### 裸子植物

胚珠が露出している。ソテツ類，イチョウ類，マオウ類，球果類に分けられる。

裸子植物の生活環(アカマツ)

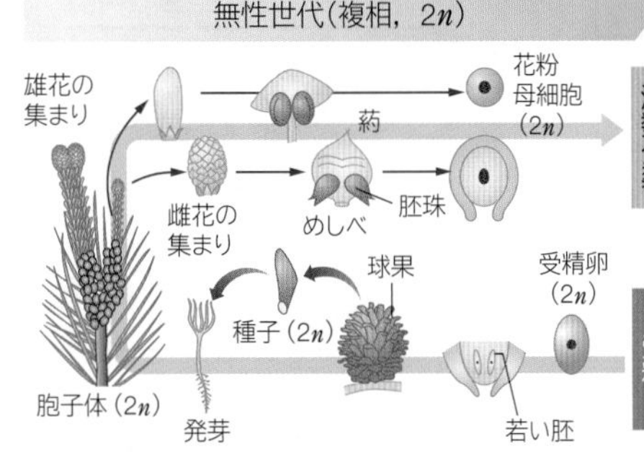


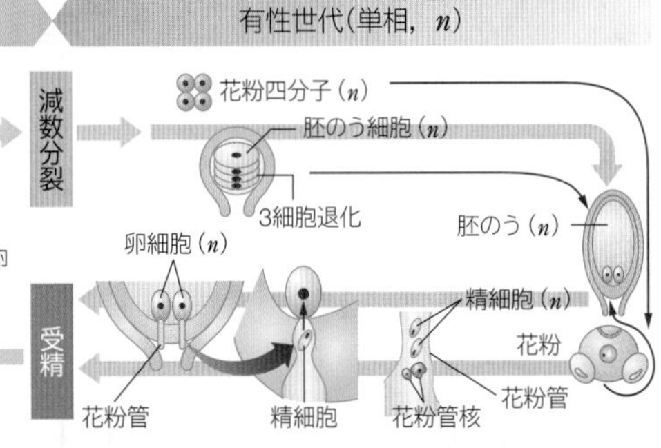


### 被子植物

胚珠が子房に包まれている。子葉が1枚で葉脈が平行脈の単子葉類(イネ，ユリなど)と子葉が2枚で葉脈が網状脈の双子葉類(サクラ，キクなど)に分けられる。

被子植物の生活環(ソメイヨシノ)

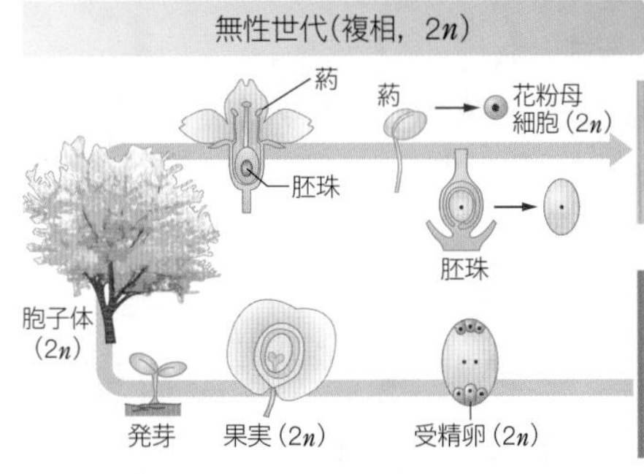


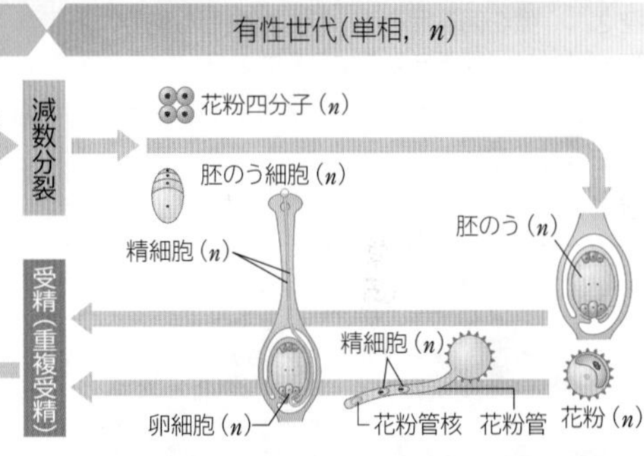


## D 菌類

体外で栄養分を分解し吸収する従属栄養の真核多細胞生物。胞子で増える。菌糸の細胞のしきり(隔壁)の有無や胞子の種類で分類される。 生物

### ツボカビ類(鞭毛菌類)

鞭毛をもつ胞子(遊走子)をつくる。

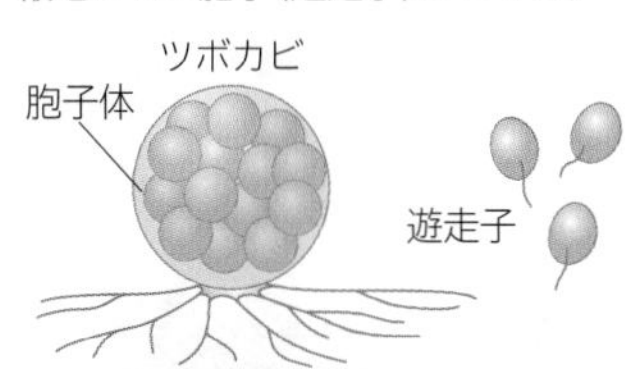


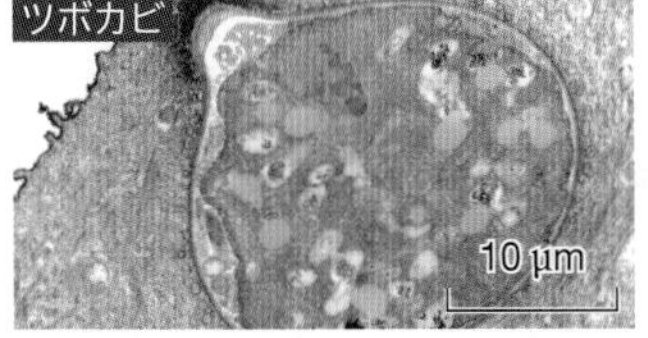


### 接合菌類

隔壁のない多核の菌糸をもつ。生殖のときにだけ隔壁がつくられる。

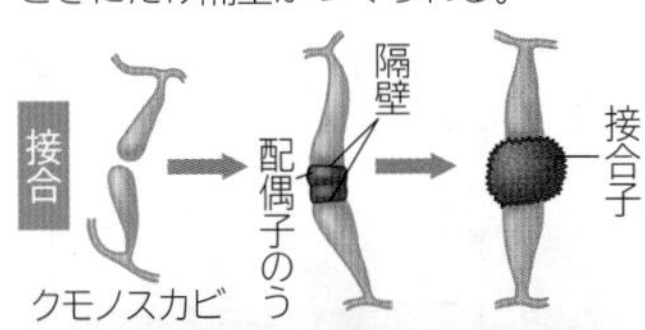


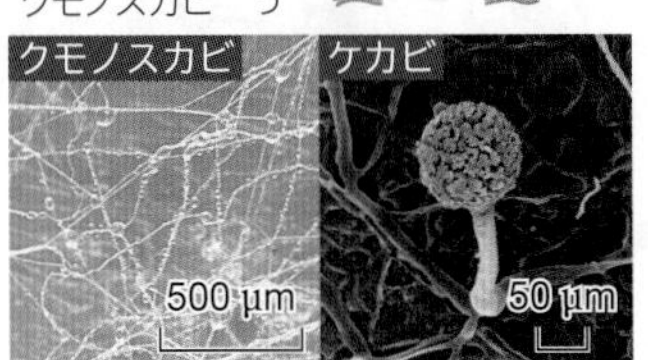


### 子のう菌類

菌糸は隔壁のある多細胞体。子のう胞子(⇒ p.112)をつくる。

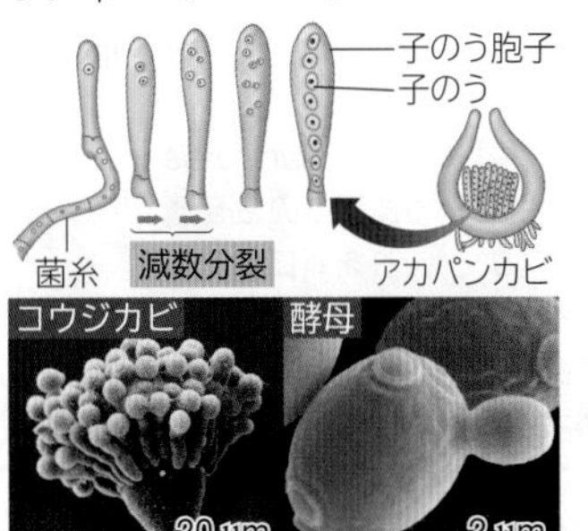


### 担子菌類

菌糸は隔壁のある多細胞体。担子胞子をつくる。

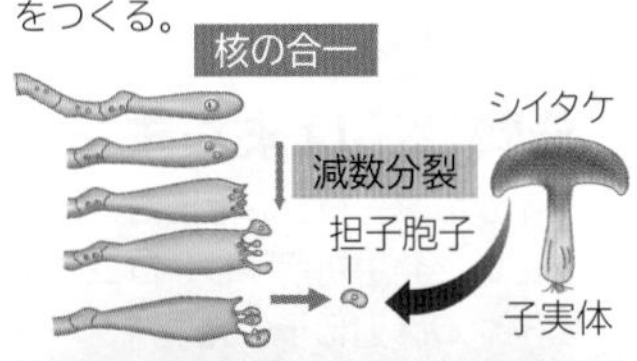

10 生物の系統と分類

生物

WORD 種子植物⇔顕花植物　マオウ類⇔グネツム類　配偶子のう⇔胞子のう⇔接合胞子のう　接合子⇔接合胞子

# 5 動物①
animals 1

## A 分子系統学的系統樹と発生学的系統樹

従来の系統樹は発生過程に基づいたものだったが，DNA の塩基配列やタンパク質の比較から，新しい系統樹が考えられるようになってきた。 生物

### ●従来の発生学的系統樹と近年の分子系統学的系統樹で大きく異なる点

**①体腔の有無は重要ではない**

〈従来の説〉
無体腔動物(扁形動物)→擬体腔動物(線形動物)→真体腔動物の順に進化

〈現在〉
扁形動物・線形動物と真体腔動物は極めて近縁。

**②体節性は重要ではない**

〈従来の説〉
真の体節性をもつ環形動物と節足動物は近縁。

〈現在〉
環形動物と節足動物の体節性は独自に進化。

**③新たな近縁のグループ**

線形動物・節足動物
…脱皮動物(脱皮する)

軟体動物・環形動物・扁形動物
…冠輪動物(トロコフォア幼生の時代をもつ)

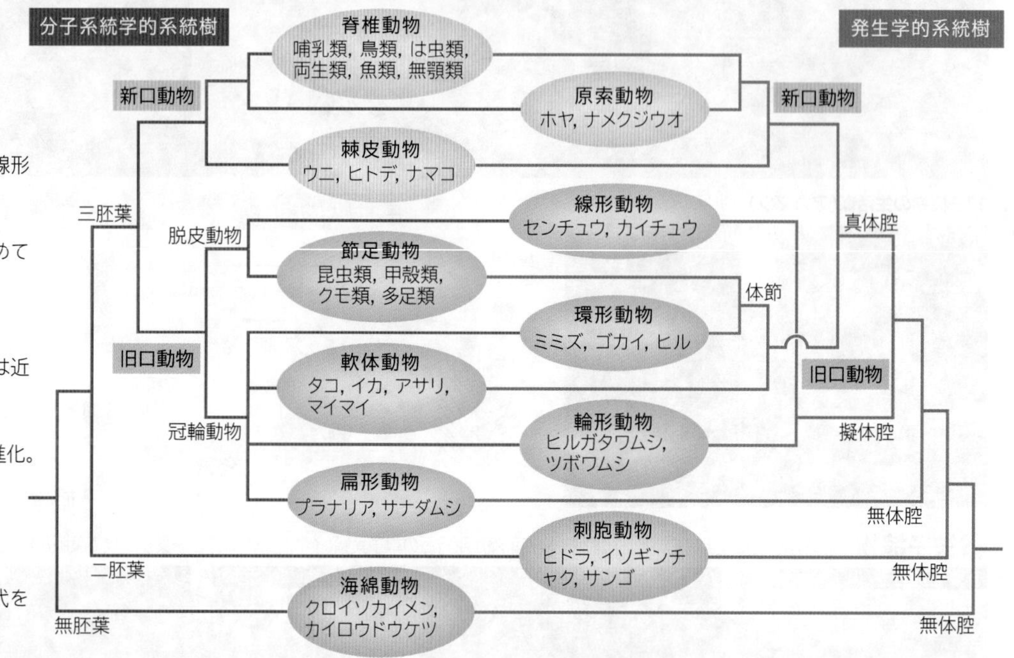


## B 発生過程による分類

発生過程による分類は①胚葉の分化，②体腔のでき方，③口のでき方，④組織・器官の分化，⑤幼生の形などに基づいている。 生物

### ●原体腔と真体腔

内臓が収まる体内の空所を**体腔**という。ヒトの体腔は，心臓を囲む囲心腔，肺などを囲む胸腔，肝臓・腸などが収まる腸腔に区別される。

| 原体腔 | 胞胚腔が広がって，そのまま体腔になったもの。 |
|---|---|
| 真体腔 | 中胚葉の内部に新たにできた空所が体腔になったもの |

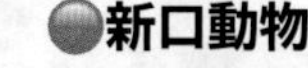

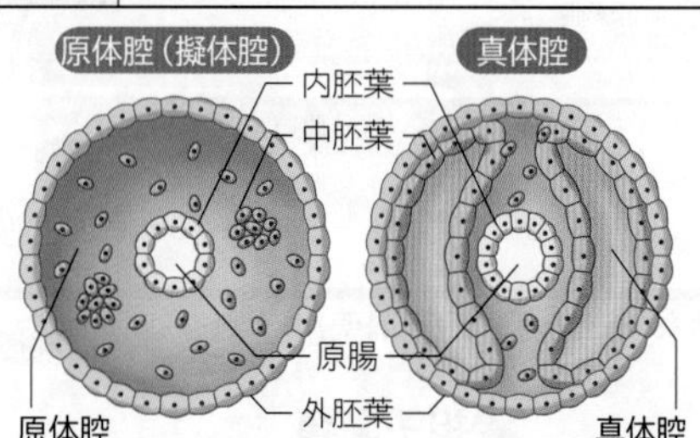


### ●旧口動物

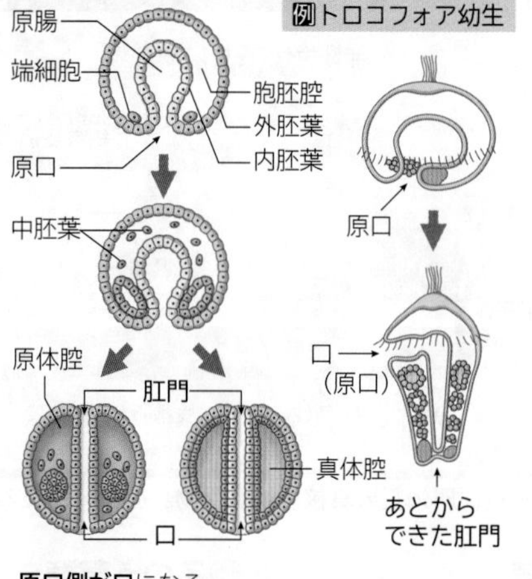


**原口側が口**になる。

### ●新口動物

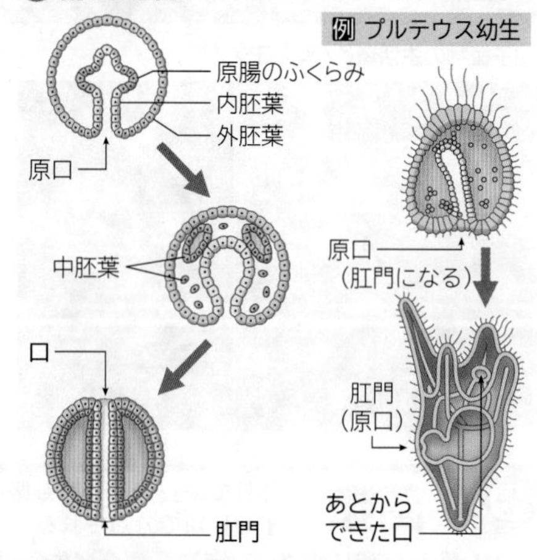


**原口側が肛門**になる。

旧口動物と新口動物の，共通点と相違点はどこかに着目しよう。

## TOPICS

### 分類体系はまだまだ揺らぐ？

ドイツのアーレントは旧口動物であるゴカイの一種 *Platynereis* を使い，発生初期からトロコフォア幼生に至る過程での *Bra* 遺伝子や *Otx* 遺伝子の発現パターンを調べた。これを新口動物のディプリュールラ幼生と比べたところ，両者は非常に似ていた。このことから，旧口動物と新口動物の共通祖先が同じ種類の遺伝子を使って口や肛門の位置を決めていた可能性が示唆された。研究が進むにつれ，現在確定しているように見える旧口動物と新口動物の分類体系は，今後，揺らぐかもしれない。

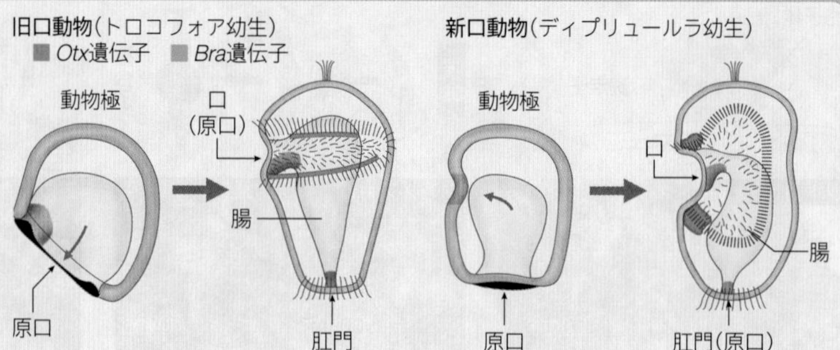


WORD 刺胞動物⇔腔腸動物　新口動物⇔後口動物　旧口動物⇔先口動物⇔前口動物

## C 胚葉の未分化な動物 生物

### 海綿動物

胚葉の分化が見られない。神経や筋肉がない。固着性で，鞭毛をもつ襟(えり)細胞が水流を起こして餌を取り込む。

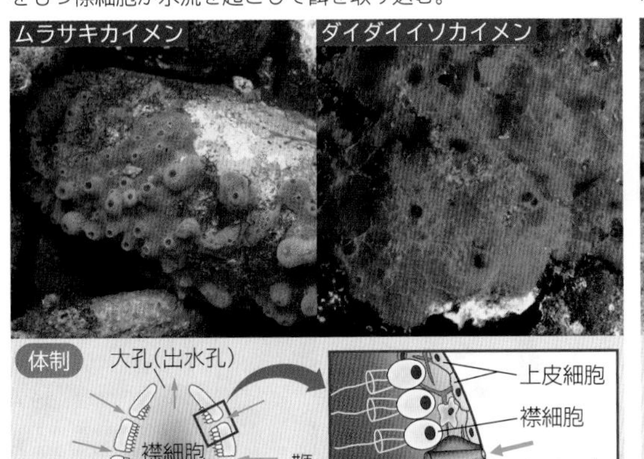


## D 二胚葉性の動物 生物

### 刺胞動物

外胚葉と内胚葉が分化している。神経系は散在神経系で，餌の捕獲を行う刺胞をもつ。固着性のポリプ型と浮遊性のクラゲ型に分けられる。サンゴのように群体をつくるものもある。

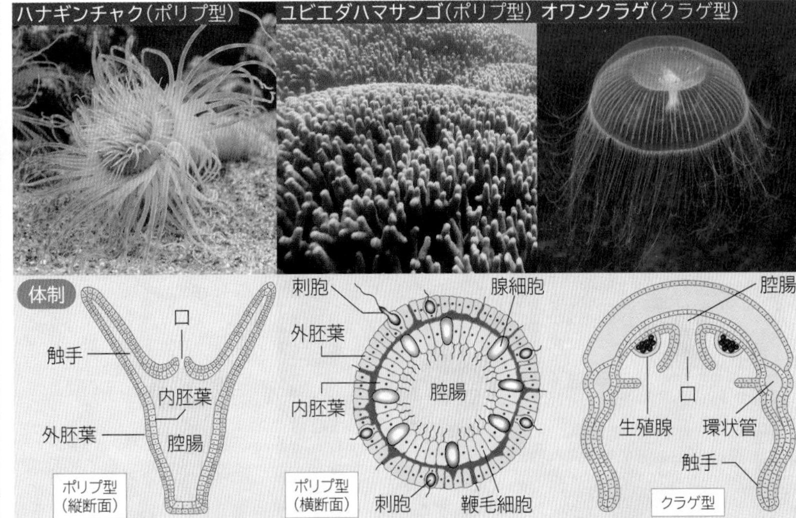


## E 旧口動物(1)～脱皮動物～ 生物

旧口動物のうちの節足動物と線形動物は，脱皮をして成長することから脱皮動物として大別される。

### 節足動物

体は左右相称で体節がある。キチン質の外骨格がある。神経系は，「はしご形」に連結した集中神経系で，感覚器官とともによく発達している。開放血管系。最も種類の多い動物群で，クモ類・多足類・甲殻類・昆虫類の他に，原始的な剣尾類も含まれる。

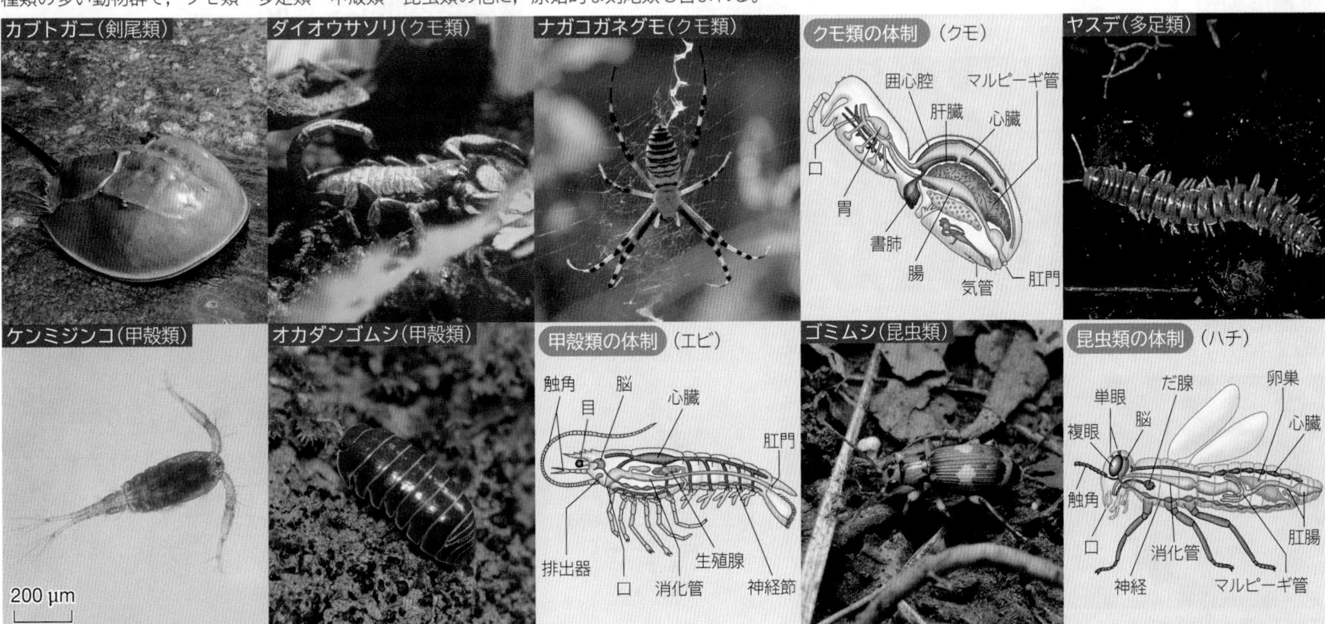


### 線形動物 体は細長い円筒形。消化管には肛門がある。

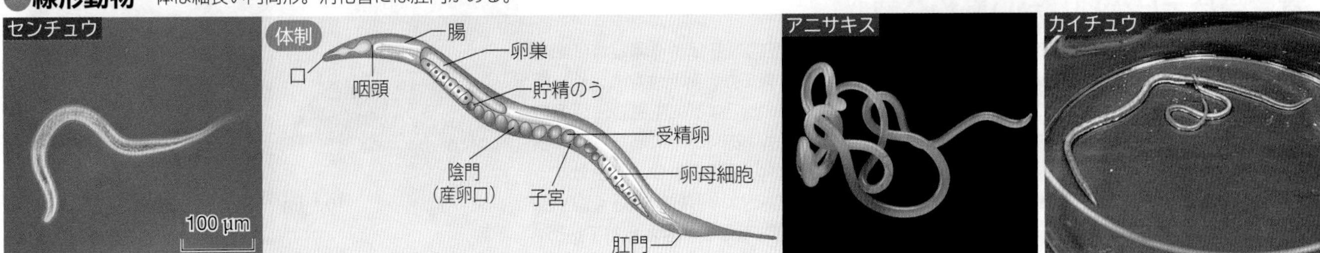

# 6 動物②
Animals 2

## A 旧口動物(2)～冠輪動物～

脱皮をしない旧口動物は，冠輪動物に大別され，生活史の中で繊毛が重要な役割を果たすものが多い。 生物

### 軟体動物

外とう膜が内臓を覆っている。貝殻をもつものもある。腹足類・斧足類(二枚貝類)・頭足類などに分けられる。血管系は，頭足類が閉鎖血管系で，他は開放血管系である。

### 環形動物

多数の体節からなり，筋肉層が発達。ぜん動運動を行う。閉鎖血管系。神経節が「はしご形」に連結した集中神経系をもつ。

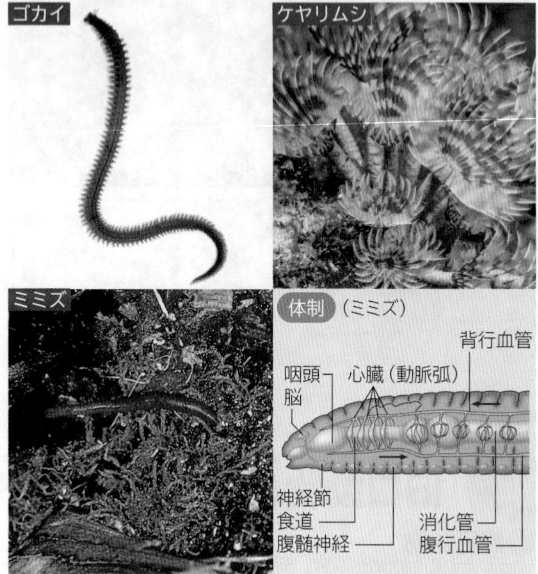


### 輪形動物

体の断面は円形。消化管の分化が進み，消化腺もある。

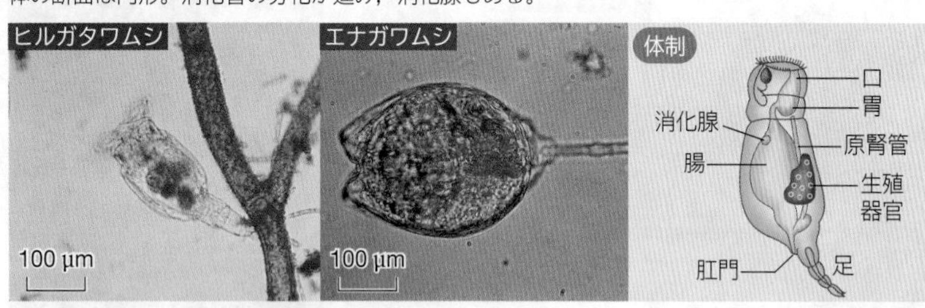


### 扁形動物

体は扁平で左右対称。消化管は口だけで肛門がない。前方に脳があり，かご形神経系をもつ。

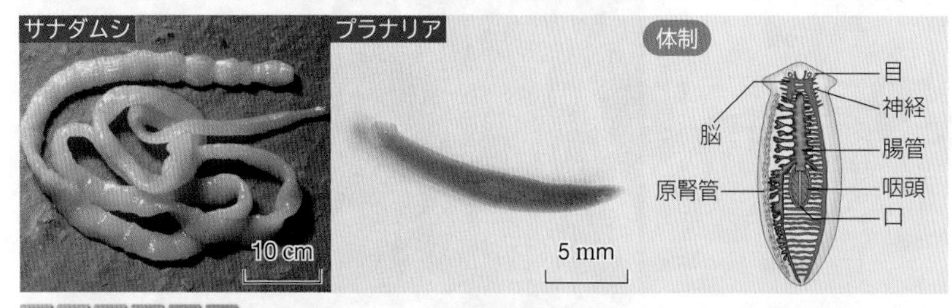


### 幼生の類似性と進化

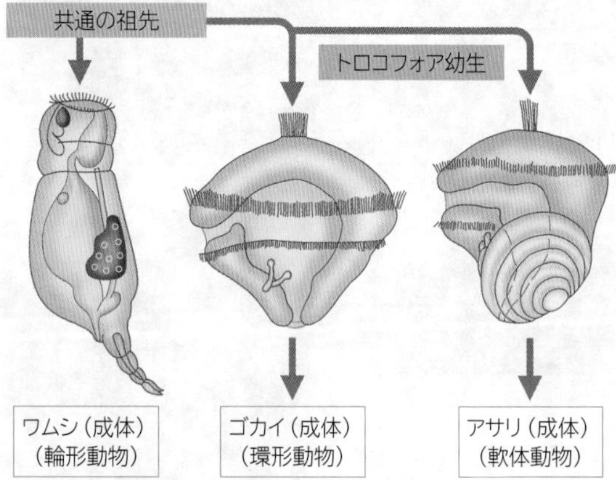


軟体動物と環形動物の幼生は，輪形動物の成体と類似しており，トロコフォアと呼ばれる。このことから，これらの動物は共通の祖先から進化したと考えられている。

## TOPICS

### 高等学校では学習しない動物分類群

高等学校段階では分類で学習する生物群が限られている。代表的なモザイク卵として知られるクシクラゲ(⇒p.170)は，外観は刺胞動物であるクラゲに似るが，刺胞はなく，くし板で捕食を行うため，有櫛(ゆうしつ)動物に分類される。地中やコケの上，水辺などに生息し，極度の乾燥や低温・高温，真空にも耐えることで知られるクマムシは，筋肉が平滑筋だけで，横紋筋がなく動きが鈍いため，緩歩(かんぽ)動物に分類される。熱帯雨林の下草の中などに生息するカギムシは，有爪(ゆうそう)動物に分類される。カギムシは，筋肉や脳などは環形動物に近く，心臓や器官などは節足動物に似るため，環形動物と節足動物の中間的な存在と考えられている。

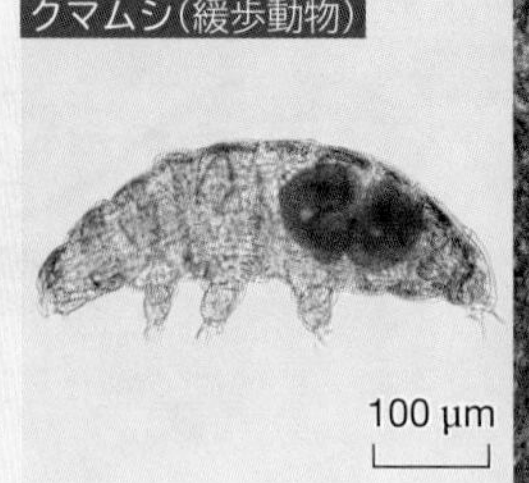

WORD 腹足類⇔巻貝類　斧足類⇔二枚貝類　頭足類⇔イカ類

## B 新口動物

新口動物には，棘皮動物・原索動物・脊椎動物がある。棘皮動物は脊索をつくらないが，原索動物・脊椎動物は脊索をつくる。

生物

### 棘皮動物

体は五放射相称であるが，幼生時は左右対称である。発達した水管系で呼吸・排出を行う。

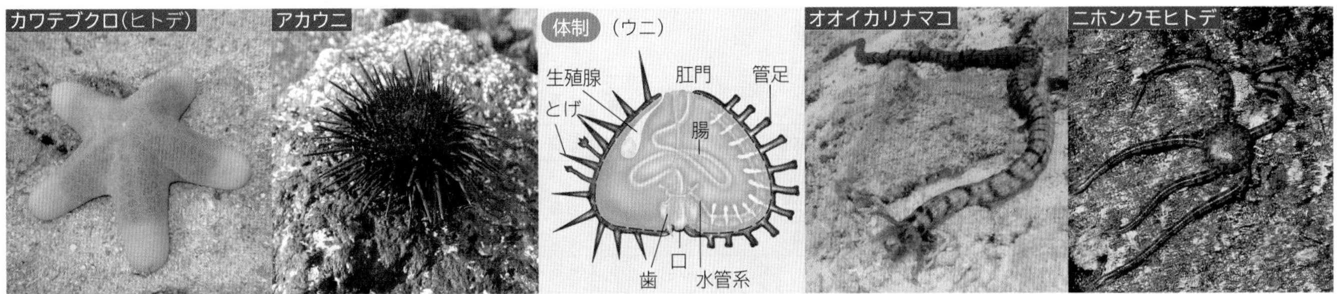


### 原索動物

ナメクジウオ類は終生，ホヤ類は幼生時に脊索をもつが，脊椎はできない。

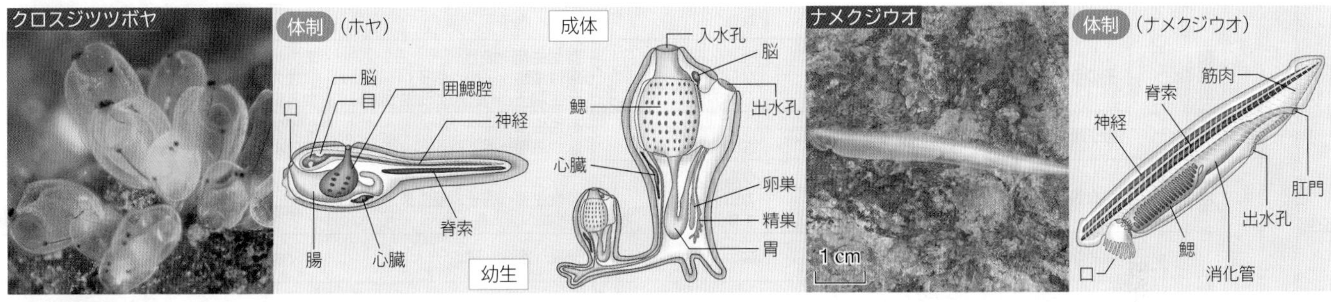


### 脊椎動物

発生の初期に脊索が見られるが，のちに退化する。かわって脊髄を包んだ脊椎が形成される。閉鎖血管系。無顎類(円口類)・魚類・両生類・は虫類・鳥類・哺乳類に分けられる。魚類はさらに軟骨魚類・硬骨魚類に分けられる。

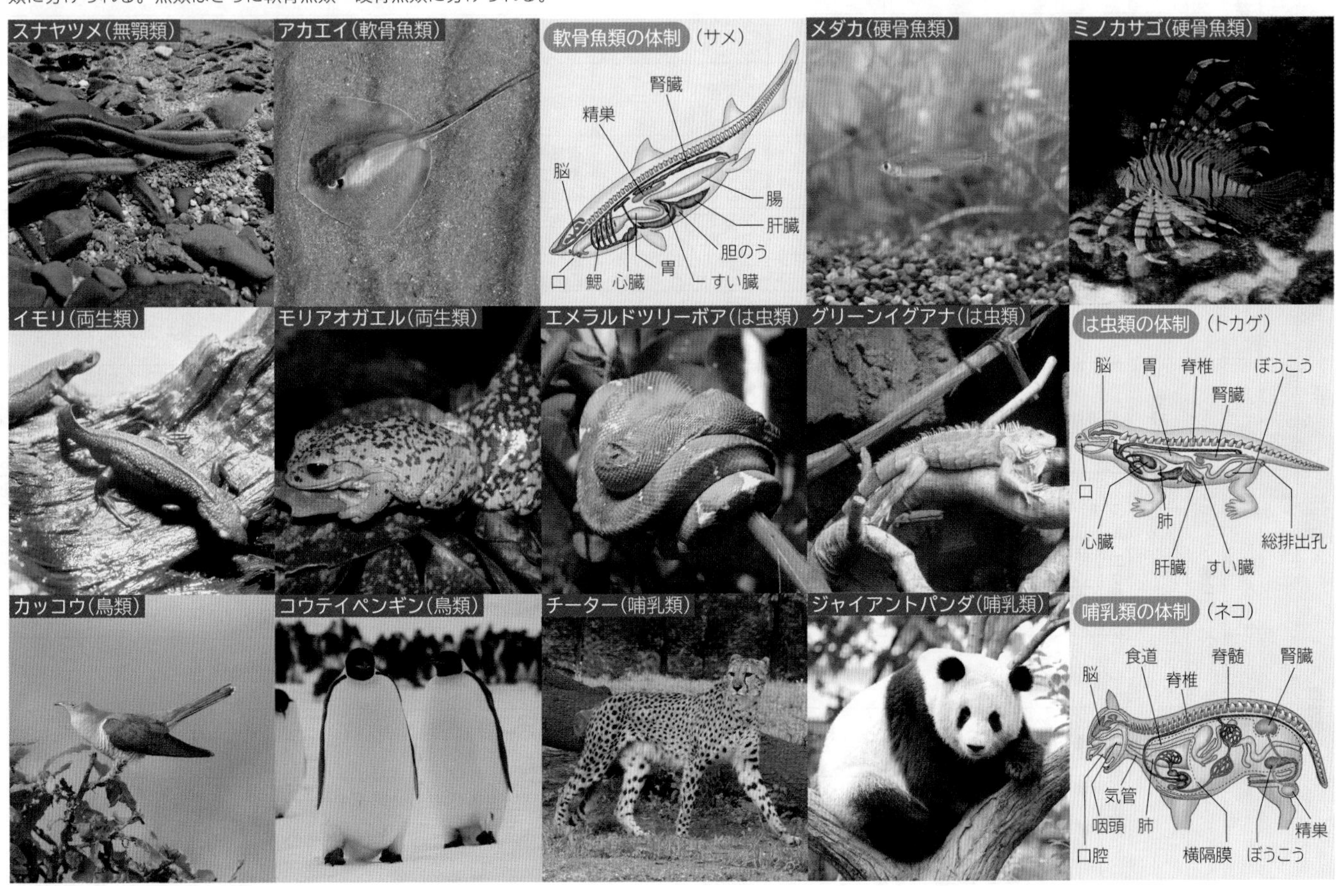

スナヤツメ(無顎類)

アカエイ(軟骨魚類)

軟骨魚類の体制 (サメ)：腎臓，精巣，脳，腸，肝臓，胆のう，口，鰓，心臓，胃，すい臓

メダカ(硬骨魚類)

ミノカサゴ(硬骨魚類)

イモリ(両生類)

モリアオガエル(両生類)

エメラルドツリーボア(は虫類)

グリーンイグアナ(は虫類)

は虫類の体制 (トカゲ)：脳，胃，脊椎，ぼうこう，腎臓，口，心臓，肺，肝臓，すい臓，総排出孔

カッコウ(鳥類)

コウテイペンギン(鳥類)

チーター(哺乳類)

ジャイアントパンダ(哺乳類)

哺乳類の体制 (ネコ)：脳，食道，脊髄，腎臓，脊椎，気管，咽頭，肺，口腔，横隔膜，ぼうこう，精巣

10 生物の系統と分類

生物

Classification table of fungi and plants

# 付録 1 菌類・植物分類表

| 大分類 | | | | | 分類名 | 通常見られる生物体の核相 | 栄養形式，同化産物 | 光合成色素 | 増殖・生殖法 | 代表的な種 |
|---|---|---|---|---|---|---|---|---|---|---|
| 前細胞段階 | | | | | ウイルス | − | 従属栄養 | なし | 生きた細胞内で増殖 | 植物ウイルスータバコモザイクウイルス，動物ウイルスーインフルエンザウイルス，細菌ウイルス（ファージ）−$T_2$ ファージ |
| 前細胞段階 | | | | | リケッチア | − | 従属栄養 | なし | 生きた細胞内で増殖 | ツツガムシ病リケッチア，発疹チフスリケッチア |
| 原核生物界（モネラ界） | 原核細胞（核膜なし） | | 分裂 | | 古細菌 | − | 主に従属栄養 | なし | 分裂 | 超好熱菌，高度好塩菌，メタン生成菌 |
| 原核生物界（モネラ界） | 原核細胞（核膜なし） | | 分裂 | クロロフィルなし | 細菌 | − | 従属栄養（光合成細菌・化学合成細菌は独立栄養） | なし（光合成細菌はバクテリオクロロフィル） | 分裂，休眠胞子，接合 | 赤痢菌，コレラ菌，納豆菌，酢酸菌，根粒菌，肺炎双球菌，スピロヘータ，化学合成細菌ー亜硝酸菌・硫黄細菌，光合成細菌ー紅色硫黄細菌 |
| 原核生物界（モネラ界） | 原核細胞（核膜なし） | | 分裂 | クロロフィルあり | シアノバクテリア | − | 独立栄養，ラン藻デンプン | クロロフィル a，フィコシアニン，フィコエリトリン | 分裂，胞子 | アオコ，ユレモ，ネンジュモ，スイゼンジノリ |
| 菌界 | 真核細胞（核膜あり） | 無維管束植物（根・茎・葉は未分化） | 菌類 | クロロフィルなし | ツボカビ類 | $n$ の多核 | 従属栄養 | なし | 無性生殖ー遊走子 | ツボカビ，フクロカビ |
| 菌界 | 真核細胞（核膜あり） | 無維管束植物（根・茎・葉は未分化） | 菌類 | クロロフィルなし | 接合菌類 | $n$ の多核 | 従属栄養 | なし | 接合，胞子 | ケカビ，クモノスカビ，ヒゲカビ，エダカビ |
| 菌界 | 真核細胞（核膜あり） | 無維管束植物（根・茎・葉は未分化） | 菌類 | クロロフィルなし | 子のう菌類 | $n$ | 従属栄養 | なし | 有性生殖ー接合，無性生殖ー子のう胞子（4〜8 個），分生胞子（分生子），出芽（酵母） | アカパンカビ，コウジカビ，アオカビ，チャワンタケ，バッカクキン，セミタケ（冬虫夏草） |
| 菌界 | 真核細胞（核膜あり） | 無維管束植物（根・茎・葉は未分化） | 菌類 | クロロフィルなし | 担子菌類 | $n+n$（2 核性） | 従属栄養 | なし | 有性生殖ー接合，無性生殖ー担子胞子（4 個） | シイタケ，マツタケ，エノキタケ，クロボキン，サビキン，ツキヨタケ |
| 菌界 | 真核細胞（核膜あり） | 無維管束植物（根・茎・葉は未分化） | 共生 | 葉緑体あり | 地衣類 | − | 従属栄養＋独立栄養 | クロロフィル a，カロテン，キサントフィル | 無性生殖ー胞子，無性芽，粉芽 | ウメノキゴケ，リトマスゴケ，サルオガセ，イワタケ，チズゴケ |
| 原生生物界 | 真核細胞（核膜あり） | 無維管束植物（根・茎・葉は未分化） | 粘菌類 | クロロフィルなし | 細胞性粘菌類 | $n$？ | 従属栄養 | なし | 分裂，接合，遊走子 | タマホコリカビ，ムラサキカビモドキ |
| 原生生物界 | 真核細胞（核膜あり） | 無維管束植物（根・茎・葉は未分化） | 粘菌類 | クロロフィルなし | 変形菌類 | 粘菌アメーバは $n$ 変形体は $2n$ の多核 子実体は $2n$ の多核 | 従属栄養 | なし | 分裂，接合，胞子 | ムラサキホコリ，ケホコリ，アミホコリ，フウセンホコリ |
| 原生生物界 | 真核細胞（核膜あり） | 無維管束植物（根・茎・葉は未分化） | | クロロフィルなし | 卵菌類 | $n$ の多核 | 従属栄養 | なし | 接合，胞子，遊走子 | ワタカビ，ミズカビ |
| 原生生物界 | 真核細胞（核膜あり） | 無維管束植物（根・茎・葉は未分化） | 藻類 | 葉緑体あり | 渦鞭毛藻類 | $n$ | 独立栄養，デンプン | クロロフィル a と c，カロテン，ペリジニン | 分裂，休眠胞子，接合 | ツノモ（ケラチウム），ムシモ（ペリジニウム），ギムノジニウム，ヤコウチュウ |
| 原生生物界 | 真核細胞（核膜あり） | 無維管束植物（根・茎・葉は未分化） | 藻類 | 葉緑体あり | ケイ藻類 | $n$ | 独立栄養，クリソラミナラン | クロロフィル a と c，カロテン，ジアトミン | 分裂，接合，増大胞子（ケイ藻） | ヒカリモ，ミズオ，フウセンモ，フシナシミドロ，ハネケイソウ，イトマキケイソウ，ツノケイソウ，クモノスケイソウ |
| 原生生物界 | 真核細胞（核膜あり） | 無維管束植物（根・茎・葉は未分化） | 藻類 | 葉緑体あり | 褐藻類 | $2n$，（$n$） | 独立栄養，ラミナラン | クロロフィル a と c，カロテン，フコキサンチン | 有性生殖ー接合・受精，無性生殖ー遊走子・四分胞子（アミジグサ） | コンブ，ワカメ，ヒジキ，アラメ，アミジグサ，モズク，ホンダワラ |
| 原生生物界 | 真核細胞（核膜あり） | 無維管束植物（根・茎・葉は未分化） | 藻類 | 葉緑体あり | 紅藻類 | $n$ | 独立栄養，紅藻デンプン | クロロフィル a，フィコシアニン，フィコエリトリン，カロテン，キサントフィル | 有性生殖ー卵細胞，精細胞（鞭毛なし，運動しない），無性生殖ー果胞子・単胞子・四分胞子（テングサ） | 海水ーアサクサノリ，フノリ，テングサ，オゴノリ，ツノマタ，淡水ーカワモズク，チスジノリ，チノリモ |
| 原生生物界 | 真核細胞（核膜あり） | 無維管束植物（根・茎・葉は未分化） | 藻類 | 葉緑体あり | ミドリムシ類 | $n$ | 独立栄養，パラミロン | クロロフィル a と b，カロテン，キサントフィル | 分裂，接合 | ミドリムシ，トックリヒゲムシ，カラヒゲムシ，ウチワヒゲムシ |
| 原生生物界 | 真核細胞（核膜あり） | 無維管束植物（根・茎・葉は未分化） | 藻類 | 葉緑体あり | 緑藻類 | $n$，$2n$ | 独立栄養，糖・デンプン | クロロフィル a と b，カロテン，キサントフィル | 有性生殖ー接合，無性生殖ー分裂・遊走子 | アオミドロ，ホシミドロ，ツヅミモ，ミカヅキモ，単細胞ークラミドモナス，クロレラ，カサノリ，群体ーオオヒゲマワリ（ボルボックス）・セネデスムス，クンショウモ，多細胞ーアオサ，アオノリ，マリモ |
| 原生生物界 | 真核細胞（核膜あり） | 無維管束植物（根・茎・葉は未分化） | 藻類 | 葉緑体あり | シャジクモ類 | $n$ | 独立栄養，デンプン | クロロフィル a と b，カロテン，キサントフィル | 有性生殖ー受精（卵と精子）・造卵器・造精器 | シャジクモ，フラスコモ |
| 植物界 | 真核細胞（核膜あり） | 無維管束植物（根・茎・葉は未分化） | 造卵器 | コケ植物 | 苔類（タイ類） | $n$（胞子体は配偶体に寄生） | 独立栄養，デンプン | クロロフィル a と b，カロテン，キサントフィル | 有性生殖ー受精（卵と精子）・造卵器・造精器，無性生殖ー胞子・無性芽（苔類） | ゼニゴケ，ジャゴケ，マキノゴケ，イチョウウキゴケ |
| 植物界 | 真核細胞（核膜あり） | 無維管束植物（根・茎・葉は未分化） | 造卵器 | コケ植物 | 蘚類（セン類） | | | | | コスギゴケ，ヒカリゴケ，ミズゴケ，ヒョウタンゴケ，チョウチンゴケ |
| 植物界 | 真核細胞（核膜あり） | 維管束植物 | 造卵器 | | シダ植物 | $2n$ | 独立栄養，糖・デンプン | クロロフィル a と b，カロテン，キサントフィル | 有性生殖ー受精（卵と精子）・前葉体・造卵器・造精器，無性生殖ー胞子・地下茎 | ワラビ，ベニシダ，ゼンマイ，ヘゴ，イワヒバ，スギナ，ヒカゲノカズラ |
| 植物界 | 真核細胞（核膜あり） | 維管束植物 | 種子 | 種子植物 | 裸子植物 | $2n$（$n$ の配偶体は胞子体に寄生） | 独立栄養，糖・デンプン | クロロフィル a と b，カロテン，キサントフィル | 有性生殖ー受精，卵と精細胞（イチョウ・ソテツ類は精子），胚乳 $n$ | ソテツ，イチョウ，アカマツ，シラビソ，スギ，ヒノキ，アスナロ，メタセコイア，マオウ |
| 植物界 | 真核細胞（核膜あり） | 維管束植物 | 種子 | 種子植物 | 被子植物 | $2n$（$n$ の配偶体は胞子体に寄生） | 独立栄養，糖・デンプン | クロロフィル a と b，カロテン，キサントフィル | 有性生殖ー重複受精・卵と精細胞（精核）・胚乳 $3n$，無性生殖ー栄養繁殖（塊茎・地下茎・むかご・球根・塊状根） | 単子葉類ーイネ，トウモロコシ，アヤメ，テッポウユリ，サトイモ，双子葉類（離弁花類）ーブナ，カシ，エンドウ，アブラナ，スズナ，双子葉類（合弁花類）ーツツジ，アサガオ，ナス，キュウリ，タンポポ |

Classification table of animals

# 付録2 動物分類表

| 大分類 | | | | | | 分類名 | 呼吸系 | 循環系 | 排出系 | 神経系 | 生殖・発生 | 代表的な種 |
|---|---|---|---|---|---|---|---|---|---|---|---|---|
| 原生生物界 | 無脊椎動物 | 単細胞生物 | | | | 原生動物 | 体表呼吸 | なし | 収縮胞（水分の能動的排出），$NH_3$ | なし | 分裂，出芽，胞子形成，接合 | 繊毛虫類−ゾウリムシ・ツリガネムシ・ラッパムシ，胞子虫類−マラリア原虫，根足虫類−アメーバ・ユウコウチュウ・タイヨウチュウ・ホウサンチュウ，鞭毛虫類−トリパノソーマ |
| 動物界 | | 胞胚型（側生動物） | | | | 海綿動物 | 体表呼吸 | なし | 体表から，$NH_3$ | なし | 受精，出芽，群体 | タンスイカイメン，ダイダイイソカイメン，カイロウドウケツ，アミツボカイメン，ツボシメジカイメン |
| | | 原腸胚型（二胚葉性） | | | | 刺胞動物 | 体表呼吸 | 胃水管系 | 体表から，$NH_3$ | 散在神経系 | 受精，分裂，出芽，変態（プラヌラ・ポリプ・ストロビラ・エフィラ），世代交代（ミズクラゲ） | ヒドラ・ミズクラゲ・アンドンクラゲ・カツオノエボシ・サンゴ・イソギンチャク |
| | | 三胚葉性 | 旧口動物（原口が口になる） | 冠輪動物 | | 扁形動物 | 体表呼吸 | なし | 原腎管（末端は炎細胞），$NH_3$ | かご形神経系，頭神経節 | 受精，分裂，幼生生殖（カンテツ） | プラナリア，コウガイビル，カンジストマ，カンテツ，住血吸虫，ミゾサナダムシ，カギナシサナダムシ |
| | | | | | | ひも形動物 | 体表呼吸 | 閉鎖血管系 | 原腎管，$NH_3$ | はしご形神経系 | 受精 | ナミヒモムシ，イソヒモムシ，ホソヒモムシ，クギヒモムシ，ヒカリヒモムシ，マダラヒモムシ，オヨギヒモムシ |
| | | | | | | 輪形動物 | 体表呼吸 | なし | 原腎管，$NH_3$ | はしご形神経系，神経節 | 受精，単為生殖（ワムシ） | ヒルガタワムシ，ミズワムシ，ツボワムシ，イタチムシ |
| | | | | | 軟体動物 | 腹足類（巻貝類） | 鰓呼吸（水中），外とう膜（地上） | 開放血管系 | 腎管（ボヤヌス器），$NH_3$，原腎管（幼生） | はしご形神経系，神経節 | 受精，変態，トロコフォア幼生→ベリジャー幼生 | マイマイ，タニシ，アワビ，サザエ，ウミウシ，ナメクジ |
| | | | | | | 斧足類（二枚貝類） | 鰓呼吸 | | 腎管（ボヤヌス器），$NH_3$，原腎管（幼生） | | | シジミ，ハマグリ，アサリ，カキ，カラスガイ |
| | | | | | | 頭足類（イカ類） | 鰓呼吸 | 閉鎖血管系 2心房1心室，鰓心臓 | 腎管（腎のう），$NH_3$，原腎管（幼生） | | | マダコ，ヤリイカ，スルメイカ，ホタルイカ，オウムガイ |
| | | | | | | 環形動物 | 体表呼吸（地中），鰓呼吸（水中） | 閉鎖血管系 | 腎管（体節器），$NH_3$，原腎管（幼生） | はしご形神経系，食道上神経節，食道神経環 | 受精，変態，トロコフォア幼生（ゴカイ） | フツウミミズ，イトミミズ，ゴカイ，ケヤリムシ，チスイビル，ヤマビル，ボネリムシ |
| | | | | 脱皮動物 | | 線形動物 | 体表呼吸 | なし | 原腎管，$NH_3$ | かご形神経系，神経環 | 受精 | カイチュウ，ジュウニシチョウチュウ，ギョウチュウ |
| | | | | | 節足動物 | クモ類 | 書肺（鰓呼吸） | 開放血管系 | マルピーギ管，尿酸 | はしご形神経系，脳神経節，胸部神経節 | 受精 | クモ，ダニ，サソリ，カブトガニ（剣尾類） |
| | | | | | | 甲殻類 | 鰓呼吸，気管なし | 開放血管系 | 腎管（触角腺＝緑腺）$NH_3$ | | 受精，変態 | ミジンコ，エビ，カニ，ウミホタル，フジツボ，ダンゴムシ |
| | | | | | | 多足類 | 気管 | 開放血管系 | マルピーギ管，尿酸 | | 受精 | ヤスデ，ムカデ，ゲジ |
| | | | | | | 昆虫類 | 気管 | 開放血管系 | マルピーギ管，尿酸 | | 受精，完全変態・不完全変態，単為生殖（アブラムシ） | モンシロチョウ，アブラムシ，バッタ，カ，ハエ，カイコガ，トンボ |
| | | | 新口動物（原口と反対側に口ができる） | | | 棘皮動物 | 水管系，水肺（呼吸樹，ナマコ） | 水管系 | 水管系，$NH_3$ | 食道神経環，放射状神経系 | 受精，再生力大，変態 | バフンウニ，ムラサキウニ，クモヒトデ，ナマコ，ウミユリ |
| | | | | | | 原索動物 | 鰓呼吸 | 開放血管系 | 腎管，$NH_3$ | 管状神経系 | 受精，出芽，群体，変態，トルナリア幼生（ギボシムシ） | マボヤ，キクイタボヤ，シロボヤ，サルパ，ナメクジウオ，ギボシムシ |
| | 脊椎動物 | | | | 脊椎動物 | 円口類 | 鰓呼吸 | 閉鎖血管系，1心房1心室 | 腎臓（前腎），$NH_3$ | 管状神経系 | 体外受精，卵生 | ヤツメウナギ，ホソヌタウナギ |
| | | | | | | 魚類 | 鰓呼吸 | 閉鎖血管系，1心房1心室 | 腎臓（中腎），尿素（軟骨魚），$NH_3$（硬骨魚） | 管状神経系 | 体外受精，卵生 | 軟骨魚−サメ・エイ，硬骨魚−コイ・フナ・ウナギ・サケ・アユ・肺魚 |
| | | | | | | 両生類 | 皮膚呼吸，肺呼吸（成体），鰓呼吸（幼生） | 閉鎖血管系，2心房1心室 | 腎臓（中腎），尿素（成体），$NH_3$（幼生） | 管状神経系 | 体外受精，卵生，変態，おたまじゃくし幼生 | 無尾類−ヒキガエル・トノサマガエル，モリアオガエル，有尾類−イモリ・サンショウウオ |
| | | | | | | は虫類 | 肺呼吸 | 閉鎖血管系，2心房1心室 | 腎臓（後腎），尿酸 | 管状神経系 | 体内受精，卵生 | トカゲ，ヤモリ，マムシ，シマヘビ，イシガメ，スッポン，ナイルワニ |
| | | | | | | 鳥類 | 肺呼吸，気のう | 閉鎖血管系，2心房2心室 | 腎臓（後腎），尿酸 | 管状神経系 | 体内受精，卵生 | ニワトリ，スズメ，ムクドリ，オナガ，ヒヨドリ，セグロセキレイ |
| | | | | | | 哺乳類 | 肺呼吸 | 閉鎖血管系，2心房2心室 | 腎臓（後腎），尿素 | 管状神経系，大脳発達 | 体内受精，胎生（ただしカモノハシは卵生） | モグラ，コウモリ，ウサギ，ネズミ，ネコ，ウシ，クジラ，サル，ヒト，単孔類−カモノハシ，有袋類−カンガルー・コアラ |

# 付録3 生物学のあゆみ[1]

Ⓝ:ノーベル医学・生理学賞を表す。
N:ノーベル化学賞を表す。

## 紀元前

**B.C.400 頃**　ヒポクラテス（ギリシャ）
4 体液説（体は血液・粘液・黄色胆汁・黒色胆汁からなり，これらの平衡が乱れると病気になる）を提唱。治療に従事，医術を宗教や迷信から解放。医術の祖

**B.C.340 頃**　アリストテレス（ギリシャ）
自然に関する知識を集大成。動物の分類，動物の胚発生の記載，動物の自然発生等。『霊魂論』『動物誌』『動物発生論』等を著す。万学の祖

▲アリストテレス

**B.C.320 頃**　テオフラストス（ギリシャ）
植物界を喬木·灌木·宿根草·草本の４類に分け，栽培種と野生種とを区別。植物学の祖

## 16 世紀以前

**160 頃**　ガレノス（ギリシャ）
サルなどの解剖に基づいて人体の構造を類推。“肝臓でつくられた血液は右心室から左心室に入り，生気（プネウマ）と熱を与えられたのち，血管の中をゆききしながら消費される”と考えていた。医学の権威

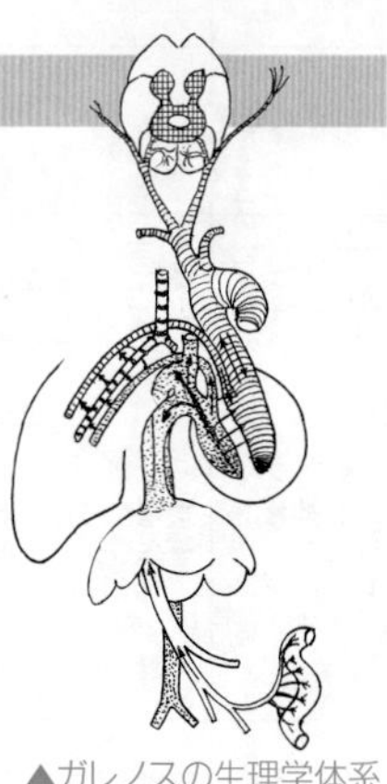
▲ガレノスの生理学体系

**1500 頃**　レオナルド・ダ・ビンチ（イタリア）
数多くの人体を解剖，精細な人体解剖図を描く

**1543**　ベサリウス（ベルギー）
ガレノス医学の誤っている点を修正

**1574**　ファブリキウス（イタリア）
静脈弁を発見。ハーベイの師

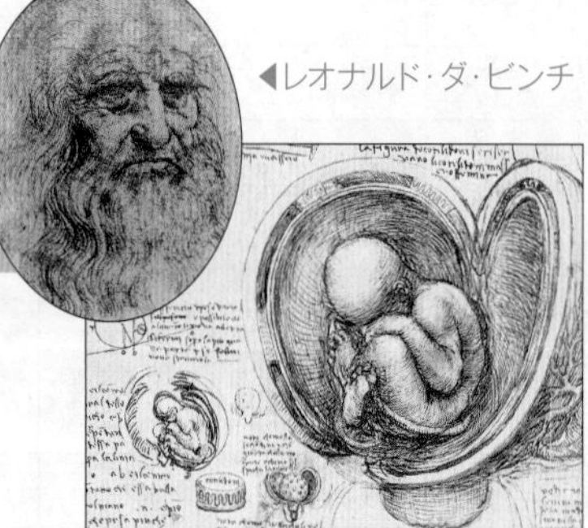
◀レオナルド・ダ・ビンチ
▲ダ・ビンチが描いた子宮内胎児の図

## 17 世紀

**1628**　ハーベイ（イギリス）
血液循環の原理を『動物の心臓および血液の運動に関する解剖学的研究』にまとめる。生物学に実験的手法を初めて導入

**1661**　マルピーギ(イタリア)
カエルの肺で毛細血管を発見。腎小体，白血球を発見（1665）

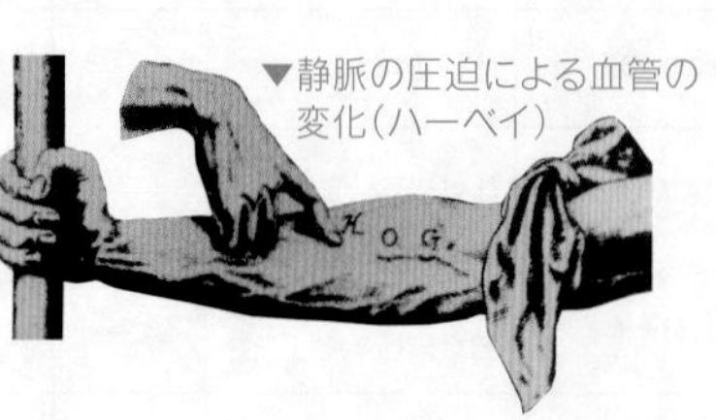
▼静脈の圧迫による血管の変化(ハーベイ)

**1665**　ロバート=フック（イギリス）
コルクの切片を検鏡，小部屋からなっていることを発見し，細胞と命名。様々な検鏡図を『ミクログラフィア』に記載

▼カエルの肺(マルピーギ)
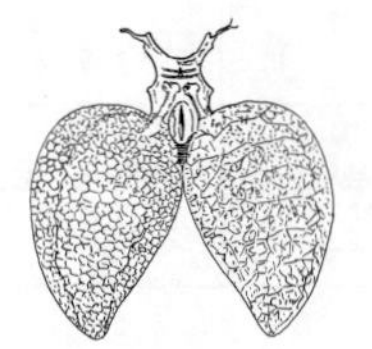

**1669**　スワンメルダム（オランダ）
チョウを観察し，さなぎ（卵と誤認）の中に成虫が入っていると主張

**1672**　グラーフ（オランダ）
哺乳類の卵巣中にろ胞を発見

**1676**　レーウェンフック（オランダ）
微生物（原生動物，細菌類）を発見

**1676**　レーウェンフック
精子を観察し，その役割を重視

**1682**　グルー（イギリス）
植物組織の精細な顕微鏡図譜

**1694**　ハルトゼーカー（オランダ）
ヒトの精子を検鏡し，精子内にヒトの微小な成体を見たと主張

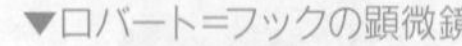
▼ロバート=フックの顕微鏡

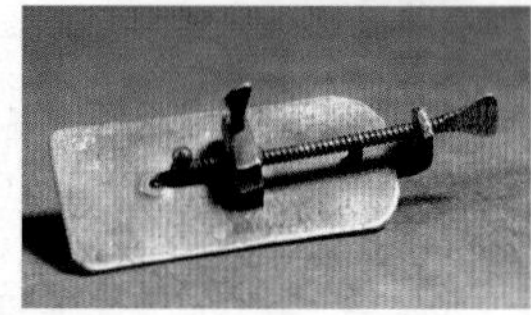
▲レーウェンフックの顕微鏡

▼レーウェンフックが観察記録した精子
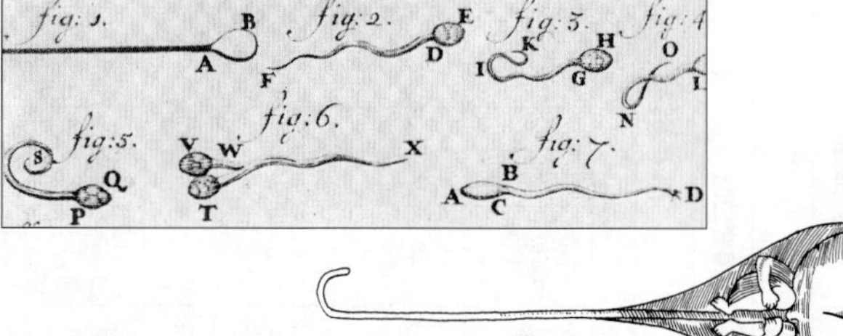

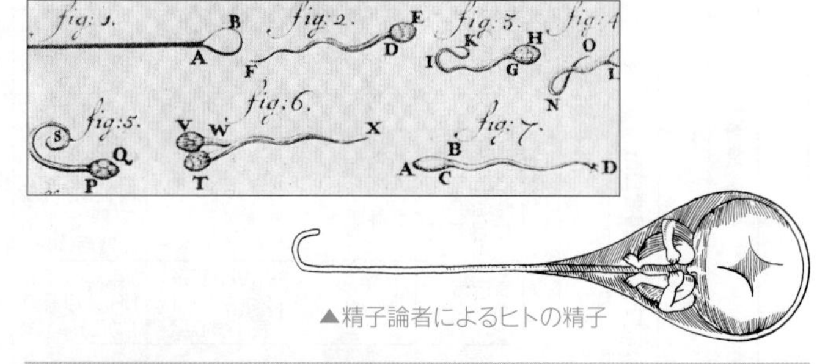

▲精子論者によるヒトの精子

## 18 世紀

**1734-43**　レオミュール（フランス）
『昆虫の博物学』6 巻

**1735**　リンネ（スウェーデン）
動・植・鉱の 3 界を取り扱った『自然の体系』を著す。二名法（1742）や雌雄ずい分類法（1753）の提唱

**1741**　トランブレー（スイス）
ヒドラの出芽を観察。ヒドラが動植物いずれかという論争が起こる

**1742**　ボネ（スイス）
アブラムシの単為生殖を発見。精子は不要。「入れ子説」

**1745**　ニーダム（イギリス）
加熱密閉肉汁に微生物が観察されたことを報告

**1749-1804**　ビュフォン（フランス）
『博物誌』44 巻

**1765**　スパランツァーニ（イタリア）
ニーダムの実験の加熱密閉不十分を指摘（＊1862　パスツール（フランス）完全な実験によって否定）

**1768**　ウォルフ（ドイツ）
ニワトリの発生を観察し，各種器官は一様に見える胚層の中に次第に形成されることを確認（＊1826　フォン・ベーア（ドイツ）　胚葉の分化によって器官が形成されること（胚葉説）を主張し，後成説を確立）

**1772**　プリーストリ（イギリス）
植物体から脱フロギストン空気（現在の酸素）が発生することを確認

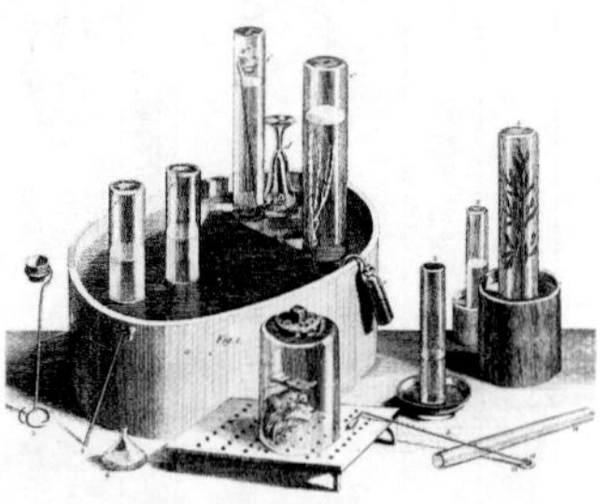
▲プリーストリが用いた実験装置

**1780**　ラボアジェ（フランス）
呼吸と燃焼とで，失われる気体は酸素，発生する気体は固定空気（二酸化炭素）であることを示す
**1796**　ジェンナー（イギリス）
牛痘の膿を接種すると天然痘の予防が可能であることを発見。免疫学の起こり～伝染病撲滅法の始まり～

## ●19 世紀

▲晩年盲目のラマルクと娘のコルネリー

**1809**　ラマルク（フランス）
『動物哲学』を著し，進化説を体系化。『無脊椎動物誌』（1815～22）
**1831**　ロバート・ブラウン（イギリス）
ランの表皮細胞で核を観察
**1838**　ムルデル（オランダ）
タンパク質（プロテイン）の命名
**1838-39**　シュライデン（ドイツ），シュワン（ドイツ）
細胞説の提唱
**1848**　ホフマイスター（ドイツ）
染色体を発見。コケやシダなどで植物の世代交代を発見（1851）
**1850**　ヘルムホルツ（ドイツ）
刺激伝導速度を測定。色覚の三原色説（1852），聴覚の共鳴説（1868）
**1851**　ウェーバー（ドイツ）
刺激の大きさと感覚についての法則発見
**1855**　ベルナール（フランス）
肝臓でグルコースからグリコーゲンが生成されることを発見
**1856**　フールロット（ドイツ）
ネアンデルタールで発掘された頭骨をヒトと類人猿との中間的なものと判断する
**1859**　ダーウィン（イギリス）
『種の起源』を著し，進化説（自然選択説）を確立。『ビーグル号航海記』（1845），『家畜および栽培植物の起源』（1868），『人間の由来』（1871）

▲ダーウィンの書斎

**1863**　T.H. ハクスリ（イギリス）
『自然における人間の位置』を著す。ダーウィン理論の擁護
**1865**　メンデル（オーストリア）
『雑種植物の研究』を著し，遺伝に法則性があることを示す
**1868**　ワグナー（ドイツ）
進化の要因として隔離説を唱える
**1868**　ラルテ（フランス）
クロマニョンで発見された化石を現生人類に近いものと主張

▲メンデルが実験を行った旧修道院の庭

**1869**　ミーシャー（スイス）
核中に核酸を発見し，ヌクレインと命名
**1882**　コッホ（ドイツ）
結核菌の発見，コレラ菌の発見（1883），コッホ式ツベルクリンの創製（1890）　Ⓝ1905
**1882**　高木兼寛
脚気が白米中のビタミンB欠乏によることを示唆
**1885**　ヘッケル（ドイツ）
ピテカントロプスの存在を予言
**1885**　ワイズマン（ドイツ）
生殖質の連続説を提唱し，獲得形質の遺伝を否定
**1885**　パスツール（フランス）
脾脱疽（炭疽）病および狂犬病の病毒減弱現象の利用によるワクチンの発明。近代微生物学の祖

▲実験中のパスツール

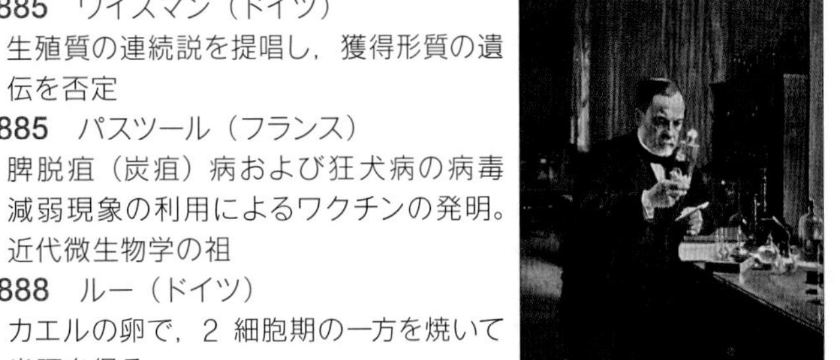

**1888**　ルー（ドイツ）
カエルの卵で，2 細胞期の一方を焼いて半胚を得る
**1889**　北里柴三郎
破傷風菌を発見，ジフテリアおよび破傷風抗毒血清を発見（1890）。血清学を誕生させる

▲北里柴三郎

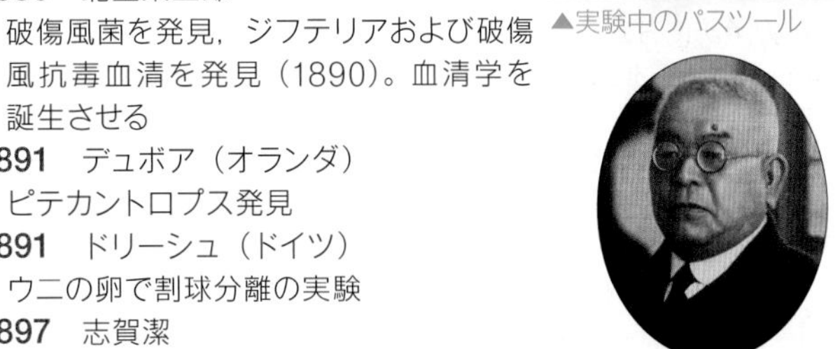

**1891**　デュボア（オランダ）
ピテカントロプス発見
**1891**　ドリーシュ（ドイツ）
ウニの卵で割球分離の実験
**1897**　志賀潔
赤痢菌を発見
**1898**　平瀬作五郎・池野成一郎
イチョウ・ソテツの精子発見
**1899**　ロイブ（アメリカ）
ウニ卵の人為単為発生に成功
**1900**　ド・フリース（オランダ），コレンス（ドイツ），チェルマク（オーストリア）
それぞれ独立してメンデルの法則を再発見

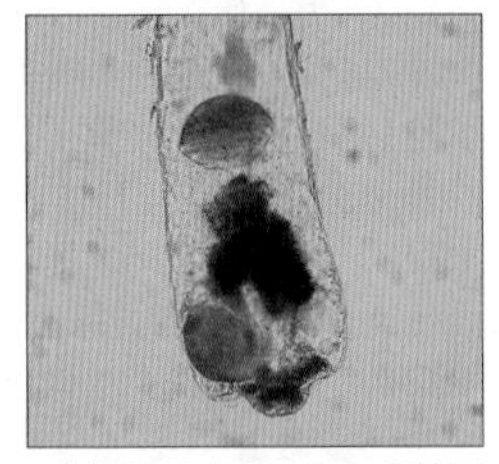
▲花粉管の中のソテツの精子

## ●20 世紀

**1901**　ラントシュタイナー（オーストリア）
ABO 式血液型を発見，続いて MN 式（1927），Rh 式（1940）も発見「人間の血液型の発見」でⓃ1930
**1901**　高峰譲吉
アドレナリンの抽出に成功。ホルモン化学の道を開く

▲高峰譲吉

**1901**　ベーリング（ドイツ）
ジフテリアの血清療法を創始
**1901**　ノーベル賞の制定
**1902**　サットン（アメリカ）
遺伝子が染色体にあることを提唱
**1902**　フィッシャー（ドイツ）
タンパク質のペプチド構造を提唱「ヘミンとクロロフィルの構造に関する諸研究」でⓃ1930

▲ノーベル

**1903**　ヨハンセン（デンマーク）
インゲンの変異を研究し，純系説を提唱
**1903**　パブロフ（ロシア）
イヌのだ液分泌から条件反射を発見「消化生理に関する研究」でⓃ1904

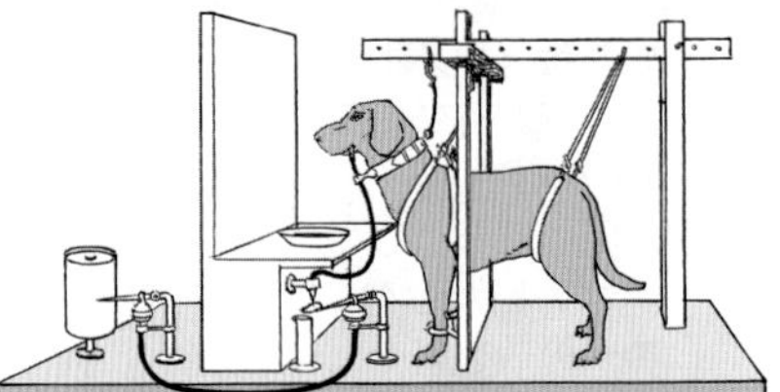
▲パブロフの条件反射の実験

# 付録4 生物学のあゆみ 2

Ⓝ：ノーベル医学・生理学賞を表す。
🄽：ノーベル化学賞を表す。

**1904** ベーツソン（イギリス）
スイートピーで連鎖遺伝を発見
**1905** ブラックマン（イギリス）
光合成の明反応・暗反応を発見
**1905** スターリング（イギリス）
内分泌物をホルモンと命名
**1907** ラウンケル（デンマーク）
冬芽の地表面からの高さで植物の生活形分類
**1908** ハーディ（イギリス）・ワインベルグ（ドイツ）
集団遺伝の基本法則を別々に発見
**1910** 鈴木梅太郎
脚気の予防に有効な成分としてオリザニンを発見

▲鈴木梅太郎

**1911** フンク（オランダ）
鈴木と同じ成分に“ビタミン”と命名
**1913** ウィルシュテッター（ドイツ）
クロロフィルを結晶化し，化学構造を決定 🄽1915
**1916** クレメンツ（アメリカ）
植物群落の遷移説，極相の概念を提唱
**1920** マイヤーホフ（ドイツ）
筋肉内での乳酸から炭水化物への再合成過程を発見 Ⓝ1922
**1920** ガーナー，アラード（アメリカ）
花芽形成の光周性を発見
**1921** レーウィ（アメリカ）
神経分泌物質（アセチルコリンなど）を発見
**1922** バンティング（カナダ）
インシュリンを発見，糖尿病の治療で著効（ベストと共同研究） Ⓝ1923
**1924** シュペーマン（ドイツ）
イモリの胚で形成体を発見「動物の胚の成長における誘導作用の発見」でⓃ1935
**1924** ダート（南アフリカ）
アウストラロピテクスを発見

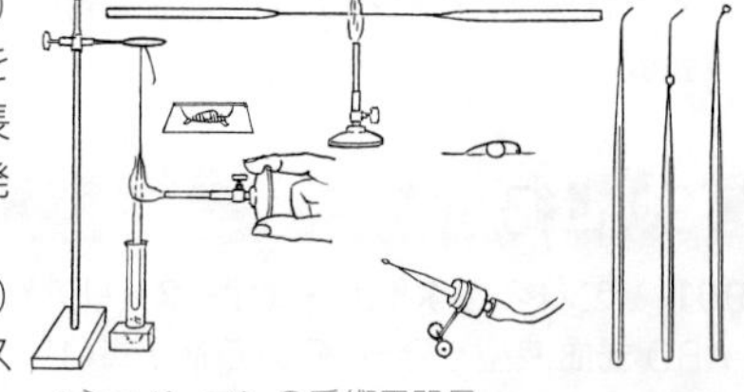
▲シュペーマンの手術用器具

**1926** モーガン（アメリカ）
『遺伝子説』を著し，ショウジョウバエ遺伝学を確立「染色体の遺伝機能の発見」でⓃ1933
**1926** 黒沢英一
ジベレリンを発見
**1926** サムナー（アメリカ）
ナタマメから酵素（ウレアーゼ）を結晶化し，酵素がタンパク質性のものであることを証明 🄽1946

▲モーガン

**1926** フォークト（ドイツ）
イモリの胚で予定運命図を作成
**1927** マラー（アメリカ）
X線照射によってショウジョウバエの人為突然変異を誘起 Ⓝ1946
**1927** エルトン（イギリス）
『動物生態学』を著し，食物連鎖・生態ピラミッドの概念を提唱
**1929** キャノン（アメリカ）
恒常性（ホメオスタシス）の概念を提唱
**1929** ローマン（アメリカ）
ATPを発見
**1929** フレミング（イギリス）
アオカビからペニシリンを抽出。抗生物質研究への道を開く

▲フレミング

**1929** ブラック（カナダ），裴文中（中国）
シナントロプス（北京原人）の完全頭骨を発見し研究
**1930** 木原均
コムギの染色体研究によりゲノムの概念を確立
**1930** ノースロップ（アメリカ）
ペプシン等の消化酵素の精製，結晶化 🄽1946
**1933** ハイツ（ドイツ），ペインター（アメリカ）
だ腺染色体を発見

▲木原均

**1935** スタンレー（アメリカ）
タバコモザイクウイルスを結晶化し，タンパク質が主体であることを明らかにする 🄽1946
**1935** タンスレー（イギリス）
生態系の概念を提唱
**1936** オパーリン（ロシア）
『生命の起源』を著し，従属栄養生物起源説を主張

▲スタンレー

**1937** クレブス（イギリス）
オルニチン回路やクエン酸回路を研究「トリカルボン酸サイクルの発見」でⓃ1953
**1938** 藪田貞次郎，住木諭介
ジベレリンの結晶化に成功
**1941** ルーベン（アメリカ）
放射性同位体を用い，光合成で発生する酸素は水に由来することを証明
**1942** セント・ジョルジ（ハンガリー）
アクトミオシンがATPで収縮することを発見

▲オパーリン

**1943** エイブリー（アメリカ）
肺炎双球菌の形質転換がDNAによることを発見
**1944** ワクスマン（アメリカ）
ストレプトマイシンを発見 Ⓝ1952
**1945** ビードル，テータム（アメリカ）
アカパンカビの研究で一遺伝子一酵素説を提唱 Ⓝ1958
**1950** ウィルキンス，フランクリン（イギリス）
DNAの分子構造をX線によって解析
**1950** カルビン（アメリカ）
光合成暗反応における炭酸固定回路を解明「植物における光合成の研究」で🄽1961

▲クレブス

**1951** マクリントック（アメリカ）
遺伝子の転移をトウモロコシの斑入り現象で立証 Ⓝ1983
**1951** シャルガフ（アメリカ）
塩基組成で，アデニン対チミン，グアニン対シトシンがそれぞれ等量であることを示した
**1951** ホジキン（イギリス）
神経の興奮についてナトリウムポンプ説を提唱 エクルズ（オーストラリア），ハクスリ（イギリス）とともにⓃ1963

▲ハーシー（左）とチェイス（右）

**1952** ハーシー，チェイス（アメリカ）
ファージの構成成分のうちDNAのみが増殖に関与することを証明
**1952** レビ・モンタルチーニ（イタリア→アメリカ）
神経成長因子（NGF）の発見 Ⓝ1986
**1953** ワトソン（アメリカ），クリック（イギリス）
DNAの二重らせん構造モデルを提唱。

▲DNAモデルを前に語り合うワトソン（左）とクリック（右）

DNA 塩基配列が遺伝情報になっている可能性，塩基の相補性によって DNA の複製が説明できる可能性，突然変異は塩基が変化することによって生じる可能性を指摘　ウィルキンスとともにⓃ1962

**1953**　サンガー（イギリス）
インスリン分子の構造（アミノ酸配列）を決定　🅽1958　その後，RNA の塩基配列決定法（1967），DNA の塩基配列決定法の開発（1975）　🅽1980

**1953**　ペルーツ（イギリス），ケンドルー（イギリス）
ヘモグロビンとミオグロビン分子のX線回折による構造研究を開始　🅽1962

**1954**　H.E. ハクスリ（イギリス）
筋収縮についての滑り説を発表

**1954**　ブテナント，カールソン（ドイツ）
最初の昆虫ホルモン（エクジソン）を単離

**1955**　オチョア（アメリカ）
RNA の酵素的合成

**1955**　ソーク（アメリカ）
小児麻痺予防のためのワクチン研究

**1955**　イェルネ（デンマーク）
抗体生成の選択説の提唱　Ⓝ1984

**1956**　ニーレンバーグ（アメリカ）
DNA の酵素的合成　オチョアとともにⓃ1959　その後，人工 RNA を使ってタンパク質の合成に成功　ホリー，コラーナとともに「遺伝情報の解読とそのタンパク質合成への役割の解明」でⓃ1968

**1956**　梅沢浜夫
カナマイシンを発見

**1961**　ジャコブ，モノー（フランス）
調節遺伝子を発見し，オペロン説を提唱　Ⓝ1965

**1962**　下村修
オワンクラゲから蛍光タンパク質（GFP）を発見　🅽2008

▲下村脩

**1968**　江橋節郎
筋収縮の $Ca^{2+}$ による制御理論

**1970**　コラーナ（アメリカ）
DNA 鎖（遺伝子）の試験管内での合成　Ⓝ1968

**1971**　ギルマン，ロドベル（アメリカ）
細胞膜を介しての信号伝達におけるGタンパク質の役割の発見　Ⓝ1994

**1972**　ブローベル（ドイツ）
分泌タンパク質が先端にあるシグナルペプチド配列により膜を透過する機構の解明　Ⓝ1999

**1974**　ブレンナー（イギリス）
遺伝子レベルの発生研究法をセンチュウで確立　Ⓝ2002

**1976**　ルイス（アメリカ）
ハエの体節配列決定遺伝子の発見　Ⓝ1995

**1978**　エドワーズ，ステプトー（イギリス）
試験管ベビーを誕生させる

**1978**　板倉啓壱
ヒトのインスリンを大腸菌に合成させることに成功，続いて翌年，ヒトの成長ホルモンを大腸菌に合成させる

**1979**　大村智
抗寄生虫抗生物質エバーメクチンの発見　Ⓝ2015

**1979**　利根川進
多様な抗体を生成する遺伝的原理の解明　Ⓝ1987

**1981**　チェック（アメリカ）
RNA 分子の自己修飾機能をテトラヒメナで発見，リボザイム概念へと発展　🅽1989

**1982**　パルミター，ブリンスター（アメリカ）
成長ホルモン遺伝子の組み込みによってスーパーマウスを誕生させる

**1982**　プルシナー（アメリカ）
タンパク質からなり核酸を含まない新感染物質をプリオンと命名（BSE 等の原因物質）Ⓝ1997

**1983**　マリス（アメリカ）
PCR（ポリメラーゼ連鎖反応）による微量 DNA 試料分析法の開発　🅽1993

**1987**　セス（インド）
エイズ患者から HIV（エイズウイルス）を単離

**1988**　田中耕一
生体高分子を質量分析で解析する手法の開発　🅽2002

**1990**　スードフ（アメリカ）
神経細胞が適切なタイミングで神経伝達物質を放出するしくみの研究　Ⓝ2013

**1990**　ウーズ（アメリカ）
3ドメイン説を提唱

**1991**　コーエン（イギリス），マイエロビッツ（アメリカ）
ABC モデルを提唱

**1992**　ウィルソン（アメリカ）
「生物多様性」の言葉を最初に提唱

**1992**　本庶佑
免疫抑制の阻害によるがん治療法の発見　Ⓝ2018

**1992**　大隈良典
オートファジーのメカニズムの発見　Ⓝ2016

**1992**　アグレ（アメリカ）
アクアポリンを発見　🅽2003

▲本庶佑

**1994**　諏訪元
ラミダス猿人（アルディピテクス・ラミダス）の化石の発見

**1994**　ウォーカー（イギリス）
ATP の合成と分解に関する酵素機構の解明　🅽1997

**1996**　ウィルムット（イギリス）ら
体細胞である乳腺細胞由来のクローン羊ドリーを作製

▲クローン羊ドリー

**1998**　ファイアー，メロー（アメリカ）
RNA 干渉の発見　Ⓝ2006

**1998**　マキノン（アメリカ）
カリウムイオンチャネルの構造と機構の解明　🅽2003

**1998**　トムソン（アメリカ）
ヒトの ES 細胞を樹立

**1999**　荒木崇
*FT* 遺伝子の発見

## 21 世紀

**2003**　ヒトゲノム解読完了宣言

**2006**　山中伸弥
マウスの体細胞から iPS 細胞を樹立，ヒトの体細胞から iPS 細胞を樹立（2007）　Ⓝ2012

**2012**　ダウドナ（アメリカ），シャルパンティエ（フランス）
ゲノム編集技術の画期的手法「クリスパー・キャス 9」を開発　🅽2020

▲山中伸弥

# 生物学に必要な化学知識

生物も，分子やイオンでできている。そのため，生物学を理解するためには，化学の基礎知識も重要である。

## 1 元素の周期表

元素を軽いものから順に並べると，周期的に化学的性質の似たものが現れる。このことに注目して周期表がつくられた。

原子量の概数は原子量の小数第2位を四捨五入したものである。また〔 〕を付けた数字は，最も安定な同位体の質量数である。

元素記号／原子番号 10Ne／元素名 ネオン／原子量（概数）20.2

◆：生体を構成する主な元素
（濃い網）：非金属元素,他は金属元素
（薄い網）：遷移元素,他は典型元素

| 周期＼族 | 1 | 2 | 3 | 4 | 5 | 6 | 7 | 8 | 9 | 10 | 11 | 12 | 13 | 14 | 15 | 16 | 17 | 18 |
|---|---|---|---|---|---|---|---|---|---|---|---|---|---|---|---|---|---|---|
| 1 | ◆1H<br>水素<br>1.0 | | | | | | | | | | | | | | | | | 2He<br>ヘリウム<br>4.0 |
| 2 | 3Li<br>リチウム<br>6.9 | 4Be<br>ベリリウム<br>9.0 | | | | | | | | | | | 5B<br>ホウ素<br>10.8 | ◆6C<br>炭素<br>12.0 | ◆7N<br>窒素<br>14.0 | ◆8O<br>酸素<br>16.0 | ◆9F<br>フッ素<br>19.0 | 10Ne<br>ネオン<br>20.2 |
| 3 | ◆11Na<br>ナトリウム<br>23.0 | ◆12Mg<br>マグネシウム<br>24.3 | | | | | | | | | | | ◆13Al<br>アルミニウム<br>27.0 | ◆14Si<br>ケイ素<br>28.1 | ◆15P<br>リン<br>31.0 | ◆16S<br>硫黄<br>32.1 | ◆17Cl<br>塩素<br>35.5 | 18Ar<br>アルゴン<br>40.0 |
| 4 | ◆19K<br>カリウム<br>39.1 | ◆20Ca<br>カルシウム<br>40.1 | 21Sc<br>スカンジウム<br>45.0 | 22Ti<br>チタン<br>47.9 | 23V<br>バナジウム<br>50.9 | 24Cr<br>クロム<br>52.0 | ◆25Mn<br>マンガン<br>54.9 | ◆26Fe<br>鉄<br>55.9 | 27Co<br>コバルト<br>58.9 | 28Ni<br>ニッケル<br>58.7 | 29Cu<br>銅<br>63.6 | 30Zn<br>亜鉛<br>65.4 | 31Ga<br>ガリウム<br>69.7 | 32Ge<br>ゲルマニウム<br>72.6 | 33As<br>ヒ素<br>74.9 | 34Se<br>セレン<br>79.0 | ◆35Br<br>臭素<br>79.9 | 36Kr<br>クリプトン<br>83.8 |
| 5 | 37Rb<br>ルビジウム<br>85.5 | 38Sr<br>ストロンチウム<br>87.6 | 39Y<br>イットリウム<br>88.9 | 40Zr<br>ジルコニウム<br>91.2 | 41Nb<br>ニオブ<br>92.9 | 42Mo<br>モリブデン<br>95.9 | 43Tc<br>テクネチウム<br>〔99〕 | 44Ru<br>ルテニウム<br>101.1 | 45Rh<br>ロジウム<br>102.9 | 46Pd<br>パラジウム<br>106.4 | 47Ag<br>銀<br>107.9 | 48Cd<br>カドミウム<br>112.4 | 49In<br>インジウム<br>114.8 | 50Sn<br>スズ<br>118.7 | 51Sb<br>アンチモン<br>121.8 | 52Te<br>テルル<br>127.6 | ◆53I<br>ヨウ素<br>126.9 | 54Xe<br>キセノン<br>131.3 |
| 6 | 55Cs<br>セシウム<br>132.9 | 56Ba<br>バリウム<br>137.3 | 57~71<br>ランタノイド | 72Hf<br>ハフニウム<br>178.5 | 73Ta<br>タンタル<br>180.9 | 74W<br>タングステン<br>183.8 | 75Re<br>レニウム<br>186.2 | 76Os<br>オスミウム<br>190.2 | 77Ir<br>イリジウム<br>192.2 | 78Pt<br>白金<br>195.1 | 79Au<br>金<br>197.0 | 80Hg<br>水銀<br>200.6 | 81Tl<br>タリウム<br>204.4 | 82Pb<br>鉛<br>207.2 | 83Bi<br>ビスマス<br>209.0 | 84Po<br>ポロニウム<br>〔210〕 | 85At<br>アスタチン<br>〔210〕 | 86Rn<br>ラドン<br>〔222〕 |
| 7 | 87Fr<br>フランシウム<br>〔223〕 | 88Ra<br>ラジウム<br>226.0 | 89~103<br>アクチノイド | 104Rf<br>ラザホージウム<br>〔261〕 | 105Db<br>ドブニウム<br>〔262〕 | 106Sg<br>シーボーギウム<br>〔263〕 | 107Bh<br>ボーリウム<br>〔264〕 | 108Hs<br>ハッシウム<br>〔269〕 | 109Mt<br>マイトネリウム<br>〔268〕 | 110Ds<br>ダームスタチウム<br>〔269〕 | 111Rg<br>レントゲニウム<br>〔272〕 | 112Cn<br>コペルニシウム<br>〔285〕 | 113Nh<br>ニホニウム<br>〔278〕 | 114Fl<br>フレロビウム<br>〔289〕 | 115Mc<br>モスコビウム<br>〔289〕 | 116Lv<br>リバモリウム<br>〔293〕 | 117Ts<br>テネシン<br>〔293〕 | 118Og<br>オガネソン<br>〔294〕 |

| | | | | | | | | | | | | | | | |
|---|---|---|---|---|---|---|---|---|---|---|---|---|---|---|---|
| ランタノイド | 57La<br>ランタン<br>138.9 | 58Ce<br>セリウム<br>140.1 | 59Pr<br>プラセオジム<br>140.9 | 60Nd<br>ネオジム<br>144.2 | 61Pm<br>プロメチウム<br>〔145〕 | 62Sm<br>サマリウム<br>150.4 | 63Eu<br>ユウロピウム<br>152.0 | 64Gd<br>ガドリニウム<br>157.3 | 65Tb<br>テルビウム<br>158.9 | 66Dy<br>ジスプロシウム<br>162.5 | 67Ho<br>ホルミウム<br>164.9 | 68Er<br>エルビウム<br>167.3 | 69Tm<br>ツリウム<br>168.9 | 70Yb<br>イッテルビウム<br>173.0 | 71Lu<br>ルテチウム<br>175.0 |
| アクチノイド | 89Ac<br>アクチニウム<br>227.0 | 90Th<br>トリウム<br>232.0 | 91Pa<br>プロトアクチニウム<br>231.0 | 92U<br>ウラン<br>238.0 | 93Np<br>ネプツニウム<br>237.0 | 94Pu<br>プルトニウム<br>〔239〕 | 95Am<br>アメリシウム<br>〔243〕 | 96Cm<br>キュリウム<br>〔247〕 | 97Bk<br>バークリウム<br>〔247〕 | 98Cf<br>カリホルニウム<br>〔252〕 | 99Es<br>アインスタイニウム<br>〔252〕 | 100Fm<br>フェルミウム<br>〔257〕 | 101Md<br>メンデレビウム<br>〔258〕 | 102No<br>ノーベリウム<br>〔259〕 | 103Lr<br>ローレンシウム<br>〔262〕 |

## 2 原子の構造と原子量

分子やイオンのもととなる原子は，原子核と電子からできている。

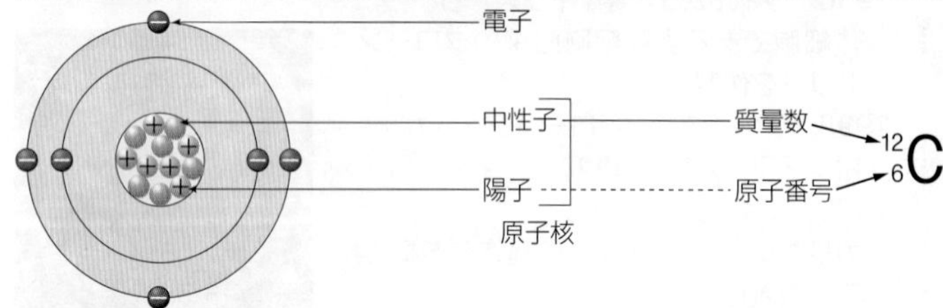

炭素原子(C)の例

原子は，中心に原子核があり，周囲を負の電気を帯びた電子がとりまいている。原子核には，陽子(正の電気を帯びる)と中性子(電気を帯びない)がある。陽子の数が原子番号となる。陽子と中性子の質量はほぼ等しい。両者の個数の合計を質量数という。電子と陽子の数は等しく，原子全体としては電気的に中性である。

**原子量**

質量数が12の炭素原子1個の質量を12と定め，これを基準に他の原子1個の質量を相対的に定めたものを原子量という。原子量に単位はない。

## 3 分子とイオン

原子が共有結合したものが分子，原子が電気を帯びたものがイオンである。

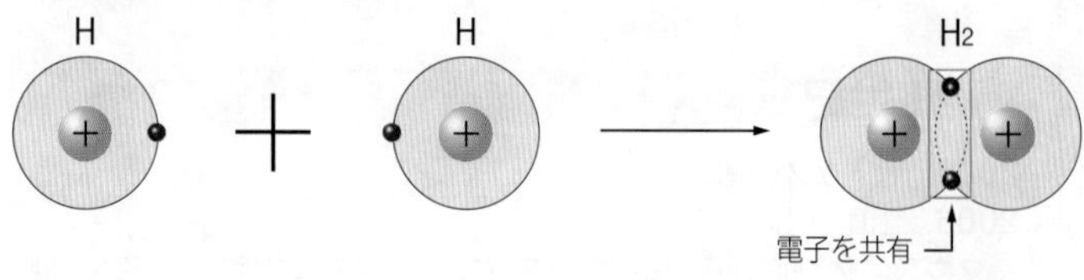


生物のほとんどの部分は分子でできている。
分子は，原子が電子を共有することによって結合している。
生物の分子は，主成分の水以外ではタンパク質，核酸，炭水化物など炭素を中心とした高分子の有機物が多い。

イオンの構造＝原子が電子を失ったり(陽イオン)，得たりして(陰イオン)，電気を帯びている

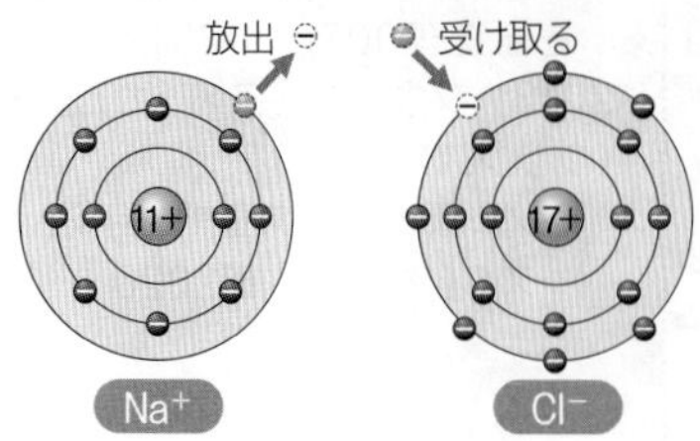


原子や分子は電気的に中性であるが，電子を失うと電気的にプラスになる。これを陽イオン(＋イオン)という。逆に電子を得ると電気的にマイナスになり，これを陰イオン(－イオン)という。

**陽イオンの例**　水素イオン：$H^+$　ナトリウムイオン：$Na^+$
カリウムイオン：$K^+$　アンモニウムイオン：$NH_4^+$

**陰イオンの例**　水酸化物イオン：$OH^-$　塩化物イオン：$Cl^-$
硝酸イオン：$NO_3^-$　亜硝酸イオン：$NO_2^-$

## 同位体(アイソトープ)

同じ種類の原子で，中性子数が違うために，質量数が異なる原子を互いに同位体であるという。同位体は，化学的性質がほとんど同じであり，化学反応では全く同じようにふるまう。しかし，質量の大小(重い軽い)や，放射性の有無などに違いがある。放射性のあるものを特に放射性同位体(ラジオアイソトープ)という。生物実験では，質量の違いや放射性を目印として，同位体を生物体内での物質の追跡に利用する。

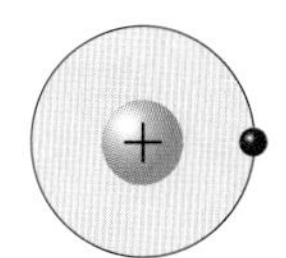

普通に見られる水素原子

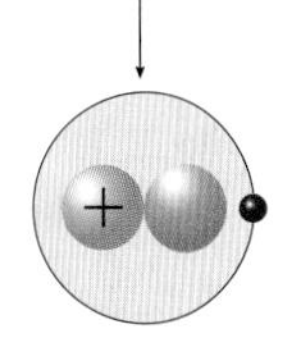



$^1$H の 2 倍の質量の水素原子

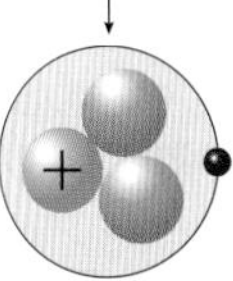

質量が大きく放射性のある水素原子

化学的性質は等しい。原子番号は同じで質量数が異なる。
＝
互いに**同位体**という。

| 同位体 | $^{1}$H | $^{3}$H | $^{12}$C | $^{14}$C | $^{14}$N | $^{15}$N | $^{16}$O | $^{18}$O | $^{31}$P | $^{32}$P | $^{32}$S | $^{35}$S | $^{39}$K | $^{40}$K |
|---|---|---|---|---|---|---|---|---|---|---|---|---|---|---|
| 存在率 | 99.99 | — | 98.93 | — | 99.64 | 0.36 | 99.76 | 0.21 | 100 | — | 95.0 | — | 93.26 | 0.01 |
| 放射性 | × | ○ | × | ○ | × | × | × | × | × | ○ | × | ○ | × | ○ |
| 半減期 | — | 12.33 年 | — | 5730 年 | — | — | — | — | — | 14.26 日 | — | 87.51 日 | — | 12.77 億年 |

存在率⇒自然界での存在率(%)　　半減期⇒もとの元素の原子数が最初の半分に減るまでの期間

## 物質量(モル)

モルとは，原子や分子の量を表す単位で，$6.02 \times 10^{23}$(アボガドロ定数)個の粒子の集合量を，1 mol という。ある原子や分子 1 mol の質量は，その原子量や分子量に g 単位を付けた質量である。

**例** グルコース($C_6H_{12}O_6$) 1 mol の質量は 180 g

$$\left.\begin{array}{l} C:\ 6 \times 12 = 72 \\ H:\ 12 \times 1 = 12 \\ O:\ 6 \times 16 = 96 \end{array}\right\} 合計 180$$

## 化学反応式

化学反応の様子を量的に表す式。矢印の左右で各原子の個数は一致する。

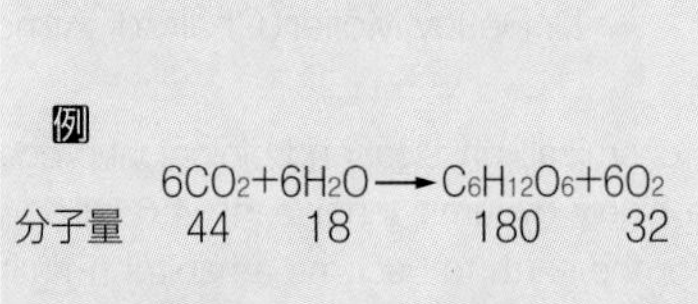

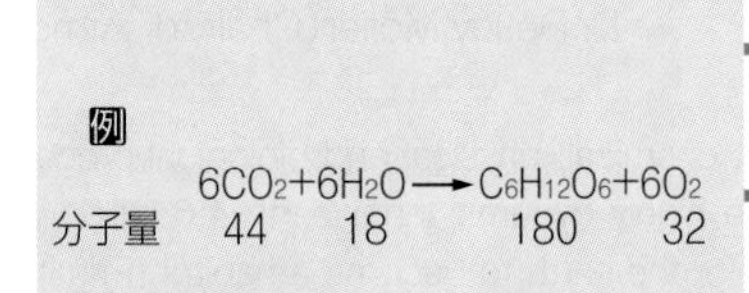

**分子数**から見ると：6 個の二酸化炭素分子と 6 個の水分子から，1 個のグルコース分子と 6 個の酸素分子ができる。

**mol数**から見ると：6mol の二酸化炭素と 6mol の水から，1mol のグルコースと 6mol の酸素ができる。

**質量**から見ると：264g(44×6)の二酸化炭素と 108g(18×6)の水から，180gのグルコースと 192g(32×6)の酸素ができる。

## 酸化と還元

**酸化**　物質に酸素が結合する
物質から水素が除かれる
物質が電子を放出する

**還元**　物質から酸素が除かれる
物質に水素が結合する
物質が電子を受け取る

酸化や還元では，物質 A が物質 B を酸化すれば，逆に物質 B は物質 A を還元したことになる。生物体では，様々な酸化還元反応が起きている。

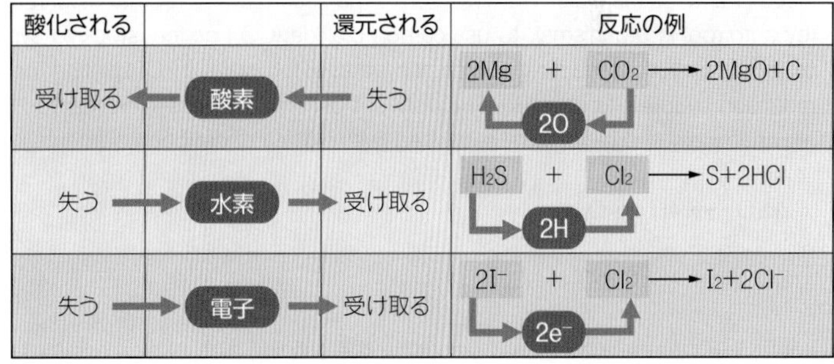

| 酸化される | | 還元される | 反応の例 |
|---|---|---|---|
| 受け取る ← | 酸素 | ← 失う | $2Mg + CO_2 \longrightarrow 2MgO + C$（2O） |
| 失う → | 水素 | → 受け取る | $H_2S + Cl_2 \longrightarrow S + 2HCl$（2H） |
| 失う → | 電子 | → 受け取る | $2I^- + Cl_2 \longrightarrow I_2 + 2Cl^-$（$2e^-$） |

## 8 水素イオン指数(pH)

pH は水溶液における酸・塩基(アルカリ)の度合いを示す指数。水素イオン濃度[$H^+$]の $10^{-a}$ mol/L の a の値で表す。0 ～ 14 の値のうち，pH7 が中性，7 より値が大きいほど強い塩基性，小さいほど強い酸性であることを示す。

酸・塩基の強弱と[$H^+$]や pH との関係

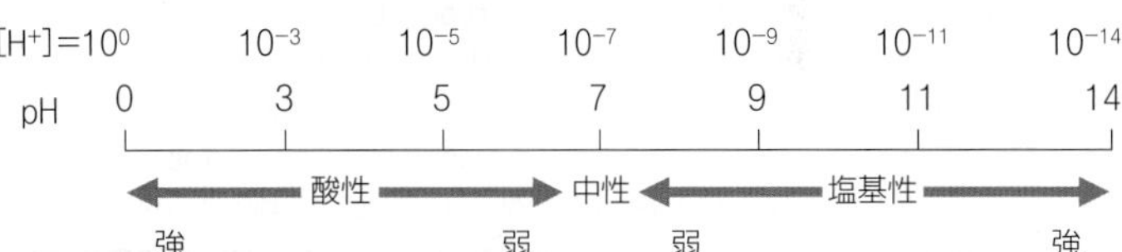



## 9 加水分解

生物を構成する高分子の有機化合物の多くは，加水分解によって，より小さな分子に分解される。

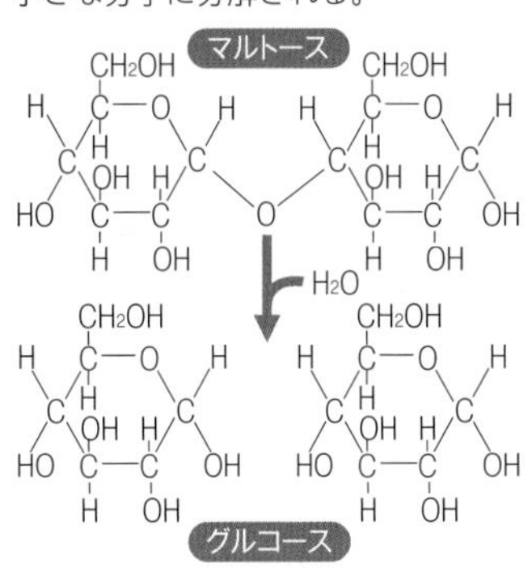



ある化合物が水の分子と反応し，2 つ以上の物質になる化学変化を加水分解という。消化酵素による化学的消化は，生体内における代表的な加水分解である。1 分子のマルトースは，左の図のように 2 分子のグルコースに分解される。このような加水分解によって，脂肪は脂肪酸とグリセリンに，タンパク質はアミノ酸に，炭水化物はグルコースなどの，より小さな分子に分解される。

## 10 国際単位系(SI)

### 基本単位

| 物理量 | 名称 | 記号 |
|---|---|---|
| 長さ | メートル | m |
| 質量 | キログラム | kg |
| 時間 | 秒 | s |
| 電流 | アンペア | A |
| 温度 | ケルビン | K |
| 物質量 | モル | mol |
| 光度 | カンデラ | cd |

### 固有の名称をもつ組立単位

| 物理量 | 名称 | 記号 | 定義 |
|---|---|---|---|
| 力 | ニュートン | N | $kg \cdot m/s^2$ |
| 圧力 | パスカル | Pa | $kg/(m \cdot s^2) = N/m^2$ |
| エネルギー | ジュール | J | $kg \cdot m^2/s^2 = N \cdot m$ |
| 仕事率 | ワット | W | $kg \cdot m^2/s^3 = J/s$ |
| 電気量 | クーロン | C | $A \cdot s$ |
| 電位差 | ボルト | V | $kg \cdot m^2/(s^3 \cdot A) = J/(A \cdot s)$ |
| 周波数 | ヘルツ | Hz | 1/s |

### SI 接頭語

| 接頭語 | テラ | ギガ | メガ | キロ | ヘクト | デカ | | デシ | センチ | ミリ | マイクロ | ナノ | ピコ | フェムト | アト |
|---|---|---|---|---|---|---|---|---|---|---|---|---|---|---|---|
| 記号 | T | G | M | k | h | da | | d | c | m | μ | n | p | f | a |
| 倍数 | $10^{12}$ | $10^{9}$ | $10^{6}$ | $10^{3}$ | $10^{2}$ | $10^{1}$ | 1 | $10^{-1}$ | $10^{-2}$ | $10^{-3}$ | $10^{-6}$ | $10^{-9}$ | $10^{-12}$ | $10^{-15}$ | $10^{-18}$ |

# 今後の地球環境を考えて

以下に示した英文は，ドイツ・ブランデンブルグ工科大学のメーラー名誉教授が本書読者のための寄稿として書き起こされたものです。教授はドイツの環境汚染の研究プロジェクト(化学，物理，生物，地学)を統括するチーフとしても活躍され，ベルリンの研究室も拠点としています。

■概要■　前半で，地球の誕生から生命の誕生，従属栄養生物の出現，二酸化炭素利用型光合成の２段階のステップとそれに伴う酸素分子の増加と大気組成の変遷，海水中の酸素が大気中に放出されるに至るいきさつを解説。

後半では，生物の代謝による循環系の成立と，人類の物質・エネルギー大量消費で逸脱し始めた危機的状況を述べている。

多様な生物種の共存も含む生態系における循環の重要性を示唆し，今後のエネルギー問題の打開策として現在マスコミなどで取りあげられる案の可能性についても述べている。最後に生態学は自然界の経済学でもあり，ヒトも自然の一部であることの再考を促し，これまで進めてきた人類の考え方の見直しも問いかけている。

本書の多くの箇所に関係する内容なので，ぜひとも原文で読んでほしい。なお参考として，比較的原文に沿った形の日本語訳をp.344 ～ 345 に掲載した。必要に応じて参照されたい。

## Towards a global sustainable chemistry

Prof. of Brandenburg Technical University Cottbus GERMANY
Dr.Detlev Möller（Chair for Atmospheric Chemistry and Air Quality）

Throughout the entire history of our planet, chemical, physical and biological processes have changed the composition and structure of its reservoirs. Beginning with a highly dynamic inner earth 4.6 billion years ago, geochemical and geophysical processes have created the fundamentals for the earth to become a habitat. Primitive forms of life appeared likely very early and it is discussed that its origin is extraterrestrial; we know that complex organic molecules exist between the stars. Moreover, the geochemical evolution of our earth created conditions (likely in "deep environments" such as the sea-floor) that organisms developed, creating a biosphere and a biogeochemical evolution. First organisms consumed available organic "feed" because there life was based on fermentation. It was a great step in biological evolution to create the photosynthesis (by autotrophic organisms), to use carbon dioxide ($CO_2$) as feedstock to synthesize organic molecules. In the next step of biological evolution, the oxygenic photosynthesis, the water ($H_2O$) splitting process opened a much more efficient way in $CO_2$ reduction by free hydrogen (H). The plant cell became a biochemical reactor: the two steps, $H_2O$ splitting and $CO_2$ reduction, are chemically and biologically separated (within different cell compartments):

$$2H_2O \longrightarrow 4H\downarrow + O_2\uparrow \tag{1}$$

$$CO_2 + 4H \longrightarrow CH_2O + H_2O; \tag{2}$$

note, $CH_2O$ (formally methanal) stands for the building bloc of biomass (organic molecules). Life became a geological force with oxygenic photosynthesis and created an interactive feedback with chemical and physical evolution. At that time of evolution, the free oxygen still was a waste product; it was used geochemically for oxidation processes. Free oxygen ($O_2$) was very low in the early atmosphere (less than 0.1%) and only produced by photodissociation of carbon dioxide ($CO_2$) and water metabolic ($H_2O$) because total solar radiation did reach the earth surface. The strong radiation, however, also destructed all organic molecules in the atmosphere and prohibited any life forms on the earth surface. With the increasing oxygen saturation of the oceans, $O_2$ escaped to the atmosphere (about 2.7 billion years ago). The accumulation of $O_2$ in the atmosphere led to the biological innovation of aerobic respiration (by heterotrophic organisms), which harnesses a more powerful metabolic energy source. The "cycle" was now closed by respiration, the process of liberation of chemical energy in the oxidation of organic compounds:

$$CH_2O + O_2 \longrightarrow CO_2\uparrow + H_2O \tag{3}$$

The increase of atmospheric $O_2$ and the accompanied formation of ozone ($O_3$) led to absorption of the life-killing UV radiation and hence to biological settlement of the continents. About 500 million years ago, the present oxygen level (21%) was reached. The still much higher $CO_2$ concentration did allow producing excess biomass and burial them avoiding its mineralization according to Eq. (3) — this was the period generating the *fossils fuels*. The green plant feedstock and the excess of $O_2$ created highly mobile multicellular organisms (eukaryotic organisms), higher animals, including *Homo sapiens*, the humans. These higher organisms (they contribute less than 0.1% to global biomass), however, are not necessary to provide the global biogeochemical cycle, or in other terms, equilibrium. Microorganisms have probably determined the basic composition of earth's atmosphere since the origin of life and finally created the breathable, oxygen-rich air and clear blue skies that we enjoy today. Evolution of one reservoir (atmosphere) is the history of the evolution of the other one (biosphere).

sea-floor：海底
fermentation.：発酵
reduction：還元
free hydrogen：遊離水素(単体としての水素)
free oxygen：遊離酸素(単体としての酸素)
photodissociation：光分解
heterotrophic：従属栄養の(生物)
metabolic：代謝の
liberation：解放・放出
mineralization：無機化
fossils fuels：化石燃料
reservoir：貯蔵・蓄積

disengaged：自由な
rigorous：厳しい・厳密な

But biological evolution created a further dimension, *human intelligence*, which disengaged humankind from the rigorous necessities of nature and provided unlimited scope for reproduction (at least in the past). Humans became another global force in the chemical evolution with respect to climate change by interrupting naturally evolved biogeochemical cycles — today approaching a critical condition which we call *crisis*, not providing the internal natural principle of self-preservation. Man in all his activities and social organizations is part of, and cannot stand in opposition to or be a detached or external observer of, nature. We also have to accept that we are unable to remove the present system into a preindustrial or even prehuman state because this means disestablishing humans. The key question is which parameters of the climate system allow the existence of humans under which specific conditions. We defined a *sustainable society* as being able to balance the environment, other life forms and human interactions over an indefinite time period. There is much discussion on "sustainable chemistry"(often called green chemistry), but, in my understanding, the basic principle of *global sustainable chemistry* is to transfer matter for energetic and material use only within global cycles without changing reservoir concentrations above a critical level.

anthropogenically：人類学的に・人間学的に

With respect to atmospheric pollution, the last unsolved issues (remaining pollutants) are "greenhouse" gases, namely $CO_2$, which contributes to about 70% of anthropogenically caused global warming (other important gases such as $CH_4$ and $N_2O$ contribute to roughly 25% of warming; these gases are associated mainly with agricultural activities). Today atmospheric $CO_2$ is increasing at a rate that has probably never occurred over the entire history of the earth due to the release by human activity of carbon in "fossil fuels" buried over millions of years in a period of barely hundreds of years. Therefore, forced by climate change and its uncertain, but very likely catastrophic impact after reaching the "tipping points" than fossil resource limits, we need to transfer into the "solar era" as soon as possible. Nuclear power may be considered as a "bridging technology" but the risks may not be longer accepted by society. Secondary "renewable" energy, that has already been in use for long time, such as water and wind (and we should not forget that it was the only significant source of energy before the first Industrial Revolution), will probably never contribute on a global scale to fit the energy demand (this does not exclude national and regional solutions proposed nowadays for Germany). Hence only the direct use of solar energy can realistically solve the global energy problem and fully replace fossil fuels. Without a doubt, electricity is the unique form of energy in the future and its direct application (also for mobility and heating) will increase, and will replace traditional fuels based on fossil resources to a large extent.

We must adopt Eq. (1)-(3) within a global closed anthropogenic carbon cycle using only solar energy to: (a) stop the further increase of $CO_2$ emissions, and to obtain a global zero-carbon budget; (b) solve the problem of electricity storage based on $CO_2$ utilization; (c) to provide carbon-based materials only from $CO_2$ utilization; and (d) use the infrastructure developed for the fossil fuel era. A key idea of "Carbon Capture and Cycling" (CCC) technology is the capture of $CO_2$ from the atmosphere (and its dynamic storage) to close the man-made global carbon cycle analogous to the biosphere. The *carbon dioxide economy* is the adaption of the biospheres' assimilation-respiration cycle by humans; the only long-term sustainable way of surviving. We also must learn (and accept) that permanent economic growth (stated by politicians as the solution to social problems) results in collapse when not reaching a steady-state condition. Our present socioeconomic approach must be replaced by a socio-ecological reference in the organization of society (note that ecology is the economy of Nature).

emission：放出

**Table 1: Global growth by humans**

| year | population (in billion humans) | energy consumption | | carbon dioxide | |
|---|---|---|---|---|---|
| | | per capita (in GJ) | global (in EJ) | emission (in Gt carbon) | atmospheric concentration (in ppm) |
| 1850 | 1.26 | 23[c] | 27[c] | 0.68[a] | 285 |
| 1900 | 1.65 | 27 | 45 | 1.26 | 296 |
| 1920 | 1.86 | 34 | 75 | 1.74 | 303 |
| 1950 | 2.52 | 35 | 100 | 2.67 | 313 |
| 1970 | 3.70 | 61 | 218 | 5.59 | 324 |
| 1990 | 5.27 | 72 | 366 | 7.34 | 352 |
| 2010 | 6.79 | 80 | 528[d] | 9.84[b] | 387 |

[a] 90% by land-use
[b] 14% by land-use
[c] before 1850 only biofuel (mainly wood)
[d] 90% by fossil fuels

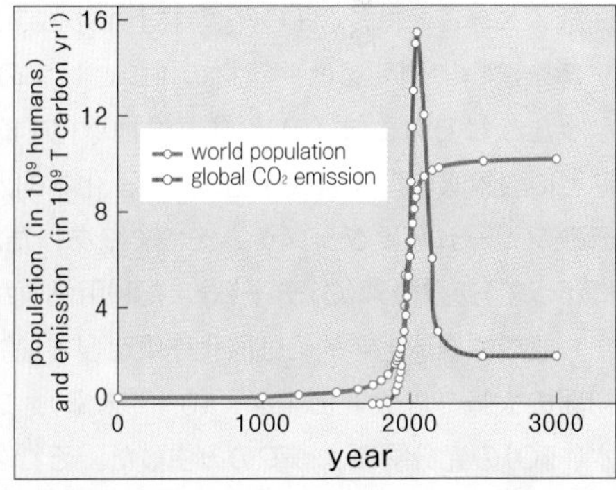


**Fig.1 Population growth and global $CO_2$ emission.**

The perspective $CO_2$ emission is estimated on further growth (business-as-usual) for the next 40 years following by stepwise transfer into solar era; a yearly $CO_2$ emission of about 2 Gt is balanced in future by air capture within a global $CO_2$ economy. *Note:* Even when approaching a steady-state after year 2200, the atmospheric $CO_2$ concentration will decline to the 1950 value after a few thousands years only.

stepwise：一歩ずつの
era：時期，時代
（地質時代の）～代

## 地球の生命環境持続可能な化学に向けて

地球の誕生から現在まで，化学的，物理的な変化は，生物の出現と変化とも関係しあいながら，分子やその構成，地球上の様相に大きな変化をもたらしてきた。46 億年前に始まったダイナミックな地球における地球化学的あるいは地球物理学的な変遷過程は，地球上に生物がすむことができる環境を整えてきた(⇒ p.310)。生命の最初の形成はかなり早く，地球外にその起源があるのかどうかも議論されている。私たちは現在，星々の間に複雑な有機物が存在することを知り得ている。地球上における化学進化は，有機体(生物)が更なる進化を進めることのできる環境(海底などの深部環境のように)を整え，生物圏自体とその生化学的な進化を進めてきた。最初の生物体における活動は発酵の上に成り立っていたと考えられるので，当面，利用可能な有機化合物を栄養としたであろう。光合成という現象が現れたことは，生物進化にとって大きなステップになった(⇒ p.92)。まず，栄養源としての有機化合物の合成を，$CO_2$ を素材分子として行うことができるようになった。次のステップでは，酸素排出型の光合成，すなわち水($H_2O$)が十分に存在するもとでの反応が効率的な方法として現れ{式(1)}，遊離した水素(H，他の物質と結合していない水素)によって二酸化炭素($CO_2$)の還元にも極めて効果的な方法が成立した。植物細胞の生化学的反応，すなわち $H_2O$ の分解と $CO_2$ の還元の 2 つの反応系が，化学反応としても生物学的にも分離して(別個の細胞区画内で)行われるようになった(⇒ p.92)。

$$2H_2O \longrightarrow 4H\downarrow + O_2\uparrow \qquad (1)$$

$$CO_2 + 4H \longrightarrow CH_2O + H_2O; \qquad (2)$$

注意すべきことは，$CH_2O$(化学式上ホルムアルデヒド)はバイオマスを建物に例えると，建材の 1 つとしての個々のブロックとなったことである{式(2)}。生命は地球化学的な現象として，地球上に酸素吸収型光合成を出現させ，化学的，物理学的な進化とそのフィードバックシステムをつくりあげた。進化当初，(生物にとって)遊離酸素($O_2$ 分子)はまだ利用価値がない生産物であった。酸素は地球化学的には酸化作用として機能した。遊離酸素は初期の大気では大変に少なく(0.1%未満)，二酸化炭素($CO_2$)と水($H_2O$)の光分解によってのみ生じた。それは太陽からの全放射線が地球の表面に届いていたからである。強い放射線は，すべての有機化合物を大気中で自壊させ，様々な生命の形が地球上に現れるのを阻止していた。海水中で $O_2$ が飽和してくるに伴って，$O_2$ は大気中に放出された(約 27 億年前ころ)。大気中での $O_2$ の蓄積は，生物学的に呼吸(従属栄養生物による)という革新をもたらし，より高度な，代謝・エネルギー代謝をもたらした。これらの代謝による循環は，現在では呼吸によって完結された形になっている(⇒ p.284)。この代謝は，有機化合物の酸化における化学エネルギーの取り出しの過程にもなっている。

$$CH_2O + O_2 \longrightarrow CO_2\uparrow + H_2O \qquad (3)$$

大気中の酸素($O_2$)の増加と，それに伴ってオゾン($O_3$)ができてくることで，生命を殺してしまう紫外線(UV)が吸収され，それにつれて大陸に生物が定着してきた。約 5 億年前には現在と同じ酸素レベルが到達された。$CO_2$ のレベルはまだはるかに高くて，余分の生物量(バイオマス)が生産され，それは式(3)に見るように無機化せずに埋蔵されていった――「化石燃料」の生成の時代である。緑色植物という食料の蓄えと余分の酸素があることから，動き回る多細胞生物(真核生物)と，人間(ホモ・サピエンス)も含む高等動物がつくり出された。ただしこうした高等生物(地球全体の生物量からすれば 0.1%以下)は，地球全体の生物地質化学のサイクルに，言い換えれば平衡状態の達成に必要なわけではなかった。生命の起源以来，地球大気の基本組成を決め，今私たちが楽しんでいる酸素に富む呼吸できる大気と，鮮やかな青空をつくり上げてきたのは，結局おそらく微生物だった。貯蔵源である一方(大気圏)の進化は，他方(生物圏)の進化の歴史でもある。

しかし生物の進化はさらにその先に，「人間の知性」という新たな局面をつくり出し，自然の厳しいしばりから人類を解放し，際限ない人口増加という見通しをもたらした(少なくともこれまでのところ，表 1 参照)。人類は，自然のもとで進化してきた生物地質学的なサイクルに割り込んで気候変化をもたらすという点で，化学的進化でもう 1 つの，地球全体に及ぶ力となった――状態はいまや，自然保存の原理が内部には備わっていない「危機(クライシス)」とよばれる緊急事態に迫っている。人間はその全活動も社会組織も自然の部分をなすので，自然と対立したり，それと切り離されたり，自然の外側に立つ観測者ではあり得ない。また，今のシステムを取りやめて産業化以前の状態，まして人類出現以前の状態に戻ったりするのは，人間として確立している立場を捨てることになるので，できない相談である。鍵となる問題は，気候システムのうちどの変数が，特定条件のもとで人類の存在を許すのかということだ。「持続可能な社会」というのは，環境と他の生物や人間の相互作用が期限を限らずにバランスを保ち続けるものというふうに定義された。「持続可能な化学」(しばしば〈グリーンな化学〉ともいう)についてはたくさんの議論があるが，私の理解では，「地球全体にわたる持続可能な化学」の基本原則は，貯蔵源の濃度をある危機レベル以内に抑えた上で，地球全体のサイクルの枠内で，物質をエネルギーおよび原材料としての利用のために転用することである(図 1 参照)。

大気汚染については，最後の未解決の問題(残留汚染物質)は「温室効果ガス」すなわち$CO_2$であり，これが人類の活動で引き起こされる地球温暖化のうち約70％の原因となっている($CH_4$や$N_2O$のような他の重要な気体は温暖化の原因の約25％を占めており，これらは主として農業活動と関係している)。今日，大気中の$CO_2$は，過去何百万年も「化石燃料」に閉じ込められていた炭素を，人類がせいぜい数百年の間に放出したことで，地球の全歴史上，例を見ない速度で増加している(⇒ p.292)。それゆえ気候変動と，また化石燃料の限界というよりも，「転換点」に達した後に訪れることが確実とはいえないがやってくることが大いにありそうな破局的な衝撃に促されて，できるだけ速やかに「ソーラー(太陽光)時代」に移る必要がある。原子力は「過渡的技術」の1つとして考えられるかも知れないが，その危険を社会は長くは受け入れないだろう。二次的な「再生可能」エネルギーとしてすでに長い間使われてきた水力や風力などは(第一次産業革命以前のめぼしいエネルギー源はこれだけだったことを忘れてはならない)，たぶん全地球的な規模でのエネルギー需要への寄与にならないだろう(ドイツで当面の国家的・地域的な解決策として提唱されていることは排除しないが)。それゆえ現実的には太陽光の直接利用だけが全地球のエネルギー問題を解決し，化石燃料を全面的に置き換えられる(⇒ p.296)。疑いなく，将来のエネルギーの唯一の形態は電力であり，その直接利用(輸送力や暖房に対しても)は増して行き，資源に基づく在来の燃料を大幅に置き換えるだろう。

太陽エネルギーだけを使う人類が原因となる地球の閉じた炭素サイクルの中で，私たちは式(1)～(3)を以下のことに適用していかなければならない：(a)これ以上の$CO_2$放出の増加を停止し，地球の炭素ゼロ収支を達成すること；(b)$CO_2$の利用に基づく蓄電の問題を解決すること；(c)炭素を基礎とした物質素材を，$CO_2$の利用のみから供給すること；そして(d)化石燃料の時代に開発されてきた技術基盤を利用すること。「炭素の回収と循環」(CCC)技術の鍵となる思想は，大気からの$CO_2$回収(およびその流動的な貯蔵)で，人工の全地球的な炭素サイクルを，生物圏と同じように閉じたものとすることにある。「二酸化炭素の収支経済」は，生物圏での同化(合成)—呼吸の人間による適用であり，生き残りのための長期的に持続可能な方策はこれしかない。私たちはまた，いつまでも続く経済成長(社会問題の解決策であると政治家は唱える)は定常状態に達しないとき，崩壊する結果になることを学ぶ(そして受け入れる)必要がある。私たちの現在の社会経済的なアプローチは，社会組織での社会生態学的な考慮によって置き換えられなければならない(生態学 ecology は自然の経済学 economy であることに留意しよう)。

---

**表1　人類による全体的な増加**

＜単語＞
energy consumption：エネルギー消費
GJ：ギガジュール＝ $10^9$ J(エネルギー単位)
EJ：エクサジュール＝ $10^{18}$ J(エネルギー単位)
per capita：一人あたりの

a：90％土地利用(農地開墾など)による
b：14％土地利用(農地開墾など)による
c：1850以前生物燃料のみ(主に木材)
d：90％が化石燃料による

**図1　人口増加と世界的な二酸化炭素放出量**

二酸化炭素の放出見通しは，これからの40年間さらに増加すると見込まれている。少しずつ太陽エネルギーに移行しながらではあるが。地球規模の二酸化炭素収支によって，将来毎年約2 Gtの二酸化炭素放出量で平衡状態になる。
注目すべきは，2200年以降安定した状態に向けて変化していった場合ですら，2，3千年後まで大気中の二酸化炭素濃度は1950年の値までにしか下降しない。

※訳文中に赤で示したのは，本書の関連事項記載ページ。

## TOPICS　放射線によって生じる活性酸素が生物に与える影響

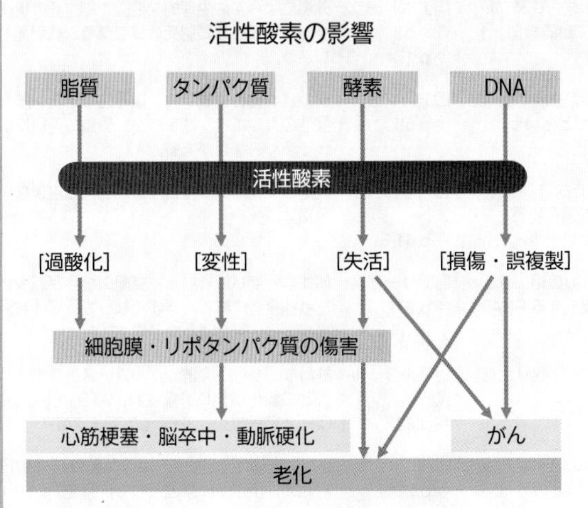


放射線には，中性子線のような粒子線とX線などの電離放射線(紫外線も同性質)がある。電離放射線は細胞に含まれる水分子に影響を与え活性酸素を生じる。活性酸素は酸素分子が不対電子を捕獲することによって生成するが，いくつかの形態がある。活性酸素の中でもヒドロキシルラジカル(⇒ p.121)はきわめて反応が過激であり，活性酸素による多くの生体損傷の主たる原因とされる。活性酸素は1日に細胞あたり約10億個発生する。また，細胞内のDNAを損傷し，平常の生活でもDNA損傷の数は細胞あたり1日数万から数10万個になる。粒子線はもちろん電離放射線が降り注ぐ状態では，修復はとうてい追いつかない。オゾン層により，短波長紫外線など短波長の電離放射線は地表に届かなくなったが，長波長紫外線や地球上の物質から出る放射線もある。
それでも生物が生きられるのは，主に2段階の生体の活性酸素消去能力(抗酸化機能)と，DNA損傷に対応する修復システムによる(DNA修復⇒ p.120)。オゾン層の破壊などは，生物界にとって危機的現象と考えられる。
活性酸素は紫外線やX線・ガンマ線のような電離放射線以外にも，体内のストレスなどによっても細胞内に生じることが知られている。逆にミトコンドリアの反応系には，有害であった活性の高い酸素を利用する部分がある。

## 重要用語チェック　青字は生物基礎の範囲を示す。

### 3—E

| | |
|---|---|
| □ 3' 末端 ⇒ p.101 | DNA ヌクレオチド鎖の方向性において，糖とリン酸の結合した主鎖の糖側の末端。 |
| □ 3 ドメイン説 ⇒ p.325 | 生物の大分類において，細菌ドメイン，アーキアドメイン，真核生物ドメインの 3 つに大別する考え方。 |
| □ 5' 末端 ⇒ p.101 | DNA ヌクレオチド鎖の方向性において，糖とリン酸の結合した主鎖のリン酸側の末端。 |
| □ ABC モデル ⇒ p.255 | 花の器官形成の制御において，A・B・C の 3 つのクラスの遺伝子が関与するというしくみのモデル。 |
| □ ADP ⇒ p.75 | Adenosine Di Phosphate(アデノシン二リン酸)の略号。アデノシンに 2 つのリン酸が結合した構造。 |
| □ AIDS ⇒ p.213 | Acquired ImmunoDeficiency Syndrome(エイズ，後天性免疫不全症候群)の略。免疫が低下し，日和見感染が起こりやすくなる。 |
| □ ATP ⇒ p.75 | Adenosine Tri Phosphate(アデノシン三リン酸)の略号。ADP とリン酸への分解で多くのエネルギーが放出され，生命活動に使われる。 |
| □ ATP 合成酵素 ⇒ p.79 | $H^+$ の濃度勾配を利用して ATP を合成する酵素。呼吸と光合成の電子伝達系で働く。 |
| □ B 細胞(リンパ球) ⇒ p.205 | 骨髄(Bone marrow)で造血幹細胞から分化・成熟するリンパ球。特定の抗原によって分裂・増殖し，抗体産生細胞に分化する。 |
| □ $C_3$ 植物 ⇒ p.94 | 光合成の炭酸固定で，最初の反応が炭素数 3 の PGA(ホスホグリセリン酸)になる植物。 |
| □ $C_4$ 植物 ⇒ p.94 | 光合成の炭酸固定で，最初の反応が炭素数 4 のジカルボン酸(オキサロ酢酸)になる植物。強光，高温に適し，乾燥に強い。 |
| □ CAM 植物 ⇒ p.94 | 夜間に吸収した $CO_2$ を $C_4$ 化合物として液胞に貯蔵し，昼に $CO_2$ に戻してカルビン回路で固定する植物。高温，乾燥に強い。 |
| □ DNA ⇒ p.35 | Deoxyribo Nucleic Acid(デオキシリボ核酸)の略号。糖がデオキシリボースの核酸で遺伝子の本体。二重らせん構造をとる。 |
| □ DNA 型鑑定 ⇒ p.127 | DNA の特定の塩基配列の繰り返し(DNA 型)をもとに DNA から血縁関係を調べたり，個人の特定を行う技術。 |
| □ DNA 合成酵素 ⇒ p.103 | 1 本鎖 DNA を鋳型として，相補的な塩基配列をもつ DNA 鎖を合成する酵素。DNA ポリメラーゼともいう。 |
| □ DNA ヘリカーゼ ⇒ p.103 | DNA 複製の際に，2 本鎖 DNA の二重らせんをほどいて 1 本鎖にする酵素。 |
| □ DNA マイクロアレイ ⇒ p.128 | 1 本鎖 DNA の付着したチップを用いて転写された mRNA の種類と量を解析する技術。DNA マイクロアレイ解析ともいう。 |
| □ DNA リガーゼ ⇒ p.103 | 2 本鎖の DNA 鎖を連結する酵素。制限酵素とともに，遺伝子工学に必要不可欠な酵素である。 |
| □ EPSP ⇒ p.224 | 興奮性シナプス後電位のこと。アセチルコリンが神経筋接合部の受容体に結合することで細胞膜が脱分極し，興奮状態となる。 |
| □ ES 細胞 ⇒ p.179 | 哺乳類の胞胚の内部細胞塊よりつくられる細胞株。Embryonic Stem cells(胚性幹細胞)。様々な細胞に分化する能力をもつ。 |

### F—S

| | |
|---|---|
| □ FT 遺伝子 ⇒ p.247 | ナズナの花芽形成に関わる FT タンパク質の遺伝子。FT タンパク質は葉でつくられ，茎頂分裂組織に移動して働く。 |
| □ $G_1$ 期 ⇒ p.104 | 細胞周期の間期の中で DNA 合成の準備が行われる時期。DNA 合成準備期のこと。 |
| □ $G_2$ 期 ⇒ p.104 | 細胞周期の間期の中で細胞分裂の準備が行われる時期。分裂準備期のこと。 |
| □ GFP ⇒ p.125 | Green Fluorescent Protein(緑色蛍光タンパク質)の略号。下村脩が発見した緑色の蛍光を発するタンパク質。 |
| □ HIV ⇒ p.213 | Human Immunodeficiency Virus(ヒト免疫不全ウイルス)の略。感染して AIDS の原因となるウイルス。 |
| □ Hox 遺伝子群 ⇒ p.177 | ホメオティック遺伝子に似た塩基配列をもつ Hox 遺伝子は形態形成の調節に関わり，まとめて Hox 遺伝子群と呼ばれる。 |
| □ IPSP ⇒ p.224 | 抑制性シナプス後電位のこと。GABA が神経筋接合部の受容体に結合することで膜電位が低下し，抑制的効果を生み出す。 |
| □ iPS 細胞 ⇒ p.179 | 体細胞に特定遺伝子を導入し，人工的に多能性をもたせた細胞株。induced Pluripotent Stem cells(人工多能性幹細胞)。 |
| □ mRNA ⇒ p.100 | messengerRNA(伝令 RNA)の略。DNA の塩基配列を写し取り，アミノ酸配列に返還する働きをもつ RNA。 |
| □ M 期 ⇒ p.104 | 細胞周期において，細胞分裂が行われている時期のこと。分裂期ともいい，前期・中期・後期・終期に分けられる。 |
| □ $NAD^+$ ⇒ p.78 | 解糖系やクエン酸回路に関わる酸化型の補酵素。還元型は NADH となる。 |
| □ $NADP^+$ ⇒ p.92 | 光合成の光化学反応に関わる酸化型の補酵素。還元型は NADPH となる。 |
| □ NK 細胞 ⇒ p.206 | ナチュラルキラー細胞 (Natual Killer cell)。自然免疫に働くリンパ球で，全身を巡回しながら感染細胞を発見すると攻撃・破壊する。 |
| □ PCR 法 ⇒ p.126 | 目的の DNA 断片を短時間で大量に増幅するための技術。PCR は Polymerase Chain Reaction(ポリメラーゼ連鎖反応)の略。 |
| □ RNA ⇒ p.35 | Ribo Nucleic Acid(リボ核酸)の略号。ヌクレオチドの糖がリボースになっている核酸。1 本鎖である。 |
| □ RNA 合成酵素 ⇒ p.108 | DNA を鋳型として，相補的な mRNA の合成を行う酵素。RNA ポリメラーゼともいう。 |
| □ RNA ワールド ⇒ p.309 | 初期生命は，酵素なしで複製できない DNA ではなく，触媒機能ももつ RNA を遺伝物質としていたという仮説。現在は DNA ワールド。 |
| □ rRNA ⇒ p.100 | ribosomalRNA(リボソーム RNA)の略。タンパク質とともにリボソームを構成する RNA。 |
| □ RuBP カルボキシラーゼ/オキシゲナーゼ ⇒ p.92 | 光合成のカルビン回路で，$CO_2$ を取り込む際に働く酵素。ルビスコともいう。 |
| □ SNP ⇒ p.128 | Single Nucleotide Polymorphism(一塩基多型)の略。集団内の個体間で 1 塩基のみ違いが見られる多型のこと。 |

### S—あ

| | |
|---|---|
| □ S-S 結合 ⇒ p.58 | ポリペプチド中の硫黄を含むアミノ酸どうしの結合で，三次構造の形成に関わる。ジスルフィド結合ともいう。 |
| □ S 期 ⇒ p.104 | 細胞周期の間期の中で，DNA の複製が行われる時期。DNA 合成期のこと。 |
| □ tRNA ⇒ p.100 | transferRNA(転移 RNA・運搬 RNA)の略。アミノ酸をリボソームに運ぶ働きをもつ RNA。アンチコドンをもつ。 |
| □ T 細胞 ⇒ p.205 | 骨髄でつくられた造血幹細胞が胸腺に移り分化・成熟する。がん細胞などの異物への攻撃や，B 細胞への抗原情報の伝達などに働く。 |
| □ $\alpha$ ヘリックス ⇒ p.59 | タンパク質の二次構造で見られる，側鎖が外側を向いた規則的ならせん構造。$\alpha$ ヘリックス構造ともいう。 |
| □ $\beta$ シート ⇒ p.59 | タンパク質の二次構造で見られる，ポリペプチドが折れ曲がり平行に並んだシート状の構造。$\beta$ シート構造ともいう。 |
| □ アーキア ⇒ p.326 | 原核生物のうち，細菌より真核生物に近縁と考えられる生物群。かつては，初期に誕生した細菌と考えられ，古細菌と呼ばれていた。 |
| □ 赤潮 ⇒ p.293 | プランクトンの異常繁殖により海洋が赤色に変化する現象。水中の酸素欠乏や毒素により，多くの魚介類が死滅する。 |
| □ アクアポリン ⇒ p.61 | 膜タンパク質の一種で水分子のみを通すチャネル。 |
| □ アクチンフィラメント ⇒ p.64 | 筋原繊維内に見られる細いフィラメント。アクチンという球状のタンパク質が多数連なっている。 |
| □ アグロバクテリウム ⇒ p.129 | 植物に感染する細菌で，感染すると自身のもつプラスミドを植物に渡すので，植物への遺伝子導入に利用される。 |
| □ アドレナリン ⇒ p.197 | 副腎髄質から分泌されるホルモン。血糖量を増加させる。また，心臓の拍動を促進させ，血圧を上昇させる。 |
| □ アナフィラキシーショック ⇒ p.212 | 急激な血圧低下や呼吸困難など全身に及ぶ激しいアレルギー症状(アナフィラキシー)により引き起こされる，生命に関わる症状。 |
| □ アブシシン酸 ⇒ p.245 | 種子や芽の休眠維持，気孔の閉鎖に作用する植物ホルモン。ワタの落葉に作用する物質として発見された。 |
| □ アポトーシス ⇒ p.174 | 外傷によらずに生理的な要因で細胞死の機構が働いて起こる細胞死。プログラム細胞死ともいう。 |
| □ アミノ酸 ⇒ p.58 | タンパク質の構成単位。塩基性のアミノ基と酸性のカルボキシ基をもつ。側鎖の違いによって多くの種類がある。 |
| □ アミロプラスト ⇒ p.41 | 大量のデンプンを蓄積する，色素を含まない色素体。 |
| □ アリー効果 ⇒ p.272 | 個体群密度が低くなって交配の機会が減少したり捕食者に襲われやすくなって，個体数減少がさらに進むような効果。 |
| □ アルコール発酵 ⇒ p.82 | 酵母などが行う発酵。グルコースがエタノールと二酸化炭素に分解され，ATP が生じる。$C_6H_{12}O_6 \rightarrow 2C_2H_5OH + 2CO_2 + 2ATP$ |
| □ アレルギー ⇒ p.212 | 生体に不都合が生じるような免疫の過剰反応。アレルギーの原因となる抗原をアレルゲンという。 |

## あ—い

| | |
| --- | --- |
| □アロステリック酵素 ⇒p.71 | 活性部位以外に，別物質と結合するアロステリック部位をもつ酵素。この結合による反応速度の変化をアロステリック効果という。 |
| □暗順応 ⇒p.216 | 明るさが暗くなったとき，桿体細胞の視物質(ロドプシン)が増加することでものが見えるように調整するしくみ。 |
| □アンチコドン ⇒p.109 | コドンと相補的な塩基配列で，tRNA中に存在する。mRNAのコドンを認識し，結合する部位。 |
| □アンチセンス鎖 ⇒p.110 | DNAで転写に使われる側のヌクレオチド鎖。 |
| □暗発芽種子 ⇒p.245 | 光によって発芽が抑制される種子。 |
| □イオンチャネル ⇒p.46 | 細胞膜を貫通した孔を形成するタンパク質。特定のイオンを，細胞膜内外の濃度差に従って受動的に移動させる。 |
| □異化 ⇒p.76 | 複雑な物質を簡単な物質に分解する反応。エネルギーが発生する。動植物の呼吸がこれに相当する。 |
| □閾値 ⇒p.223 | 神経の興奮を起こすことができる刺激の強さの最小値。 |
| □異数体 ⇒p.150 | 染色体数がその種に固有の基本数の整数倍になっておらず，多かったり少なかったりする突然変異の個体。 |
| □一次応答 ⇒p.211 | 初めて侵入した抗原に対して起こる免疫反応。 |
| □一次構造 ⇒p.58 | タンパク質の構造において，ポリペプチドのアミノ酸配列を一次構造という。 |
| □一様分布 ⇒p.272 | 個体群の分布のうち，個体間の配置に均等な規則性が見られる分布様式。 |
| □一夫一妻制 ⇒p.274 | 配偶関係にある雌雄が1対1である場合をいい，共同で子育てすることが多い。対して一夫多妻制では雄は生殖に多くの労力を使う。 |
| □遺伝 ⇒p.135 | 親の形質が子に伝わること。 |
| □遺伝子 ⇒p.135 | メンデルによって想定された個体の形質を決める因子。その実体はDNAで，染色体の特定の部位を占めている。 |
| □遺伝子型 ⇒p.135 | 生物の形質を現すもとになる遺伝子の組合せ。表現型に対する語として使われる。 |
| □遺伝子組換え ⇒p.124 | ある細胞から抽出した遺伝子をプラスミドなどのベクターにより宿主細胞に導入し，発現させる技術。遺伝子組換え技術ともいう。 |
| □遺伝子組換え作物 ⇒p.129 | 遺伝子組換え技術によって作成された作物。 |
| □遺伝子座 ⇒p.136 | 遺伝子が，染色体あるいは染色体地図上に占める位置。互いに対立遺伝子である遺伝子は同一の遺伝子座にある。 |
| □遺伝子重複 ⇒p.301 | 染色体上で同じ遺伝子の重複する突然変異。遺伝子の重複ともいう。 |

## い—え

| | |
| --- | --- |
| □遺伝子治療 ⇒p.128 | 異常な遺伝子によって起こる病気を，正常な遺伝子を導入して修正することで病気を治療すること。 |
| □遺伝子頻度 ⇒p.300 | 着目する対立遺伝子が集団内で占める割合。集団における遺伝的構成を表す基本的な量である。 |
| □遺伝子プール ⇒p.300 | 特定の範囲の同種集団がもつ遺伝子の集合の全体。 |
| □遺伝的多様性 ⇒p.290 | 種内や個体群内に様々な遺伝子型があり多様であること。 |
| □遺伝的浮動 ⇒p.302 | ある集団内の遺伝子頻度が偶然の要因により大きく増減してしまう現象。進化の重要な要因の1つと考えられている。 |
| □陰樹 ⇒p.262 | 林内などの日陰の条件に耐えられる樹木。遷移の遅い時点で出現し，後に極相を構成するものが多い。 |
| □インスリン ⇒p.197 | すい臓のランゲルハンス島B細胞から分泌されるホルモン。肝臓でグリコーゲンを合成することにより，血糖量を減少させる。 |
| □陰生植物 ⇒p.89 | 日陰で生育する植物。弱い光の下での光合成能力が高く，光飽和点・光補償点とも低い。葉は，柵状組織が発達せず，薄い。 |
| □イントロン ⇒p.108 | 転写されるが，スプライシングにより除去され，タンパク質に翻訳されない塩基配列。エキソンの対義語。 |
| □インドール酢酸 ⇒p.241 | 天然のオーキシン。IAAと略記される。 |
| □陰葉 ⇒p.89 | 同じ個体の葉のうち，内側にあり光にあまり当たらないもの。陰生植物に似た性質をもつ。 |
| □ウイルス ⇒p.326 | タンパク質と核酸からなる構造体。細胞膜をもたず自己増殖・代謝を行わないので，生物とはいえない。 |
| □運動神経 ⇒p.214 | 脳(中枢)からの指令を効果器(筋肉)に伝える末梢神経。運動ニューロンともいう。 |
| □鋭敏化 ⇒p.238 | 通常では起こらないような弱い刺激にも反応するようになること。 |
| □栄養段階 ⇒p.286 | 食物連鎖において，一次生産者から栄養摂取するものを一次消費者，それから栄養摂取するものを二次消費者のように区分したもの。 |
| □エキソサイトーシス ⇒p.45 | 小胞と細胞膜の融合による細胞外への物質の分泌。開口分泌ともいう。 |
| □エキソン ⇒p.108 | タンパク質に翻訳される塩基配列。イントロンの対義語。 |
| □液胞 ⇒p.42 | 一重の液胞膜で囲まれた袋状の細胞小器官。成熟した植物細胞で発達し，色素や細胞の代謝物を細胞液として貯め込む。 |
| □エコーロケーション ⇒p.235 | 反響音を用いて目標や障害物との距離や速度を測る働き。コウモリなどで発達している。 |
| □エチレン ⇒p.243 | 果実の成熟，落葉，離層形成，細胞老化などに作用する気体の植物ホルモン。街路樹を落葉させる物質として発見された。 |

## え—お

| | |
| --- | --- |
| □エディアカラ生物群 ⇒p.310 | 6億5000万年前頃に出現した，それまでよりも大型で軟体質の体をもつ生物群。 |
| □エネルギー効率 ⇒p.286 | 栄養段階において，次の栄養段階にどの程度のエネルギーが渡されたかの割合を示したもの。 |
| □エピジェネティクス ⇒p.116 | DNAの塩基配列の変化を伴わずに，細胞分裂後にも引き継がれる遺伝子発現の変化を研究する学問領域。 |
| □塩基 ⇒p.35 | 核酸の構成成分で，弱塩基性の有機化合物。DNAの塩基はアデニン・チミン・グアニン・シトシン。RNAはチミンがウラシルになる。 |
| □塩基対 ⇒p.101 | アデニンとチミン(RNAではウラシル)，およびグアニンとシトシンが結合してできる対になった塩基の組み合わせ。 |
| □塩基配列 ⇒p.108 | DNAやRNAのヌクレオチド鎖における，4種類のヌクレオチド(塩基)の並んだ順序。DNAの塩基配列が遺伝情報である。 |
| □炎症 ⇒p.207 | 異物の侵入部位で，血管壁の拡張，血流増加などにより皮膚が熱をもち，赤く腫れる現象。 |
| □エンドサイトーシス ⇒p.45 | 細胞膜と小胞による細胞内への物質の取り込み。飲食作用ともいう。 |
| □応答 ⇒p.214 | 生物が行う，効果器による外界への働きかけ。 |
| □黄斑 ⇒p.215 | 網膜の中央部の錐体細胞が集中している部分。色を良く見分けることができる。 |
| □横紋筋 ⇒p.229 | 顕微鏡観察で横縞(明帯と暗帯)の認められる筋繊維からなる筋肉。脊椎動物では骨格筋と心筋がこれに属する。 |
| □岡崎フラグメント ⇒p.103 | DNA複製の際に，ラギング鎖側で合成されるDNA断片。岡在夫妻が発見した。岡崎フラグメントが連結してラギング鎖となる。 |
| □オーガナイザー ⇒p.171 | 未分化の細胞群に働きかけて，それらの細胞群の予定運命を決定し，分化させる働きをもつ物質。 |
| □オーキシン ⇒p.241 | 細胞の成長を促す植物ホルモン。マカラスムギの幼葉鞘を屈曲させる物質として見出された。実体はインドール酢酸(IAA)。 |
| □オゾン層 ⇒p.292 | 上空25km付近のオゾン濃度の高い大気の層。生物にとって有害な紫外線を吸収し，地上の生物を守る役割をもつ。 |
| □オーダーメイド医療 ⇒p.128 | 個々人の遺伝的な違いをもとに，それぞれの特性・個性にあった適切な医療を行うこと。テーラーメイド医療などとも呼ばれる。 |
| □オペレーター ⇒p.114 | 転写調節領域の1つで，リプレッサーが結合すると転写が妨げられる。 |
| □オペロン ⇒p.114 | 原核生物において，1つのmRNAとして転写される遺伝子のまとまり。ラクトースオペロン，トリプトファンオペロンなどがある。 |
| □温室効果 ⇒p.292 | 大気中の物質によって，地表から放射される赤外線が吸収され，気温が上昇する現象。 |
| □温室効果ガス ⇒p.292 | 温室効果をもたらす気体の総称。$CO_2$・メタン・$N_2O$・フロンなどのほか，水蒸気も含まれる。 |

# 重要用語チェック

青字は生物基礎の範囲を示す。

## か

| | |
|---|---|
| □介在ニューロン ⇒ p.221 | 感覚ニューロンと運動ニューロンの間をつなぐニューロン。 |
| □開始コドン ⇒ p.111 | 翻訳の開始を指定する AUG という配列のコドン。メチオニンを指定するコドンでもある。 |
| □概日リズム ⇒ p.234 | 環境の条件に関わらず，ほぼ1日の周期で自動的に繰り返される生命現象。 |
| □階層構造 ⇒ p.260 | 植生を構成する樹木や草本の高さが異なることから生じる層状構造。高木層・亜高木層・低木層・草本層・地表層に分けられる。 |
| □解糖 ⇒ p.82 | 筋肉によるグルコース代謝。グルコースが乳酸に分解され，ATP が生じる。$C_6H_{12}O_6 \rightarrow 2C_3H_6O_3 + 2ATP$ |
| □解糖系 ⇒ p.78 | グルコースがピルビン酸と水素に分解されATP が生じる反応。 |
| □外胚葉 ⇒ p.157 | 胚を構成する胚葉のうち，胚の外側を覆う領域で，表皮や神経に分化する。 |
| □外来生物 ⇒ p.278 | 本来はその地域に生息しなかったが，人間活動により移入，定着した生物。もとから生息していた生物は在来生物という。 |
| □花芽 ⇒ p.246 | 花になる芽。特定の条件を満たすと通常の芽から分化する。 |
| □化学合成 ⇒ p.95 | 無機物の酸化によって生じるエネルギーを利用した炭酸同化。これを行う細菌を化学合成細菌という。 |
| □化学進化 ⇒ p.308 | 生物進化の前に，水や二酸化炭素などの簡単な物質から複雑な有機物がつくられた進化過程。 |
| □かぎ刺激 ⇒ p.232 | 動物種に固有の生得的行動を引き起こすきっかけとなる刺激。信号刺激ともいう。 |
| □核 ⇒ p.40 | 真核細胞のもつ核膜で囲まれた細胞小器官。染色体を含む核液で満たされ，内部に核小体が見られる。核膜には核膜孔がある。 |
| □核酸 ⇒ p.35 | 塩基・糖・リン酸からなるヌクレオチドが多数結合した高分子化合物。DNA と RNA がある。 |
| □学習 ⇒ p.236 | 経験によって動物の行動が変化すること。刷込み，慣れ，条件反射，試行錯誤などが含まれる。 |
| □核相 ⇒ p.132 | 細胞内の染色体の構成。相同染色体の両方をもつ状態を複相(染色体数 $2n$)，一方のみをもつ状態を単相(染色体数 $n$)という。 |
| □獲得免疫 ⇒ p.208 | 異物を種類に応じて特異的に排除する働き。適応免疫ともよばれ，体液性免疫と細胞性免疫に大別される。 |
| □学名 ⇒ p.324 | 国際命名規約に基づいて，個別の生物種に付けられる国際的に正式な名称。属名と種小名で構成される。 |
| □かく乱 ⇒ p.288 | 生態系に影響・変化をもたらす，物理的な外力や様々な事象。 |
| □割球 ⇒ p.155 | 受精卵が分裂してできた細胞のこと。分裂のたびに小さくなっていく。 |

## か

| | |
|---|---|
| □活性化エネルギー ⇒ p.68 | 化学反応が起こるために一時的に必要なエネルギー。酵素は活性化エネルギーを低くして，反応速度を速くする。 |
| □活性部位 ⇒ p.68 | 酵素タンパク質の立体構造の中で，基質と結合して酵素基質複合体をつくり，反応を起こす部位。 |
| □活動電位 ⇒ p.222 | 神経，筋肉などの細胞が刺激を受けたときに，細胞膜内外の電位が一瞬だけ逆転してもとに戻る一時的な電位変化。 |
| □活動電流 ⇒ p.223 | 活動電位が発生した興奮部とその隣接部の間に生じる微弱な電流。 |
| □花粉 ⇒ p.252 | 葯内で花粉母細胞が減数分裂して生じた花粉四分子が成熟したもの。内部は花粉管細胞と雄原細胞で，受粉すると花粉管を伸ばす。 |
| □カルビン回路 ⇒ p.93 | ストロマで $CO_2$ からグルコースを合成する回路反応。カルビンやベンソンらによって発見された。カルビン・ベンソン回路ともいう。 |
| □感覚 ⇒ p.214 | 受容器で受け取った刺激の情報が大脳で処理されて生ずる。視覚・聴覚・平衡覚・嗅覚・味覚などがある。 |
| □感覚器 ⇒ p.214 | 様々な刺激の種類に対応し，刺激を受け取るための器官。眼・耳・鼻・舌などがある。 |
| □感覚神経 ⇒ p.214 | 受容器で受け取った刺激を脳(中枢)に伝える末梢神経。感覚ニューロンともいう。 |
| □間期 ⇒ p.104 | 細胞周期における分裂期を除く時期。一般に，$G_1$ 期・S 期・$G_2$ 期に分けられ，S 期に DNA 複製が起こる。 |
| □環境 ⇒ p.258 | 生物に影響を及ぼす外界の要素のすべて。生物的環境と非生物的環境に大別される。 |
| □環境アセスメント ⇒ p.294 | 生態系への影響を事前に推測し，開発の是非や進め方を検討すること。環境影響評価ともいう。 |
| □環境形成作用 ⇒ p.258 | 生物が非生物的環境に影響を与え，これを変化させること。反作用ともいう。 |
| □環境収容力 ⇒ p.272 | ある環境で存在できる生物の個体数。成長曲線が安定し，増加しなくなるときの値。 |
| □還元型補酵素 ⇒ p.78 | 補酵素が関わって物質を酸化させたときに，電子などを受け取って還元され，エネルギーを受け取った補酵素。NADH や NADPH。 |
| □幹細胞 ⇒ p.179 | 様々な種類の細胞に分化できる能力をもち，増殖可能な細胞。体の各所に準備されているほか，人工的につくり出すこともできる。 |
| □乾性遷移 ⇒ p.262 | 一次遷移のうち，火山の噴火後などの乾燥した裸地から始まる遷移。 |
| □間接効果 ⇒ p.289 | 被食と捕食の関係で直接つながりのない生物の間で及ぼされる影響。 |
| □完全強縮 ⇒ p.231 | 連続した刺激によって筋肉に起こる，単収縮がつながって一続きになった大きく連続した収縮。 |
| □肝臓 ⇒ p.190 | 脊椎動物における最大の器官。グリコーゲンの貯蔵，タンパク質の合成，胆汁の合成，尿素の合成，解毒作用などの働きがある。 |

## か―き

| | |
|---|---|
| □陥入 ⇒ p.157 | 初期原腸胚の時期に，植物極側の細胞層の一部が胞胚腔内へ落ち込んでいく現象。胚葉形成の要因となる。 |
| □カンブリア紀の大爆発 ⇒ p.307 | 古生代カンブリア紀はじめの，多様な生物群が一斉に(爆発的に)出現したこと。 |
| □キアズマ ⇒ p.140 | 染色体の乗換えの際に染色体が交差している部位。 |
| □記憶細胞 ⇒ p.205 | 抗原の最初の侵入によって抗原の情報を記憶した免疫細胞。二度目の侵入時にただちに増殖する。 |
| □基質 ⇒ p.68 | 酵素と結合し，酵素の働きを受ける相手の物質。例えば，アミラーゼの基質はデンプンである。 |
| □基質特異性 ⇒ p.68 | 酵素が特定の基質とだけ結合，反応する性質。酵素が特有の立体構造をもち，基質と鍵と鍵穴のように結合するのが原因。 |
| □キーストーン種 ⇒ p.289 | 生態系のバランスを保つのに重要な役割を果たす生物種で，食物連鎖の上位の捕食者。 |
| □寄生 ⇒ p.277 | 他生物の体内に入り込むなどし，その生物から栄養分を摂取したりして生活すること。寄生する側を寄生者，される側を宿主という。 |
| □擬態 ⇒ p.303 | 生物の体が，自然物や他の生物に似ること。 |
| □基底膜 ⇒ p.218 | うずまき管内で外リンパと内リンパを隔てる膜で，この膜の振動がコルチ器に伝わり音の刺激が知覚される。 |
| □基本転写因子 ⇒ p.115 | 真核生物の転写において，複合体を形成してプロモーターに結合するそれぞれの因子。 |
| □基本ニッチ ⇒ p.278 | その種だけが単独で分布・生育している場合の生態的地位。 |
| □ギャップ ⇒ p.263 | 何らかの要因で生物種が死に，空間が生じた状態。林冠構成樹木が倒れて，穴が空いた状態を表し，その再生をギャップ更新という。 |
| □吸収スペクトル ⇒ p.87 | 光の波長に対する光の吸収量を示したグラフ。光合成色素によって異なる形となる。 |
| □休眠 ⇒ p.245 | 植物やその器官が，冬などの生育するのに不適な時期に成長を休止すること。 |
| □強縮 ⇒ p.231 | 筋肉を短い間隔で繰り返し刺激したとき，単収縮が重なり合って1つの大きな収縮になった状態。 |
| □共進化 ⇒ p.303 | 相互に関係しあう複数種の生物が，影響を及ぼしあいながら互いに進化すること。 |
| □共生 ⇒ p.277 | 2つの生物が一緒に暮らして，どちらも害を受けない現象。両者が利益を得る相利共生，片方が得る片利共生などがある。 |
| □競争的阻害 ⇒ p.71 | 基質と似た構造をもつ阻害物質が活性部位に結合することによる酵素反応の阻害。 |
| □競争的排除 ⇒ p.276 | 種間競争によってどちらか一方の種が排除されること。 |

## きーく

| | |
|---|---|
| □共同繁殖 ⇒ p.275 | 親以外の個体が子育てに関与する繁殖の様式。 |
| □局所生体染色法 ⇒ p.170 | 胚を生かしたまま，生体に無害な色素を使って表面をピンポイントに染色する方法。 |
| □極性移動 ⇒ p.242 | 体内や細胞内で，物質の移動に方向性があること。植物体内のオーキシンの移動などの例がある。 |
| □極相 ⇒ p.262 | 遷移の結果到達する最も発達した段階(クライマックス)。気温と降水量により極相は異なるが，成立した極相林は維持される。 |
| □拒絶反応 ⇒ p.213 | 移植された他人の臓器が定着せずに脱落する現象。移植臓器へのキラーT細胞の攻撃・排除がその原因である。 |
| □キラーT細胞 ⇒ p.205 | T細胞のうち，抗原に感染した自己の細胞を直接攻撃し，破壊するもの。細胞傷害性T細胞ともよばれる。 |
| □近交弱勢 ⇒ p.290 | 近親交配を繰り返すことで，個体群内に適応能力の低い個体が増えていくこと。 |
| □筋細胞 ⇒ p.52 | 運動神経からの刺激を受けて収縮する，筋原繊維を多量に蓄えた細長い細胞で筋繊維ともいう。多数集まって筋肉ができている。 |
| □筋小胞体 ⇒ p.229 | 筋繊維内で筋原繊維を包むように広がる小胞体。筋収縮に関わる。 |
| □筋肉 ⇒ p.229 | 動物において，収縮と弛緩を繰り返す運動器官。横紋筋と平滑筋に大別され，骨格筋・心筋・内臓筋などがある。 |
| □菌類 ⇒ p.329 | 体外で分解した有機物を吸収して栄養分とする真核生物の従属栄養生物。細胞壁をもち，糸状の菌糸からなる。 |
| □クエン酸回路 ⇒ p.78 | ピルビン酸と水が水素と二酸化炭素に分解され，ATPが生じる反応。 |
| □区画法 ⇒ p.260 | 一定面積の区画中の個体数を調べる調査法。植物や固着性の動物に用いられることが多い。 |
| □屈性 ⇒ p.240 | 植物が刺激に対して一定の方向に屈曲する性質。光屈性，重力屈性，水分屈性，化学屈性などがあり，刺激の方向に対し正負がある。 |
| □組換え ⇒ p.140 | 同一の染色体上に連鎖している遺伝子の組合せが，染色体の乗換えなどによって変わる現象。 |
| □組換え価 ⇒ p.141 | 相同染色体上の2つの遺伝子間で組換えの起こる頻度。組換えを起こした配偶子の割合を百分率で示したもの。 |
| □グリア細胞 ⇒ p.221 | 神経系の細胞のうち，ニューロンの支持や栄養補給，機能制御に働く細胞。この細胞の一種のシュワン鞘は髄鞘を形成する。 |
| □クリステ ⇒ p.78 | ミトコンドリアの内膜が内側に折れ曲がり，ひだ状になった構造。呼吸(電子伝達系)に関する酵素が多く存在する。 |
| □グルカゴン ⇒ p.197 | すい臓のランゲルハンス島A細胞から分泌されるホルモン。肝臓でグリコーゲンを分解することにより，血糖量を増加させる。 |
| □グルコース ⇒ p.34 | 化学式 $C_6H_{12}O_6$ で表される単糖類でブドウ糖ともよばれる。生物にとって最も基本的なエネルギー源。 |

## くーけ

| | |
|---|---|
| □クロマチン ⇒ p.40 | 染色体を構成する，DNAとヒストンでできたヌクレオソームが連なった繊維状の構造。 |
| □クロロフィル ⇒ p.85 | 光合成で光を吸収する役割をもつ代表的な光合成色素。真核生物では葉緑体に，原核生物では細胞質にそれぞれ含まれる。 |
| □クローン ⇒ p.180 | 同一のDNAをもつ細胞や個体の集団。 |
| □群生相 ⇒ p.273 | 相変異において，個体群密度の高いときに出現する型。 |
| □形質 ⇒ p.135 | 表現型として個体に現れる形態的・生理的な特徴。その発現には遺伝子が関与している。 |
| □形質置換 ⇒ p.280 | 生態的地位の近い生物種どうしや1つの種の生物の形質が，競争によって変化する現象。種分化の要因ともなる。 |
| □形質転換 ⇒ p.98 | 外部からDNAを取り込むことで，個体の遺伝形質がかわる現象。エイブリーは肺炎双球菌を使ってそのことを証明した。 |
| □傾性 ⇒ p.240 | 植物が刺激の方向とは無関係に決まった運動を示す性質。光傾性，温度傾性，接触傾性などがある。 |
| □形成体 ⇒ p.171 | 発生のある時期に，隣接する未分化の細胞群に働きかけて，それらの細胞群の予定運命を決定し，分化させる働きをもつ胚域。 |
| □茎頂分裂組織 ⇒ p.253 | 茎の先端にある，細胞分裂をして葉や花などの器官を分化する分裂組織。 |
| □系統 ⇒ p.324 | 生物の進化に基づく類縁関係。 |
| □系統樹 ⇒ p.330 | 生物が進化した結果生じた多様な生物種の類縁関係を樹木の形で表現したもの。 |
| □系統分類 ⇒ p.324 | 系統に基づいた生物の分類。分類基準を人為的に定めた人為分類と比べ，より自然分類に近い。 |
| □血液 ⇒ p.182 | 血管を通る体液で，血球と血しょうからなる。全身の細胞に栄養分や酸素を運搬し，二酸化炭素や老廃物を運び出す働きをもつ。 |
| □血液凝固 ⇒ p.183 | 血しょう中のフィブリノーゲンがフィブリンに変化し，血球を絡め取ることで起こる現象。血ぺいが形成される。 |
| □血縁選択 ⇒ p.275 | 包括適応度に基づいて起こる形質の進化。 |
| □血縁度 ⇒ p.275 | 個体どうしの遺伝的な近縁さを示す度合い。 |
| □欠失 ⇒ p.151 | 突然変異のうち，DNAの中の一部のヌクレオチドが失われる現象。 |
| □血小板 ⇒ p.182 | 骨髄の巨核球の細胞質がちぎれてつくられる無核の小体。血液凝固因子を含んでいる。 |
| □血清 ⇒ p.183 | 血液凝固で生じる淡黄色をした上澄み液。フィブリノーゲンを取り除いた血しょう。血清療法では血清中の抗体が利用される。 |

## けーこ

| | |
|---|---|
| □血糖 ⇒ p.200 | 血液中のグルコースのこと。血糖の量を血糖量，血糖の濃度を血糖濃度，血糖値といい，常にほぼ一定の範囲に保たれる。 |
| □ゲノム ⇒ p.122 | ある生物が生命を保つのに必要な最小限の遺伝情報の全体。ふつうは，配偶子に含まれるDNAの遺伝情報全体を指す。 |
| □ゲノム編集 ⇒ p.127 | ゲノム上のDNAの目的の部分だけを切断して，遺伝子組換えなどの改変を行うことのできる遺伝子操作技術。 |
| □限界暗期 ⇒ p.246 | 花芽形成に必要な，長日植物では最長の，短日植物では最短の暗期の長さ。限界暗期の長さは植物によって異なる。 |
| □原核細胞 ⇒ p.50 | 核膜がなく，細胞小器官の分化がほとんどない細胞。DNAは細胞内に広がる。原核細胞からなる生物を原核生物という。 |
| □原基分布図 ⇒ p.170 | 胞胚の表面のそれぞれの部位が，発生が進むに従いどのような組織や器官に分化していくかを示した胚の地図。予定運命図ともいう。 |
| □原口 ⇒ p.157 | 胞胚の表面にできる切れ目で，やがて原腸陥入する際にはその入り口となる。 |
| □原口背唇 ⇒ p.171 | 初期の原腸胚で原口上部の唇状の部位。原口背唇部ともいう。胚内部に移動して脊索に分化し，接触する外胚葉を神経管に誘導する。 |
| □減数分裂 ⇒ p.132 | 生殖細胞の形成時に行われる細胞分裂。2回の核分裂(第一分裂・第二分裂)が連続し，染色体数が半減した4つの娘細胞ができる。 |
| □顕性 ⇒ p.136 | 雑種第一代で対立形質として現れる形質を指す性質。顕性遺伝子の作用で発現する。かつては優性といった。 |
| □現生人類 ⇒ p.317 | ホモ・サピエンスのこと。 |
| □原生生物 ⇒ p.327 | 真核生物のうち，植物・菌類・動物を除いてそれ以外をまとめた大きなグループ。藻類や粘菌，原生動物など様々なものが含まれる。 |
| □現存量 ⇒ p.286 | ある時点のある地域における生物群の単位面積当たりの重量(質量)やエネルギー量。 |
| □原腸 ⇒ p.157 | 胚の植物極側の細胞層が陥入することによって生じた新たな空所。 |
| □原腸胚 ⇒ p.157 | 動物の発生において，植物極側の細胞層が陥入して原腸ができる時期の胚。 |
| □検定交雑 ⇒ p.137 | 着目している遺伝子について劣性ホモとなっている個体と交雑すること。遺伝子型の不明な個体の遺伝子型を判別する方法。 |
| □高エネルギーリン酸結合 ⇒ p.75 | ATPを構成するリン酸どうしの結合。この結合が加水分解することによって多くのエネルギーが放出される。 |
| □光化学系 ⇒ p.92 | チラコイド膜でクロロフィルや酵素などがつくる複合体。光化学系ⅠではNADPの還元が，光化学系Ⅱでは水分解が行われる。 |
| □光化学反応 ⇒ p.92 | 葉緑体のチラコイド膜で起こる，光により直接引き起こされる反応。光化学系Ⅰ，光化学系Ⅱなど。 |
| □効果器 ⇒ p.229 | 神経から受け取った信号によって反応を起こし，外界に向けて働きかける器官。筋肉，分泌腺など。作動体ともいう。 |

## 重要用語チェック　青字は生物基礎の範囲を示す。

### こ

| 用語 | 説明 |
|---|---|
| □交感神経 ⇒ p.194 | 自律神経のうち，興奮状態のときに働く神経。脊髄から出て交感神経節などの神経節を経て体の各器官に至る。 |
| □工業暗化 ⇒ p.302 | ヨーロッパで工業化が進むにつれて，付近に生息するガに暗色型が増加した現象。自然選択の一例と考えられた。 |
| □荒原 ⇒ p.258 | 強い乾燥や低温などの厳しい環境のため，植物がごくまばらにしか生育できない植生。砂漠とツンドラがこれに相当する。 |
| □抗原 ⇒ p.204 | 免疫系によって非自己と認識され，体内に入るとそれに対応する抗体がつくられる物質。異種のタンパク質や微生物など。 |
| □抗原抗体反応 ⇒ p.204 | 抗原と，それに特異的に働く抗体との結合。この結合により，ウイルス活性や毒素の中和，溶菌，抗原の凝集などが起こる。 |
| □抗原提示 ⇒ p.205 | 免疫担当細胞が抗原の一部を細胞表面へ提示すること。樹状細胞の抗原提示により，獲得免疫が活性化される。 |
| □光合成 ⇒ p.85 | 植物による光エネルギーを利用した炭酸同化。光エネルギーは，クロロフィルなどの光合成色素によって吸収される。 |
| □光合成細菌 ⇒ p.95 | シアノバクテリアや緑色硫黄細菌・紅色硫黄細菌などの光合成を行う細菌のこと。 |
| □光合成速度 ⇒ p.89 | 光合成による二酸化炭素吸収速度。通常測定できる見かけの光合成速度に，呼吸による二酸化炭素放出(呼吸速度)を加えて求める。 |
| □光周性 ⇒ p.246 | 日長の変化によって引き起こされる生物の反応性。花芽形成は，昼の長さ(明期)ではなく，夜の長さ(暗期)の影響を受ける。 |
| □恒常性 ⇒ p.182 | 外部環境が変化しても，体内環境である体液成分，浸透圧，pH などの状態を一定に保とうとする働き。ホメオスタシスともいう。 |
| □酵素 ⇒ p.68 | 生体内の化学反応(代謝)を進める触媒。主成分はタンパク質であり，基質に応じて多くの種類がある。 |
| □酵素-基質複合体 ⇒ p.68 | 酵素の活性部位に基質が結合して複合体となったもの。 |
| □抗体 ⇒ p.209 | 抗原の刺激によって産生され，抗原と特異的に結合するタンパク質の総称。その実体は免疫グロブリンである。 |
| □抗体産生細胞 ⇒ p.205 | B 細胞由来の抗体を生産する細胞。形質細胞，プラズマ細胞ともいう。抗原に特異的な抗体を大量に生産する。 |
| □好中球 ⇒ p.182 | 免疫担当細胞の 1 つで，マクロファージ・樹状細胞とともに食作用をもつ食細胞。 |
| □興奮 ⇒ p.222 | ニューロンや筋肉の細胞膜に活動電位が発生すること。 |
| □興奮性シナプス ⇒ p.224 | 隣接するニューロンに興奮を引き起こすシナプス。 |
| □光リン酸化 ⇒ p.92 | チラコイドで電子が電子伝達系を通る過程で放出されるエネルギーを用いて，ATP を合成する反応。光合成の反応系 3。 |
| □五界説 ⇒ p.324 | 生物界を植物界・動物界・菌界・原生生物界・モネラ界の 5 つに分類する考え方。 |

### こ–さ

| 用語 | 説明 |
|---|---|
| □呼吸 ⇒ p.78 | 酸素を使い，グルコースが水と二酸化炭素に分解され，ATP が生じる反応。 |
| □呼吸基質 ⇒ p.80 | 呼吸によって分解される有機物。グルコースなどの炭水化物のほかに，脂肪やタンパク質も用いられる。 |
| □呼吸商 ⇒ p.81 | 吸収した酸素に対する放出した二酸化炭素の体積比。 |
| □呼吸量 ⇒ p.286 | 一定の期間内に生物が行った呼吸の量。生態学では，呼吸によって消費された有機物量を指す。 |
| □枯死量 ⇒ p.286 | 環境の変化や成長に伴って植物が枯死したり，葉や枝などが離脱する量。 |
| □個体群 ⇒ p.272 | ある地域に生息する同種個体の集まり。生態学的に見て機能的に何らかの意味のあるものをいう。 |
| □個体群密度 ⇒ p.272 | 単位空間あたりの個体数。生息密度。生態学では個体群密度の変動の要因を探ることは大きなテーマの 1 つ。 |
| □骨格筋 ⇒ p.229 | 横紋筋で，筋繊維(筋細胞)が束になっている。 |
| □固定結合 ⇒ p.60 | 細胞接着の 1 つで，細胞内の細胞骨格とつながった結合。接着結合やデスモソーム・ヘミデスモソームによる結合がある。 |
| □固定的動作パターン ⇒ p.232 | 行動のうち，かぎ刺激で行動が起こされ，その後連続行動が継続するような行動。定型的行動パターンともいう。 |
| □孤独相 ⇒ p.273 | 相変異において，個体群密度が低いときの型。 |
| □コドン ⇒ p.111 | 各アミノ酸を指定する連続した3つの mRNA の塩基配列。この配列を一覧に整理したものを遺伝暗号表(コドン表)という。 |
| □ゴルジ体 ⇒ p.42 | 一重膜の扁平な袋が積み重なった構造の細胞小器官。物質の加工・選別・濃縮などを行い，分泌小胞やリソソームに運ぶ。 |
| □コルメラ細胞 ⇒ p.242 | 植物の根冠に存在し，重力屈性に関わっている細胞。 |
| □根冠 ⇒ p.55 | 根の先端部にあり，重力方向の感知などに働く組織。 |
| □根端分裂組織 ⇒ p.55 | 根の先端にある，細胞分裂をして根の組織を発達させる分裂組織。 |
| □根粒菌 ⇒ p.97 | マメ科植物の根に根粒を形成し，その細胞に共生する細菌。 |
| □細菌 ⇒ p.326 | 原核生物のうち，アーキアを除いたシアノバクテリアや大腸菌などの生物群。バクテリアともいう。 |
| □最終収量一定の法則 ⇒ p.260 | 植物個体群の単位面積当たりの質量が，密度に関わらず，時間が経過すると一定になっていくこと。 |
| □最適 pH ⇒ p.69 | 酵素活性が最大となる pH。最適 pH は酵素の種類で異なり，酵素の働く場所と深い関係がある。 |

### さ

| 用語 | 説明 |
|---|---|
| □最適温度 ⇒ p.69 | 酵素活性が最大となる温度。多くの酵素は，低温では分子運動が遅く，高温では変性するため，中間で最適な温度がある。 |
| □細胞 ⇒ p.36 | 生物体の構造・機能上の最小単位。1 つの細胞で 1 つの個体を形成する生物もいる。 |
| □細胞骨格 ⇒ p.64 | 細胞質に存在する繊維構造。微小管・中間径フィラメント・アクチンフィラメントがある。 |
| □細胞質 ⇒ p.37 | 細胞膜に囲まれた部分のうち，核と細胞膜以外の構造体や一見無構造に見える部分の総称。 |
| □細胞質基質 ⇒ p.37 | 細胞質のうち，細胞小器官や顆粒，繊維などの諸構造の間を埋めている部分。電子顕微鏡でも無構造に見える。サイトゾルともいう。 |
| □細胞周期 ⇒ p.104 | 母細胞が間期と分裂期を経て娘細胞になるまでの細胞分裂の周期。分裂組織や幹細胞ではこれが繰り返される。 |
| □細胞小器官 ⇒ p.37 | 形態的に明確な特徴をもつ細胞質中の構造体。核・ミトコンドリアなど各々独立した機能をもち，連係しながら生命活動を営む。 |
| □細胞性免疫 ⇒ p.204 | 抗体をつくらない免疫で，キラー T 細胞が抗原に感染した細胞を排除する。アレルギー反応や移植片拒絶反応などで起こる。 |
| □細胞接着 ⇒ p.60 | 細胞と細胞，細胞外基質との結合。カドヘリン・インテグリンなどの細胞接着分子により密着結合，固定結合，ギャップ結合がある。 |
| □細胞内共生 ⇒ p.41 | ある生物が他の生物の細胞内に共生すること。細胞内共生説(共生説)では，ミトコンドリア・葉緑体の成立要因の説明となる。 |
| □細胞分画法 ⇒ p.23 | 細胞を破砕して遠心分離し，それぞれの構造に分ける方法。 |
| □細胞壁 ⇒ p.44 | 植物細胞や原核細胞，菌類などで細胞膜の外側を囲む全透膜。主成分はセルロースで，細胞膜より硬く，植物体の形態維持に重要。 |
| □細胞膜 ⇒ p.44 | 細胞質を包む膜で，リン脂質の二重層の中にタンパク質が入り混じった構造。半透性で，物質の出入りの調整を積極的に行う。 |
| □里山 ⇒ p.289 | 人間に管理・維持されている，森林や水田などを含む一帯の地域のこと。 |
| □砂漠化 ⇒ p.294 | 過剰な放牧や耕作，森林の伐採，異常気象の影響などにより，かつて植物が繁茂していた土地が不毛になる現象。 |
| □作用 ⇒ p.258 | 非生物的環境が生物的環境に与える影響。 |
| □作用スペクトル ⇒ p.87 | 光の波長に対する光合成速度を示したグラフ。光合成には青色光の方が赤色光よりも有効である。 |
| □サルコメア ⇒ p.229 | 筋原繊維内に繰り返し見られる単位構造で筋節ともいう。両端が Z 膜で仕切られ，アクチンとミオシンのフィラメントで構成される。 |
| □酸化的リン酸化 ⇒ p.79 | NADH などの酸化の過程で生じるエネルギーを用いて行う ATP 合成反応のこと。 |
| □三次構造 ⇒ p.59 | 二次構造をとったポリペプチドにおいて，その側鎖間の相互作用などによってつくられる複雑な立体構造。 |

**□シアノバクテリア** ⇒ p.326
光合成を行う原核生物のうち，酸素を放出するもの。重層化してストロマトライトいう岩石を形成することがある。

**□視覚** ⇒ p.214
光刺激を受容して生じる感覚。

**□視覚器** ⇒ p.215
光の刺激の受容器。ヒトの眼では，角膜・水晶体を通った光が眼球内部の網膜に受け取られ，視神経を通して情報が脳に送られる。

**□自家受精** ⇒ p.135
同一個体の配偶子間での受精。他家受精の対語。種子植物では自家受粉の結果起こる。

**□自家不和合性** ⇒ p.252
自家受精など，遺伝的に同じ個体どうしの間での受精が妨げられる性質。

**□試行錯誤学習** ⇒ p.237
試みと失敗を繰り返すことで一定の行動ができるようになる学習。試行錯誤ともいう。

**□自己免疫疾患** ⇒ p.213
自己の体の一部を誤って非自己と認識し，攻撃することで起こる疾患。関節リウマチやバセドウ病，橋本病などがある。

**□視細胞** ⇒ p.216
網膜に一層に並ぶ，光を受容する細胞。形状から桿体細胞と錐体細胞に分けられる。一定量の光を受けると興奮が生じる。

**□脂質** ⇒ p.34
脂肪酸などによってできている有機物。リン脂質，脂肪などがあり，生体膜の成分やエネルギー源となっている。

**□脂質二重層** ⇒ p.44
リン脂質が疎水性の部分を向かい合わせにして二層になった構造。細胞膜などの生体膜の基本構造。

**□視床** ⇒ p.226
間脳の一部を占める部位で，視覚・聴覚・体性感覚などの情報を大脳へ中継する役割を担う。

**□視床下部** ⇒ p.195
間脳にある自律神経系と内分泌系の中枢。体温調節などの恒常性に関与する。

**□自然浄化** ⇒ p.289
湖沼・河川・海洋などの水界生態系に流入した汚濁物質が，微生物に分解されるなどして減少する現象。

**□自然選択** ⇒ p.302
生存や繁殖に不利な個体や遺伝子が減少したり消えたりし，有利な個体や遺伝子が増えて集団内に増えていくこと。

**□自然免疫** ⇒ p.206
免疫担当細胞が異物を種類に関係なく排除する働きで，食作用やNK細胞の働きが該当。先天性免疫ともよばれる。

**□失活** ⇒ p.69
酵素が，構成するタンパク質の変性によってその機能を失うこと。

**□実現ニッチ** ⇒ p.278
他種と共存したときに変化した生態的地位。通常，基本ニッチより小さくなる。

**□湿性遷移** ⇒ p.262
一次遷移のうち，湖沼などから始まる遷移。

**□シナプス** ⇒ p.224
神経終末と他のニューロンや細胞との接続部分で，そのすき間をシナプス間隙という。伝達は一方向で，逆向きには伝わらない。

**□シナプス可塑性** ⇒ p.238
大脳や小脳で新たなシナプスができるなどして，シナプスの伝達効率が変化する性質。学習や記憶に関わる。



**□ジベレリン** ⇒ p.245
細胞の成長を促す植物ホルモン。イネの馬鹿苗病の原因物質として発見された。開花や種子の発芽を促進する働きがある。

**□子房** ⇒ p.252
雌しべの下にある膨れた部分で，1ないし複数個の胚珠を含む。受精後に発育して果実となる。

**□脂肪** ⇒ p.34
1つのグリセリンと3つの脂肪酸からなる脂質で，生体のエネルギー源となる。脂肪細胞に貯蔵されることが多い。

**□死亡量** ⇒ p.286
環境の変化や成長に伴って動物個体が死亡したり，細胞や組織などが離脱する量。死滅量ともいう。

**□社会性昆虫** ⇒ p.275
同種の個体が集合して高度に組織化した集団をつくって生活している昆虫。ハチやアリ，シロアリなど。

**□シャペロン** ⇒ p.65
タンパク質形成の際，ポリペプチドの折り畳みを補助するタンパク質。

**□シャルガフの規則** ⇒ p.101
すべての生物の細胞において，アデニンとチミンの量，グアニンとシトシンの量はそれぞれ等しくなるという規則性。

**□種** ⇒ p.324
生物の分類における最も基本的な単位。有性生殖をする生物では，交配集団として定義され，同種の個体間でのみ子孫を残せる。

**□終止コドン** ⇒ p.111
特定のアミノ酸を指定せず，翻訳の終了を意味するコドン。

**□従属栄養生物** ⇒ p.76
炭酸同化を行うことができず，有機物を取り入れ，分解して，エネルギーを得ている生物。動物や菌類など。

**□集中分布** ⇒ p.272
個体群の分布のうち，個体が特定の場所にかたまり集中している分布様式。

**□習得的行動** ⇒ p.237
生後の経験によって変化し，形成される行動。環境の変化に対し，柔軟で複雑に対応できる。

**□重複受精** ⇒ p.252
被子植物に特有な受精形式。2個の精細胞のうちの1個が卵細胞と，もう1個が中央細胞とそれぞれ合体する。

**□収れん** ⇒ p.278
複数の異なる生物種のもつ形態や性質などが，同質なものになること。環境条件の似た場所に生息する生物どうしで起こりやすい。

**□種間競争** ⇒ p.276
異なる種の間で起こる，食物や生活場所などの生活資源を巡る争い。

**□種間相互作用** ⇒ p.276
生物群集を構成する生物どうしの様々な関係性と作用。被食と捕食，種間競争，共生，寄生などがある。

**□種子植物** ⇒ p.329
花を咲かせて種子を付ける植物。維管束をもつ。

**□樹状細胞** ⇒ p.204
周囲に突起を伸ばしている細胞で，自身が取り込んだ抗原を他の免疫細胞に伝える抗原提示細胞としての機能をもつ。

**□受精** ⇒ p.131
卓越した運動性を獲得した精子と呼ばれる雄性配偶子と，巨大化し運動性を失った卵と呼ばれる雌性配偶子が接合すること。

**□受精膜** ⇒ p.153
受精によって受精卵の外側にできる膜。卵黄膜が変化してつくられ，多精拒否などに働く。



**□受精卵** ⇒ p.131
受精によってつくられる新しい細胞。これが分裂を繰り返すとともに分化して新しい個体となる。

**□受動輸送** ⇒ p.46
細胞膜の内外の濃度差など，自然な差異から生じるエネルギー不要の物質移動。浸透は，受動輸送の一種である。

**□種内競争** ⇒ p.276
同種の個体間で起こる，食物や生活場所などの生活資源を巡る争い。

**□種の多様性** ⇒ p.290
生態系の中に多様な種の生物が存在すること。種多様性ともいう。

**□種分化** ⇒ p.304
1つの種から新しい種ができたり，複数の種に分かれたりすること。異所的種分化と，同所的種分化がある。

**□受容** ⇒ p.214
生物が外界から刺激を受け取ること。

**□受容器** ⇒ p.214
外界からの刺激を受け取るための器官。目，耳，皮膚など。

**□受容細胞** ⇒ p.214
感覚器に存在する刺激の受容を担う細胞。視細胞や聴細胞など。

**□受容体** ⇒ p.63
細胞膜上や細胞内に存在し，細胞外の物質を信号として受け取るタンパク質。レセプターともいう。

**□順位制** ⇒ p.275
動物個体間の優劣の関係に基づく社会生活の制度。不必要な闘争・トラブルを防ぐ。

**□春化** ⇒ p.247
植物の発芽や成長が，一定の低温を経験することで促進される現象。人為的にこれを起こす処理を春化処理という。

**□純生産量** ⇒ p.286
ある期間中に生物が光合成によって生産した有機物の総量(総生産量)から，その個体の呼吸による消費量を除いた量。

**□硝化** ⇒ p.96
亜硝酸菌・硝酸菌などの硝化菌の働きにより，アンモニアから亜硝酸・硝酸を生ずる作用。窒素循環において重要な役割を果たす。

**□条件づけ** ⇒ p.237
ある条件の下で特定の反応が引き起こるようにするための手続き。古典的条件づけとオペラント条件づけがある。

**□小進化** ⇒ p.300
進化という現象全般の中で，種の形成には至らないような段階の進化のこと。

**□小脳** ⇒ p.226
随意運動の調節や，からだの平衡を保つ働きをする中枢。

**□消費者** ⇒ p.282
他の生物を捕食し，その有機物を無機物に変えることでエネルギーを得ている従属栄養生物のこと。

**□小胞体** ⇒ p.42
一重膜からなる袋状・溝状の細胞小器官。物質の合成・輸送に関わる。粗面小胞体と滑面小胞体に大別される。

**□食作用** ⇒ p.204
細胞が比較的大きな物質を膜小胞の形で取り込み，消化・分解する働き。

**□植生** ⇒ p.258
ある場所に生育する植物の集団。森林・草原・荒原・水生植生などに分けられる。

## し

| | |
|---|---|
| □植物 ⇒ p.328 | 細胞壁をもつ真核細胞で構成される独立栄養の多細胞生物で，陸上生活をする生物群。コケ植物・シダ植物・種子植物に大別される。 |
| □植物極 ⇒ p.155 | 卵や胚で，動物極の反対側。卵形成の際に極体が放出された側の反対側。 |
| □植物ホルモン ⇒ p.242 | 植物体内でつくられ，他の部分に移動し，低濃度で植物の成長や働きを調節する物質。 |
| □食物連鎖 ⇒ p.282 | 生物群集における食う者と食われる者の関係が鎖のように直線的につながった関係。実際は網のように複雑なので，食物網という。 |
| □自律神経系 ⇒ p.194 | 大脳の支配から独立して内臓の働きを調整する神経。交感神経系と副交感神経系があり，これらは互いに反対の働きをする。 |
| □進化 ⇒ p.31 | 地球の長い歴史の中で，生物がしだいに変化し種類を増やしてきた過程。 |
| □真核細胞 ⇒ p.50 | 核膜で囲まれた核をもち，細胞小器官の分化した細胞。DNA は核内に存在。真核細胞からなる生物を真核生物(ユーカリア)という。 |
| □神経管 ⇒ p.158 | 神経板が陥入するとともに両側から閉じ，管状になったもの。後に脳や脊髄になる。 |
| □神経系 ⇒ p.225 | 神経細胞の集まり。受容器と効果器の間に介在し，体内における情報伝達を担う。散在神経系と集中神経系がある。 |
| □神経節 ⇒ p.226 | 集中神経系の中枢神経以外の部分に見られる，ニューロンが密に集まってつくられる周囲から明確に区別される構造。 |
| □神経堤細胞 ⇒ p.174 | 動物の発生において，神経管が形成される際に合わさる部分(神経堤)から作られる細胞。非常に多くの組織に分化する。 |
| □神経伝達物質 ⇒ p.224 | 神経終末のシナプス小胞から分泌され，他の細胞を興奮させる物質。アセチルコリン，ノルアドレナリンなど。 |
| □神経胚 ⇒ p.158 | カエルなどの発生において，神経板や神経管が見られる時期の胚。 |
| □神経板 ⇒ p.158 | 神経胚の背側の外胚葉で厚く滑らかになった細胞層。 |
| □神経分泌細胞 ⇒ p.197 | 間脳の視床下部にあり，ホルモンを分泌する神経細胞。脳下垂体におけるホルモン分泌に深く関与する。 |
| □神経誘導 ⇒ p.172 | 予定外胚葉の領域に働きかけて，神経に分化させる働き。 |
| □親水性 ⇒ p.44 | 水になじみやすい性質。 |
| □腎臓 ⇒ p.192 | 脊椎動物の排出器官で，血液の浄化のほか，体内の塩類濃度の調節も行っている。 |
| □浸透圧 ⇒ p.47 | 水と水溶液を半透膜(半透性の膜)で仕切ったとき，水溶液側へ水が浸み込もうとする圧力。細胞壁などの全透性の膜では生じない。 |
| □森林 ⇒ p.258 | 樹木が広がりをもって群生する植生で，湿潤な地域に広く分布する。熱帯多雨林・照葉樹林・夏緑樹林・針葉樹林などに分けられる。 |

## し―せ

| | |
|---|---|
| □森林限界 ⇒ p.267 | 高緯度地域や高山などで，温度や水分条件などが限定要因となって，高木が森林として成立できなくなる限界。 |
| □人類 ⇒ p.317 | 霊長類の中で直立二足歩行などの特徴を進化させた動物群。地質時代に猿人・原人・旧人などが存在したが，現存するのは新人のみ。 |
| □すい臓 ⇒ p.200 | ホルモンを分泌する内分泌腺と，種々の消化酵素を含む膵液を分泌する外分泌腺をあわせもつ臓器。 |
| □水素結合 ⇒ p.58 | 水分子のような極性分子が電気的に引き付けあって生じる弱い結合。タンパク質内や DNA 内にも存在する結合。 |
| □垂直分布 ⇒ p.266 | 垂直方向の環境の変化に伴って，生物の分布が変化している状態。丘陵帯，山地帯，亜高山帯，高山帯など。 |
| □水平分布 ⇒ p.266 | 生物の種その他の分類群等の地球上での水平的な広がり。 |
| □ステロイド ⇒ p.34 | ステロイド核という構造をもつ，脂溶性物質の総称。ホルモンや細胞膜の原料となる。 |
| □スプライシング ⇒ p.108 | 真核生物の遺伝子発現で，DNA から mRNA 前駆体が転写された後，イントロンが除去される過程。 |
| □滑り説 ⇒ p.229 | アクチンフィラメントがミオシンフィラメントの間に滑り込むことによってサルコメアが収縮し，筋収縮が起こるとする考え方。 |
| □すみわけ ⇒ p.276 | 生活様式のよく似た種が，空間的・時間的に生活の場を別にして共存すること。食物をかえて競争を回避する場合は食いわけという。 |
| □刷込み ⇒ p.236 | 生後ごく早い時期に，特定の行動が形成される特殊な形の学習。一度成立すると一生忘れない。インプリンティングともいう。 |
| □生活形 ⇒ p.265 | 生物の生活の仕方を反映した形態，またはそれを類型化したものをいう。植物の地上部の形を類型化したものは生育形という。 |
| □制限酵素 ⇒ p.124 | 特定の塩基配列をもつ 2 本鎖の DNA を切断する酵素。5′→3′ の方向で同じ塩基配列になっている領域を認識するものが多い。 |
| □精細胞 ⇒ p.152 | 精巣内で精原細胞から減数分裂によってつくられる細胞。変形して精子となる。 |
| □生産構造図 ⇒ p.261 | 植物の生産構造を，光合成器官(葉など)・非光合成器官(茎・枝など)の垂直分布と光量の垂直的変化を定量的に示して表した図。 |
| □生産者 ⇒ p.282 | 生態系などで無機物から有機物を合成し，系内の全生物にエネルギーと物質を供給する生物。植物，光合成細菌，化学合成細菌など。 |
| □生産量 ⇒ p.266 | 消費者において，同化量から呼吸量を差し引いたもの。生産者の純生産量に当たる。 |
| □精子 ⇒ p.131 | 巨大化し運動性を失った卵にたどり着くために，細胞質を捨て卓越した運動性を獲得した雄性配偶子。精原細胞からつくられる。 |
| □静止電位 ⇒ p.222 | 静止状態の細胞で生じている細胞膜内外の電位差。通常は膜の内側が外側に対して負になっている。 |
| □生殖細胞 ⇒ p.131 | 胞子や配偶子など生殖のために特別に分化した細胞。 |

## せ

| | |
|---|---|
| □生殖的隔離 ⇒ p.299 | 形態の違いや生理的に異なる状態が生じたことで，集団内で自由な生殖ができなくなっている状態。やがて種分化につながると考えられる。 |
| □性染色体 ⇒ p.144 | 性の決定に関係をもつ特別な染色体。X 染色体と Y 染色体，Z 染色体と W 染色体があり，これらの組合せで性決定される生物がいる。 |
| □性選択 ⇒ p.281 | 異性を巡る競争によって起こる選択。特異な形質を発達させることにつながる場合がある。 |
| □生存曲線 ⇒ p.273 | 横軸に発育段階や時間，縦軸に出生後そのときまでに生き残っている個体の割合をとって個体数の減少の様子を表したグラフ。 |
| □生態系 ⇒ p.258 | 生物群集とそれを取り巻く自然環境との間にエネルギーの流れや物質循環が存在する系。生態現象を研究する上での単位でもある。 |
| □生態系サービス ⇒ p.295 | 食料や資源の供給，大気や水質の浄化，レクリエーションの場など，人間が生態系から受ける様々な恩恵。 |
| □生態系の多様性 ⇒ p.290 | 生態系の種類が豊富で多様なこと。 |
| □生態的回廊 ⇒ p.294 | 分断された生物の生息地を結ぶように設置された通路。コリドーともいう。 |
| □生態的地位 ⇒ p.278 | 生物群集の中で各々の種が占める場所や役割のこと。ニッチともいう。 |
| □生態的同位種 ⇒ p.278 | 異なる生物群集において，同じ生態的地位を占める生物種。 |
| □生態ピラミッド ⇒ p.287 | 各栄養段階における生物の現存量などを，下位から順に積み上げたもの。個体数，生産力，生物量などピラミッドなどがある。 |
| □生体防御 ⇒ p.206 | 生物が外来性および内因性の異物を排除して生命を維持する働き。非特異的生体防御と特異的生体防御とがある。 |
| □生体膜 ⇒ p.38 | 細胞膜や細胞小器官を形成する膜。主成分はリン脂質で，タンパク質も含まれる。それぞれが流動し，様々な形をとることができる。 |
| □成長運動 ⇒ p.240 | 屈性や傾性などに見られる，植物の成長の部分的な差によって起こる運動。 |
| □成長曲線 ⇒ p.272 | 生物体または生物集団の重さ，体積，長さ，個体数などが時間軸に沿ってどのように変化していくかをグラフにしたもの。 |
| □成長量 ⇒ p.286 | 一定の期間内における生物の量的変化。減少した場合は負の成長量と呼ぶ。 |
| □生得的行動 ⇒ p.232 | 経験を必要としない，生まれつき備わっている行動。 |
| □生物群系 ⇒ p.266 | バイオームのこと。 |
| □生物群集 ⇒ p.272 | ある場所で，相互作用をしながら生活している様々な種の個体群の集まり。 |
| □生物多様性 ⇒ p.290 | 多様な生物や生態系が存在すること。生態系の多様性，種の多様性，遺伝的多様性の3つの段階的な概念からなる。 |

## せ

| 用語 | 説明 |
|---|---|
| □生物濃縮 ⇒ p.293 | 特定の物質が生物に取り込まれ，環境より高い濃度で蓄積する現象。食物連鎖を通じて高次の消費者ほど高濃度となりやすい。 |
| □生命表 ⇒ p.273 | ある個体群が各発育段階まで生き残っていた個体の数を表にしたもの。これをグラフにしたのが生存曲線。 |
| □脊索 ⇒ p.158 | 中胚葉由来の柔軟な棒状の構造体。脊索動物で分化し，終生利用されることが多いが，脊椎動物ではやがて脊椎に置き換わる。 |
| □脊髄 ⇒ p.225 | 延髄に続く中枢神経。外側の白質は脳と末梢を結ぶ神経の伝導路，内側の灰白質は反射の中枢。末しょう神経の脊髄神経が出る。 |
| □脊椎動物 ⇒ p.333 | 脊椎をもつ動物群。脊索動物の中の一群で，魚類・両生類・爬虫類・鳥類・哺乳類が含まれる。脳と脊髄をもつ。 |
| □赤血球 ⇒ p.183 | 呼吸色素としてヘモグロビンを含む血球。酸素の運搬を行う。哺乳類では無核。鳥類，は虫類，魚類では有核。 |
| □接合 ⇒ p.131 | 雄性配偶子と雌性配偶子が合体すること。生物の種類によって，同形接合・異形接合・受精などの様式に分けられる。 |
| □摂食量 ⇒ p.286 | 一定の期間内に，ある動物が摂取した有機物の総量。 |
| □絶滅 ⇒ p.290 | 1つの生物種のすべての個体が死滅すること(種の絶滅)。生息域を区切って用いられることもある(個体群の絶滅)。 |
| □絶滅危惧種 ⇒ p.291 | 乱獲や森林伐採などによって個体数が急激に減り，そのまま放置するとやがて絶滅すると推定される種。 |
| □絶滅の渦 ⇒ p.290 | 分断された小個体群に様々な要因が連動して適応度が低下し，絶滅が加速すること。 |
| □セルロース ⇒ p.34 | グルコースが多数結合してできた多糖類。植物の細胞壁の主要な成分。 |
| □遷移 ⇒ p.262 | 裸地に植物が進入し植生ができる過程とその時間的経過。植生遷移ともいい，一次遷移と二次遷移，乾性遷移と湿性遷移などがある。 |
| □全か無かの法則 ⇒ p.223 | 神経は興奮するかしないかのどちらかの状態しかないという法則。閾値以上の刺激なら活動電位の大きさは変わらない。 |
| □先駆種 ⇒ p.262 | 遷移の最初の段階で進入・定着する生物種。パイオニア種ともいい，植物である場合は先駆植物(パイオニア植物)という。 |
| □染色体 ⇒ p.40 | 塩基性色素でよく染まる核内の物質。遺伝情報をもつDNAとヒストンというタンパク質からなる。常染色体と性染色体に分けられる。 |
| □染色体地図 ⇒ p.142 | 染色体上にある遺伝子の種類と配列順序および相互の相対的距離関係を図示したもの。連鎖地図と細胞学的地図がある。 |
| □センス鎖 ⇒ p.110 | DNAで転写に使われない側のヌクレオチド鎖。TをUに置き換えるとアンチセンス鎖から転写されたRNAと同じ塩基配列となる。 |
| □潜性 ⇒ p.136 | 雑種第一代で対立形質として現れない形質を指す性質。潜性遺伝子は顕性遺伝子の作用で発現が抑制される。かつては劣性といった。 |
| □先体反応 ⇒ p.153 | 動物の受精の際に，精子の先端部と卵の表面の間で起こる反応。 |

## せ—そ

| 用語 | 説明 |
|---|---|
| □選択的遺伝子発現 ⇒ p.117 | 細胞の状況に応じて，発現する遺伝子が選択されること。これによって，それぞれの細胞で遺伝子の発現が調節される。 |
| □選択的スプライシング ⇒ p.118 | エキソンをつなげる際に，特定のエキソンを選択してつなげるスプライシング。1つの遺伝子から多様なmRNAがつくられる。 |
| □選択的透過性 ⇒ p.46 | 細胞膜の透過性が物質の種類によって異なる性質。物質の透過は，エネルギーを用いて能動的に行われる場合もある。 |
| □セントラルドグマ ⇒ p.108 | 遺伝情報がDNAからRNAへ転写され，翻訳を経てタンパク質へ流れるという考え方。 |
| □相観 ⇒ p.258 | 植物の集団を大きくとらえたときの外観。これによりバイオームが定義される。植生は相観によって森林，草原，荒原に大別される。 |
| □草原 ⇒ p.262 | 草本植物が優占して広がる植生。乾燥地域に広く分布するほか，河川敷，断崖地などにも成立する。サバンナやステップが相当する。 |
| □相似器官 ⇒ p.321 | 見かけ上の形態や働きは似ているが，発生学的起源が異なる器官。コウモリの翼とチョウのはねなど。 |
| □創始者効果 ⇒ p.302 | 隔離された小集団から発達した生物集団の遺伝子頻度が，元の大きな生物集団の遺伝子頻度と異なったものになること。 |
| □桑実胚 ⇒ p.157 | 桑実胚からさらに分裂が進み，表面が滑らかに見えるようになった胚。内部には胞胚腔が見られる。 |
| □増殖率 ⇒ p.272 | 個体群の増減の度合いを，雌1個体当たりの増加・減少数で示したもの。 |
| □走性 ⇒ p.232 | 動物が外部からの刺激に対して一定方向に運動する性質。刺激源に向かう場合を正の走性，遠ざかる場合を負の走性という。 |
| □総生産量 ⇒ p.286 | ある期間中に生物が行った生産の総量を指す。成長量，枯死・死亡量，被食量を合わせた純生産量に，呼吸量を加えたもの。 |
| □相同器官 ⇒ p.321 | 見かけ上の形態や働きは異なるが，発生学的起源が同じ器官。ヒトの腕とクジラの胸びれなど。 |
| □相同染色体 ⇒ p.132 | 体細胞に2本ずつある同形同大の染色体。相同染色体のそれぞれは，両親から受け継いだものであり，減数分裂時に対合する。 |
| □挿入 ⇒ p.301 | 突然変異のうち，DNAにヌクレオチドが挿入される現象。 |
| □層別刈取法 ⇒ p.261 | 植生の一部を10層程度に区分し，各層で光量を測定後，順次刈り取り，層別の器官ごとの乾燥重量を測定する方法。 |
| □相変異 ⇒ p.273 | 個体群の密度に応じ，個体の色彩・形態・行動・生理などの特徴が著しく変化する場合をいう。ワタリバッタの孤独相，群生相が例。 |
| □相補性 ⇒ p.101 | アデニンとチミン(RNAではウラシル)，グアニンとシトシンの間でのみ塩基間の結合が見られる性質。塩基の相補性ともいう。 |
| □組織液 ⇒ p.182 | 体液のうち，組織の細胞間を満たすもの。毛細血管からしみ出た血しょうに相当する。 |
| □疎水性 ⇒ p.44 | 水になじみにくい性質。 |

## た

| 用語 | 説明 |
|---|---|
| □体液 ⇒ p.182 | 多細胞生物の体内の液体。脊椎動物では，血液・組織液・リンパ液に分けられる。 |
| □体液性免疫 ⇒ p.204 | 抗体産生細胞がつくる抗体によって抗原を排除する免疫。抗体産生細胞はヘルパーT細胞が放出する物質によりB細胞から分化する。 |
| □対合 ⇒ p.132 | 減数分裂の第一分裂の前期に，相同染色体どうしが接着し1つの棒状になる現象。対合した染色体を二価染色体という。 |
| □体細胞分裂 ⇒ p.104 | 体細胞が増殖するときに起こる細胞分裂。1つの細胞から染色体数，遺伝子ともにもとの細胞と同じものが2つできる。 |
| □体軸 ⇒ p.154 | 動物の体に見られる方向性のこと。頭尾軸(前後軸)，背腹軸，左右軸がある。 |
| □代謝 ⇒ p.76 | 生物内で進行する複雑な化学反応の総称。同化と異化に分けられる。その主役は酵素で，エネルギーの出入りを伴う。 |
| □大進化 ⇒ p.300 | 進化という現象全般の中で，種が分化するような段階以上の進化のこと。 |
| □体性神経系 ⇒ p.225 | 感覚神経と運動神経の総称で，自律神経とともに末梢神経系を構成する。 |
| □体内環境 ⇒ p.182 | 血液・組織液・リンパ液など，細胞や組織を取り巻く体液の状態。 |
| □大脳 ⇒ p.226 | 神経管の前側にできた膨らみ。左右の半球に分かれ，大脳皮質(灰白質)には神経細胞体が，大脳髄質(白質)には軸索が集まる。 |
| □大脳皮質 ⇒ p.227 | 大脳の外側にあり，大脳の機能が集中している部分。運動野・感覚野など働きに応じて分割でき，それぞれ名前が付けられている。 |
| □太陽コンパス ⇒ p.234 | ミツバチなどが移動方向を示すために太陽の方角との位置関係を利用すること。 |
| □対立遺伝子 ⇒ p.136 | 対立形質の発現に関与する1対の遺伝子。アレルともいう。相同染色体の対応する部位に遺伝子座を占める。 |
| □対立形質 ⇒ p.136 | 1個体に同時には現れない関係にある対になった形質。染色体の同じ遺伝子座に属する対立遺伝子によって発現する。 |
| □多細胞生物 ⇒ p.51 | 1個体が多数の分化した細胞からなる生物。 |
| □多精拒否 ⇒ p.153 | 受精した卵が，他の精子の進入を受け入れないようにするしくみ。受精膜のような形態的なもののほか電気的なものもある。 |
| □脱窒 ⇒ p.284 | 脱窒素細菌による，硝酸イオン($NO_3^-$)や亜硝酸イオン($NO_2^-$)を窒素ガス($N_2$)に変換する働き。 |
| □脱慣れ ⇒ p.238 | 一度形成された慣れが，特定の刺激によって解除されること。 |
| □脱分極 ⇒ p.222 | 刺激を受けたニューロンの膜電位が，静止電位から＋方向に変化すること。その後の－方向への変化は過分極という。 |
| □単細胞生物 ⇒ p.51 | 一生を通じて1個の細胞で生命活動のすべてを行う生物。特殊な細胞小器官が発達しているものがある。 |

## 重要用語チェック　青字は生物基礎の範囲を示す。

### た―ち

| 用語 | 説明 |
|---|---|
| □炭酸同化 ⇒p.76 | 生物が二酸化炭素から有機物を合成する反応のこと。光合成と化学合成に分けられる。炭素同化ともいう。 |
| □短日植物 ⇒p.246 | 暗期が一定以上の長さになる(日長が短くなる)と花芽形成が促進される植物。 |
| □短日処理 ⇒p.246 | 暗期の長さを人工的に短くすること。 |
| □胆汁 ⇒p.191 | 肝臓で合成される黄色または緑色の液。十二指腸に分泌され，脂肪の消化吸収を促す。 |
| □単収縮 ⇒p.231 | 1回の刺激によって起こる筋肉の収縮。個々の筋繊維の収縮は全か無かの法則に従う。 |
| □炭水化物 ⇒p.34 | 炭素・水素・酸素からなる有機物で，単糖類・二糖類・多糖類などに区分される。細胞内のエネルギー源で，細胞構造にもなる。 |
| □炭素循環 ⇒p.284 | 炭素原子が生態系の中を循環すること。 |
| □タンパク質 ⇒p.35 | アミノ酸が多数ペプチド結合した高分子化合物。特有の立体構造をもち，酵素や抗体など多くの機能をもつ重要な生体物質。 |
| □団粒構造 ⇒p.259 | 土壌に見られる土の粒子と有機物由来の腐植が固まった団粒が集積した構造。団粒構造の土壌は排水性と保水性の両者を兼ね備える。 |
| □置換 ⇒p.151 | 突然変異のうち，DNAの中の1つの塩基が別の塩基に置き換わる現象。 |
| □地球温暖化 ⇒p.292 | 地球の大気や海洋の平均温度が上昇する現象。化石燃料の燃焼による温室効果ガスの増加などが原因とされる。 |
| □地質時代 ⇒p.306 | 地球で最古の岩石ができてから現在までの時代区分のこと。大きくは先カンブリア時代・古生代・中生代・新生代に区分される。 |
| □窒素固定 ⇒p.97 | 空気中の遊離窒素を還元してアンモニアにする反応。これを行うシアノバクテリアや根粒菌などの一部の細菌を窒素固定細菌という。 |
| □窒素循環 ⇒p.284 | 窒素原子が生態系の中を循環すること。 |
| □窒素同化 ⇒p.96 | 硝酸やアンモニアなどの無機窒素化合物と有機酸から，アミノ酸などの有機窒素化合物を合成する反応。 |
| □チャネル ⇒p.60 | 膜タンパク質のうち，物質濃度に従って決まった物質のみを通すもの。 |
| □中間径フィラメント ⇒p.64 | タンパク質でできた直径10nmほどの繊維。細胞の形を保持する。 |
| □中規模かく乱説 ⇒p.288 | 種の多様性はかく乱が小規模または大規模であるときに低くなり，中規模のときに最も高くなるとする考え。 |
| □中心体 ⇒p.43 | 微小管からなる中心粒2個が直交してできた細胞小器官。動物細胞，コケ・シダ植物に見られ，細胞分裂時に紡錘体の起点となる。 |
| □中枢神経系 ⇒p.225 | 多数のニューロンが集まり神経系の中心となる部分。ヒトの場合，1本の神経管から分化した脳と脊髄で構成される。 |

### ち―て

| 用語 | 説明 |
|---|---|
| □中性植物 ⇒p.246 | 暗期の長さに関係なく，花芽を形成する植物。 |
| □中胚葉 ⇒p.157 | 胚を構成する胚葉のうち，内胚葉と外胚葉の間に位置する部分で，筋肉や血管などになる領域。 |
| □中胚葉誘導 ⇒p.172 | 胞胚期の予定内胚葉域の一部が，中胚葉予定域の原口背唇部の予定運命を決定する働き。中胚葉誘導物質が働く。 |
| □中立説 ⇒p.299 | 分子に起こる突然変異の多くは自然選択には関係せず(中立)，集団内に蓄積するとする説。このような分子変化を中立進化という。 |
| □頂芽 ⇒p.242 | 茎の先端の芽。葉の付け根から側枝を形成する芽は側芽という。 |
| □頂芽優勢 ⇒p.242 | 頂芽がさかんに発育しているとき，側芽の発育が抑制されること。オーキシンの最適濃度が各器官ごとに異なることによる。 |
| □長日植物 ⇒p.246 | 暗期が一定以下の長さになる(日長が長くなる)と花芽形成が促進される植物。 |
| □長日処理 ⇒p.246 | 暗期の長さを人工的に長くすること。 |
| □調節遺伝子 ⇒p.114 | ある遺伝子が発現されるかどうかを調節する遺伝子。遺伝子発現の量的な程度を調節することもある。 |
| □調節タンパク質 ⇒p.114 | DNAの転写を調節するタンパク質。アクチベーター，リプレッサーがある。 |
| □跳躍伝導 ⇒p.223 | 有髄神経で興奮がランビエ絞輪から次のランビエ絞輪へととびとびに伝導する現象。無髄神経に比べ伝導速度が速くなる。 |
| □直立二足歩行 ⇒p.317 | 直立した姿勢で行う後肢のみを使用する歩行。ヒトの特徴。 |
| □チラコイド ⇒p.85 | 葉緑体の扁平な円盤状の小胞。内部に光合成色素を含み，光合成の反応系1，2，3が行われる。 |
| □地理的隔離 ⇒p.299 | 海洋や山脈により，生物集団が地理的に隔てられること。 |
| □定位 ⇒p.234 | 動物が特定の刺激に対応して特定方向に体を向けること。 |
| □適応 ⇒p.315 | 生物がまわりの環境の影響を受け，その環境に適するように形態や機能を変化させていくこと。 |
| □適応度 ⇒p.280 | 個体が環境に適応しているかの度合。ある個体の子のうちで，生殖年齢まで達した子の個体数で示す。 |
| □適応放散 ⇒p.316 | 進化の過程で同じ系統の生物が異なる生活環境の中で生きてきた結果，特有の形態的・機能的分化を示すこと。適応進化ともいう。 |
| □適刺激 ⇒p.214 | それぞれの受容器が最も敏感に反応を示す刺激の種類。目に対する光，耳に対する音など。 |
| □電気泳動 ⇒p.126 | 目的の物質を含む溶液に電圧を加えて電気的に物質を移動させ，物質の帯電状態の違いにより分離する手法。電気泳動法ともいう。 |

### て―と

| 用語 | 説明 |
|---|---|
| □電子伝達系 ⇒p.79 | 解糖系とクエン酸回路で生じた水素が酸素と結合し，水とATPが生じる反応。 |
| □転写 ⇒p.108 | DNAの塩基配列を鋳型として，mRNA(前駆体)を合成すること。遺伝子が発現するための最初の過程。 |
| □転写調節領域 ⇒p.117 | 転写調節因子の結合する領域。転写調節因子が結合することで転写が抑えられるため，遺伝子の発現調節に関与する。 |
| □伝達 ⇒p.224 | ニューロンの興奮が，別の細胞に伝わること。興奮の伝達。伝達は一方向にしか起こらない。 |
| □伝導 ⇒p.223 | ニューロンの興奮が，ニューロン内を伝わること。興奮の伝導。 |
| □糖 ⇒p.34 | 炭水化物とほぼ同義だが食物繊維を含まないことが多い。単糖・二糖・多糖などがある。 |
| □同化 ⇒p.76 | 簡単な物質から複雑な物質を合成する反応。エネルギーを必要とする。炭酸同化や窒素同化がこれに相当する。 |
| □同化器官 ⇒p.261 | 光合成が行われる植物の器官。多くの植物で葉がこれに相当する。 |
| □同化量 ⇒p.286 | 動物が捕食などにより有機物を同化した量。捕食量から不消化排出量を差し引いた量。 |
| □糖新生 ⇒p.80 | 動物が細胞内で糖以外の物質からグルコースをつくること。 |
| □糖尿病 ⇒p.201 | 尿へのグルコース排出(糖尿)や高血糖を症状とする慢性疾患。原因はインスリンの分泌量低下や感受性低下。 |
| □動物 ⇒p.324 | 細胞壁をもたない真核細胞で構成される従属栄養の多細胞生物。系統的に新口動物と旧口動物に大別される。 |
| □動物極 ⇒p.155 | 卵や胚で，卵形成の際に極体が放出された側。 |
| □洞房結節 ⇒p.184 | 心臓の右心房上部にある特殊な心筋細胞群。一定のリズムで活動電位を発生し，心臓の自動性を支えるペースメーカー。 |
| □特定外来生物 ⇒p.294 | 外来生物法によって規制・防除対象となった外来生物。 |
| □独立 ⇒p.140 | 2つ以上の遺伝子が別々の染色体上に存在すること。それぞれの遺伝子は互いに影響することなく分配される。 |
| □独立栄養生物 ⇒p.76 | 光などのエネルギーを利用して，炭酸同化を行い有機物を合成する生物。植物や化学合成細菌など。 |
| □土壌 ⇒p.259 | 地表の最外層にあり，岩石が風化したものに生物の遺体が堆積・混合し，土壌生物や植物の根が分布する層。 |
| □突然変異 ⇒p.151 | 染色体やDNA分子の一部に生じる永続的な変化。染色体突然変異と遺伝子突然変異に分けられる。 |
| □ドメイン ⇒p.325 | 生物分類において，界よりも上位に位置する階層。細菌・アーキア・真核生物の3つのドメインが考えられている。 |

## と―の

□トランスジェニック生物 ⇒ p.129
他の生物から外来遺伝子を導入され，その遺伝子が発現するようになった生物。

□トリプレット ⇒ p.111
遺伝暗号となる３個の塩基の組合せ。一般に，mRNA の遺伝暗号であるコドンをさす。

□内胚葉 ⇒ p.157
胚を構成する胚葉のうち，原腸に分化し，消化管となる領域。

□内分泌系 ⇒ p.196
内分泌腺からホルモンを分泌する内分泌により，ホルモンが体液中を運ばれ，標的器官に作用してその働きを調節するしくみ。

□ナトリウムポンプ ⇒ p.46
能動輸送により，細胞内の $Na^+$ を細胞外へ排出するとともに細胞外の $K^+$ を細胞内に取り込むポンプ。

□慣れ ⇒ p.238
無害な刺激が繰り返された場合，初めは反応するがしだいに反応しなくなる現象。

□縄張り ⇒ p.274
動物が同種の他個体や集団の侵入に対して防衛する領域。テリトリーともいう。縄張りを示すためのさえずり，臭い付けなどがある。

□二次応答 ⇒ p.211
一度侵入した抗原が再び体内に侵入したとき，速やかに免疫反応が起こること。記憶細胞の働きによる。

□二次構造 ⇒ p.59
ポリペプチドの中に部分的につくられる規則的な立体構造で，$\alpha$ ヘリックスと $\beta$ シートがある。

□二重らせん構造 ⇒ p.100
２本の DNA 鎖が向かい合ったらせん(二重らせん)状の構造。アデニンとチミン，グアニンとシトシンが相補的に結合している。

□二名法 ⇒ p.324
属名＋種名で表される生物の国際的な学名。学名はラテン語を用いることが多く，イタリック体で書く。

□乳酸発酵 ⇒ p.82
乳酸菌が行う発酵。グルコースが乳酸に分解され，ATP が生じる。
$C_6H_{12}O_6 \rightarrow 2C_3H_6O_3 + 2ATP$

□ニューロン ⇒ p.52
神経細胞。核のある細胞体，短く枝分かれをもつ樹状突起，長く枝分かれの少ない軸索で構成される。軸索の末端を神経終末という。

□尿素 ⇒ p.202
哺乳類・両生類・軟骨魚類の尿に含まれる窒素代謝の最終産物。軟骨魚類では体内の塩類濃度調節にも利用される。

□ヌクレオソーム ⇒ p.40
真核細胞で，DNA とヒストンが結合してできる構造。ヌクレオソームは DNA で長く連なってクロマチンとなる。

□ヌクレオチド ⇒ p.100
リン酸・糖・塩基が結合した物質。DNA や RNA の基本単位。リン酸・糖の部分で多数連結したものはヌクレオチド鎖という。

□年齢ピラミッド ⇒ p.273
個体群の年齢組成を示すため，縦軸に年齢群，横軸に個体群中に占める各年齢群の比率をとり，ピラミッド型の図にしたもの。

□脳 ⇒ p.226
頭蓋骨内にあり，脊髄とともに中枢神経系を構成する器官。大脳・間脳・中脳・小脳・延髄からなる。

□脳下垂体 ⇒ p.198
間脳から垂れ下がっている内分泌腺。視床下部の支配を受けて，他の内分泌腺の分泌を調節する。前葉・中葉・後葉に分かれる。

□脳幹 ⇒ p.226
間脳・中脳・橋・延髄を合わせた部分。生命維持に関わる中枢が存在する。

## の―は

□脳死 ⇒ p.226
脳の損傷で機能が停止し，回復不可能な状態。様々な調節機能が働かないため，やがて死に至る。

□能動輸送 ⇒ p.46
細胞膜の内外の濃度差や電気的勾配に逆らって物質を移動させるしくみ。ATP などのエネルギーを必要とする。

□ノックアウト ⇒ p.129
機能を破壊した遺伝子を導入し，特定機能のない生物をつくる技法。ノックアウトマウスが有名。遺伝子の導入はノックインという。

□乗換え ⇒ p.140
減数分裂時に相同染色体間で部分的に交換が起こる現象。乗換えの結果，遺伝子の組換えが起こる。

□胚 ⇒ p.154
多細胞生物の発生の初期段階の個体。動物では摂食を始めるまで，植物では種子が成熟するまでの個体を指す。

□バイオーム ⇒ p.266
環境要因の違いにより成り立つ生物のまとまりのこと。照葉樹林，針葉樹林など。

□バイオテクノロジー ⇒ p.124
遺伝子や細胞を操作する技術。

□バイオマス ⇒ p.286
ある空間に存在する生物の量を物質の量として表したもの。生物量や生物体量ともいう。通常は質量やエネルギー量で示す。

□配偶子 ⇒ p.131
有性生殖のため特別につくられる生殖細胞。減数分裂によって核相は $n$ になる。雌雄がそれぞれ雌性配偶子，雄性配偶子をつくる。

□胚珠 ⇒ p.252
めしべの子房の中にあり，受精後に種子になる部分。ここで胚のう母細胞が減数分裂し，１個の胚のう細胞ができる。

□倍数体 ⇒ p.150
ゲノムが基本数 X の整数倍になることを倍数性といい，倍数性を示す個体を倍数体という。一般に，2X 以上を倍数体とよぶ。

□胚乳 ⇒ p.252
植物の種子の大部分を占める，発芽の際のエネルギー源として使われるもの。胚乳細胞に蓄えられる。胚乳をもたない種子もある。

□胚のう ⇒ p.252
被子植物の胚珠の中にある雌性配偶体。胚のう細胞から生じた１個の卵細胞と中央細胞，２個の助細胞，３個の反足細胞で構成される。

□バクテリオファージ ⇒ p.99
細菌に感染するウイルスの総称。ファージともいう。ファージは，ギリシャ語の phagein (食べる)に由来する。

□白血球 ⇒ p.182
血液中に見られる呼吸色素をもたない有核細胞。顆粒球，リンパ球，単球など。食作用，免疫に関係する。

□発現 ⇒ p.108
DNA の遺伝情報が mRNA を経てタンパク質へと翻訳され，それが生体内で機能すること。

□発酵 ⇒ p.82
微生物による酸素を利用しない炭水化物分解反応。呼吸に比べると効率が悪く，生じる ATP 量は極めて少ない。

□発生 ⇒ p.154
受精卵が分裂を繰り返し，胚を経て個体として形成されていく過程。

□ハーディ・ワインベルグの法則 ⇒ p.300
メンデル集団に存在する対立遺伝子の遺伝子頻度は一定で，何世代経っても変化しないという集団遺伝学の法則。

□反射 ⇒ p.225
大脳を経由せず無意識に起こる，刺激に対する反応。脊髄反射，中脳反射などに区別される。反射に関わる神経経路を反射弓という。

## は―ひ

□反射弓 ⇒ p.225
反射に関わる神経経路。受容器→感覚神経→反射中枢→運動神経→効果器と伝わる。

□半保存的複製 ⇒ p.102
DNA の２本鎖のうちの１本が鋳型となり，新しい鎖が合成される複製のしくみ。

□尾芽胚 ⇒ p.159
カエルの発生において，頭部や尾部が明確になった時期の胚。この時期に孵化し，やがておたまじゃくしになる。

□光受容体 ⇒ p.244
植物において光を感知する受容体。フィトクロムは赤色光を，フォトトロピンは青色光を感知する。

□光中断 ⇒ p.246
連続した暗期下の植物に光を短時間照射して，暗期を中断する処理。一般に，光中断の効果は赤色光で大きいとされる。

□光発芽種子 ⇒ p.245
明所で発芽が促進される種子。レタスの一部の品種，イチジク，タバコの種子は代表的な光発芽種子である。

□光飽和点 ⇒ p.89
光を強くしても，それ以上光合成速度が増加しなくなる光の強さ。陽生植物では高くなる。

□光補償点 ⇒ p.89
光合成による二酸化炭素吸収と，呼吸による二酸化炭素放出がつり合い，見かけ上二酸化炭素の出入りが見られない光の強さ。

□非競争的阻害 ⇒ p.71
酵素の活性部位以外の部分に阻害物質が結合することによる酵素反応の阻害。

□微小管 ⇒ p.43
チューブリンというタンパク質からなり，紡錘糸や繊毛・鞭毛の形成などに関わる。

□被食 ⇒ p.277
生物が他の生物に食べられること。被食される生物を被食者という。

□被食量 ⇒ p.286
一定の期間内に，ある生物がその一部またはすべてを他の生物に食べられた量。

□ヒストン ⇒ p.40
真核細胞で DNA と結合しているタンパク質で，染色体の中で DNA とともにヌクレオソームを形成する。

□非同化器官 ⇒ p.261
光合成が行われない植物の器官。葉以外の器官で，地上部では茎と花が相当する。

□表現型 ⇒ p.135
遺伝子のもつ遺伝情報のうち，個体に現れる形質。形・色・構造などの形態や化学的な性質，機能・行動も含む。

□標識再捕法 ⇒ p.273
個体を捕獲した後に標識して放し，再度捕獲した個体の標識を調べる調査法。標識個体数の割合から個体群の大きさが推定できる。

□標的器官 ⇒ p.196
ホルモンが作用する器官。標的器官には，ホルモンに特異的に結合する受容体(レセプター)をもつ標的細胞が存在する。

□ヒル反応 ⇒ p.90
チラコイドで水が分解されて酸素が発生する反応。ヒルによって発見された。

□疲労 ⇒ p.230
筋肉にエネルギーが行き届かず，十分な収縮ができない状態。

□びん首効果 ⇒ p.302
集団が小さくなるときに，多様な遺伝子の中から少数の遺伝子が選択されて多様性が減少すること。

## ふ

| | |
|---|---|
| □フィードバック ⇒ p.198 | ある反応の結果が，原因となった側に戻り作用すること。正の場合，結果が増大し，負の場合，結果が一定に保たれる。 |
| □フィードバック阻害 ⇒ p.71 | 反応系の最終産物が初期の反応を阻害して反応の進行が遅れ，最終産物が減らされていく調節のしくみ。 |
| □フィードバック調節 ⇒ p.198 | フィードバックによって反応系全体の進行が調節されるしくみ。 |
| □フィブリン ⇒ p.183 | フィブリノーゲンからできる繊維状タンパク質。血ぺいをつくり血液凝固を起こす。血ぺいの溶解をフィブリン溶解(線溶)という。 |
| □富栄養化 ⇒ p.293 | 生活排水などが河川・湖沼・海洋に流れ出し，水中の栄養塩類や有機物の濃度が高まること。 |
| □フェロモン ⇒ p.233 | 動物体内で生産され，体外に分泌されて同種の個体に特定の反応を引き起こす化学物質。性フェロモン・集合フェロモンなどがある。 |
| □不応期 ⇒ p.223 | ニューロンの興奮直後の部位が，刺激に対して反応できない時期。 |
| □フォトプシン ⇒ p.216 | 網膜の錐体細胞に含まれる視物質。異なる色の光に対応できる種類がある。 |
| □不完全強縮 ⇒ p.231 | 単収縮ではない連続した収縮だが，間にわずかの弛緩がはさまれて収縮曲線が滑らかにならないような収縮のこと。 |
| □副交感神経 ⇒ p.194 | 自律神経のうち，休息状態のときに働く神経。中脳・延髄・脊髄(仙髄)から出て，内臓内，またはその近くで神経節をつくる。 |
| □副腎 ⇒ p.197 | 腎臓の上部にある内分泌腺。副腎皮質と副腎髄質に分けられ，皮質からは糖質コルチコイドなどを，髄質からはアドレナリンを分泌。 |
| □複製 ⇒ p.102 | 細胞分裂の前に，細胞のもつDNAと同じ塩基配列をもつDNAが合成されること。DNA複製ともいう。 |
| □複製起点 ⇒ p.102 | DNAの複製が開始される，特定の塩基配列。 |
| □不消化排出量 ⇒ p.286 | 一定の期間内に，ある動物が摂取した有機物のうち，消化されずに体外に排出された量。 |
| □物質循環 ⇒ p.282 | 生態系において，物質が生物的環境と非生物的環境の中を循環すること。 |
| □物質生産 ⇒ p.286 | 生物が同化作用により有機物を合成すること。 |
| □物理的・化学的防御 ⇒ p.206 | 物理的・化学的なしくみによって，体表での異物の侵入を防ぐ免疫反応。 |
| □不等交叉 ⇒ p.301 | 減数分裂時の染色体で乗換えで，もととは異なる多重になった染色体と欠失のある染色体が生じる現象。 |
| □プライマー ⇒ p.103 | 鋳型となるDNAと相補的な塩基配列をもつDNA・RNAの断片で，DNA複製の起点となる。 |
| □プラスミド ⇒ p.125 | 細菌の細胞内に存在する染色体以外の環状2本鎖DNA。遺伝子組換えにおいて，遺伝子を運ぶベクターとして用いられる。 |

## ふ―へ

| | |
|---|---|
| □フレームシフト ⇒ p.301 | 突然変異の挿入や欠失が起こって，コドンの読み枠がずれてしまう現象。 |
| □プログラム細胞死 ⇒ p.174 | 多細胞生物において，傷害などによる壊死と異なる計画された細胞の死で，個体の形態形成などの利益につながる過程。 |
| □プロモーター ⇒ p.114 | DNAにおいてRNAポリメラーゼが結合する領域。この結合によって転写が開始する。 |
| □フロリゲン ⇒ p.247 | 花芽の形成を促す植物ホルモン。葉で合成され，芽に運ばれて未分化の細胞を花芽に分化させる働きをもつ。花成ホルモンともいう。 |
| □分化 ⇒ p.166 | 多細胞生物の一部の細胞が，特定の機能や形態をもつようになること。それぞれの細胞で特定の遺伝子が発現するために起こる。 |
| □分解者 ⇒ p.282 | 生物の遺体や排出物を分解することでエネルギーを得て生活し，有機物を簡単な化合物に戻す役割を果たしている消費者。 |
| □分子系統樹 ⇒ p.323 | DNAの塩基配列やタンパク質のアミノ酸配列の情報を利用して作成される系統樹。 |
| □分子進化 ⇒ p.300 | タンパク質のアミノ酸配列やDNAの塩基配列の変化として現れる生物進化。種どうしが分岐した年代を求めたりするのに使われる。 |
| □分子時計 ⇒ p.323 | 分子進化におけるDNAの塩基配列やアミノ酸配列の変化の速度。 |
| □分類 ⇒ p.324 | 同じような特徴をもつ生物をまとめてグループ化すること。 |
| □分類階級 ⇒ p.324 | 生物分類において類縁関係を整理する際の単位の階級。界・門・綱・目・科・属・種の順に小さな分類群となる。 |
| □分類群 ⇒ p.324 | 生物分類において，同じ集団にまとめられる生物の集まり。様々な分類階級がある。 |
| □分裂期 ⇒ p.104 | 細胞周期において細胞分裂が起こる時期。前期・中期・後期・終期を経て完了する。核膜はこの間消失する。 |
| □平滑筋 ⇒ p.229 | 顕微鏡観察で横縞の認められない筋細胞からなる筋肉。脊椎動物では内臓筋がこれに属する。血管壁にも見られる。 |
| □ベクター ⇒ p.127 | 外来のDNAを組み込み，宿主細胞内で増殖するDNA。DNAの運び屋。プラスミド，ファージ，ウイルスなどの種類がある。 |
| □ヘテロ接合 ⇒ p.135 | 異なる対立遺伝子を対にもつこと。このような個体をヘテロ接合体という。 |
| □ペプチド ⇒ p.58 | 複数のアミノ酸が結合したもので，多数のアミノ酸が結合したものはポリペプチドと呼ばれる。 |
| □ペプチド結合 ⇒ p.58 | 2つのアミノ酸の間で，一方のカルボキシ基と他方のアミノ基とが脱水縮合して生じる－CO－NH－結合。 |
| □ヘモグロビン ⇒ p.186 | 脊椎動物の赤血球内にある呼吸色素。ヘム(鉄を含む色素)とグロビンが結合したタンパク質で，酸素を運搬する。 |
| □ヘルパー ⇒ p.275 | 共同繁殖において，子育てに参加する親以外の個体のこと。 |

## へ―ほ

| | |
|---|---|
| □ヘルパーT細胞 ⇒ p.205 | T細胞のうち，樹状細胞からの抗原提示を受け，B細胞やキラーT細胞などを活性化させる働きをもつもの。 |
| □変性 ⇒ p.59 | タンパク質の立体構造が変化することで，その性質や機能が変化すること。原因は熱や酸・アルカリなど様々。 |
| □包括適応度 ⇒ p.275 | 自身の子だけでなく，同一の遺伝子をもつ個体も含めてとらえた適応度。 |
| □胞子 ⇒ p.130 | 菌類やコケ植物，シダ植物などがつくる生殖細胞。核相が $n$ の真正胞子と，$2n$ の栄養胞子とがある。 |
| □胞胚 ⇒ p.157 | 桑実胚より分裂が進み，表面が滑らかに見える時期の胚。内部には胞胚腔が見られる。 |
| □補酵素 ⇒ p.70 | 酵素主成分のタンパク質以外の物質で，酵素とゆるく結合し反応を進める化合物。補酵素の多くはビタミンである。 |
| □母指対向性 ⇒ p.316 | 親指が他の指と向かい合う性質。霊長類の特徴で，拇指対向性とも表記する。 |
| □補償深度 ⇒ p.267 | 水界において，光合成を行う生物の光合成速度と呼吸速度が等しくなるときの光の強さ。 |
| □捕食 ⇒ p.276 | 生物が他の生物を食べること。捕食を行う生物を捕食者という。 |
| □母性因子 ⇒ p.169 | 親個体の遺伝子から合成され，卵に蓄積されるmRNAやタンパク質など。 |
| □母性効果遺伝子 ⇒ p.169 | 親個体で合成され，蓄積されるmRNAやタンパク質などの母性因子をつくる遺伝子。 |
| □哺乳類 ⇒ p.333 | 胎生であり，乳腺から分泌する乳汁で子を育てる動物。毛で覆われた皮膚をもつ。 |
| □ホメオティック遺伝子 ⇒ p.177 | 形態形成に関わる複数の調節遺伝子。まとめてホメオティック遺伝子群という。個体の形態形成はこの遺伝子の連鎖的な発現による。 |
| □ホメオティック突然変異 ⇒ p.177 | ショウジョウバエなどに見られる，ある領域が別の領域に置き換わるような突然変異。ホメオティック遺伝子の突然変異で起こる。 |
| □ホメオボックス ⇒ p.177 | ホックス遺伝子群の個々の遺伝子のまとまり。 |
| □ホモ接合 ⇒ p.135 | 同じ対立遺伝子を対にもつこと。このような個体をホモ接合体という。 |
| □ホモ属 ⇒ p.318 | 現生人類を含む生物群。ホモ・ネアンデルタレンシス(ネアンデルタール人)や現生人類のホモ・サピエンスが属する。 |
| □ポリペプチド ⇒ p.58 | アミノ酸が10個程度以上，ペプチド結合したもの。タンパク質もポリペプチドとみなせる。ポリペプチド鎖ともいう。 |
| □ホルモン ⇒ p.196 | 内分泌腺や神経分泌細胞で合成され，血液を通して体内を循環し，標的器官でその効果を発揮する化学物質。 |
| □ポンプ ⇒ p.60 | 膜タンパク質のうち，濃度に逆らって物質を輸送するもの。エネルギーを必要とする。 |

## ほ—め

| 用語 | 説明 |
|---|---|
| □翻訳 ⇒ p.108 | mRNA の情報に基づいて，タンパク質が合成される過程。リボソームで行われる。 |
| □膜電位 ⇒ p.222 | 細胞膜によって隔てられた溶液の間に生じる電位差。細胞内外の各種イオンの濃度差が原因となっている。 |
| □マクロファージ ⇒ p.204 | 抗原の侵入に際して，食作用を行いながらヘルパーＴ細胞に抗原提示をする単球由来の免疫細胞。アメーバ運動をする。 |
| □末梢神経系 ⇒ p.225 | 中枢神経系と体表や体内の器官を結ぶ神経。求心性神経(感覚神経)と遠心性神経(運動神経，自律神経)がある。 |
| □マトリックス ⇒ p.78 | ミトコンドリアの内膜に囲まれた一見無構造に見える部分。クリステとは異なる呼吸反応(クエン酸回路)の酵素を含む。 |
| □ミオシンフィラメント ⇒ p.229 | ミオシン分子で構成されるフィラメント。一定間隔でミオシン分子の頭部が突出しており，ATP を分解して，アクチンと結合する。 |
| □密度効果 ⇒ p.272 | 個体群密度が高くなることで，その増加率や個体の生理，形態，生態などに変化が起こること。 |
| □ミトコンドリア ⇒ p.41 | 呼吸の場となる二重膜構造の細胞小器官。生体に必要なエネルギー(ATP)を取り出す反応回路をもつ。 |
| □無機塩類 ⇒ p.34 | 体液濃度や体液の pH を調節するとともに生体物質の材料となる。主に体内の水溶液中のイオンとして存在する。 |
| □無髄神経繊維 ⇒ p.221 | 髄鞘の見られない神経繊維。 |
| □無性生殖 ⇒ p.130 | 親の体の一部が分かれて，そのまま新個体となっていく生殖法。親は１個体なので新個体は親のクローンになる。 |
| □無胚乳種子 ⇒ p.253 | 胚乳が発生の初期に消失してしまった種子。発達した子葉に養分を蓄えている。 |
| □群れ ⇒ p.274 | 被食を回避したり，効率よい捕食のために動物が集まった状態。同種の個体からなるが，複数の種からなる混群をつくることもある。 |
| □明順応 ⇒ p.216 | 明るくなったとき，物の色や形が鮮明に見えるようになること。 |
| □免疫 ⇒ p.204 | 生体が異物を非自己と認識し，その種類に応じて特異的に排除する働き。後天性免疫，特異的生体防御と同義。 |
| □免疫寛容 ⇒ p.211 | 自身の細胞など自己の成分に対して免疫が働かないこと。自己の細胞や成分に反応する免疫細胞を排除することで成立する。 |
| □免疫記憶 ⇒ p.211 | 一度目の抗原の侵入に対応した免疫細胞の記憶細胞が残り，同一抗原の侵入に対して，速やかに強い反応ができるようになること。 |
| □免疫グロブリン ⇒ p.209 | 抗体活性をもつタンパク質。２本の H 鎖と２本の L 鎖からなる。IgG，IgA，IgM，IgD，IgE の５種類がある。 |
| □免疫細胞 ⇒ p.205 | 免疫に働く好中球・マクロファージ・樹状細胞・リンパ球などの細胞の総称。免疫担当細胞ともいう。 |
| □免疫不全 ⇒ p.213 | 免疫機能が低下して感染症にかかりやすくなった状態。 |

## も—ら

| 用語 | 説明 |
|---|---|
| □盲斑 ⇒ p.215 | 眼球の中で網膜の視神経を外部に出すため視細胞が分布していない部分。この部分では視覚情報は得られない。 |
| □モータータンパク質 ⇒ p.64 | ATP の化学エネルギーを運動に変換するタンパク質。ミオシンやキネシン，ダイニンなどがある。 |
| □有機物 ⇒ p.34 | 二酸化炭素などの炭素の酸化物や金属の炭酸塩など一部を除く炭素化合物。有機化合物ともいう。有機物以外の物質は無機物である。 |
| □有髄神経繊維 ⇒ p.221 | 軸索の外側が髄鞘という厚い神経鞘で覆われた神経繊維。髄鞘の切れ目はランビエ絞輪と呼ばれ，跳躍伝導に役立っている。 |
| □有性生殖 ⇒ p.131 | ２個体がつくった配偶子が合体することで新しい個体ができる生殖法。新個体は親の半分ずつの遺伝的特徴を受け継ぐ。 |
| □優占種 ⇒ p.260 | その植生の構成種の中で最も占める割合が高く，その植生を特徴付ける種。被度・頻度等から求められる。 |
| □誘導 ⇒ p.171 | 形成体が他の部位に働きかけて，その部位の予定運命を決定し，分化を促す働き。身体の複雑な構造は，誘導の連鎖で形成される。 |
| □有胚乳種子 ⇒ p.253 | 胚乳が発達した種子。胚乳に蓄えられた養分が発芽のエネルギー源として使われる。 |
| □輸送体 ⇒ p.60 | アミノ酸や糖などの低分子物質を運ぶ輸送タンパク質。担体とも呼ばれる。 |
| □輸送タンパク質 ⇒ p.60 | 生体膜を通してその内外の物質輸送に関わるタンパク質。チャネル，ポンプなどがある。 |
| □陽樹 ⇒ p.262 | 直射光のもとで発芽・生育し，乾燥した土壌や貧栄養の条件下でも成長が早い樹木。遷移の初期に進入する。 |
| □陽生植物 ⇒ p.89 | 日なたで生育する植物。強い光の下での光合成能力が高く，光飽和点・光補償点とも高い。葉は，柵状組織が発達し，厚い。 |
| □陽葉 ⇒ p.89 | 樹木の葉のうち，日のよく当たる外側の葉のこと。柵状組織が発達して，陽生植物と似た性質をもつ。 |
| □葉緑体 ⇒ p.41 | 光合成を行う二重膜構造の細胞小器官。内部に，円盤状で光合成色素を含むチラコイドがある。 |
| □抑制性シナプス ⇒ p.224 | 隣接するニューロンを興奮しにくいように変化させるシナプス。 |
| □四次構造 ⇒ p.59 | タンパク質の構造で，三次構造をとったポリペプチドが組み合わさった構造。 |
| □予防接種 ⇒ p.211 | 弱毒化した病原体などを接種して人工的に免疫記憶を獲得させることで，感染症を予防する手法。 |
| □ラギング鎖 ⇒ p.103 | DNA 合成の際に，DNA が開かれる方向とは逆の方向に合成される新しい DNA 鎖。 |
| □卵 ⇒ p.131 | 栄養分を多量に蓄えるため巨大化し，運動性を失った雌性配偶子。始原生殖細胞，卵原細胞，一次・二次卵母細胞を経て形成される。 |
| □卵割 ⇒ p.155 | 受精卵の初期の細胞分裂の特別なよび名。間期がほとんどなく細胞分裂が急激に進む。 |

## ら—わ

| 用語 | 説明 |
|---|---|
| □ランゲルハンス島 ⇒ p.200 | すい臓に島状に散在する細胞集団。グルカゴンを分泌するＡ細胞やインスリンを分泌するＢ細胞などがある。 |
| □卵細胞 ⇒ p.252 | 被子植物の雌性配偶子。中央細胞・助細胞・反足細胞とともに胚のうを形成する。 |
| □ランダム分布 ⇒ p.272 | 個体群の分布のうち，個体どうしの関係に特に規則性の見られない分布様式。 |
| □離層 ⇒ p.243 | エチレンによって形成される葉の付け根にある細胞層で，落葉の際に切り離される。 |
| □リソソーム ⇒ p.42 | 一重膜でできた小胞状の細胞小器官。内部に種々の加水分解酵素を含み，細胞内消化などに関わる。 |
| □リーディング鎖 ⇒ p.103 | DNA 合成の際に，DNA が開かれる方向に連続して合成される新しい DNA 鎖。 |
| □リボソーム ⇒ p.43 | 細胞質中に散在しタンパク質合成を行う果粒状の細胞小器官。タンパク質と RNA からなり，tRNA などと共同して働く。 |
| □流動モザイクモデル ⇒ p.38 | 生体膜を構成する脂質やタンパク質が，膜内を固定されずに流動しているという，膜の構造を示した構造モデル。 |
| □林冠 ⇒ p.260 | 森林の最上層で太陽光を直接に受ける高木の枝葉が繁茂する部分。 |
| □林床 ⇒ p.260 | 森林の地表面。林冠によって太陽光がさえぎられるため，耐陰性の強い植物が生育する。 |
| □リンパ液 ⇒ p.182 | 体液のうち，リンパ管内を流れるもの。組織液の一部がリンパ管に入り，リンパ液となる。 |
| □リンパ球 ⇒ p.182 | リンパ中の細胞成分。白血球のうちのＢ細胞・Ｔ細胞や NK 細胞で，免疫に重要な役割を果たす。大きさは５～12 $\mu$m 程度。 |
| □類人猿 ⇒ p.317 | 霊長類のなかで，特にヒトに近縁なものをまとめた呼称。チンパンジー・ゴリラ・オランウータンなどで尾をもたない。 |
| □齢構成 ⇒ p.273 | 個体群が出生時期の異なる個体で成り立っているときの，同齢の個体ごとの数の分布。 |
| □霊長類 ⇒ p.316 | 哺乳類の中のヒトや類人猿を含むサルの仲間のグループで，分類としては哺乳綱霊長目。 |
| □レッドリスト ⇒ p.291 | 絶滅の危険性の高さで区分された絶滅危惧種の一覧。これをまとめた本をレッドデータブックという。 |
| □レポーター遺伝子 ⇒ p.125 | ある遺伝子が組換えられたか，またはその発現を判別するために同時に組換える別の遺伝子のこと。代表的な例に GFP がある。 |
| □連鎖 ⇒ p.140 | 同じ染色体上に存在する２つ以上の遺伝子が伴って遺伝する現象。メンデルの独立の法則に従わない。 |
| □ロドプシン ⇒ p.216 | 桿体細胞に含まれる光感受性色素。ビタミンＡが不足すると，ロドプシンの合成が妨げられ，夜盲症になる。 |
| □ワクチン ⇒ p.211 | 予防接種に用いるために弱毒化した病原体や毒素などの抗原。人体に接種して記憶細胞を形成させることで病気を予防する。 |

# 用語さくいん　太字は重要用語を示す（青太字…生物基礎，黒太字…生物基礎以外）。

# 用語さくいん

太字は重要用語を示す(青太字…生物基礎，黒太字…生物基礎以外)。

し

# 用語さくいん

太字は重要用語を示す（青太字…生物基礎，黒太字…生物基礎以外）。

# 生物名さくいん

青字は重要生物99を示す。

**●写真・資料提供者（敬称略・五十音順）**

阿形清和／秋田県立脳血管研究センター／浅島誠／朝日新聞社／味の素（株）／（株）アーテファクトリー／ Adobe Stock ／アニマルパスウェイ研究会／アフロ／（株）アマナイメージズ／天児和暢／井口藍／石井千津／板山裕／市石博／稲賀すみれ／井上芳郎／岩崎雅行／岩手県立博物館／上野雄一郎／牛木辰男／近江戸伸子／大阪市立自然史博物館／大阪大学微生物病研究所遺伝子機能解析分野／大隈正子／大野徹／大藪健／ O.L.MILLER Jr. ／岡田清孝／ OPO ／オリンパス（株）／海洋研究開発機構／（財）化学及血清療法研究所／片岡遼平／㈱Gakken ／勝間田清一／加藤秀生／金沢工業大学 小島正己／蒲郡市生命の海科学館／河野重行／気象庁／共同通信イメージス／共同通信社／（株）京都科学／京都工芸繊維大学ショウジョウバエ遺伝資源センター／京都大学／京都大学 iPS 細胞研究所／京都大学 山中伸弥／京都大学霊長類研究所／協和発酵工業（株）／熊本大学 古谷将彦／黒岩常祥／桑原禎知／群馬県蚕業試験場／ Getty Images ／小泉周／甲賀大輔／高知滋／河野友宏／国立遺伝学研究所／国立科学博物館／国立環境研究所 堀口敏宏／国立感染症研究所／国立研究開発法人産業技術総合研究所／コーベットフォトエージェンシー／駒崎伸二／近藤俊三／ Science Source ／ Science Photo Library ／彩考／斉藤尚人／坂田恵一／酒巻有里子／坂本立弥／佐々木成／佐藤政雄／サントリー（株）／柴山浩彦／清水龍郎／シーメンス旭メディテック（株）／湘央生命科学技術専門学校／白岩卓巳／末松貴史／杉浦裕忠／杉山芬／杉山雍／砂川徹／楚山いさむ（水中フォトエンタープライズ）／高塩稔／高橋伸二／高橋元／タキイ種苗（株）／武田征士／田口英樹／田中敬一／田中次郎／種村ひろし／千葉幸弘／月井雄二／津田保志／寺坂治／東京大学先端科学技術研究センター 神崎亮平／遠山稿二郎／富樫裕／豊島秀麿／富岡伸夫／富永るみ／富村義彦／富山県立中央病院／内藤延子／中井益代／中川町エコミュージアムセンター／南雲保／名黒知徳／奈良先端科学技術大学院大学／（株）ナリカ／日経サイエンス／ nature pro. ／（独）農業生物資源研究所放射線育種場／農林水産省／野口政止／萩原英一／（株）萩原農場／服部明正／鳩貝太郎／花岡文雄／花輪俊宏／半本秀博／ PIXTA ／東日本高速道路株式会社／（株）日立ハイテク／平野茂樹／平柳伸幸／ Photo Researchers, Inc ／福井県立恐竜博物館／福原達人／藤江正一／藤田保健衛生大学／藤原健／ Fly Ex Database ／北海道大学植物園・博物館／毎日新聞社／牧野彰吾／丸山茂徳／見上一幸／三井幸雄／光波久美子／宮川剛／森田光治／柳川弘志／山川宏／山口高弘／山崎裕治／山下登／横浜国立大学大学院環境情報研究院 平塚和之／米沢純爾／米澤義彦／理化学研究所／ロイター／ロスリン研究所／渡辺康一


表紙・本文デザイン　エッジ・デザインオフィス
本文レイアウト　大知

サイエンスビュー　生物総合資料

2024年3月10日
初版 第1刷発行

●編　者――実教出版編修部
●発行者――小田　良次
●印刷所――図書印刷株式会社

●発行所――実教出版株式会社
〒102-8377　東京都千代田区五番町5
電　話〈営業〉(03)3238-7777
〈編修〉(03)3238-7781
〈総務〉(03)3238-7700
https://www.jikkyo.co.jp/

002402024
ISBN 978-4-407-36315-9

# 五界説に基づく生物の系統樹

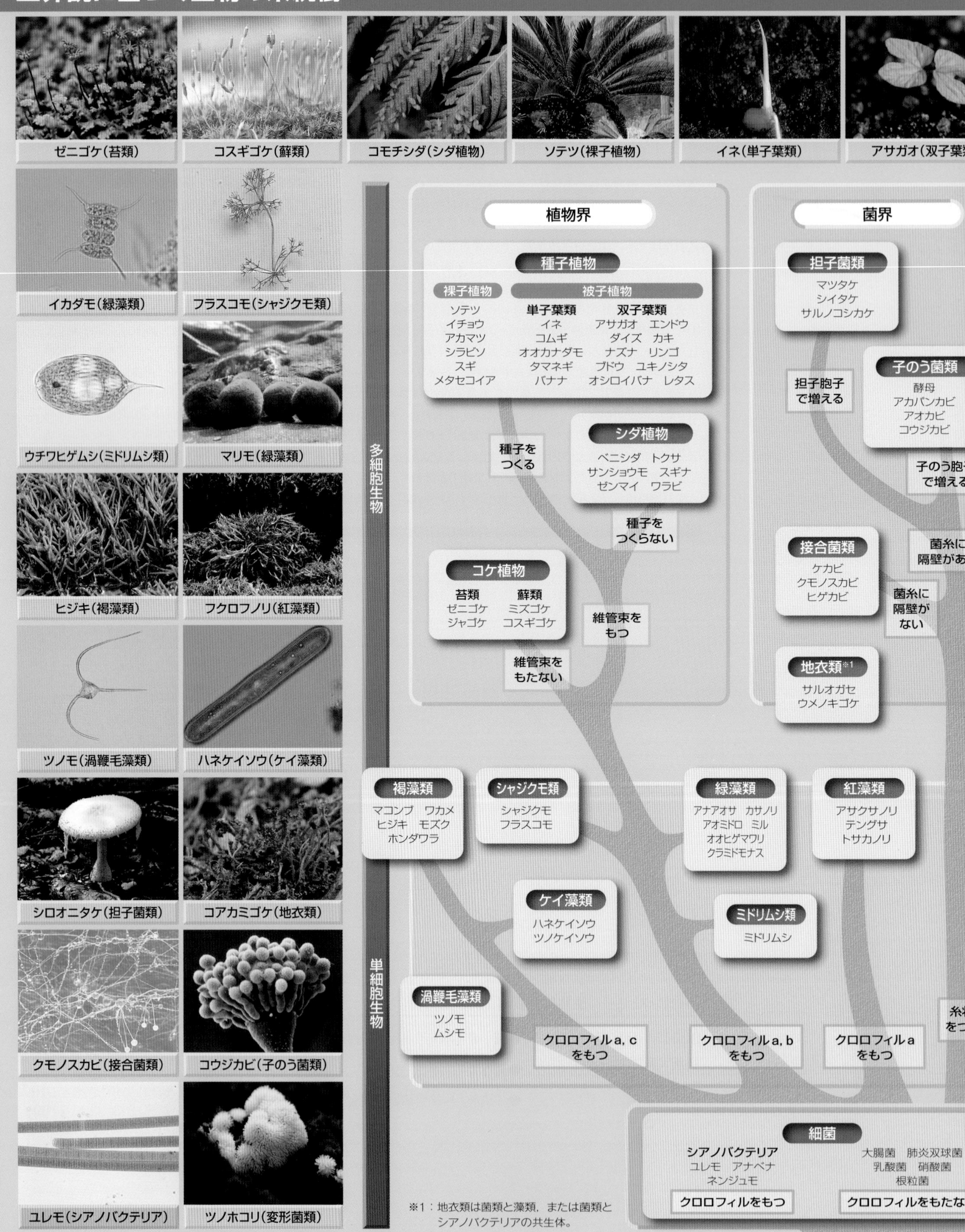